建筑·室内·园林·景观·规划

SketchUp 2013 实战精通 208 例

麓山文化　编著

机械工业出版社

SketchUp 是直接面向设计过程的三维软件，一直享有“草图大师”的美誉。本书通过 208 个精选案例，由浅及深、循序渐进地介绍了 SketchUp 2013 的基本用法，以及在室内、建筑、园林、景观以及规划领域的应用技巧。使读者迅速积累实战经验，提高技术水平，从新手成长为设计高手。

全书共 14 章，分为基础、建模、灯光和材质、综合案例 4 大篇。第 1~3 章为基础篇，介绍了 SketchUp 的界面构成、基本工具以及高级功能的使用，使 SketchUp 新手能够快速熟悉 SketchUp 软件；第 4~8 章为建模篇，通过一些经典的室内、室外、园林景观构件模型创建练习，使读者快速掌握各类模型的创建方法和技巧；第 9~10 章为灯光和材质篇，讲解了 SketchUp 经典外挂渲染插件 VRay 渲染器的参数、灯光以及材质的应用；第 11~14 章为综合案例篇，以室内、园林景观、规划及建筑等领域综合设计实例，帮助读者综合演练前面所学知识。

本书附赠两张 DVD 光盘，除提供全书所有案例的效果文件和素材文件外，还提供了多达 1580 分钟的高清语音视频教学，详尽演示了 180 多个高难度案例的制作方法和过程，确保初学者能够看得懂、学得会、做得出。

本书采用完全案例教学的编写形式，内容丰富，技术实用，讲解清晰，案例精彩，兼具技术手册和应用技巧参考手册的特点，不仅可以作为 SketchUp 初、中级读者的学习用书，也可以作为相关专业以及培训班的学习和上机实训教材。

图书在版编目（CIP）数据

建筑·室内·园林·景观·规划 SketchUp 2013 实战精通 208 例
/麓山文化编著. —2 版. —北京：机械工业出版社，2014.8
ISBN 978-7-111-47282-7

Ⅰ. ①建…　Ⅱ. ①麓…　Ⅲ. ①建筑设计—计算机辅助设计—应用软件
Ⅳ. ①TU201.4

中国版本图书馆 CIP 数据核字(2014)第 149086 号

机械工业出版社（北京市百万庄大街 22 号　邮政编码 100037）
责任编辑：曲彩云
印　　刷：北京兰星球彩色印刷有限公司
2014 年 9 月第 2 版第 1 次印刷
184mm×260mm·23印张·657 千字
0001－4000 册
标准书号：ISBN 978-7-111-47282-7
　　　　　ISBN 978-7-89405-416-6（光盘）
定价：88.00 元（含 2DVD）
凡购本书，如有缺页、倒页、脱页，由本社发行部调换
销售服务热线电话（010）68326294　编辑热线电话（010）68327259
购书热线电话（010）88379639　88379641　88379643

前　言

SketchUp 是一个直接面向设计的三维软件，类似于现实中的铅笔绘画，更多地关注于设计本身，无需在软件自身的操控上耗费精力。

本书内容

本书结合软件功能与行业应用，通过 208 个实战案例，从易至难，由浅及深地讲解了 SketchUp 软件的操作方法及其在室内、建筑、园林景观以及规划设计领域的应用技巧。各章的主要内容如下：

第 1 章为“SketchUp 界面与基本操作”，介绍了 SketchUp2013 软件的基本界面、视图控制、对象选择、显示风格切换与绘图环境设置等基本知识。

第 2 章为“SketchUp 基本工具”，讲解了 SketchUp 常用的绘图和建模工具的用法。

第 3 章为“SketchUp 高级功能”，讲解了 SketchUp 中群组功能、模型交错、实体工具和地形工具等高级建模功能，以及 SketchUp 文件导入和导出的方法。

第 4 章为“室内常用模型建模”，通过一些简单的室内模型创建练习，使读者掌握基本建模工具的使用，以及简单家具模型的创建方法。

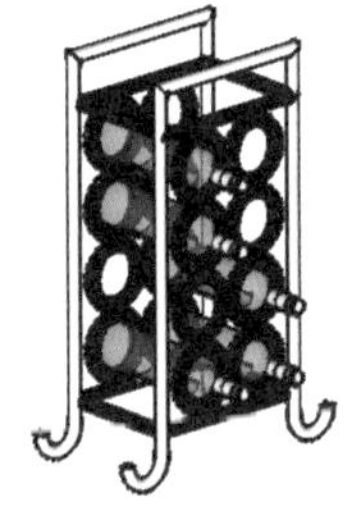

酒架模型

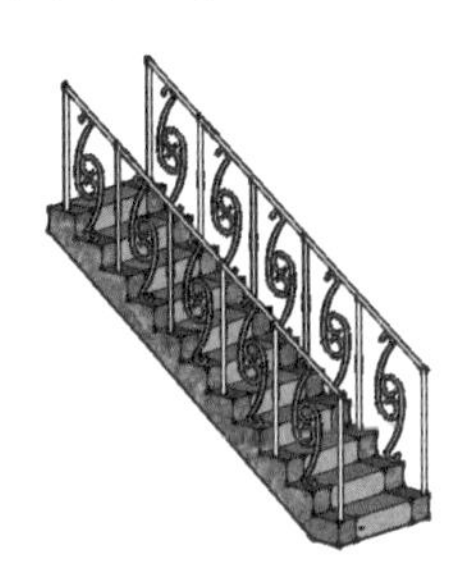

铁艺栏杆模型

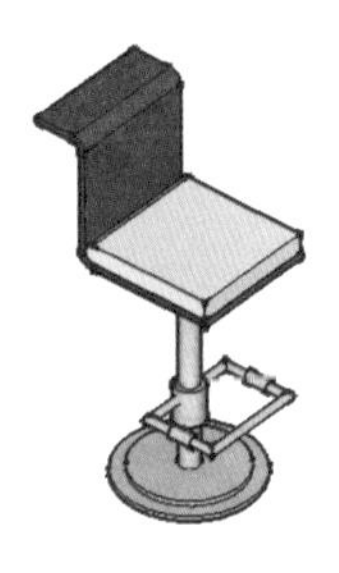

经典吧椅

简约桌椅

第 5 章为“室内高级模型建模”，通过一些复杂的室内模型创建练习，使读者全面掌握室内家具模型的创建方法与技巧。

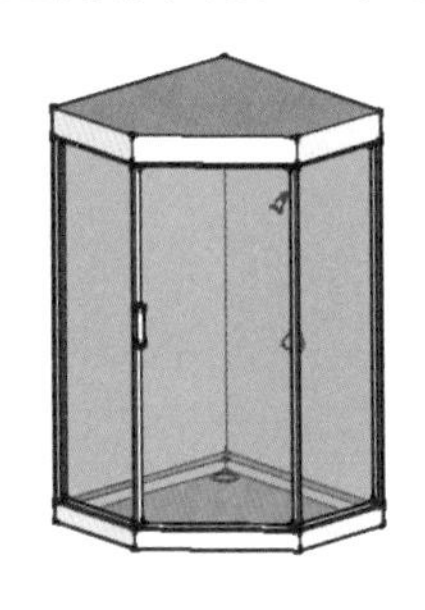

浴室模型

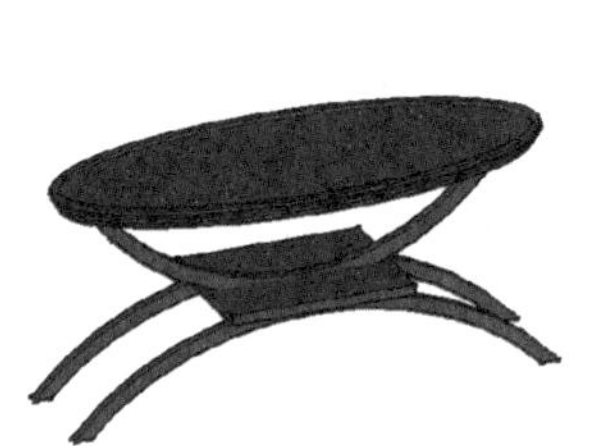

欧式圆台

立式钢琴

中式边柜

第 6 章为“室外基础模型建模”，通过一些造型简单而又典型的室外模型创建练习，讲解了室外模型的特点及创建思路。

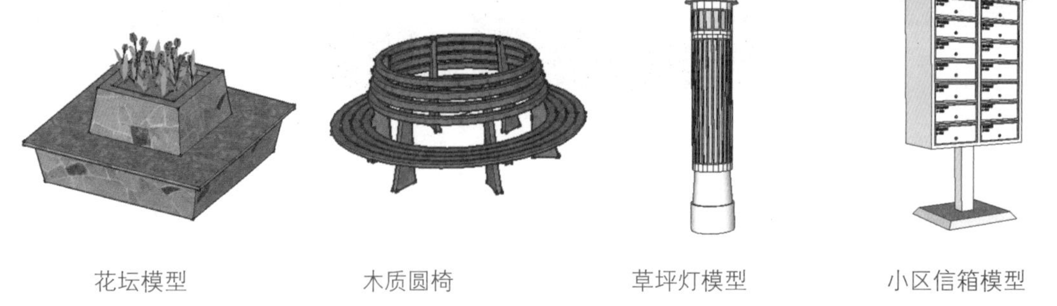

花坛模型　　木质圆椅　　草坪灯模型　　小区信箱模型

第 7 章为“室外高级模型建模”，讲解了桥、喷泉、圆廊以及中式牌坊等造型精巧、结构复杂的室外模型的建立方法。

石桥模型　　圆形喷泉模型　　圆形廊架模型　　中式牌坊模型

第 8 章为“SketchUp 插件建模”，讲解了包括 Suapp、超级推拉、圆角、曲面自由分割等建模插件，为制作高细节、高难度的模型提供了快速的解决方法。

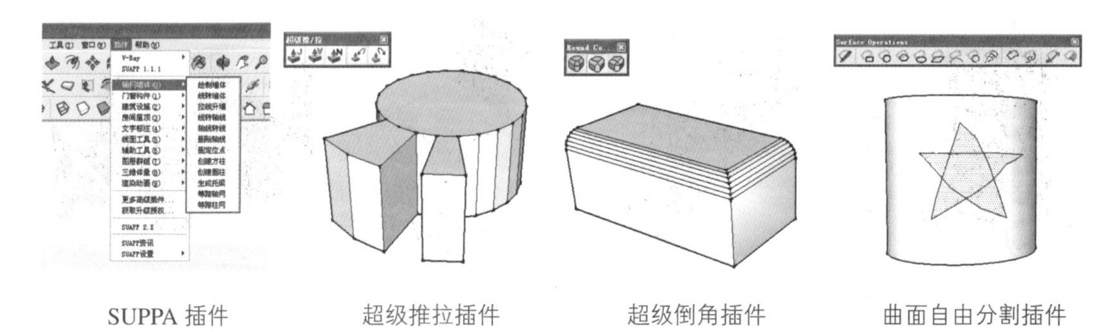

SUPPA 插件　　超级推拉插件　　超级倒角插件　　曲面自由分割插件

第 9 章为“SketchUp / VRay 灯光与阴影”，介绍了 SketchUp 灯光与 VRay 灯光的使用方法与技巧。

SketchUp 光影　　VRay 片光效果　　泛光灯效果　　IES 灯光效果

第 10 章为“SketchUp / VRay 材质解析”，介绍了 SketchUp 与 VRay 材质的特点，以及常用 VRay 材质的制作。

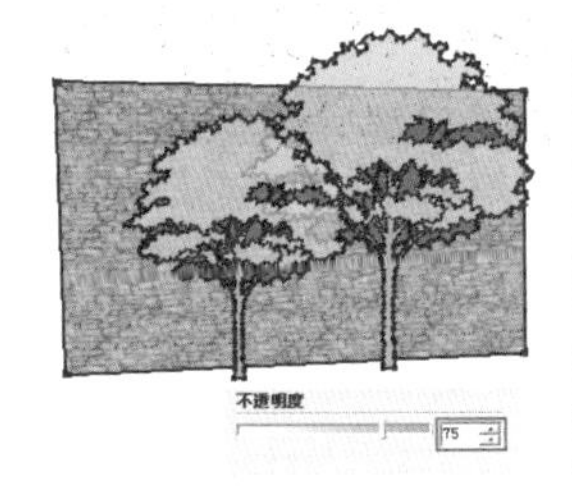

Skethcup 材质效果

VRay 材质效果

VRay 金属效果

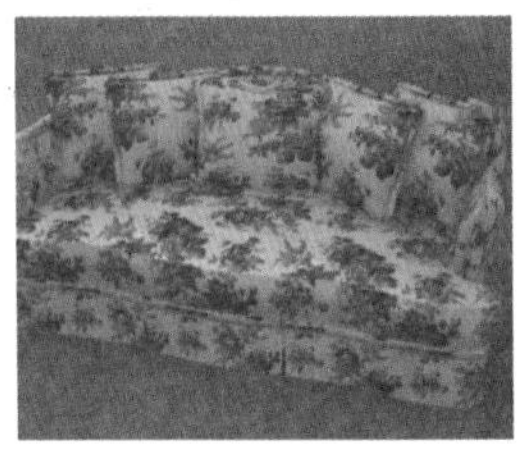

VRay 布纹效果

第 11 章为“室内设计”，讲解了户型图、室内空间细化、渲染以及漫游的制作方法与技巧。

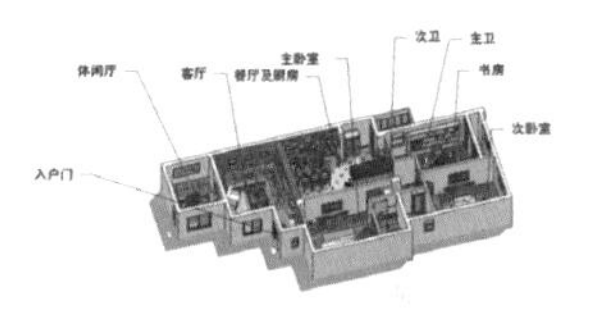

户型图效果

空间细化效果

VRay 渲染效果

室内漫游效果

第 12 章为“园林景观设计”，通过屋顶花园以及校区中心广场两个大型案例，讲解了景观园林方案的制作方法与技巧。

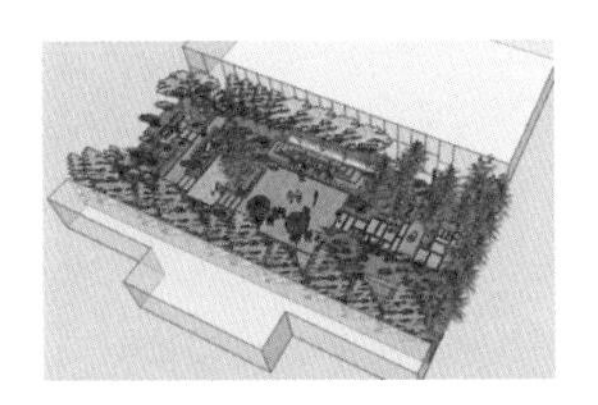

屋顶花园效果

校区中心广场鸟瞰

节点效果 1

节点效果 2

第 13 章为“规划设计”，精选了一个小区的规划项目案例，详细介绍了规划方案制作的方法与技巧。

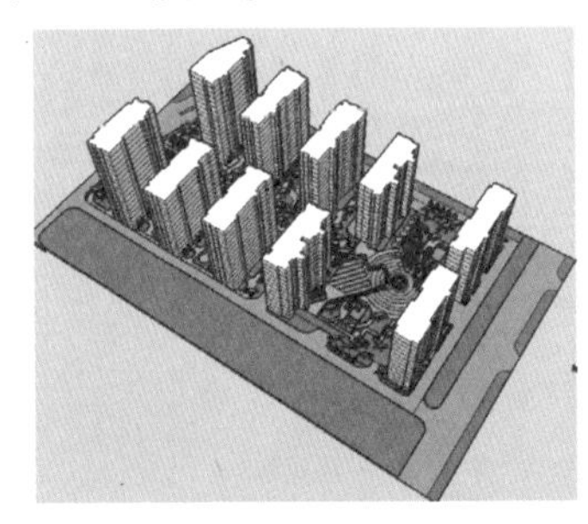

小区规划鸟瞰效果

节点效果 1

节点效果 2

第 14 章为“建筑设计”，讲解了现代别墅、中式院落、欧式别墅以及高层建筑的制作方法与技巧。

现代别墅效果

中式院落效果

欧式别墅效果

高层建筑效果

本书编者

本书由麓山文化编著，参加编写的有：陈志民、江凡、张洁、马梅桂、戴京京、骆天、胡丹、陈运炳、申玉秀、李红萍、李红艺、李红术、陈云香、陈文香、陈军云、彭斌全、林小群、刘清平、钟睦、刘里锋、朱海涛、廖博、喻文明、易盛、陈晶、张绍华、黄柯、何凯、黄华、陈文轶、杨少波、杨芳、刘有良、刘珊、赵祖欣、齐慧明等。

由于编者水平有限，书中错误、疏漏之处在所难免。在感谢您选择本书的同时，也希望您能够把对本书的意见和建议告诉我们。

读者服务邮箱：lushanbook@qq.com

读 者 QQ 群：327209040

麓山文化

目 录

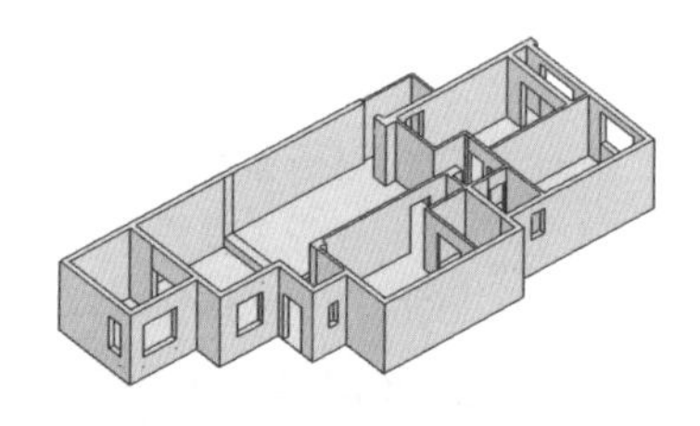

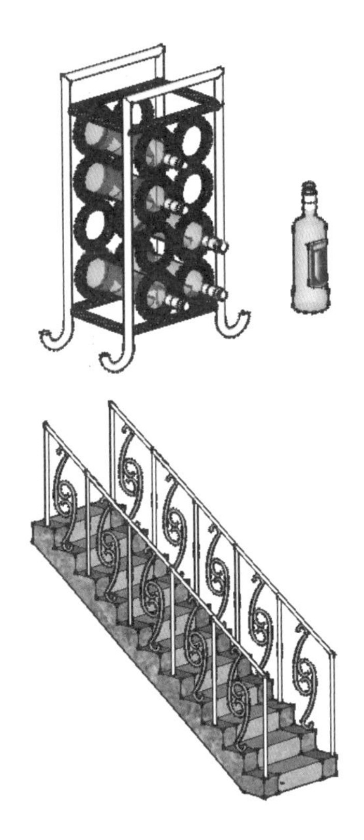

第2篇 建 模 篇

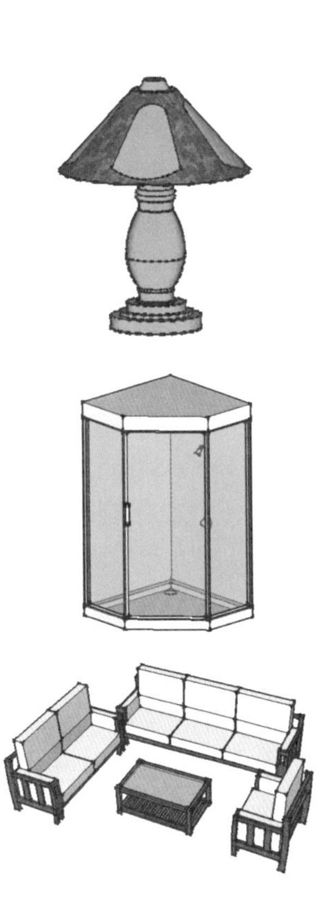

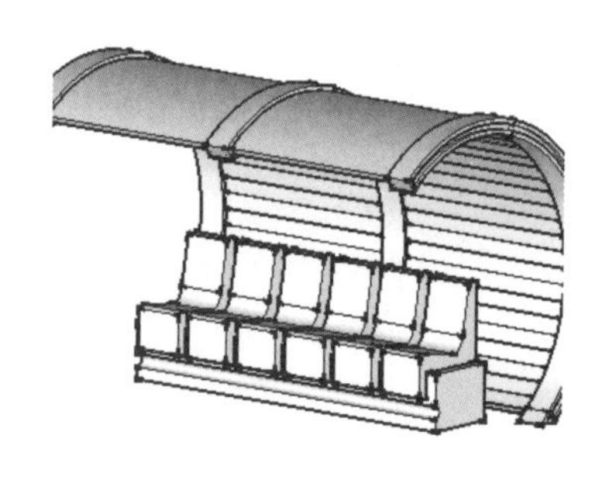

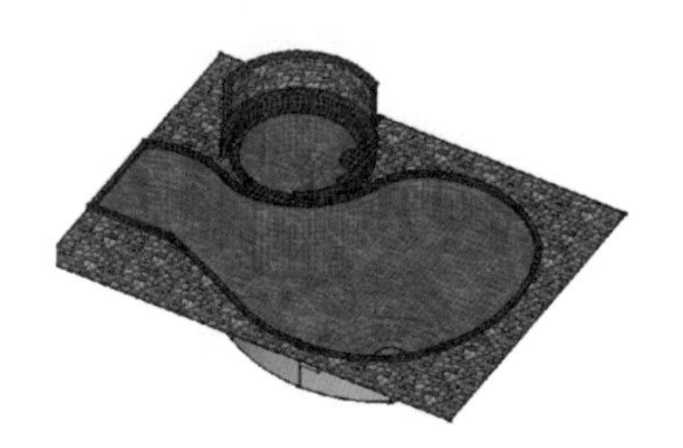

第 3 篇 灯光和材质篇

第4篇 综 合 案 例 篇

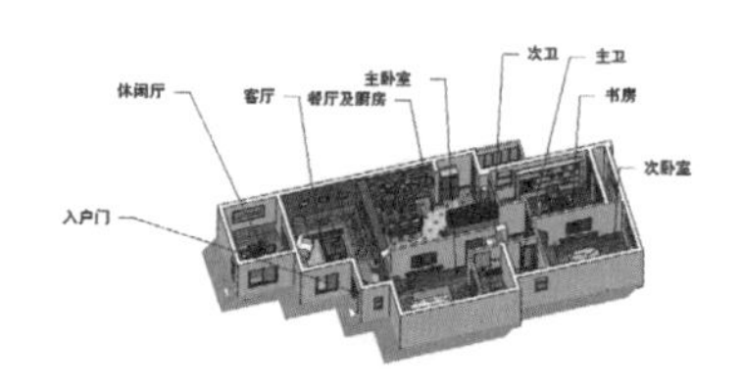

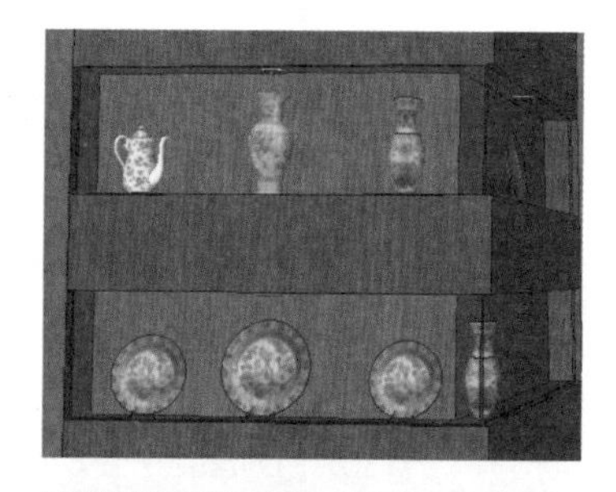

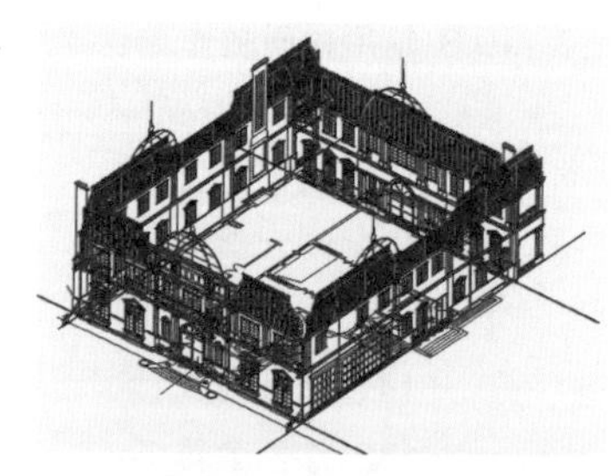

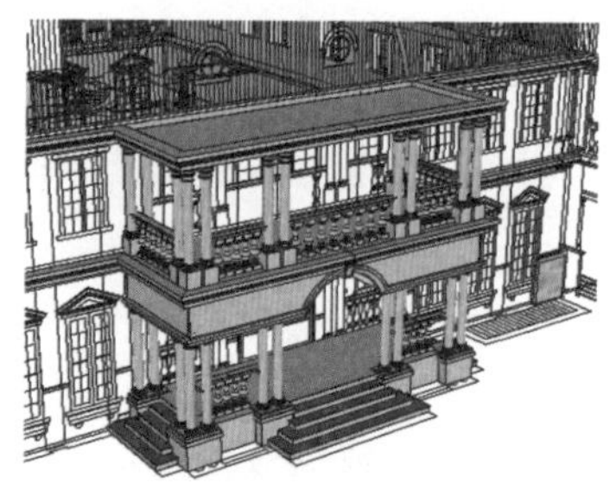

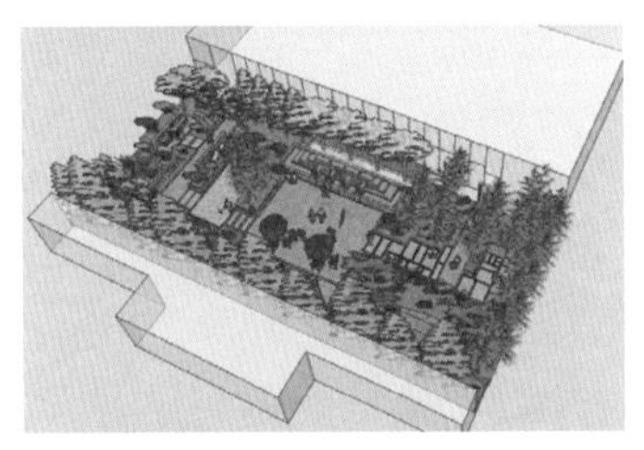

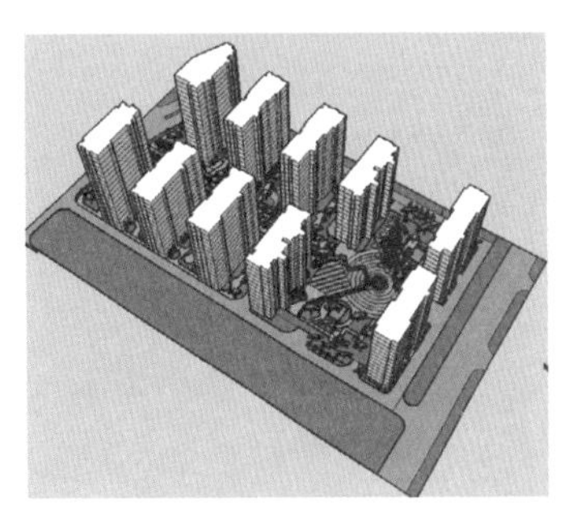

第1篇 基础篇

第1章 SketchUp 界面与基本操作

为了让读者快速熟悉该软件，本章首先介绍 SketchUp 的界面构成、视图操作、对象显示、自定义快捷键等基本操作。

SketchUp 最初由@Last Software 公司开发，是一款直接面向设计方案创作过程的设计工具，其使用简便并直接面向设计过程，能随着构思的深入不断增加设计细节，因此被形象的比喻为计算机设计中的“铅笔”，目前已经广泛用于室内、建筑、园林景观以及城市规划等设计领域，如图 1-1~图 1-11 所示。

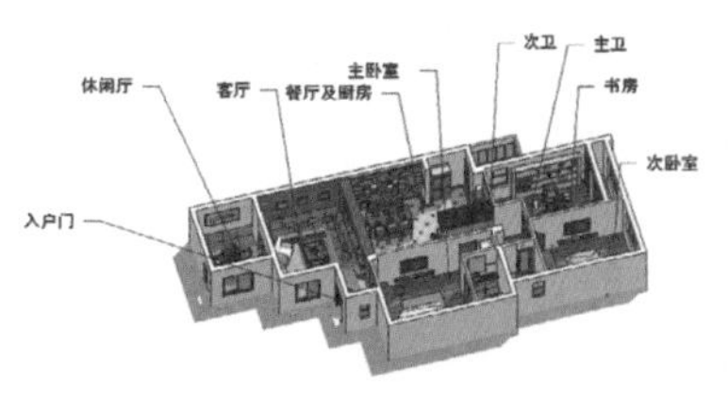

图 1-1　户型设计

图 1-2　客厅细化方案

图 1-3　客厅 Vray 渲染效果

图 1-4　SketchUp 现代别墅

图 1-5　SketchUp 中式庭院

图 1-6　SketchUp 欧式别墅

图 1-7　SketchUp 高层建筑

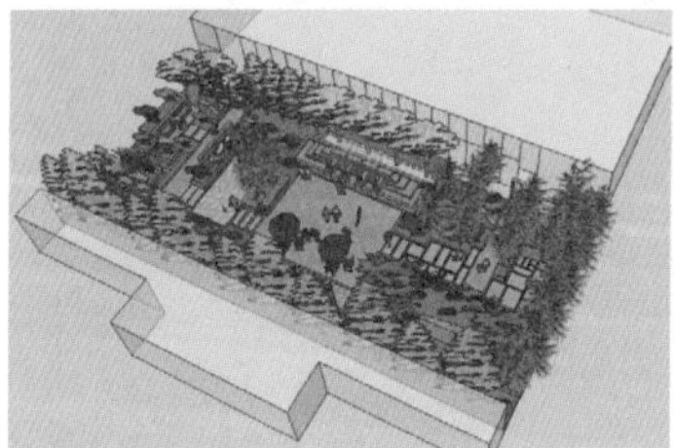

图 1-8　SketchUp 屋顶花园

图 1-9　SketchUp 广场整体

图 1-10　SketchUp 广场节点

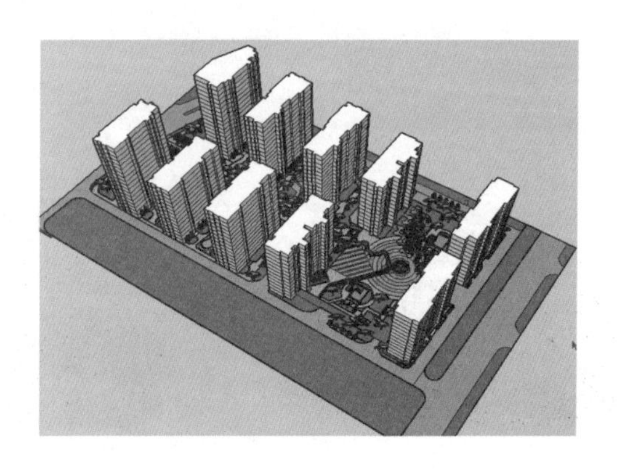

图 1-11　SketchUp 规划效果

1.1 界面操作

001 认识 SketchUp 用户欢迎界面

文件路径：配套光盘\第 01 章\001　　视频文件：MP4\第 01 章\001.MP4

SketchUp 用户欢迎界面包括基础操作学习、许可状态查询以及绘图模板的选择，是用户了解 SketchUp 最基本的平台。

步骤 01 双击桌面上的图标，启动 SketchUpPro 2013。

步骤 02 等待数秒就可以看到 SketchUpPro 2013 的用户欢迎界面，如图 1-12 所示。

步骤 03 SketchUpPro 2013 用户欢迎界面主要有【学习】、【许可证】和【模板】三个展开按钮，其功能主要如下：

- 学习：单击展开【学习】按钮，可从展开的面板中学习到 SketchUp 基本工具的操作方法，如直线的绘制、【推拉】工具的使用以及【旋转】操作。
- 许可证：单击展开【许可证】按钮，可从展开的面板中读取到用户名、授权序列号等正版软件使用信息。
- 模板：单击展开【模板】按钮，可以根据绘图任务的需要选择 SketchUp 模板，如图 1-13 所示。模板间最主要的区别是单位的设置，此外显示的样式与颜色上也会有区别。

图 1-12　SketchUp 用户欢迎界面

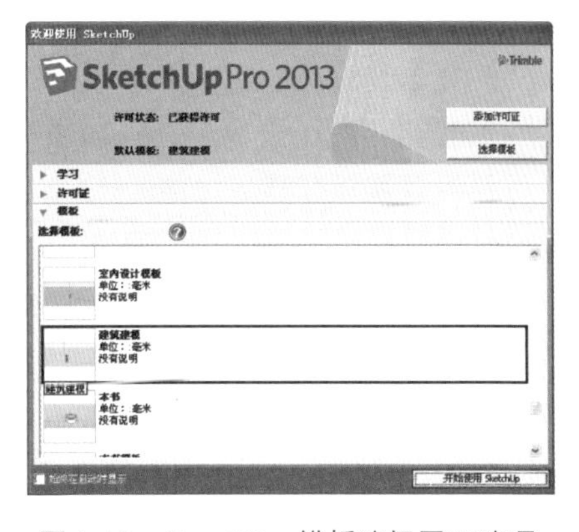

图 1-13　SketchUp 模板选择展开选项

002 认识 SketchUp 工作界面

文件路径：配套光盘\第 01 章\002　　视频文件：MP4\第 01 章\002.MP4

工作界面就是用户与程序进行交流的接口。任何软件都有其特有的操作界面，只有了解各个界面元素及其之间的关系才能进一步深入学习。

步骤 01 在用户欢迎界面中选定模板后，单击【开始使用 SketchUp】按钮，等待数秒后即可看到 SketchUp 工作界面，如图 1-14 所示。

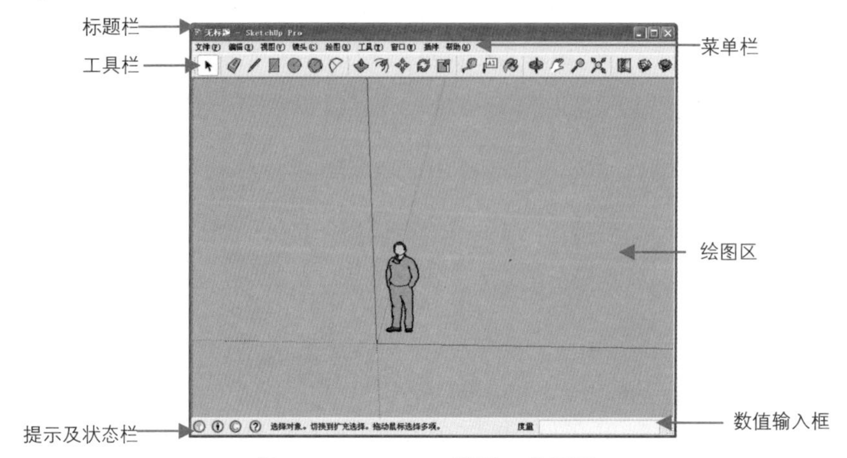

图 1-14　SketchUp 默认工作界面

步骤 02 观察图 1-14 可以发现，SketchUp 工作界面可以分为 6 个部分：标题栏、菜单栏、工具栏、绘图区、提示及状态栏以及数值输入框。

步骤 03 首先简单了解工作界面各个部分的功能，然后再通过单独的实例对其中一些功能进行深入学习。

- 标题栏：标题栏显示了当前打开文件的名称与软件版本类型，如默认情况下标题栏显示“无标题-SketchUp 专业版本”，即当前文件未进行保存与命名，软件版本则为 SketchUp 2013 专业版。
- 菜单栏：标题栏下面是一行菜单栏，它与标准的 Windows 菜单栏使用方法基本相同。菜单栏为用户提供了一个用于文件的管理、常用工具功能调用、系统设置及寻找帮助的接口。
- 工具栏：默认设置下 SketchUpPro 2013 工具栏仅显示【学习】工具按钮，在该工具栏内仅提供了最基本的一些工具按钮，如图形绘制、测量以及视图控制等。
- 视图区：SketchUpPro 2013 仍然保持单视口显示，通过对应的视图工具按钮或快捷键，可以进行平面、立面、剖面以及透视效果的切换。
- 提示及状态栏：位于屏幕的左下角，主要用于对用户当前的操作进行文字描述以及功能提示。
- 数值输入框：位于屏幕的右下角，在模型创建时输入数值与字母，可以精确控制模型长度、半径、数量等。

003 认识菜单栏

文件路径：配套光盘\第 01 章\003	视频文件：MP4\第 01 章\003.MP4

菜单栏是软件所有功能的集合，本例将主要介绍 SketchUpPro 2013 菜单栏的组成以及其主要功能。

步骤 01 SketchUp2013 菜单栏由【文件】、【编辑】、【视图】、【镜头】、【绘图】、【工具】、【窗口】、【插件】(需要安装插件以后才能显示)以及【帮助】9 个主菜单构成，如图 1-15 所示。

步骤 02 单击这些主菜单可以打开相应的“子菜单”以及“次级主菜单”，如图 1-16 所示。

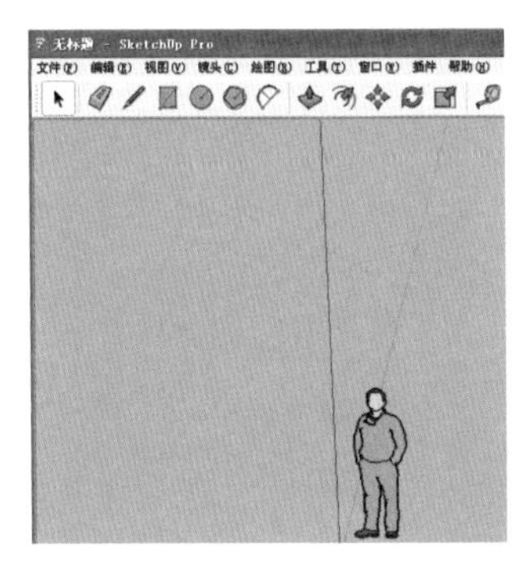

图 1-15　SketchUp 主菜单

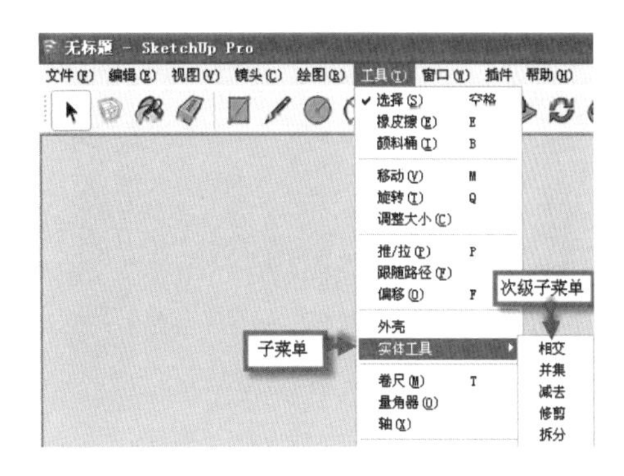

图 1-16　SketchUp 子菜单和次级主菜单

步骤 03 菜单栏各菜单项的功能如下：

- 文件：主要用于文件的打开、保存以及 SketchUp 文件的导入与导出，实现与其他文件的共同协作。
- 编辑：主要用于模型（辅助线）的剪切、复制、删除、隐藏、显示以及冻结等操作。此外，对于 SketchUp 中的组件也能进行编辑。
- 视图：主要用于调整工具栏、截面剖切、辅助线的显示与隐藏，对模型边线、表面的显示及场景动画，也具有控制功能。
- 镜头：主要用于切换视图的显示（包括视图角度、透视、大小以及平移等操作），此外还能进行照片匹配以及镜头配置等操作。
- 绘图：集合了线条、圆弧、徒手画、矩形、圆、多边形等二维图形创建工具以及沙盒地形创建工具。
- 工具：集合了模型控制工具(移动、旋转、拉伸、删除)、模型二维转三维工具(推/拉、路径跟随)以及尺寸标注、辅助线创建等辅助工具，此外还具备沙盒地形修改工具。
- 窗口：通过窗口菜单可以查看场景整体（如单位）与单个模型的信息（如面数、图层），并能对场景的材质、组件以及样式效果进行调整，此外还能通过 Ruby 控制台进行脚本的编写。
- 帮助：通过帮助菜单可以打开 SketchUp 的欢迎界面以及帮助中心，初步学习 SketchUp 的使用，并能查看了解当前的版本授权等信息。

004 认识工具栏

文件路径：配套光盘\第 01 章\004	视频文件：MP4\第 01 章\004.MP4

默认设置下 SketchUp 工具栏仅显示【使用入门】工具按钮，本例将介绍如何显示出其他工具按钮，以及调整工具按钮位置的方法。

步骤 01 打开 SketchUp 后，工具栏默认仅横向显示【使用入门】工具按钮，提供的功能十分有限，如图 1-17 所示。用户可以根据绘图需要，显示出较为常用的工具按钮，如 图 1-18 所示。

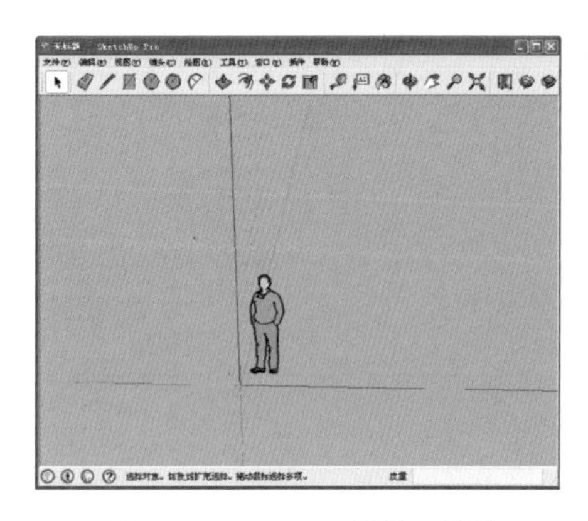

图 1-17　SketchUp 默认工具栏

图 1-18　自定义后的 SketchUp 工具栏

步骤 02 执行【视图】/【工具条】菜单命令，通过工具栏选项板上的相应工具名称的勾选或取消，即可自定义 SketchUp 工具按钮的显示，如图 1-19 与图 1-20 所示。

图 1-19　【工具栏】选项板

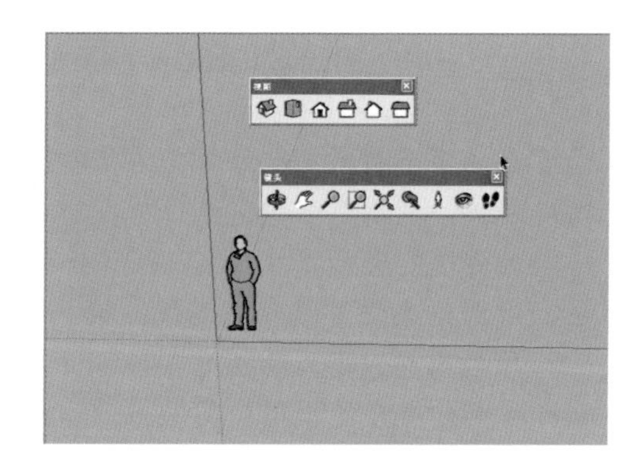

图 1-20　自定义显示的工具按钮

步骤 03 鼠标左键按住工具栏前端边沿进行拖动，如图 1-21 所示，可将工具栏移动至窗口任意位置，如　图 1-22 所示。

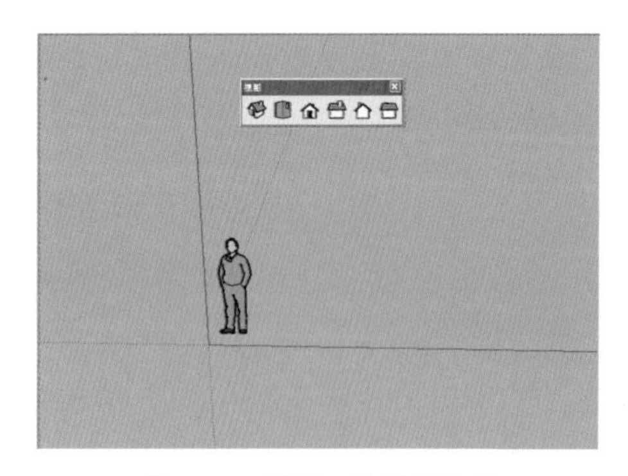

图 1-21　视图工具栏原位置

图 1-22　视图工具栏调整后的位置

005 认识绘图区

文件路径：配套光盘\第 01 章\005　　视频文件：MP4\第 01 章\005.MP4

默认设置下，绘图区显示浅色的天空与深色的背景效果，本例学习调整绘图区显示效果的方法。

步骤 01 打开 SketchUp 后，默认设置下绘图区将显示天空与背景的颜色效果，如图 1-23 所示。用户也可以自定义背景颜色，以方便模型的创建与观察，如　图 1-24 所示。

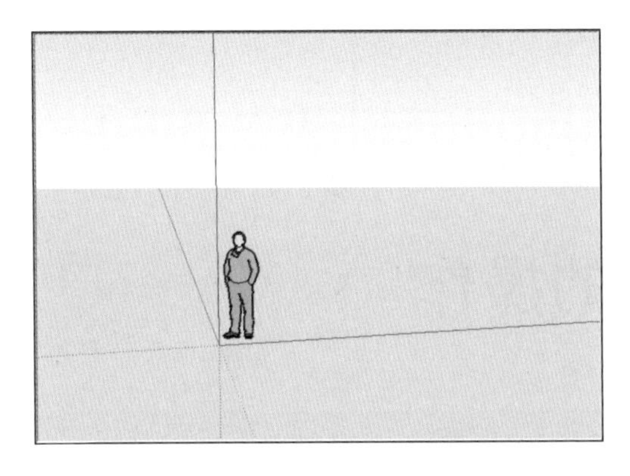

图 1-23　默认窗口显示效果

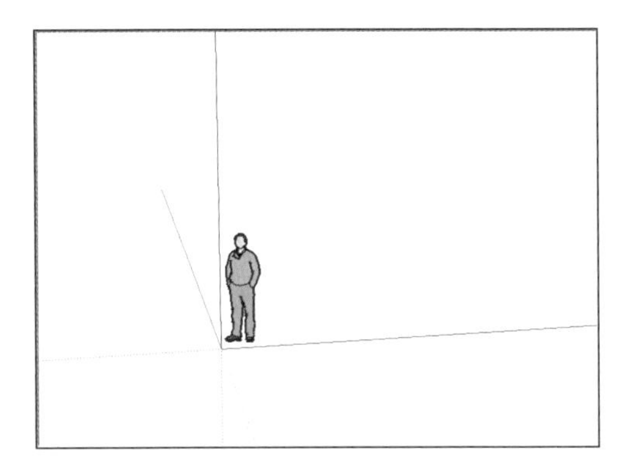

图 1-24　调整后的背景效果

步骤 02 执行【窗口】/【样式】菜单命令，弹出【样式】设置面板，然后进入【编辑】选项卡，如图 1-25 与　图 1-26 所示。

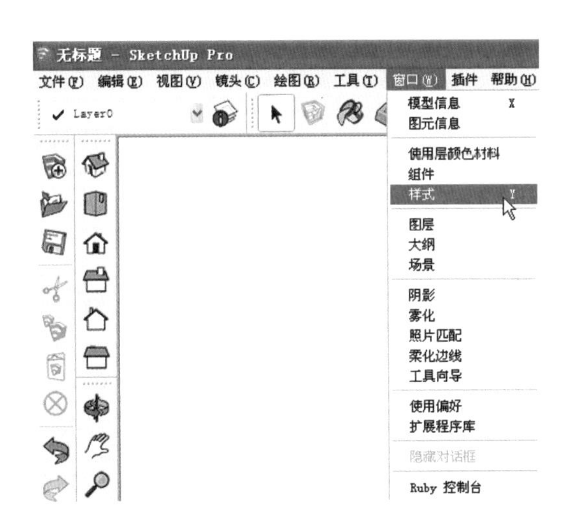

图 1-25　执行【窗口】/【样式】菜单命令

图 1-26　【编辑】选项卡

步骤 03 取消【天空】复选框的勾选，如图 1-27 所示。单击【背景】色块，在打开的【选择颜色】对话框中，即可自由选择绘图区背景颜色，如图 1-28 所示。

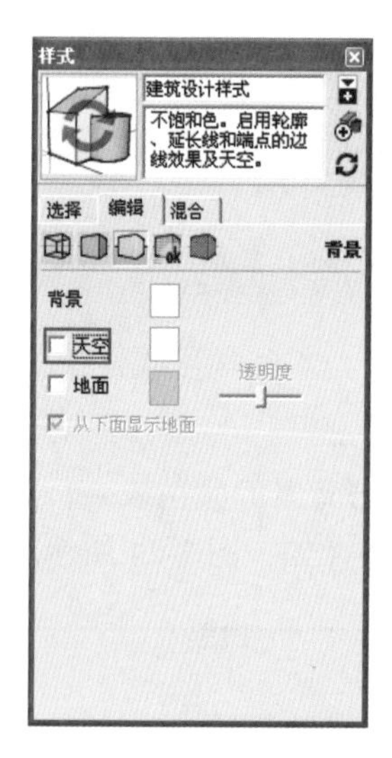

图 1-27　关闭天空显示

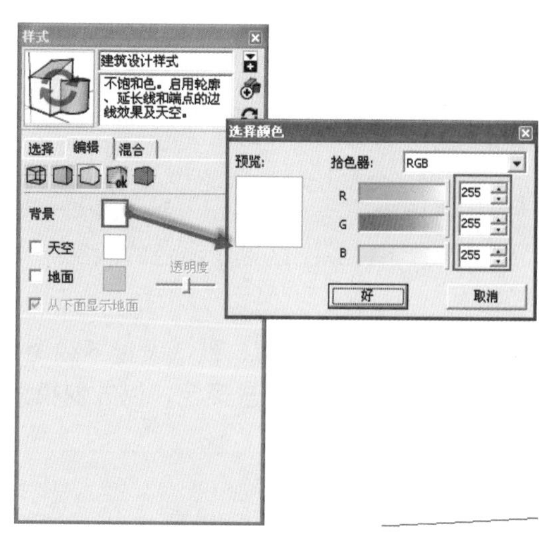

图 1-28　调整背景颜色

1.2 视图的操作

006 切换视图

文件路径：配套光盘\第 01 章\006　　视频文件：MP4\第 01 章\006.MP4

在三维软件中，经常需要切换到不同的视角，以观察模型不同面的造型与材质效果，对于以单视口显示的 SketchUp，掌握视图切换的方法则显得尤为重要。本例即介绍视图切换方法与注意事项。

步骤 01 启动 SketchUp 后，打开本书配套光盘“006 切换视图.skp”模型，如图 1-29 所示。

步骤 02 执行【镜头】/【标准视图】菜单命令，显示视图工具栏，选择相应的工具按钮，均可进行对应视图的快速切换，如 图 1-30 ~ 图 1-39 所示。

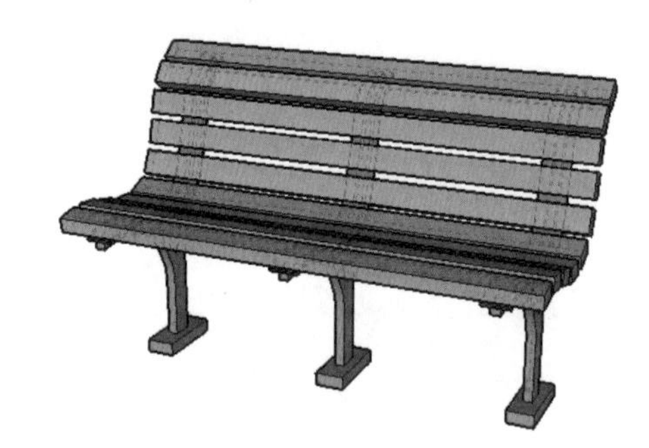

图 1-29　打开长椅模型

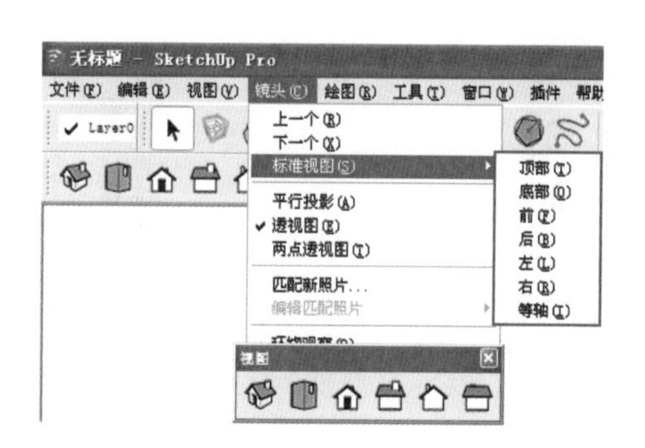

图 1-30　通过菜单或工具按钮进行视图切换

图 1-31　等轴视图　　图 1-32　俯视图　　图 1-33　主视图

图 1-34　右视图　　图 1-35　后视图　　图 1-36　左视图

图 1-37　透视显示下的俯视图　　图 1-38　调整为平行投影　　图 1-39　平行投影下的俯视图

提 示

在进行视图的切换时，如果要观察到绝对的平行显示效果，必须先切换到“平行投影”显示，否则将产生透视偏差，如图 1-39 所示。

007 旋转视图

文件路径：配套光盘\第 01 章\007　　视频文件：MP4\第 01 章\007.MP4

通过视图的旋转，可以快速观察到模型各个方位的细节。本例讲述视图旋转的方法与技巧。

步骤 01 启动 SketchUp 后，打开本书配套光盘 “007 旋转视图.skp”模型，如图 1-40 所示。

步骤 02 执行【工具】/【旋转】命令，或单击【镜头】工具栏【旋转按钮】，均可启动视图旋转，如图 1-41 所示。

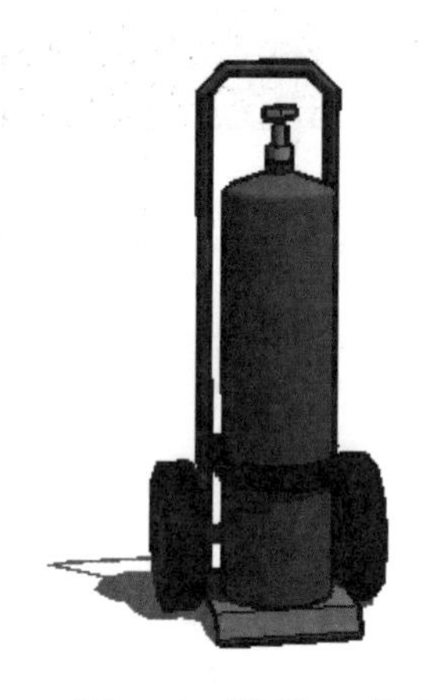

图 1-40　模型打开效果

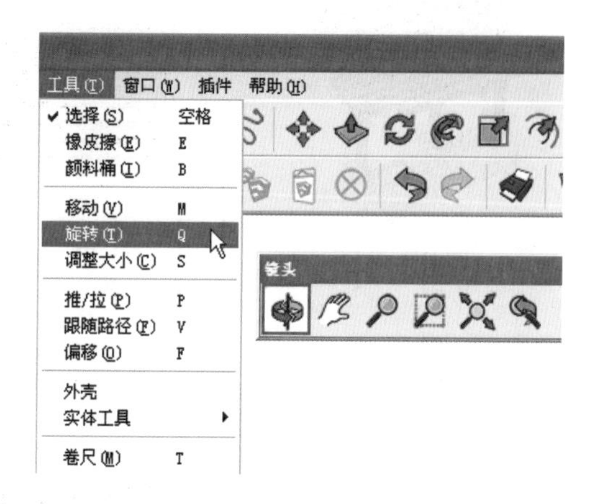

图 1-41　通过菜单或工具按钮启用视图旋转

步骤 03 按住鼠标左键进行拖动，即可进行视图的旋转，如 图 1-42 与 图 1-43 所示。

图 1-42　旋转至侧面

图 1-43　旋转至背面

→技巧

按住鼠标滚轮可快速进行视图的旋转。

008 平移视图

文件路径：配套光盘\第 01 章\008	视频文件：MP4\第 01 章\008.MP4

在实际工作中，如果模型显示大于屏幕范围，为了观察到模型不同区域的效果，需要进行视图平移。本例即讲解进行视图平衡的操作方法与技巧。

步骤 01 启动 SketchUp，打开本书配套光盘 “008 平移视图.skp” 模型，如图 1-44 所示，其为一个弧形廊架模型。

步骤 02 执行【镜头】/【平移】命令，或单击【镜头】工具栏【平移按钮】，均可启动视图平移，如　图 1-45 所示。

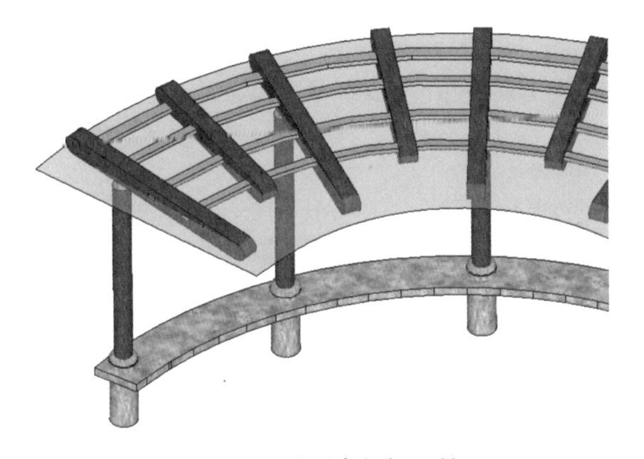

图 1-44　弧形廊架打开效果

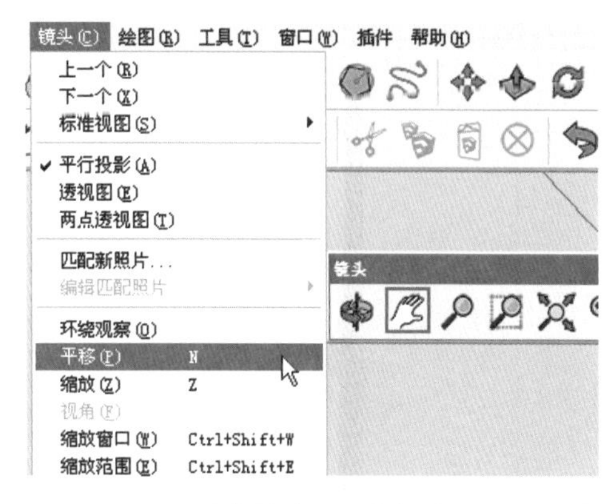

图 1-45　通过菜单或工具按钮启用视图平移

步骤 03 按住鼠标左键向各个方向拖动，即可进行对应方向的视图平移，如图 1-46 与图 1-47 所示。

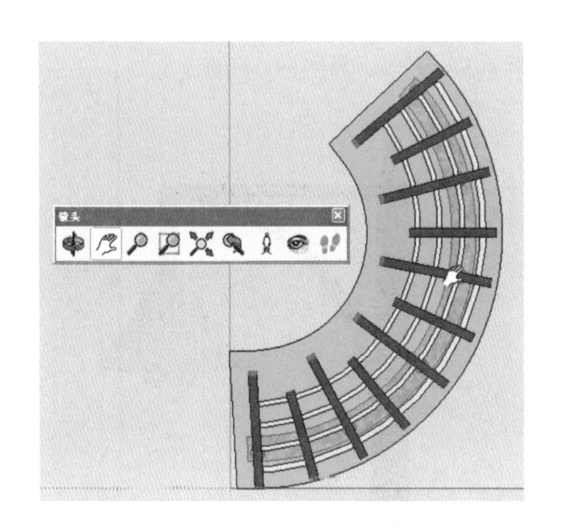

图 1-46　左右平移视图

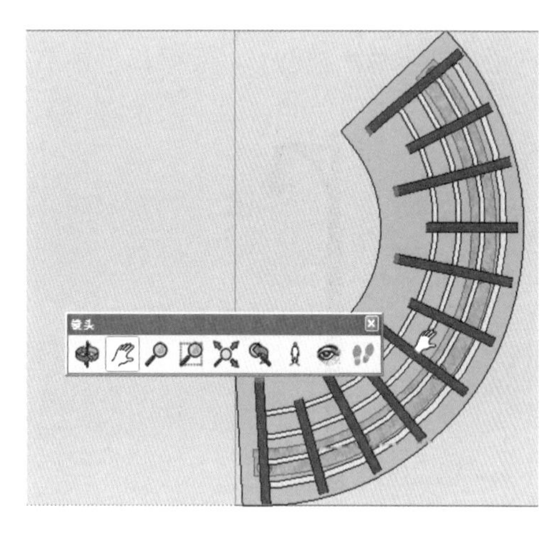

图 1-47　上下平移视图

技巧

按住 Shift 键的同时，按住鼠标滚轮进行拖动，可快速进行视图的平移。

009 缩放视图

文件路径：配套光盘\第 01 章\009　　视频文件：MP4\第 01 章\009.MP4

在实际的操作中，为了观察到模型的整体或是细节效果，需要对视图进行缩放操作，本例即讲述视图缩放操作的方法与技巧。

步骤 01 启动 SketchUp，打开本书配套光盘“009 缩放视图.skp”模型，如图 1-48 所示，其为一个路灯模型。

步骤 02 执行【镜头】/【缩放】命令，或单击镜头工具栏【缩放】按钮，即可启动视图缩放，如图 1-49 所示。

图 1-48　打开路灯模型

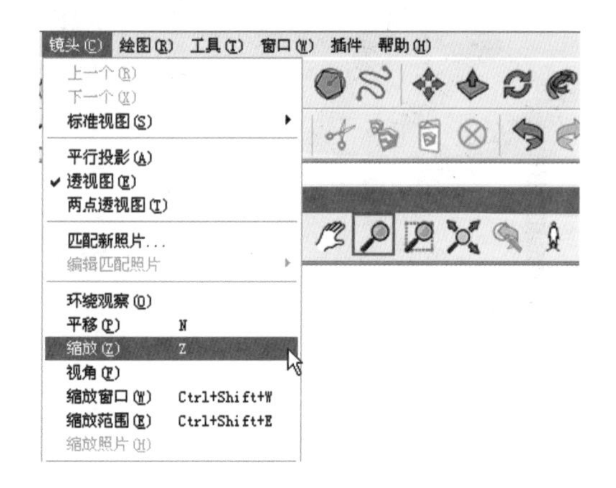

图 1-49　通过菜单或工具按钮进行缩放

步骤 03 启动缩放后，按住鼠标左键进行拖拉即可，向下拖动将缩小视图，以观察到模型全貌，向上推动则放大视图，以观察模型细节，如图 1-50 与　图 1-51 所示。

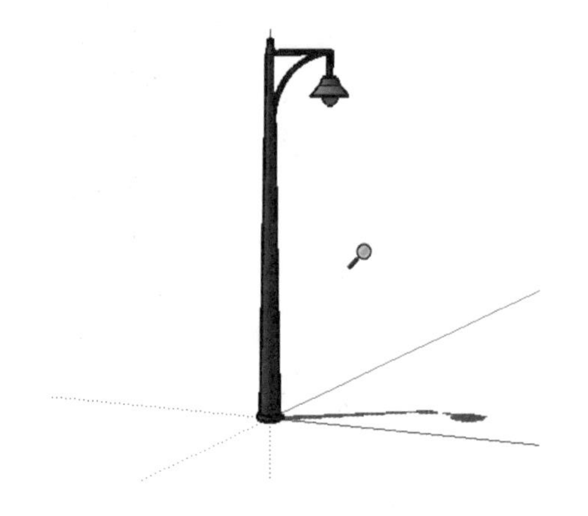

图 1-50　缩小视图观察模型全貌

图 1-51　放大视图观察模型细节

010 缩放窗口视图

文件路径：配套光盘\第 01 章\010	视频文件：MP4\第 01 章\010.MP4

缩放窗口可以快速划定目标观察区域，对于模型细节的放大观察十分有效，本例即讲解缩放窗口的操作与技巧。

步骤 01 启动 SketchUp，打开本书配套光盘“010 缩放窗口视图.skp”模型，如图 1-52 所示，其为一个屋檐模型。

步骤 02 执行【镜头】/【缩放窗口】命令，或单击镜头工具栏中【缩放窗口】按钮，即可启动缩放窗口，如图 1-53 所示。

图 1-52　模型打开效果

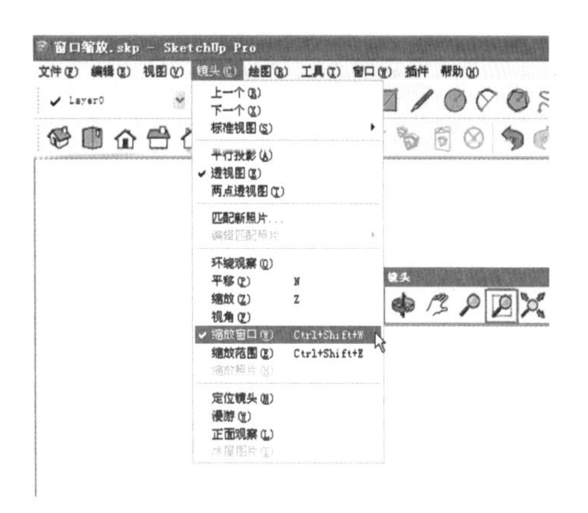

图 1-53　通过菜单或工具按钮进行缩放窗口

步骤 03 启动缩放窗口后，按住鼠标左键划定缩放范围，即可将该区域放大到满窗口显示，如图 1-54 与图 1-55 所示。

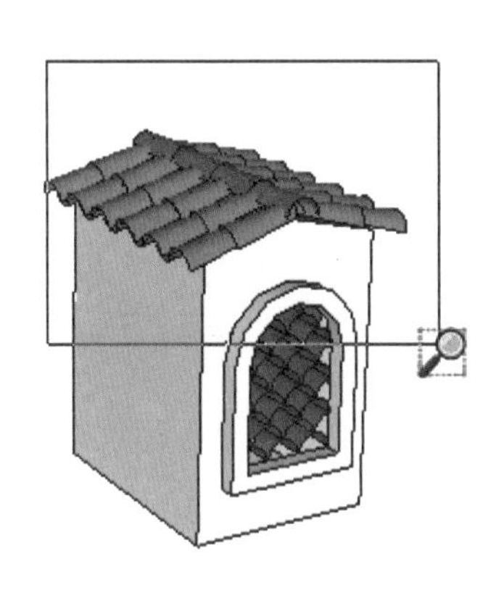

图 1-54　划定缩放窗口区域

图 1-55　缩放窗口完成效果

011 缩放范围

文件路径：配套光盘\第 01 章\011　　视频文件：MP4\第 01 章\011.MP4

在实际工作中，如果遇到要充分利用显示屏的大小，对模型进行最大化的显示，以便进行观察，可以使用缩放范围工具。

步骤 01 启动 SketchUp，打开本书配套光盘“011 缩放范围.skp”模型，如图 1-56 所示，其为一个喷泉模型。

步骤 02 使用视图缩放或缩放窗口工具，都无法使模型完全充满显示空间，边角会留下空白区域，如图 1-57 所示。

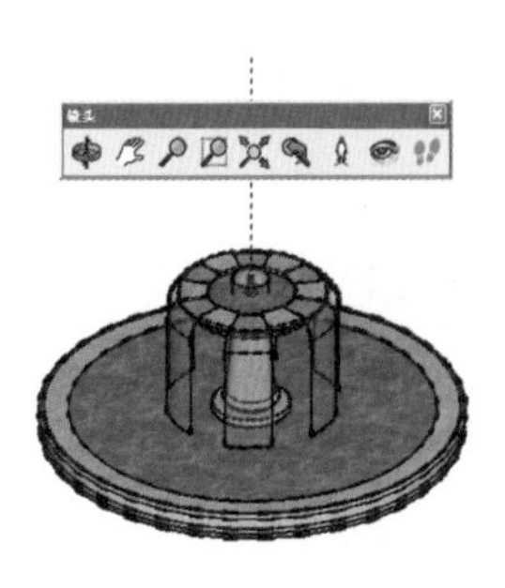

图 1-56 模型打开效果

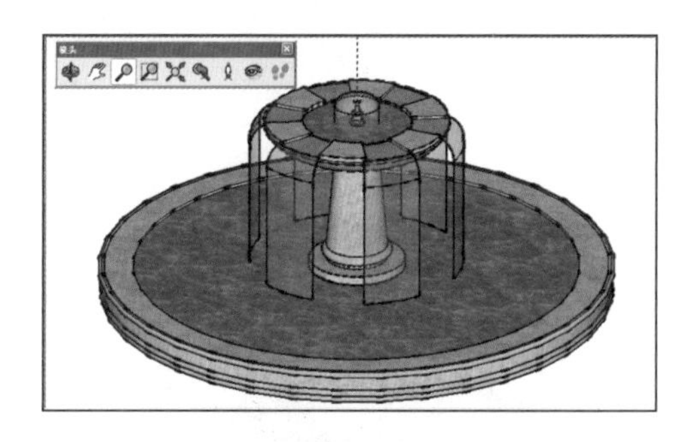

图 1-57 常规缩放完成的效果

步骤 03 执行【镜头】/【缩放范围】命令，或单击镜头工具栏中【缩放范围】按钮，即可瞬时完成模型的最大化显示，如图 1-58 与图 1-59 所示。

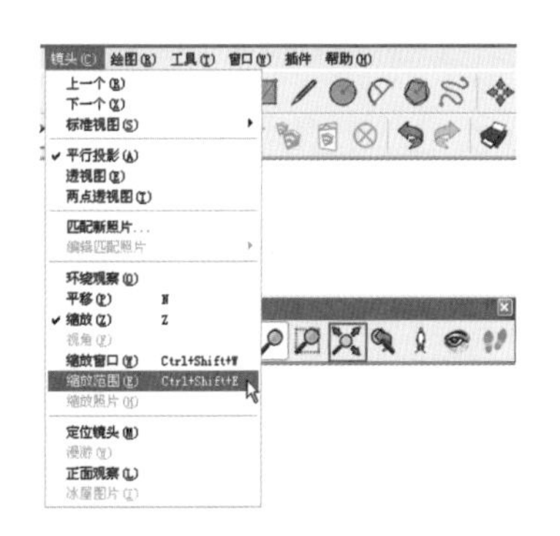

图 1-58 通过菜单或工具按钮进行缩放范围缩放

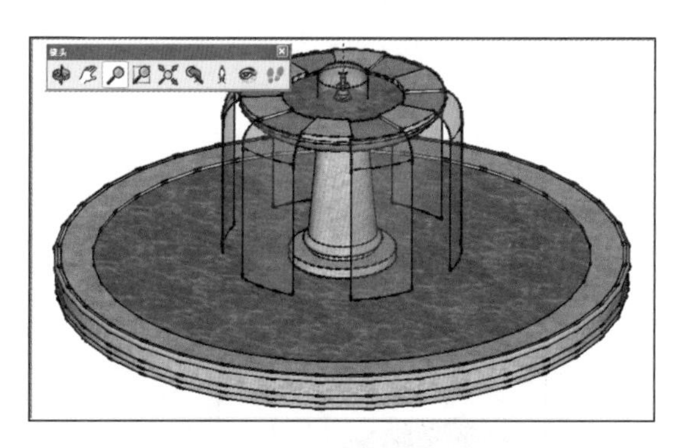

图 1-59 缩放范围缩放完成效果

012 上一个视图

文件路径：配套光盘\第 01 章\012

视频文件：MP4\第 01 章\012.MP4

在操作中如果进行了视图旋转、平移以及缩放等误操作时，通过上一个命令可进行快速调整。

步骤 01 启动 SketchUp，打开本书配套光盘“012 上一个视图.skp”模型，如图 1-60 所示，其为一套办公桌椅模型。

步骤 02 通过视图的旋转、平移等操作，调整视角方向至模型背面，如图 1-61 所示。

图 1-60 模型打开效果

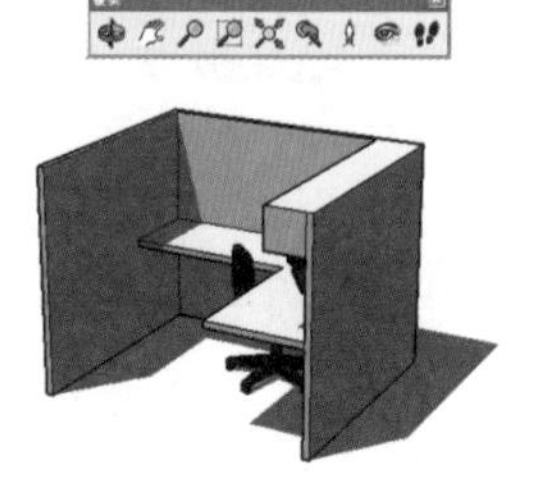

图 1-61 视图调整效果

步骤 03 如果此时要快速回到调整之前的视图，可以执行【镜头】/【上一个】命令，或单击镜头工具栏中【上一个】按钮进行撤销，如图 1-62 与图 1-63 所示。

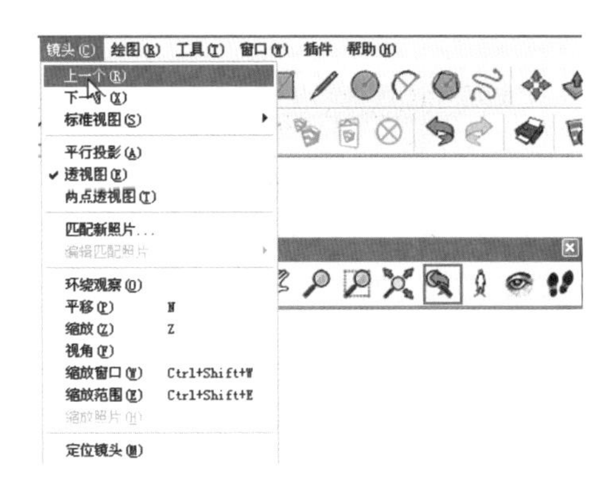

图 1-62　通过菜单或工具按钮返回上一视图

图 1-63　上一个视图返回效果

提示

在返回上一视图后，如果要回到返回前的视图，则需要执行【下一个】菜单命令。

1.3 对象的选择

013 单击选择

文件路径：配套光盘\第 01 章\013　　视频文件：MP4\第 01 章\013.MP4

了解 SketchUp 界面的构成与视图的控制后，接下来学习模型对象的选择方法，首先了解对象一般选择的方法，即通过单击进行选择。

步骤 01 启动 SketchUp，打开本书配套光盘“013 一般选择.skp”模型，如图 1-64 所示，其为一个圆桌模型。

步骤 02 单击【主要】工具按钮，或直接按键盘上的空格键将其激活，此时在视图内将出现一个“箭头”图标，在目标对象上单击，即可选择对象，如图 1-65 与图 1-66 所示。

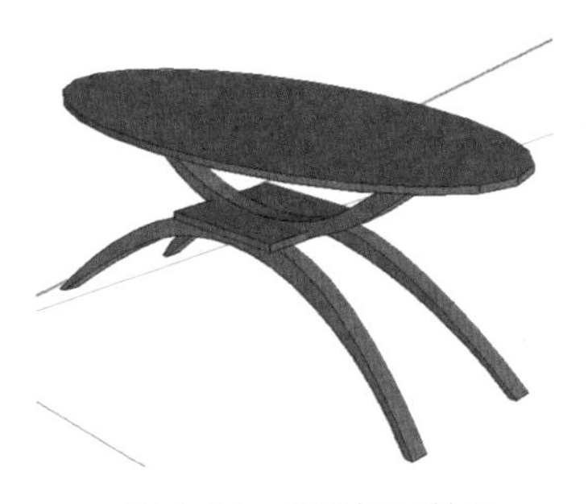

图 1-64　模型打开效果

图 1-65　激活选择工具

步骤 03 如果要继续选择模型，可以按住 Ctrl 键，待光标指针变成↖+状时，在加选对象上单击即可，如图 1-67 所示。

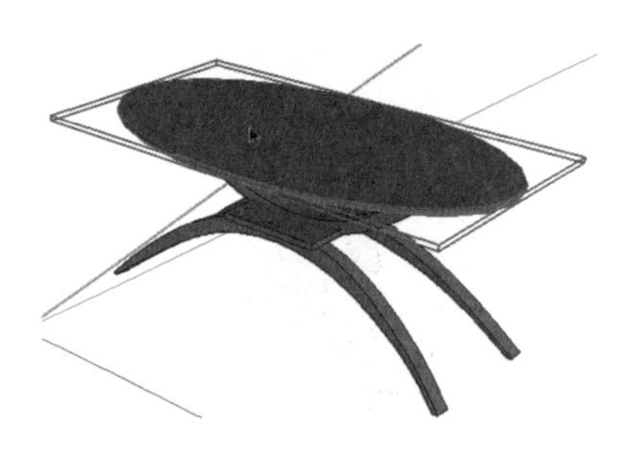

图 1-66 选择桌面

图 1-67 加选弧形支架

步骤 04 如果要取消已选模型，可以按住 Ctrl+Shift 键，待光标指针变成↖－状时，在减选对象上单击即可，如图 1-68 所示。

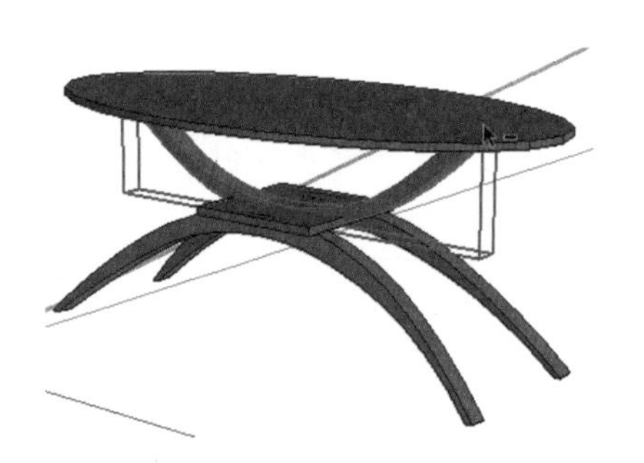

图 1-68 减选桌面

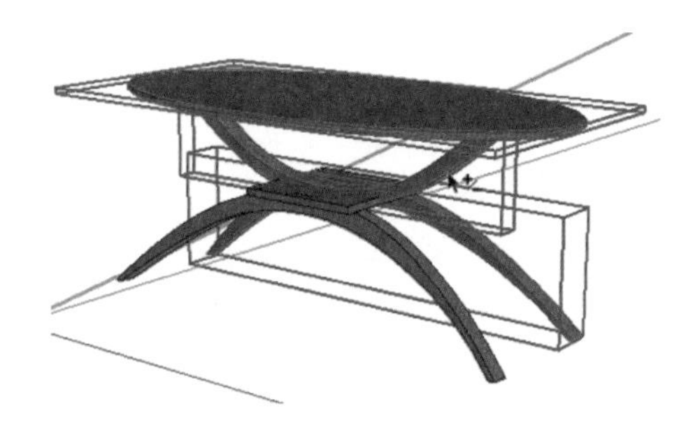

图 1-69 切换至自动选择

步骤 05 按住 Shift 键，待光标变成↖±状时，SketchUp 将自动加选或是减选，即此时如果在已选对象上单击，将进行减选，在未选对象上单击，则自动切换成加选，如图 1-69~ 图 1-71 所示。

图 1-70 对已选模型自动进行减选

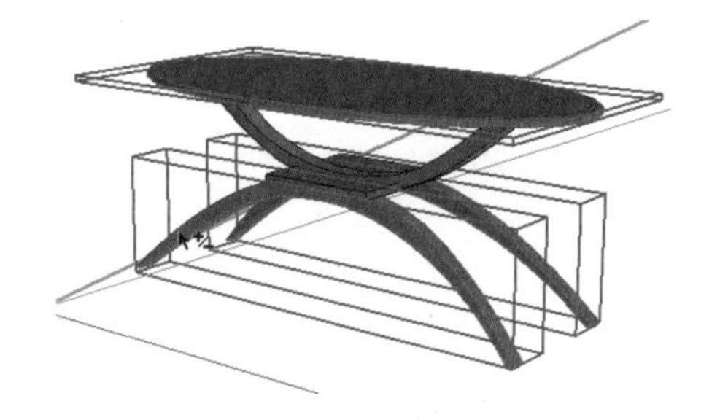

图 1-71 对未选模型自动进行加选

014 框选与叉选

文件路径：配套光盘\第 01 章\014	视频文件：MP4\第 01 章\014.MP4

单击选择适用于单个模型面或组件的选择，在进行多个模型面或组件的选择时，框选与叉选更为有效，本例介绍这两种选择方式的操作与技巧。

步骤 01 启动 SketchUp，打开本书配套光盘“014 框选与叉选.skp”模型，如图 1-74 所示，其为一个钢架模型。

步骤 02 启用选择工具，按住鼠标左键，从屏幕任意位置从左至右划出实线选择范围框，如图 1 75 所示。此时只有完整被该范围框包围的模型才被选择，如图 1-72 所示。

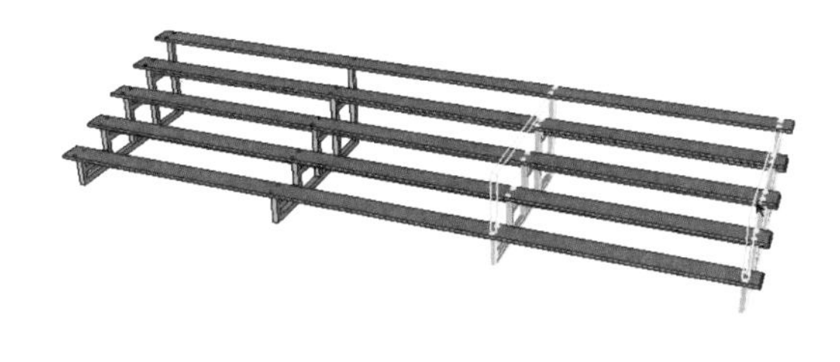

图 1-72　框选结果

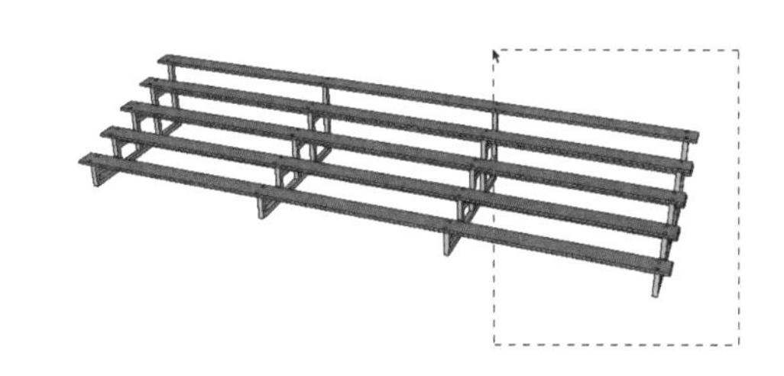

图 1-73　叉选

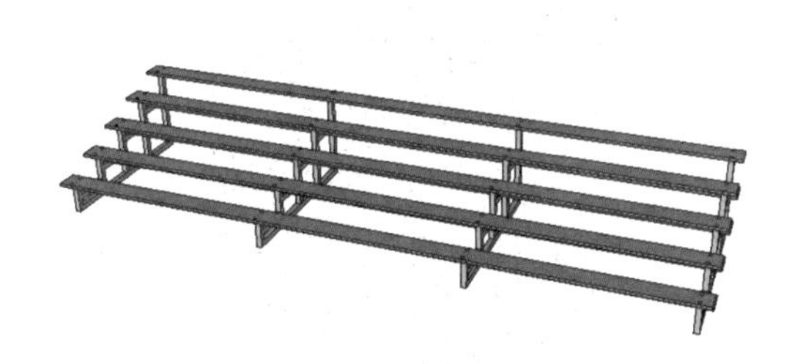

图 1-74　模型打开效果

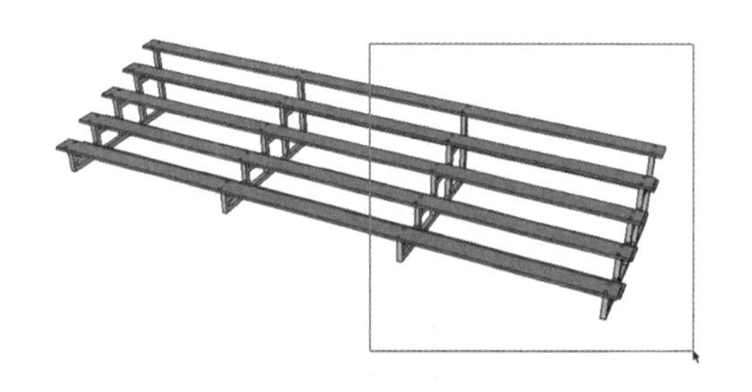

图 1-75　框选

步骤 03 启用选择工具，按住鼠标左键，从屏幕任意位置从右至左划出虚线选择范围框，如图 1-73 所示。所有与该范围框有接触的模型均被选择，如图 1-76 所示。

→提 示

在进行框选或叉选时，通过键盘控制加选、减选等功能同样有效，如图 1-77 所示。

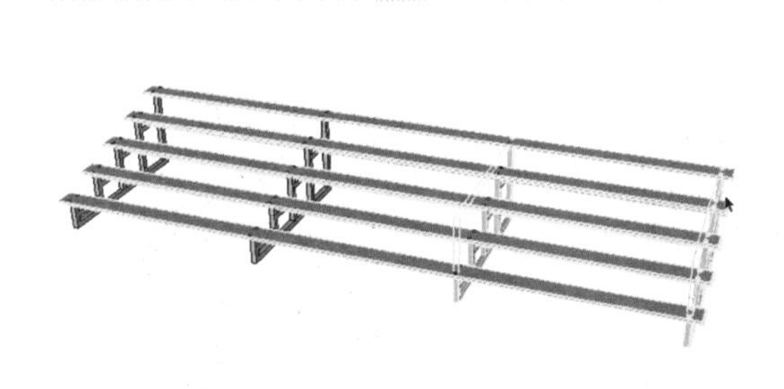

图 1-76　叉选结果

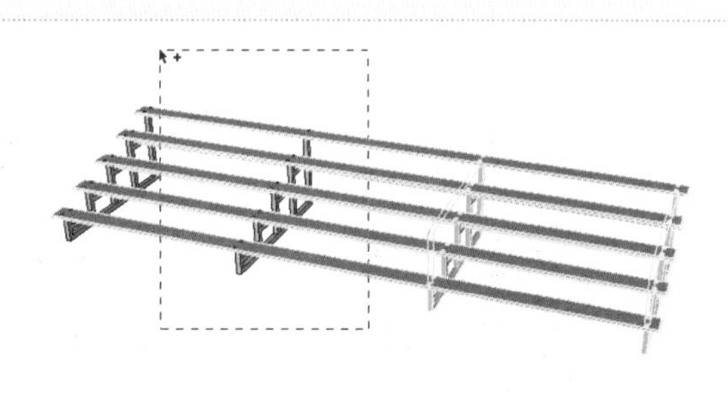

图 1-77　以叉选方式加选

015 扩展选择

文件路径：配套光盘\第 01 章\015	视频文件：MP4\第 01 章\015.MP4

除了单击选择、框选与叉选外，在选择时通过鼠标连续单击的次数，还可以进行扩展选择，本例介绍扩展选择的方法。

步骤 01 启动 SketchUp，打开本书配套光盘“015 扩展选择.skp”模型，如图 1-78 所示，其为书本模型。

步骤 02 启用选择工具后，在目标选择对象上单击，仅选择光标所接触的模型面，如图 1-79 所示。

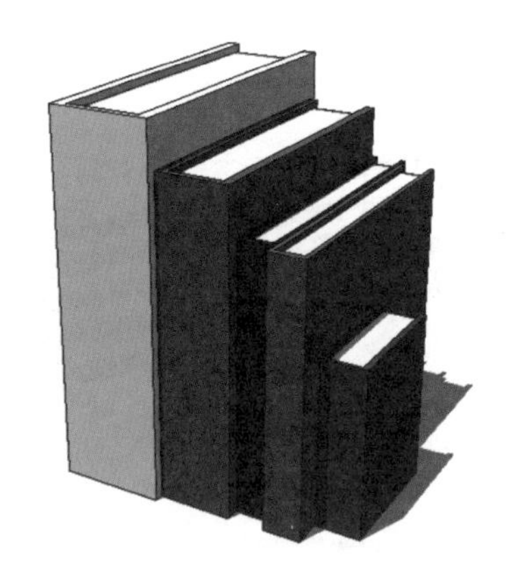

图 1-78　模型打开效果

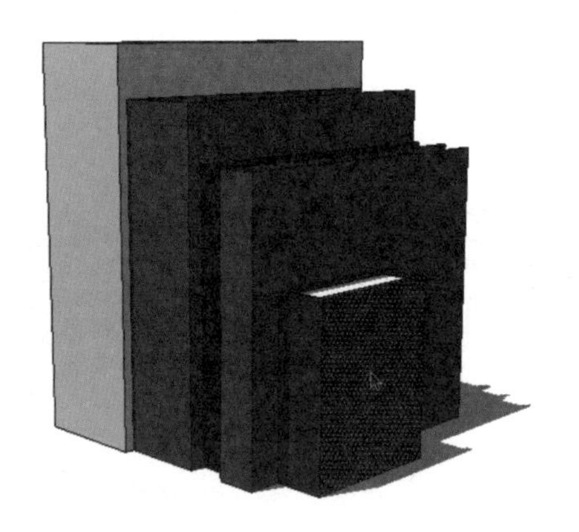

图 1-79　单击一次选择单独模型面

步骤 03 在目标对象上快速双击，将选择光标接触模型面以及周边相关边线，如图 1-80 所示。

步骤 04 在目标对象上快速三击鼠标，将选择光标接触模型面所在组件内所有模型面，如图 1-81 所示，如果其他与其接触的模型均未成组，则所接触的模型均将被选择，如图 1-82 所示。

图 1-80　双击选择模型面与相关边线

图 1-81　三击选择组件内所有模型面

图 1-82　非组件三击选择所有连接面

1.4 切换显示样式

016 切换模型显示样式

文件路径：配套光盘\第 01 章\016　　视频文件：MP4\第 01 章\016.MP4

SketchUp 设定了多种模型显示样式，用户可以根据观察或是建模需要进行切换，本例即介绍模型显示样式切换的方法。

步骤 01 启动 SketchUp，打开本书配套光盘“016 显示样式切换.skp”模型，如图 1-83 所示，该场景为一个客厅透视模型，当前显示下模型纹理、色彩效果均可见。

步骤 02 执行【视图】/【正面样式】命令，或单击【样式】工具栏上对应按钮，即可切换模型的显示效果，如图 1-84 所示。各显示样式效果如图 1-85~图 1-92 所示。

图 1-83　模型打开效果

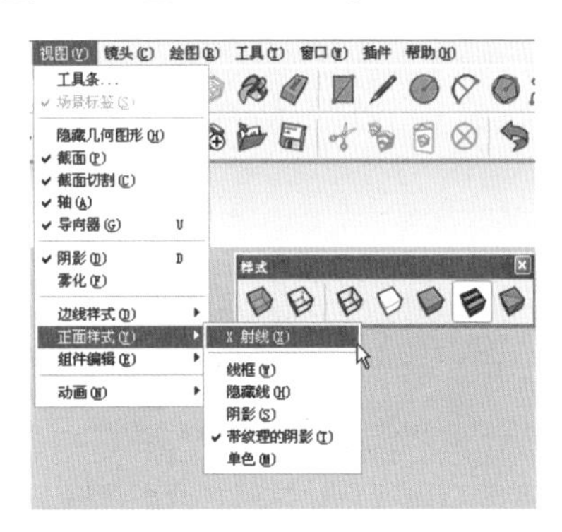

图 1-84　通过菜单或工具按钮切换显示样式

提 示

X 射线模式为透明显示效果，其可以叠加在其他显示样式上，如图 1-85 与图 1-86 所示。

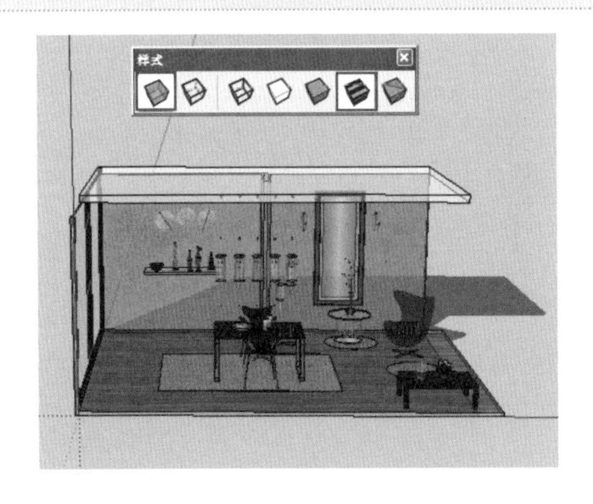

图 1-85　X 射线显示样式 1

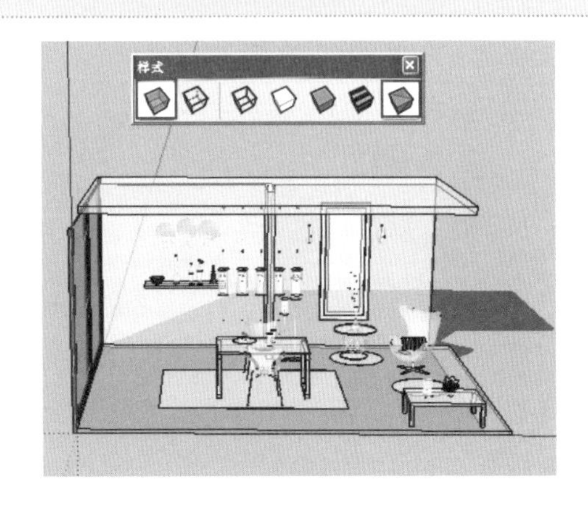

图 1-86　X 射线显示样式 2

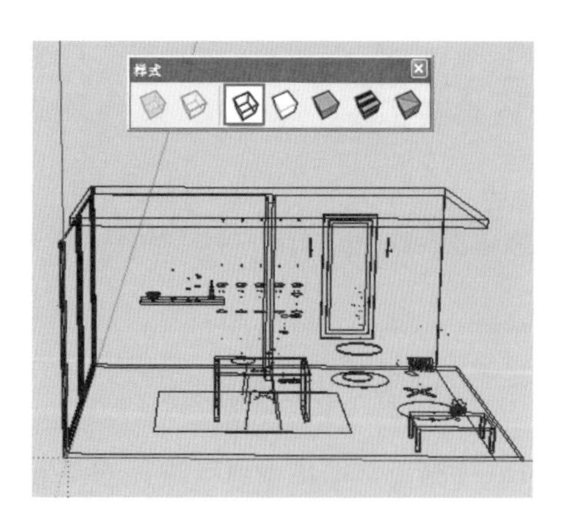

图 1-87　线框显示样式

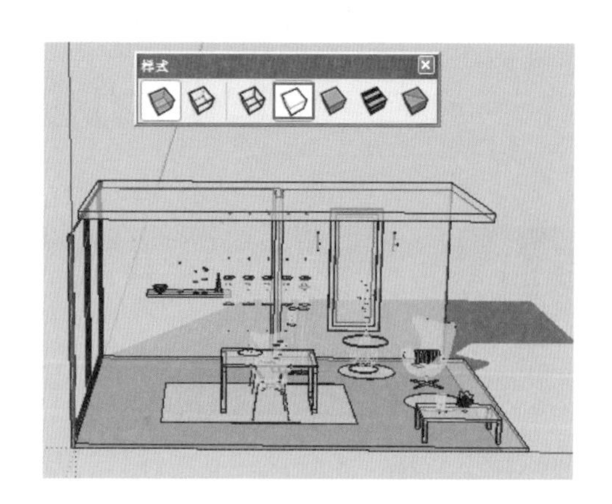

图 1-88　隐藏线显示样式

提示

阴影纹理样式用于观察模型的最终效果，但需要占用的系统资源也最多。为了便于操作，在进行光影效果的调整时，可以切换至阴影或单色显示模式。

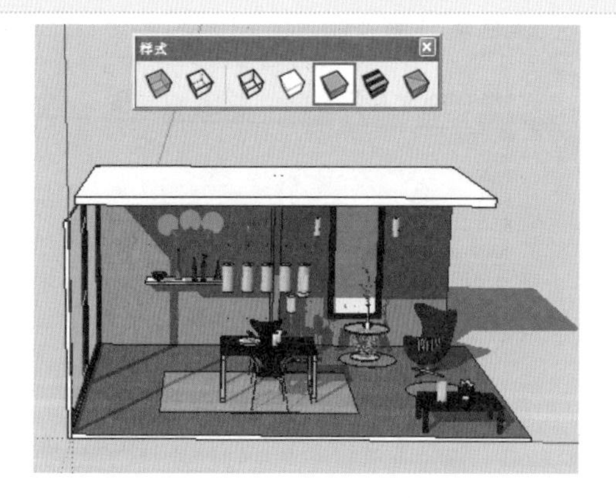

图 1-89　阴影显示样式

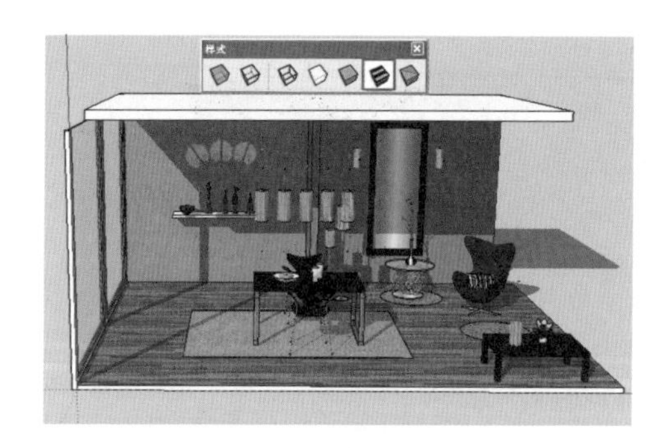

图 1-90　阴影纹理样式

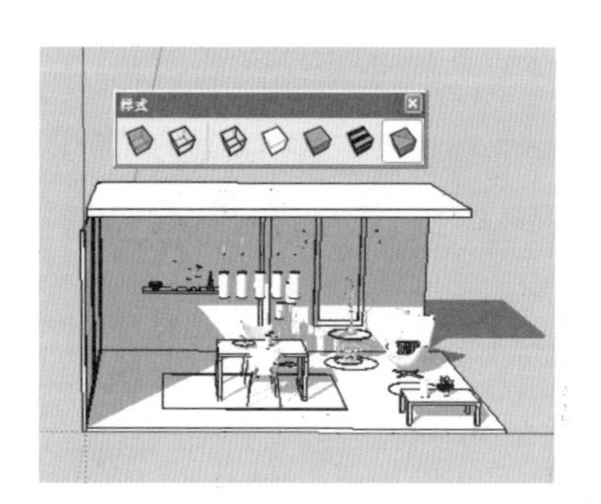

图 1-91　单色显示样式

图 1-92　显示后边线效果

提示

后边线模式与 X 射线模式类似，可以与其他显示模式进行重叠显示，以虚线的形式体现模型背面的线条，如图 1-89 ~ 图 1-91 所示。

017 调整边线显示类型

文件路径：配套光盘\第 01 章\017　　视频文件：MP4\第 01 章\017.MP4

SketchUp 中文俗称“草图大师”，能得到这样的一个称谓，其原因是 SketchUp 通过设置边线显示参数，可以显示出类似于手绘草图样式效果，本例将具体介绍调整的方法。

步骤 01 启动 SketchUp，打开本书配套光盘“017 调整连线显示类型.skp”模型，如图 1-93 所示。该模型为一个显示贴图的小区住宅，本例将参考如图 1-94 所示的建筑手绘草图效果，设置类似的显示效果。首先了解 SketchUp 中基本的边线样式。

图 1-93　模型打开效果

图 1-94　建筑手绘草图效果

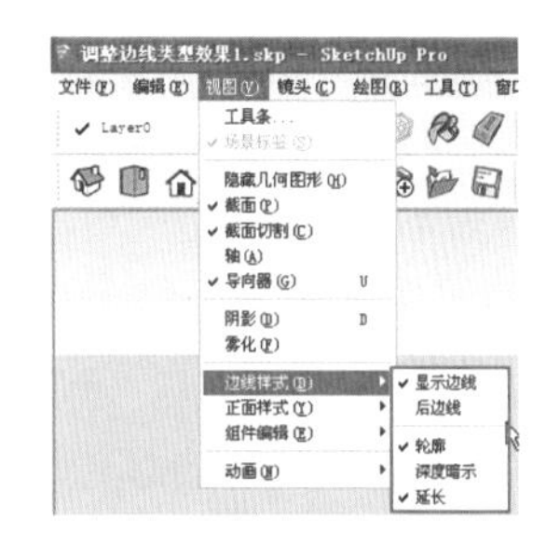

图 1-95　执行查看/边线样式命令

步骤 02 执行【视图】/【边线样式】命令，在下拉列表菜单中可以看到轮廓、深度暗示、延长三种 SketchUp 最基本的边线样式，如图 1-95 所示。其效果分别如图 1-96~图 1-98 所示。

图 1-96　轮廓线效果

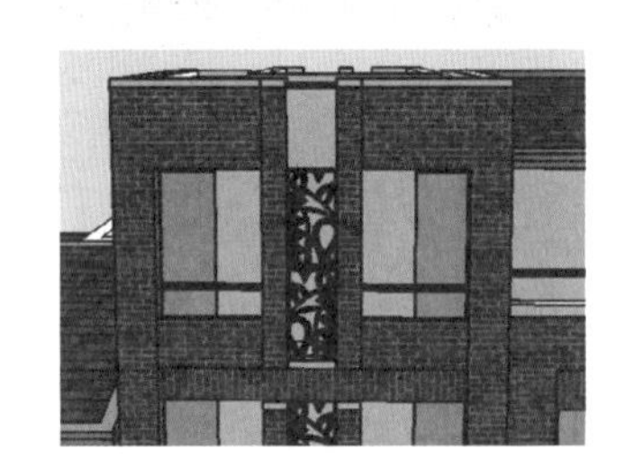

图 1-97　深度暗示效果

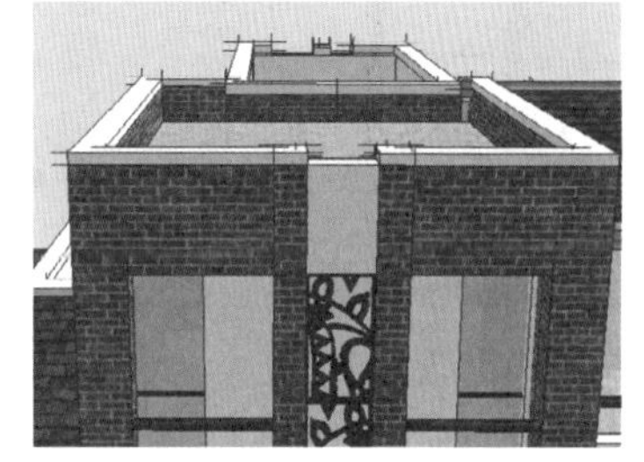

图 1-98　延长线效果

- 【轮廓线】：默认为勾选，如图 1-96 所示。如果取消勾选，场景中模型的边线将淡化或消失。
- 【深度暗示】：该方式以比较粗的深色线条显示边线，如图 1-97 所示。由于该种效果影响模型细节的观察，因此通常不予勾选。
- 延长线：在手绘草图的过程中，两条相交的直线通常会稍微延伸出头，在 SketchUp 中勾选【延长线】，即可实现该种效果，如图 1-98 所示。

步骤 03 【边线样式】仅能简单地设置各种边线效果，对边线的宽度、长度等特征无法进行控制，接下来学习相关的控制操作方法。执行【窗口】/【样式】命令，弹出【样式】设置面板，在【编辑】选项卡中单击【边线设置】按钮，即可进行更加丰富的边界线类型与效果的设置，如图 1-99 与图 1-100 所示。

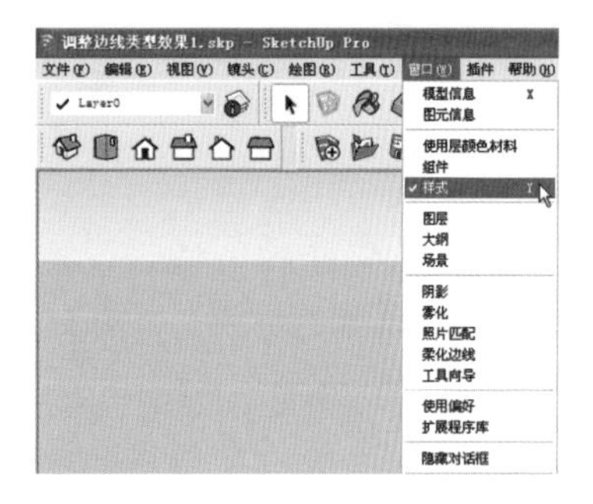

图 1-99　执行窗口/样式命令

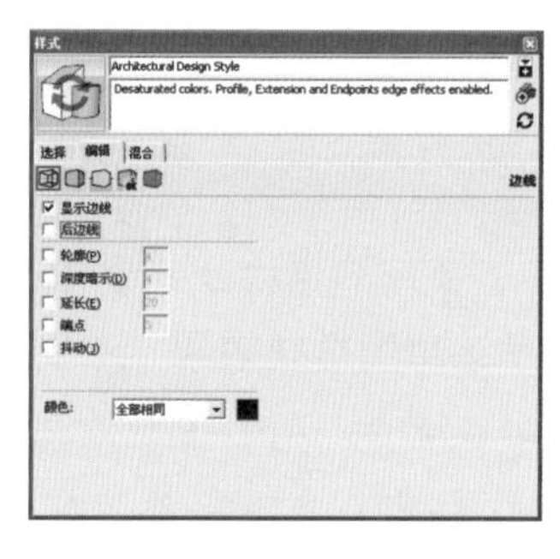

图 1-100　进入编辑选项卡

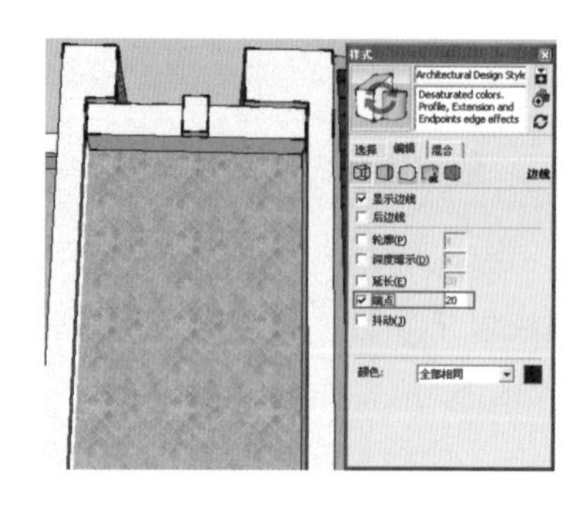

图 1-101　端点线设置效果

步骤 04 【端点线】和【抖动】复选框勾选效果，分别如图 1-101 与图 1-102 所示。

- 【端点线】：边线与边线的交接处将以较粗的线条显示，通过其后的参数可以设置线条的宽度。
- 【抖动】：笔直的边界线以稍许弯曲凌乱的线条进行显示，用于模拟手绘中真实的线段细节。

步骤 05 了解了 SketchUp 边线的类型与对应效果后，参考建筑手绘草图的线条特点，设置【样式】面板中相关参数，如图 1-103 所示，即可制作出类似手绘草图的效果，如图 1-104 所示。

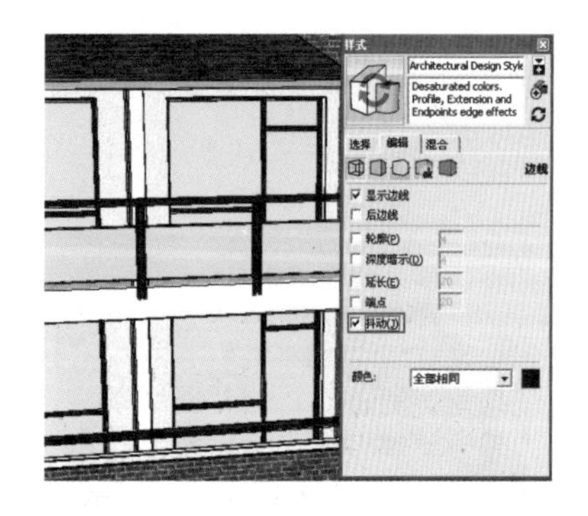

图 1-102　抖动效果

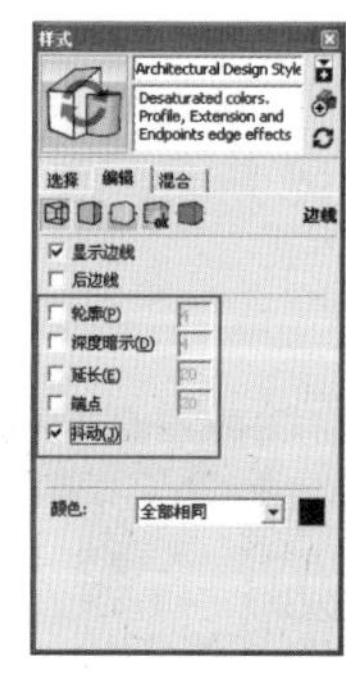

图 1-103　样式面板使用偏好

图 1-104　草图显示效果

018 调整边线显示颜色

文件路径：配套光盘\第 01 章\018　　视频文件：MP4\第 01 章\018.MP4

在 SketchUp 中，除了调整边线的类型外，还可以对边线的颜色进行控制，本例讲解具体的控制方法。

步骤 01 进入【样式】面板【编辑】选项卡，通过【颜色】下拉列表框，可选择【全部相同】、【按材质】以及【按轴】三种方式调整边线颜色，如图 1-105 所示。

步骤 02 默认选择【全部相同】类型，此时可以通过其后方的颜色设置整体的边线颜色，如图 1-106 与图 1-107 所示。

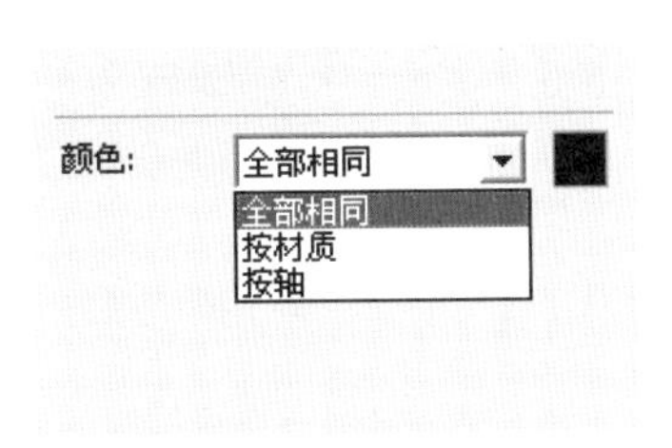

图 1-105 颜色下拉列表

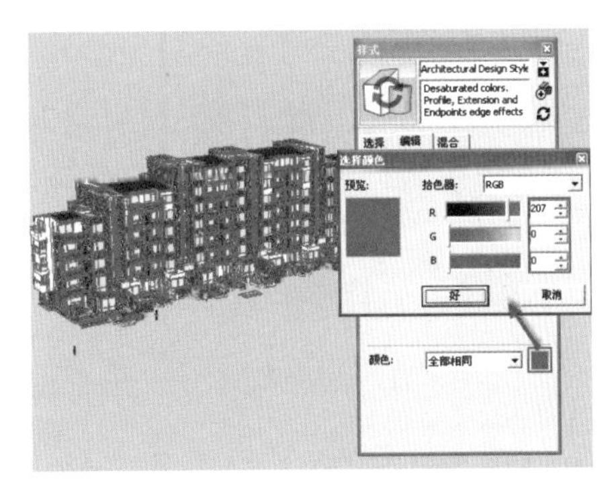

图 1-106 设置边线整体颜色

步骤 03 【按材质】以及【按轴】两种颜色控制方式的效果如图 1-108 与图 1-109 所示。

图 1-107 边线整体颜色调整效果

图 1-108 按材质显示边线颜色

- 【按材质】: 系统将自动调整模型边线为自身材质颜色一致的颜色，如图 1-108 所示。
- 【按轴】: 系统分别将 X、Y、Z 三个轴向上的边线以红、绿、蓝三种颜色显示，如图 1-109 所示。

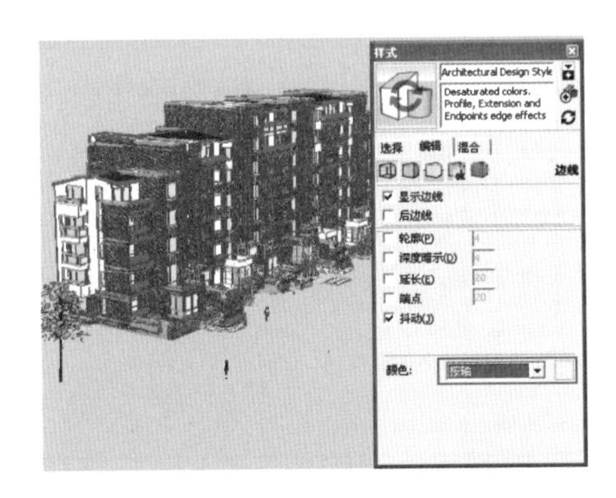

图 1-109 按轴显示边线颜色

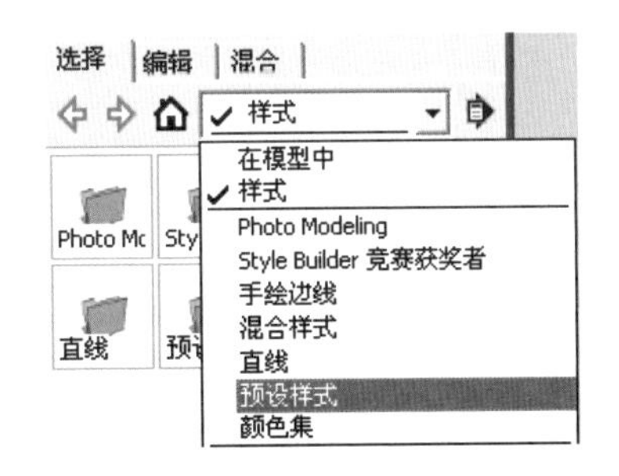

图 1-110 下拉列表

提 示

除了以上类似铅笔黑白素描的效果外，通过【样式】设置面板中【选择】选项卡，还可以设置诸如【手绘边线】、【颜色集】等其他效果，如图 1-110 ~图 1-112 所示。

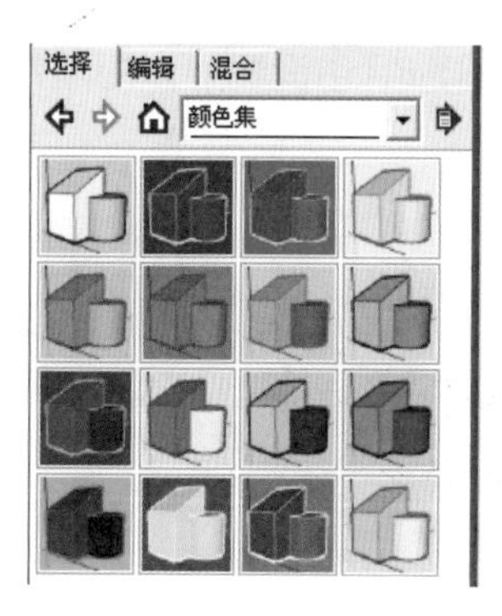

图 1-111　颜色集列表

图 1-112　【颜色集】模型效果

1.5 设置绘图环境

019 设置场景单位

文件路径：无　　视频文件：MP4\第 01 章\019.MP4

了解对象的选择与显示效果的调整后，接下来学习 SketchUp 绘图前系统的准备与个性化设置的方法，首先了解场景单位的设置方法。

步骤 01 执行【窗口】/【模型信息】命令，打开【模型信息】设置面板，选择其中的【单位】选项，可以发现默认单位为英寸（美制），如图 1-113 所示。

步骤 02 设置【单位形】为【十进制】，在其后的下拉列表中选择 mm，最后选择【精确度】为 0mm，如图 1-114 所示。对于系统的【尺寸标注】、【文字】等特征，由于不同的设计单位有不同的表示方法，所以这里不详细讲述。

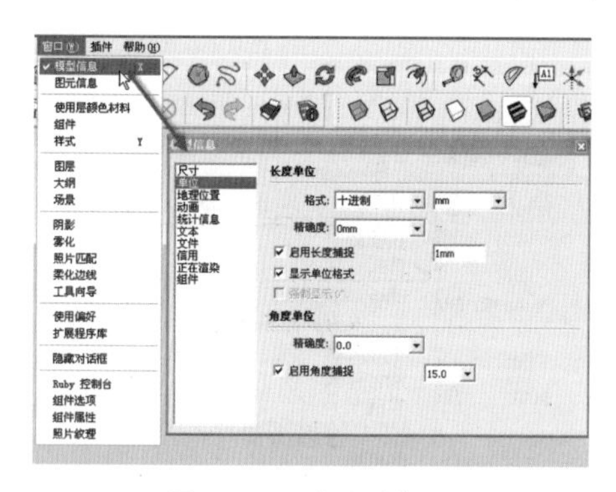

图 1-113　默认单位设置

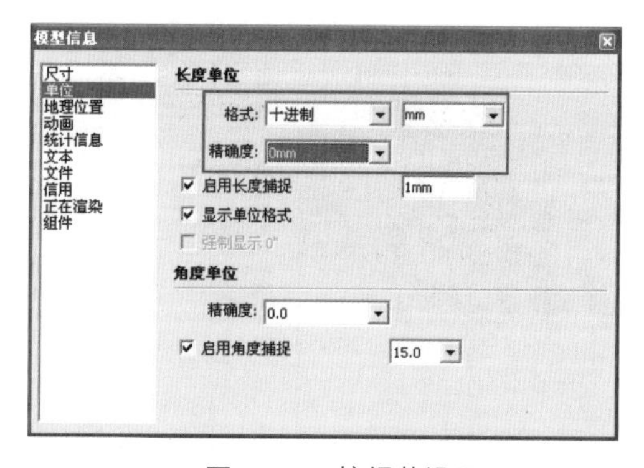

图 1-114　按规范设置

提 示

SketchUp 默认设置下以英寸（美制）为绘图单位，而我国的设计规范均以 mm（米制）为单位，精度则通常保持 0mm。

技巧

在开启 SketchUp 时，会弹出如图 1-115 所示的启动面板，单击【模板选择】按钮，即可以直接选择毫米制的建筑绘图模板，如　　图 1-116 所示。

图 1-115　SketchUp 启动面板

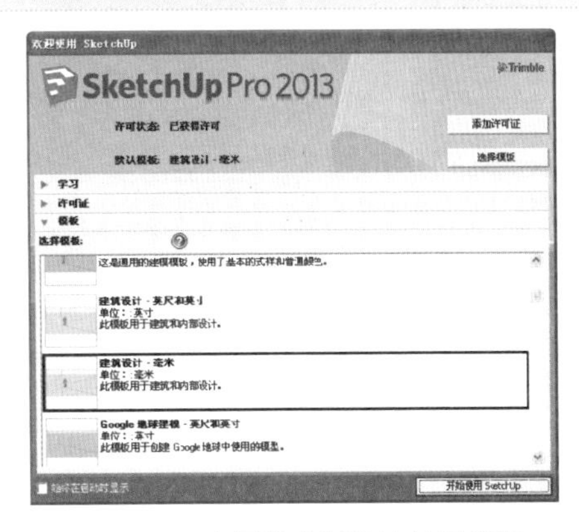

图 1-116　选择毫米制建筑绘图模板

020 设置文件自动备份

文件路径：无　　视频文件：020.MP4

为了防止因为断电等突发情况造成文件的丢失，SketchUp 提供文件自动备份与保存的功能，本例介绍其具体操作方法。

步骤 01 执行【窗口】/【使用偏好】菜单命令，在弹出的【系统属性】面板中选择【常规】选项，如图 1-117 所示。

步骤 02 在【常规】选项卡右侧的【保存】参数组中，即可设置保存备份以及间隔时间，如图 1-118 所示。

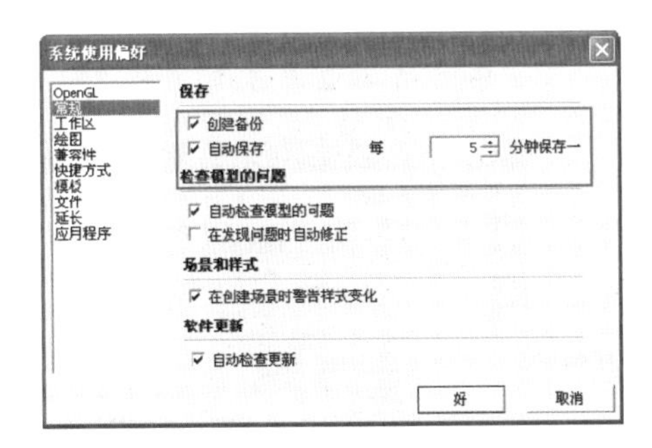

图 1-117　常规选项卡设置

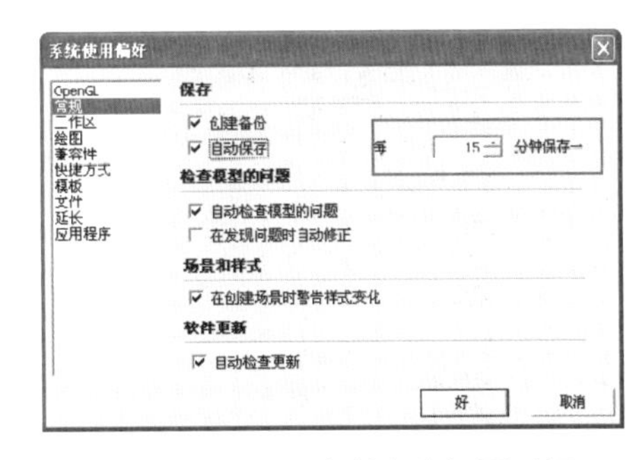

图 1-118　设置备份保存间隔时间

提示

创建备份与自动保存是两个概念，如果只勾选【自动保存】复选框，则数据将直接保存在打开的文件上。只有同时再勾选【创建备份】，才能将数据另存在一个新的文件上，这样即使打开的文件出现损坏，还可以再使用备份文件。

步骤 03 选择【文件】选项卡，如图 1-119 所示，单击【模型】参数后的【设置路径】按钮，即可在弹出的【浏览文件夹】面板内设置自动备份的文件路径，如 图 1-120 所示。

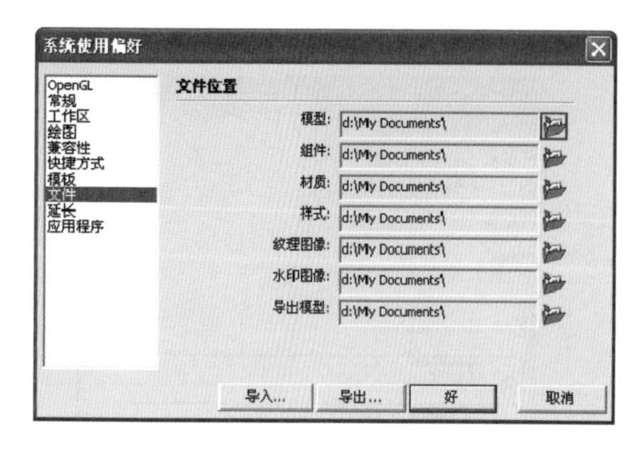

图 1-119 【文件】选项卡

图 1-120 设置模型备份文件夹

021 自定义快捷键

文件路径：无

视频文件：MP4\第 01 章\021.MP4

在 SketchUp 中，根据个人习惯设定快捷键可以有效提高工作效率，本例介绍如何自定义快捷键。

步骤 01 在默认设置下，通过菜单找到对应的命令，在其后方即会显示对应的默认快捷键，如图 1-121 所示。

步骤 02 执行【窗口】/【使用偏好】菜单命令，打开【系统属性】面板，选择【快捷方式】选项卡，在【命令】列表中选择对应的命令，即可在右侧的【添加快捷键】文本框内自定义快捷键，如图 1-122 所示。

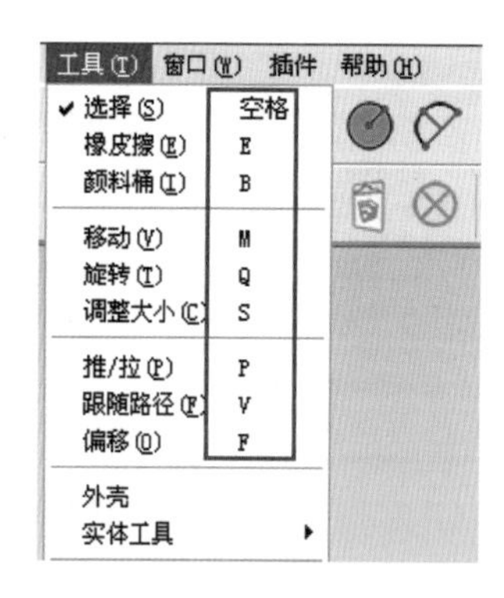

图 1-121 默认快捷键

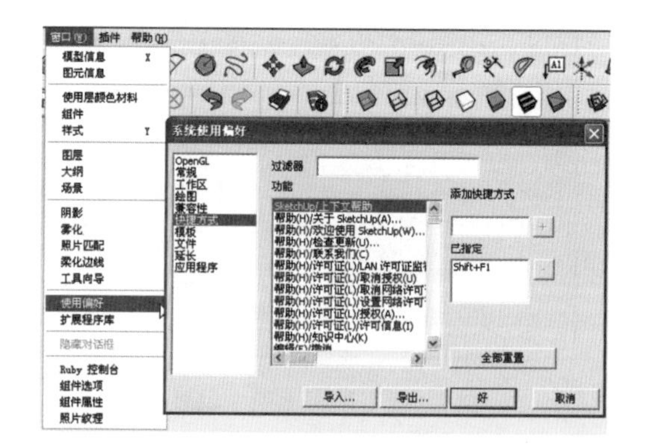

图 1-122 自定义快捷键

步骤 03 输入快捷键后，单击【添加】按钮即可，如果该快捷键已被其他命令占用，将弹出如图 1-123 所示的提示面板，此时单击【是】按钮将其替代，然后单击【系统属性】面板中的【确定】按钮，设置的快捷键即可生效。

步骤 04 如果要删除已经设置好的快捷键，只需要选择对应的命令，然后在【快捷方式】列表框中选择快捷键，单击【删除】按钮即可，如图 1-124 所示。

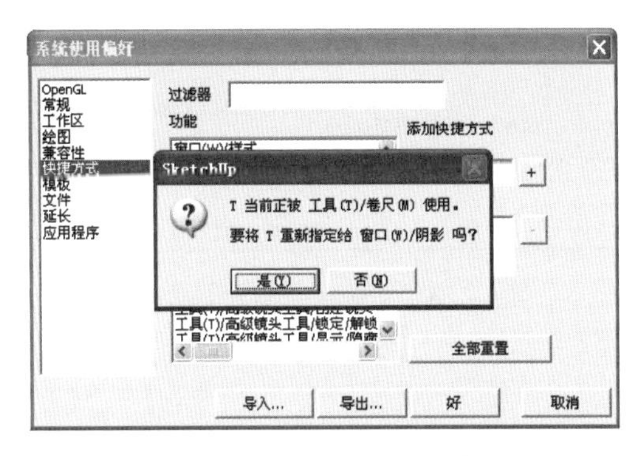

图 1-123　重新定义快捷键

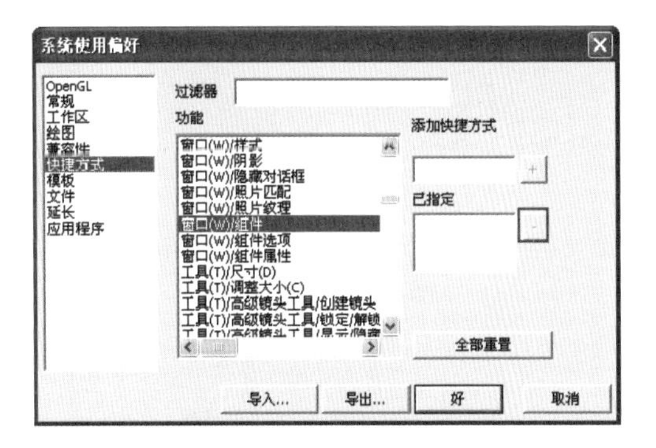

图 1-124　删除快捷键

——>技 巧

单击【系统属性】面板中的【导出】按钮，打开如图 1-125 所示的【输出预置】面板，在其中设置好文件名并单击【导出】按钮，即可将自定义好的快捷键以 dat 文件进行保存。当重装系统或在他人计算机上应用 SketchUp 时，单击【导入】按钮，在弹出的【输入预置】面板中选择快捷键文件，单击【导入】按钮，即可快速加载之前自定义的所有快捷键，如　图 1-126 所示。

图 1-125　导出快捷键

图 1-126　导入快捷键

022 保存设定模板

文件路径：无　　视频文件：无

在 SketchUp 中设置好场景单位、文件保存路径等参数后，为了避免重复设置，可以将当前的设定保存为模板，本例介绍保存设定模板的方法。

步骤 01 模板的保存方法十分简单，在设置好场景单位等参数后，执行【文件】/【另存为模板】菜单命令，如图 1-127 所示。

步骤 02 在弹出的【保存为模板】面板中，输入模板名称，单击【保存】按钮即可，如**错误！未找到引用源。**所示。

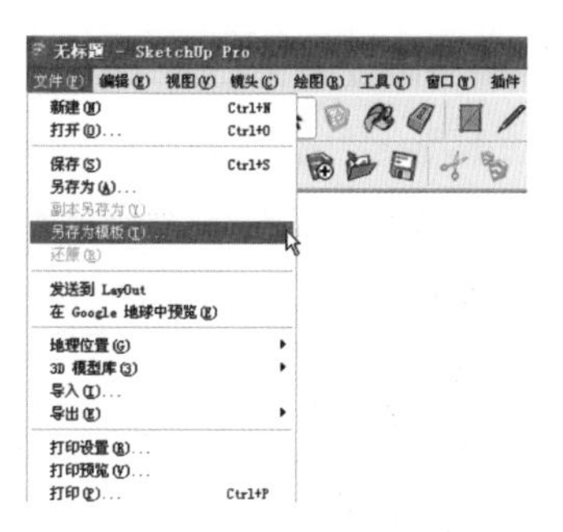

图 1-127　执行命令

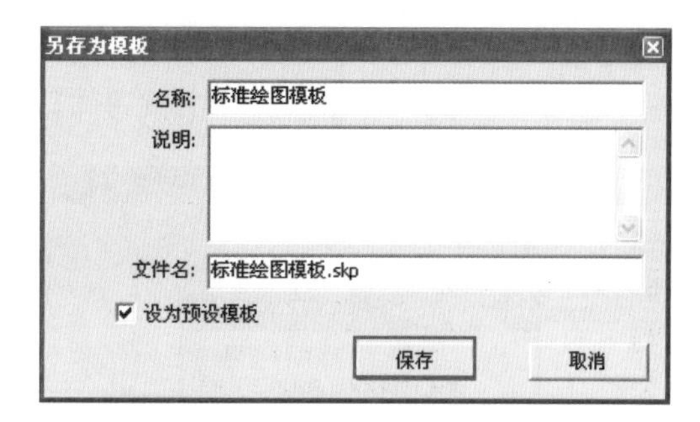

图 1-128　【保存为模板】面板

023 调用保存模板

文件路径：无　　视频文件：无

将场景成功保存为模板后，在下次使用 SketchUp 时，即可直接调用，本例讲解模板的调用方法。

步骤 01 模板的调用有两种，第一种是在 SketchUp 欢迎界面的【模板】选项卡中，直接选择保存好的模板文件进行应用，如图 1-129 所示。

步骤 02 如果在开启 SketchUp 时忘记调用模板，则可以使用第二种方法。在【系统属性】面板中选择【模板】选项卡，单击【浏览】按钮，选择之前保存的模板文件即可，如图 1-130 所示。

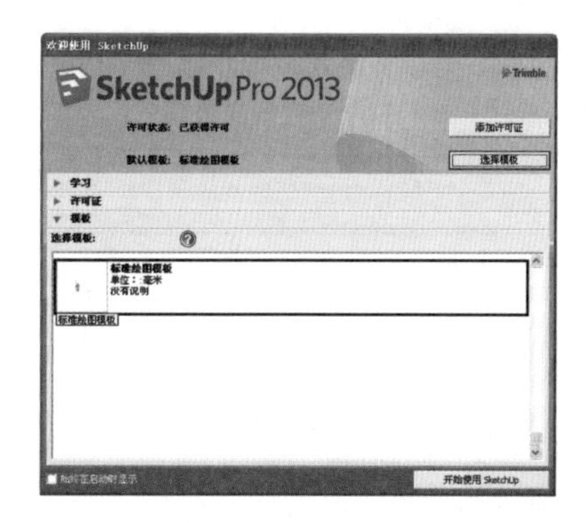

图 1-129　在欢迎界面中直接应用保存模板

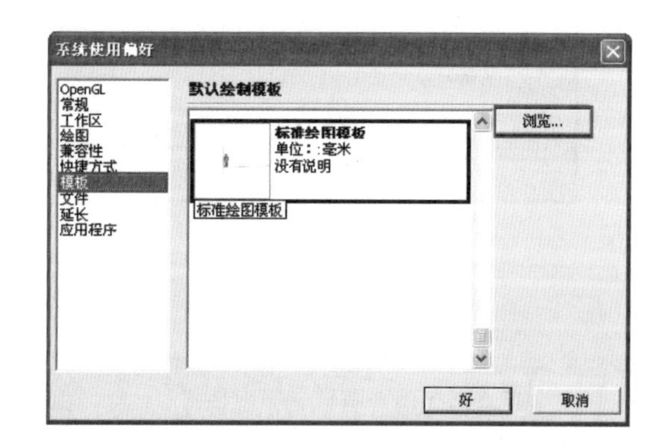

图 1-130　通过系统属性面板调用保存模板

第2章 SketchUp 基本工具

在了解了 SketchUp 界面的构成、视图与对象的控制，以及基本绘图环境的设置后，本章将学习 SketchUp 常用的【绘图】、【编辑】、【主要】、【建筑施工】以及【镜头】5 大工具栏中各个工具的使用，如图 2-1~图 2-5 所示。

图 2-1　绘图工具栏

图 2-2　编辑工具栏

图 2-3　主要工具栏

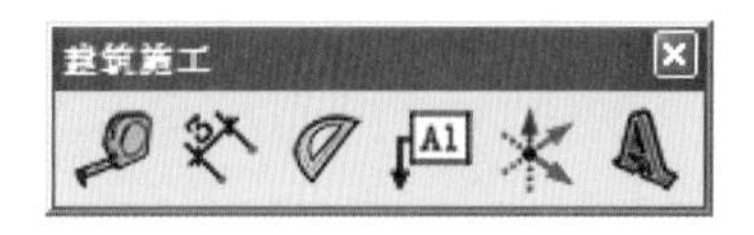

图 2-4　建筑施工工具栏

图 2-5　镜头工具栏

2.1 绘图工具

024 矩形创建工具

文件路径：无　　视频文件：MP4\第 02 章\024.MP4

矩形创建工具是 SketchUp 最为常用的工具，其不但可以进行快速封面，还能对现有模型进行快速分割，本例介绍其基本使用方法与技巧。

1. 通过鼠标创建矩形

步骤 01 打开 SketchUp，执行【绘图】/【矩形】命令，或单击【绘图】工具栏【矩形】创建按钮，均可启用该绘制工具，如图 2-6 所示。

步骤 02 移动光标至绘图区域，当光标变成时，在绘图区内单击，确定矩形第一个角点，然后再拖动确定第二个角点，即可创建出一个矩形，如图 2-7 所示。

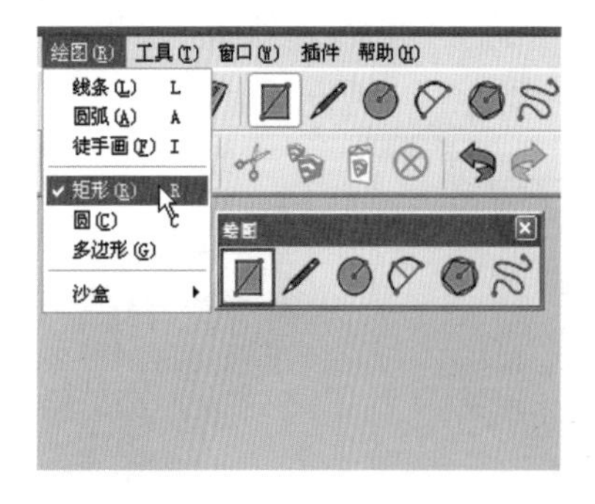

图 2-6　通过菜单或工具栏启用矩形创建工具

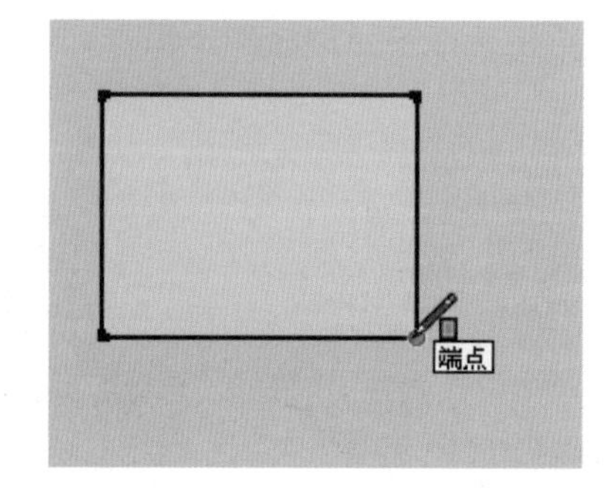

图 2-7　直接通过鼠标拖动绘制矩形

—>提 示

当绘制的【矩形】长宽比满足 0.618 的黄金分割比率时，矩形内部将出现一条虚线，如图 2-8 所示，此时单击即可创建满足黄金分割比的矩形，如图 2-9 所示。

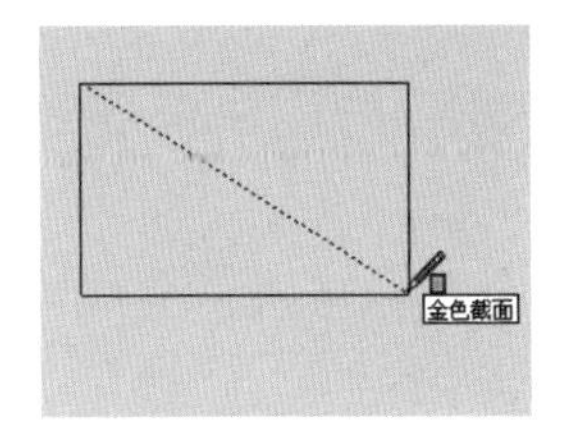

图 2-8　矩形内部虚线

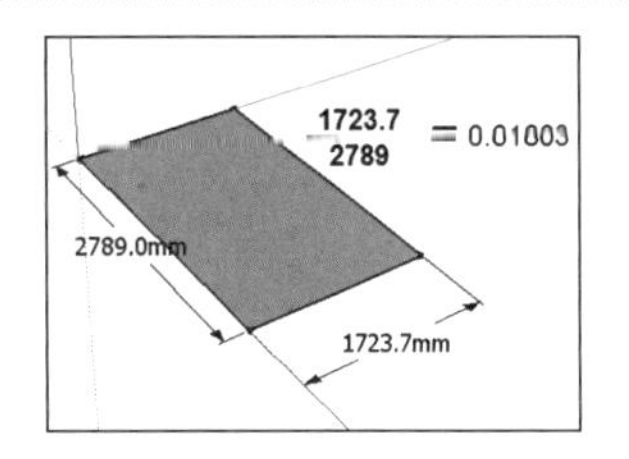

图 2-9　满足黄金分割比的矩形

2. 通过输入参数创建精确大小的矩形

步骤 01 启用【矩形】创建工具，待光标变成✎时，在绘图区单击确定矩形的第一个角点，然后在绘图区右下角尺寸标注框内输入矩形长宽数值，注意中间使用逗号进行分隔，如图 2-10 所示。

步骤 02 输入长宽数值后，按下 Enter 键确认，即可生成准确大小的矩形，如图 2-11 所示。

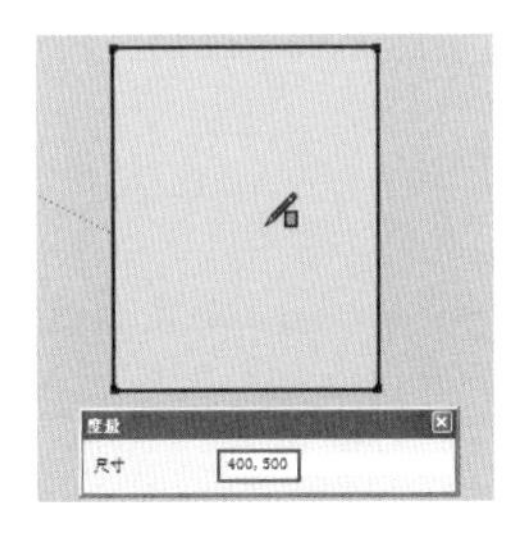

图 2-10　输入长宽数值

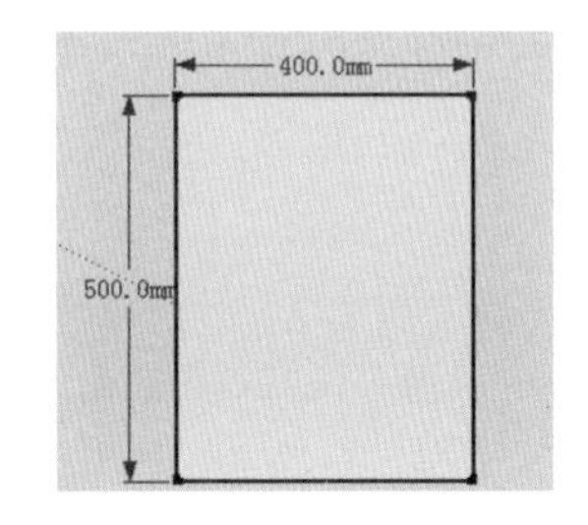

图 2-11　矩形绘制完成

3. 绘制立面上的矩形

步骤 01 在 SketchUp 中还可以直接在透视图内绘制出竖立的矩形。启用【矩形】绘图命令，待光标变成✎时，在绘图区单击确定矩形的第一个角点，然后拖动光标至第二个角点在 XY 平面的投影点处，如图 2-12 所示。

步骤 02 控制光标在 Z 轴方向上移动，如 图 2-13 所示，即可绘制立面上的矩形平面，找到目标后再单击，即可生成矩形平面，如　图 2-14 所示。

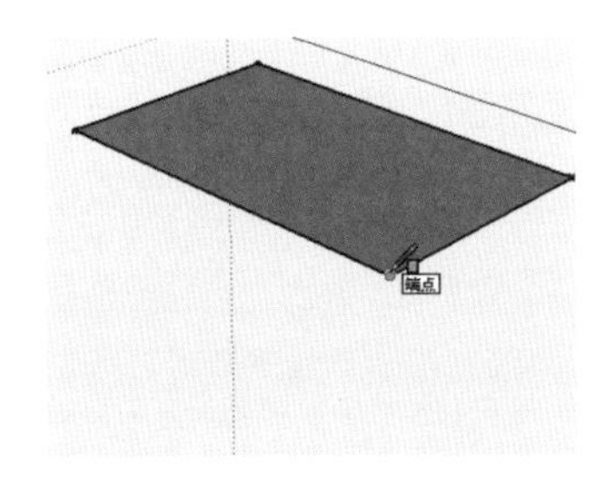

图 2-12　指定第一个角点

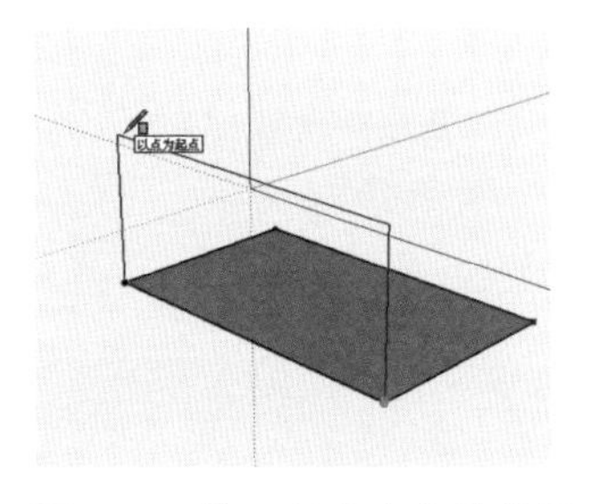

图 2-13　往 Z 轴方向拖动光标

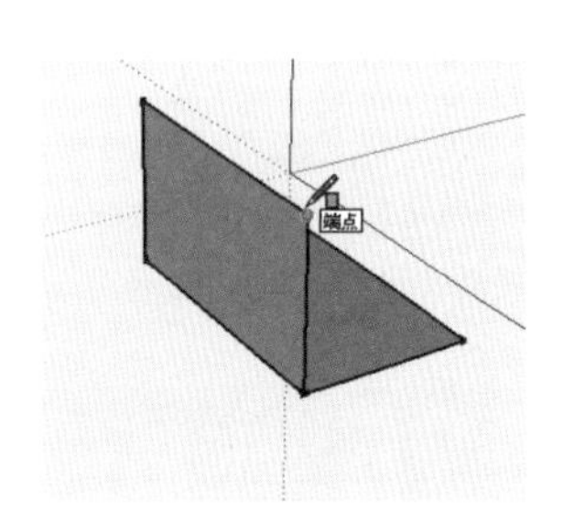

图 2-14　立面矩形绘制完成

4. 绘制空间内的矩形

步骤 01 在透视图中，除了可以绘制立面方向上的矩形外，还可以直接绘制处于空间任何平面上的矩形。启用【矩形】绘图命令，待光标变成✎时，移动光标确定矩形第一个角点在平面上的投影点。

步骤 02 将光标往 Z 轴上移动（确认出现蓝色轴提示）的同时，按住 Shift 键锁定轴向，确定空间内的第一个角点，如图 2-15 所示。

步骤 03 确定空间内第一个角点后，利用第二个角点的位置，可以自由绘制空间内平面或立面矩形，如图 2-16 与图 2-17 所示。

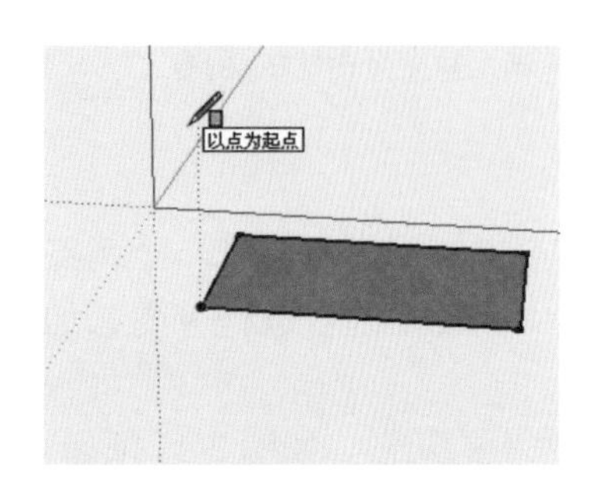

图 2-15 找到空间内的矩形角点

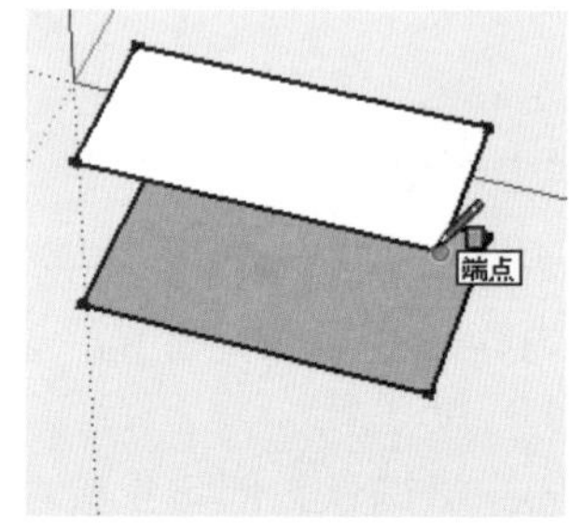

图 2-16 绘制空间内平面矩形

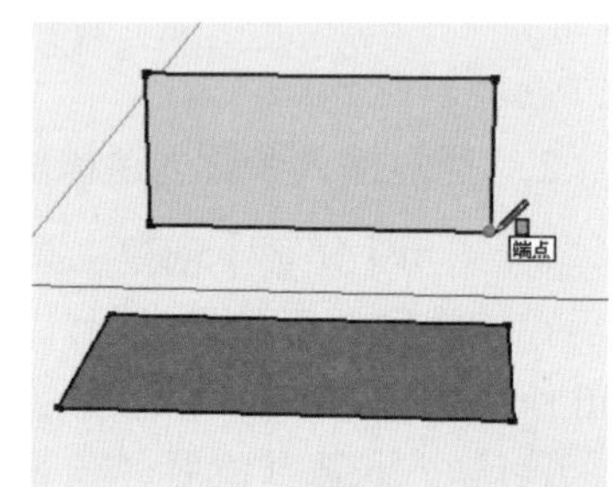

图 2-17 绘制空间内立面矩形

提 示

按住 Shift 键不但可以进行轴向的锁定，如果当光标放置于某个“面”上，并出现“在表面上”的提示后再按住 Shift 键，还可以将要画的点或其他图形锁定在该表面内进行创建。

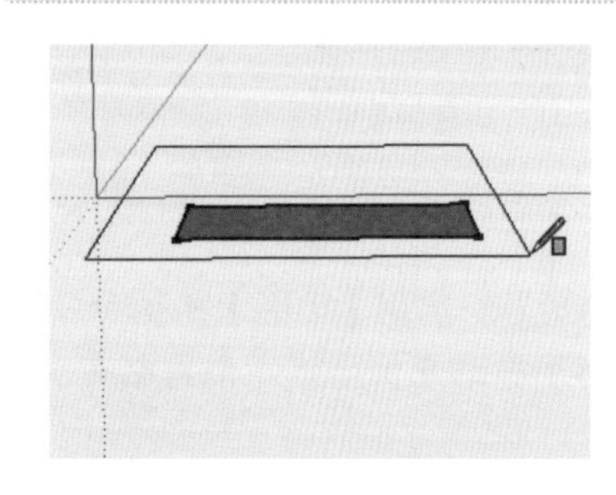

图 2-18 未出现蓝色轴线

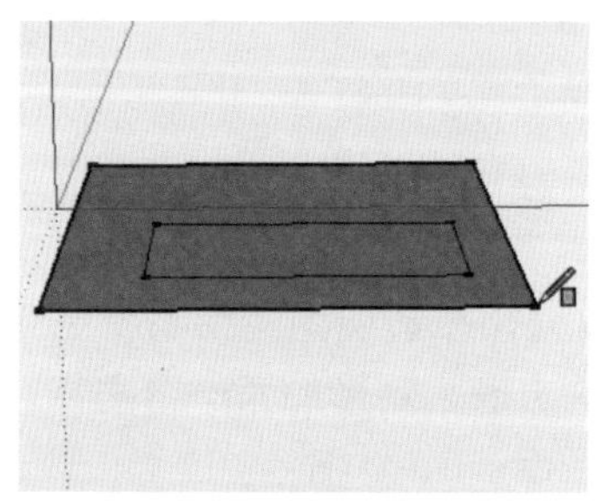

图 2-19 绘制完成效果

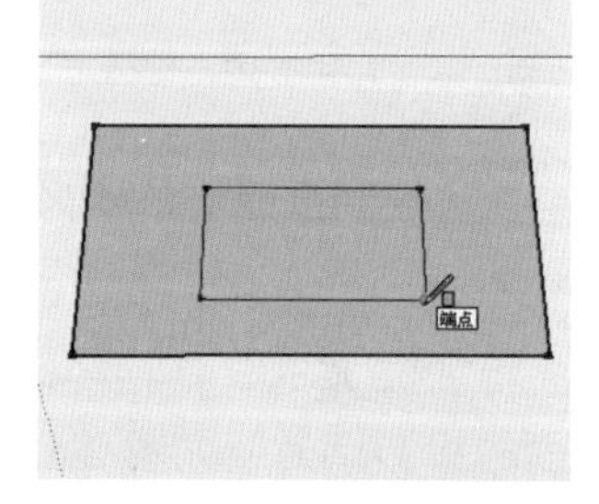

图 2-20 用矩形分割表面

提 示

在绘制空间内的矩形时，一定要通过蓝色轴线进行第一个角点位置的确定，否则只能绘制在同一平面内的矩形，如 图 2-18 与 图 2-19 所示。此外，可在已有的“面”上直接绘制矩形，以进行面的分割，如 图 2-20 所示。

025 线条创建工具

文件路径：无

视频文件：MP4\第 02 章\025.MP4

在 SketchUp 中，“线”是最小的模型构成元素，因此【线条】工具的功能十分强大，除了可以使用鼠标直接进行绘制外，还能通过尺寸、坐标点进行精确绘制。

1．通过鼠标绘制线条

步骤 01 打开 SketchUp，执行【绘图】/【线条】命令，或单击【绘图】工具栏按钮，均可启用线条绘制命令，如图 2-21 所示。

步骤 02 启用【线条】创建工具后，光标即变成状，此时在绘图区单击，即可确定线段的起点，如图 2-22 所示。

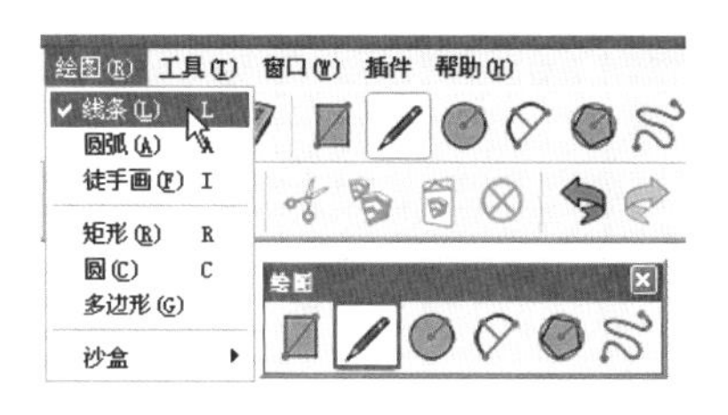

图 2-21　通过菜单或工具栏启用线条创建工具

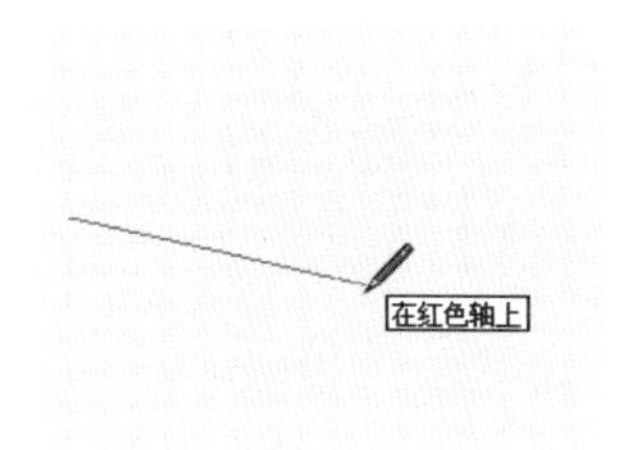

图 2-22　确定线条起点

步骤 03 沿着线段目标方向拖动鼠标，同时观察屏幕右下角【数值输入框】内数值，确定线段长度后再次单击，即完成目标线段的绘制，如图 2-23 与图 2-24 所示。

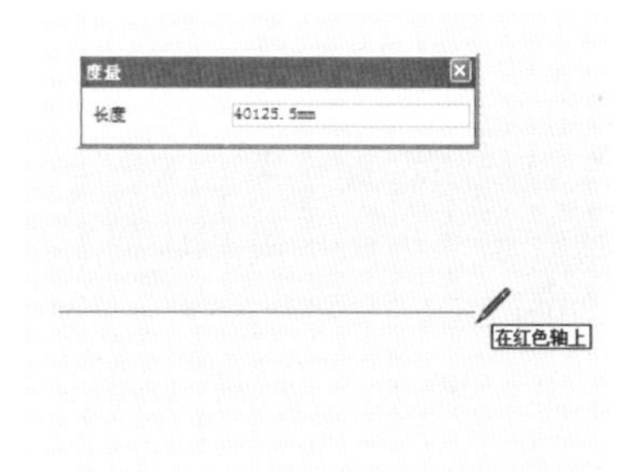

图 2-23　观察当前线段长度

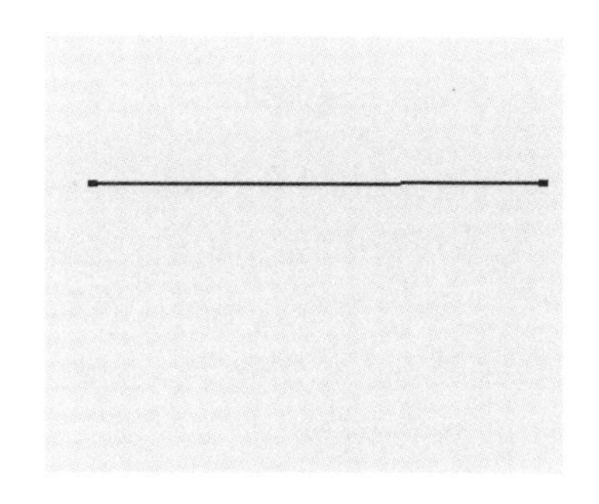

图 2-24　完成线段绘制

技巧

在线段的绘制过程中，如果尚未确定线段终点，按下 Esc 键即可取消该次操作。如果连续绘制线段，则上一条线段的终点即为下一条线段的起点，因此可以绘制出任意的多边形平面，如图 2-25~ 图 2-27 所示。

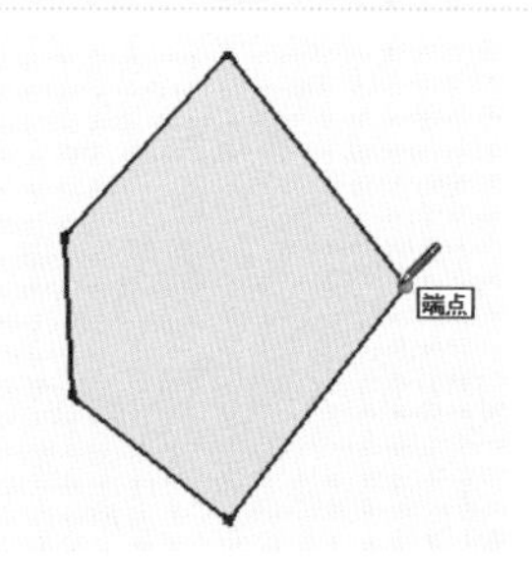

图 2-25　绘制五边形

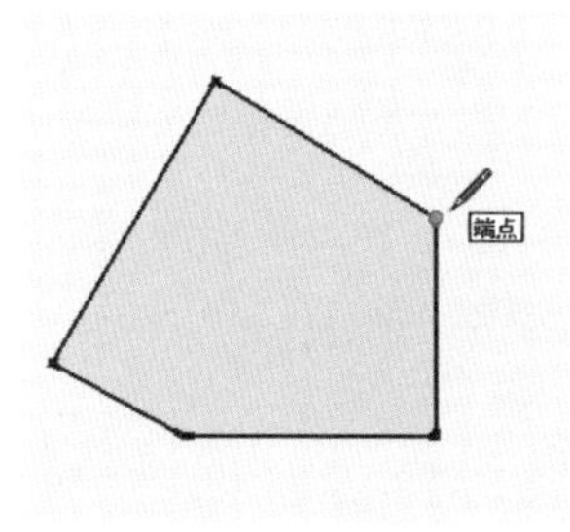

图 2-26　绘制六边形

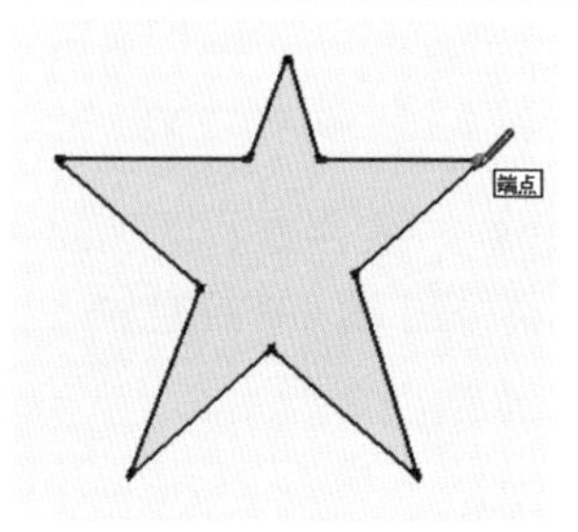

图 2-27　绘制五角星

2. 通过输入绘制线条

步骤 01 如果需要绘制精确长度的线段，可以通过键盘输入的方式进行绘制。启用【线条】创建工具，待光标变成 时，在绘图区单击确定线段的起点，如图 2-28 所示。

步骤 02 拖动光标至线段目标方向，在【数值输入框】输入线段长度，按下 Enter 键确定，即可生成精确长度的线段，如图 2-29 与图 2-30 所示。

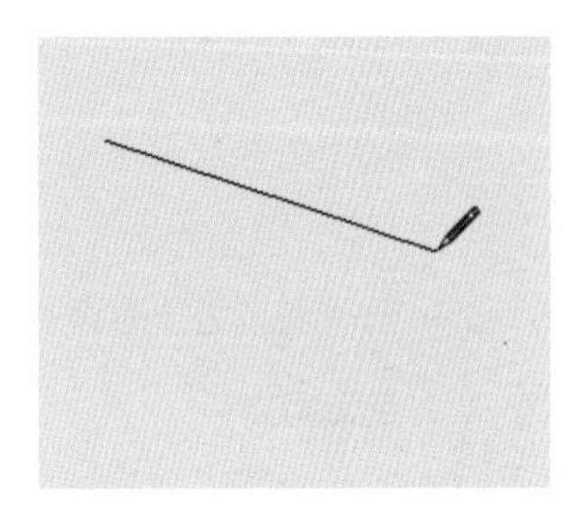

图 2-28　确定线段起点

图 2-29　输入线段长度

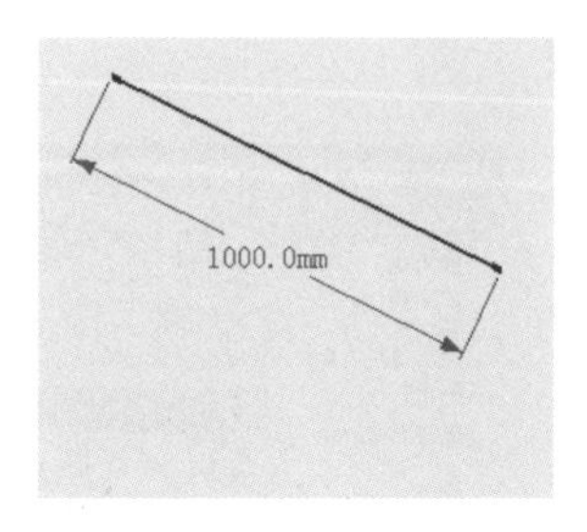

图 2-30　精确长度的线段

技巧

在【数值输入框】直接输入线段长度，并按 Enter 键确定后，如果只需要绘制该条线段，则按下 Esc 键结束绘制。

3. 绘制空间内的线条

步骤 01 通常直接绘制的线段都处于 XY 平面内，这里学习绘制垂直或平行 XY 平面的线段的方法。启用【线条】绘图命令，待光标变成 状，在绘图区单击确定线段的起点，然后在起点位置向上移动鼠标以出现“在蓝轴上”的提示，如图 2-31 所示。

步骤 02 找到线段终点单击确定，或直接输入线段长度按下 Enter 键，即可创建垂直 XY 平面的线段，如 图 2-32 所示。

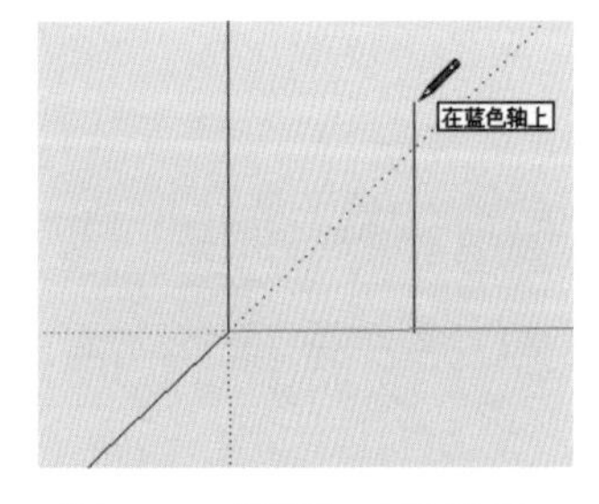

图 2-31　确定与 Z 轴平行

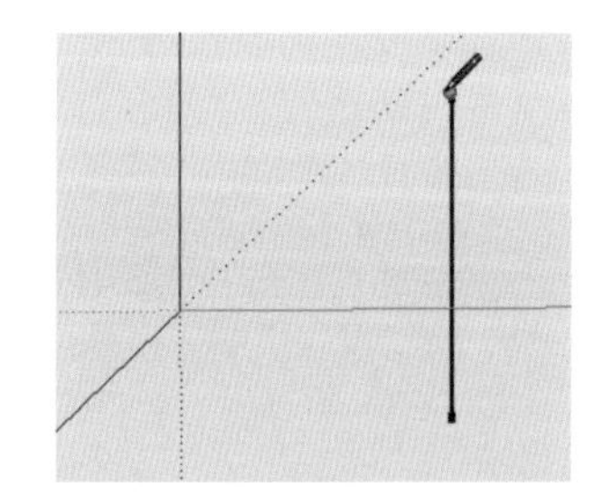

图 2-32　绘制垂直 XY 平面的线段

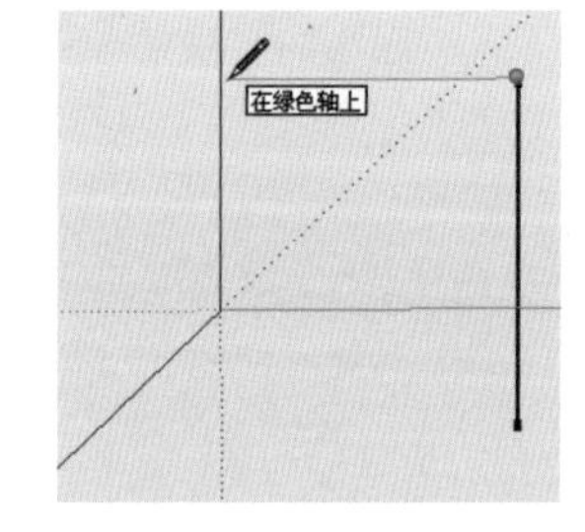

图 2-33　确定与 X 轴平行

步骤 03 如图 2-33 和图 2-34 所示继续指定下一条线段的终点，为了绘制出平行 XY 平面的线段，必须出现“在红色轴上”或“在绿色轴上”的提示。

技巧

在进行任意图形的绘制时，如果出现“在蓝轴上”提示信息，则当前对象与 Z 轴平行，如果出现“在红轴上”提示信息，则当前对象与 X 轴平行，如果出现在“在绿轴上”提示信息，则当前对象与 Y 轴平行。

步骤 04 根据图 2-33 所示操作，绘制线段如图 2-35 所示。根据图 2-34 所示操作，绘制线段效果如图 2-36 所示。

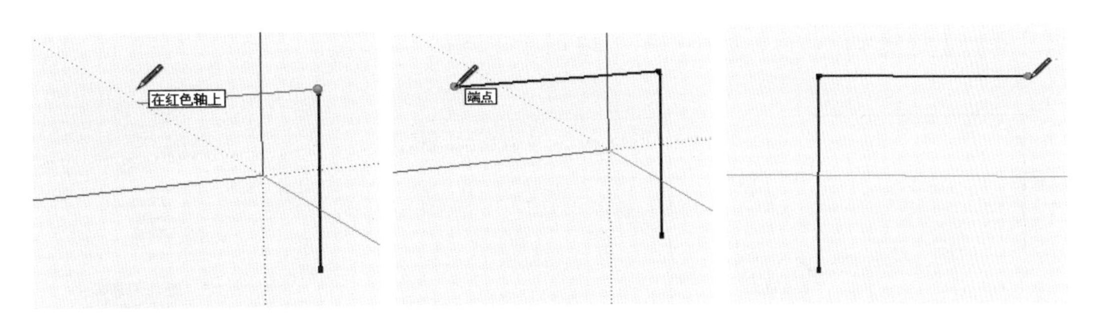

图 2-34　确定与 Y 轴平行　　图 2-35　在 X 轴上方平行 XY 平面的线段　　图 2-36　在 Y 轴上方平行 XY 平面的线段

4. 线条的捕捉与追踪功能

步骤 01 在 SketchUp 中，可以自动捕捉到线条的端点与中点，如图 2-37 与图 2-38 所示。

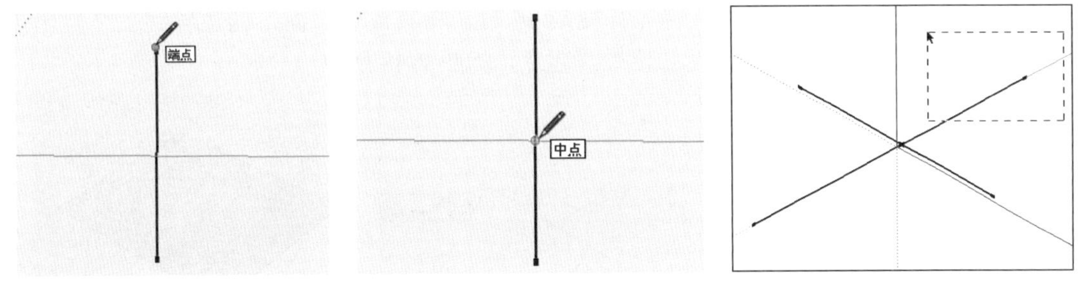

图 2-37　捕捉线段端点　　图 2-38　捕捉线段中点　　图 2-39　选择删除右侧线段

提示

相交线段在交点处将一分为二，因此线段中点的位置与数量会如图 2-38 所示发生改变，同时也可以如图 2-39 图 2-40 所示进行分段删除。此外，如果删除其中一条相交线段，另外一条线段将恢复原状，如图 2-41 所示。

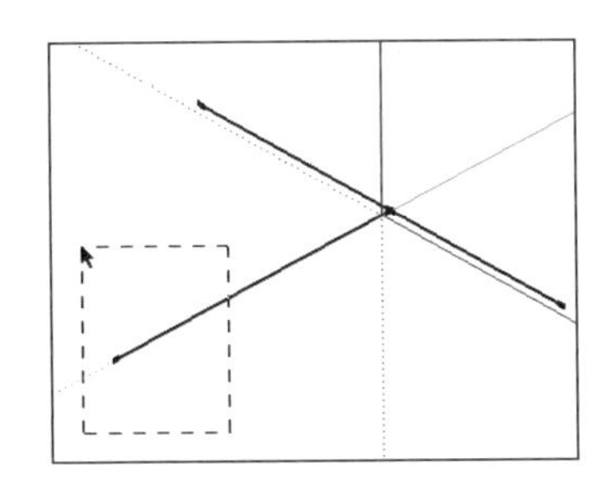

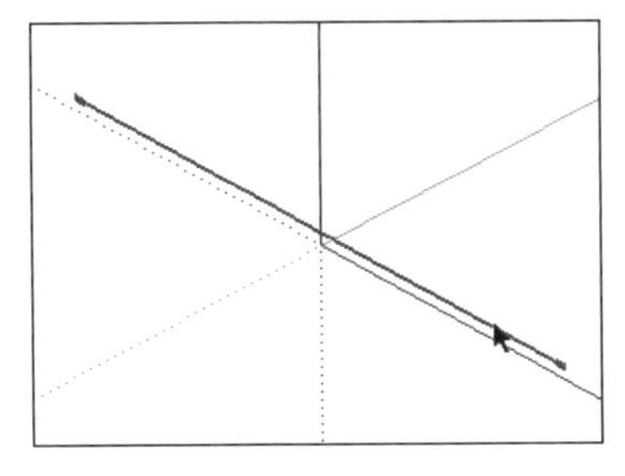

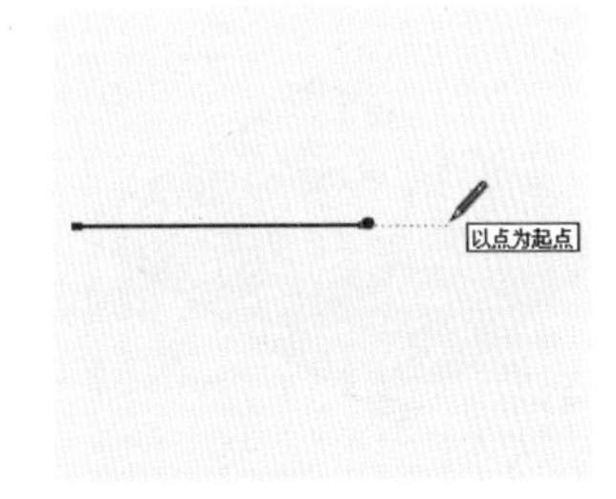

图 2-40　选择删除左侧线段　　图 2-41　恢复单条线段　　图 2-42　追踪起点

步骤 02 绘制一条线条后，在垂直或水平方向移动鼠标，即可进行线条端点与中点的追踪，轻松绘制出长度为一半且与之平行的另一条线段，如图 2-42~图 2-44 所示。

5. 拆分线段

步骤01 SketchUp 可以对线段进行快捷的拆分操作。创建一条线段，选择后单击鼠标右键，选择【拆分】快捷菜单命令，如　　图 2-45 所示。

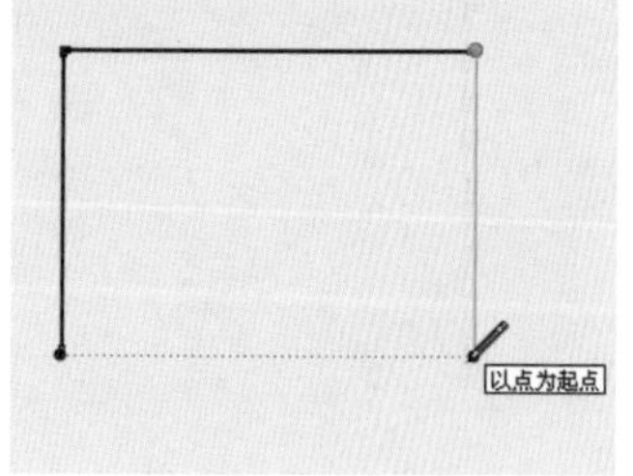

图 2-43　追踪中点

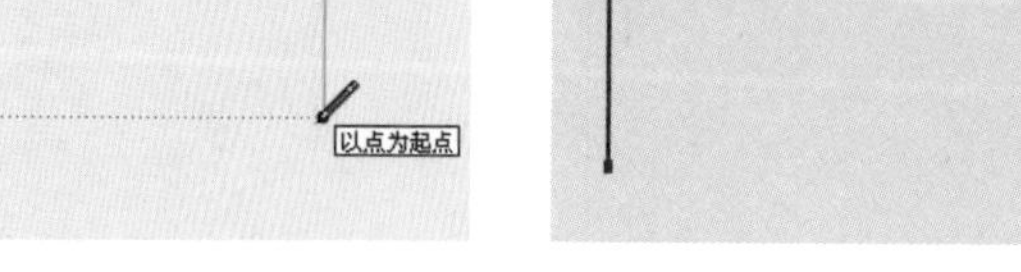

图 2-44　绘制完成

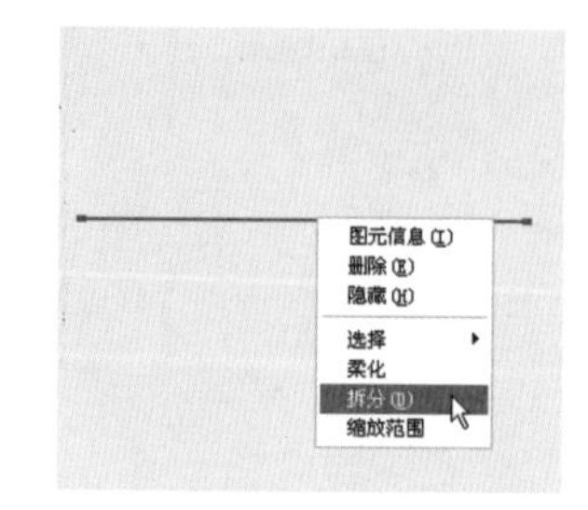

图 2-45　执行拆分命令

步骤02 默认将线段拆分为两段，如图 2-46 所示。向上或向下轻轻推动光标，即可逐步增加或减少拆分段数，如 图 2-47 所示。

6. 使用线条分割模型面

步骤01 启用【线条】绘图命令，待光标变成✏时，将其置于“面”的边界线上，当出现“在边线上”的提示时，单击鼠标创建线段起点，如图 2-48 所示。

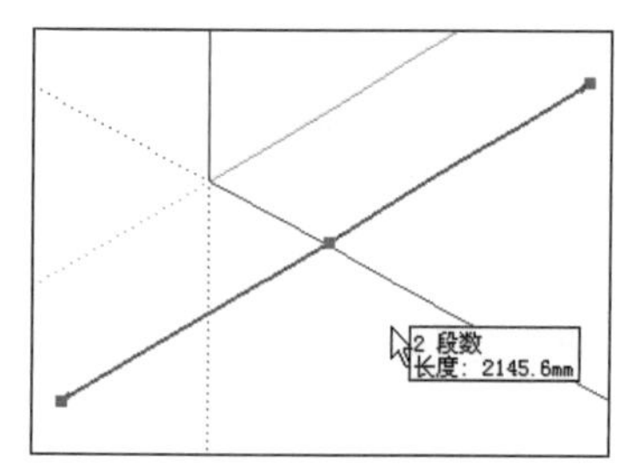

图 2-46　拆分为两段

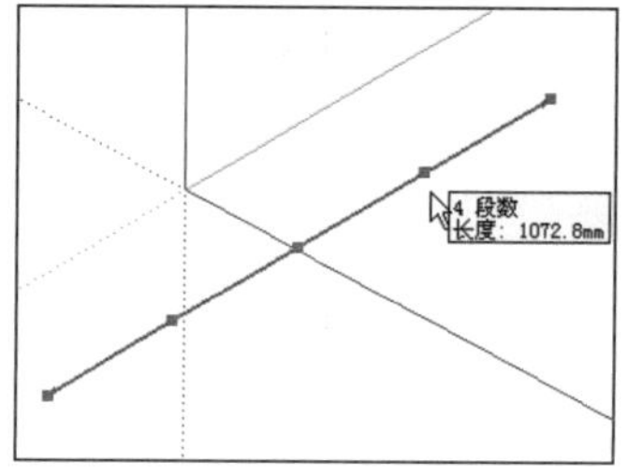

图 2-47　拆分为四段

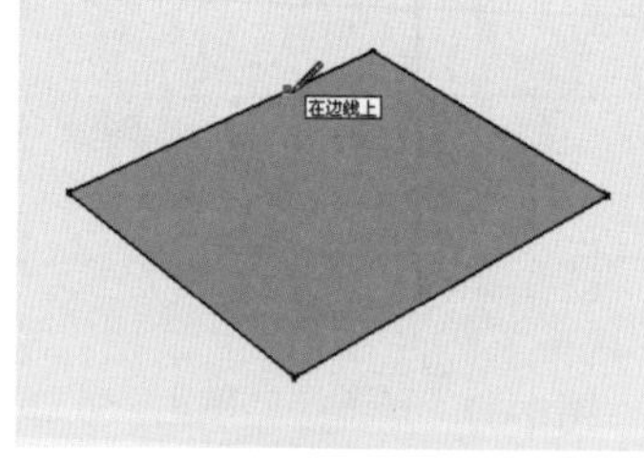

图 2-48　创建起点

步骤02 将光标置于模型另一侧边线，同样在出现“在边线上”的提示时，单击鼠标创建线段端点，如图 2-49 所示。

步骤03 此时在模型面上单击选择，可发现其已经被分割成左右两个“面”，如图 2-50 所示。

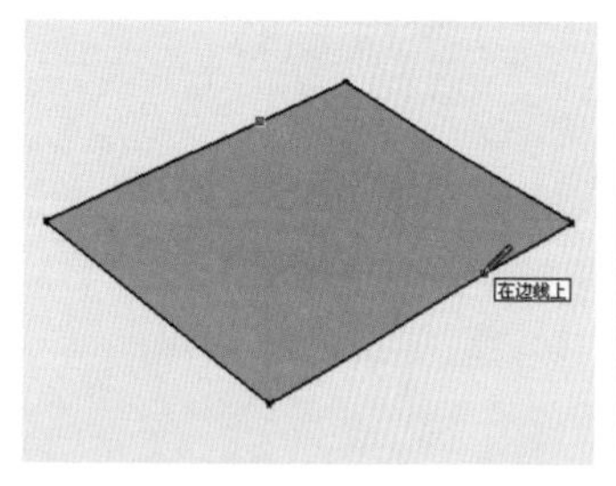

图 2-49　创建端点

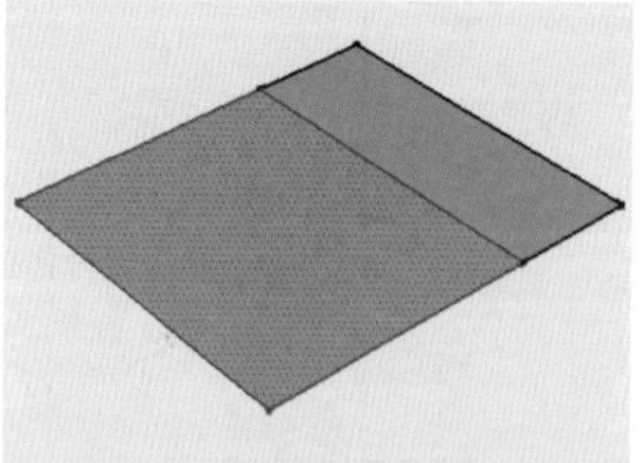

图 2-50　分割模型面完成

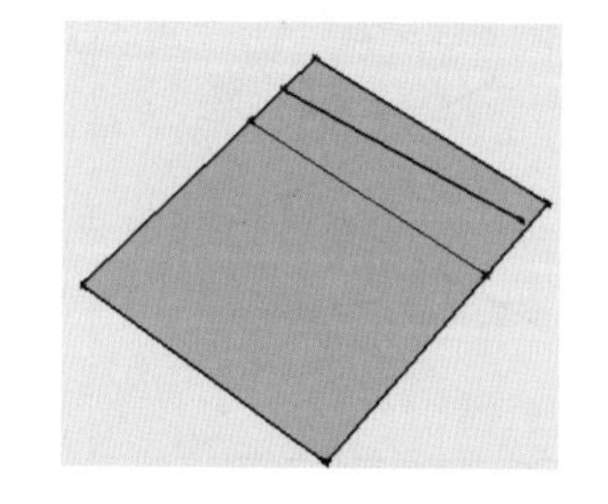

图 2-51　分割线与普通线段的显示区别

→技 巧

在 SketchUp 中，用于分割模型面的线段为细实线，普通线段为粗实线，如图 2-51 所示。

026 圆创建工具

文件路径：无　　视频文件：MP4\第 02 章\026.MP4

圆作为基本图形，广泛地应用于各种设计中，本例学习 SketchUp 圆的创建方法。

1. 通过鼠标新建圆

步骤 01 打开 SketchUp，执行【绘图】/【圆】命令，或单击【绘图】工具栏按钮，均可启用圆绘制工具，如图 2-52 所示。

步骤 02 移动光标至绘图区，待光标变成后，单击鼠标确定圆心位置，如图 2-53 所示。

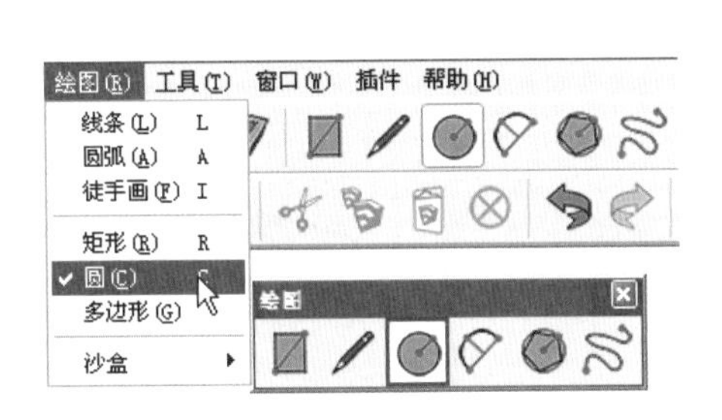

图 2-52　通过菜单或工具栏启用圆创建工具

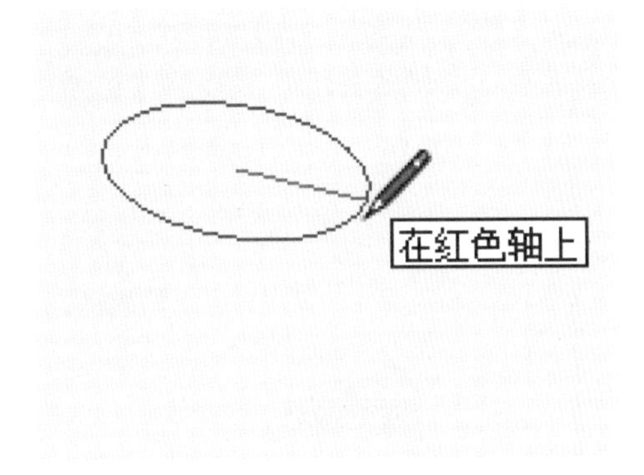

图 2-53　单击，确定圆心

步骤 03 拖动光标拉出圆的半径后再次单击，即可创建出圆平面，如图 2-54 与图 2-55 所示

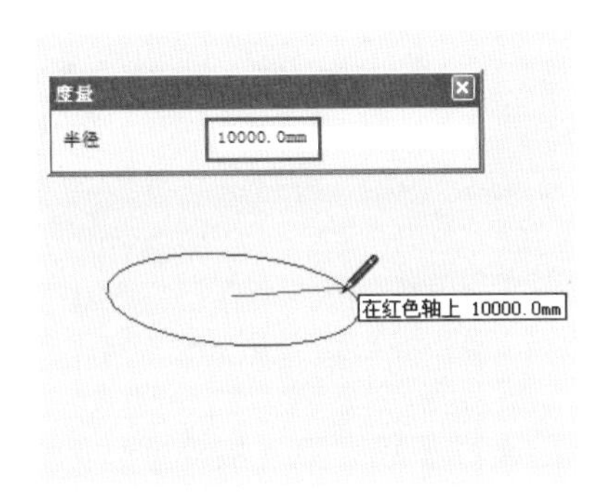

图 2-54　拖出半径大小

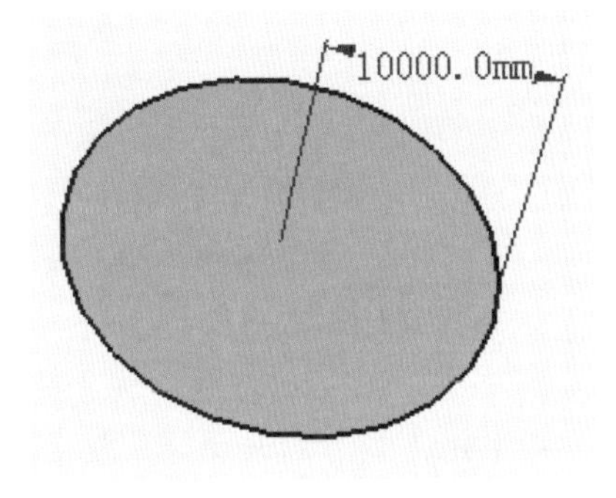

图 2-55　圆平面绘制完成

2. 通过输入新建圆

步骤 01 启用【圆】绘图命令，待光标变成时，在绘图区单击确定圆心位置，如图 2-56 所示。

步骤 02 直接输入【半径】数值，然后按下 Enter 键，即可创建精确大小的圆平面，如图 2-57 与图 2-58 所示。

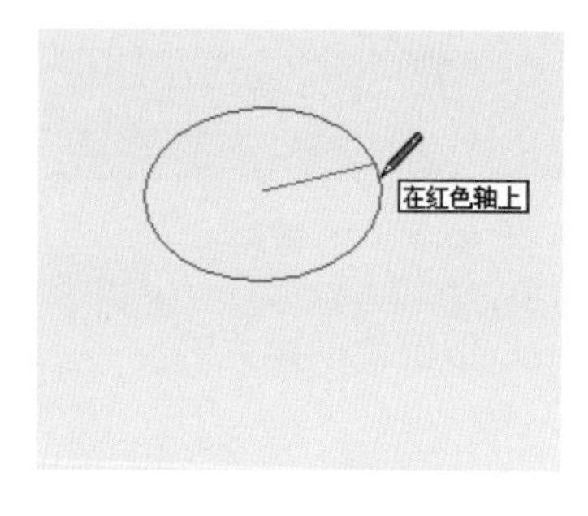

图 2-56　确定圆心

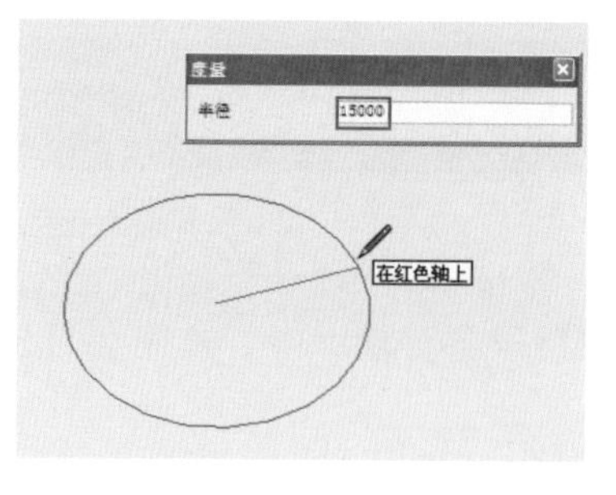

图 2-57　输入半径值

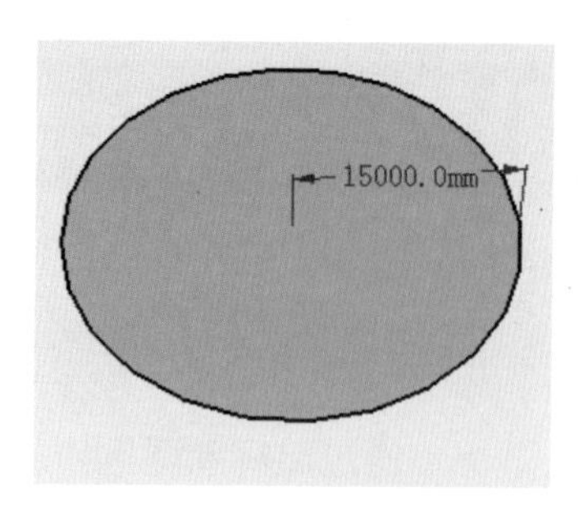

图 2-58　圆平面绘制完成

技巧

在三维软件中，圆除了【半径】这个几何特征外，还有【边数】特征，【边数】越大，【圆】越平滑，所占用的内存也越大， SketchUp 亦是如此。在 SketchUp 中如果要设置【边数】，可以在确定好【圆心】后输入“数量 S”即可控制，如图 2-59~　　图 2-61 所示。

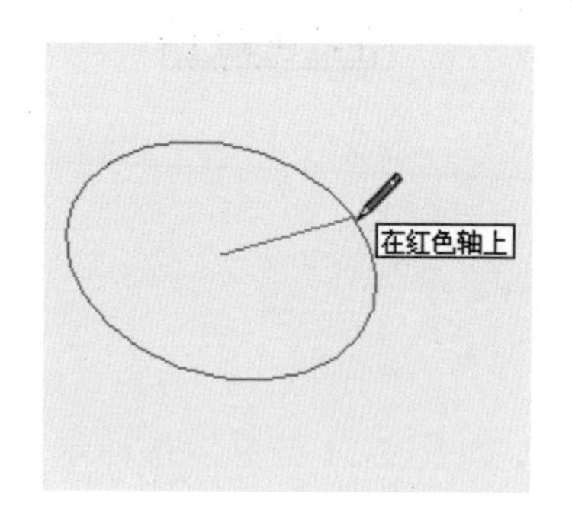

图 2-59　确定圆心

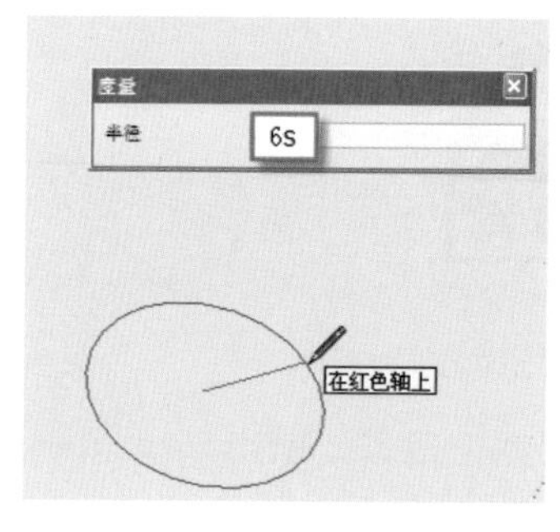

图 2-60　输入圆边数

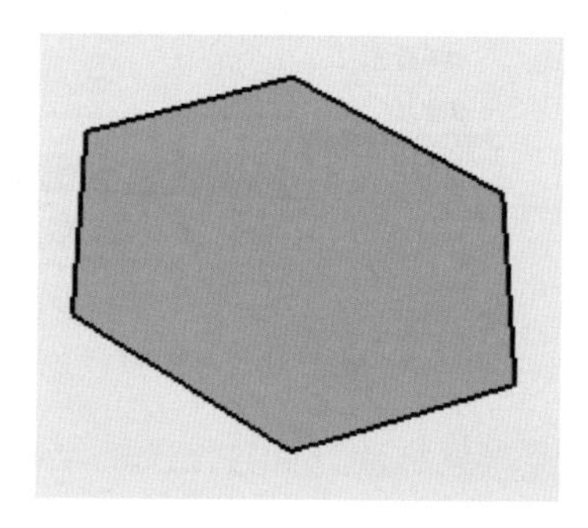

图 2-61　圆平面绘制完成

027 圆弧创建工具

文件路径：无　　视频文件：MP4\第 02 章\027.MP4

【圆弧】是【圆】的一部分，复杂的弧形通常都是通过多段圆弧连接而成，因此在使用与控制上更具技巧性，本例即介绍相关的方法与技巧。

1. 通过鼠标新建圆弧

步骤 01 打开 SketchUp，执行【绘图】/【圆弧】命令，或单击【绘图】工具栏按钮，均可启用该绘制命令，如图 2-62 所示。

步骤 02 启用【圆弧】绘图命令，待光标变成时在绘图区单击确定圆弧起点，如图 2-63 所示。

步骤 03 移动光标一段距离，单击确定圆弧的弦长，再向外侧移动光标形成圆弧，如图 2-64 所示。

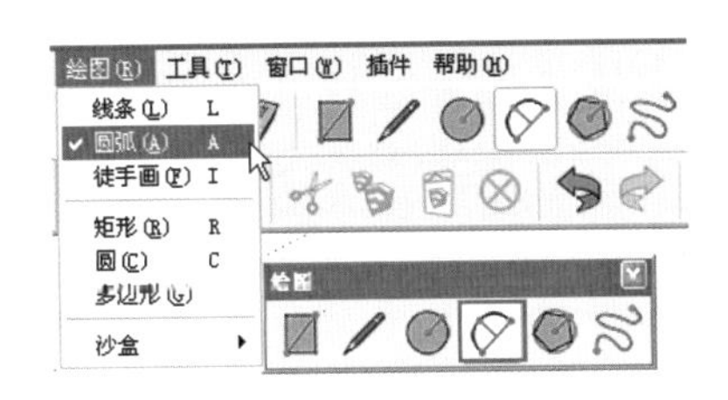

图 2-62　启动圆弧命令

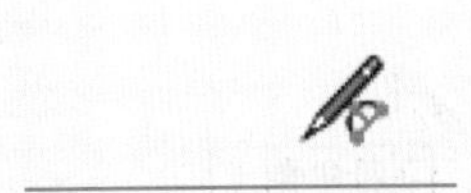

图 2-63　确定圆弧起点

步骤 04 观察【数值输入框】中显示的数值，移动光标到合适位置后再次单击，确定圆弧效果，如图 2-65 所示。

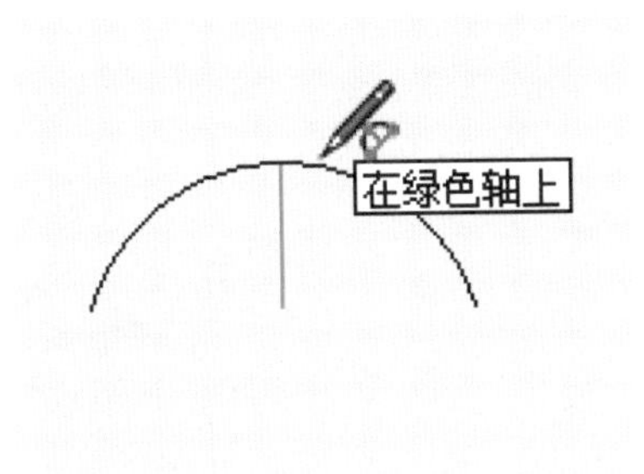

图 2-64　确定圆弧起点

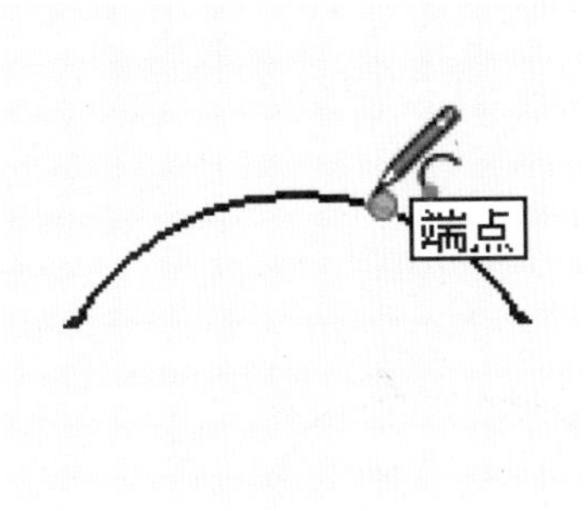

图 2-65　圆弧绘制完成

—> 技 巧

如果要绘制半圆弧，则需要在拉出弧长后，往左或右移动鼠标，待出现“半圆”提示时单击确定，如图 2-66~图 2-68 所示。

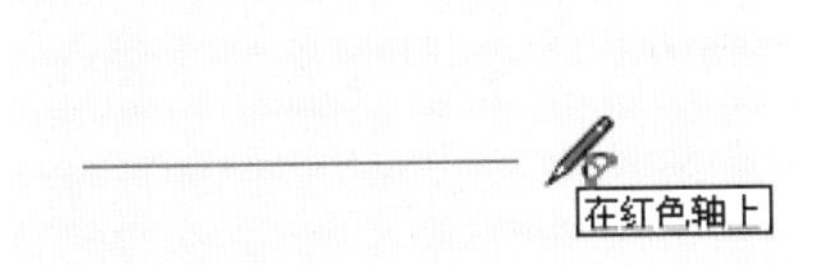

图 2-66　确定圆弧起点

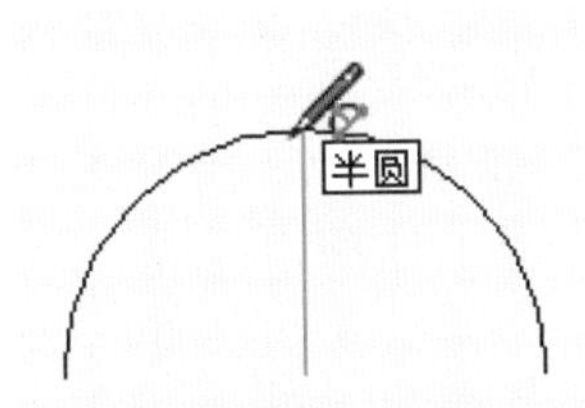

图 2-67　确定绘制半圆

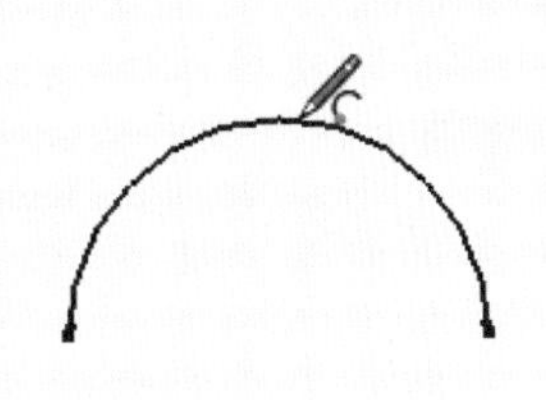

图 2-68　半圆绘制完成

2. 通过输入新建圆弧

步骤 01 启用【圆弧】绘图命令，待光标变成形状时，在绘图区单击确定圆弧起点，如图 2-69 所示。

步骤 02 在【数值输入框】内输入【长度】数值，按下 Enter 键确认弦长，如图 2-70 所示。

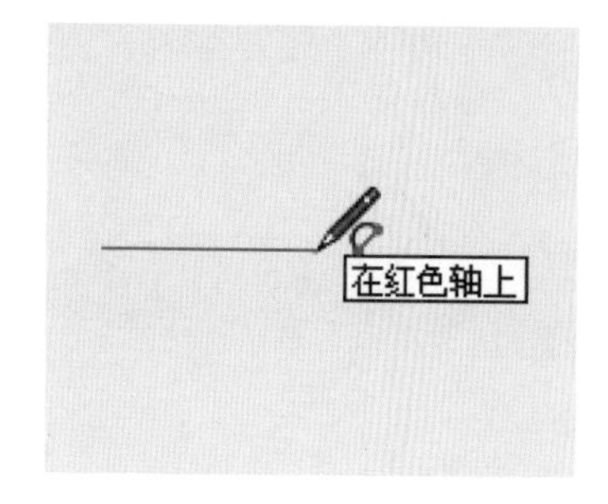

图 2-69　确定圆弧起点

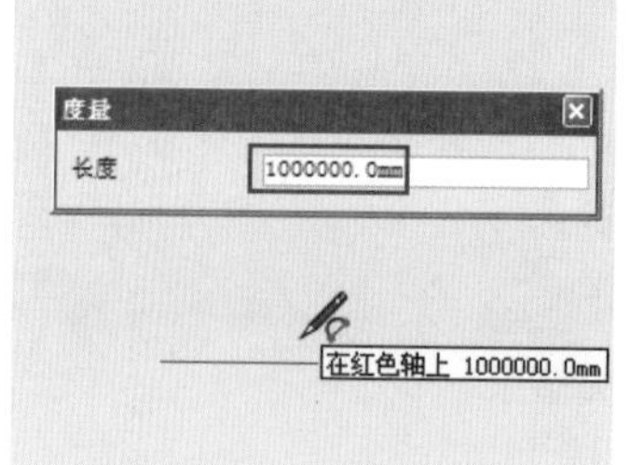

图 2-70　输入弦长

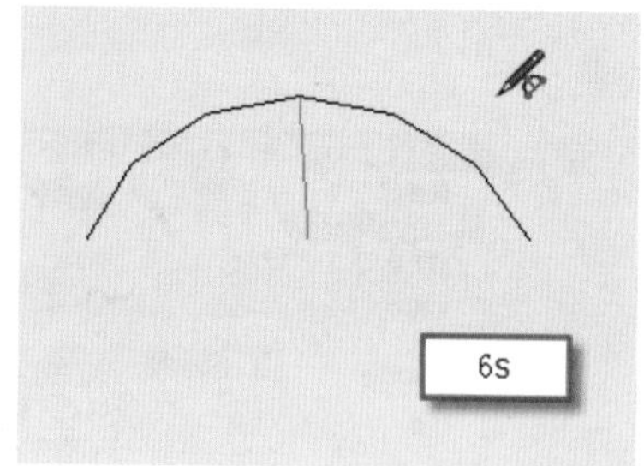

图 2-71　输入边数

步骤 03 确定圆弧段数后，通过移动光标确定凸出方向，最后在【数值输入框】内输入凸距数值，并按下 Enter 键，创建出精确大小的圆弧，如图 2-72 与　　图 2-73 所示。

—>技 巧

除了通过【凸距】数值决定圆弧的弧度外，如果以“数字 R”格式进行输入，还可以半径数值绘制弧度，如　　图 2-74 所示。

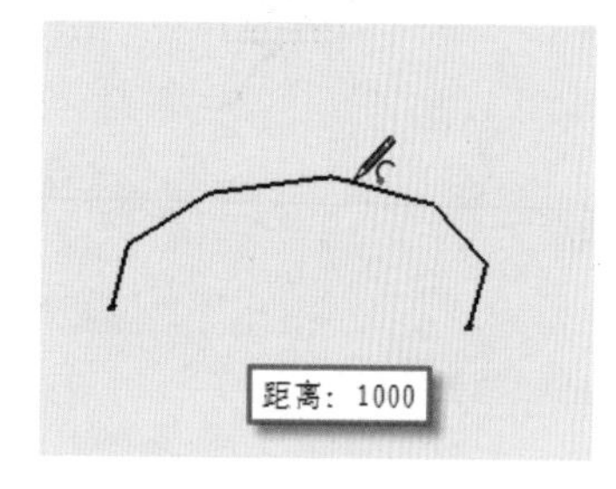

图 2-72　输入凸距

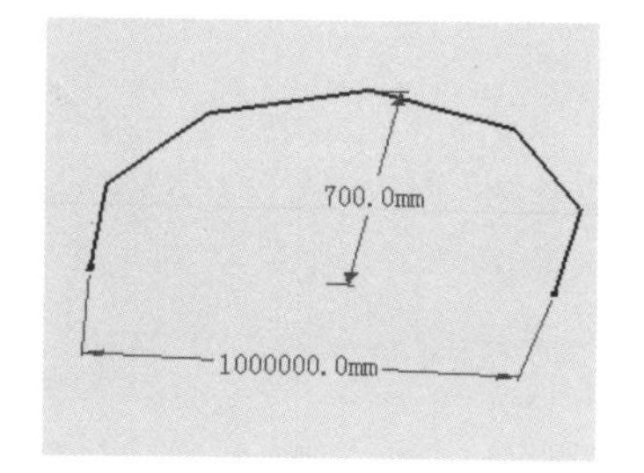

图 2-73　绘制完成

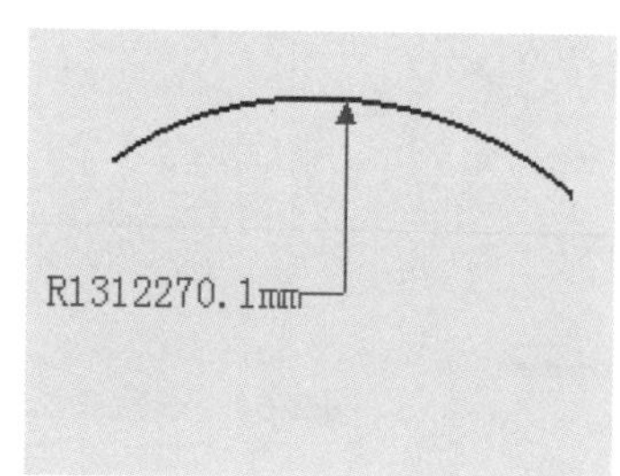

图 2-74　利用半径确定弧度

3. 绘制相切圆弧

步骤 01 为了绘制与已有图形相切的圆弧，首先可以在其边侧创建一条辅助线，然后以辅助线的端点创建圆弧起点，如图 2-75 所示。

步骤 02 拉出圆弧后移动光标至已有线段上，待出现“正切到顶点”提示时，如　　图 2-76 所示，单击确定生成圆弧，如　图 2-77 所示。

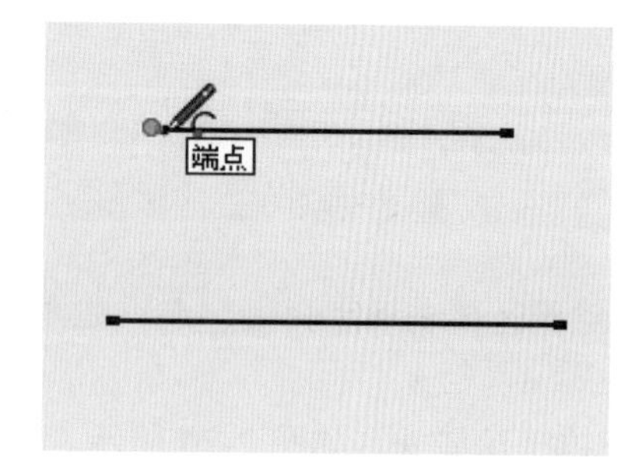

图 2-75　确定圆弧起点

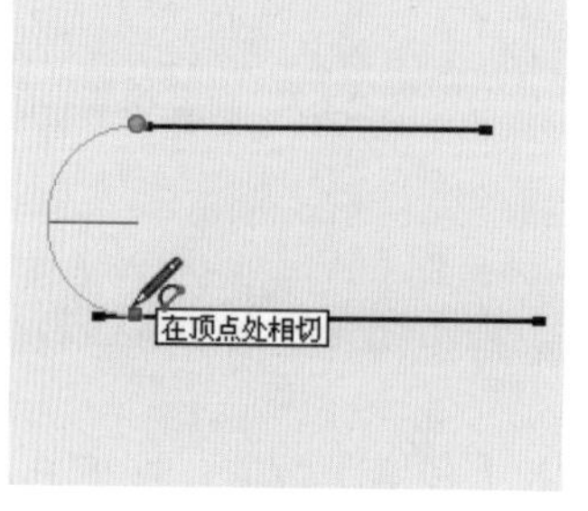

图 2-76　确定正切至顶点

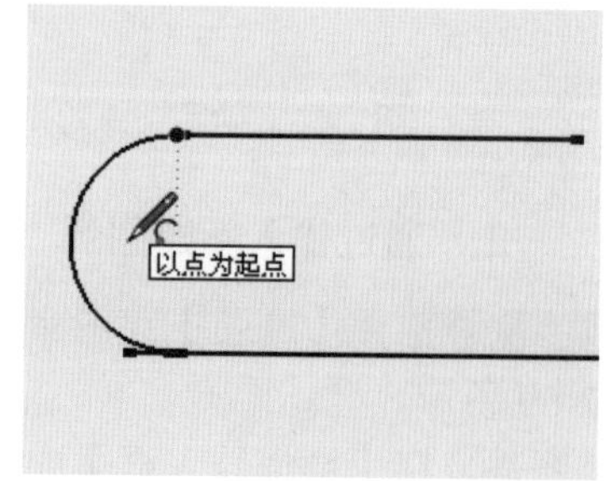

图 2-77　相切圆弧绘制完成

028 多边形工具

文件路径：无　　视频文件：MP4\第 02 章\028.MP4

使用【多边形】工具可以绘制边数在 3~100 间的任意正多边形，本例将讲解其创建方法与边数控制技巧。

步骤 01 打开 SketchUp，执行【绘图】/【多边形】菜单命令，或单击【绘图】工具栏按钮，均可启用该绘制命令，如图 2-78 所示。

步骤 02 启用【多边形】绘图命令后，待光标变成后，在绘图区单击确定多边形中心位置，如图 2-79 所示。

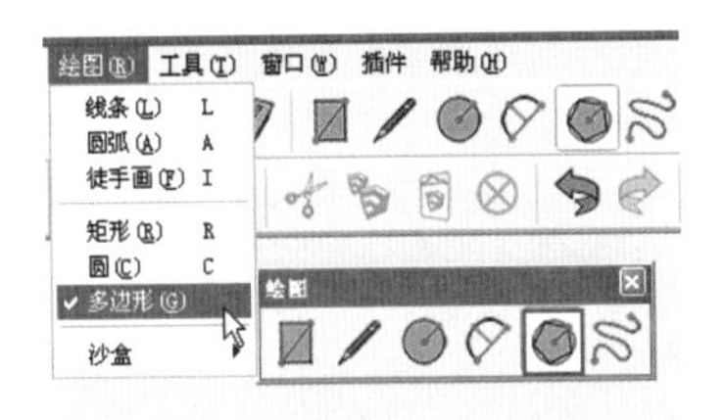

图 2-78　启用多边形创建工具

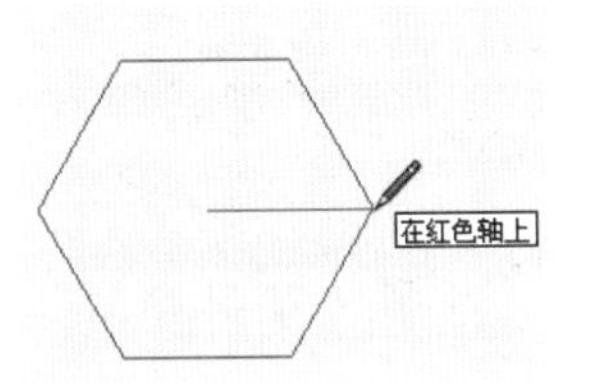

图 2-79　确定多边形中心点

步骤 03 移动光标确定【多边形】的切向，再以“数字 S”的格式输入多边形边数，并按 Enter 键确定，如图 2-80 所示。

步骤 04 输入【多边形】外接圆半径大小，如图 2-81 所示。按 Enter 键确定，创建精确大小的正 16 边形平面如图 2-82 所示。

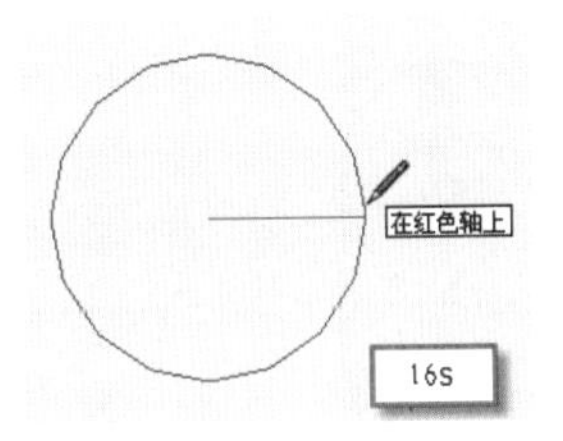

图 2-80　输入多边形边数

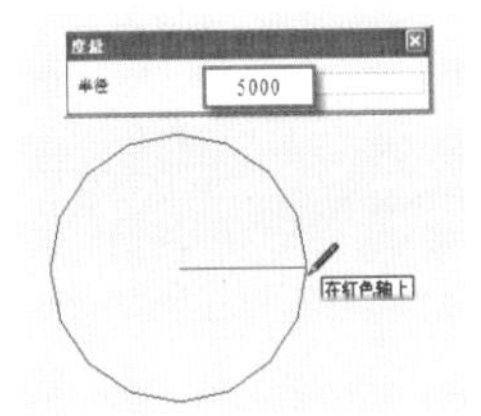

图 2-81　输入外接圆半径值

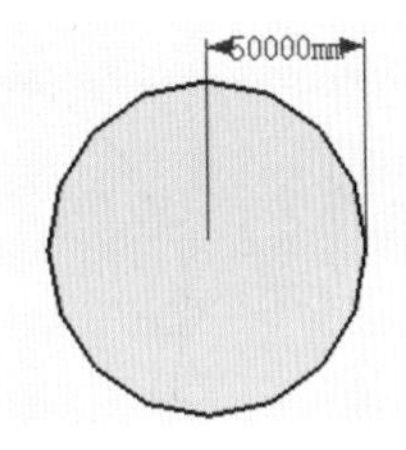

图 2-82　正 16 边形平面绘制完成

提示

【正多边形】与【圆】之间可以进行相互转换，如图 2-83~图 2-85 所示，当【正多边形】边数增大时，整个图形将显得圆滑了，效果就接近于圆。同样当【圆】的边数设置得较小时，其形状也会变成对应边数的【正多边形】。

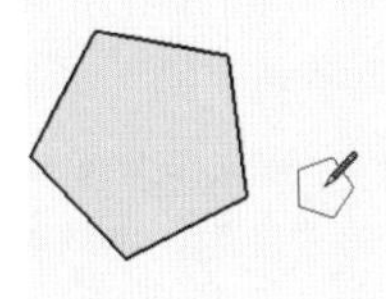

图 2-83　正 5 边形

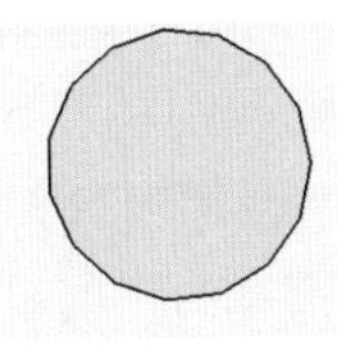

图 2-84　正 15 边形

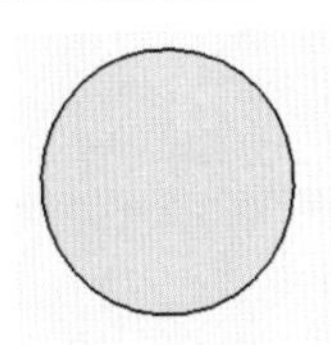

图 2-85　以 32 段绘制的圆

029 徒手画笔工具

文件路径：无	视频文件：MP4\第 02 章\029.MP4

【徒手画笔】工具用于绘制一些无规则的线段组成的平面，在实际项目中绘制湖河边沿、乱石等效果，本例讲述其常规使用方法。

步骤 01 打开 SketchUp，执行【绘图】/【徒手画】菜单命令，或单击【绘图】工具栏按钮均可启用该绘制命令，如图 2-86 所示。

步骤 02 待光标变成时后，在绘图区单击确定绘制起点，此时应保持左键为按下状态，如图 2-87 所示。

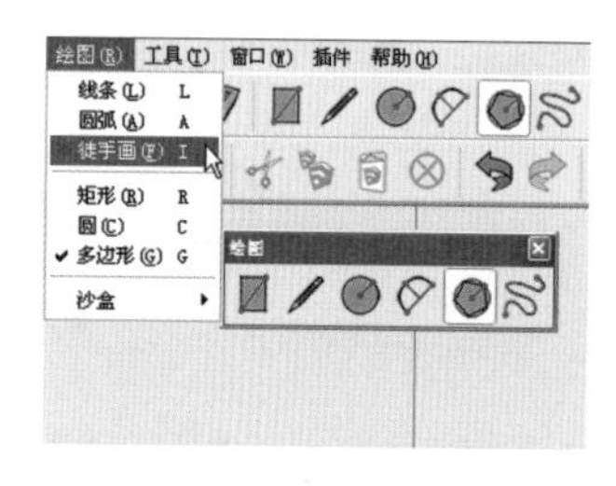

图 2-86　启动徒手画命令

图 2-87　确定徒手线起点

步骤 03 按住鼠标左键进行拖动，绘制出整体造型，并最终回到起点封闭线段，如图 2-88 所示。

步骤 04 确定封闭后松开鼠标，即自动生成由徒手线构成的封闭平面，如图 2-89 所示。

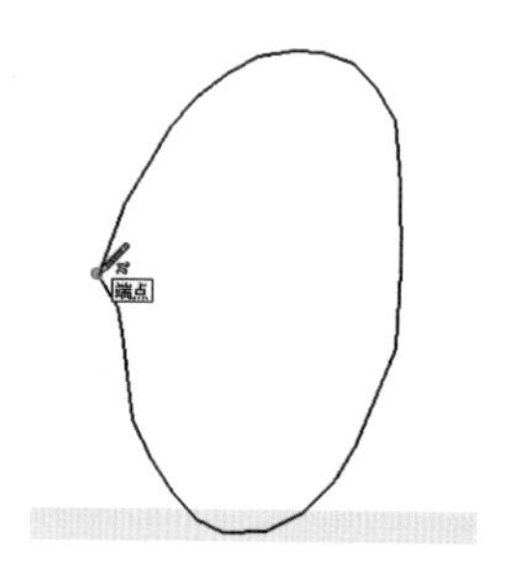

图 2-88　确定徒手线终点

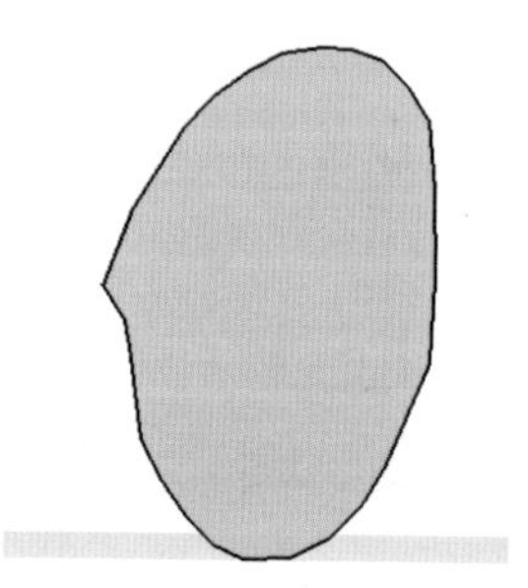

图 2-89　徒手线绘制完成效果

2.2 编辑工具

030 移动工具

文件路径：配套光盘\第 02 章\030	视频文件：MP4\第 02 章\030.MP4

【移动】工具不但可以进行对象的移动，同时还兼具复制功能，本例即学习该工具的使用方法与技巧。

1．移动对象

步骤 01 打开 SketchUp，执行【工具】/【移动】命令，或单击【编辑】工具栏✥按钮，均可启用该编辑命令，如图 2-90 所示。

步骤 02 打开配套光盘“030 移动工具.skp”模型文件，如图 2-91 所示。选择模型并启动【移动】工具，选择路灯底部作为移动参考点，如图 2-92 所示。

步骤 03 拖动鼠标即可在任意方向移动选择对象，将路灯置于移动目标点并再次单击，即完成对象的移动。

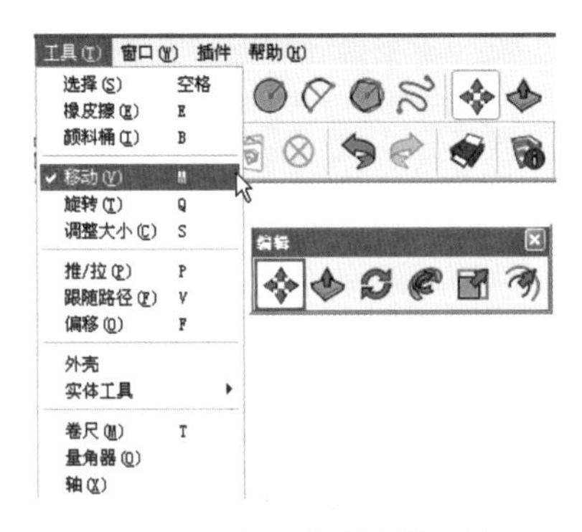

图 2-90　启用移动编辑工具

图 2-91　打开模型

图 2-92　启用移动并确定移动参考点

技巧

如果要精确控制移动的距离，可以在确定移动方向后直接输入准确的数值，然后按 Enter 键确定即可。

2．移动复制对象

步骤 01 选择目标对象，启用【移动】工具，如图 2-93 所示。

步骤 02 按住 Ctrl 键，待光标将变成✥⁺后，在移动对象上确定移动起始点，此时拖动光标即可以进行移动复制，如　图 2-94 与　图 2-95 所示。

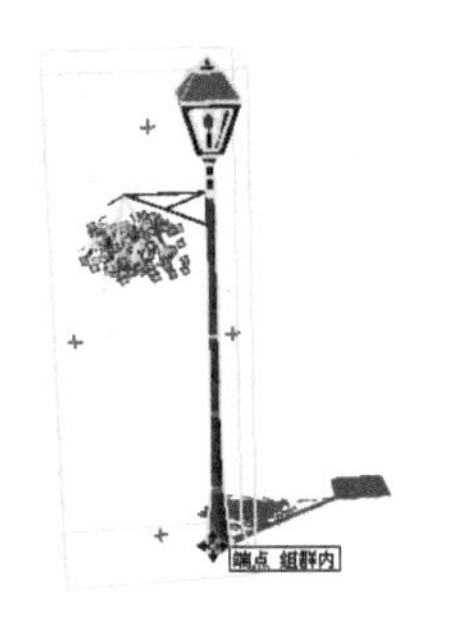

图 2-93　选择移动起始点

图 2-94　移动复制

图 2-95　移动复制完成

步骤 03 如果要进行精确距离的移动复制，可以在确定移动方向后输入指定的数值，然后按

Enter 键确定，如图 2-96~图 2-98 所示。

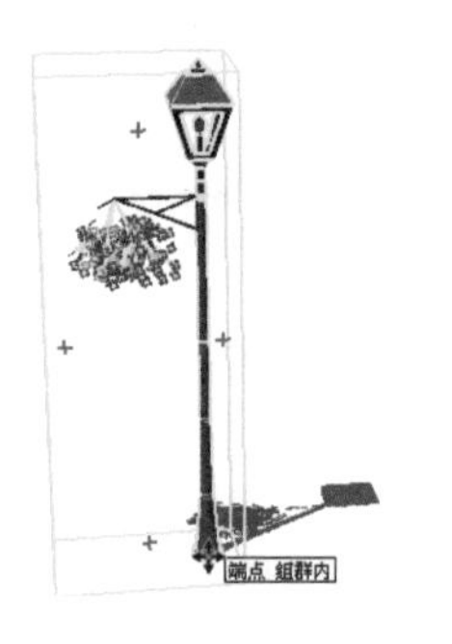

图 2-96　选择移动起始点

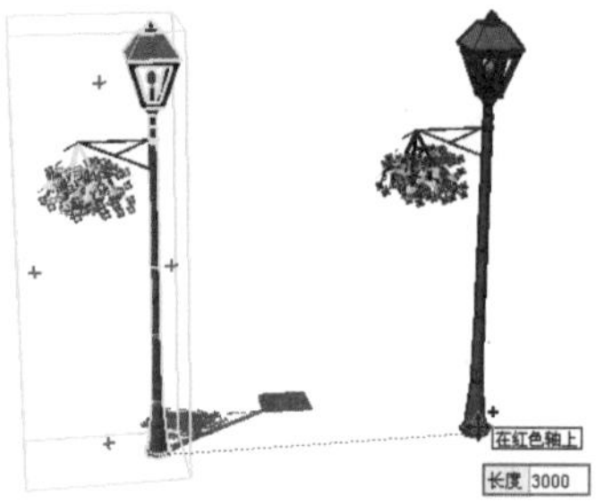

图 2-97　输入间距数值

图 2-98　精确移动完成

→技 巧

如果要以精确距离移动复制多个物体，则首先应输入精确的距离数值，并按 Enter 键确定，然后再以“个数 X”的形式输入复制数目，并再次按下 Enter 键确定即可，如图 2-99~图 2-101 所示。

图 2-99　输入移动距离

图 2-100　输入复制数量

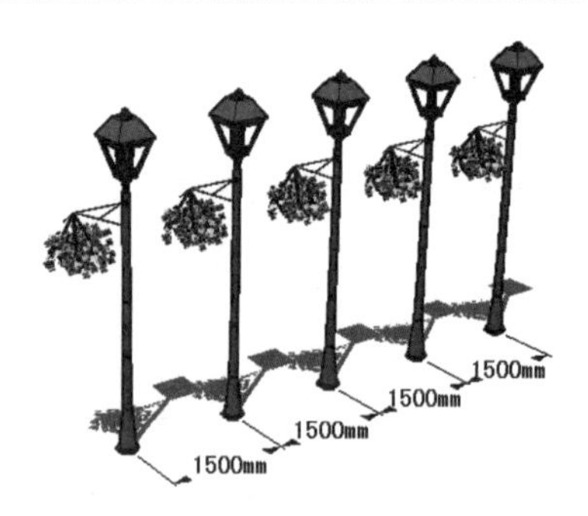

图 2-101　等距复制多个对象

→技 巧

此外，还可以先确定复制间距总距离，再以“数字/”的格式输入复制数目，完成平均间距多个对象的复制，如图 2-102~图 2-104 所示。

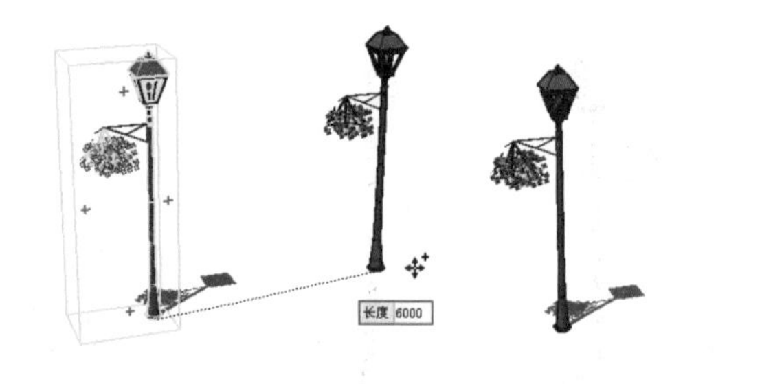

图 2-102　输入移动总距离

图 2-103　输入复制数量

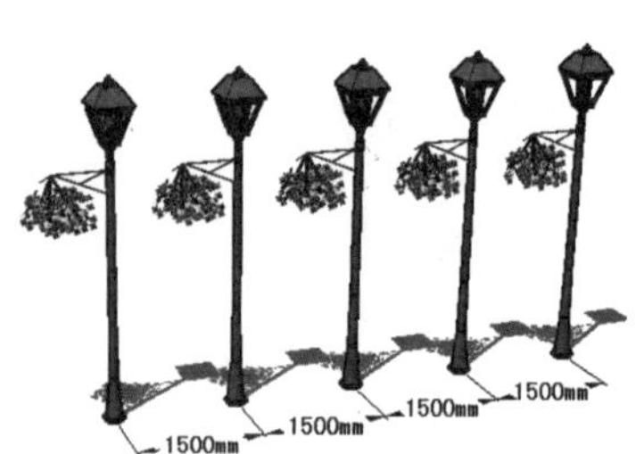

图 2-104　等距复制多个对象

→提 示

对于三维模型中的“面”，使用【移动】工具进行移动复制同样有效，如图 2-105~图 2-107 所示。

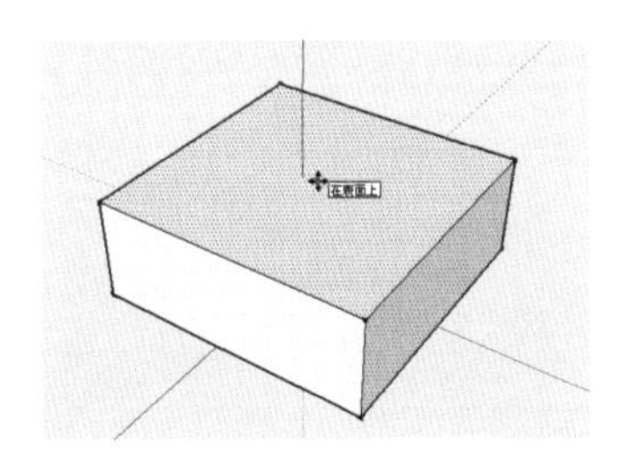

图 2-105　选择模型面

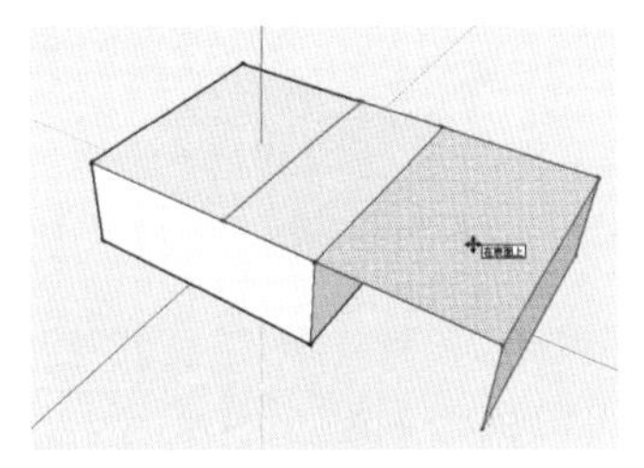

图 2-106　进行移动复制

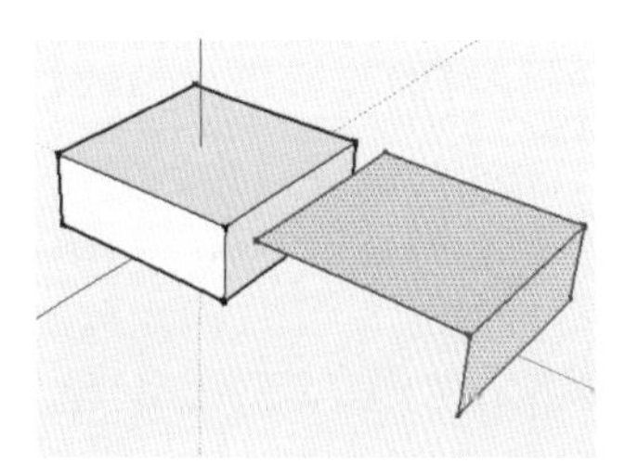

图 2-107　移动复制完成

031 旋转工具

文件路径：配套光盘\第 02 章\031　　视频文件：MP4\第 02 章\031.MP4

在 SketchUp 中，【旋转】工具用于旋转对象，同时也可以完成旋转复制，本例介绍旋转工具的使用与旋转复制的技巧。

1. 旋转对象

步骤 01 打开 SketchUp，执行【工具】/【旋转】命令，或单击【编辑】工具栏按钮，均可启用该编辑命令，如图 2-108 所示。

步骤 02 打开配套光盘“031 旋转工具.skp”模型，如图 2-109 所示，其为一个指北针模型，接下来对其进行旋转操作。

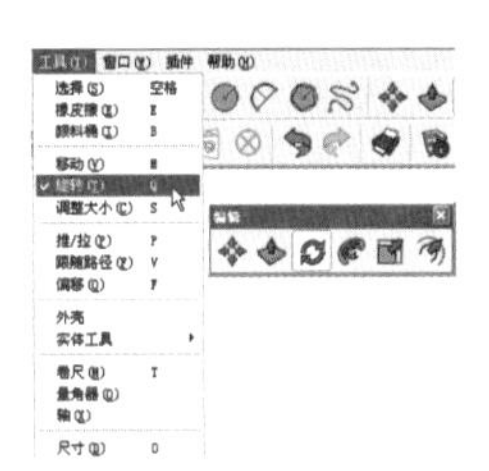

图 2-108　启用旋转编辑工具

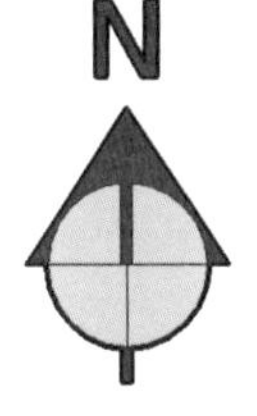

图 2-109　打开模型

步骤 03 选择模型，启用【旋转】工具，待光标变成时拖动光标确定旋转平面，然后在模型表面确定旋转轴心点与轴心线，如图 2-110 所示。

步骤 04 拖动鼠标，即可进行任意角度的旋转，为了确定旋转角度，可以观察数值框数值或直接输入旋转度数，单击即可完成旋转，如图 2-111 与　　图 2-112 所示。

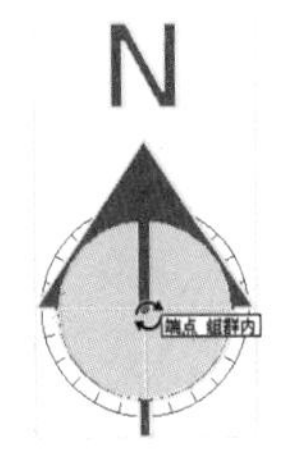

图 2-110　选择模型

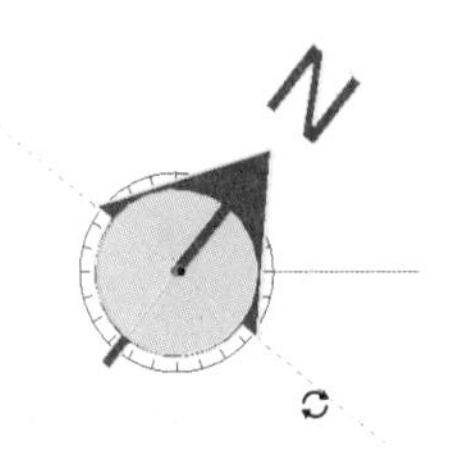

图 2-111　进行旋转

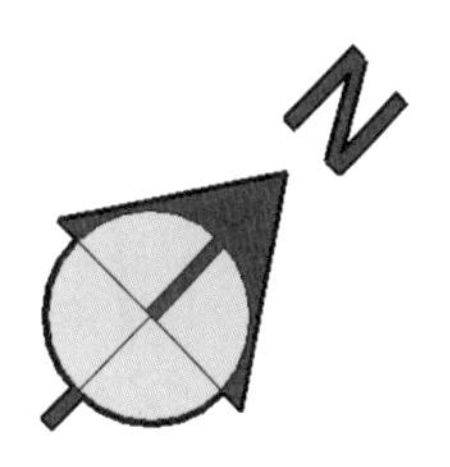

图 2-112　旋转完成

→技巧

启用【旋转】工具后，按住鼠标左键不放，往不同方向拖动将产生不同的旋转平面，从而使目标对象产生不同的旋转效果。当旋转平面显示为蓝色时，对象将以 Z 轴为轴心进行旋转，如图 2-113 所示；显示为红色或绿色时，将分别以 X 轴或 Y 轴为轴心进行旋转，如图 2-114 和图 2-115 所示。如果以其他位置作为轴心，则以灰色显示。

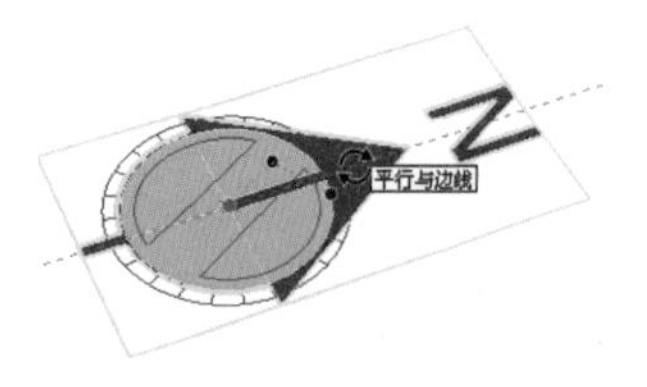

图 2-113　以 z 轴为轴心进行旋转

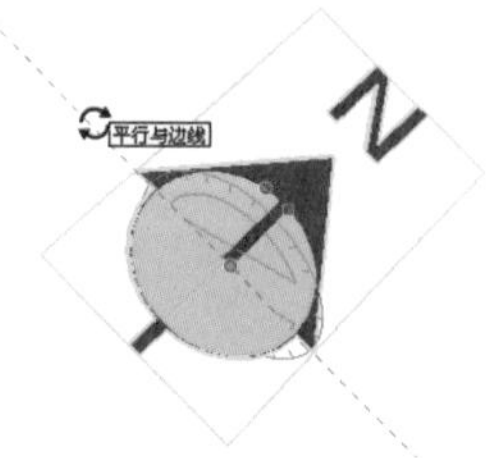

图 2-114　以 X 轴为轴心进行旋转

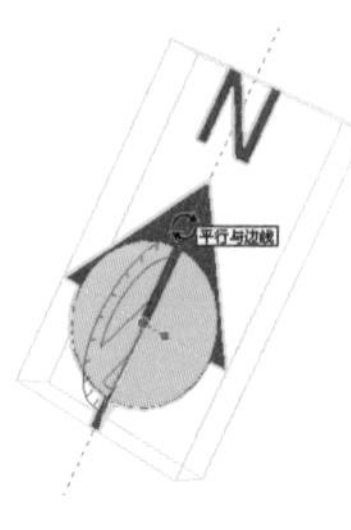

图 2-115　以 Y 位置为轴心进行旋转

2. 旋转部分模型

步骤 01 除了对整个模型对象进行旋转外，还可以对表面已经分割好的模型进行部分旋转。选择模型对象要旋转的部分表面，然后确定好旋转平面，并将轴心点与轴心线确定在分割线端点，如图 2-116 所示。

步骤 02 拖动鼠标确定旋转方向，然后直接输入旋转角度按下 Enter 键，确定完成一次旋转，如图 2-117 所示。

步骤 03 选择最上方的“面”，重新确定轴心点与轴心线，再次输入旋转角度并按下 Enter 键，完成旋转如图 2-118 所示。

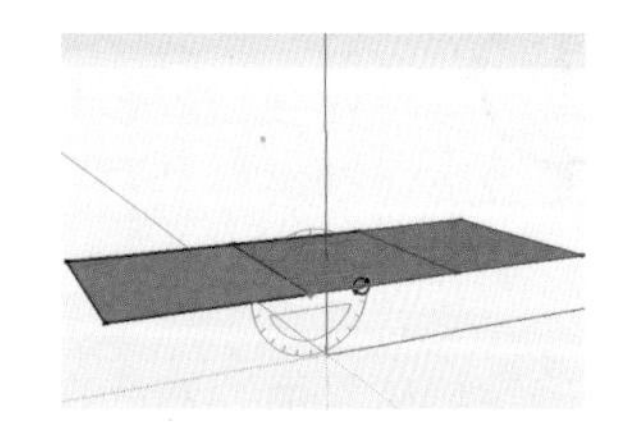
图 2-116　选择旋转面

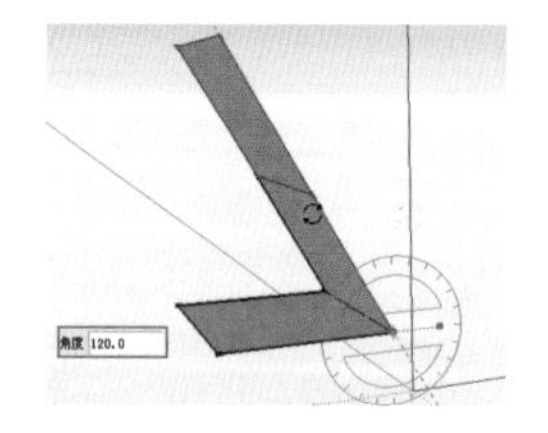

图 2-117　输入旋转角度

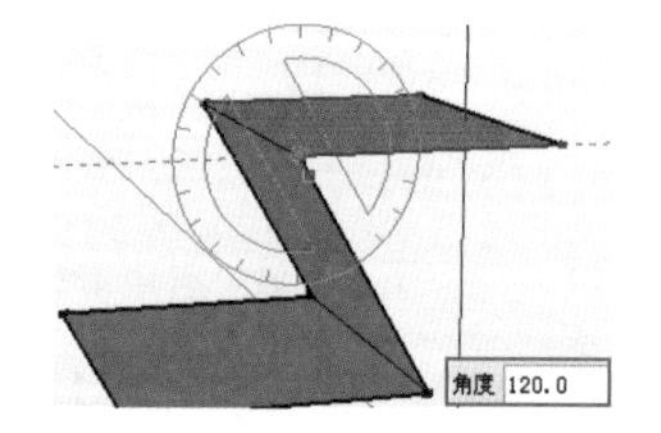

图 2-118　旋转完成

→技巧

如果对 SketchUp 模型某个面进行旋转，则模型相关的面将发生自动扭曲，如图 2-119~图 2-121 所示。

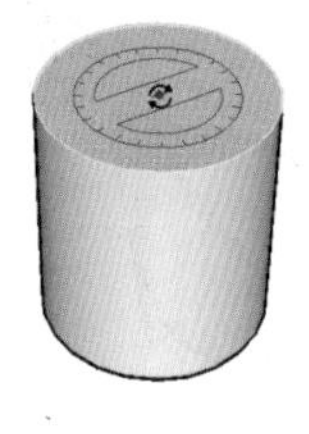
图 2-119　选择旋转面

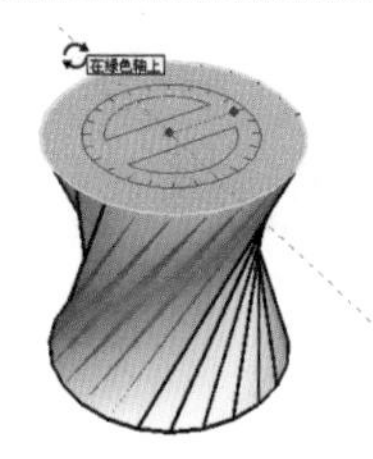

图 2-120　相关模型面进行自动扭曲

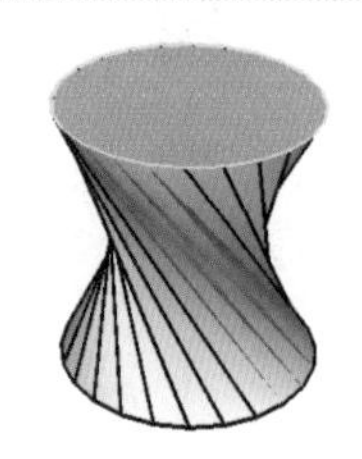
图 2-121　模型旋转完成效果

3. 旋转复制对象

步骤 01 选择目标对象并启用【旋转】工具，确定旋转平面、轴心点与轴心线。按住 Ctrl 键，待光标变成后输入旋转角度数值，如图 2-122 所示。

步骤 02 按下 Enter 键确定旋转数值，再以“数量 X”的格式输入要复制的对象数目，再次按下 Enter 键确认，即可完成复制，如图 2-123 与图 2-124 所示。

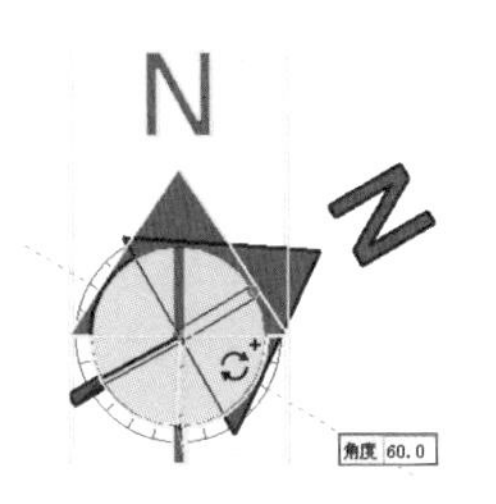

图 2-122　输入旋转角度

图 2-123　输入复制数量

图 2-124　旋转复制完成

—>技巧

除了上述复制方法外，还可以首先复制出多个复制对象之间首尾的模型，然后以“/数量”的形式输入要复制的对象数目，并按下 Enter 键确认，此时就会以平均角度进行旋转复制，如图 2-125~图 2-127 所示。

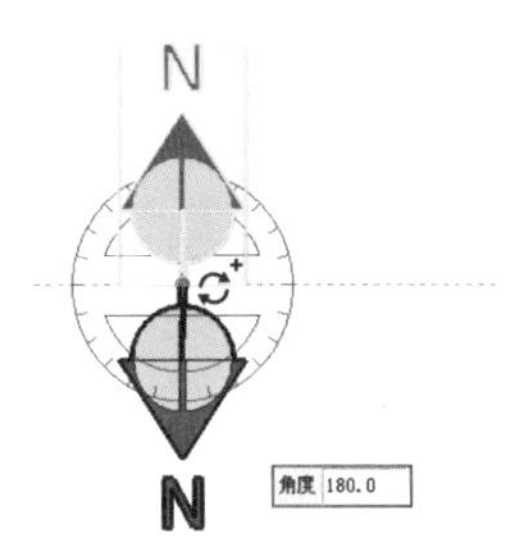

图 2-125　输入旋转角度

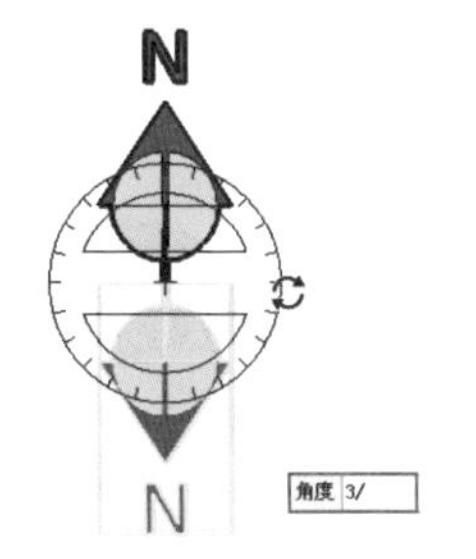

图 2-126　输入旋转数量

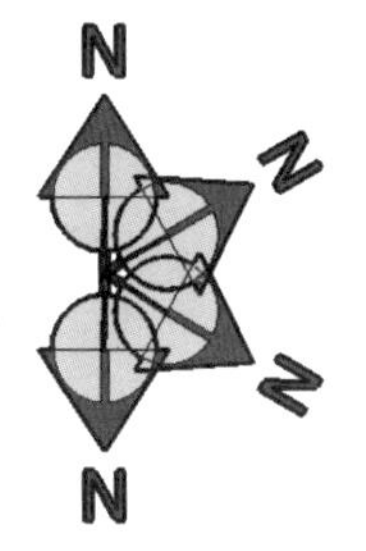

图 2-127　旋转复制完成

032 拉伸工具

文件路径：配套光盘\第 02 章\032	视频文件：MP4\第 02 章\032.MP4

【拉伸】工具用于对象的缩小或放大，既可以进行 X、Y、Z 三个轴向等比的拉伸，也可以进行任意轴向的非等比拉伸。

1. 等比拉伸

步骤 01 打开 SketchUp，执行【工具】/【调整大小】菜单命令，或单击【编辑】工具栏按钮，均可启用该编辑命令，如图 2-128 所示。

步骤 02 打开配套光盘“032 拉伸工具.skp”模型，选择右侧的地球模型，启用【拉伸】工具，模型周围即出现用于拉伸的栅格，如图 2-129 所示。

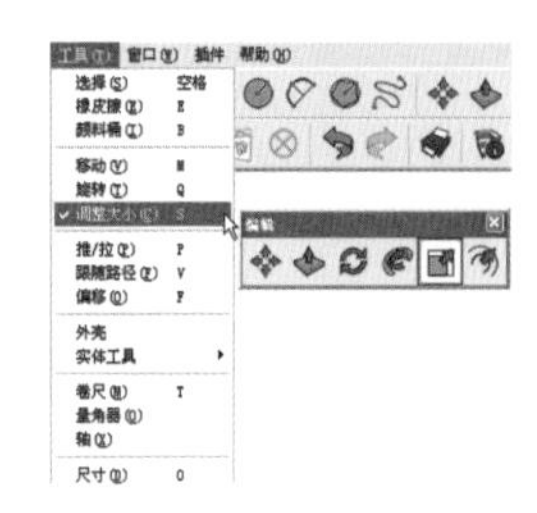

图 2-128　启用拉伸编辑工具

图 2-129　打开模型

步骤 03 待光标变成时，选择任意一个位于顶点的栅格点，即出现“等比拉伸”提示，此时按住鼠标左键并进行拖动即可进行模型的等比拉伸，如图 2-130 与图 2-131 所示。

步骤 04 确定拉伸大小后再次单击，确定，拉伸完成效果如图 2-132 所示。

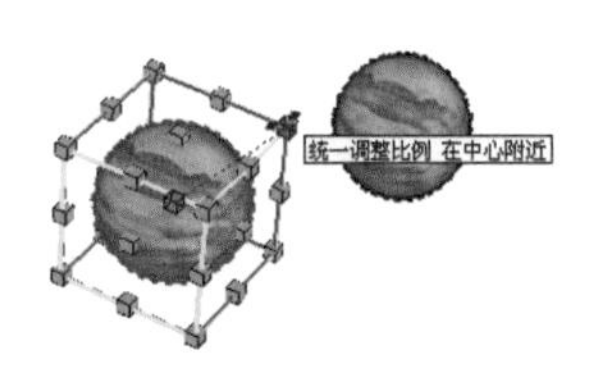

图 2-130　选择拉伸栅格顶点

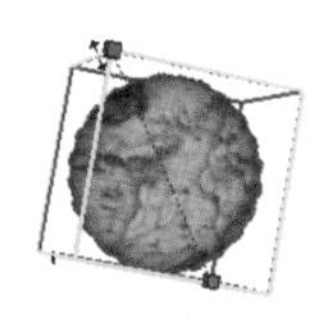

图 2-131　等比拉伸

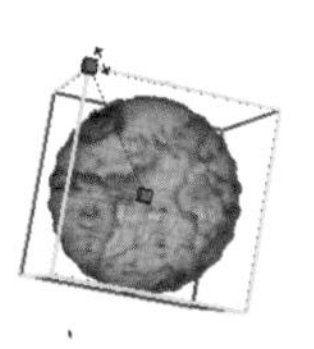

图 2-132　等比中心拉伸

步骤 05 除了直接通过鼠标进行拉伸外，在确定好拉伸栅格点后，输入拉伸比例并按下 Enter 键，即可完成精确比例拉伸，如图 2-133~图 2-135 所示。

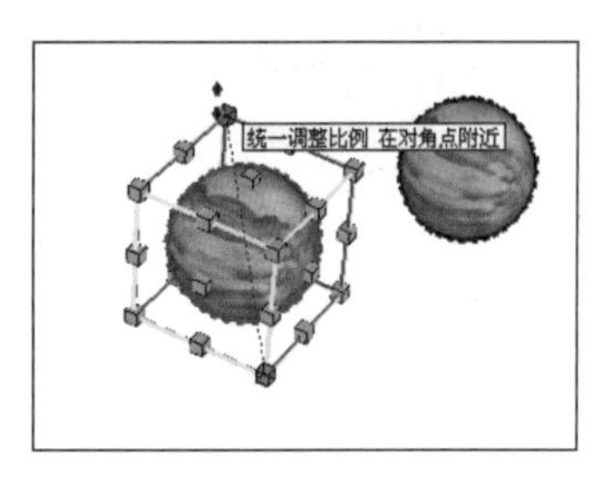

图 2-133　选择拉伸栅格顶点

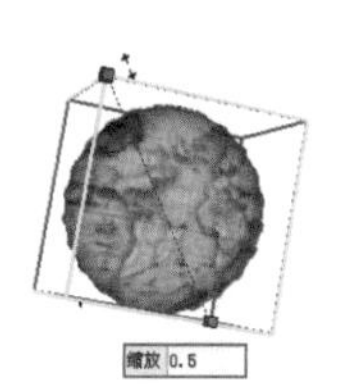

图 2-134　输入拉伸比例

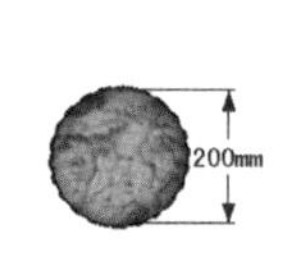

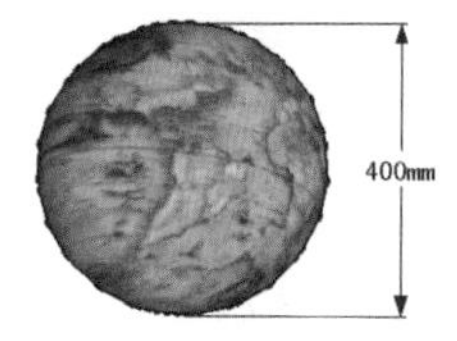

图 2-135　精确等比拉伸完成

技 巧

在进行精确比例的等比拉伸时，数量小于 1 则为缩小，大于 1 则为放大。如果输入负值，则对象不但会进行比例的调整，其位置也会发生镜像改变，如图 2-136~ 图 2-138 所示。因此如果输入-1，则选择对象可以产生【镜像】的效果。

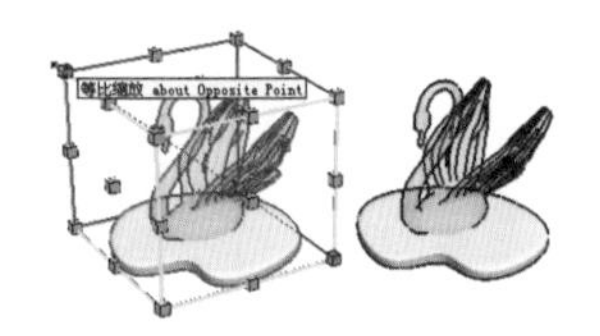

图 2-136　选择拉伸栅格顶点

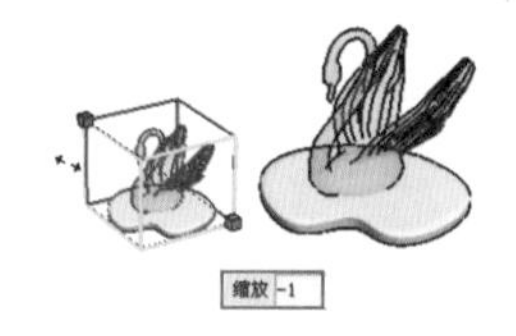

图 2-137　输入负值拉伸比例

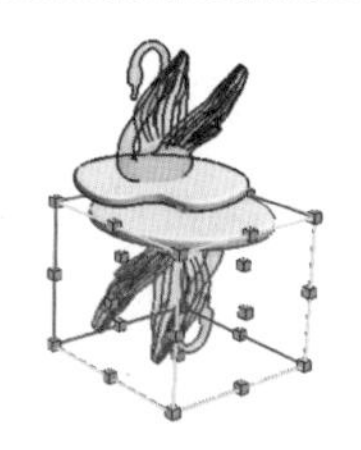

图 2-138　完成效果

技巧

【等比拉伸】均匀地改变对象三个轴向的尺寸大小，其整体造型并不会发生改变，通过【非等比拉伸】则可以在改变对象尺寸的同时改变其造型。

2. 非等比拉伸

步骤 01 选择用于拉伸的地球仪模型，启用【拉伸】工具，选择位于栅格线中间的栅格点，即可出现“红/绿色轴”或类似提示，如图 2-139 所示。

步骤 02 确定栅格点后，单击鼠标左键确定，拖动鼠标即可进行拉伸，再次单击即可完成拉伸，如图 2-140 与图 2-141。

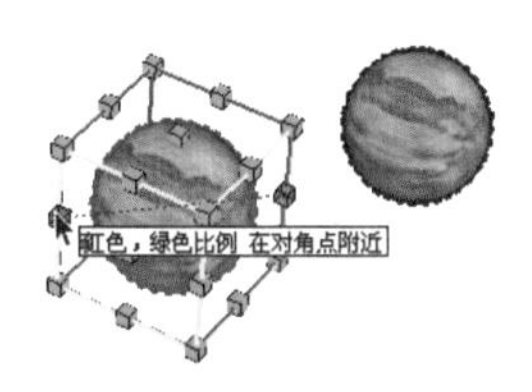

图 2-139　选择拉伸栅格线中点

图 2-140　进行非等比拉伸

图 2-141　非等比拉伸完成

技巧

除了“绿/蓝色轴”的提示外，选择其他栅格点还可出现“红/蓝色轴”或“红/绿色轴”的提示，出现这些提示时，都可以进行【非等比拉伸】，如图 2-142 与图 2-143 所示。

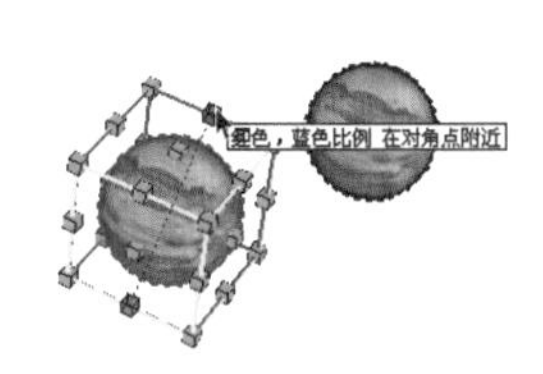

图 2-142　绿/蓝轴非等比拉伸 1

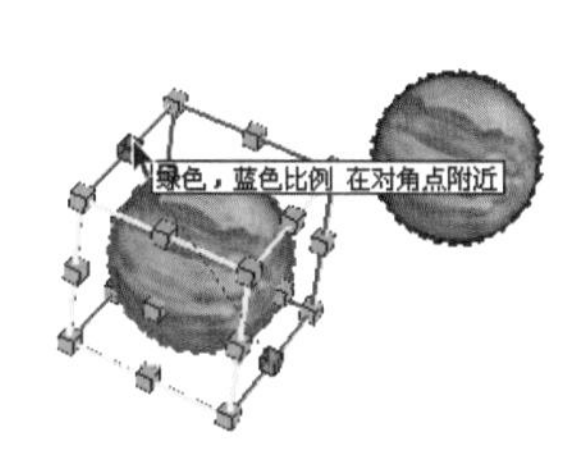

图 2-143　绿/蓝轴非等比拉伸 2

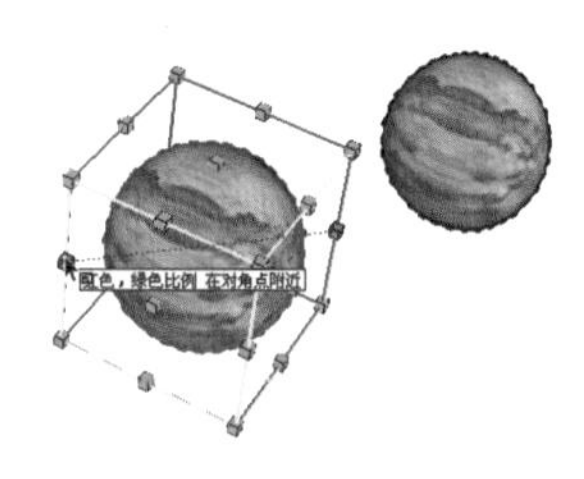

图 2-144　中心点单轴非等比拉伸

技巧

选择某个位于面中心的栅格点，还可进行 X、Y、Z 任意单个轴向上的【非等比拉伸】，如图 2-144 所示即为 Y 轴上的【非等比拉伸】。

033 偏移复制工具

文件路径：无	视频文件：MP4\第 02 章\033.MP4

【偏移】工具可以将面以及线对象在进行移动的同时产生复制效果，本例介绍该工具使用方法与技巧。

1. 面的偏移复制

步骤 01 打开 SketchUp，执行【工具】/【偏移】命令，或单击【编辑】工具栏按钮，均可启用该编辑命令，如图 2-145 所示。

步骤 02 在绘图区结合【矩形】与【圆弧】创建工具绘制一个平面，如图 2-146 所示，然后启用【偏移】工具。

步骤 03 待光标变成形状时，在要进行偏移的“平面”上单击，以确定偏移的参考点，向内拖动光标即可进行偏移复制，如图 2-147 所示。

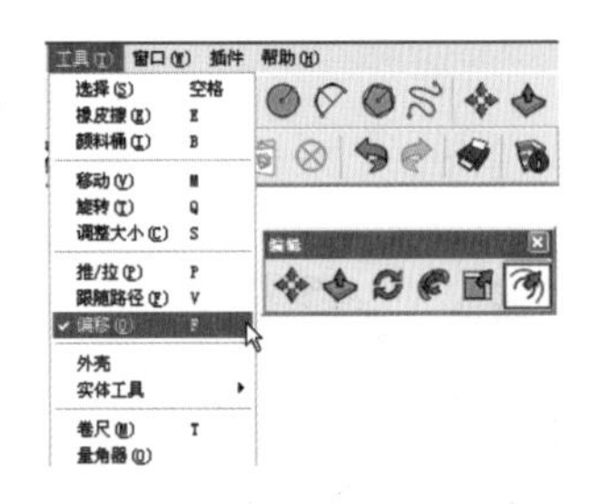

图 2-145　启用偏移复制工具

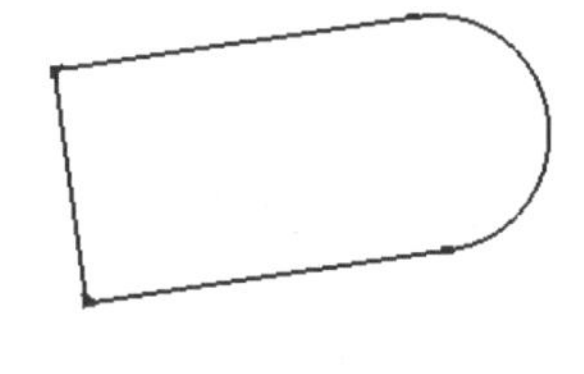

图 2-146　绘制平面

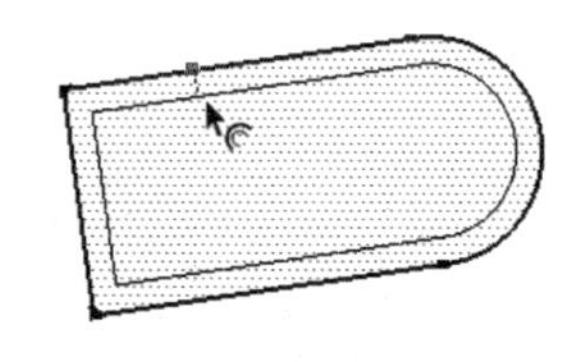

图 2-147　进行偏移复制

步骤 04 确定偏移大小后再次单击，即可同时完成偏移与复制。

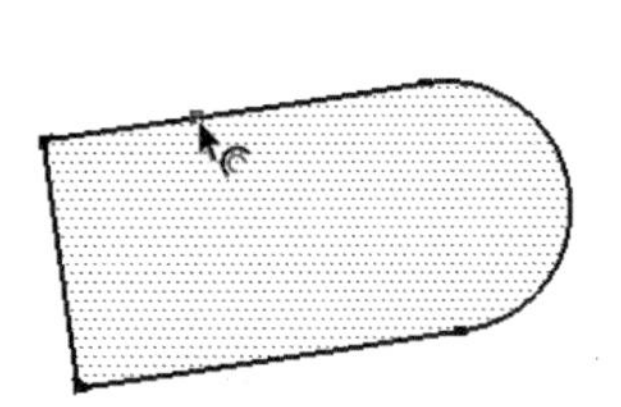

图 2-148　确定偏移参考点

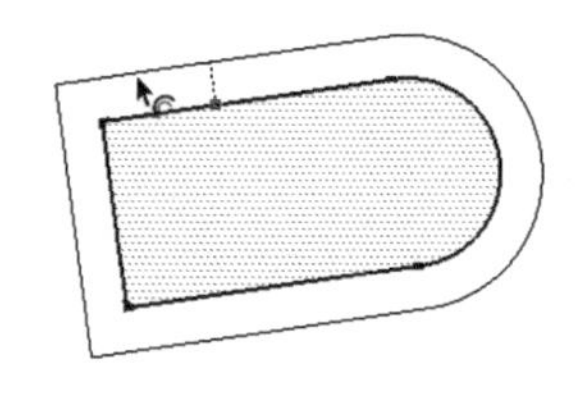

图 2-149　向外偏移复制

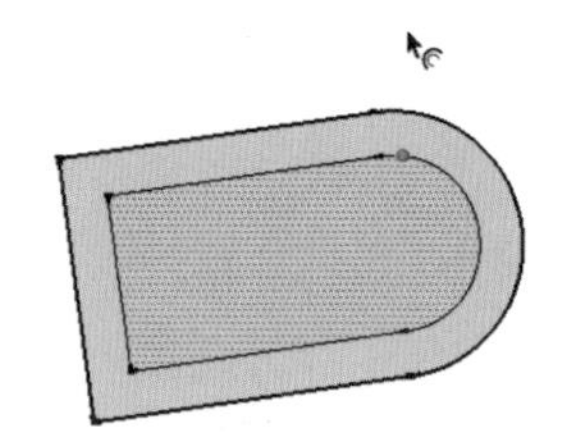

图 2-150　向外偏移复制完成效果

→提 示

【偏移】工具不仅可以向内进行收缩复制，还可以向外进行放大复制。在“平面”上单击确定偏移参考点后，向外推动光标即可，如图 2-148~图 2-150 所示。

步骤 05 如果要偏移复制指定的距离，可以在“平面”上单击确定偏移参考点并确定偏移方向，然后直接输入偏移数值并按下 Enter 键确认，如图 2-151~图 2-153 所示。

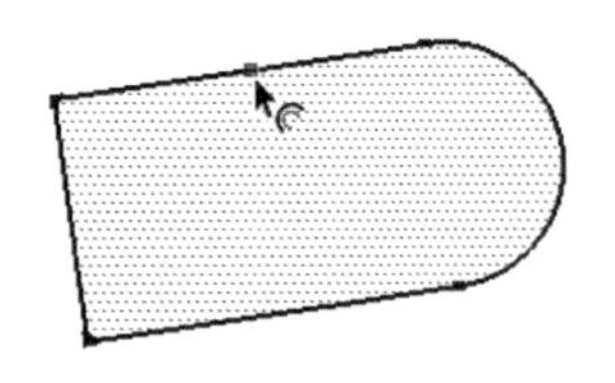

图 2-151　确定偏移参考点

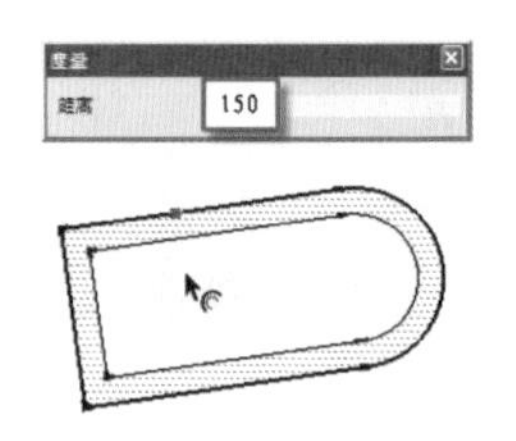

图 2-152　输入偏移距离

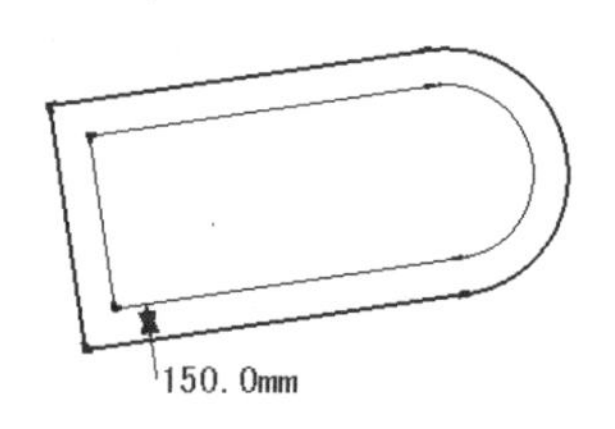

图 2-153　精确偏移完成效果

提 示

【偏移】工具对任意造型的“面”均可进行偏移与复制，如图 2-154~图 2-156 所示。但对于“线”的复制则有所要求，接下来进行了解。

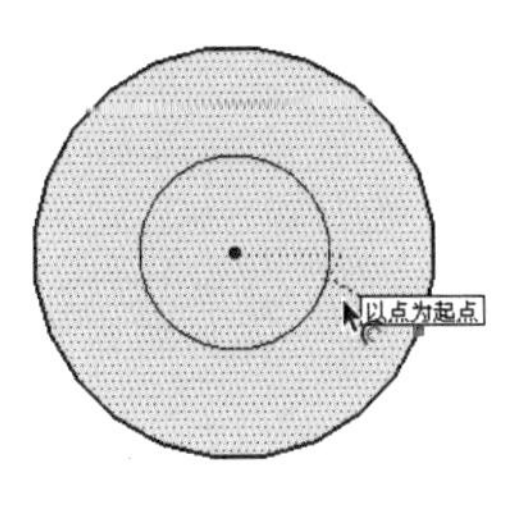

图 2-154　圆的偏移复制

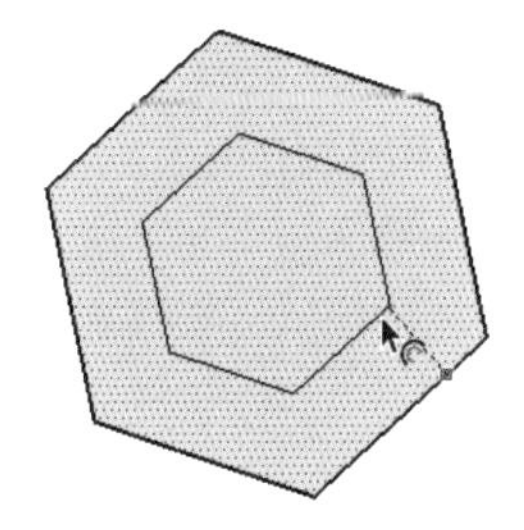

图 2-155　正多边形的偏移复制

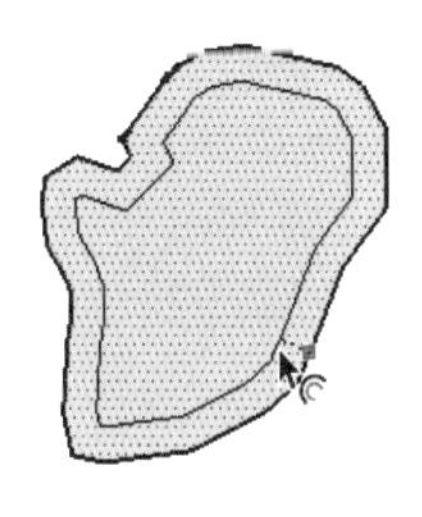

图 2-156　曲线平面的偏移复制

2. 线形的偏移复制

步骤 01 在 SketchUp 中，【偏移】工具无法对单独的线段以及交叉的线段进行偏移与复制，如图 2-157 与图 2-158 所示。

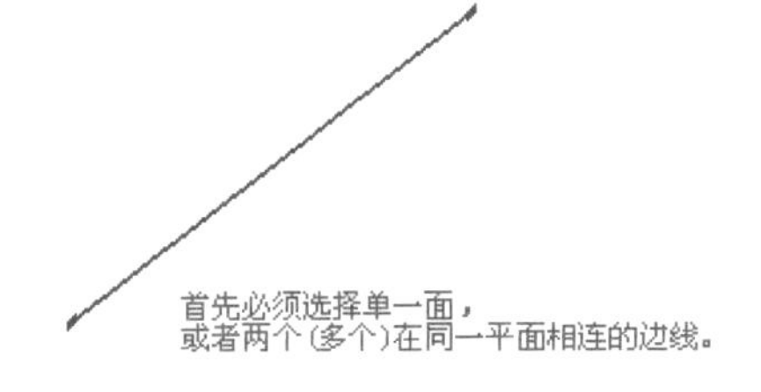

图 2-157　无法偏移复制单独线段

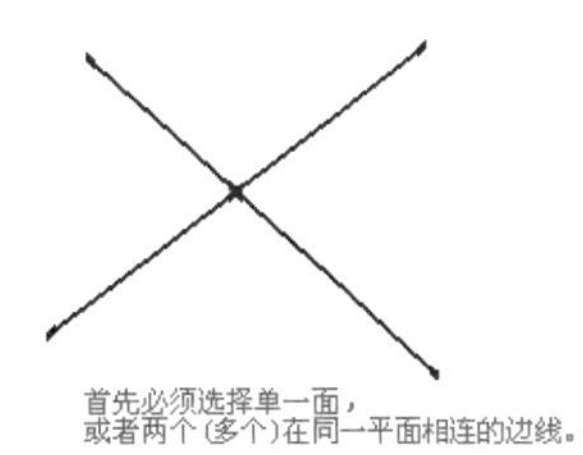

图 2-158　无法偏移复制交叉线段

步骤 02 对于多条线段组成的转折线、弧线，以及线段与弧形组成的线形，均可以进行偏移与复制，如图 2-159~图 2-161 所示。其操作方法与“面”的操作类似，这里就不再赘述。

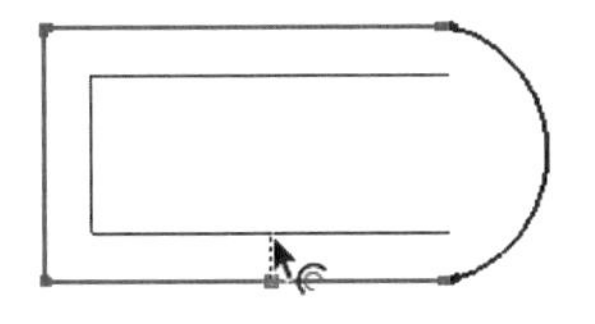

图 2-159　偏移复制转折线

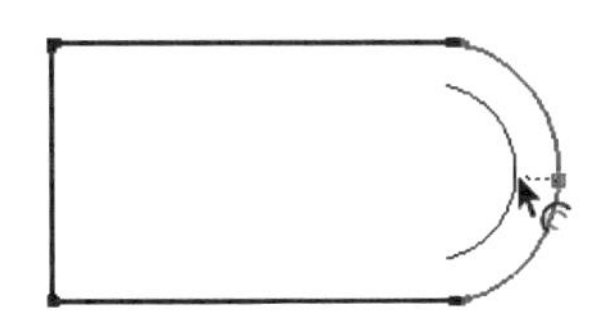

图 2-160　偏移复制弧线

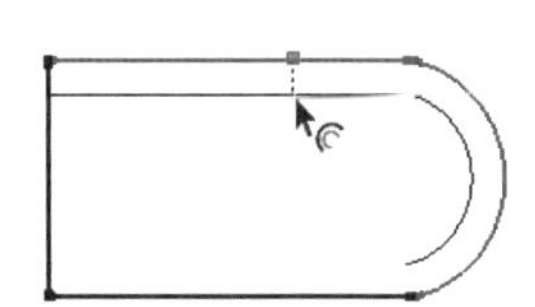

图 2-161　偏移复制混合线形

034 推拉工具

文件路径：无　　视频文件：MP4\第 02 章\034.MP4

【推/拉】工具是 SketchUp 将二维平面生成三维实体模型最为常用的工具，本例讲解其使用方法与技巧。

1. 推拉单面

步骤 01 打开 SketchUp，执行【工具】/【推/拉】命令，或单击【编辑】工具栏按钮，均可启用该编辑命令，如图 2-162 所示。

步骤 02 在场景中创建一个正五边形，启用【推/拉】工具，移动光标至顶面，当光标变成形状时，即可上下进行推拉，如图 2-163 所示。

步骤 03 观察【数值输入框】内数值，或直接输入目标高度数值，按下 Enter 键确认，即可完成推拉，如 图 2-164 所示。

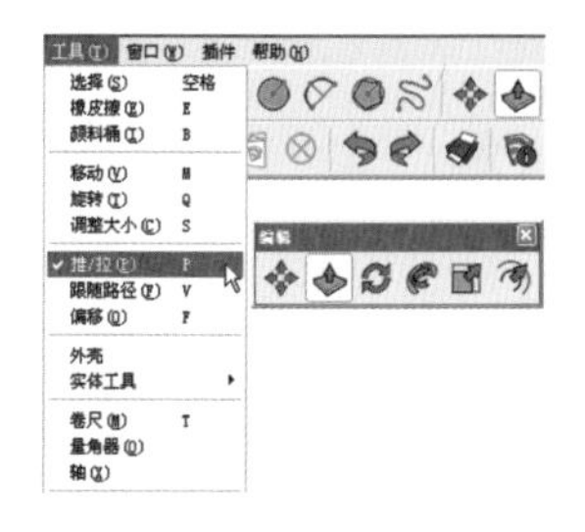

图 2-162 启动推/拉工具

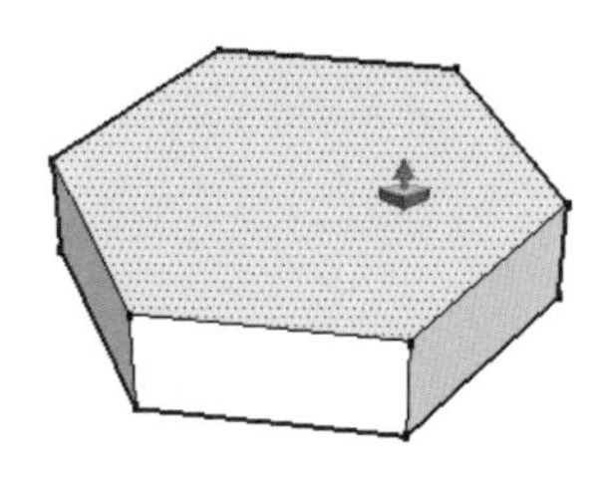

图 2-163 向上拉伸平面

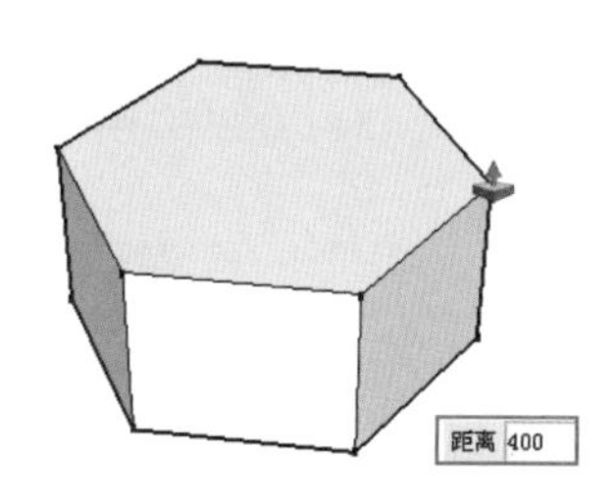

图 2-164 完成效果

步骤 04 在拉伸完成后，再次启用【推/拉】工具可以直接进行拉伸，如图 2-165 与图 2-166 所示，如果此时按住 Ctrl 键进行推拉，则会以复制的形式进行拉伸，如 图 2-167 所示。

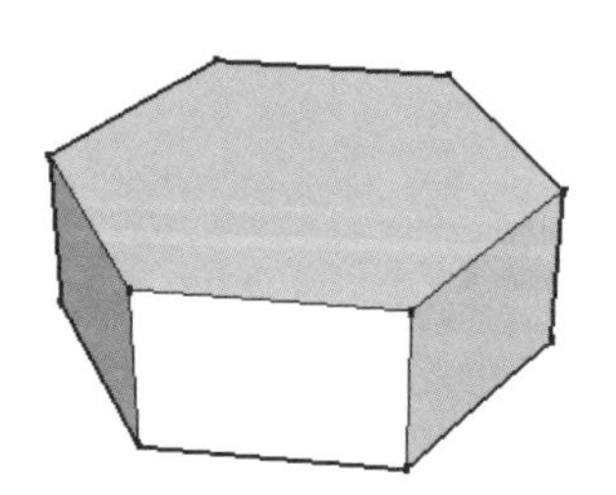

图 2-165 已拉伸的模型

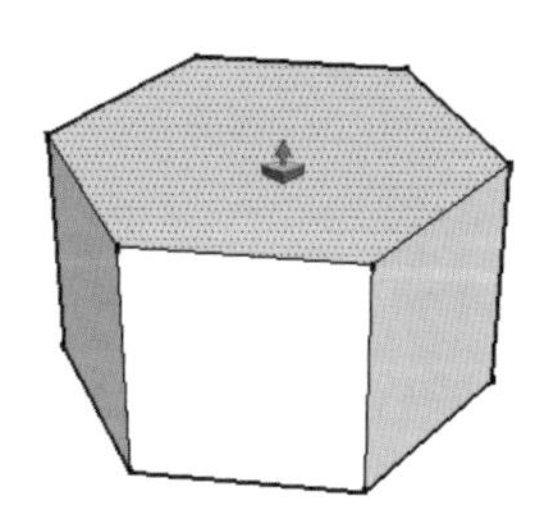

图 2-166 继续拉伸效果

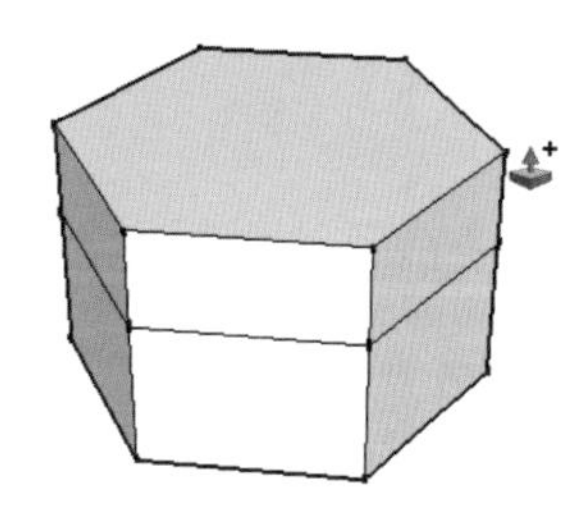

图 2-167 拉伸复制效果

技巧

对于异形的平面，如果直接使用【推/拉】工具，将拉伸出垂直的效果，如图 2-168 与图 2-169 所示。此时按住 Alt 键进行推拉，则可以避免该种现象，如 图 2-170 所示。

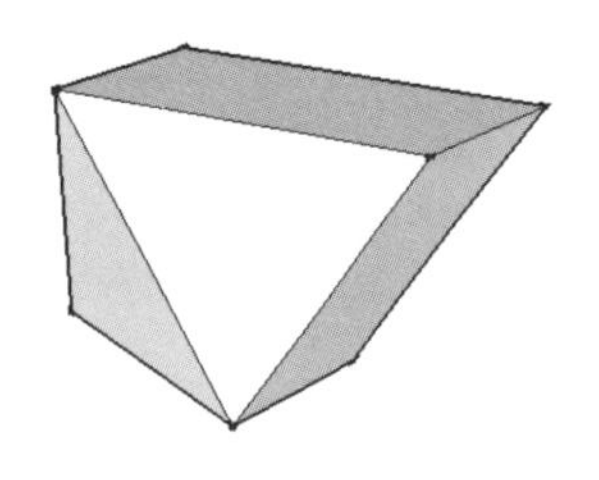

图 2-168 异形三维模型

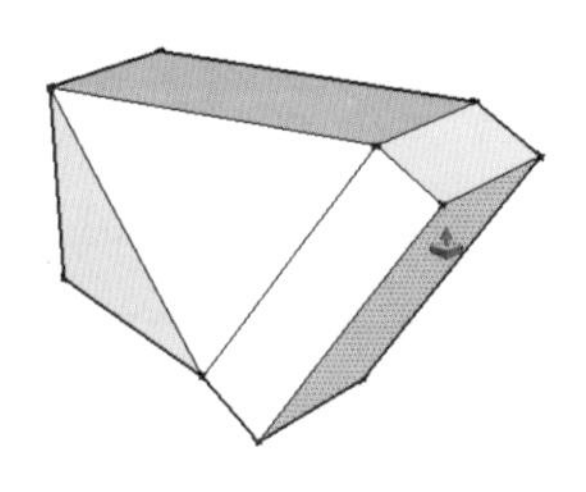

图 2-169 直接推拉效果

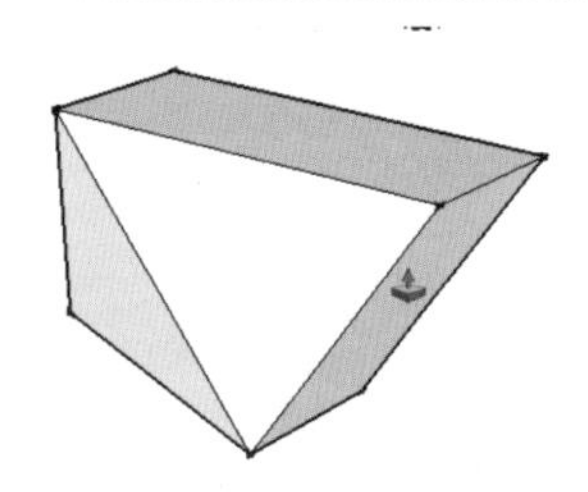

图 2-170 按住 Alt 键推拉效果

—>提 示

【推/拉】工具不仅可以将平面转换成三维实体，还可以对三维实体已经分割好的“面”进行拉伸或挤压，以形成凸出或凹陷的造型。

2. 推拉分割实体面

步骤 01 启用【推/拉】工具，待光标变成时，将其置于将要拉伸的模型表面，如图 2-171 所示。

步骤 02 向下或向上推动光标，将分别形成凹陷或突出的效果，如图 2-172 与图 2-173 所示。

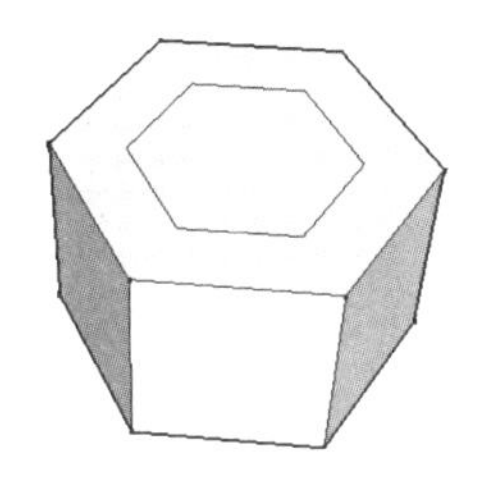

图 2-171　选择分割模型面

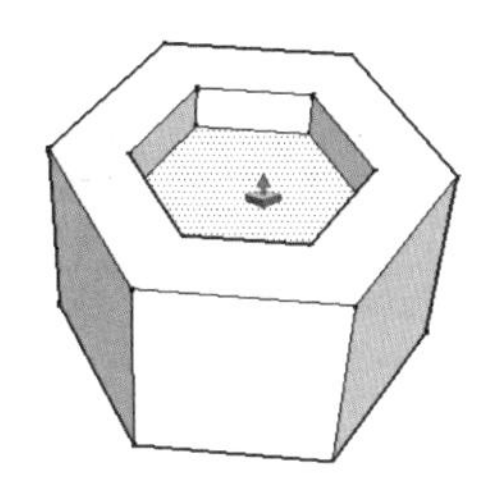

图 2-172　向下推动光标

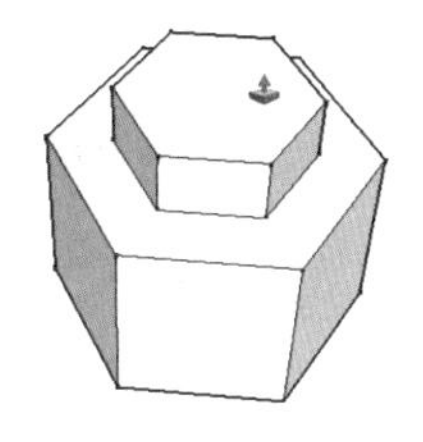

图 2-173　向上推动光标

—>技 巧

如果有多个面的推拉深度相同，则在完成其中某一个面的推拉之后，在其他面上使用【推/拉】工具直接双击，即可快速完成相同的推拉效果，如图 2-174~ 图 2-176 所示。

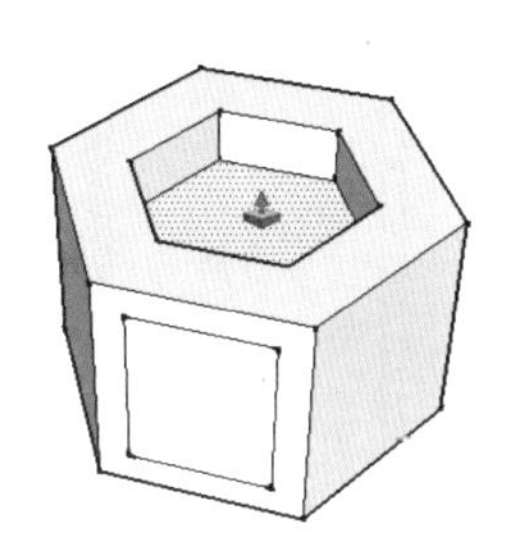

图 2-174　向下挤压面

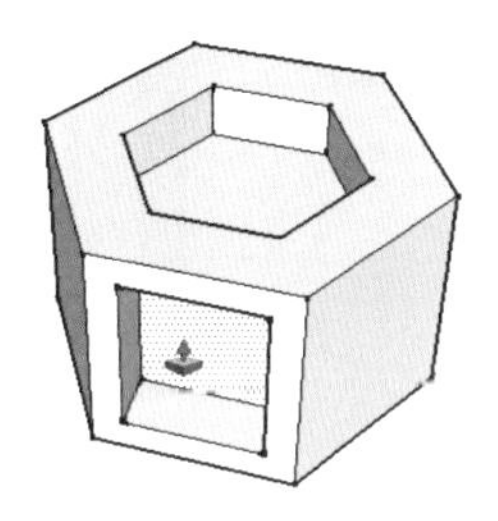

图 2-175　挤压完成

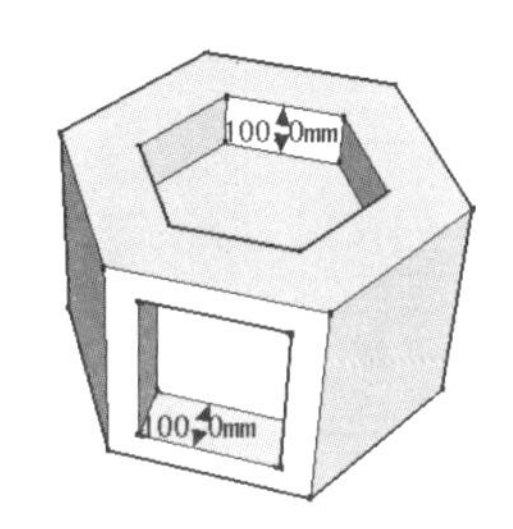

图 2-176　双击快速完成相同挤压

035 路径跟随工具

文件路径：配套光盘\第 02 章\035	视频文件：MP4\第 02 章\035.MP4

使用【跟随路径】工具，可以利用两个二维线型或平面生成三维实体，本例讲解该工具的操作方法与技巧。

1. 面与线的应用

步骤 01 单击【编辑】工具栏按钮，或执行【工具】/【跟随路径】菜单命令，均可启用该命令，如图 2-177 所示。

步骤 02 打开配套光盘“035 路径跟随二.skp”文件，如图 2-178 所示，场景中有一个平面图形与二维线型。

步骤 03 启用【跟随路径】工具，待光标变成后，单击选择其中的二维平面，如图 2-179 所示

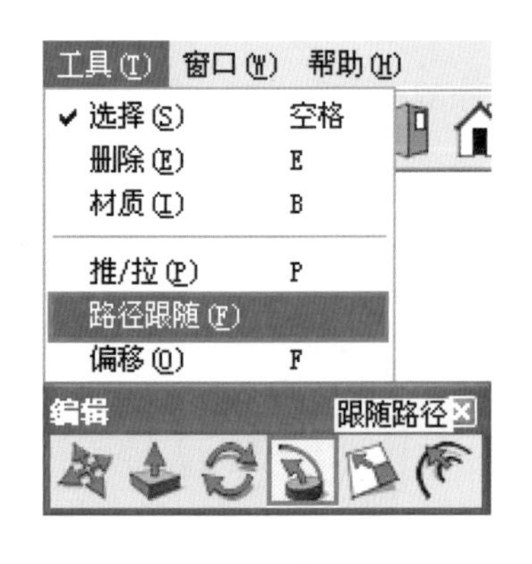

图 2-177 启用路径跟随工具

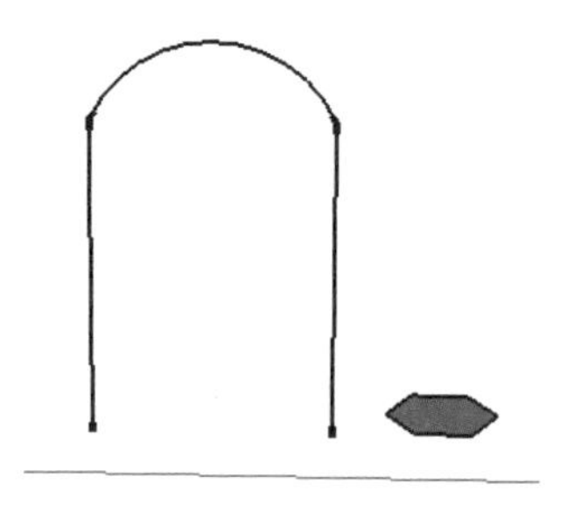

图 2-178 文件打开效果

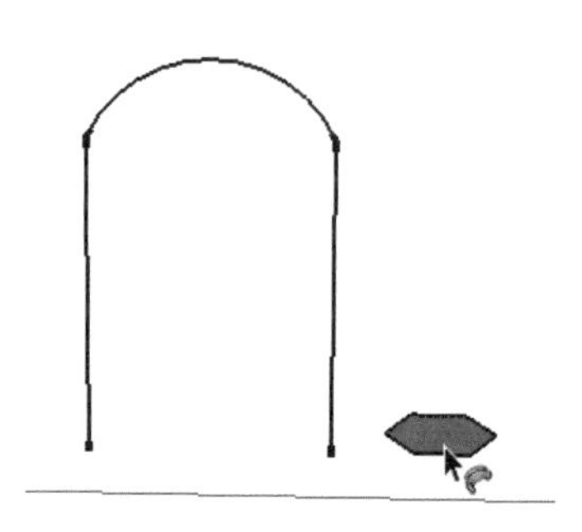

图 2-179 选择截面图形

步骤 04 将光标移动至线型附近，此时在线型上就会出一个红色的捕捉点，二维平面会根据该点至线型下方端点的走势生成三维实体，如图 2-180 所示。

步骤 05 沿着线型推动光标直至完成效果，如图 2-181 与图 2-182 所示。、

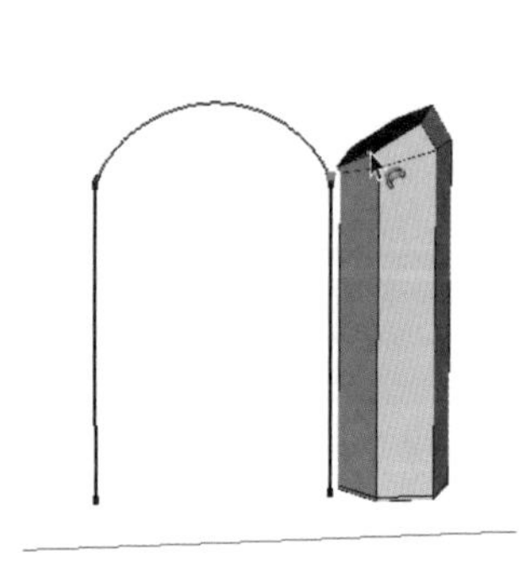

图 2-180 捕捉线条路径

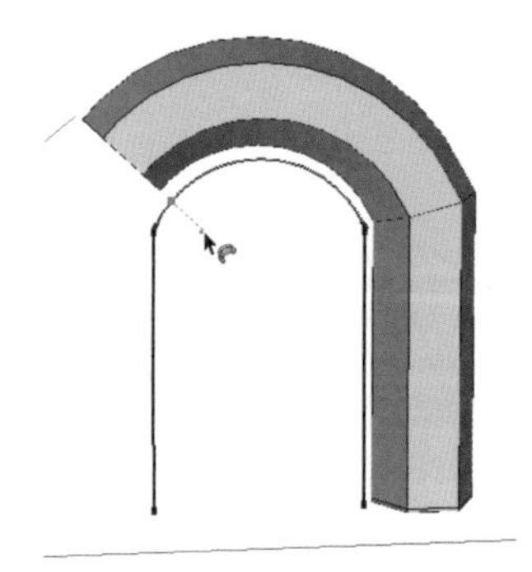

图 2-181 捕捉弧线路径

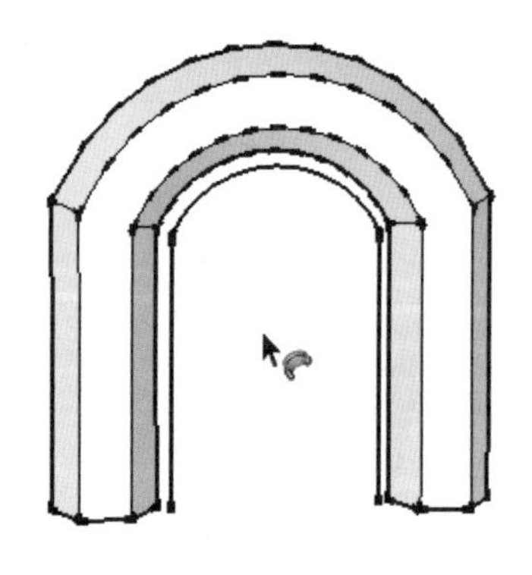

图 2-182 跟随完成效果

技巧

利用【跟随路径】工具，通过“面”与“面”的应用可以绘制出室内屋檐与天花角线等常用构件。

2. 面与面的应用

步骤 01 绘制角线截面与屋檐平面二维图形，启用【跟随路径】工具，并单击选择截面，如图 2-183 所示。

步骤 02 待光标变成时，将其移动至天花板平面图形，跟随其捕捉一周后单击，确定捕捉完成，如图 2-184 与 图 2-185 所示。

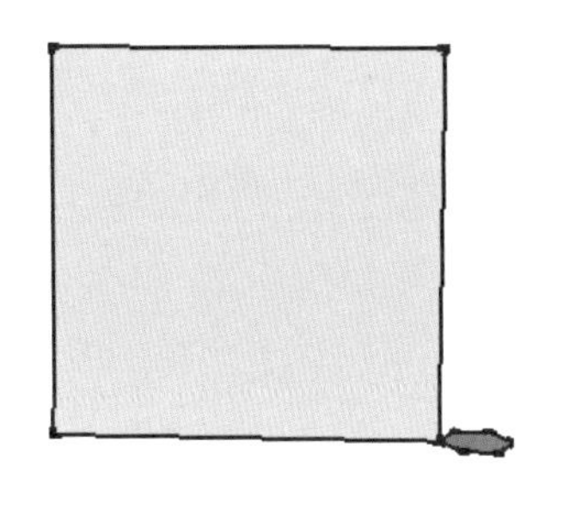

图 2-183 选择角线截面

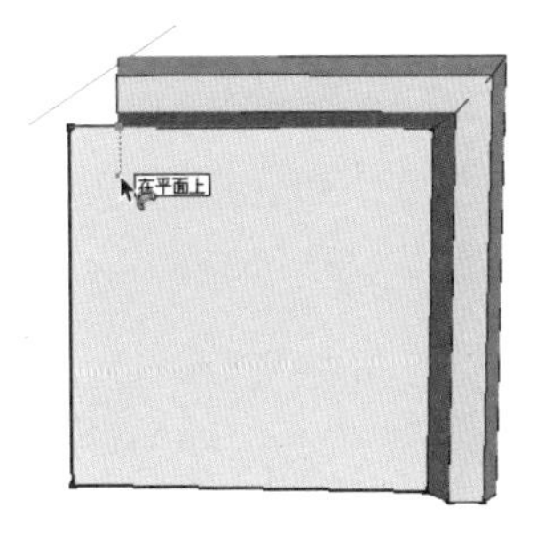

图 2-184 捕捉平面路径

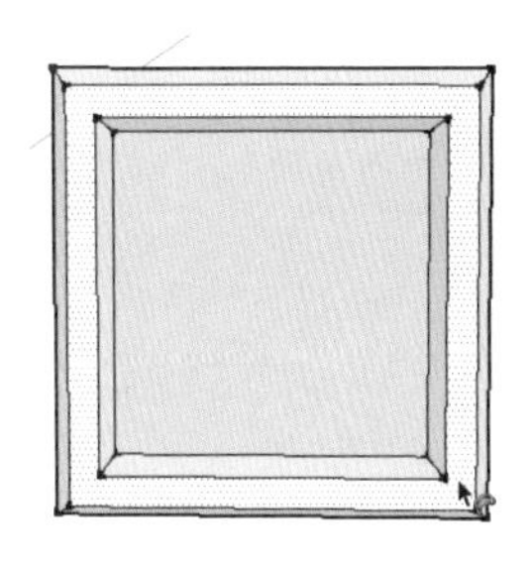

图 2-185 完成效果

技巧

在 SketchUp 中，并不能直接创建球体、棱锥、圆锥等几何形体，通常在“面”与“面”上应用【跟随路径】工具进行创建，其中球体的创建步骤如图 2-186~图 2-188 所示。

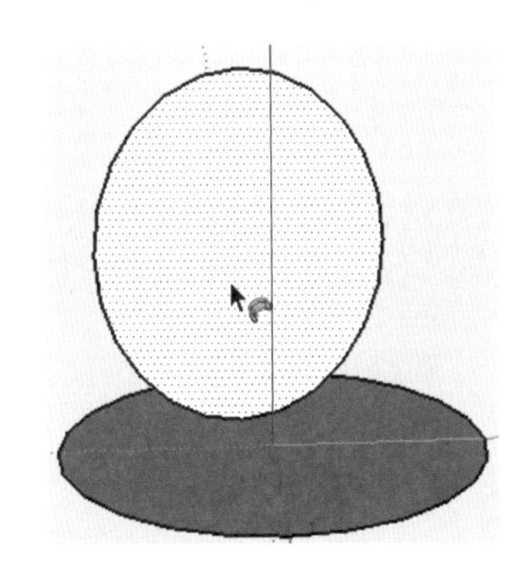

图 2-186 选择圆平面

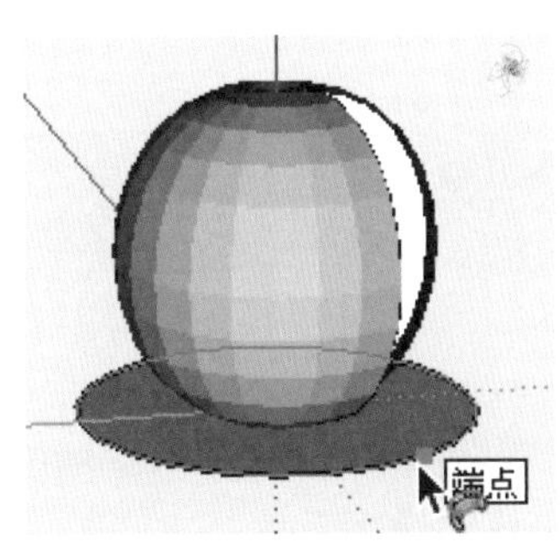

图 2-187 捕捉底部圆

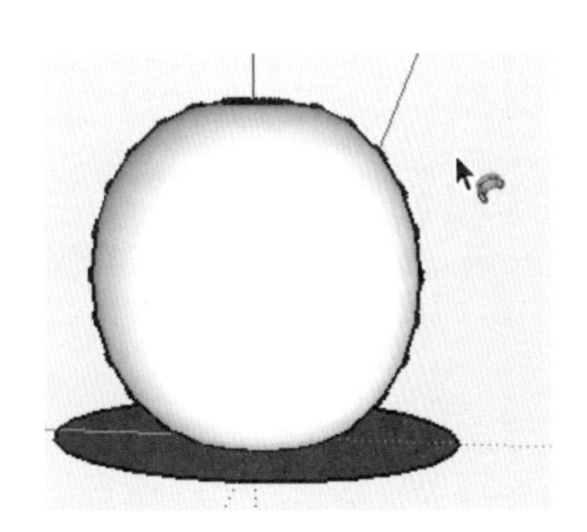

图 2-188 完成效果

3. 实体上的应用

步骤 01 在 SketchUp 中利用【跟随路径】工具，还可以在实体模型上直接制作出边角细节。

步骤 02 首先在实体表面上直接绘制好边角轮廓，然后启用【跟随路径】工具并单击选择，如 图 2-189 所示。

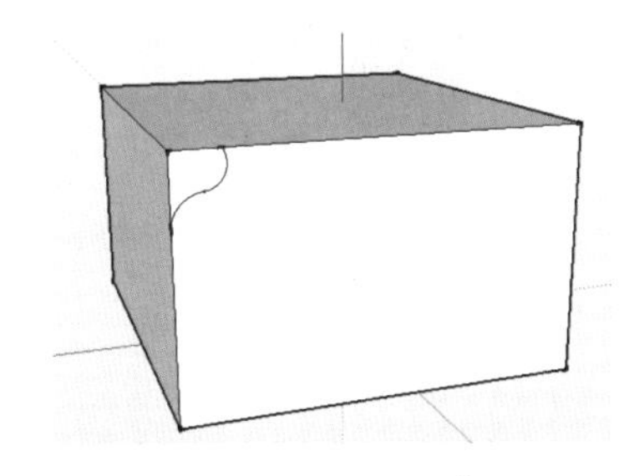

图 2-189 选择边角截面

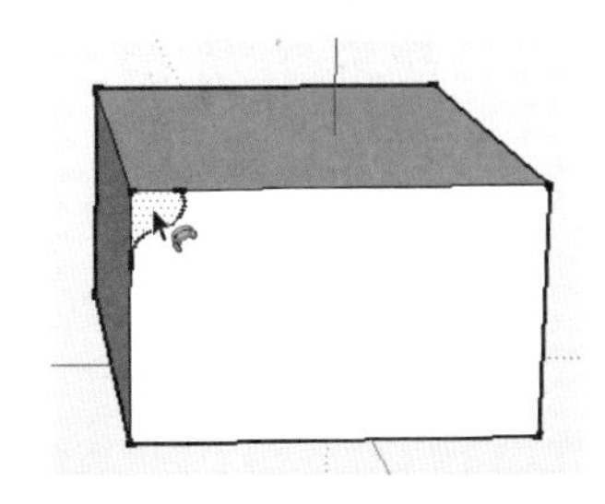

图 2-190 捕捉实体模型边线

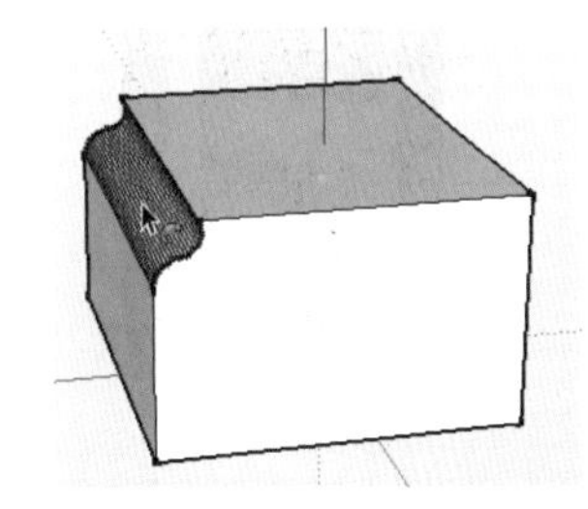

图 2-191 完成效果

步骤 03 待光标变成 时，单击选择边角轮廓，再将其光标置于实体轮廓线上，此时就可以参考出现的虚线确定跟随效果，如 图 2-190 所示。

步骤 04 确定好跟随效果后单击，完成实体边角效果如图 2-191 所示。

→技 巧

利用【跟随路径】工具直接在实体模型上创建边角效果时，如果捕捉完整的一周，将制作出如图 2-192 所示的效果。如果任意捕捉实体轮廓线进行制作（如 图 2-193 所示），将得到如 图 2-194 所示的效果。

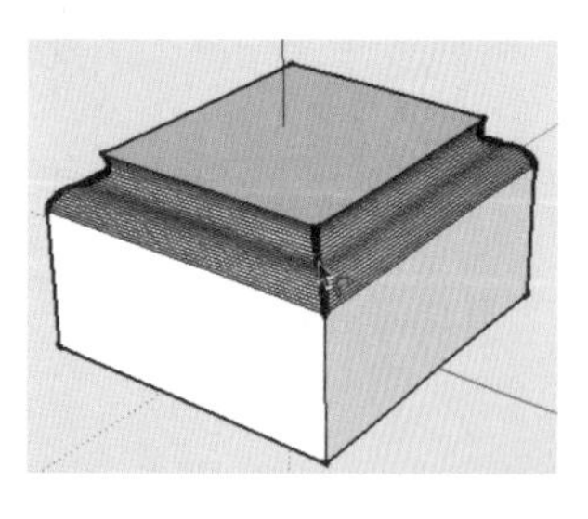
图 2-192 捕捉一周的效果

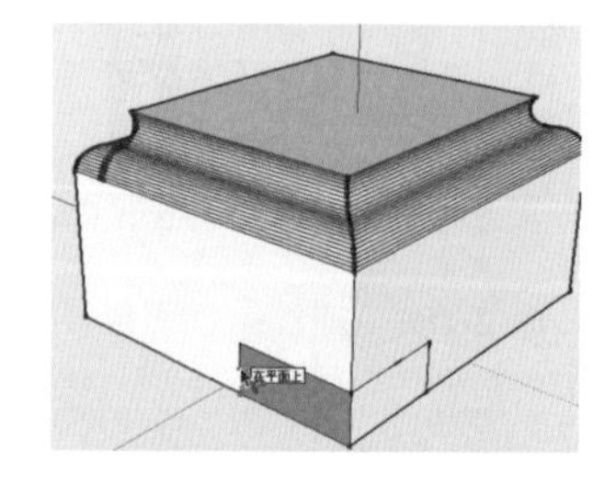
图 2-193 捕捉效果

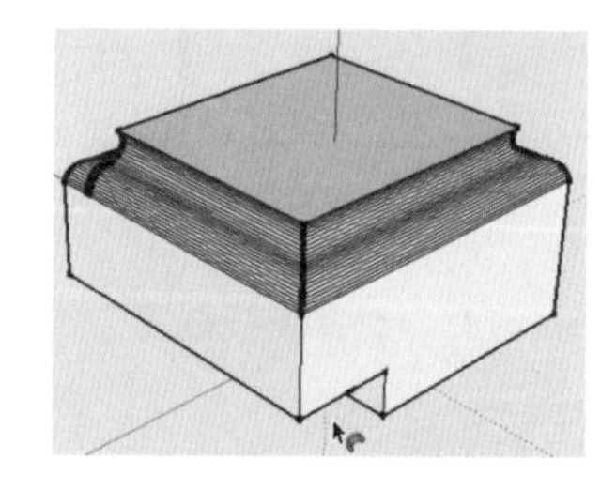
图 2-194 完成效果

2.3 常用工具

036 创建组件

文件路径：配套光盘\第 02 章\036　　视频文件：MP4\第 02 章\036.MP4

类似于 3dsmax 中使用【组】管理场景中的模型，SketchUp 使用【组件】对场景模型进行管理，本例将学习创建与分解组件的操作方法。

1. 创建与分解组件

步骤 01 启动 SketchUp，打开配套光盘“036 创建与分解组件.skp”模型，如图 2-195 所示，该场景为一个由门框、门页以及拉手组成的套门模型。

图 2-195 门模型

图 2-196 未形成组件时的选择效果

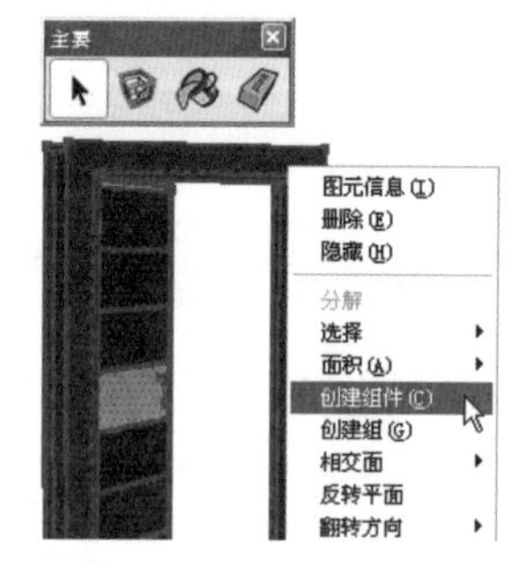

图 2-197 选择【创建组件】命令

步骤 02 由于当前的模型并未形成【组件】，因此在常规选择时只能选择部分模型，不便于模型整体的移动与拉伸，如图 2-196 所示。

步骤 03 按 Ctrl+A 组合键，选择所有模型，单击【常用】工具栏创建组件工具按钮，或单击鼠标右键，选择【创建组件】命令，如图 2-197 所示。

步骤 04 在弹出【创建组件】面板中设置【名称】等参数，单击【创建】按钮，即可将其创建为整体的组件，如图 2-198 与图 2-199 所示，套门模型将成为一个整体。

步骤 05 单击选择即可选择到组件整体，可以对其进行整体拉伸与移动，如图 2-200 所示。

步骤 06 如果要单独选择或编辑组件中的某个部分，可以将【组件】解散。在模型表面单击鼠标右键，在弹出菜单选择【分解】命令即可。

图 2-198　创建组件面板

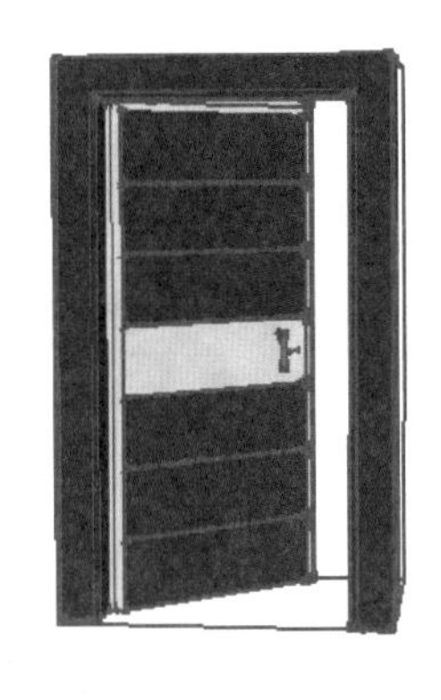

图 2-199　创建门组件

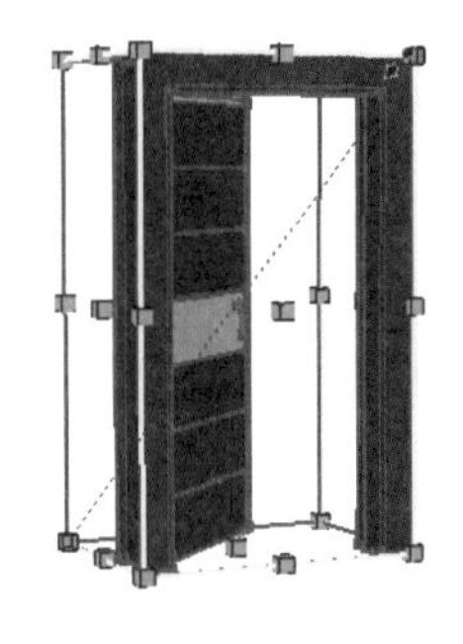

图 2-200　整体拉伸

技巧

在创建单面植物模型时，选择【创建组件】面板【总是朝向镜头】复选框，随着镜头的移动，制作好的植物组件也会保持转动，始终以正面面向镜头，从而避免出现不真实的单面效果，如图 2-201 ~ 图 2-203 所示。

图 2-201　原始效果

图 2-202　勾选参数

图 2-203　自动调整效果

2. 组件的使用技巧

步骤 01 组件创建完成后，如果场景需要多个相同的模型，可以直接将组件进行复制，如图 2-204 所示。

步骤 02 如果在方案推敲的过程中需要统一修改组件，可以选择任意一个组件模型，单击右键选择【编辑组件】命令，如图 2-204~图 2-206 所示，其他组件模型会自动进行更新。

图 2-204　复制组件

图 2-205　选择编辑组件

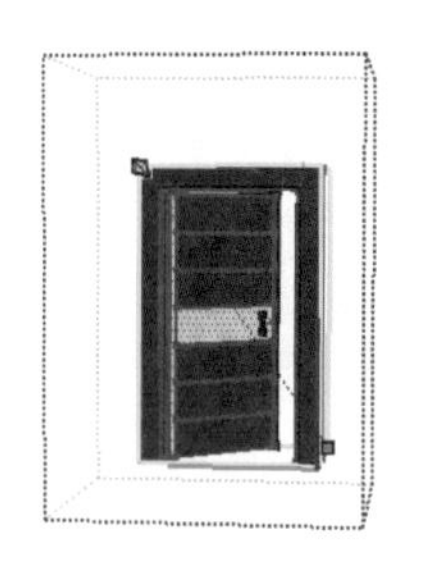
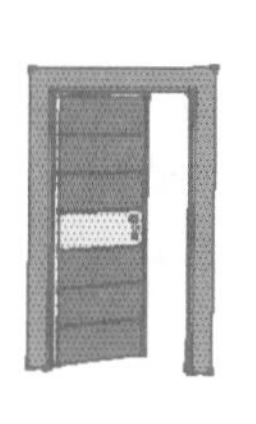

图 2-206　编辑组件

步骤 03 如果要单独对某个组件进行造型调整，可以直接为其添加【拉伸】命令，同时另一个组件也会相应的改变，相连关系如 图 2-207 所示。

步骤 04 如果要保留单独的几个组件模型不变，对其他组件则需要进行统一修改。可以选择将保留的组件模型进行【设置为自定项】，如　　图 2-208 所示。然后使用【编辑组件】命令，对其他模型进行调整即可，与图 2-209 所示。

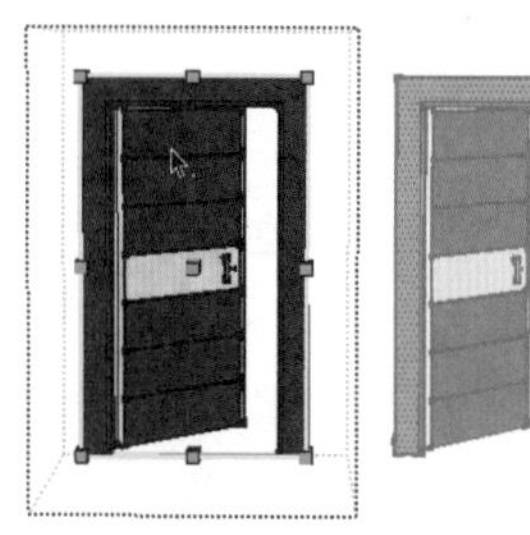

图 2-207　复制组件相连关系

图 2-208　将保留模型进行设置为自定项

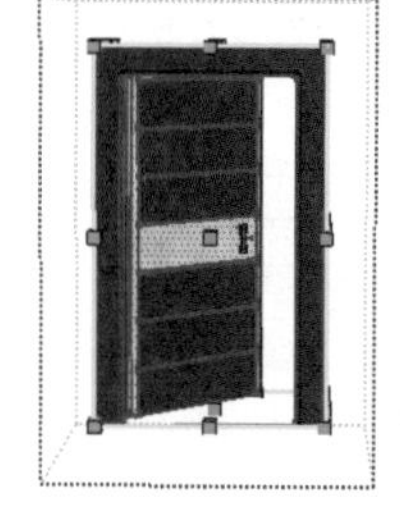
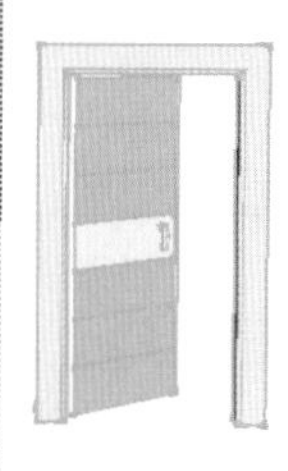

图 2-209　设置自定项后操作结果

037 组件的高级应用

文件路径：配套光盘\第 02 章\037　　视频文件：无

常用的一些模型将其制作为【组件】后，可以选择将其导出为单独的模型，这样在其他的场景中就可以通过导入快速应用，本例介绍组件导出、导入以及组件库等与组件相关的高级应用。

1. 导出与导入组件

步骤 01 选择制作好的套门【组件】，在其表面单击鼠标右键，弹出快捷菜单，选择【另存为】命令，如图 2-210 所示。

步骤 02 在弹出的【另存为】面板中，设置好【文件名】，然后单击【保存】命令即可保存，如图 2-211 所示。

步骤 03【组件】保存完成后，执行【窗口】/【组件】菜单命令，在弹出的【组件】面板中单击选择保存的【组件】，即可直接插入场景，如图 2-212~　　图 2-214 所示。

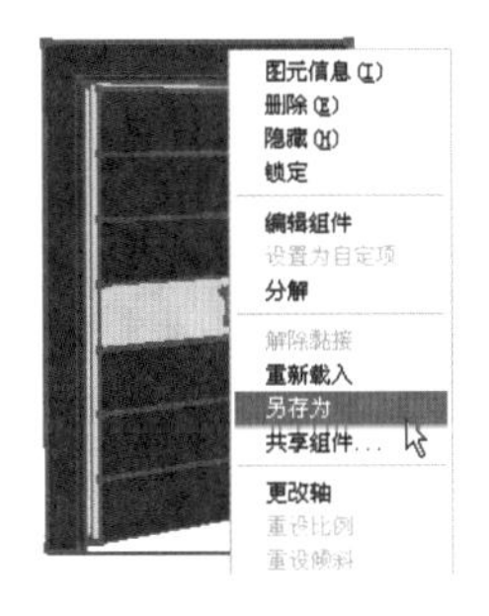

图 2-210　选择【另存为】命令

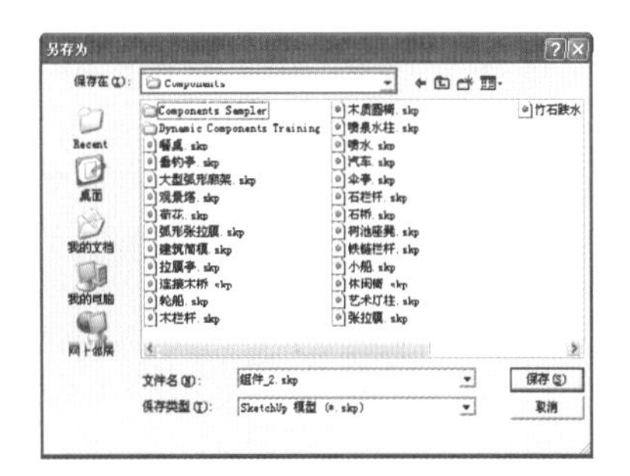

图 2-211　保存组件

技巧

只有将【组件】保存在 SketchUp 安装路径中名为“Components”的文件夹内，才可以通过【组件】面板进行直接调用。

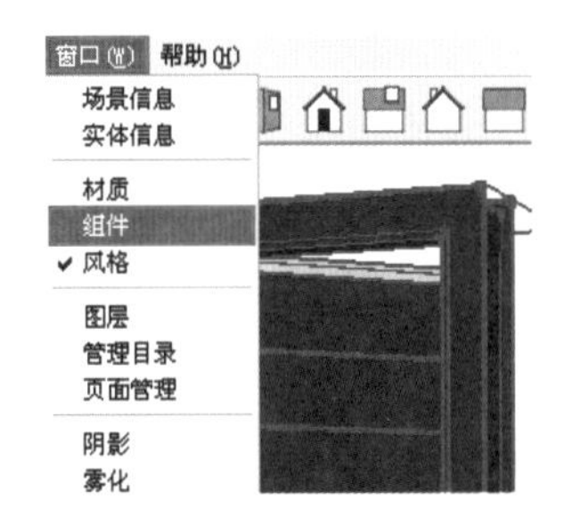

图 2-212　选择组件菜单命令

图 2-213　直接选择保存的组件

图 2-214　插入组件

技巧

个人或者团队制作的【组件】通常都比较有限，Google 公司在收购 SketchUp 后，结合其强大的搜索功能，可以使 SketchUp 用户直接在网上搜索【组件】，同时也可以将自己制作好的组件上传到互联网供其他用户使用，这样全世界的 SketchUp 用户就构成了一个十分庞大的网络【组件库】。

2. 组件库与共享

步骤 01 单击【组件】面板下拉按钮，在弹出的菜单中选择对应的组件类型名称，如图 2-215 所示。

步骤 02 自动进入 Google 3D 模型库进行搜索，如图 2-216 所示。

图 2-215　组件下拉按钮菜单

图 2-216　搜索 Google 3D 模型库

步骤 03 除了搜索下拉按钮中默认的【组件】类型外，用户还可以如图 2-217 所示进行自定义搜索。

步骤 04 搜索完成后，单击搜索结果中的目标【组件】，进入如图 2-218 所示的模型下载页面。

步骤 05 下载完成后即可将其直接插入场景，如图 2-219 所示。

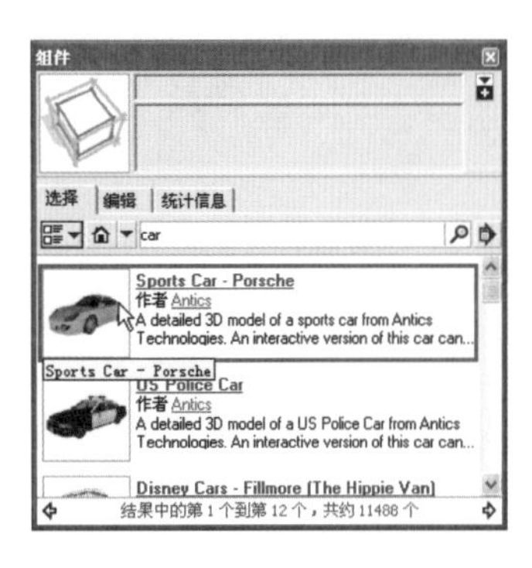

图 2-217 单独搜索汽车模型

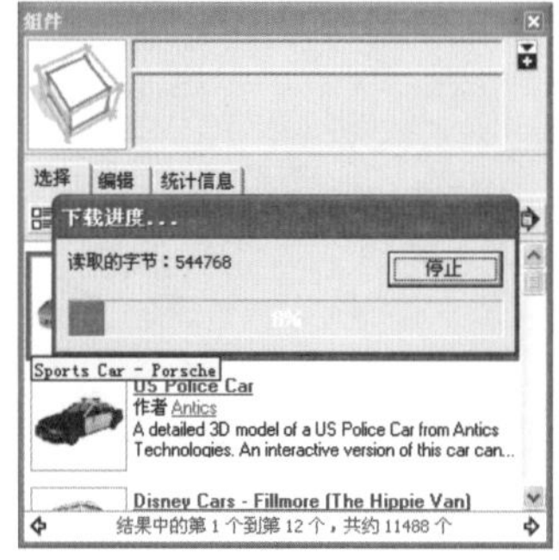

图 2-218 下载选择的模型

图 2-219 插入下载组件

步骤 06 如果要上传制作好的【组件】，则首先将其选择，然后添加【共享组件】命令，如图 2-220 所示。

步骤 07 进入【3D 模型库】上传面板，如图 2-221 所示，单击【上传】按钮即可进行上传。上传成功后，其他用户即可通过互联网进行搜索与下载，如 图 2-222 所示。

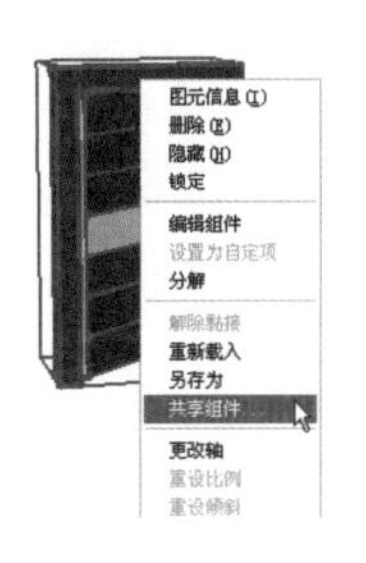

图 2-220 选择共享组件命令

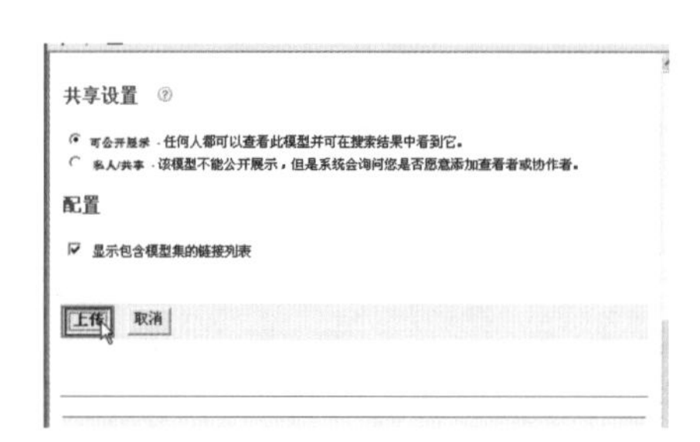

图 2-221 上传组件

图 2-222 上传完成

—→技 巧

使用 Google 3D 模型库进行【组件】上传前，需注册 Google 用户并同意上传协议。

038 材质工具

文件路径：配套光盘\第 02 章\038　　视频文件：MP4\第 02 章\038.MP4

在写实效果表现上，SketchUp 并不具备优势，但其与材质相关的工具却设置得十分全面，在制作风格效果时十分有效，本例讲解材质赋予的流程。

步骤 01 打开配套光盘“038 材质工具.skp”，该场景为一个没有任何材质效果栅栏模型，如图 2-223 所示。

步骤 02 为两侧的石柱赋予石头材质，单击【颜料桶】工具按钮，或执行【工具】/【颜料桶】菜单命令，如图 2-224 所示，均可打开【使用层颜色材料】面板，如图 2-225 所示。

图 2-223　材质原始模型

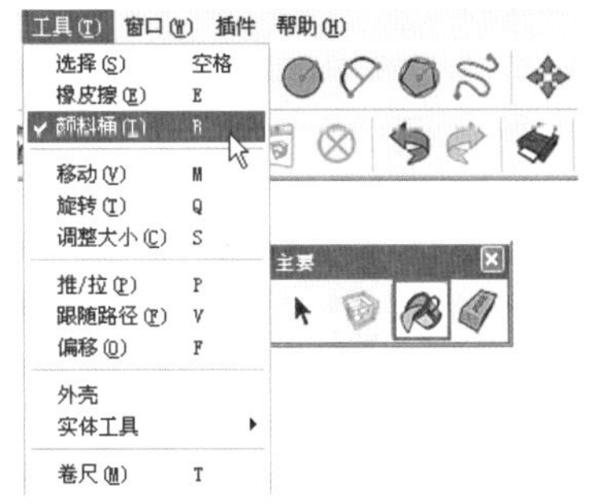

图 2-224　启用颜料桶工具

图 2-225　打开使用层颜色材料面板

步骤 03 通过材质下拉列表或直接单击对应名称文件夹，可以快速选择材质种类，如图 2-226 与图 2-227 所示。

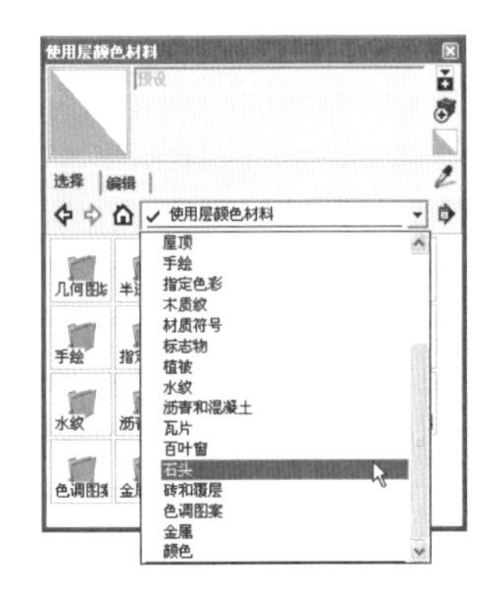

图 2-226　使用层颜色材料下拉列表

图 2-227　单击文件夹

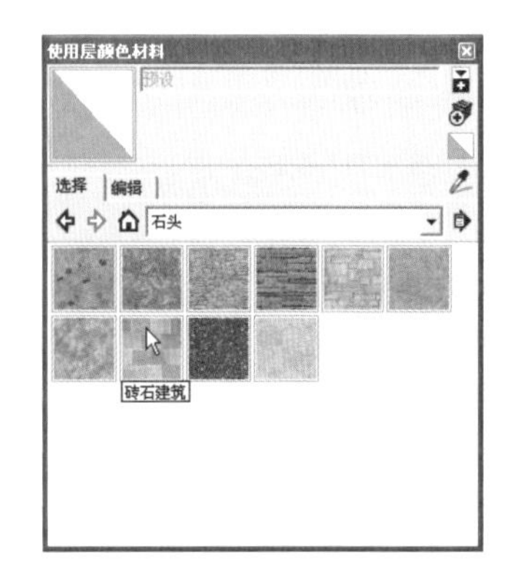

图 2-228　选择材质目标对象

步骤 04 进入名为“半透明材质”的文件夹，选择其中的“半透明安全玻璃”材质，如 图 2-228 所示。光标变成后，将光标置于车窗玻璃处单击赋予材质，如图 2-229 所示。

步骤 05 进入名为“颜色”的文件夹，为车身赋予“红色”材质，使用同样的方法赋予同样的材质，如图 2-230 与 图 2-231 所示。

图 2-229　赋予材质

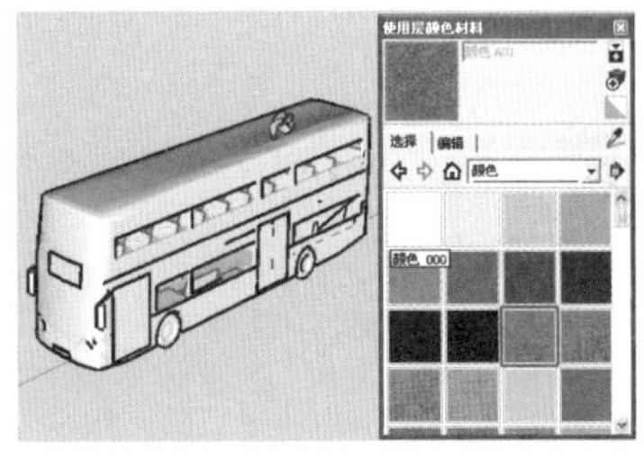

图 2-230　将光标置于模型表面

图 2-231　单击赋予材质

技巧

如果场景中的模型已有了材质，可以单击【模型中】按钮进行查看，如图 2-232 与图 2-233 所示。此外还可以单击【样本颜料】按钮，直接在模型表面吸取其所具有的材质，如图 2-234 所示。

图 2-232 单击模型中按钮

图 2-233 显示场景已有材质

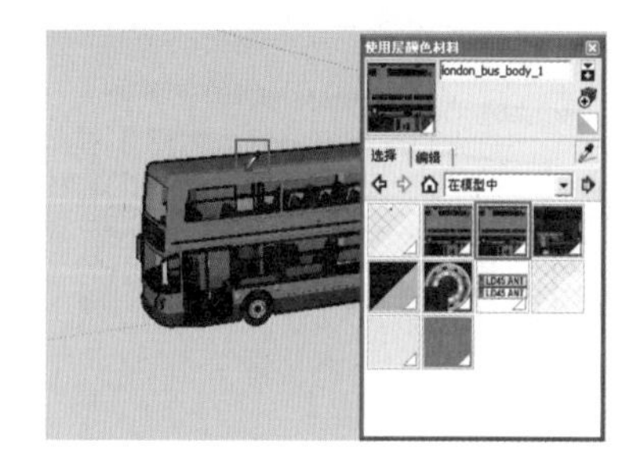

图 2-234 吸取模型已有材质

提示

SketchUp 的【使用层颜色材料】面板虽然提供了许多材质，但其并不一定能满足各类设计的需要，此时可以通过选择已有材质，再进入【编辑】选项卡进行修改，也可以直接单击【创建材质】按钮制作新的材质。材质制作的方法与技巧请大家参考本书材质制作的相关章节。

039 控制纹理效果

文件路径：配套光盘\第 02 章\039　　视频文件：MP4\第 02 章\039.MP4

材质除了色泽、纹理效果外，如何控制好纹理大小与位置，表现出合适、合理的拼贴效果，也是一个重要的细节，本例介绍材质纹理拼贴效果控制的方法。

1．控制纹理拉伸和角度

步骤 01 打开本书配套光盘“039 纹理控制.skp”模型，其为一个空白的书本模型，如图 2-235 所示。

步骤 02 单击【使用层颜色材料】面板右上角的【新建材质】按钮，然后为其添加光盘中附带的书本封皮纹理，如 图 2-236 所示。

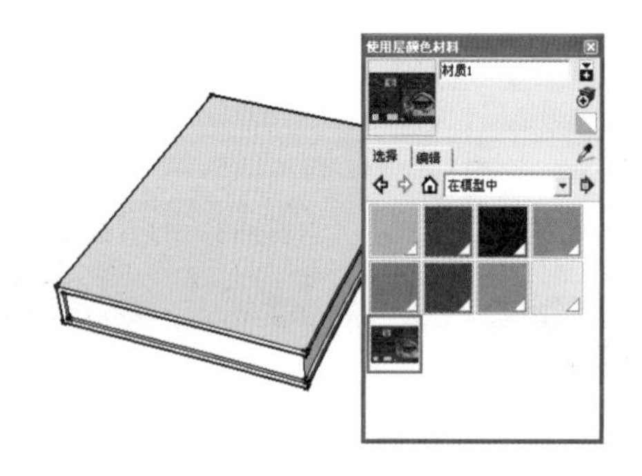

图 2-235 打开模型并创建材质

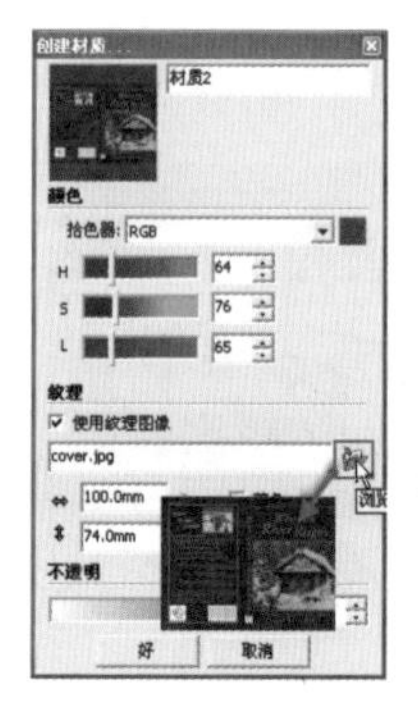

图 2-236 添加书本封皮纹理

步骤 03 将制作好的材质赋予封面，如图 2-237 所示。单击鼠标右键，执行【纹理】/【位置】命令，如图 2-238 所示，显示出纹理控制四色别针，如图 2-239 所示。默认状态下光标为默认抓手图标，此时按住鼠标即可平移纹理位置，接下来详细了解各色别针的功能。

图 2-237　赋予材质

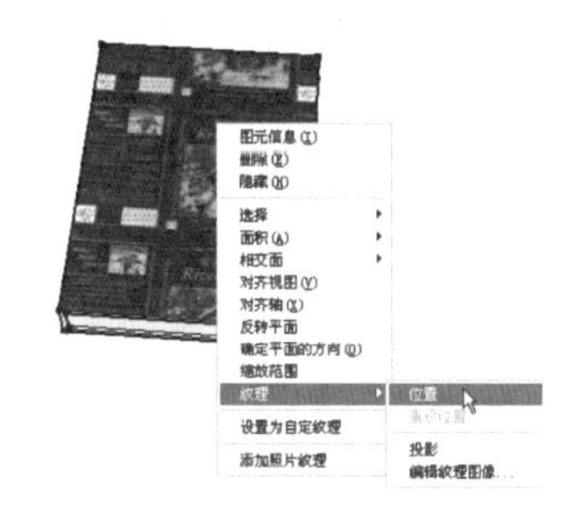

图 2-238　选择纹理/位置命令

图 2-239　显示四色别针

步骤 04 移动别针。四色别针中红色别针为纹理【移动】工具，执行【位置】命令后默认即启用该功能，此时可以拖动光标进行任意方向的移动，如图 2-240~图 2-242 所示。

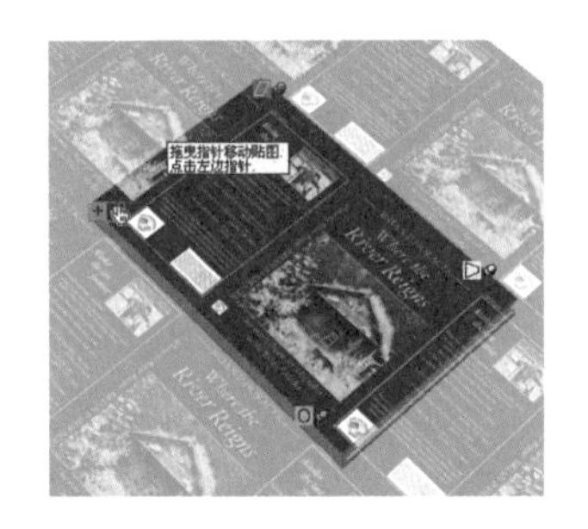

图 2-240　原始纹理位置

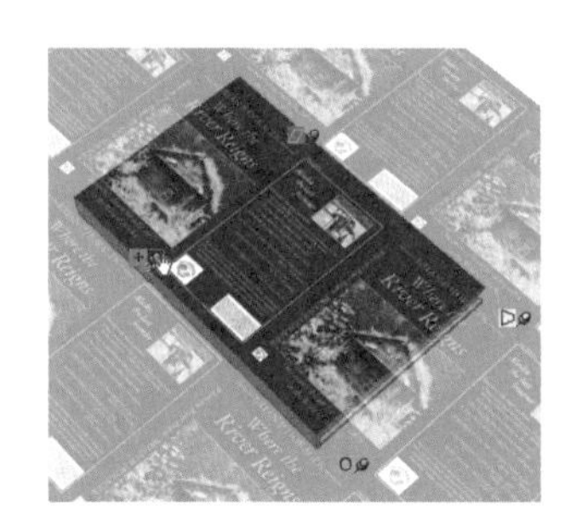

图 2-241　向下平移纹理

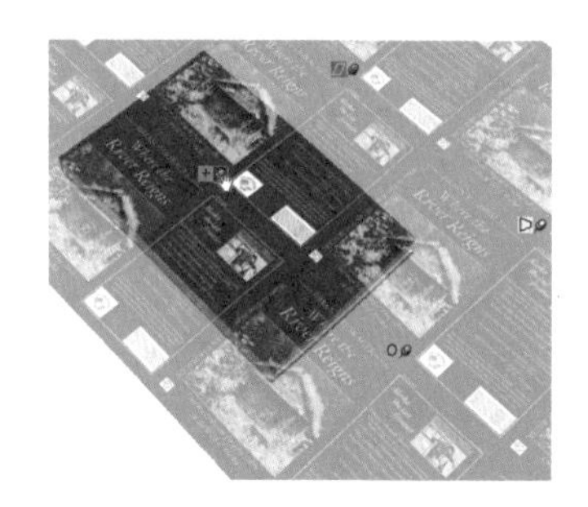

图 2-242　向右平移纹理

—> 技巧

透明平面内显示了纹理整个的分布效果，因此可以配合纹理【移动】工具可以十分方便的将目标纹理区域移动至模型表面。

步骤 05 拉伸/旋转别针。四色别针中绿色别针为纹理【等比拉伸/旋转】工具，按住该按钮上下拖动，可以等比拉伸纹理大小，左右拖动则改变纹理平铺角度，如图 2-243~　图 2-245 所示。

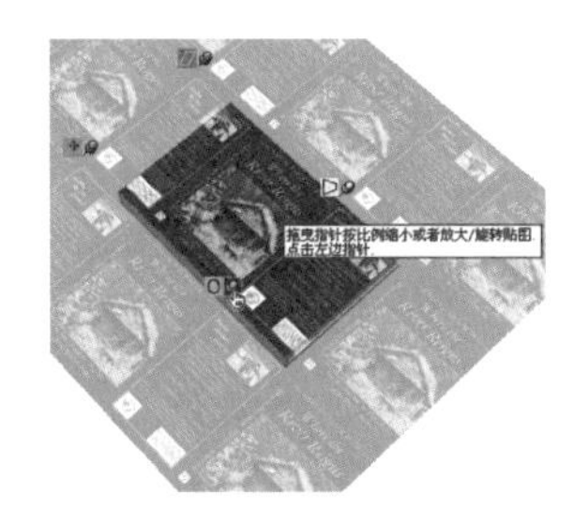

图 2-243　选择拉伸剪切别针

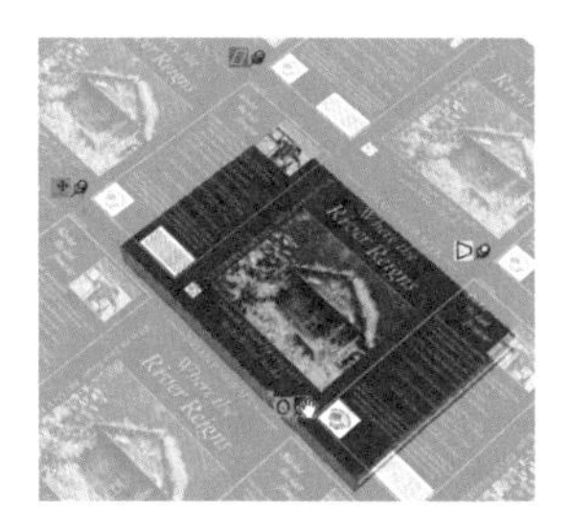

图 2-244　向下推动光标

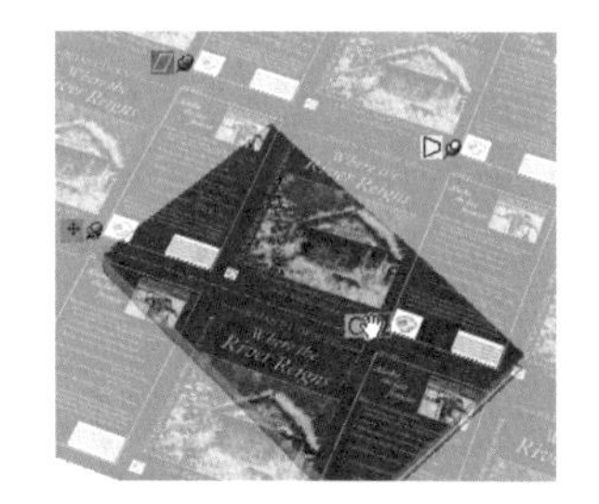

图 2-245　向右移动光标

步骤 06 扭曲别针。四色别针中黄色别针为纹理【扭曲】工具，按住该按钮向任意方向拖动光标，将对纹理进行对应方向的扭曲，如图 2-246~图 2-248 所示。

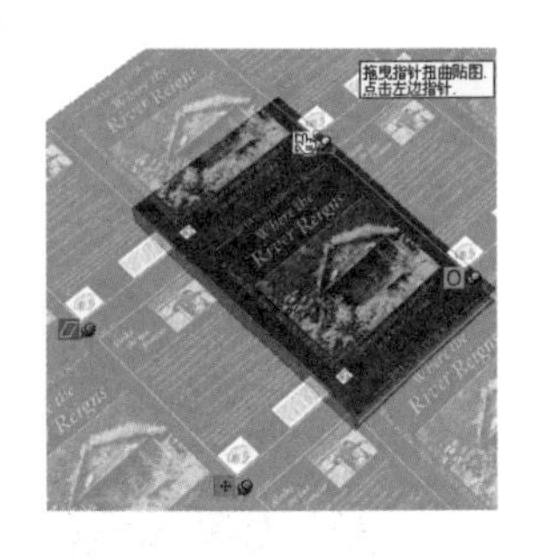

图 2-246 选择扭曲别针

图 2-247 向右上角推动光标

图 2-248 向右下角推动光标

步骤 07 非等比拉伸扭曲别针。四色别针中蓝色别针为纹理【非等比拉伸/扭曲】工具，按住该按钮在水平左右移动，将对纹理进行等比拉伸，上下移动则将对纹理进行平行四边扭曲，如图 2-249~图 2-251 所示。

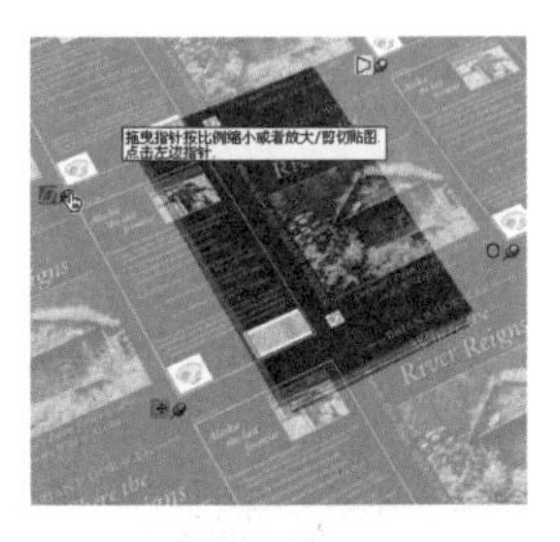

图 2-249 选择拉伸/旋转别针

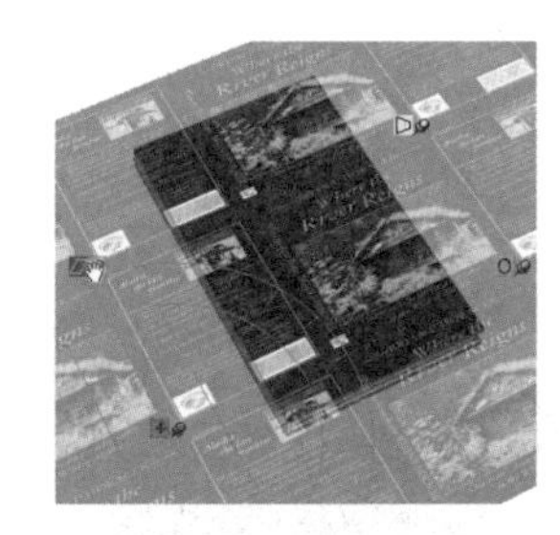

图 2-250 非等比拉伸纹理

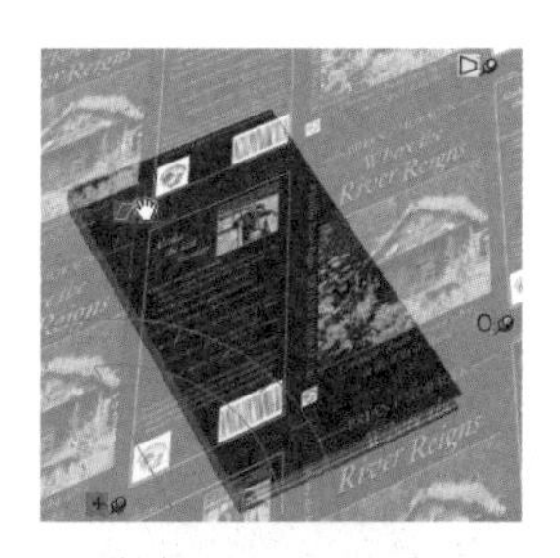

图 2-251 上下扭曲纹理

步骤 08 掌握四色别针的使用方法与功能后，可以发现本例中的封面纹理首先需要经过等比放大与旋转，然后经过非等比拉伸调整好长度，最后通过移动确定好位置，即可得到理想的纹理显示效果，如图 2-252~ 图 2-254 所示。

图 2-252 等比放大并旋转纹理

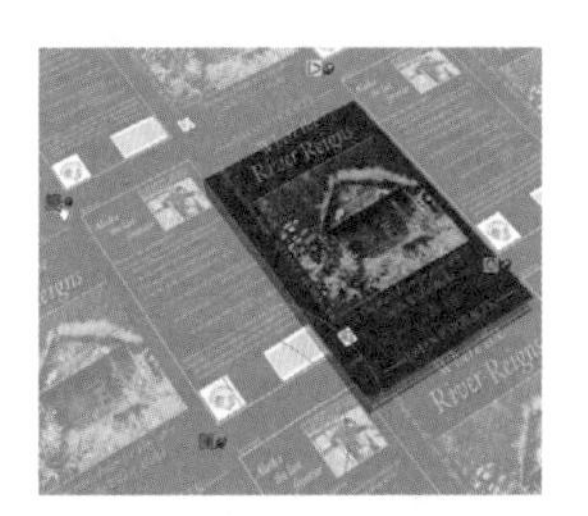

图 2-253 调整纹理长度

图 2-254 移动纹理位置

技巧

如果已经通过【完成】菜单结束调整，此时如果要进行效果的返回，可以选择【纹理】菜单下的【重设位置】命令。

2. 处理转角纹理

步骤 01 在工作中经常会遇到在多个转折面需要赋予相关材质的情况，如书本封面与书脊纹理，如果直接赋予材质，效果通常会不理想，如图 2-255 所示。

步骤 02 为了得到理想的转角衔接效果，可以先单击启用【样本颜料】按钮，然后按住 Alt

键在已经制作好材质的封面上吸取材质，如图 2-256 所示。

步骤 03 吸取材质后松开 Alt 键，待光标变成形状后，在书脊处单击，赋予材质，即可形成理想的转角纹理衔接效果，如图 2-257 所示。

图 2-255　直接赋予材质效果

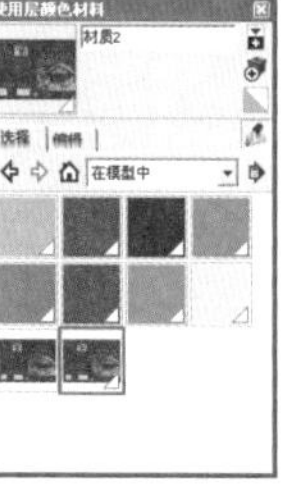

图 2-256　按住 Alt 键吸取材质

图 2-257　吸取后赋予的效果

3. 镜像与旋转

步骤 01 通过【纹理】/【位置】命令调整完成再次单击鼠标右键，将弹出如图 2-258 所示的快捷菜单。

步骤 02 如果确定调整完成，可以选择【完成】菜单结束调整，如果要返回初始效果，则单击【重设】按钮返回。

步骤 03 通过【镜像】子菜单，可以快速对当前调整的效果进行【左/右】与【上/下】的镜像，如图 2-259 与　图 2-260 所示。

图 2-258　右键快捷菜单

图 2-259　左/右镜像纹理效果

图 2-260　上/下镜像纹理效果

步骤 04 通过【旋转】子菜单，则可以快速对当前调整的效果进行 90、180、270 三种角度的旋转，如图 2-261~ 图 2-263 所示。

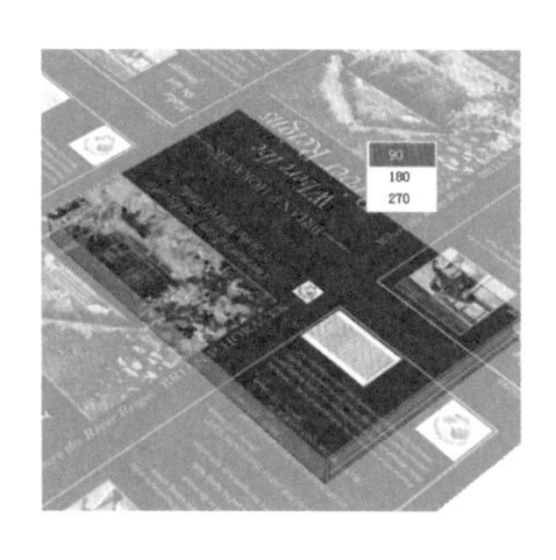

图 2-261　旋转 90°后的纹理效果

图 2-262　旋转 180°后的纹理效果

图 2-263　旋转 270°后的纹理效果

4. 曲面投影纹理

【纹理图像】菜单下的【投影】命令用于在曲面上制作贴合的纹理图像效果，具体使用方法如下：

步骤 01 打开本书配套光盘“040 纹理图像投影.skp”模型，如图 2-264 所示。此时如果直接在其表面赋予纹理图像，将得到凌乱的拼贴效果，如图 2-265 所示。

步骤 02 为了在曲面上得到贴合的纹理图像效果，首先在其正前方创建一个宽度相等的长方形平面，如图 2-266 所示。

图 2-264 打开模型

图 2-265 直接赋予纹理图像的效果

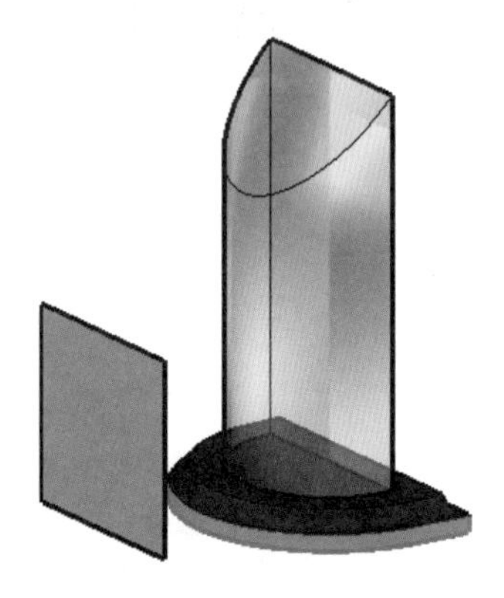

图 2-266 创建平面

步骤 03 执行【视图】|【正面样式】|【X 射线】菜单命令，使场景模型产生透明效果，以便于观察纹理图像，如图 2-267 所示。将材质纹理图像赋予平面模型，并调整好拼贴效果如图 2-268 所示。

步骤 04 选择平面模型并单击鼠标右键，单击【纹理图像】菜单【投影】命令，如 图 2-269 所示。

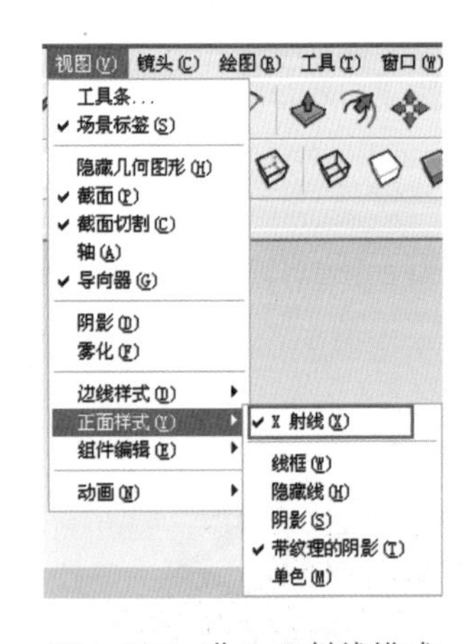

图 2-267 进入 X 射线模式

图 2-268 赋予纹理图像至平面

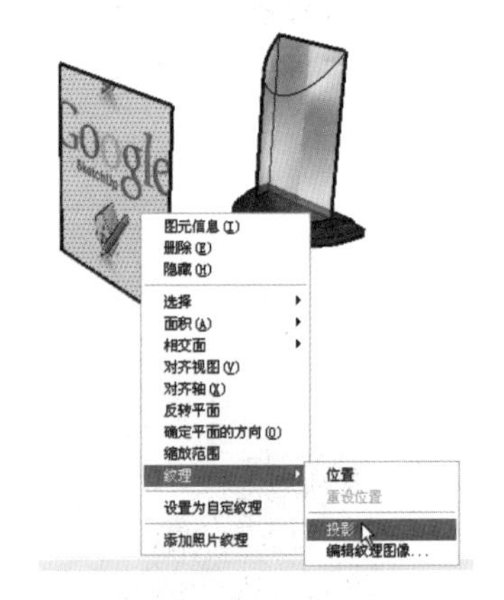

图 2-269 选择投影命令

步骤 05 单击【颜料桶】编辑器【提取材质】按钮，按住 Alt 键，吸取赋予在平面模型上的材质，如图 2-270 所示。

步骤 06 松开 Alt 键，当光标变成时，将材质赋予曲面，此时在曲面上出现贴合的纹理图像效果，如图 2-271 所示。

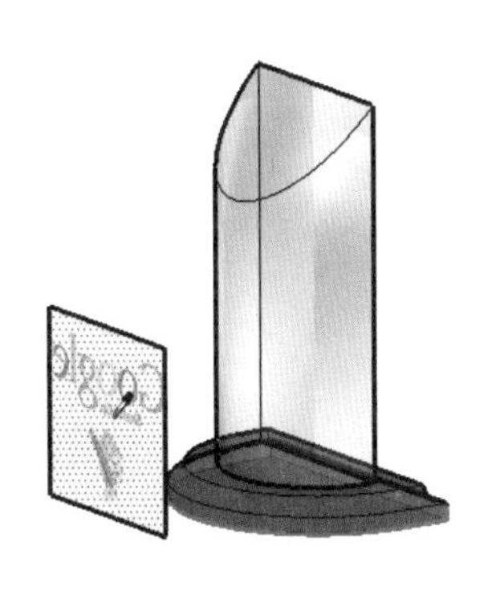

图 2-270　按住 Alt 键吸取材质

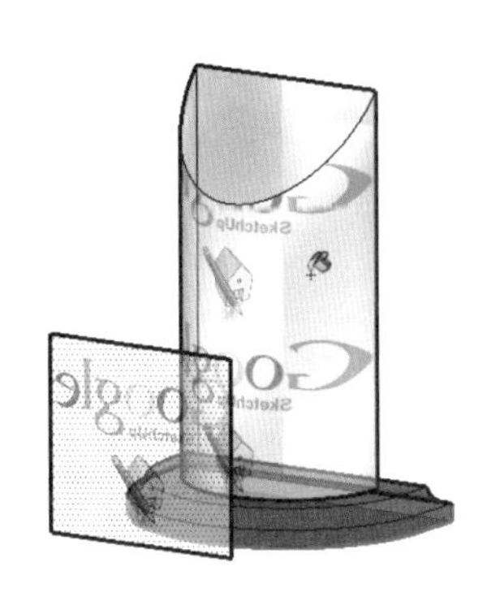

图 2-271　投影至曲面

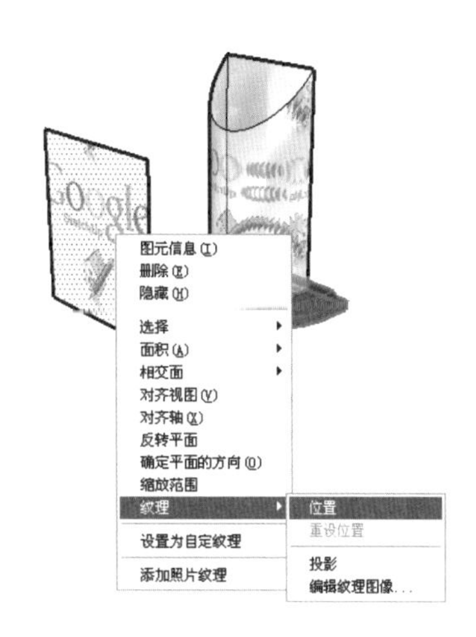

图 2-272　选择【位置】菜单命令

步骤 07 纹理图像如果出现方向错误，可以选择平面并单击鼠标右键，选择快捷菜单【位置】命令，使用前一节介绍过的【翻转】命令进行翻转，如图 2-272 与图 2-273 所示。

步骤 08 执行纹理图像【投影】操作，即可得到正确的纹理图像效果，如图 2-274 与图 2-275 所示。

图 2-273　翻转纹理图像位置

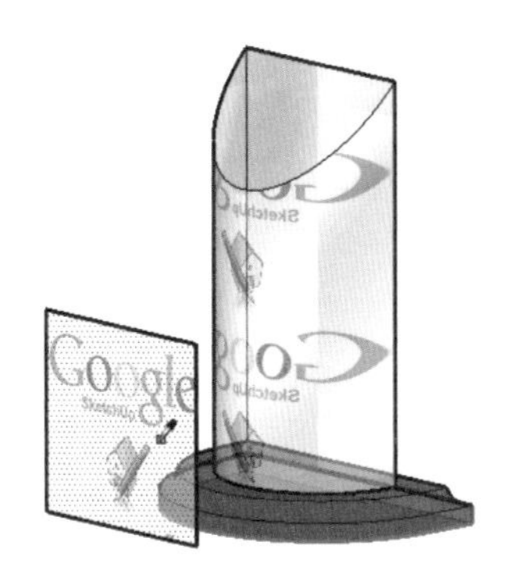

图 2-274　投影纹理图像

图 2-275　投影完成效果

040 擦除工具

文件路径：配套光盘\第 02 章\040　　视频文件：MP4\第 02 章\040.MP4

擦除工具比较简单，用于擦除场景中各种类型的线形，在实际工作中通常先选择擦除对象，然后使用 Delete 键进行擦除。

步骤 01 任意创建一个矩形，单击 SketchUp【常用】工具栏【擦除】工具按钮，如图 2-276 所示。

步骤 02 待光标变成时，将其置于目标线段上方，单击即可直接将其擦除，如图 2-277 所示。

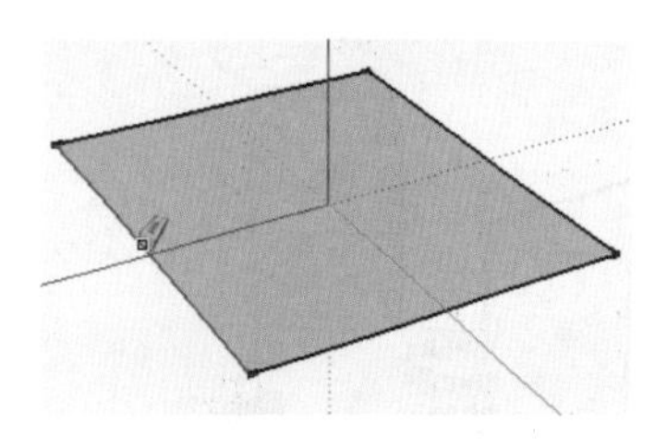
图 2-276　单击擦除线段

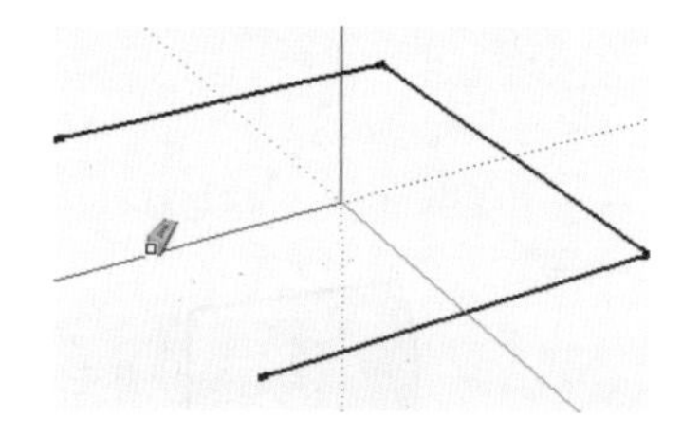
图 2-277　擦除线段完成

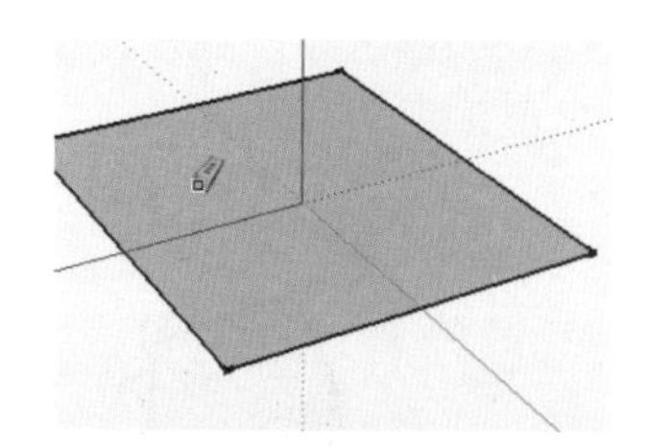
图 2-278　不能直接擦除面

→技 巧

擦除工具不能直接擦除“面”，如　图 2-278 所示。

2.4 建筑施工工具

041 卷尺工具

文件路径：配套光盘\第 02 章\041　　视频文件：MP4\第 02 章\041.MP4

【卷尺】工具不仅用于距离的精确测量，也可以用于制作精准的辅助线。本例介绍其操作方法与使用技巧。

1. 测量距离工具使用方法

步骤 01 单击【建筑施工】工具栏按钮，或执行【工具】/【辅助测量线】菜单命令，均可启用该命令，如图 2-279 所示。

步骤 02 打开配套光盘“041 卷尺工具.skp”模型，启用【卷尺】工具，待光标变成时，在转角处单击确定测量起点，如图 2-280 所示。

步骤 03 拖动光标至对侧转角，并再次单击确定，即在【输入数值框】中看到测量得到的长度数值，如图 2-281 所示。

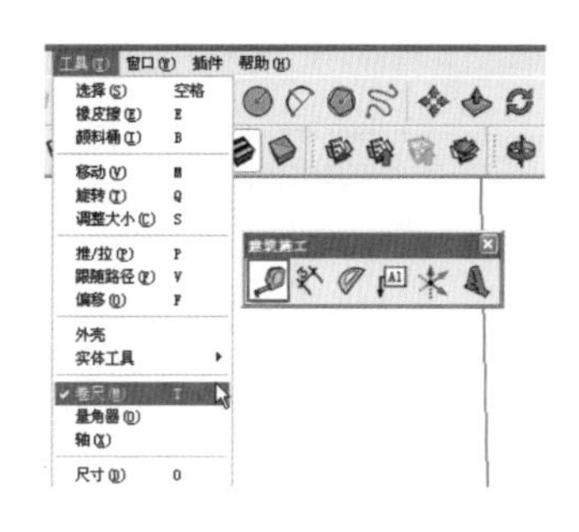

图 2-279　启用测量工具

图 2-280　打开模型选定测量起点

图 2-281　测量完成效果

→技 巧

进入【模型信息】面板选择【单位】选项卡，调整其【精确度】参数，可以得到更为精确的测量结果，如图 2-282 与图 2-283 所示。

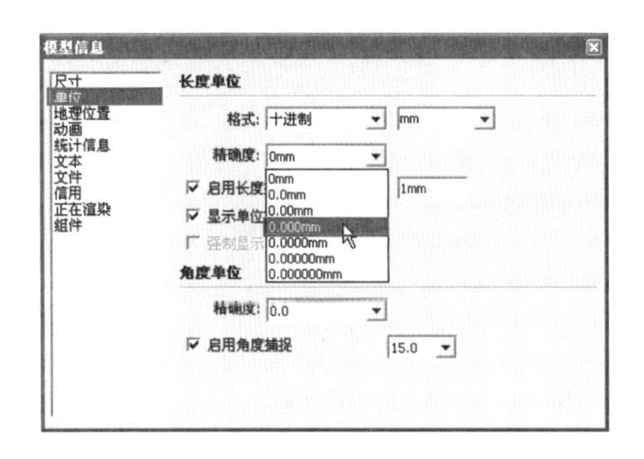

图 2-282　调整精确度

图 2-283　精确测量数值

2．测量距离的辅助线功能

步骤 01 启用【卷尺】工具，单击，确定【延长】辅助线起点，然后拖动光标确定延长方向，如图 2-284 所示。

步骤 02 输入延长数值并按 Enter 键确定，即可生成【延长】辅助线，如图 2-285 与图 2-286 所示。接下来学习【偏移】辅助线的创建方法。

图 2-284　确定延长端点

图 2-285　输入延长数值

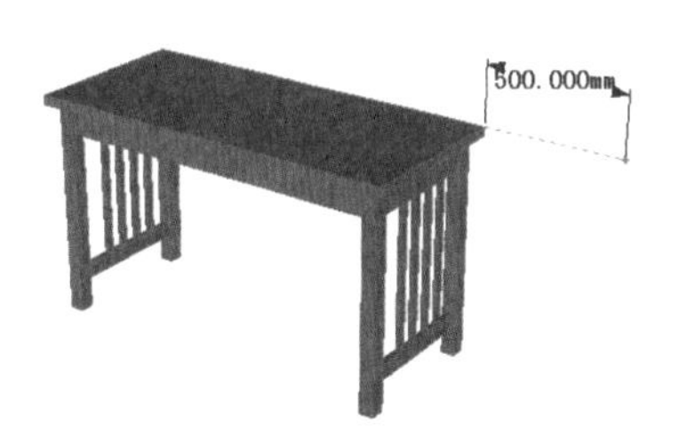

图 2-286　创建延长辅助线

步骤 03 启用【卷尺】工具，选定偏移参考位置后单击【偏移】辅助线起点，然后拖动光标确定【偏移】辅助线方向，如图 2-287 所示

步骤 04 输入偏移数值并按 Enter 键确定，即可生成【偏移】辅助线，如图 2-288 和图 2-289 所示。

图 2-287　选择偏移起点

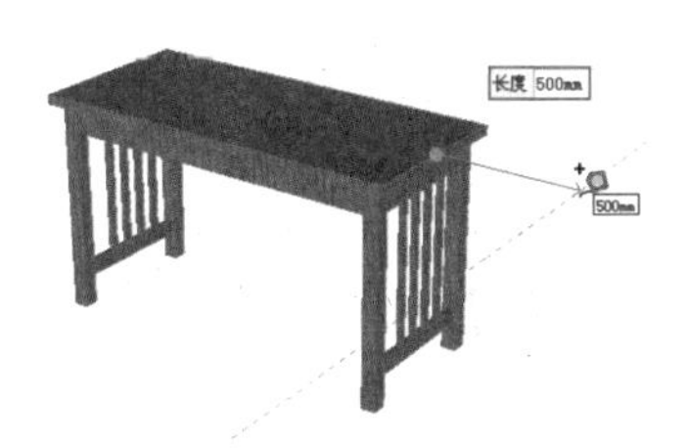

图 2-288　输入偏移数值

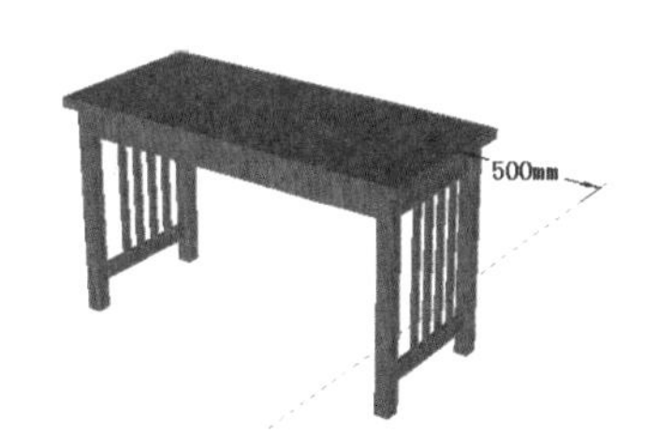

图 2-289　创建偏移辅助线

3．辅助线的删除、隐藏与显示

辅助线可以使用如图 2-290 所示的【删除导向器】菜单命令进行删除，也可以使用如图 2-291 和图 2-292 所示的【隐藏】与【取消隐藏】菜单命令进行隐藏与显示。

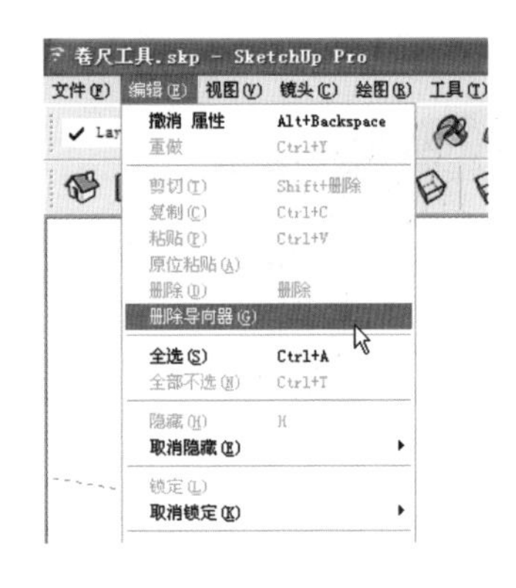

图 2-290　删除导向器命令

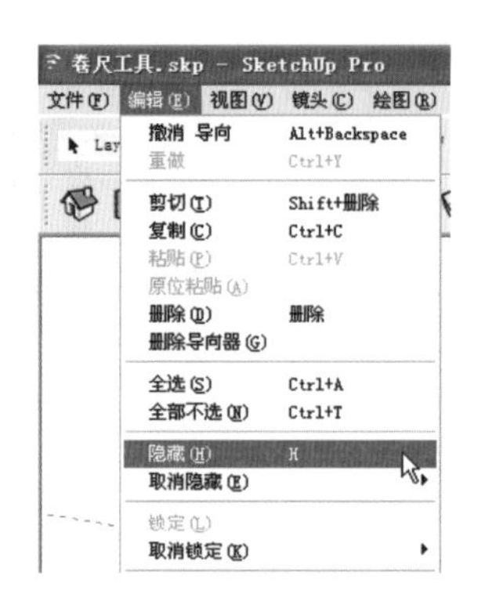

图 2-291　隐藏菜单命令

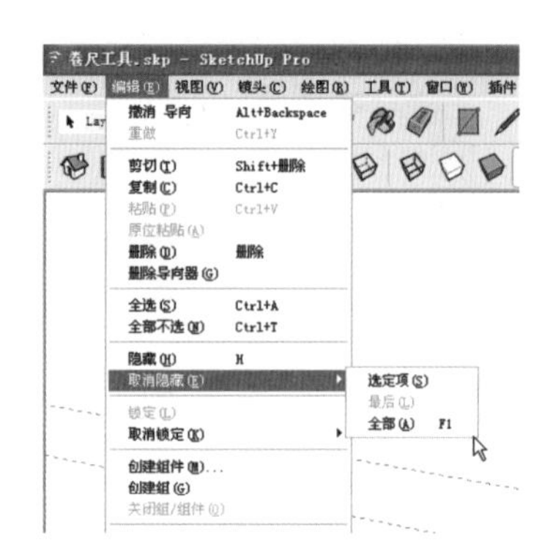

图 2-292　取消隐藏菜单命令

042 量角器工具

文件路径：配套光盘\第 02 章\042　　视频文件：MP4\第 02 章\042.MP4

【量角器】工具同样兼具角度测量与制作角度辅助线的功能，本例讲解其操作方法与使用技巧。

1. 测量角度

步骤 01 单击【建筑施工】工具栏按钮，或执行【工具】/【量角器】菜单命令，均可启用该命令，如图 2-293 所示。

步骤 02 打开配套光盘“042 角度测量.skp”模型，启用【量角器】工具，待光标变成时，选定测量角点并拖动光标确定第一条角度边线，如图 2-294 所示。

步骤 03 确定第一条边线后，再捕捉到另一条边线单击确定，即可在【数值输入框】内观察至测量角度，如图 2-295 所示。

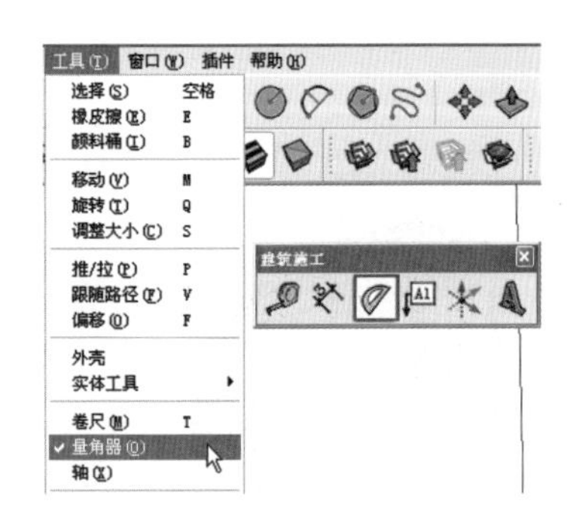

图 2-293　启用量角器工具

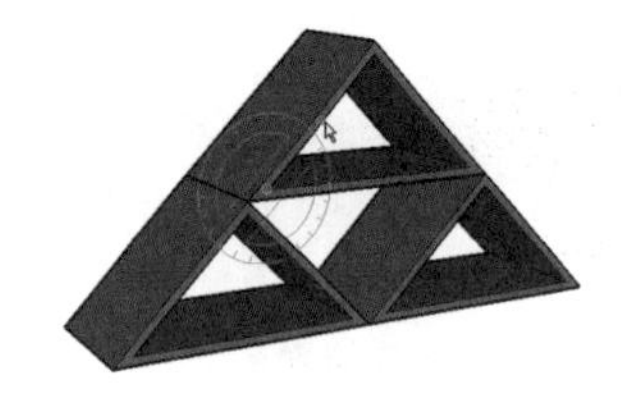

图 2-294　确定测量角点与第一条边线

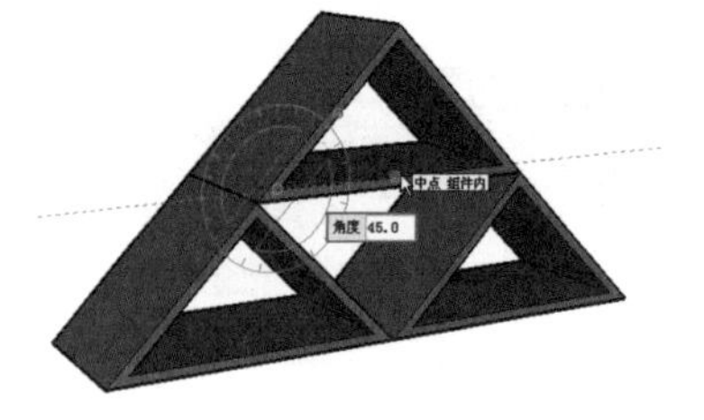

图 2-295　测量角度完成

技巧

通过相应精度的调整，测量出的角度值也可以显示出非常精确的数值，具体调整方法可以参考上一实例。

2．辅助线功能

步骤 01 启用【量角器】工具，在目标位置单击，确定顶点位置，然后拖动光标创建角度起始线，如图 2-296 与图 2-297 所示。

步骤 02 在【数值输入框】中输入角度数值并按 Enter 键确定，即将以起始线为参考，创建相对角度的辅助线，如图 2-298 所示。

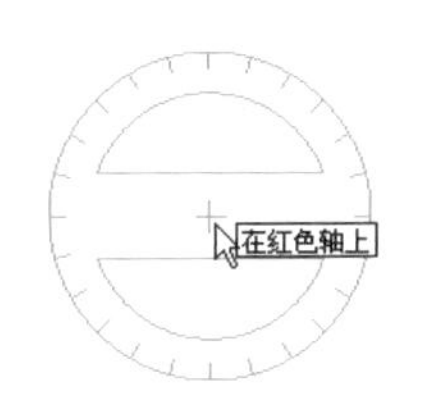

图 2-296　确定测量位置

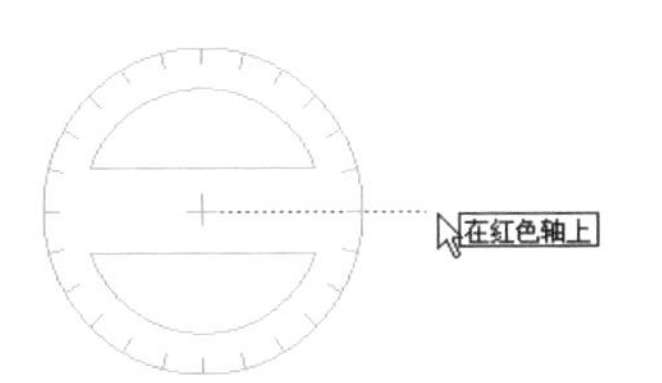

图 2-297　确定起始线

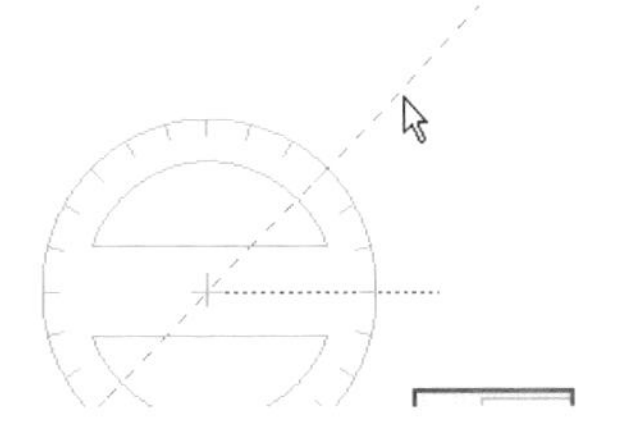

图 2-298　绘制角度辅助线

043 标注工具

文件路径：配套光盘\第 02 章\043　　视频文件：MP4\第 02 章\043.MP4

SketchUp 具有十分强大的【标注】功能，利用其完全可以满足施工图标注所要求的精度，这也 SketchUp 相对于其他三维软件所具有的一个明显优势，本例将详细介绍长度、半径以及直径三种标注的方法与技巧。

1．长度标注

步骤 01 单击【建筑施工】工具栏按钮，或执行【工具】/【尺寸】菜单命令均可启用该命令，如图 2-299 所示。

步骤 02 启用【尺寸】工具，在标注起点处单击，进行确定，如图 2-300 所示。

步骤 03 拖动光标至标注端点再次单击确定，然后往任意方向拖动光标放置标注，即可完成标注，如图 2-301 所示。

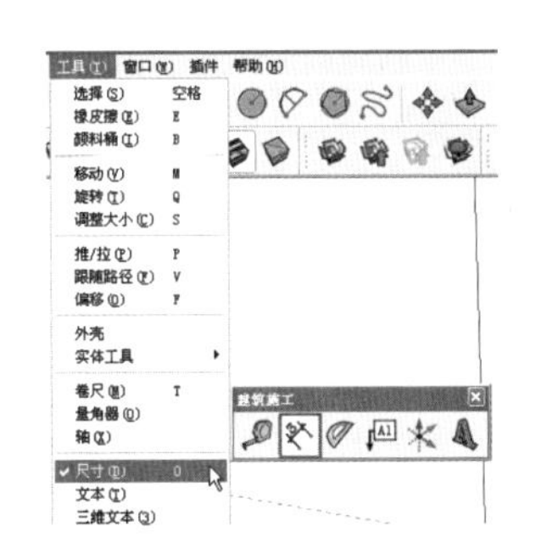

图 2-299　启动尺寸标注命令

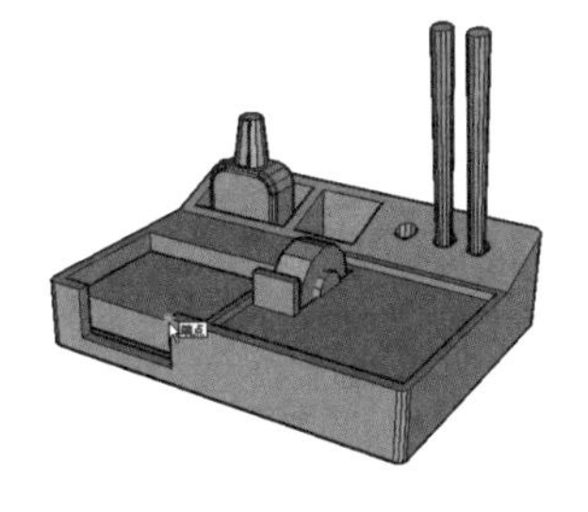

图 2-300　确定标注端点

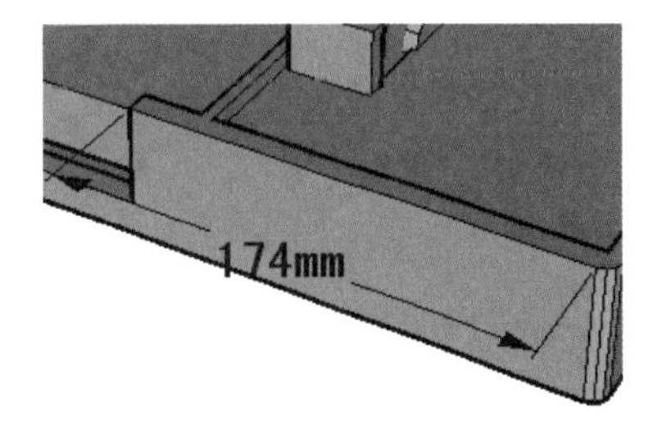

图 2-301　标注完成

技巧

可以在多个位置放置标注，实现三维标注的效果，如图 2-302～图 2-304 所示．此外调整【模型信息】面板中的精确度可以标注出十分精确的数值。

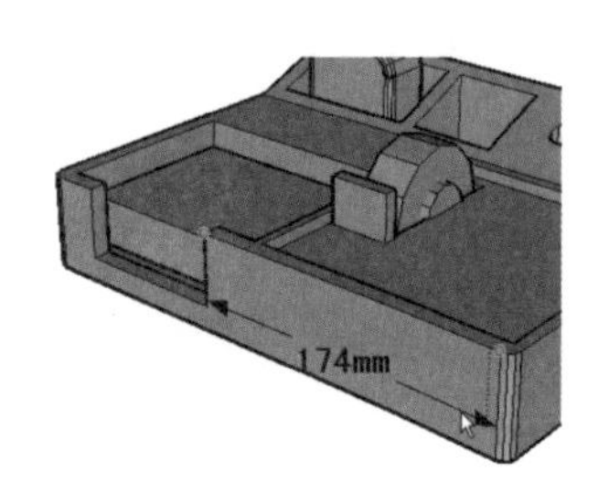

图 2-302　向下放置标注

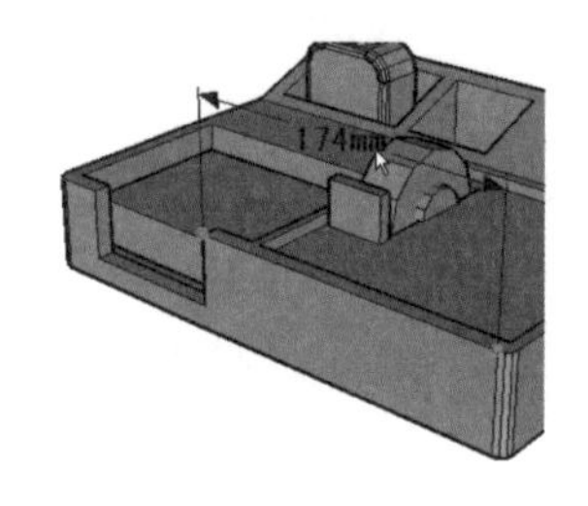

图 2-303　向上旋转标注

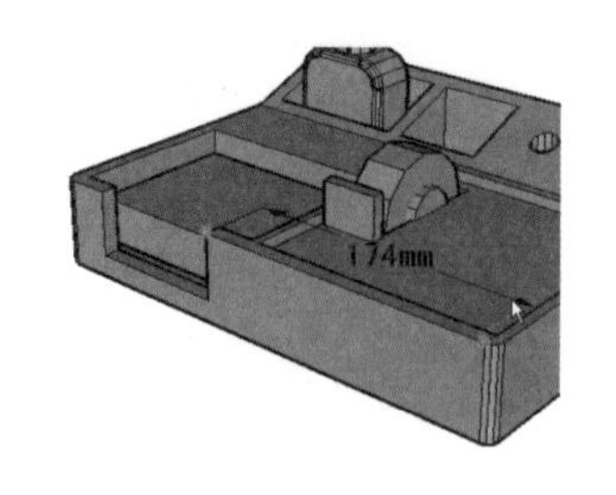

图 2-304　向后放置标注

2. 半径标注

步骤 01 启用【尺寸】工具，在目标弧线上单击，确定标注对象，如图 2-305 所示。

步骤 02 往任意方向拖动光标放置标注，确定放置位置后单击，即可完成半径标注，如图 2-306 所示。

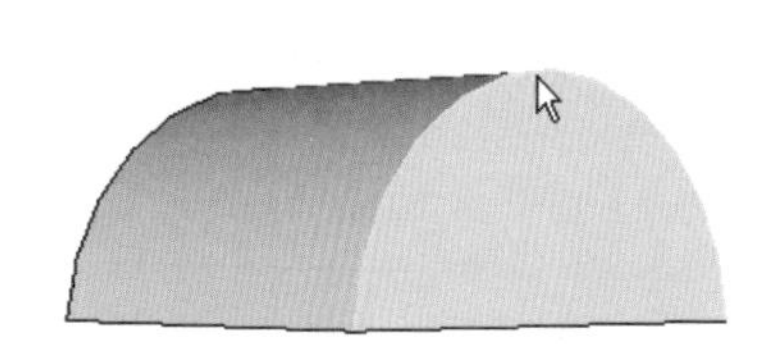

图 2-305　选择弧形边线

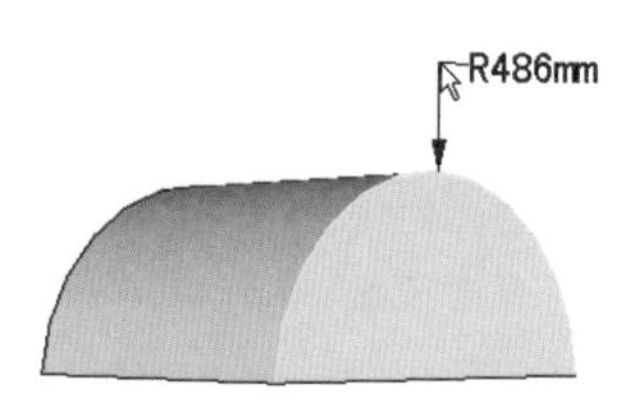

图 2-306　半径标注完成

3. 直径标注

步骤 01 启用【尺寸】工具，在目标圆边线上单击，确定标注对象，如图 2-307 所示。

步骤 02 往任意方向拖动光标放置标注，确定放置位置后单击，即可完成直径标注，如图 2-308 所示。

图 2-307　选择圆边线

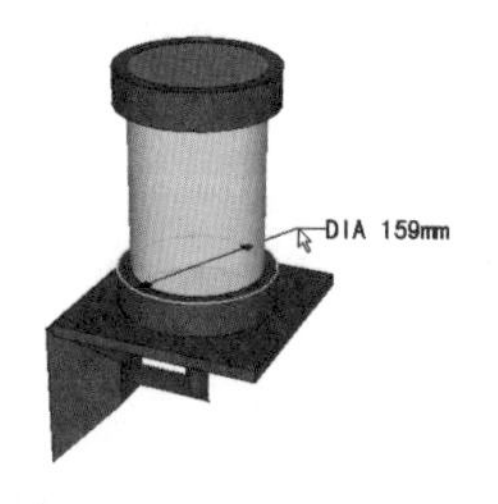

图 2-308　直径标注完成效果

044 设置与修改标注样式

文件路径：配套光盘\第 02 章\044　　视频文件：MP4\第 02 章\044.MP4

【标注】均由【箭头】、【标注线】以及【标注文字】构成，本例讲解如何设置和修改标注样式的方法。

1. 设置标注样式

步骤 01 执行【窗口】/【模型信息】菜单命令，如图 2-309 所示。在弹出的【模型信息】面板中选择【尺寸】选项卡，如图 2-310 所示，通过该选项卡即可设置与调整【标注】样式。

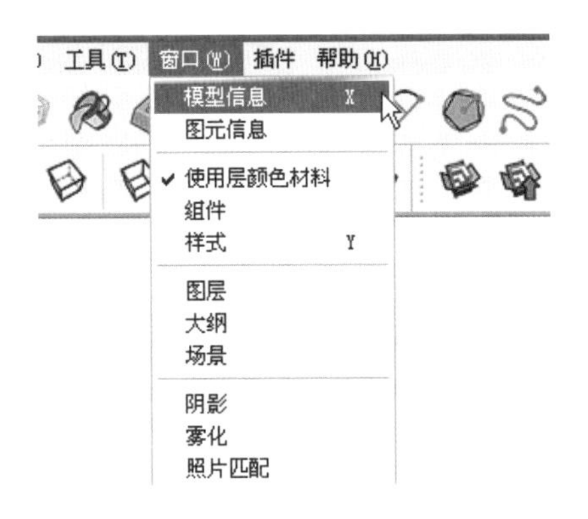

图 2-309　选择场景信息菜单

图 2-310　选择尺寸标注选项卡

步骤 02 单击【文字】参数组内的色块与【字体】按钮，分别可设置字体的颜色与样式等效果，如图 2-311 与图 2-313 所示。

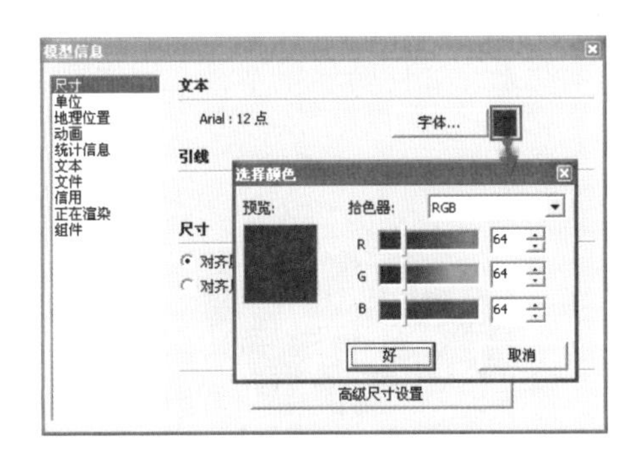

图 2-311　调整文字颜色

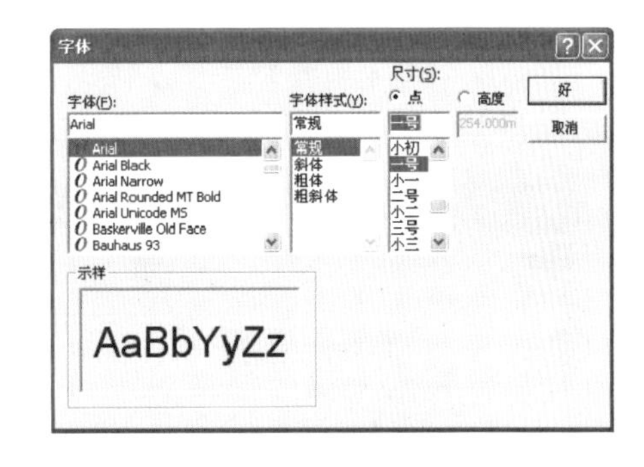

图 2-312　字体设置面板

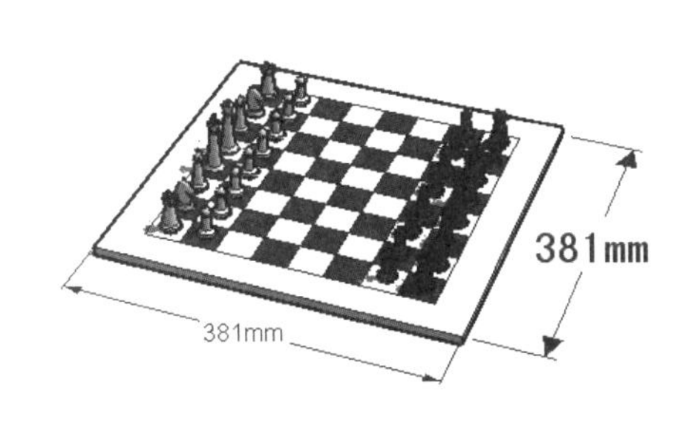

图 2-313　不同字体的标注效果

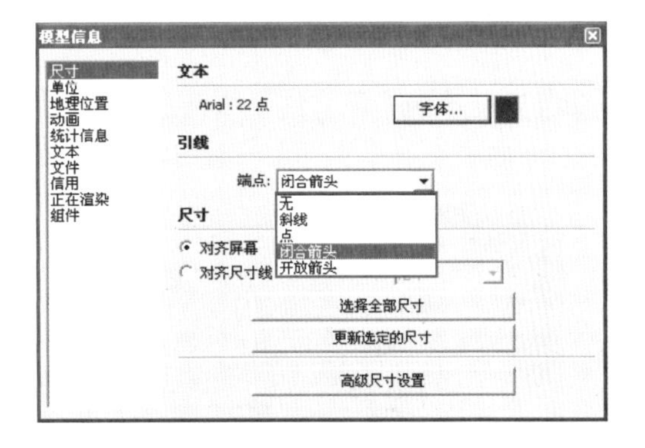

图 2-314　端点下拉列表

步骤 03 打开【引线】参数组【端点】下拉列表，可以选择【无】、【斜线】、【闭合箭头】、【开放箭头】4 种标注端点效果，如图 2-314 ~图 2-318 所示。

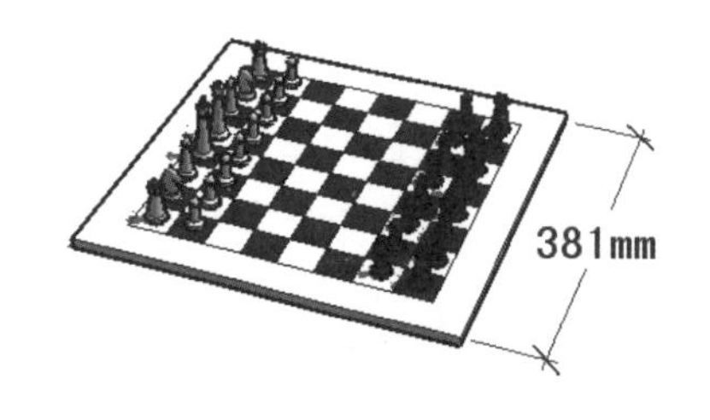

图 2-315　斜线端点标注

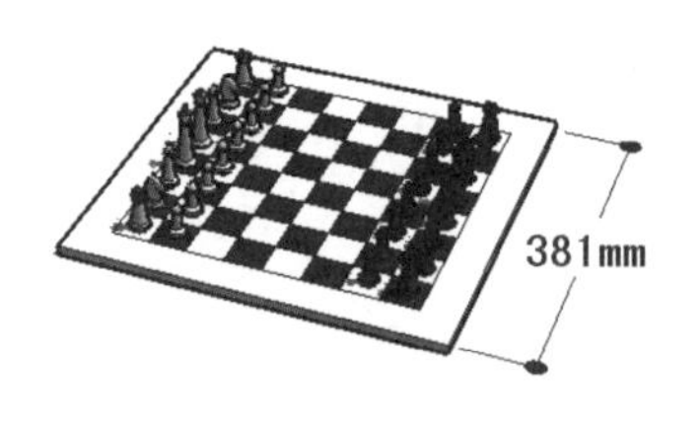

图 2-316　无端点标注

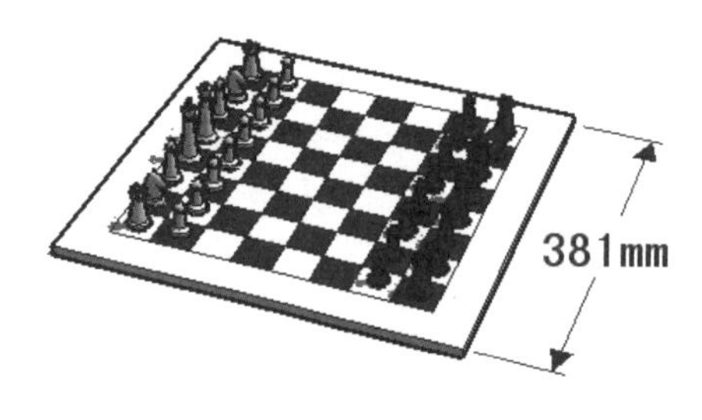

图 2-317　闭合箭头

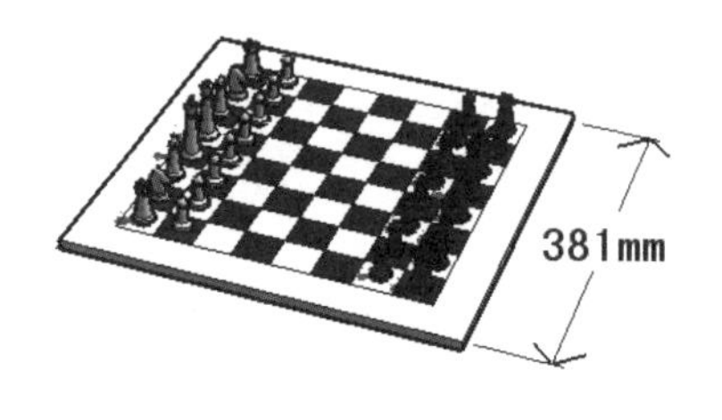

图 2-318　开放箭头

步骤 04 在【尺寸】参数组内，可以调整【标注文字】与【尺寸线】的位置关系，如图 2-319 所示。默认设置为【对齐到屏幕】选项，选择该选项时无论如何转动模型，【标注文字】始终呈横向的平行显示，如图 2-320 所示。

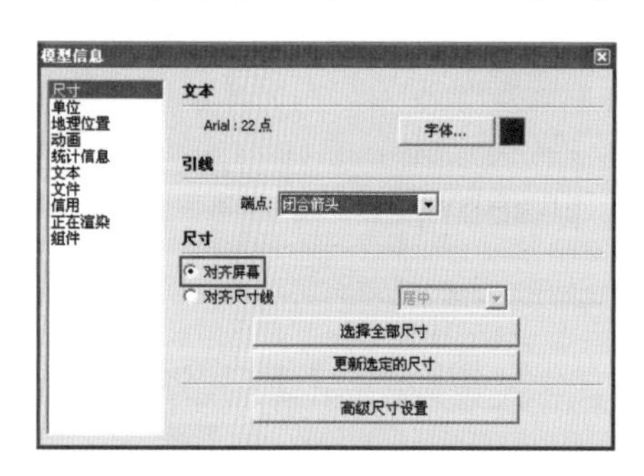

图 2-319　选择对齐屏幕

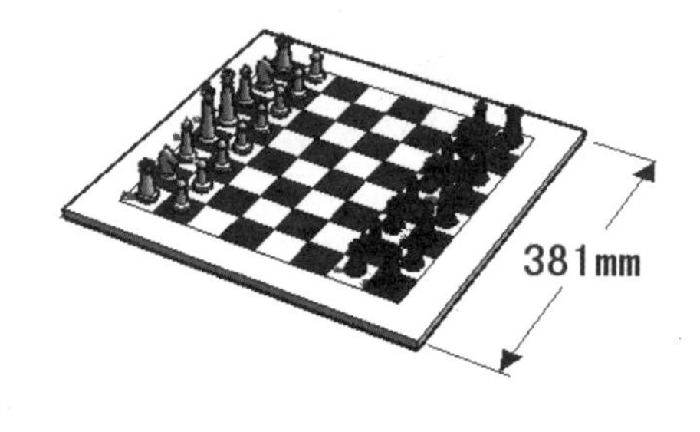

图 2-320　对齐屏幕标注效果

步骤 05 选择【对齐尺寸线】单选按钮，则可以打开如图 2-321 所示的下拉列表，切换【上方】、【居中】、【外部】三种方式，效果分别如图 2-322~图 2-324 所示。

图 2-321　三种尺寸线对齐方式

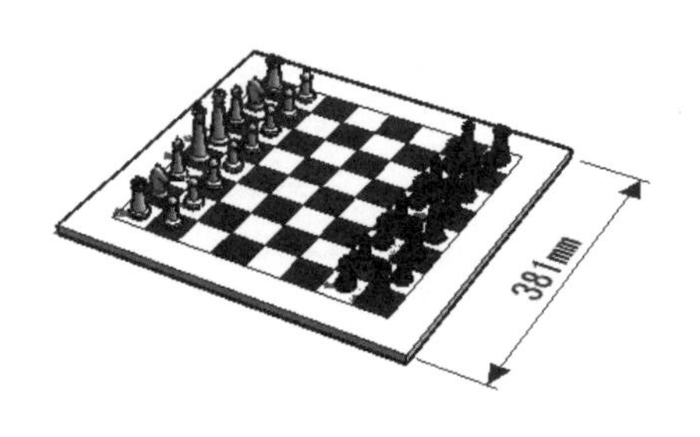

图 2-322　上方对齐效果

2. 修改标注样式

步骤 01 单击【尺寸】选项卡【选择全部尺寸】或【更新选定的尺寸】按钮，可以进行场景全局或单独的标注样式修改，如图 2-325 所示。

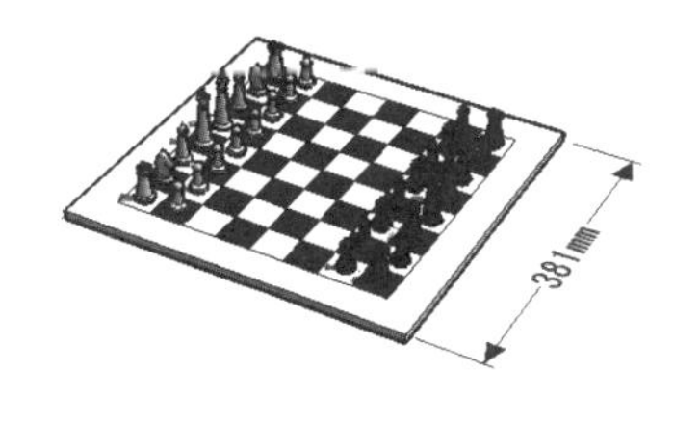

图 2-323　中心对齐效果

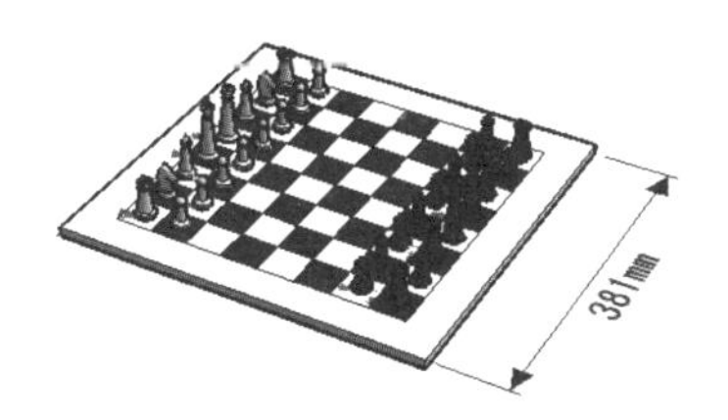

图 2-324　外表对齐效果

图 2-325　选择与更新按钮

步骤 02 对于单个或少数【标注】的修改，可以通过单击鼠标右键快捷菜单完成，如图 2-326~图 2-328 所示。

图 2-326　选择编辑文本

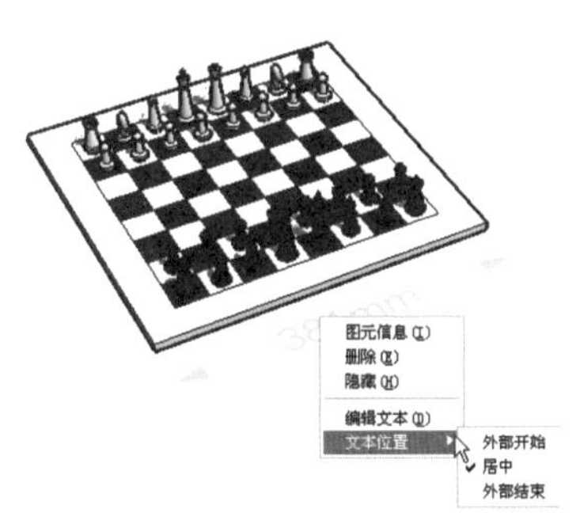

图 2-327　文字位置快捷调整菜单

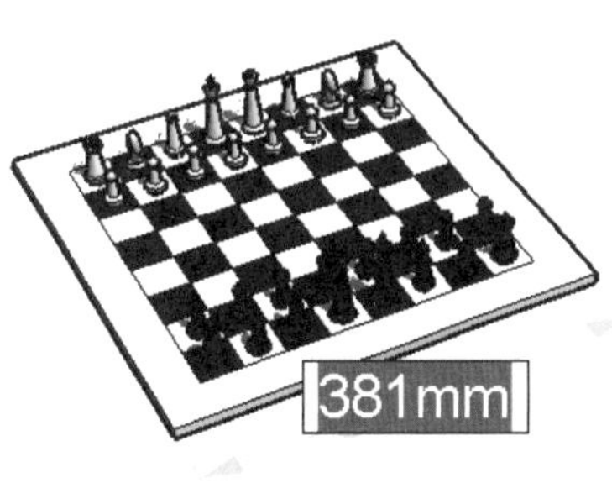

图 2-328　双击修改文字内容

045 文本工具

文件路径：配套光盘\第 02 章\045　　视频文件：MP4\第 02 章\045.MP4

使用【文本】工具，可以对图形面积、线段长度、定点坐标进行文字标注，本例讲解相关的操作方法与技巧。

1. 系统标注

步骤 01 打开 SketchUp，执行【工具】/【文字】菜单命令，或单击【建筑施工】工具栏按钮，如图 2-329 所示，均可启用【文本】，从而对图形面积、线段长度、定点坐标进行文字标注。

步骤 02 打开配套光盘“045 文本标注.skp”模型，启用【文本】功能，待光标变成后，将光标移动至目标平面对象表面，首先单击，确定【文本】端点位置，如 图 2-330 所示。

步骤 03 拖动光标到任意位置，放置【文本】，再次单击，确定，如　图 2-331 所示。

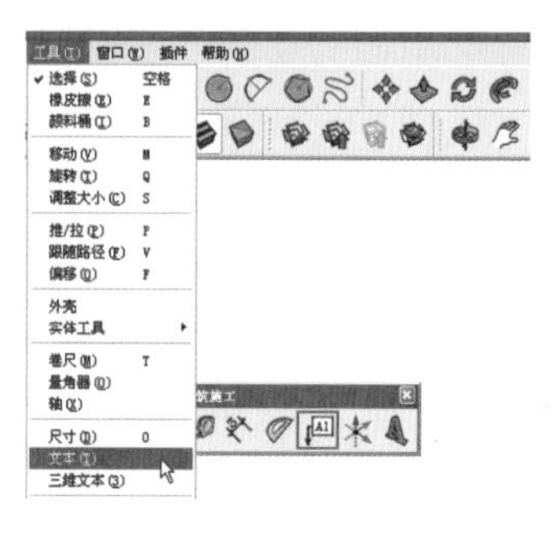

图 2-329　文字标注工具

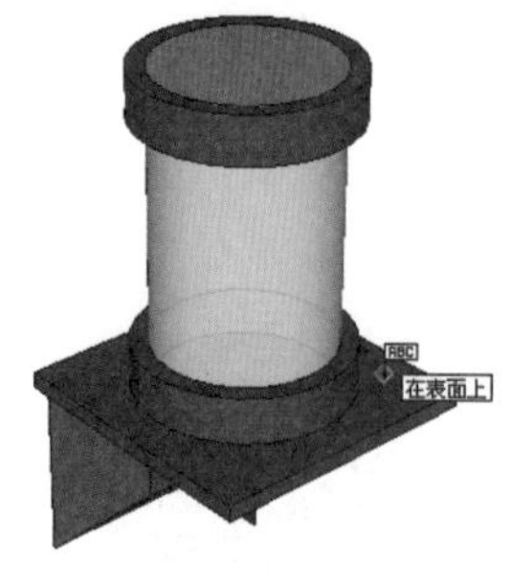

图 2-330　指定端点

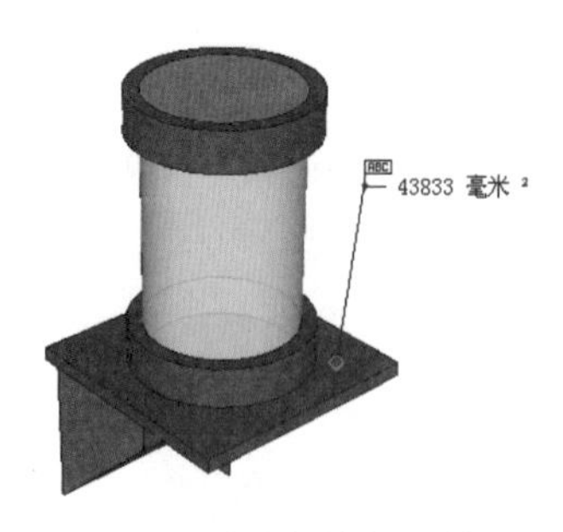

图 2-331　单击拉出标注效果

步骤 04 线形和点文字标注效果如图 2-332 和图 2-333 所示。

技 巧

启用【文本】工具后，直接双击可以快速完成标注。

2. 用户标注

步骤 01 可以非常自由地修改文本标注的内容，特别适用于对材料类型、特殊做法以及细部构造进行详细文字说明。启用【文本】工具后，首先将光标移动至目标平面对象表面，如图 2-334 所示。

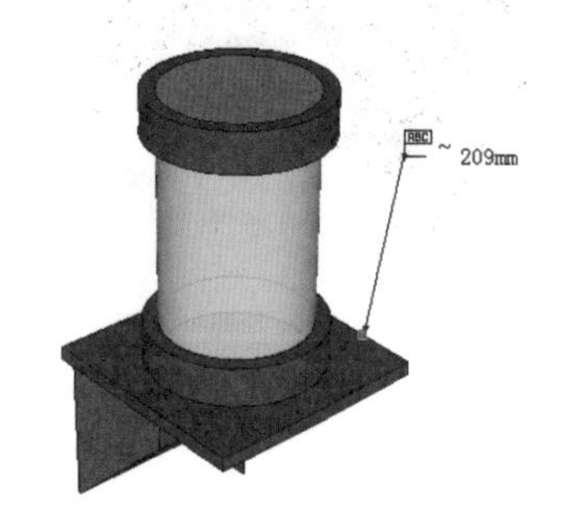

图 2-332　线形标注

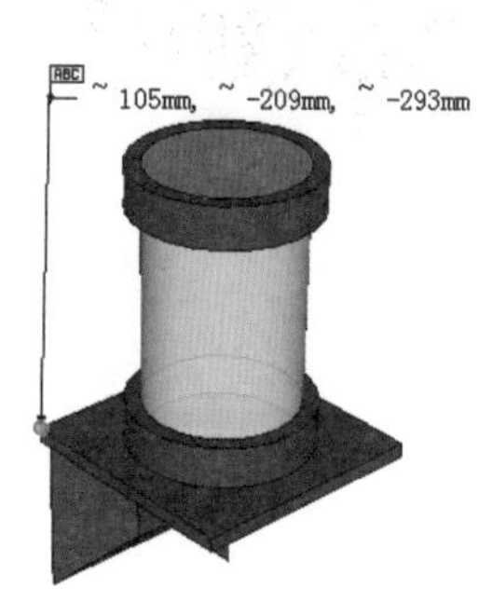

图 2-333　点标注

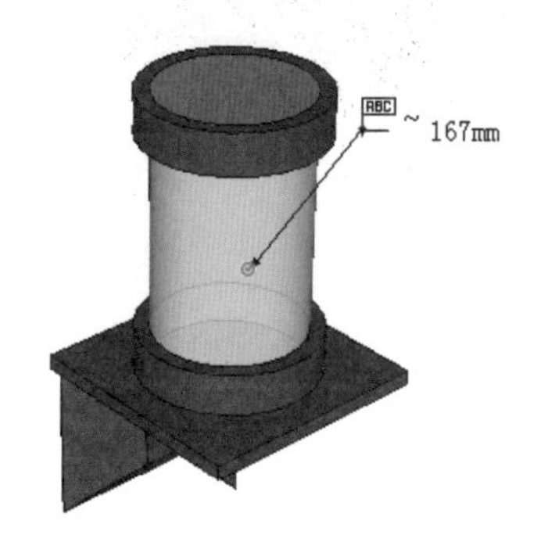

图 2-334　选择标注平面

步骤 02 单击确定【文本】端点位置，然后拖动光标在任意位置放置【文本】，此时用户即可自行编辑标注内容，如图 2-335 与图 2-336 所示。

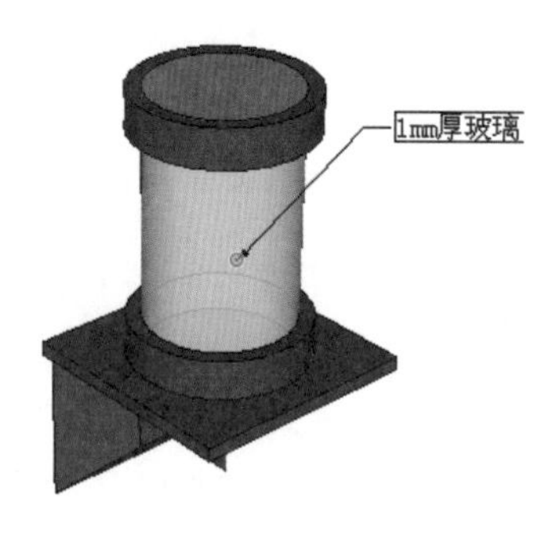

图 2-335　进行材质文本标注

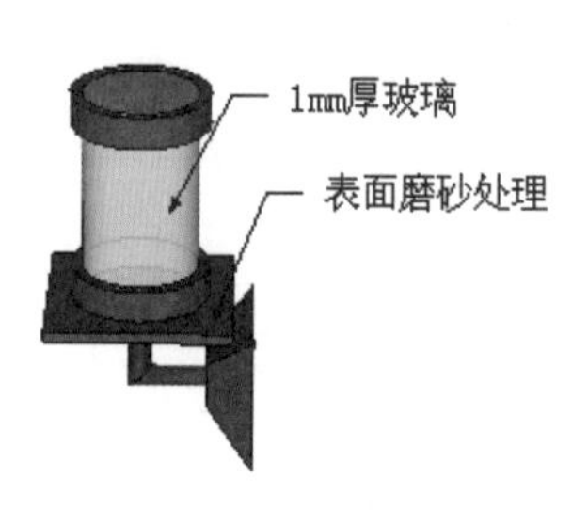

图 2-336　进行工艺文本标注

步骤 03 标注内容编写完成后，再次单击，即可完成自定义标注。

→技巧

在标注完成后，还可以双击【文本】修改文字内容，此外在文本标注上单击鼠标右键，通过快捷菜单还能修改标注的样式，如图 2-337 与图 2-338 所示。

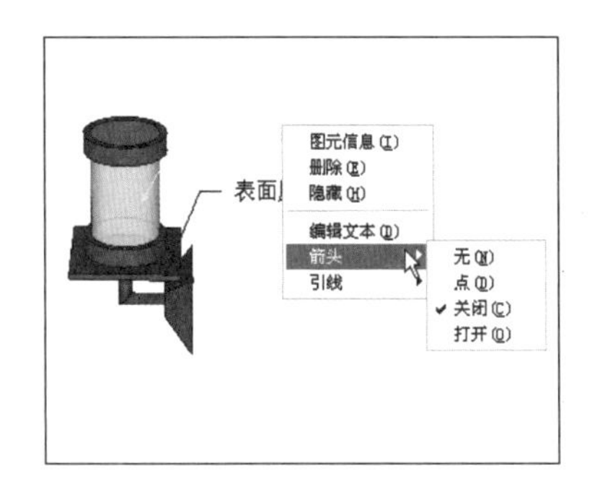

图 2-337　通过右键菜单修改箭头样式

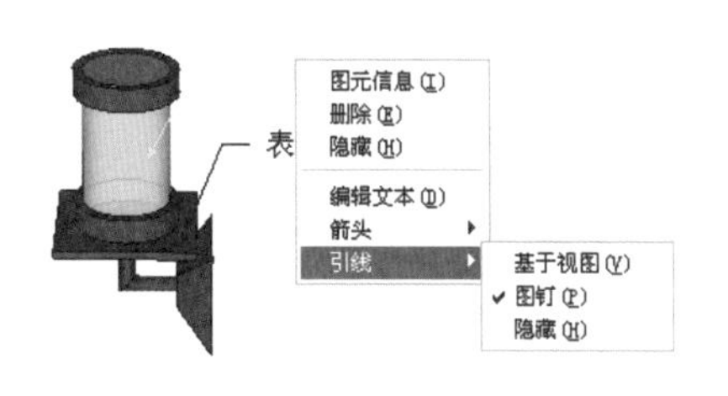

图 2-338　通过右键菜单修改标注引线样式

046 轴工具

文件路径：配套光盘\第 02 章\046　　视频文件：MP4\第 02 章\046.MP4

SketchUp 和其他三维软件一样，也是通过【轴】进行位置的参照，本例介绍自定义坐标轴以方便绘图的方法。

步骤 01 打开 SketchUp，执行【工具】/【轴】菜单命令，或单击【建筑施工】工具栏 按钮，即可启用【轴】自定义功能，如图 2-339 所示。

步骤 02 打开配套光盘“046 坐标轴定义.skp”文件，启用【轴】工具，待光标变成 后，移动光标将其放置于目标位置，单击确定新的坐标原点位置，如图 2-340 所示。

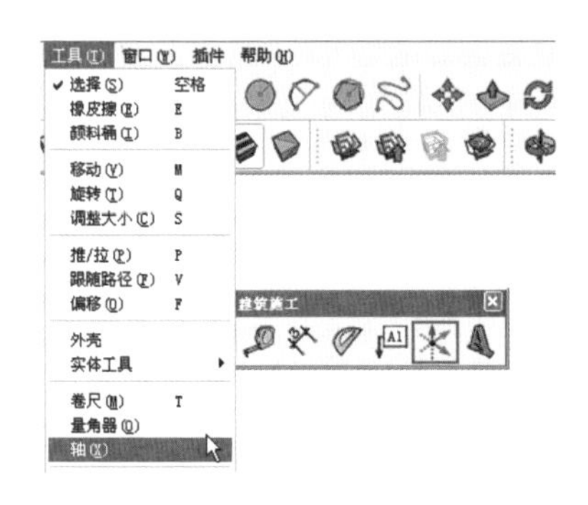

图 2-339　启用自定义坐标轴

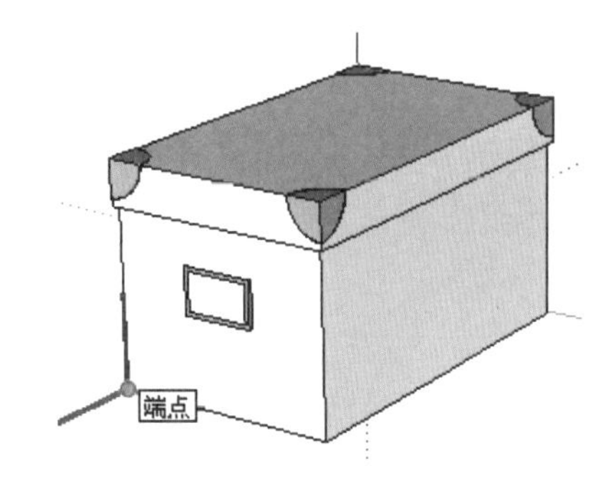

图 2-340　定义新的坐标原点

步骤 03 确定目标位置后，可以左右拖动鼠标，自定义【坐标】X、Y 的轴向，调整到目标方向后单击，确定即可，如图 2-341 所示。

步骤 04 确定 X、Y 轴向后，上下拖动光标可以自定义【坐标】Z 轴方向，如 图 2-342 所示。调整完成后再次单击，即可完成【轴】的自定义，如　图 2-343 所示。

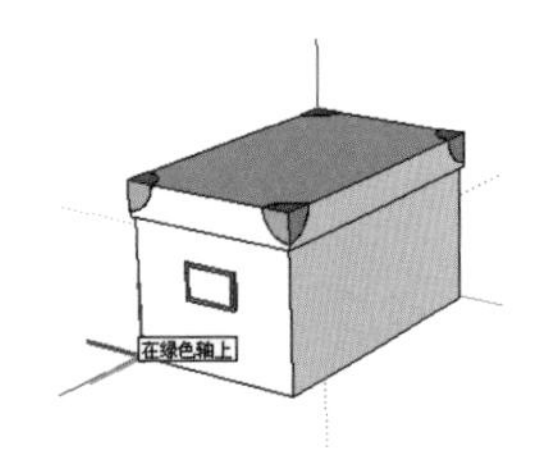

图 2-341　确定 XY 轴轴向

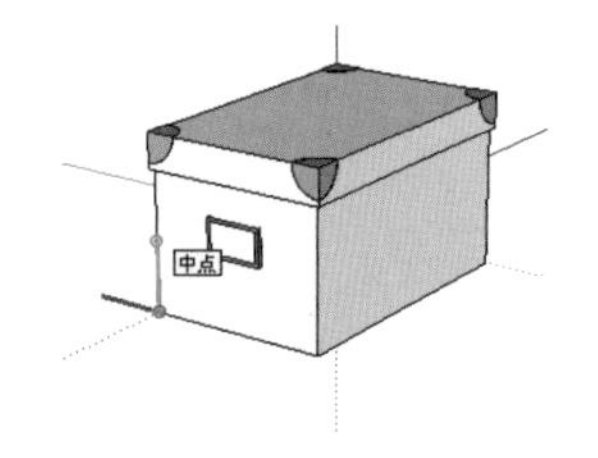

图 2-342　确定 Z 轴轴向

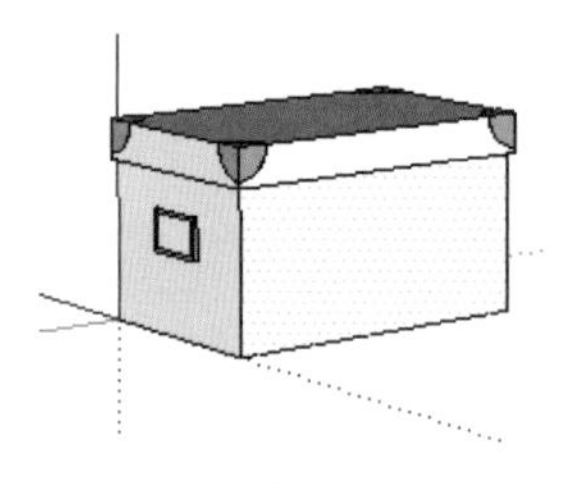

图 2-343　新的坐标轴

047 三维文本工具

文件路径：无　　视频文件：MP4\第 02 章\047.MP4

SketchUp 通过【三维文本】工具可以快速创建三维或平面的文字效果。

步骤 01 单击【建筑施工】工具栏按钮，或执行【工具】/【三维文本】菜单命令，即可启用该功能，如图 2-344 所示。

步骤 02 系统将弹出【放置三维文本】设置面板，在文字输入框内输入自定义文字内容，如图 2-345 所示。

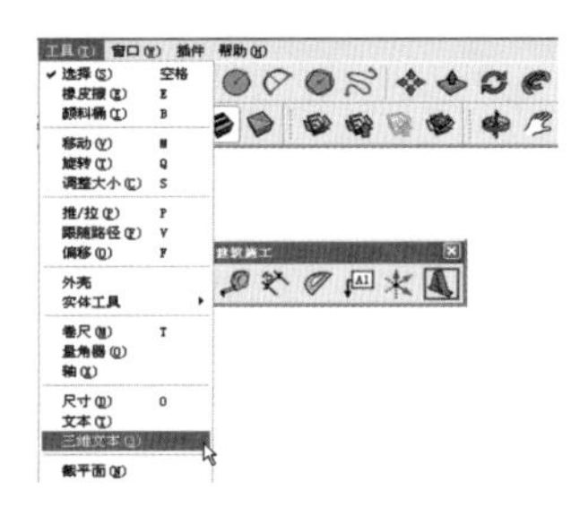

图 2-344　三维文本创建面板

图 2-345　调整参数

步骤 03 保持默认参数不变，单击【放置】按钮，再在绘图区任意位置单击，即可创建得到具有厚度的文字，如图 2-346 所示。

步骤 04 如果在【放置三维文本】设置面板不勾选【填充】选项，所创建的文字将成为线形，如图 2-347 所示

步骤 05 如果在【放置三维文本】设置面板仅勾选【填充】复选框，则创建的文字为平面，如 图 2-348 所示。

图 2-346　三维文本效果

图 2-347　线形文字

图 2-348　平面文字

2.5 漫游工具

048 镜头位置工具

文件路径：配套光盘\第 02 章\048　　视频文件：MP4\第 02 章\048.MP4

SketchUp 镜头工具可以快速设定场景的观察角度，并能通过镜头值调整透视效果，本例介绍其操作方法与技巧。

步骤 01 打开 SketchUp，执行【镜头】/【定位镜头】命令，或单击【漫游】工具栏按钮，均可启用该命令，如图 2-349 所示。

步骤 02 打开配套光盘“048 镜头位置.skp”模型，启用【定位镜头】命令，待光标变成形状时，将光标移动至目标放置点，通过【数值输入框】可进行视高的设置，如图 2-350 所示。

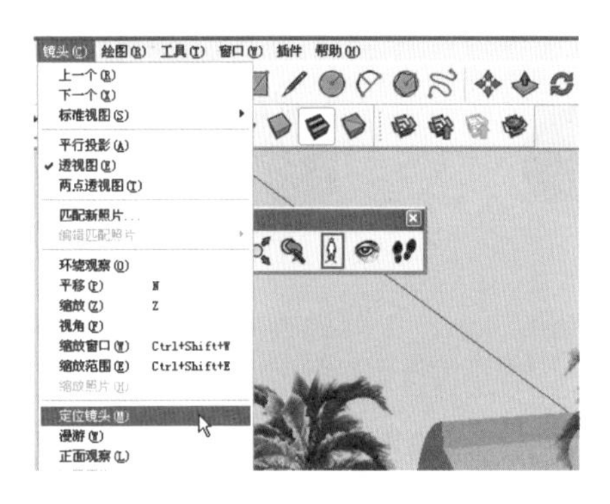

图 2-349　启用镜头位置工具

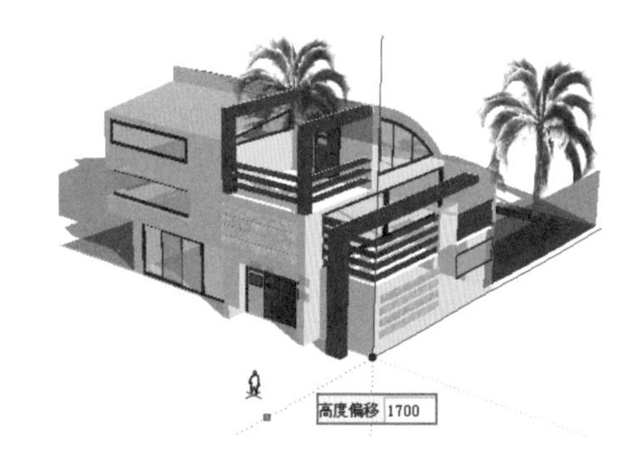

图 2-350　输入镜头视高

步骤 03 设置好视高后按下 Enter 键，再拖动光标设置视角观察方向，松开鼠标即可完成视角与高度的设置，如图 2-351 与图 2-352 所示。

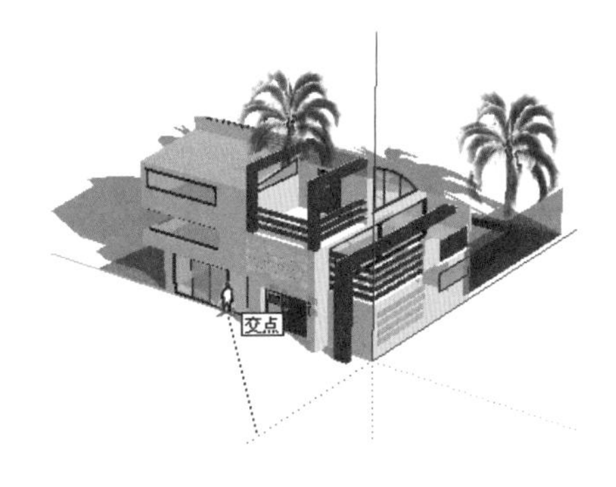

图 2-351　设置观察方向

图 2-352　完成效果

技巧

完成镜头角度设置后，光标将变成状，即自动启用【正面观察】工具，下个实例即学习正面观察工具的使用方法。

049 正面观察工具

文件路径：配套光盘\第 02 章\049　　视频文件：MP4\第 02 章\049.MP4

【正面观察】工具用于调整镜头观察方向，区别于旋转视图，该旋转将以观察点以轴心进行旋转，本例介绍其具体使用方法。

步骤 01 打开 SketchUp，执行【镜头】/【正面观察】命令，或单击【漫游】工具栏按钮，均可启用该命令，如图 2-353 所示。

步骤 02 打开配套光盘“049 正面观察.skp”文件，开启【正面观察】工具，待光标变成形状时，在场景任意位置按住鼠标设定旋转轴点，如图 2-354 所示。

步骤 03 按住鼠标向任意方向拖动，光标视角将产生对应的变化，如　　图 2-355 所示。

图 2-353　启用正面观察工具

图 2-354　设定旋转轴点

图 2-355　进行正面观察

050 漫游工具

文件路径：配套光盘\第 02 章\050　　视频文件：MP4\第 02 章\050.MP4

通过 SketchUp【漫游】工具，可以模拟出模型跟随观察者移动，从而在镜头视图内产生连续变化的漫游动画效果，本例讲解该工具的操作方法。

步骤 01 单击【漫游】工具栏按钮，或执行【镜头】/【漫游】菜单，即可启用该命令，如图 2-356 所示。待光标变成形状后，通过鼠标和 Ctrl、Shift 键配合，即可完成前进与转向、上移、加速等漫游动作。

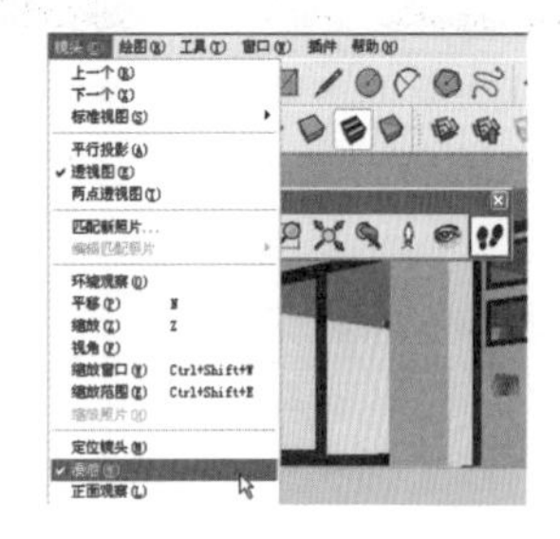

图 2-356　启用漫游工具

图 2-357　打开漫游工具场景

步骤 02 打开配套光盘“050 漫游工具.skp”场景，如图 2-357 所示。启用【漫游】工具，在视图内按住光标设定漫游起始点，如图 2-358 所示。

步骤 03 设定漫游起始点后，按住光标向任意方向推动摄影机，即可产生前进、倒退以及左右转向的效果，如图 2-359 图 2-360 所示。

图 2-358　设定漫游起始点

图 2-359　按住左键向前漫游

图 2-360　按住左键向后漫游

步骤 04 按住 Shift 键的同时上下移动光标，则可以升高或降低摄影机视点，如图 2-361~图 2-363 所示。

步骤 05 如果按住 Ctrl 键的同时推动鼠标，则会产生加速前进的效果。

图 2-361　漫游起始高度

图 2-362　向上调整漫游高度

图 2-363　向下调整漫游高度

第3章 SketchUp 高级功能

本章学习 SketchUp【组】、【实体工具】、【沙盒】、【图层】以及文件导出导入等高级功能，如图 3-1~图 3-5 所示，以全面掌握模型的创建、场景的管理，以及 SketchUp 与其他软件交互的方法与技巧。

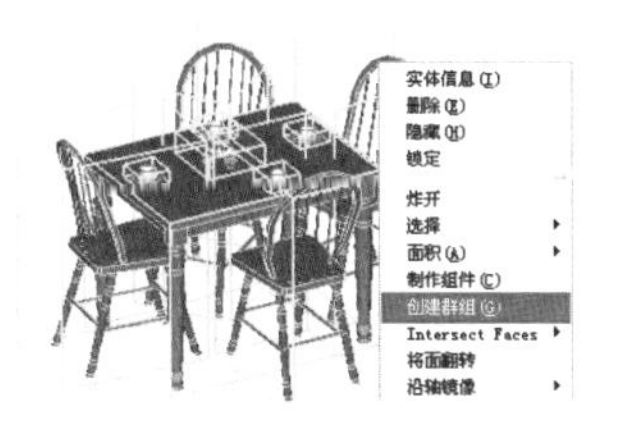

图 3-1　组功能

图 3-2　实体工具工具栏

图 3-3　沙盒工具栏

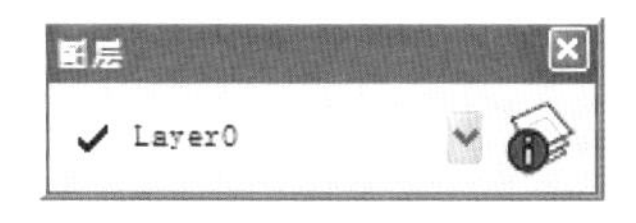

图 3-4　图层工具栏

图 3-5　截面工具栏

3.1 组与实体工具

051 组功能

文件路径：配套光盘\第 03 章\051　　视频文件：MP4\第 03 章\051.MP4

相比于【组件】，SketchUp【组】工具对于场景中相关模型的管理更为简便，因此在实际工作中应该根据场景的需要，灵活使用这两种管理方式，本例介绍【组】的操作方法与使用技巧。

1. 创建与分解组

步骤 01 打开配套光盘“051 组.skp”场景，其为一个由餐桌椅与餐具组成的简单场景，如图 3-6 所示。

步骤 02 由于此时未创建【组】，选择时只能选择到部分模型面，进行移动等操作时容易产生模型变形，如图 3-7 与图 3-8 所示。

图 3-6　打开场景模型

图 3-7　选择模型面

图 3-8　模型移动错位

步骤 03 为了避免类似的误操作，首先选择其中的单个餐椅模型，单击鼠标右键，选择【创建组】命令，如图 3-9 所示。

步骤 04 将单个的餐椅创建为【组】后，即可对其进行整体移动与旋转，轻松调整模型位置和方向，如图 3-10 与图 3-11 所示。

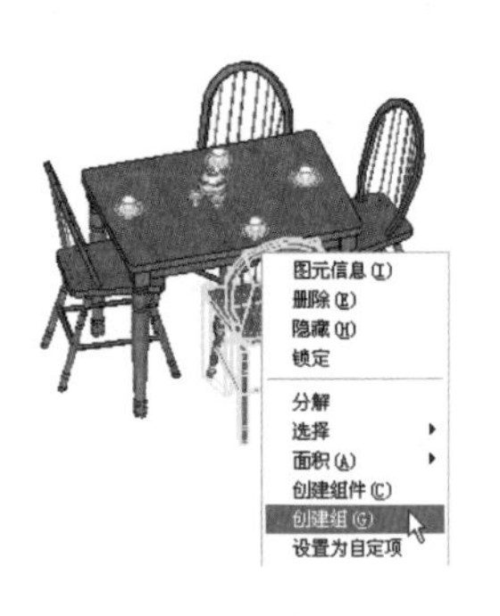

图 3-9　选择模型创建组

图 3-10　整体移动组模型

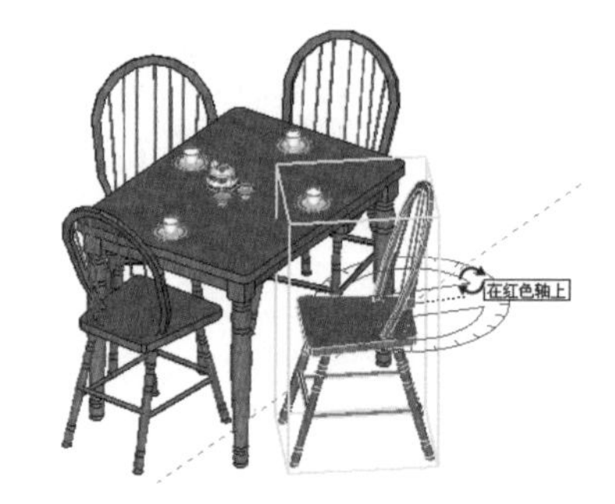

图 3-11　整体旋转组模型

—>提 示

区别于【组件】，【组】模型复制后，选择其中的一个进行编辑操作，不会影响其他组模型，如图 3-12~图 3-14 所示。

图 3-12　复制椅子

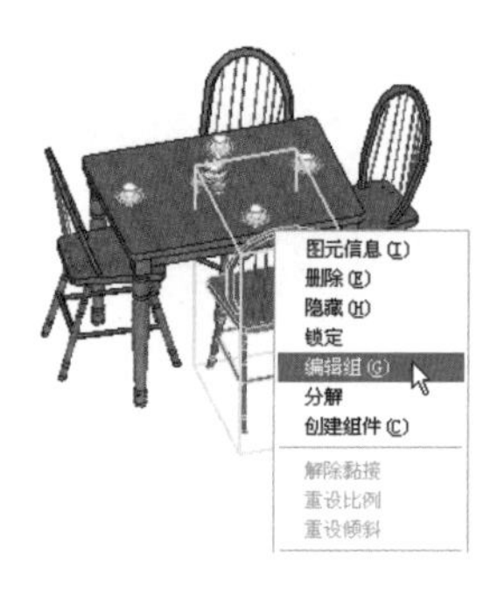

图 3-13　缩放椅子组

图 3-14　缩放完成效果

步骤 05 选择【组】模型，单击鼠标右键，选择【分解】命令解散组，如图 3-15 与图 3-16 所示，即可单独编辑组中的各个组件。

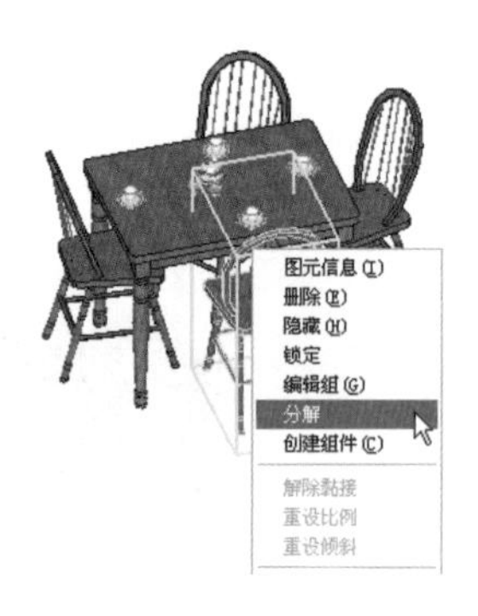

图 3-15　选择分解组命令

图 3-16　分解模型效果

2. 嵌套组

步骤 01 根据模型特点，将餐椅、餐桌以及餐具各自创建为【组】，如图 3-17~图 3-19 所示。

图 3-17　创建餐椅组　　图 3-18　创建餐桌组　　图 3-19　创建餐具组

步骤 02 全选当前创建的【组】，单击鼠标右键，再次选择【创建组】命令，如图 3-20 所示，即创建一个嵌套组，如图 3-21 所示。

步骤 03 创建嵌套【组】后，如果需要调整某个单独的模型，可以执行【编辑组】命令，或直接双击进入组内进行调整，如图 3-22 所示。

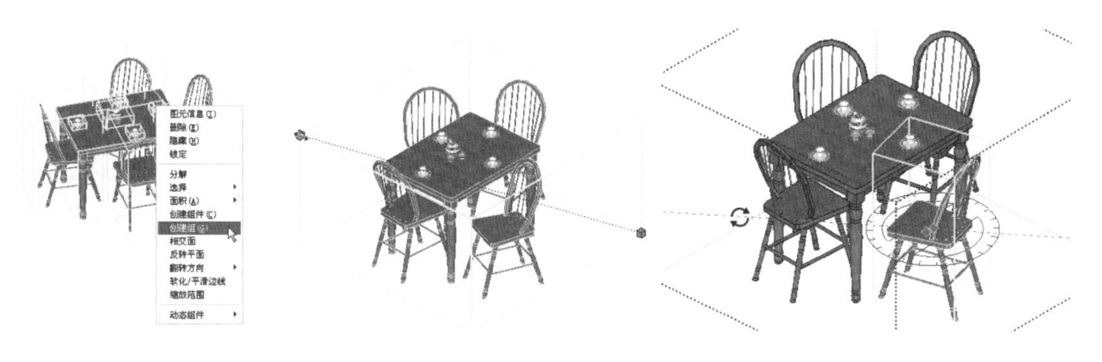

图 3-20　创建嵌套组　　图 3-21　嵌套组效果　　图 3-22　进入组内调整模型

提 示

嵌套【组】执行【分解】命令，只能还原到下一层的【组】效果，因此有时需要多次执行【分解】命令才能还原到最底层，如图 3-23 ~ 图 3-25 所示。

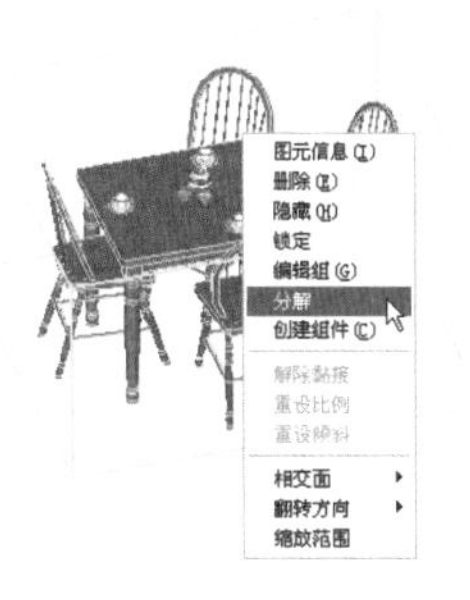

图 3-23　分解嵌套组　　图 3-24　嵌套组分解效果　　图 3-25　继续分解

3. 编辑组

步骤 01 将模型创建为【组】后，可以通过【编辑组】命令暂时打开，从而单独编辑【组】内的模型，或增加/删减组成员。

步骤 02 选择上一节组成的【组】模型，单击鼠标右键，执行【编辑组】命令，或直接双击进入组，如图 3-26 所示。

步骤 03 选择其中一把餐椅模型，按下 Ctrl+X 键进行剪切，然后在外侧单击，退出当前组，如图 3-27 所示。

步骤 04 按下 Ctrl+V 键，粘贴剪切模型至组外，即可将餐椅模型移出组，如图 3-28 所示。

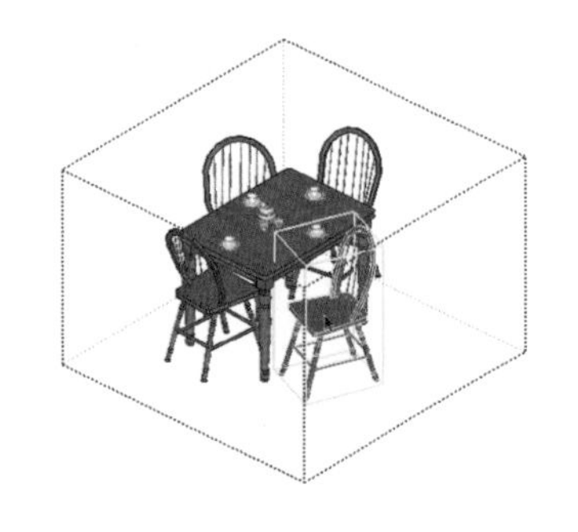

图 3-26　进入嵌套组

图 3-27　剪切模型

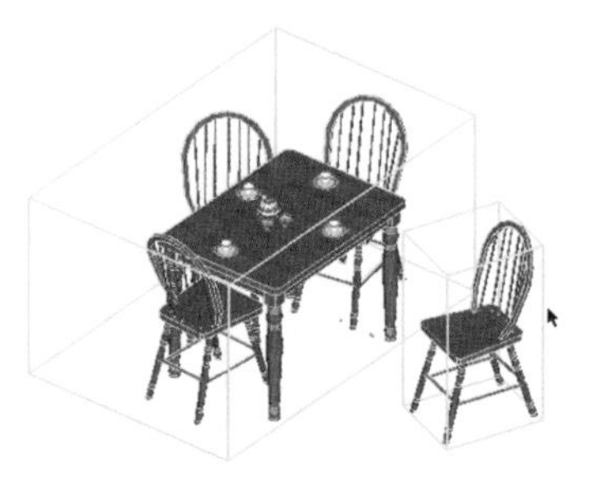

图 3-28　移出组

技巧

在【组】上快速双击，可以快速执行【编辑组】命令。

步骤 05 如果要为【组】添加新成员，只需要执行相反的操作即可，如图 3-29~图 3-31 所示。

图 3-29　剪切模型

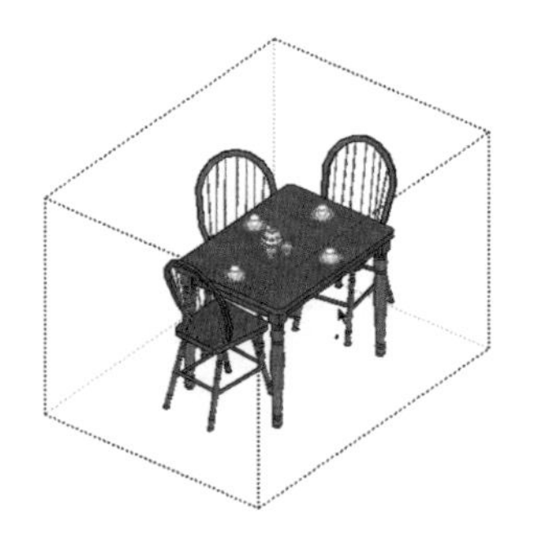

图 3-30　进入组

图 3-31　粘贴至组内

4. 锁定组

创建好的【组】可以进行【锁定】，以避免误操作对其进行改动。

步骤 01 选择需要锁定的【组】，单击鼠标右键，执行【锁定】菜单命令，如图 3-32 所示。

步骤 02 锁定的【组】以红色框进行显示，此时不能对其进行选择及其他操作，如图 3-34 所示。

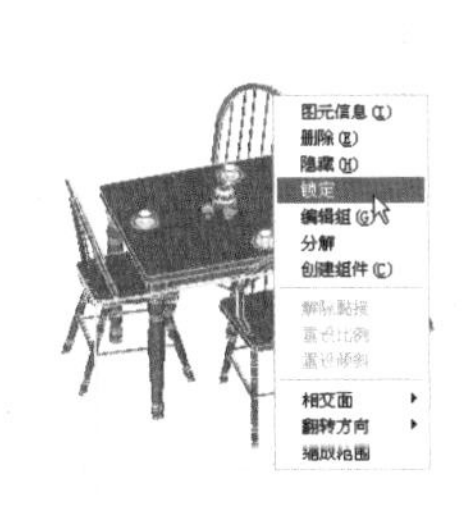

图 3-32　选择【锁定】菜单命令

图 3-33　冻结组红色边线效果

图 3-34　冻结组禁用拉伸等操作

步骤 03 如果要解锁【组】，可以在其上方单击鼠标右键，选择【解锁】菜单命令，如图 3-35 所示。解锁后的模型将恢复可编辑性，如图 3-36 所示。

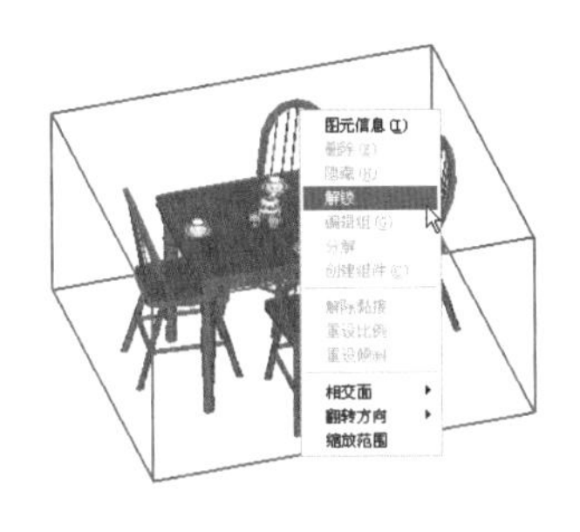

图 3-35　选择解锁菜单命令

图 3-36　解锁后的模型可编辑

052 相交面工具

文件路径：无　　　　视频文件：MP4\第 03 章\052.MP4

使用【相交面】工具，可以使模型交接部分产生分割边线，从而制作出一些特殊的造型效果，本例介绍其具体的使用方法与技巧。

打开本书配套光盘“052 相交面.skp”文件，如图 3-37 所示。

步骤 02 选择球体模型，单击鼠标右键，执行【创建组】命令，然后将其移动至与长方体形成交接，如图 3-38 所示。

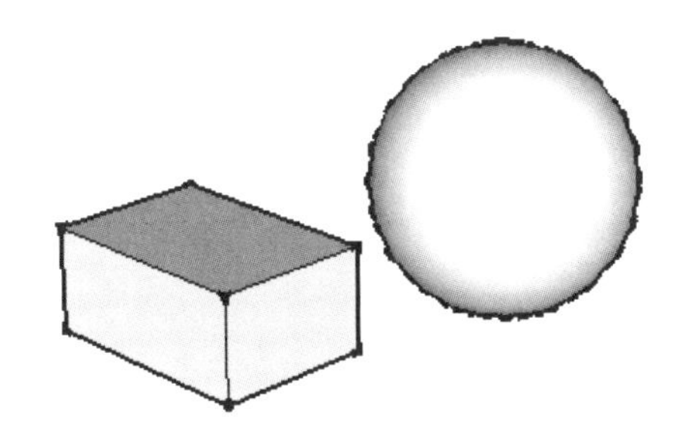

图 3-37　打开场景模型

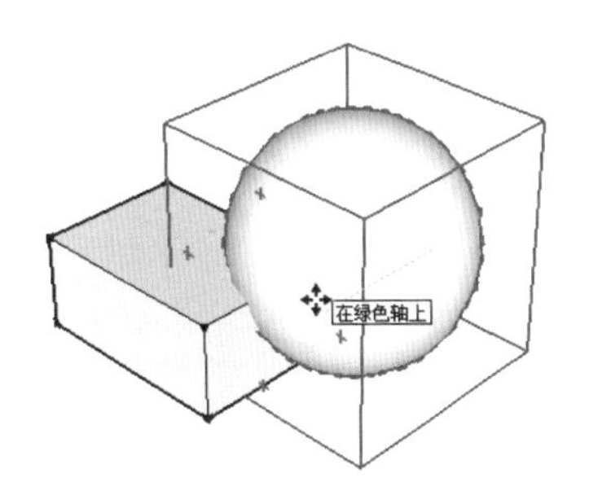

图 3-38　移动球体

步骤 03 三击选择长方体，单击鼠标右键，执行【相交面】/【与模型】菜单命令，完成长方体模型表面的交错，如图 3-39 所示。

步骤 04 移开球体，会发现长方体生成交错边线，如图 3-40 所示，将其删除，即可制作异形几何体，如图 3-41 所示。

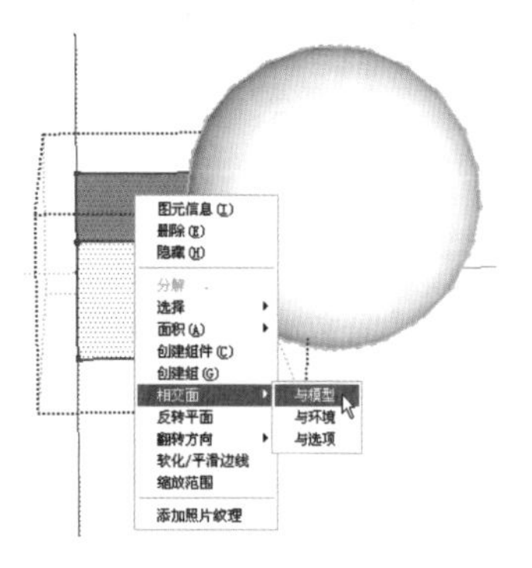

图 3-39 创建模型相交面

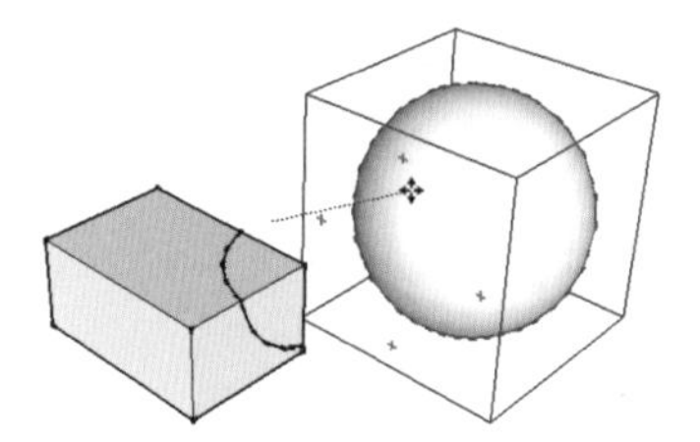

图 3-40 移开球体

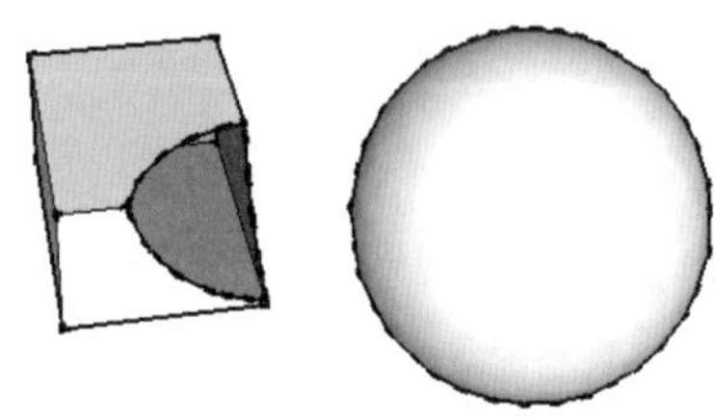

图 3-41 删除交错边线结果

→技巧

当交错模型存在多个相交几何体时，如果只需要其中某一部分交错，可以先选择目标模型，然后执行【相交面】/【与模型】命令，如图 3-42~图 3-44 所示，只有选择的模型之间才会产生交错。

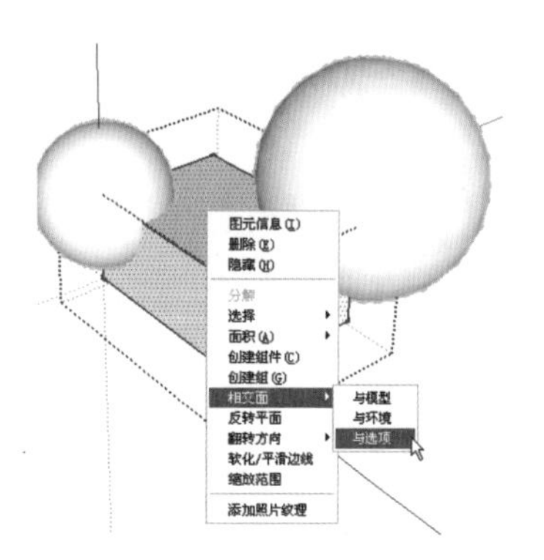

图 3-42 执行交错命令

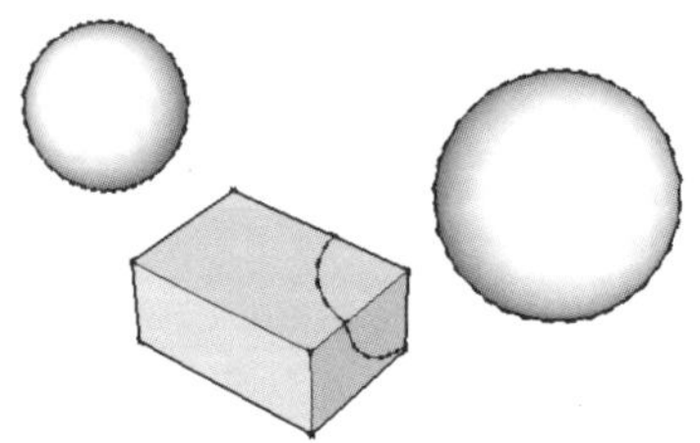

图 3-43 选择模型交错效果

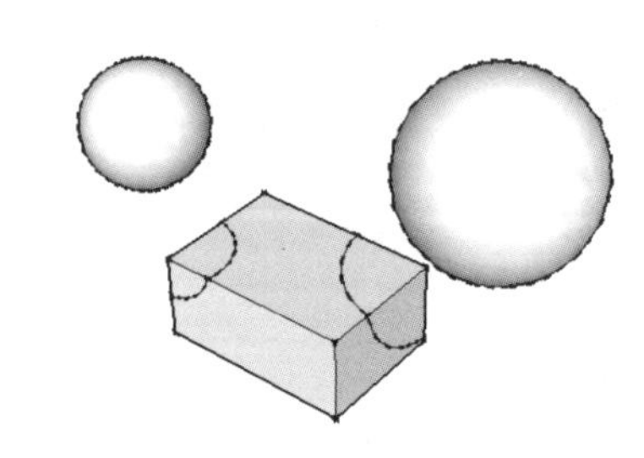

图 3-44 直接执行模型交错效果

053 外壳工具

文件路径：无	视频文件：MP4\第 03 章\053.MP4

SketchUp 2013【实体工具】可以对几何体进行多方面的快速编辑，本例学习其中的【外壳】工具的使用方法与技巧。

步骤 01 打开 SketchUp，创建两个几何体，如图 3-45 所示。此时如果直接启用实体工具对几何体进行修改，将出现“没有实体”的提示，如图 3-46 所示。

步骤 02 分别选择两个几何体，创建为【组】，如图 3-47 所示。再次启用【外壳】工具，编辑时出现“实体组”的提示，如图 3-48 所示。

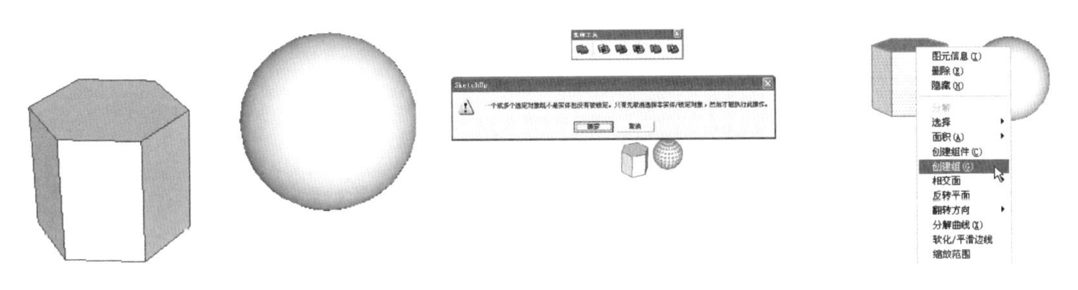

图 3-45　建立几何体模型　　图 3-46　无法进行实体编辑　　图 3-47　将几何体创建为组

步骤 03 将光标置于五棱柱上模型表面，将出现①的提示，表明当前合并的“实体”数量，单击确定。

步骤 04 单击球体模型，即可完成外壳操作，此时两者将合为一个组，如图 3-49 与图 3-50 所示。

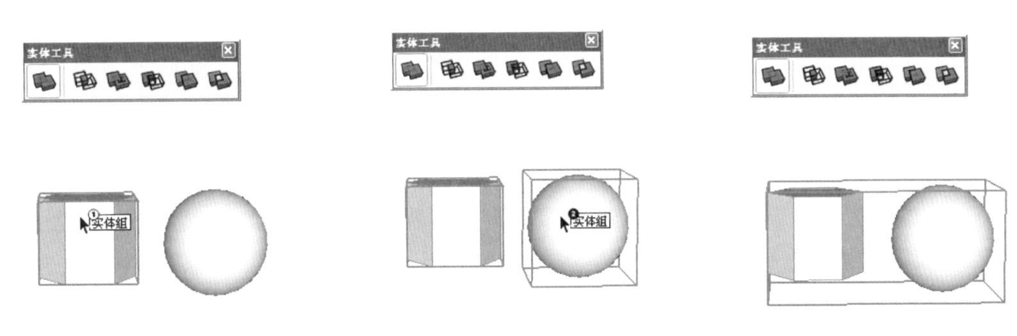

图 3-48　实体组提示　　图 3-49　继续选择球体　　图 3-50　外壳操作完成效果

步骤 05 双击【外壳】工具创建的组，可以进入组，单独对各模型进行编辑，如图 3-51 所示。

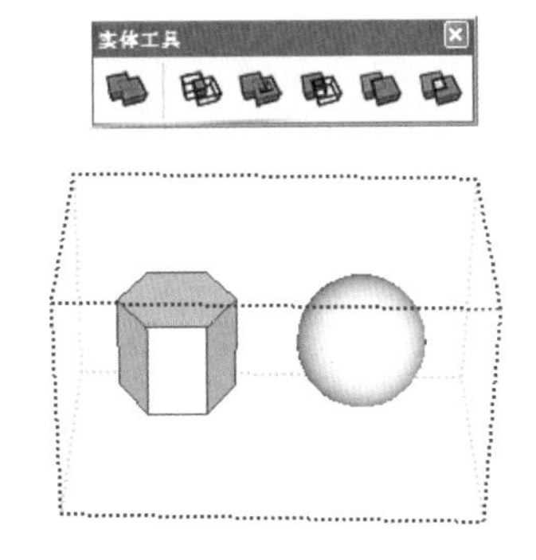

图 3-51　双击进入单独编辑

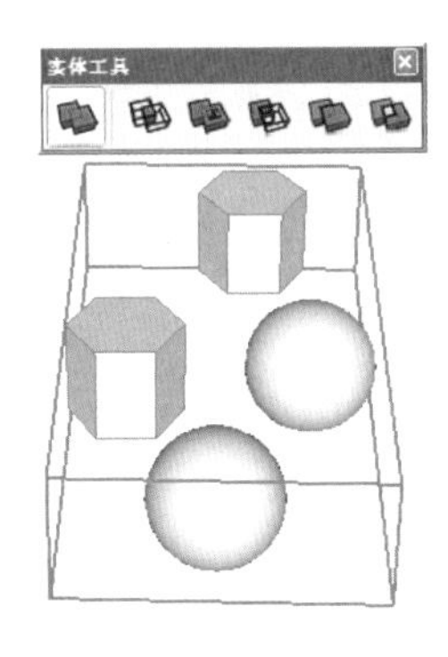

图 3-52　选择多个实体

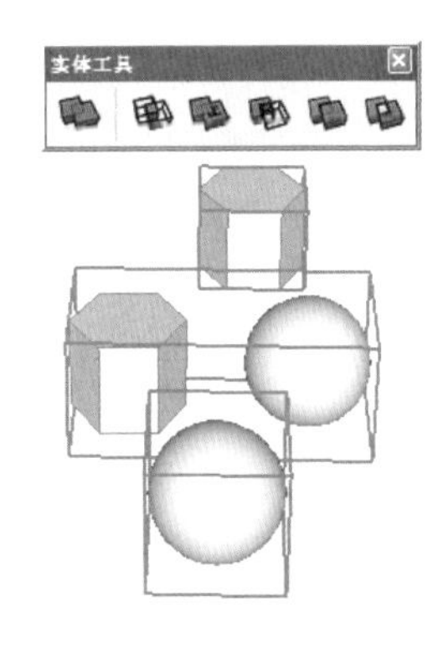

图 3-53　一次性进行外壳操作

技巧

当场景中有多个实体需要进行【外壳】操作时，可以全选目标模型，然后单击【外壳】工具按钮一步完成，如图 3-52 与图 3-53 所示。

054 相交

文件路径：配套光盘\第 03 章\054 | 视频文件：MP4\第 03 章\054.MP4

【相交】是大多数三维图形软件都具有的功能，其中【相交】运算可以快速获取“实体”间相交的部分模型，本例介绍其使用方法与技巧。

步骤 01 打开本书配套光盘“054 实体工具.skp”文件，分别将几何体创建为组，如图 3-54 所示。

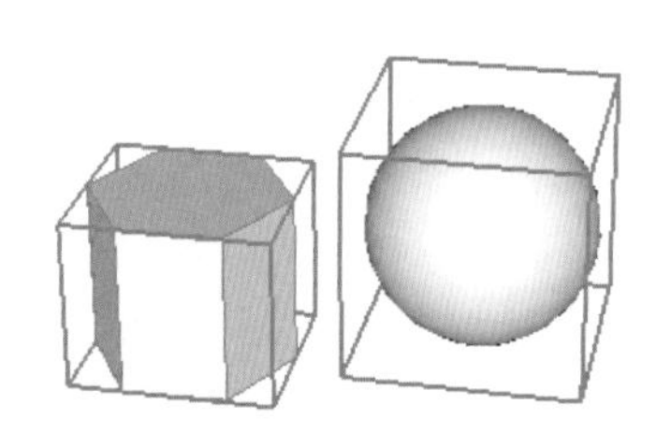

图 3-54 打开模型创建为组

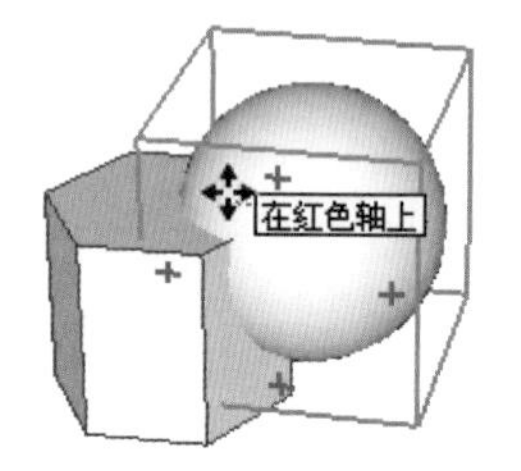

图 3-55 移动球体至相交

步骤 02 选择球体，将其移动至与棱柱相交，如图 3-55 所示。启用【相交】运算工具，选择棱柱如图 3-56 所示。

步骤 03 在球体上单击鼠标，如图 3-57 所示，即可获得两个“实体”相交部分的模型，同时之前的“实体”模型将被删除，如图 3-58 所示。

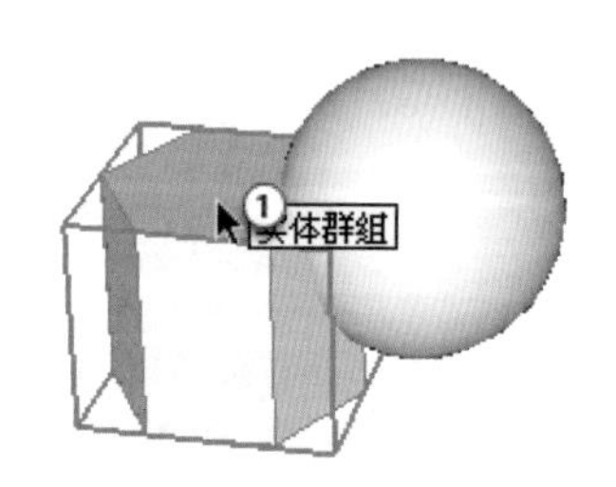

图 3-56 启用相交工具并选择棱柱

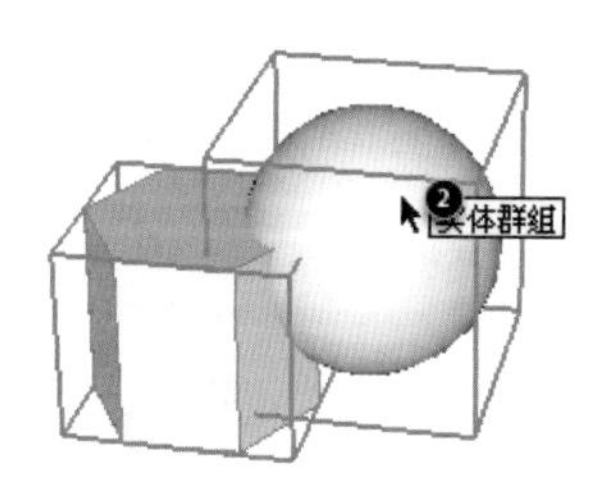

图 3-57 选择球体

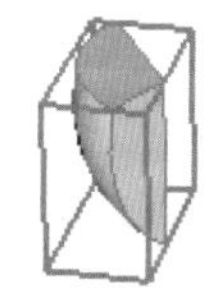

图 3-58 相交运算完成效果

步骤 04 【相交】运算并不局限于两个相交“实体”，多个相交的实体也可以获得相交部分模型，如图 3-59~图 3-61 所示。

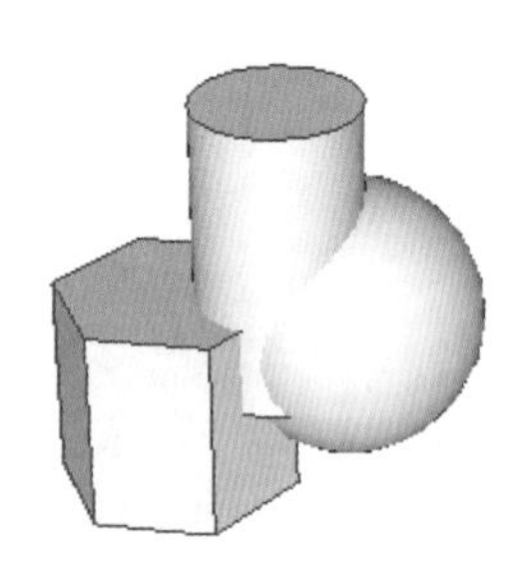

图 3-59 多个几何体相交

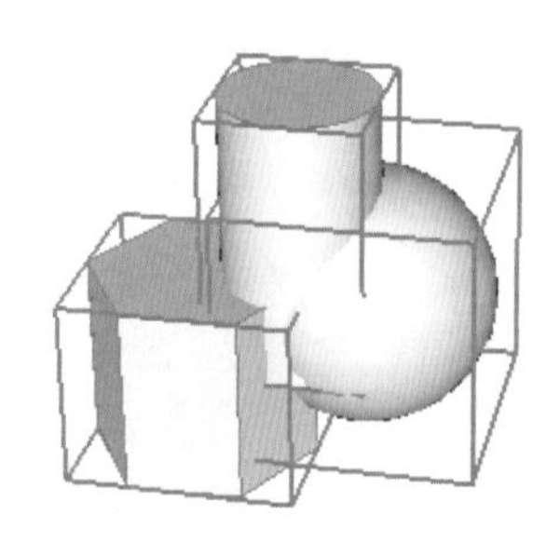

图 3-60 全选目标几何体

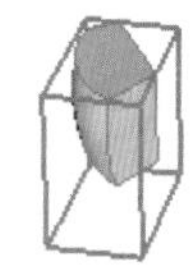

图 3-61 相交运算结果

055 联合运算

文件路径：配套光盘\第 03 章\055 视频文件：MP4\第 03 章\055.MP4

布尔运算中的【联合】运算工具可以将多个单独实体合并成一个整体，本例介绍其操作方法。

步骤 01 打开本书配套光盘“054 实体工具.skp”文件，分别将几何体创建为组，如图 3-62 所示。

步骤 02 选择需要合并的几何体，单击【实体工具】工具栏中的【联合】工具按钮，如图 3-63 所示。

步骤 03 联合运算结果如图 3-64 所示。

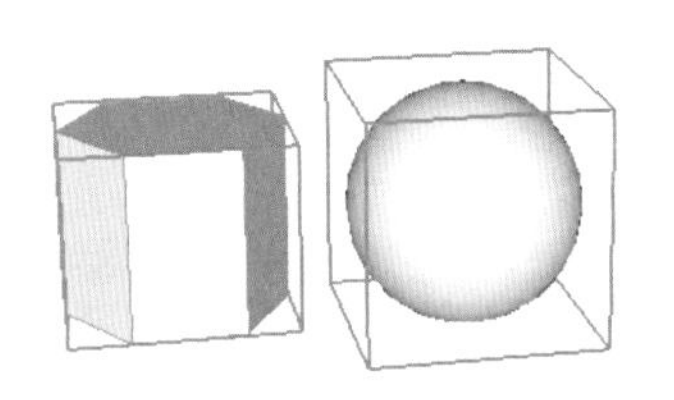

图 3-62 将目标模型创建为组

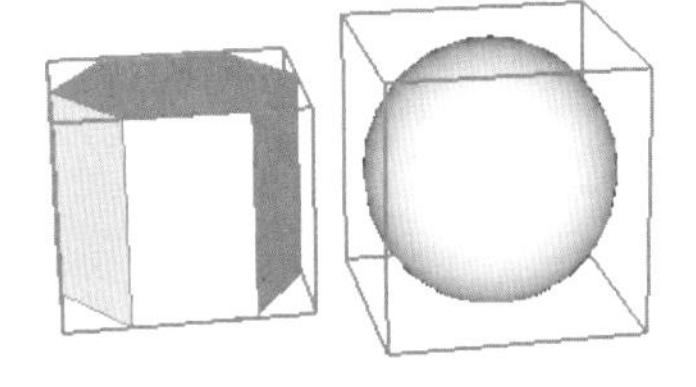

图 3-63 选择实体单击联合运算

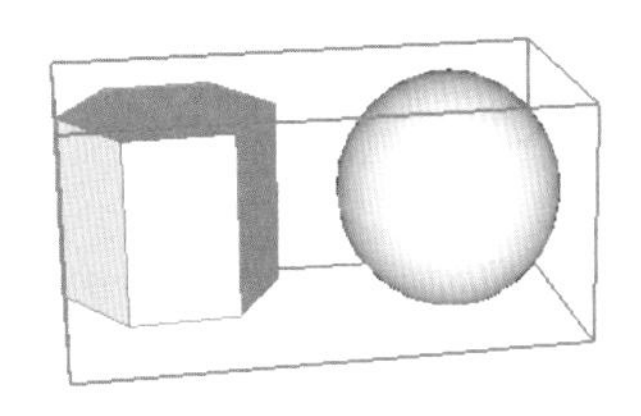

图 3-64 联合运算完成效果

056 减去运算

文件路径：配套光盘\第 03 章\051 视频文件：MP4\第 03 章\056.MP4

【减去】运算用于将某个“实体”与其他“实体”相交的部分进行切除，本例介绍其具体的操作方法与技巧。

步骤 01 打开本书配套光盘“054 实体工具.skp”文件，将几何体分别创建为组，如图 3-65 所示。

步骤 02 将球体移动至棱柱中，如图 3-66 所示。单击【减去】运算按钮，选择外部棱柱模型，与图 3-67 所示。

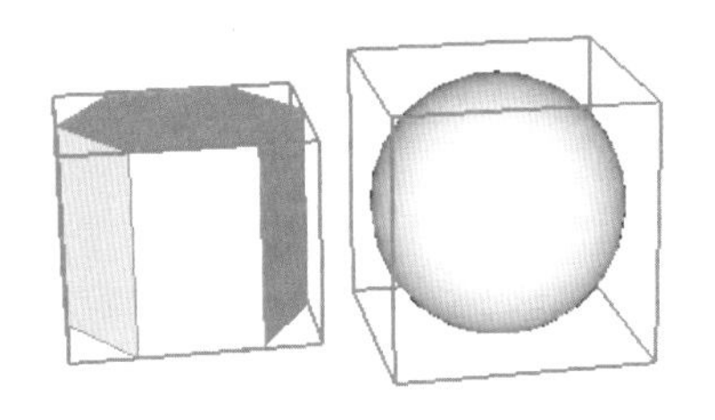

图 3-65 创建组

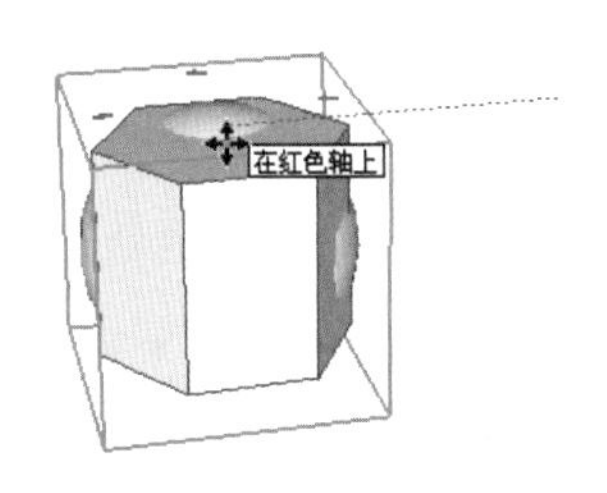

图 3-66 移动球体

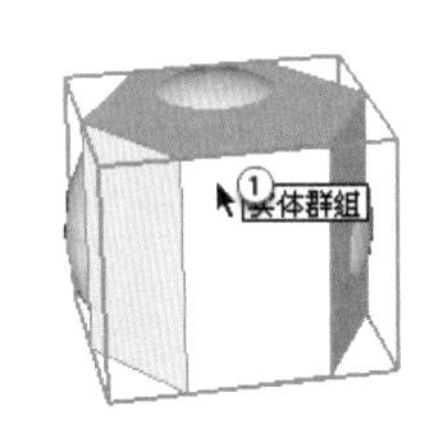

图 3-67 启用减去并选择棱柱

步骤 03 单击棱柱中心的球体模型，如图 3-68 所示，完成【减去】运算，此时场景将保留后选择的“实体”，而删除两者相交部位，及先选择的实体，如图 3-69 所示。

→提 示

同一场景在进行【减去】运算时，“实体”的选择顺序不同，将得到不同的运算结果，如图 3-70 与图 3-71 所示。

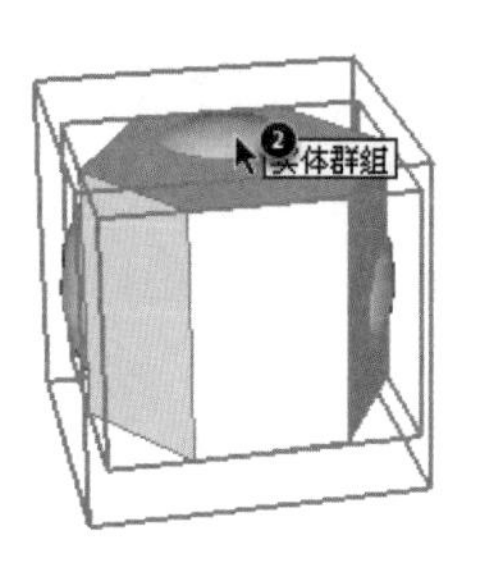

图 3-68　选择球体

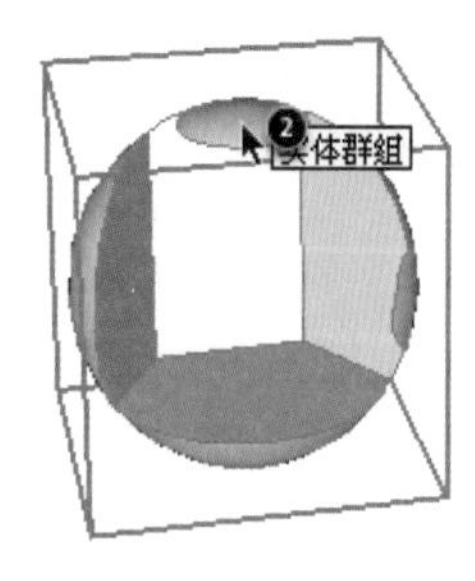

图 3-69　减去运算完成效果

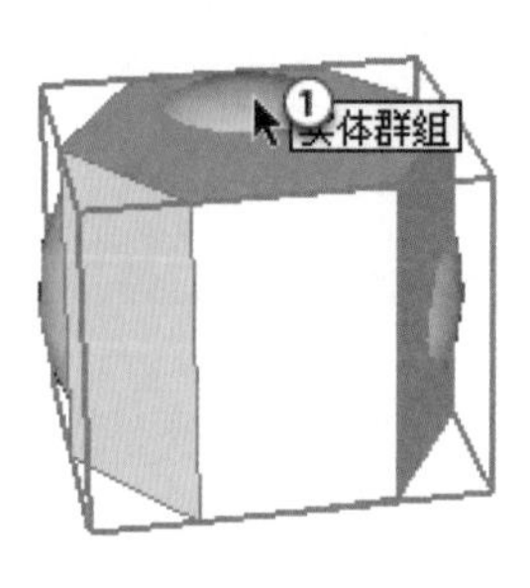

图 3-70　单击减去运算并选择球体

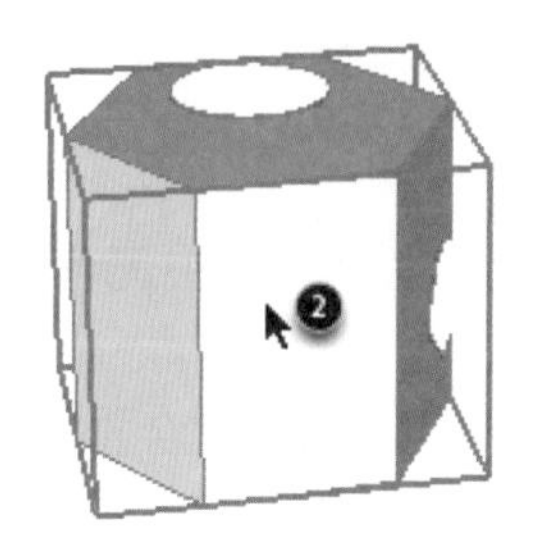

图 3-71　单击棱柱完成减去运算

057 剪辑工具

文件路径：配套光盘\第 03 章\057　　视频文件：MP4\第 03 章\057.MP4

【剪辑】工具的功能类似于布尔运算中的【减去】工具，但在进行“实体”相交部分切除时，【剪辑】工具不会删除用于切除的实体，本例学习【剪辑】工具的使用方法与技巧。

步骤 01 打开本书配套光盘“053 实体工具.skp”文件，分别将几何体创建为组，如图 3-72 所示。

步骤 02 选择球体，将其移动至棱柱中，如图 3-73 所示。单击【剪辑】运算工具，并选择外部棱柱模型，如图 3-74 所示。

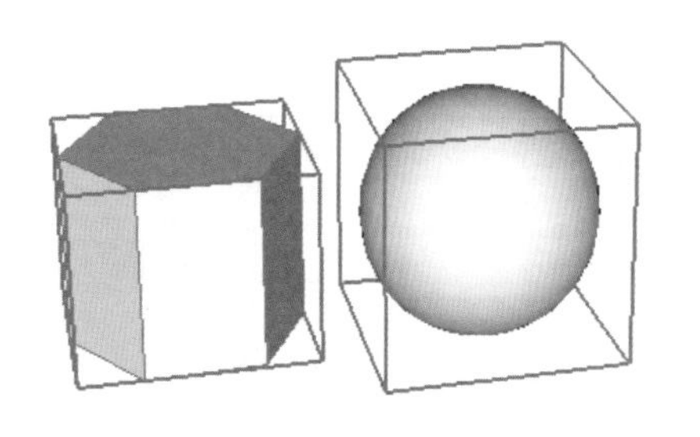

图 3-72　创建组

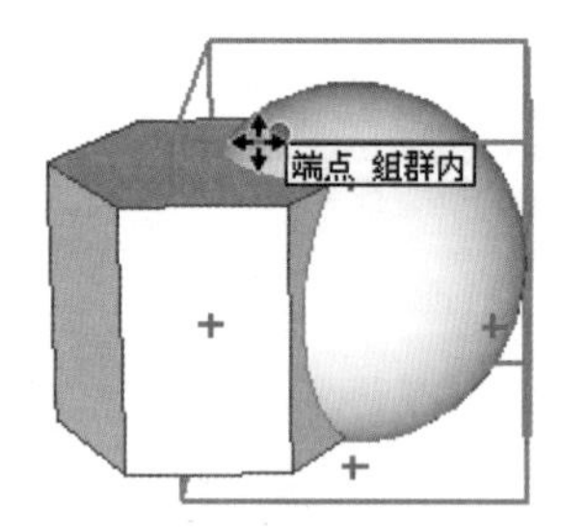

图 3-73　移动棱柱

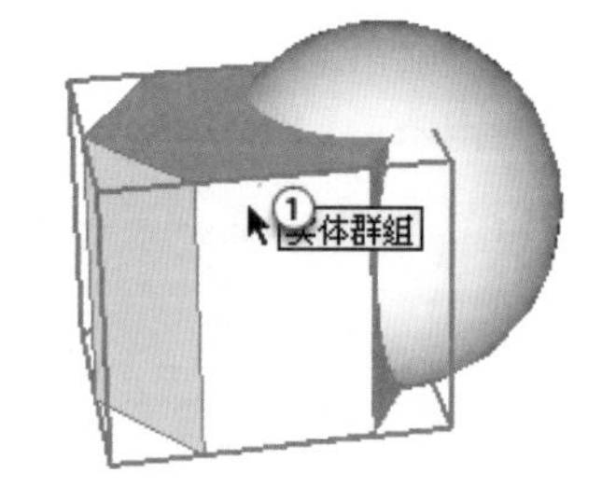

图 3-74　选择棱柱

步骤 03 单击球体，如图 3-75 所示，即完成【剪辑】操作。系统在后选择的实体上删除两者交接的部分，如图 3-76 所示。

→提 示

与【减去】运算类似，在使用【剪辑】工具时，“实体”单击次序的不同，将产生不同的运算结果，如图 3-77 所示。

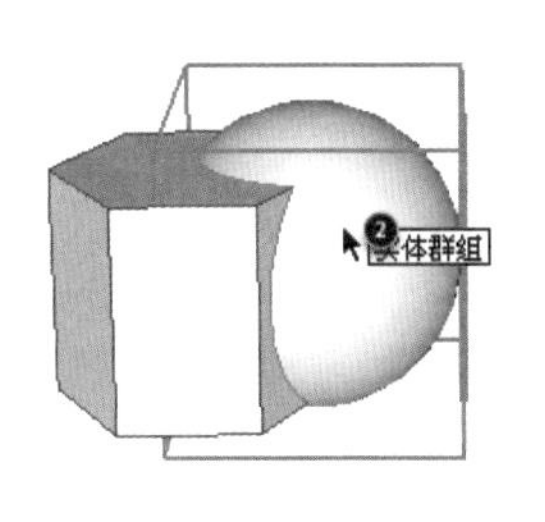

图 3-75　选择球体

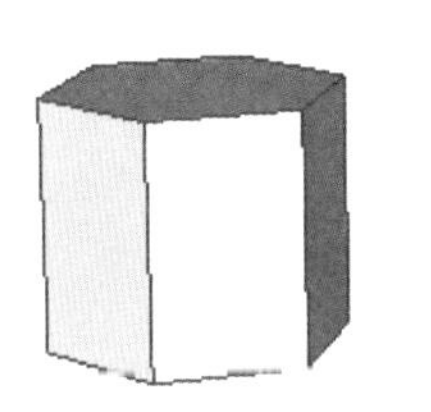
图 3-76　剪辑完成移开效果

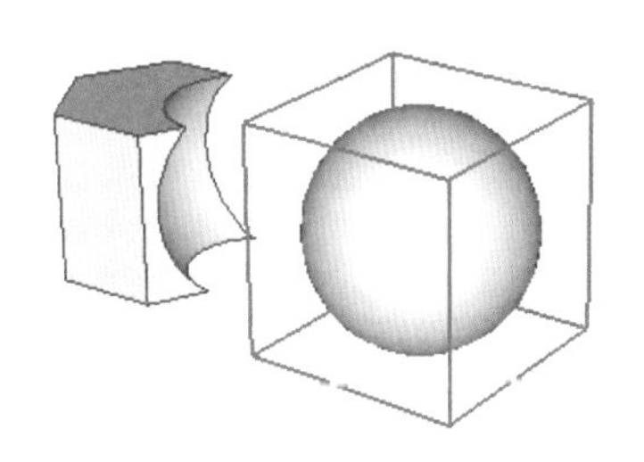
图 3-77　反向剪辑效果

058 拆分工具

文件路径：配套光盘\第 03 章\058　　视频文件：MP4\第 03 章\058.MP4

【拆分】工具类似于布尔运算中的【相交】工具，但该工具在获得“实体”间相交部分的同时，仅删除“实体”间接触的部分，本例学习该工具的使用方法与技巧。

步骤 01 打开本书配套光盘“053 实体工具.skp”文件，分别将几何体创建为组。单击【拆分】工具按钮，并选择球体，如图 3-78 所示。

步骤 02 单击选择棱柱，如图 3-79 所示，即可完成【拆分】操作，移开模型后，即可发现之前两个实体均被切除了相交区域，而相交区域形成了第三个实体，如图 3-80 所示。

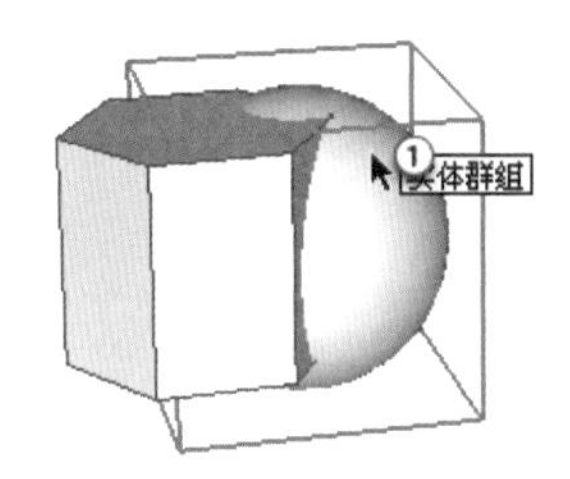

图 3-78　使用拆分工具

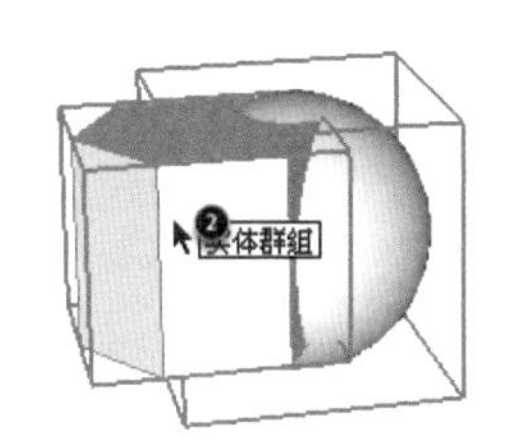

图 3-79　实体拆分完成

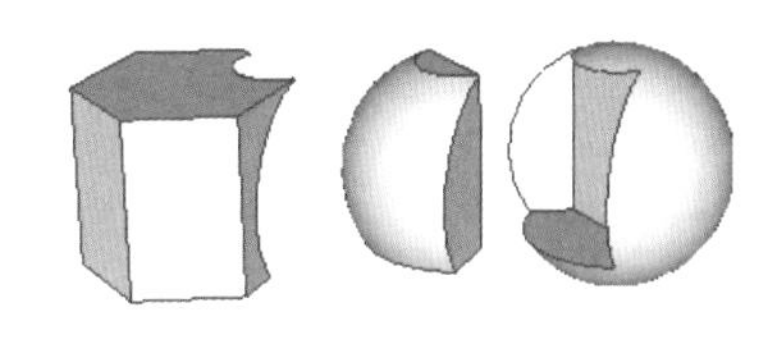
图 3-80　实体拆分效果

3.2 沙盒工具

059 根据等高线建模

文件路径：无　　视频文件：MP4\第 03 章\059.MP4

利用【根据等高线创建】建模工具，可以将多条地形线转变为三维地形实体，本例讲解地形创建工具的使用方法与技巧。

步骤 01 使用【徒手画】工具绘制一个曲线平面，如图 3-81 所示。然后进行拉伸复制，如图 3-82 所示，删除片面，仅保留边线作为等高线，如图 3-83 所示。

步骤 02 启用【缩放】工具，逐个选择边线，分别进行缩放，形成等高线效果，如图 3-84 所示。

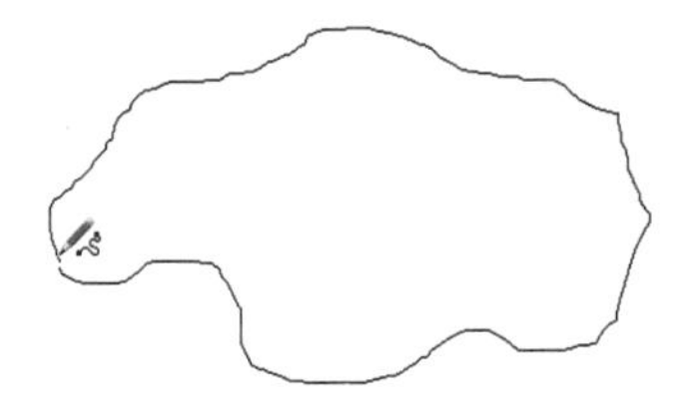

图 3-81　绘制曲线平面

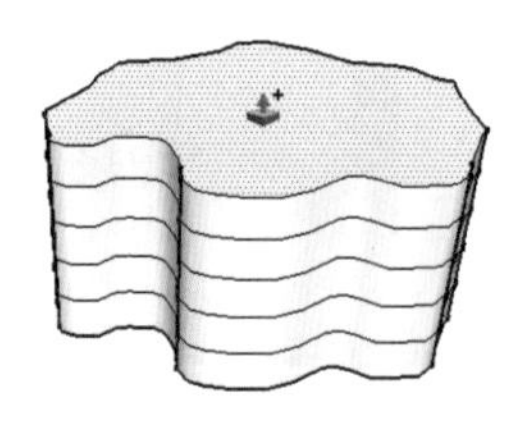

图 3-82　移动复制平面 1

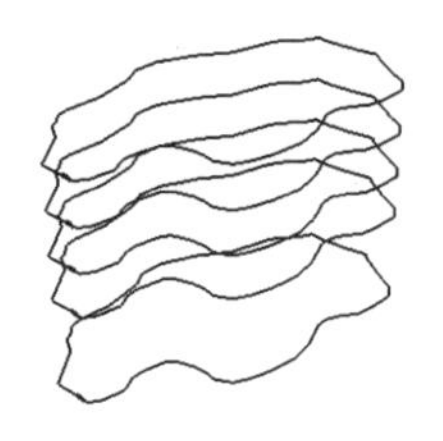

图 3-83　移动复制平面 2

步骤 03 选择缩放好的等高线，如图 3-85 所示，单击【沙盒】工具栏【根据等高线创建】工具按钮，即可形成地形效果，与图 3-86 所示。

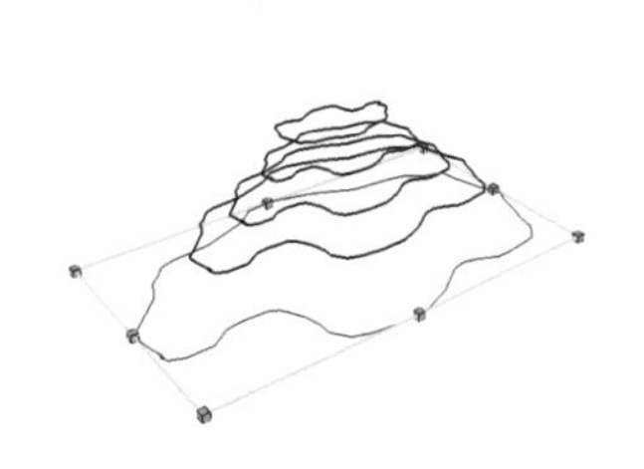

图 3-84　缩放等高线

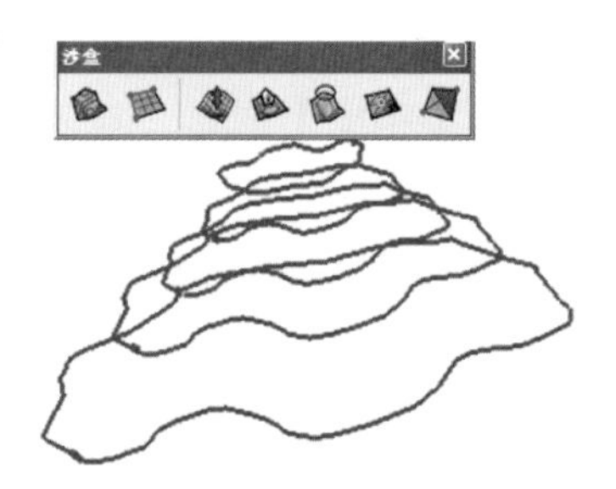

图 3-85　选择边线单击根据等高线创建

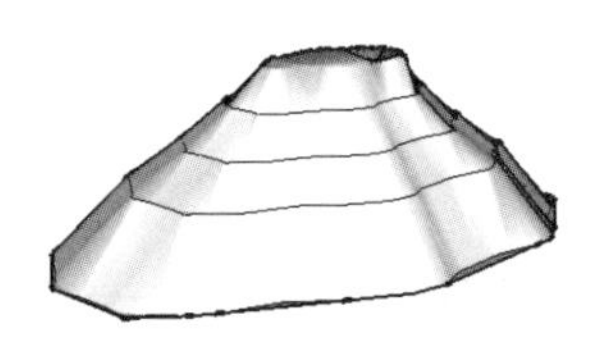

图 3-86　形成地形效果

060 网格地形建模

文件路径：无　　视频文件：MP4\第 03 章\060.MP4

使用【根据网格创建】工具，可以创建细分网格地形，并能进行细节的刻画，以制作出真实的地形效果，本例讲解网格地形平面的创建方法与技巧。

步骤 01 显示出【沙盒】工具栏，单击【根据网格创建】按钮，当光标变成形状后，在右下角【网格间距】框内输入单个网格的长度，按 Enter 键确定，拖出地形网格宽度，如图 3-87 所示。

步骤 02 确定【网格】总宽度后，再横向拖动鼠标，绘制出网格的总长度，如图 3-88 所示，按 Enter 键确定，即可完成绘制，如图 3-89 所示。

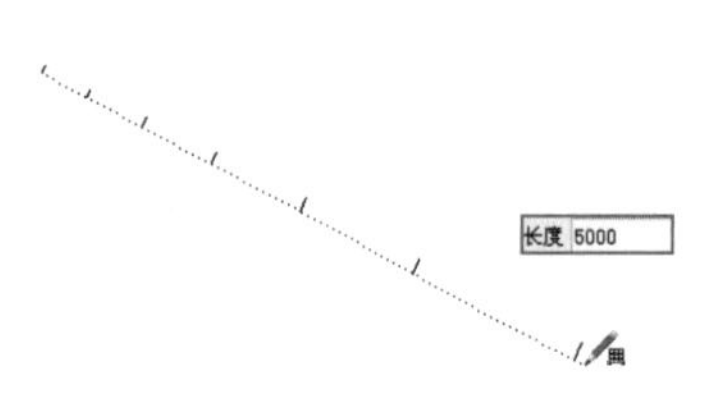

图 3-87　启用工具

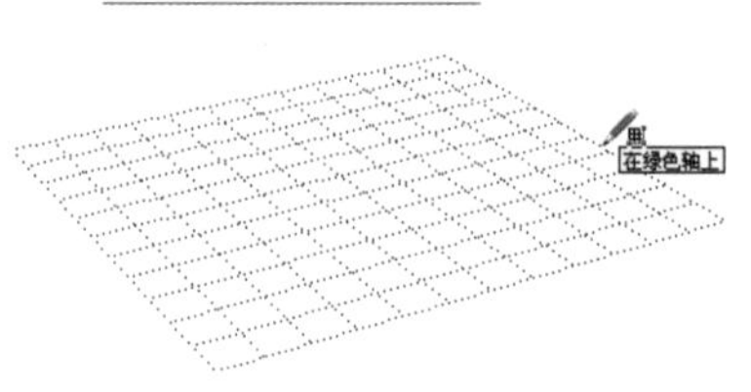

图 3-88　绘制网格宽度

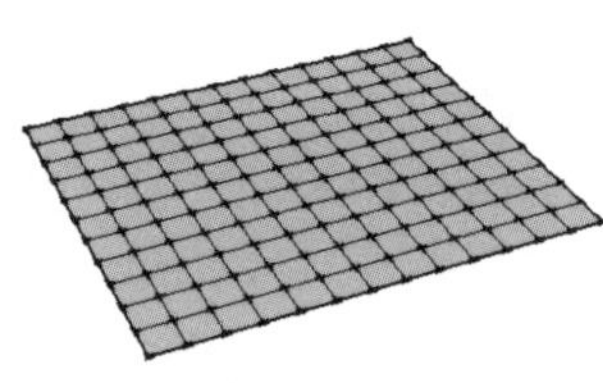

图 3-89　网格地形平面绘制完成

—>提 示

【网格地形】绘制完成后，还需使用【沙盒】工具栏其他工具进行调整，才能产生地形效果。

061 地形曲面拉伸

文件路径：无　　视频文件：MP4\第 03 章\061.MP4

使用【曲面拉伸】工具，可以在平面的网格上形成地形起伏细节，本例介绍其使用方法与技巧。

步骤 01 创建完成的【网格】，默认为【组】状态，无法使用【沙盒】工具栏工具进行调整，如图 3-90 所示。因此首先选择【网格】，将其【分解】为“三角面”，如图 3-91 和图 3-92 所示。

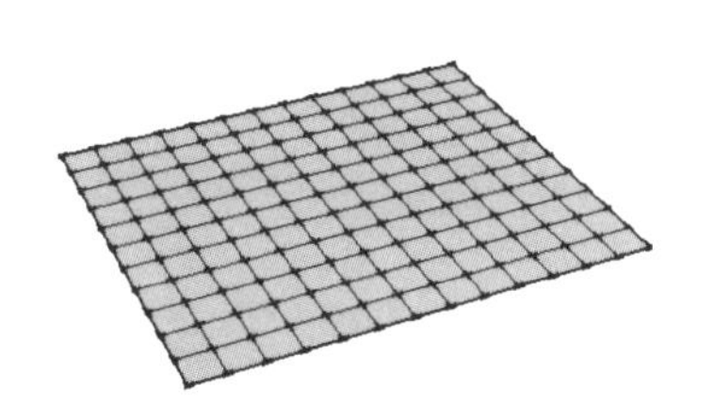

图 3-90　无法编辑默认创建网格

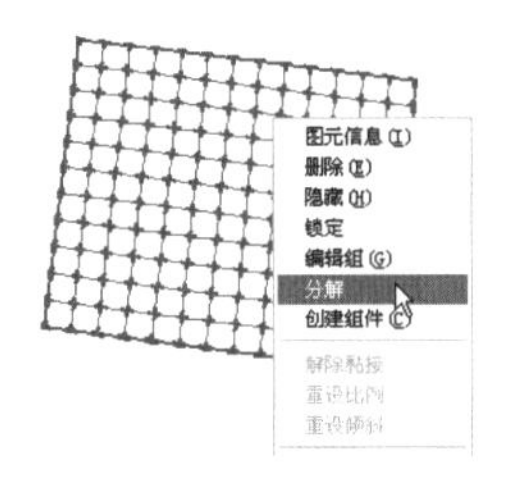

图 3-91　分解组

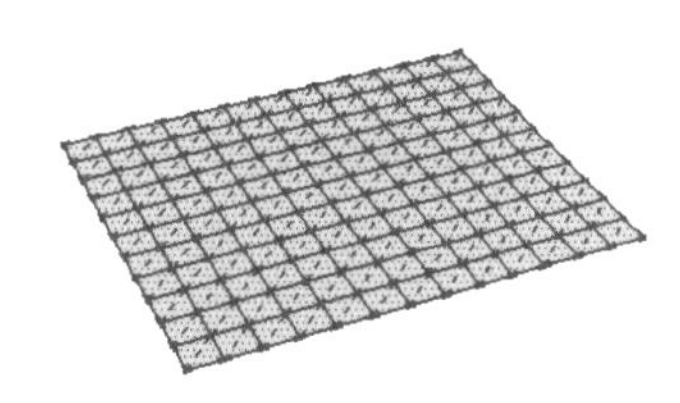

图 3-92　分解形成三角面

步骤 02 启用【曲面拉伸】工具，即可发现其光标已经变成形状，并能自动捕捉【网格】上的交点，如图 3-93 所示。此时通过【数值输入框】可以控制其影响范围，与图 3-94 所示。

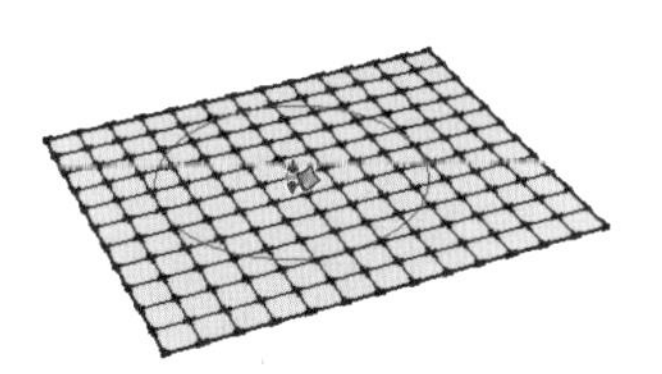

图 3-93　启用曲面拉伸工具

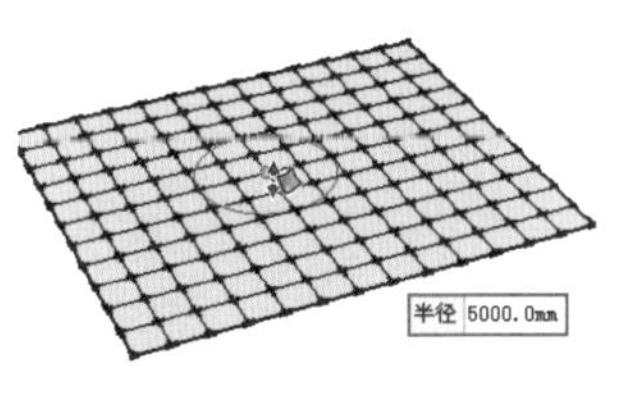

图 3-94　控制拉伸影响范围

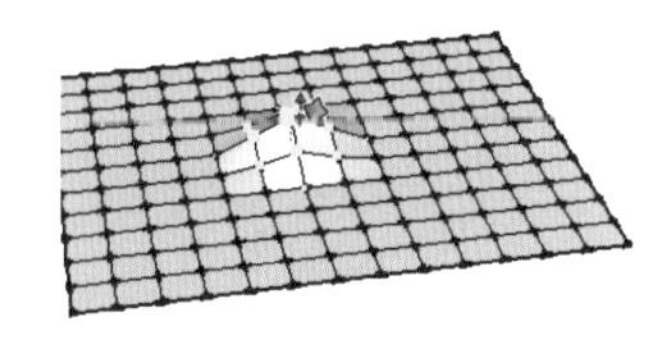

图 3-95　向上拉伸

步骤 03 单击选择网格点后，上下推拉鼠标，即可产生地形的起伏效果，如图 3-95 与图 3-96 所示。

步骤 04 如果要精确控制地形的高度，可以在拉起网格后在【数值输入框】内输入数值，再按下 Enter 键确认即可，如图 3-97 与图 3-98 所示。

—>技 巧

在进行拉伸时，可以选择网格上的点、线或面进行拉伸，并产生不同的效果，如图 3-99~图 3-101 所示。在实际的工作中，可以结合使用以创建出理想的地形效果。

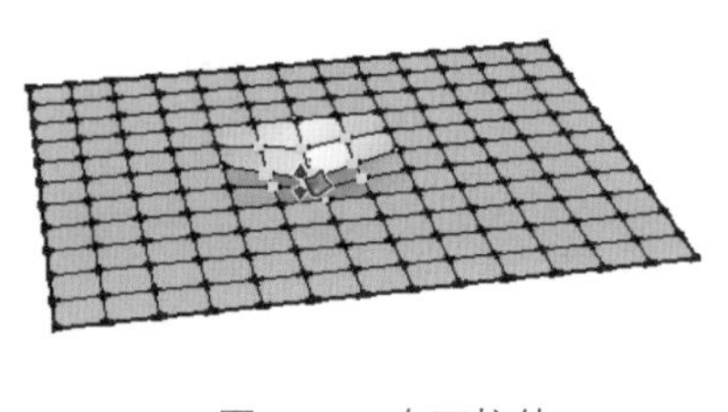

图 3-96　向下拉伸

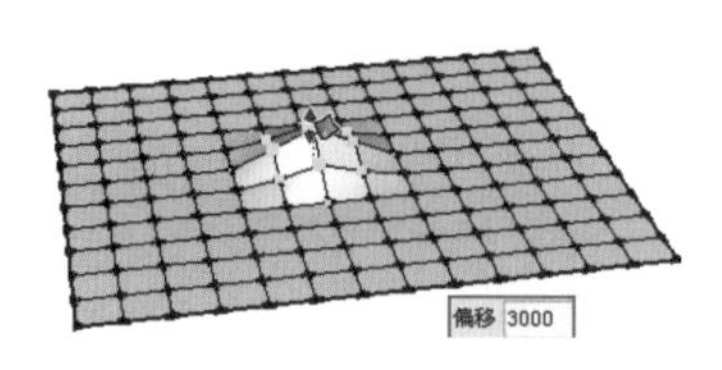

图 3-97　输入拉伸数值

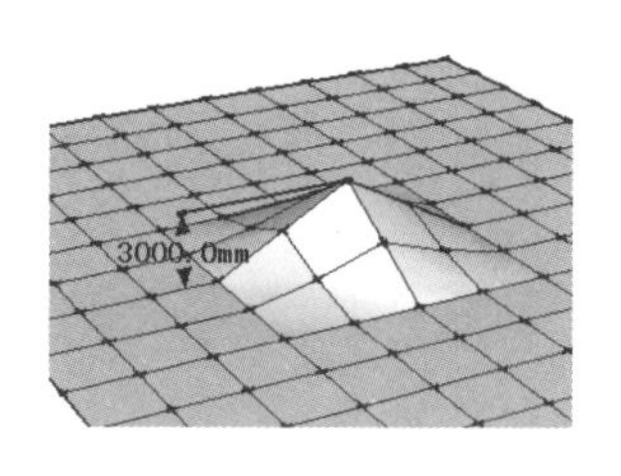

图 3-98　形成准确高度

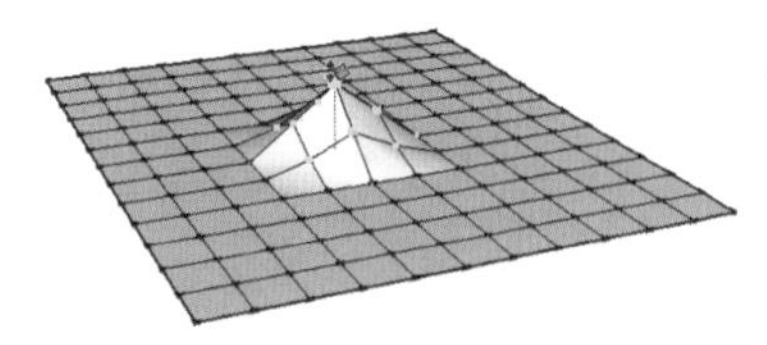

图 3-99　点拉伸效果

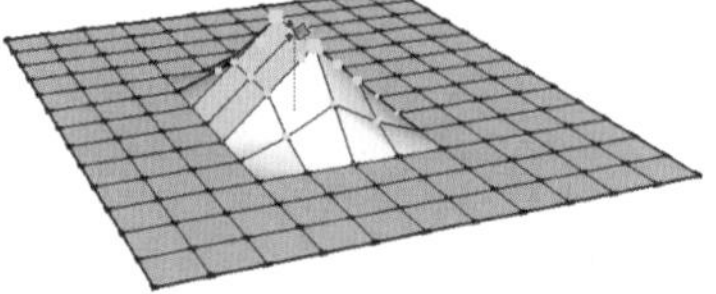

图 3-100　线拉伸效果

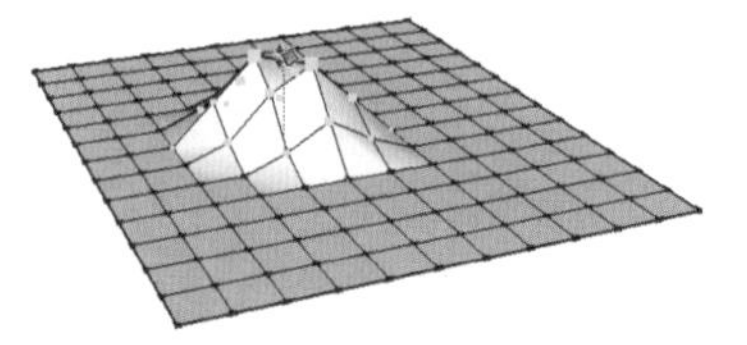

图 3-101　面拉伸效果

062 曲面平整工具

文件路径：配套光盘\第 03 章\051　　视频文件：MP4\第 03 章\062.MP4

使用【曲面平整】工具，可以快速在起伏的地形上制作出放置建筑物的平面，，本列讲解其使用方法与技巧。

步骤 01 打开本书配套光盘“062 曲面平整.skp”文件，如图 3-102 所示。选择房屋模型，启用【曲面平整】工具，如图 3-103 所示。

步骤 02 启用【曲面平整】工具后，选择的“房屋”模型下方会出现一个矩形，该矩形范围即为平整工具的影响范围，如图 3-104 所示。

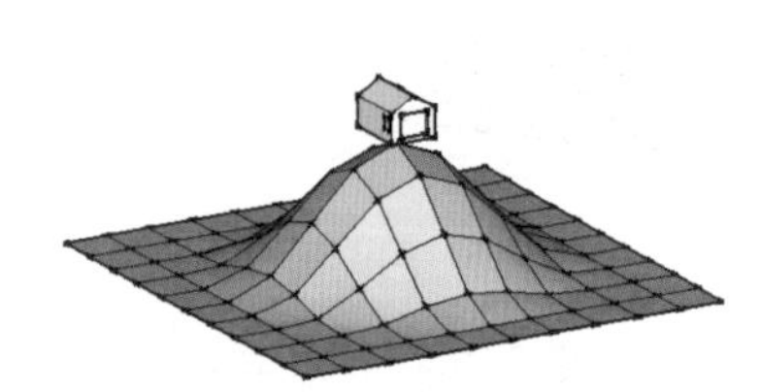

图 3-102　打开场景模型

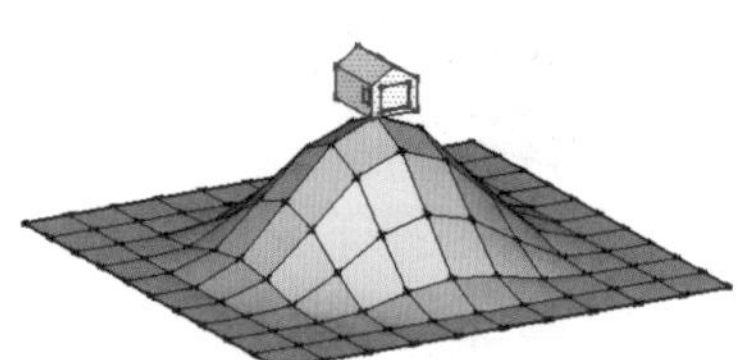

图 3-103　选择房屋并启用曲面平整工具

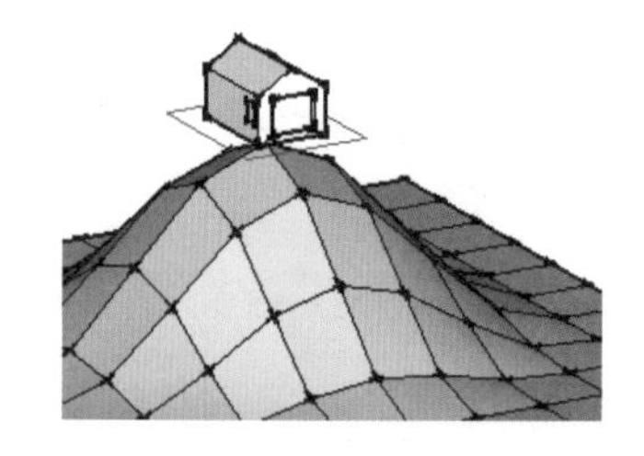

图 3-104　出现影响范围矩形

步骤 03 移动光标至【网格】地形上方时，光标将变成形状，而【网格】地形也将显示细分面效果，如图 3-105 所示。

步骤 04 在【网格】地形上单击，确定，【网格】地形即会出现十分平整的地形平面，如图 3-106 所示。

步骤 05 选择地形上方的“房屋”，将其移动至生成的平面上，如图 3-107 所示。

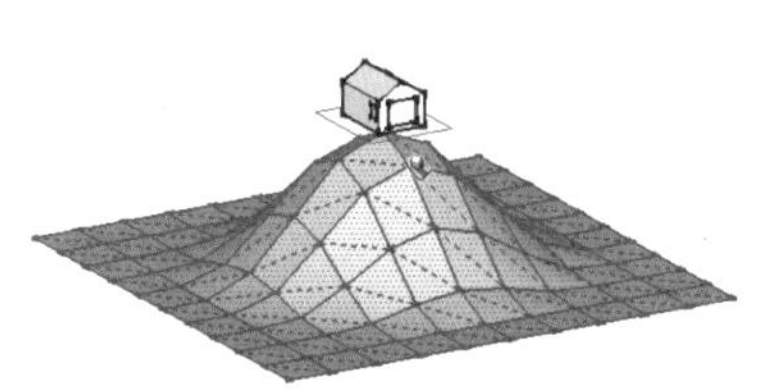

图 3-105　网格地形细分面

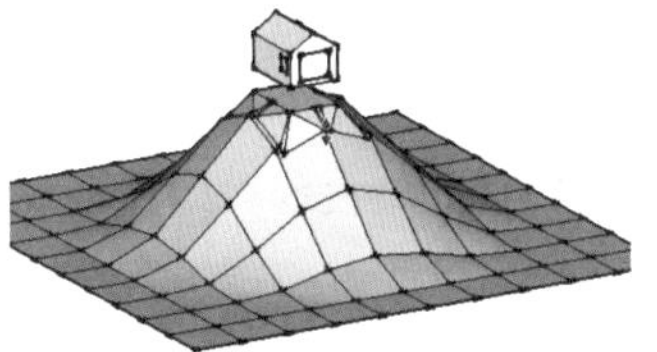

图 3-106　生成平面

图 3-107　移动房屋至平面

063 曲面投射工具

文件路径：配套光盘\第 03 章\051　　视频文件：MP4\第 03 章\063.MP4

使用【曲面投射】工具，可以快速在连绵起伏的地形上制作公路效果，本列讲解其使用方法与技巧。

步骤 01 打开本书配套光盘“063 创建道路.skp”模型，如图 3-108 所示。接下来利用【曲面投射】工具，在地形表面制作出一条公路的效果。

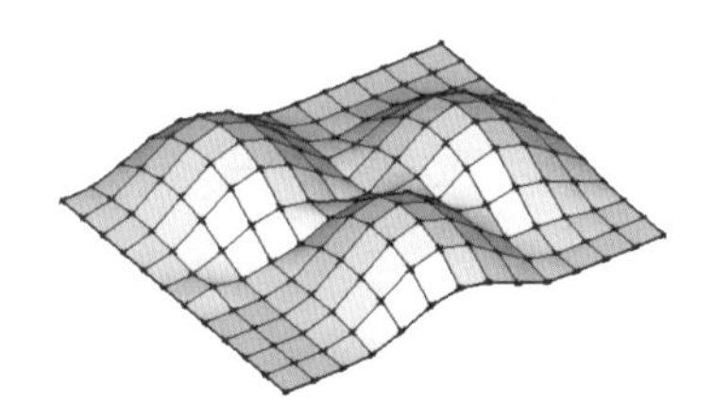

图 3-108　打开场景模型

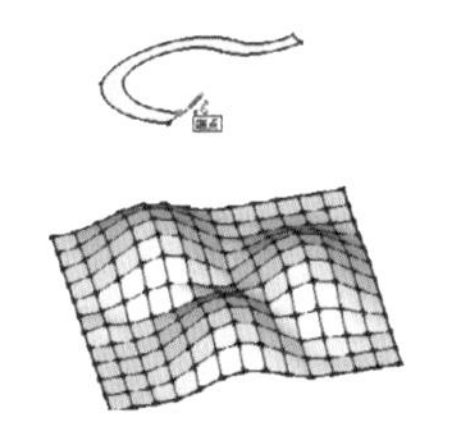

图 3-109　绘制公路平面

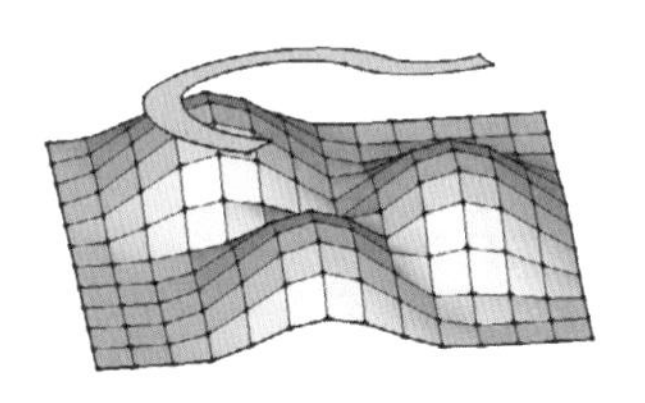

图 3-110　移动公路平面至地形正上方

步骤 02 启动【徒手画】工具，绘制出公路的平面模型，如图 3-109 所示。然后将其移动至地形目标位置正上方，如图 3-110 所示。

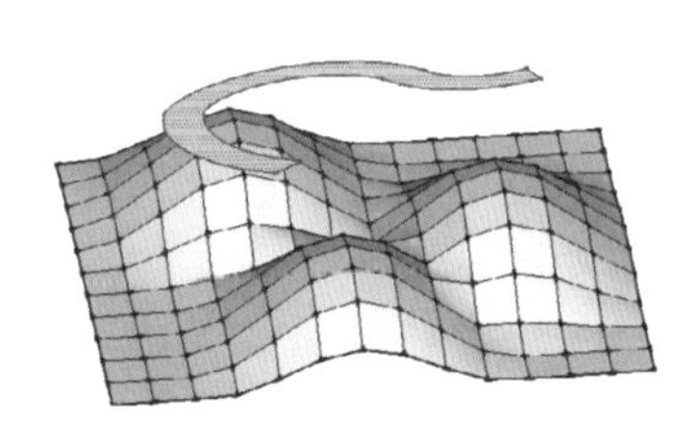

图 3-111　选择公路并启用投影工具

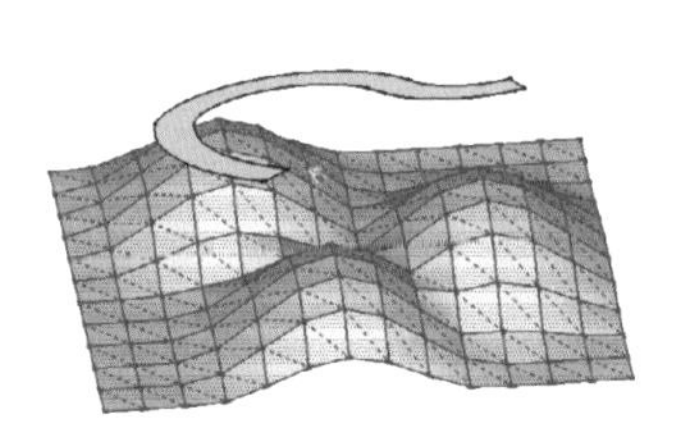

图 3-112　将光标置于网格地形上方

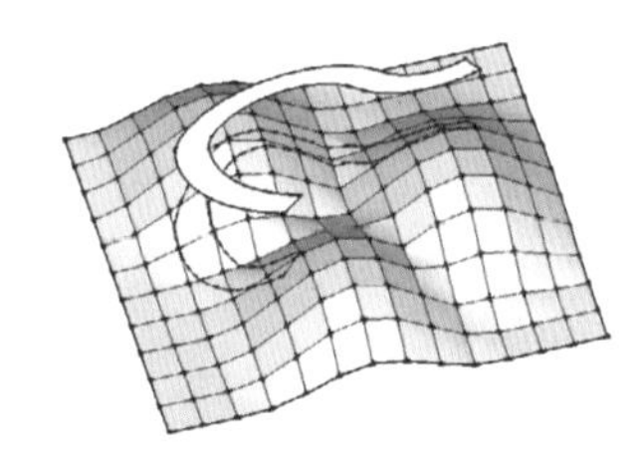

图 3-113　投影工具出公路轮廓

步骤 03 选择公路平面，启用【曲面投射】工具，如图 3-111 所示，在地形上单击鼠标确认投影，如图 3-112 所示，即在地形上生成公路的轮廓边线，如图 3-113 所示。

技巧

如果要在投影完成后，使【网格】地形上仅出现公路的轮廓边线效果，可以在投影前，先对【网格】地形进行边线柔化处理，如图 3-114 ~ 图 3-116 所示。

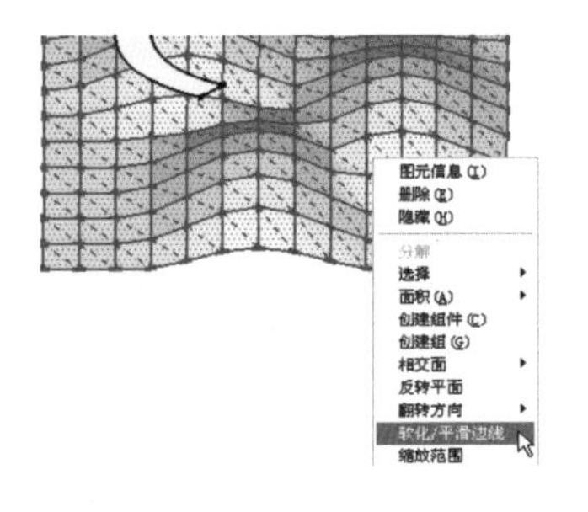

图 3-114　选择网格地形进行柔化

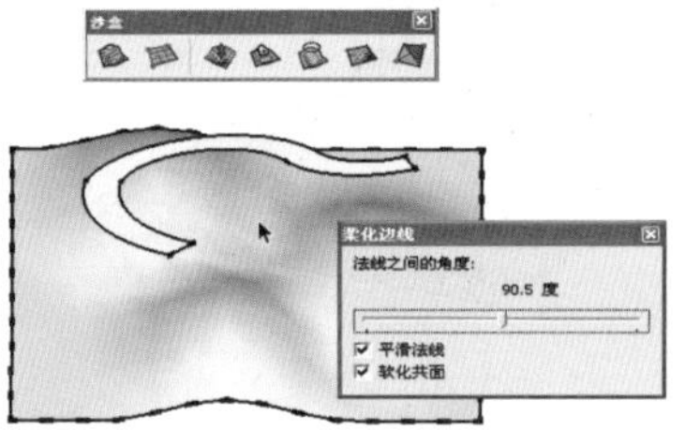

图 3-115　柔化参数设置

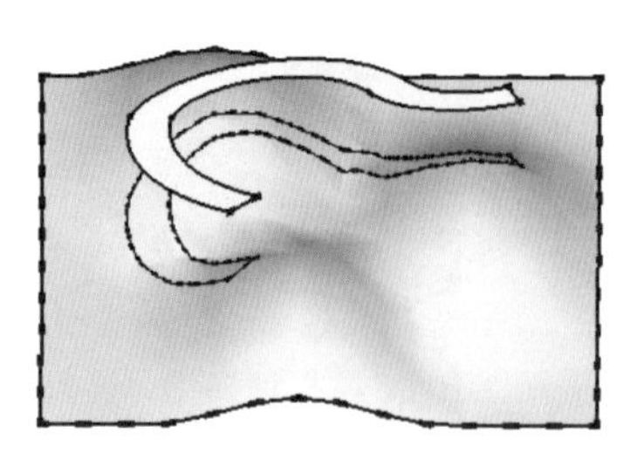

图 3-116　投影完成效果

064 添加细部工具

文件路径：无　　视频文件：MP4\第 03 章\064.MP4

使用【网格】制作地形效果时，过少的细分面将使地形效果显得生硬，过多的细分面则会增大系统显示与计算负担。使用【添加细部】工具，可以在需要表现细节的地方增大细分面，而其他区域将保持较少的细分面。

步骤 01 启动 SketchUp，以 500mm 的网格宽度创建一个【网格】地形平面，如图 3-117 所示。

步骤 02 使用【曲面拉伸】工具选择交点进行拉伸，可以发现此时的起伏边缘比较生硬，如图 3-118 所示。

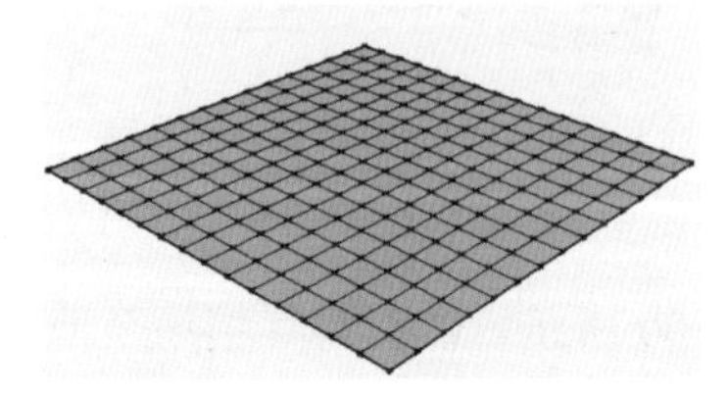

图 3-117　绘制网格地形平面

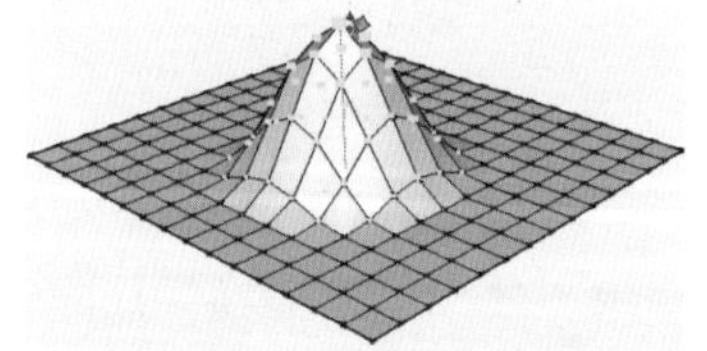

图 3-118　直接拉伸地形效果

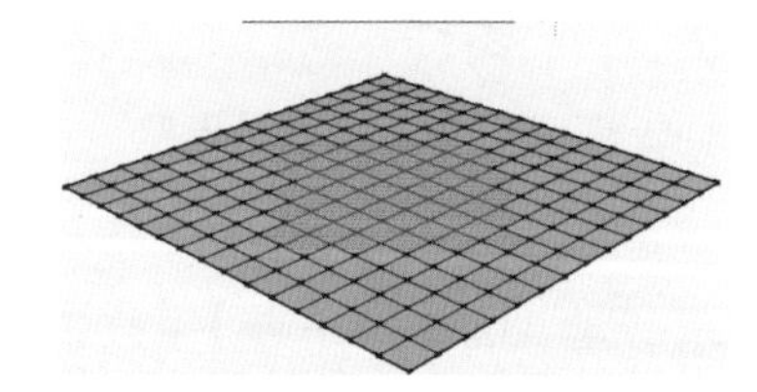

图 3-119　选择细分区域

步骤 03 为了避免这种现象，首先选择制作起伏效果的区域，如图 3-119 所示，然后单击【添加细部】工具，对选择面进行细分，如图 3-120 所示。

步骤 04 细分完成后，再使用【曲面拉伸】工具进行拉伸，如图 3-121 所示，即可得到平滑的拉伸边缘，如图 3-122 所示。

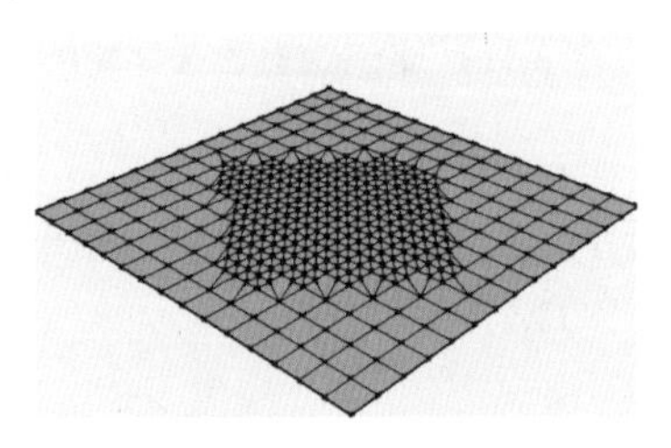

图 3-120　细分网格

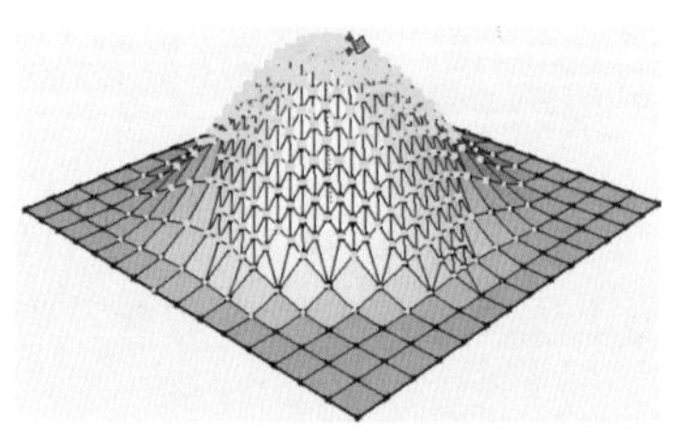

图 3-121　对网格面进行细分

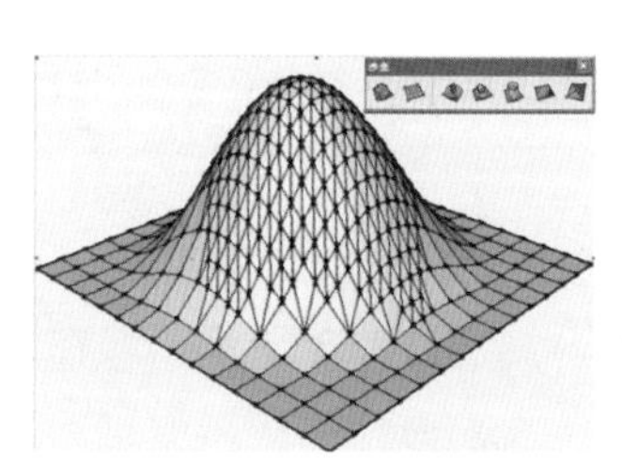

图 3-122　对网格面进行细分

065 翻转边线工具

文件路径：无　　视频文件：MP4\第 03 章\065.MP4

本例介绍【沙盒】工具栏中【翻转边线】工具的使用方法。

步骤 01 利用【网格】制作起伏地形效果时，如果效果不够平滑，可以隐藏【网格】地形的对角边线，如图 3-123 所示。

步骤 02 启用【翻转边线】工具，单击网格对角线改变对角边线方向，如图 3-124 所示，如果边线方向与起伏一致，则可以使地形变得平缓一些，如图 3-125 所示。

图 3-123　虚显网格对角边线

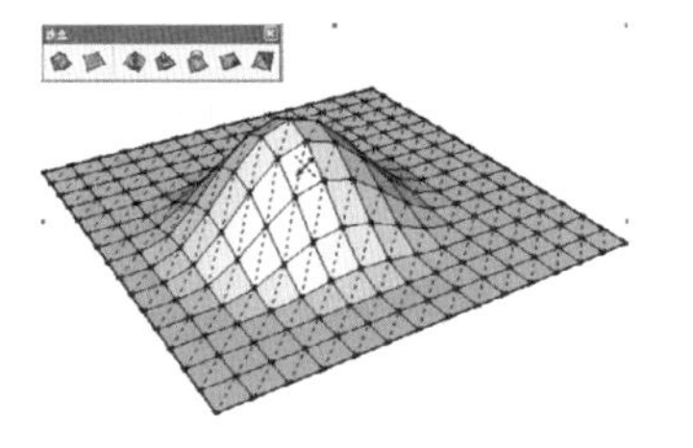
图 3-124　原有对角线走向

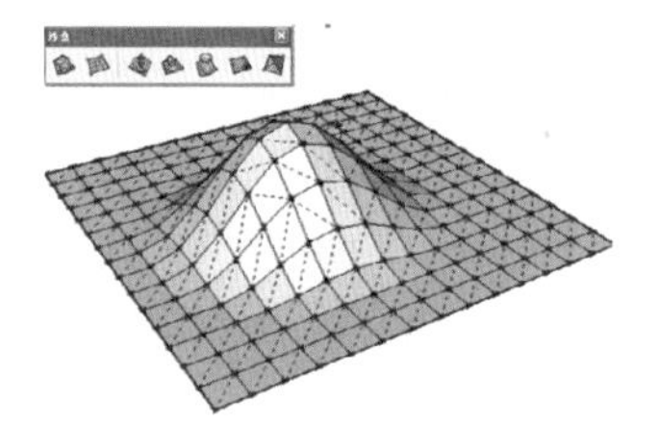
图 3-125　修改后的对角线走向

3.3 截面与图层工具

066 截面工具

文件路径：配套光盘\第 03 章\051　　视频文件：MP4\第 03 章\066.MP4

利用【截面】工具，可以快速获得当前场景模型的平面布局与立面剖切效果。

1. 创建截面

步骤 01 打开配套光盘“066 截面工具.skp”文件，该场景为一幢木制别墅模型，如图 3-126 所示。

步骤 02 执行【工具】/【截面】菜单命令，如图 3-127 所示，或调出【截面】工具栏。单击【添加截面】工具，在顶部创建一个截面，如图 3-128 所示。

图 3-126　打开场景模型

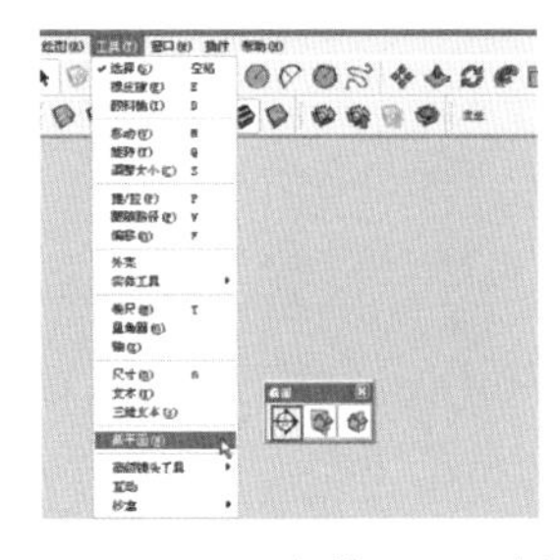
图 3-127　调出截面工具栏

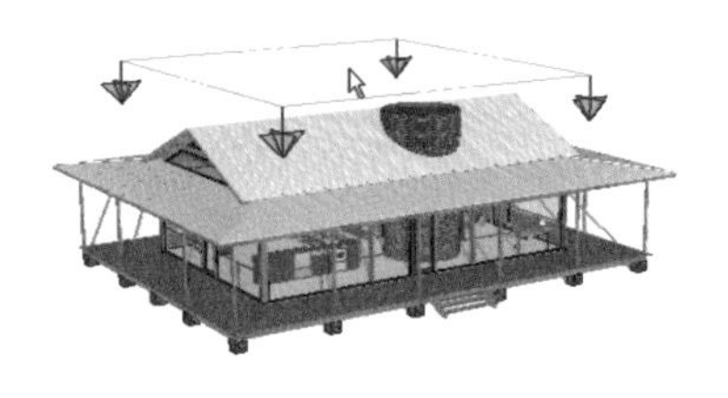
图 3-128　创建截面

步骤 03 创建截面后，通过移动与旋转工具，即可制作出多种剖切效果，如图 3-129~图 3-131 所示。

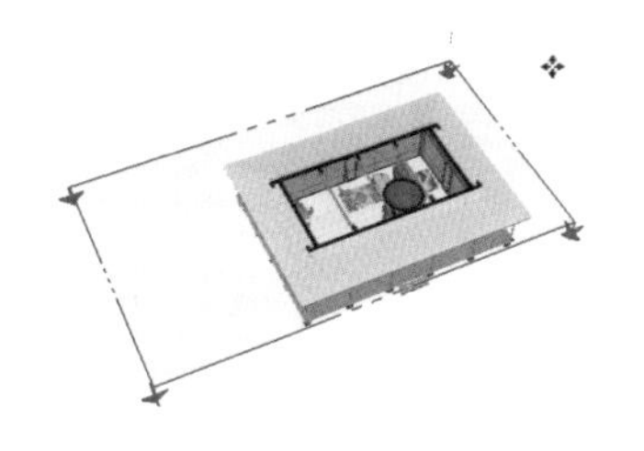
图 3-129　垂直剖切效果一

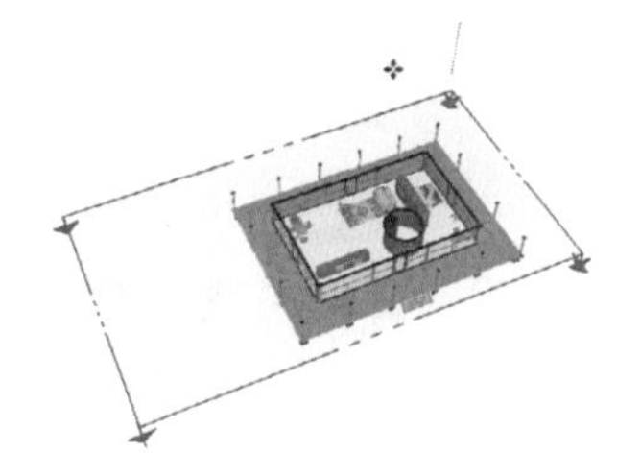
图 3-130　垂直剖切效果二

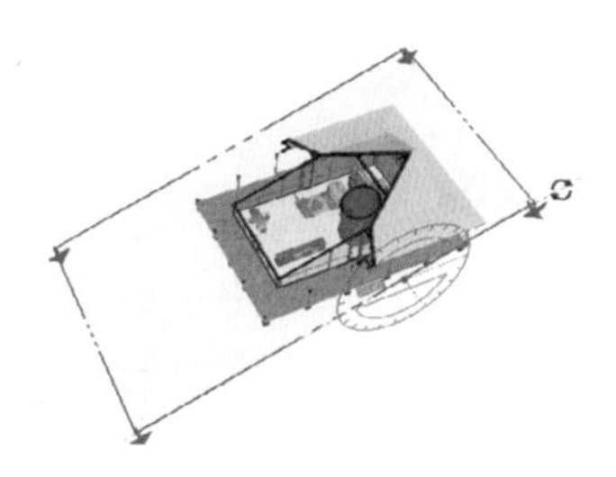
图 3-131　旋转截面效果

2. 截面的隐藏、显示与翻转

步骤 01 调整好【截面】剖切位置后，单击【截面】工具栏【显示截平面】按钮，如图 3-132 所示，即可将【截面】隐藏而保留剖切效果，如图 3-133 所示。再次单击，则将显示之前隐藏的【截面】，如图 3-134 所示。

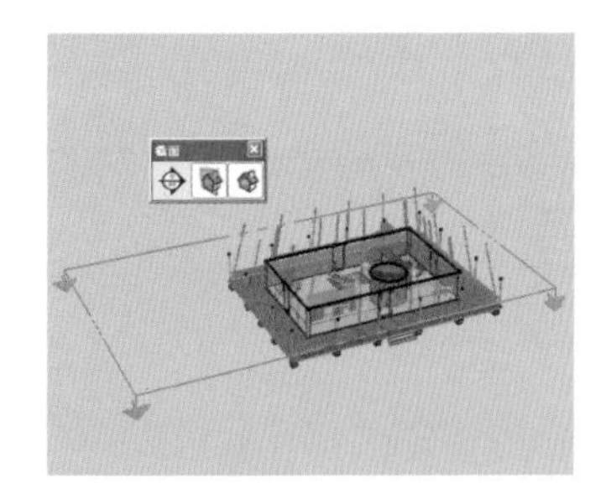
图 3-132　剖切效果

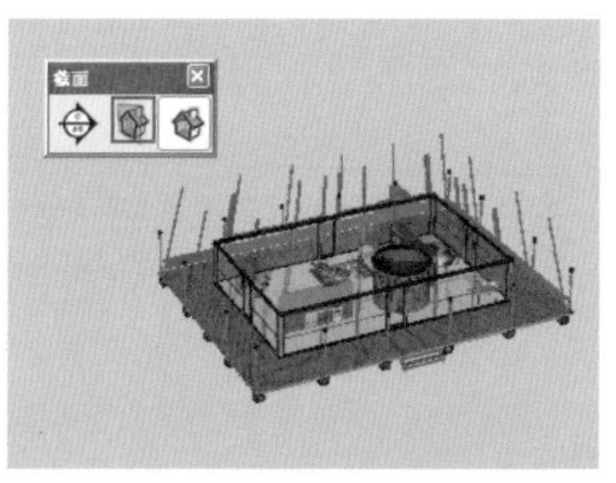

图 3-133　隐藏截面

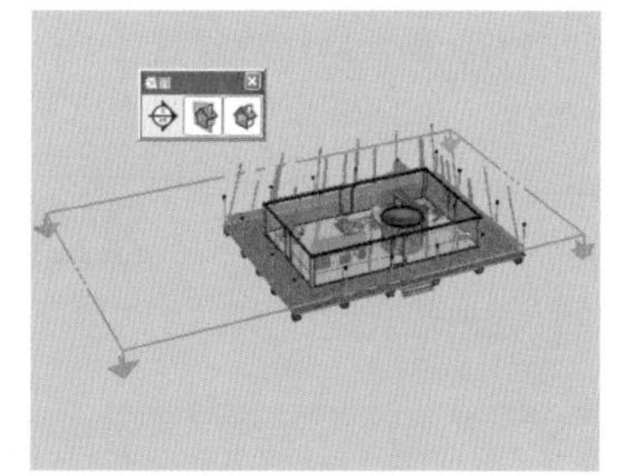
图 3-134　显示截面

步骤 02 在【截面】上单击鼠标右键，并选择快捷菜单【隐藏】命令，同样可以进行【截面】的隐藏，如图 3-135 所示。执行【编辑】/【取消隐藏】菜单命令，也可以显示隐藏的【截面】，如图 3-136 所示。

步骤 03 翻转截面。在【截面】上单击鼠标右键，选择快捷菜单中的【反转】命令，将产生反向剖切的效果，如图 3-137~图 3-139 所示。

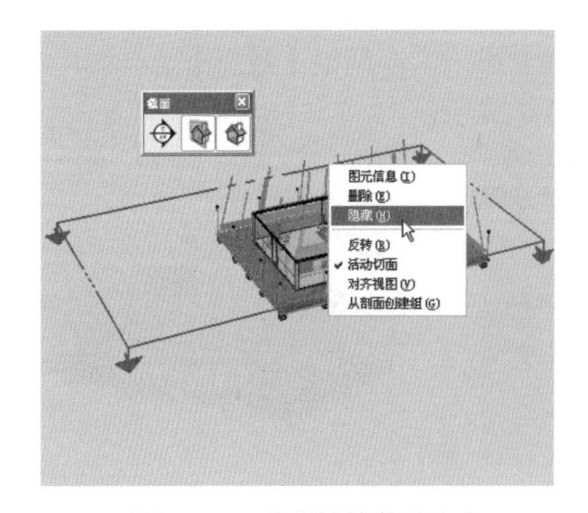

图 3-135　选择快捷菜单命令

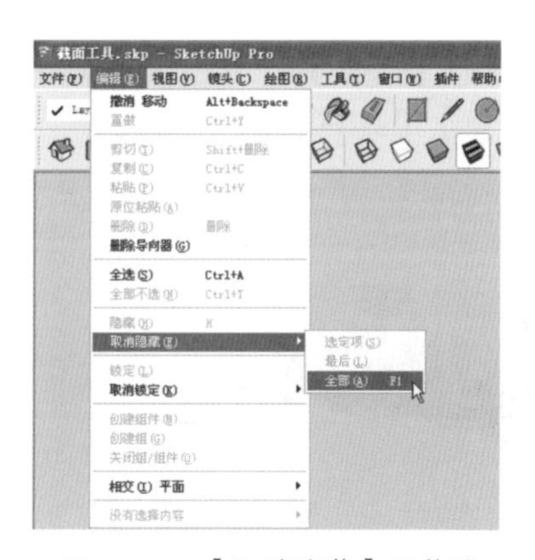

图 3-136　【取消隐藏】子菜单

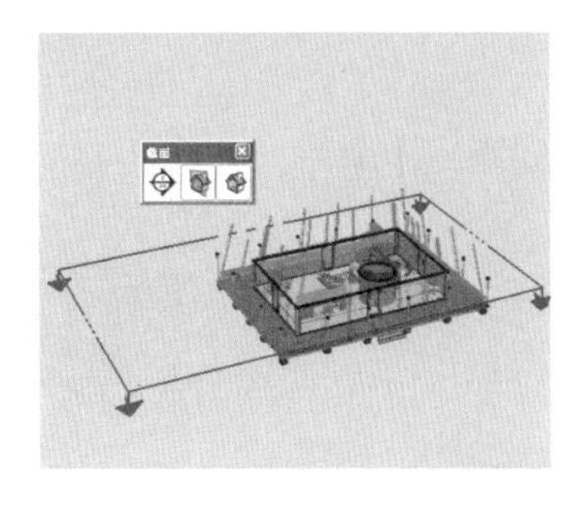

图 3-137　当前剖切效果

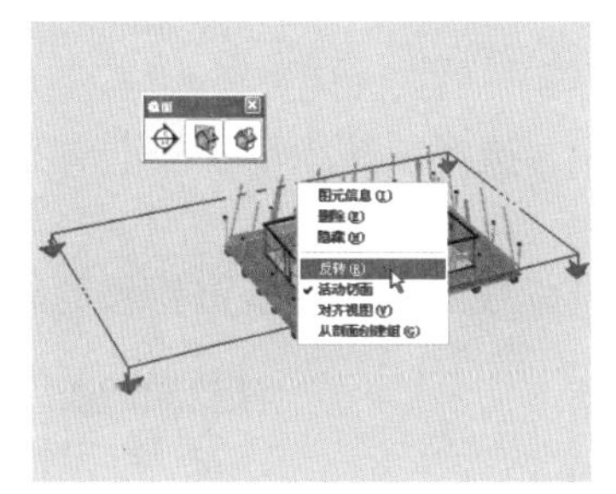

图 3-138　选择菜单命令

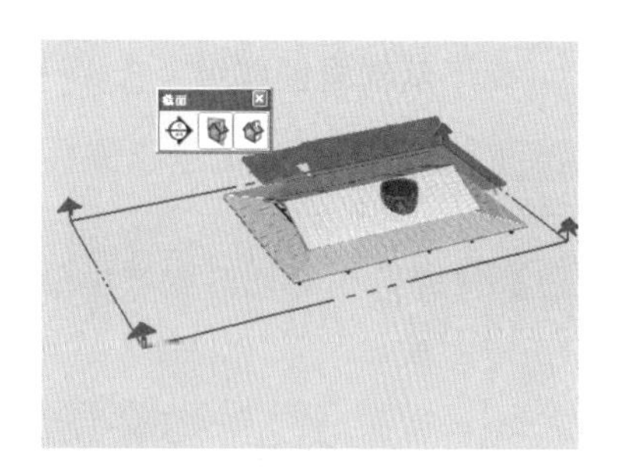

图 3-139　翻转截面后的效果

3. 截面的激活与冻结

步骤 01 当场景中有多个【截面】存在时，如图 3-140 所示，选择目标【截面】，单击鼠标右键，选择快捷菜单中的【活动切面】命令，如图 3-141 所示，可以切换截面的激活和冻结状态。

步骤 02 单击【截面】工具栏【显示截平面切割】按钮，或在【截面】上直接双击，可以快速激活或冻结截面，如图 3-142 所示。

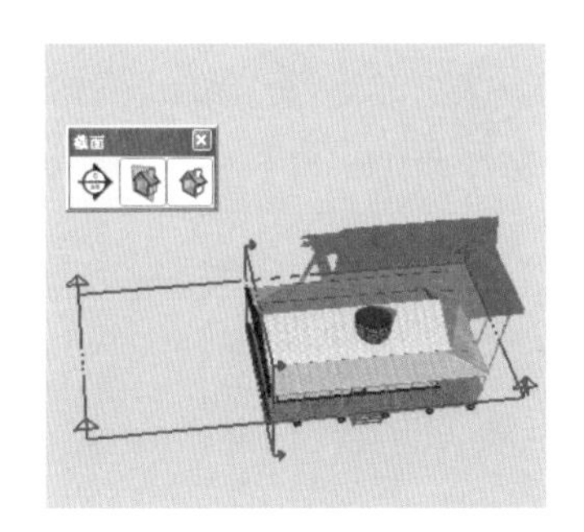

图 3-140　当前剖切效果

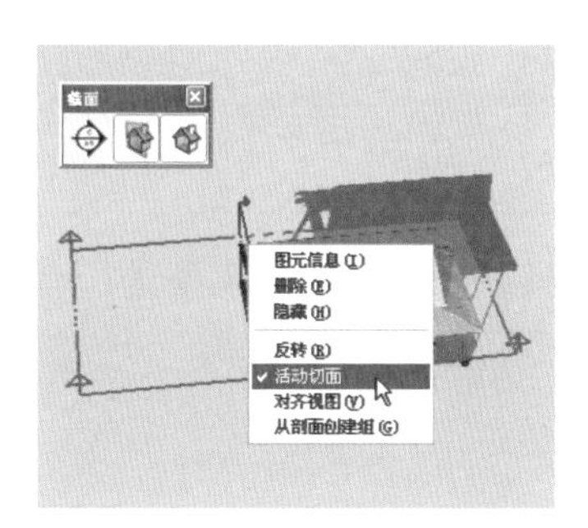

图 3-141　取消活动切面参数

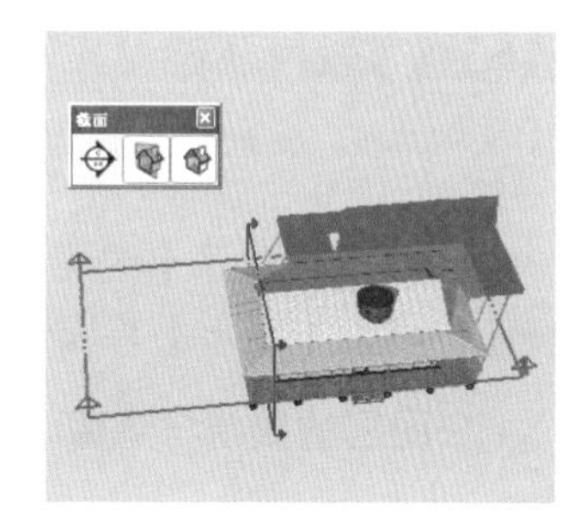

图 3-142　通过双击或工具按钮激活

4. 对齐到视口

步骤 01 在【截面】上单击鼠标右键，选择快捷菜单中的【对齐到视图】命令，如图 3-143 所示，可以将视图自动对齐到【截面】的投影视图，如图 3-144 所示。

步骤 02 默认设置下 SketchUp 为【透视显示】，如果要产生绝对的正投影视图效果，可以执行【镜头】/【平行投影】菜单命令，如图 3-145 所示。

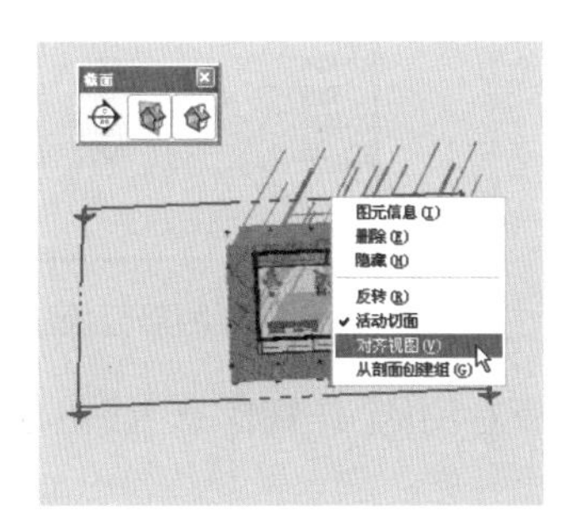

图 3-143　选择对齐到视口快捷菜单

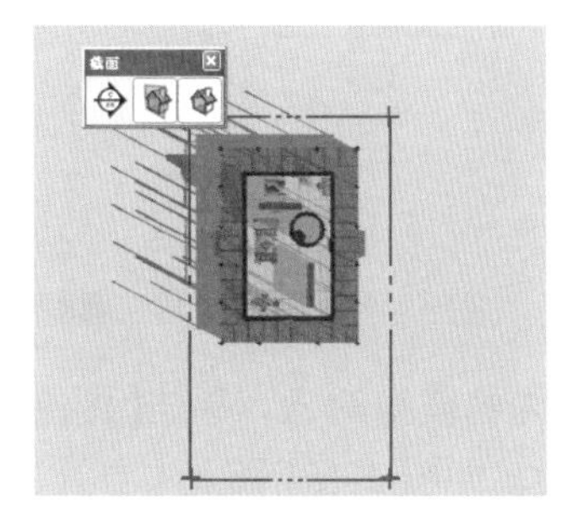

图 3-144　默认透视显示效果

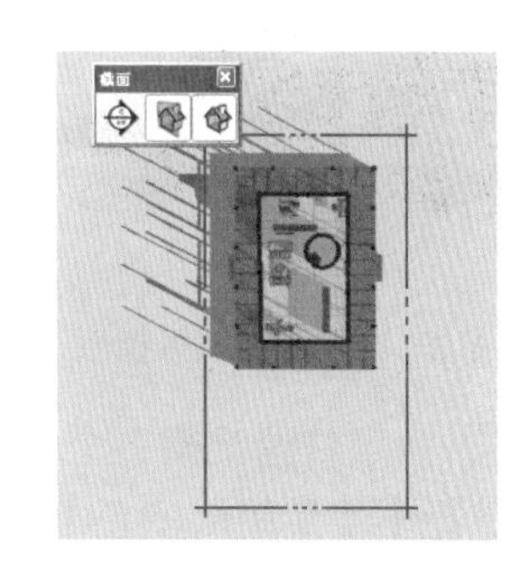

图 3-145　平行投影显示效果

5．从剖面创建组

步骤 01 在【截面】上单击鼠标右键，选择快捷菜单中的【从剖面创建组】命令，如图 3-146 所示。

步骤 02 即可在剖切位置产生单独剖切线效果，并能进行移动等操作，如与图 3-147 所示。

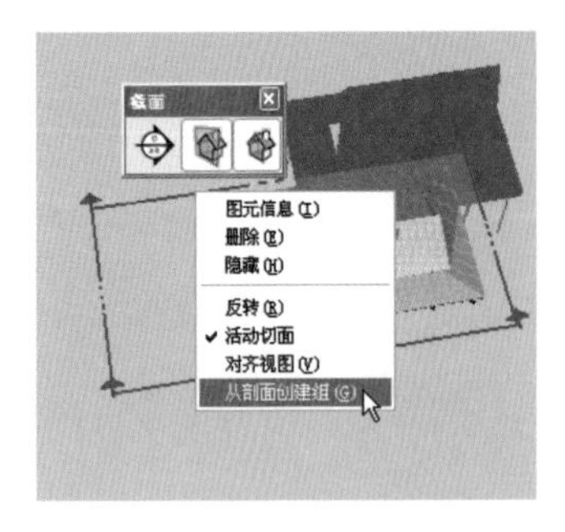

图 3-146　选择【从剖面创建组】命令

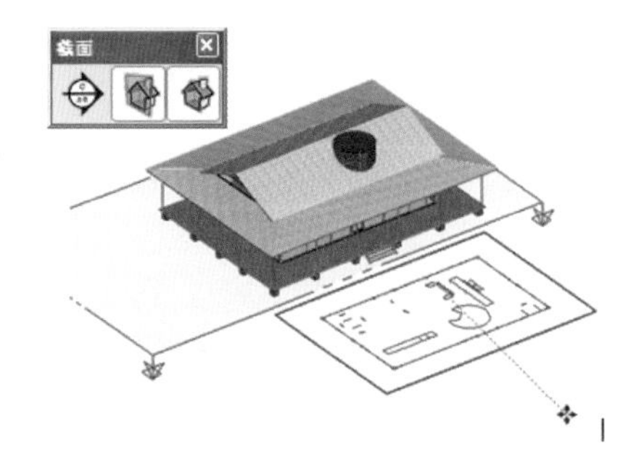

图 3-147　移动剖切线

067 图层工具

文件路径：配套光盘\第 03 章\067　　视频文件：MP4\第 03 章\067.MP4

SketchUp 提供了【图层】工具，可以对场景模型进行有效的归类和管理，以快速对模型进行【隐藏】、【显示】等操作，提高模型管理效率。

1．图层的显示与隐藏

步骤 01 打开配套光盘“067 图层工具.skp”模型，该场景由建筑、树木、灌木以及人物组成，如图 3-148 所示。

步骤 02 执行【窗口】/【图层】命令，调出【图层】工具栏，如图 3-149 所示。

步骤 03 打开【图层】管理面板，可以发现当前场景已经建立了对应的【树】、【灌木】、【建筑】、【地形】以及【人物】图层，如图 3-150 所示。

图 3-148　打开场景模型

图 3-149　调出图层工具栏

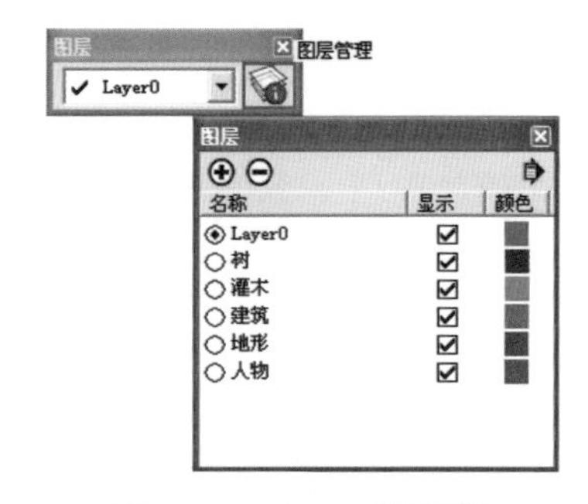

图 3-150　打开图层面板

步骤 04 为了快速观察各个图层内的模型对象，单击【图层】面板右侧的【详细信息】按钮，然后选择【使用图层颜色】选项，如图 3-151 所示。

步骤 05 同一图层内的对象均显示该【图层】设置的颜色，十分容易分辨，如图 3-152 所示。

单击【图层】面板【颜色】栏各个图层色块，可以设置【图层】的颜色，如图 3-153 所示。

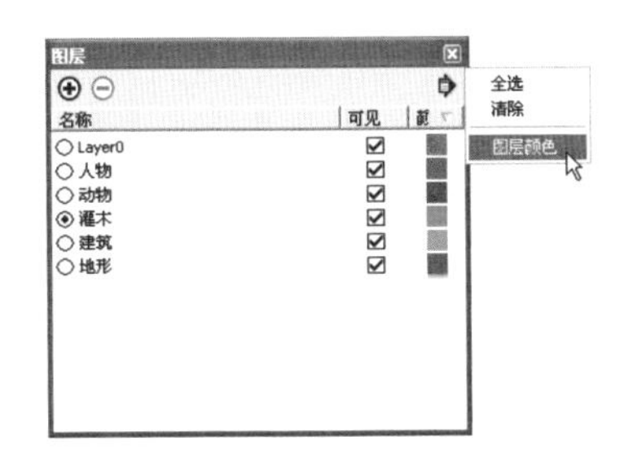

图 3-151 选择图层颜色

图 3-152 图层颜色显示效果

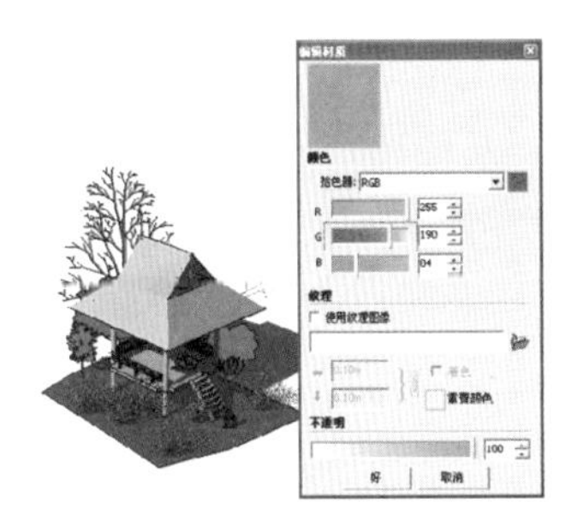

图 3-153 调整图层颜色

步骤 06 如果要关闭某个图层，使该图层不在视图中显示，只需单击取消该图层【显示】复选框勾选即可，再次单击，则重新显示该图层，如图 3-154 所示。

步骤 07 如果要同时设置多个【图层】的【显示】或【隐藏】，可以按住 Ctrl 键进行多选，然后单击【显示】复选框即可，如图 3-155 所示。

步骤 08 如果要选择场景所有图层，可以单击【图层】面板右侧的【详细信息】按钮，然后选择【全部】命令进行全选，如图 3-156 所示。

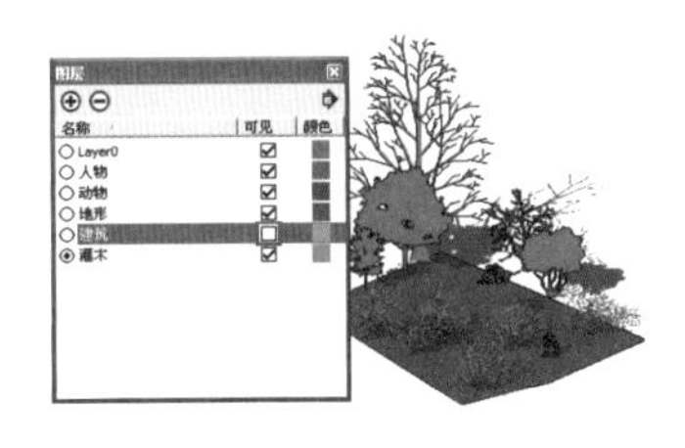

图 3-154 隐藏建筑图层

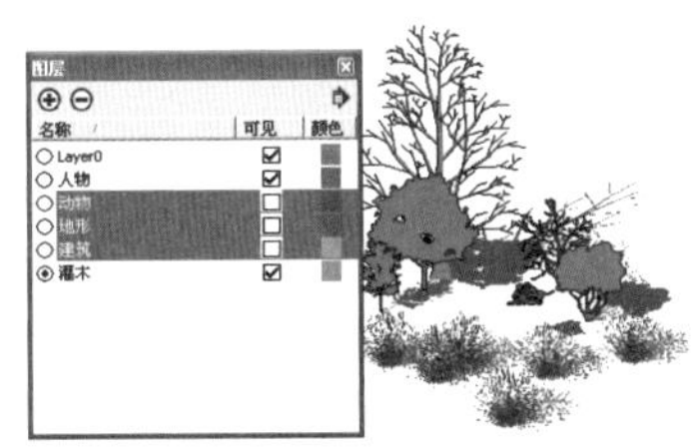

图 3-155 显示建筑图层

图 3-156 选择所有图层

2. 新建与删除图层

步骤 01 单击【图层】面板左上角【增加层】按钮，即可新建【图层】，并能同时为新建【图层】命名，如图 3-157 所示。

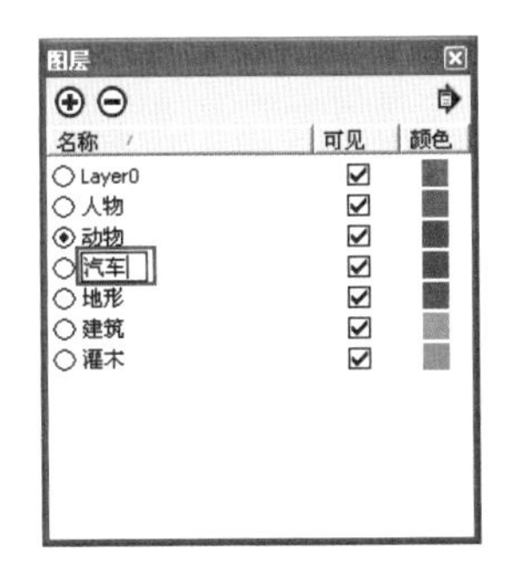

图 3-157 新建并命名图层

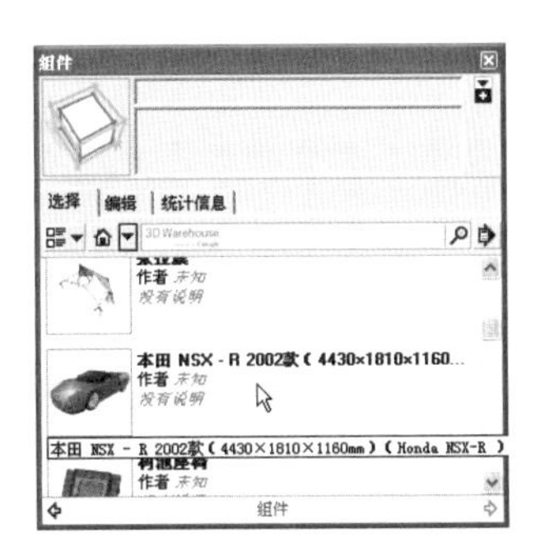

图 3-158 通过组件添加汽车

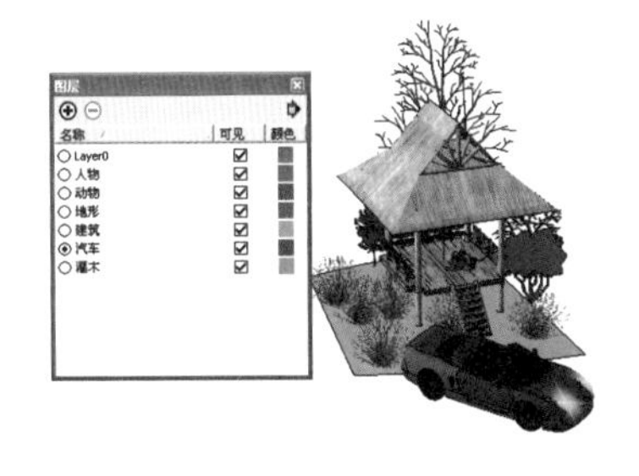

图 3-159 动物添加完成效果

步骤02 新建并命名图层后，通过【组件】面板在对应图层插入组件，如图3-158与图3-159所示。

步骤03 如果要删除某图层，首先在【图层】面板选择目标图层，然后单击【图层】面板左上角【删除图层】按钮⊖，如图3-160所示。

步骤04 弹出【删除包含图元的图层】提示面板，并默认选择【将内容移至默认图层】，删除该图层内的物体将自动转移至Layer0内，如图3-161所示。

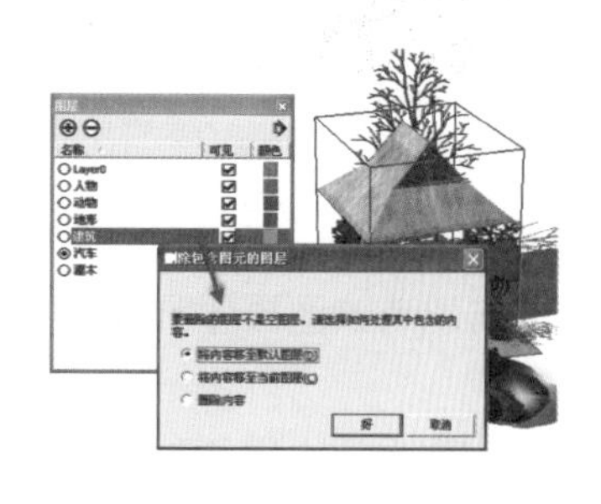

图3-160 删除图层

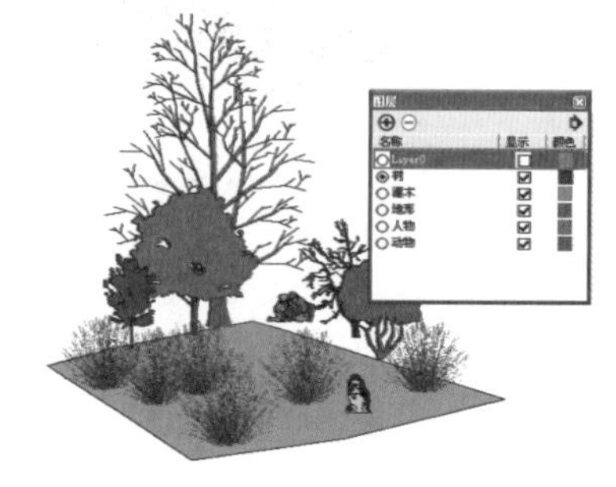

图3-161 删除图层后隐藏Layer0的效果

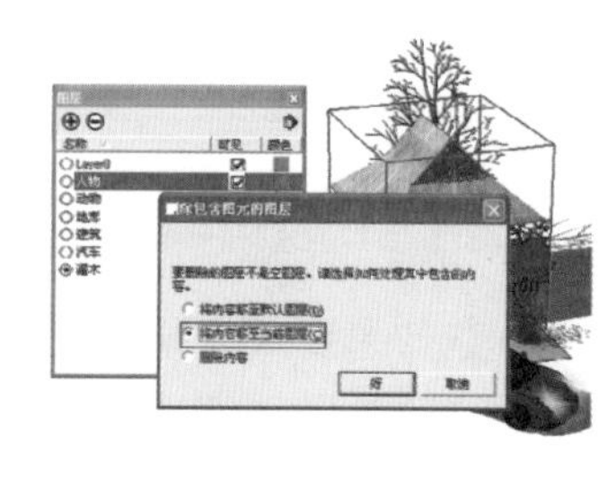

图3-162 选择移至当前图层

步骤05 如果要将删除层内的物体转移至非Layer0（即进行图层物体的合并），可以设置保留图层为“当前层”，然后在【删除包含图元的图层】面板内选择【将内容移至当前图层】选项，如图3-162所示，结果如图3-163所示。

步骤06 如果场景内包含空白图层，可以单击【图层】面板右侧的【详细信息】按钮，选择【清除】选项，即可自动删除所有空白图层，如图3-164与图3-165所示。

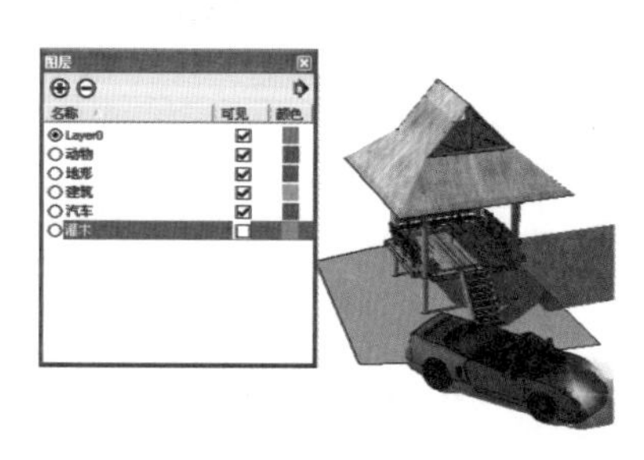

图3-163 删除图层后隐藏灌木图层效果

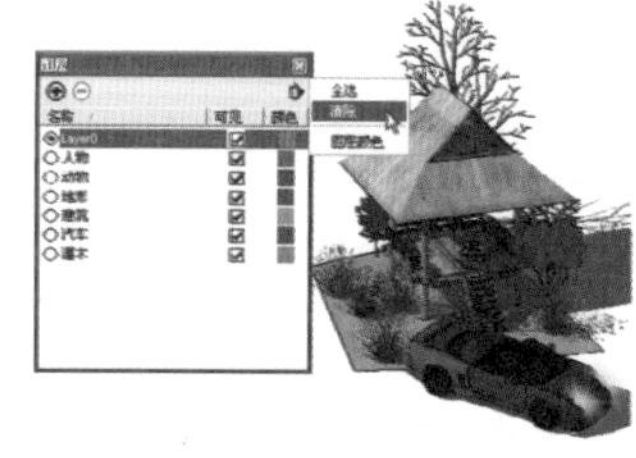

图3-164 选择清理

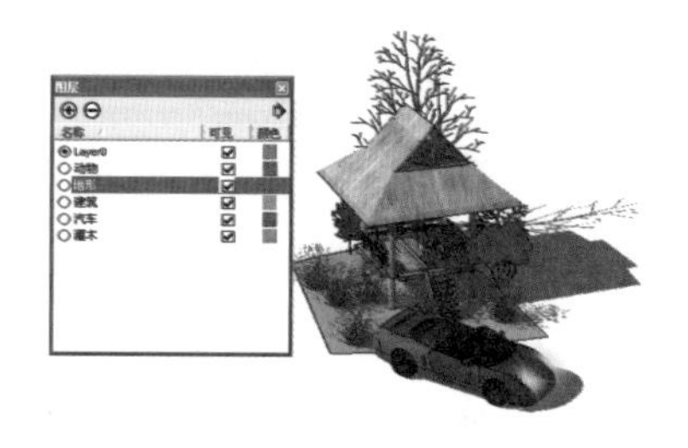

图3-165 清理空白图层结果

3. 改变对象所处图层

步骤01 选择要改变图层的对象，单击鼠标右键，选择其中的【图元信息】命令，如图3-166所示。

步骤02 打开【图元信息】面板，单击展开【图层】下按列表，选择目标图层即可，如图3-167所示。

步骤03 关闭目标图层，即可发现建筑模型被隐藏，如图3-168所示。

图 3-166　选择【图元信息】命令

图 3-167　选择目标图层

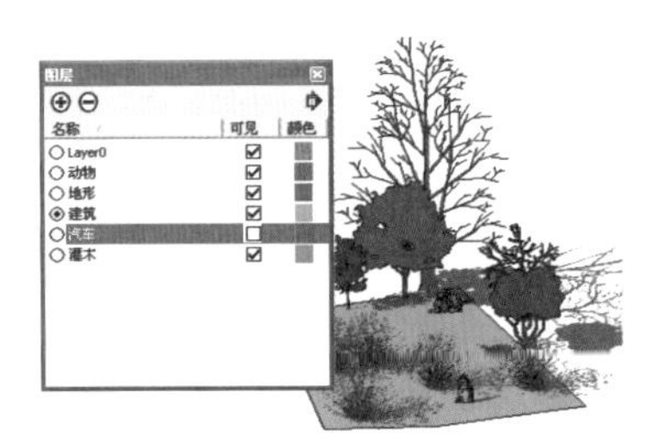

图 3-168　建筑图层隐藏效果

—>技巧

选择对应模型后，通过【图层】工具栏同样可以切换图层，如图 3-169 与图 3-170 所示。

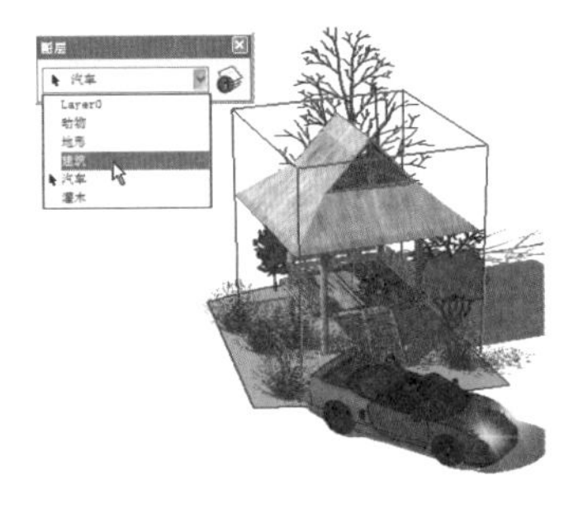

图 3-169　通过图层工具栏设置

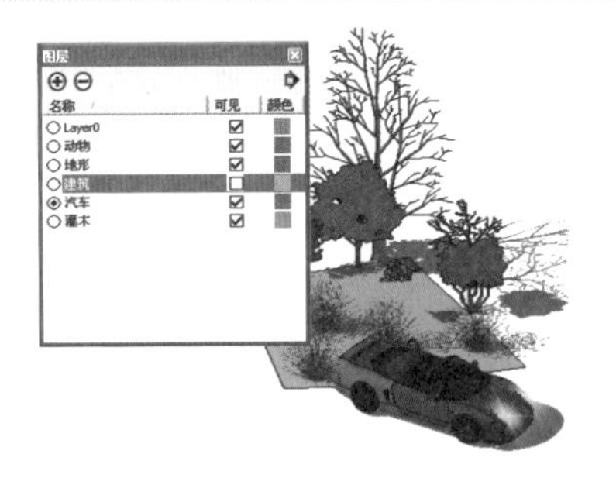

图 3-170　关闭建筑图层效果

068 雾效工具

文件路径：配套光盘\第 03 章\068　　视频文件：MP4\第 03 章\068.MP4

为场景添加【雾化】特效，可以增强环境氛围，本例介绍其操作方法与使用技巧。

步骤 01 打开配套光盘“068 雾化.skp”文件，当前场景的光影、造型以及材质效果都十分清晰，如图 3-171 所示。

步骤 02 为其制作【雾化】特效。执行【窗口】/【雾化】菜单命令，如图 3-172 所示，打开【雾化】面板并调整参数，如图 3-173 所示。

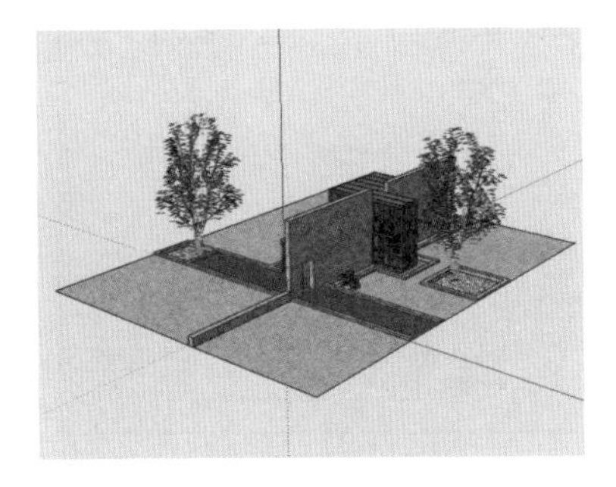

图 3-171　打开场景模型

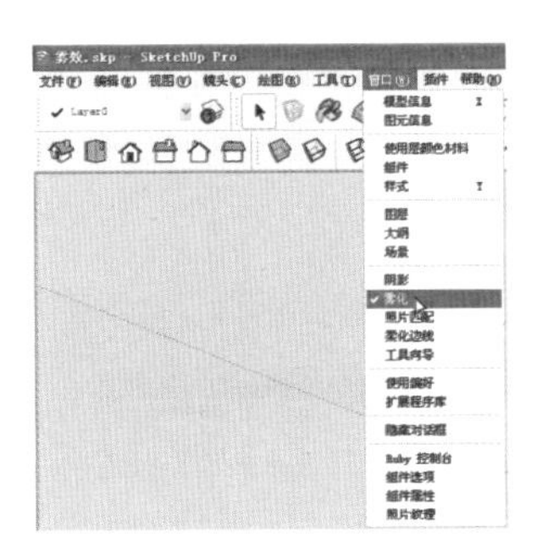

图 3-172　执行窗口/雾化菜单命令

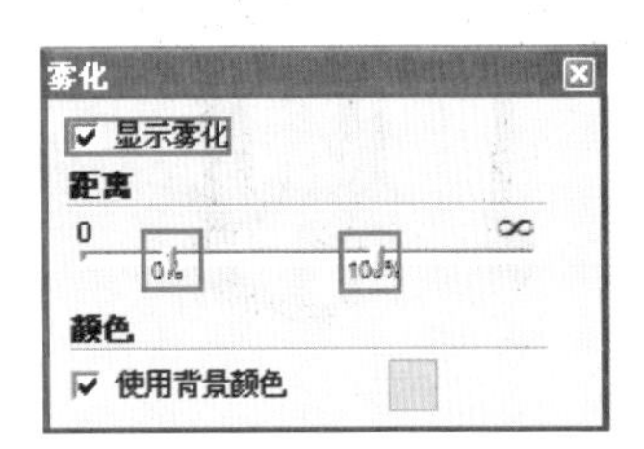

图 3-173　调整雾化面板参数

步骤 03 调整好的雾化效果如图 3-174 所示，取消【雾化】面板【使用背景颜色】复选框的勾选，然后单击其后的色块，即可自定义雾气颜色，如图 3-175 与图 3-176 所示。

图 3-174　雾化调整效果

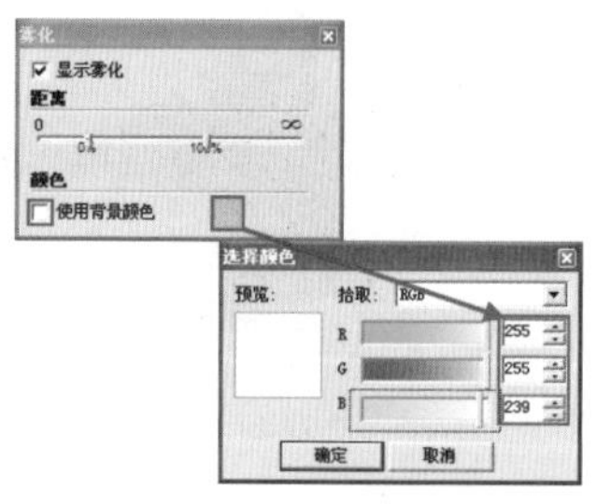

图 3-175　调整雾效颜色

图 3-176　色彩调整效果

—>技 巧

【雾化】面板左侧滑块用于调整摄影机近端的雾气浓度，右侧滑块用于调整摄影机远端的雾气浓度。

3.4 文件导入与导出

069 SketchUp 常用文件导出

文件路径：配套光盘\第 03 章\069　　视频文件：MP4\第 03 章\069.MP4

通过 SketchUp 文件导出功能，可以将文件导出为 3ds max、AutoCAD 等常用设计软件可以识别的格式，本例介绍导出 3DS\DWG\JPG 文件的方法与技巧。

1. 导出 3DS 文件

步骤 01 打开配套光盘“069 导出 3DS.skp”模型文件，其为一个圆形廊架模型，如图 3-177 所示。

步骤 02 执行【文件】/【导出】/【三维模型】菜单命令，如图 3-178 所示，打开【导出模型】面板，并选择导出文件类型为 3DS 文件，如图 3-179 所示。

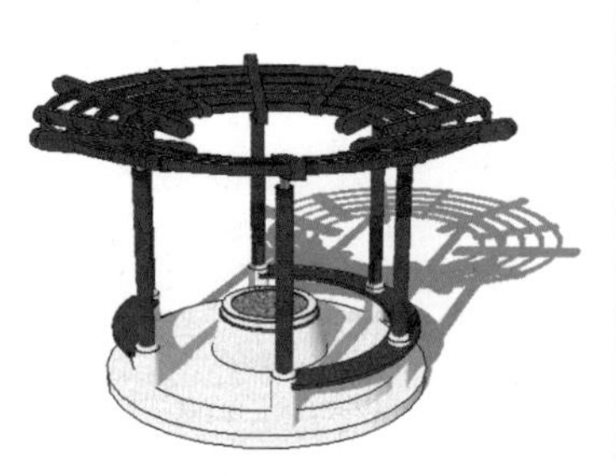

图 3-177　打开场景模型

图 3-178　执行文件/导出/三维模型

图 3-179　选择导出类型为 3DS

文件

步骤 03 单击【导出模型】面板【选项】按钮，打开【3DS 导出选项】面板，设置相应导出参数，如图 3-180 所示。

步骤 04 设置好导出选项后，单击【确定】按钮，返回【导出模型】面板，单击【导出】按钮，即可进行导出，如图 3-181 所示。

步骤 05 成功导出“3ds”文件后，SketchUp 将弹出【3ds 导出结果】面板，罗列导出的详细信息，如图 3-182 所示。

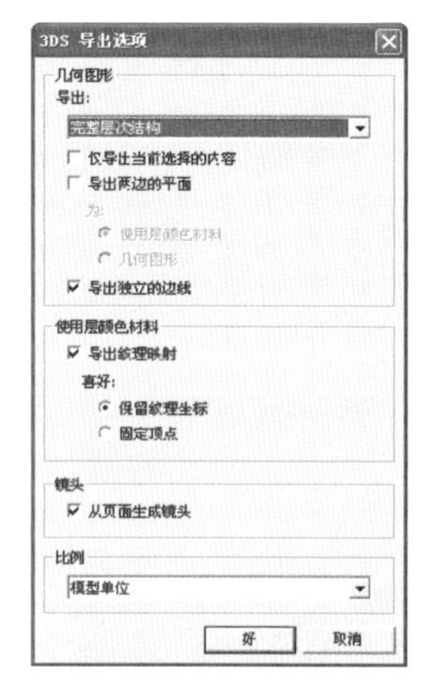

图 3-180　设置 3DS 文件导出选项

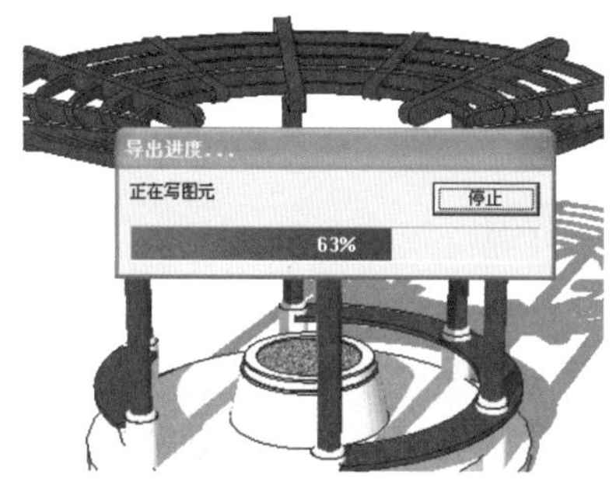

图 3-181　导出进度显示

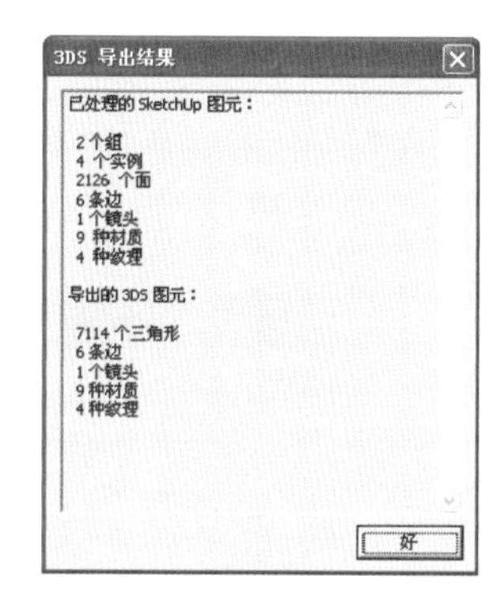

图 3-182　3DS 导出结果面板

步骤 06 启动 3ds max，在导出路径中找到导出的“3ds”文件并进行查看，如图 3-183 所示。

步骤 07 导出的“3ds”文件包括完整的模型与【摄影机】，按 C 键进入摄影机视图，调整好构图比例进行默认渲染，渲染效果如图 3-184 所示，可以看到模型非常完整。

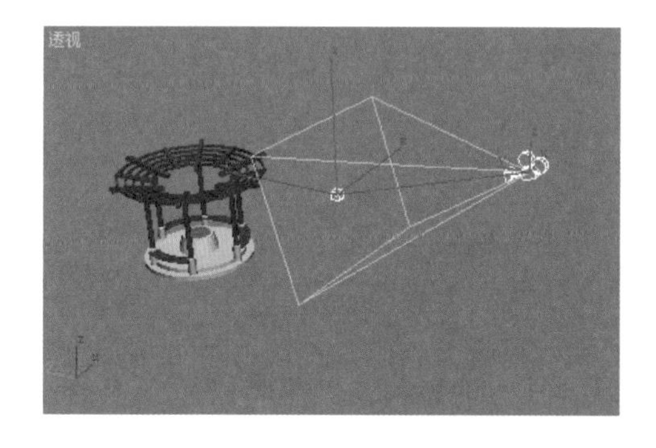

图 3-183　打开导出的 3ds 文件

图 3-184　3ds 文件默认渲染效果

2. 导出 JPG 图像文件

步骤 01 打开配套光盘“069 JPG 导出.skp”文件，其为一个略带卡通效果的别墅场景，如图 3-185 所示。

步骤 02 执行【文件】\【导出】\【二维图形】菜单命令，如图 3-186 所示。打开【导出二维图形】面板，选择【文件类型】为 JPG，如图 3-187 所示。

图 3-185　打开场景

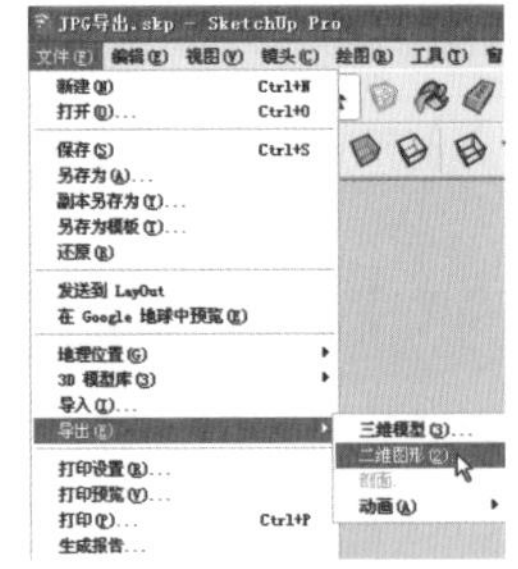

图 3-186　执行文件/导出/二维图形

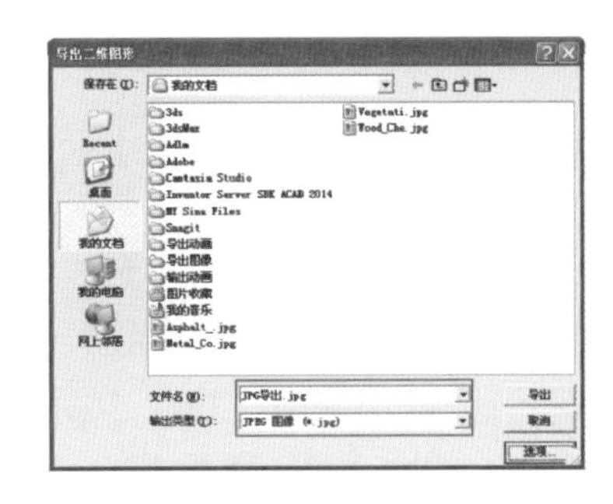

图 3-187　选择文件导出类型为 JPG

步骤 03 单击【选项】按钮，弹出【导出 JPG 选项】面板，如图 3-188 所示，查看或设置好图像大小，然后返回【导出二维图形】面板，单击【导出】按钮即可。

步骤 04 文件成功导出后，启用图像查看软件打开导出文件，即可以 JPG 格式快速查看场景效果，如图 3-189 所示。

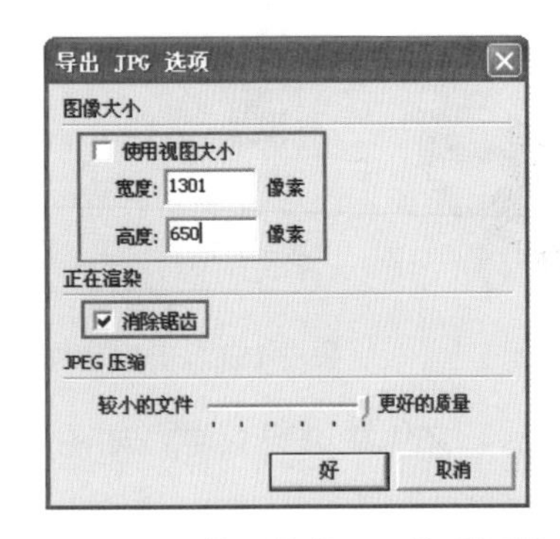

图 3-188　设置导出 JPG 选项面板

图 3-189　JPG 导出结果

3. 导出 AuotCAD 文件

步骤 01 打开配套光盘“069 DWG 导出.skp”模型文件，该场景为一个应用了【截面】工具的场景，如图 3-190 所示，在视图中已经能看到房间内部布局。

步骤 02 执行【文件】/【导出】/【剖面】菜单命令，如图 3-191 所示。打开【输出二维剖面】面板，选择【文件类型】为“DWG”，如图 3-192 所示。

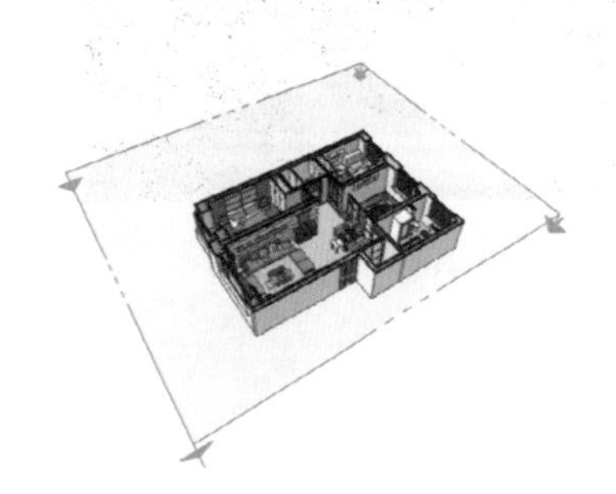

图 3-190　打开模型

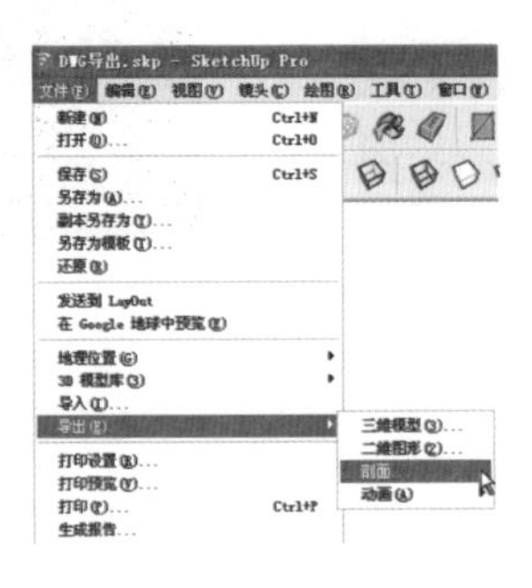

图 3-191　执行文件/导出/剖面

图 3-192　设置导出类型为 AutoCAD

步骤 03 单击【选项】按钮，弹出【剖面选项】面板，根据软件版本设置相关参数，图 3-193 所示。

步骤 04 单击【确定】按钮，返回到【二维剖面选项】面板，单击【导出】按钮，即可导出“DWG”文件，成功导出后将弹出提示信息框，如图 3-194 所示。

步骤 05 打开 AutoCAD，在导出路径中找到导出的 DWG 文件，即可进行打开与编辑，如图 3-195 所示。

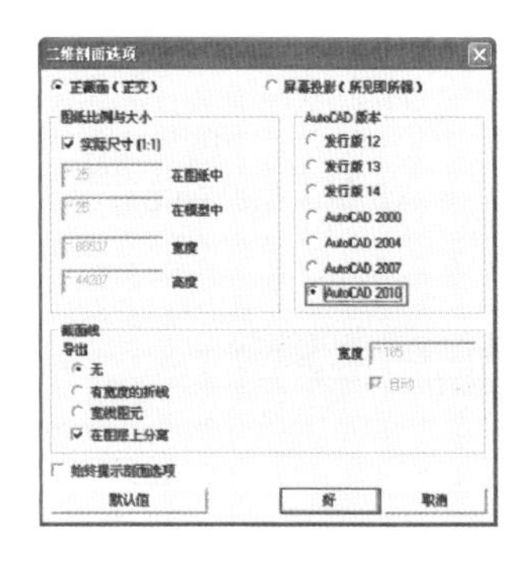

图 3-193　设置 AutoCAD 版本

图 3-194　剖面选项面板

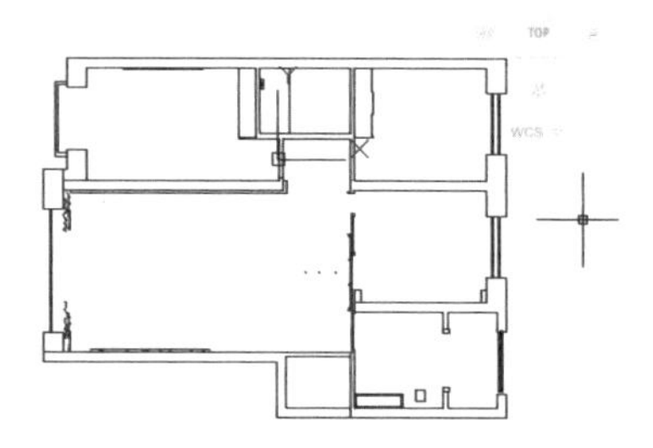

图 3-195　使用 AutoCAD 打开 DWG 文件

070 SketchUp 常用文件导入

文件路径：配套光盘\第 03 章\070　　视频文件：MP4\第 03 章\070.MP4

SketchUp 同时具备十分强大的【导入】功能，可以导入常用的 DWG、3ds 以及图片文档，本例介绍以上三种格式文件的导入方法与技巧。

1. 导入 AutoCAD 文件

步骤 01 执行【文件】/【导入】菜单命令，如图 3-196 所示，弹出【打开】面板，选择文件类型为【AutoCAD 文件】，如图 3-197 所示。

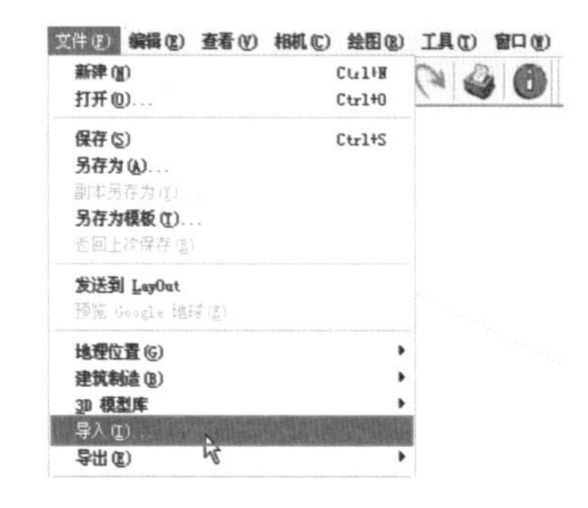

图 3-196　执行文件/导入命令

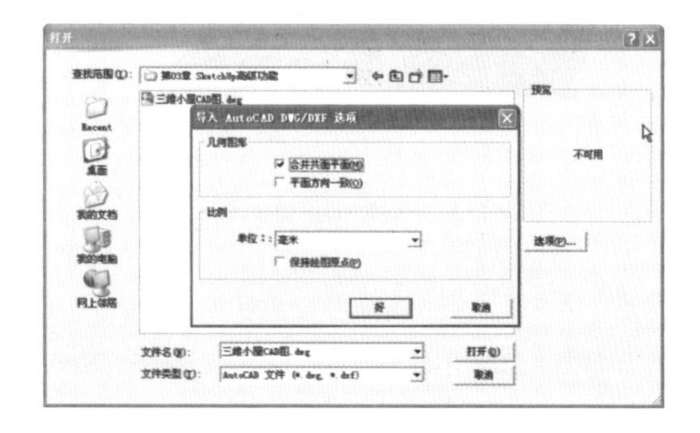

图 3-197　选择 AutoCAD 文件类型

步骤 02 单击【打开】面板【选项】按钮，弹出【导入 AutoCAD DWG/DXF 选项】面板，设置好导入单位并确定，如图 3-198 所示。

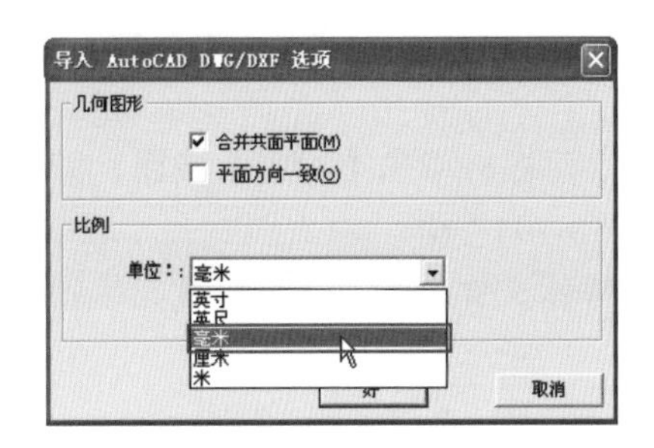

图 3-198　调整导入比例

图 3-199　双击目标导入文件

步骤 03 进入对应文件夹，如图 3-199 所示，双击目标文件进行导入，如图 3-200 所示，导入完成会弹出【导入结果】面板，如图 3-201 所示。

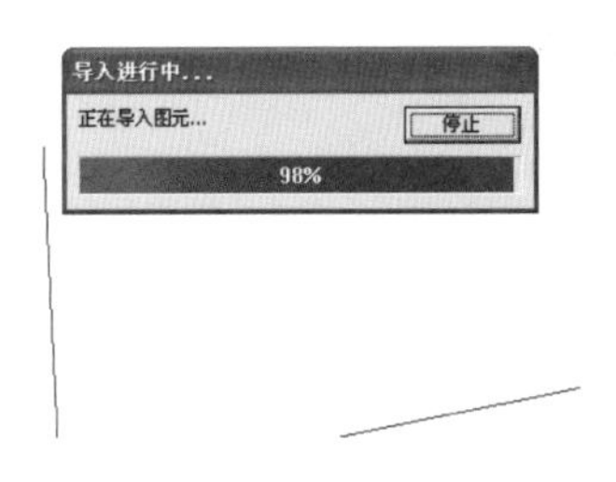

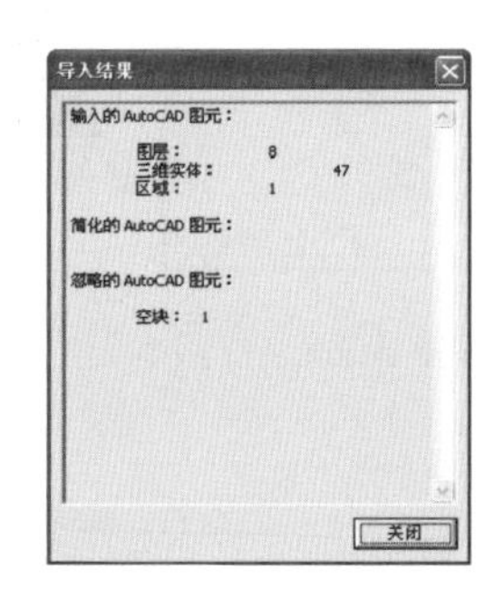

图 3-200　导入进度显示

图 3-201　导入结果面板

步骤 04 单击【导入结果】面板【关闭】按钮，移动光标放置导入的文件，如图 3-202 所示。对比观察文件在 AutoCAD 中的效果，可以发现两者并没有区别，如图 3-203 所示。

图 3-202　SketchUp 导入效果

图 3-203　AutoCAD 中的效果

→提 示

如果导入之前，SketchUp 场景中已经有了其他的实体，所有导入的几何体会合并为一个组。

2. 导入 3DS 文件

步骤 01 执行【文件】/【导入】菜单命令，如图 3-204 所示。弹出【打开】面板，选择文件类型为【3DS Files】，如图 3-205 所示。

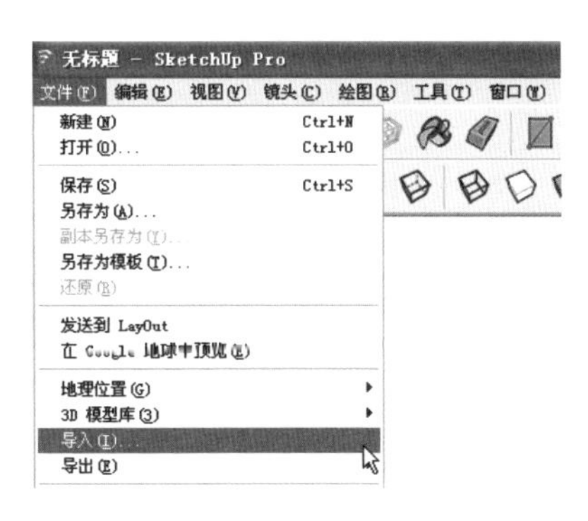

图 3-204　执行文件/导入命令

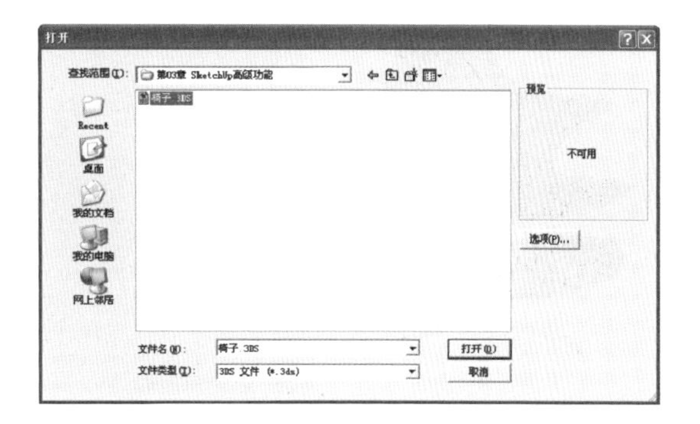

图 3-205　选择 3DS Files 文件导入类型

步骤 02 单击【打开】面板【选项】按钮，打开【3DS 导入选项】面板，根据需要设置相关的参数，如图 3-206 所示。

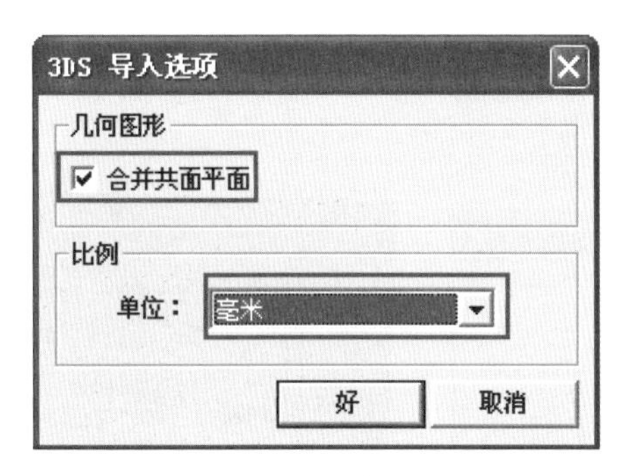

图 3-206　【3DS 导入选项】面板

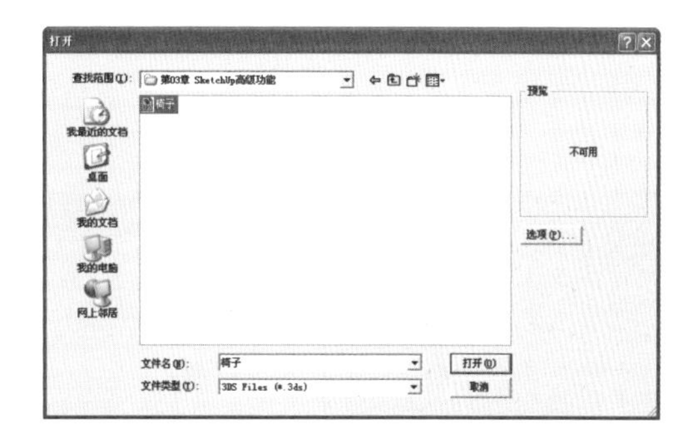

图 3-207　双击目标文件进行导入

步骤 03 单击【确定】按钮返回【打开】面板，如图 3-207 所示，进入文件夹双击目标文件，即可进行导入，如图 3-208 所示，导入结果如图 3-209 所示。

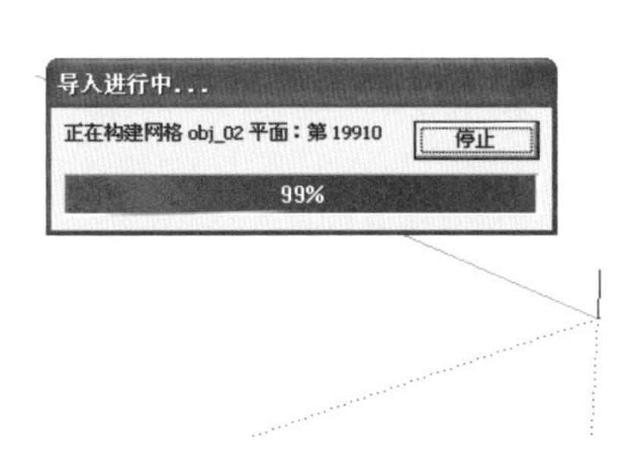

图 3-208　文件导入进度条

图 3-209　3DS 文件导入效果

技巧

在 SketchUp 中导入 3ds 文件，最容易出现的问题是模型移位，如图 3-210 所示。要解决该问题，最好的方法是在 3ds max 中将模型转换为【可编辑多边形】，然后利用【附加】命令，将所要导入的模型附加成一个整体，如图 3-211 与图 3-212 所示。

图 3-210　模型移位

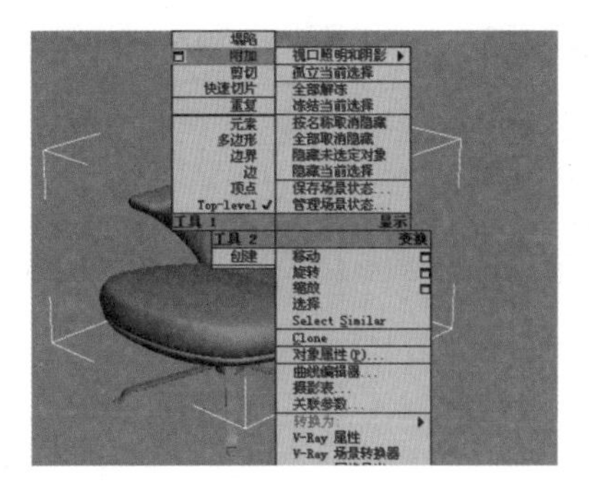

图 3-211　在 3ds max 中进行附加

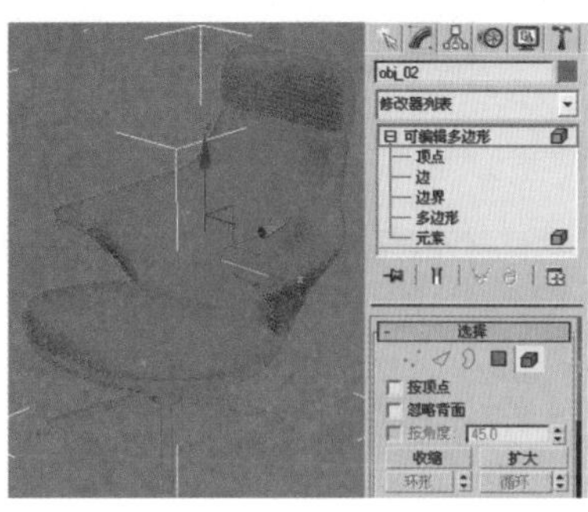

图 3-212　附加为整体

技 巧

另外一个比较常见的问题就是在模型表面出现三角面的现象，如图 3-213 所示。对于结构本来较为简单的模型，勾选【3DS 导入选项】面板中的【合并共面平面】复选框，如图 3-214 所示，即可有效解决三角面问题，如图 3-215 所示。

图 3-213　模型三角面

图 3-214　勾选合并共面

图 3-215　调整效果

3. 导入二维图形

步骤 01 执行【文件】/【导入】菜单命令，如图 3-216 所示，弹出【打开】面板，展开文件类型下拉列表，可选择多种二维图形类型，通常直接选择【所有支持的图像类型】，如图 3-217 所示。

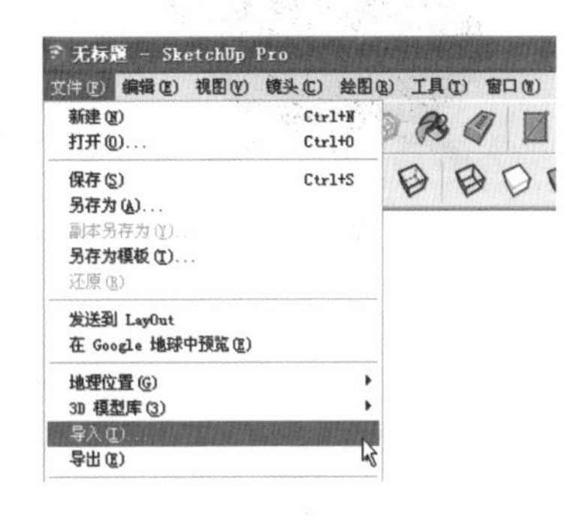

图 3-216　执行文件\导入

图 3-217　选择导入二维图形类型

步骤 02 在【打开】面板右侧，选择“用作图像”导入单选按钮，如图 3-218 所示。

图 3-218　选择图片导入用途

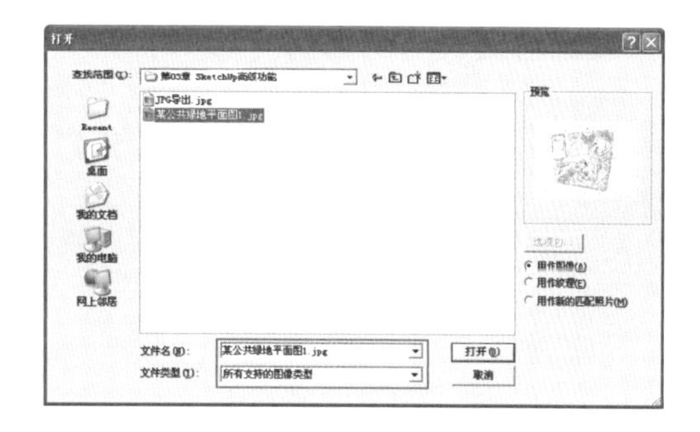

图 3-219　双击打开目标文件

步骤 03 双击目标导入图片，如图 3-219 所示，然后拖动光标将其放置于原点附近，如图 3-220 所示。

步骤 04 二维图形文件放置好后，启用 SketchUp 中的绘图工具，即可利用该图片进行参考，绘制图形如图 3-221 所示。

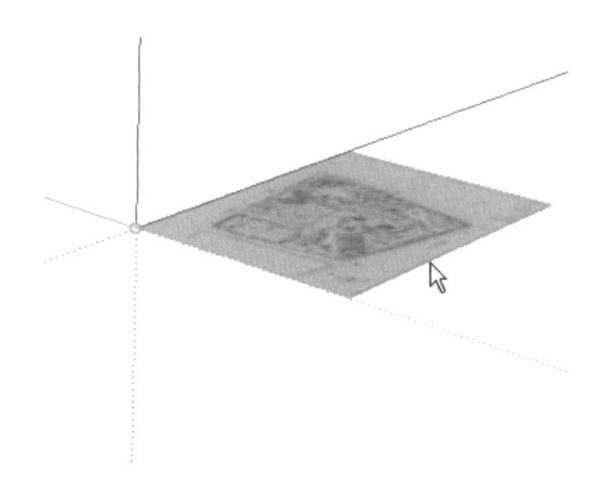

图 3-220　放置导入文件

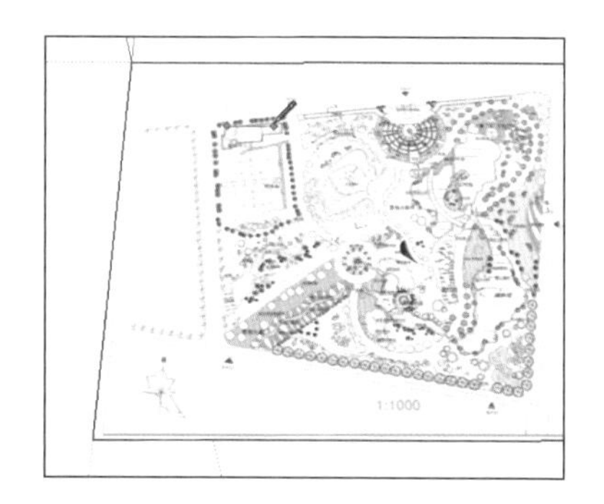

图 3-221　双击目标导入文件

提 示

选择“作为材质”与“作为新的照片匹配”两个选项导入的图片效果如图 3-222 与图 3-223 所示，分别用于制作材质贴图与照片建模参照。

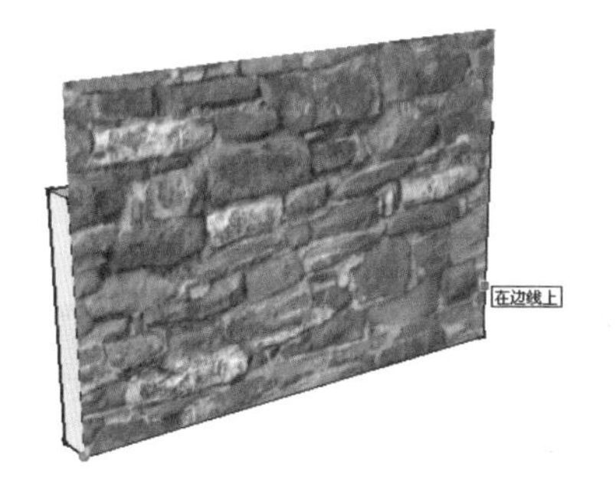

图 3-222　作为材质导入图片效果

图 3-223　作为照片匹配导入效果

第2篇 建模篇

第4章 室内常用模型建模

本章将学习室内常用模型的建模方法，从而掌握基本工具的使用，并初步熟悉SketchUp建模的流程和技巧。

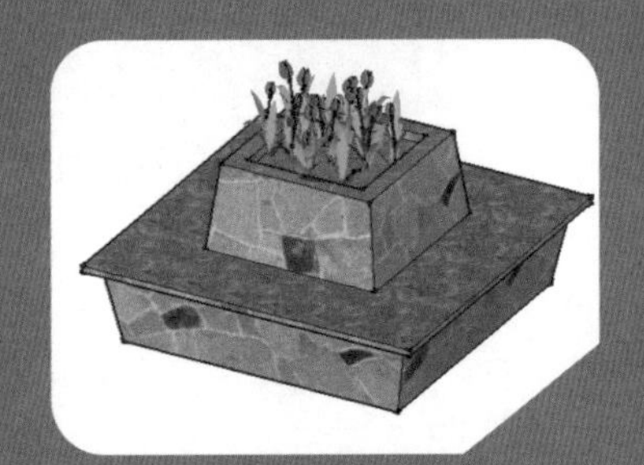

071 铁艺酒架

文件路径：配套光盘\第 04 章\071　　视频文件：MP4\第 04 章\071.MP4

本例将学习铁艺酒架模型的制作，主要使用到【线条】、【圆弧】、【圆】、【矩形】、【跟随路径】等工具。

步骤 01 打开 SketchUp，执行【窗口】/【模型信息】命令，进入【单位】选项卡，设置场景单位为 mm，如图 4-1 所示。

步骤 02 结合使用【线条】与【圆弧】工具，创建铁艺酒架轮廓线形，如 图 4-2 所示。在其端点位置，创建一个直径为 20mm 的圆形，如图 4-3 所示。

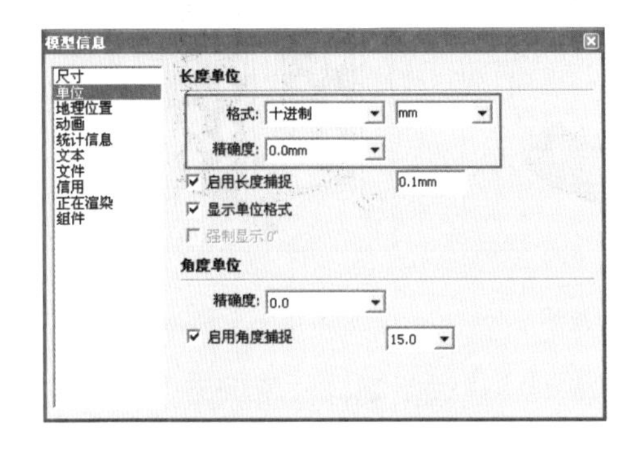

图 4-1　设置场景单位

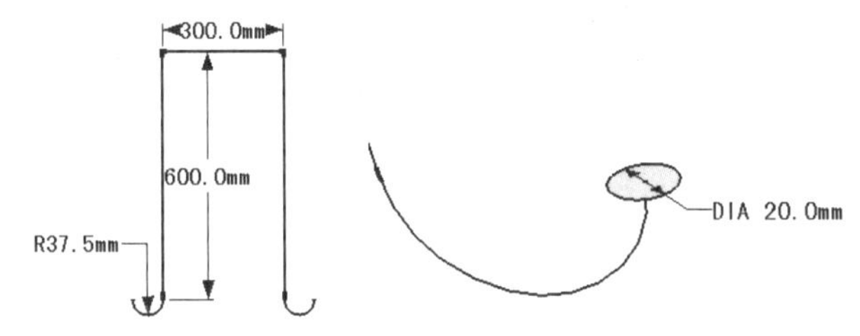

图 4-2　创建线形轮廓　　图 4-3　创建圆形

步骤 03 启用【跟随路径】工具，选择圆形为截面，以轮廓线形为路径进行跟随路径，制作出三维线形效果，如图 4-4 所示。然后将其创建为【组】，如图 4-5 所示。

步骤 04 选择创建好的轮廓三维线形，将其以 200mm 的距离进行移动复制，如图 4-6 所示。

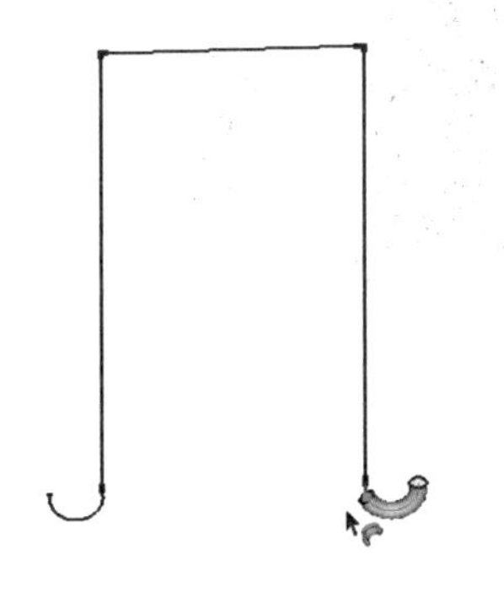

图 4-4　启用跟随路径

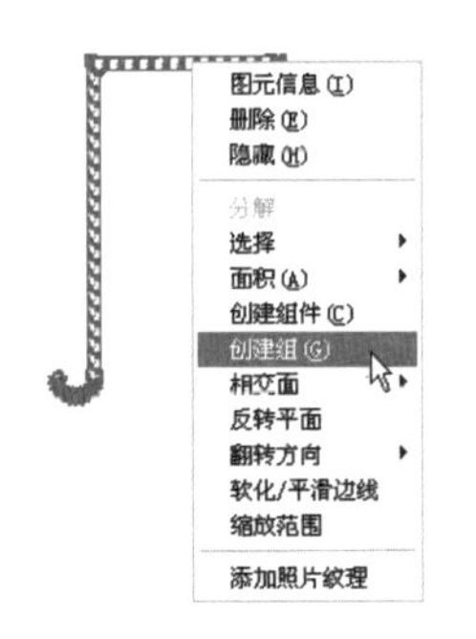

图 4-5　创建组

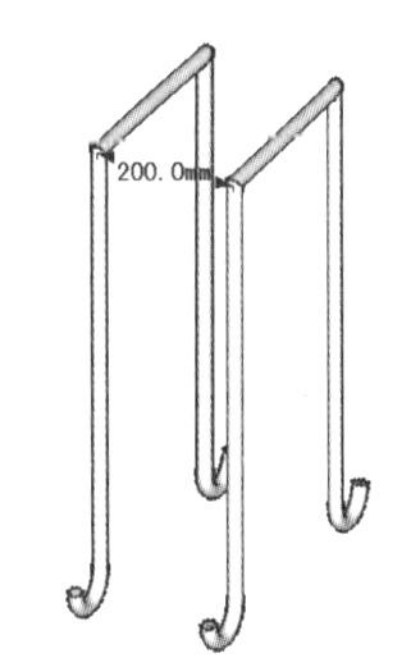

图 4-6　移动复制

步骤 05 启用【矩形】工具，根据框架长宽，对应创建一个矩形，如图 4-7 所示。利用之前创建的【圆】为截面，通过【跟随路径】创建三维线形，如图 4-8 所示，最后进行移动复制与对位，如图 4-9 所示。

步骤 06 启用【圆】创建工具，绘制一个直径为 100mm 的圆形，如图 4-10 所示。利用之前创建的【圆】为截面，通过【跟随路径】创建三维线形，如图 4-11 所示，然后进行移动复制与对位，如图 4-12 所示。

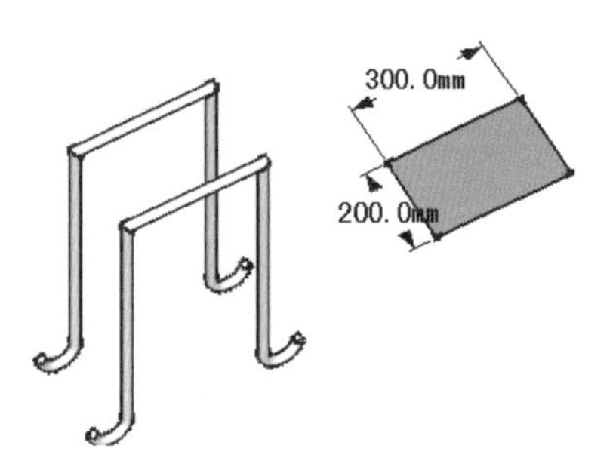

图 4-7　创建矩形

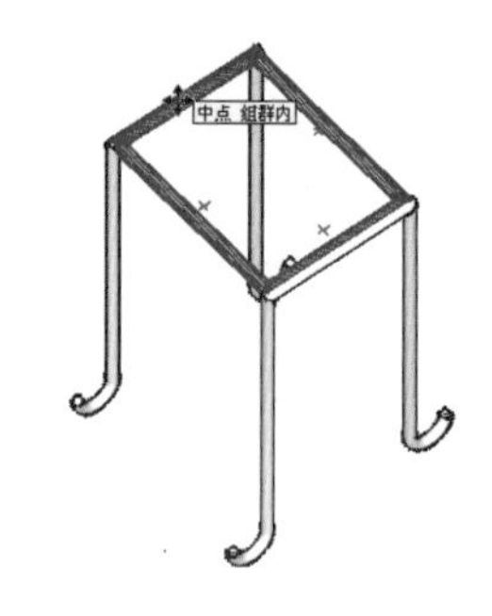

图 4-8　制作三维框架并对位

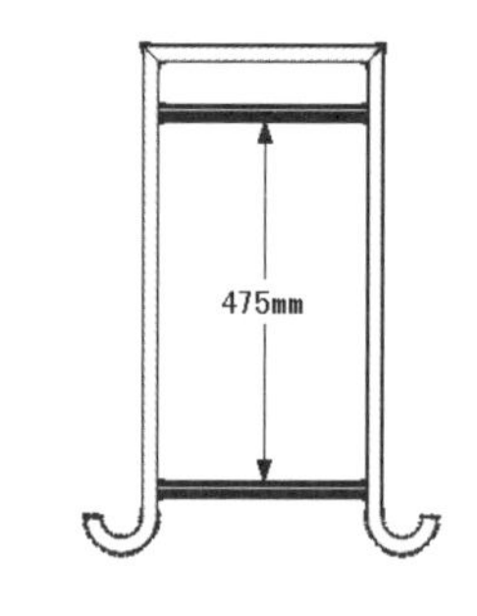

图 4-9　复制并对位框架

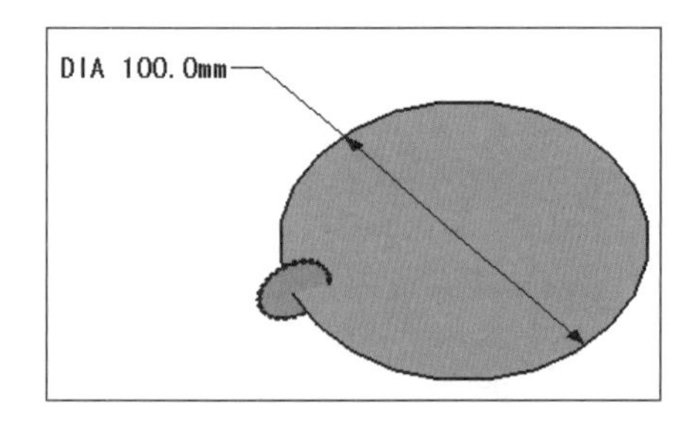

图 4-10　绘制圆形

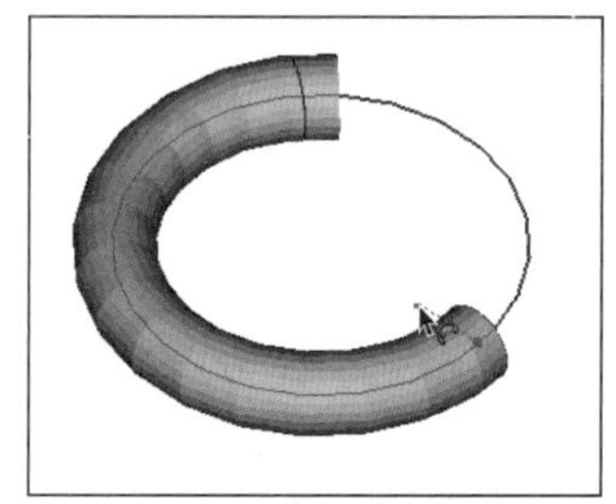

图 4-11　制作圆环

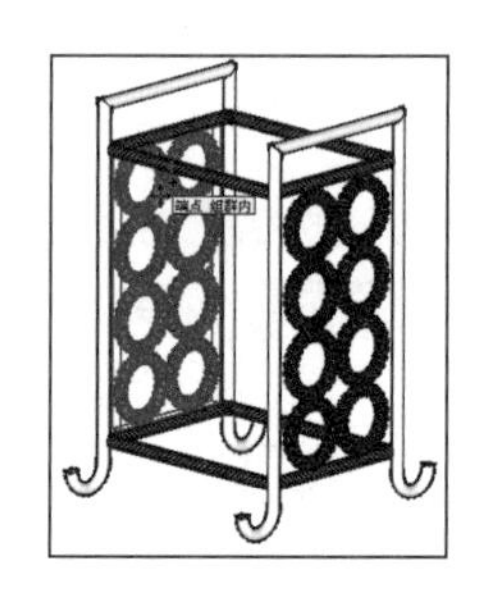

图 4-12　复制圆环

步骤 07 进入【组件】面板，如图 4-13 所示，调入酒瓶模型，通过复制与位置调整，完成最终模型效果，如图 4-14 所示。

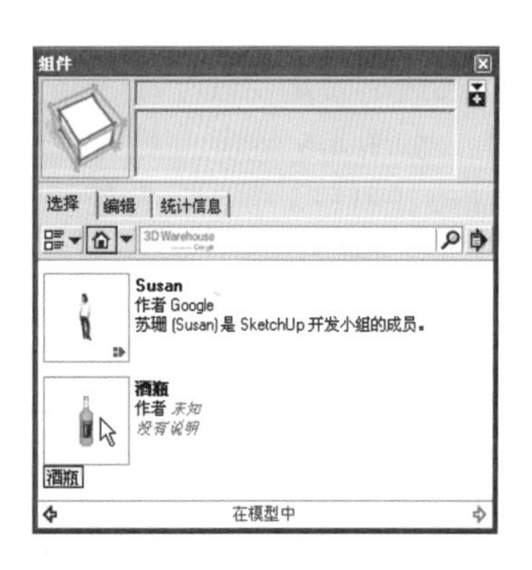

图 4-13　调入酒瓶组件

图 4-14　铁艺酒架完成效果

072 铁艺楼梯

文件路径：配套光盘\第 04 章\072	视频文件：MP4\第 04 章\072.MP4

本例将学习铁艺楼梯模型的制作，主要使用到【线条】、【圆弧】、【跟随路径】工具，以及推拉复制与旋转复制的操作。

步骤 01 打开 SketchUp，执行【窗口】/【模型信息】命令，在【单位】选项卡内设置场景单位为“mm”。

步骤 02 启用【线条】创建工具，在左视图中绘制出一个踏步轮廓，如图 4-15 所示，将其进行多重复制，如图 4-16 所示。

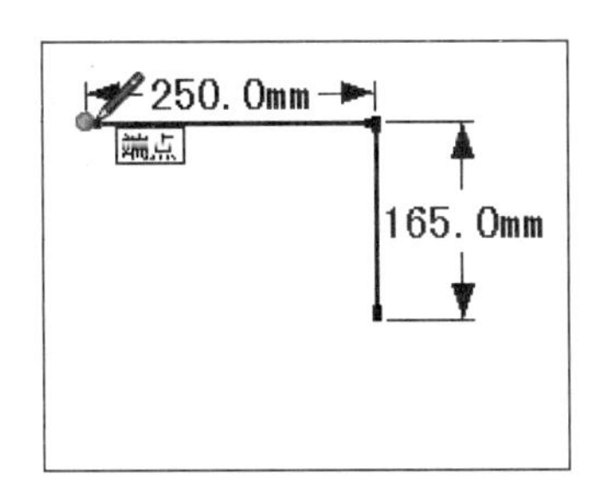

图 4-15　绘制踏步轮廓

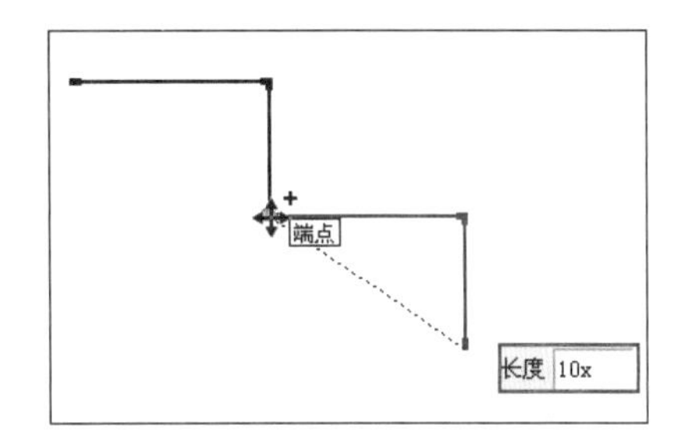

图 4-16　多重复制

步骤 03 启用【线条】创建工具，封闭创建的踏步轮廓，如图 4-17 所示。启用【推/拉】工具，并按下 Ctrl 键进行多次推拉复制，完成踏步模型效果，如图 4-18 和图 4-19 所示。

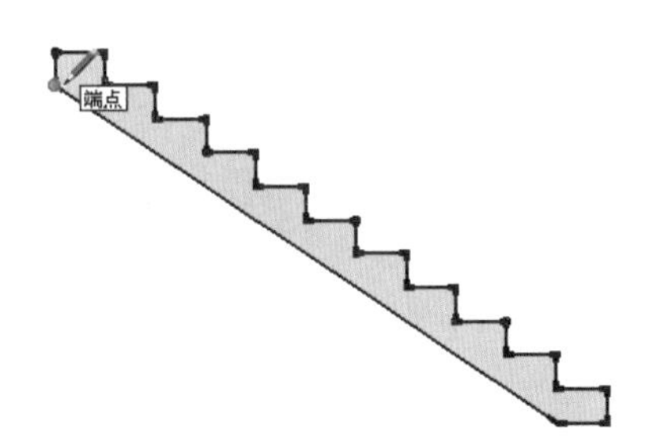

图 4-17　启用直线工具进行封面

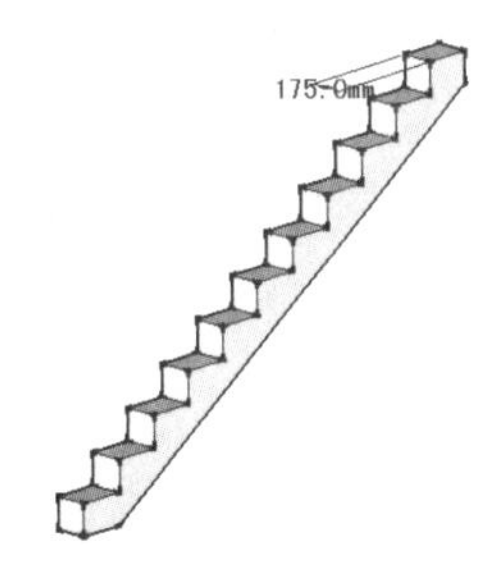

图 4-18　推拉出最左侧厚度

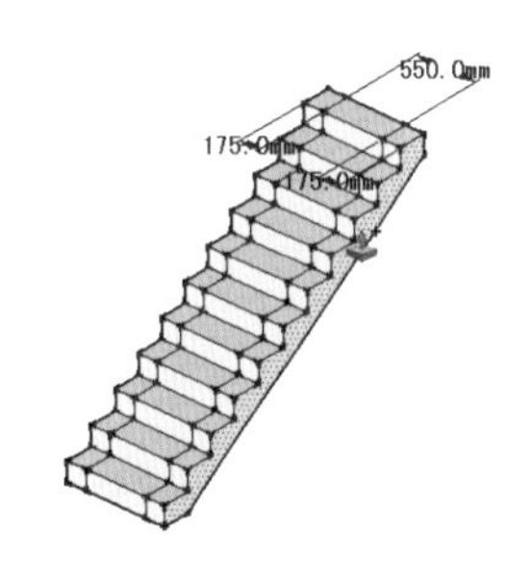

图 4-19　多次推拉复制完成踏步

步骤 04 打开【使用层颜色材料】面板，分别为踏步两侧与中间部分赋予灰色与黄色石材，如图 4-20 所示。接下来制作两侧铁艺扶手。

步骤 05 参考踏步模型，启用【线条】创建工具绘制扶手线形，如图 4-21 所示，然后绘制一个直径为 30mm 的圆形截面，如 图 4-22 所示。

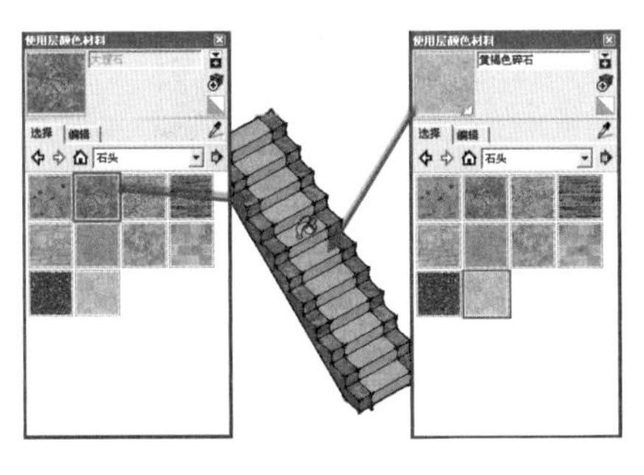

图 4-20　赋予踏步材质

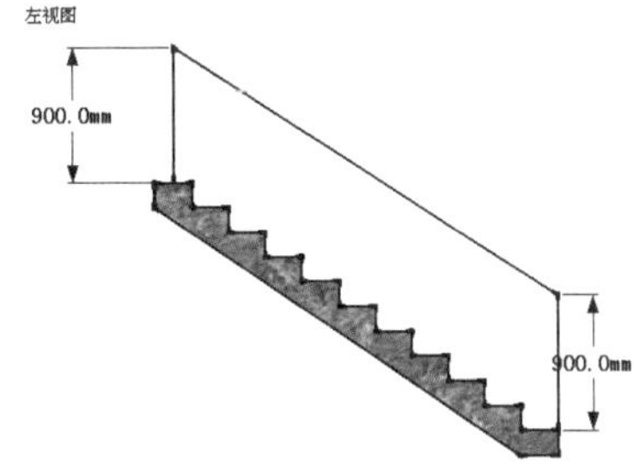

图 4-21　绘制扶手线形

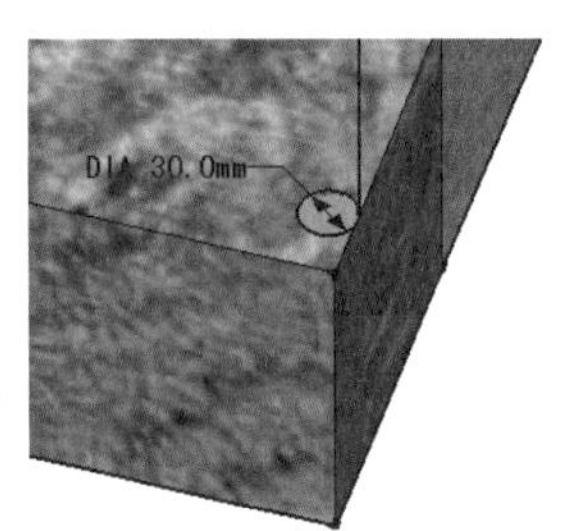

图 4-22　绘制圆形截面

步骤 06 启用【跟随路径】工具，选择圆形截面，完成扶手三维线形的制作，如图 4-23 所示。选择立柱模型进行多重复制，如图 4-24 所示，复制结果如图 4-25 所示。

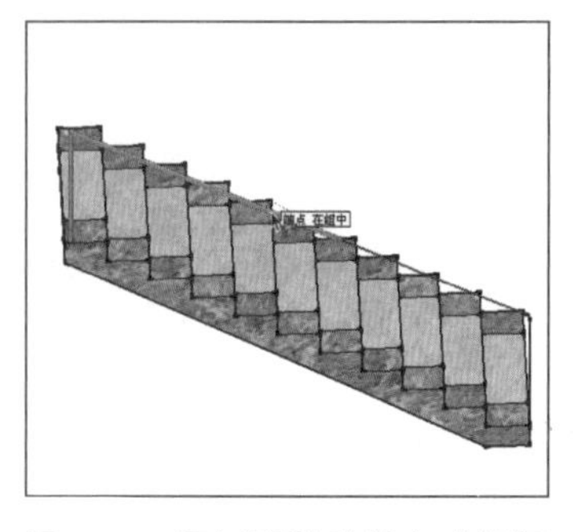

图 4-23 通过跟随路径完成栏杆模型

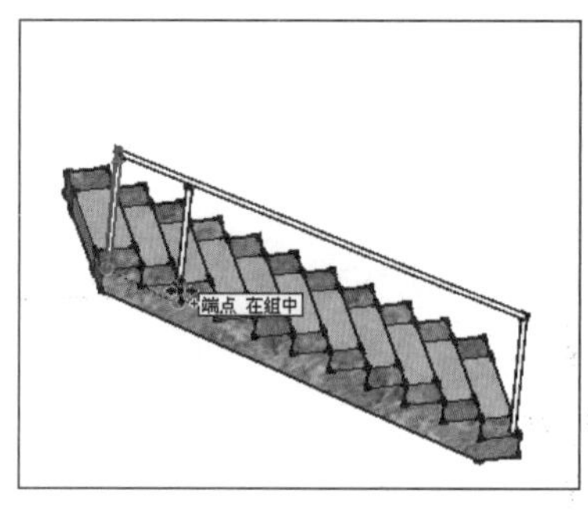

图 4-24 复制栏杆立柱

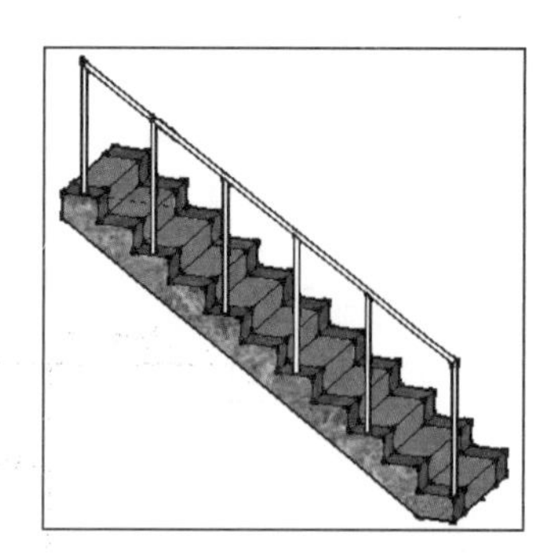

图 4-25 栏杆立柱完成效果

步骤 07 结合使用【圆】、【圆弧】创建工具，绘制出两侧铁艺造型线形与圆形截面，如图 4-26 和图 4-27 所示，然后通过【跟随路径】工具制作出三维线形，如图 4-28 所示。

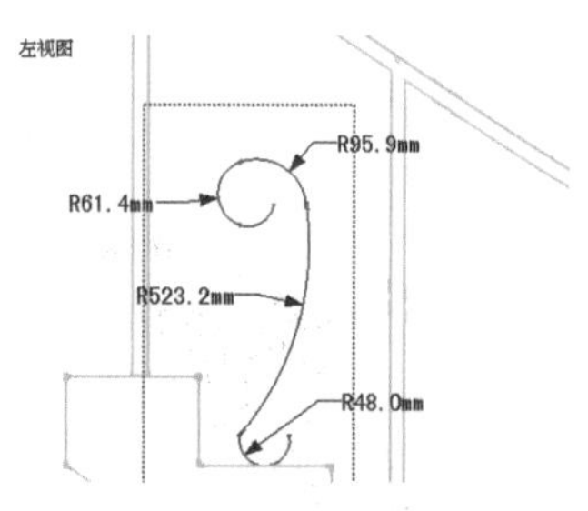

图 4-26 绘制铁艺装饰线形

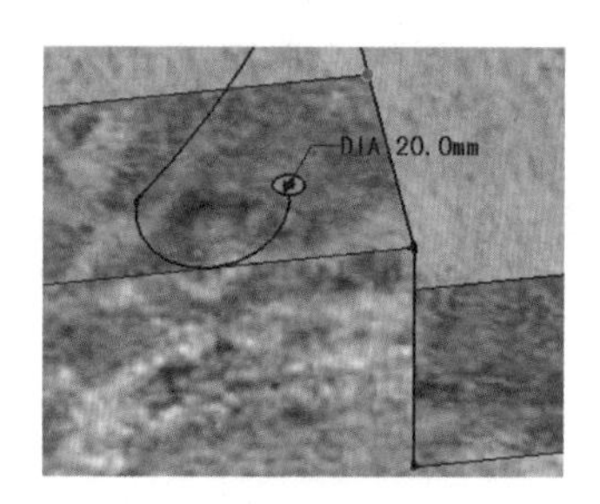

图 4-27 绘制圆形截面

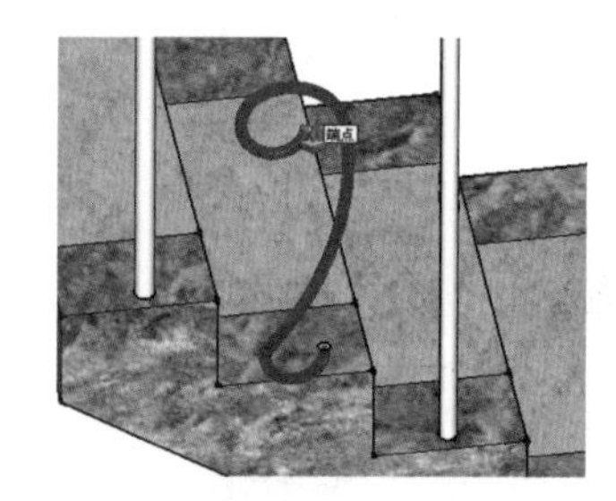

图 4-28 通过跟随路径制作三维线形

步骤 08 选择制作好的铁艺三维线形，通过旋转复制与多重移动复制，完成整体效果的制作，如图 4-29~图 4-31 所示。

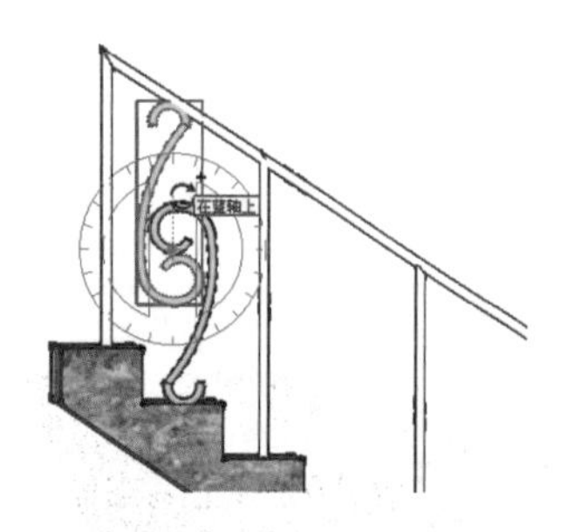

图 4-29 旋转复制铁艺线形

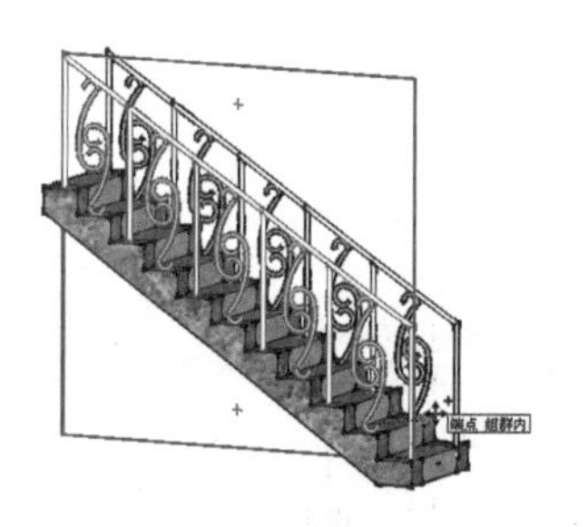

图 4-30 整体复制铁艺扶手

图 4-31 铁艺楼梯完成效果

073 双筷龙头

文件路径：配套光盘\第 04 章\073　　视频文件：MP4\第 04 章\073.MP4

本例将学习双筷龙头模型的制作，主要使用到【圆】、【多边形】、【圆弧】以及【偏移】、【推/拉】、【跟随路径】等工具。

步骤 01 打开 SketchUp，执行【窗口】/【模型信息】命令，在【单位】选项卡内设置场景单位为 mm。

步骤 02 启用【圆】创建工具，绘制一个直径为 50mm 的圆形，如图 4-32 所示。使用【推/拉】工具，拉伸出 10mm 厚度，如图 4-33 所示。

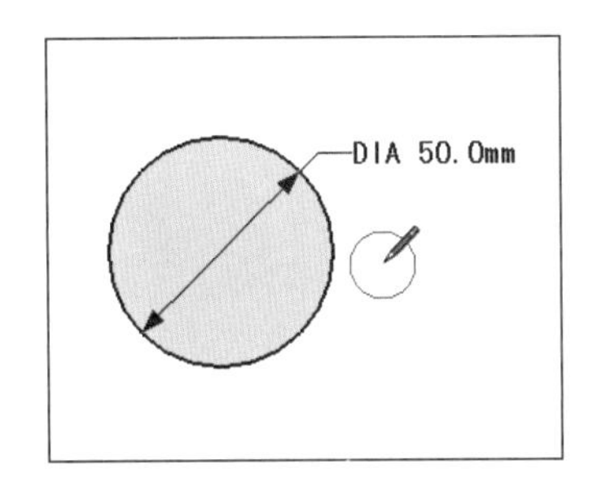

图 4-32　绘制直径为 50mm 圆形

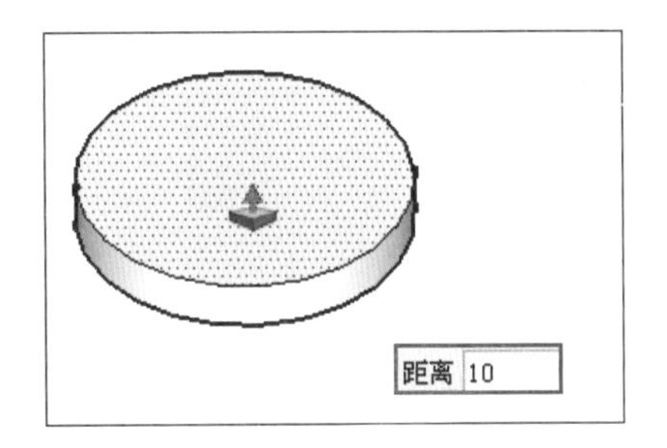

图 4-33　向上推拉

步骤 03 选择【偏移】工具，将圆柱上表面向内偏移复制 10mm，如图 4-34 所示，然后向上推拉 90mm 高度，如图 4-35 所示。

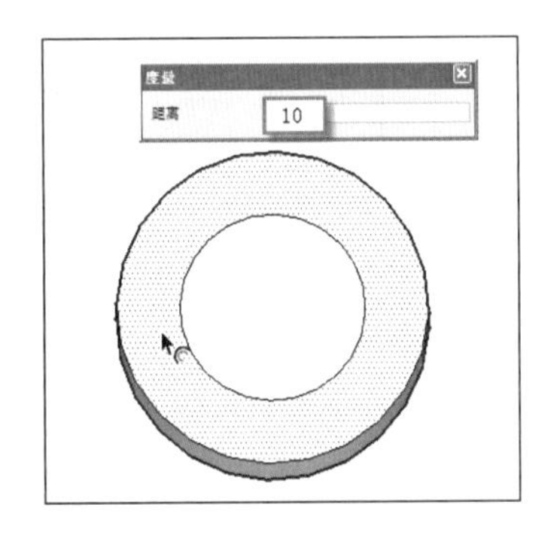

图 4-34　向内偏移复制

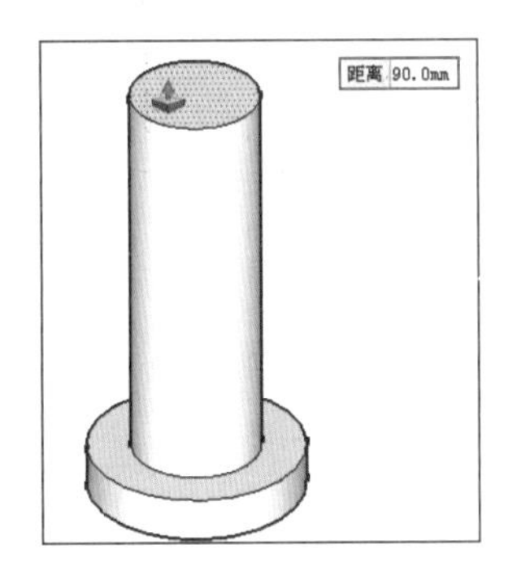

图 4-35　向上推拉

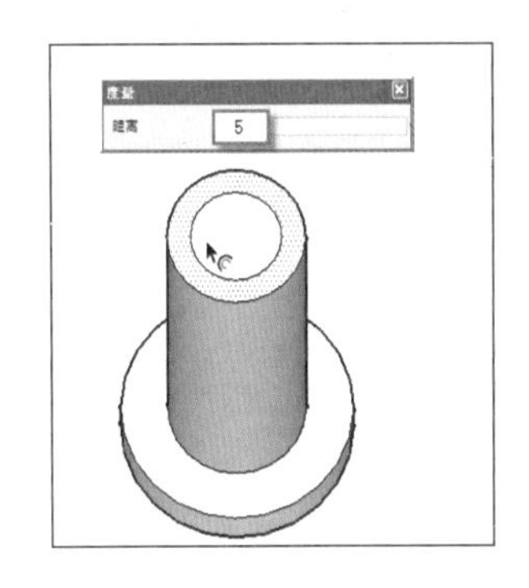

图 4-36　向内偏移复制

步骤 04 重复以上操作制作上部细节，如 图 4-36 与图 4-37 所示。接下来制作旋钮细节。

步骤 05 启用【矩形】创建工具，在圆柱中心创建一个边长为 12mm 的分割面，如图 4-38 所示。选择分割面，启用【旋转】工具旋转 45°，如图 4-39 所示。

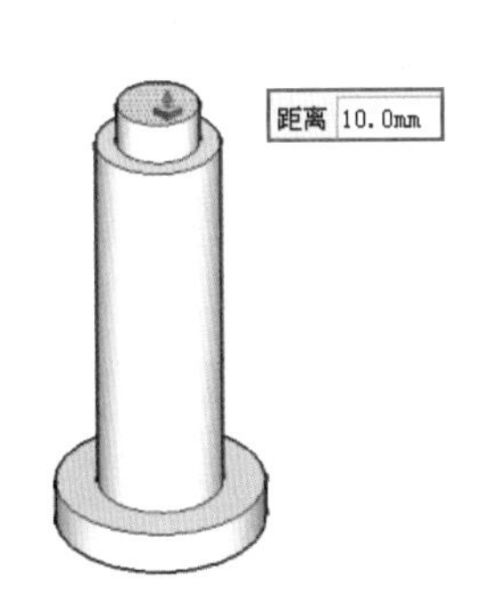

图 4-37　向上推拉 10mm 高度

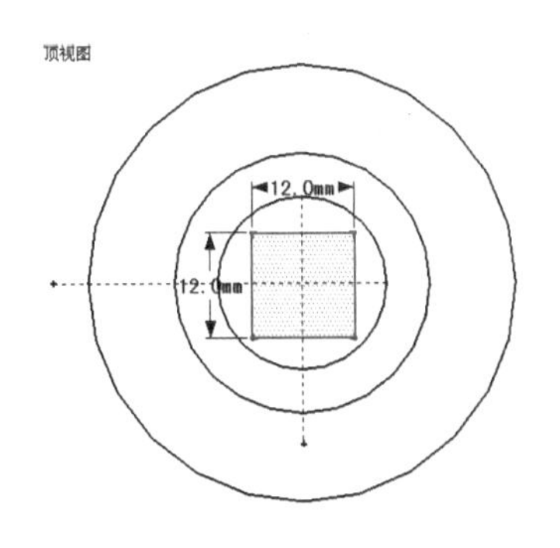

图 4-38　绘制正方形分割面

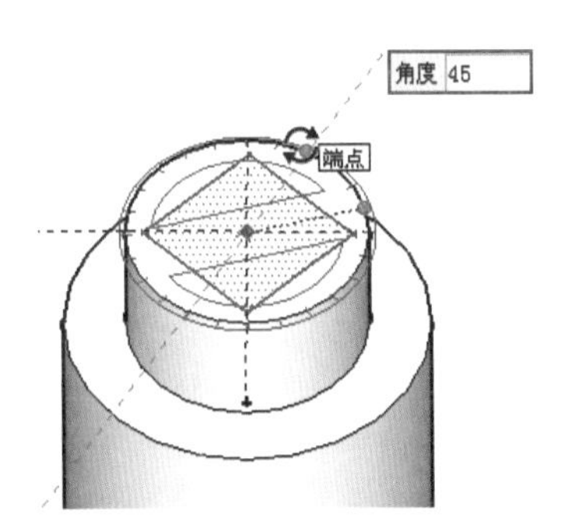

图 4-39　旋转正方形

步骤 06 选择【推/拉】工具，将矩形面向上拉伸 18mm 的高度，如图 4-40 所示。

步骤 07 在【左视图】中创建一个半径为 6mm 的正六边形，如图 4-41 所示，使用【推/拉】工具拉伸 65mm 长度，并进行中心对齐，如图 4-42 所示。

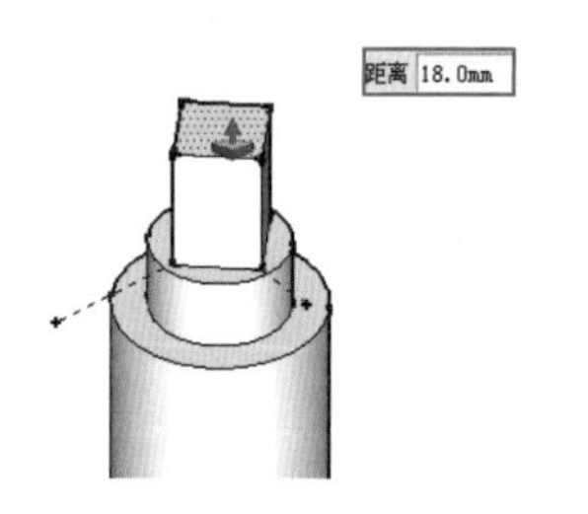

图 4-40　向上推拉 18mm 高度

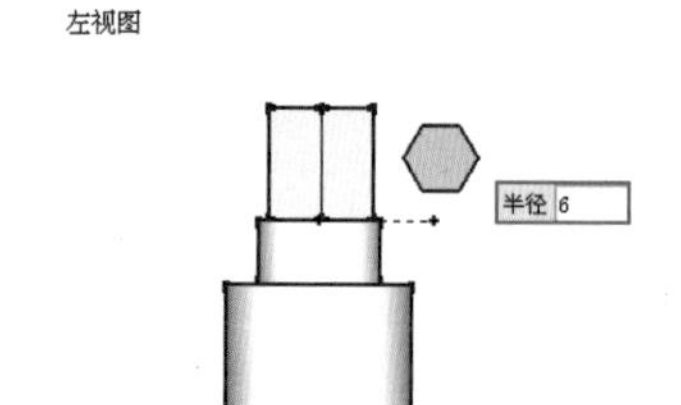

图 4-41　绘制正六边形

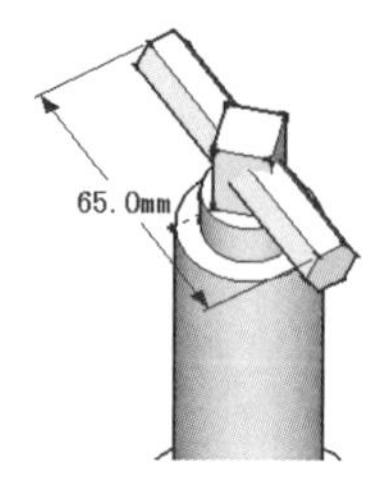

图 4-42　推拉 65mm 的长度

步骤 08 选择创建好的旋杆，使用【旋转】工具以 90° 进行旋转复制，如图 4-43 所示。然后将创建好的模型，整体以 200 的距离复制一份，如图 4-44 所示。

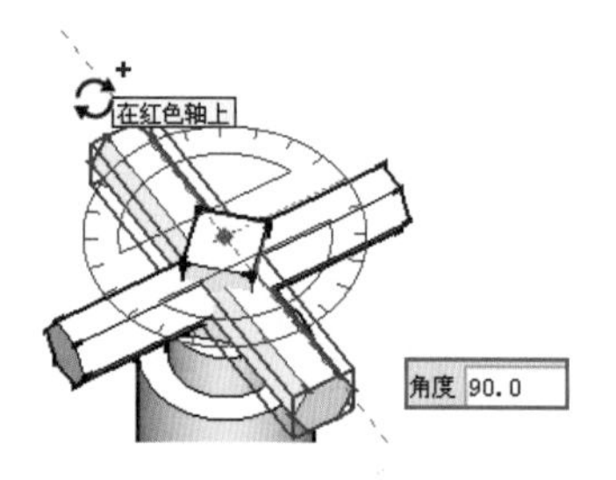

图 4-43　旋转复制

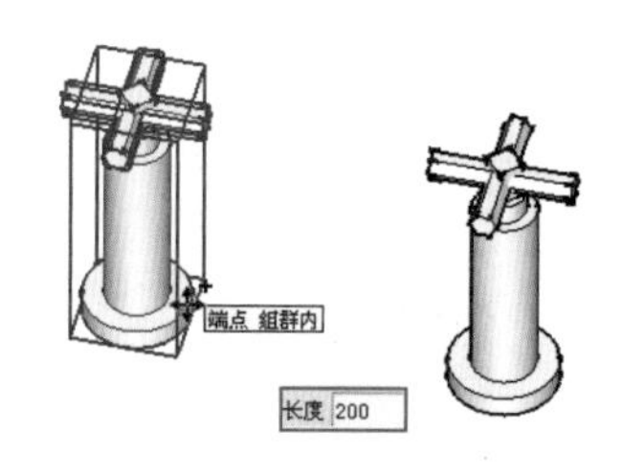

图 4-44　移动复制

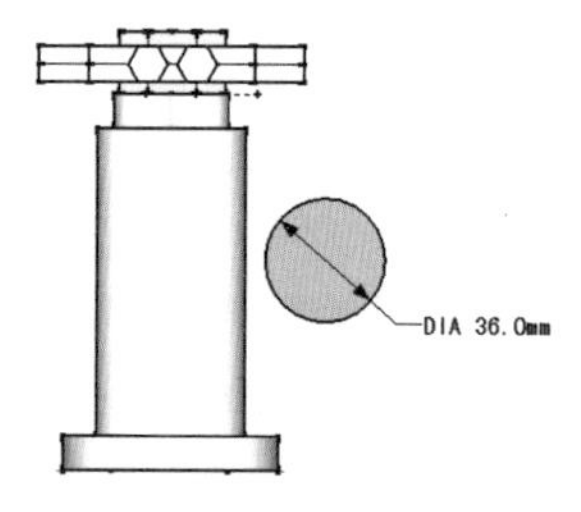

图 4-45　绘制圆形

步骤 09 创建一个直径为 36mm 的圆形，并使用【推/拉】工具进行连接，如图 4-45 与图 4-46 所示。接下来绘制水管。

步骤 10 参考已经制作的模型比例，结合使用【圆弧】、【圆】以及【跟随路径】工具，创建水管模型，完成双筏龙头模型制作，如图 4-47 和图 4-48 所示。

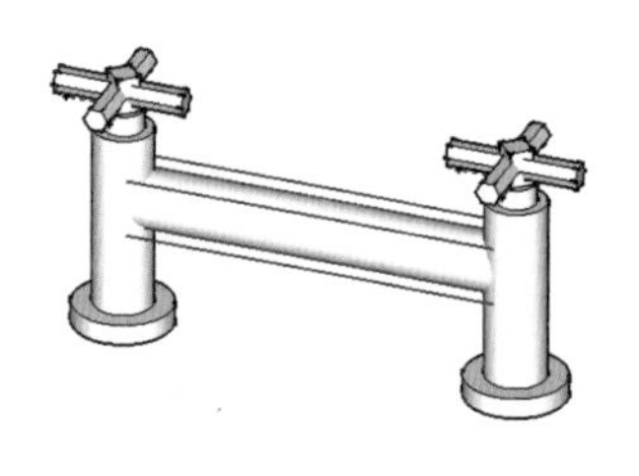

图 4-46　推拉出连接管

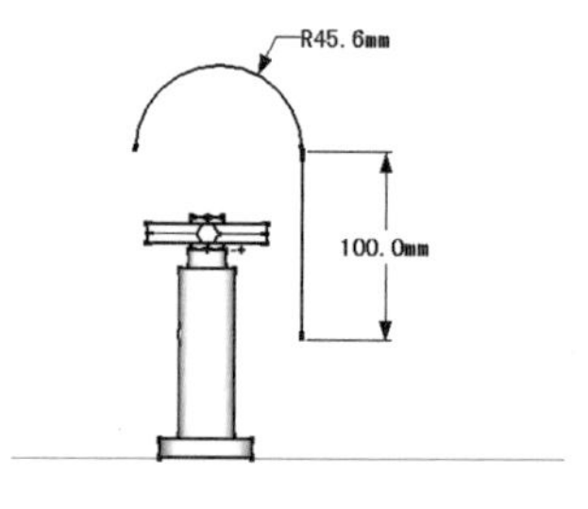

图 4-47　绘制出水管线形

图 4-48　跟随路径完成最终模型

074 简约落地灯

文件路径：配套光盘\第 04 章\074	视频文件：MP4\第 04 章\074.MP4

本例将学习简约落地灯模型的制作，主要使用到【线条】、【多边形】、【圆】、【圆弧】、【跟随路径】及【旋转】等工具的使用。

步骤 01 启动 SketchUp，执行【窗口】/【模型信息】命令，在【单位】选项卡内设置场景单位为 mm。

步骤 02 启用【线条】创建工具，绘制如图 4-49 所示支架与辅助线形。启用【多边形】创建工具，绘制一个半径为 15mm 的正三角形，如图 4-50 所示。

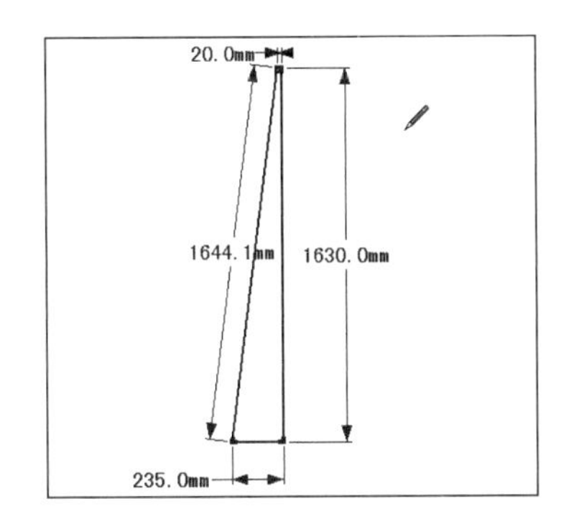

图 4-49　绘制支架与辅助线形

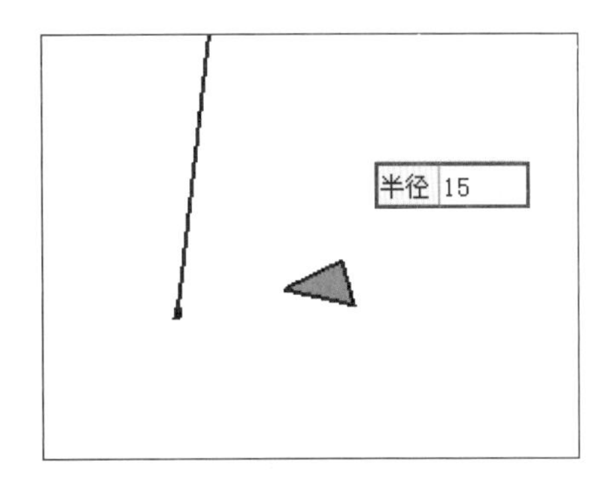

图 4-50　创建正三角形

步骤 03 启用【跟随路径】工具，选择三角形为截面，以斜线为路径，制作出支架三维模型，然后通过多重旋转复制，制作出三角支架模型，如图 4-51~图 4-53 所示。

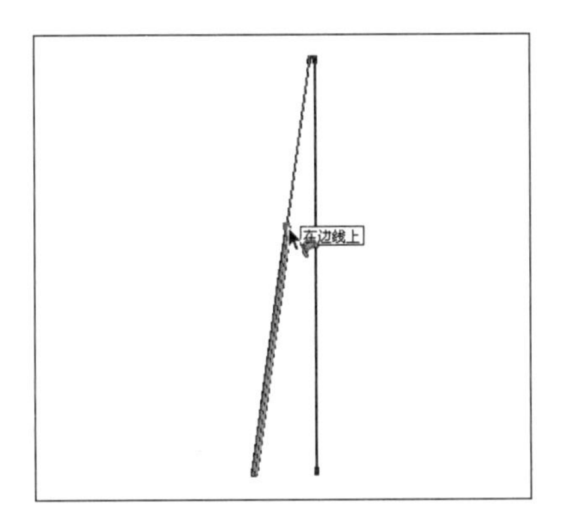

图 4-51　跟随路径

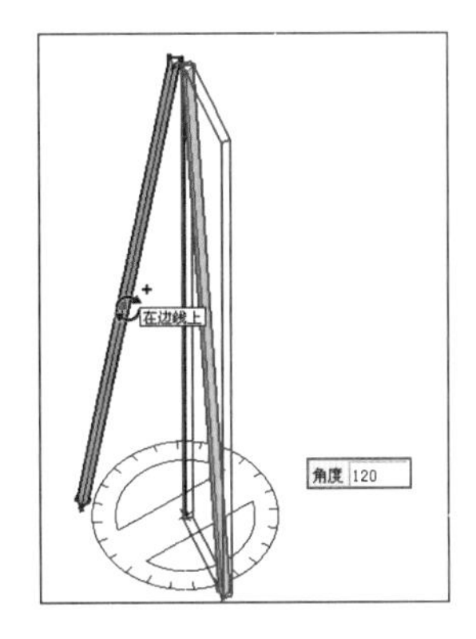

图 4-52　旋转复制

图 4-53　多重旋转复制

步骤 04 启用【线条】工具，捕捉三角支架端点绘制一个三角形并推拉出高度，通过移动复制与拉伸，得到多层三角搁板造型，如图 4-54~　　图 4-56 所示。

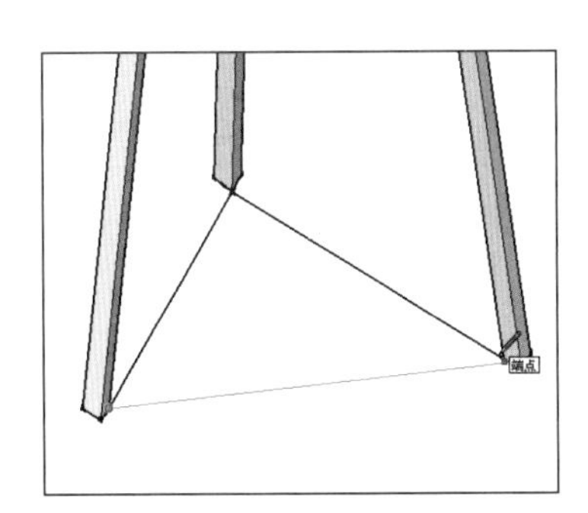

图 4-54　绘制三角形

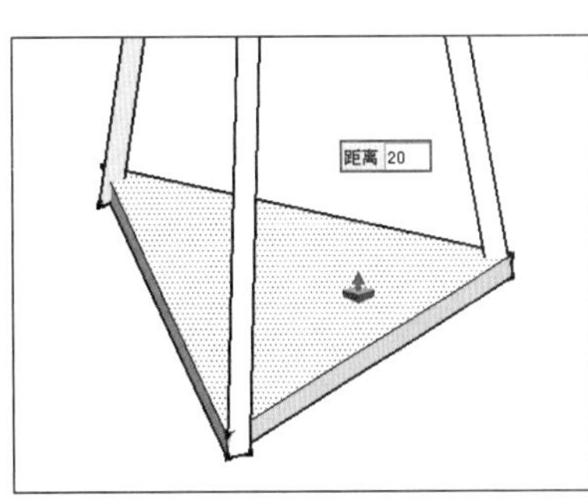

图 4-55　推拉三角形

图 4-56　移动复制并拉伸

步骤 05 结合使用【线条】、【圆】、【圆弧】以及【跟随路径】等工具，制作灯罩造型，完成模型的最终效果，如图4-57~ 图4-59所示。

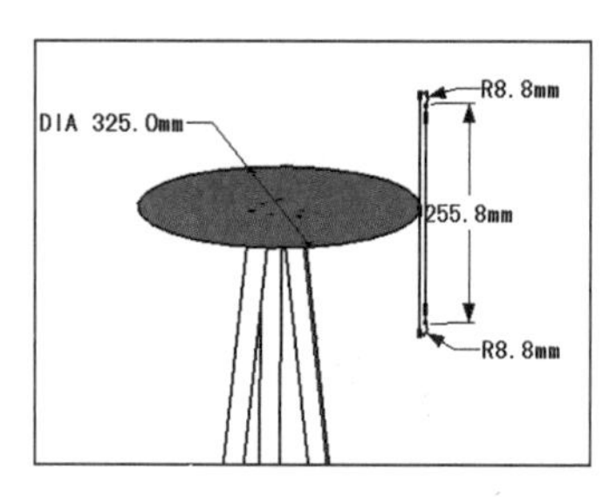

图4-57 绘制灯罩截面与路径

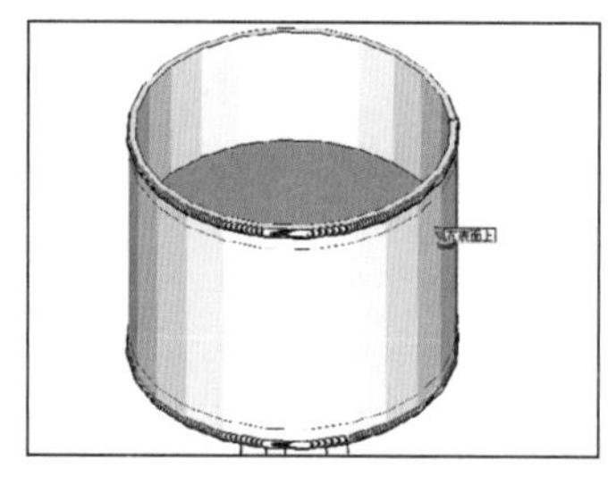

图4-58 启用跟随路径工具

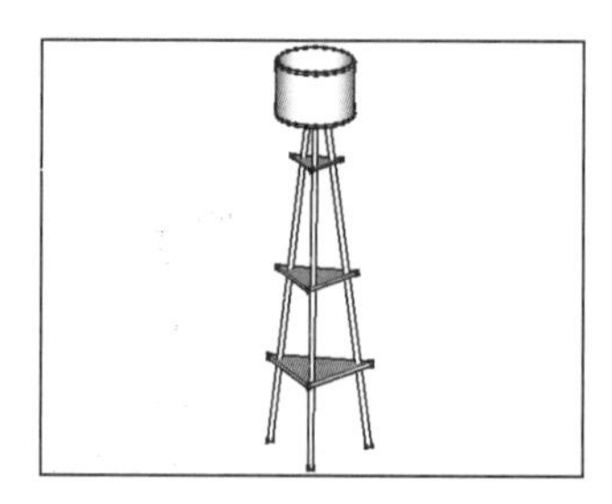

图4-59 落地灯最终效果

075 现代吊灯

文件路径：配套光盘\第04章\075　　视频文件：MP4\第04章\075.MP4

本例将学习现代吊灯的制作，主要使用到【矩形】、【偏移】与【推/拉】等工具。在模型的创建过程中注意使用双击直接进行重复操作。

步骤 01 打开SketchUp，执行【窗口】/【模型信息】命令，在【单位】选项卡内设置场景单位为“mm”。

步骤 02 启用【矩形】创建工具，绘制一个边长为500mm的正方形，如图4-60所示。启用【推/拉】工具，制作40mm的厚度，如图4-61所示。

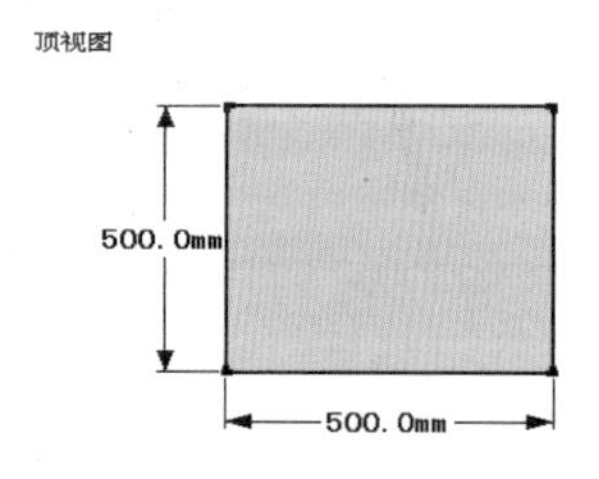

图4-60 创建正方形

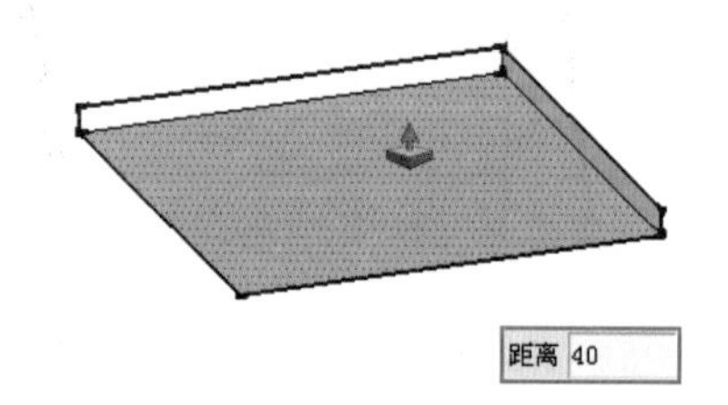

图4-61 向下推拉40mm高度

步骤 03 选择模型底面，启用【偏移】工具向内偏移70mm，如图4-62所示。启用【推/拉】工具，向下制作20mm的厚度，如图4-63所示。

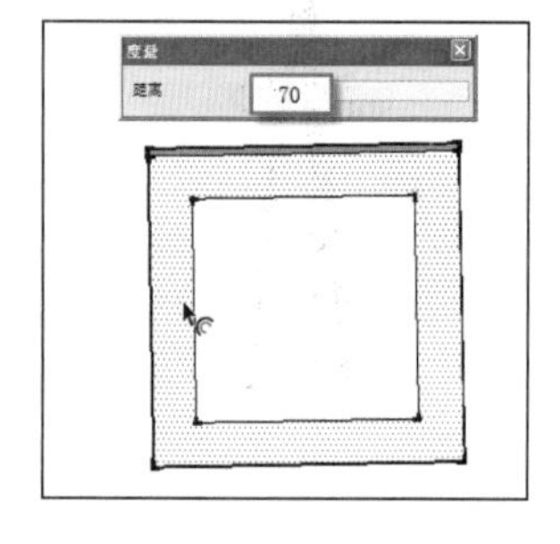

图4-62 向内偏移复制

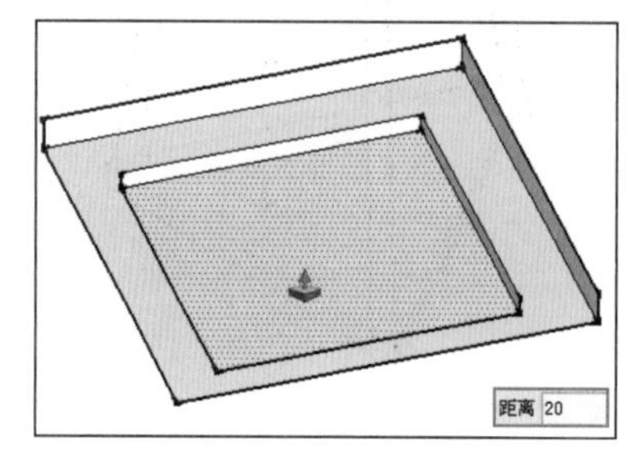

图4-63 向下推拉

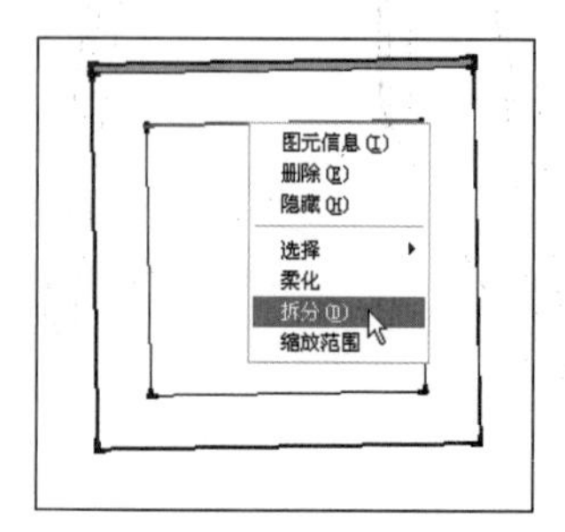

图4-64 启用拆分命令

步骤 04 选择边线，单击鼠标右键，选择【拆分】菜单命令，如图 4-64 所示，将其拆分为 5 段，如图 4-65 所示。

步骤 05 启用【线条】创建工具，连接拆分点细分底面，如图 4-66 所示。启用【偏移】工具，选择分割面向内进行偏移，偏移距离为 2.5mm，如图 4-67 所示。

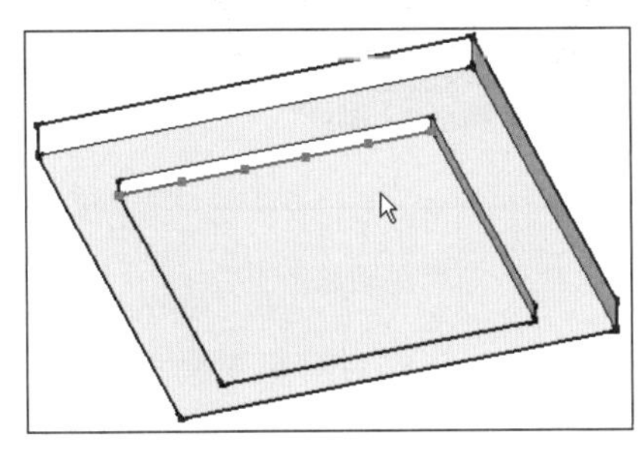

图 4-65　拆分边线

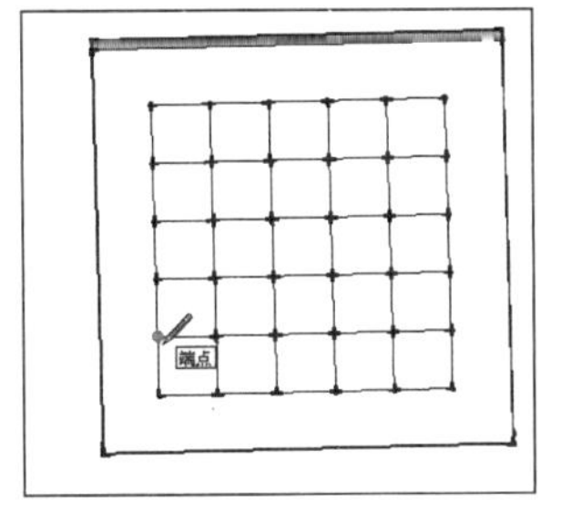

图 4-66　细分割底部模型面

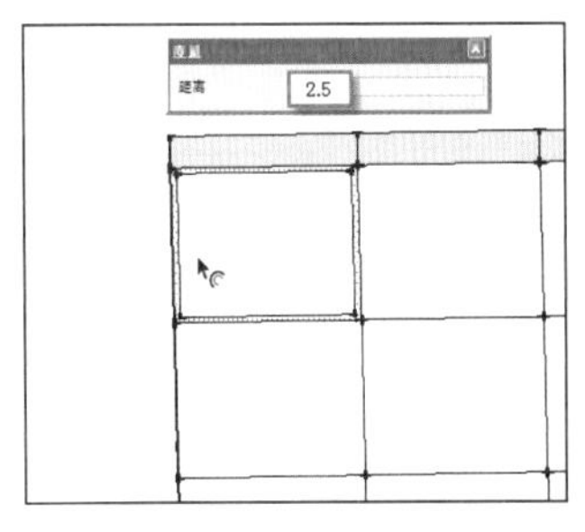

图 4-67　偏移复制

步骤 06 选择细分模型面，启用【推/拉】工具，向下拉出 60mm 的高度，如图 4-68 所示。

步骤 07 重复【偏移】操作，如图 4-69 所示，然后启用【推/拉】工具向上制作 58mm 的深度，制作出灯罩模型。

步骤 08 重复上述操作，完成如图 4-70 所示的现代吊灯造型的制作。

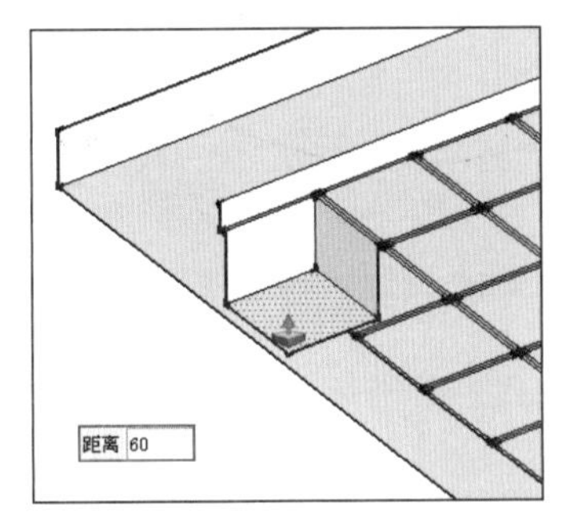

图 4-68　向下推拉

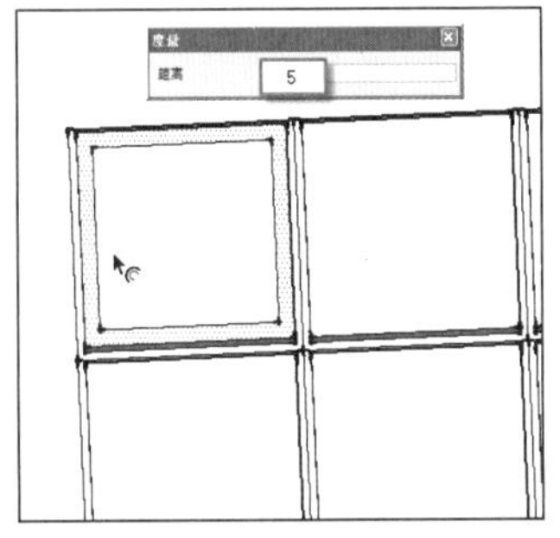

图 4-69　向内以 5mm 进行偏移复制

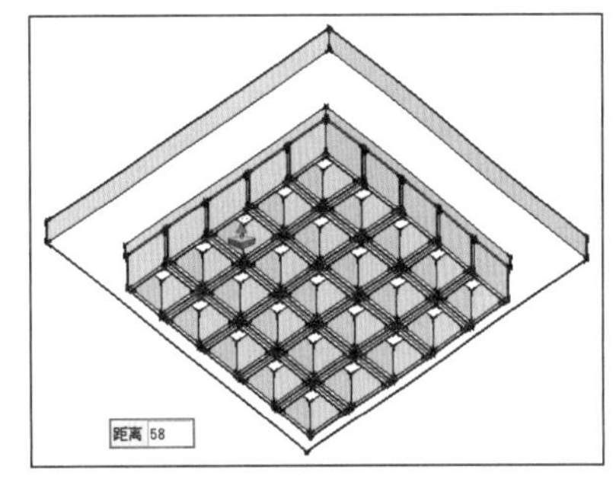

图 4-70　向内推拉 58mm 完成造型

076 简欧台灯

文件路径：配套光盘\第 04 章\076　　视频文件：MP4\第 04 章\076.MP4

本例学习简欧台灯模型的制作，主要使用到【线条】、【圆】、【圆弧】以及【跟随路径】与【模型交错】工具与命令的使用。

步骤 01 结合使用【线条】、【圆】（扑捉垂直直线端点绘制半径为 90mm 的圆）以及【跟随路径】等工具，制作台灯底座三维模型，如图 4-71 与图 4-72 所示。

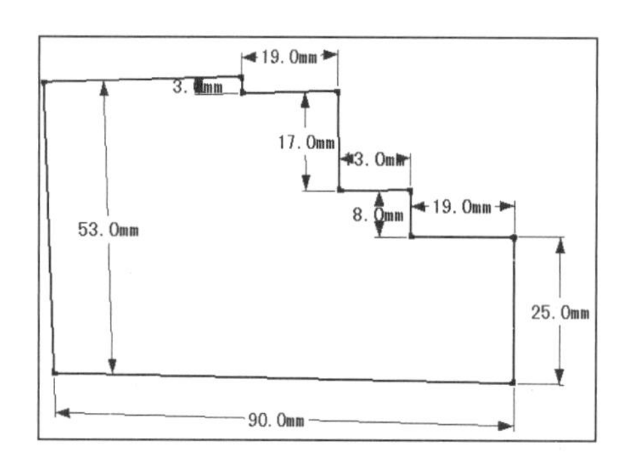

图 4-71　绘制底座轮廓线形

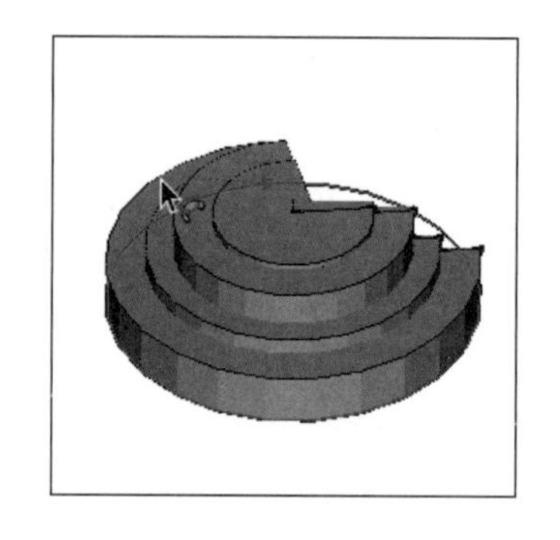

图 4-72　启用跟随路径工具

步骤 02 结合使用【线条】、【圆弧】以及【跟随路径】等工具，制作台灯灯身模型，如图 4-73 与图 4-74 所示。

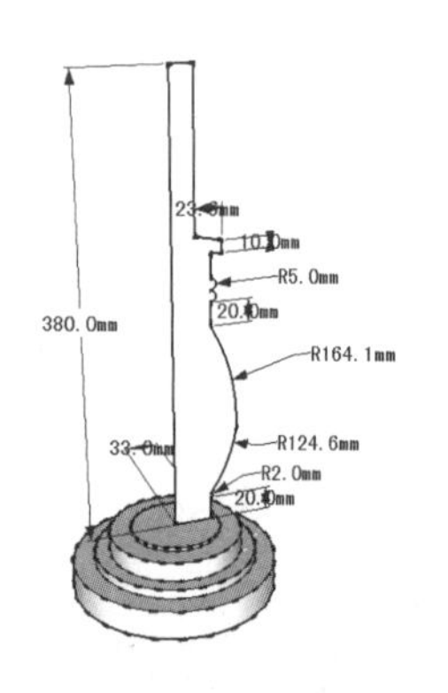

图 4-73　绘制灯身轮廓

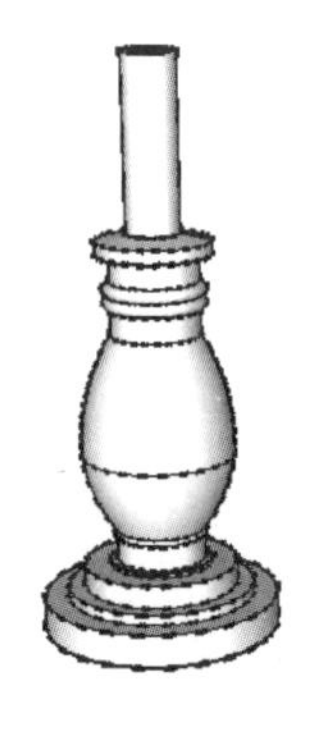

图 4-74　制作灯身三维造型

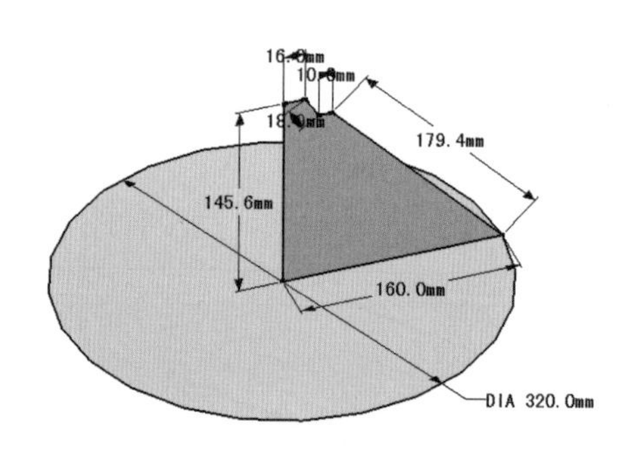

图 4-75　绘制灯罩轮廓线形

步骤 03 结合使用【线条】、【圆】以及【跟随路径】等工具，制作灯罩初步造型，如图 4-75 与图 4-76 所示。接下来通过【模型交错】制作装饰细节。

步骤 04 使用【线条】与【圆弧】工具绘制图形截面，然后推拉出厚度，并创建为【组】，如图 4-77 与图 4-78 所示。

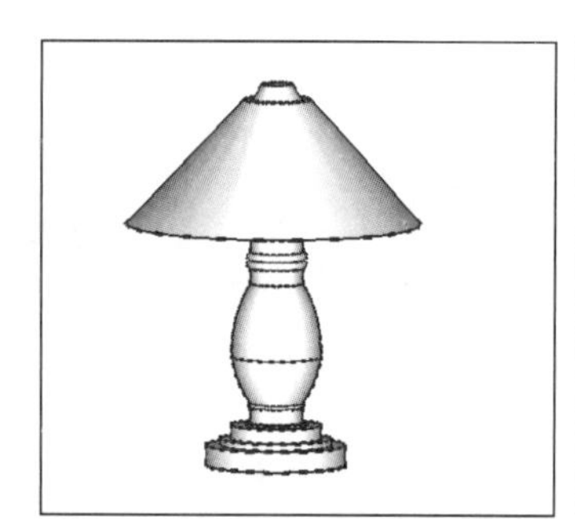

图 4-76　制作灯罩三维造型

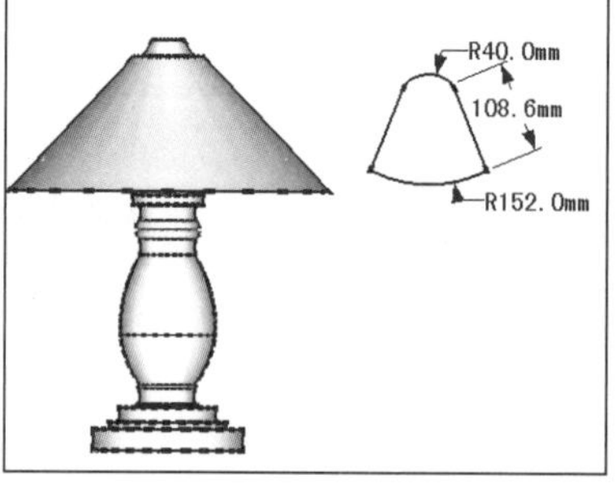

图 4-77　绘制交错用图形截面

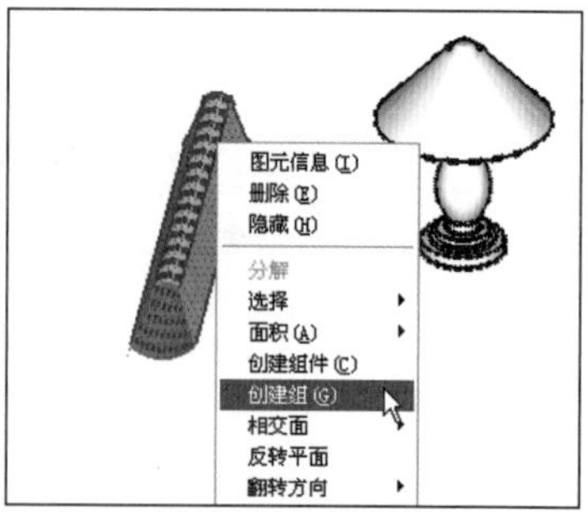

图 4-78　推拉厚度并创建组

步骤 05 移动拉伸模型至灯罩中心，并以 90° 进行【旋转】，然后选择灯罩进行【模型交错】，交错完成后删除多余模型，如图 4-79~图 4-81 所示。

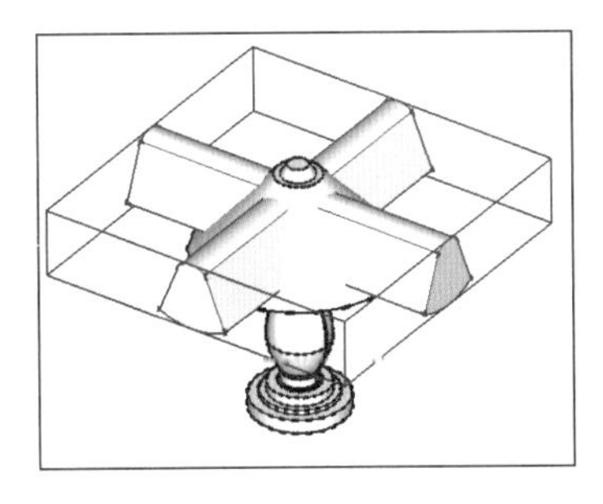

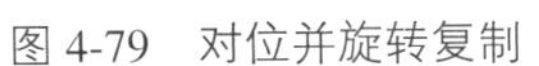

图 4-79　对位并旋转复制

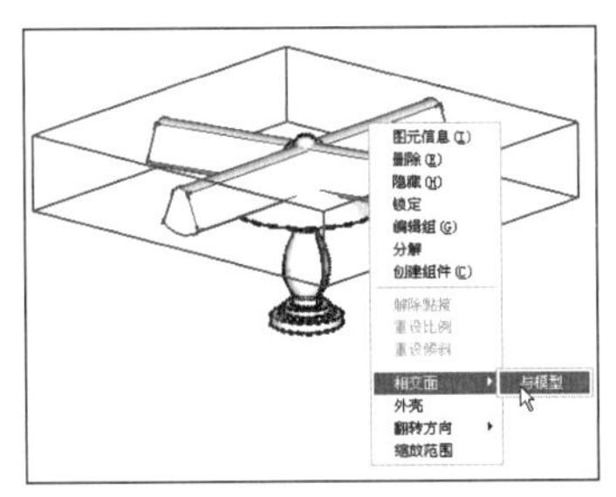

图 4-80　进行模型交错

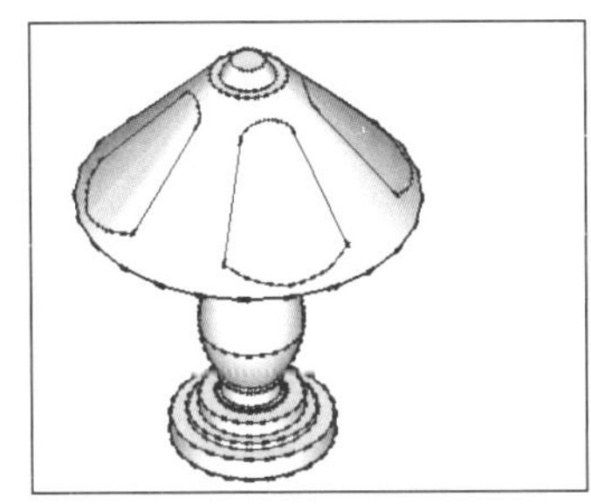

图 4-81　删除多余模型

步骤 06 打开【使用层颜色材料】面板，为台灯分别赋予黄铜与透光装饰布纹材质，完成最终效果，如图 4-82~图 4-84 所示。

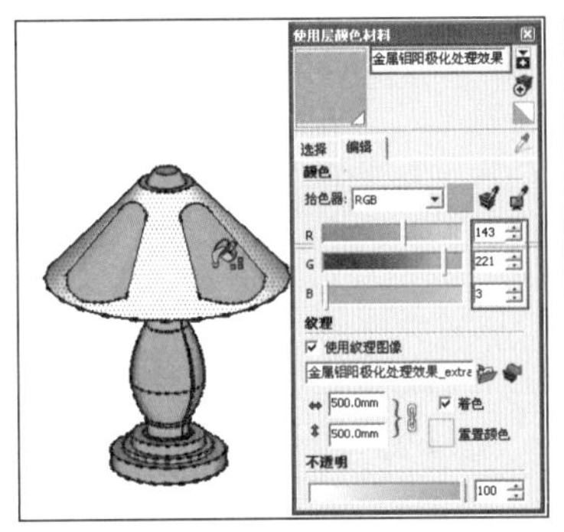

图 4-82　赋予金属材质

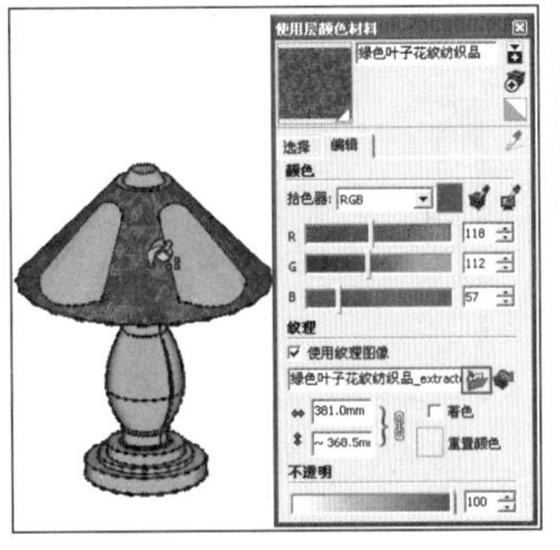

图 4-83　赋予布纹材质

图 4-84　模型最终效果

077 木制酒架

文件路径：配套光盘\第 04 章\077　　视频文件：MP4\第 04 章\077.MP4

本例学习木制酒架模型的制作，主要使用到【矩形】、【圆】、【推/拉】以及【减去】与【翻转方向】工具，注意学习模型逐步细化的技巧。

步骤 01 启用【矩形】创建工具，绘制一个矩形，然后进行分割并使用推拉工具制作模型初步轮廓，如图 4-85~图 4-88 所示。

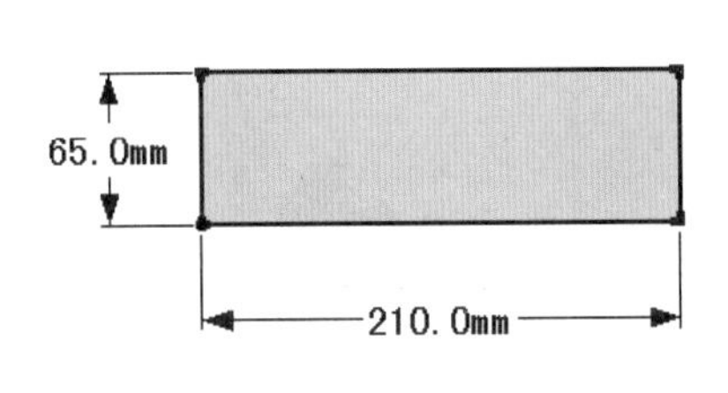

图 4-85　绘制矩形

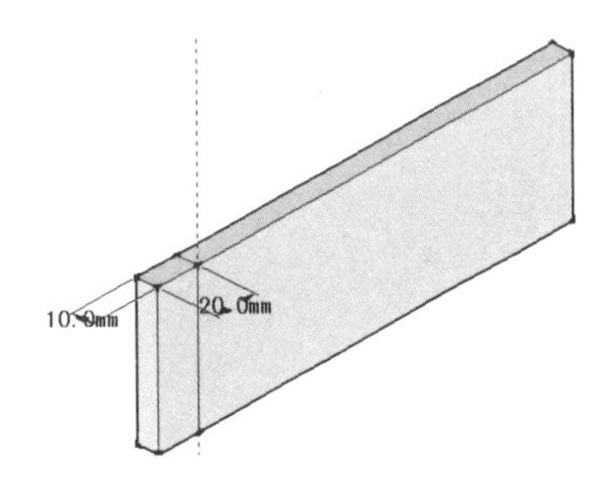

图 4-86　分割矩形推拉厚度

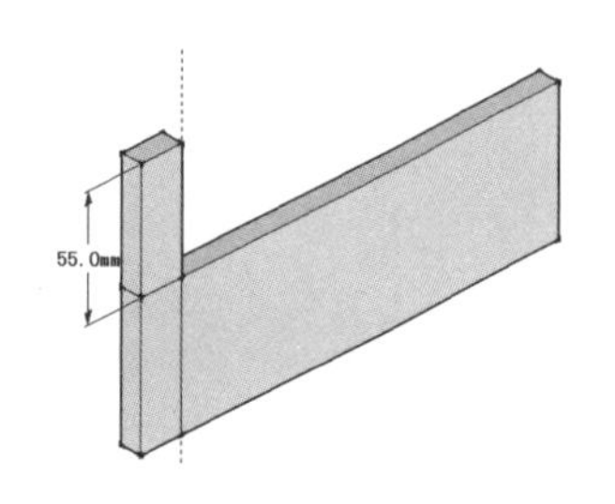

图 4-87 向上推拉 55mm 高度

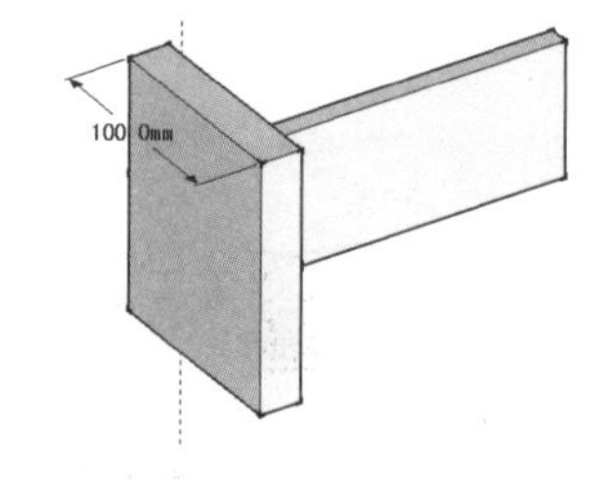

图 4-88 向后推拉完成初步轮廓

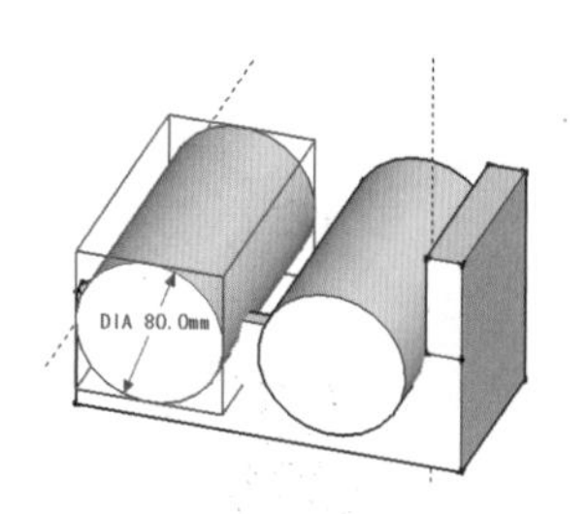

图 4-89 绘制圆柱体

步骤 02 结合使用【圆】与【推/拉】工具，制作出两个圆柱体，将其进行对位，通过【减去】工具，制作出半圆缺口细节，如图 4-89~图 4-91 所示。

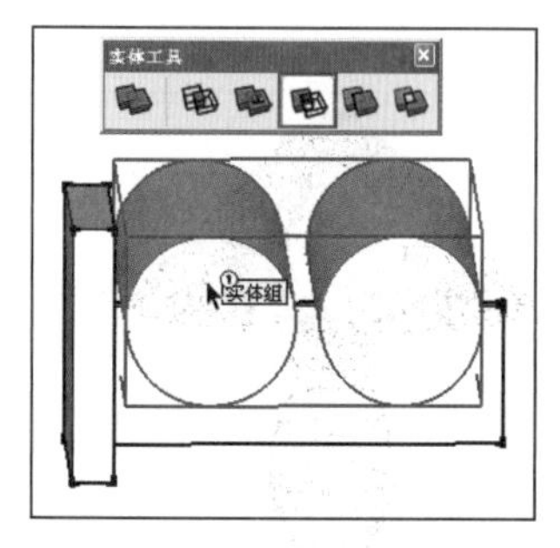

图 4-90 进行差集运算

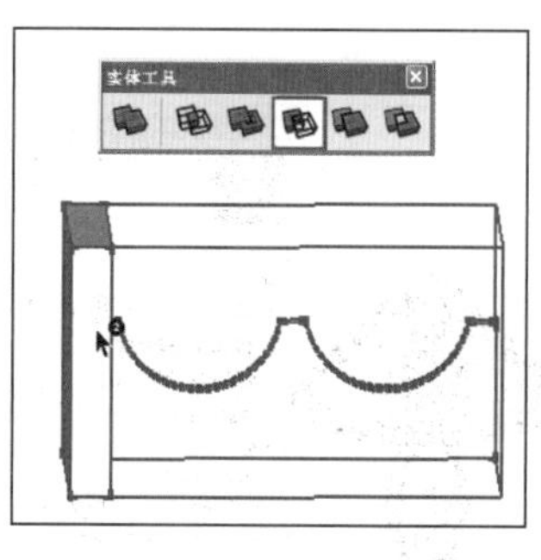

图 4-91 差集运算效果

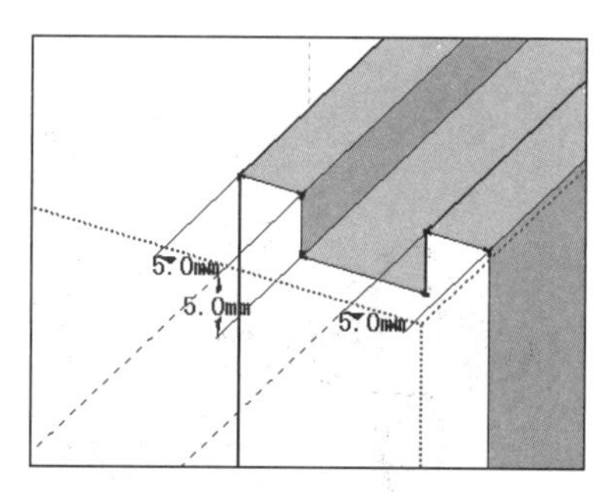

图 4-92 制作顶部凹槽细节

步骤 03 结合使用【卷尺】、【线条】及【推/拉】工具，制作出各个面的凹槽等细节，如图 4-92~图 4-94 所示。

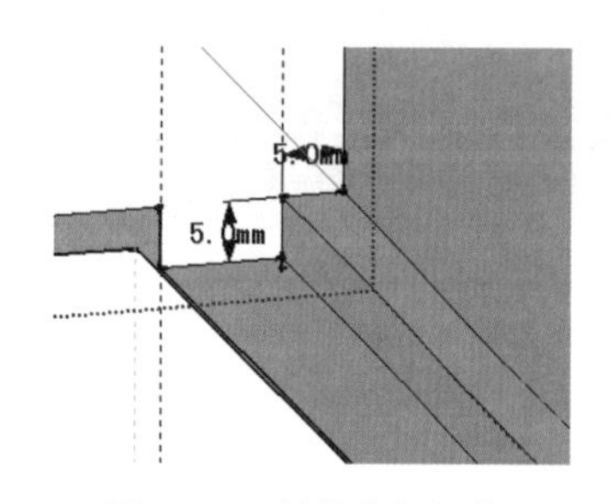

图 4-93 制作底部细节

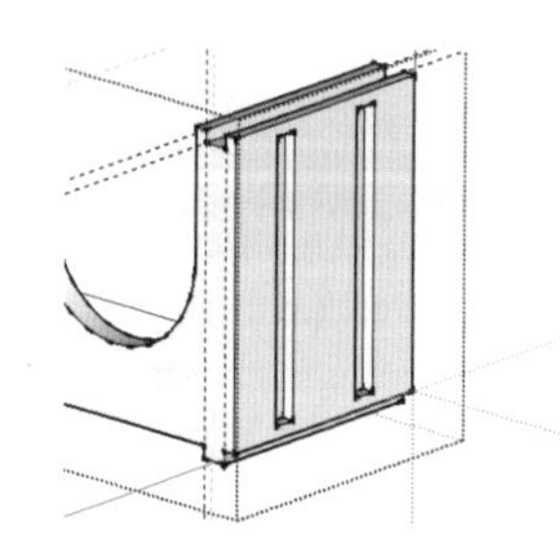
图 4-94 制作侧面细节

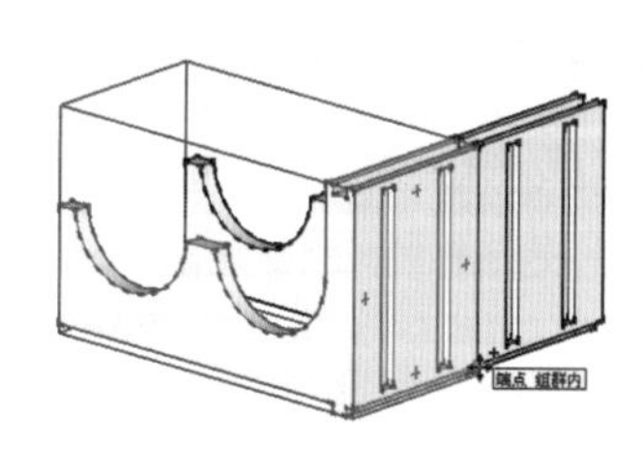
图 4-95 移动复制

步骤 04 通过移动复制与【翻转方向】工具，快速制作出酒架的整体效果，最后打开【使用层颜色材料】面板，为其赋予“原樱桃木”材质，完成最终效果，如图 4-95~图 4-98 所示。

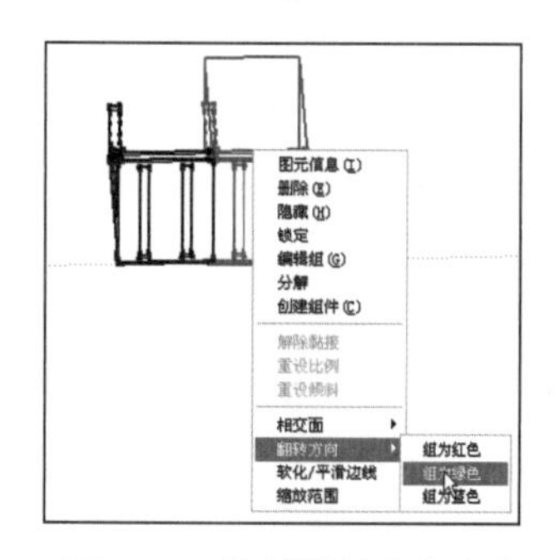

图 4-96 使用翻转方向命令

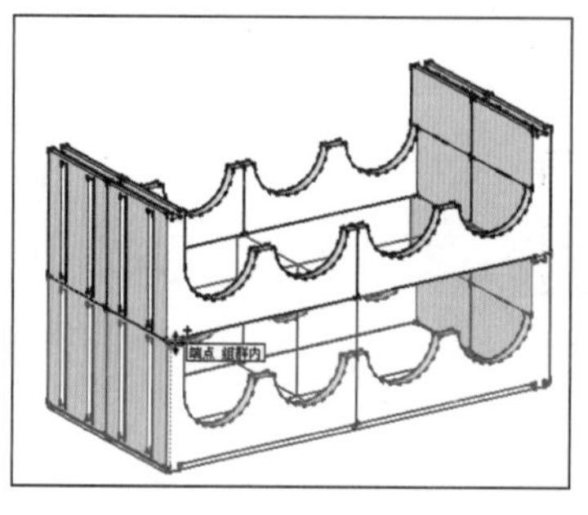
图 4-97 向上复制

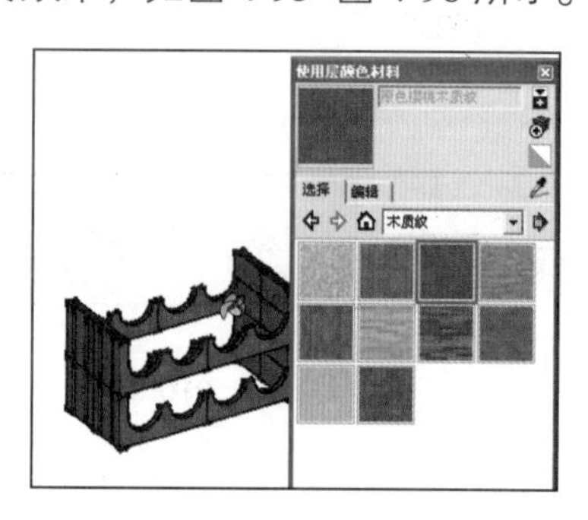

图 4-98 酒架最终效果

078 简约沙发

文件路径：配套光盘\第 04 章\078　　视频文件：MP4\第 04 章\078.MP4

本例将学习现代简约沙发模型的制作，主要将使用到【矩形】、【线条】、【旋转】、【推/拉】以及【拉伸】工具。在模型创建的过程中，注意拉伸工具的灵活应用。

步骤 01 启用【矩形】创建工具，绘制一个竖立的矩形，如图 4-99 所示。启用【推/拉】工具，制作 100mm 的厚度，如图 4-100 所示。

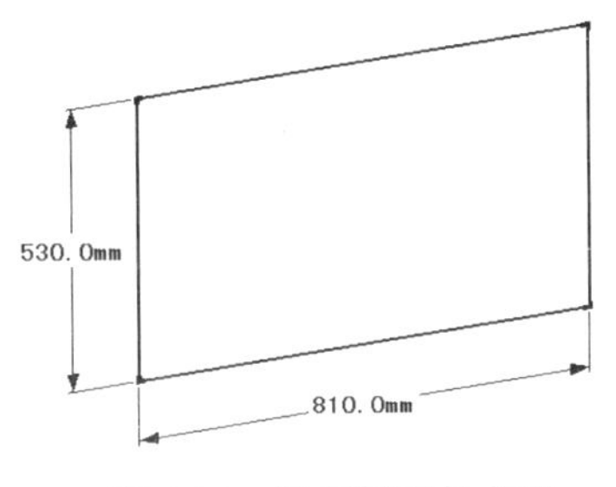

图 4-99　绘制侧面长方形

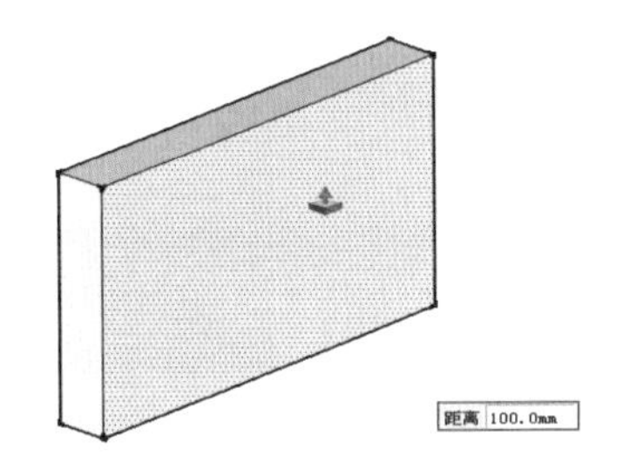

图 4-100　推拉出厚度

步骤 02 选择制作好的模型，以 610mm 的距离进行复制，如图 4-101 所示。移动复制完成后，进行旋转复制，并调整好沙发底板位置，如图 4-102 与图 4-103 所示。

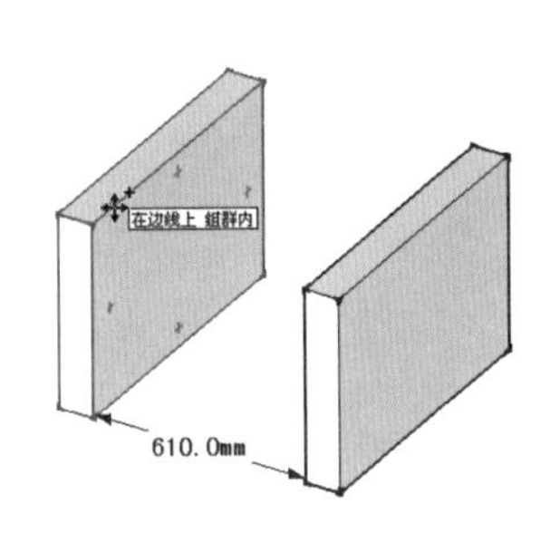

图 4-101　移动复制

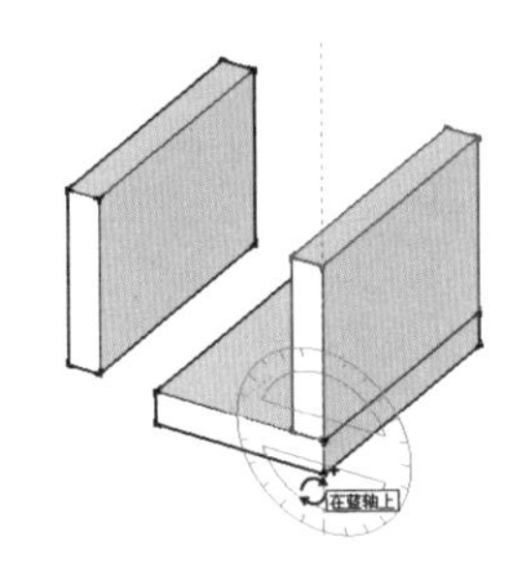

图 4-102　旋转复制

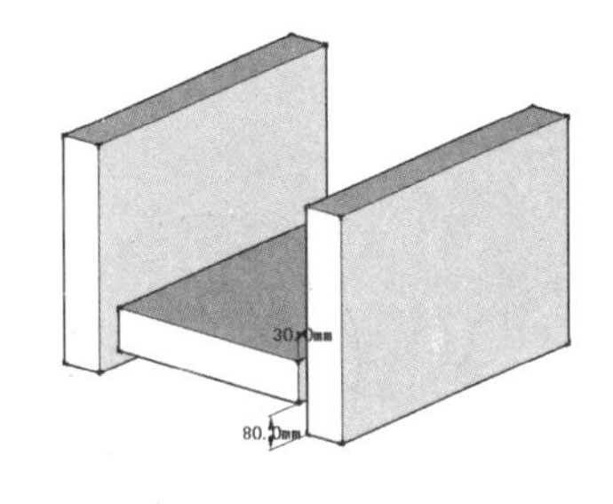

图 4-103　模型对位

步骤 03 选择沙发底板，启用【拉伸】工具调整好造型，如图 4-104 与图 4-105 所示，然后再次向上复制出沙发垫，并进行造型调整，如图 4-106~图 4-125 所示。

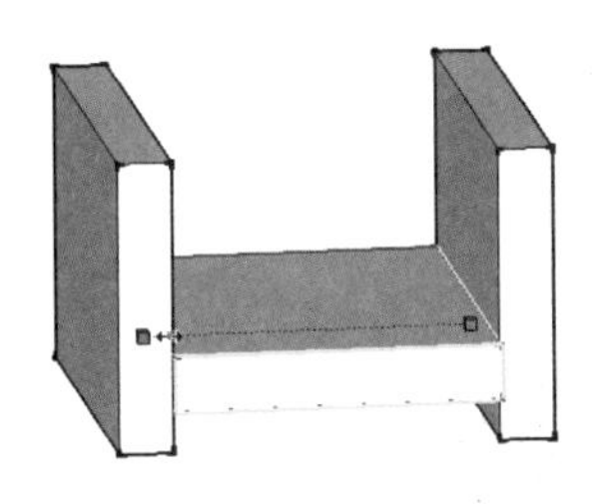

图 4-104　通过单轴拉伸调整宽度

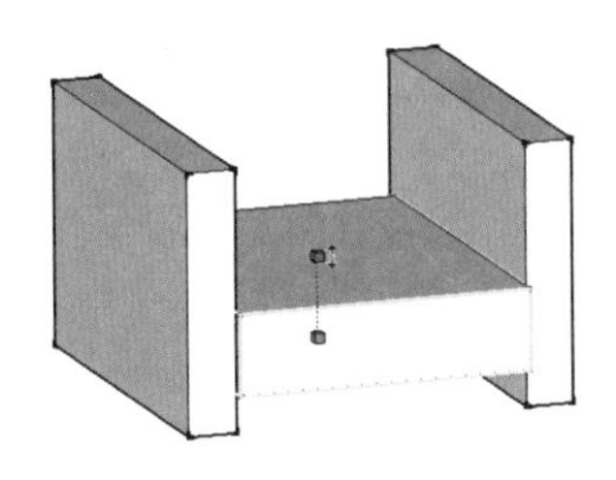

图 4-105　通过单轴拉伸调整厚度

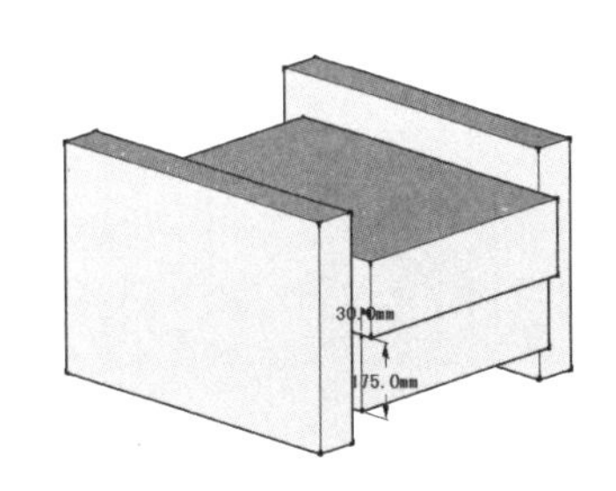

图 4-106　通过类似方法制作沙发垫

步骤 04 沙发垫造型调整完成后，结合使用【线条】以及【推/拉】工具创建沙发靠背，如图 4-108 所示，完成简约沙发模型的制作，如图 4-109 所示。

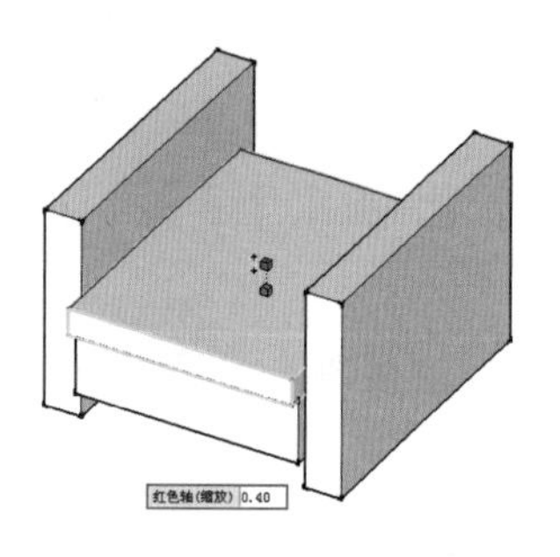

图 4-107 通过单轴拉伸调整厚度

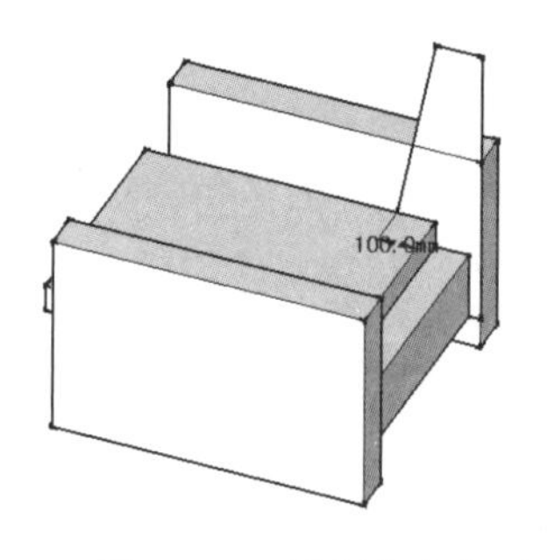

图 4-108 绘制靠背线形

图 4-109 推拉完成最终效果

079 经典吧椅

文件路径：配套光盘\第 04 章\079	视频文件：MP4\第 04 章\079.MP4

本例学习经典吧椅模型的制作，主要使用到【圆】、【线条】、【圆弧】、【偏移】以及【推/拉】等工具。

步骤 01 启用【圆】创建工具，绘制一个直径为 540mm 的圆形，如图 4-110 所示。

步骤 02 结合使用【偏移】与【推/拉】工具，制作出底座细节，如图 4-111 所示。

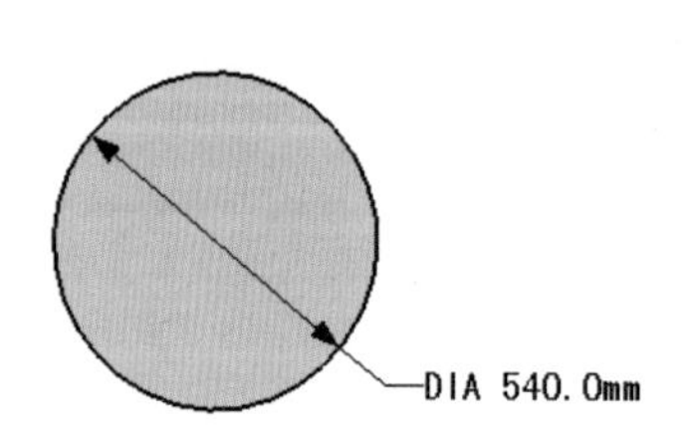

图 4-110 绘制底座圆形

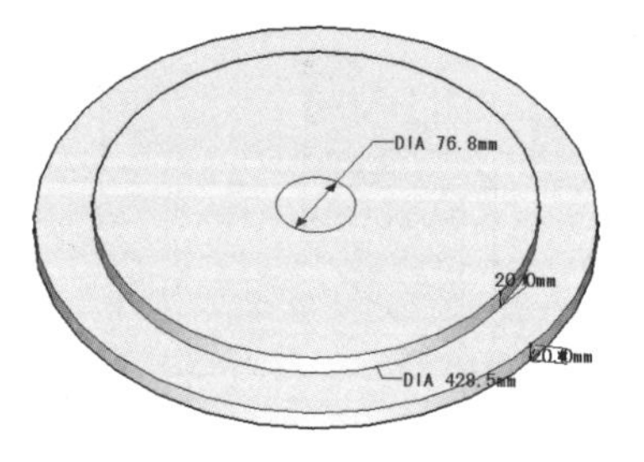

图 4-111 制作底部细节

步骤 03 结合使用【偏移】与【推/拉】工具，完成支撑杆造型细节，如图 4-112 与图 4-113 所示。

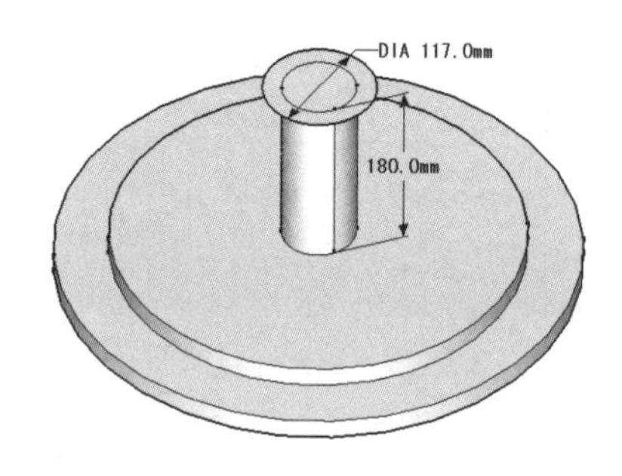

图 4-112 通过推拉与偏移制作支架底部细节

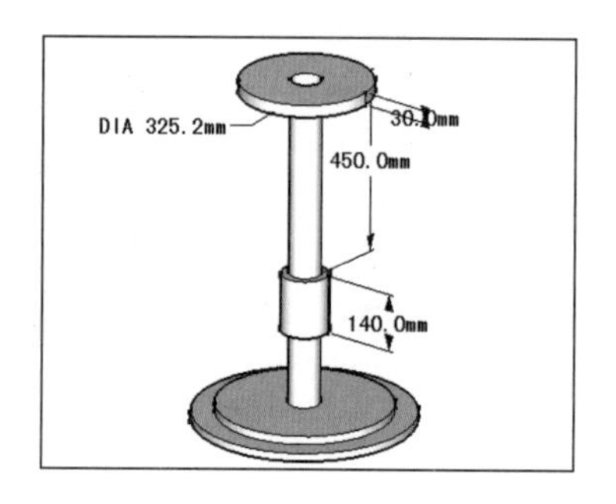

图 4-113 支架完成细节

步骤 04 结合使用【线条】与【圆弧】工具，绘制出靠背轮廓线形，结合【偏移】与【圆弧】工具进行封面，最后使用【推/拉】工具制作出 500mm 的宽度，如图 4-114~ 图 4-117 所示。

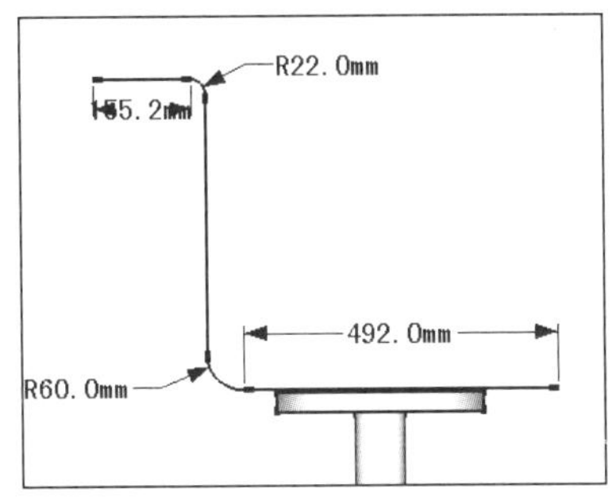

图 4-114　绘制靠背轮廓线形

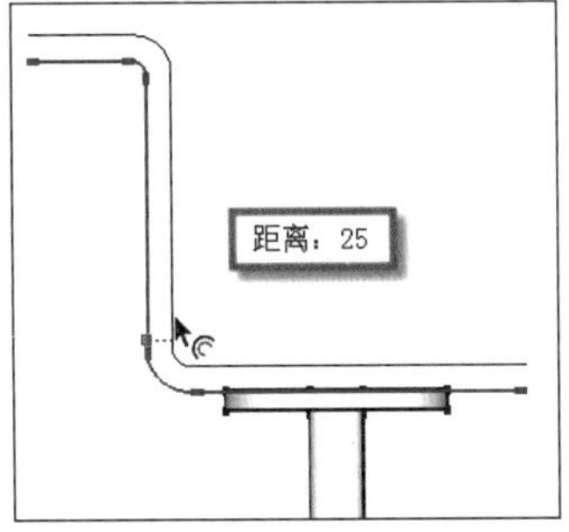

图 4-115　使用偏移复制工具

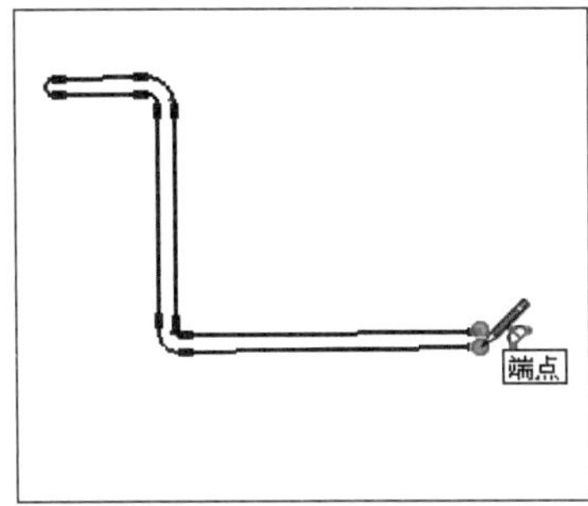

图 4-116　使用圆弧进行封面

步骤 05 使用类似的方法，完成坐垫模型的制作，如图 4-118 与图 4-119 所示。

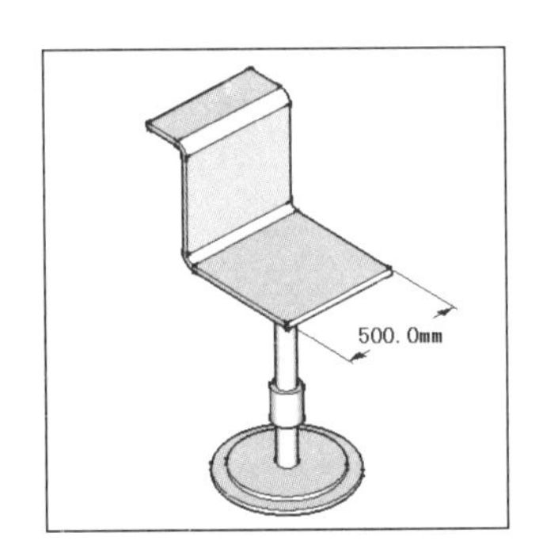

图 4-117　推拉出 500mm 宽度

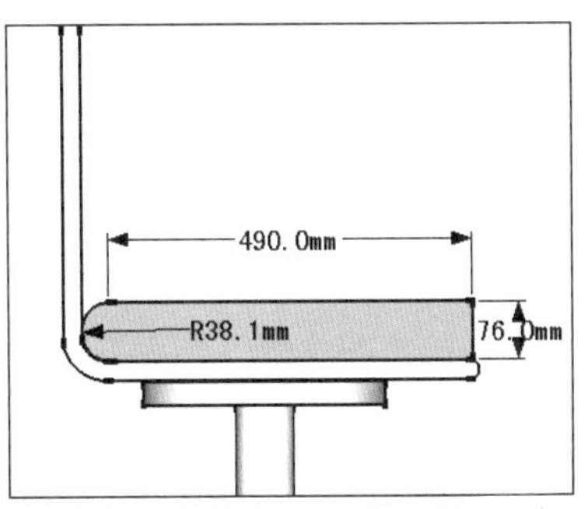

图 4-118　绘制坐垫轮廓

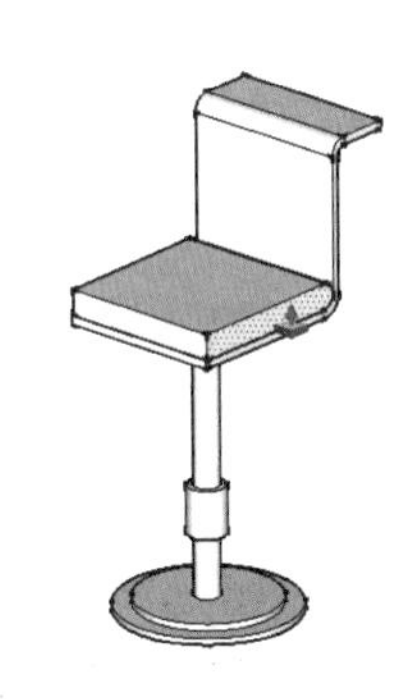

图 4-119　推拉出坐垫宽度

步骤 06 绘制圆形截面与矩形路径，通过【跟随路径】工具完成踏脚线形，然后通过复制完成细节效果，如图 4-120~ 图 4-122 所示。

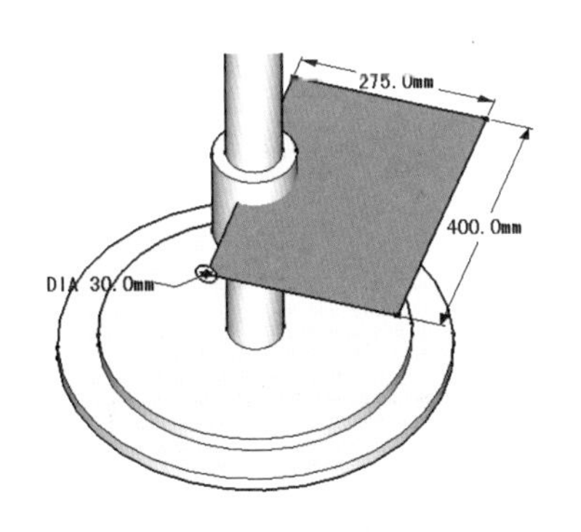

图 4-120　绘制矩形路径与圆形截面

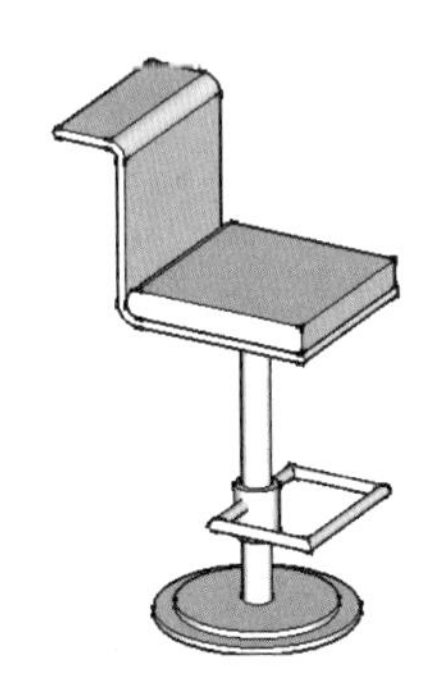

图 4-121　制作踏脚线形

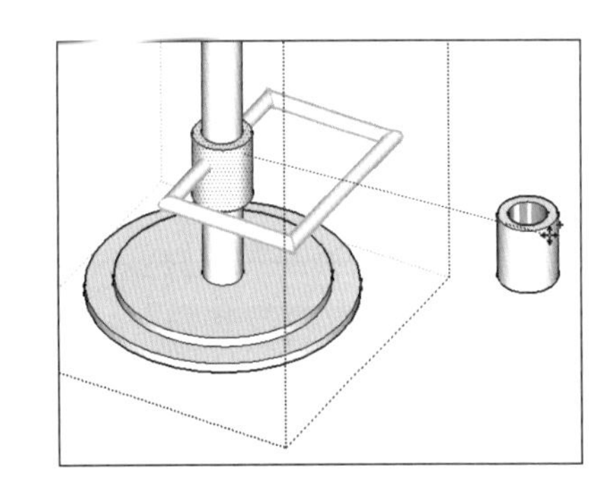

图 4-122　复制踏脚细节

步骤 07 打开【使用层颜色材料】面板，为支架与靠背分别赋予金属与木纹材质，完成最终效果如图 4-123 与图 4-124 所示。

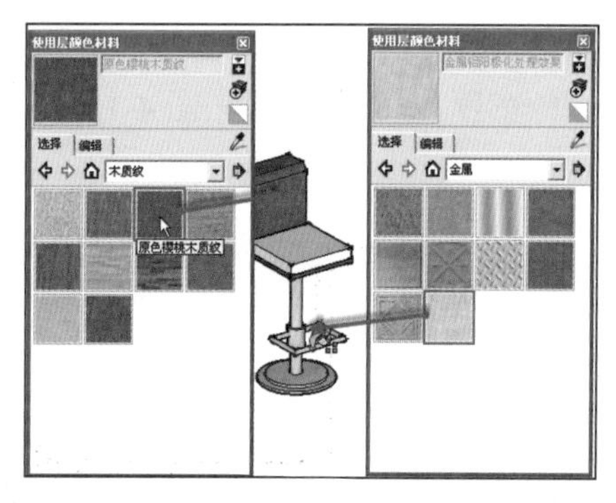

图 4-123　赋予金属与木纹

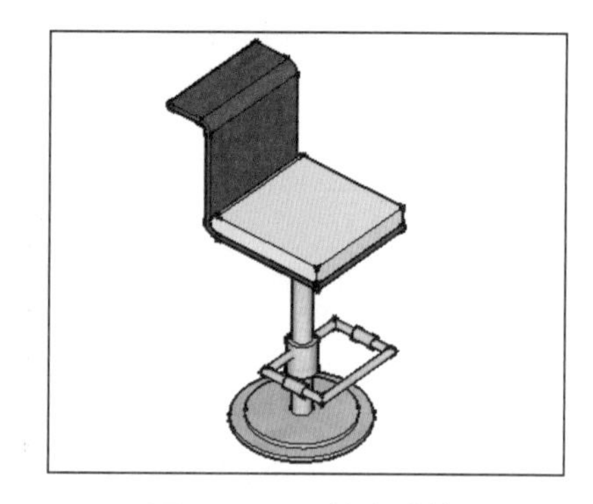

图 4-124　吧椅完成效果

080 办公桌椅

文件路径：配套光盘\第 04 章\080	视频文件：MP4\第 04 章\080.MP4

本例将学习曲线形办公桌椅模型的制作，主要使用到【矩形】、【圆弧】以及【推/拉】工具，在模型的创建过程中，注意学习辅助物体与旋转工具的使用。

步骤 01 制作办公桌造型，如图 4-125 所示。启用【矩形】创建工具，绘制一个 1220mm×3657mm 的矩形，如与图 4-126 所示。

图 4-125　办公桌单体模型

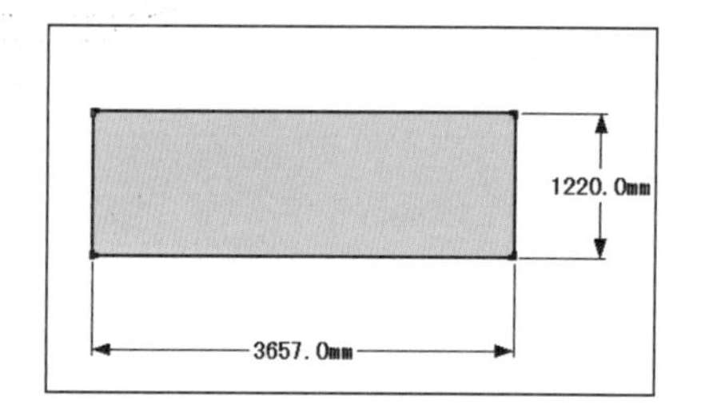

图 4-126　创建辅助矩形

步骤 02 启用【圆弧】创建工具，捕捉矩形边线端点与中点绘制一段圆弧，如图 4-127 所示，通过复制弧形，制作曲线平面，如　图 4-128 与　图 4-129 所示。

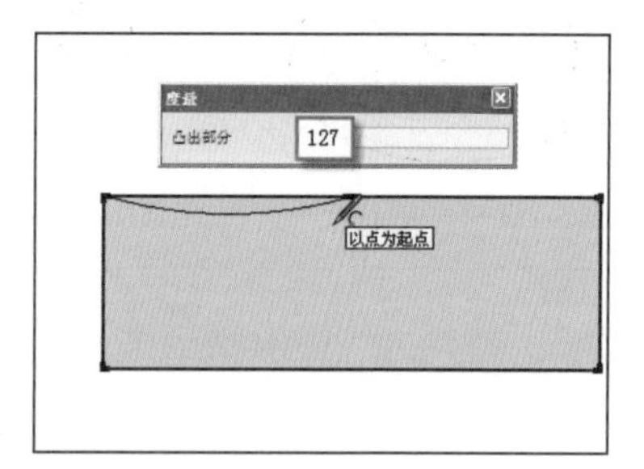

图 4-127　绘制弧线

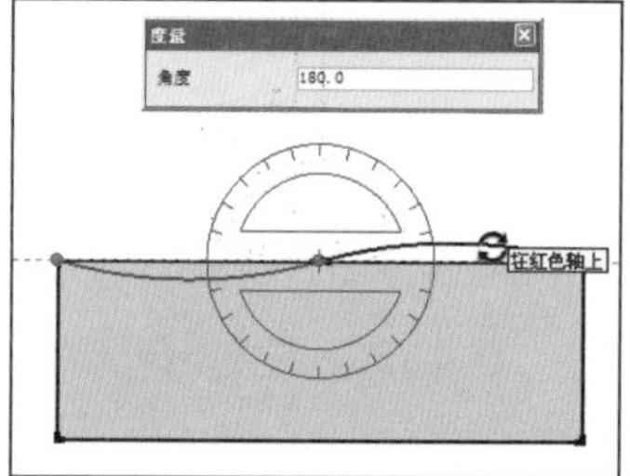

图 4-128　旋转复制弧线

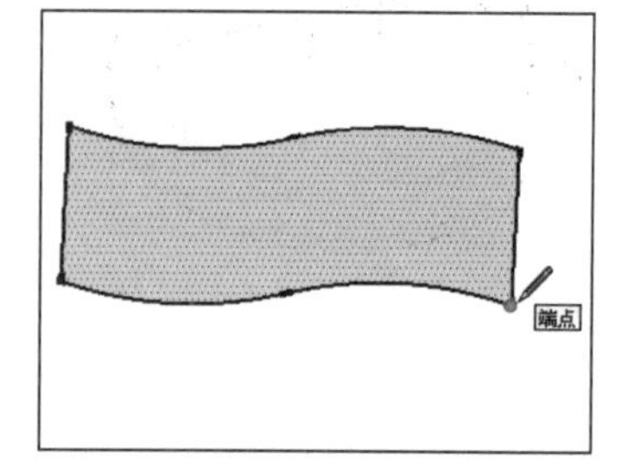

图 4-129　封闭曲线平面

步骤 03 删除曲线平面多余线段，启用【推/拉】工具，制作 100mm 厚度，生成台面如图 4-130 所示。

步骤 04 选择制作好的台面创建为组，如图 4-131 所示，然后进行 90° 旋转复制，如图 4-132 所示。

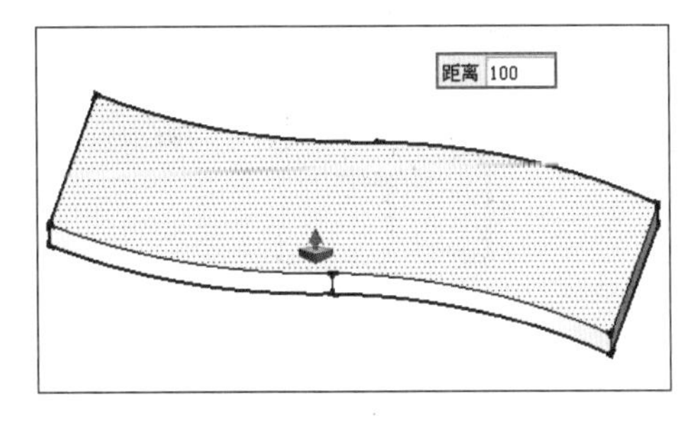

图 4-130　推拉 100mm 厚度

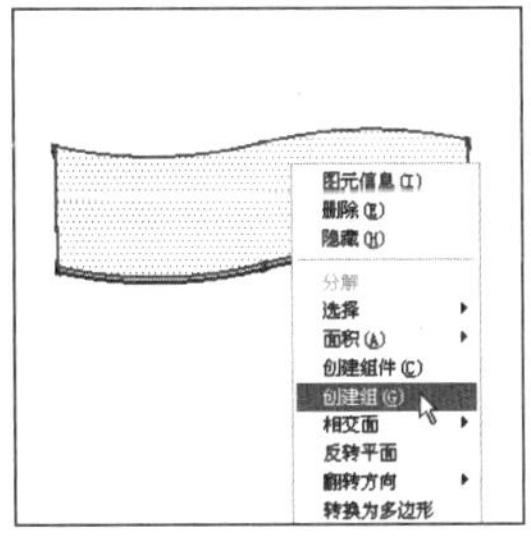

图 4-131　创建台板为组

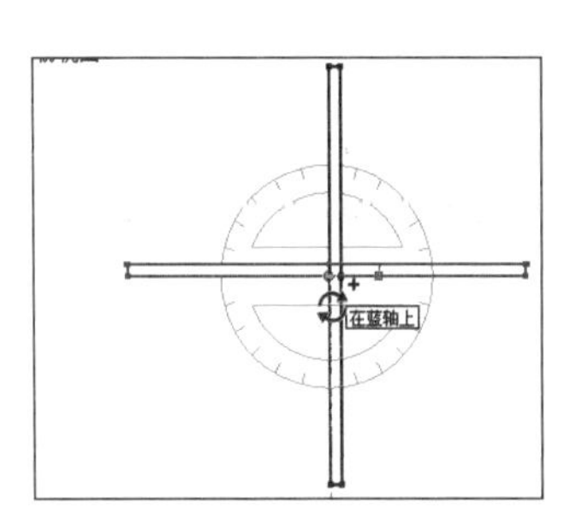

图 4-132　旋转复制台板

步骤 05 通过【拉伸】工具，调整出台面支撑造型，如图 4-133 所示。接下来制作办公椅单体模型。

步骤 06 制作办公椅单体模型，如图 4-134 所示。切换至【右视图】，结合使用【线条】与【圆弧】创建工具，绘制底部轮廓线条，如图 4-135 所示。

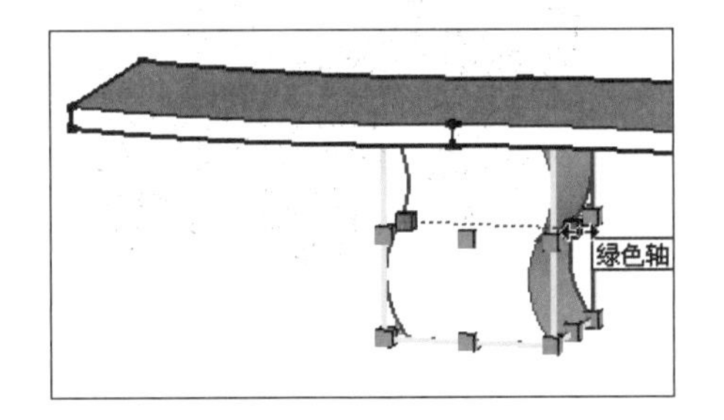

图 4-133　拉伸制作支撑造型

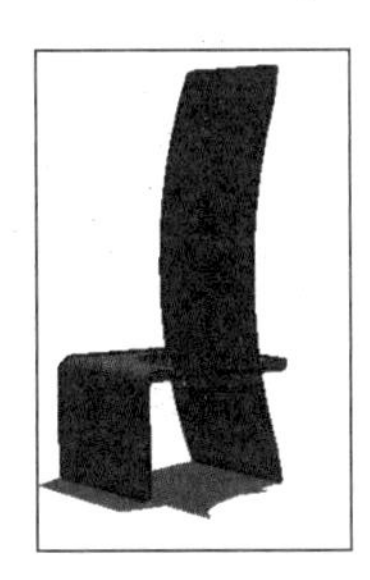

图 4-134　办公椅单体模型

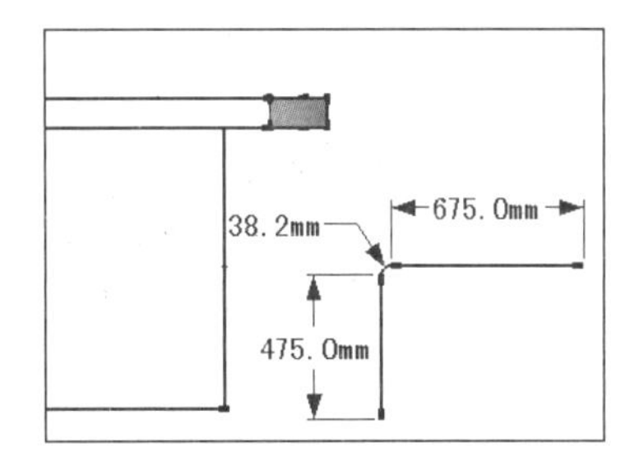

图 4-135　绘制轮廓线条

步骤 07 选择轮廓线条，启用【偏移】工具，向内以 32mm 距离进行偏移，如图 4-136 所示。启用【推/拉】工具，制作 710mm 的宽度，如图 4-137 所示。

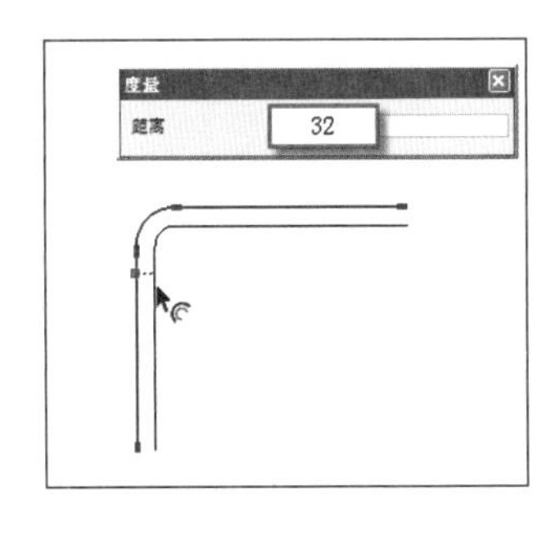

图 4-136　偏移复制

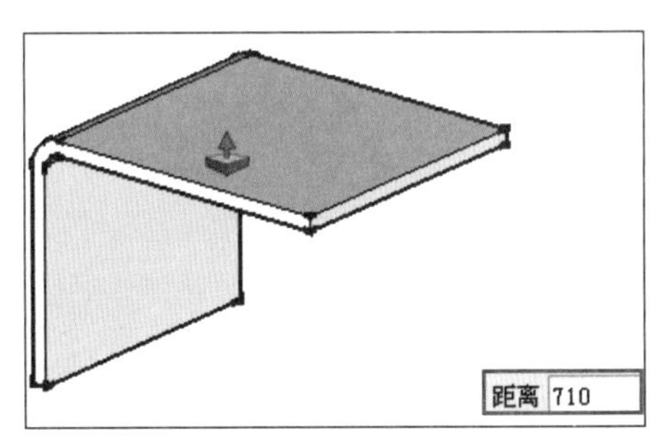

图 4-137　推拉出 710mm 宽度

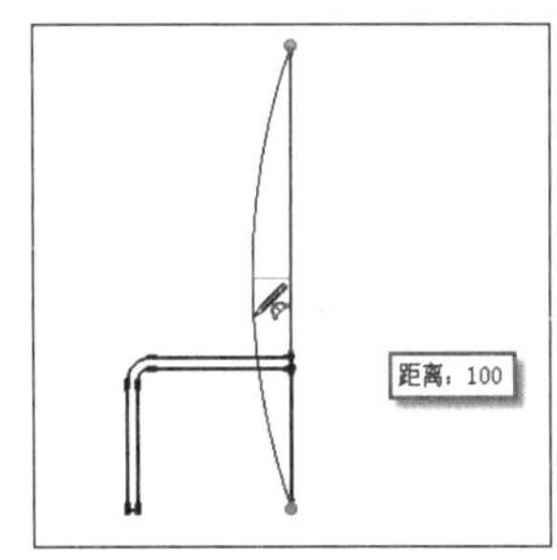

图 4-138　通过辅助线绘制靠背弧线

步骤 08 使用类似的方法，结合使用【弧线】、【偏移】、【线条】及【推/拉】工具，制作办公椅靠背模型，如图 4-138~图 4-141 所示。

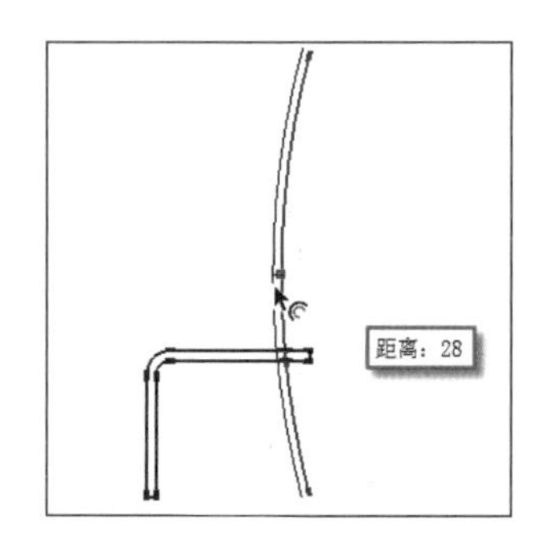

图 4-139　偏移复制

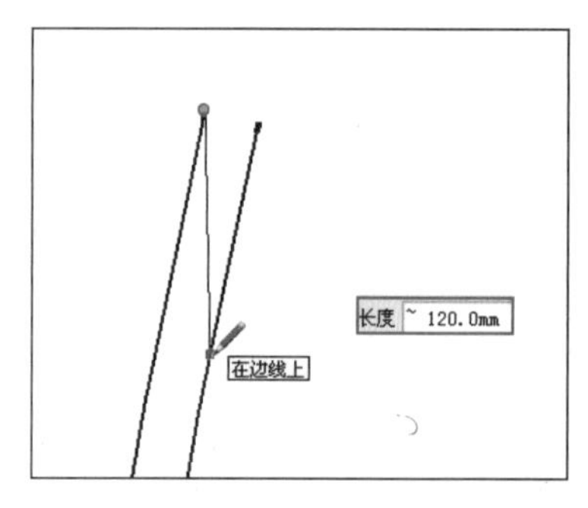

图 4-140　封闭靠背轮廓线

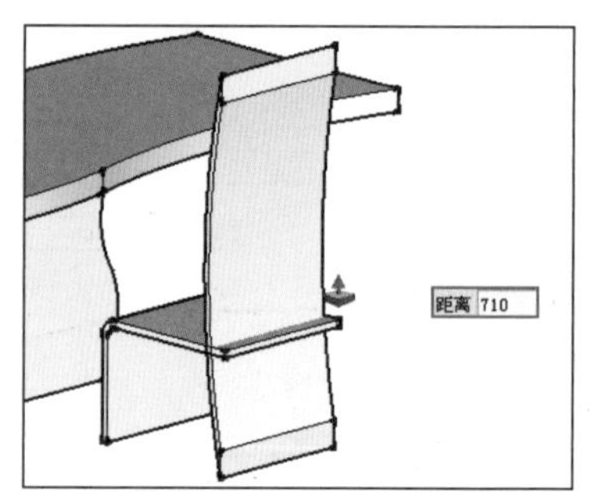

图 4-141　推拉宽度

步骤 09 复制制作好的办公椅模型，沿办公桌进行排列，如图 4-142 所示。

步骤 10 打开【使用层颜色材料】面板，整体赋予“原樱桃木”材质，完成整体效果，如图 4-143 与图 4-144 所示。

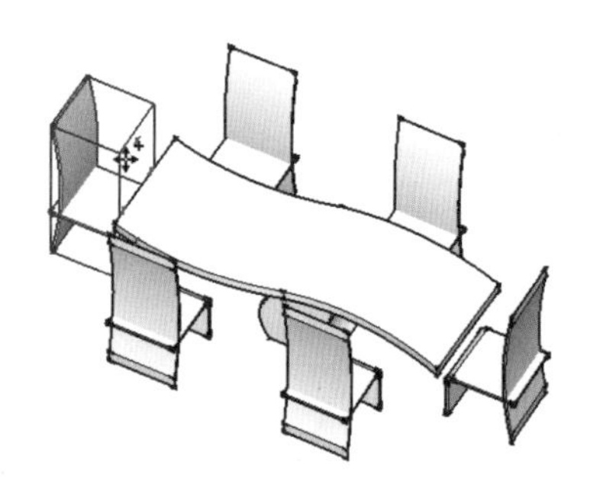

图 4-142　复制办公椅

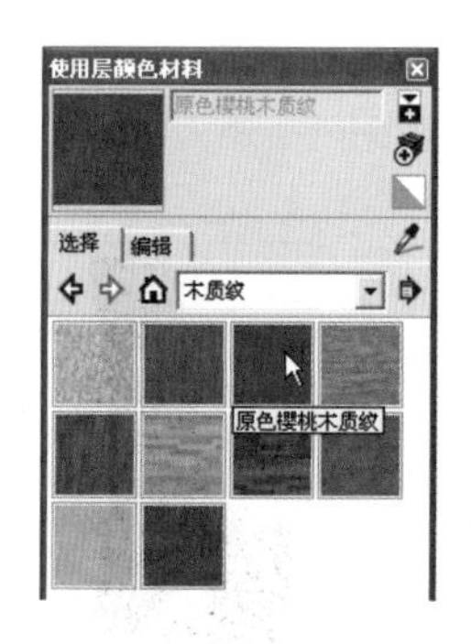

图 4-143　赋予原樱桃木材质

图 4-144　办公桌椅整体效果

第5章 室内高级模型建模

在掌握了 SketchUp 基本工具的使用与常规的建模方法后，本章将通过 8 个经典的室内高级模型案例，进一步学习 SketchUp 高级建模的方法，在进一步熟练相关命令操作的同时，掌握多种高级模型创建思路。

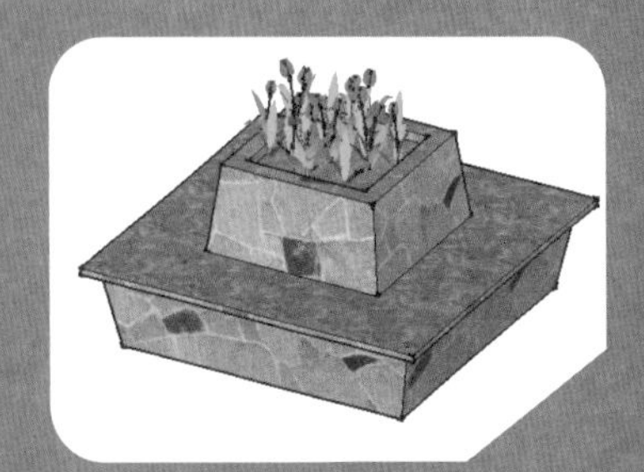

081 沐浴间

文件路径：配套光盘\第 05 章\081　　视频文件：MP4\第 05 章\081.MP4

本例学习沐浴间模型的制作，主要使用到【线条】、【圆】及【推/拉】等工具或命令，初步学习从整体轮廓细化出细节模型的建模方法。

步骤 01 启用【矩形】工具绘制矩形，结合【卷尺】及【线条】工具，分割出沐浴间轮廓平面，如图 5-1 与图 5-2 所示。

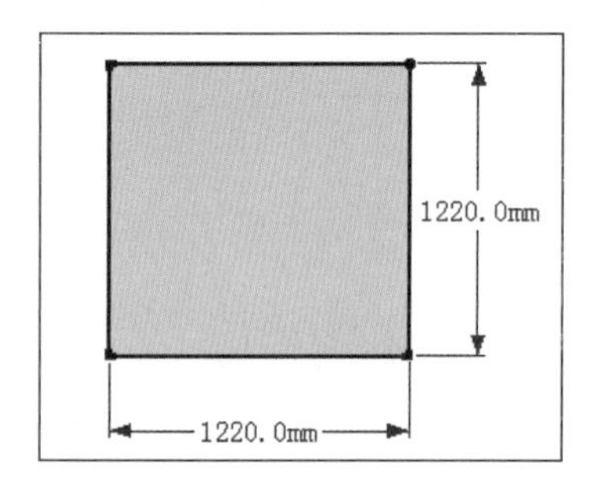

图 5-1　绘制矩形

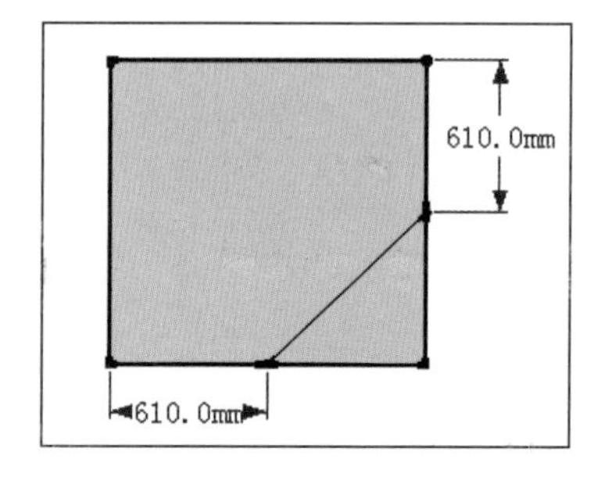

图 5-2　分割矩形

步骤 02 启用【推/拉】工具，推拉出底部厚度，然后按住 Ctlr 键，分两次推拉复制出沐浴间的整体轮廓，如图 5-3~图 5-5 所示。

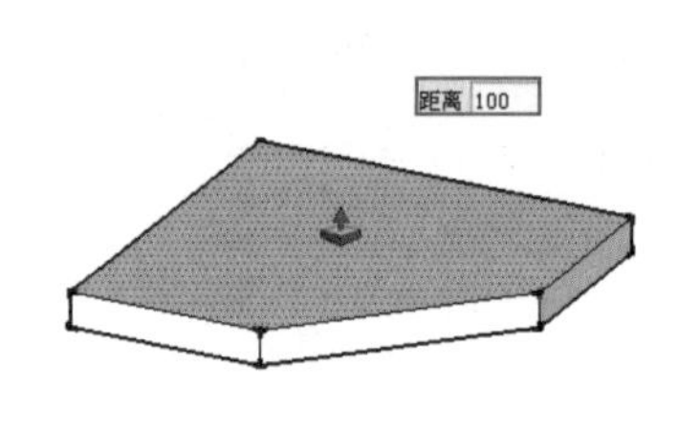

图 5-3　推拉 100 的厚度

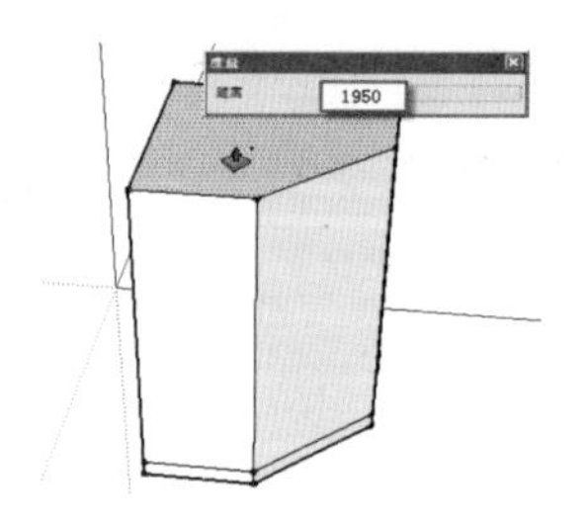

图 5-4　复制推拉 1950 的高度

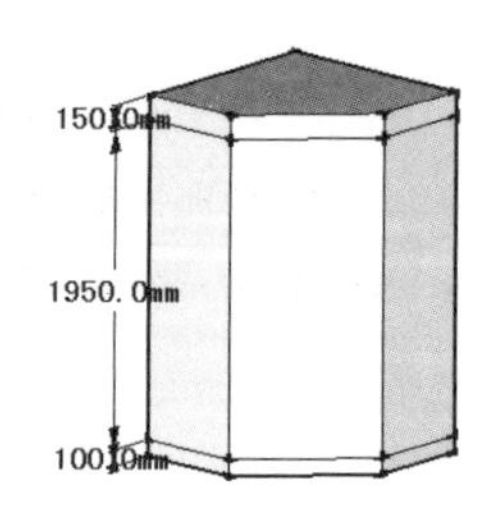

图 5-5　推拉完成效果

步骤 03 结合使用【卷尺】、【线条】以及【推/拉】工具，制作沐浴间玻璃门轮廓效果，如图 5-6~图 5-8 所示。

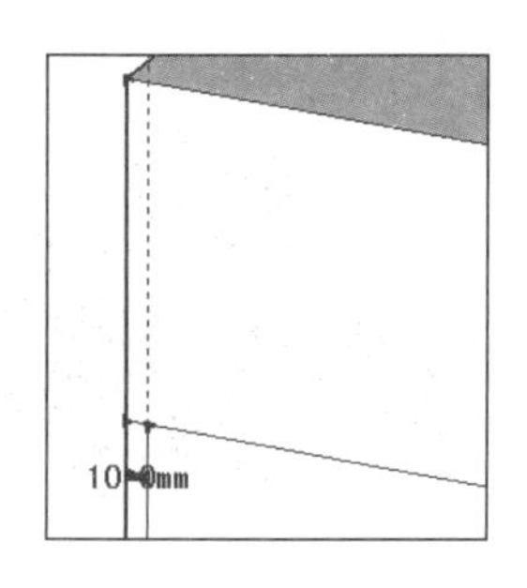

图 5-6　分割出 10mm 宽度

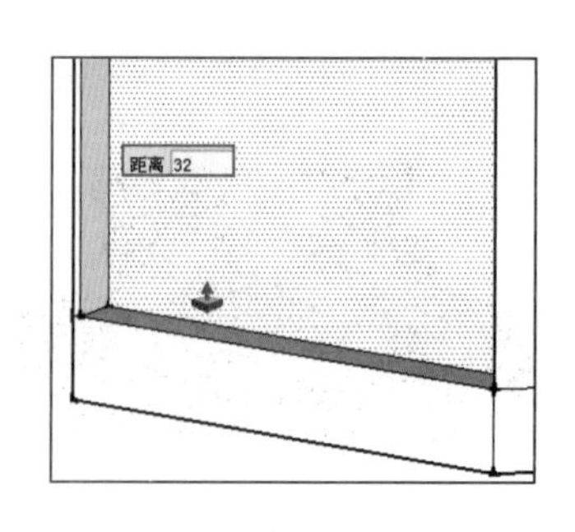

图 5-7　向内推拉 32mm

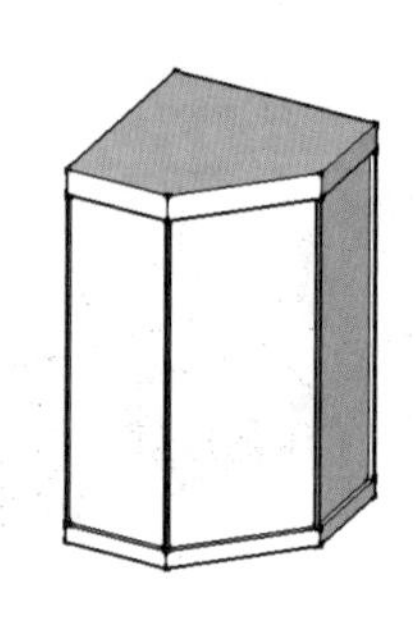

图 5-8　推拉出玻璃门框效果

步骤 04 放大模型至玻璃门框处，删除交错面，启用【线条】工具在中部进行分割，分割完成后，将玻璃门单独创建为群组，如图 5-9~图 5-11 所示。

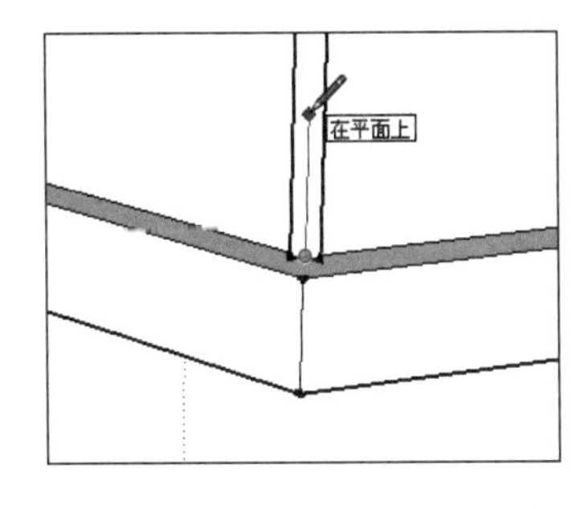

图 5-9　删除交错面并进行分割

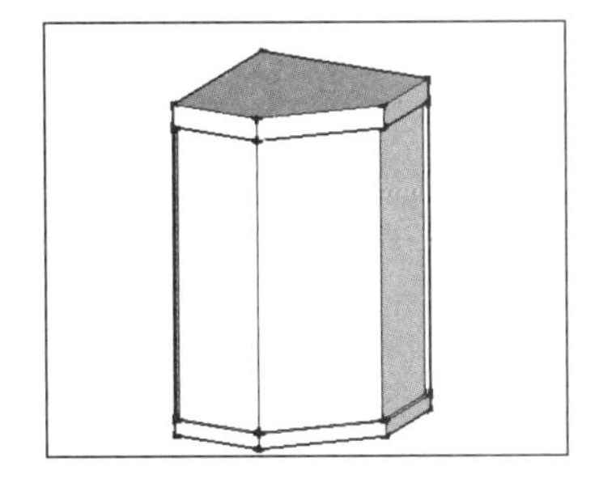

图 5-10　沐浴间模型初步效果

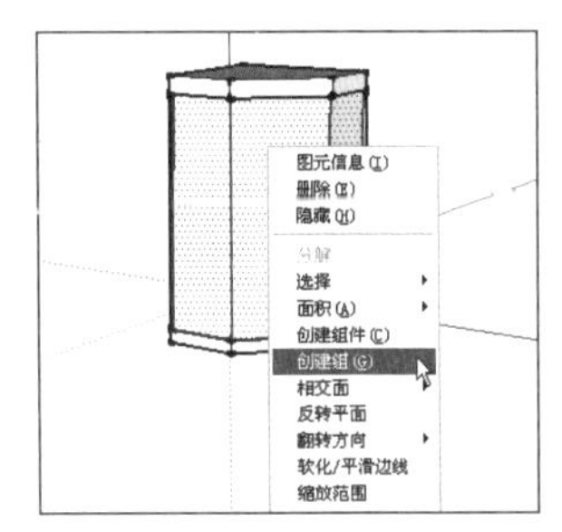

图 5-11　将玻璃门单独成组

步骤 05 结合使用【偏移】与【推/拉】工具，制作出玻璃门门框与玻璃细节，然后在中部门框处制作出拉手模型，如图 5-12~图 5-14 所示。

图 5-12　向内偏移复制

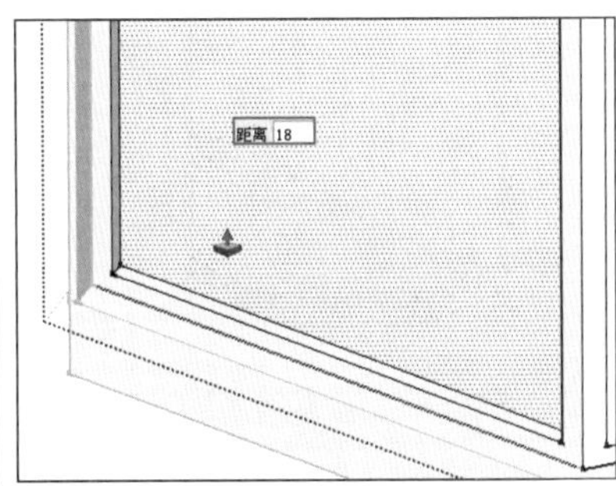

图 5-13　向内推拉

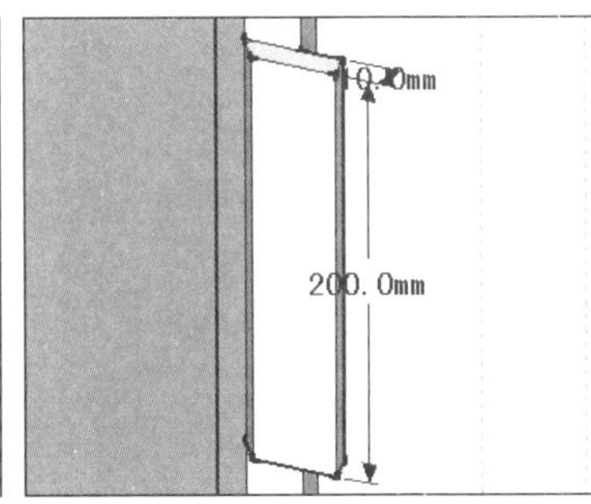

图 5-14　制作拉手模型

步骤 06 沐浴间玻璃门细化完成后，打开【使用层颜色材料】面板，为玻璃赋予透明材质后将其隐藏，如图 5-15 与图 5-16 所示。接下来细化沐浴间内部效果。

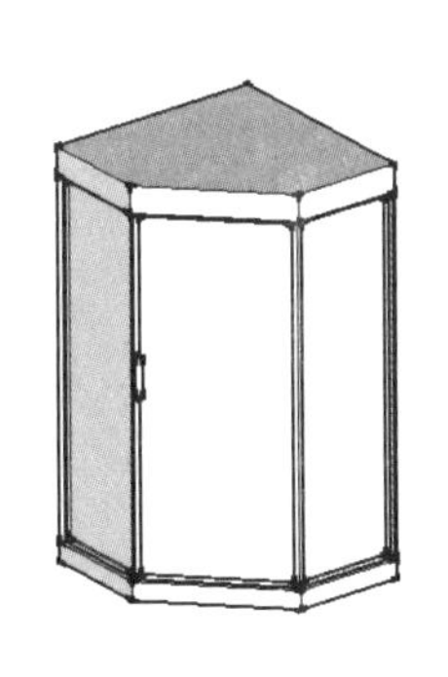

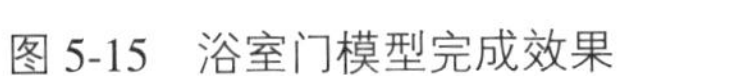

图 5-15　浴室门模型完成效果

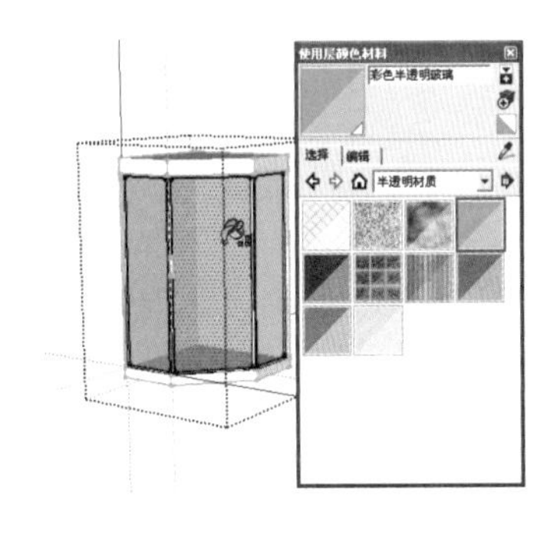

图 5-16　赋予玻璃材质

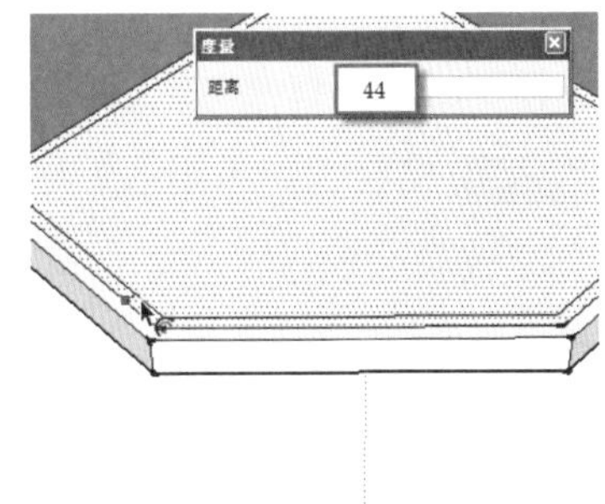

图 5-17　偏移复制

步骤 07 启用【偏移】工具，选择内部边线进行偏移复制，形成分割面后，启用【推/拉】工具制作出沐浴间下沿细节，如图 5-17~图 5-19 所示。

步骤 08 结合使用【圆】与【偏移】工具，在底部制作出地漏细节，如图 5-20 所示

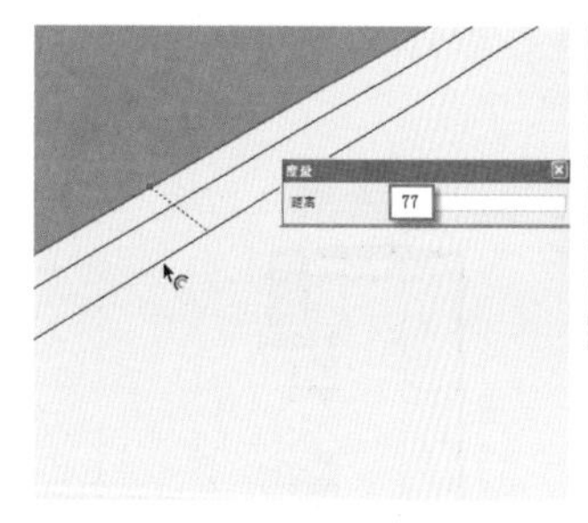
图 5-18　偏移复制

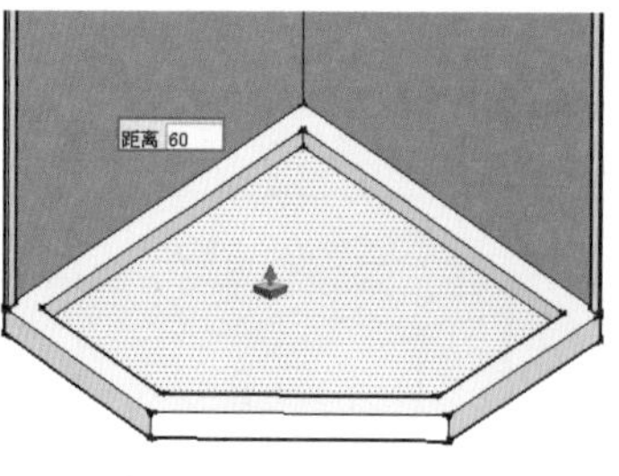

图 5-19　向下推拉 60mm

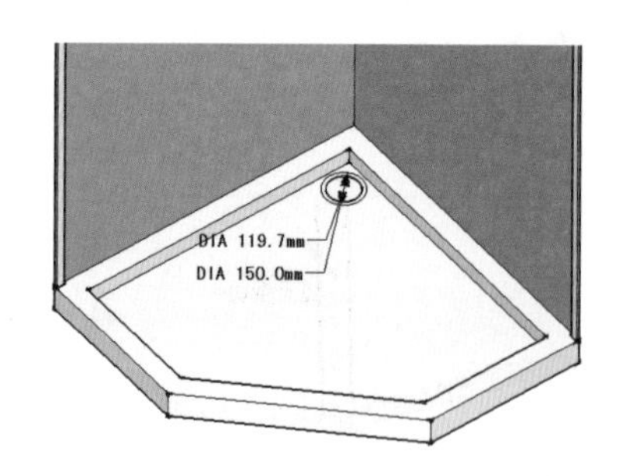

图 5-20　制作地漏细节

步骤 09 打开【组件】面板，合并“浴具”模型，放置好位置后，取消玻璃门的隐藏，完成沐浴间最终模型，如图 5-21~图 5-23 所示。

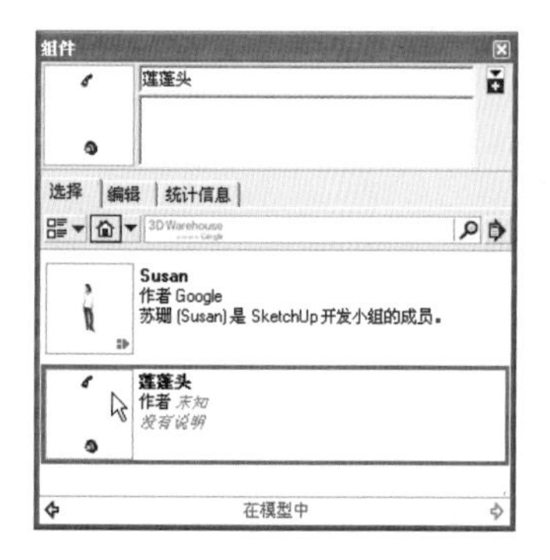

图 5-21　通过组件合并浴具

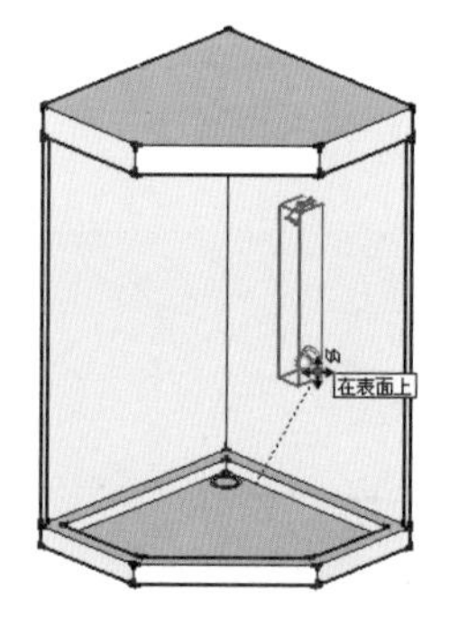

图 5-22　放置浴具

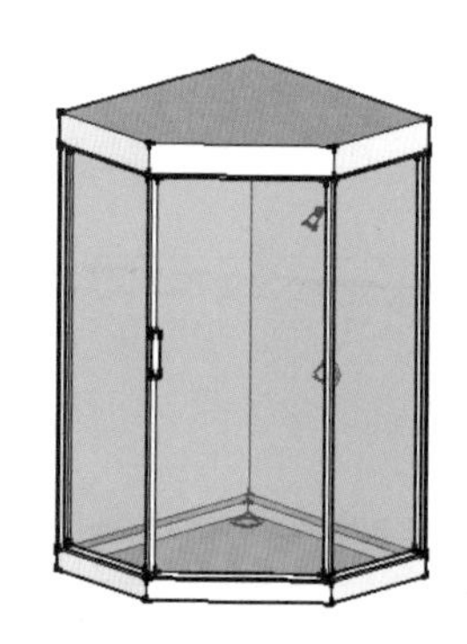
图 5-23　沐浴间最终效果

082 梳妆台

文件路径：配套光盘\第 05 章\082　　视频文件：无

本例学习梳妆台模型的制作，主要使用到【矩形】、【圆弧】、【卷尺】以及【推/拉】工具。在模型的创建过程中，注意学习推拉复制的使用技巧。

步骤 01 结合使用【矩形】与【推/拉】工具，依次推拉出梳妆台整体造型轮廓，如图 5-24~图 5-29 所示。

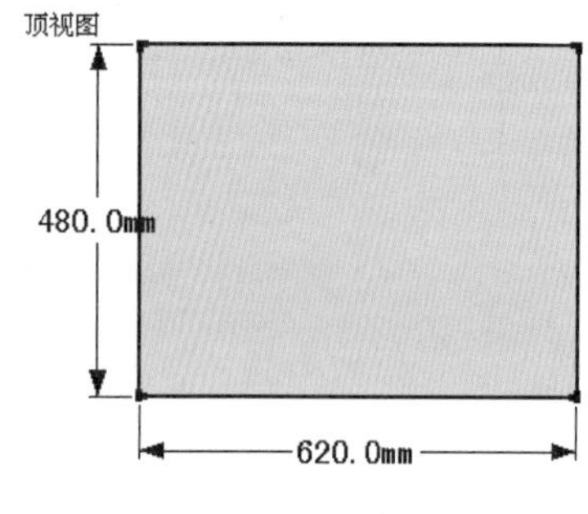

图 5-24　创建矩形

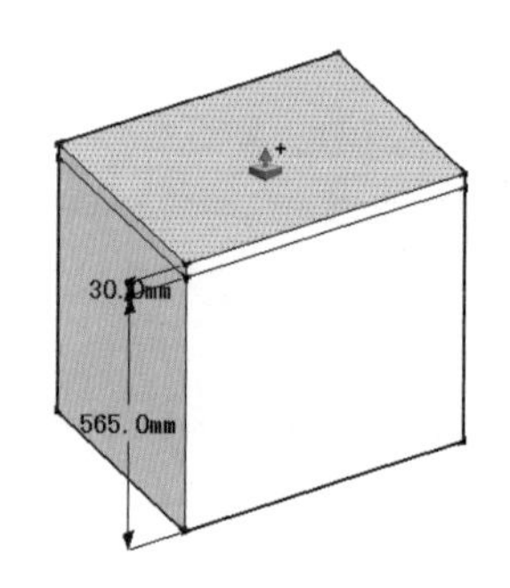

图 5-25　推拉出整体轮廓

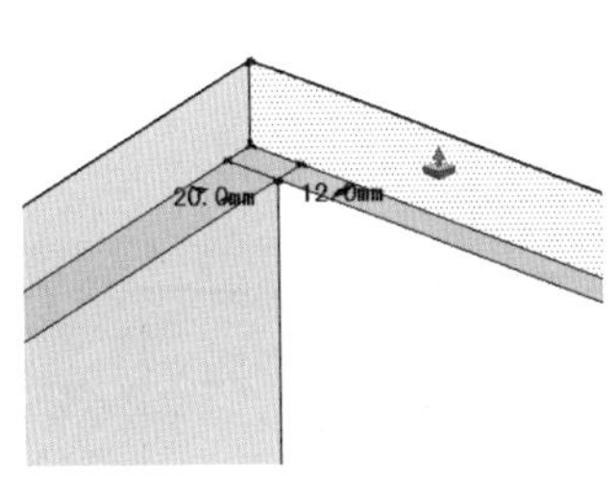

图 5-26　推拉出边缘细节

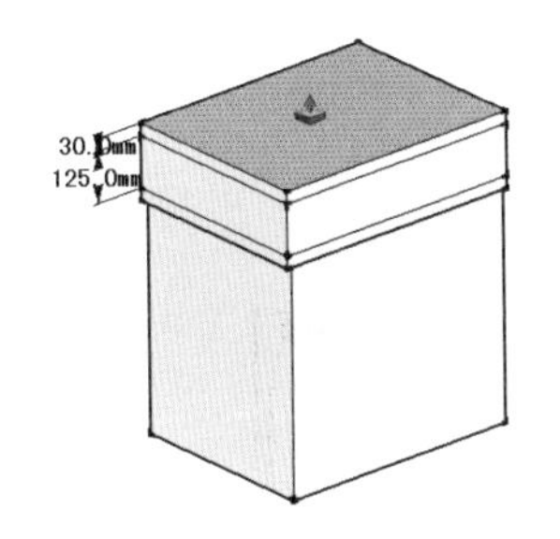

图 5-27　推拉出左侧上部轮廓

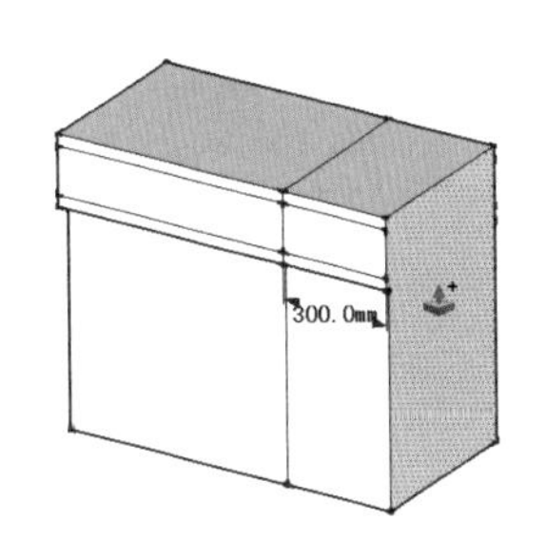

图 5-28　推拉出右侧轮廓

步骤 02 结合使用【卷尺】、【线条】以及【推/拉】工具，分割左下方模型面，并制作出抽屉与后部挡板细节，如图 5-30 与图 5-31 所示。

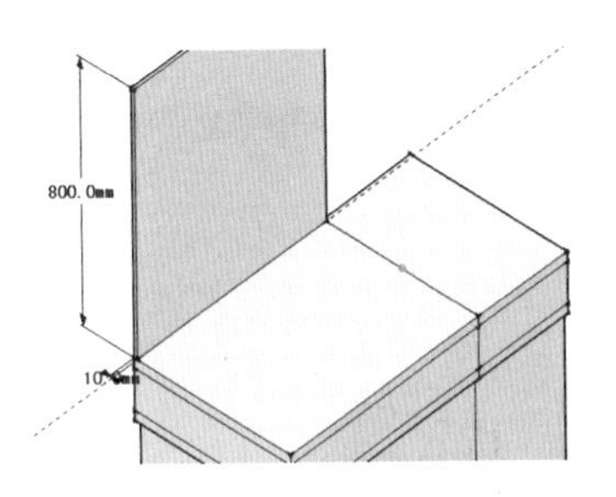

图 5-29　梳妆台整体轮廓完成效果

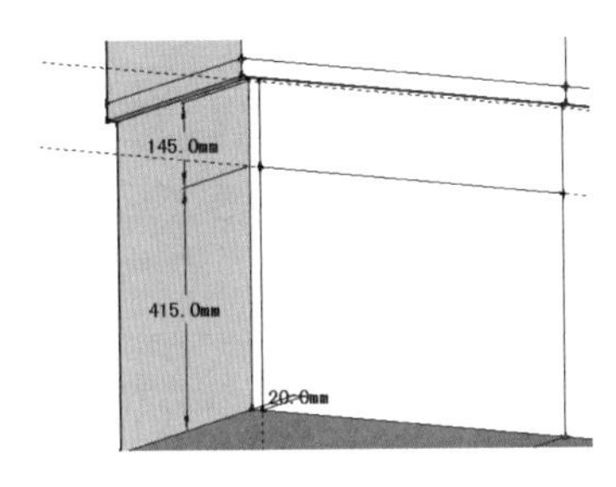

图 5-30　细分割左侧下方模型面

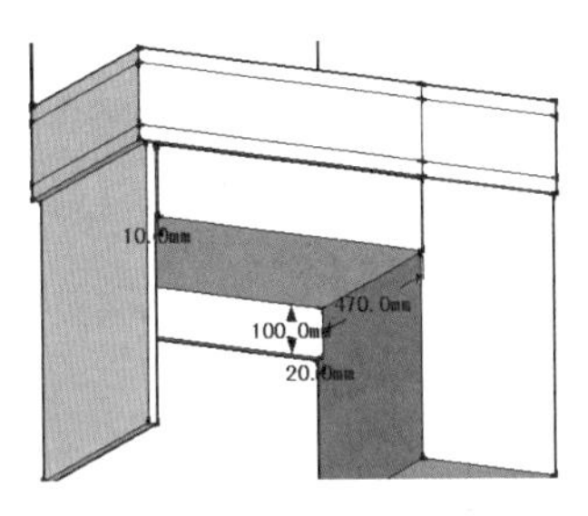

图 5-31　推拉出抽屉等细节

步骤 03 结合使用【卷尺】、【线条】以及【推/拉】工具，分割右侧模型面，并制作出抽屉与边沿细节，如图 5-32~图 5-34 所示。

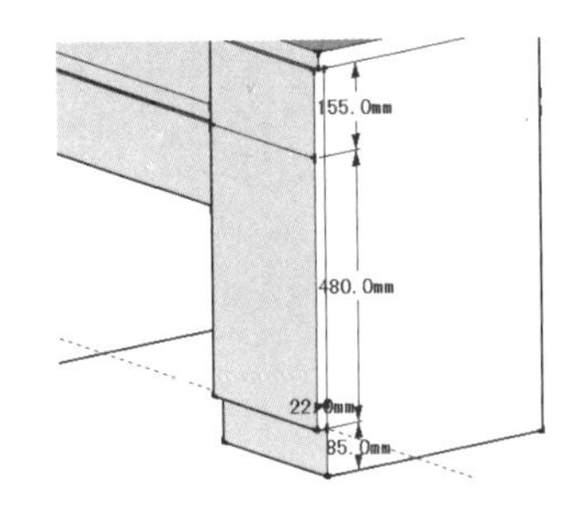

图 5-32　细分割右侧模型面

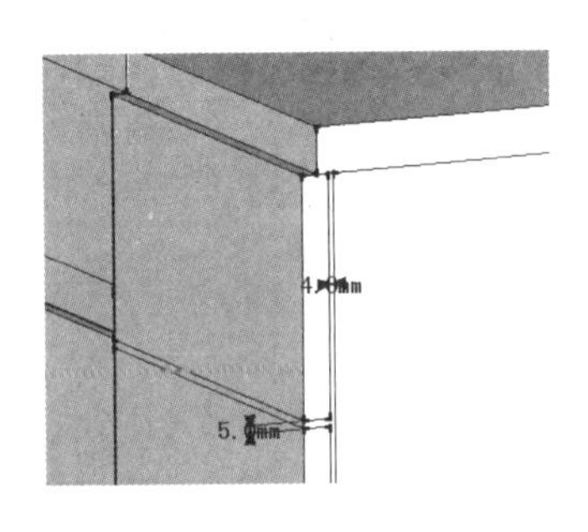

图 5-33　制作缝隙细节

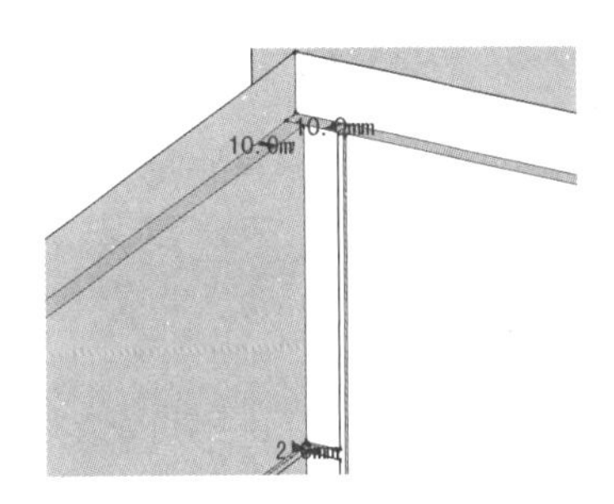

图 5-34　推拉出右侧边沿细节

步骤 04 启用【推/拉】工具，制作出左侧搁板深度，然后结合使用【卷尺】、【圆弧】等工具分割出搁板造型，最后使用【推/拉】工具推空，如图 5-35~图 5-37 所示。

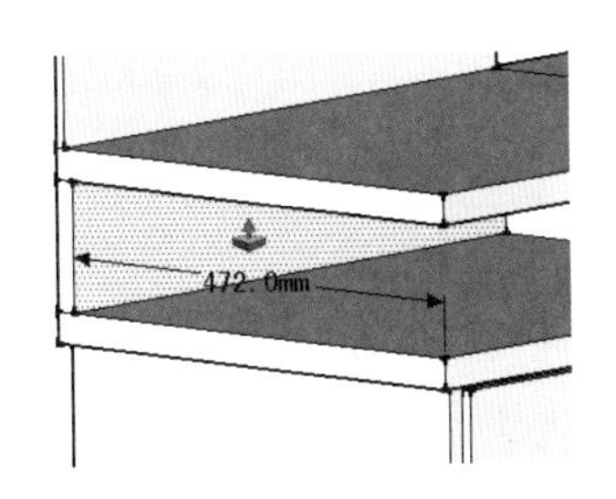

图 5-35　推拉出左侧搁板深度

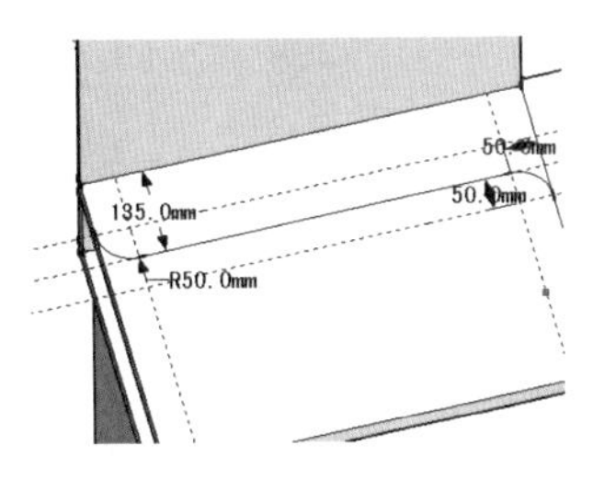

图 5-36　分割搁板造型细节

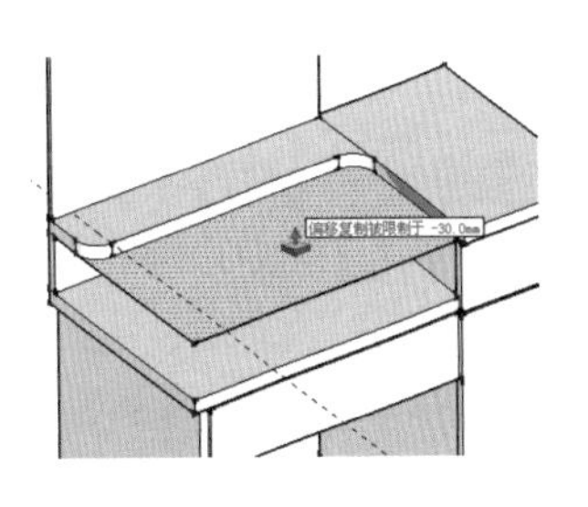

图 5-37　推空多余搁板

步骤 05 结合使用【卷尺】、【圆弧】等工具分割出镜子轮廓，然后使用【推/拉】工具制作10mm 厚度，如图 5-38 与图 5-39 所示。

步骤 06 打开【组件】面板，合并拉手模型，然后进行复制与位置调整，如图 5-40 所示。

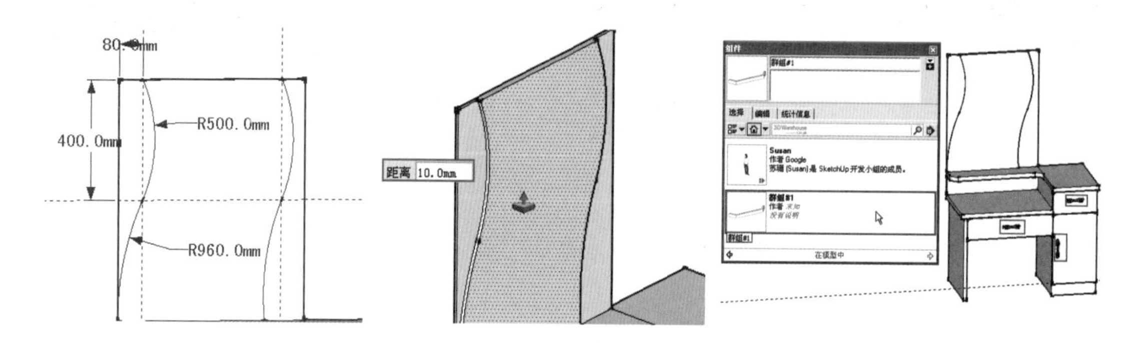

图 5-38　分割镜子轮廓细节　　图 5-39　推拉镜子厚度　　图 5-40　合并拉手模型组件

步骤 07 打开【使用层颜色材料】面板，分别为镜子与柜面赋予对应材质，完成梳妆台最终模型效果，如图 5-41~图 5-43 所示。

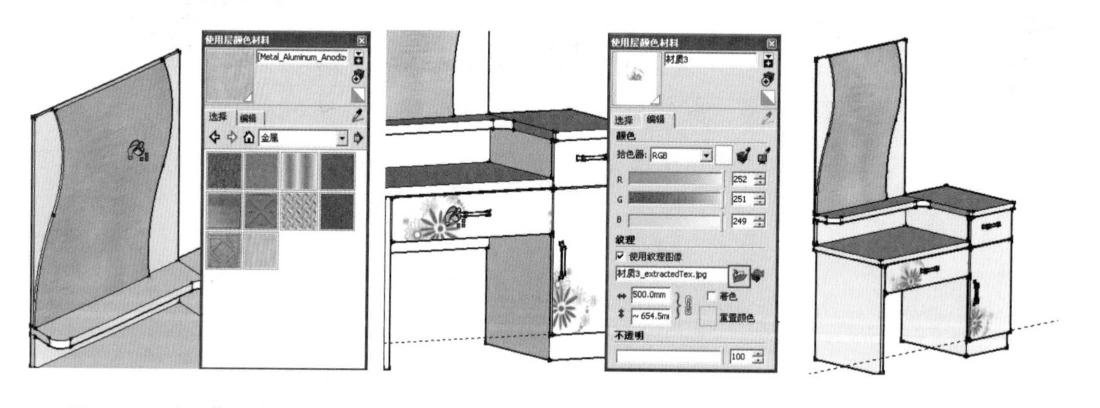

图 5-41　赋予镜子金属材质　　图 5-42　赋予柜面花纹装饰　　图 5-43　梳妆台最终模型效果

083 简欧圆台

文件路径：配套光盘\第 05 章\083　　视频文件：MP4\第 05 章\083.MP4

本例学习简欧圆台模型的制作，主要使用到【圆】、【圆弧】、【线条】以及【路径跟随】等工具。在模型的创建过程中，注意学习模型的组合技巧。

步骤 01 启用【圆】创建工具，绘制一个直径为 1000mm 的圆形，如图 5-44 所示。启用【拉伸】工具，在宽度方向以 0.40 的比例进行拉伸，形成椭圆如图 5-45 所示。

步骤 02 在前视图中，结合使用【圆弧】与【线条】工具，绘制圆台装饰线截面，如图 5-46 所示，然后使用【路径跟随】工具制作好装饰线，如图 5-47 所示。

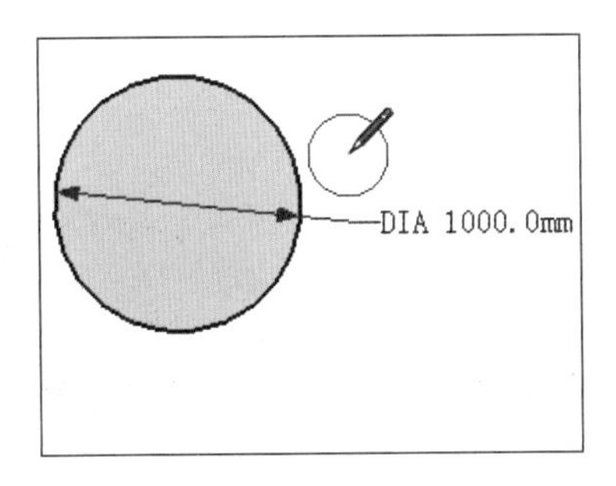

图 5-44　创建直径为 1000mm 圆形

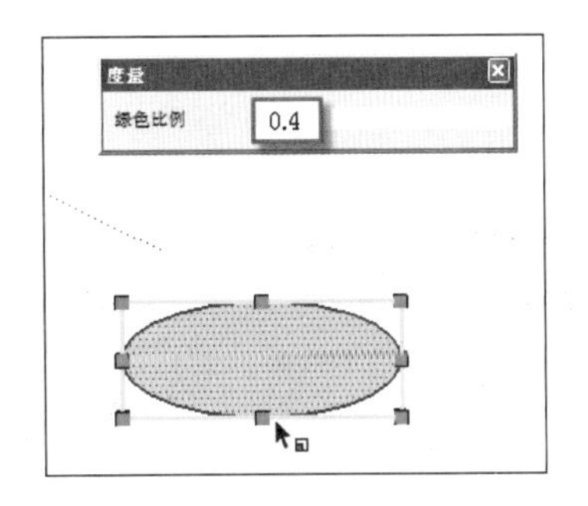

图 5-45　单轴拉伸为椭圆

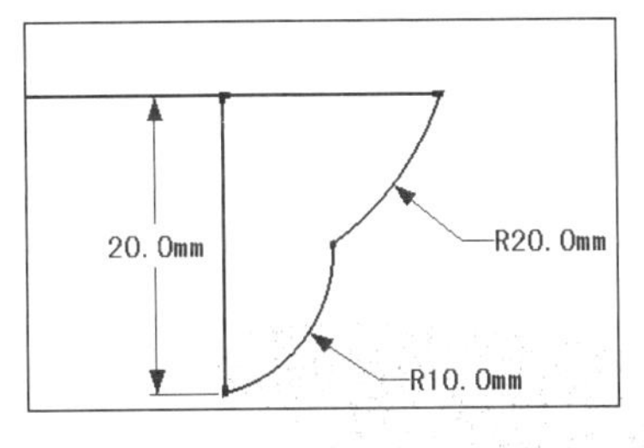

图 5-46　绘制装饰线截面

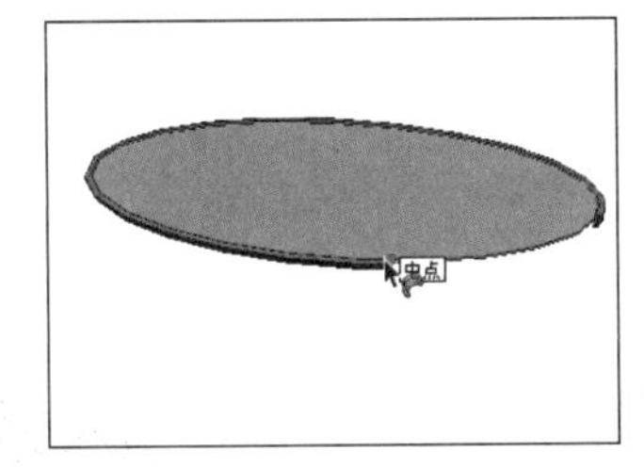

图 5-47　启用路径跟随工具

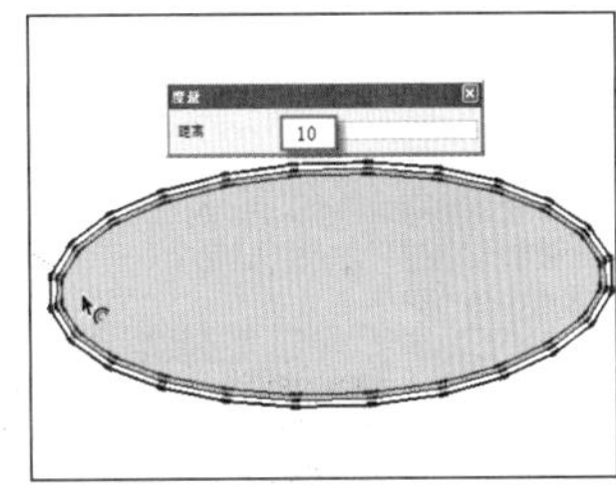

图 5-48　启用偏移复制工具

步骤 03 选择顶部椭圆形面，启用【偏移】工具向内偏移 10mm，如图 5-48 所示，再启用【推/拉】工具，制作顶部与底部细节，如图 5-49 与图 5-50 所示。

步骤 04 制作支撑架，首先启用【圆弧】工具绘制支撑架弧形外轮廓，如图 5-51 所示。

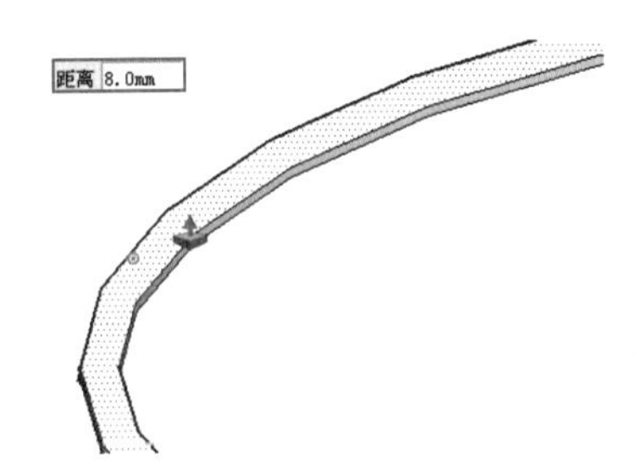

图 5-49　向上推拉 8mm 高度

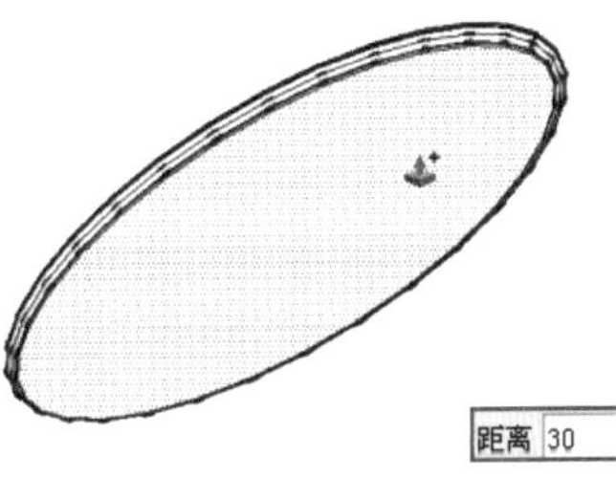

图 5-50　向内推拉 30mm

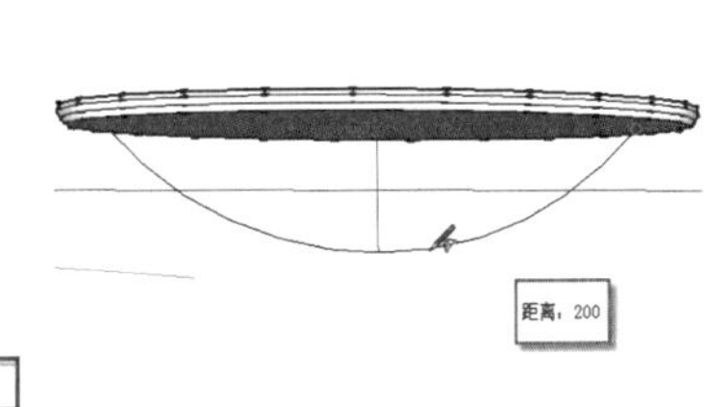

图 5-51　绘制弧形

步骤 05 启用【偏移】工具，制作 30mm 的弧形宽度，如图 5-52 所示，使用【推/拉】工具制作 20mm 厚度，如图 5-53 所示。

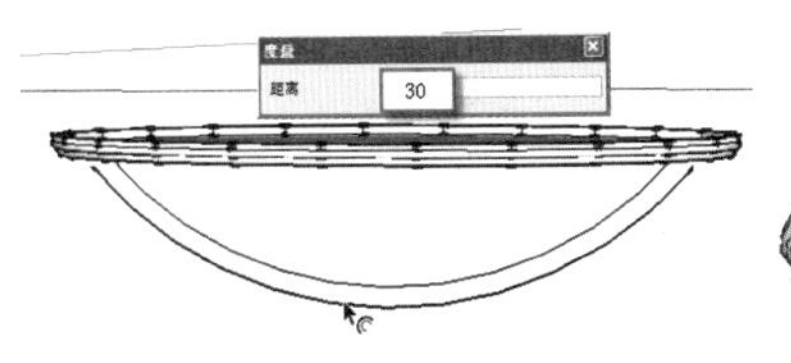

图 5-52　偏移复制

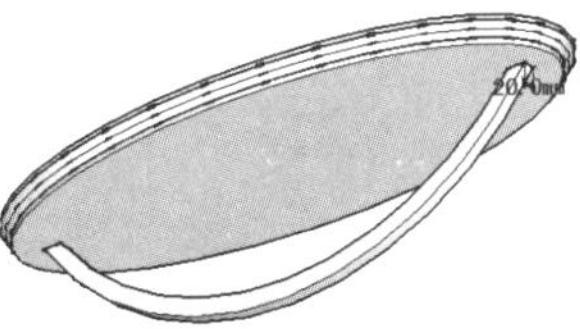

图 5-53　推拉出 20mm 厚度

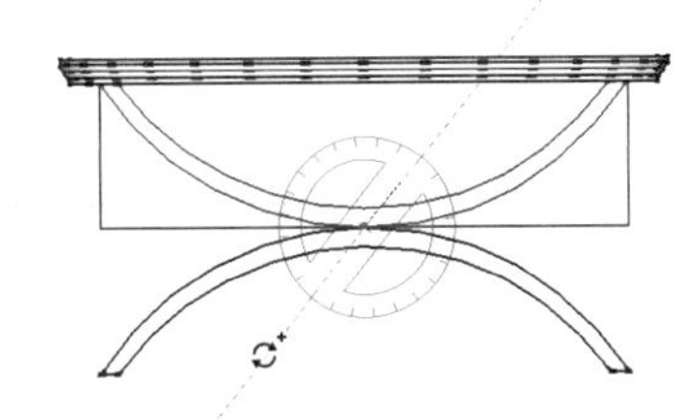

图 5-54　进行旋转复制

步骤 06 选择制作完成的支撑架，通过复制与拉伸，制作好其他支撑架，如图 5-54 与图 5-55 所示。

步骤 07 切换至【X 射线】显示模式，结合使用【矩形】与【推/拉】工具，制作好底部搁板造型，如图 5-56 与图 5-57 所示。

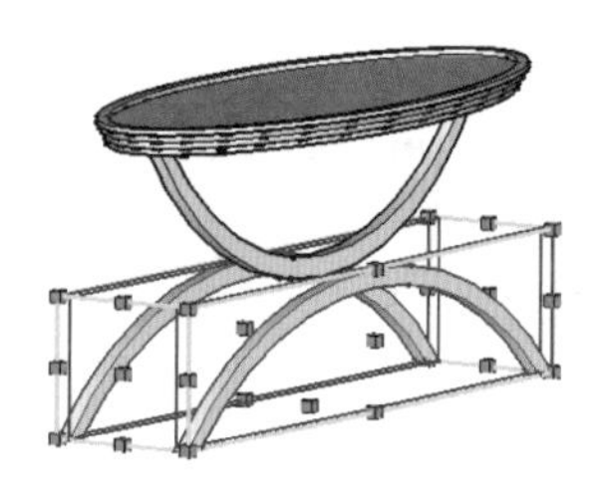

图 5-55　进行移动复制与拉伸

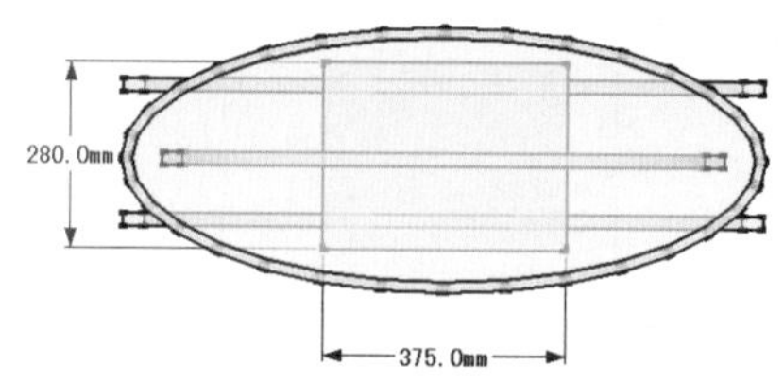

图 5-56　在透明模式下绘制矩形

图 5-57　推拉 20mm 厚度

步骤 08 打开【使用层颜色材料】面板，为整体模型赋予“原色樱桃木质纹”材质，如图 5-58 所示，完成最终效果如图 5-59 所示。

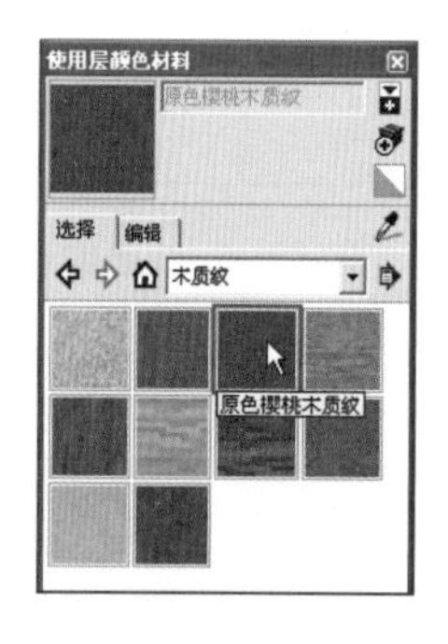

图 5-58　选择赋予原色樱桃木质纹材质

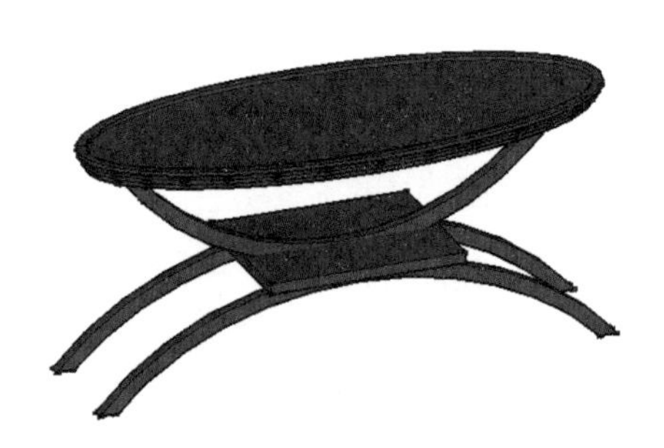

图 5-59　模型最终效果

084 欧式厨柜

文件路径：配套光盘\第 05 章\084　　视频文件：MP4\第 05 章\084.MP4

本例学习欧式厨柜模型的制作，主要使用到【圆】、【圆弧】、【线条】以及【路径跟随】等工具。在模型的制作过程中，注意双击重复操作以及移动复制的技巧。

步骤 01 结合使用【矩形】与【推/拉】工具，分别制作厨柜上下两部分的轮廓造型，如图 5-60~图 5-62 所示。

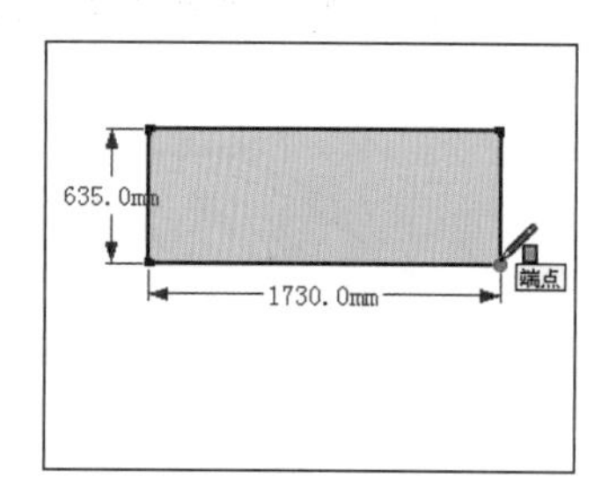

图 5-60　创建矩形

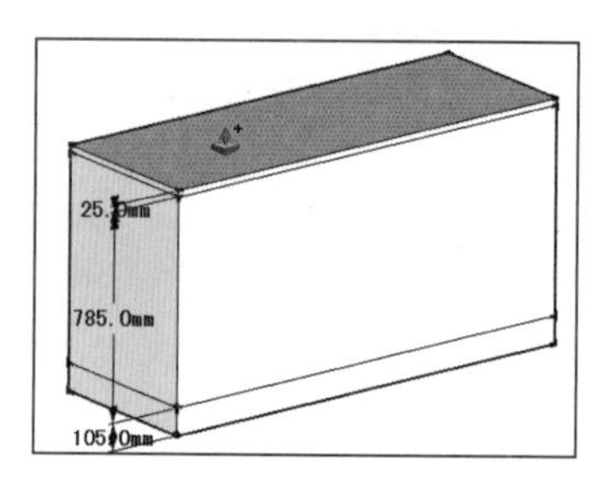

图 5-61　复制推拉下部轮廓

步骤 02 使用【推/拉】工具，制作出下部边沿向内收边 25mm 的细节，如图 5-63 所示。

步骤 03 结合使用【卷尺】、【线条】工具以及【拆分】命令，细分割厨柜下方正面模型面，如图 5-64 所示。

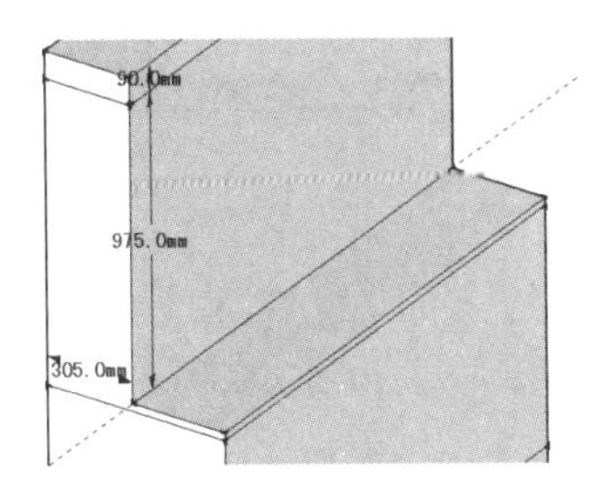

图 5-62 复制推拉上部轮廓

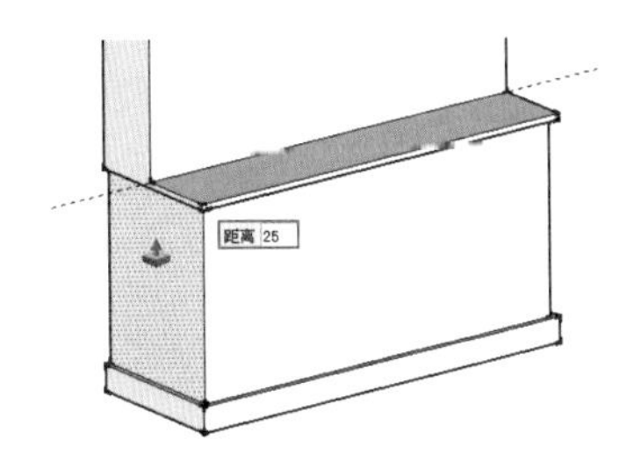
图 5-63 推拉出下部边沿细节

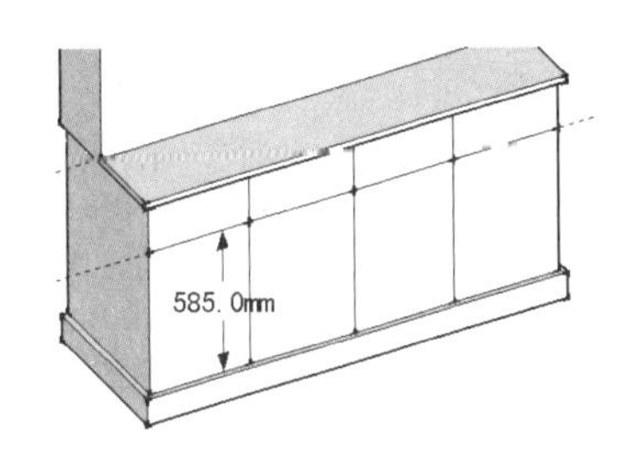

图 5-64 分割下方正面模型面

步骤 04 结合使用【偏移】、【推/拉】工具，制作出下方的柜门细节，如图 5-65~图 5-67 所示。

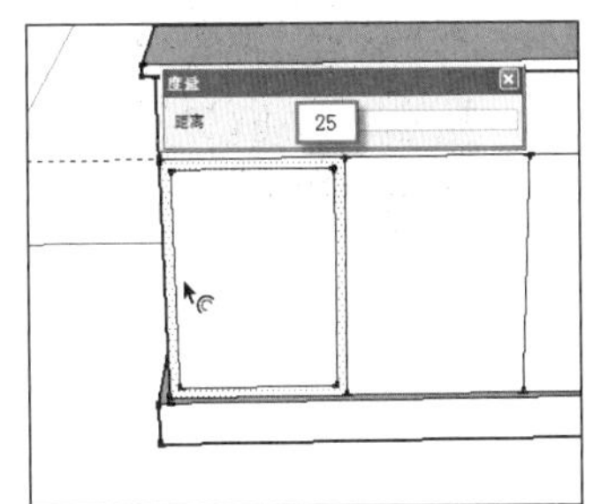

图 5-65 以 25 毫米向内偏移复制

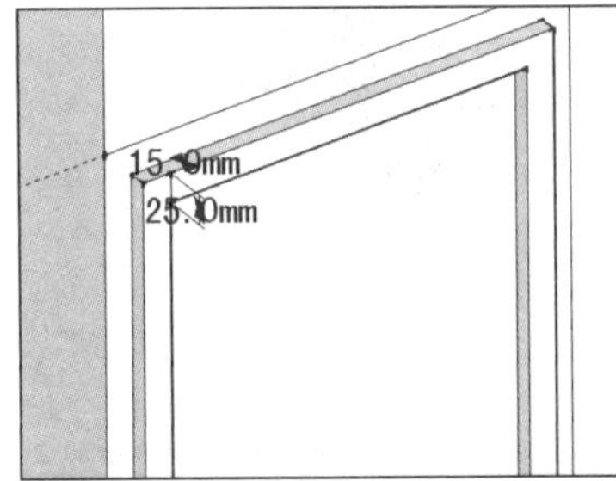

图 5-66 推拉下方柜门细节

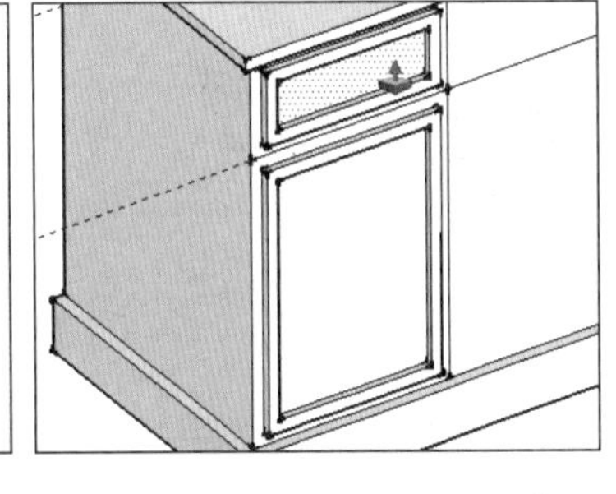
图 5-67 推拉上方柜门细节

步骤 05 选择制作的柜门细节，通过多重【移动】，完成厨柜下方细节的制作，如图 5-68 与图 5-69 所示。

步骤 06 结合使用【卷尺】、【线条】工具以及【拆分】命令，细分割厨柜上方正面模型面，如图 5-70 所示。

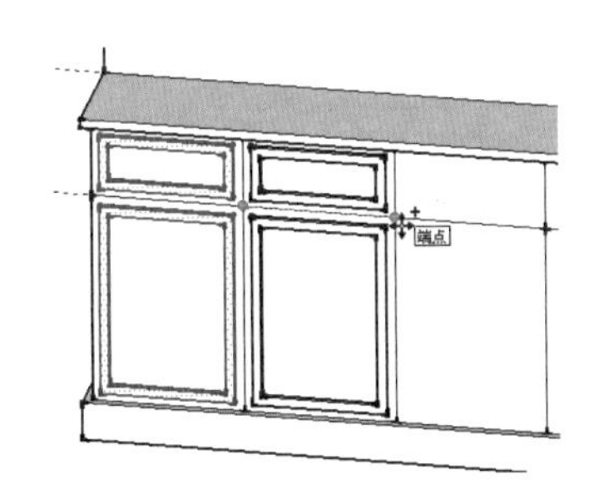

图 5-68 整体移动复制柜门

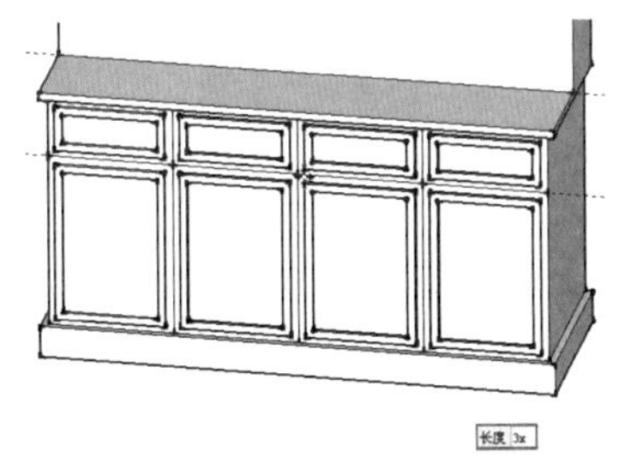
图 5-69 厨柜细节完成效果

图 5-70 分割厨柜上方模型面

步骤 07 结合使用【偏移】、【线条】以及【推/拉】，制作出厨柜上方的柜门与搁板细节，如图 5-71 与图 5-72 所示。

步骤 08 结合使用【线条】及【跟随路径】工具，制作好厨柜上方的角线细节，如图 5-73 与图 5-74 所示。

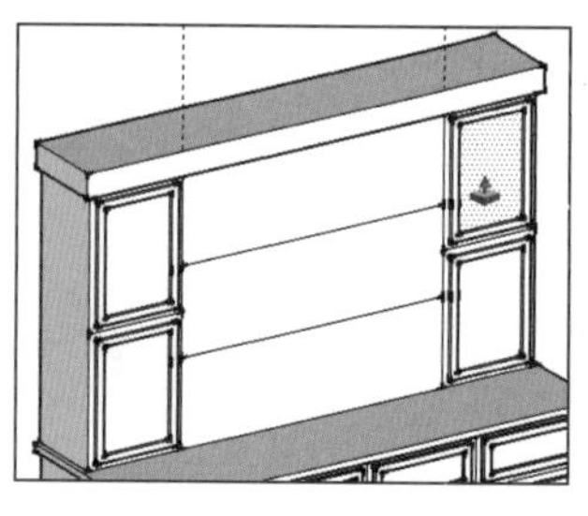

图 5-71　细化厨柜上方柜门

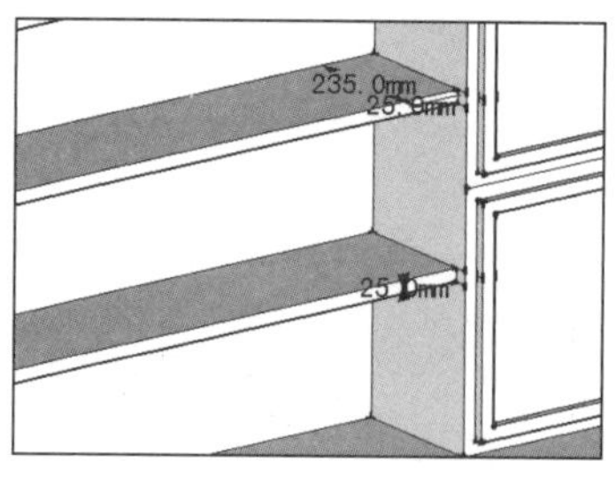

图 5-72　细化搁板造型

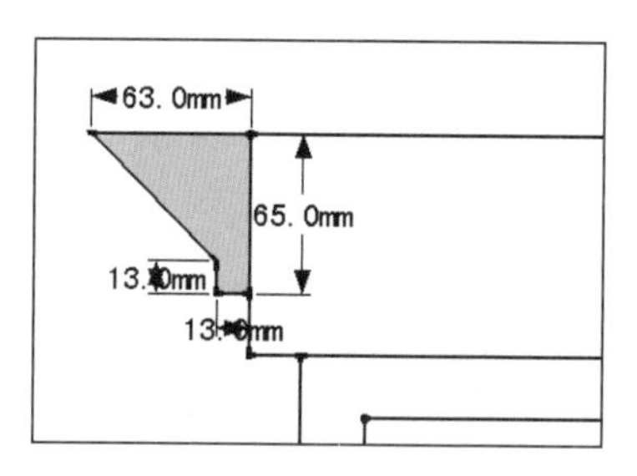

图 5-73　绘制上部角线截面

步骤 09 厨柜造型制作完成后，打开【使用层颜色材料】面板，选择并赋予木纹材质，完成最终效果如图 5-75 与图 5-76 所示。

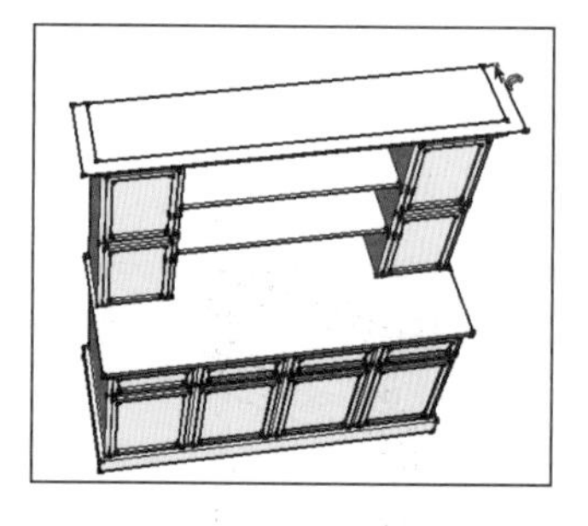
图 5-74　完成角线模型制作

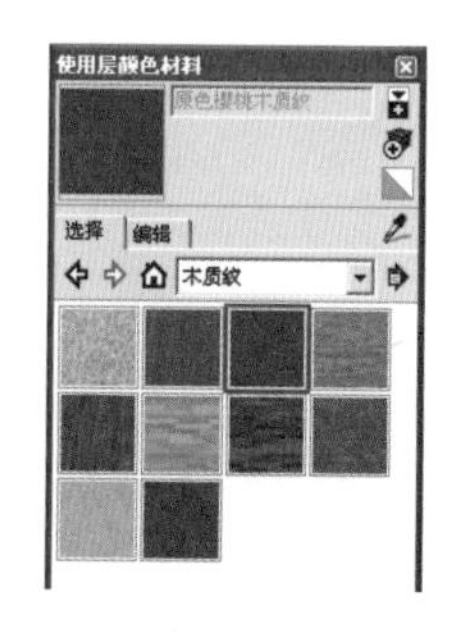

图 5-75　赋予模型木纹材质

图 5-76　厨柜模型最终效果

085 立式钢琴

文件路径：配套光盘\第 05 章\085　　视频文件：无

本例学习立式钢琴模型的制作，主要使用到【矩形】、【圆弧】、【线条】以及【推/拉】等工具，在制作过程中，注意模型细化方法与使用拉伸工具制作倒角效果的技巧。

步骤 01 结合使用【矩形】与【推/拉】工具，制作出立式钢琴轮廓，如图 5-77 与图 5-78 所示。

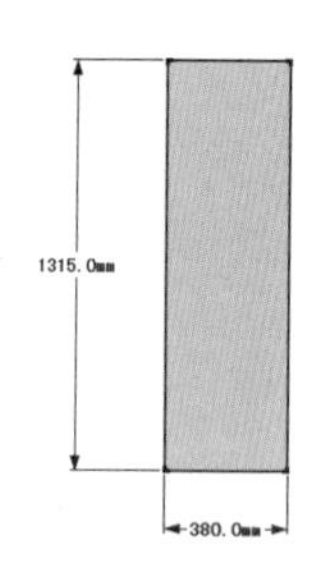

图 5-77　绘制矩形

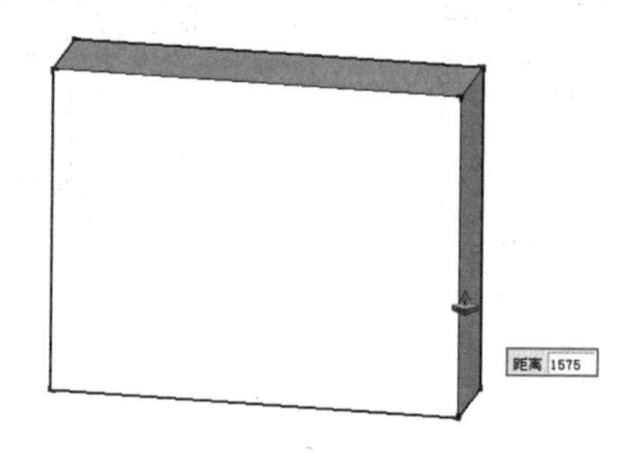

图 5-78　推拉 1575mm 的高度

步骤 02 使用【矩形】在左下角绘制分割面，使用【推/拉】工具向外推拉，制作脚部造型，如图 5-79 与图 5-80 所示。

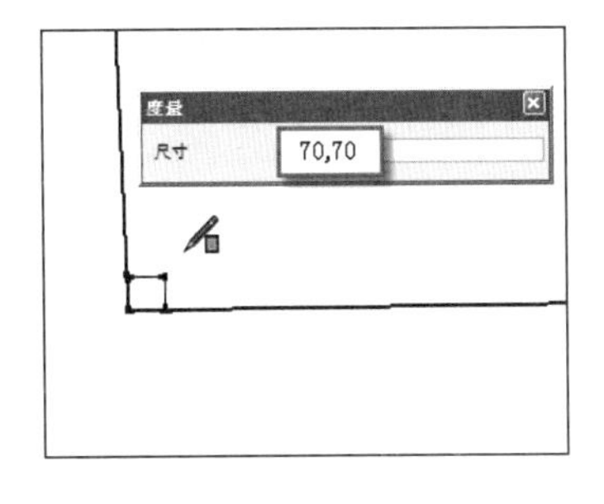

图 5-79　绘制矩形分割面

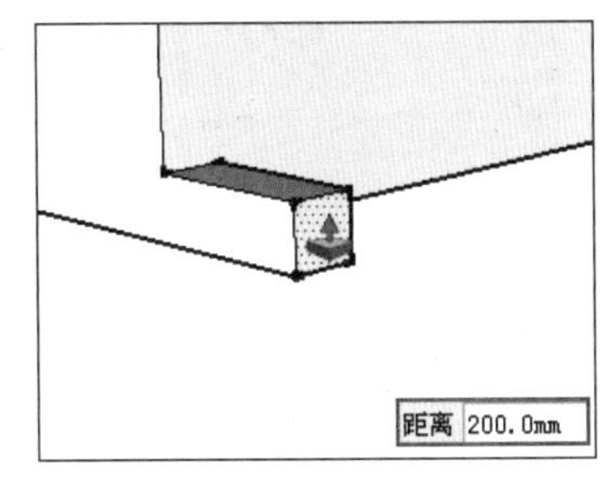

图 5-80　推拉 200mm 的长度

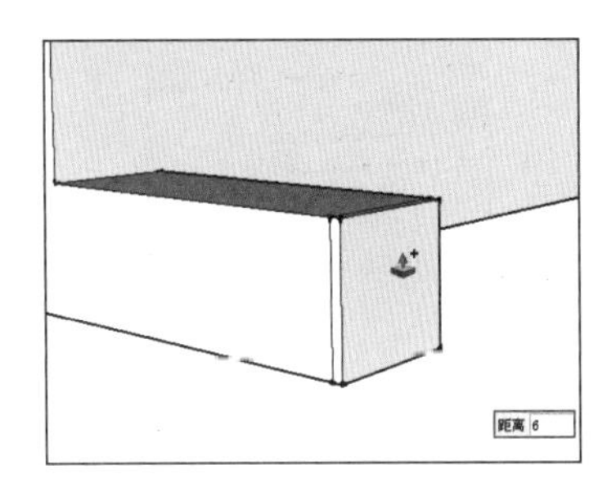

图 5-81　复制推拉 5mm 的长度

步骤 03 按住 Ctrl 键将其向外以 5mm 高度进行推拉复制，然后使用【拉伸】工具制作出倒角效果，如图 5-81 与图 5-82 所示。

步骤 04 重复类似的操作，制作好两侧的支撑脚模型效果，如图 5-83 所示。接下来制作上方边沿细节。

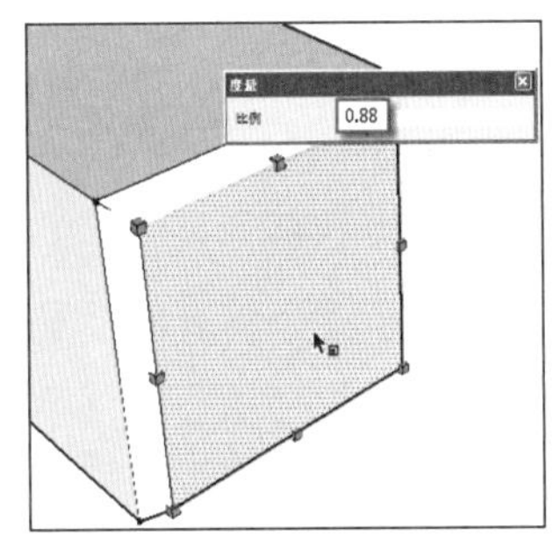

图 5-82　使用拉伸工具制作倒角效果

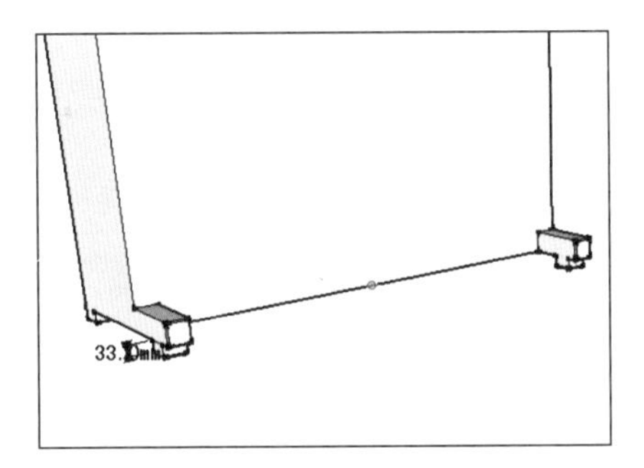

图 5-83　制作支撑脚细节

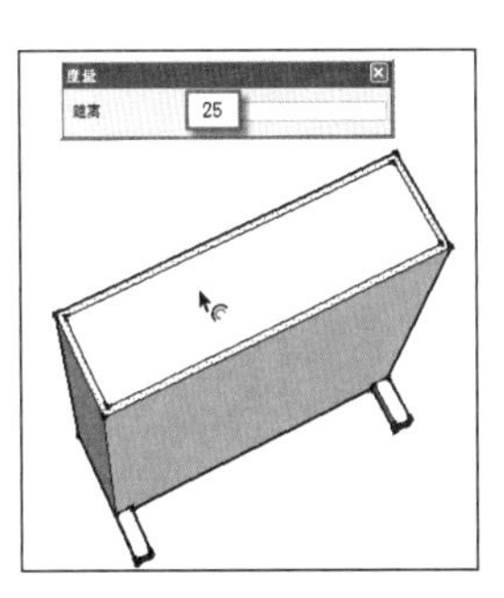

图 5-84　以 25mm 距离向外偏移复制

步骤 05 结合使用【偏移】与【推/拉】工具，制作出上部边沿细节，如图 5-84 与图 5-85 所示。

步骤 06 结合使用【卷尺】、【线条】以及【推/拉】工具，制作出中部按键搁板造型，如图 5-86、图 5-87 所示。

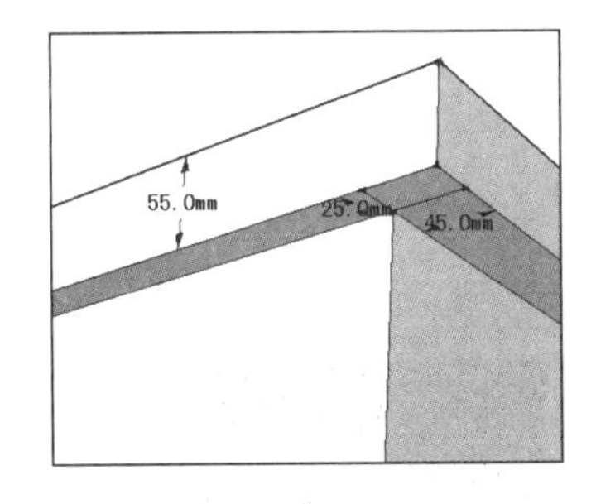

图 5-85　制作边沿细节

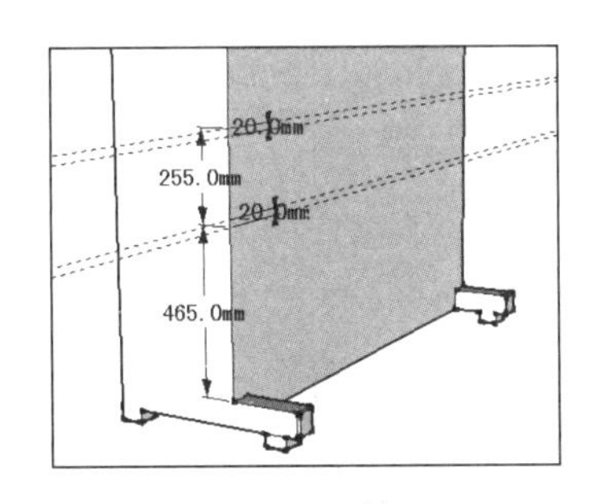

图 5-86　分割正面模型面

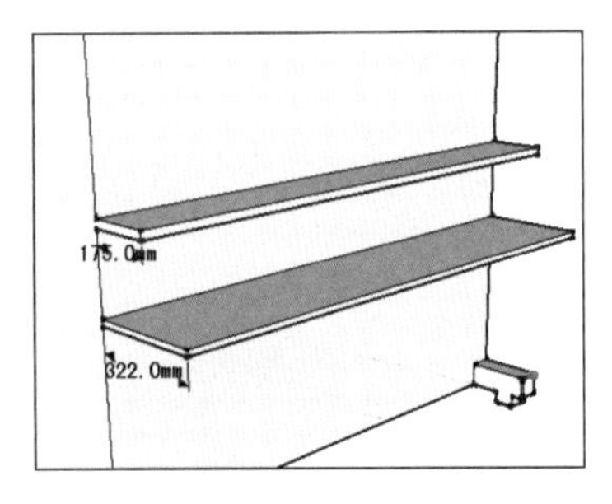

图 5-87　推拉出按键搁板

步骤 07 捕捉创建好的搁板空间，结合使用【矩形】、【卷尺】、【圆弧】以及【推/拉】工具制作出琴盒，如图 5-88~图 5-91 所示。

步骤 08 结合使用【矩形】、【线条】以及【推/拉】工具，制作上方装饰细节，并进行移动复制，如图 5-92~图 5-94 所示。

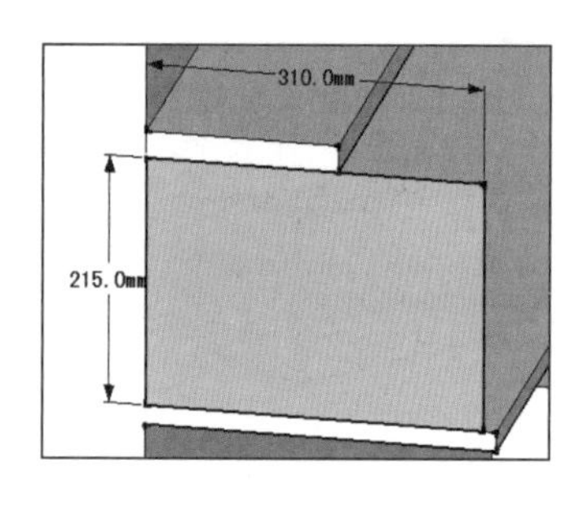

图 5-88　捕捉搁板绘制矩形

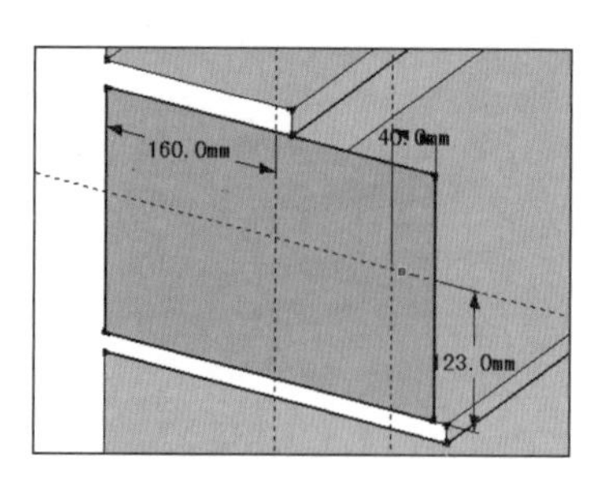

图 5-89　创建分割辅助线

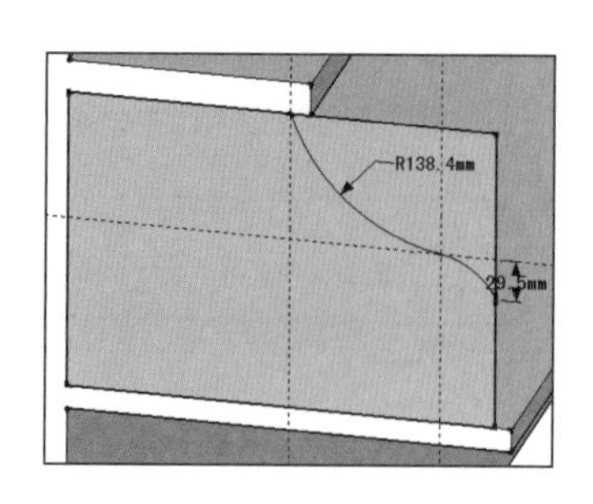

图 5-90　细分割矩形面

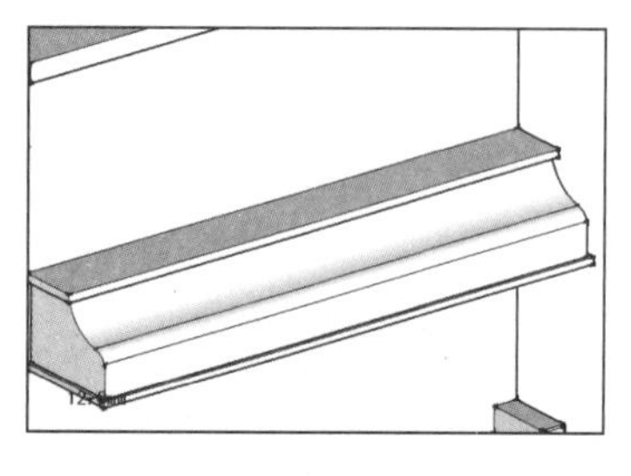
图 5-91　推拉出琴盒厚度

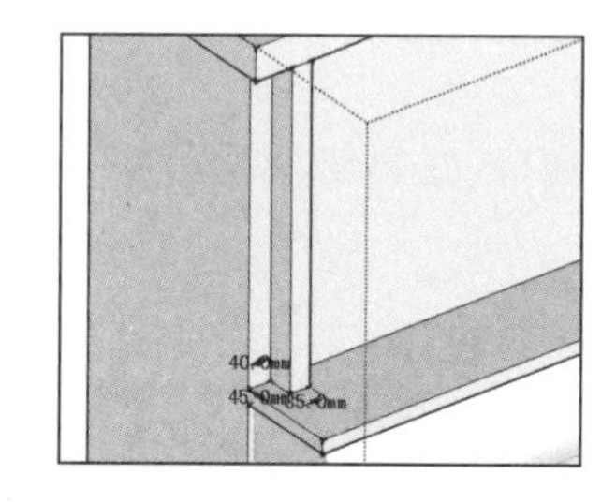
图 5-92　制作上方装饰细节轮廓

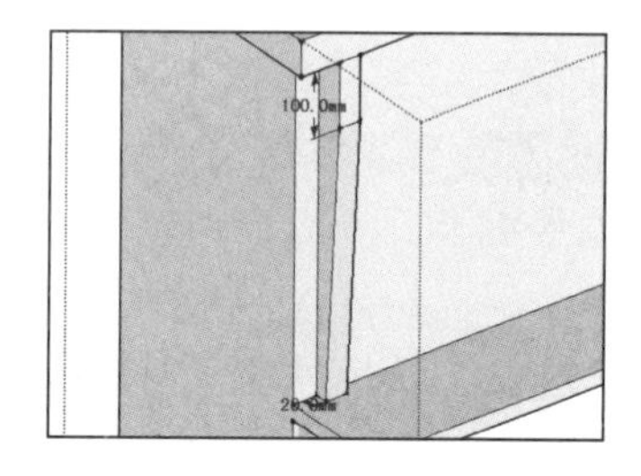
图 5-93　调整出造型细节

步骤 09 结合使用【矩形】、【线条】以及【圆弧】工具，绘制出下方支撑装饰截面，如图 5-95 所示。

步骤 10 启用【推/拉】工具，制作出支撑装饰构件厚度，然后移动复制出另一侧的相同模型，如图 5-96 与图 5-97 所示。

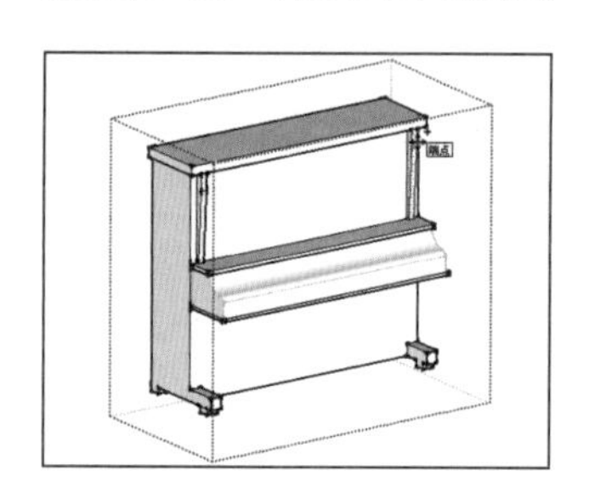
图 5-94　复制上方造型细节

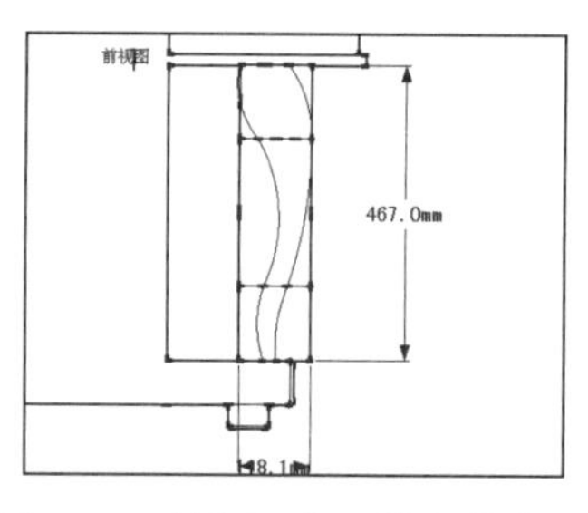

图 5-95　绘制下方支撑装饰截面

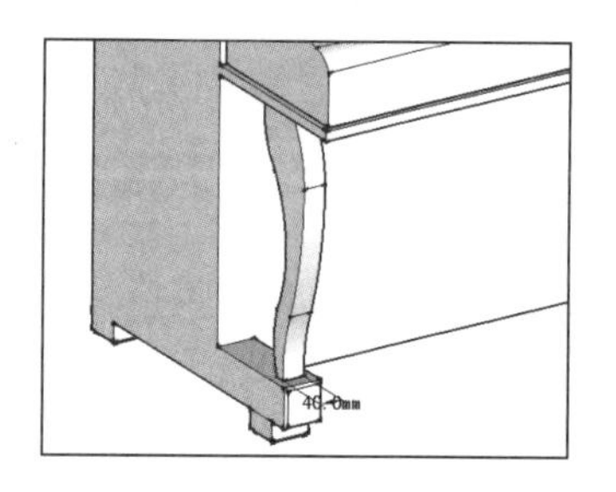
图 5-96　推拉出 46mm 厚度

步骤 11 钢琴模型制作完成后，打开【使用层颜色材料】面板赋予木纹材质，然后制作座凳模型完成整体效果，如图 5-98 与图 5-99 所示。

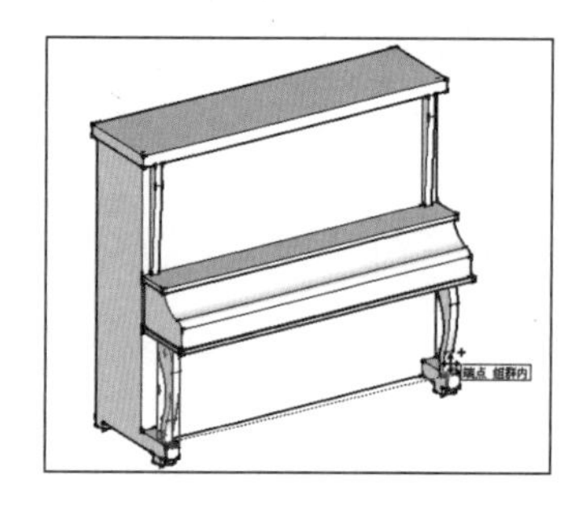
图 5-97　移动复制连接装饰

图 5-98　赋予木纹材质

图 5-99　立式钢琴最终效果

086 中式条案

文件路径：配套光盘\第05章\086　　视频文件：MP4\第05章\086.MP4

本例制作中式条案模型，主要使用到【线条】、【多边形】、【圆弧】、【推/拉】以及【跟随路径】等工具，在模型的制作过程中，注意学习中式装饰构件的制作技巧。

步骤 01 结合使用【矩形】、【圆弧】以及【路径跟随】工具，制作出条案台板模型，如图5-100~图5-102所示。

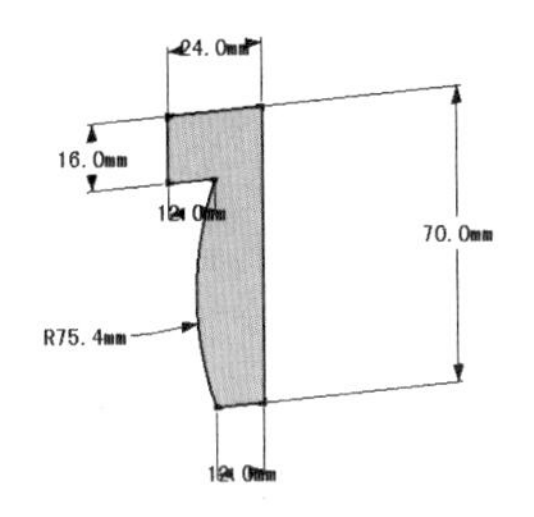

图5-100　绘制角线截面

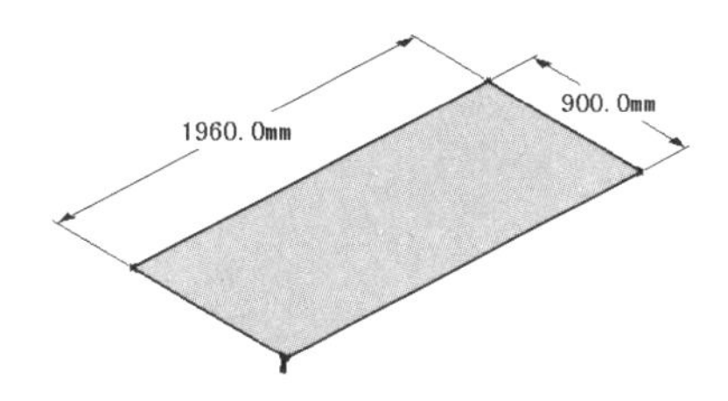

图5-101　绘制矩形

步骤 02 结合使用【卷尺】、【多边形】以及【推/拉】工具，制作出条案支撑脚，然后进行移动复制，如图5-103~图5-105所示。

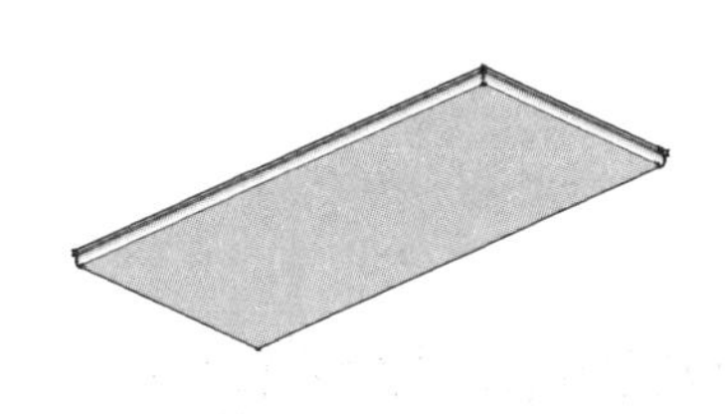

图5-102　路径跟随

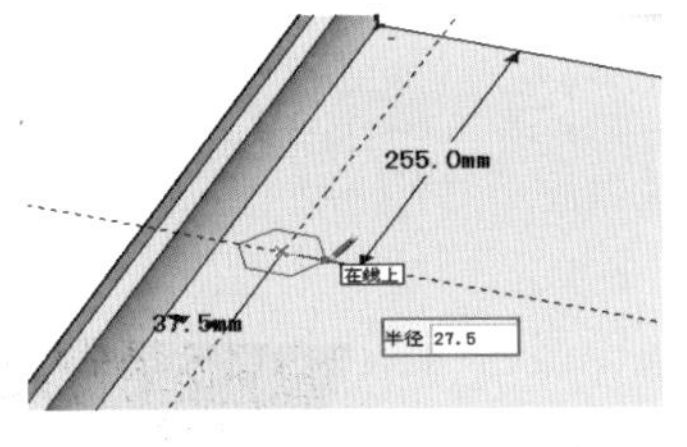

图5-103　绘制多边形截面

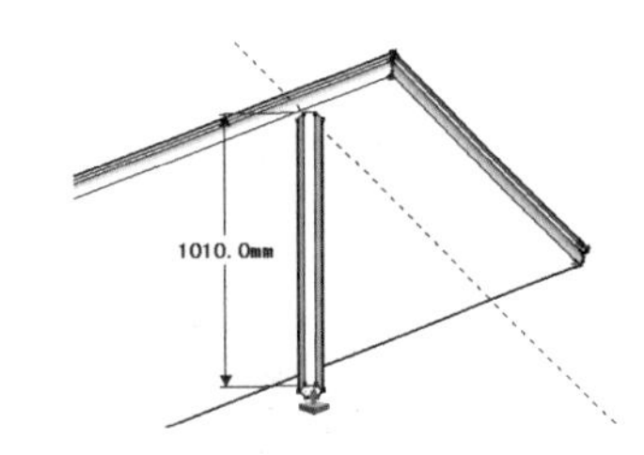

图5-104　推拉出条案支撑脚

步骤 03 在【后视图】中参考条案台板绘制一个矩形，然后以3×3形式对其进行细分割，如图5-106与图5-107所示。

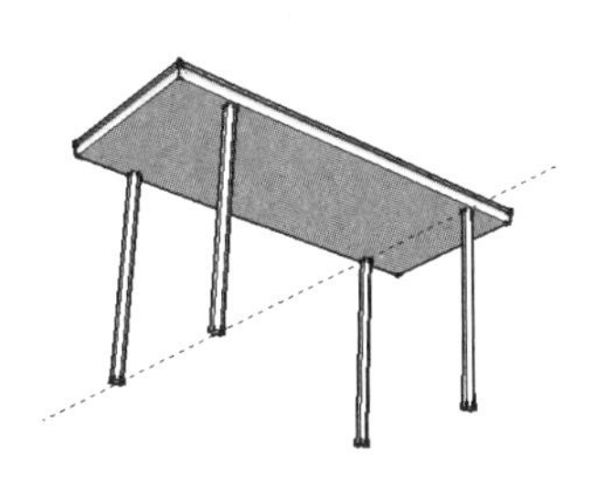

图5-105　复制支撑脚

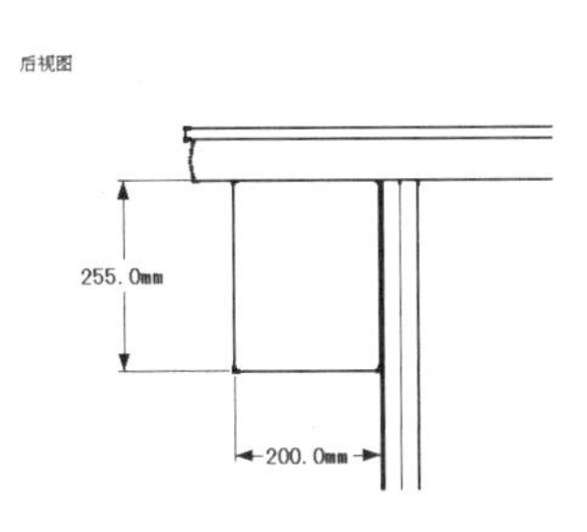

图5-106　绘制矩形

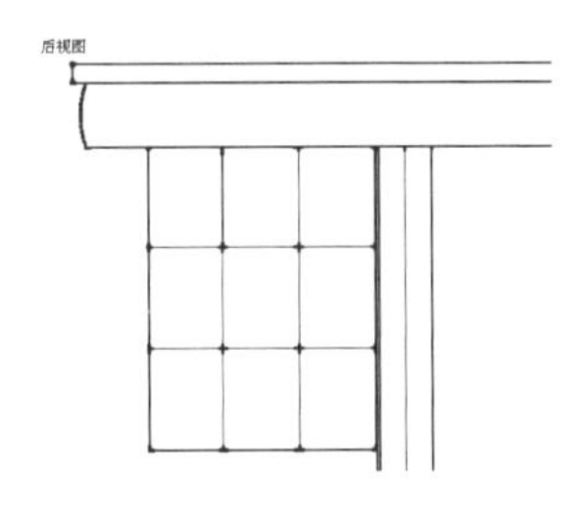

图5-107　细分矩形面

步骤 04 结合使用【线条】与【圆弧】创建工具，通过捕捉分割线，绘制出装饰件截面，然后推拉出25mm厚度，如图5-108与图5-109所示。

步骤 05 移动复制装饰构件，并通过【镜像】调整好方向，然后通过拉伸工具调整中部构件的造型，如图 5-110 所示。

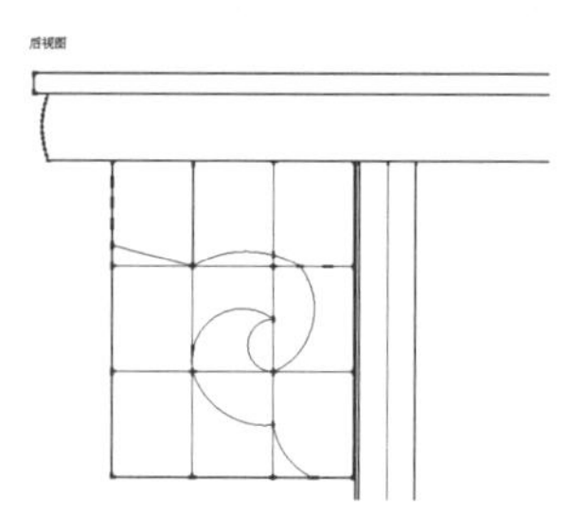
图 5-108　绘制装饰件截面

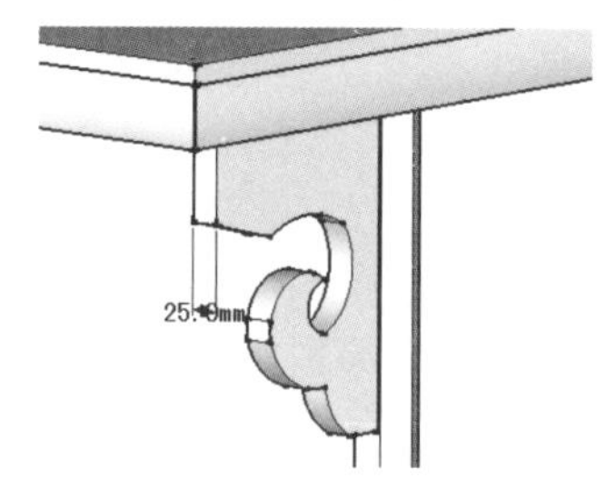
图 5-109　推拉 25mm 厚度

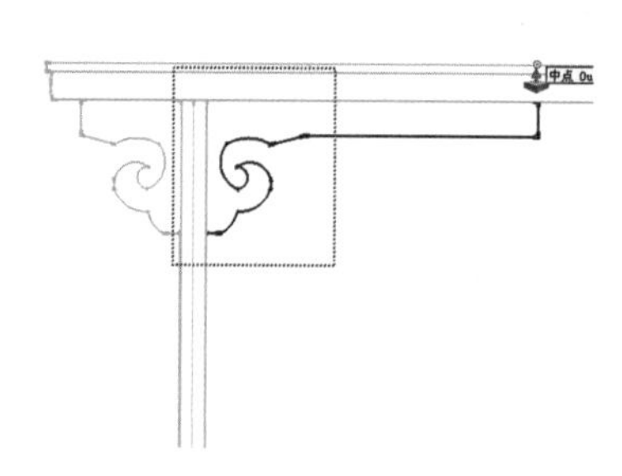
图 5-110　复制并调整装饰件

步骤 06 删除连接构件中的多余线段，然后整体复制后方的装饰构件，如图 5-111 与图 5-112 所示。

步骤 07 捕捉装饰件绘制出侧面挡板，如图 5-113 所示。

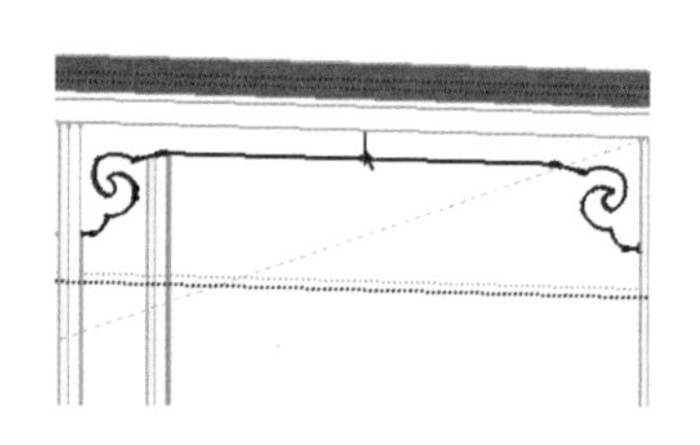
图 5-111　删除连接多余线段

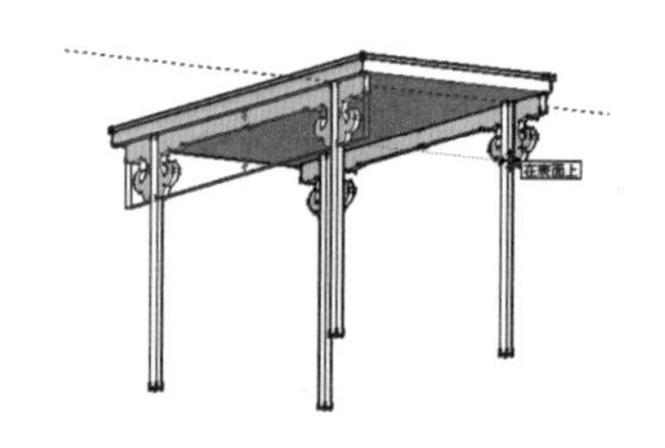
图 5-112　整体复制后方装饰件

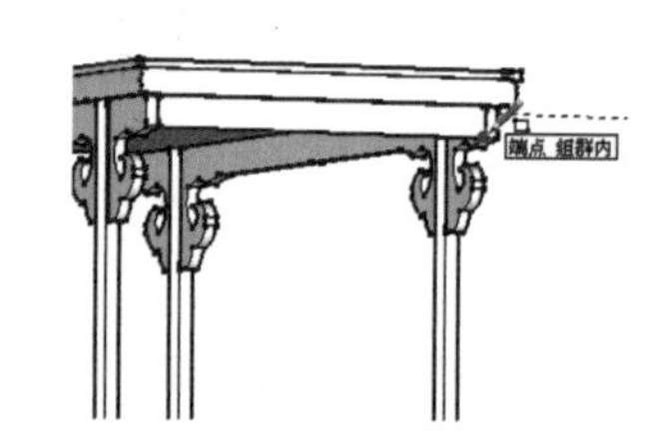
图 5-113　绘制侧面挡板

步骤 08 条案模型制作完成后，进入【使用层颜色材料】面板赋予木纹材质，完成最终模型效果，如图 5-114 与图 5-115 所示。

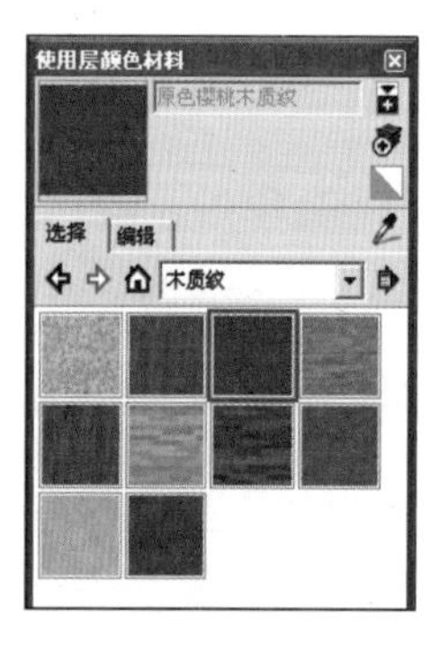

图 5-114　赋予木纹材质

图 5-115　条案最终模型效果

087 中式边框

文件路径：配套光盘\第 05 章\087	视频文件：无

本例制作中式边框模型，主要使用到【矩形】、【线条】、【圆弧】、【偏移】以及【推/拉】等工具，在模型的制作过程中，注意移动复制与中式装饰构件的制作技巧。

步骤 01 启用【矩形】创建工具，绘制一个 312.5mm×450mm 的矩形，如图 5-116 所示，结合使用【推/拉】与【偏移】工具，制作厚度与分割面，如图 5-117 所示。

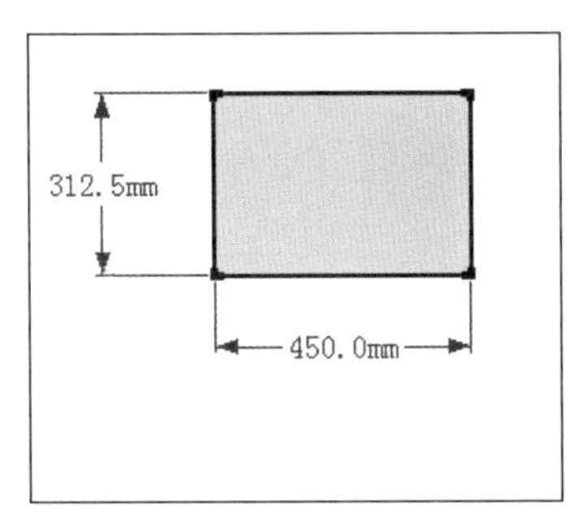

图 5-116　绘制矩形

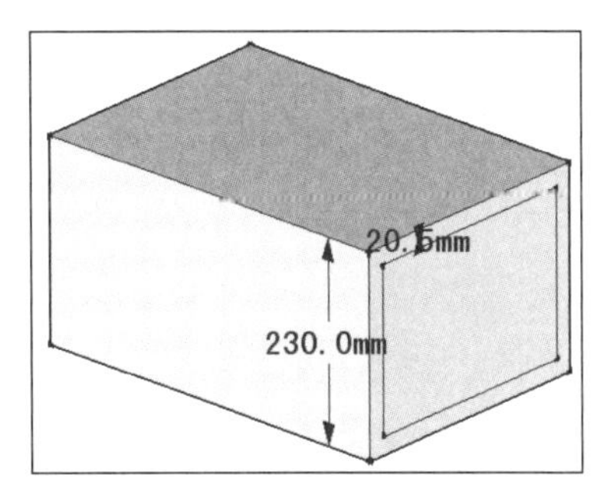

图 5-117　推拉长度并分割细节

步骤 02 选择分割面，启用【推/拉】工具，制作 10mm 的深度，如图 5-118 所示，然后选择内侧边线向内移动 5mm，如图 5-119 所示。

步骤 03 选择内部模型面，启用【拉伸】工具，以 0.92 的比例进行中心拉伸，如图 5-120 所示。接下来制作装饰细节。

步骤 04 启用【矩形】创建工具，绘制一个边长为 50mm 的矩形，如图 5-121 所示，然后选择边线进行【拆分】，如图 5-122 所示。

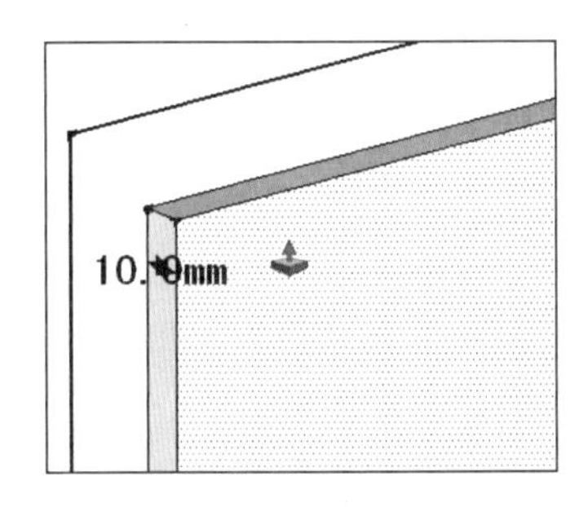

图 5-118　向内推拉 10mm 深度

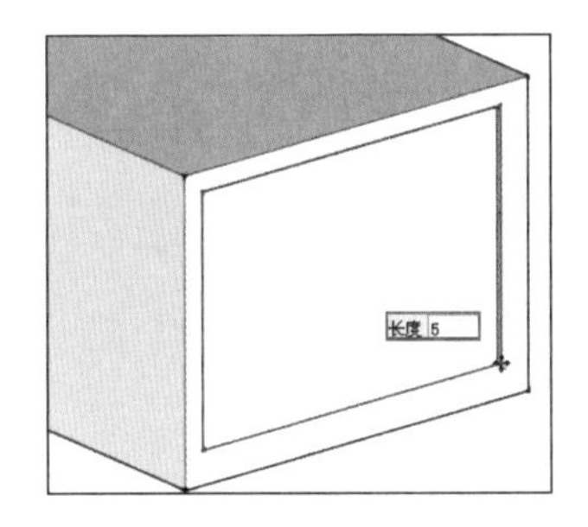

图 5-119　选择边线向内移动 5mm

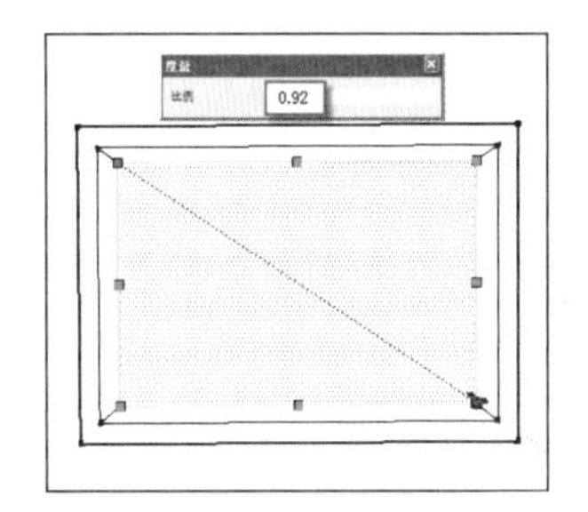

图 5-120　选择内部矩形进行中心拉伸

步骤 05 启用【线条】工具连接拆分点，启用【圆弧】工具绘制装饰件外侧与内侧弧线，如图 5-123 与图 5-124 所示。

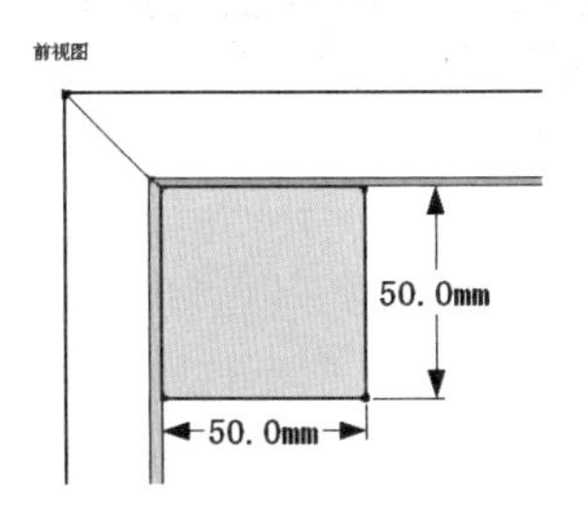

图 5-121　在转角处绘制矩形

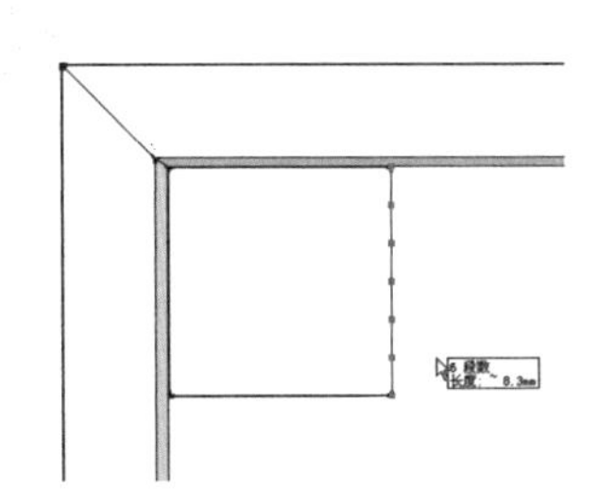

图 5-122　选择边线进行 6 拆分

图 5-123　绘制装饰件外侧弧线

步骤 06 弧形绘制完成后，删除多余分割线，然后启用【圆】工具，在左上角绘制一个半径为 2.5mm 的圆形，如图 5-125 所示。

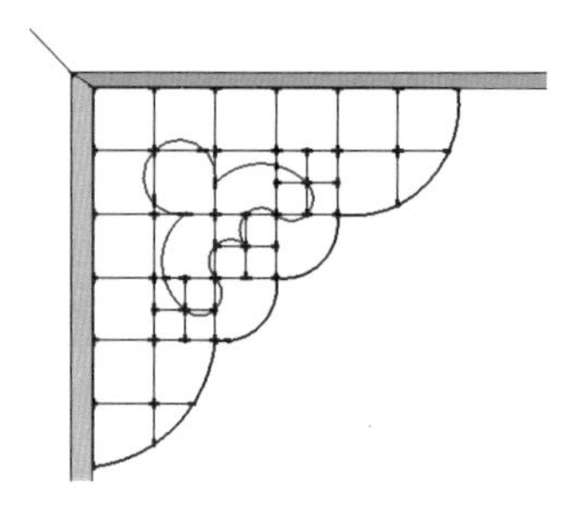

图 5-124　绘制装饰件内部弧线

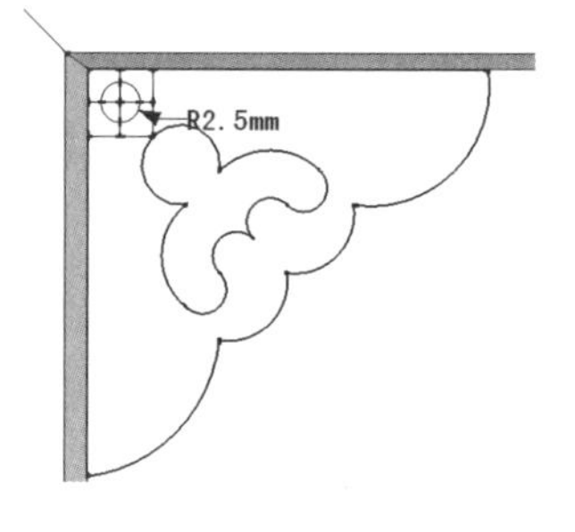

图 5-125　绘制装饰件圆孔

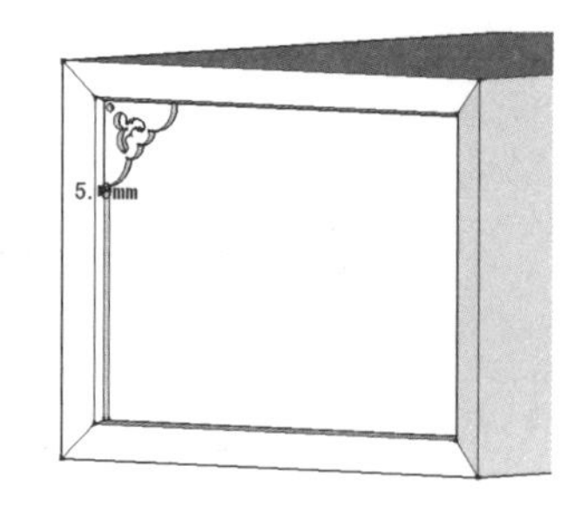

图 5-126　制作 5mm 厚度

步骤 07 选择创建好的分割面，启用【推/拉】工具制作 5mm 厚度，如图 5-126 所示，通过旋转复制，制作好四角的装饰效果，如图 5-127 与图 5-128 所示。

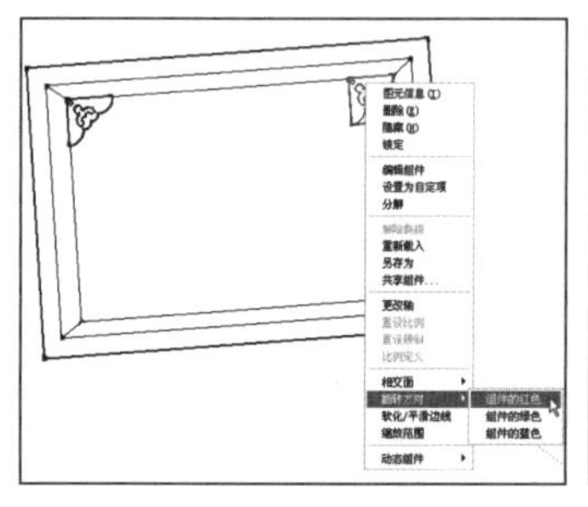

图 5-127　复制并翻转装饰构件

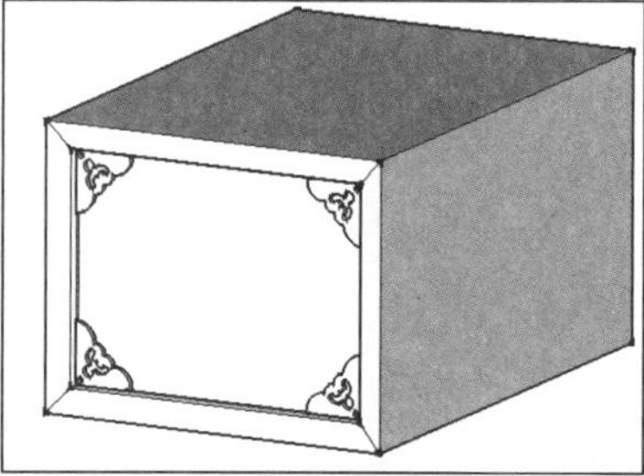

图 5-128　边柜单个抽屉完成效果

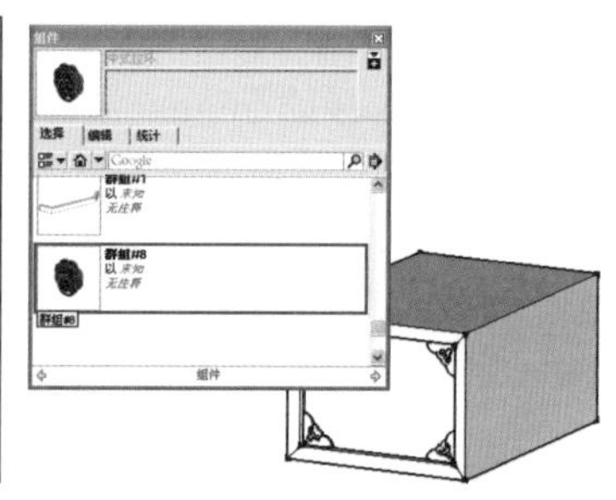

图 5-129　调入拉手组件模型

步骤 08 打开【组件】面板，合并装饰拉手模型，如图 5-129 所示，打开【使用层颜色材料】面板，为其整体赋予黑色木纹材质，如图 5-130 所示。

步骤 09 将创建好的木箱整体创建为群组，如图 5-131 所示，然后通过移动复制，形成边柜上部整体造型，如图 5-132 所示。接下来制作支撑脚造型。

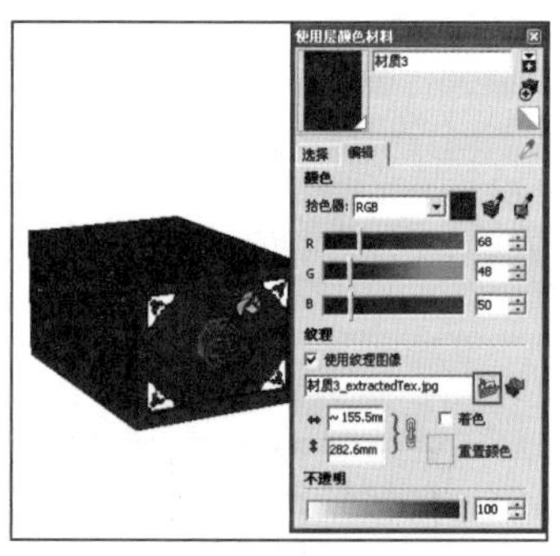

图 5-130　赋予木纹材质

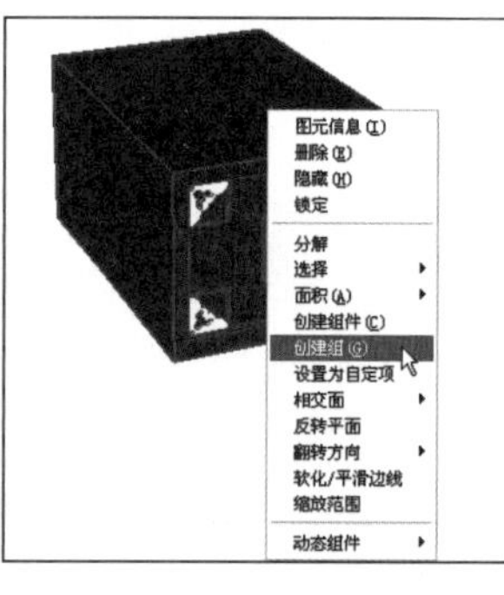

图 5-131　将抽屉创建为群组

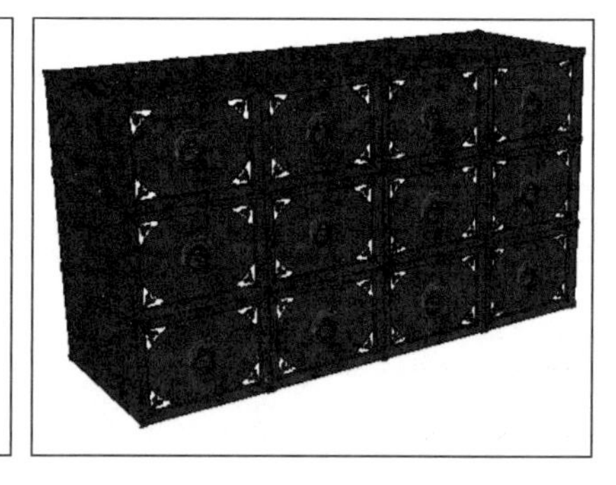

图 5-132　移动复制出边柜整体造型

步骤 10 结合使用【矩形】与【推/拉】工具，制作支撑脚轮廓，如图 5-133 所示。通过前面类似的方法，制作好内侧装饰构件，如图 5-134 所示。

步骤 11 制作支撑脚表面装饰线，首先结合使用【线条】与【圆弧】工具绘制细节线条，如图 5-135 所示。

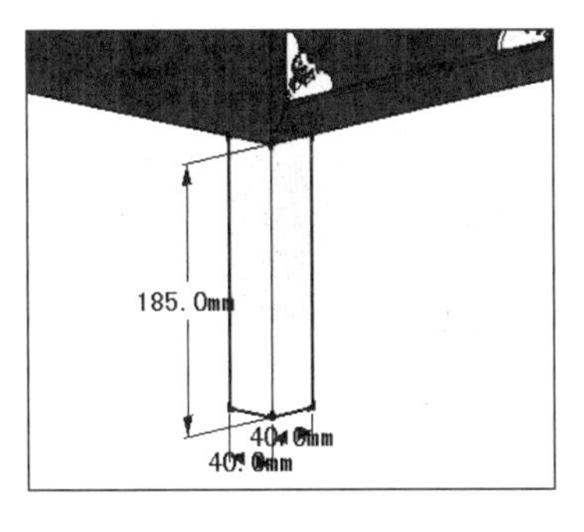

图 5-133　制作支撑脚轮廓

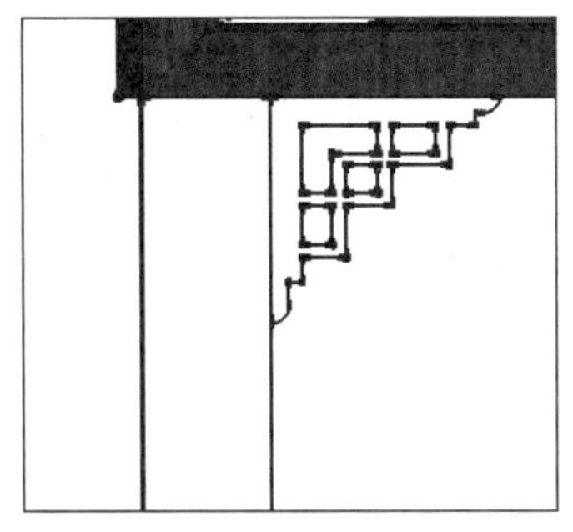

图 5-134　绘制装饰构件

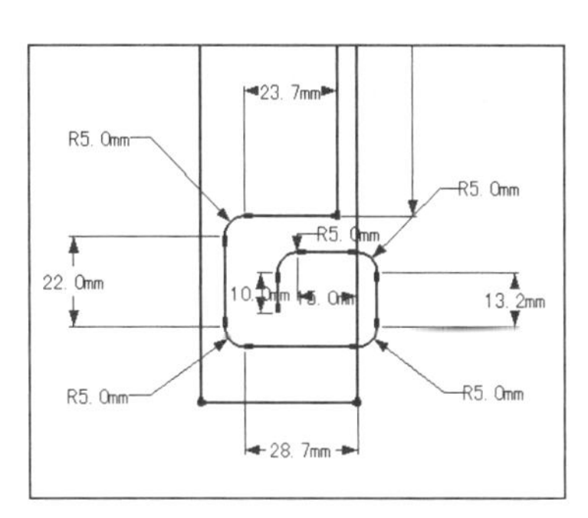

图 5-135　绘制支撑脚装饰线

步骤 12 通过【偏移】、【线条】以及【推/拉】工具，制作三维造型并进行复制，如图 5-136~图 5-138 所示。

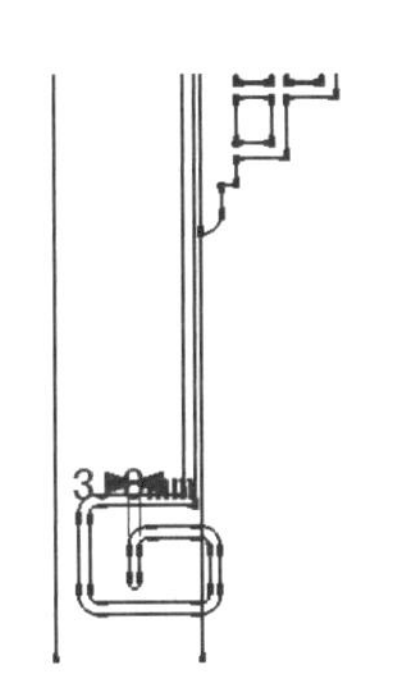

图 5-136　将装饰线截面封面

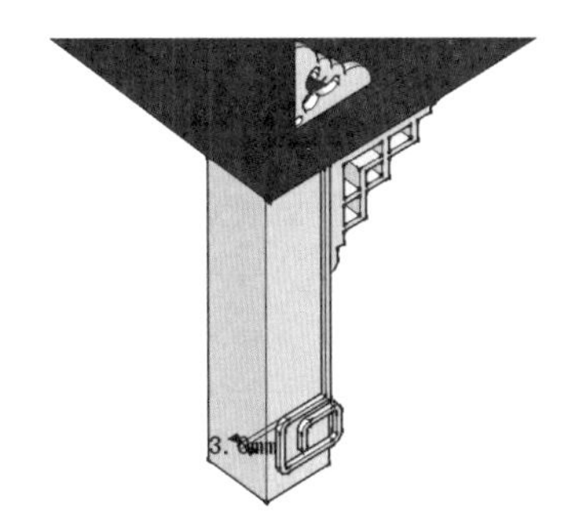

图 5-137　制作 3mm 装饰线厚度

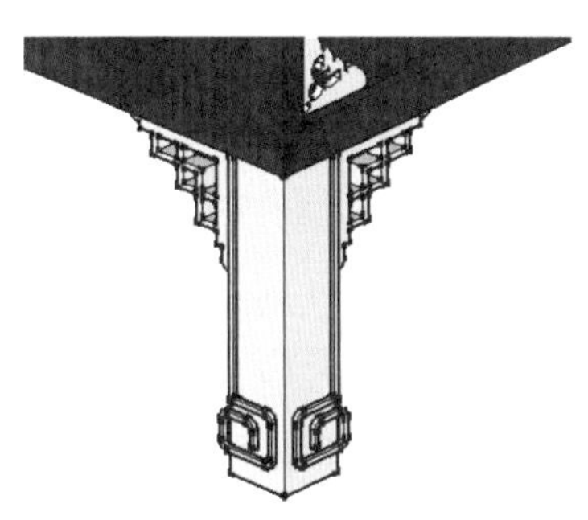

图 5-138　复制装饰件

步骤 13 结合使用【圆弧】以及【推/拉】工具，制作装饰线连接造型，如图 5-139 与图 5-140 所示。

步骤 14 选择支撑脚底面，使用【推/拉】工具进行 5mm 的推拉复制，如图 5-141 所示，然后使用【拉伸】工具制作出倒角效果，如图 5-142 所示。

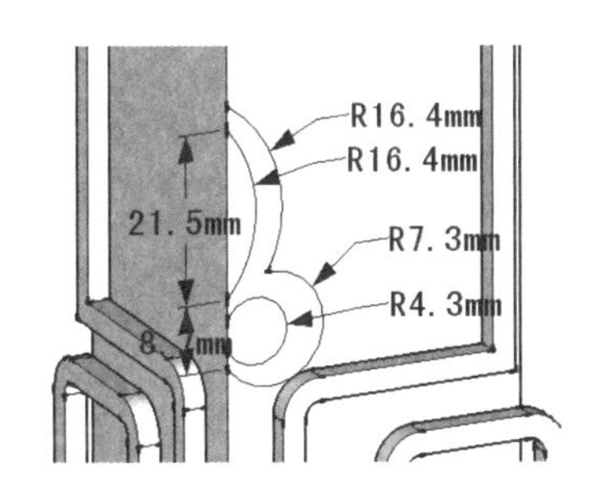

图 5-139　绘制支撑脚雕刻细分面

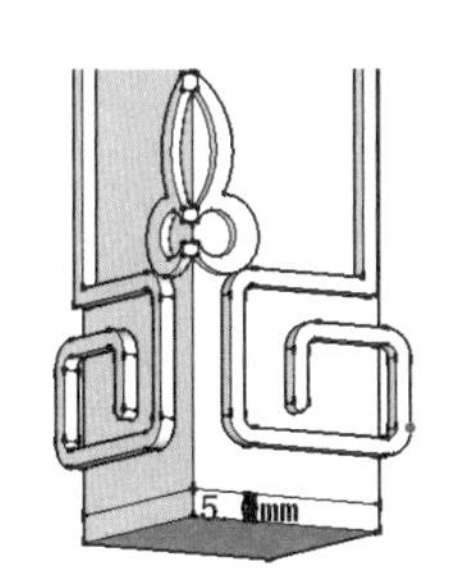

图 5-140　支撑脚雕刻细节完成效果

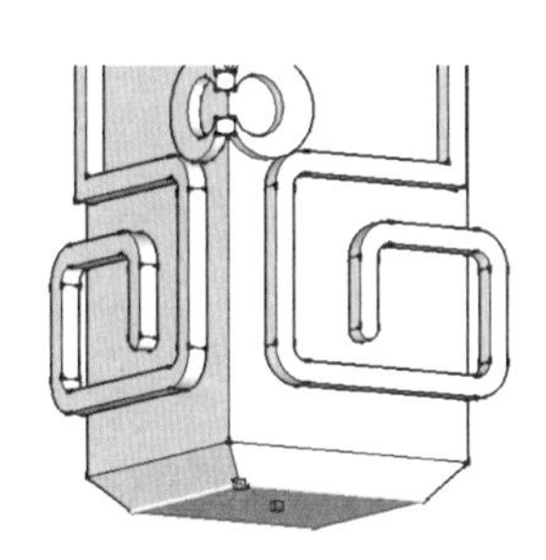

图 5-141　制作支撑脚底部倒角效果

步骤 15 将制作好的支撑脚创建为【群组】，如图 5-143 所示，然后复制出其他三个支撑脚，完成整体造型，如图 5-144 所示。

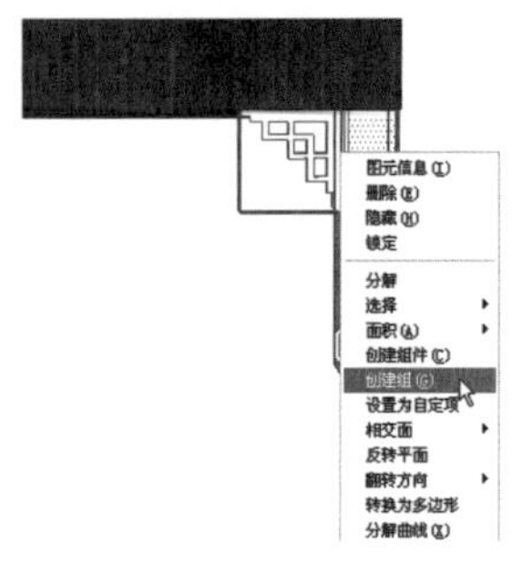

图 5-142　将支撑脚整体成组

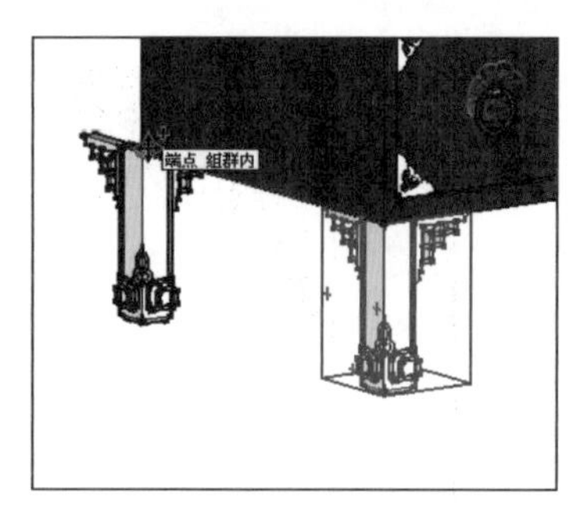

图 5-143　移动复制支撑脚

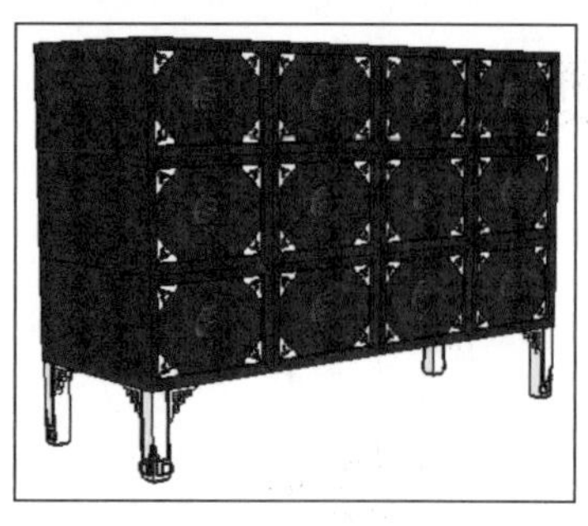

图 5-144　中式边柜完成效果

088 休闲沙发组合

文件路径：配套光盘\第 05 章\088　　视频文件：MP4\第 05 章\088.MP4

本例制作休闲沙发组合，主要使用到【矩形】、【线条】、【圆弧】、【偏移】以及【推/拉】等工具，在模型的制作过程中，注意学习模型细化技巧，以及通过拉伸等操作快速改变模型造型的技巧。

1. 制作茶几

步骤 01 制作如图 5-145 所示的茶几模型。结合使用【矩形】与【推/拉】工具，制作出茶几轮廓，如图 5-146 与图 5-147 所示。

图 5-145　茶几模型完成效果

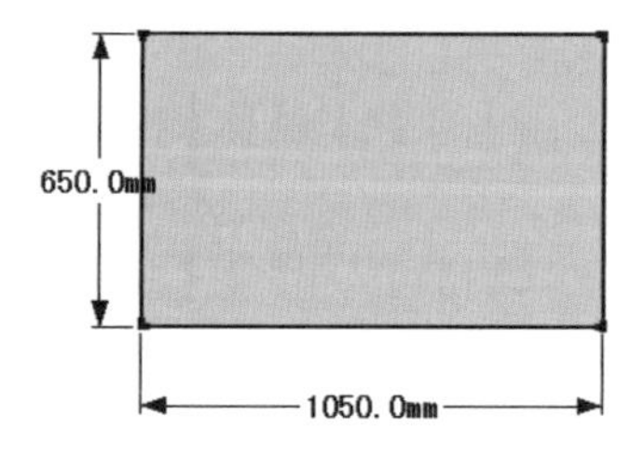

图 5-146　绘制矩形

步骤 02 使用【矩形】工具，通过捕捉顶面角点进行细分割，如图 5-148 与图 5-149 所示。

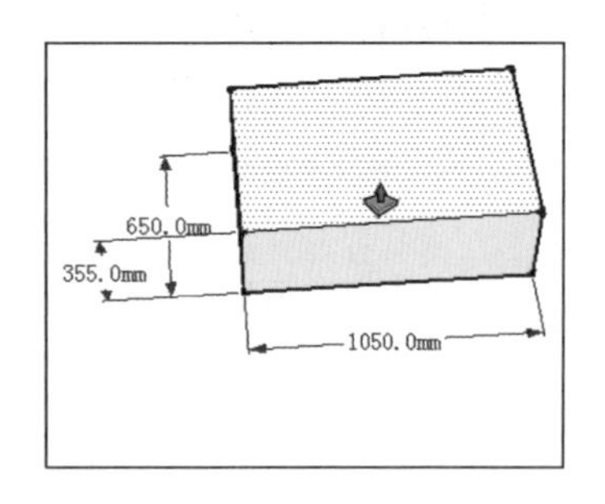

图 5-147　推拉 355mm 的高度

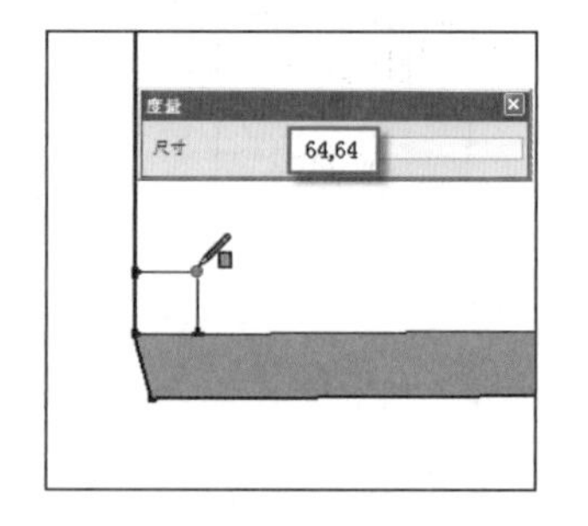

图 5-148　绘制 46mm 的正方形分割面

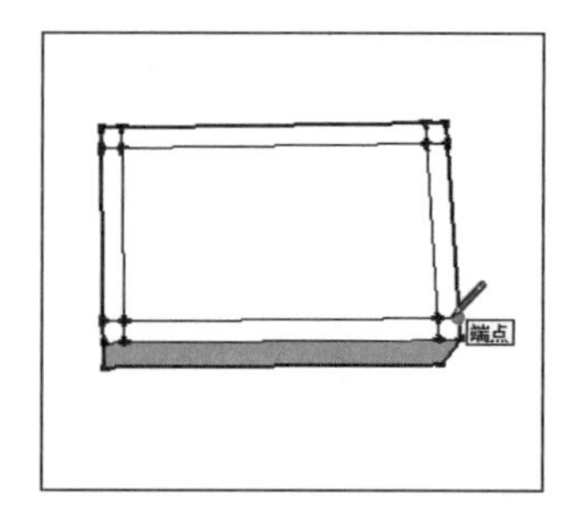

图 5-149　顶面分割完成效果

步骤 03 使用【推/拉】工具，逐步制作出支架与玻璃面细节效果，如图 5-150 与图 5-151 所示。

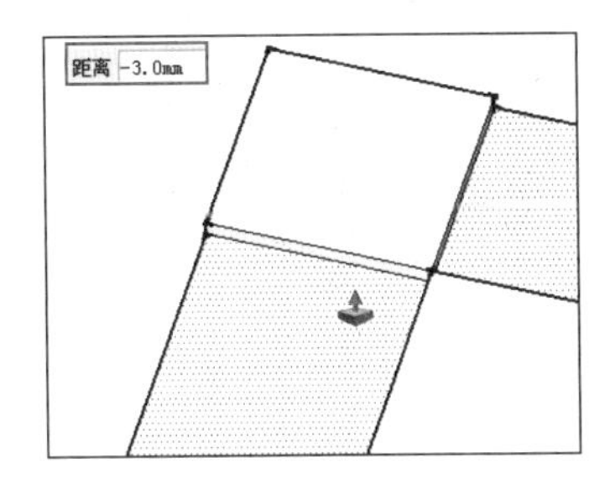

图 5-150 推拉支架出高差细节

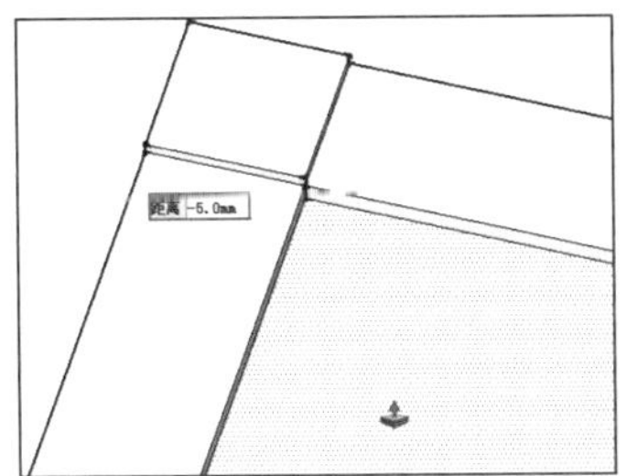

图 5-151 推拉出玻璃高差细节

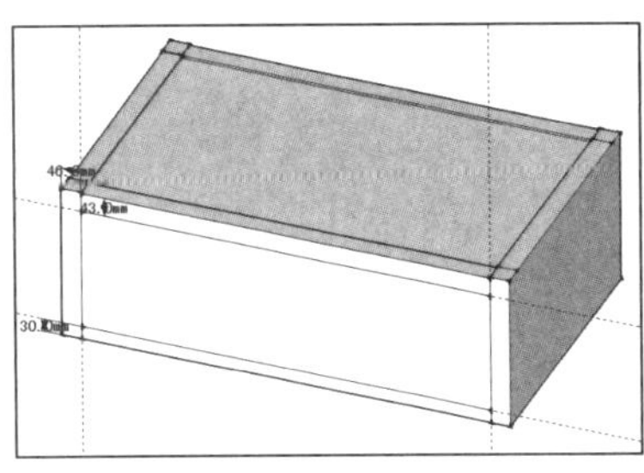
图 5-152 细分割侧面

步骤 04 结合使用【卷尺】、【矩形】等工具分割好侧面，然后使用【推/拉】工具推空，如图 5-152 与图 5-153 所示。

步骤 05 重复类似操作，完成茶几框架效果，如图 5-154 所示。接下来进行造型的细化。

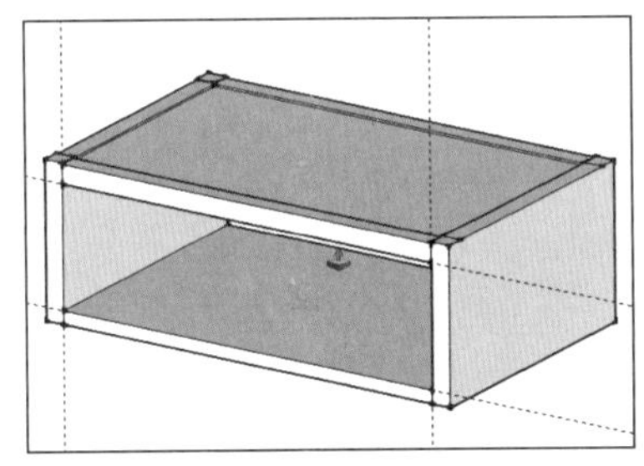
图 5-153 推空侧面

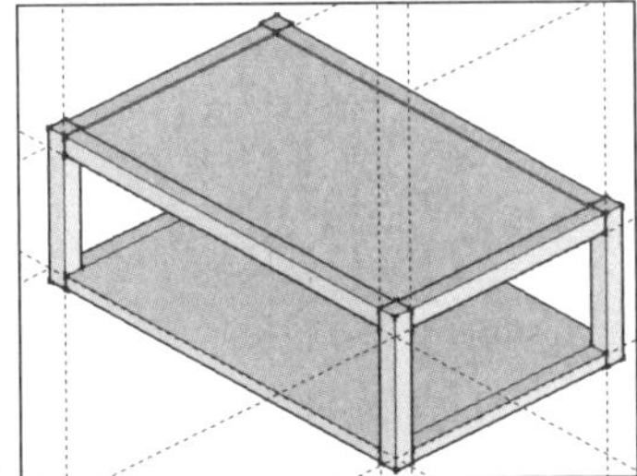
图 5-154 茶几框架完成效果

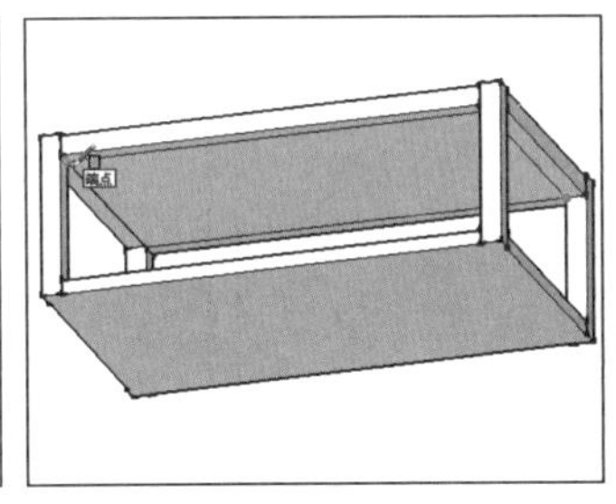
图 5-155 分割上部底面

步骤 06 捕捉内部角点创建一个矩形分割面，使用【推/拉】工具制作出上部木条细节，如图 5-155 与图 5-156 所示。

步骤 07 选择下部边线进行 25 拆分，分割完成后，使用【推/拉】工具制作出木栅格细节，如图 5-157 与图 5-158 所示。

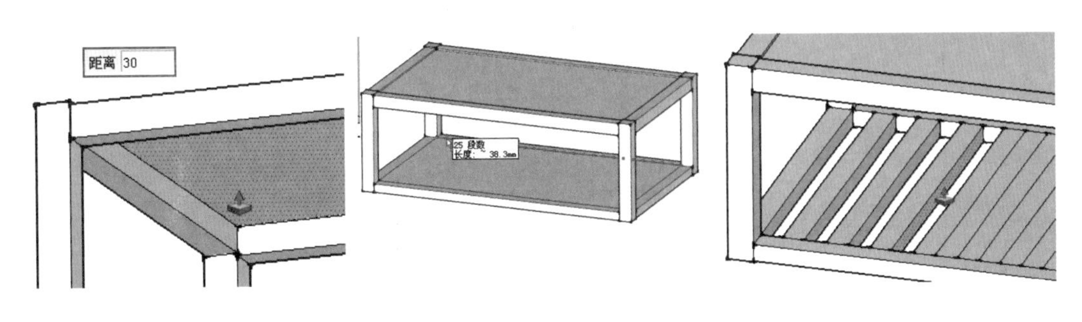

图 5-156 向内推拉 30mm　图 5-157 选择边线进行拆分　图 5-158 制作出栅格

步骤 08 结合使用【矩形】与【推/拉】工具，制作出支撑脚细节，完成茶几模型的制作，如图 5-159 与图 5-160 所示。接下来制作如图 5-161 所示的单人沙发。

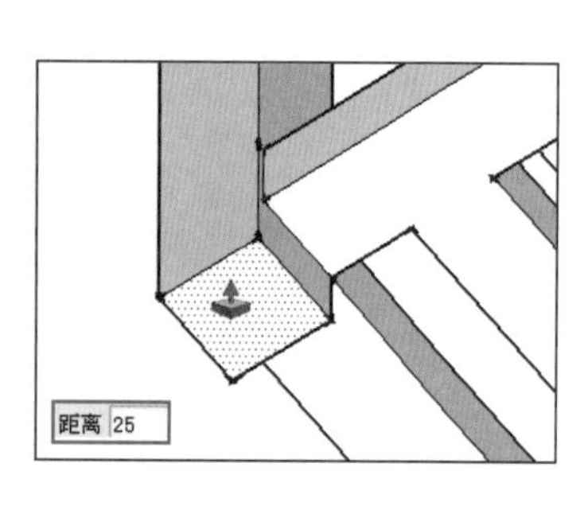

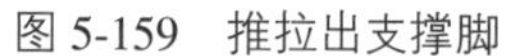
图 5-159　推拉出支撑脚

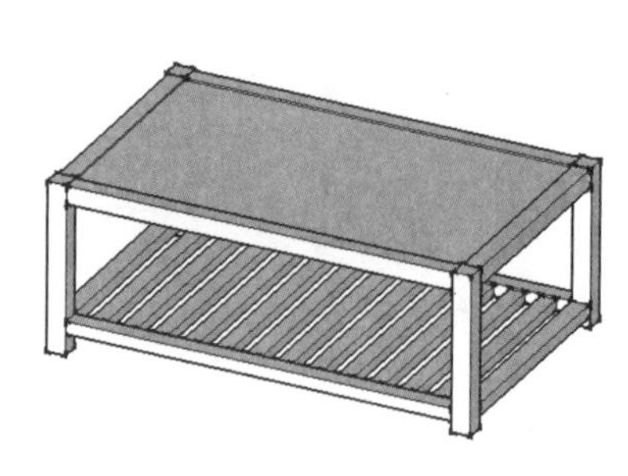
图 5-160　茶几完成效果

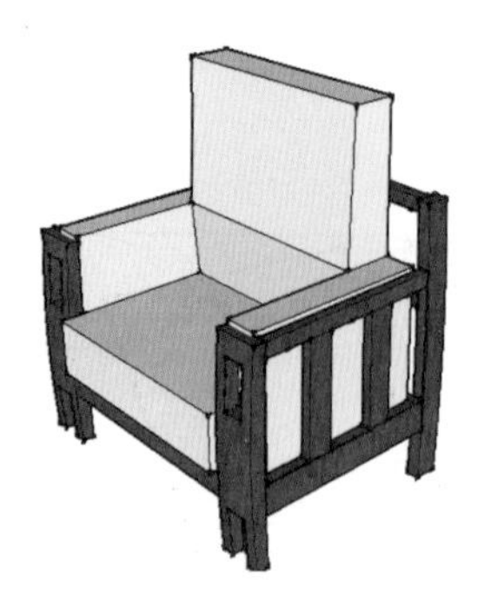
图 5-161　单人沙发完成效果

2. 制作单人沙发

步骤 01 结合使用【矩形】与【弧线】工具，制作出沙发前脚轮廓，如图 5-162~ 图 5-164 所示。

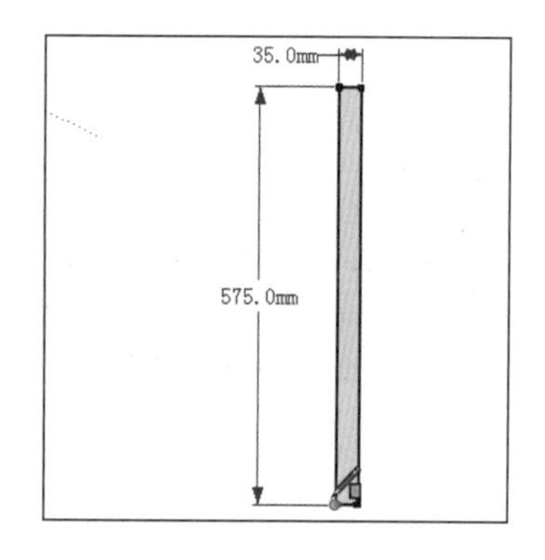

图 5-162　绘制矩形

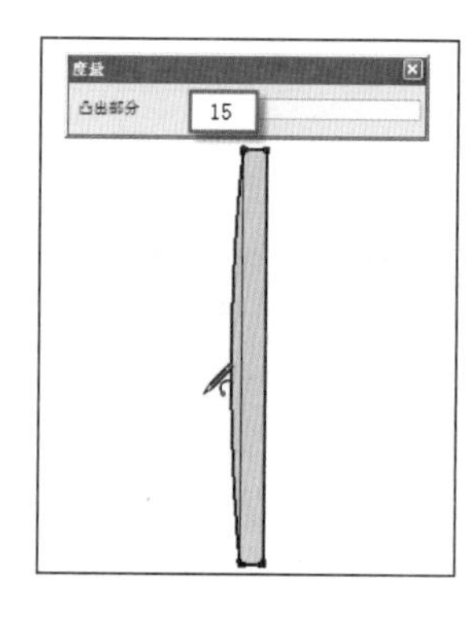

图 5-163　绘制前方弧线

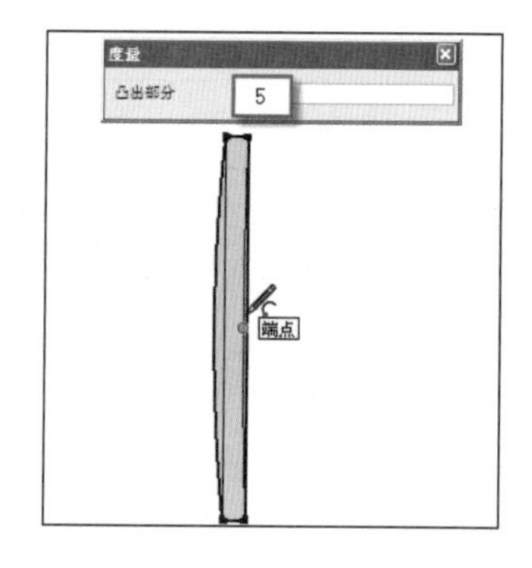

图 5-164　绘制后方弧线

步骤 02 使用【推/拉】工具制作出前脚厚度，创建长方体，使用【减去】运算制作出细节，如图 5-165~图 5-167 所示。

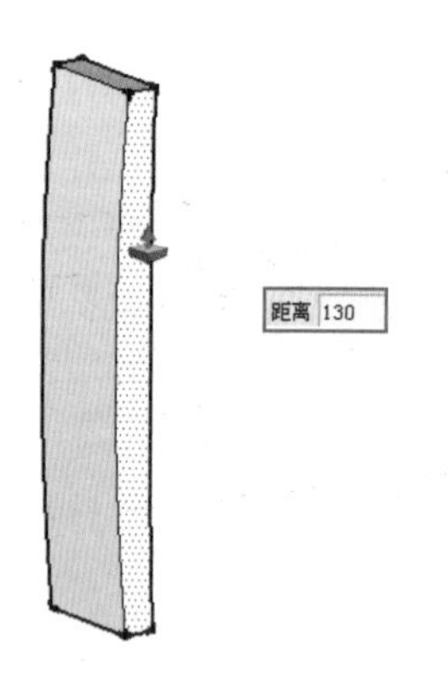

图 5-165　推拉 130mm 厚度

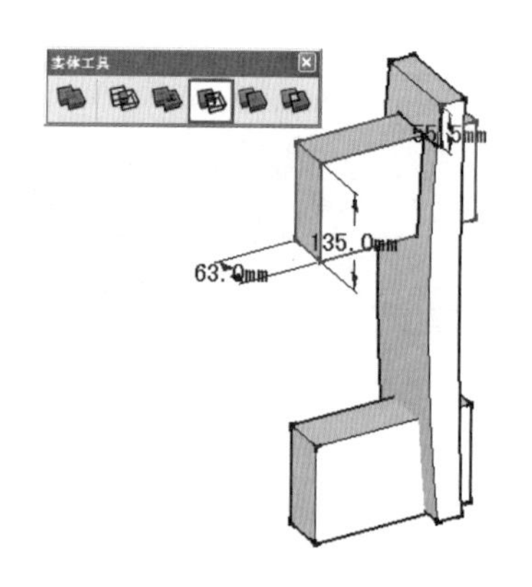

图 5-166　创建长方体进行减去运算

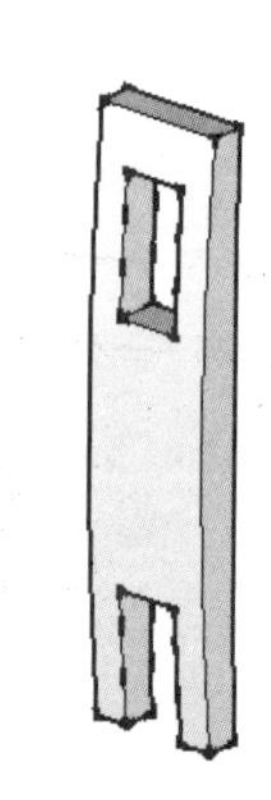
图 5-167　沙发前脚完成效果

步骤 03 使用类似方法，制作出沙发后脚模型，然后加选前脚模型，以 760mm 的宽度进行移动复制，如图 5-168~ 图 5-170 所示。

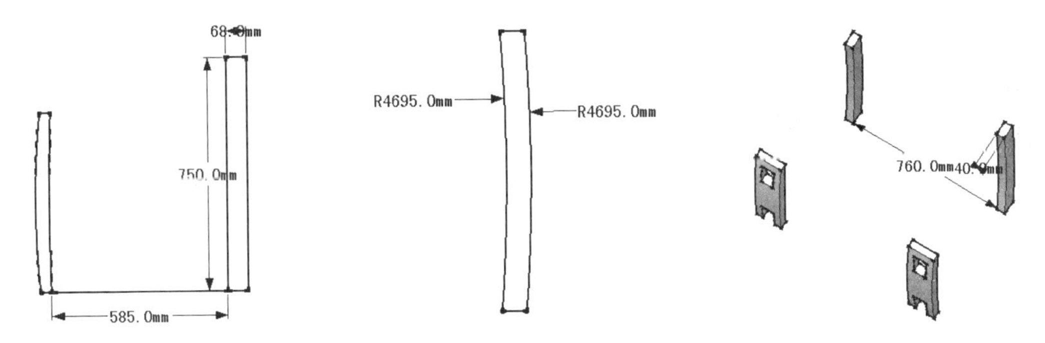

图 5-168　绘制沙发后脚参考矩形　　图 5-169　绘制沙发后脚截面　　图 5-170　推拉沙发后脚并复制

步骤 04 启用【矩形】创建工具制作出沙发底板，然后结合使用【偏移】与【推/拉】工具制作出细节，如图 5-171 与图 5-172 所示。

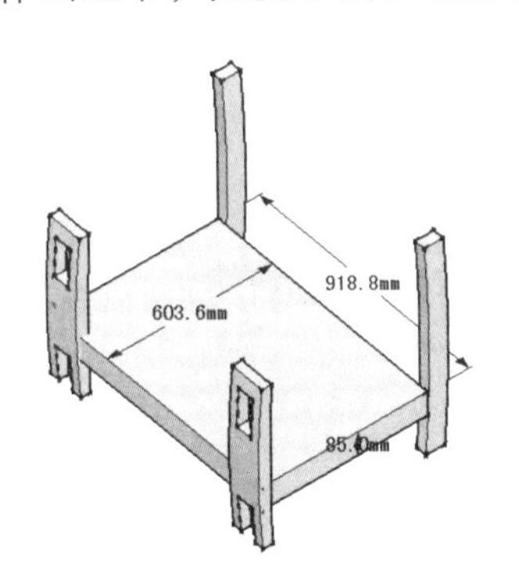

图 5-171　绘制沙发底板

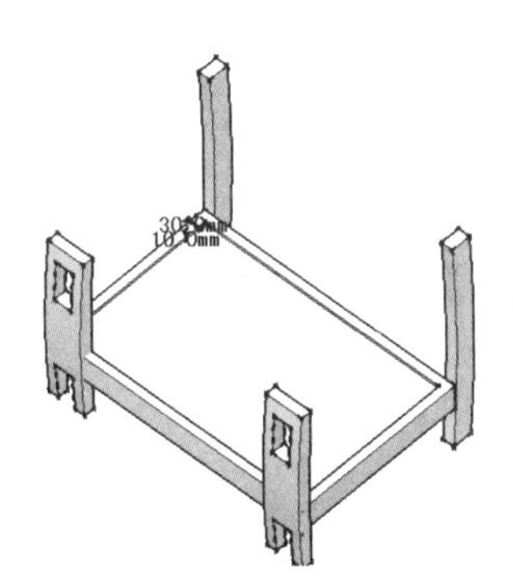

图 5-172　制作底板细节

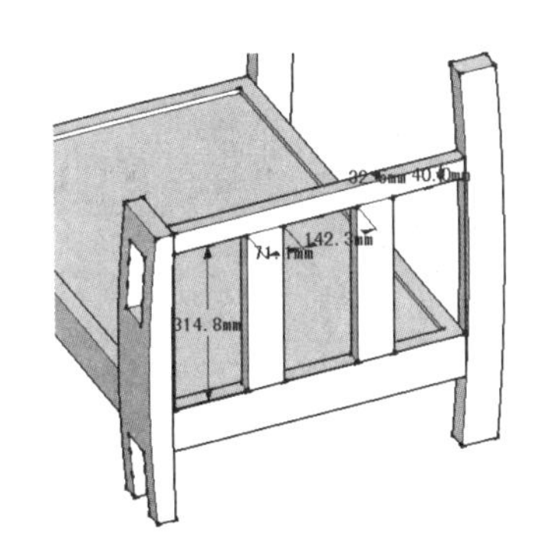

图 5-173　制作沙发侧板

步骤 05 使用类似方法制作出沙发侧板模型，然后通过整体复制，完成沙发框架效果，如图 5-173 与图 5-174 所示。

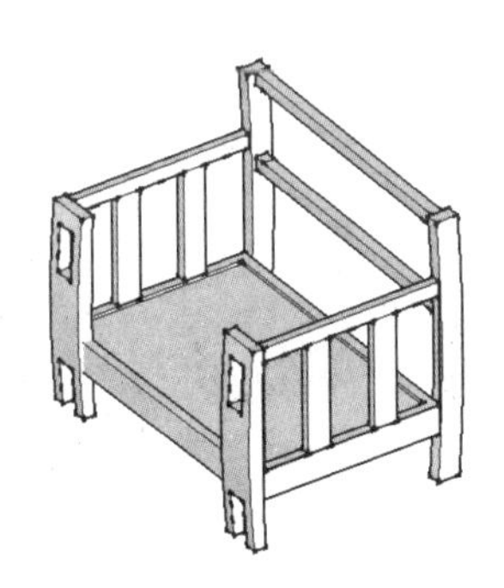

图 5-174　沙发框架完成效果

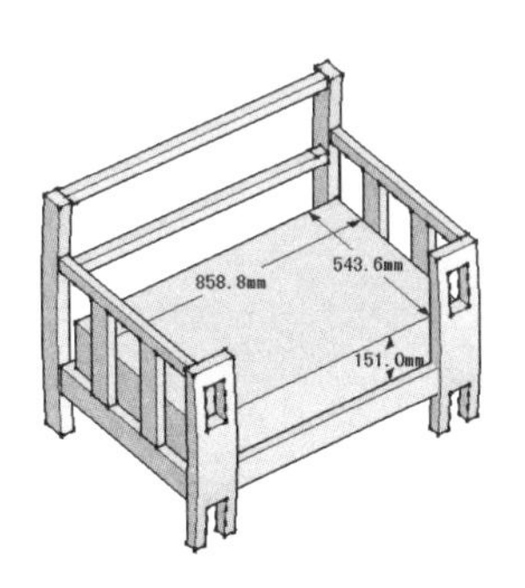

图 5-175　绘制沙发垫

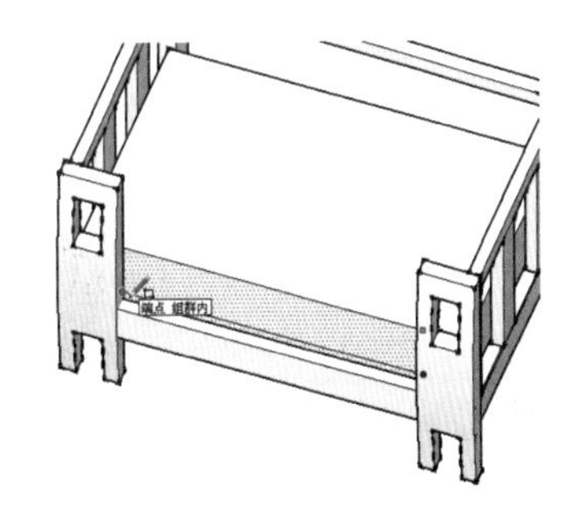

图 5-176　捕捉支架分割沙发面

步骤 06 启用【矩形】创建工具，参考底板制作出沙发坐垫，并进行细分割，如图 5-175~图 5-177 所示。

步骤 07 启用【推/拉】工具，制作出沙发靠垫细节，然后通过分割线的移动，调整出靠背的造型效果，如图 5-178 与图 5-179 所示。

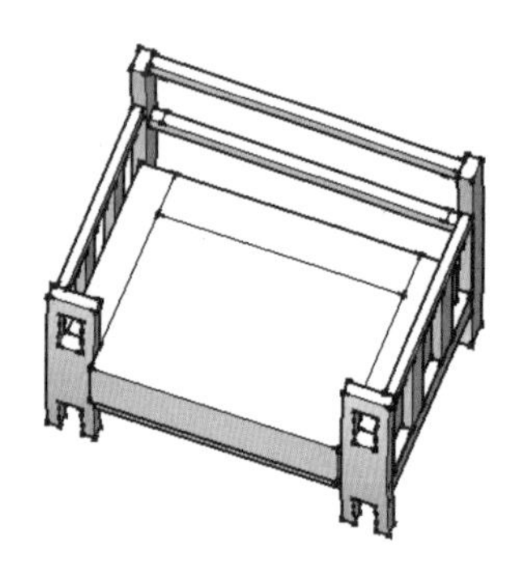

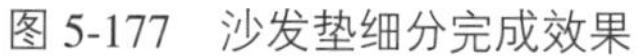

图 5-177　沙发垫细分完成效果

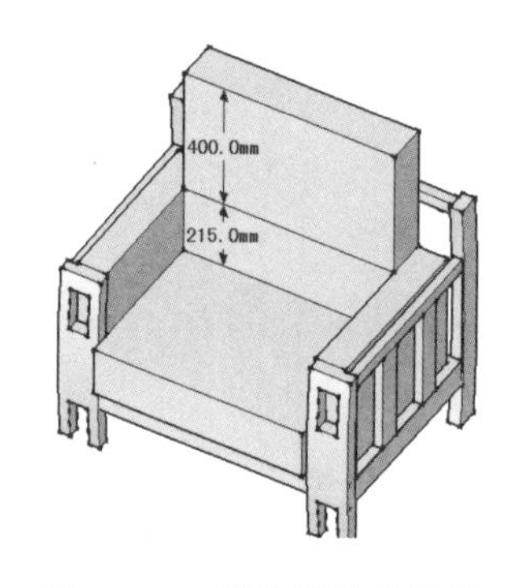

图 5-178　推拉出沙发靠垫

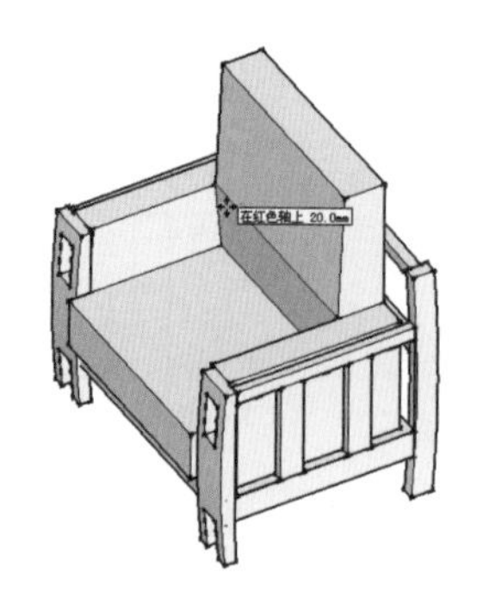

图 5-179　调整靠背造型

步骤 08 单人沙发制作完成后，打开【使用层颜色材料】面板赋予支架木纹材质，如图 5-180 所示。

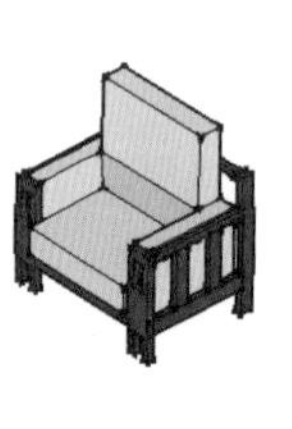

图 5-180　赋予单人沙发造型材质

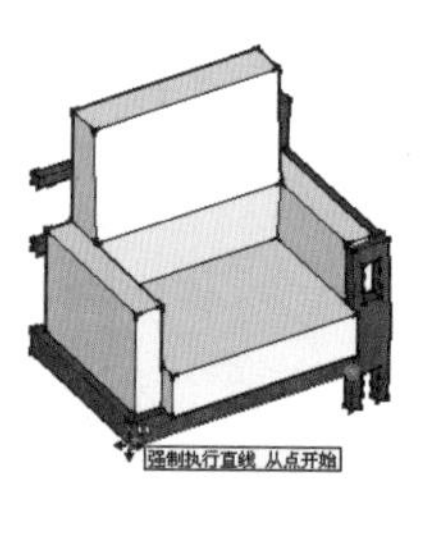

图 5-181　复制单人沙发并调整宽度

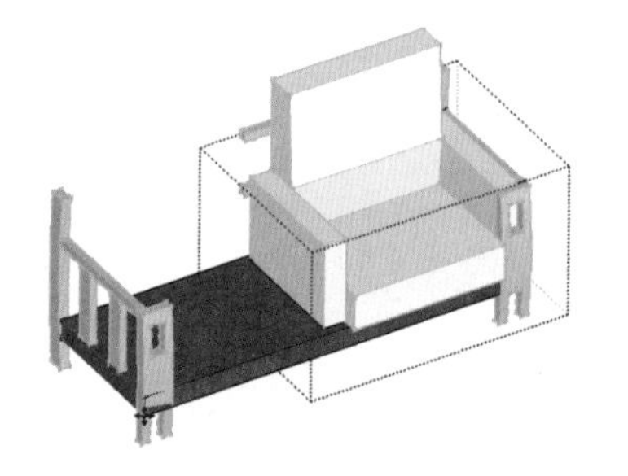

图 5-182　调整底板宽度

步骤 09 将单人沙发复制一份，然后通过侧板、底板以及座垫的调整，制作出双人沙发模型，如图 5-181~ 图 5-184 所示。

步骤 10 通过类似方法制作出三人沙发模型，并调整摆放位置，即完成沙发模型组合创建，最终效果如图 5-185 所示。

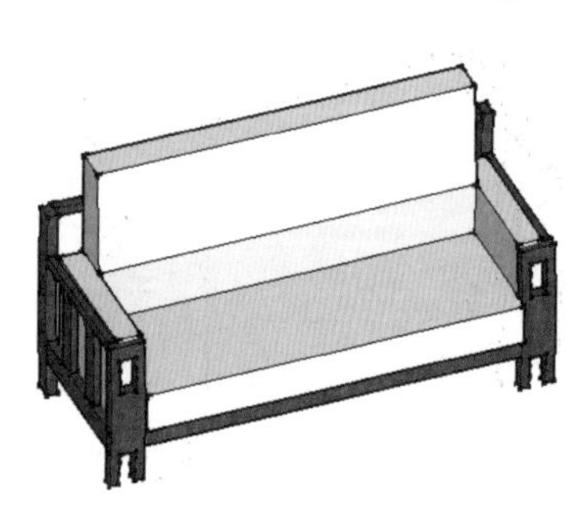

图 5-183　调整坐垫宽度

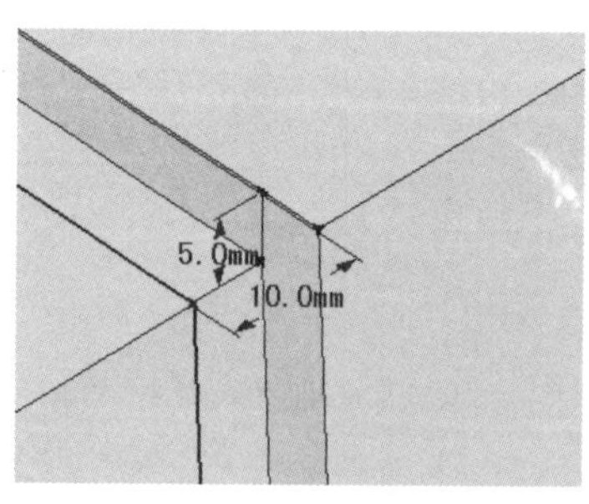

图 5-184　制作坐垫分割线

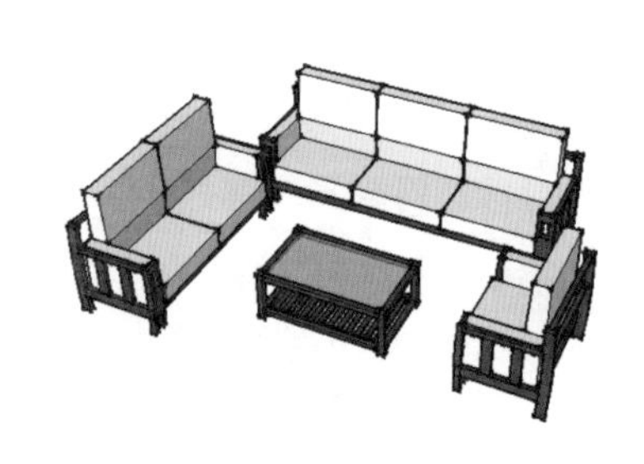

图 5-185　休闲沙发组合最终效果

第6章 室外基础模型建模

本章学习室外基础模型的创建方法，除了进一步熟悉相关的命令与操作外，读者应重点掌握室外模型的特点、建模思路与创建技巧。

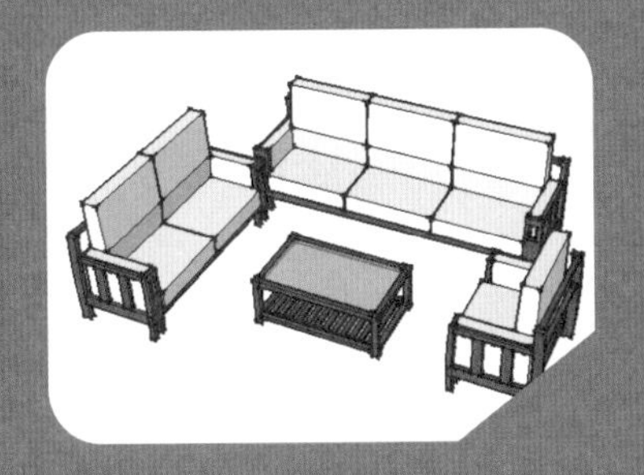

089 花坛

文件路径：配套光盘\第 06 章\089　　视频文件：MP4\第 06 章\089.MP4

本例学习花坛模型的制作，主要使用到【矩形】、【推/拉】以及拉伸工具，在模型的建立过程中，注意倒角效果的制作技巧。

步骤 01 启用【矩形】工具，绘制如图 6-1 所示大小矩形，使用【推/拉】工具拉伸出 415mm 的高度，如图 6-2 所示。

步骤 02 选择顶部模型面，启用【拉伸】工具拉伸，制作出上大下小的凸台效果，如图 6-3 所示。

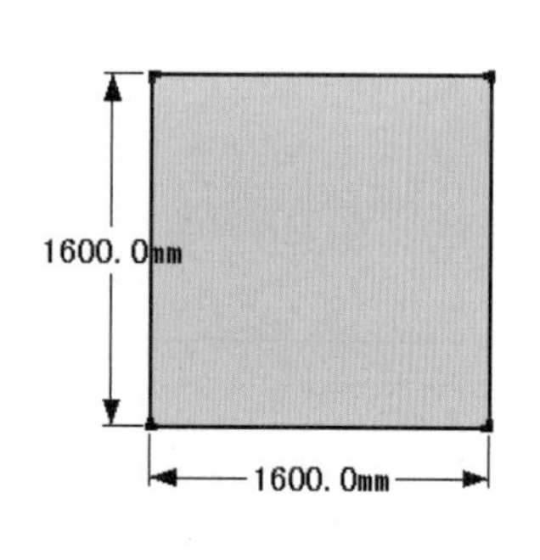

图 6-1　绘制矩形

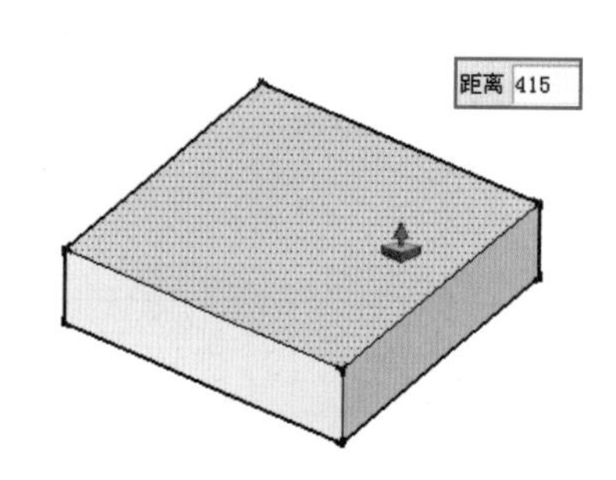

图 6-2　推拉 415mm 高度

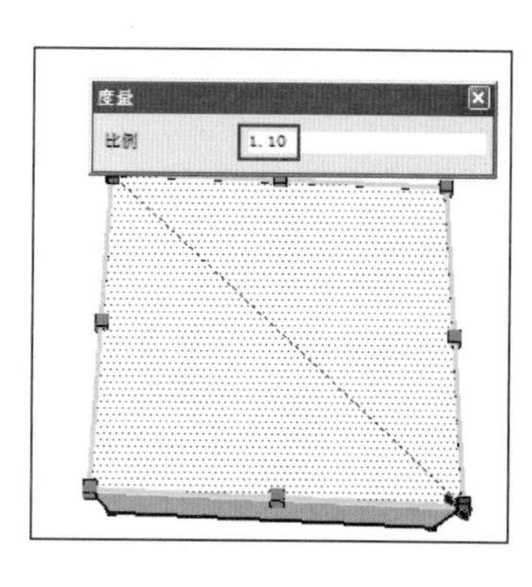

图 6-3　拉伸顶面

步骤 03 结合使用【偏移】与【推/拉】工具，制作出休息平台，如图 6-4 与图 6-5 所示。

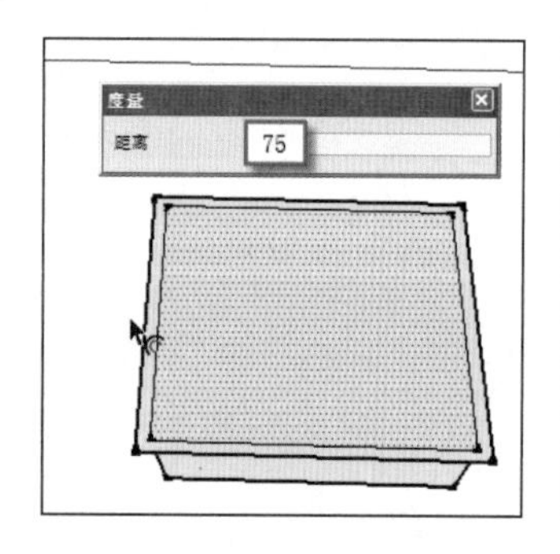

图 6-4　向外偏移复制

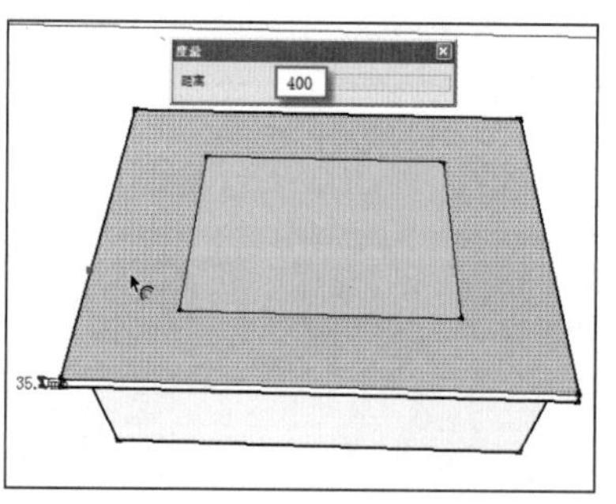

图 6-5　制作休息平台

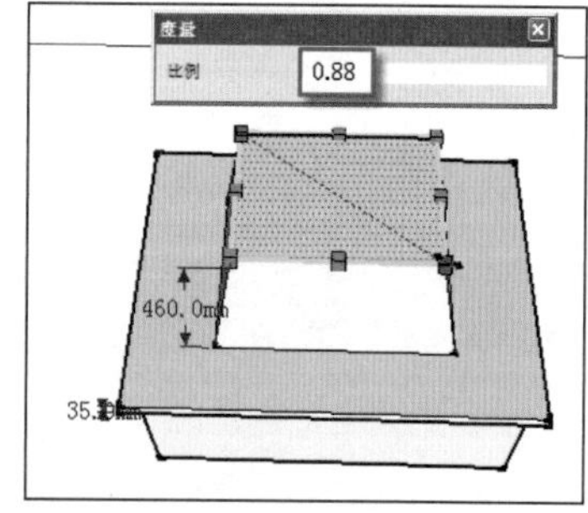

图 6-6　创建内部花坛轮廓

步骤 04 结合使用【推/拉】与【拉伸】工具，制作出花坛轮廓，然后使用【偏移】与【复制】工具，制作出边缘细节，如图 6-6 与图 6-7 所示。

步骤 05 打开【使用层颜色材料】面板，为花坛与休息平台分别赋予不同石材，如图 6-8 与图 6-9 所示。

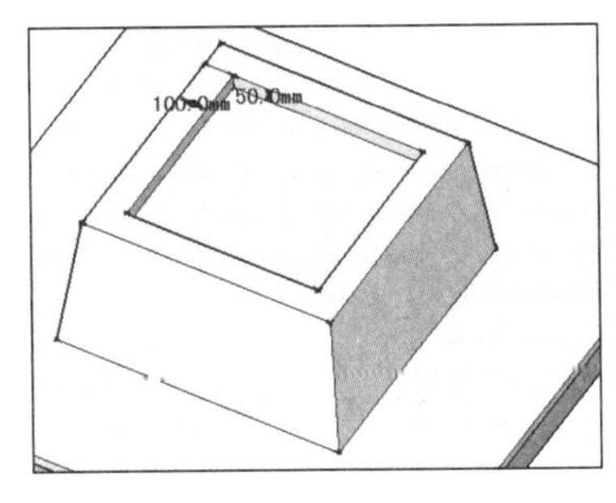

图 6-7　制作内部花坛细节

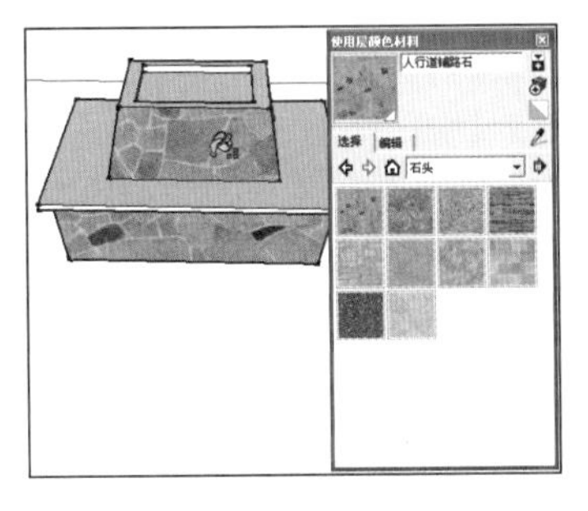

图 6-8　赋予石头材质

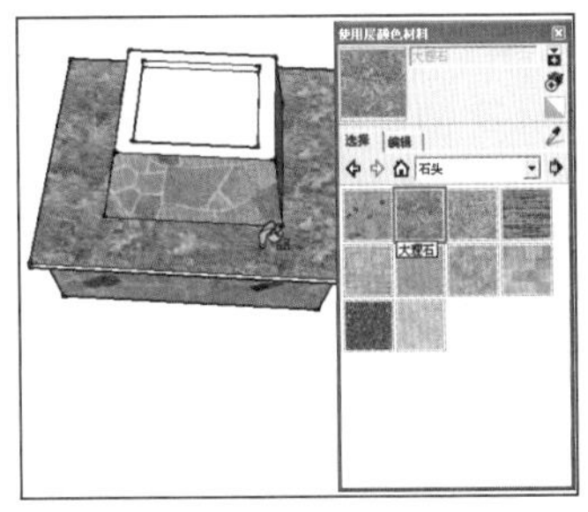

图 6-9　赋予平台大理石

步骤 06 打开【组件】面板，合并花朵模型组件，如图 6-10 所示，最终完成的花坛模型效果，如图 6-11 所示。

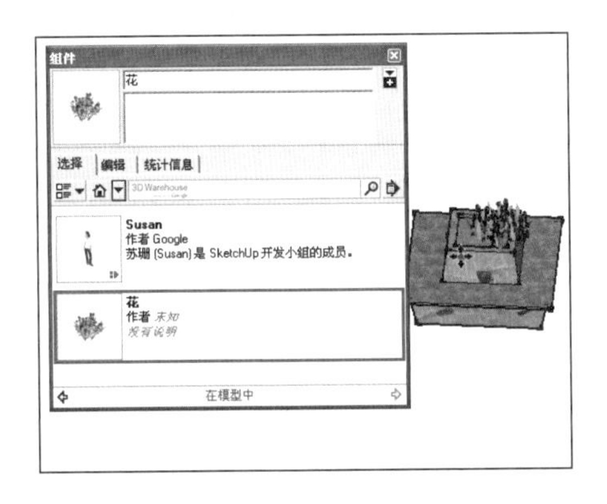

图 6-10　合并花朵模型组件

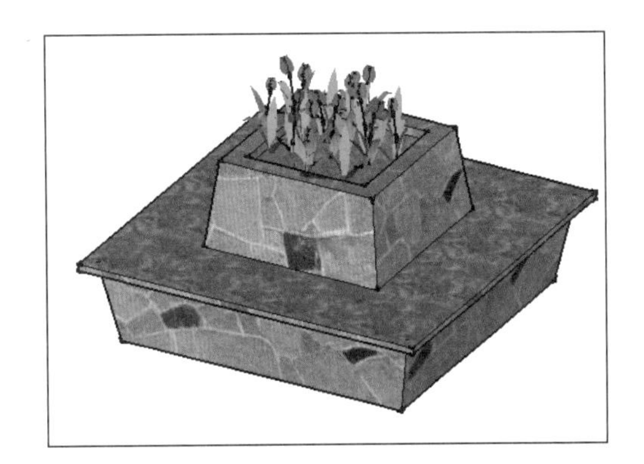

图 6-11　花坛模型最终效果

090 石头长椅

文件路径：配套光盘\第 06 章\090　　视频文件：MP4\第 06 章\090.MP4

本例学习石头长椅模型的制作，主要使用到【矩形】、【圆弧】、【偏移】及【推/拉】等工具。在模型的创建过程中，重点掌握移动复制与拉伸工具的使用技巧。

步骤 01 结合使用【矩形】与【推/拉】工具，制作出底部石块轮廓造型，通过拉伸工具调整出倒角效果，如图 6-12~图 6-14 所示。

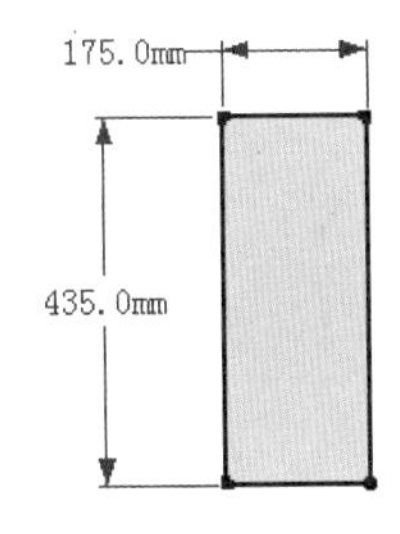

图 6-12　创建矩形

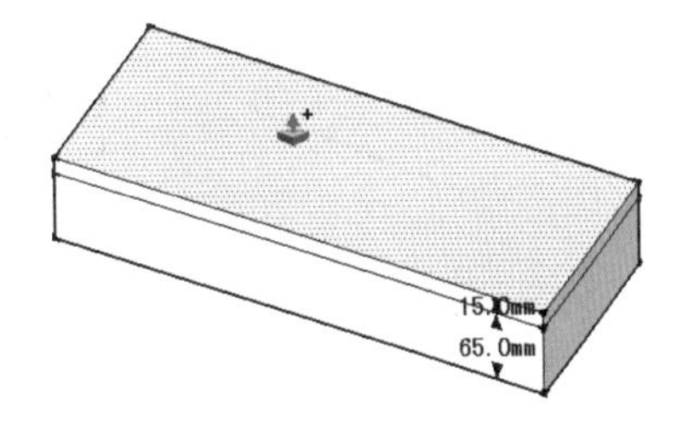

图 6-13　推拉顶面

步骤 02 切换至左视图，启用【矩形】工具，绘制一个如图 6-15 所示大小的矩形，然后对其进行分割，如图 6-16 所示。

步骤 03 启用【弧形】创建工具，捕捉分割形成的交点与线段，制作曲线平面，如图 6-17 所示。

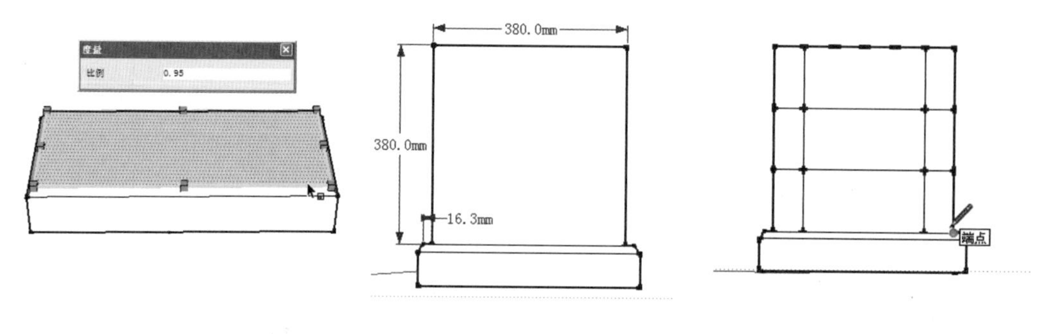

图 6-14　拉伸制作倒角　　图 6-15　创建辅助矩形　　图 6-16　细分割矩形

步骤 04 结合使用【推/拉】与【偏移】工具，制作出厚度并进行分割，如图 6-18 与图 6-19 所示。

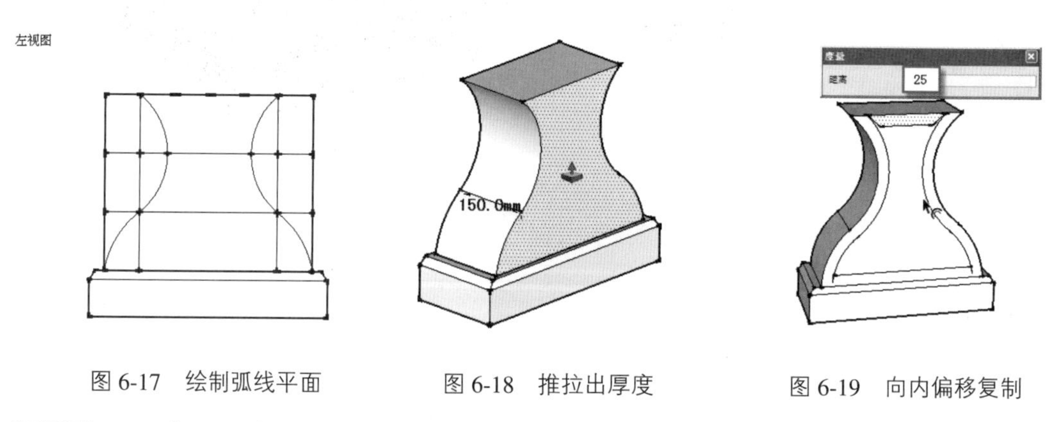

图 6-17　绘制弧线平面　　图 6-18　推拉出厚度　　图 6-19　向内偏移复制

步骤 05 使用【推/拉】与【拉伸】工具，制作出内部倒角细节，如图 6-20~图 6-22 所示。

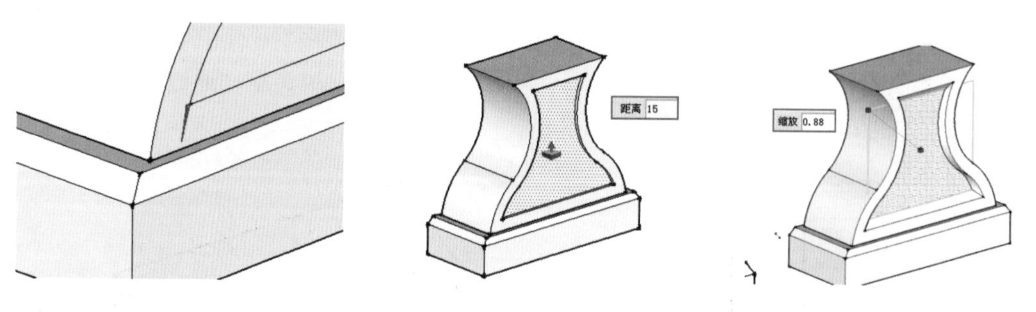

图 6-20　删除多余线段　　图 6-21　向内推入 15mm　　图 6-22　拉伸制作倒角细节

步骤 06 删除后方未进行细化的模型面，选择制作好细节的侧面，通过复制与镜像，得到支撑脚整体细节，如图 6-23 与图 6-24 所示。

步骤 07 以 700mm 的距离整体移动复制支撑脚模型，如图 6-25 所示。

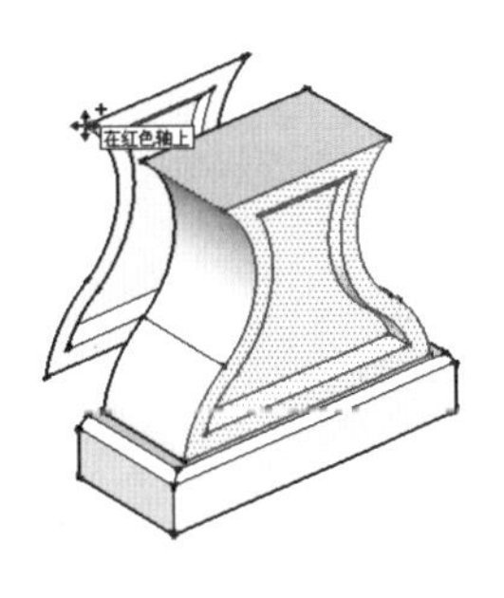

图 6-23　移动复制细节模型面

图 6-24　通过镜像工具调整朝向

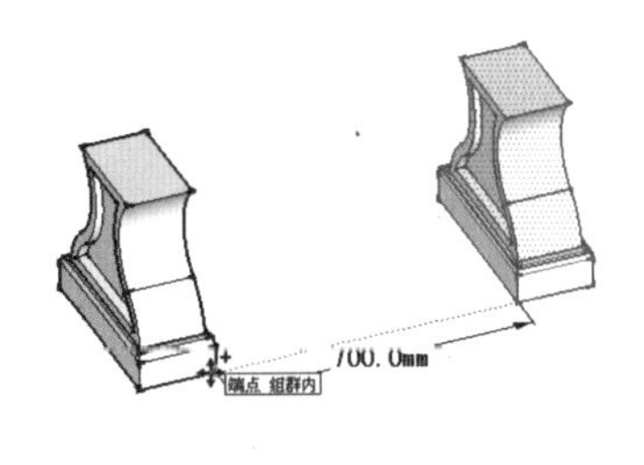

图 6-25　整体移动复制支撑脚

步骤 08 移动复制底部石块，并对齐位置，通过拉伸调整大小，如图 6-26 所示，然后赋予石头材质，如图 6-27 所示，最终效果如图 6-28 所示。

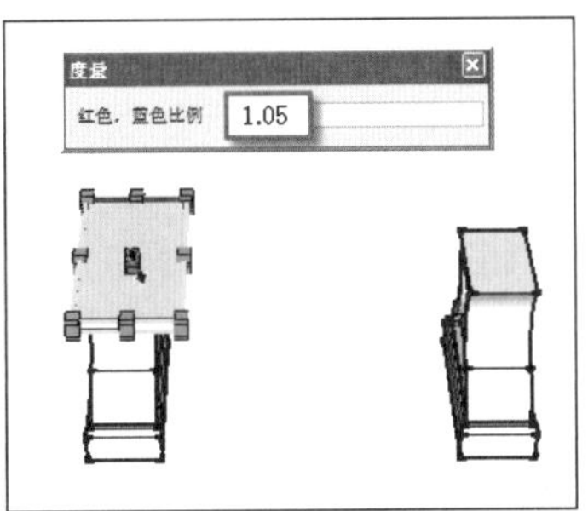

图 6-26　复制石块并进行拉伸调整

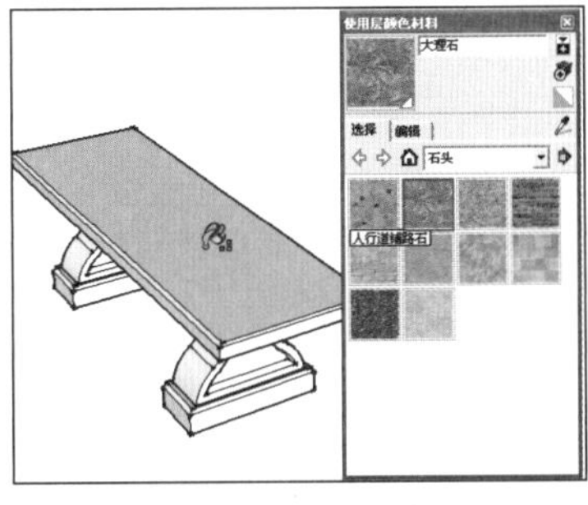

图 6-27　调整石板造型并赋予材质

图 6-28　石头长椅模型最终效果

091 木质圆椅

文件路径：配套光盘\第 06 章\091　　视频文件：MP4\第 05 章\091.MP4

本例将学习木质圆椅的制作，主要使用到【矩形】、【线条】、【圆】、【推/拉】以及【偏移】等工具。在模型的创建过程中，注意连续偏移复制以及拉伸工具的使用技巧。

步骤 01 启用【矩形】创建工具，绘制一个边长为 600mm×1060mm 的矩形，如图 6-29 所示。结合使用【卷尺】与【线条】工具进行细分割，如图 6-30 所示。

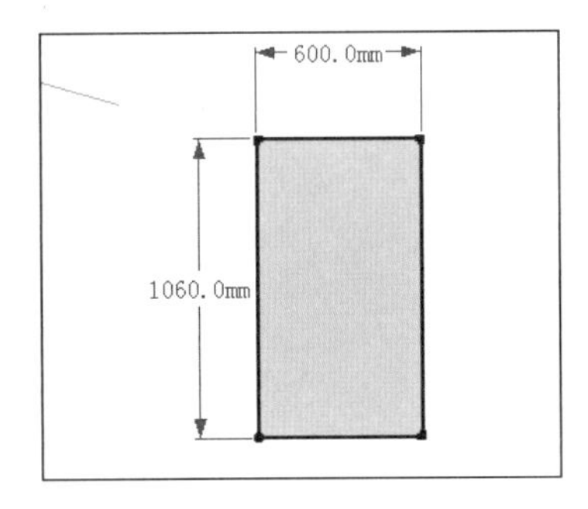

图 6-29　创建辅助矩形

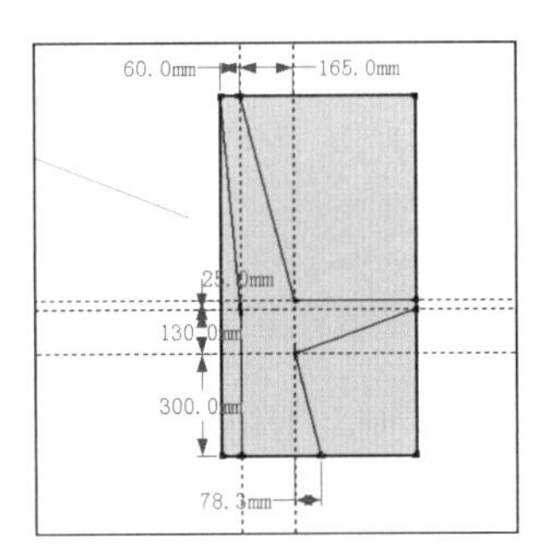

图 6-30　细分割矩形

步骤 02 启用【推/拉】工具制作 50mm 厚度，如图 6-31 所示。然后整体以 60° 进行多重旋转复制，如图 6-32 与图 6-33 所示。

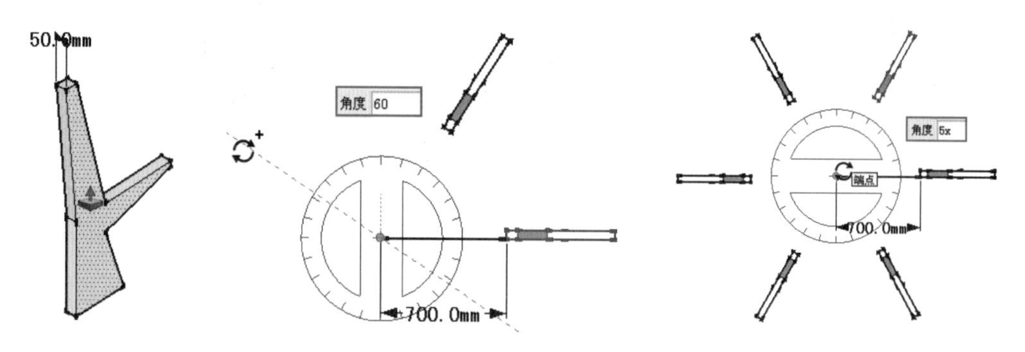

图 6-31　推拉出支撑架厚度　　图 6-32　以 60° 进行旋转复制　　图 6-33　多重旋转复制结果

步骤 03 启用【圆】创建工具，在支撑脚中心位置创建一个半径为 925mm 的圆形，如图 6-34 所示。

步骤 04 启用【偏移】工具，连续多次偏移圆形，形成木条分割面，如图 6-35 ~图 6-37 所示。

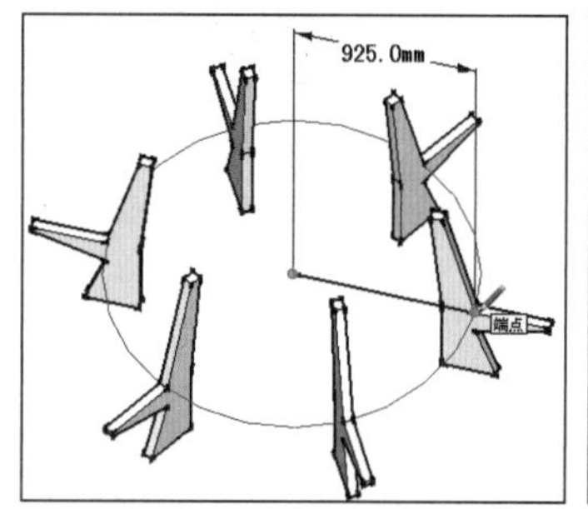

图 6-34　创建圆形

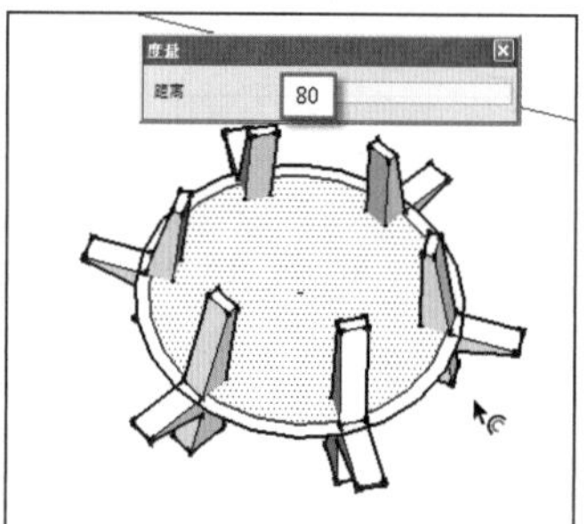

图 6-35　向外以 80mm 偏移复制

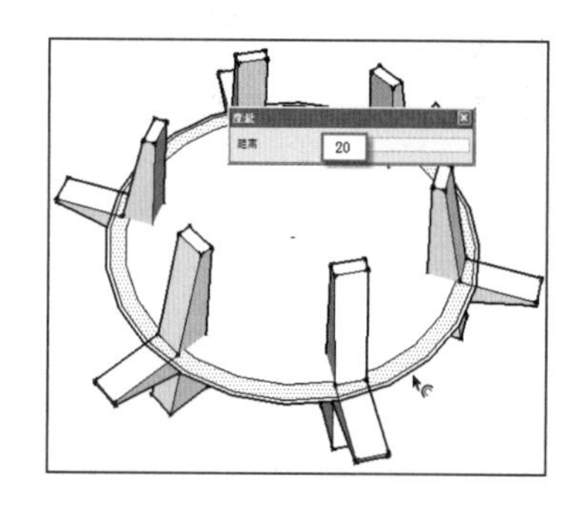

图 6-36　向外以 20mm 偏移复制

步骤 05 启用【推/拉】工具，制作出 30mm 的木条厚度，如图 6-38 所示。

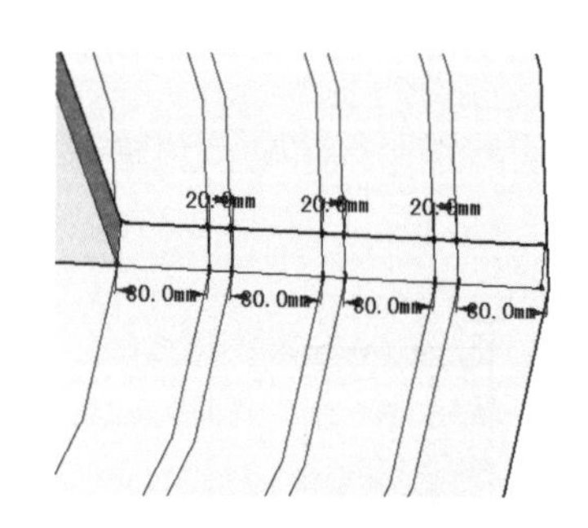

图 6-37　连续进行偏移复制

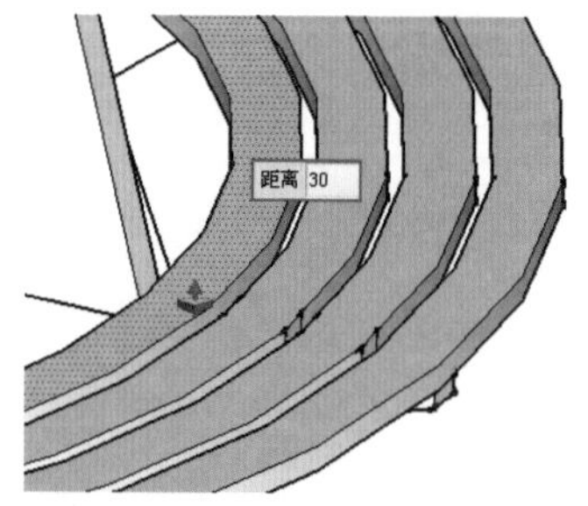

图 6-38　推拉出木条厚度

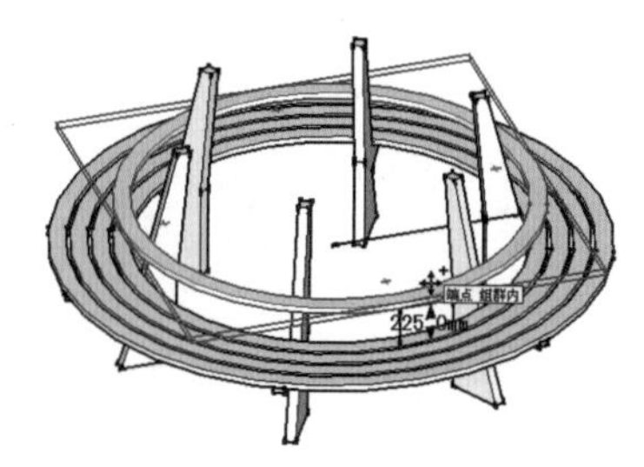

图 6-39　向上复制圆形木条

步骤 06 选择最内侧的环形木条，向上移动复制，如图 6-39 所示，然后通过拉伸调整造型，如图 6-40 与图 6-41 所示。

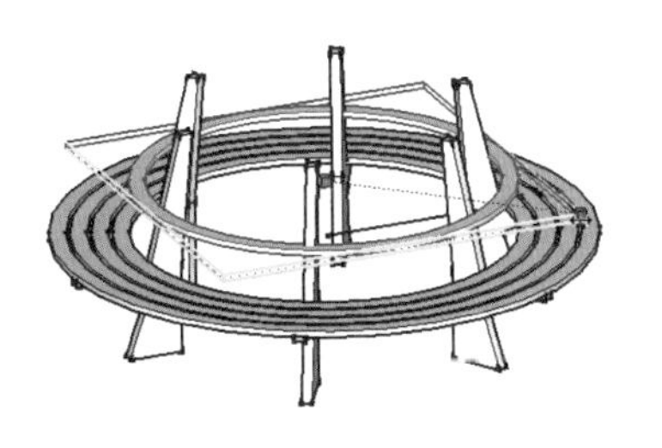

图 6-40　通过拉伸调整大小

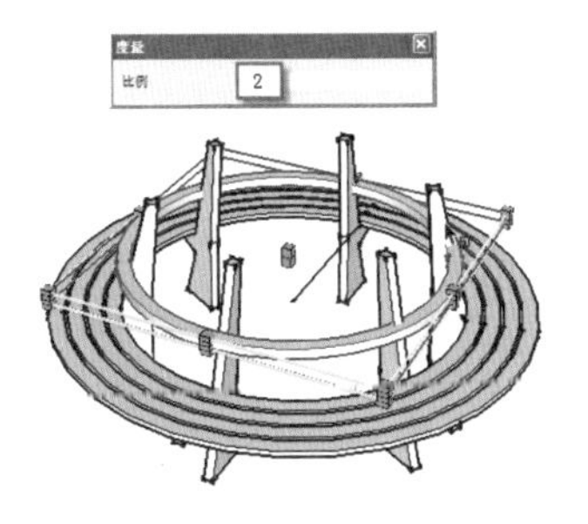

图 6-41　通过拉伸调整厚度

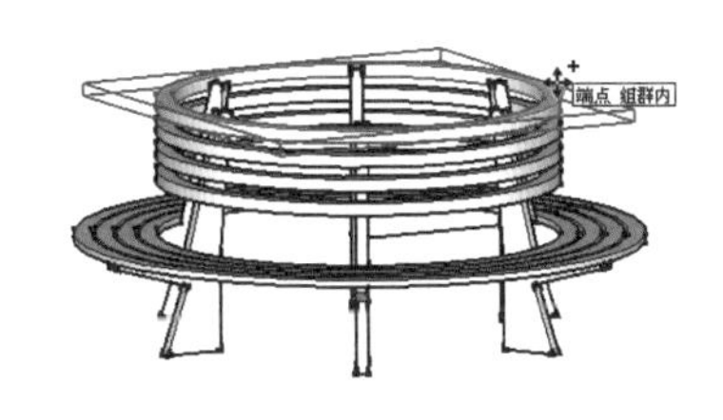

图 6-42　向上移动复制 3 份

步骤 07 重复以上的移动复制与拉伸，完成整体造型，如图 6-42 与图 6-43 所示。最后打开【使用层颜色材料】面板，选择并赋予木纹材质，如图 6-44 所示，最终效果如图 6-45 所示。

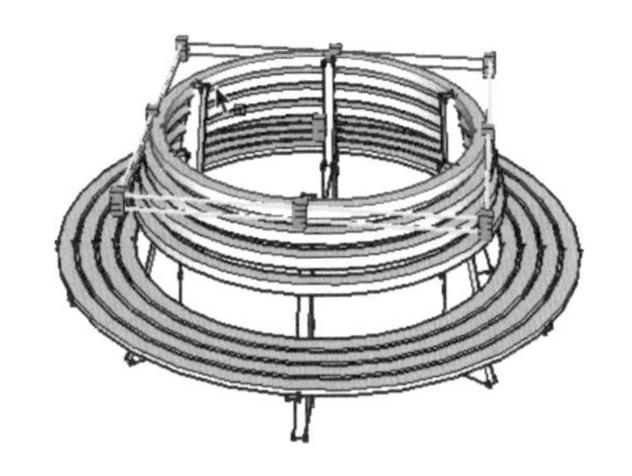

图 6-43　通过拉伸工具调整造型

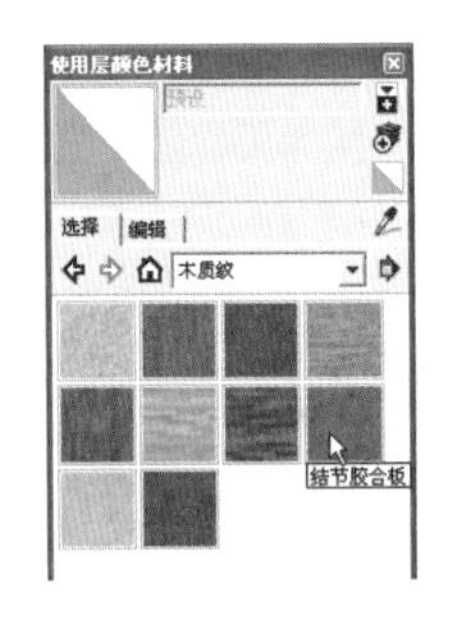

图 6-44　赋予木纹材质

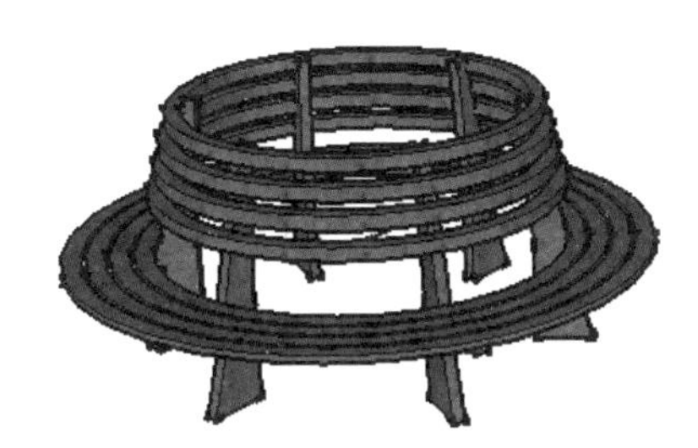

图 6-45　木质圆椅最终效果

092 中式护栏

文件路径：配套光盘\第 06 章\092	视频文件：MP4\第 06 章\092.MP4

本例制作中式护栏模型，主要使用到【矩形】、【线条】、【圆弧】、【偏移】以及【推/拉】等工具。在模型的制作过程中，注意学习模型细化技巧，以及通过拉伸等操作快速改变模型造型的技巧。

步骤 01 结合使用【矩形】与【线条】工具，绘制出栏杆石柱底部轮廓，如图 6-46 与图 6-47 所示。

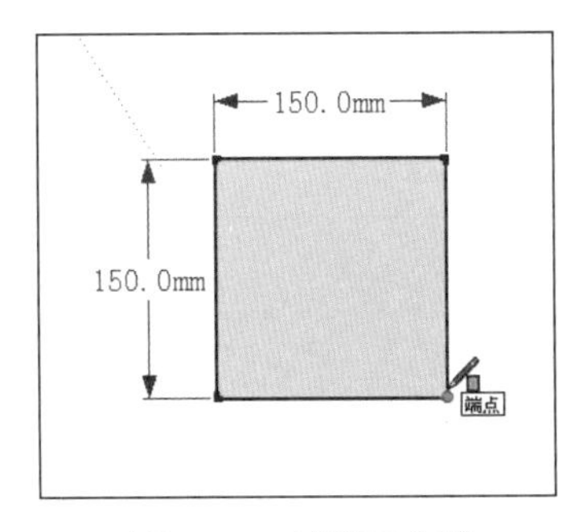

图 6-46　创建正方形

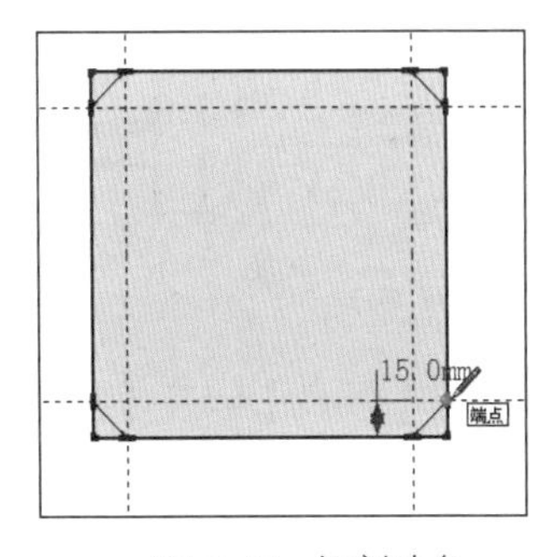

图 6-47　切割边角

步骤 02 结合使用【推/拉】、【偏移】以及【拉伸】工具，制作出石柱柱体与柱头造型细节，如图 6-48~图 6-50 所示。

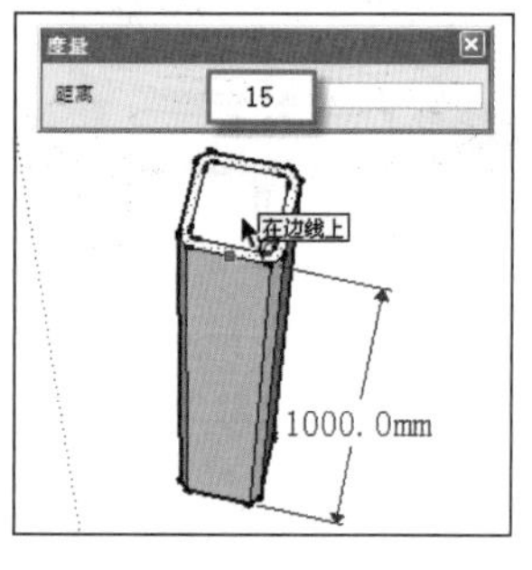

图 6-48　推拉高度并进行偏移复制

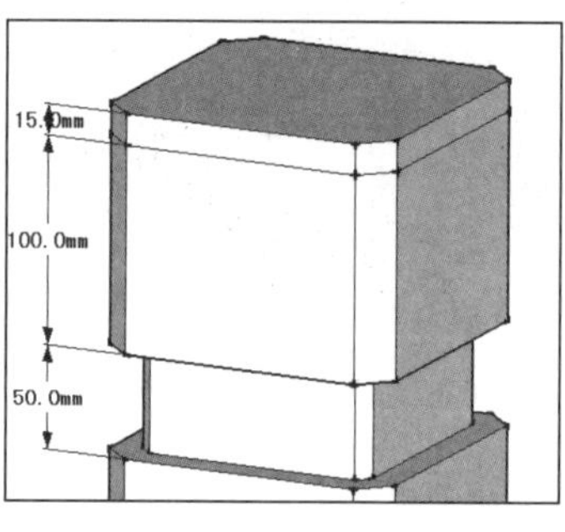

图 6-49　制作柱头细节

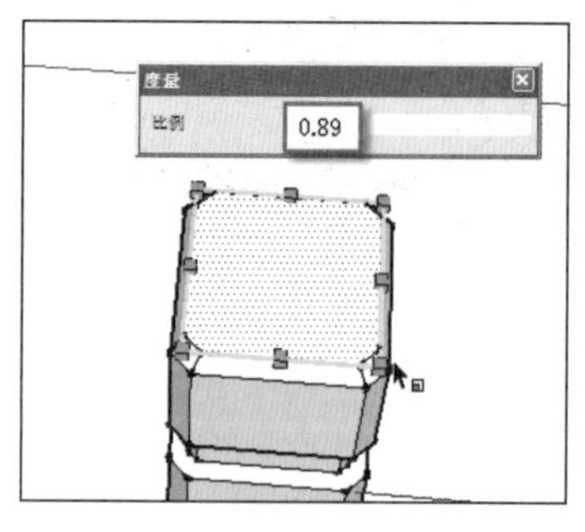

图 6-50　拉伸形成倒角效果

步骤 03 选择创建好的石柱模型，整体以 1500mm 的距离进行复制，然图 6-51 所示。

步骤 04 选择下部柱身，单独进行复制，复制完成后剪切出原有组，如图 6-52 所示。

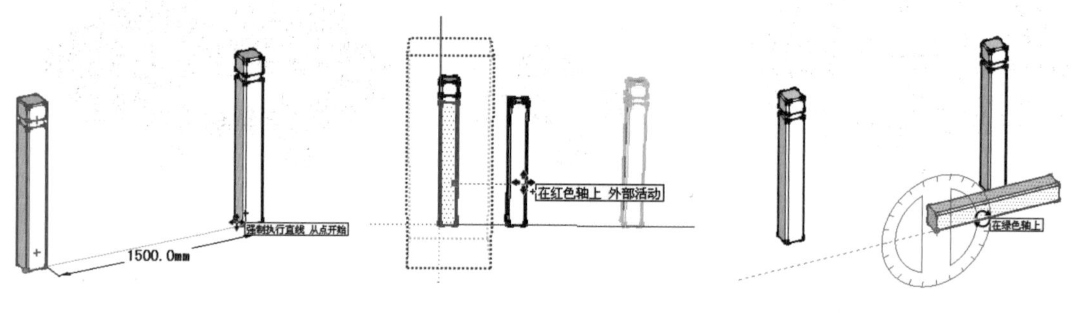

图 6-51　复制石柱　　图 6-52　复制柱身　　图 6-53　调整柱身角度

步骤 05 使用旋转工具调整柱身角度，如图 6-53 所示，使用拉伸工具调整柱身大小，如图 6-54 所示。

步骤 06 在绿色轴上进行拉伸，调整柱身长度如图 6-55 所示，以连接相邻的立柱。

步骤 07 参考竖立石柱进行移动复制与对位，如图 6-56 所示。制作好护栏基本框架。

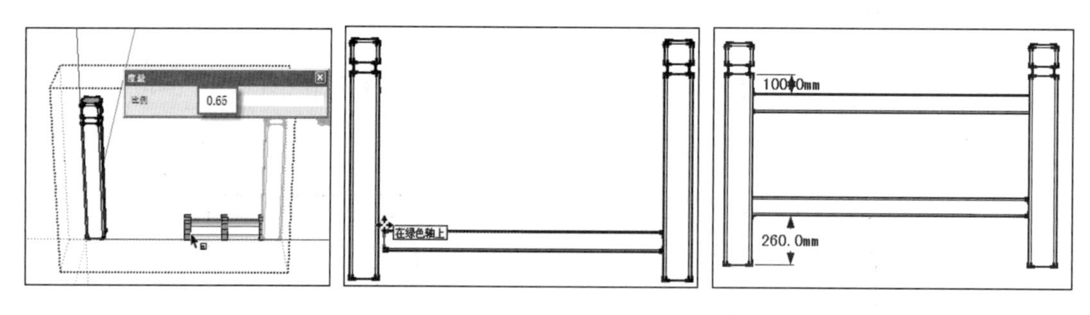

图 6-54　拉伸柱身大小　　图 6-55　调整柱身长度　　图 6-56　复制并对位柱体

步骤 08 结合使用【卷尺】以及【矩形】创建工具，参考护栏创建中部栅格轮廓，如图 6-57 所示。

步骤 09 结合使用【偏移】以及【线条】创建工具，对矩形进行细分割，如图 6-58 与图 6-59 所示。

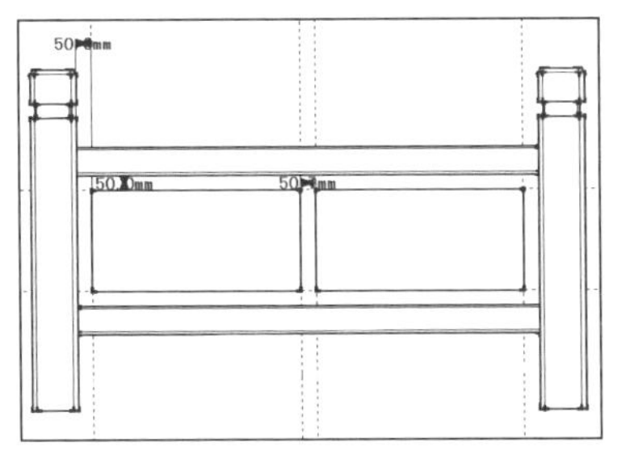

图 6-57　绘制矩形

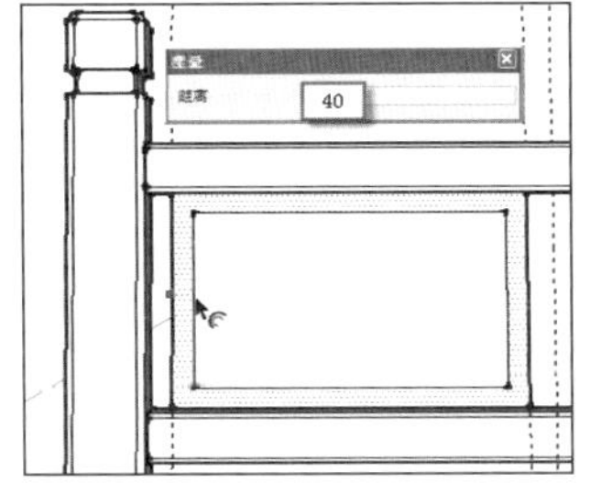

图 6-58　向内偏移复制

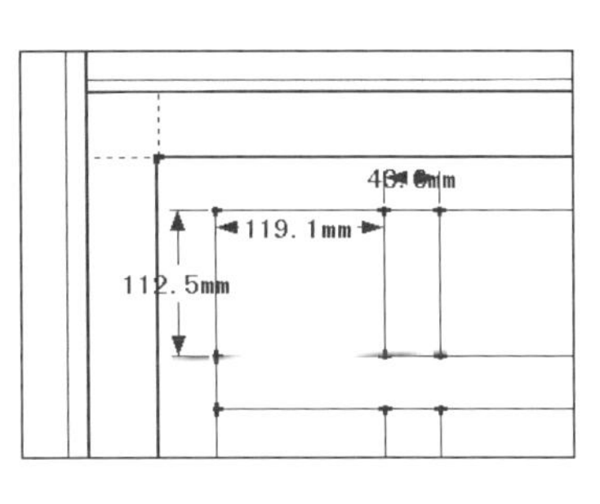

图 6-59　细分割矩形

步骤 10 矩形细分割完成后，启用【推/拉】工具为其制作 60mm 的厚度，如图 6-60 所示。

步骤 11 启用【线条】工具，在栅格中分割出一个矩形，使用【推/拉】工具向内推入 20mm，如图 6-61 与图 6-62 所示。

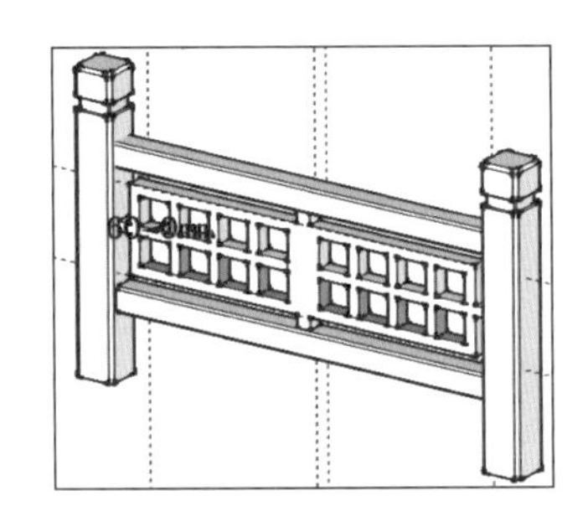

图 6-60　推拉 60mm 厚度

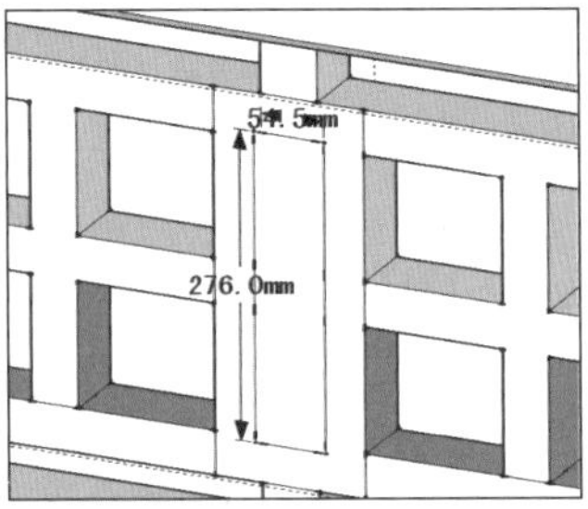

图 6-61　分割中间矩形平面

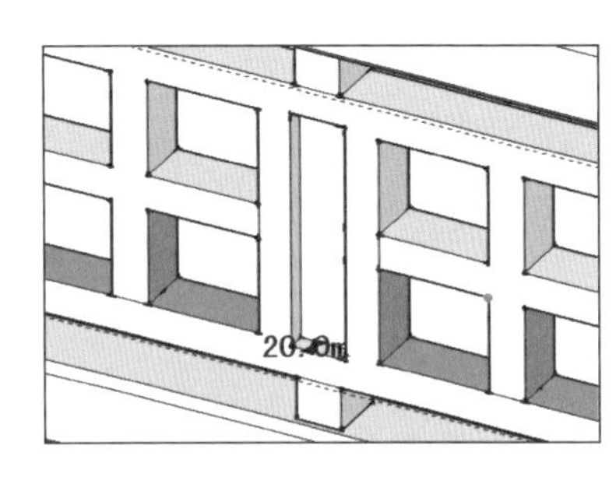

图 6-62　向内推拉 20mm

步骤 12 选择制作好的竖立石柱进行移动复制，如图 6-63 所示，完成护栏模型整体效果，如图 6-64 所示。

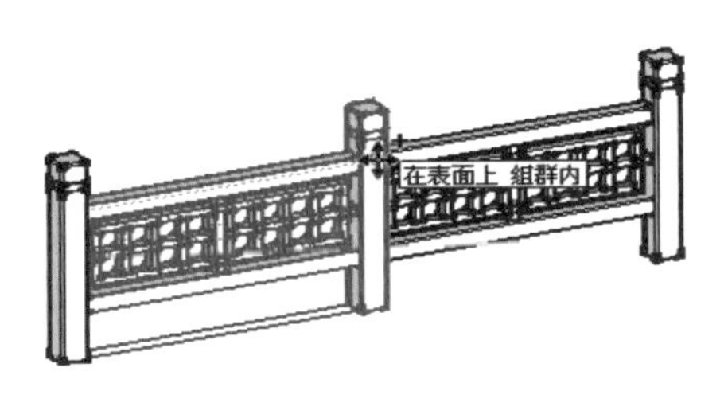

图 6-63　复制模型

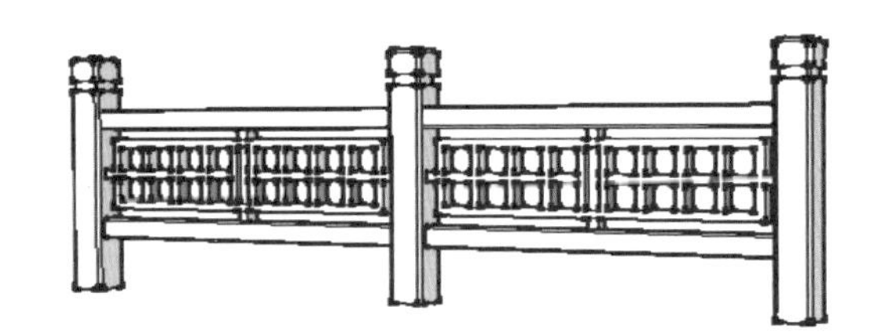

图 6-64　石柱完成效果

093 草坪灯

文件路径：配套光盘\第 06 章\093　　视频文件：MP4\第 06 章\093.MP4

本例学习草坪灯模型的制作，主要使用到【圆】、【推/拉】、【偏移】以及【路径跟随】等工具，重点掌握多重旋转复制与拉伸工具的使用技巧。

步骤 01 结合使用【圆】与【推/拉】工具，制作出灯体底部轮廓造型，如图 6-65 与图 6-66 所示。

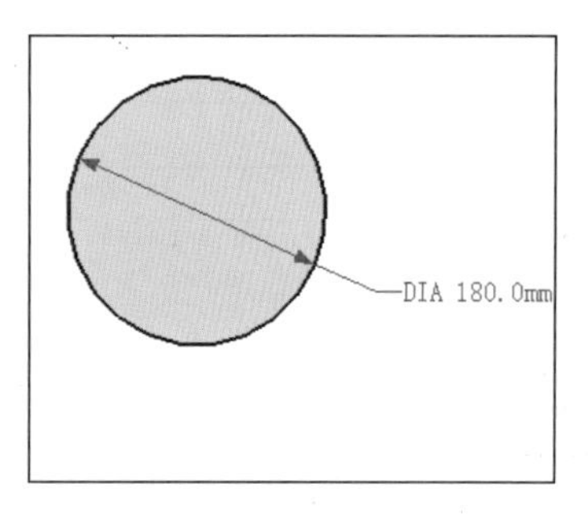

图 6-65　创建圆形

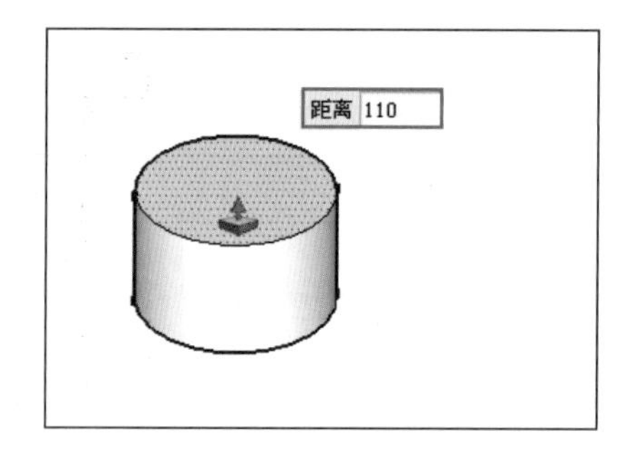

图 6-66　推拉底部厚度

步骤 02 结合使用【推/拉】与【拉伸】工具，制作底部连接细节，如图 6-67 与图 6-68 所示。接下来制作中部灯柱模型。

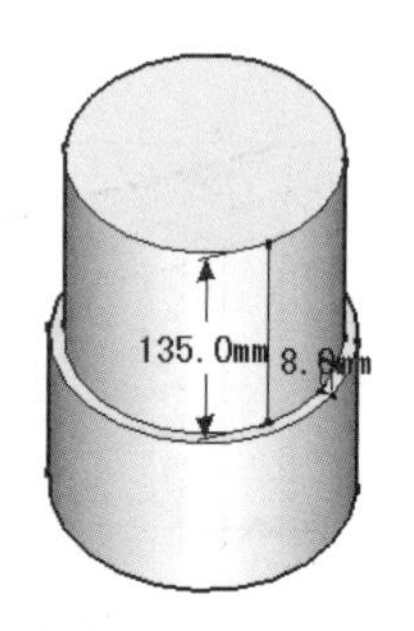

图 6-67　制作底部连接细节

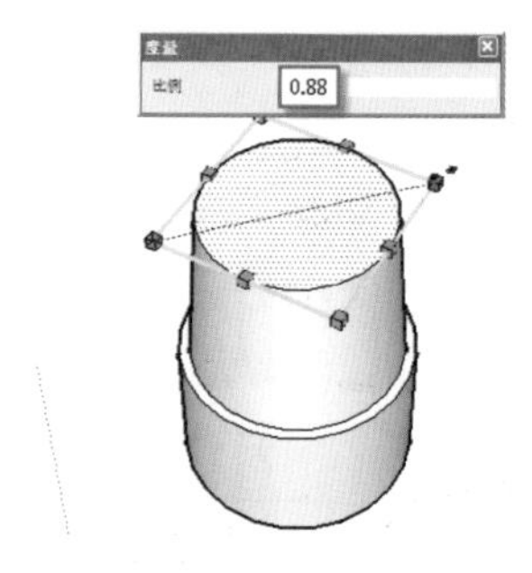

图 6-68　利用拉伸制作倒角效果

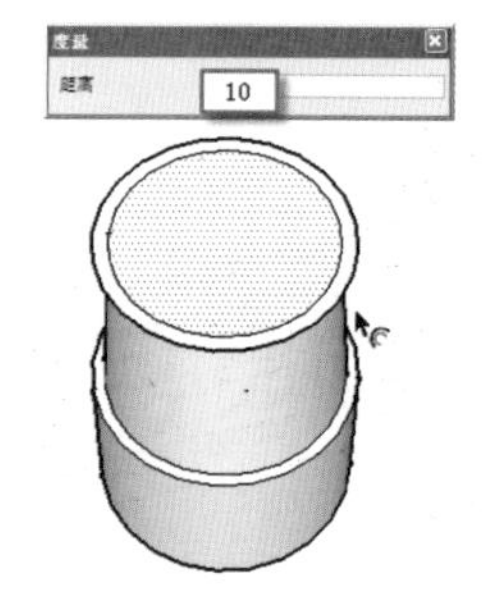

图 6-69　偏移复制

提 示

在创建圆形时，输入圆形半径数值后再输入“32S”，将圆形细分为 32 段圆弧，以便于后面模型的制作。

步骤 03 启用【偏移】工具，选择当前的圆形顶面，向外以 10mm 距离进行偏移复制，然后移动复制偏移得到的圆形平面，如图 6-69 与图 6-70 所示。

步骤 04 再次复制圆形平面，选择其中一个分解，使用【推/拉】工具制作出灯柱的轮廓细节，如图 6-71 与图 6-72 所示。

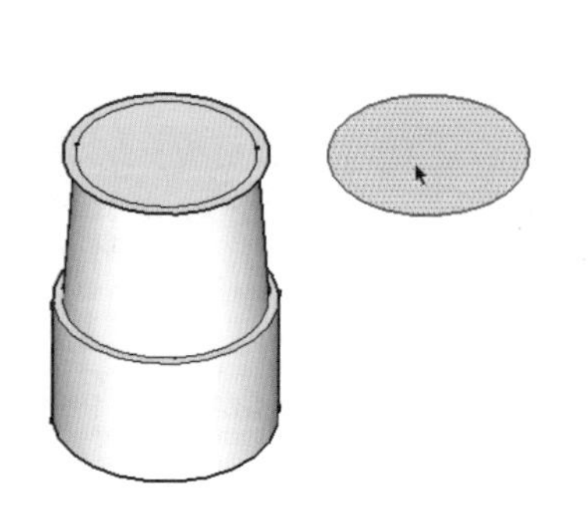

图 6-70　复制偏移得到的圆形

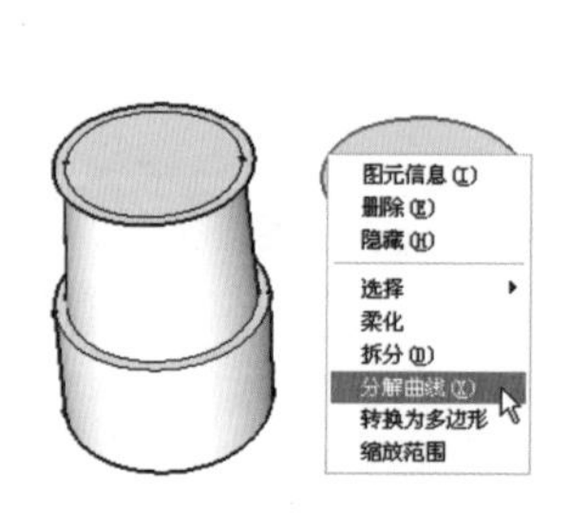

图 6-71　分解圆形平面

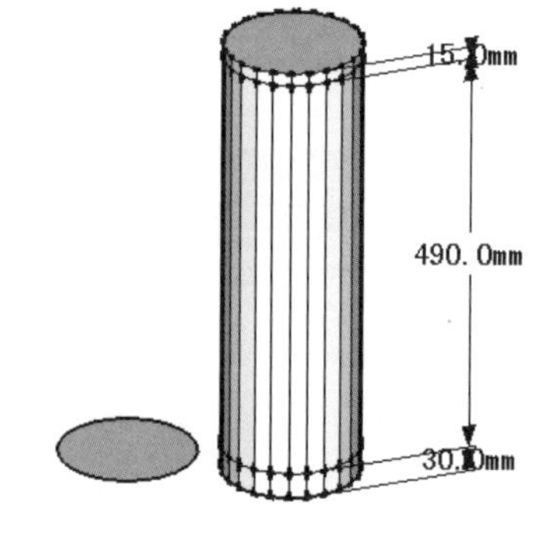

图 6-72　推拉复制出灯柱轮廓

步骤 05 结合使用【偏移】与【推/拉】工具，制作中部灯片细节，如图 6-73 与图 6-74 所示。

步骤 06 删除中部其它未细分平面，打开【使用层颜色材料】面板，为灯片赋予暖色灯光材质效果，如图 6-75 所示。

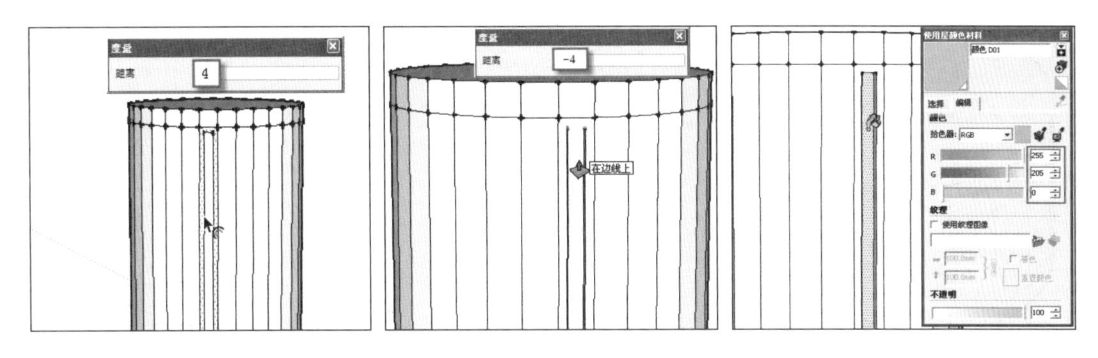

图 6-73　向内偏移复制　　图 6-74　向内推拉　　图 6-75　赋予暖色材质

步骤 07 选择制作好的灯片，将其创建为组，然后通过多重旋转复制，制作出中部灯柱效果，如图 6-76~图 6-78 所示。

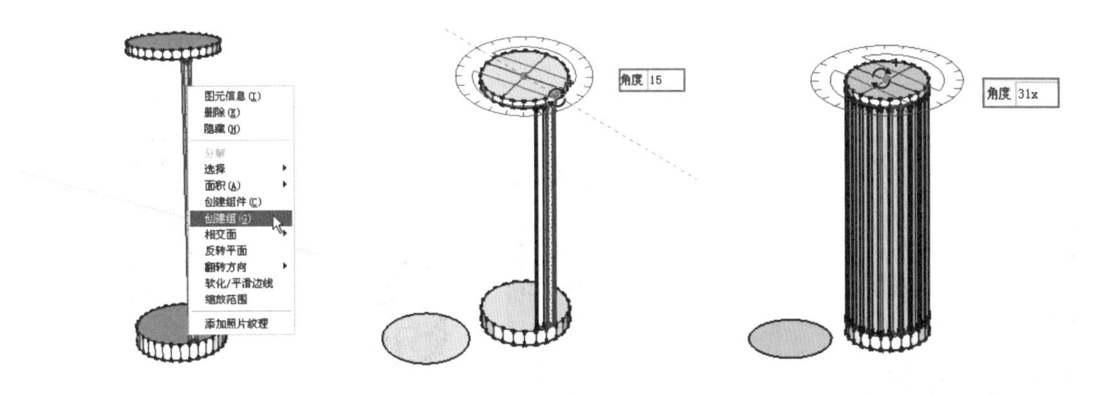

图 6-76　将发光片创建为组　　图 6-77　以 15° 进行旋转复制　　图 6-78　多重复制 31 份

步骤 08 制作灯头模型，选择另一个圆形，将其拆分为 16 等份，如图 6-79 与图 6-80 所示。

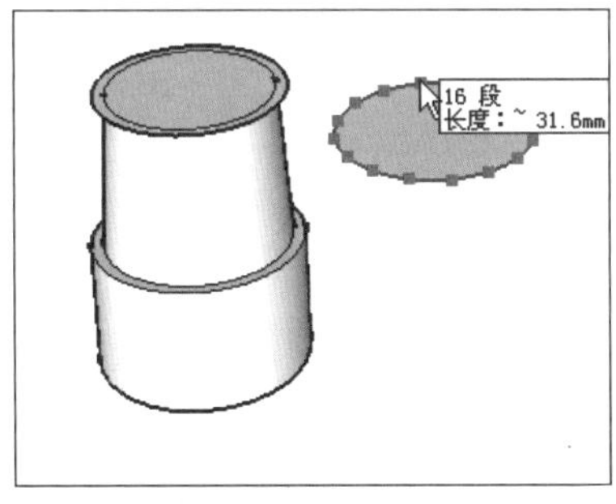

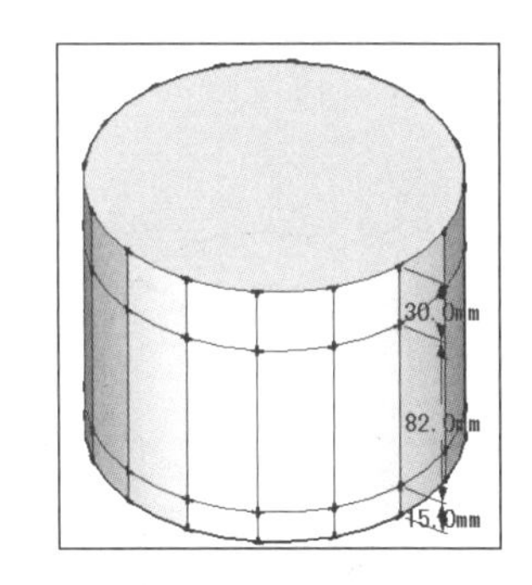

图 6-79　选择圆　　图 6-80　拆分圆　　图 6-81　复制推拉灯头轮廓

步骤 09 启用【推/拉】工具，通过复制推拉，制作出灯头轮廓造型，如图 6-81 所示。由于圆形拆分数目与创建时的分段数有差别，因此无法直接使用【推/拉】等工具制作灯片细节，如图 6-82 所示。

步骤 10 删除其中一片弧形平面，启用【矩形】工具捕捉端点创建一个矩形平面，然后参考之前的方法，制作出细节并赋予暖色材质，如图 6-83 与图 6-84 所示。

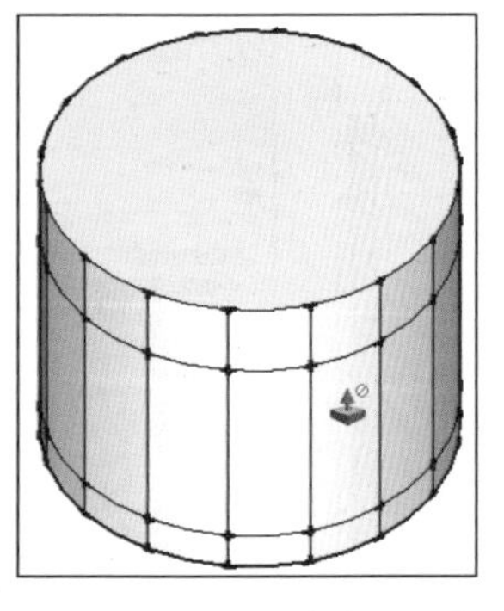

图 6-82 无法直接进行推拉

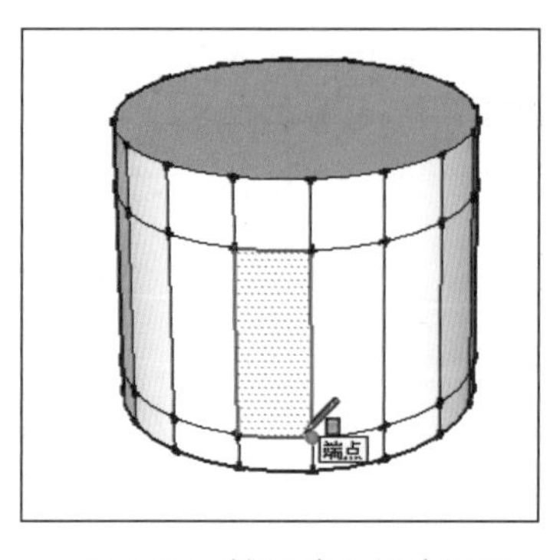

图 6-83 捕捉端点创建矩形

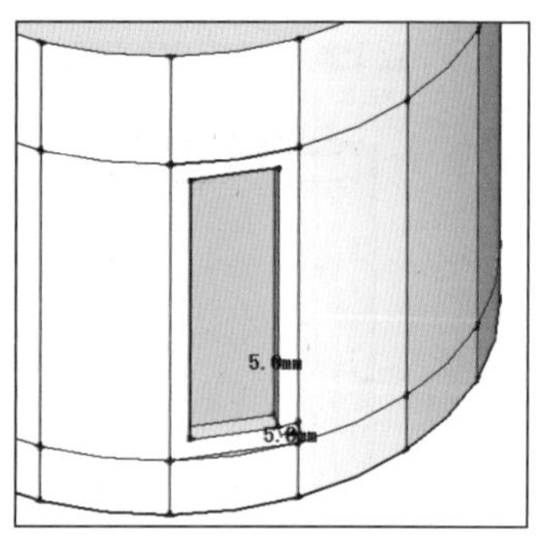

图 6-84 制作灯头发光片细节

步骤 11 选择创建好的灯片，通过多重旋转复制制作出灯头造型，然后将制作好的部件进行对位，如图 6-85~图 6-87 所示。

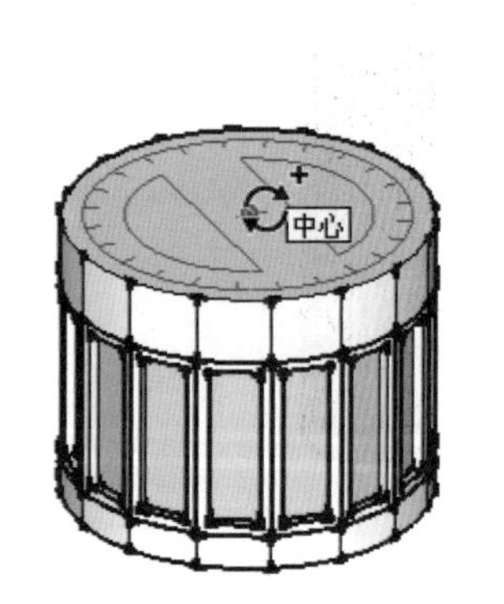

图 6-85 多重复制发光片

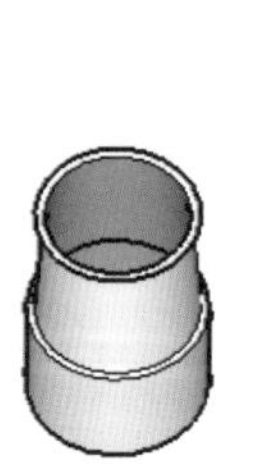

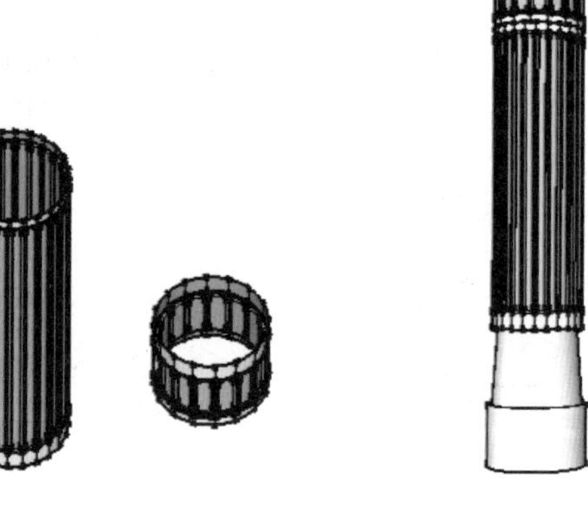

图 6-86 草坪灯各部件完成效果

图 6-87 组合对位各完成部件

步骤 12 结合使用【圆】与【推/拉】工具制作灯罩轮廓，如图 6-88 所示，使用【拉伸】工具制作尖顶，拉伸距离为 0.5mm，结果如图 6-89 所示，最终效果如图 6-90 所示。

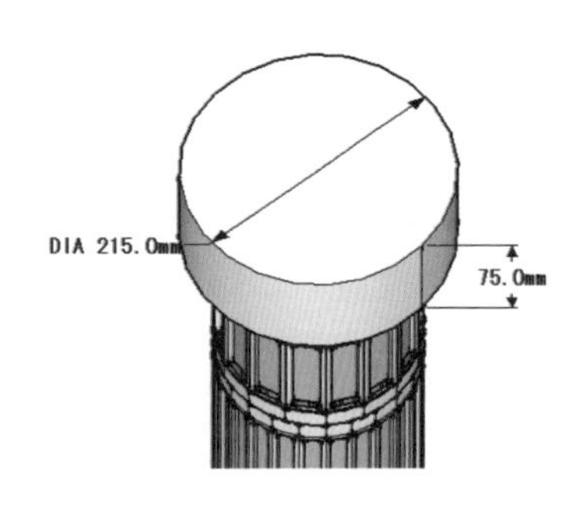

图 6-88 制作灯罩轮廓

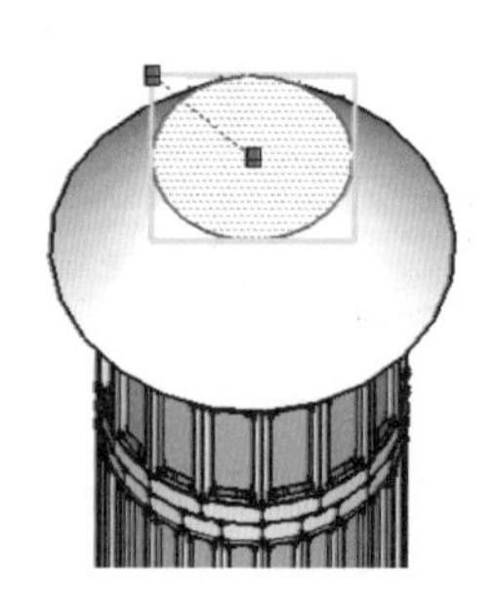

图 6-89 拉伸制作尖顶

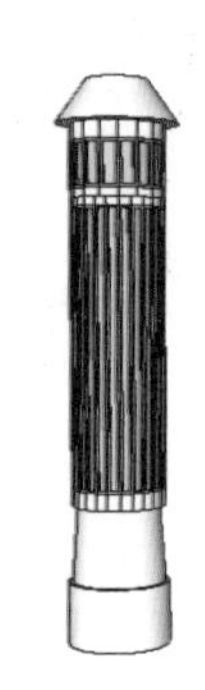

图 6-90 草坪灯最终效果

094 户外壁灯

文件路径：配套光盘\第 06 章\094　　视频文件：MP4\第 06 章\094.MP4

本例学习户外壁灯的制作，主要使用到【矩形】、【线条】、【推/拉】以及【拉伸】等工具，在制作过程中，重点掌握倾斜平面的处理方法与使用拉伸工具制作尖角效果的技巧。

步骤 01 结合使用【矩形】与【推/拉】工具，制作铁板及外沿细节，如图 6-91 与图 6-92 所示。

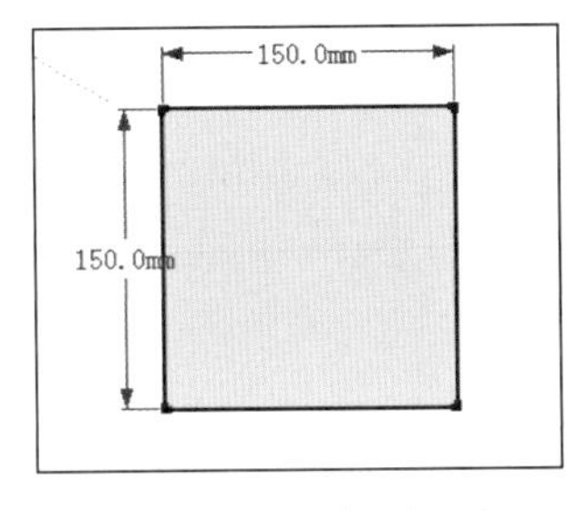

图 6-91　绘制矩形

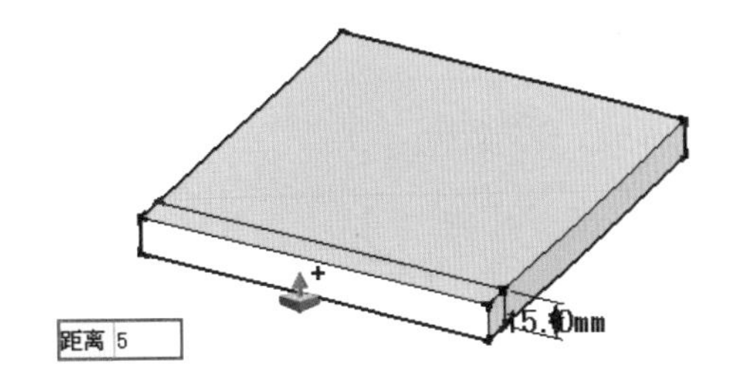

图 6-92　推拉厚度与外沿细节

步骤 02 通过【拉伸】工具制作铁板正面外沿倒角细节及两侧倒角效果，如图 6-93 与图 6-94 所示。

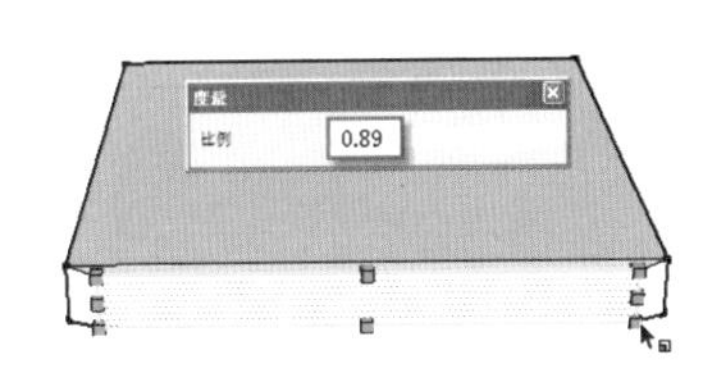

图 6-93　制作正面倒角效果

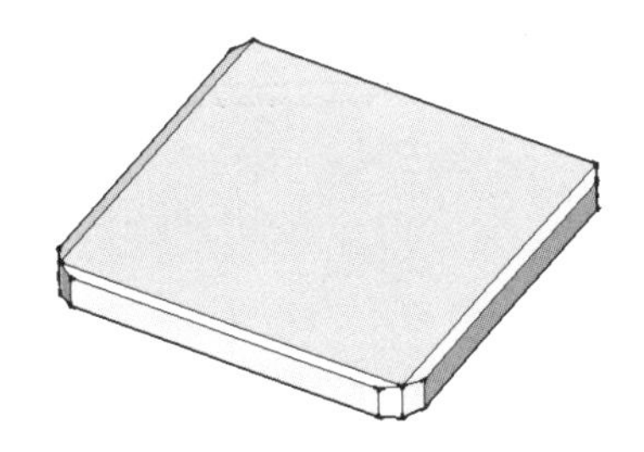
图 6-94　制作两侧倒角效果

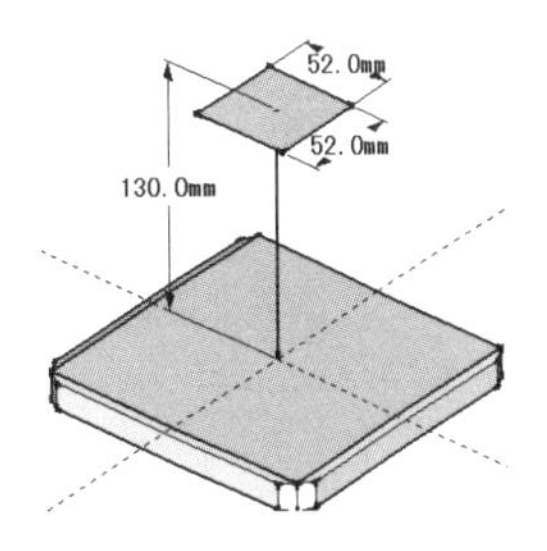

图 6-95　绘制正方形

步骤 03 结合使用【卷尺】与【矩形】工具，在铁板上方绘制一个矩形平面，然后通过【线条】工具创建出倾斜平面，如图 6-95 与图 6-96 所示。

步骤 04 结合使用【偏移】与【推/拉】工具，制作一侧的灯罩细节，如图 6-97 与图 6-98 所示。

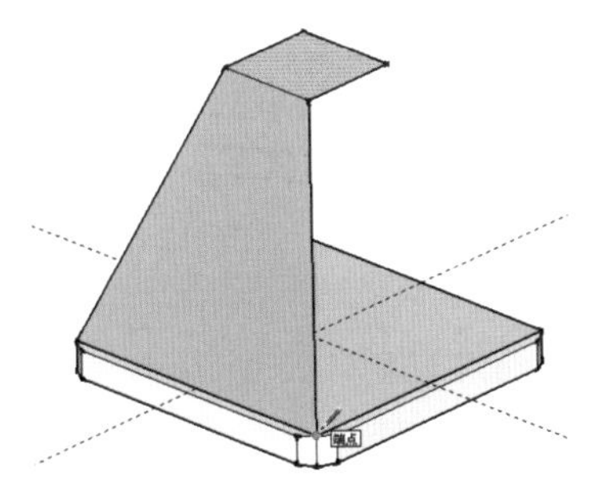
图 6-96　连接线段形成倾斜平面

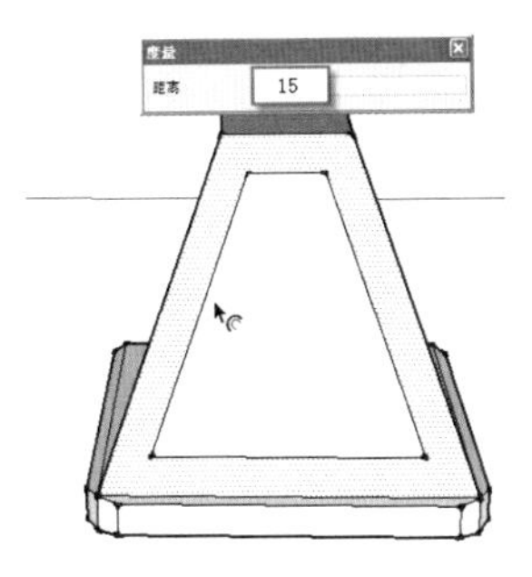

图 6-97　向内偏移复制

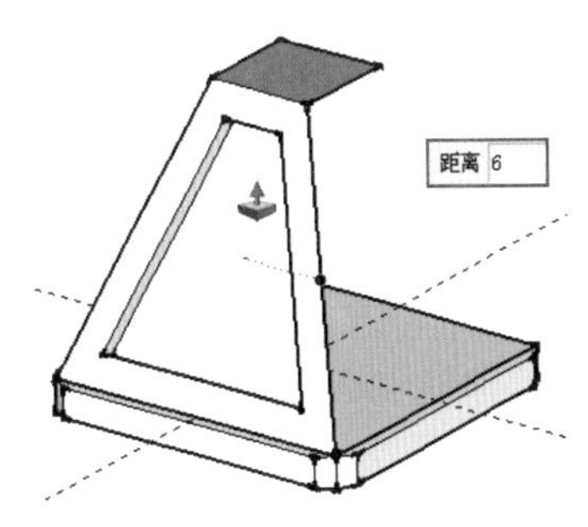

图 6-98　向内推入 6mm

步骤 05 选择制作的灯罩一侧，多重旋转复制得到其他三面，然后赋予玻璃片暖色材质，如图 6-99~图 6-101 所示。

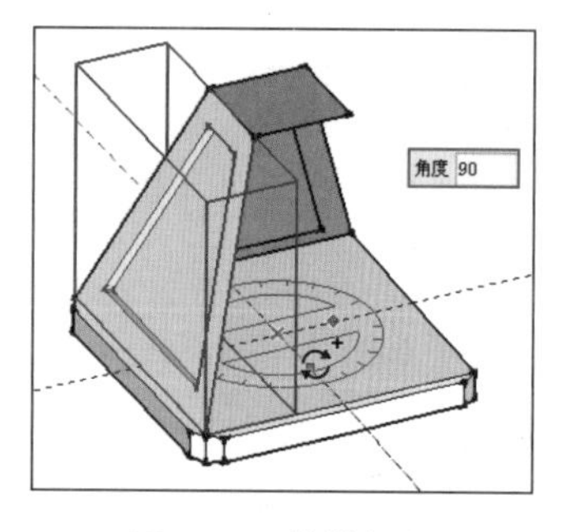

图 6-99　旋转复制

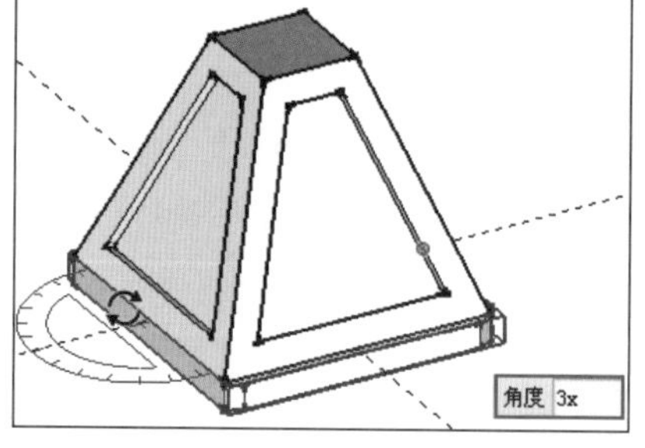

图 6-100　多重旋转复制

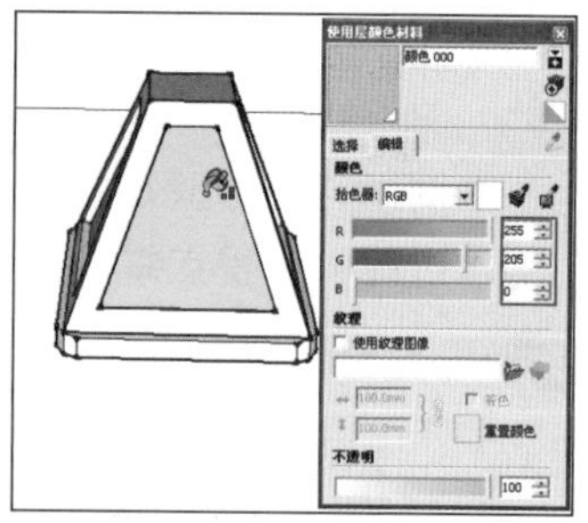
图 6-101　赋予暖色材质

步骤 06 结合使用【推/拉】与【拉伸】工具，制作出顶部尖顶细节效果，如图 6-102 与图 6-103 所示。

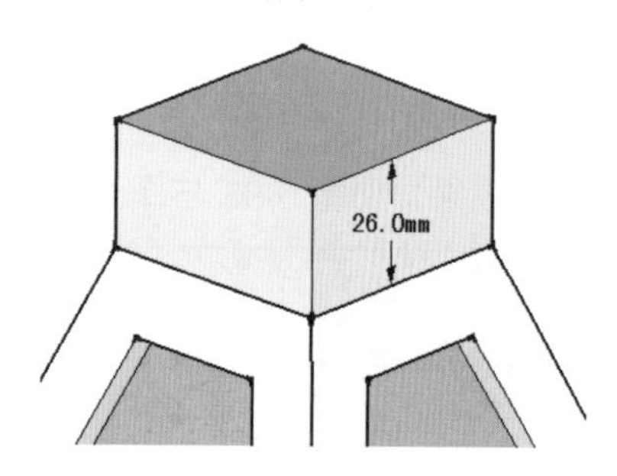

图 6-102　推拉 26mm 厚度

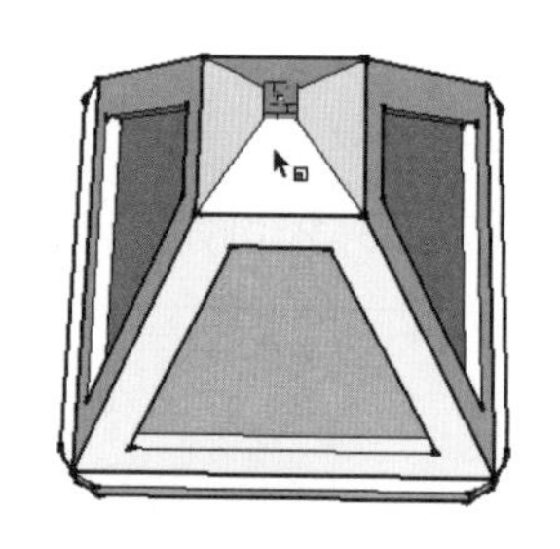
图 6-103　通过拉伸形成尖顶效果

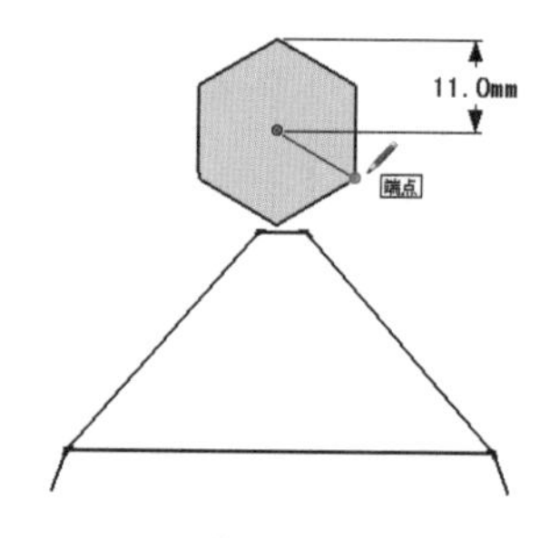

图 6-104　创建正六边形

步骤 07 结合使用【多边形】、【偏移】以及【推/拉】工具，制作壁灯上方的挂孔模型，然后通过【拉伸】工具调整好造型，如图 6-104~图 6-107 所示。

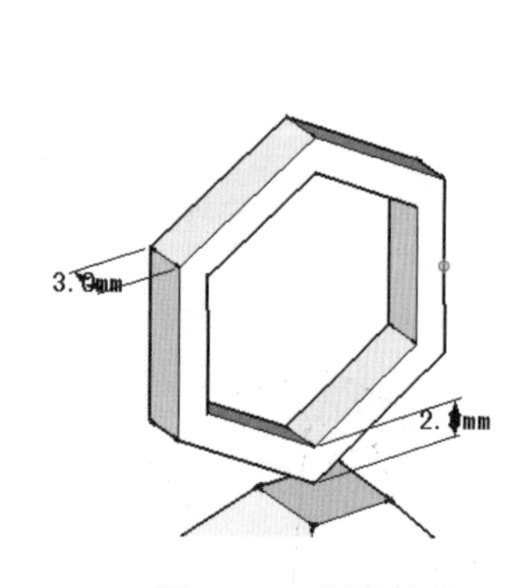
图 6-105　制作挂件

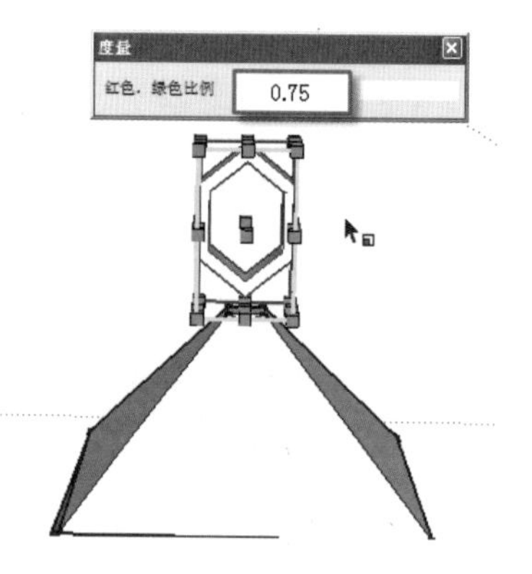

图 6-106　通过拉伸调整造型

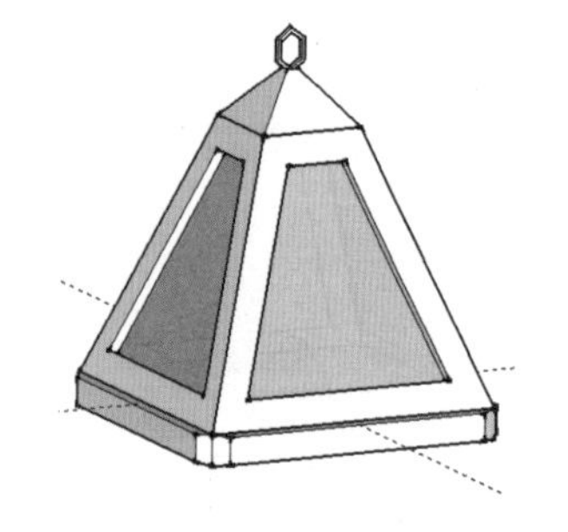
图 6-107　壁灯上部完成效果

步骤 08 选择制作好的上部灯罩模型，通过旋转复制，得到下部灯罩主体，如图 6-108 所示。

步骤 09 结合使用【推/拉】与【拉伸】工具，制作出灯罩下方的尖顶效果，如图 6-109~图 6-111 所示。

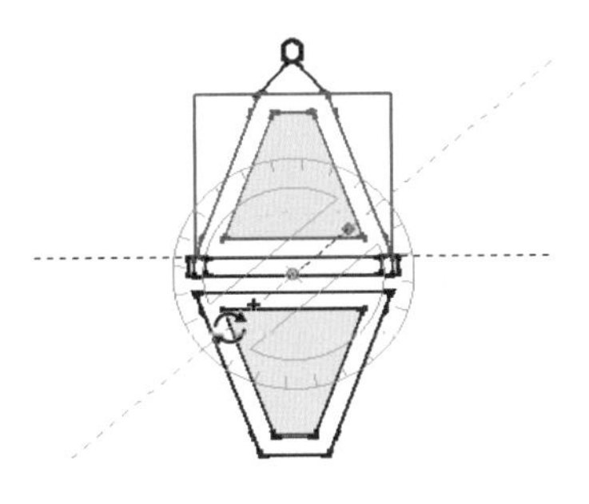

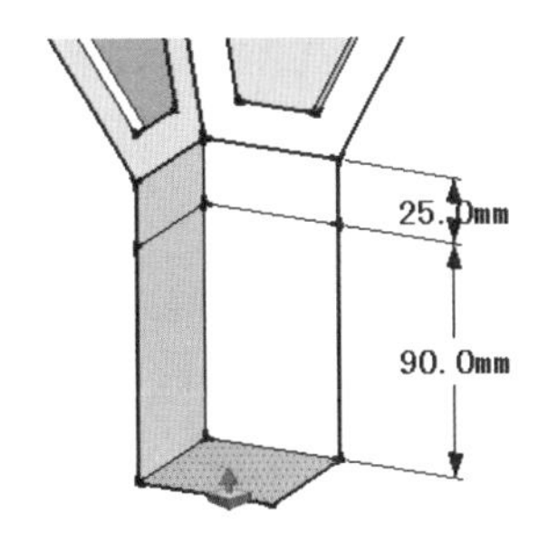

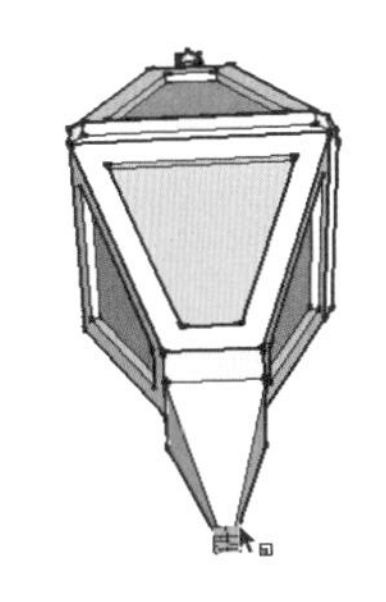

图 6-108　旋转复制　　图 6-109　复制推拉底部尖顶　　图 6-110　拉伸制作尖角

步骤 10 结合使用【矩形】与【推/拉】工具，制作后方悬挂铁板，然后打开【使用层颜色材料】面板，赋予黑铁材质，完成整体效果，如图 6-112 与图 6-113 所示。

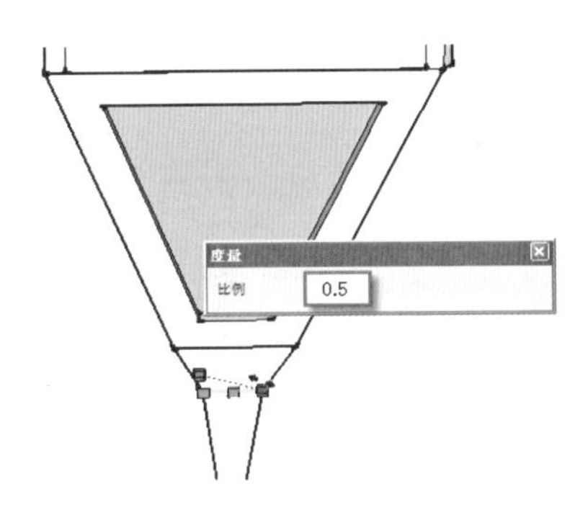

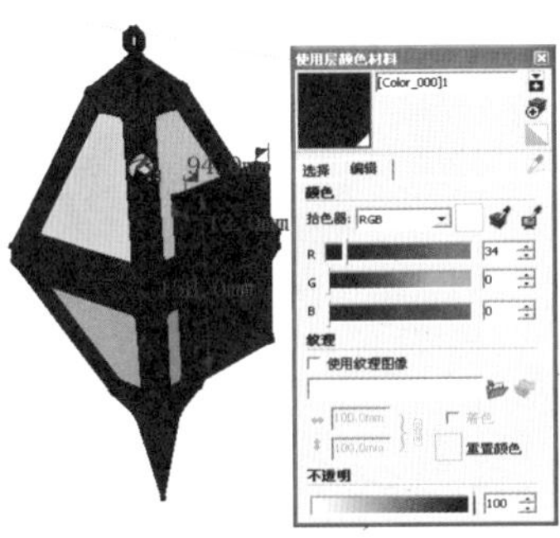

图 6-111　通过拉伸调整造型　　图 6-112　制作后方铁板并赋予材质　　图 6-113　户外壁灯完成效果

095 垃圾桶

文件路径：配套光盘\第 06 章\095　　视频文件：MP4\第 06 章\095.MP4

本例将制作垃圾桶模型，主要使用到【圆】、【推/拉】、【偏移】以及【路径跟随】等工具，重点掌握多重旋转复制与模型交错的使用技巧。

步骤 01 启用【圆】创建按钮，绘制一个直径为 520mm 的圆形，如图 6-114 所示，使用【推/拉】工具制作 50mm 厚度，如图 6-115 所示。

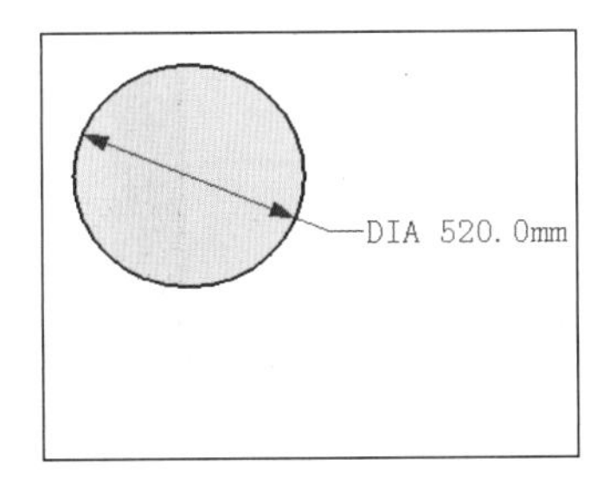

图 6-114　绘制直径为 520mm 圆形

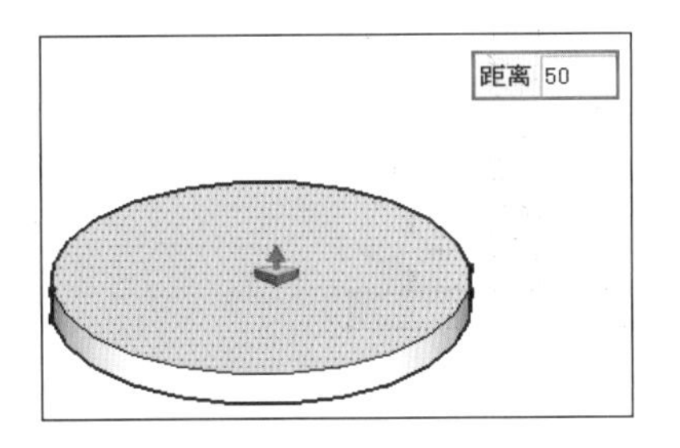

图 6-115　推拉出 50mm 底部高度

步骤 02 按住 Ctrl 键进行多次推拉复制，制作垃圾桶整体轮廓，如图 6-116 所示。

步骤 03 选择上部第二条轮廓线，单击鼠标右键，激活【分解曲线】菜单命令，如图 6-117 所示。启用【线条】工具，捕捉分解形成的端点，进行面的分割，如图 6-118 所示。

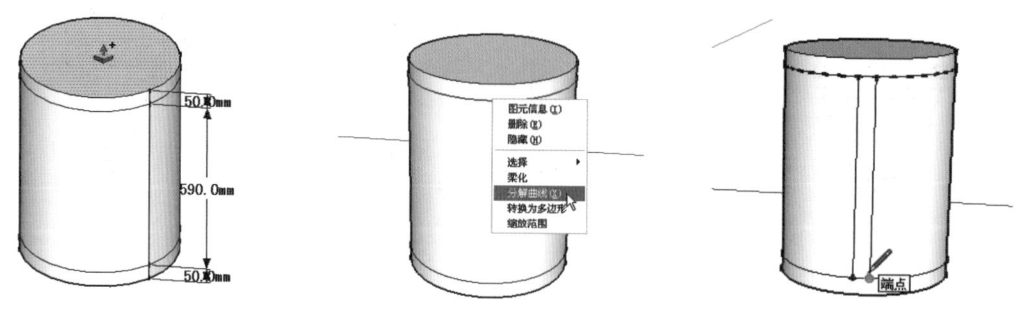

图 6-116 推拉复制出整体轮廓　　图 6-117 选择圆形进行分解　　图 6-118 捕捉端点创建分割矩形

步骤 04 选择分割好的模型面，启用【偏移】工具，向内偏移 5mm，如图 6-119 所示，然后使用【推/拉】工具制作 10mm 厚度，如图 6-120 所示。

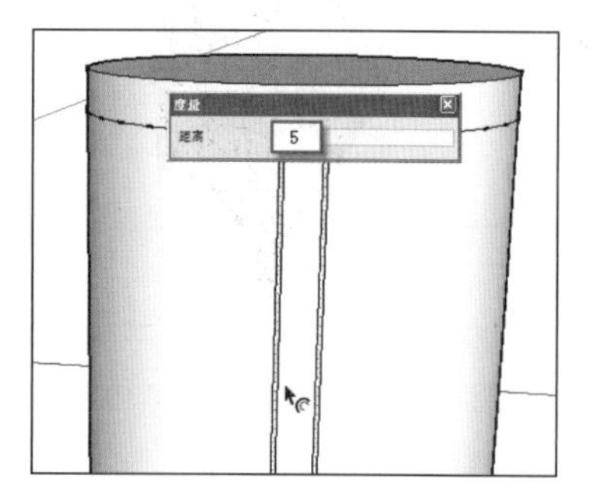

图 6-119 向内偏移复制

图 6-120 推拉木板厚度

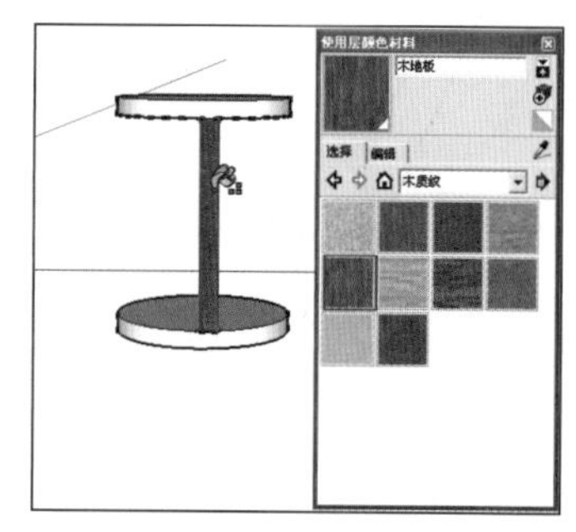

图 6-121 删除多余面并赋予木纹

步骤 05 删除四周其他面，打开【使用层颜色材料】面板，将木纹材质赋予制作好的木条，如图 6-121 所示。结合使用【卷尺】、【圆】以及【推/拉】工具，制作木条圆钉细节，如图 6-122 所示。

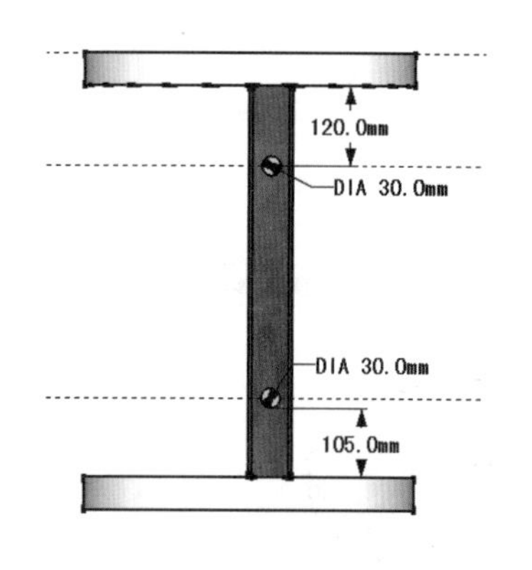

图 6-122 制作圆钉

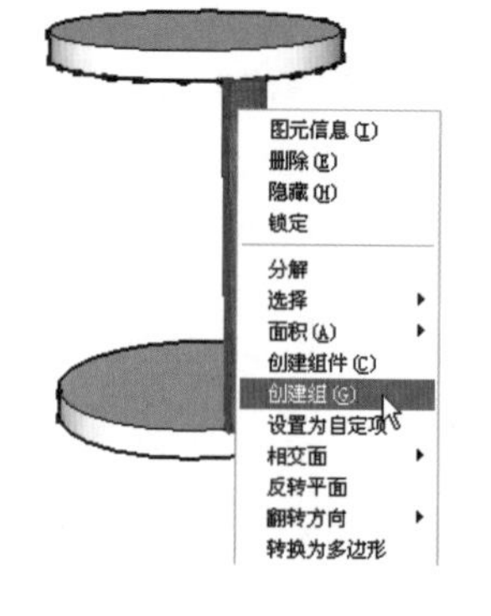

图 6-123 创建组

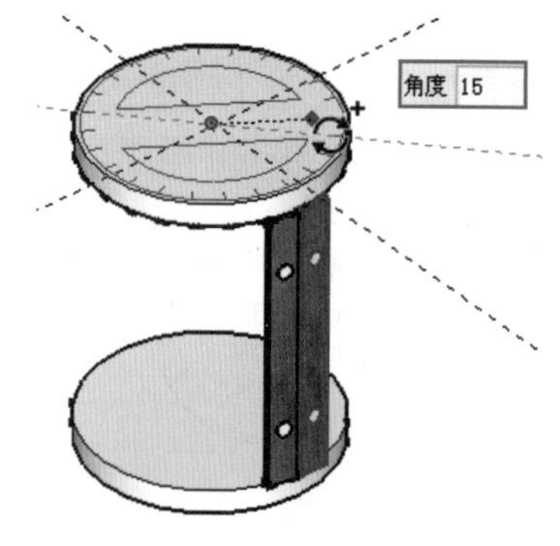

图 6-124 以 15 度旋转复制

步骤 06 选择制作好的木条与圆钉，将其创建为【组】，如图 6-123 所示，然后使用多重旋转复制，快速创建好其它木条，如图 6-124 与图 6-125 所示。

步骤 07 选择垃圾桶顶面，启用【偏移】工具，向内以 350mm 的距离进行偏移，如图 6-126 所示。

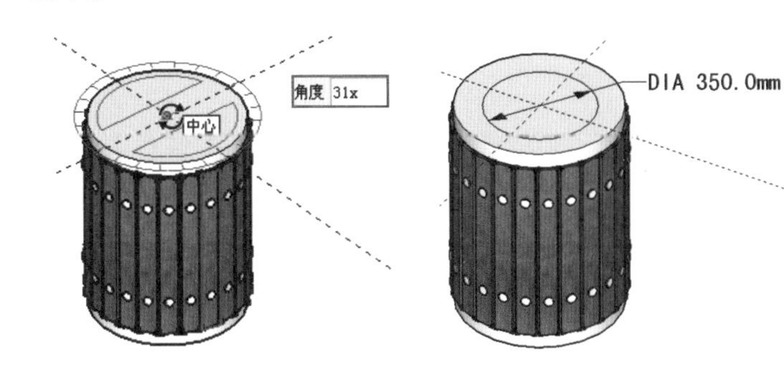

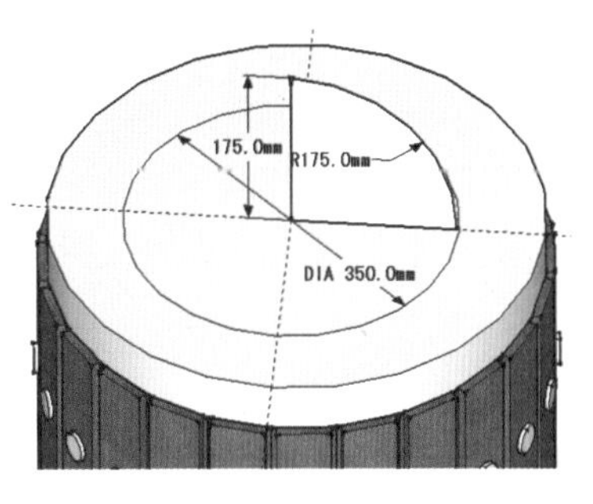

图 6-125　多重复制 31 份　　图 6-126　绘制顶部圆形路径　　图 6-127　绘制扇形截面

步骤 08 结合使用【圆弧】、【线条】以及【跟随路径】工具，制作垃圾桶顶部圆盖，如图 6-127 与图 6-128 所示。接下来制作表面细节。

步骤 09 结合使用【矩形】、【圆弧】以及【推/拉】工具，创建好交错用的实体，如图 6-129 与图 6-130 所示。

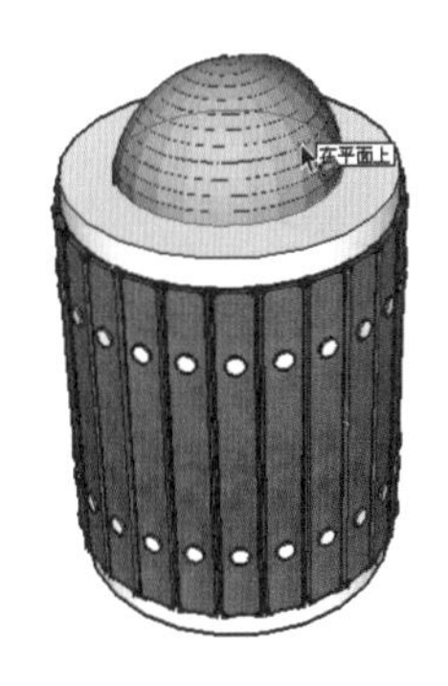

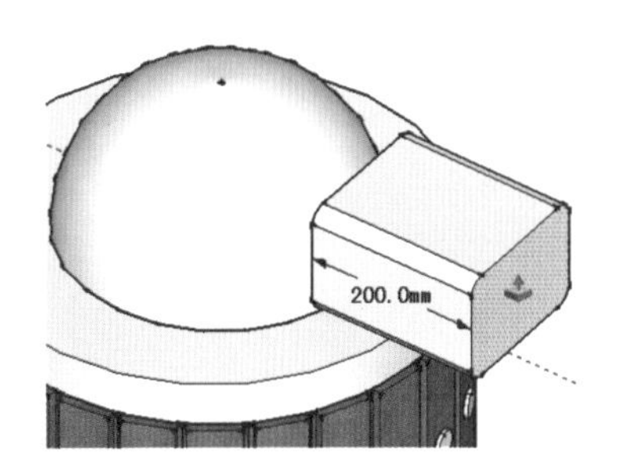

图 6-128　使用路径跟随制作半球造型　　图 6-129　绘制交错用实体截面　　图 6-130　推拉 200mm 厚度

步骤 10 调整好圆盖与实体位置，执行【模型交错】，如图 6-131 所示，最后制作好圆盖表面的圆钉细节，完成最终模型，如图 6-132 与图 6-133 所示。

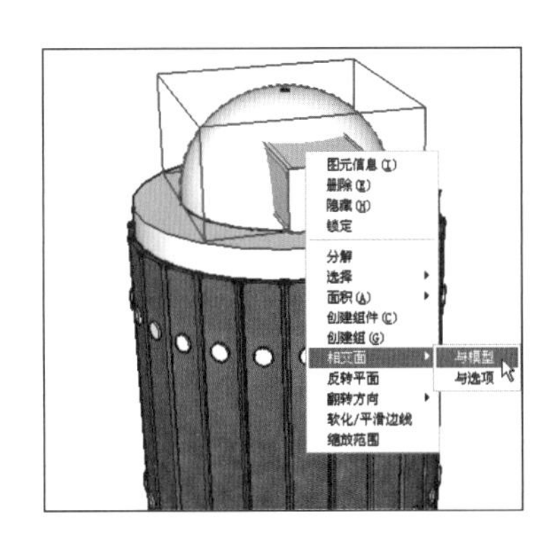

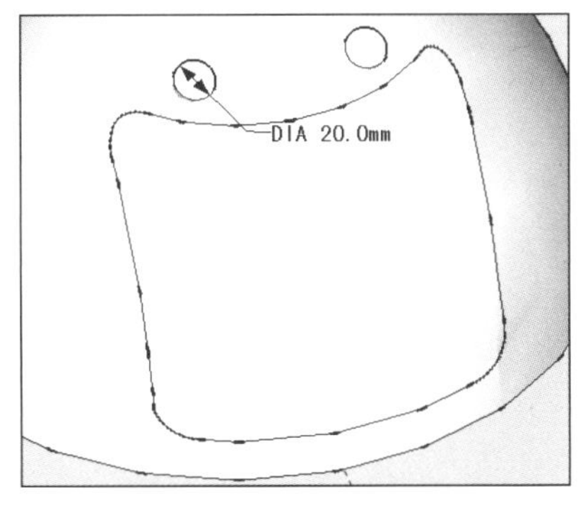

图 6-131　选择半球进行模型交错　　图 6-132　绘制细节部件　　图 6-133　垃圾桶完成效果

096 小区信箱

文件路径：配套光盘\第 06 章\096　　视频文件：MP4\第 06 章\096.MP4

本例学习小区信箱模型的制作，主要使用到【矩形】、【线条】、【拉伸】、【偏移】、【推/拉】以及【三维文本】等工具，在模型的制作过程中，重点掌握模型的复制与文字应用的技巧。

步骤 01 结合使用【矩形】以及【推/拉】工具，制作出信箱主体轮廓模型，如图 6-134 与图 6-135 所示。

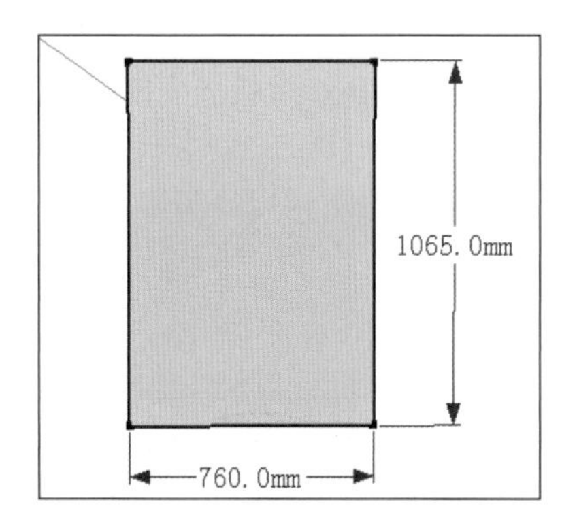

图 6-134　创建矩形

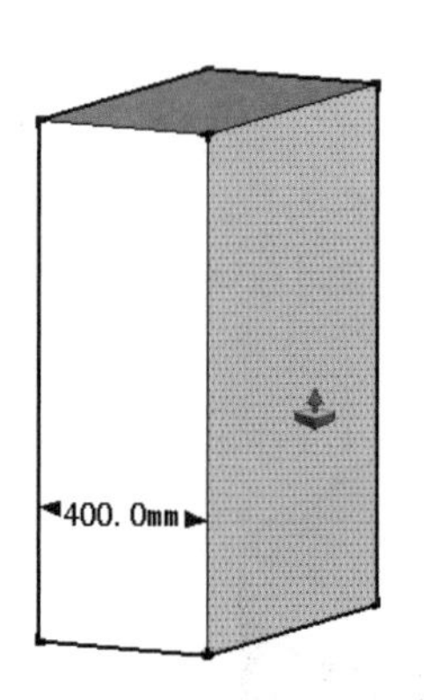

图 6-135　推拉 400mm 厚度

步骤 02 结合使用【偏移】、【推/拉】以及【拉伸】工具，制作信箱顶部细节效果，如图 6-136 与图 6-137 所示。

步骤 03 结合使用【卷尺】、【矩形】以及【推/拉】工具，制作出信箱支撑脚，如图 6-138 所示。

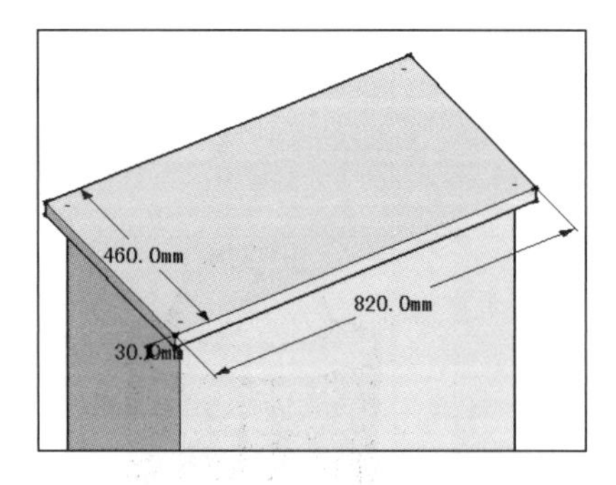

图 6-136　制作顶部边沿细节

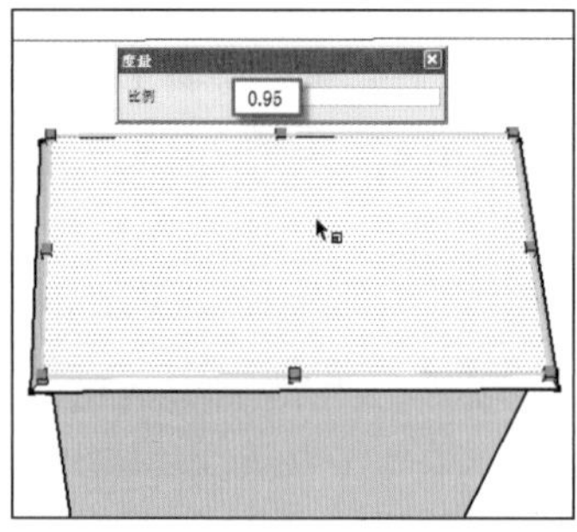

图 6-137　制作顶部倒角效果

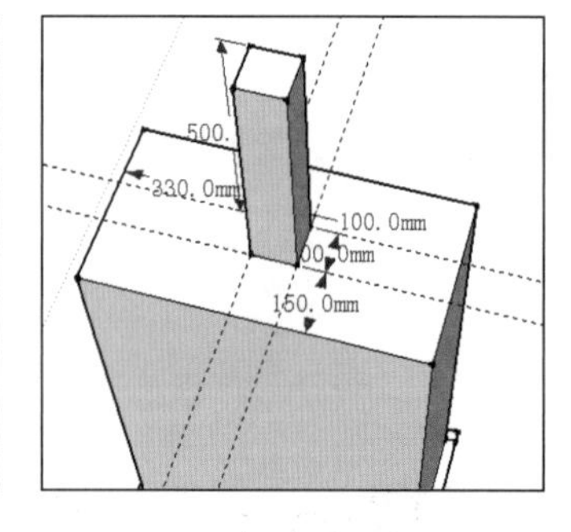

图 6-138　制作底部支撑脚

步骤 04 结合使用【偏移】、【推/拉】以及【拉伸】工具，制作信箱支撑板细节，如图 6-139~图 6-141 所示。

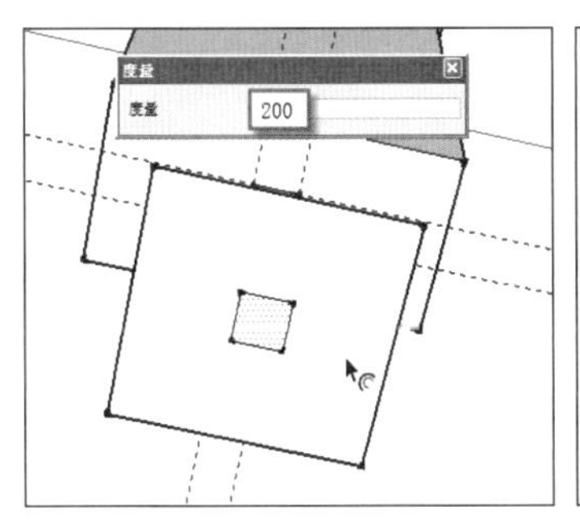

图 6-139　向外偏移复制

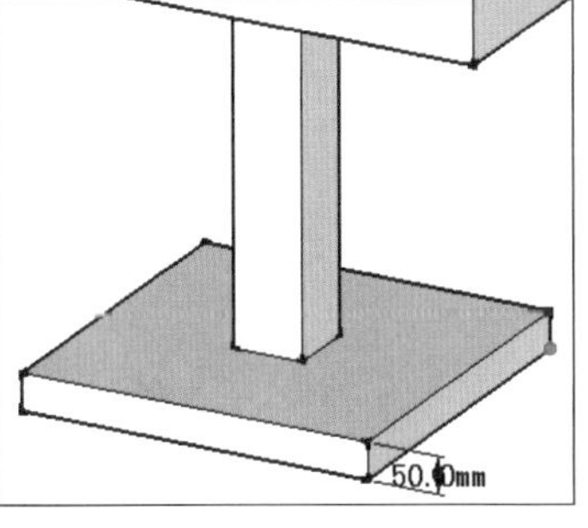

图 6-140　制作支撑板厚度

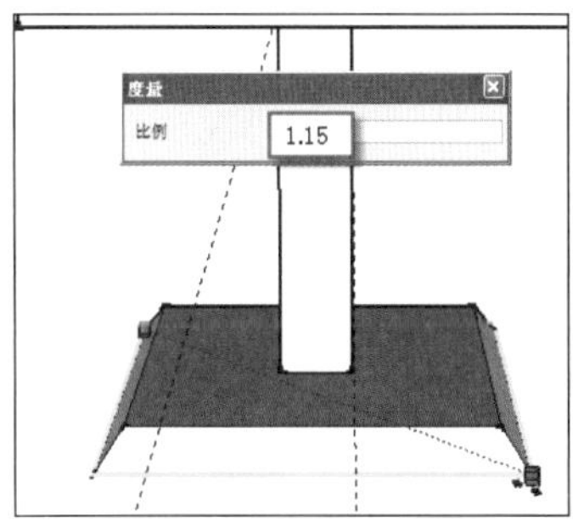

图 6-141　制作支撑板倒角

步骤 05 结合使用【偏移】、【线条】以及【拆分】命令，分割出正面信箱轮廓面，如图 6-142~图 6-144 所示。

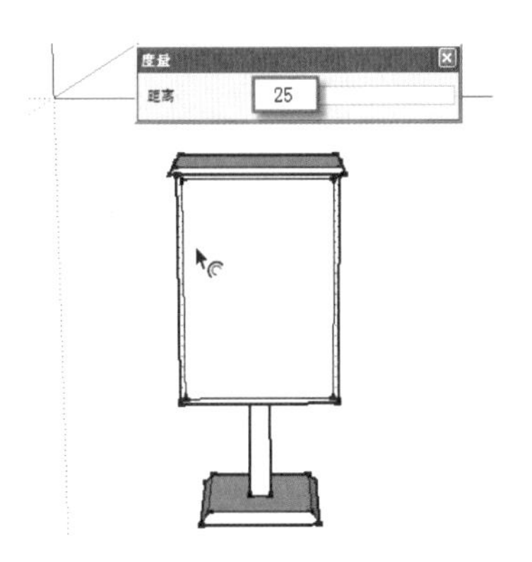

图 6-142　向内偏移复制

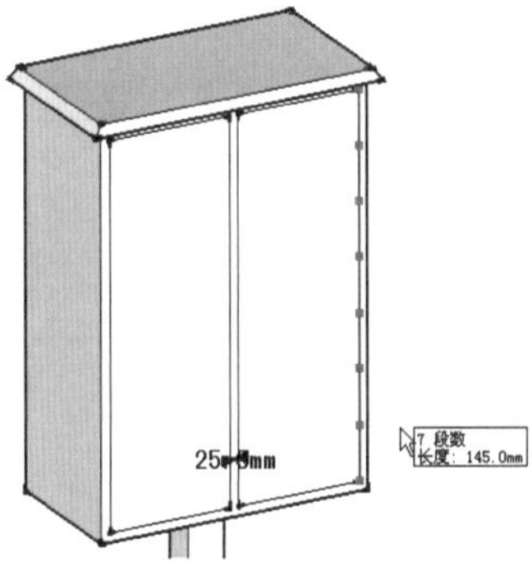

图 6-143　细分正面模型面

图 6-144　细分出信箱轮廓

步骤 06 结合使用【偏移】、【推/拉】以及【线条】工具，制作出信箱边沿与投递入口细节，如图 6-145 与图 6-146 所示。

步骤 07 结合使用【卷尺】与【圆】工具，绘制锁头细分面，如图 6-147 所示。

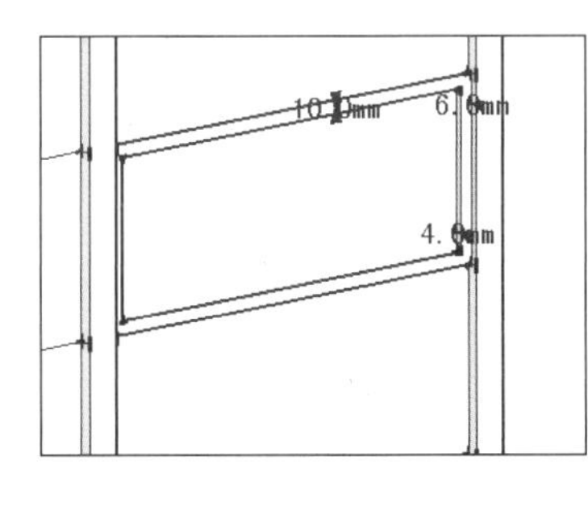

图 6-145　制作信箱边沿细节

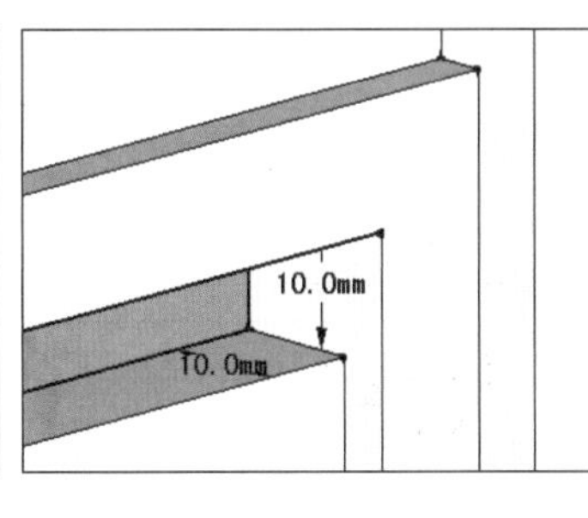

图 6-146　制作出信件入口细节

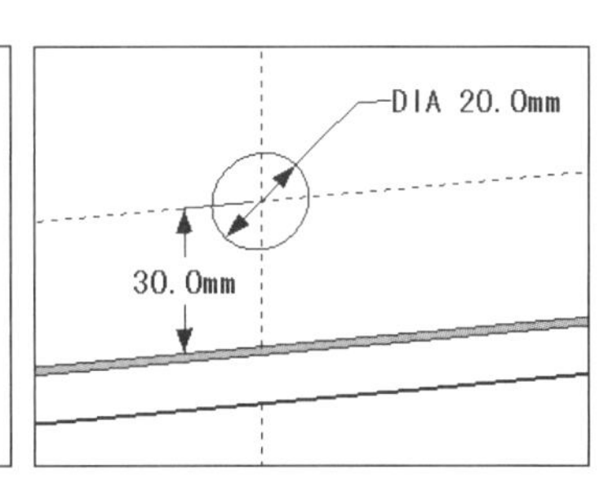

图 6-147　分割锁头细分面

步骤 08 结合使用【推/拉】、【拉伸】以及【偏移】工具，制作出锁头造型细节，如图 6-148 与图 6-149 所示。

步骤 09 结合使用【卷尺】、【圆】以及【推/拉】工具，制作出锁孔细节，如图 6-150 与图 6-151 所示。

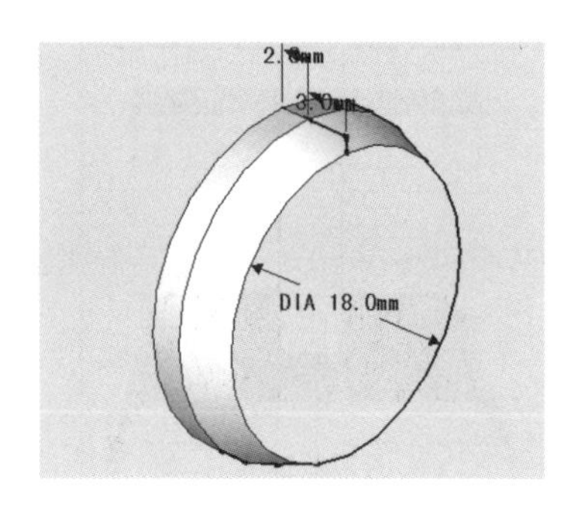

图 6-148　制作锁头轮廓

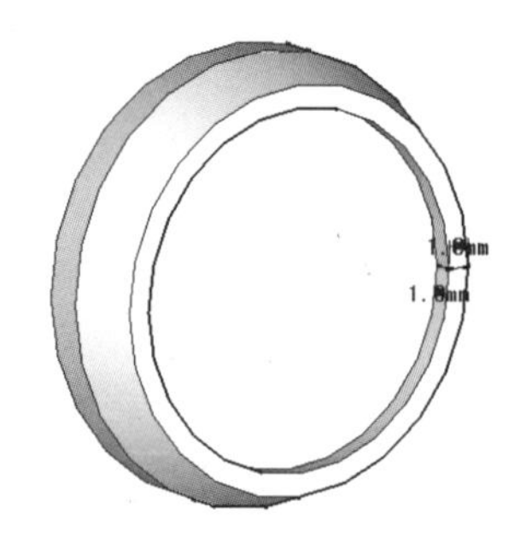

图 6-149　制作锁头边沿细节

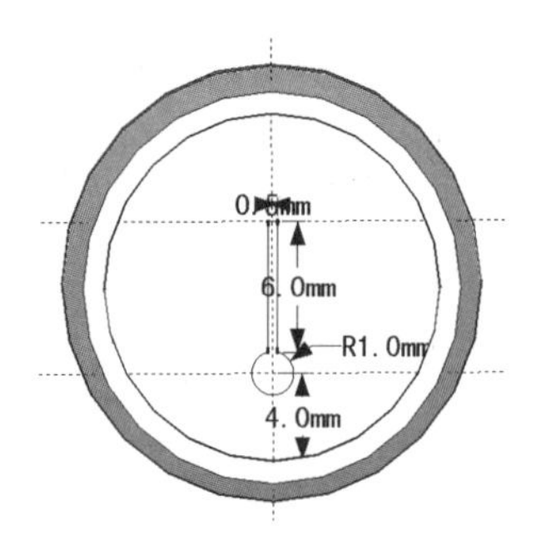

图 6-150　创建锁孔细分面

步骤 10 启用【文字】工具，在弹出面板中输入信箱相关用户文字，然后单击【放置】按钮制作文字效果，如图 6-152 与图 6-153 所示。

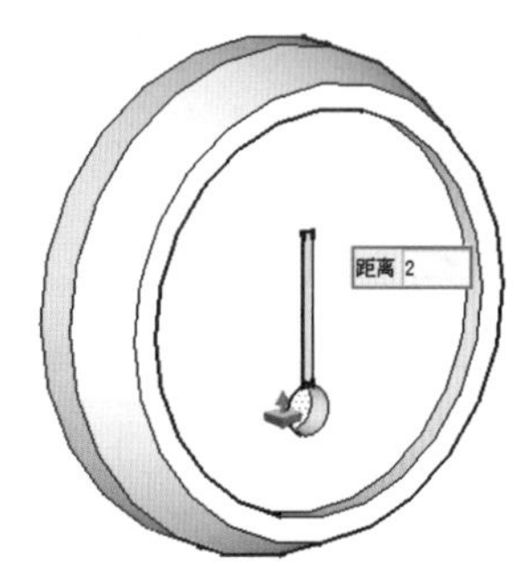

图 6-151　推拉锁孔深度

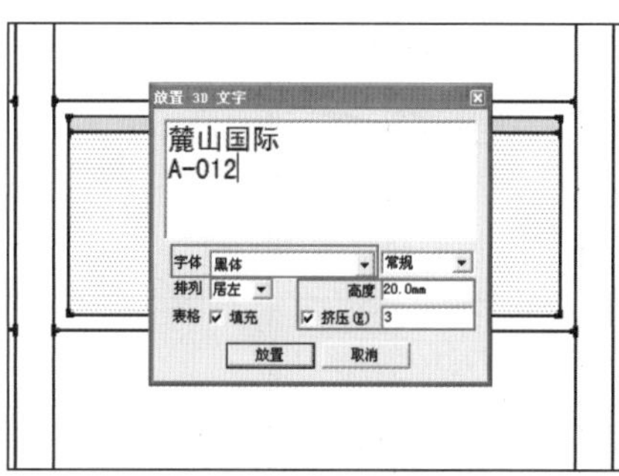

图 6-152　输入信箱文字

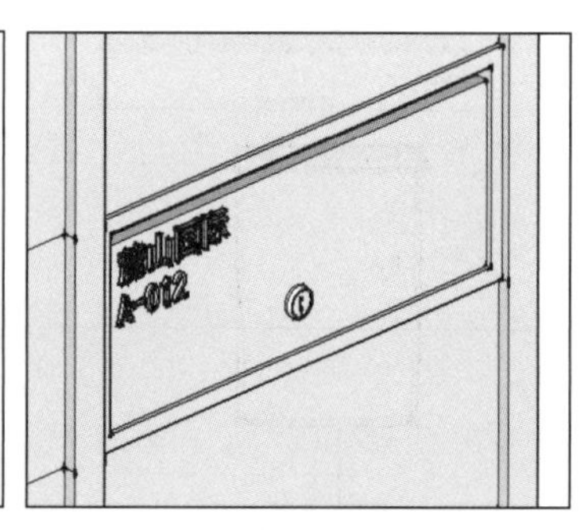

图 6-153　旋转信箱文字

步骤 11 删除未进行细分的信箱模型面，然后复制细化完成的信箱模型，最后修改文字，完成模型最终效果，如图 6-154~图 6-156 所示。

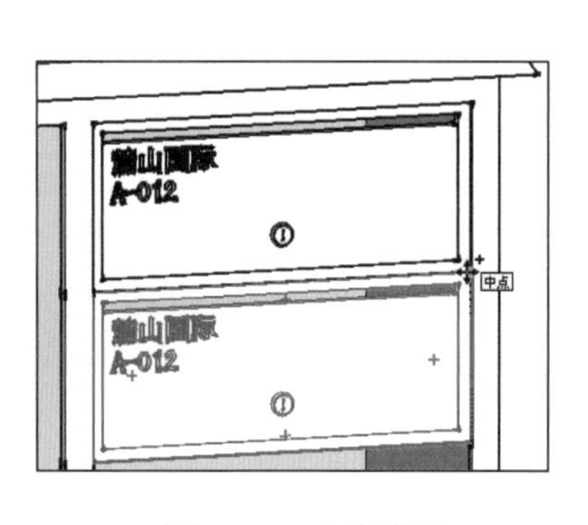

图 6-154　复制信箱

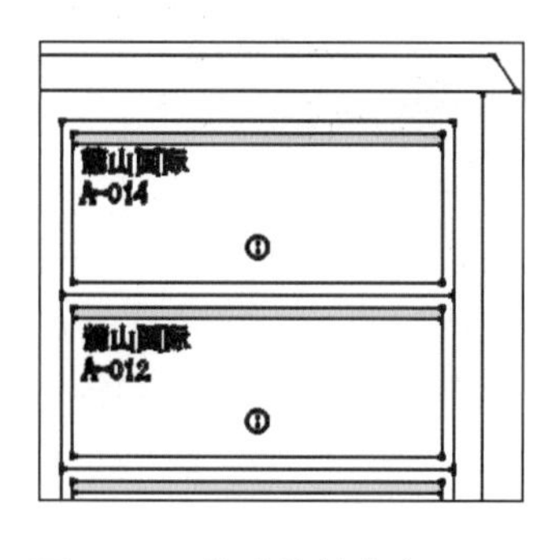

图 6-155　修改信箱文字

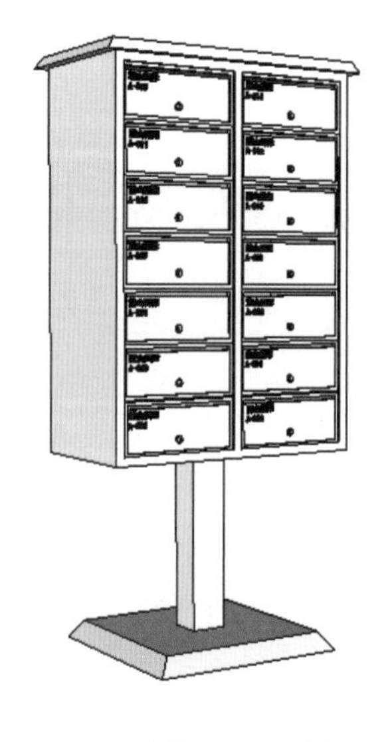

图 6-156　信箱最终完成效果

第7章 室外高级模型建模

本章通过 8 个经典的室外高级模型案例，进一步学习 SketchUp 高级建模的方法，在进一步熟练相关命令操作的同时，掌握多种室外高级模型建立思路和操作技巧。

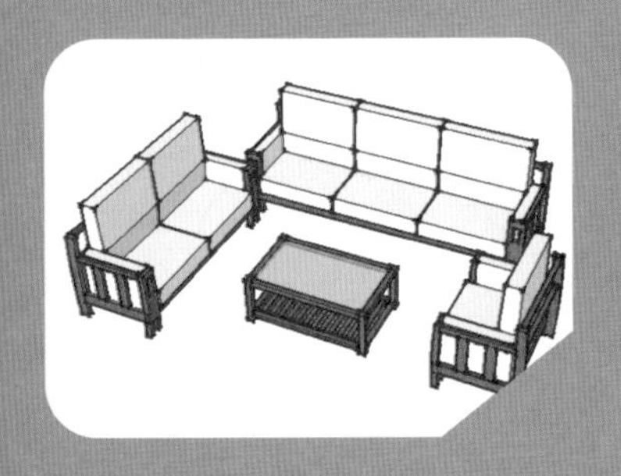

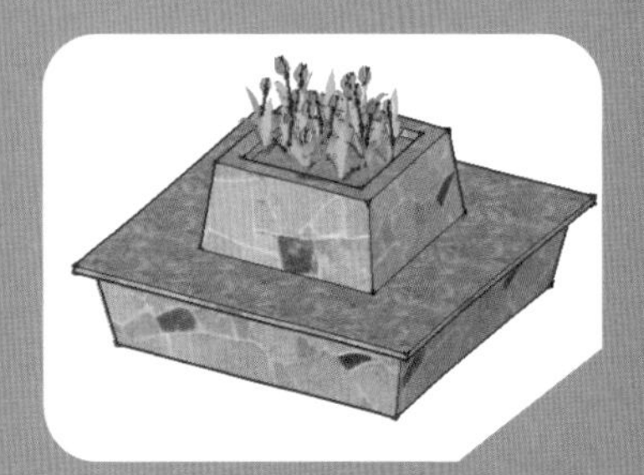

097 石桥

文件路径：配套光盘\第 07 章\097　　视频文件：MP4\第 07 章\097.MP4

本例学习石桥模型的制作，主要使用到【线条】、【圆弧】、【偏移】以及【推/拉】等工具，在模型的制作过程中，注意组件的调用与拉伸工具使用技巧。

步骤 01 结合【卷尺】、【线条】以及【圆弧】工具，绘制出桥梁截面图形，如图 7-1 与图 7-2 所示。

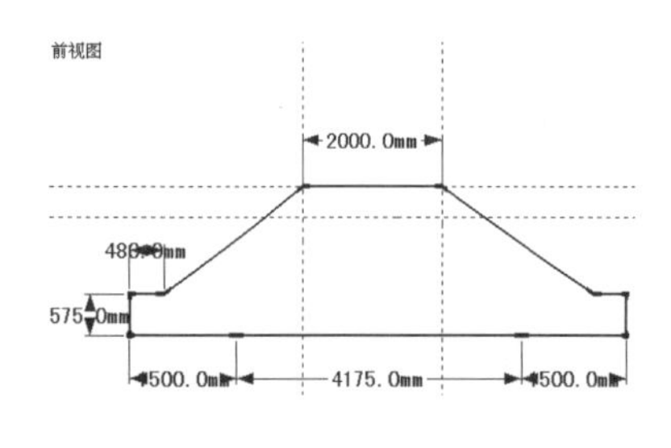

图 7-1　创建桥梁基本截面

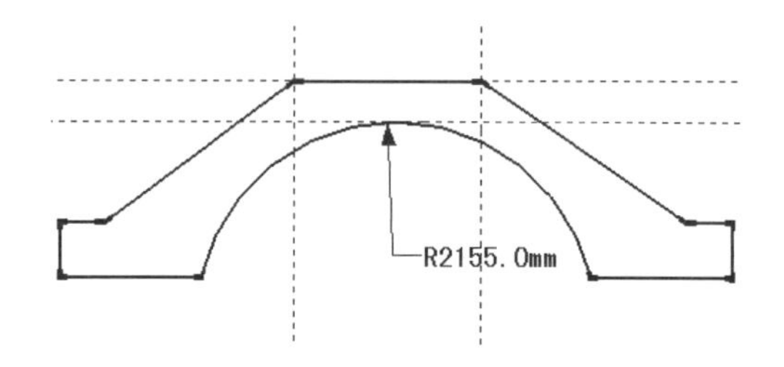

图 7-2　绘制圆拱细节

步骤 02 启用【线条】工具，绘制出踏步线条，然后选择进行多重移动复制，如图 7-3~图 7-5 所示。

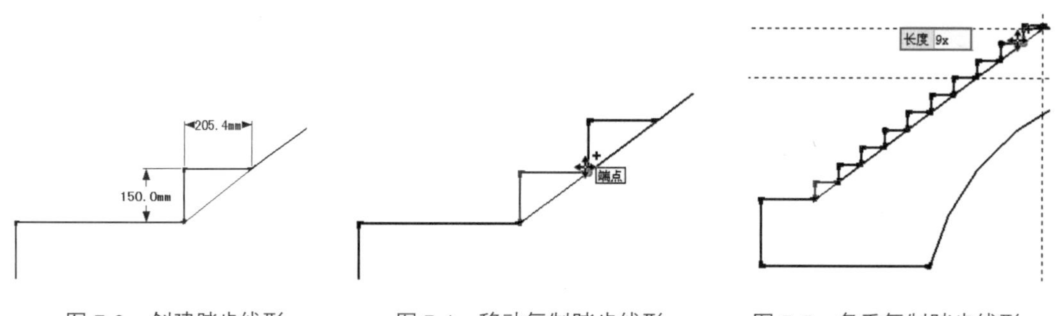

图 7-3　创建踏步线形　　图 7-4　移动复制踏步线形　　图 7-5　多重复制踏步线形

步骤 03 通过【复制】与【翻转方向】工具，制作好另一侧踏步线条，然后使用【推/拉】工具制作 2420mm 宽度，如图 7-6 与图 7-7 所示。

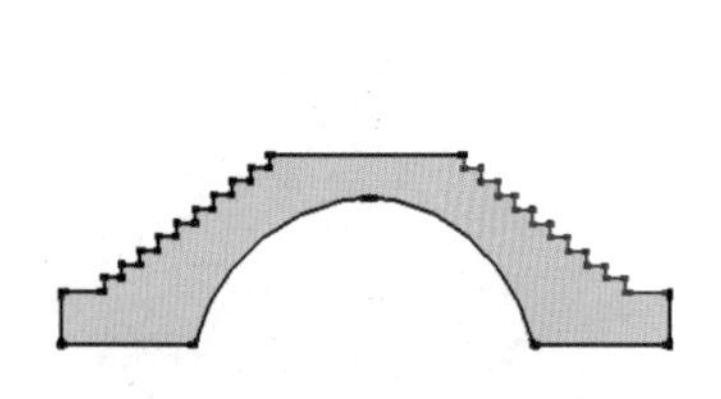

图 7-6　整体复制踏步线形

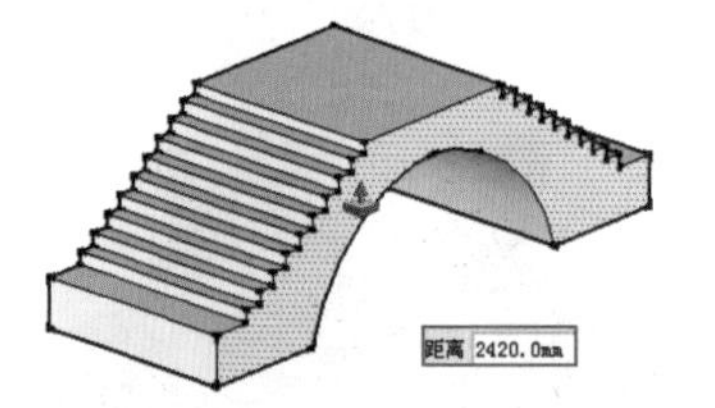

图 7-7　推拉 2420mm 的宽度

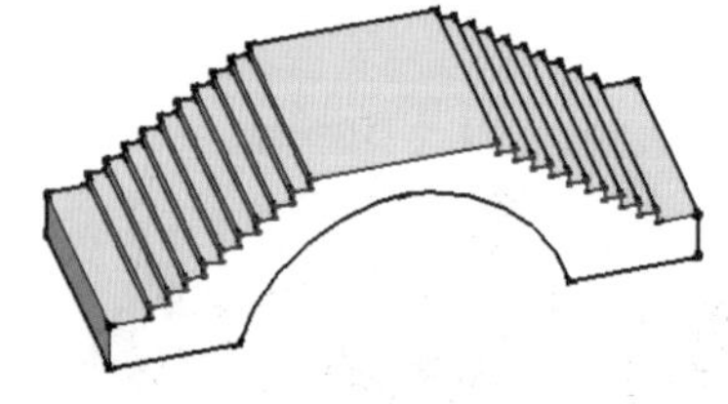

图 7-8　选择边线

步骤 04 选择边沿线条，使用【偏移】及【线条】工具制作石板截面，如图 7-8 与图 7-9 所示。

步骤 05 启用【推/拉】工具，选择截面进行复制推拉，制作出石板细节效果，如图 7-10 所示。

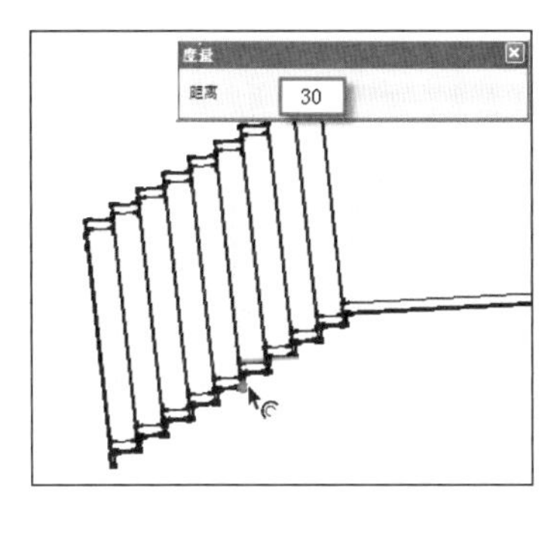

图 7-9 向外偏移复制

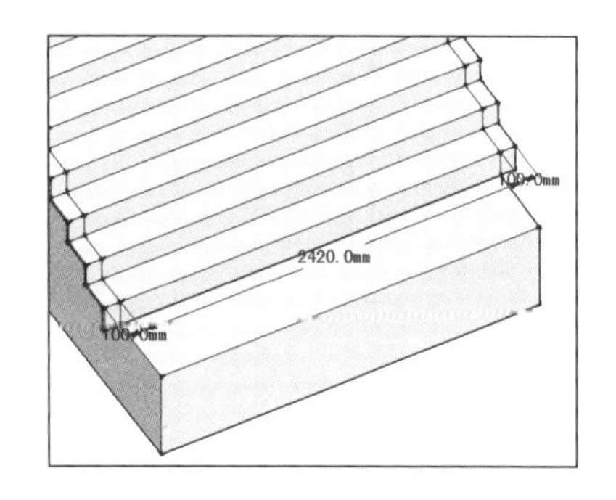

图 7-10 复制推拉出石板细节

步骤 06 选择底部边线，以 275mm 的距离向外进行【偏移】，然后创建一个圆形截面，如图 7-11 与图 7-12 所示。

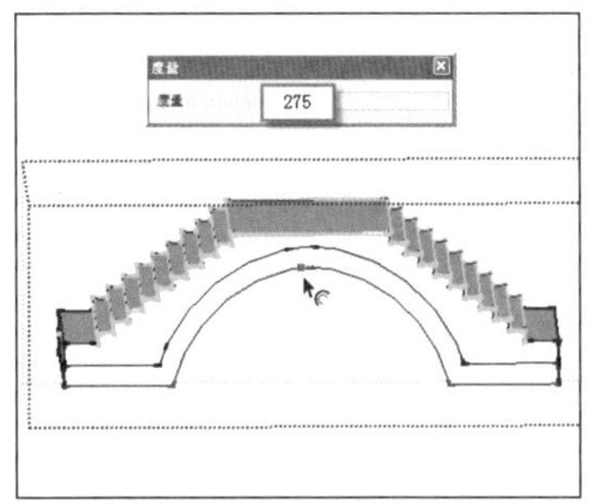

图 7-11 选择底部边线偏移复制

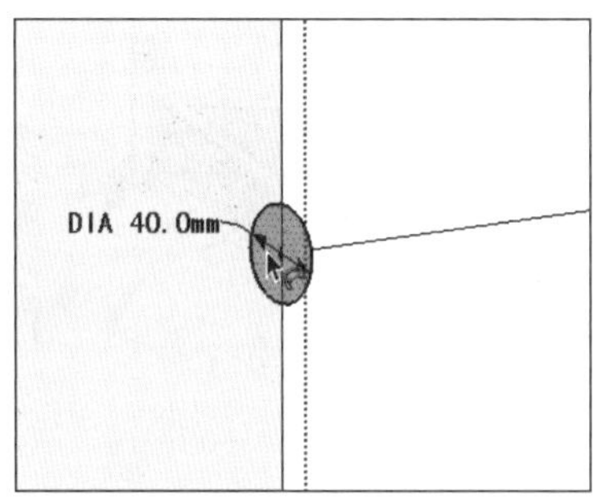

图 7-12 创建圆形截面

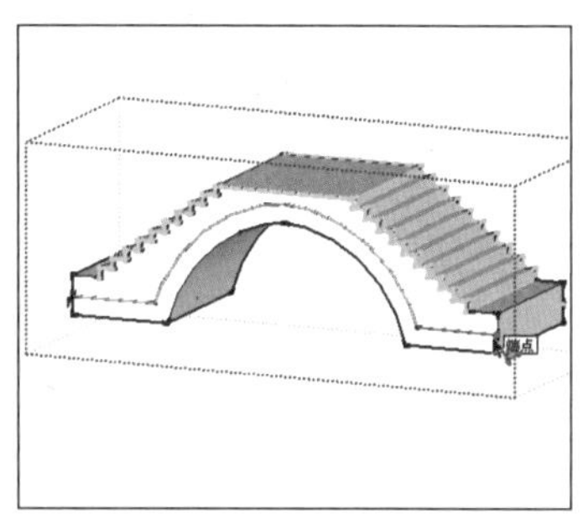

图 7-13 进行路径跟随

步骤 07 启用【跟随路径】工具，制作出侧面线条细节，然后将其整体复制至对侧，如图 7-13 与图 7-14 所示。

步骤 08 打开【组件】面板，合并之前创建好的中式护栏模型，然后进行初步对位，如图 7-15 与图 7-16 示。

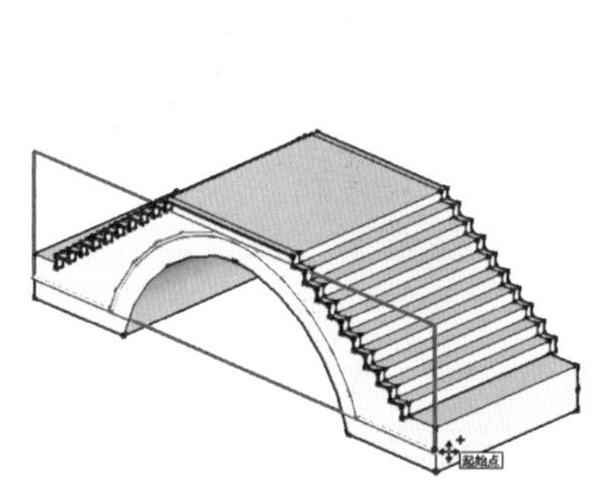

图 7-14 复制另一侧装饰线效果

图 7-15 合并护栏模型组件

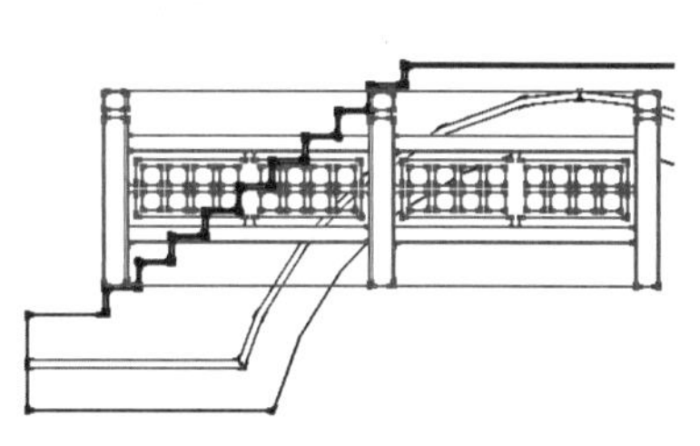

图 7-16 调整护栏位置

步骤 09 结合使用【移动】、【旋转】以及【拉伸】工具，调整外部栏杆效果，如图 7-17 与图 7-18 所示。

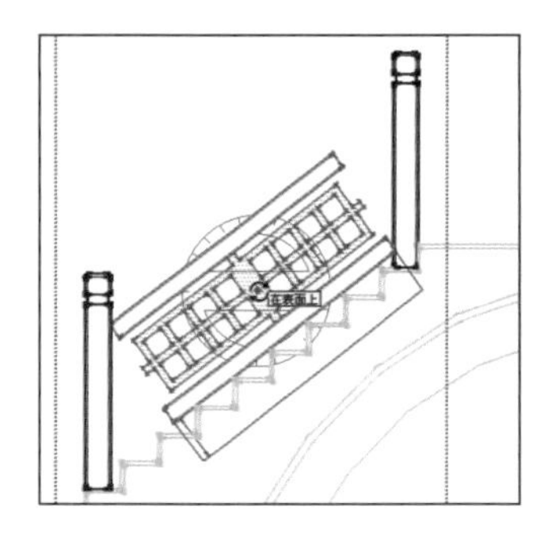

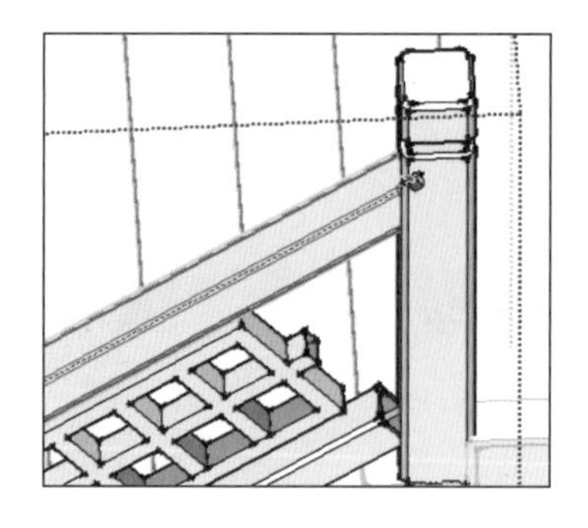

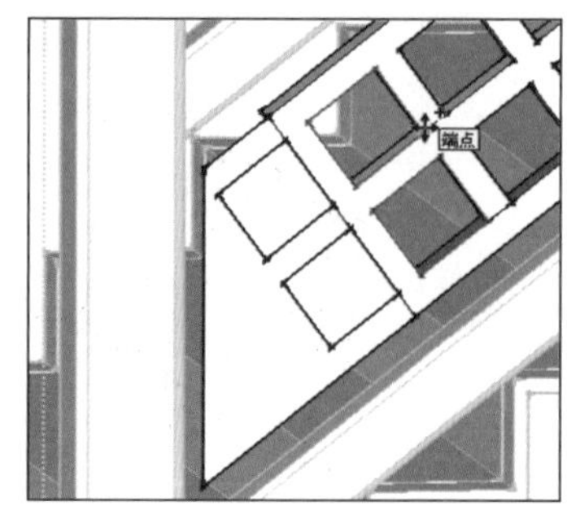

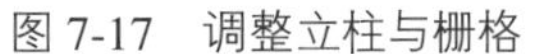

图 7-17　调整立柱与栅格　　图 7-18　通过单轴拉伸拉升栏杆　　图 7-19　增加栅格细节

步骤 10 结合使用【线条】与【推/拉】工具，调整好内部栅格效果，然后复制出右侧斜向护栏并调整好朝向，如图 7-19~图 7-21 所示。

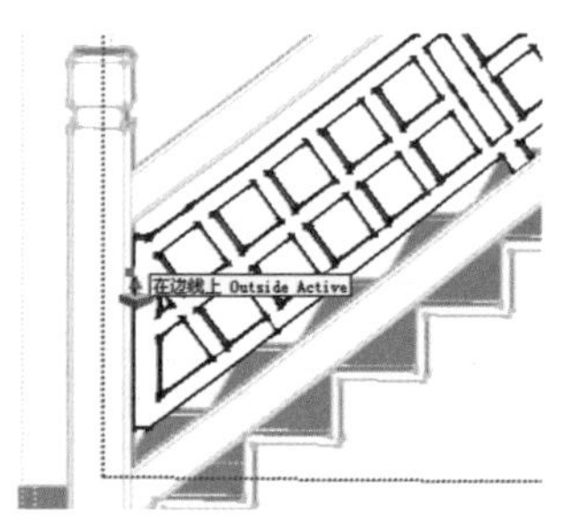

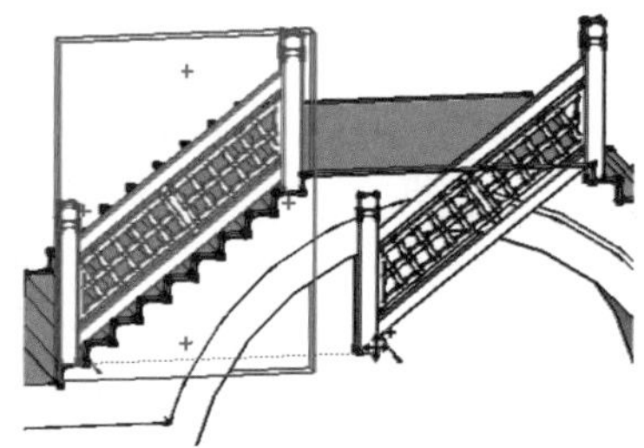

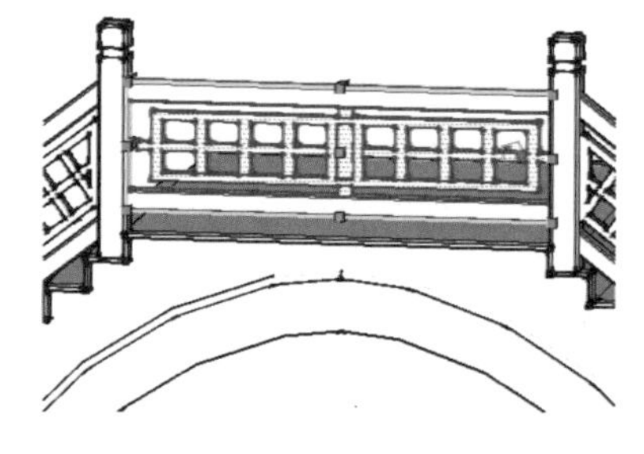

图 7-20　推拉栅格细节　　图 7-21　整体复制栏杆　　图 7-22　制作中部护栏

步骤 11 左右两侧斜向栏杆制作完成后，通过【拉伸】工具制作好中部护栏，然后整体复制出后方护栏，如图 7-22 与图 7-23 所示。

步骤 12 打开【使用层颜色材料】面板，赋予整体模型石头材质，完成整体效果，如图 7-24 与图 7-25 所示。

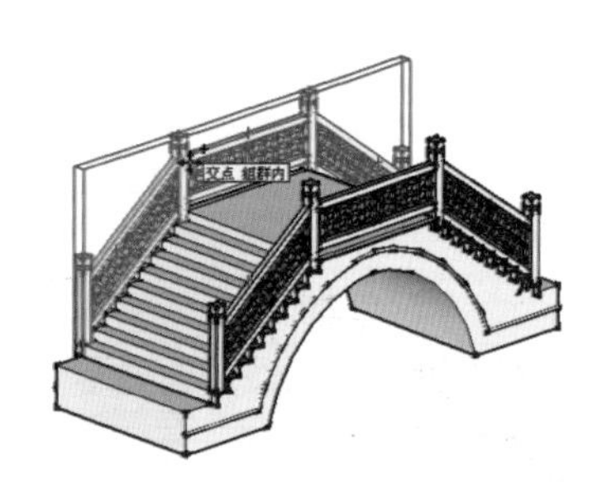

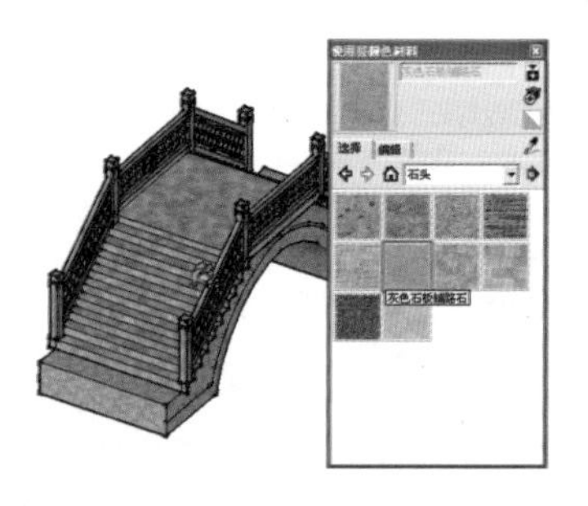

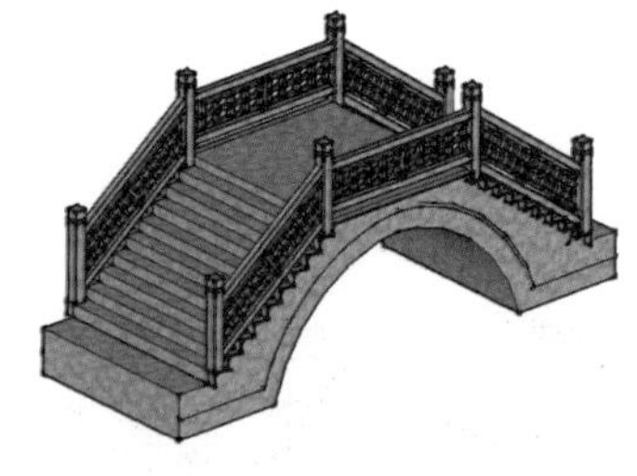

图 7-23　整体复制护栏　　图 7-24　赋予石头材质　　图 7-25　石桥最终模型效果

098 候车亭

文件路径：配套光盘\第 07 章\098	视频文件：MP4\第 07 章\098.MP4

本例学习弧形候车亭模型的制作，主要使用到【矩形】、【圆弧】、【卷尺】、【偏移】以及

【推/拉】工具。在模型的创建过程中，重点掌握辅助矩形与多重移动复制的使用技巧。

步骤 01 结合使用【矩形】、【圆弧】以及【推/拉】工具，制作好底部平台模型，如图 7-26~图 7-28 所示。

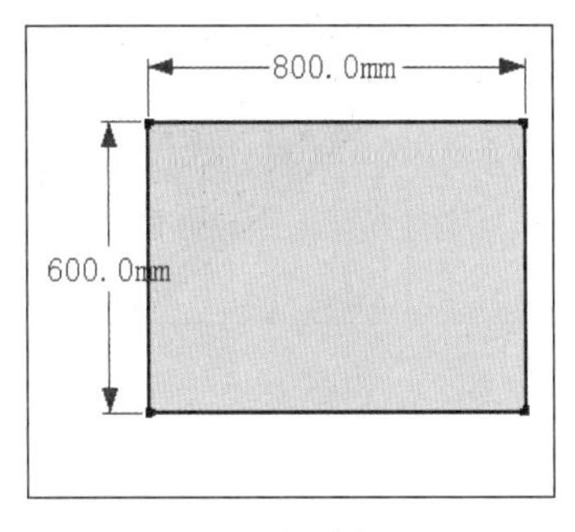

图 7-26　创建矩形

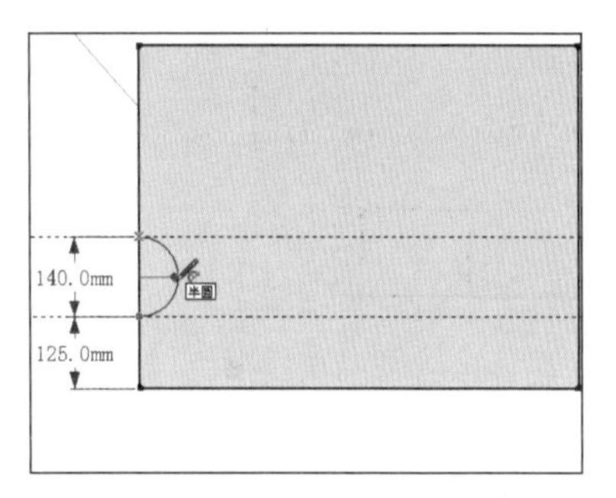

图 7-27　绘制弧形细节

步骤 02 结合使用【卷尺】、【线条】以及【圆弧】工具，绘制座椅截面图形，如图 7-29 与图 7-30 所示。

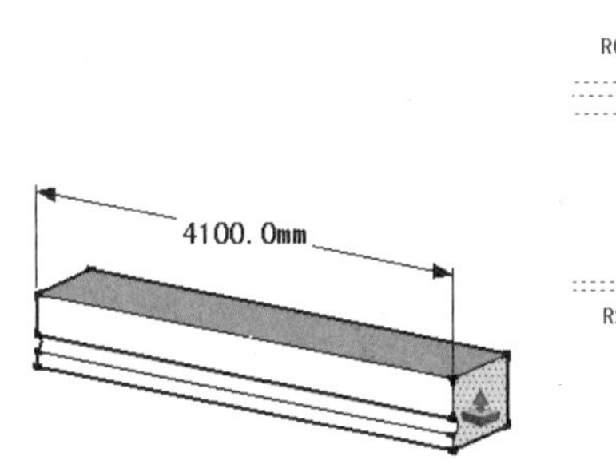

图 7-28　推拉 4100mm 长度

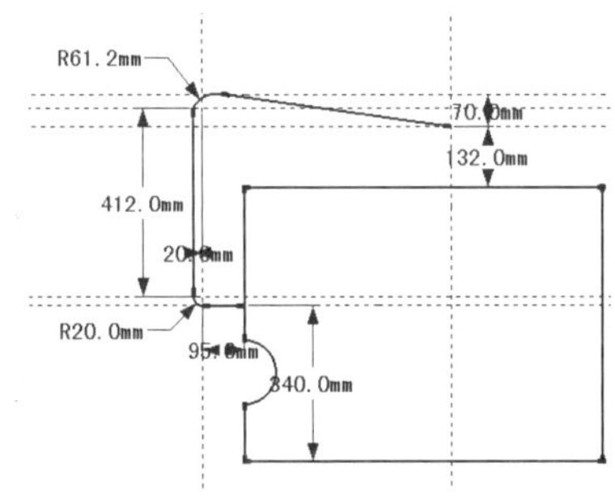

图 7-29　绘制座椅截面线形

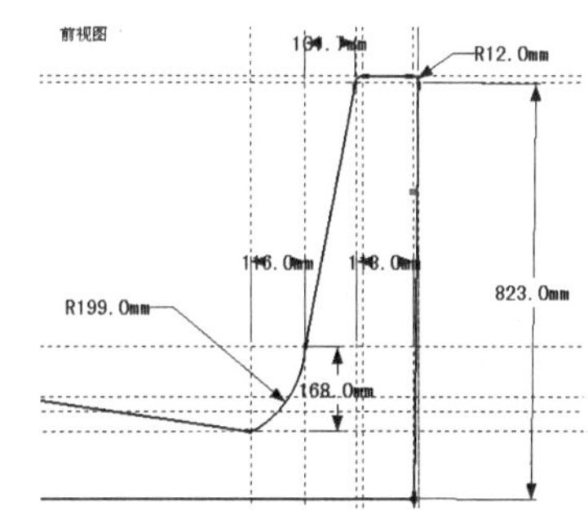

图 7-30　绘制靠背截面线形

步骤 03 启用【推/拉】工具制作出座椅宽度，然后进行多重移动复制，完成整体效果，如图 7-31 与图 7-32 所示。

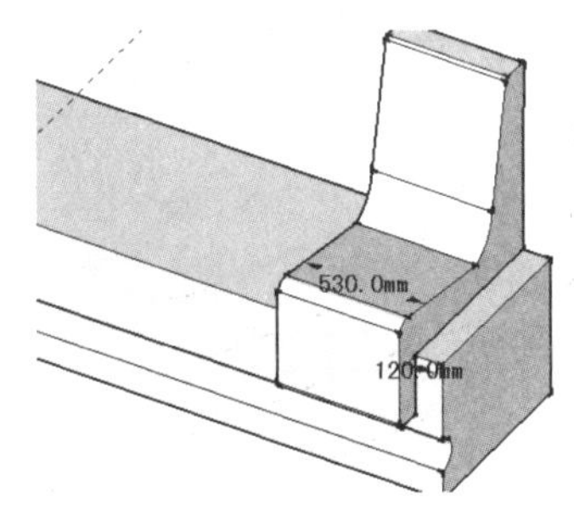

图 7-31　推拉出 530mm 座椅宽度

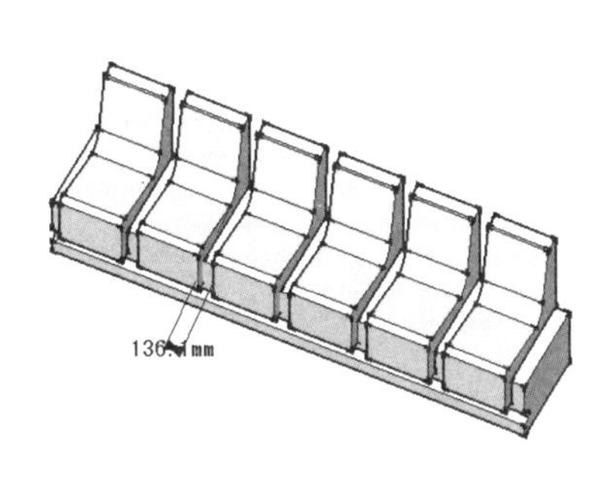

图 7-32　多重移动复制座椅模型

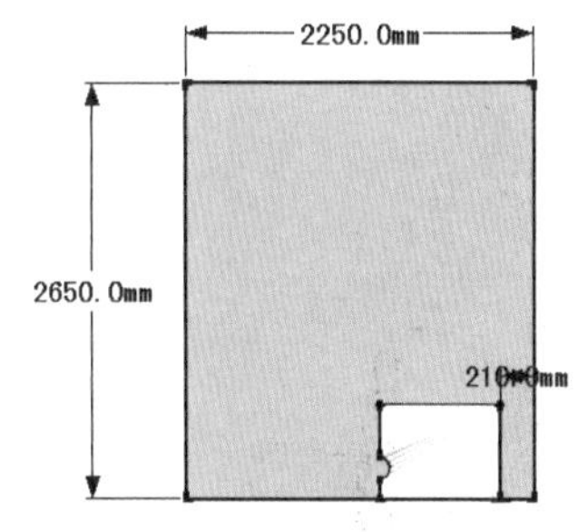

图 7-33　绘制辅助矩形

步骤 04 结合使用【矩形】与【圆弧】工具，创建出弧形顶棚轮廓线形，如图 7-33 与图 7-34 所示。

步骤 05 结合使用【偏移】、【线条】以及【推/拉】工具，制作出弧形骨架模型细节，如图 7-35~图 7-37 所示。

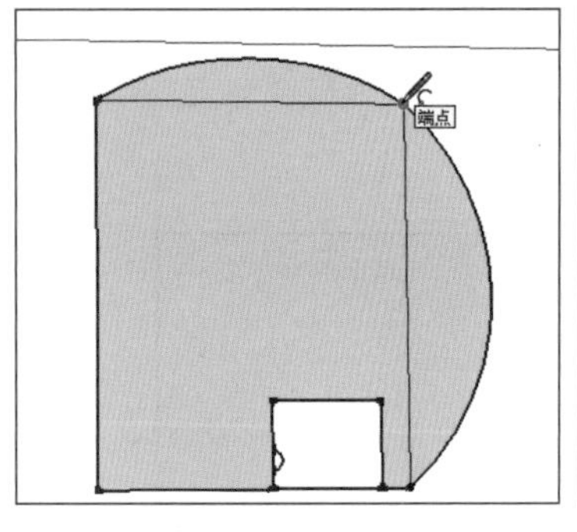

图 7-34　创建顶棚圆弧线条

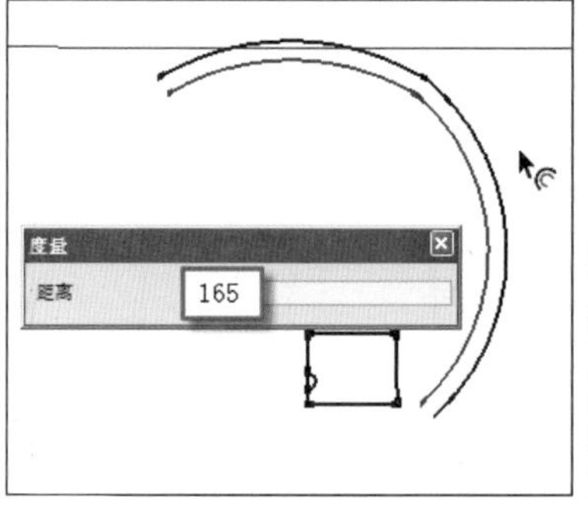

图 7-35　向外以 165mm 距离偏移复制

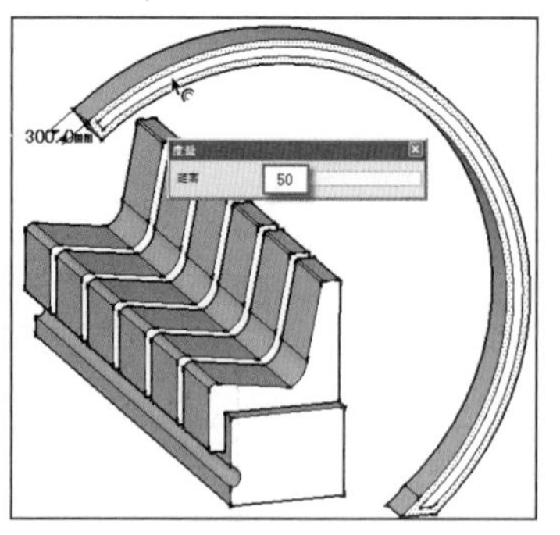

图 7-36　制作弧形骨架细节

步骤 06 选择制作好的弧形骨架，以 2200mm 的距离进行多重移动复制，如图 7-38 所示。

步骤 07 选择凹陷处的弧形平面进行移动复制，然后选择内侧线条进行分解，如图 7-39 与图 7-40 所示。

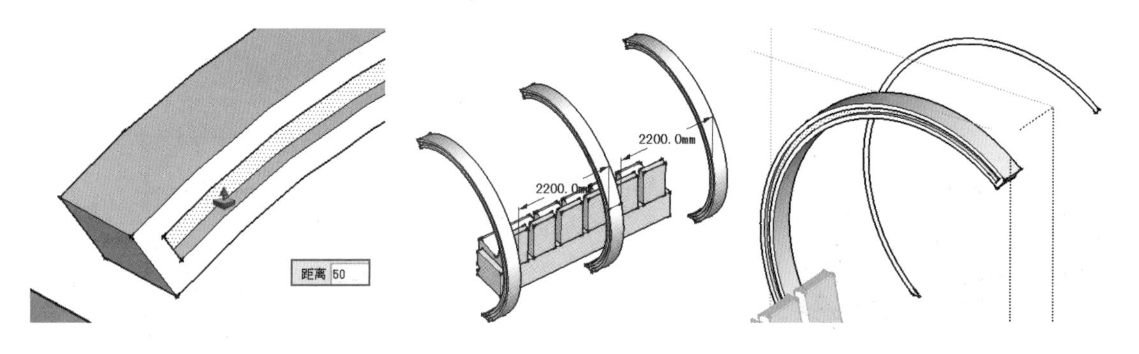

图 7-37　推拉 50mm 深度　　图 7-38　多重复制骨架模型　　图 7-39　复制内部弧形面

步骤 08 启用【推/拉】工具制作 2200mm 的挡板宽度，然后间隔推拉出 20mm 的厚度，如图 7-41 与图 7-42 所示。

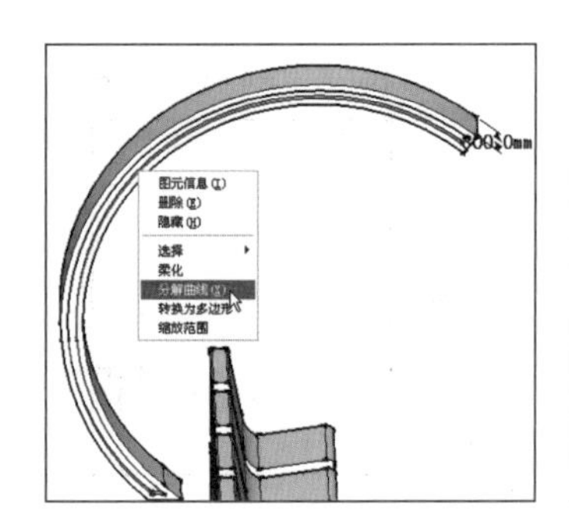

图 7-40　分解内侧弧形线

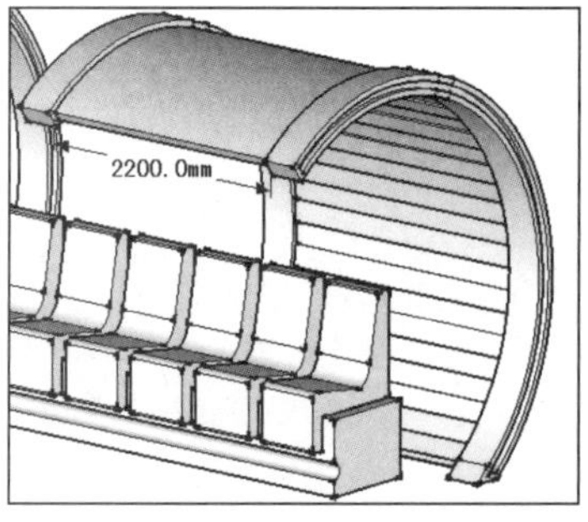

图 7-41　推拉 2200mm 宽度

图 7-42　间隔推拉 20mm 厚度

步骤 09 选择弧形挡板进行复制与对位，完成整体模型效果，如图 7-43 与图 7-44 所示。

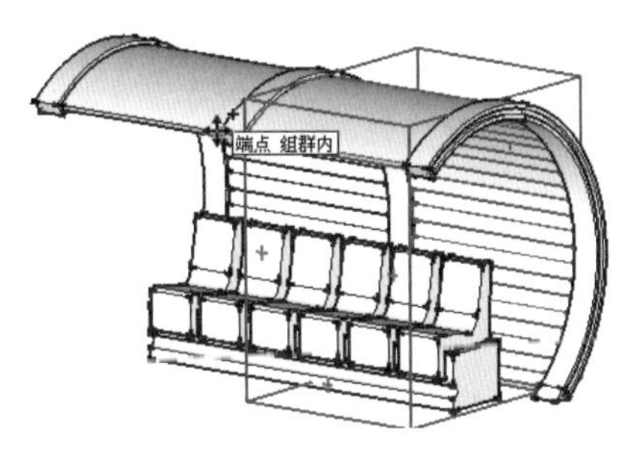

图 7-43　整体复制弧形档板

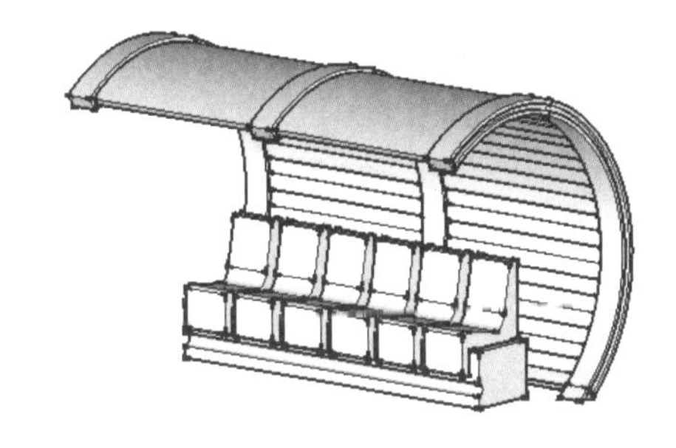

图 7-44　候车亭最终模型效果

099 圆形喷水池

文件路径：配套光盘\第 07 章\099　　视频文件：MP4\第 07 章\099.MP4

本例制作圆形喷水池模型，主要使用到【圆】、【矩形】、【圆弧】、【推/拉】、【偏移】以及【跟随路径】等工具，在模型的制作过程中，重点掌握拉伸与路径跟随的操作技巧。

步骤 01 结合使用【圆】、【偏移】以及【推/拉】工具，制作出喷泉底部边沿细节，如图 7-45 与图 7-46 所示。

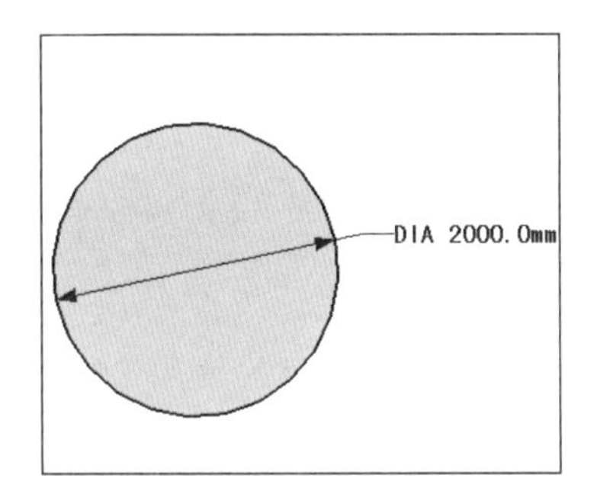

图 7-45　创建圆形

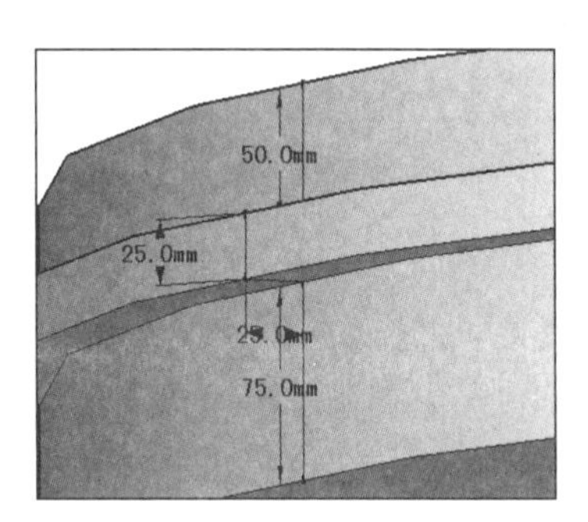

图 7-46　制作边沿细节

步骤 02 结合使用【圆】、【线条】以及【跟随路径】工具，制作上部收边细节，如图 7-47~图 7-49 所示。

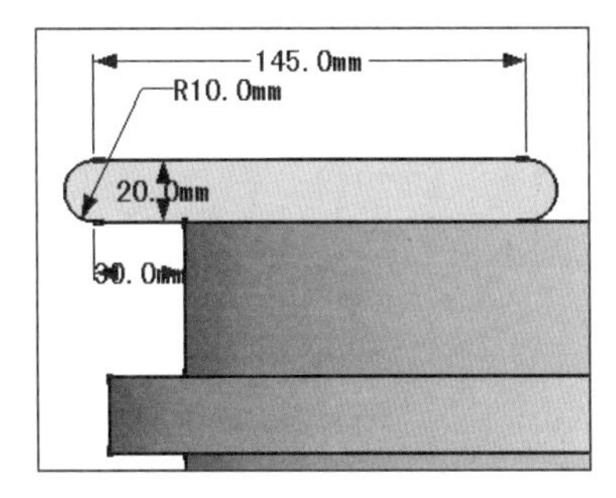

图 7-47　创建截面

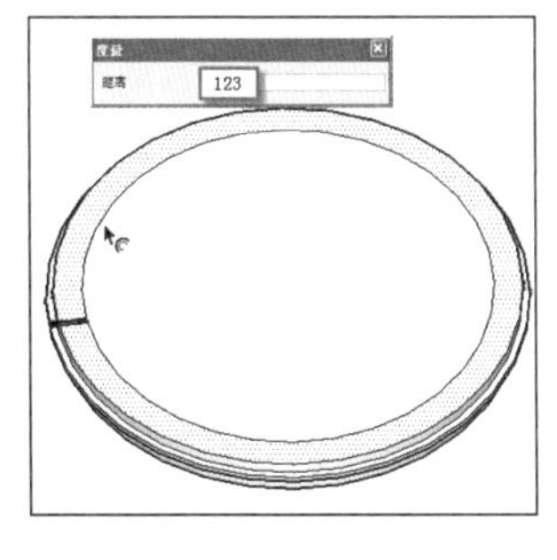

图 7-48　向内偏移复制出路径平面

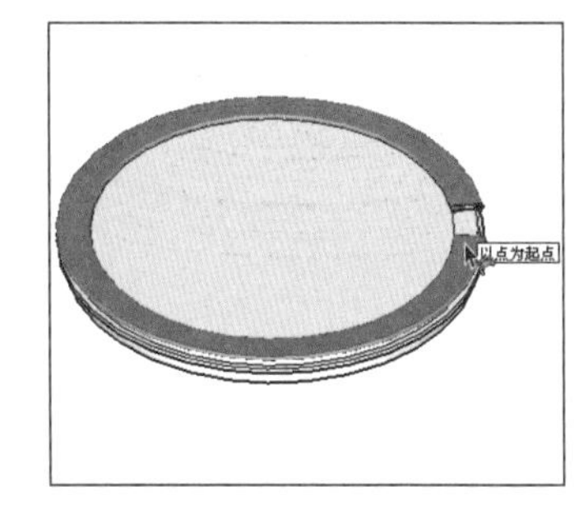

图 7-49　使用路径跟随制作上部细节

步骤03 结合使用【偏移】与【推/拉】工具，制作出上部水面细节，删除中心多余模型面后，将其整体创建为【组】，如图7-50~图7-52所示。

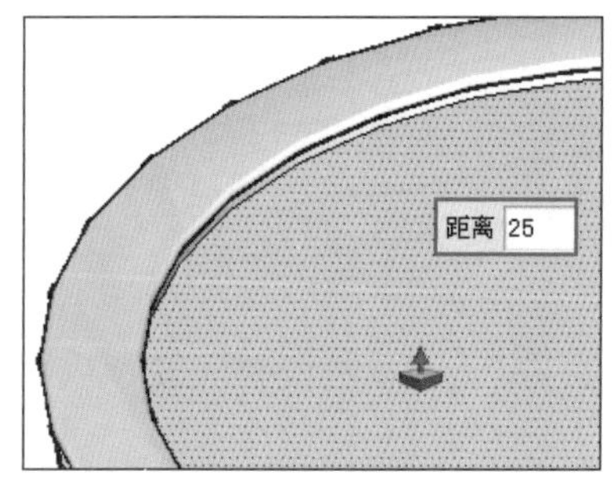

图7-50 向下制作25mm深度

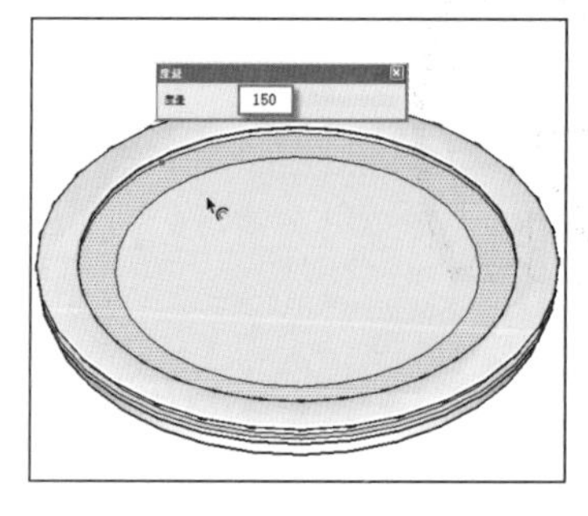

图7-51 向内偏移复制150mm

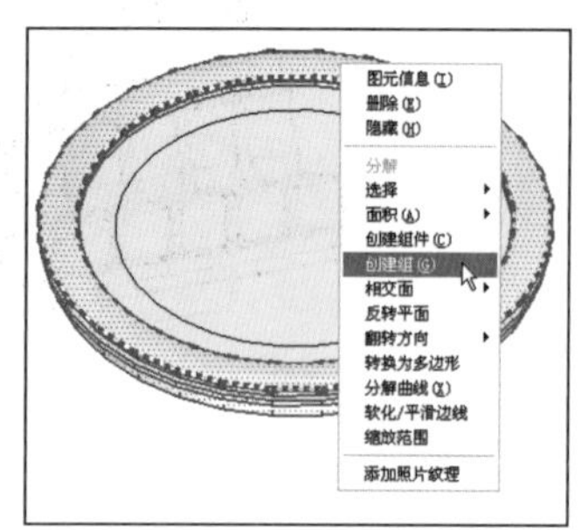

图7-52 删除内部平面并创建组

步骤04 选择整体模型向上偏移复制，然后使用【拉伸】工具调整好半径大小与高度，如图7-53~图7-55所示。

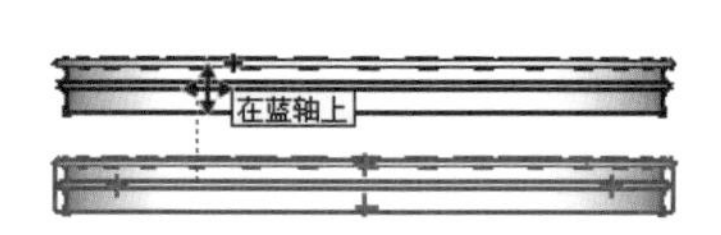

图7-53 整体复制

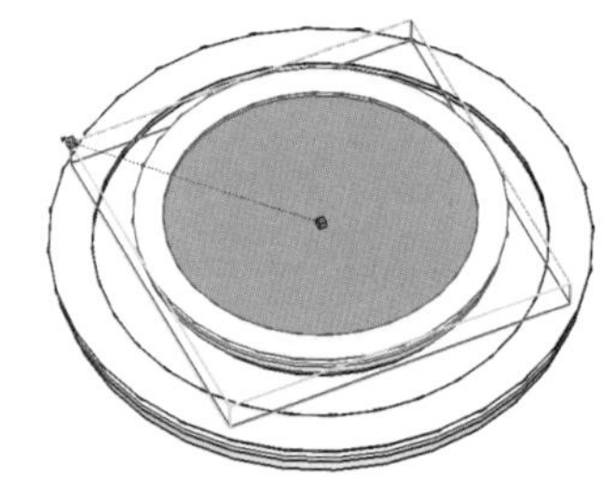

图7-54 通过拉伸调整半径大小

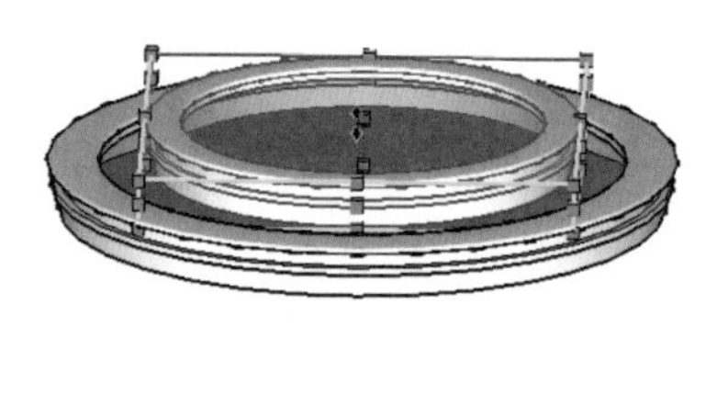

图7-55 通过拉伸调整高度

步骤05 重复复制与拉伸操作，制作好水池基本结构，如图7-56所示。

步骤06 结合使用【矩形】与【推/拉】工具，制作出立柱轮廓模型，然后使用【拉伸】工具制作出顶部倒角细节，如图7-57与图7-58所示。

图7-56 重复操作制作喷泉主体

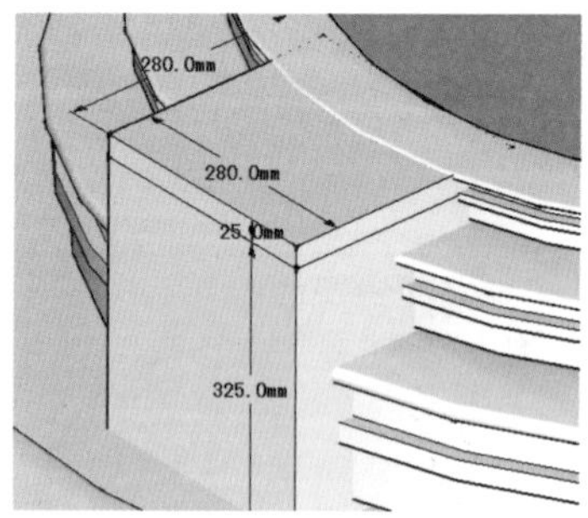

图7-57 制作立柱轮廓

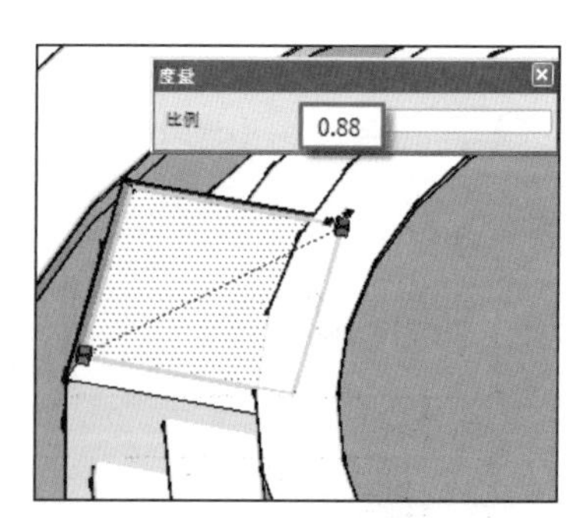

图7-58 通过拉伸制作倒角细节

步骤07 结合使用【线条】与【圆弧】工具，绘制立柱角线截面，如图7-59所示。启用【跟随路径】工具制作出角线细节模型，如图7-60所示。

步骤08 结合使用【偏移】与【推/拉】工具，制作出侧面角线细节，如图7-61所示。

步骤09 结合使用【圆】与【旋转】工具，制作立柱装饰件轮廓，如图7-62~图7-64所示。

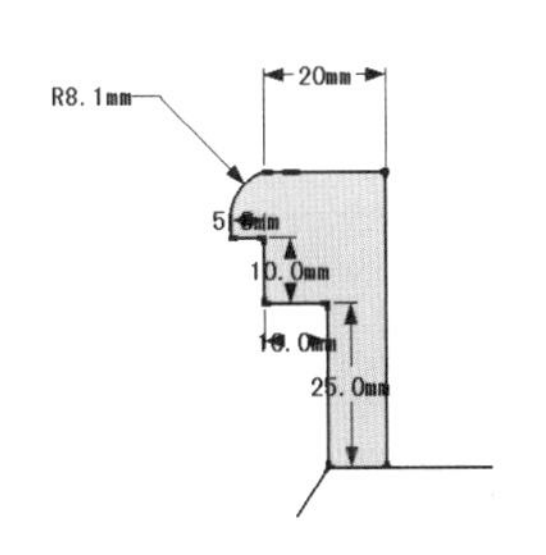

图 7-59　绘制角线截面

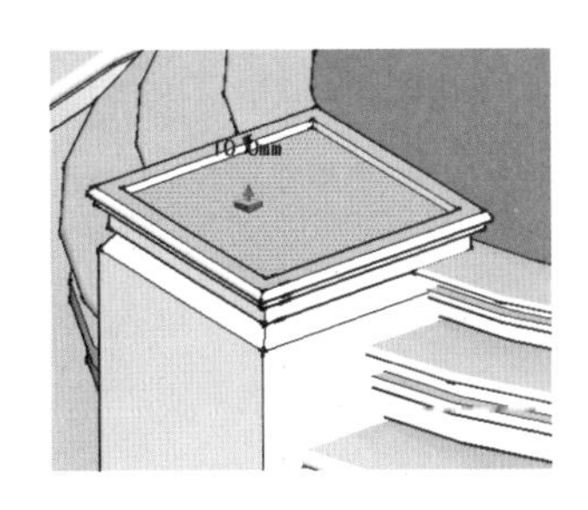

图 7-60　制作角线细节

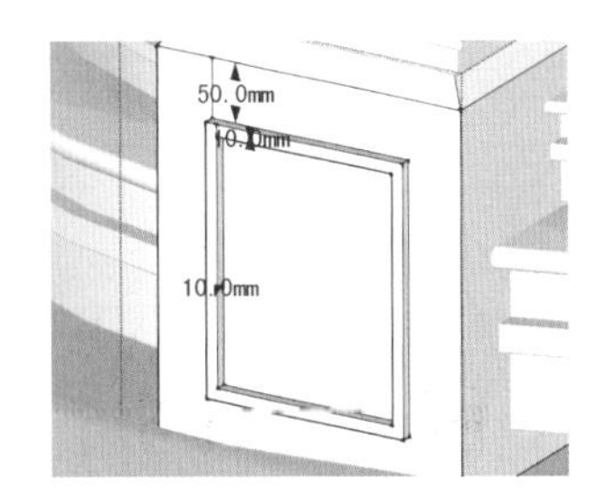

图 7-61　制作侧面角线细节

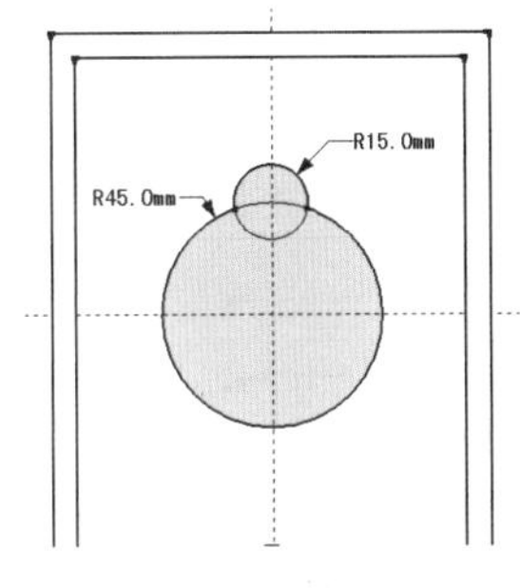

图 7-62　分割内部圆形

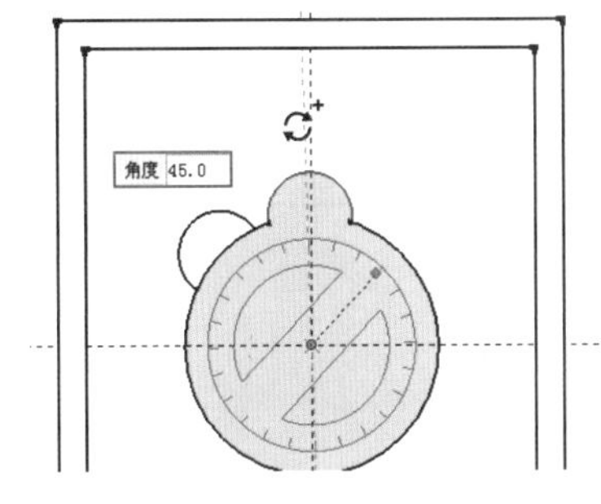

图 7-63　旋转复制弧线段

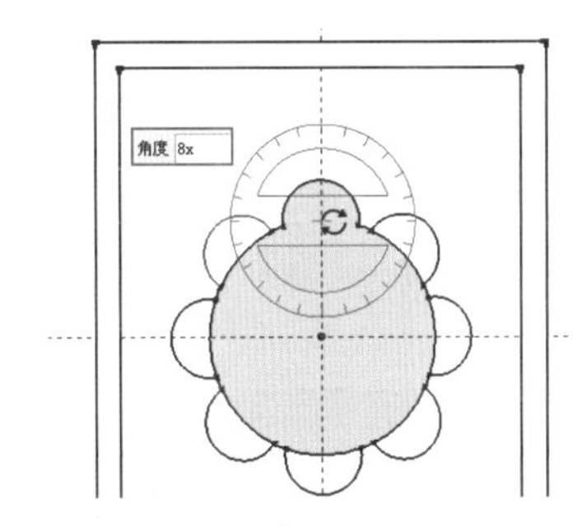

图 7-64　多重复制弧线段

步骤 10 22 启用【偏移】工具细分装饰件内部结构，然后启用【推/拉】工具制作出厚度细节，如图 7-65~ 图 7-67 所示。

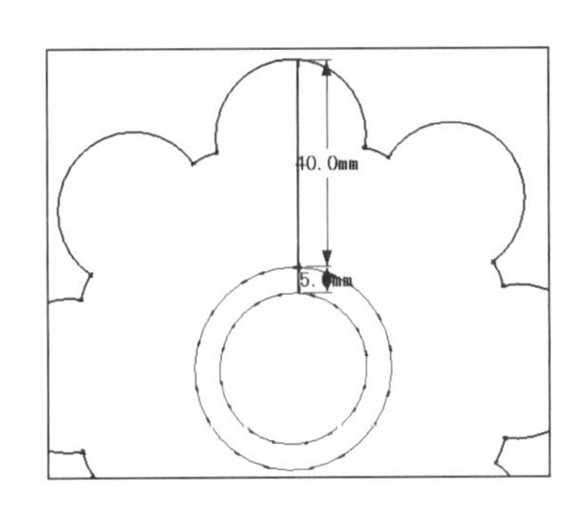

图 7-65　绘制内部圆环截面

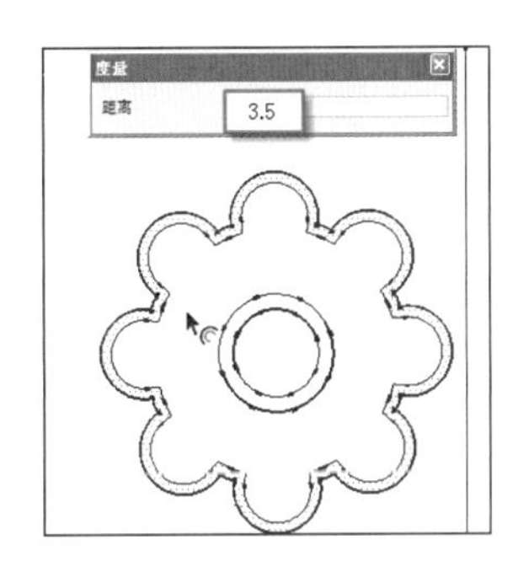

图 7-66　偏移复制弧线面

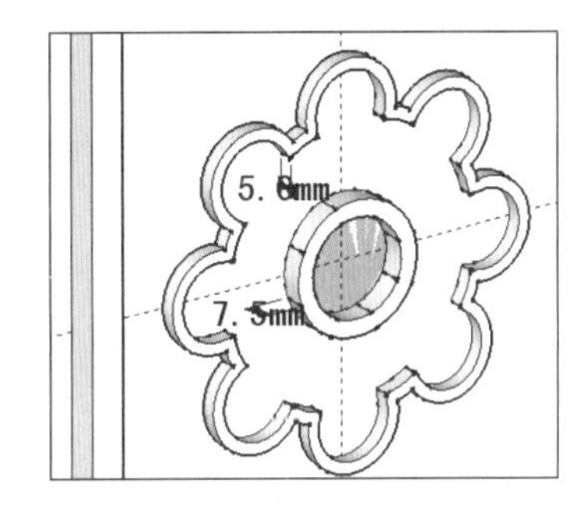

图 7-67　制作装饰件细节

步骤 11 打开【组件】面板，导入雕塑模型组件，放置到立柱上方，并进行多重旋转复制，如图 7-68~ 图 7-71 所示。

图 7-68　合并雕塑模型组件

图 7-69　放置雕塑模型

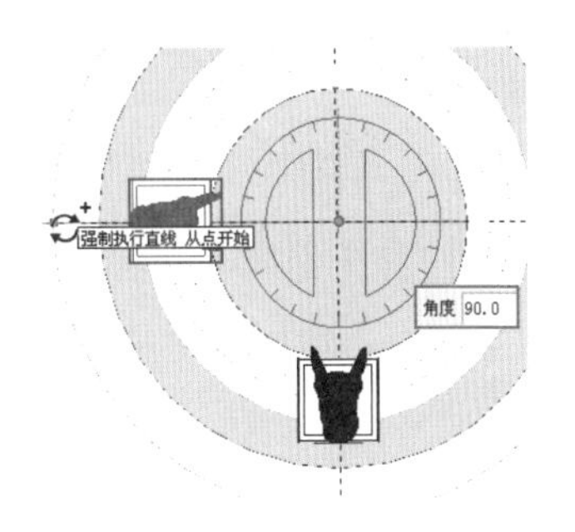

图 7-70　整体旋转复制立柱与雕塑

步骤 12 结合使用【圆】与【拉伸】等工具，制作出水池中央连接柱，如图 7-72 所示。

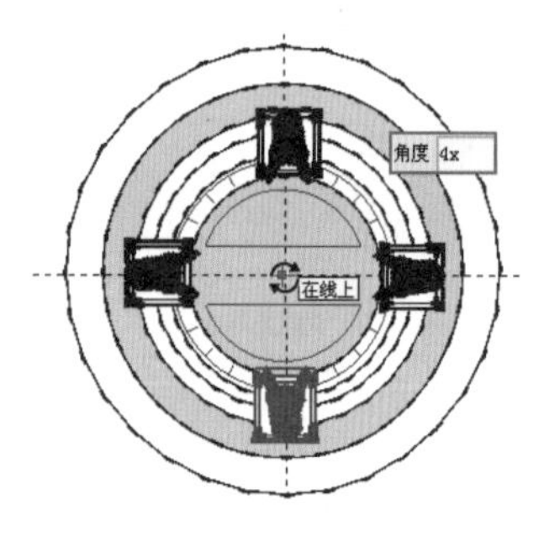

图 7-71 进行多重旋转复制

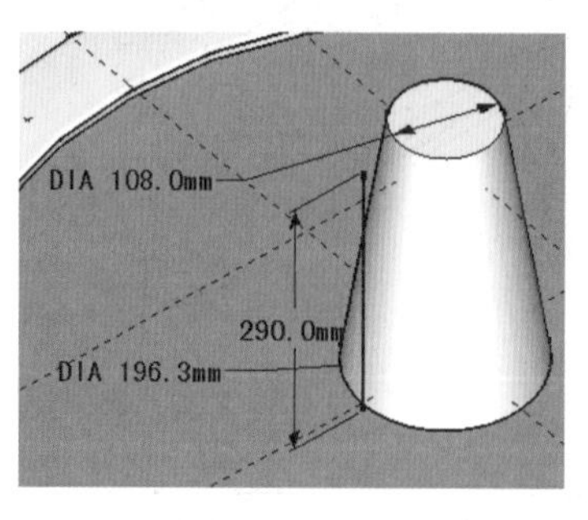

图 7-72 制作连接柱

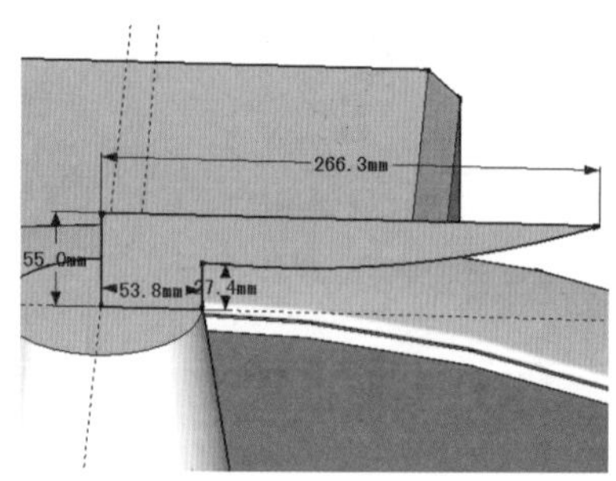

图 7-73 绘制水盆截面

步骤 13 结合使用【线条】与【圆弧】工具，创建水盆截面，启用【跟随路径】工具制作出水盆轮廓，如图 7-73 与图 7-74 所示。

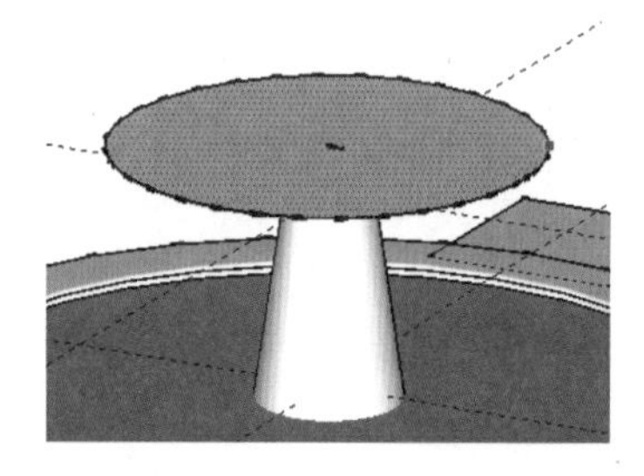

图 7-74 通过路径跟随制作水盆轮廓

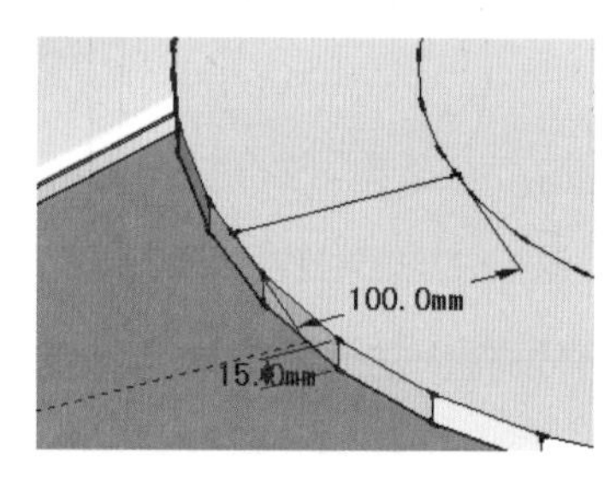

图 7-75 制作水盆边沿细节

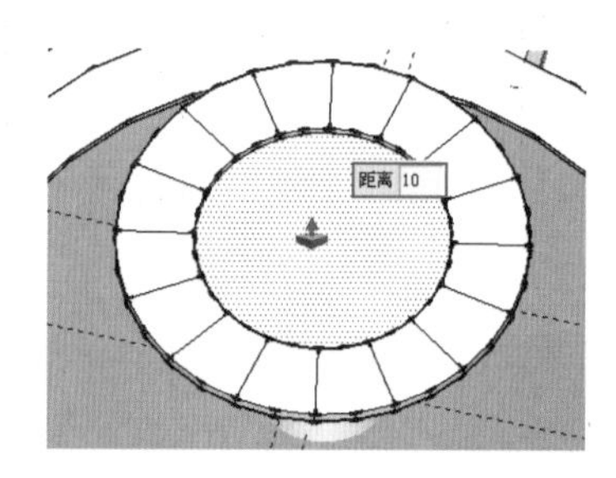

图 7-76 制作水面并细分边缘

步骤 14 结合使用【偏移】、【推/拉】以及【线条】工具，制作出水盆细节造型，如图 7-75~图 7-77 所示。

步骤 15 打开【使用层颜色材料】面板，分别为水面与结构赋予对应材质，如图 7-78 与图 7-79 所示。

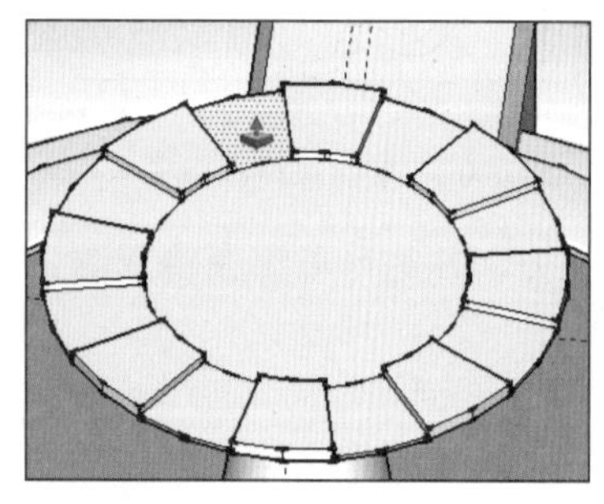

图 7-77 间隔推拉边沿细节

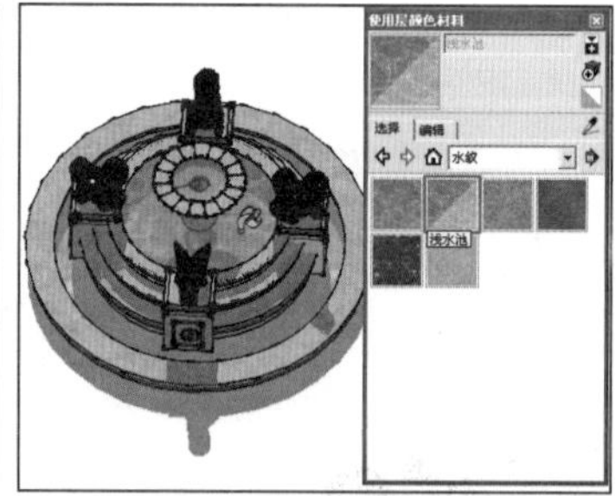

图 7-78 赋予浅水池材质

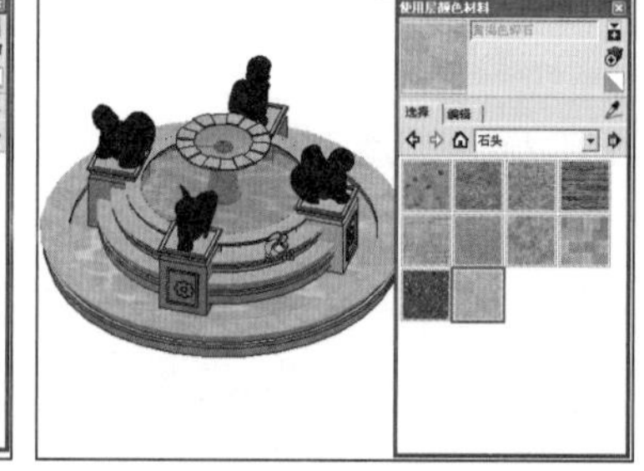

图 7-79 赋予石头材质

步骤 16 打开【组件】面板，调入水幕模型组件，如图 7-80 所示。调整水幕大小，以匹配喷水池尺寸，如图 7-81 所示。

步骤 17 最终完成的圆形喷泉模型如图 7-82 所示。

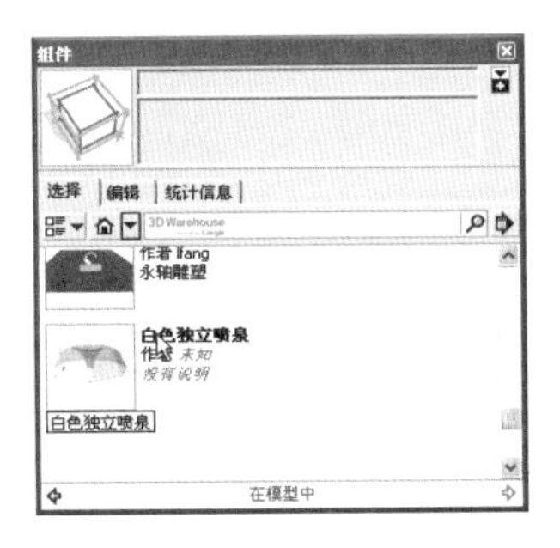

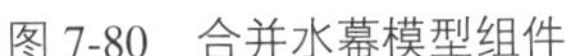
图 7-80　合并水幕模型组件

图 7-81　调整水幕大小

图 7-82　圆形喷泉最终效果

100 圆形休息廊架

文件路径：配套光盘\第 07 章\100	视频文件：MP4\第 07 章\100.MP4

本例学习圆形休息廊架模型的制作，主要使用到【圆】、【圆弧】、【推/拉】、【旋转】以及【拉伸】等工具。在模型的创建过程中，重点掌握多重旋转复制与拉伸工具的使用技巧。

步骤 01 启用【圆】创建按钮，绘制一个直径为 4200mm 的圆形，如图 7-83 所示，然后使用【推/拉】工具制作 150mm 的厚度，如图 7-84 所示。

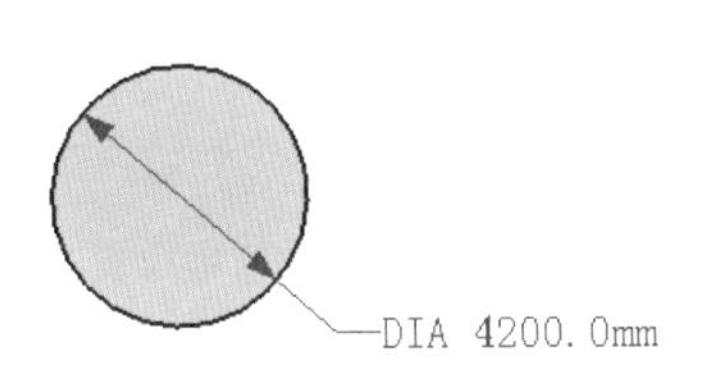

图 7-83　创建直径为 4200mm 圆形

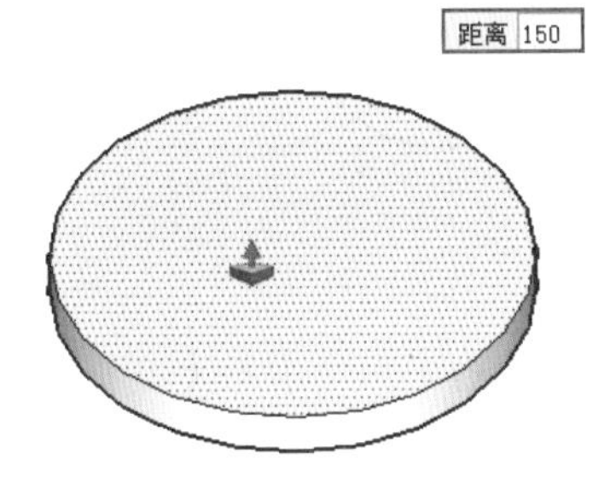

图 7-84　推拉 150mm 的高度

步骤 02 结合使用【偏移】与【推/拉】工具，制作平台台阶细节，如图 7-85 所示。

步骤 03 结合使用【偏移】与【推/拉】工具，制作内部花坛台阶细节，如图 7-86 所示，然后选择顶部模型面进行拉伸，形成倒角效果，如图 7-87 所示。

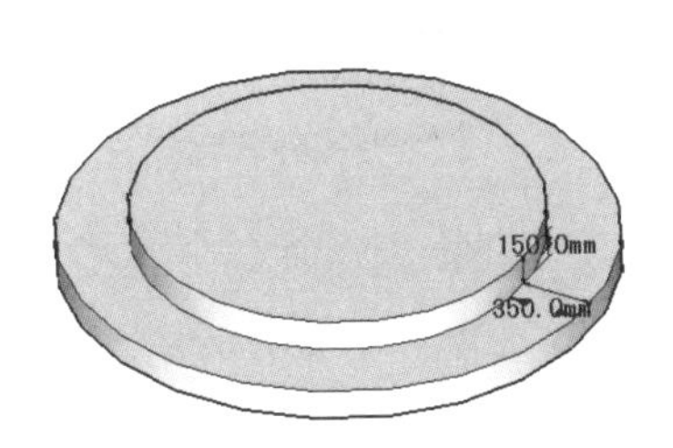

图 7-85　制作平台台阶细节

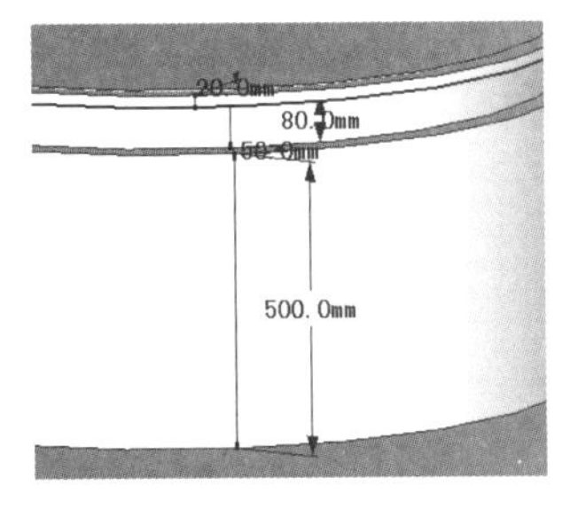

图 7-86　制作内部花坛细节

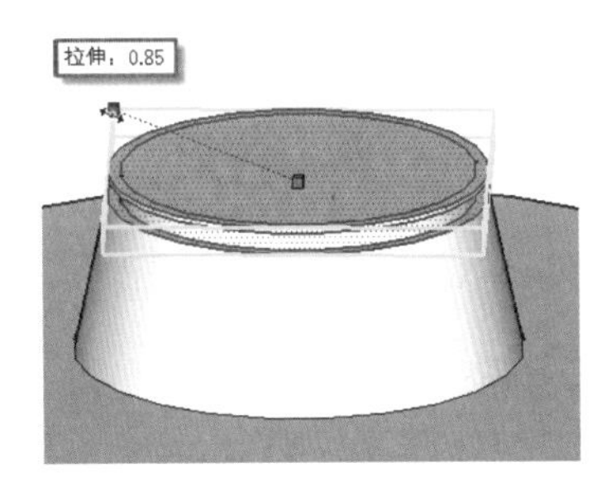

图 7-87　通过拉伸制作倒角效果

步骤 04 结合使用【偏移】与【推/拉】工具，制作花坛内部细节，如图 7-88 所示。

步骤 05 结合使用【圆】与【推/拉】工具，制作圆形石墩轮廓，如图 7-89 与图 7-90 所示。

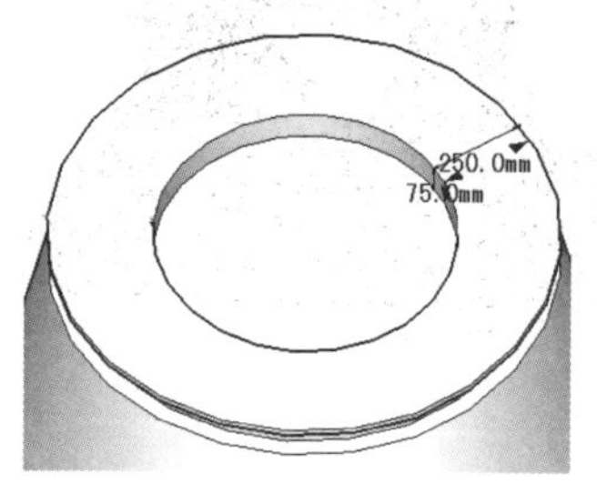

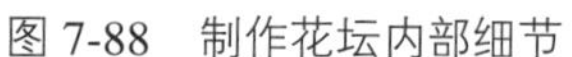
图 7-88　制作花坛内部细节

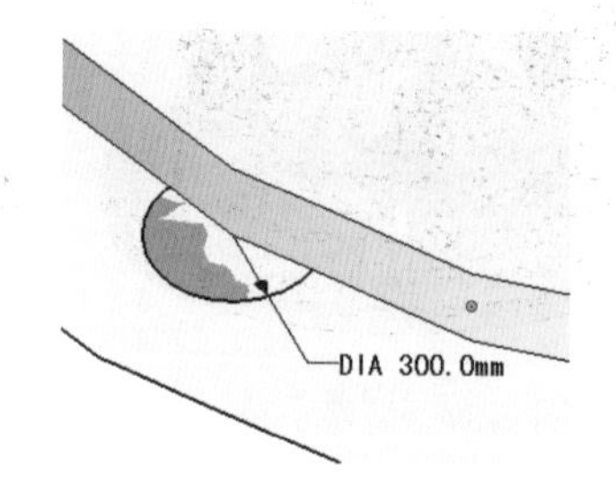

图 7-89　绘制圆形石墩截面

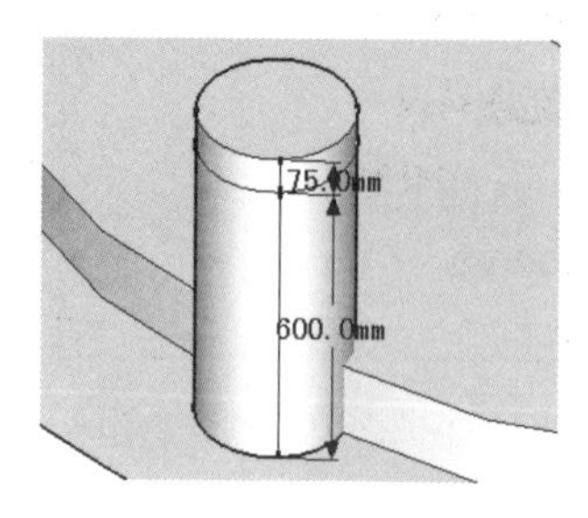

图 7-90　推拉复制石墩轮廓

步骤 06 选择石墩顶部模型面，启用【拉伸】工具制作出倒角效果，如图 7-91 所示。

步骤 07 结合使用【偏移】与【推/拉】工具，制作支柱轮廓与连接细节，如图 7-92 与图 7-93 所示。

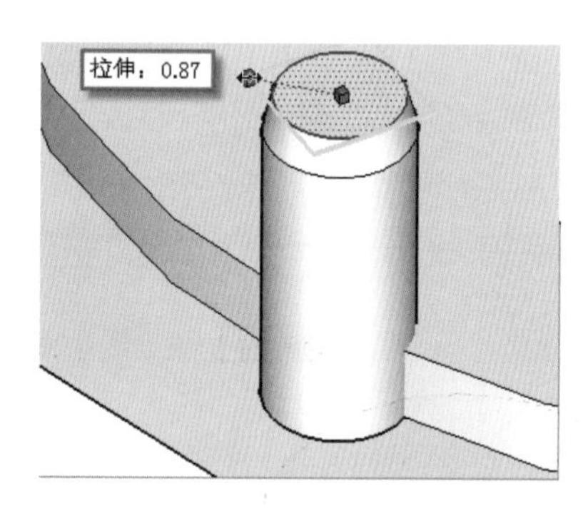

图 7-91　通过拉伸制作倒角效果

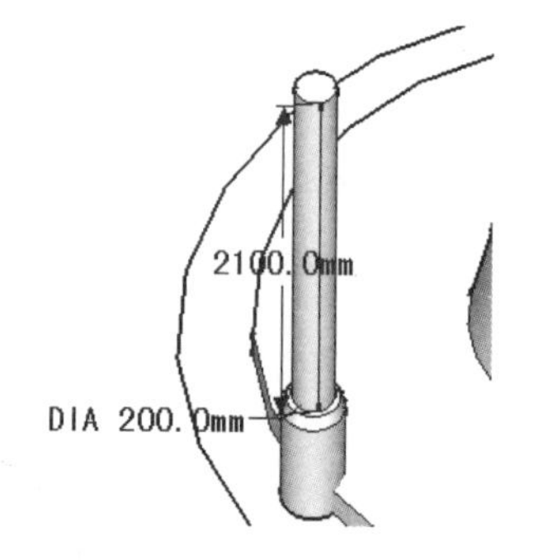

图 7-92　推拉复制支柱轮廓

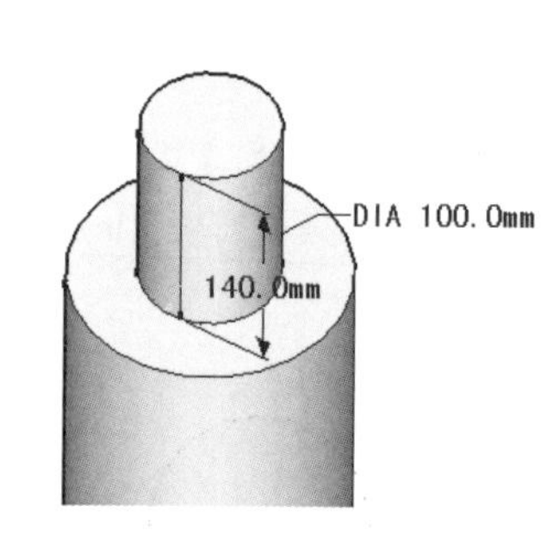

图 7-93　推拉复制连接细节

步骤 08 结合使用【矩形】与【圆弧】创建工具，绘制顶棚骨架截面，如图 7-94 所示，然后使用【推/拉】工具制作 150mm 的厚度，如图 7-95 所示。

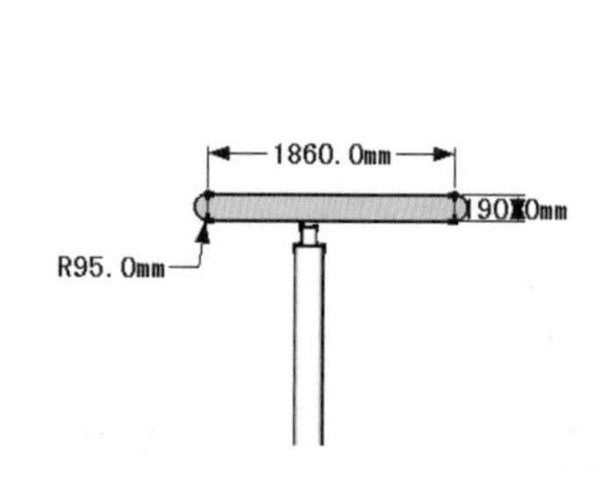

图 7-94　创建顶棚骨架截面

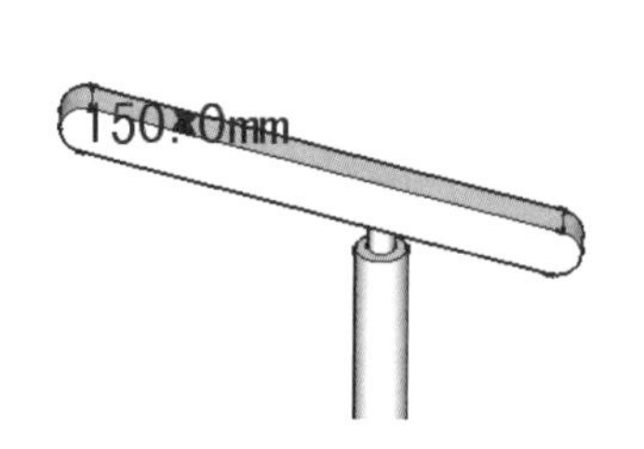

图 7-95　推拉 150mm 厚度

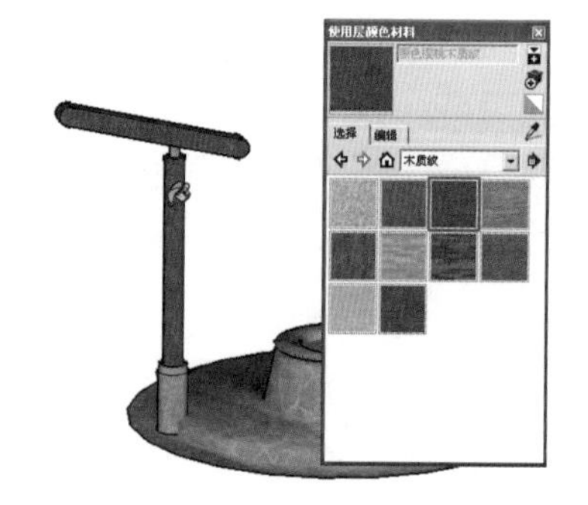

图 7-96　赋予木纹材质

步骤 09 打开【使用层颜色材料】面板，为柱体与骨架赋予木纹材质，如图 7-96 所示，然后将其整体创建为【组】，如图 7-97 所示。

步骤 10 选择创建的【组】，通过多重旋转复制，制作另外五处相同模型，如图 7-98 与图 7-99 所示。

图 7-97 创建组

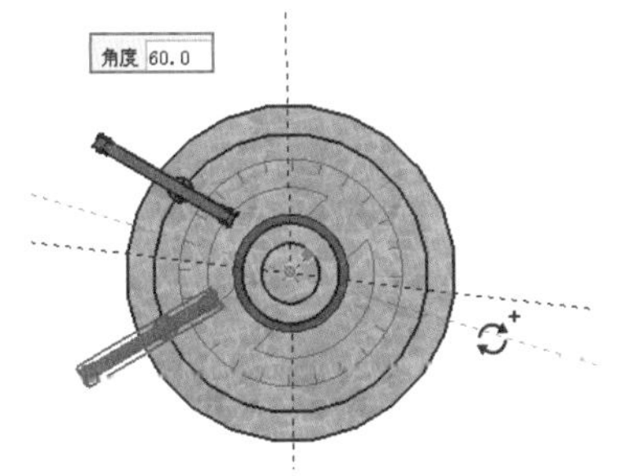

图 7-98 旋转复制

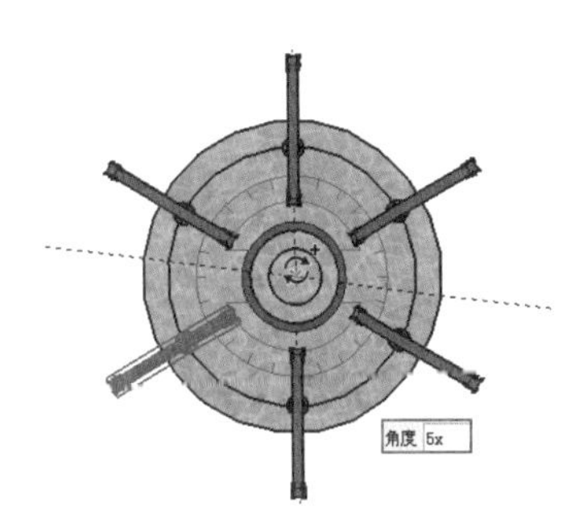

图 7-99 多重旋转复制

步骤 11 结合使用【圆弧】与【推/拉】工具，制作柱体之间的休息平台，如图 7-100 所示，然后多重旋转复制，得到其他位置的休息平台，如图 7-101 与图 7-102 所示。

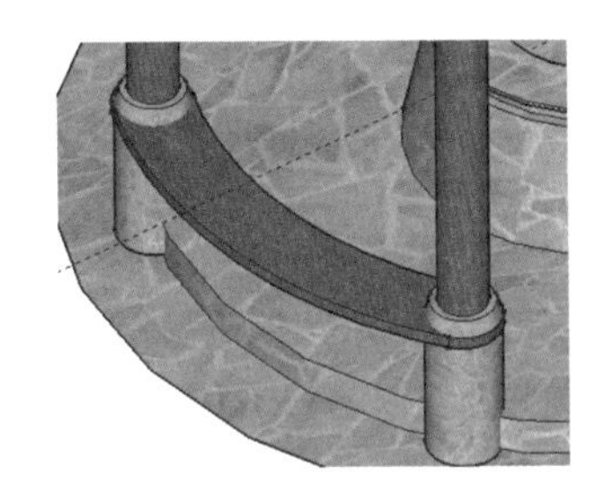

图 7-100 绘制休息平台

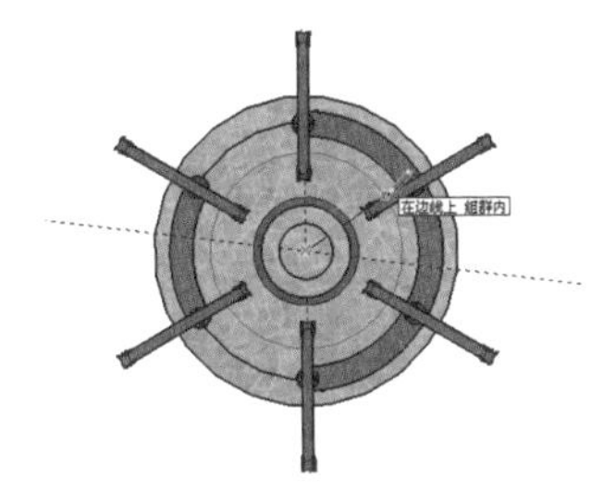

图 7-101 多重旋转复制休息平台

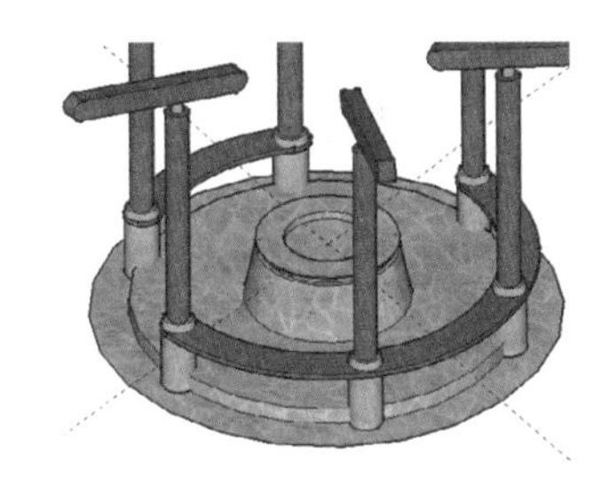

图 7-102 休息平台完成效果

步骤 12 结合使用【圆】、【偏移】以及【推/拉】工具，制作顶部圆形骨架，如图 7-103 所示，然后通过复制与拉伸，完成其他骨架，如图 7-104 与图 7-105 所示。

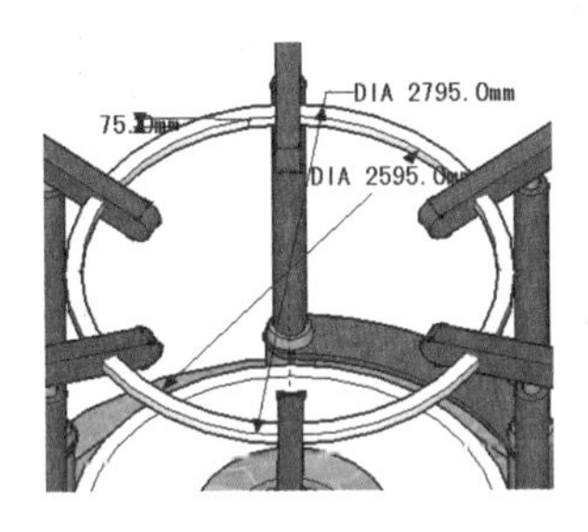

图 7-103 制作顶部圆形骨架

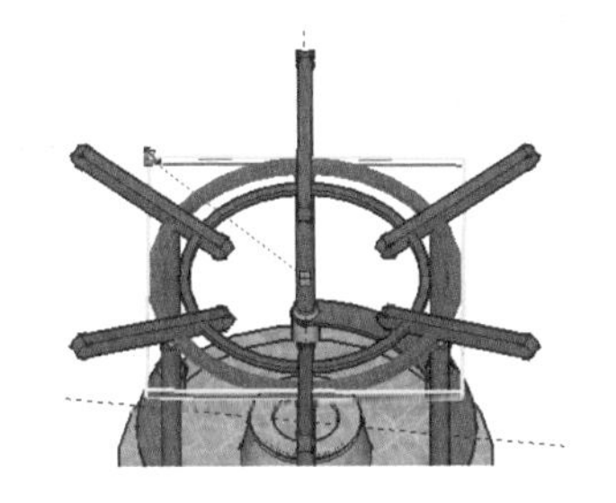

图 7-104 复制并拉伸制作骨架

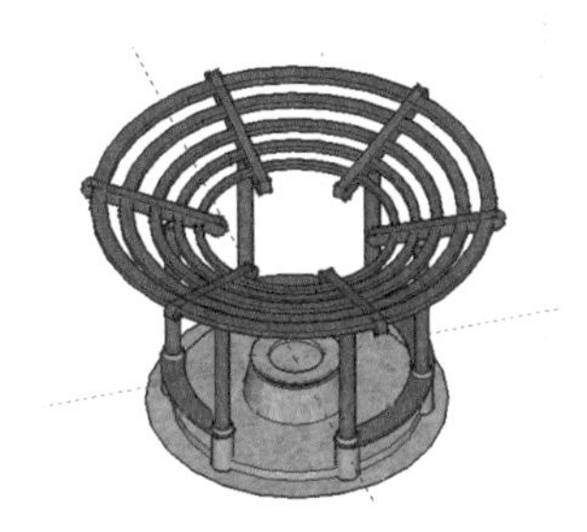

图 7-105 顶部骨架完成效果

步骤 13 打开【组件】面板，合并“花草”模型组件，如图 7-106 所示，调整好位置与造型大小，完成最终效果如图 7-107 所示。

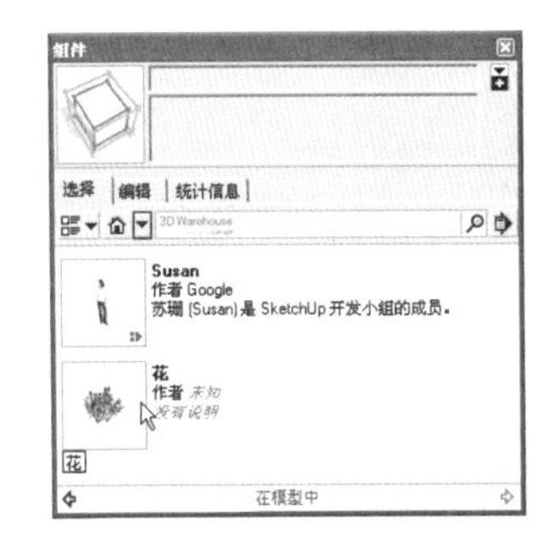

图 7-106 通过组件面板合并花草

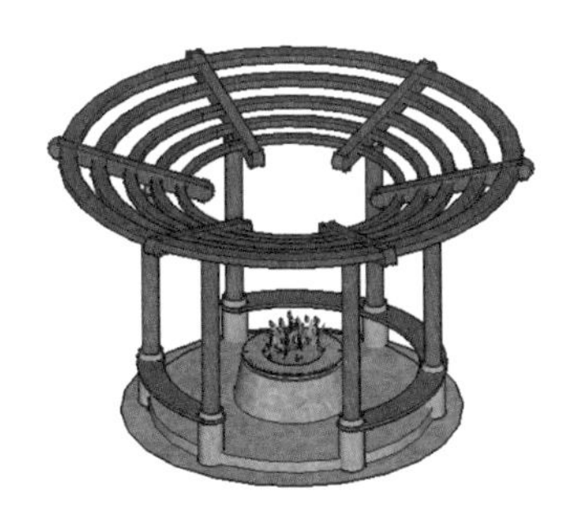

图 7-107 圆形休息廊架最终效果

101 游泳池

文件路径：配套光盘\第 07 章\101　　视频文件：MP4\第 07 章\101.MP4

本例学习游泳池模型的制作，主要使用到【矩形】、【圆弧】、【圆】、【偏移】以及【推/拉】等工具，在模型的制作过程中，重点掌握逐步细化模型的技巧。

步骤 01 启用【矩形】创建工具，绘制一个辅助矩形，然后将其细化用于捕捉定位，如图 7-108 与图 7-109 所示。

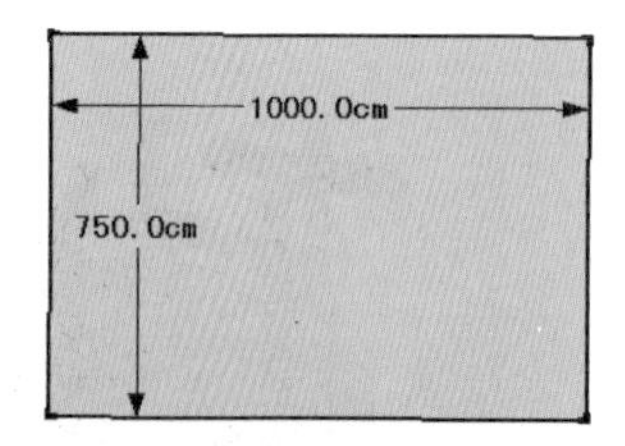

图 7-108　绘制矩形

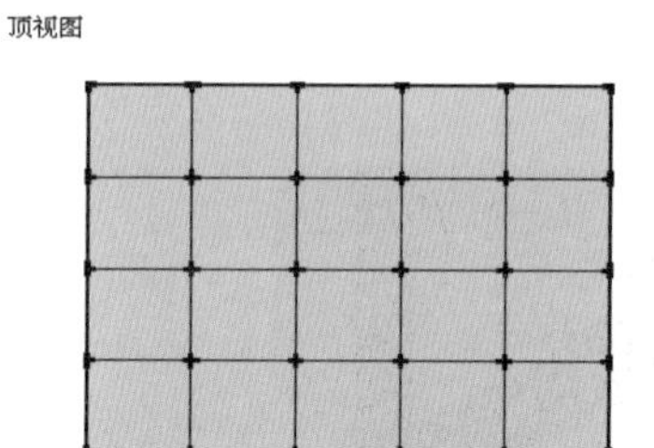

图 7-109　细分割矩形

步骤 02 结合使用【圆弧】与【圆】创建工具，细分出中心泳池与圆形休息池轮廓，如图 7-110 与图 7-111 所示。

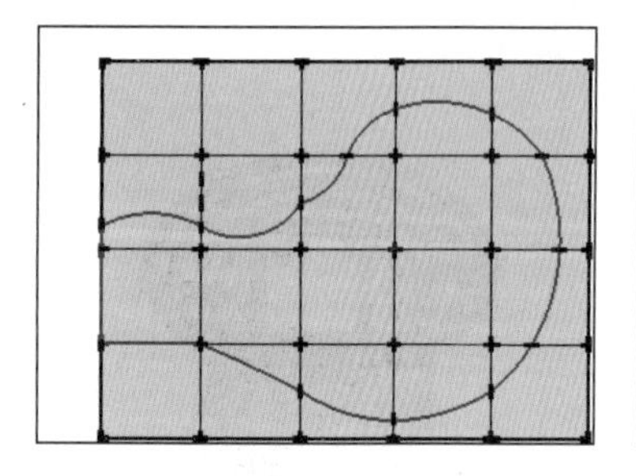
图 7-110　分割中心泳池细节

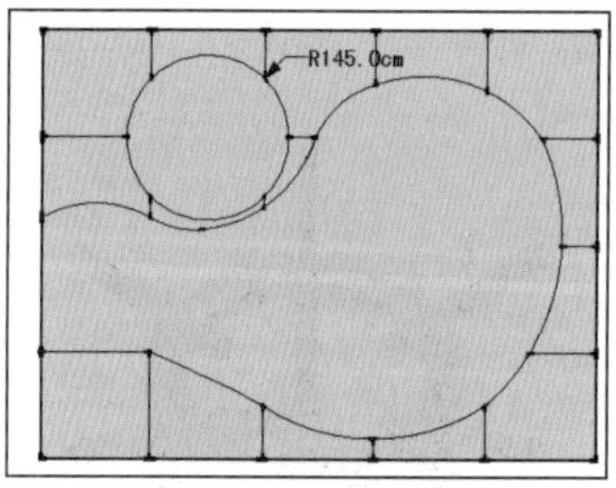

图 7-111　分割圆形休息池细节

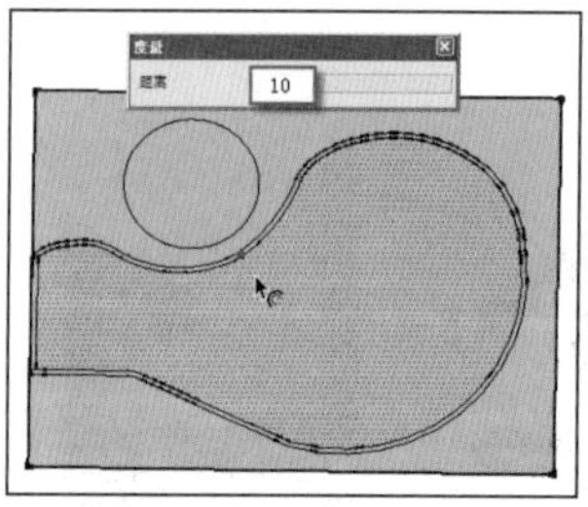

图 7-112　向内偏移复制 10mm

步骤 03 结合使用【偏移】、【线条】以及【推/拉】工具，制作游泳池边沿细节，如图 7-112 与图 7-113 所示。

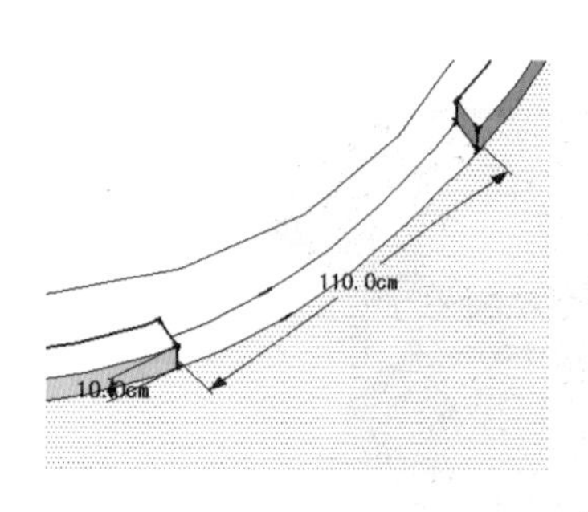

图 7-113　制作边沿细节

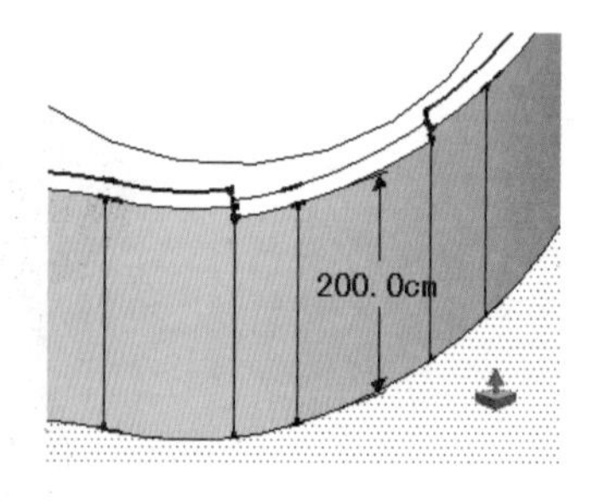

图 7-114　向下制作 200cm 深度

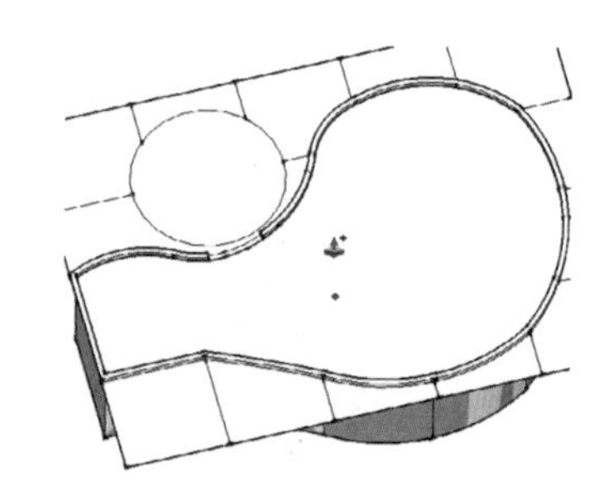
图 7-115　向上推拉复制出水面

步骤 04 启用【推/拉】工具，制作出泳池深度，向上推拉复制出水面，并赋予池水材质，如图 7-114~图 7-116 所示。

步骤 05 隐藏水面模型，使用【圆弧】与【推/拉】工具，制作出池底入水平台，如图 7-117 与图 7-118 所示。

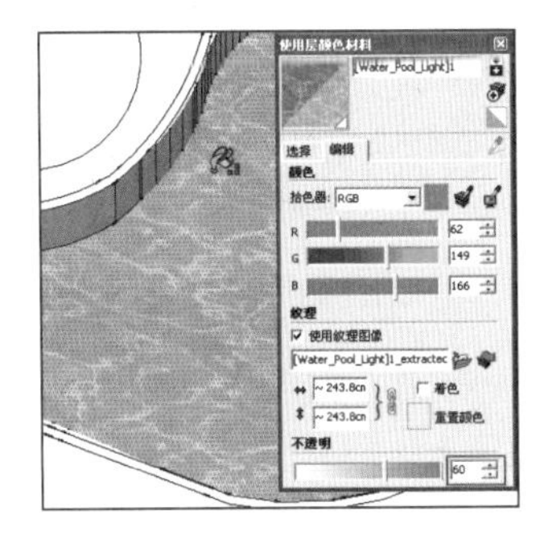
图 7-116　赋予浅水池材质

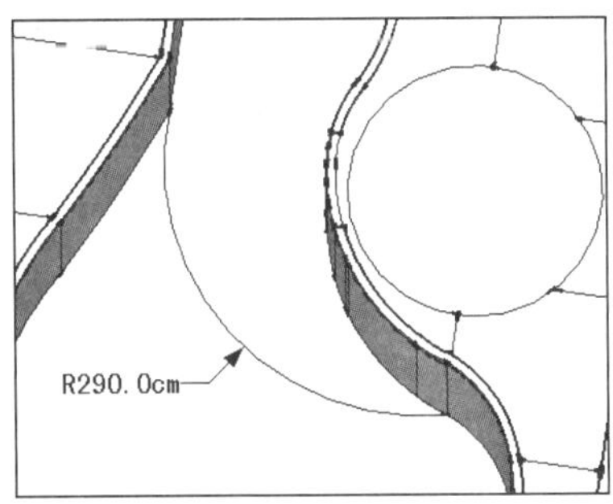

图 7-117　细分割泳池池底

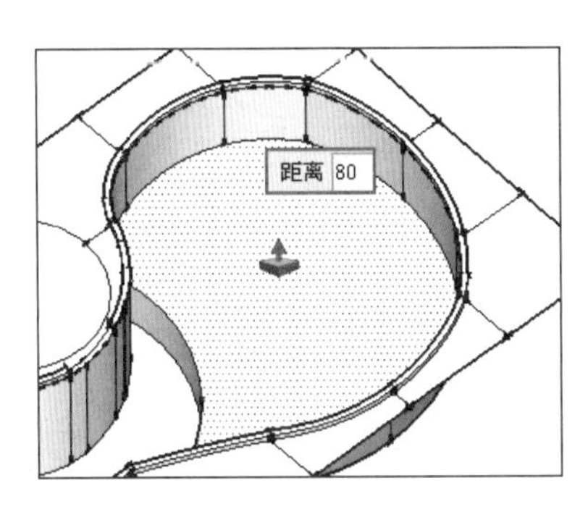

图 7-118　向上推拉创建浅水区

步骤 06 结合使用【圆】、【偏移】以及【推/拉】工具，制作游泳池台阶造型，如图 7-119 与图 7-120 所示。

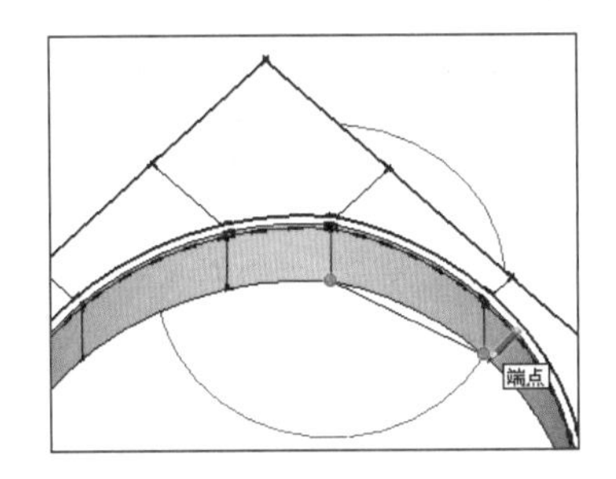

图 7-119　分割台阶截面

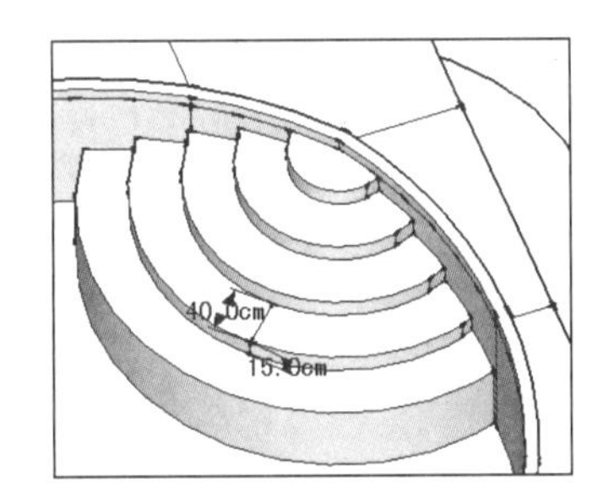
图 7-120　制作台阶细节

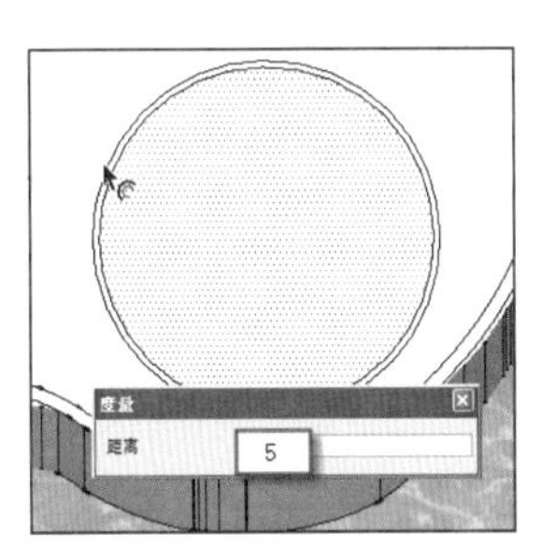

图 7-121　分割圆形泳池边沿

步骤 07 结合使用【偏移】、【线条】以及【推/拉】工具，制作出圆形休息水池边沿细节，如图 7-121~图 7-124 所示。

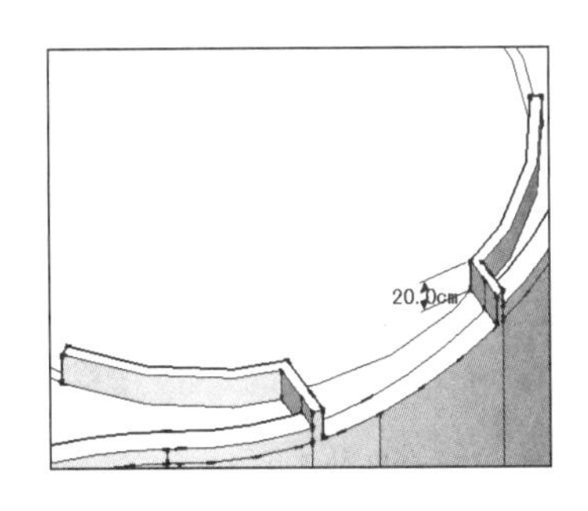
图 7-122　制作边沿细节 1

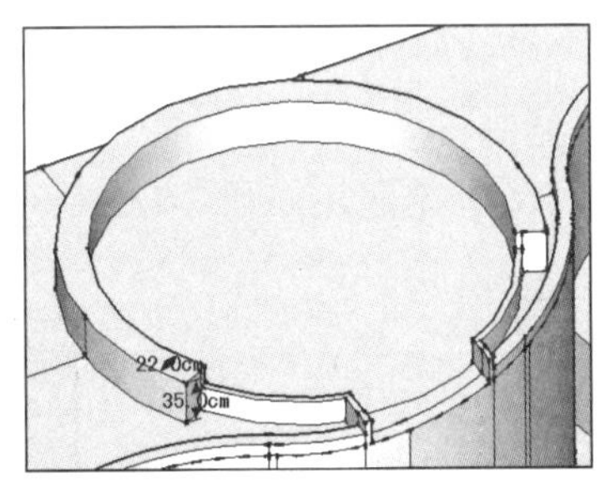
图 7-123　制作边沿细节 2

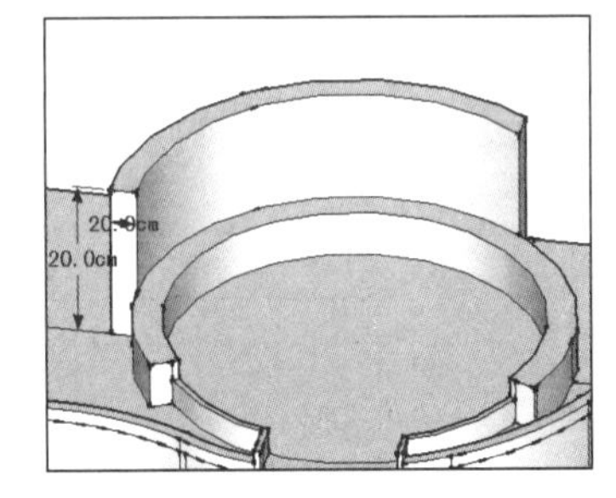

图 7-124　制作边沿细节 3

步骤 08 结合使用【偏移】以及【推/拉】工具，制作出圆形休息水池池底与水面，然后赋予水面材质，如图 7-125 与图 7-126 所示。

步骤 09 结合使用【偏移】以及【推/拉】工具，制作出圆形水池台阶细节，如图 7-127 所示。

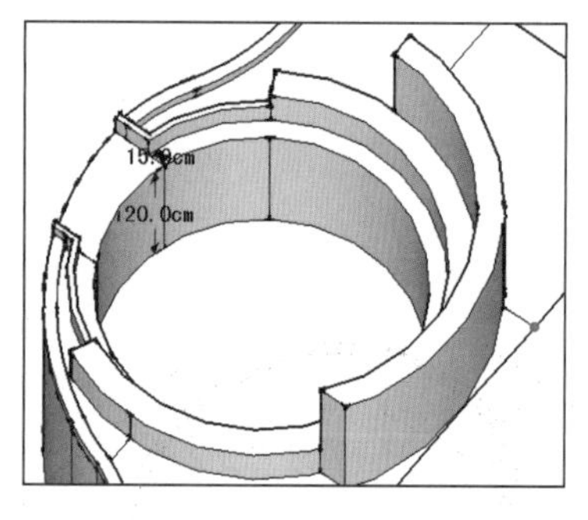

图 7-125　制作圆形休息池深度

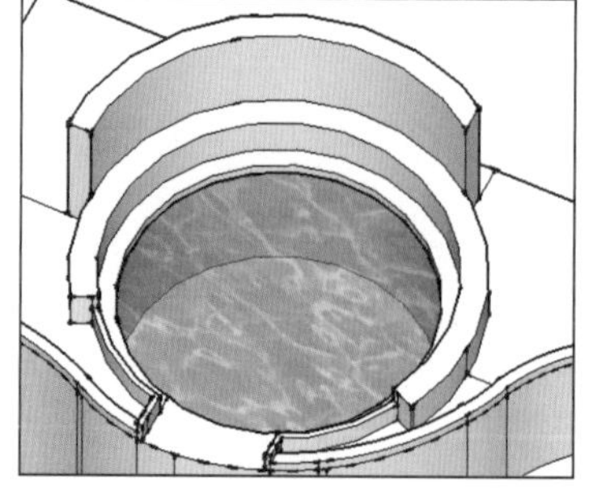

图 7-126　制作水面效果

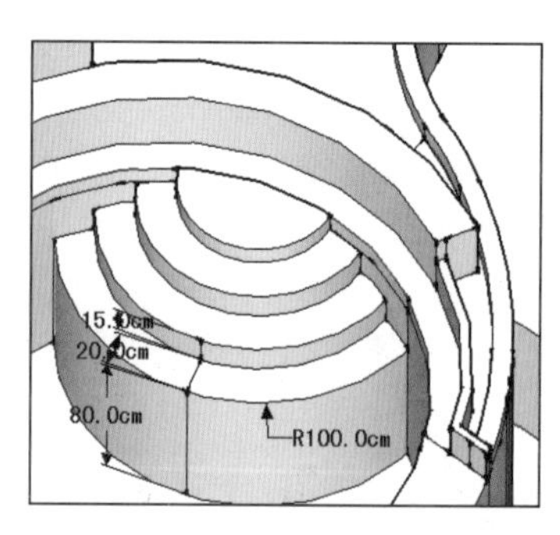

图 7-127　制作圆形休息池台阶

步骤 10 打开【使用层颜色材料】面板，分别赋予水池与平台马赛克与毛石材质，制作完成最终效果，如图 7-128 与图 7-130 所示。

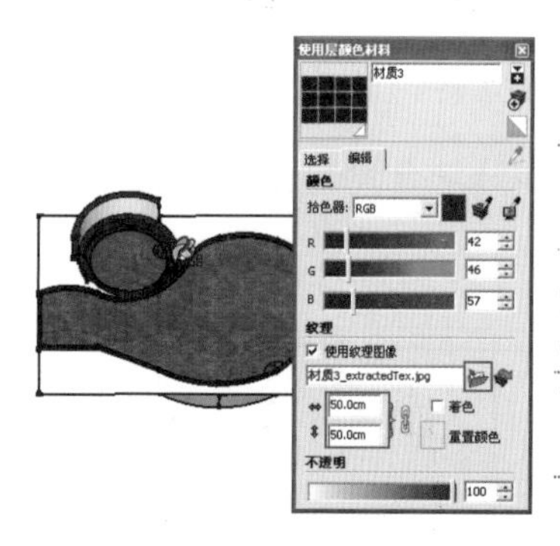

图 7-128　赋予马赛克材质

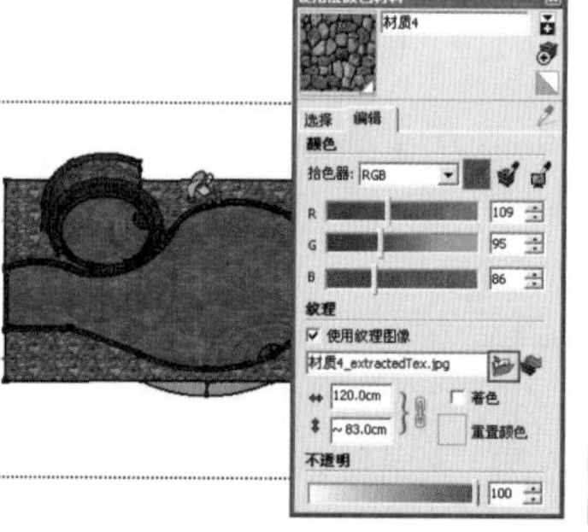

图 7-129　赋予毛石材质

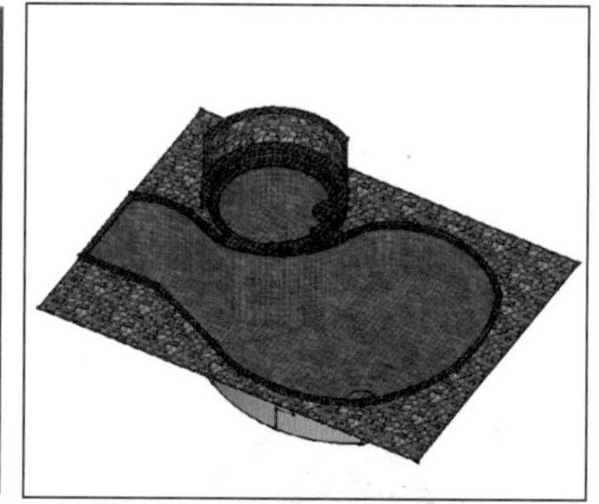

图 7-130　游泳池最终效果

102 休闲木平台

文件路径：配套光盘\第 07 章\102　　视频文件：MP4\第 07 章\102.MP4

本例制作休闲木平台模型，主要使用到【矩形】、【线条】、【推/拉】以及【卷尺】等工具，在模型的制作过程中，重点掌握逐步细化模型的建模技巧。

步骤 01 启用【矩形】创建命令，绘制一个 1100cm×720cm 的矩形，如图 7-131 所示，在左上角绘制一个边长为 365cm 的正方形分割面，如图 7-132 所示。

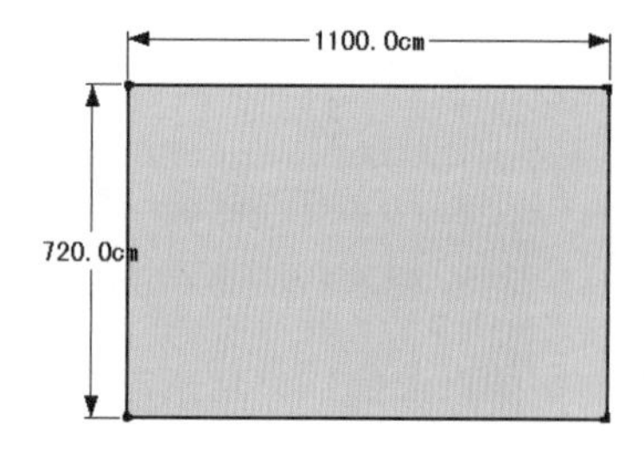

图 7-131　绘制矩形辅助面

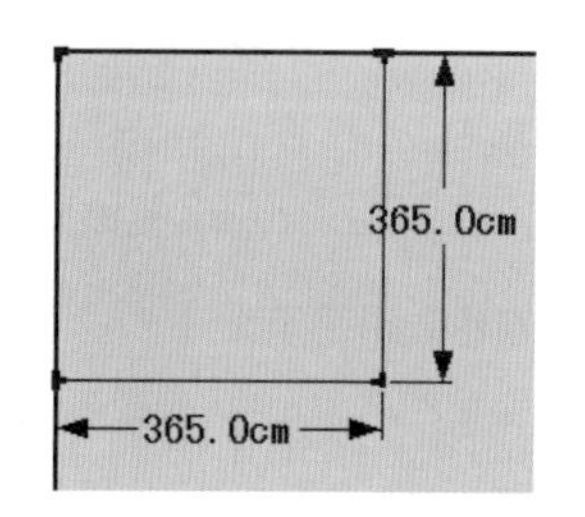

图 7-132　绘制正方形分割平面

步骤 02 启用【推/拉】工具，创建好该处平台轮廓，如图 7-133 所示，启用【线条】创建工具，分割该处右下角的台阶平面，如图 7-134 所示。

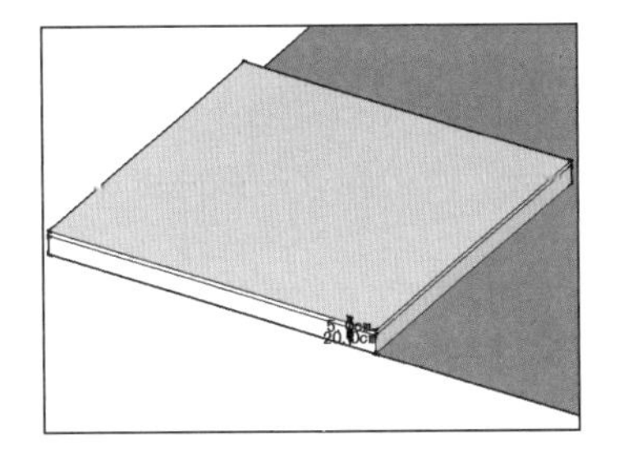
图 7-133　推拉复制平台轮廓

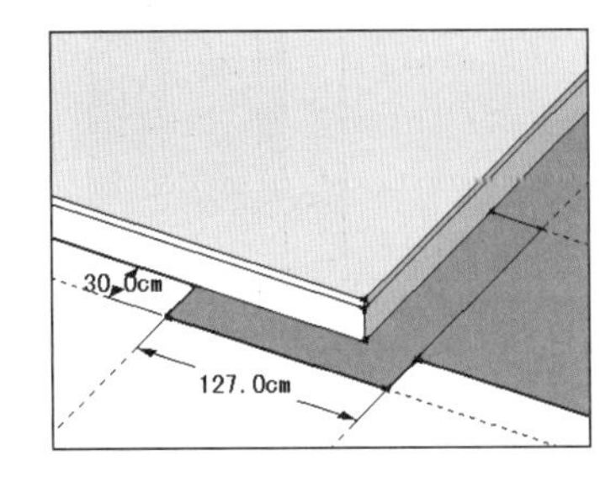

图 7-134　在右下角分割台阶平面

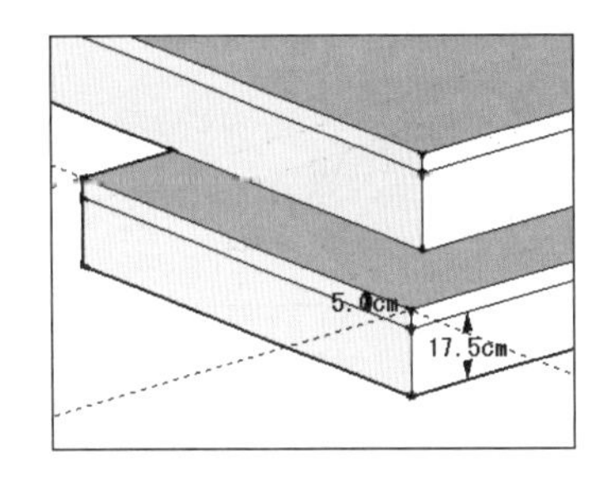

图 7-135　复制推拉台阶轮廓

步骤 03 启用【推/拉】工具制作台阶轮廓，如图 7-135 所示，然后结合使用【拆分】与【线条】工具，分割好台阶木板细节，如图 7-136 与图 7-137 所示。

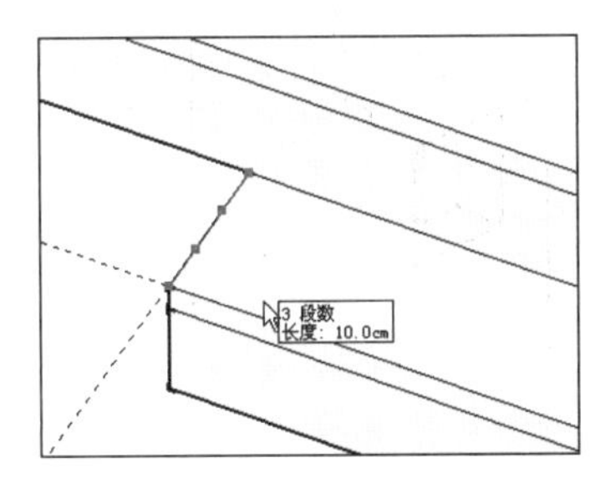

图 7-136　三拆分台阶边线

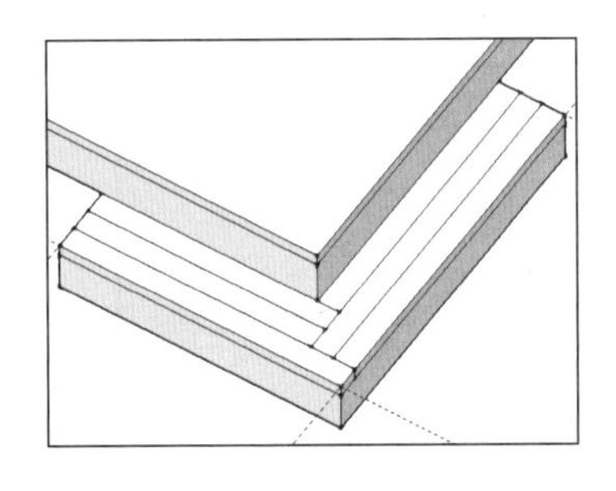
图 7-137　分割台阶木板细节

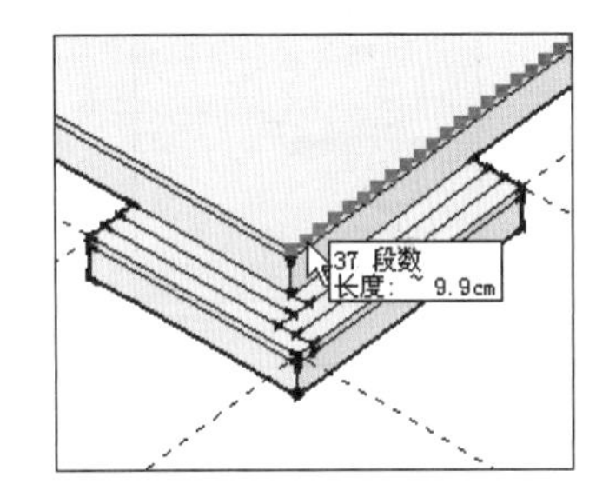

图 7-138　拆分平右边线

步骤 04 结合使用【拆分】与【线条】工具，分割好左上角平台木板细节，如图 7-138 与图 7-139 所示，然后通过复制完成整体效果，如图 7-140 与图 7-141 所示。

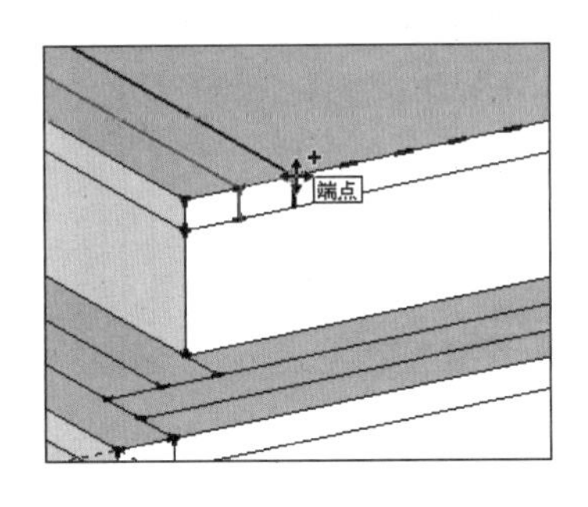

图 7-139　创建分割线并移动复制

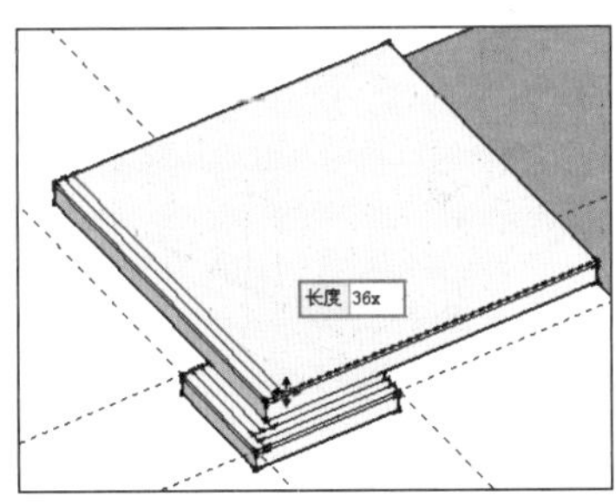

图 7-140　多重移动复制分割线

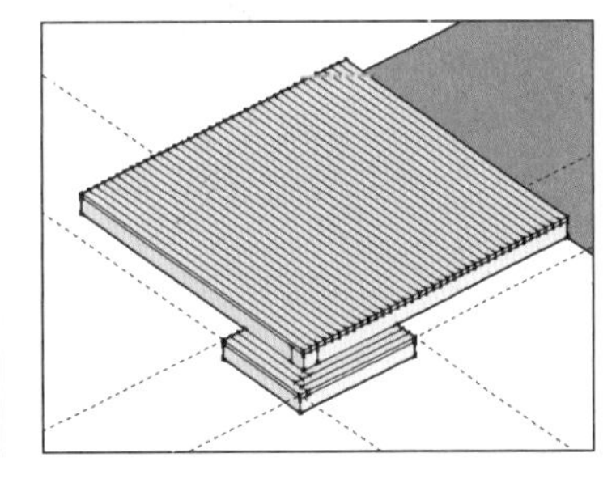
图 7-141　左上角平台初步效果

步骤 05 结合使用【矩形】与【推/拉】工具，创建好立柱轮廓与顶部细分面，如图 7-142 与图 7-143 所示，结合使用【卷尺】、【线条】以及【推/拉】工具，创建好柱头细节，如图 7-144 所示。

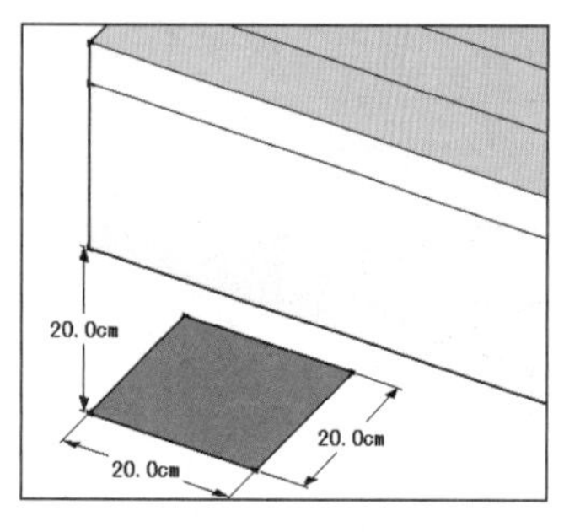

图 7-142 绘制立柱截面

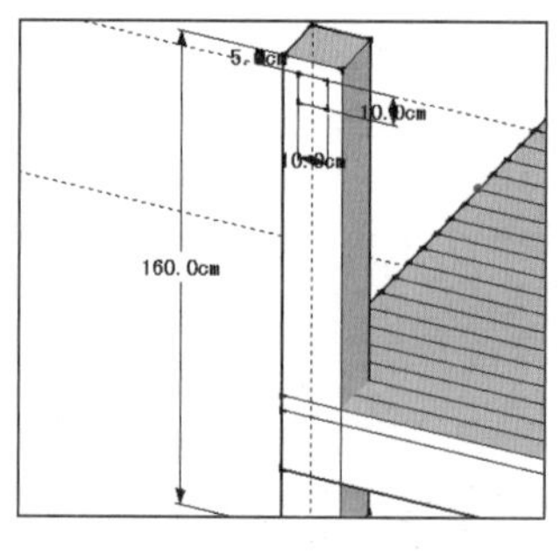

图 7-143 创建立柱并细分

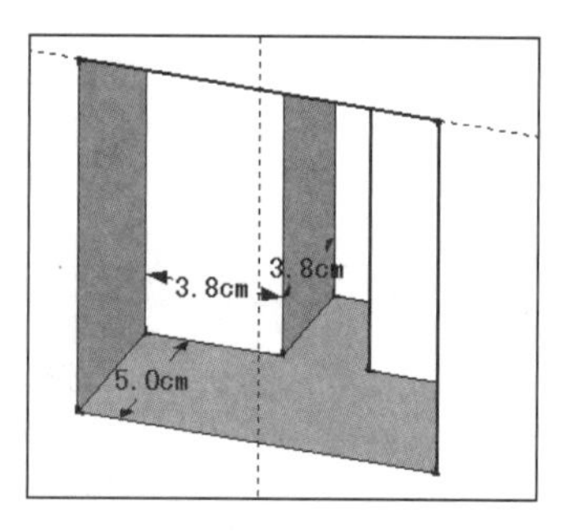

图 7-144 制作柱头上部细节

步骤 06 将创建柱头细节创建为【组件】，并选择【任意】粘合，如图 7-145 与图 7-146 所示，然后通过多重旋转复制，快速制作好其他方向的柱头细节，如图 7-147 所示。

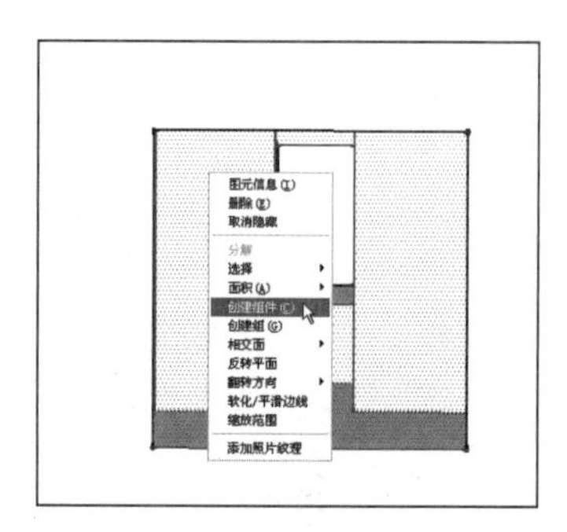

图 7-145 将凹凸细节创建为组件

图 7-146 选择剖切开口参数

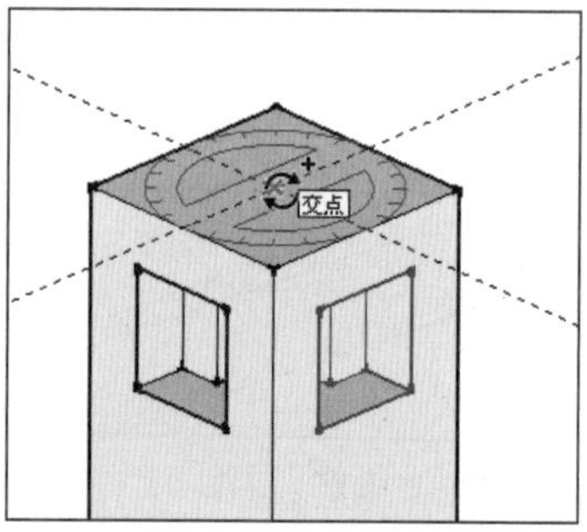

图 7-147 旋转复制组件

步骤 07 将制作好的立柱创建为【组】，然后进行移动复制，如图 7-148 与图 7-149 所示。

步骤 08 结合使用【卷尺】以及【线条】工具，创建好栏杆轮廓平面，如图 7-150 所示。

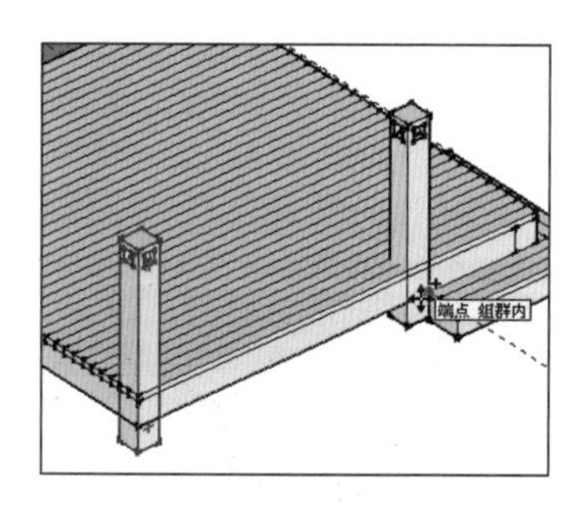

图 7-148 移动复制立柱

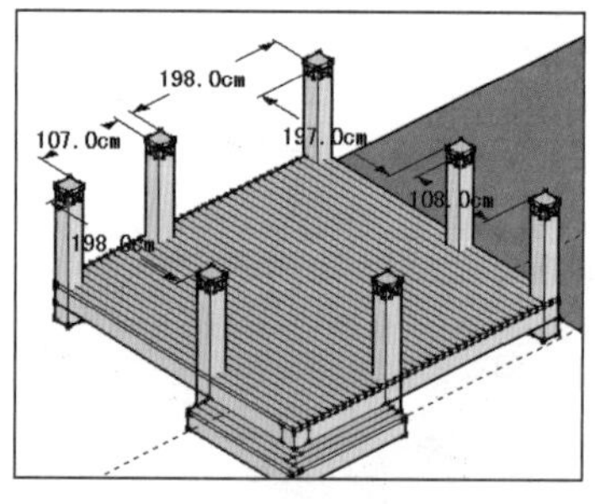

图 7-149 左上角立柱复制完成效果

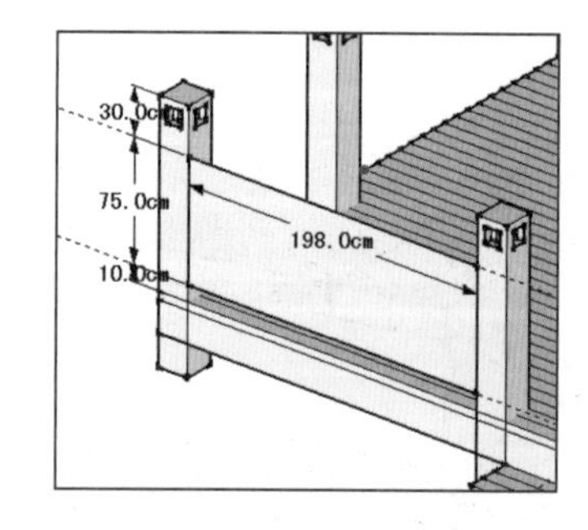

图 7-150 创建栏杆轮廓平面

步骤 09 结合使用【卷尺】、【线条】以及【推/拉】工具，创建好栏杆细节，如图 7-151~图 7-153 所示。

步骤 10 通过类似方法，制作该处平台的其他栏杆，如图 7-154 所示。然后制作右侧的平台与栏杆，如图 7-155 与图 7-156 所示。接下来制作平台间的木桥。

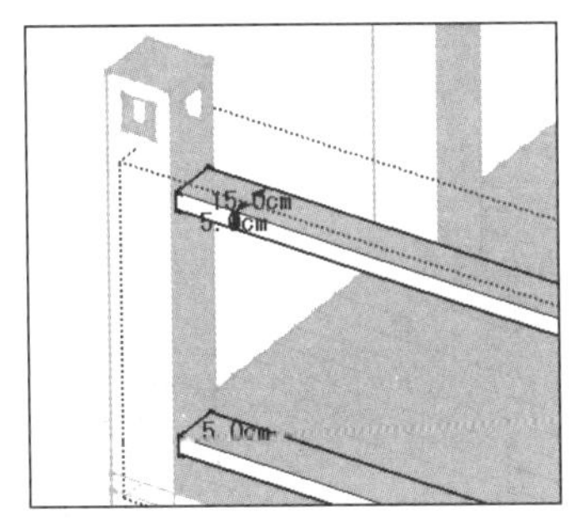

图 7-151　制作栏杆平台

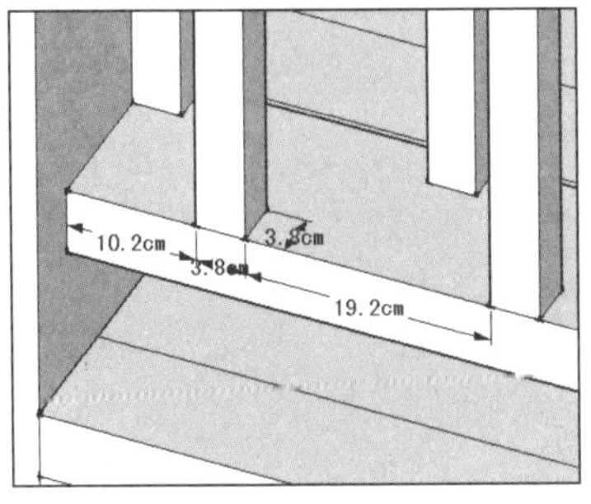

图 7-152　制作栏杆细节

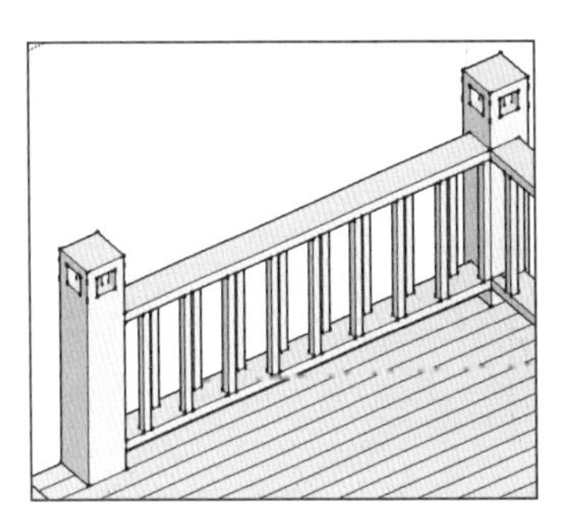
图 7-153　部分栏杆完成效果

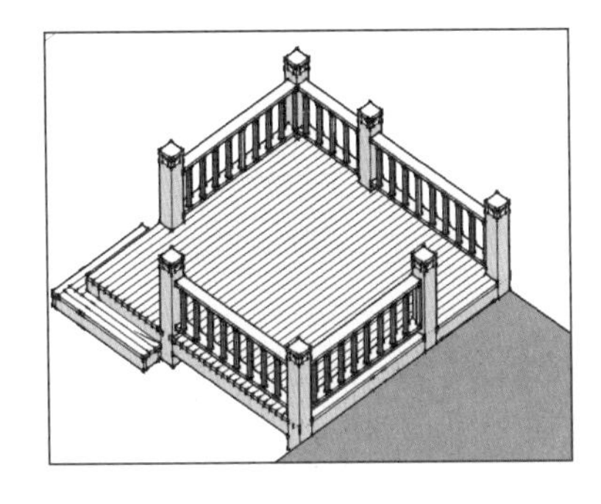
图 7-154　左上角平台完成效果

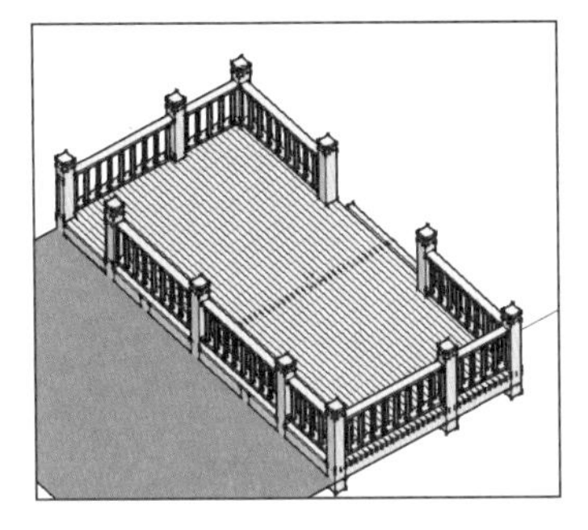
图 7-155　右侧平台完成效果

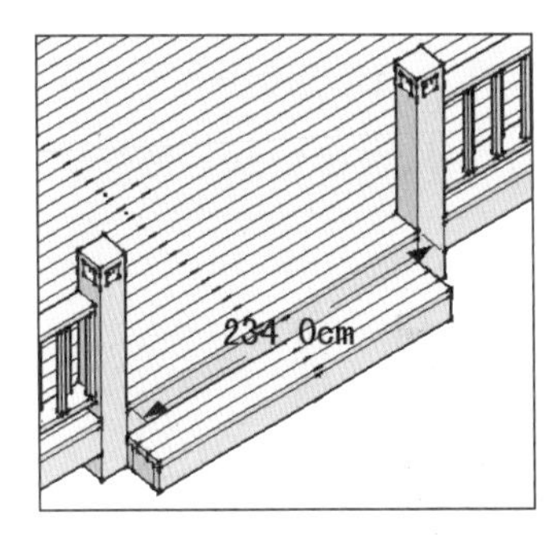

图 7-156　右侧平台入口细节

步骤 11 结合使用【卷尺】、【矩形】以及【翻转方向】等工具创建好台阶线形，如图 7-157~图 7-159 所示。

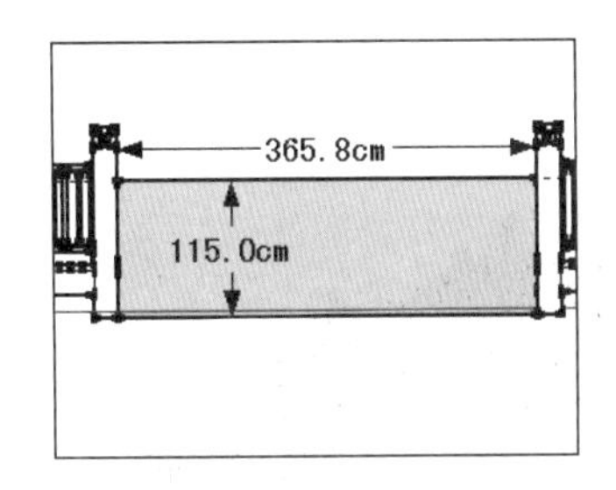

图 7-157　创建辅助矩形

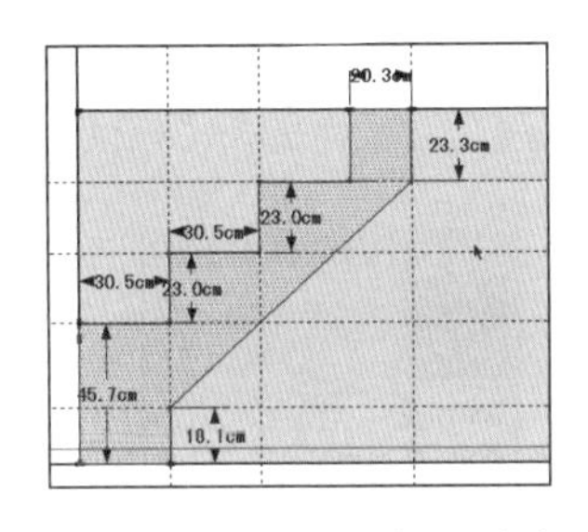

图 7-158　细分割左侧台阶线形

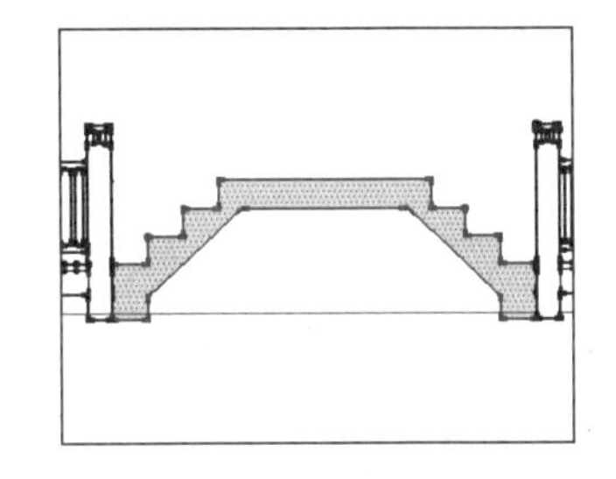
图 7-159　复制并镜像台阶线形

步骤 12 使用【推/拉】工具制作木桥宽度，如图 7-160 所示，然后结合使用【偏移】、【线条】以及【翻转方向】等工具创建好单侧木桥细节，如图 7-161 与图 7-162 所示。

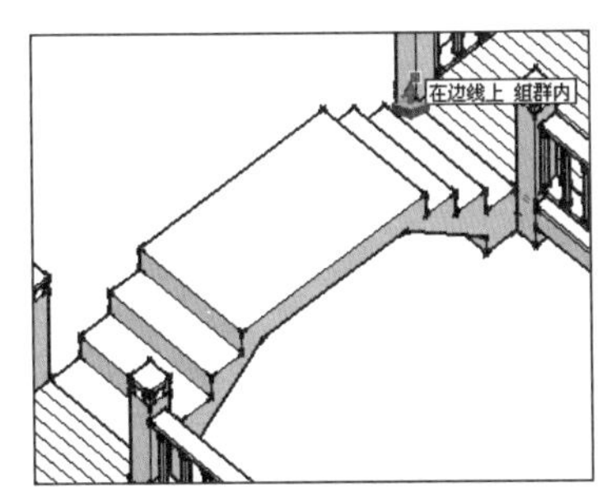

图 7-160　制作搭桥宽度

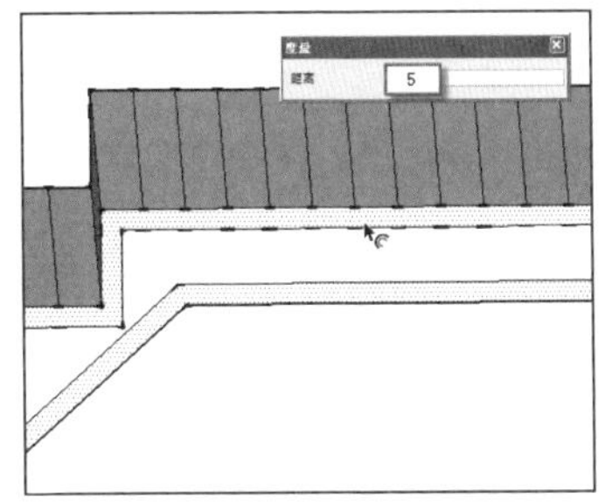
图 7-161　选择边线向内偏移复制

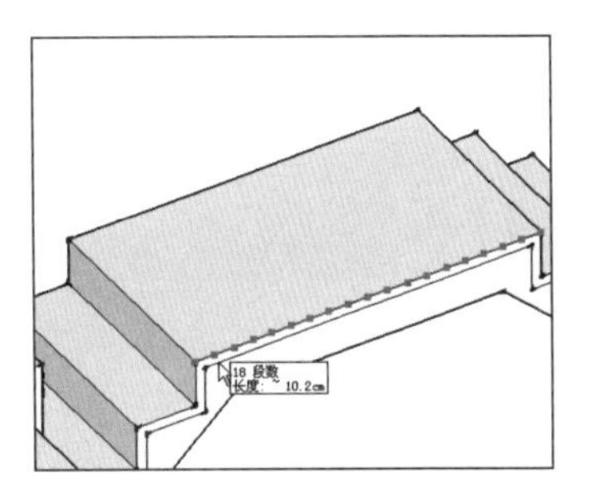
图 7-162　拆分桥面边线

步骤 13 删除未进行细化的右侧木桥，通过【移动】与【翻转方向】制作好整体效果，如图 7-163~图 7-165 所示。

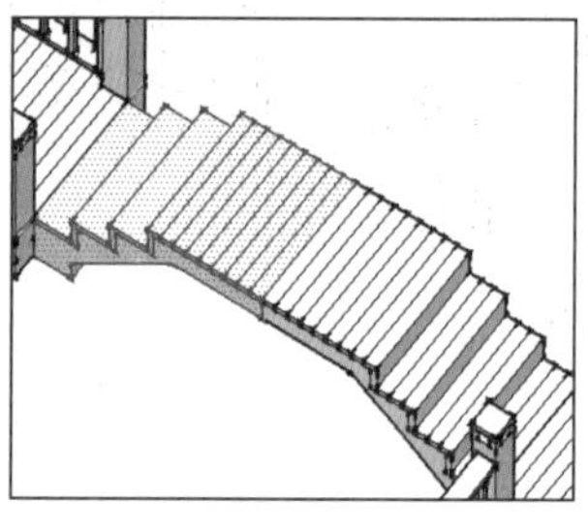

图 7-163　绘制单侧木板细节

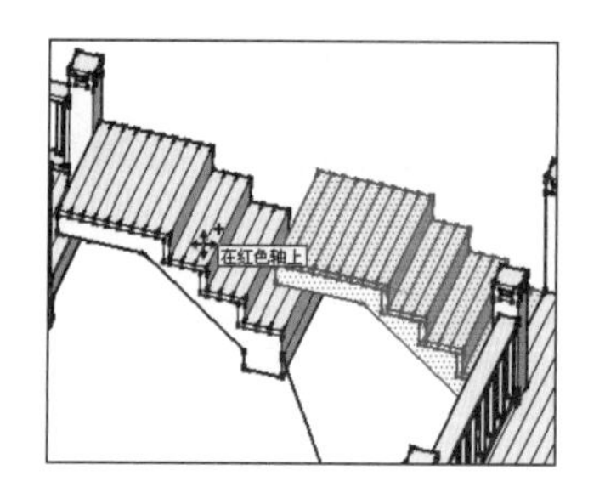

图 7-164　移动复制细节模型

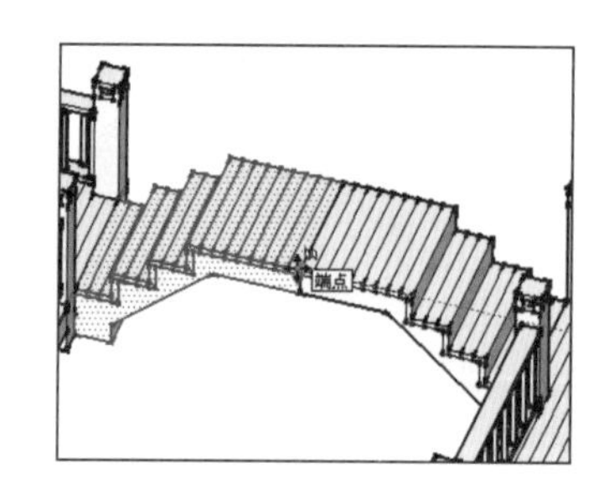

图 7-165　镜像完成整体效果

步骤 14 通过复制与调整，制作好木桥单侧立柱与栏杆，如图 7-166~图 7-168 所示。

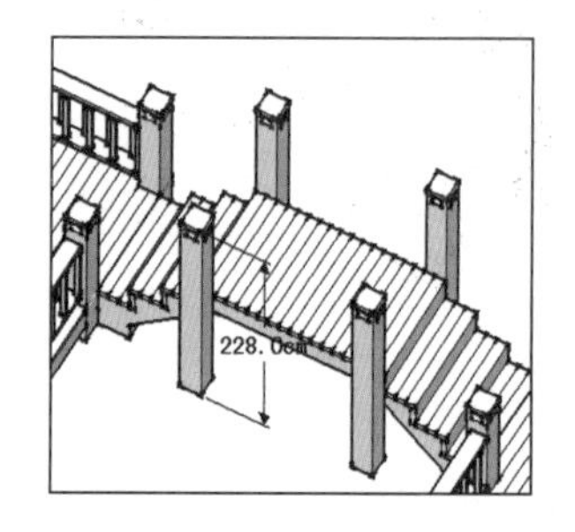

图 7-166　复制并调整立柱

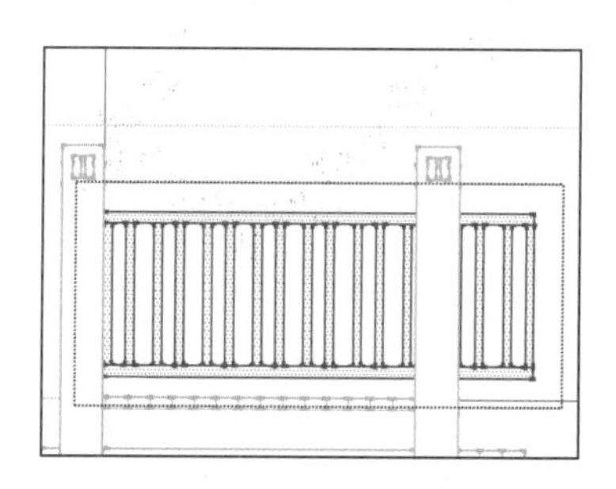

图 7-167　复制并对位栏杆

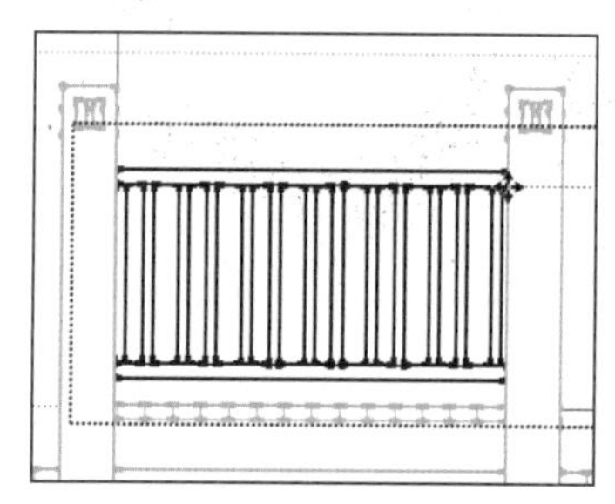

图 7-168　调整栏杆整体长度

步骤 15 将制作好的单侧立柱与栏杆复制至对侧，如图 7-169 所示，然后打开【使用层颜色材料】面板，赋予木材质，完成最终效果，如图 7-170 与图 7-171 所示。

图 7-169　整体复制栏杆

图 7-170　赋予木纹材质

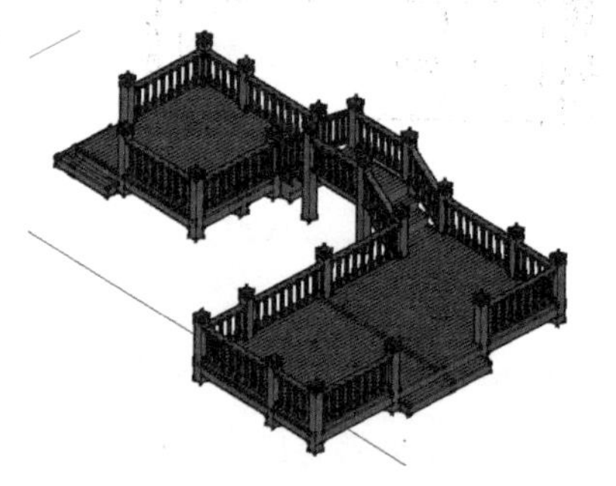

图 7-171　休闲木平台最终效果

103 欧式凉亭

文件路径：配套光盘\第 07 章\103　　视频文件：MP4\第 07 章\103.MP4

本例学习欧式凉亭模型的制作，主要使用到【圆】、【圆弧】、【线条】、【推/拉】以及【跟随路径】等工具。

步骤 01 结合使用【圆】与【推/拉】工具，制作出圆形底部轮廓，如图 7-172 与图 7-173 所示。

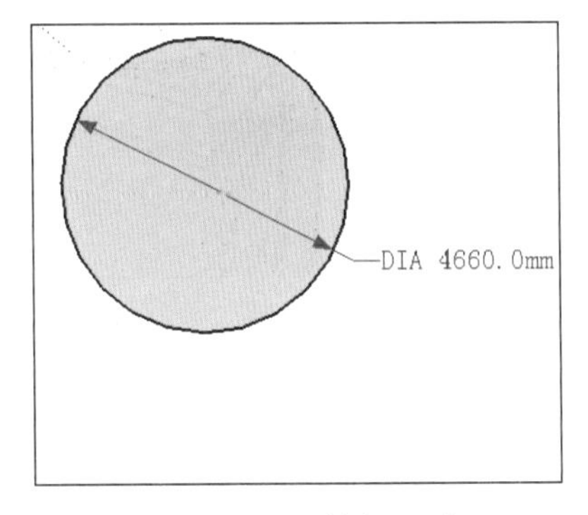

图 7-172　绘制圆形

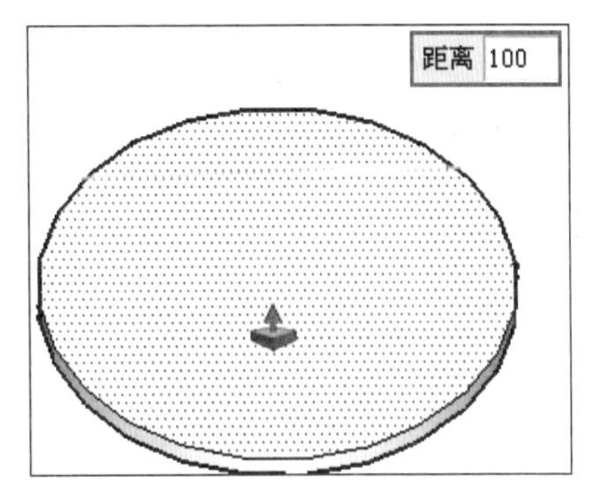

图 7-173　推拉厚度

步骤 02 结合使用【偏移】与【推/拉】工具，制作出底部边沿细节，如图 7-174 所示。

步骤 03 结合使用【矩形】、【推/拉】以及【偏移】工具，制作石墩轮廓细节，如图 7-175 与图 7-176 所示。

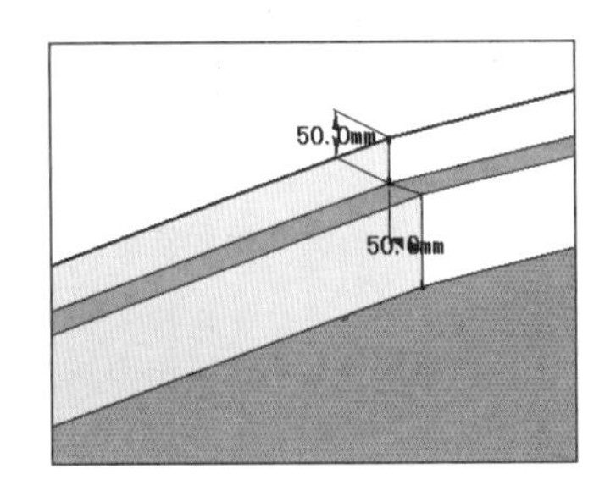

图 7-174　制作底部边沿细节

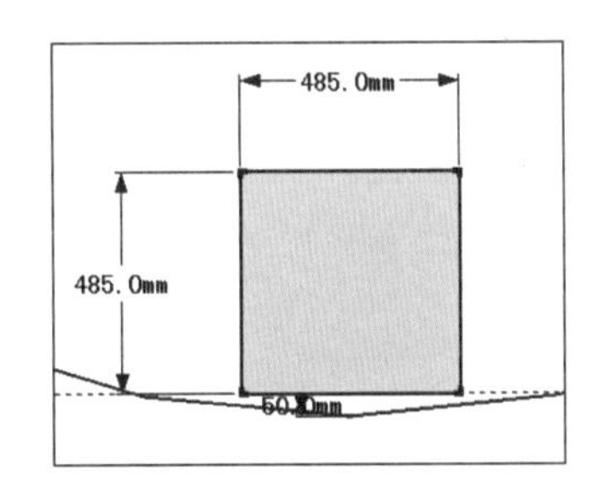

图 7-175　创建矩形

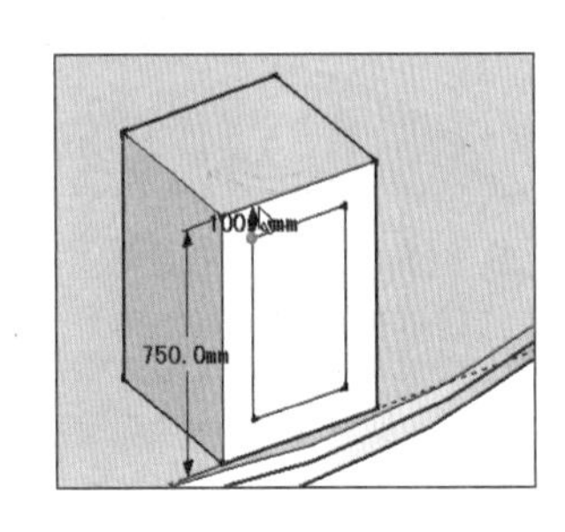

图 7-176　制作石柱轮廓

步骤 04 结合使用【偏移】与【推/拉】工具，制作好正面线条细节，然后旋转复制至其他侧面，如图 7-177 与图 7-178 所示。

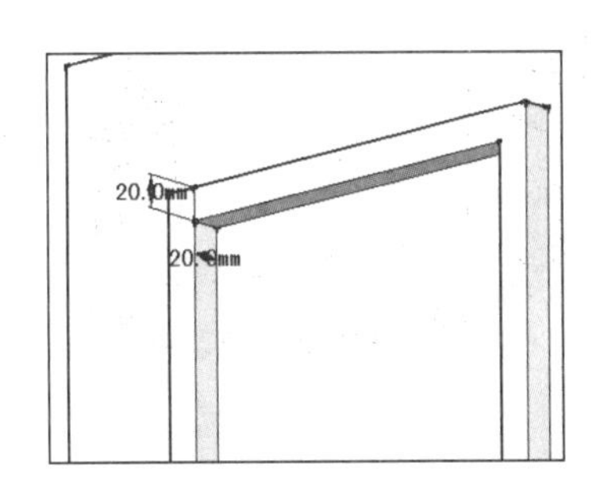

图 7-177　制作侧面线条细节

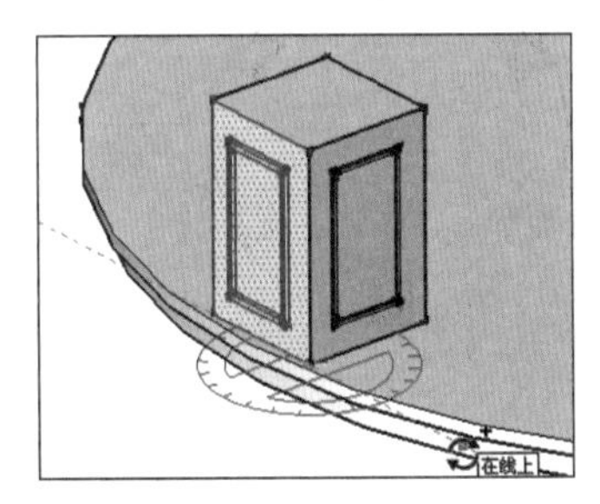

图 7-178　旋转复制细节面

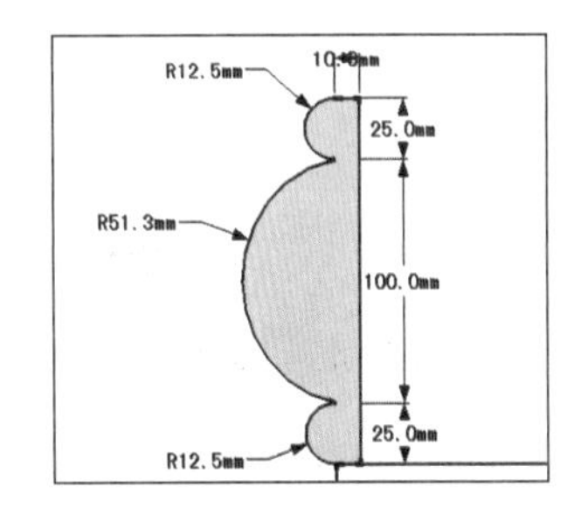

图 7-179　创建角线截面

步骤 05 结合使用【圆弧】与【线条】工具，绘制石墩上部角线截面，然后使用【跟随路径】工具制作出边沿细节，如图 7-179 与图 7-180 所示。

步骤 06 结合使用【线条】与【圆弧】工具，绘制石柱底部角线截面与路径，然后使用【跟随路径】工具制作出三维造型，如图 7-181 与图 7-182 所示。

图 7-180　制作石墩边沿细节

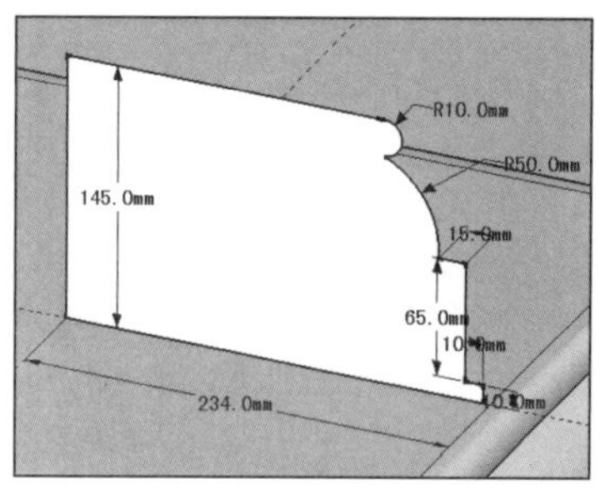

图 7-181　绘制石柱底部截面

图 7-182　使用路径跟随

步骤 07 结合使用【推/拉】、【移动】以及【拉伸】工具，制作圆形石柱与顶部角线效果，如图 7-183~图 7-185 所示。

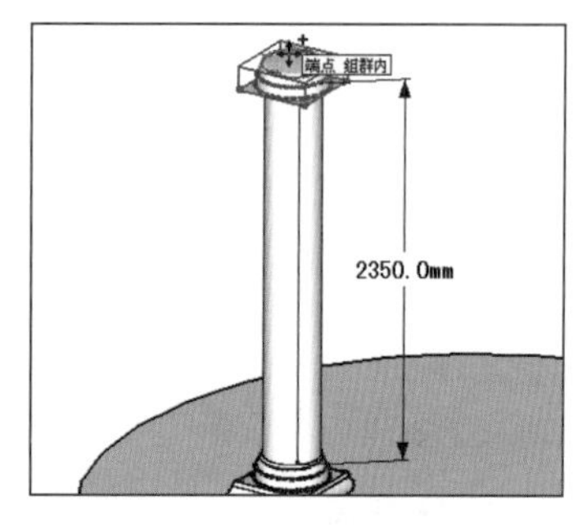

图 7-183　制作石柱高度并复制角线

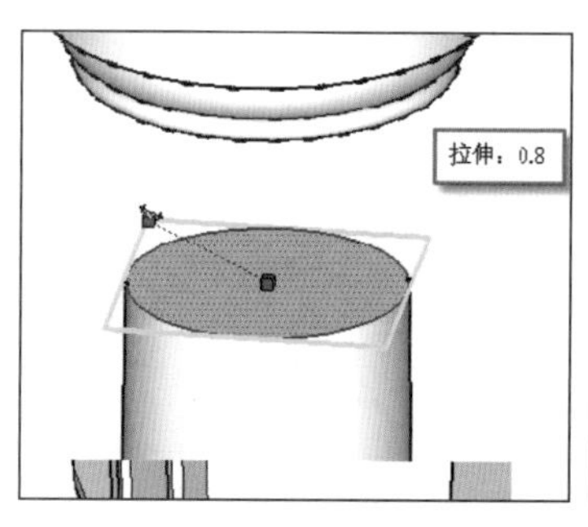

图 7-184　等比拉伸顶部圆形

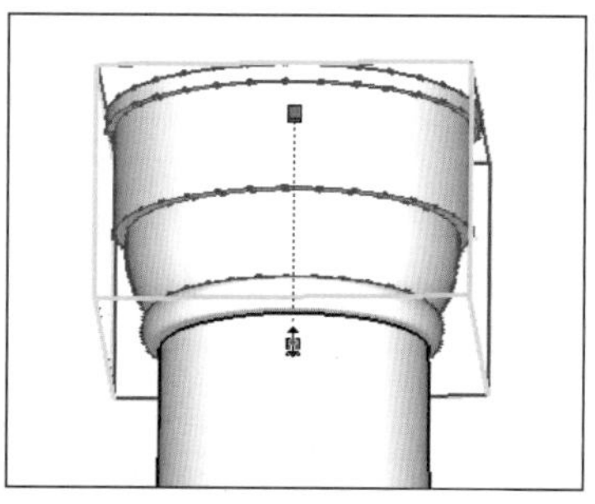
图 7-185　拉伸调整角线造型

步骤 08 整体选择石墩与石柱，通过多重旋转复制，制作出其他位置的造型，如图 7-186 与图 7-187 所示。

步骤 09 启用【圆弧】与【线条】工具，捕捉石墩顶点绘制出休息平台截面，如图 7-188 与图 7-189 所示。

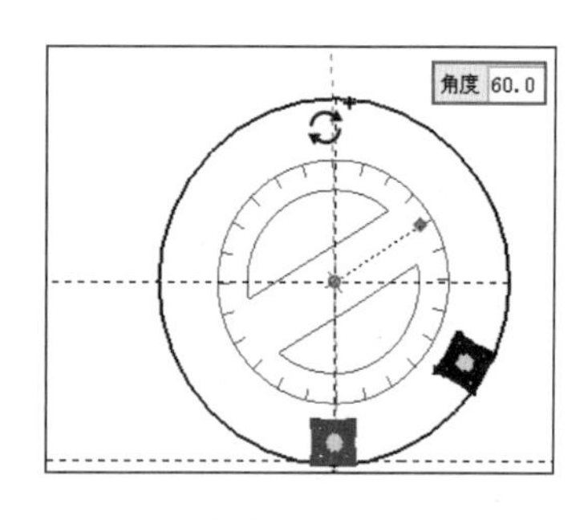

图 7-186　整体旋转复制立柱

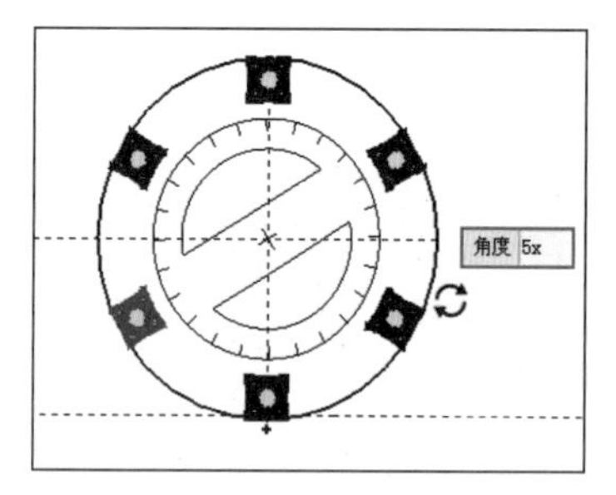

图 7-187　多重旋转复制

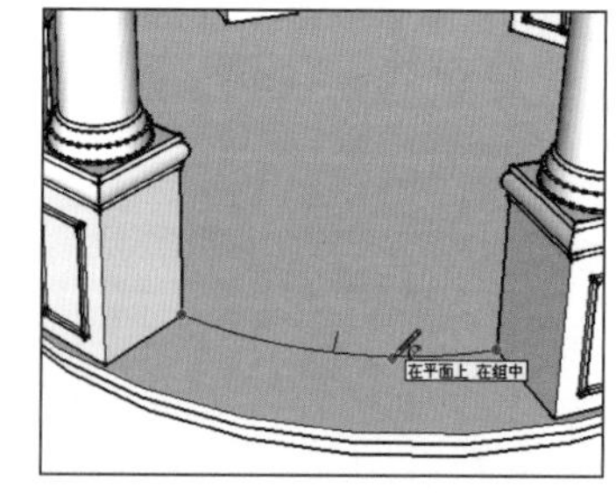

图 7-188　捕捉端点绘制弧线

步骤 10 结合使用【推/拉】与【偏移】工具，制作出单个休息平台，如图 7-190 与图 7-191 所示。

步骤 11 启用【旋转】工具，选择制作好的休息平台进行旋转复制，完成效果如图 7-192 所示。

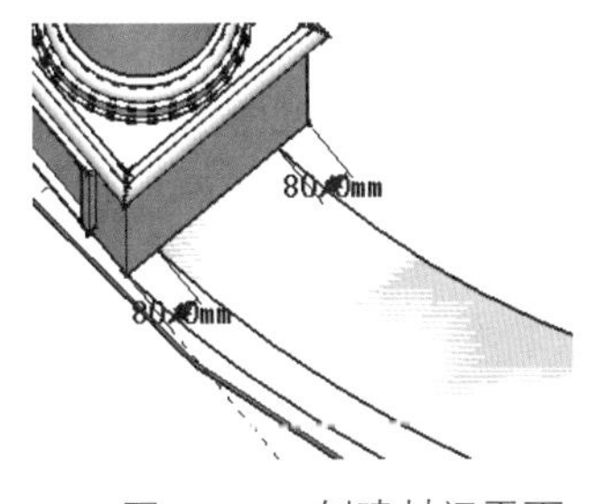

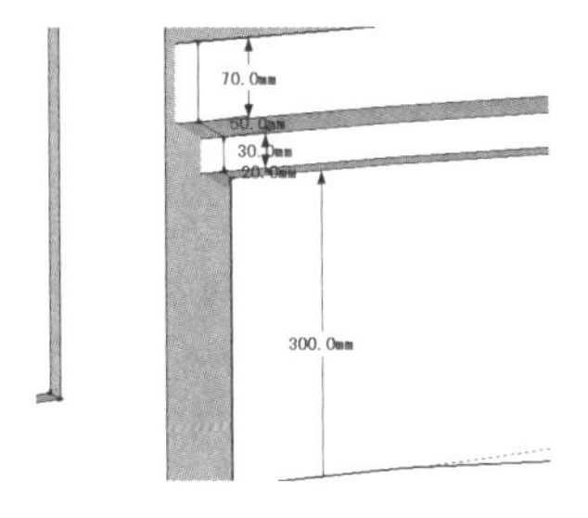

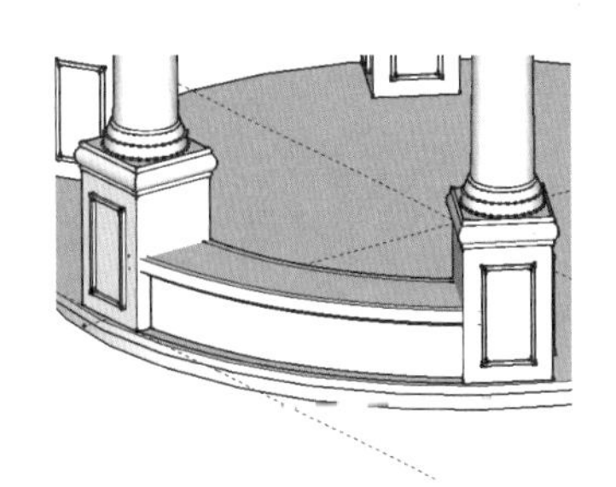

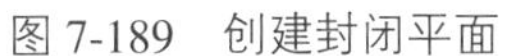
图 7-189　创建封闭平面　　图 7-190　制作边沿细节　　图 7-191　单个休息平台完成效果

步骤 12 结合使用【圆】与【偏移】工具，制作出顶部圆环平面，如图 7-193 与图 7-194 所示。

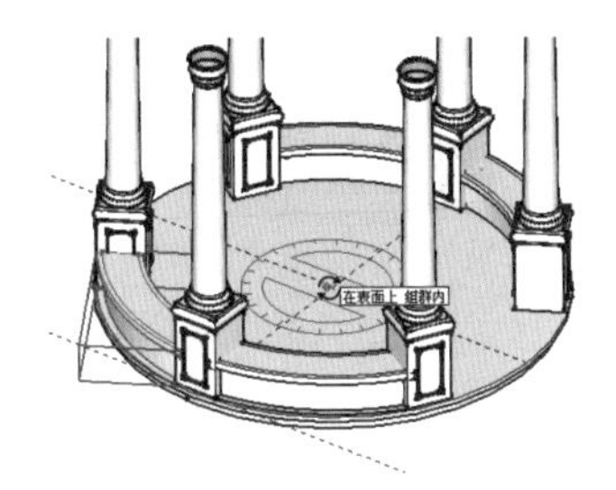

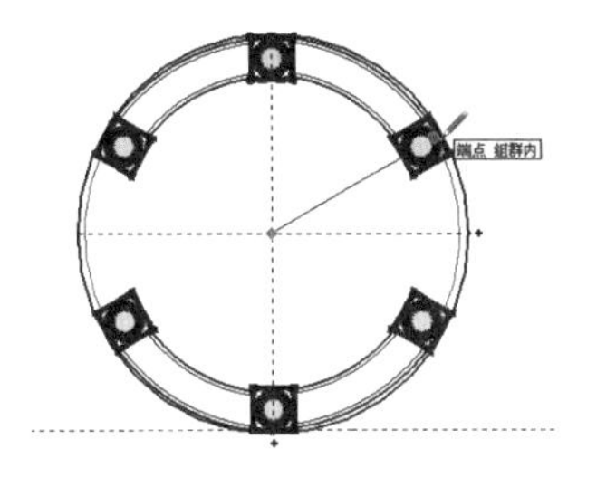

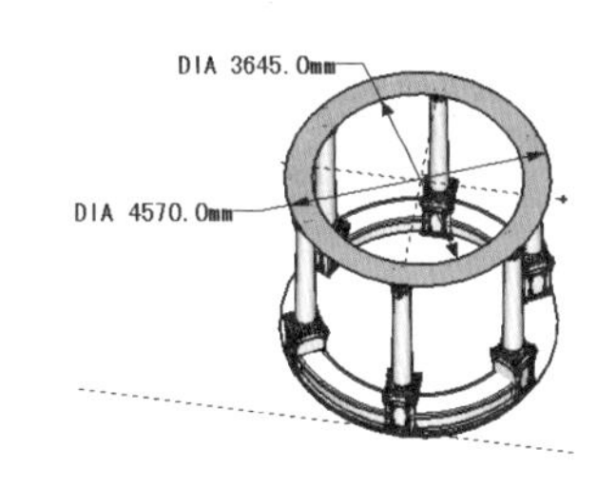

图 7-192　旋转复制休息平台　　图 7-193　创建顶部圆形截面　　图 7-194　细分割出顶部圆环

步骤 13 结合使用【偏移】与【推/拉】工具，制作顶部圆环边沿细节，如图 7-195 与图 7-196 所示。

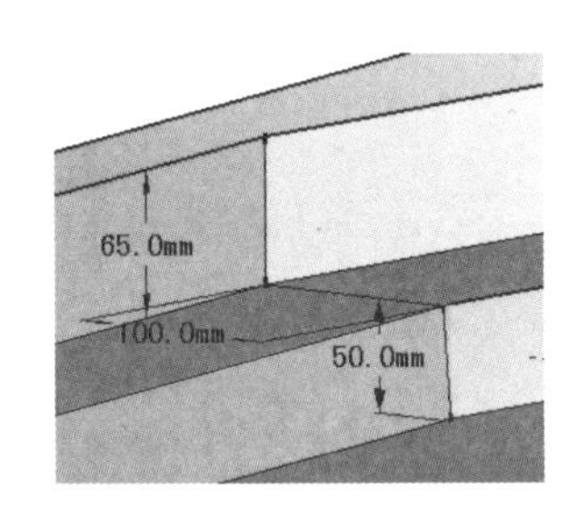

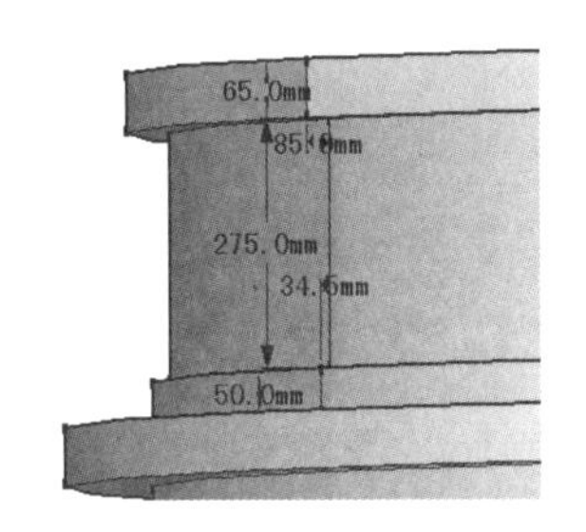

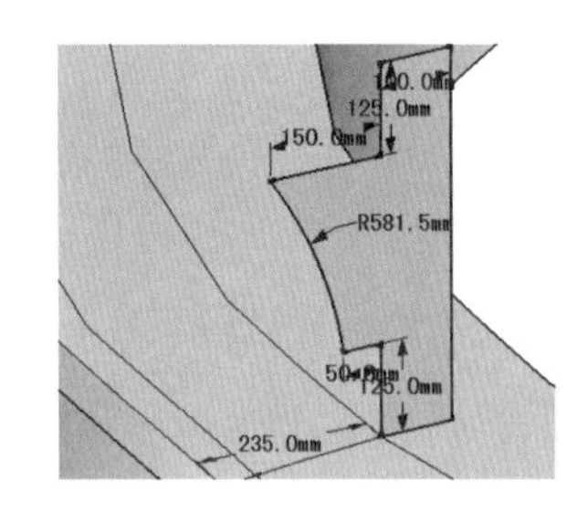

图 7-195　制作圆环下部边沿细节　　图 7-196　制作圆环上部边沿细节　　图 7-197　绘制角线截面

步骤 14 结合使用【线条】、【圆弧】、【圆】以及【偏移】工具，制作出顶部角线细节，如图 7-197 与图 7-198 所示。

步骤 15 结合使用【线条】、【圆弧】、【圆】以及【偏移】工具，制作出屋顶模型，如图 7-199 与图 7-200 所示。

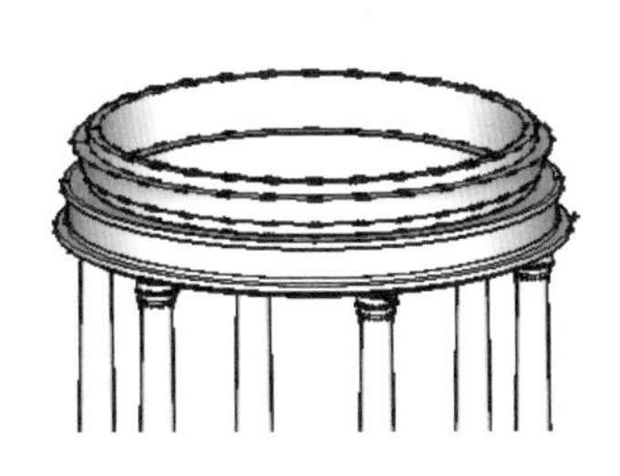

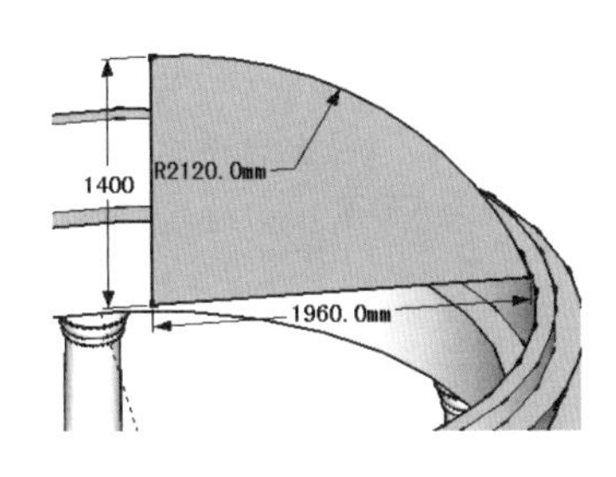

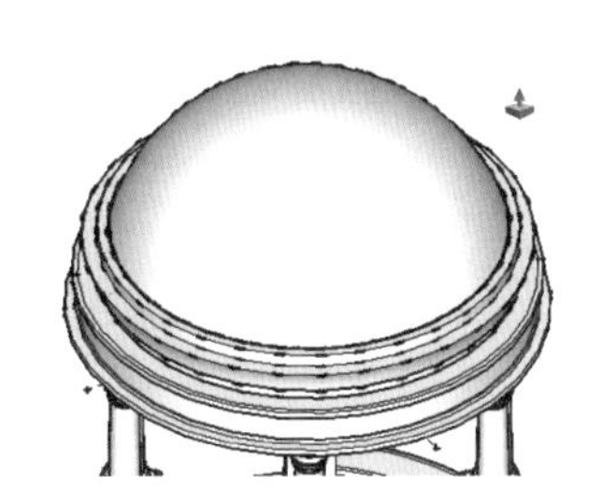

图 7-198　路径跟随制作角线　　图 7-199　绘制屋顶截面　　图 7-200　通过路径跟随制作屋顶

步骤16 选择整体制作的模型，向上移动复制，然后通过【拉伸】工具制作出顶部装饰细节，如图 7-201 所示。

步骤17 打开【使用层颜色材料】面板，赋予整体石材材质，完成最终模型效果，如图 7-202 与图 7-203 所示。

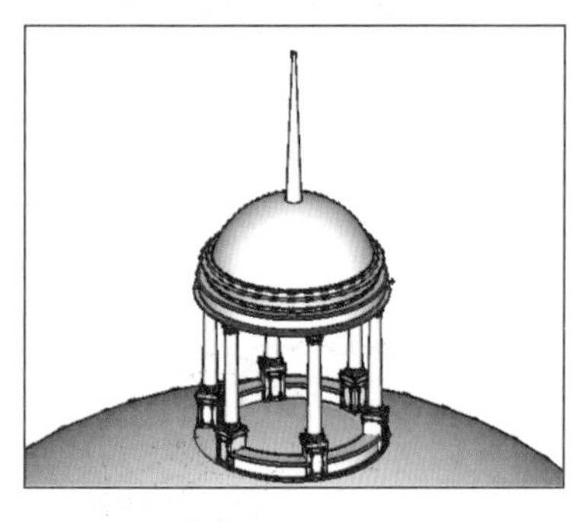

图 7-201 复制并拉伸整体模型至屋顶

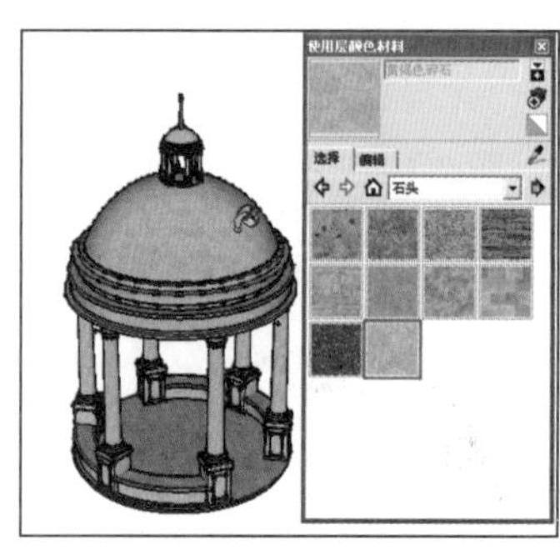

图 7-202 赋予整体模型大理石材质

图 7-203 欧式凉亭完成效果

104 中式牌坊

文件路径：配套光盘\第 07 章\104　　视频文件：MP4\第 07 章\104.MP4

本例学习中式牌坊的制作，主要使用到【圆】、【圆弧】、【线条】以及【跟随路径】等工具。在模型的制作过程中，应重点掌握双击重复操作以及移动复制的技巧。

步骤01 结合使用【矩形】、【卷尺】及【线条】工具，绘制立柱截面，如图 7-204 与图 7-205 所示。

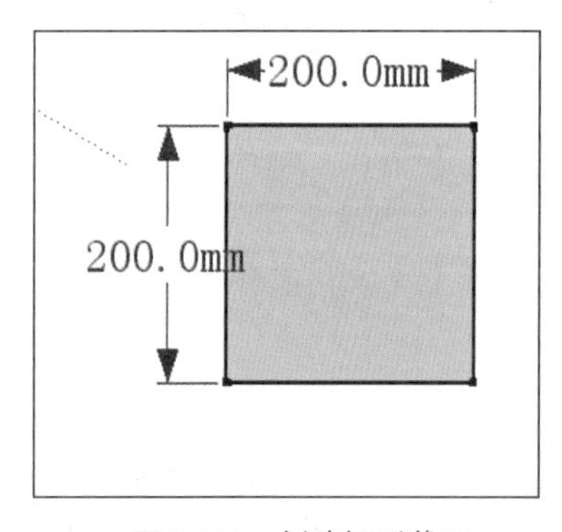

图 7-204 创建矩形截面

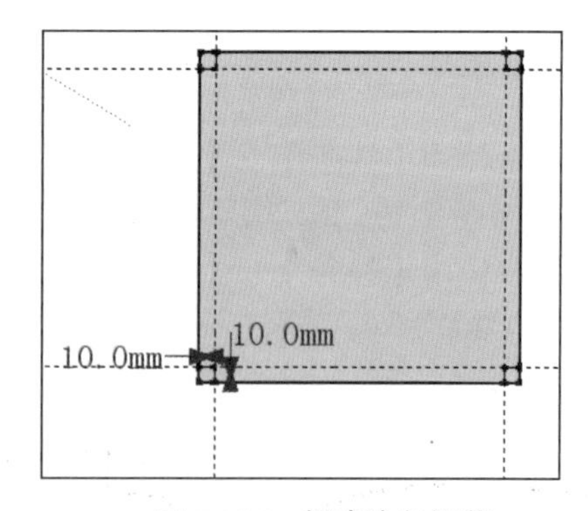

图 7-205 创建边角细节

步骤02 结合使用【推/拉】与【拉伸】工具，制作石柱与柱头细节，如图 7-206 与图 7-207 所示。

步骤03 启用【矩形】工具创建一个辅助矩形，然后进行拆分与细分割，如图 7-208 与图 7-209 所示。

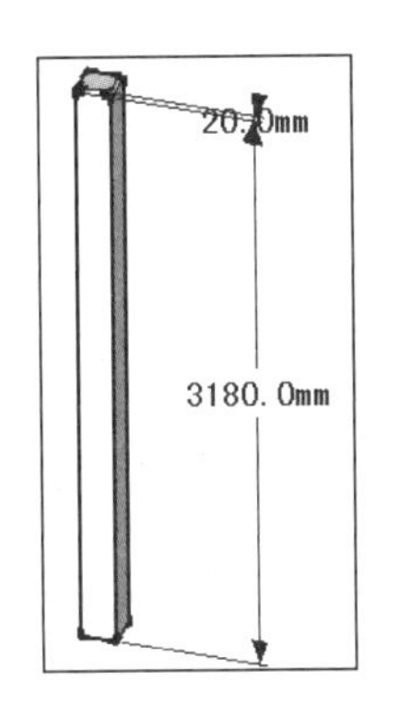

图 7-206　复制推拉出立柱轮廓

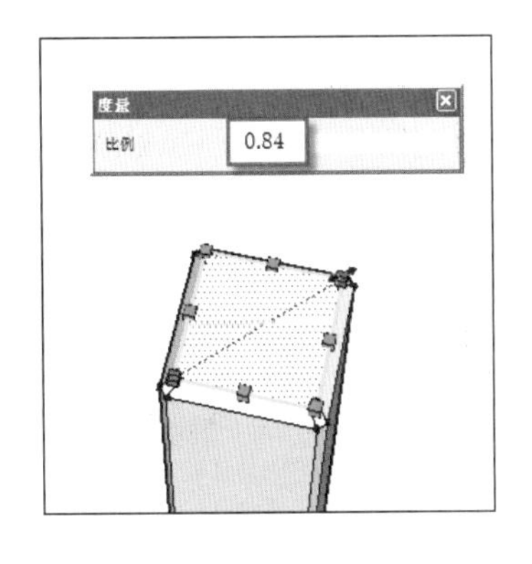

图 7-207　拉伸制作倒角细节

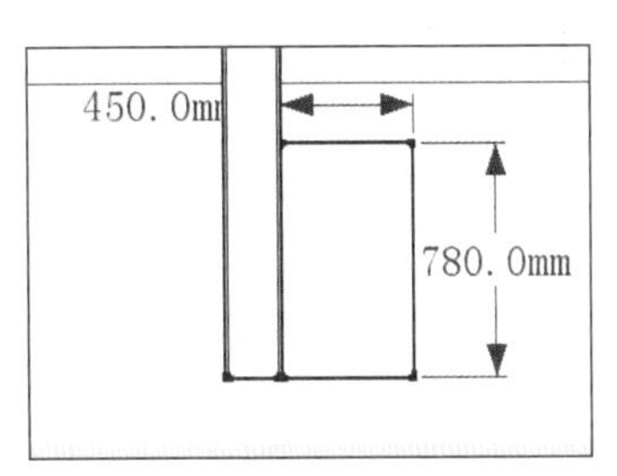

图 7-208　创建辅助矩形

步骤 04 结合使用【圆】与【圆弧】工具，细分出石墩截面线形，然后制作 100mm 厚度，如图 7-210 与图 7-211 所示。

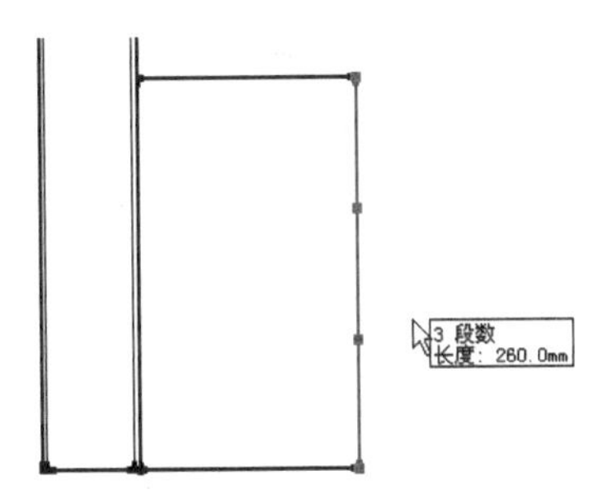

图 7-209　使用拆分命令

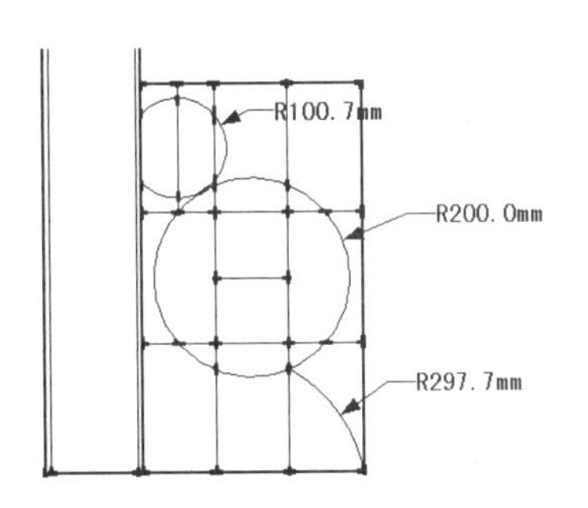

图 7-210　绘制石墩截面

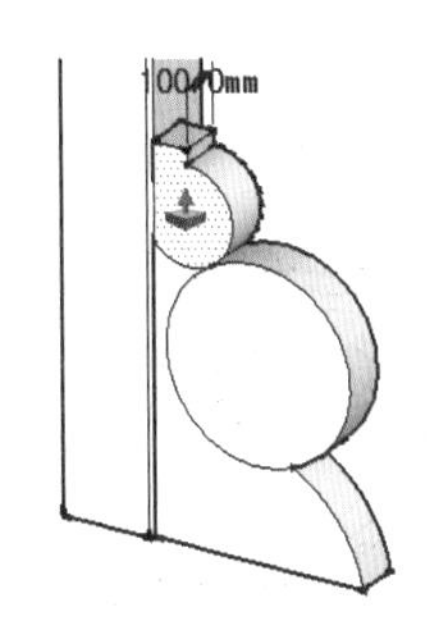

图 7-211　推拉 100mm 厚度

步骤 05 结合使用【偏移】与【推/拉】工具，制作石墩边沿细节，如图 7-212 与图 7-213 所示。

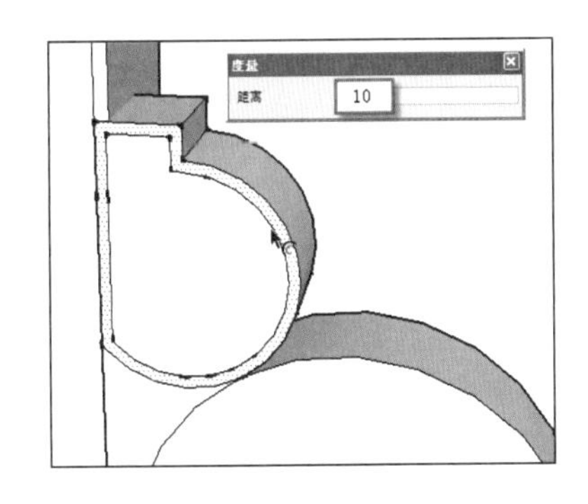

图 7-212　向内偏移复制

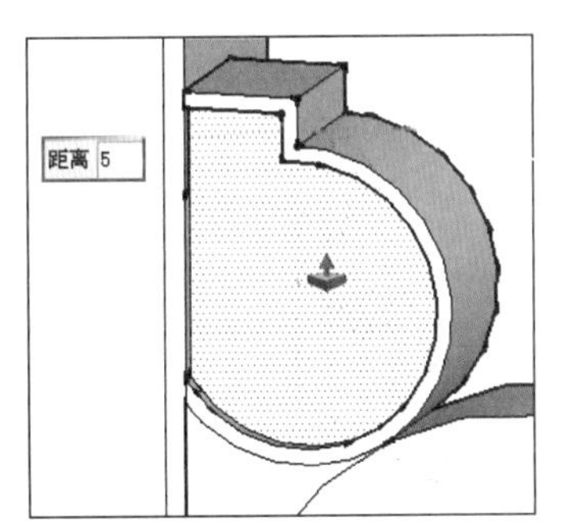

图 7-213　向内推拉 5mm 深度

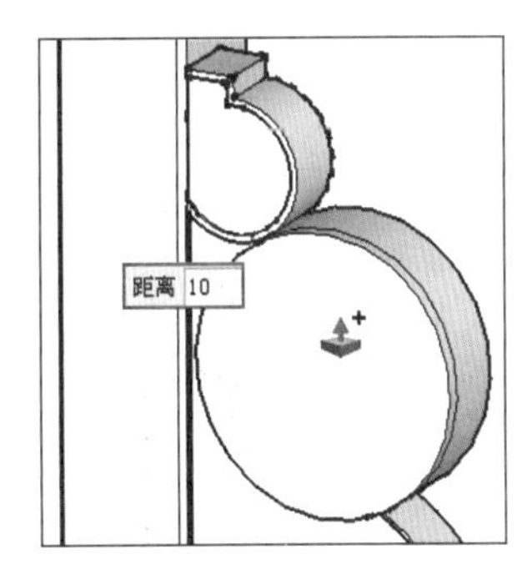

图 7-214　推拉中部石鼓轮廓

步骤 06 结合使用【推/拉】与【拉伸】工具，制作中间石鼓倒角效果，如图 7-214 与图 7-215 所示。

步骤 07 结合使用【偏移】与【推/拉】工具制作石鼓细节，如图 7-216 所示。

步骤 08 启用【三维文本】工具，制作输入“福”字，然后调整好高度与挤压厚度，如图 7-217 所示。

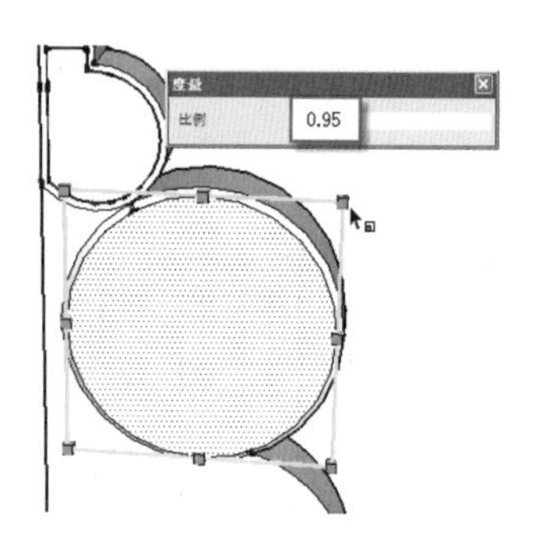

图 7-215　通过拉伸制作倒角细节

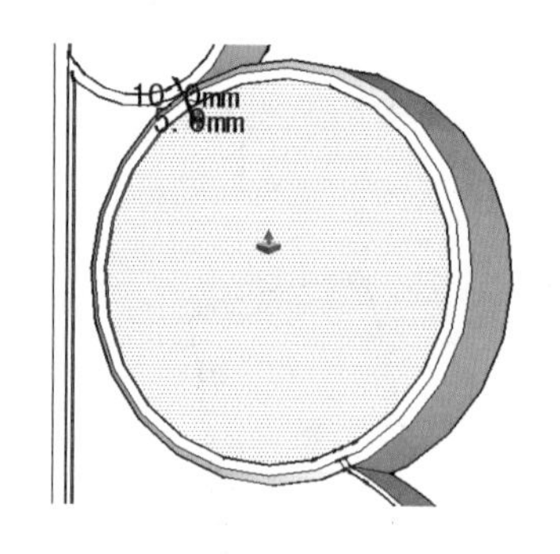

图 7-216　制作石鼓边沿细节

图 7-217　创建三维文本

步骤 09 单击【放置】按钮，旋转文字至石鼓中央，将其与石墩整体创建为【组】，如图 7-218 与图 7-219 所示。

步骤 10 整体复制组，然后通过【翻转方向】命令调整好朝向，如图 7-220 所示。

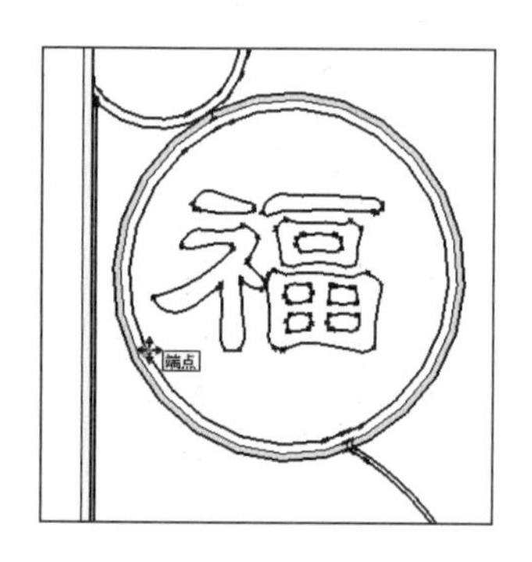

图 7-218　旋转文字

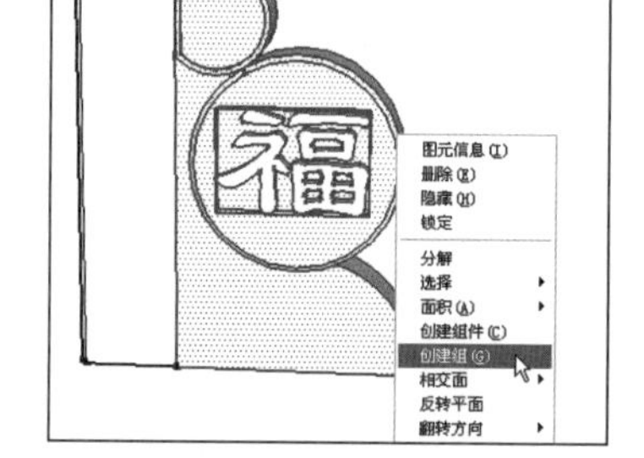

图 7-219　将石墩整体创建为组

图 7-220　复制并镜像石墩

步骤 11 通过【复制】与【旋转】工具，制作好单边立柱与石墩效果，如图 7-221~图 7-223 所示。

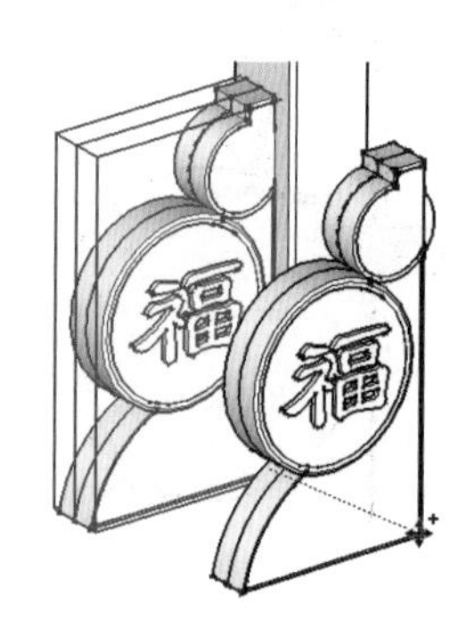

图 7-221　整体复制石墩

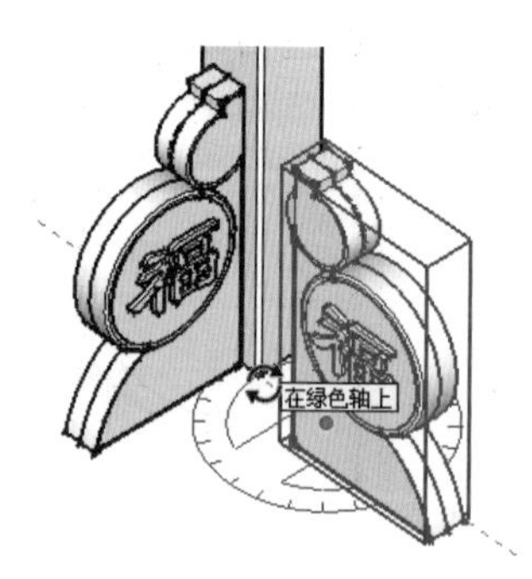

图 7-222　调整石墩朝向

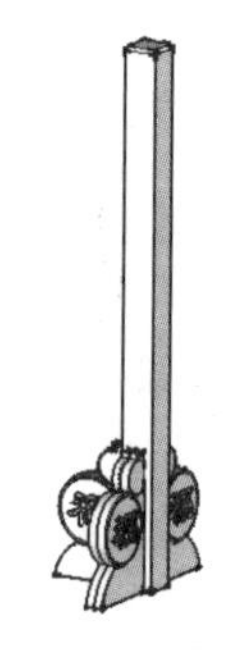

图 7-223　单边立柱与石墩效果

步骤 12 启用【移动】工具，选择立柱与石墩，以 1600mm 的距离进行复制，如图 7-224 所示。

步骤 13 启用【矩形】创建工具，在距离石墩 1000mm 处创建一个矩形，然后对其进行细分割，如图 7-225 与图 7-226 所示。

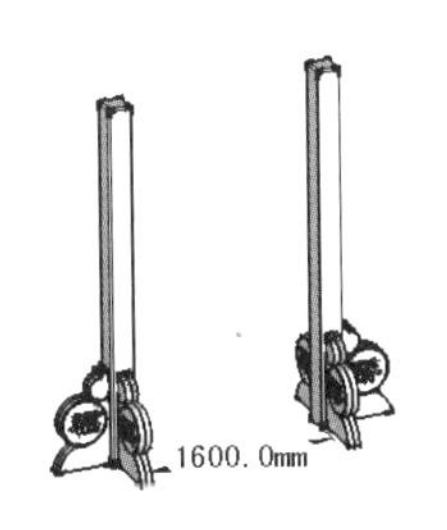

图 7-224　整体复制石柱与石墩

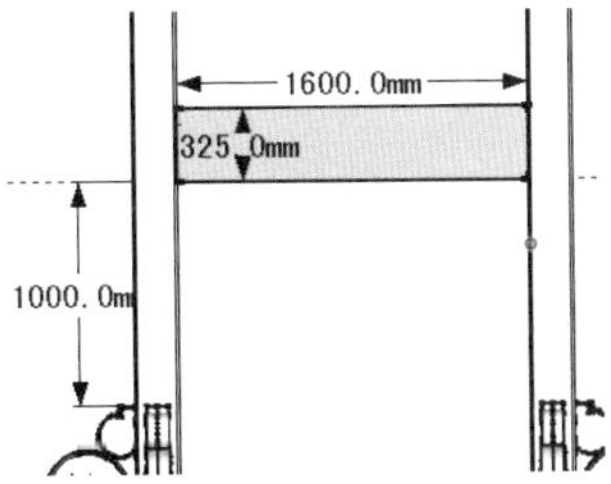

图 7-225　创建横梁矩形

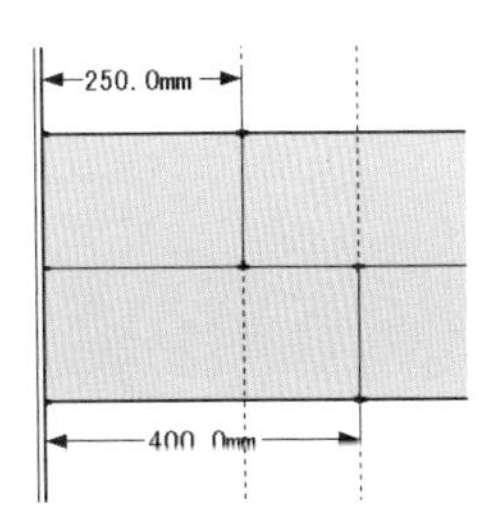

图 7-226　细分割矩形

步骤 14 启用【圆弧】创建工具，捕捉分割矩形创建装饰线形，然后复制一份备用，如图 7-227 与图 7-228 所示。

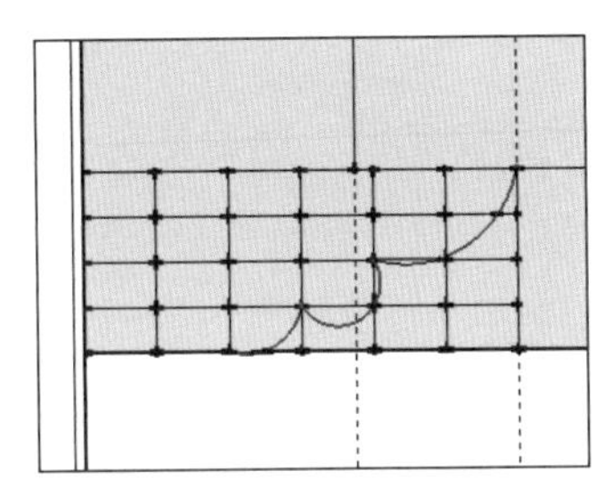

图 7-227　绘制弧形分割面

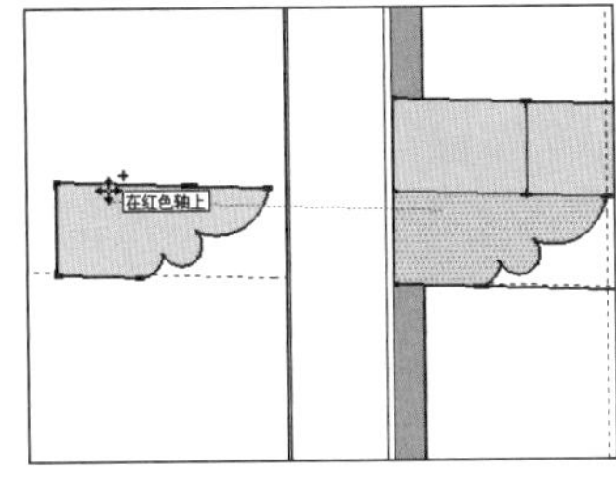

图 7-228　复制弧形分割面

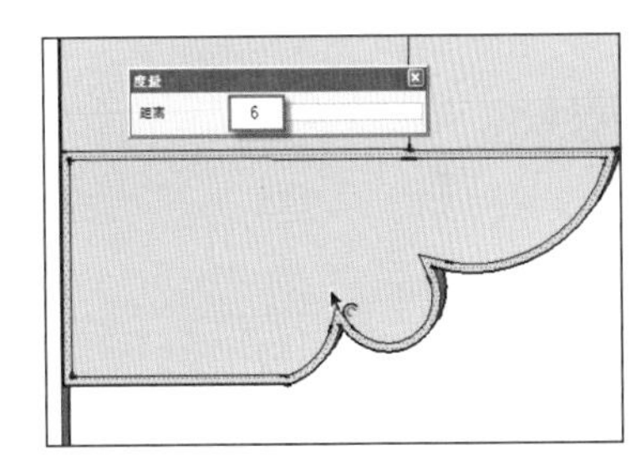

图 7-229　向内以 6mm 偏移复制

步骤 15 结合使用【偏移】与【推/拉】工具，制作装饰构件边沿细节，然后移动复制出对称效果，如图 7-229 与图 7-231 所示。

步骤 16 结合使用【卷尺】与【圆弧】工具，细分割中部矩形，如图 7-232 所示。

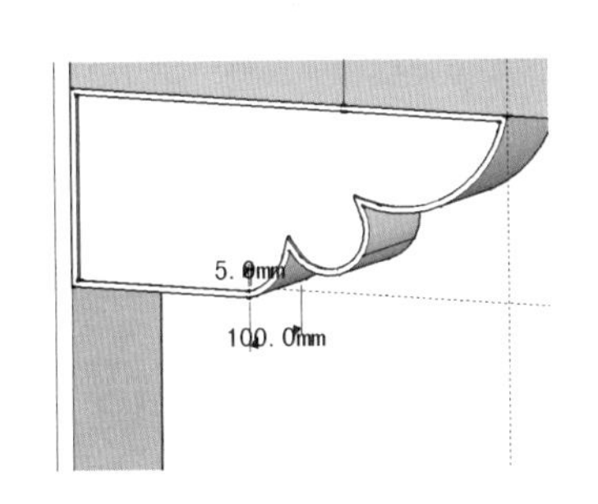

图 7-230　制作装饰细节

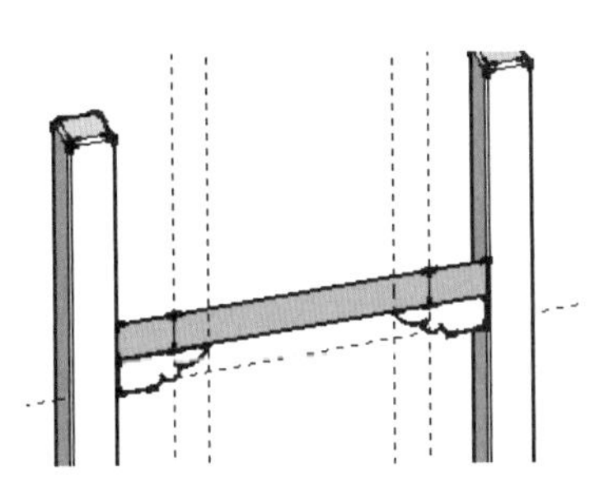

图 7-231　复制出对侧装饰细节

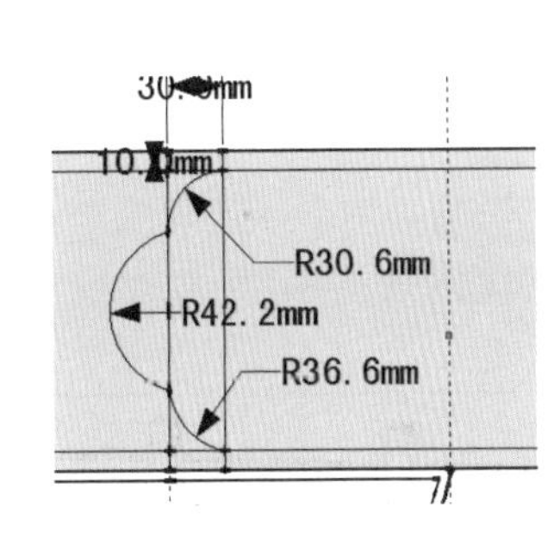

图 7-232　细分割中部矩形

步骤 17 结合使用【偏移】与【推/拉】工具，制作中部矩形造型细节，完成横梁效果，如图 7-233~ 图 7-235 所示。

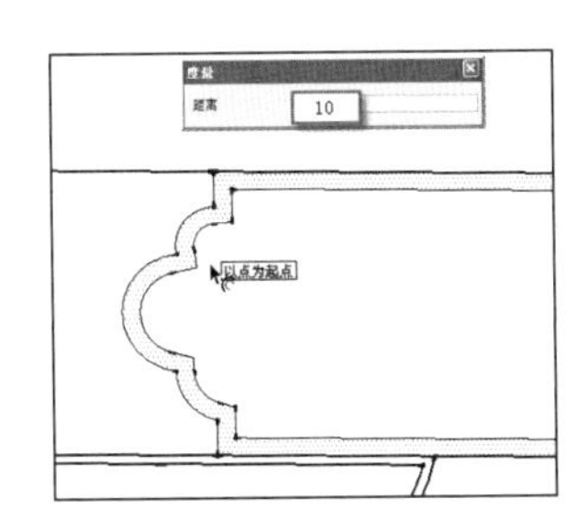

图 7-233　向内偏移复制 10mm

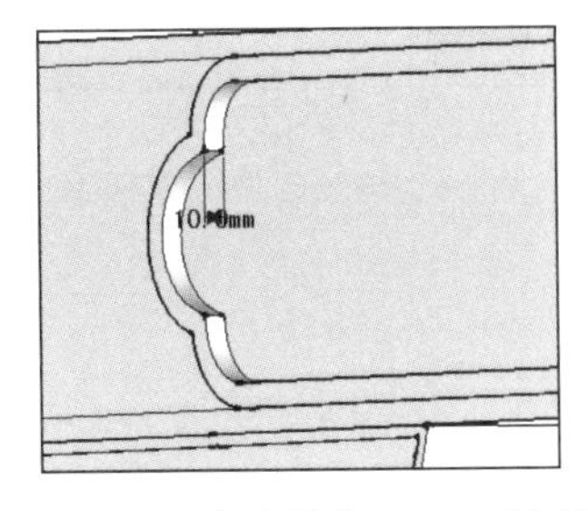

图 7-234　向外推拉 10mm 厚度

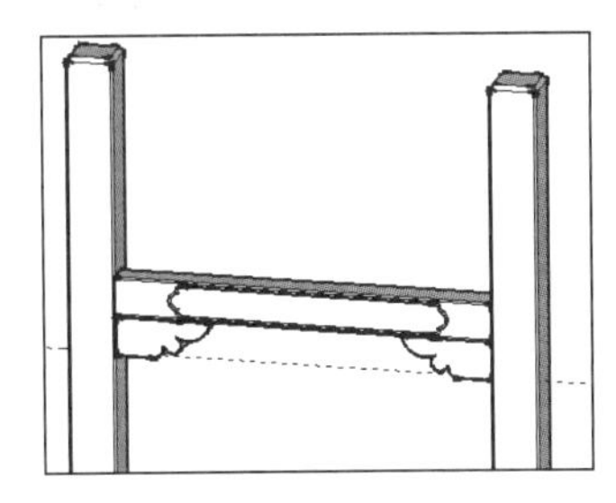

图 7-235　横梁完成效果

步骤 18 结合使用【矩形】与【推/拉】工具，制作中部牌匾造型细节，如图 7-236 与图 7-237 所示。

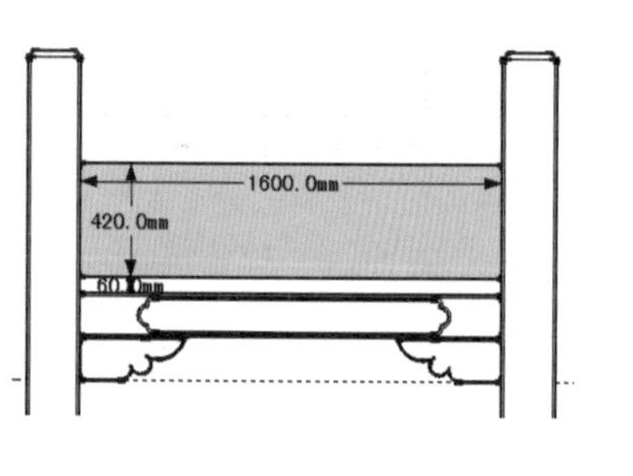

图 7-236　创建牌匾矩形

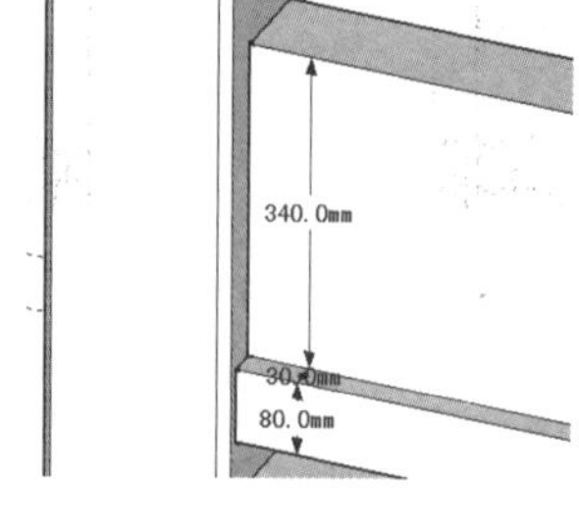

图 7-237　制作牌匾细节

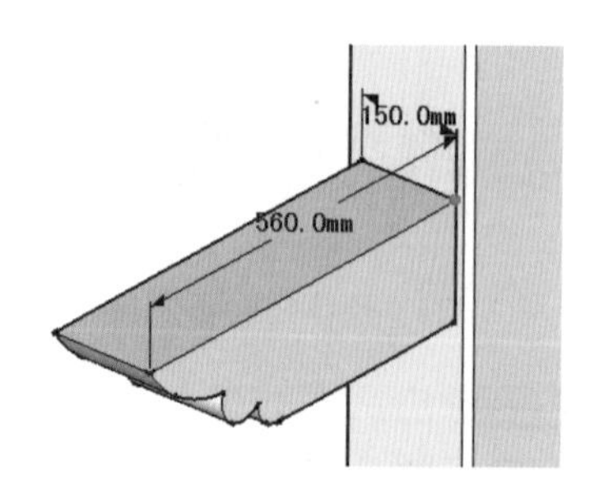

图 7-238　制作顶部装饰细节

步骤 19 选择之前复制备份的截面，使用【推/拉】工具制作顶部的装饰细节，然后复制出对侧效果，如图 7-238 与图 7-239 所示。

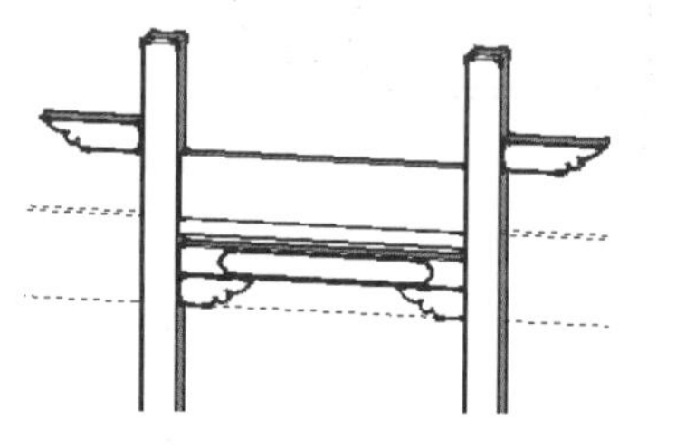

图 7-239　复制顶部装饰细节

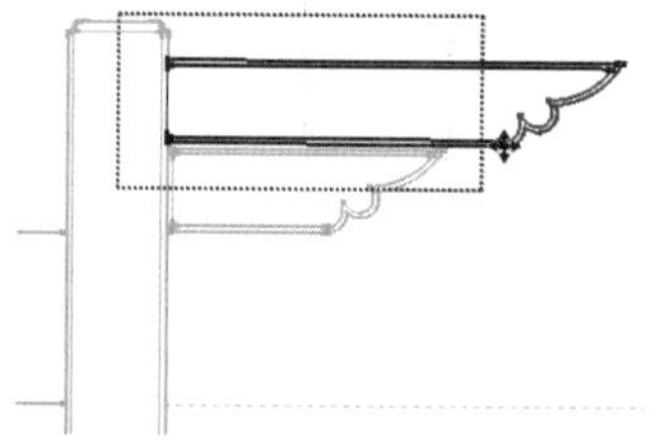

图 7-240　复制并调整上梁模型

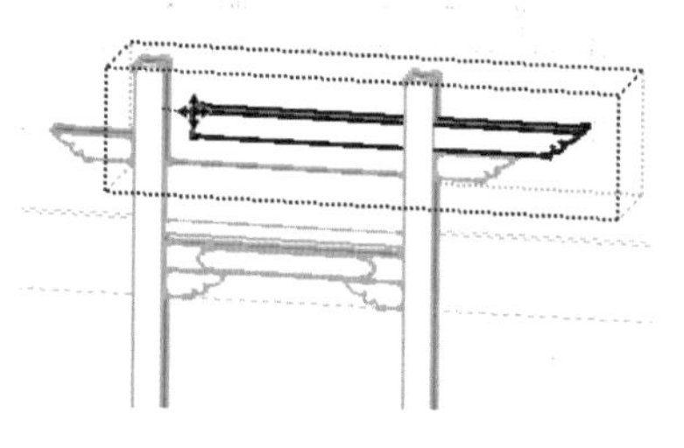

图 7-241　调整上梁长度

步骤 20 选择制作好的顶部装饰件进行复制，调整出上梁的造型效果，如图 7-240~图 7-242 所示。

步骤 21 打开【使用层颜色材料】面板，赋予模型石头材质，完成整体效果，如图 7-243 与图 7-244 所示。

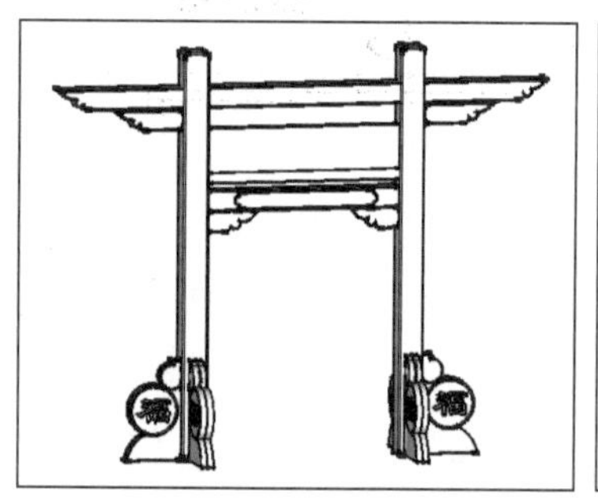

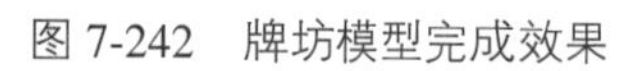

图 7-242　牌坊模型完成效果

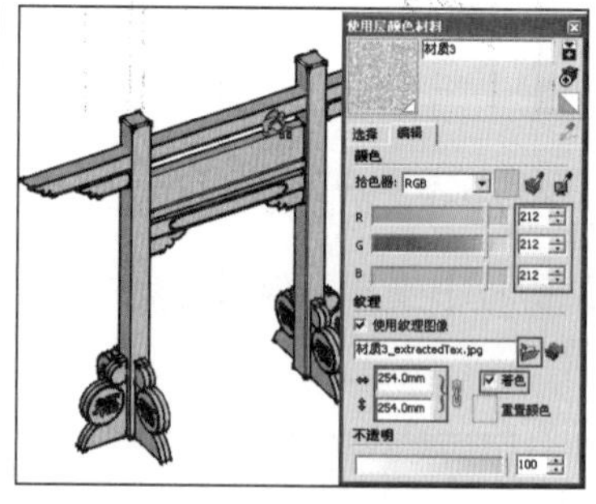

图 7-243　赋予石头材质

图 7-244　中式牌坊最终效果

第8章 SketchUp 插件建模

本章将讲解 SketchUp 常用的模型插件的使用方法，使用这些插件，可以快速创建复杂的模型效果，成倍提高工作效率。SketchUp 常用的建模插件有 Suapp、超级推拉、贝塞尔曲线、超级圆（倒）角、曲面自由分割以及路径变形等。

8.1 SketchUp 中文建筑插件 Suapp

105 轴网墙体

文件路径：无 | 视频文件：MP4\第 08 章\105.MP4

通过 Suapp 插件中的【轴网墙体】菜单，可以快速创建实心墙面，以及常用的立柱、圆柱、网格等模型，本例主要讲解【绘制墙体】与【线转墙体】两个命令的使用。

步骤 01 执行【插件】\【轴网墙体】\【绘制墙体】菜单命令，如图 8-1 所示，弹出【墙体参数】面板，在其中设置好墙体宽度与高度，如图 8-2 所示。

步骤 02 单击【确定】按钮关闭【墙体参数】面板，在【绘图区】单击并拖动光标确定墙体长度，如图 8-3 所示。

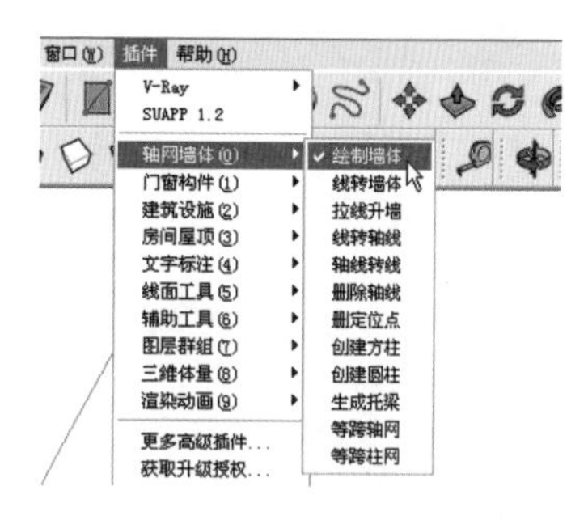

图 8-1 选择【绘制墙体】命令

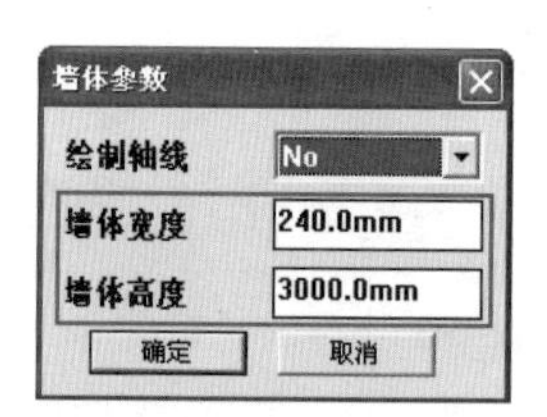

图 8-2 墙体参数面板

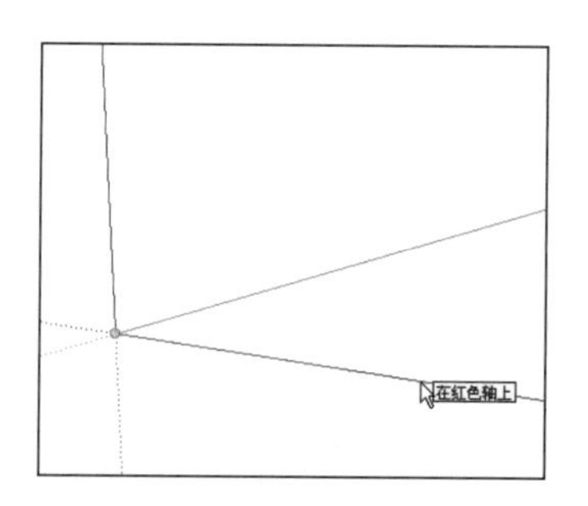

图 8-3 确定墙体长度

步骤 03 松开鼠标自动生成对应墙体，如图 8-4 所示。

步骤 04 在【绘图区】根据墙体走向绘制线段，执行【插件】\【轴网墙体】\【线转墙体】菜单命令，如图 8-5 所示。

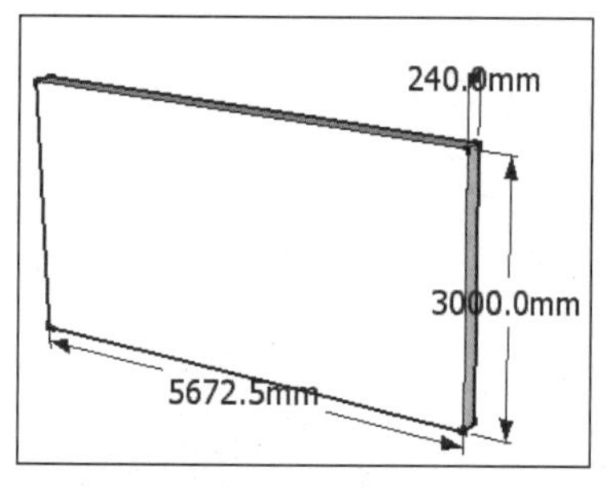

图 8-4 自动生成墙体

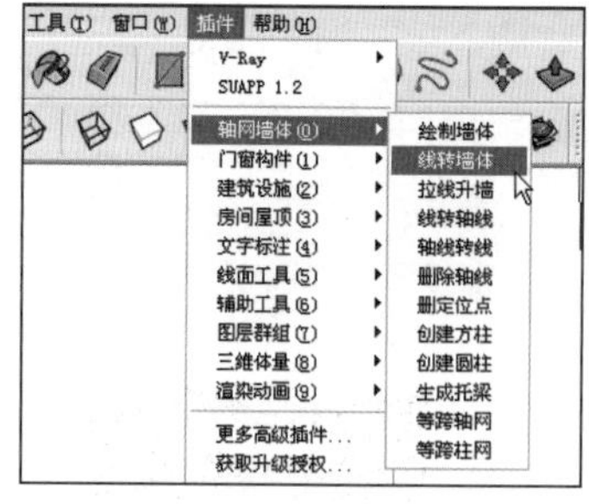

图 8-5 执行【线转墙体】命令

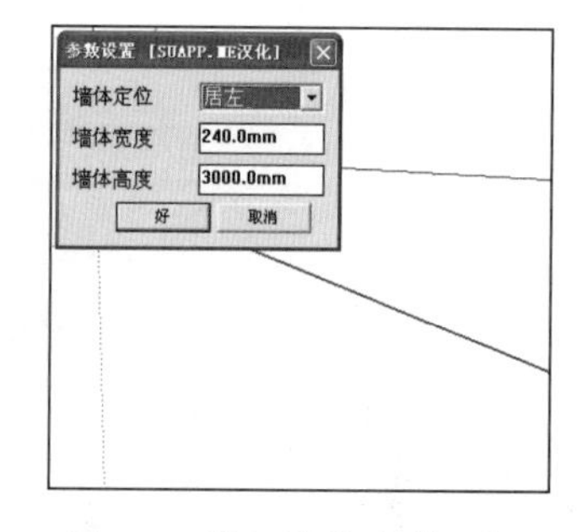

图 8-6 设置墙体参数面板

步骤 05 在弹出的面板中设置相关参数，如图 8-6 所示，单击【确定】按钮，即可在绘图区生成对应墙体，如图 8-7 所示。

步骤 06 使用【轴网墙体】子菜单，还可以创建立柱、圆柱、托梁等构件，以及轴网等辅助对象，如图 8-8 与图 8-9 所示。

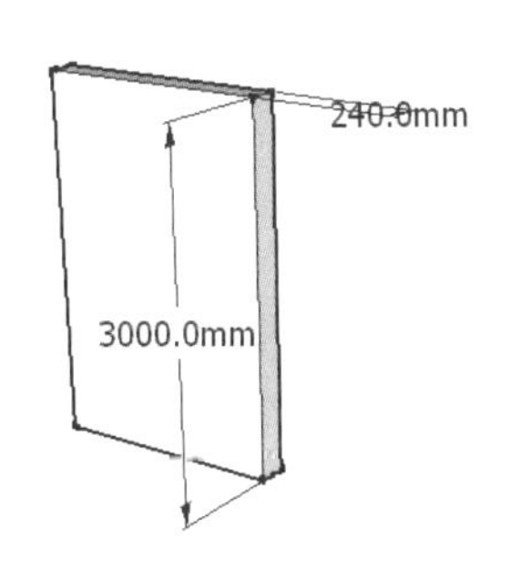

图 8-7　生成墙体

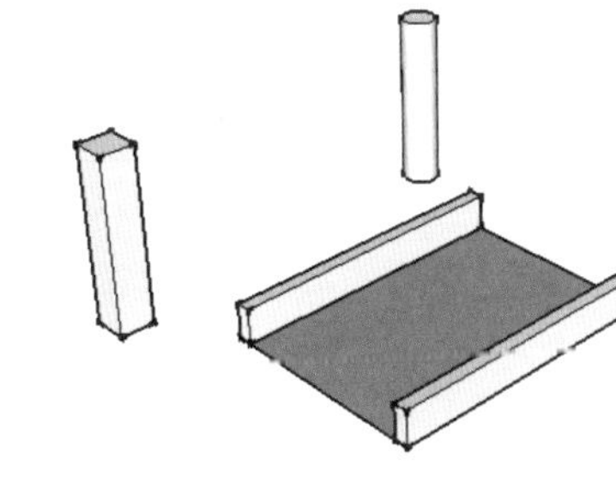

图 8-8　创建立柱、圆柱、托梁等构件

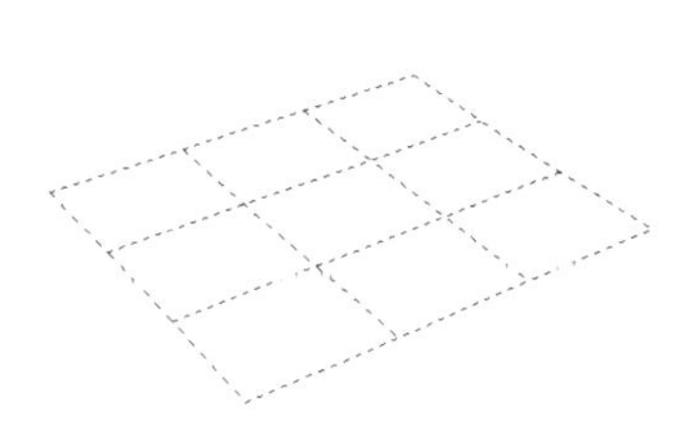

图 8-9　创建轴网

106 门窗构件

文件路径:、无　　视频文件: MP4\第 08 章\106.MP4

通过 Suapp 插件中的【门窗构件】菜单，可以快速创建门窗以及普通的玻璃幕墙结构模型，本例主要讲解【墙体开门】命令的使用。

步骤 01 执行【插件】\【门窗构件】\【墙体开门】菜单命令，如图 8-10 所示，弹出【门参数设置】面板，如图 8-11 所示，在墙体的目标位置单击，生成门模型，如图 8-12 所示。

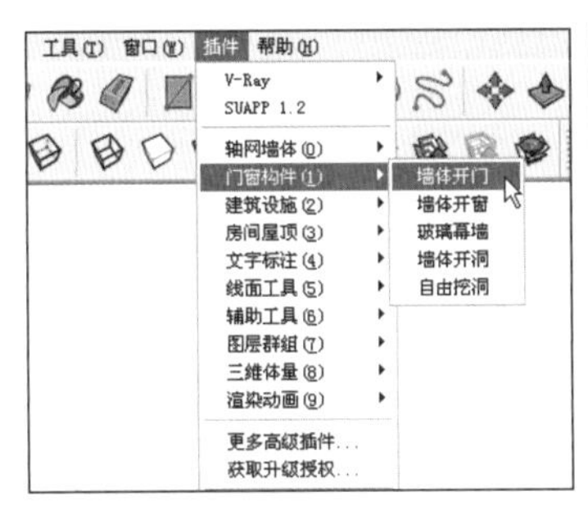

图 8-10　创建墙体并选择墙体开门

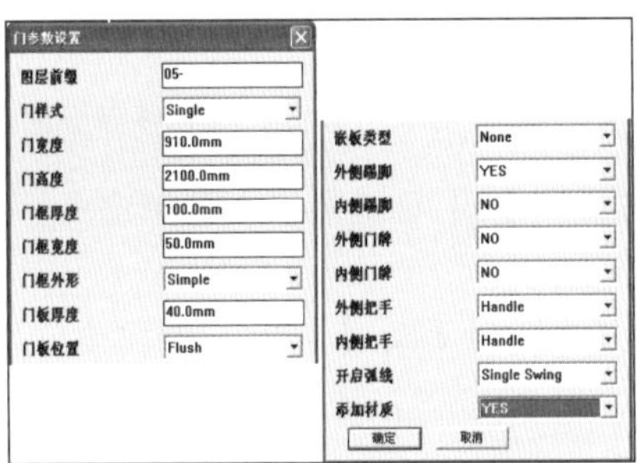

图 8-11　门参数设置面板

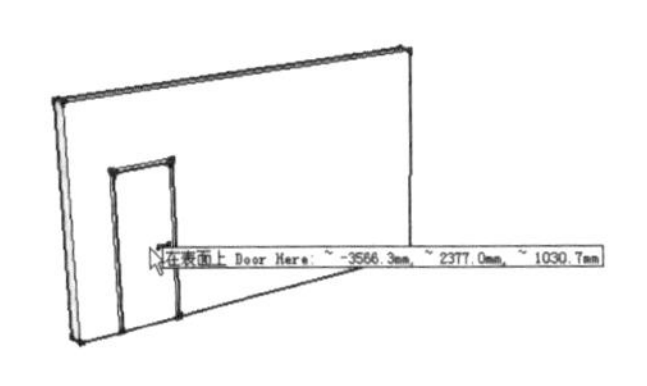

图 8-12　生成门模型

步骤 02 门模型创建后，删除多余墙体模型面，即可开出门洞，如图 8-13 所示。通过这种方法还可以快速制作窗户模型，如图 8-14 所示。

步骤 03 通过【门窗构件】菜单中的命令还可快速制作玻璃幕墙等模型，如图 8-15 所示。

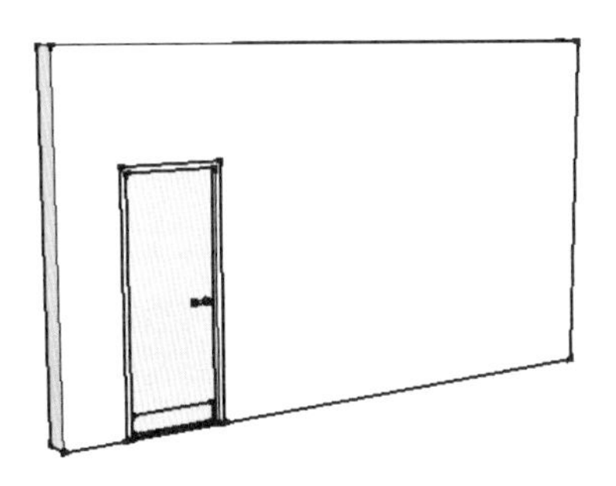

图 8-13　删除多余模型面形成门洞

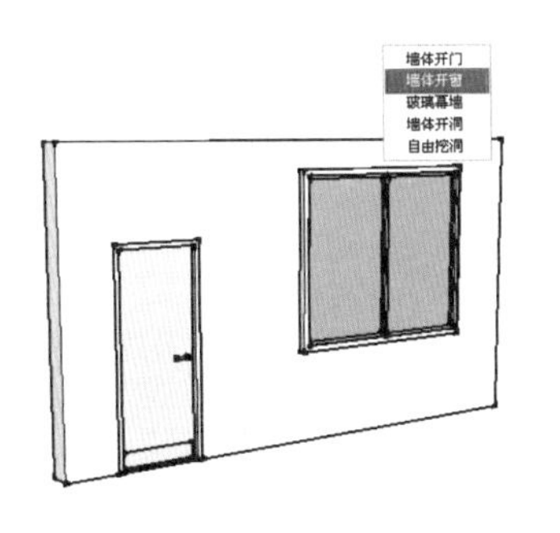

图 8-14　墙体开窗效果

图 8-15　玻璃幕墙效果

107 建筑设施

文件路径：无　　视频文件：MP4\第 08 章\107.MP4

通过 Suapp 插件中的【建筑设施】菜单，可以快速创建栏杆及各种楼梯模型，本例主要讲解【创建栏杆】与【双跑楼梯】命令的使用。

步骤 01 在绘图区创建一条线段，执行【插件】\【建筑设施】\【创建栏杆】菜单命令，如图 8-16 所示。

步骤 02 弹出【栏杆构件】面板，如图 8-17 所示，设置相关参数，单击【确定】按钮即可生成对应栏杆模型，如图 8-18 所示。

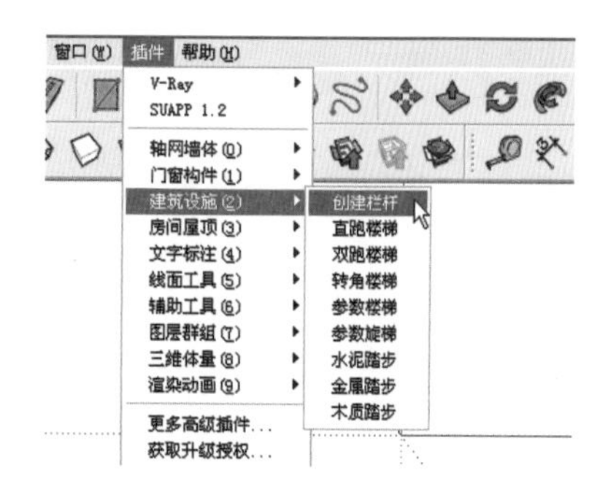

图 8-16　选择【创建栏杆】命令

栏杆构件
扶手截面：Rectangular
立柱截面：Rectangular
栏杆挡板：None
栏杆高度：3000.0mm
立柱间距：300.0mm
确定　取消

图 8-17　调整栏杆构件参数面板

图 8-18　生成栏杆模型

步骤 03 执行【插件】\【建筑设施】\【双跑楼梯】菜单命令，在弹出的【双跑楼梯参数】面板中设置相关参数，如图 8-19 所示。

步骤 04 单击【双跑楼梯参数】面板【确定】按钮，即可生成双跑楼梯，如图 8-20 所示。

步骤 05 通过【建筑设施】菜单内的命令，还可制作出其他常用楼梯类型，如图 8-21 所示。

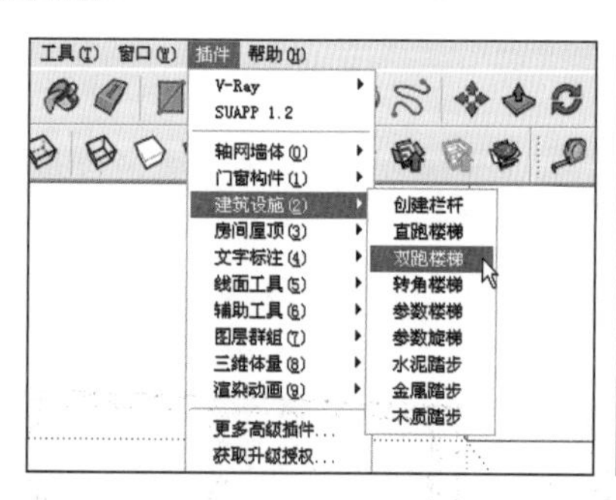

图 8-19　选择创建双跑楼梯

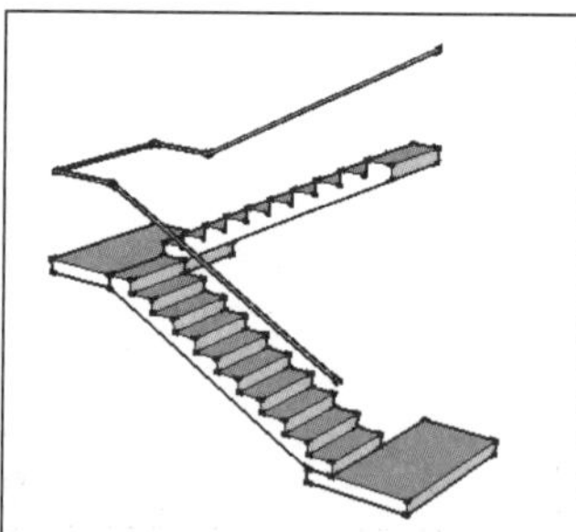

图 8-20　双跑楼梯生成效果

图 8-21　其他常用楼梯模型

108 房间屋顶

文件路径：无　　视频文件：MP4\第 08 章\108.MP4

通过 Suapp 插件中的【房间屋顶】菜单，可以快速创建各种常用柜子模型以及屋顶结构，本例主要讲解【房间布置】中【厨柜】命令的使用。

步骤 01 打开【插件】\【房间屋顶】\【房间布置】子菜单，可以发现其有【厨柜】、【地柜】以及【吊柜】三个命令，如图 8-22 所示。

步骤 02 选择其中的【橱柜】命令，弹出对应的参数面板，如图 8-23 所示，设置参数后单击【确定】按钮，即可生成相应的橱柜模型，如图 8-24 所示。

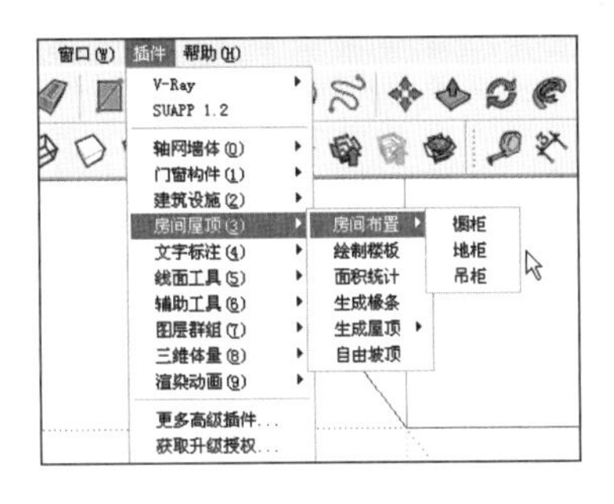

图 8-22 【房间布置】子菜单

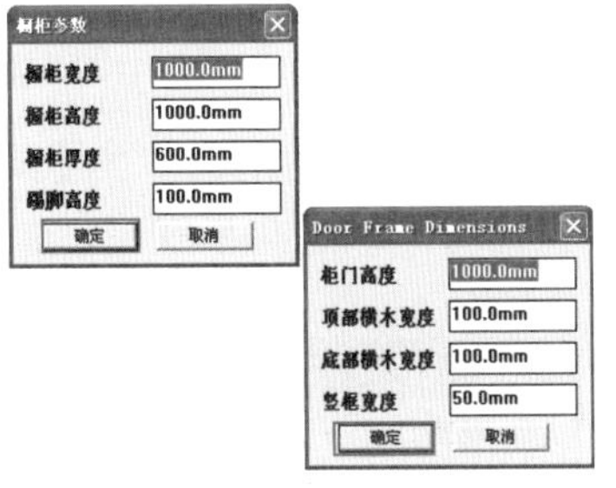

图 8-23 进入橱柜与柜门参数

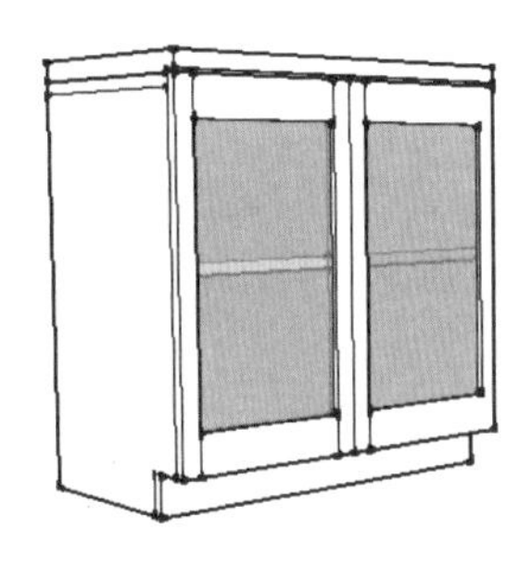

图 8-24 生成橱柜模型

步骤 03 若选择【地柜】和【吊柜】命令，执行类似的操作，即可生成对应的三维模型，如图 8-25 所示。

步骤 04 通过【生成屋顶】子菜单其他命令，如图 8-26 所示，可以快速生成各种屋顶，如图 8-27 所示。

图 8-25 生成地柜与吊柜模型

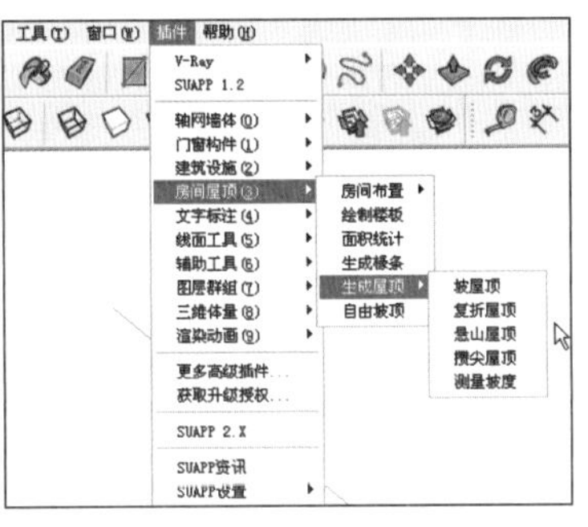

图 8-26 【生成屋顶】子菜单

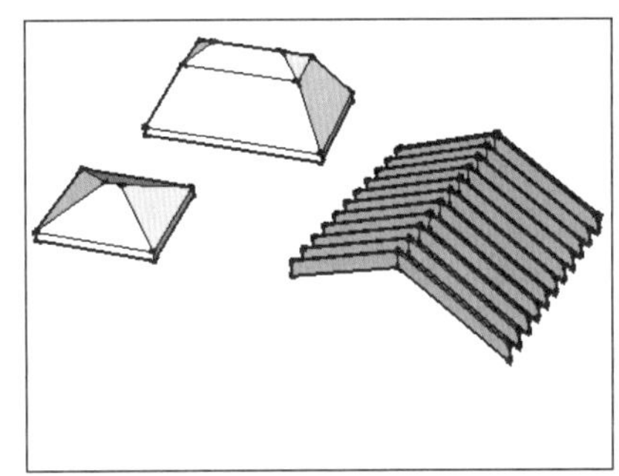

图 8-27 各类型屋顶生成效果

109 文字标注

文件路径：无　　视频文件：MP4\第 08 章\109.MP4

通过 Suapp 插件中的【文字标注】菜单，可以进行角度等标注及文本的导入，本例主要讲解【导入文本】命令的使用。

步骤 01 打开【插件】\【文字标注】子菜单，如图 8-28 所示，选择其下的【尺寸标注】\【高度标注】\【角度标注】命令，可以完成模型对角相关数据的标识，如图 8-29 所示。

图 8-28 【文字标注】子菜单

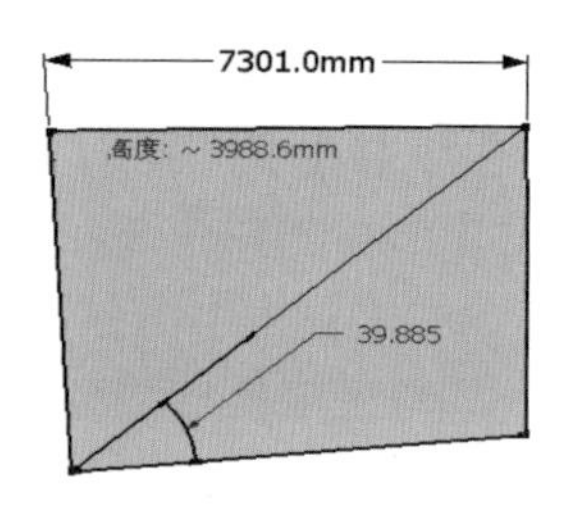

图 8-29 角度与高度标注效果

步骤 02 【文字标注】子菜单中另一个比较实用的命令为【导入文字】，执行该命令后，选择已经编辑好的 TXT 文件，可以快速导入大量文字叙述，如图 8-30~图 8-32 所示。

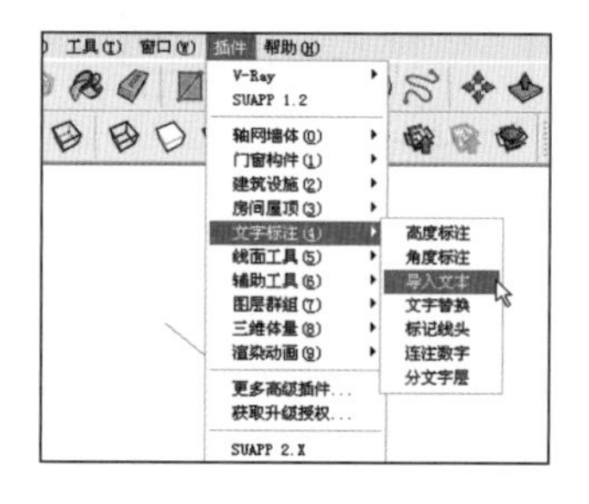

图 8-30 选择导入文本命令

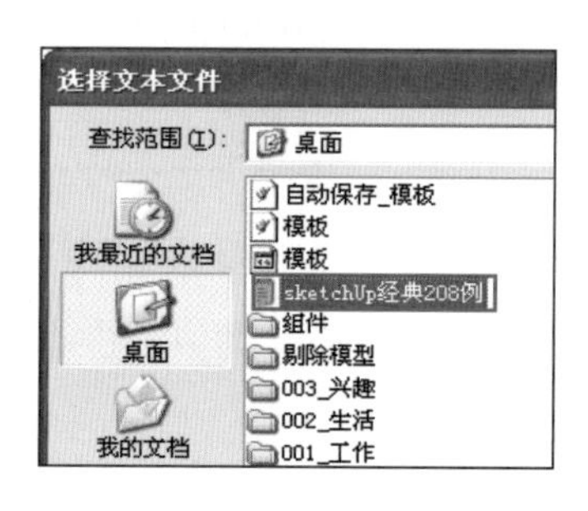

图 8-31 选择目标导入文本

图 8-32 文本导入效果

110 线面工具

文件路径：无

视频文件：MP4\第 08 章\110.MP4

通过 Suapp 插件的【线面工具】菜单，可以进行线条的修复、焊接以及简单的圆角、曲线的制作，本例主要讲解【修复直线】命令的使用。

步骤 01 在 SketchUp 中，由于截面线条断线会出现多余线条，如图 8-34 所示。

步骤 02 此时选择断线对象，执行【插件】\【线面工具】\【修复直线】菜单命令，可以进行修复，如图 8-34~图 8-36 所示。

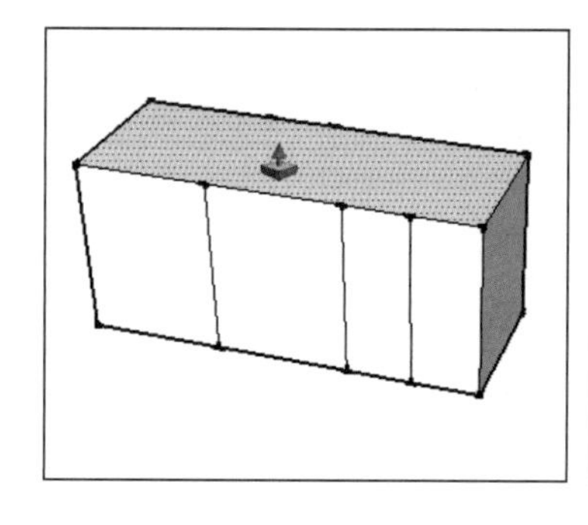

图 8-33 断线拉伸形成的多余线段

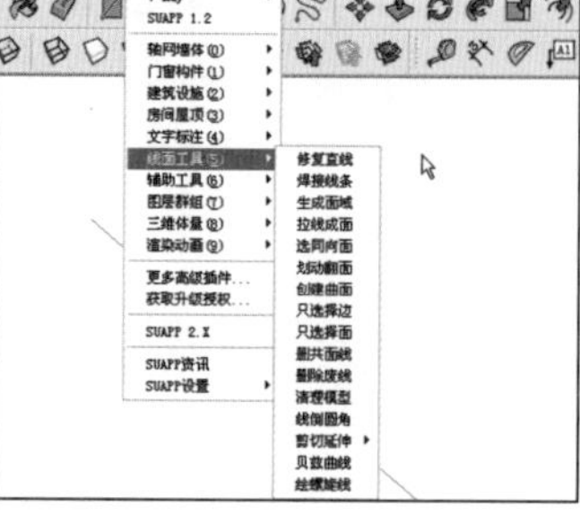

图 8-34 选择修复直线命令

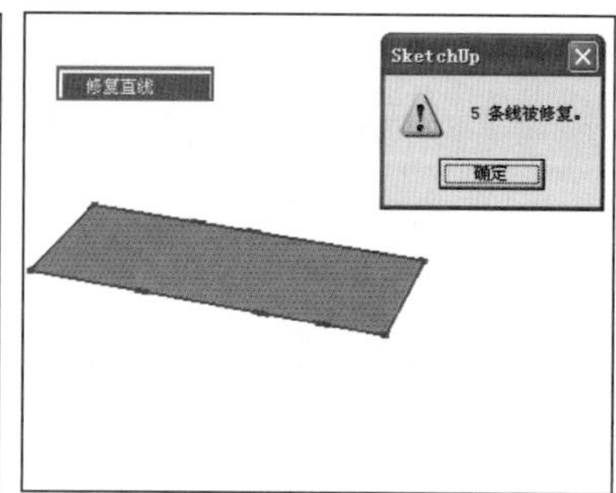

图 8-35 显示修复线条数量

步骤 03 通过【线面工具】中的菜单命令，还可以制作简单的圆角、倒角效果以及贝塞尔与螺旋曲线，如图 8-37 与图 8-38 所示。

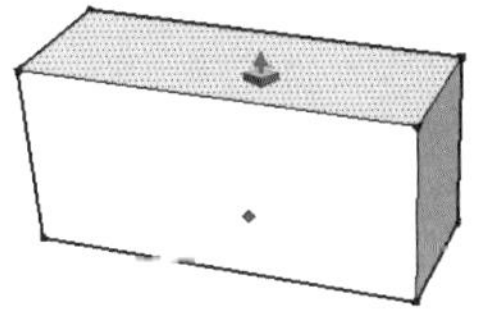

图 8-36　修复后拉伸效果

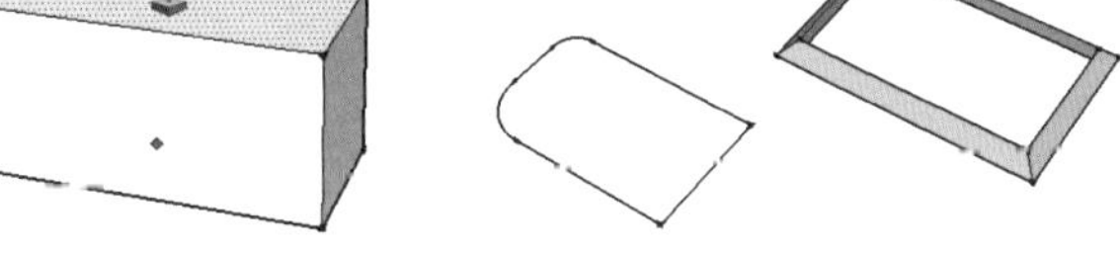

图 8-37　简单的圆角与倒角效果

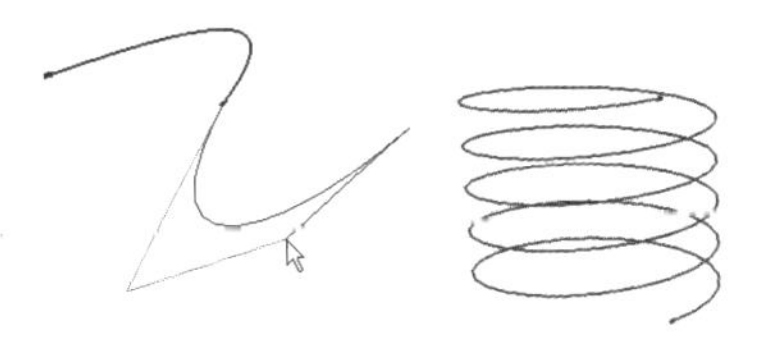

图 8-38　简单的贝赛尔曲线与螺旋线

111 辅助工具

文件路径：无	视频文件：MP4\第 08 章\111.MP4

通过 Suapp 插件中的【线面工具】菜单，可以进行镜像、阵列以及其他复杂的复制操作，本例主要讲解【镜像物体】与【多重复制】命令的使用。

步骤 01 选择需要镜像的对象，执行【插件】\【辅助工具】\【镜像物体】菜单命令，如图 8-39 所示。

步骤 02 单击确定两点构成镜像轴线，然后单击【确定】即可完成镜像，如图 8-40 与图 8-41 所示。

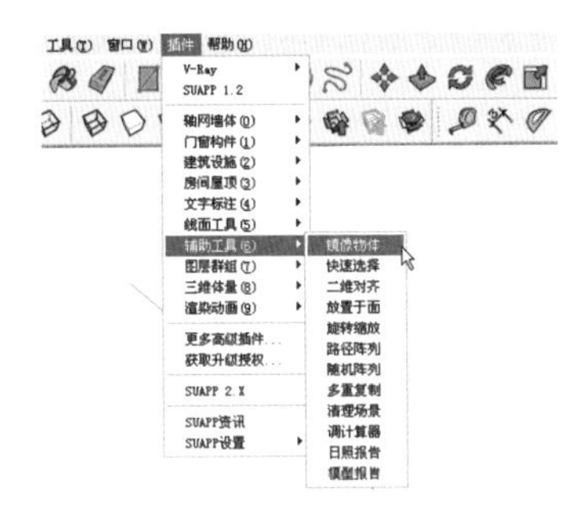

图 8-39　选择镜像命令

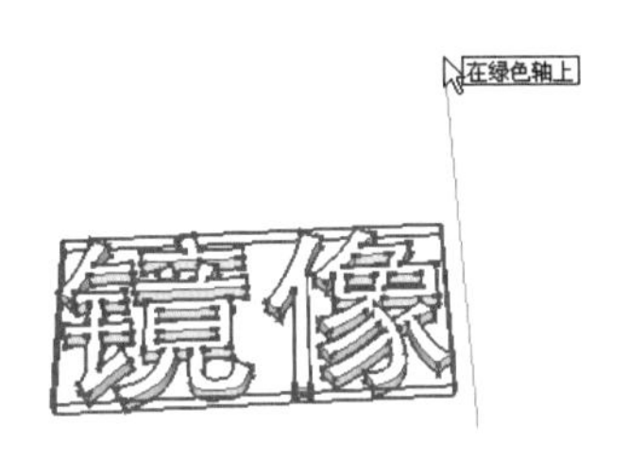

图 8-40　指定镜像轴

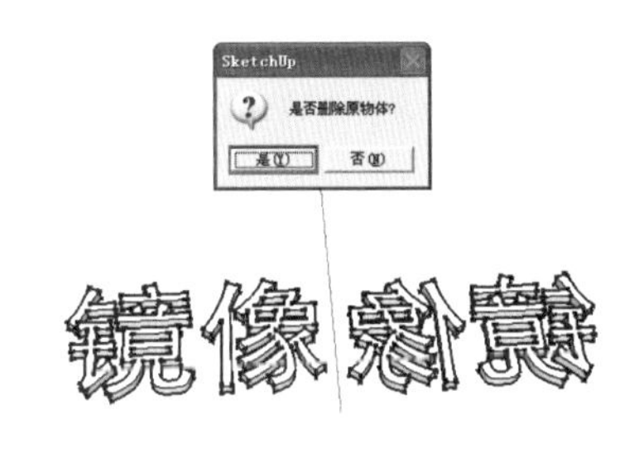

图 8-41　确定镜像效果

步骤 03 选择目标对象，执行【插件】\【辅助工具】\【多重复制】菜单命令，可以快速完成对象的多重复制，如图 8-42~图 8-44 所示。

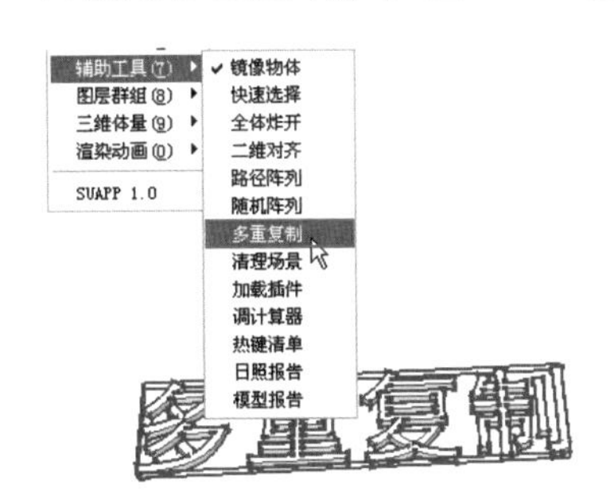

图 8-42　选择多重复制命令

图 8-43　多重复制参数设置面板

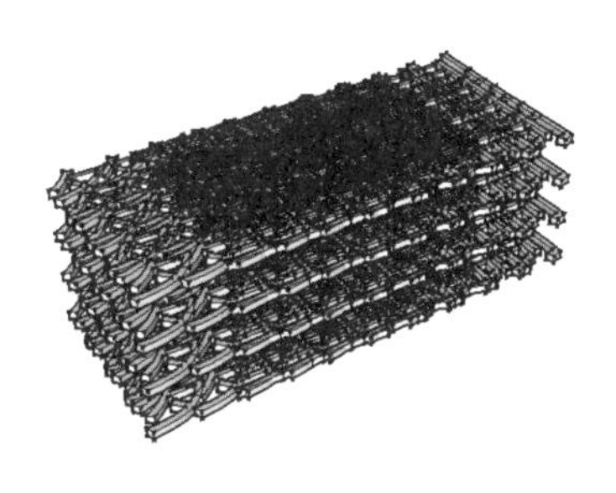

图 8-44　多重复制完成效果

112 图层群组

文件路径：无　　视频文件：MP4\第 08 章\112.MP4

通过 Suapp 插件的【图层群组】菜单，可以进行图层、群组以及材质方面的管理，本例主要讲解【隐藏选中图层】与【自动分层】命令的使用。

步骤 01 打开【插件】\【图层群组】子菜单，可以发现其中包含了诸多图层管理命令，如图 8-45 所示。接下来主要讲解【隐藏选中图层】命令的使用。

步骤 02 在场景中选择目标图层中任意一个模型对象，执行【插件】\【图层群组】\【隐藏选中图层】命令，即可快速将该图层所有对象隐藏，如图 8-46 与图 8-47 所示。

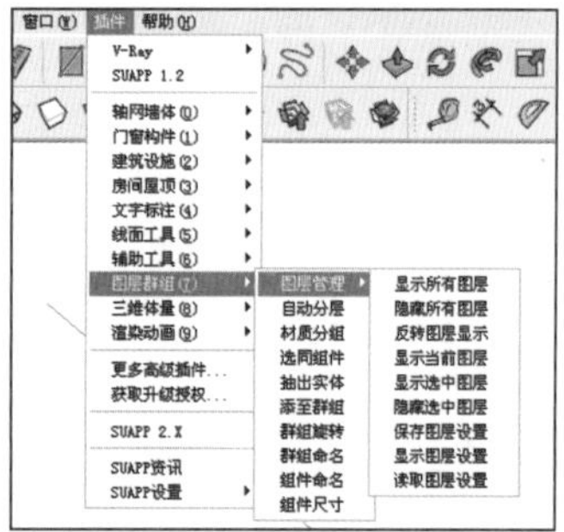

图 8-45　图层群组子菜单与命令

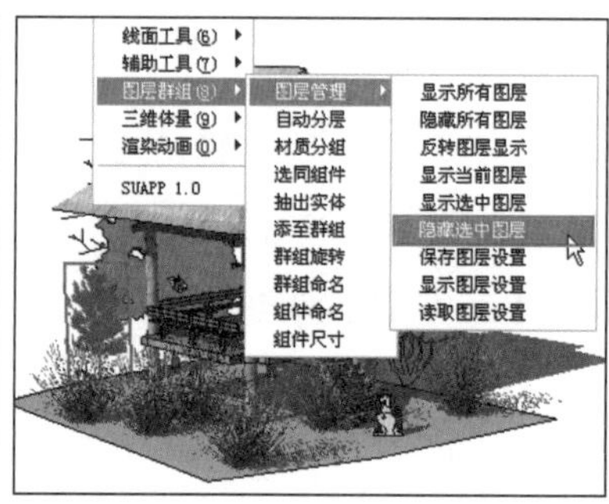

图 8-46　选择灌木执行隐藏选中图层

图 8-47　所在图层物体全部隐藏

步骤 03 当场景中存在标注、文字、剖切线等对象时，全选模型并执行【插件】\【图层群组】\【自动分层】菜单命令，可以自动将其分组，如图 8-48~图 8-50 所示。

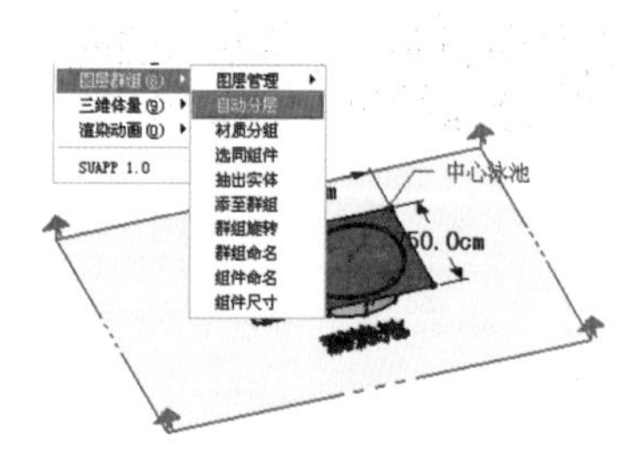

图 8-48　选择模型进行自动分层

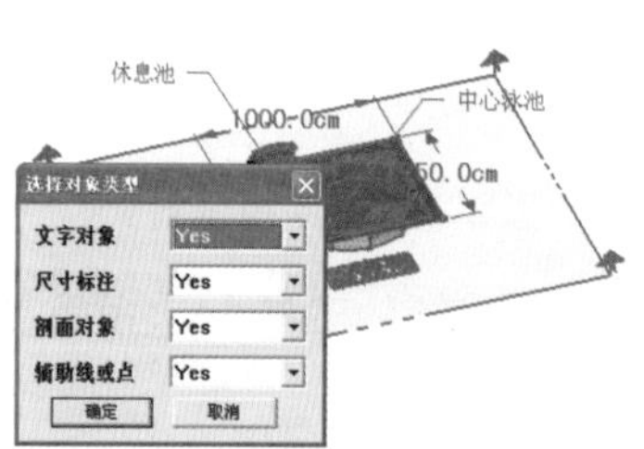

图 8-49　弹出自动分层对象过滤面板

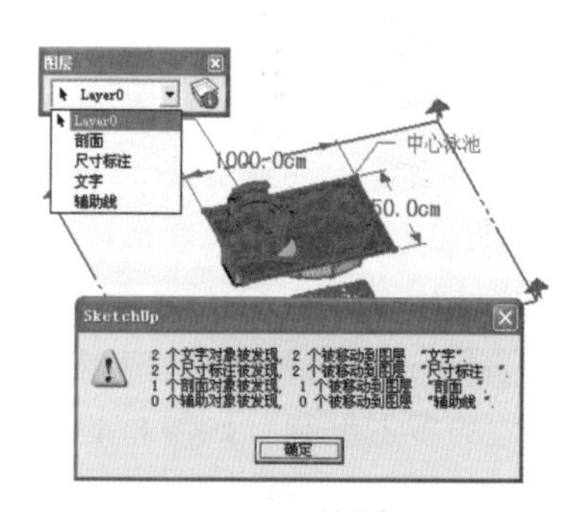

图 8-50　自动分层完成效果

113 三维体量

文件路径：无　　视频文件：MP4\第 08 章\113.MP4

通过 Suapp 插件的【三维体量】菜单，可以快速绘制常见的立方体、圆柱体、球体几何体以及房屋简模，此外还能制作网格、地形等高线等常用物体，本例主要讲解【绘几何体】与【快速布房】命令的使用。

步骤 01 执行【插件】\【三维体量】\【绘几何体】\【立方体】菜单命令，如图 8-51 所示，在弹出的面板中设置宽、厚、高参数，如图 8-52 所示，单击【确定】按钮，即可生成对应参数的立方体，如图 8-53 所示。

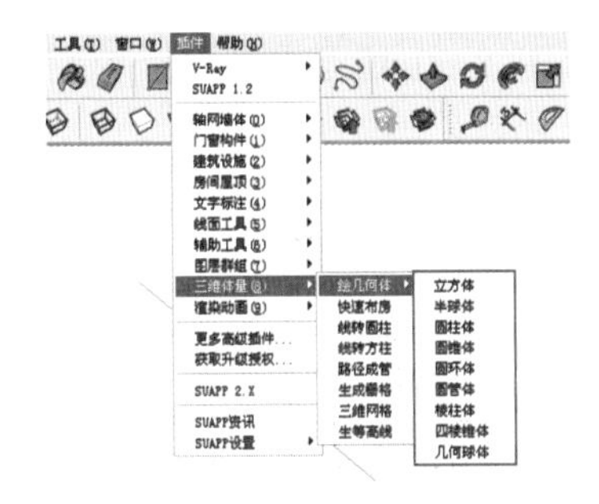

图 8-51　三维体量子菜单

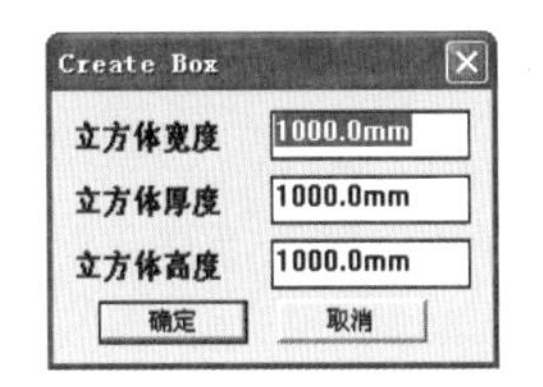

图 8-52　设置长方体创建参数

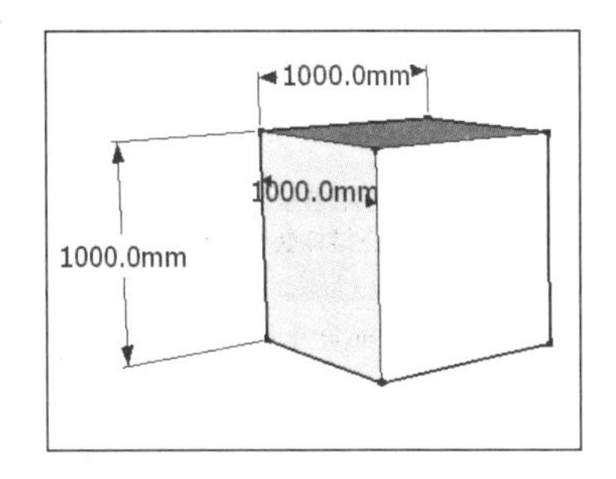

图 8-53　立方体创建完成效果

步骤 02 执行【插件】\【三维体量】\【绘几何体】子菜单其他命令，还可以生成圆环、半球、圆柱等常用几何体，如图 8-54 所示。

步骤 03 在城市规划中，如果需要大量的简模配景，可以执行【插件】\【三维体量】\【快速布房】菜单命令，如图 8-55 所示。

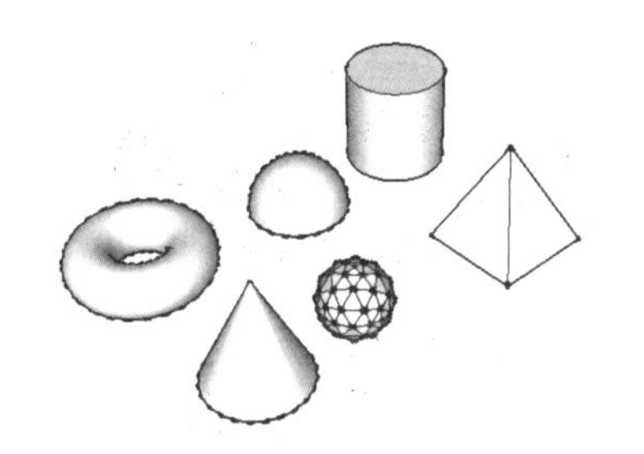

图 8-54　其他常用几何体创建效果

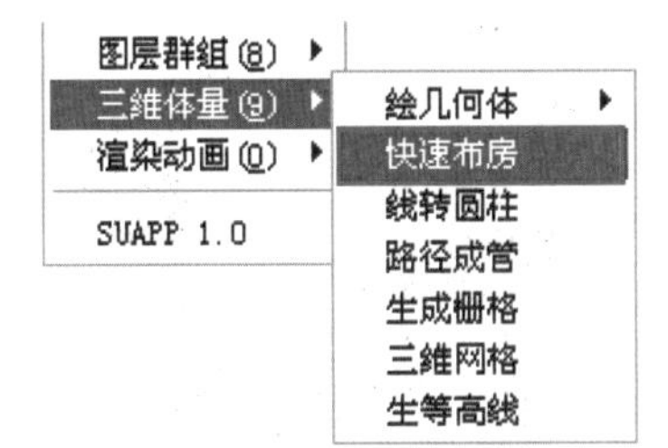

图 8-55　选择快速布房命令

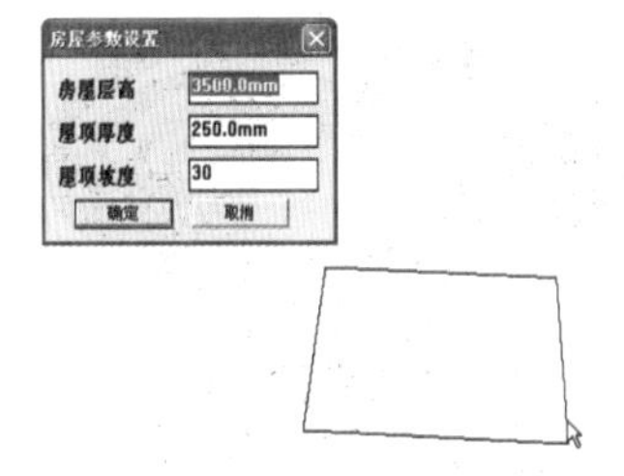

图 8-56　设定参数并划定房屋平面

步骤 04 在弹出的面板中，设定房屋厚度、高度和屋顶坡度参数，通过光标划定出房屋平面，如图 8-56 所示，即可生成对应房屋简模，如图 8-57 所示。

步骤 05 执行【插件】\【三维体量】子菜单其他命令，还可以快速绘制网格及创建等高线等对象，如图 8-58 与图 8-59 所示。

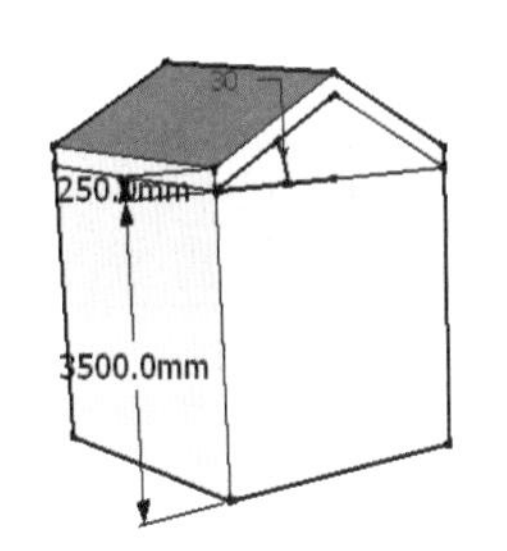

图 8-57　房屋生成效果

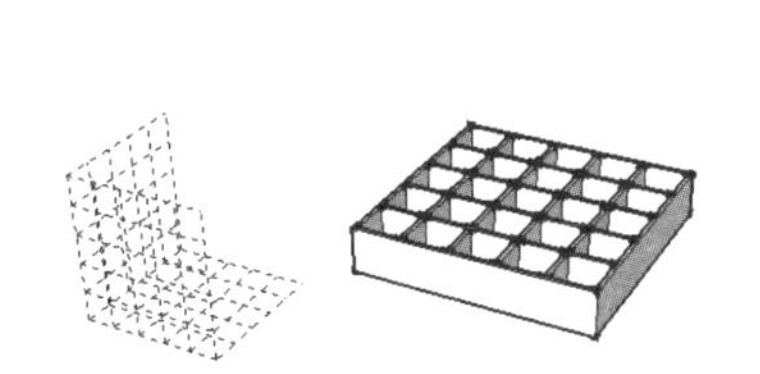

图 8-58　网格与三维网格

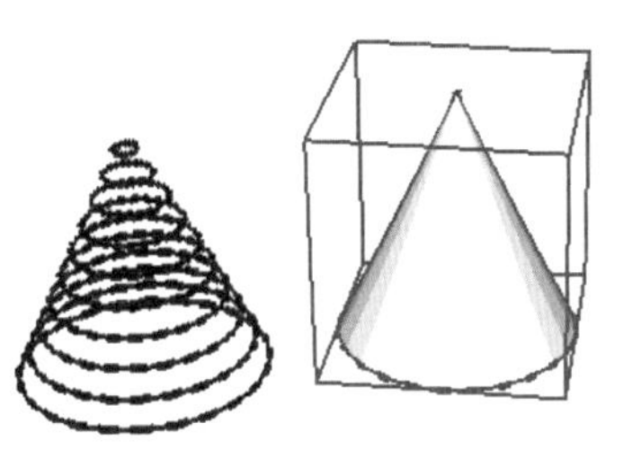

图 8-59　通过模型创建等高线

114 渲染动画

文件路径：无 | 视频文件：MP4\第 08 章\114.MP4

通过 Suapp 插件的【渲染动画】菜单，可以快速查看并调整当前相机参数和设置材质，本例主要讲解【相机参数】与【去除材质】命令的使用。

步骤 01 执行【插件】\【渲染动画】\【相机参数】菜单命令，如图 8-60 所示，在弹出的面板中可以快速查看及修改当前相机位置、角度等数据，如图 8-61 所示。

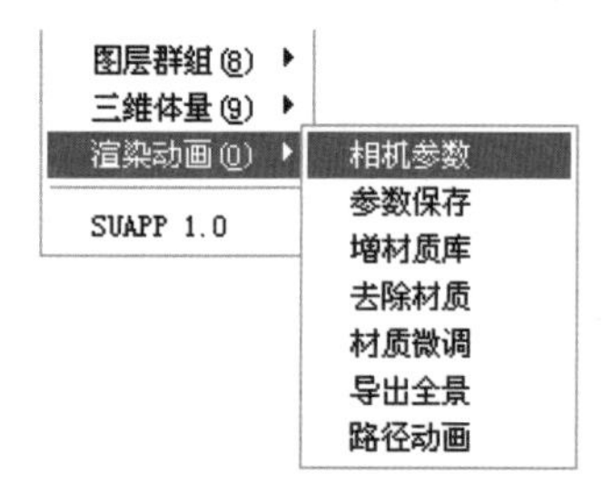

图 8-60　选择相机参数命令

图 8-61　相机参数设置面板

步骤 02 选择已经赋予材质的模型对象，执行【插件】\【渲染动画】\【去除材质】菜单命令，可以将模型还原成白模，如图 8-62~图 8-64 所示。

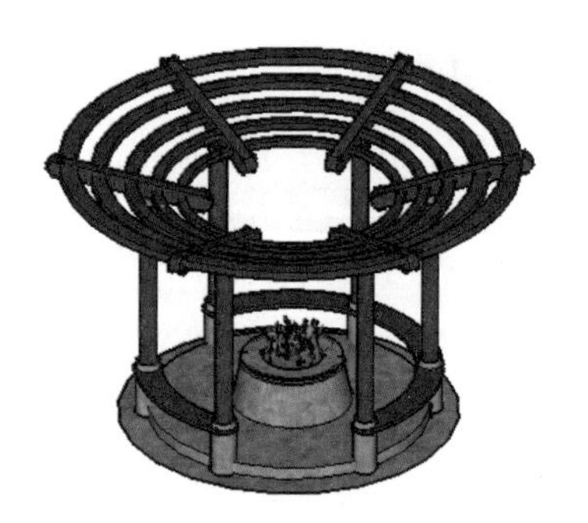

图 8-62　模型材质效果

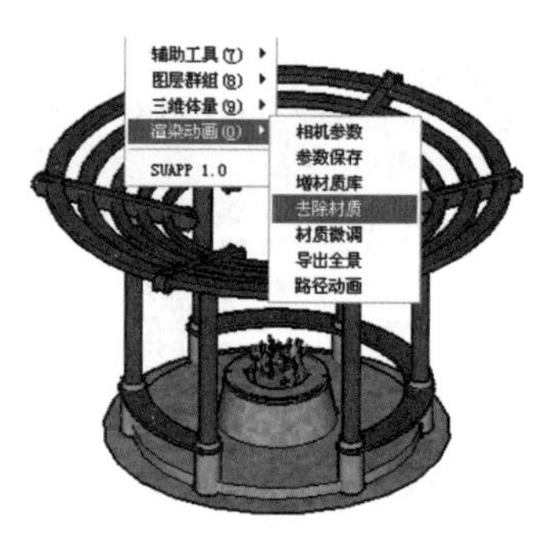

图 8-63　选择去除材质命令

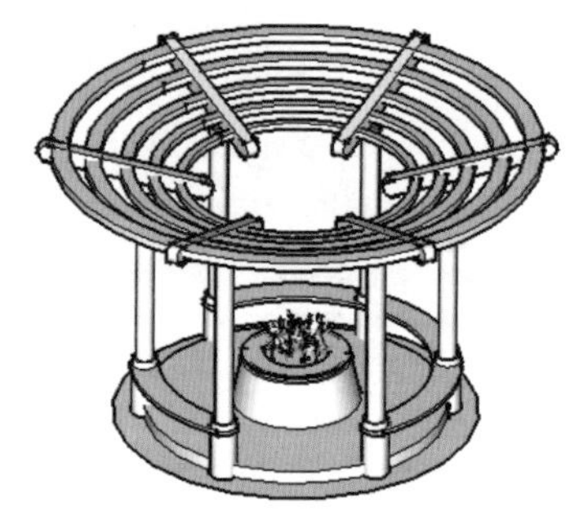

图 8-64　空白模型效果

8.2 SketchUp 其他常用插件

115 超级推拉

文件路径：无 | 视频文件：MP4\第 08 章\115.MP4

通过【超级推拉】插件，可以弥补 SketchUp 默认【推拉】工具的诸多限制，轻松实现多面同时推拉、任意方向推拉等操作。

1. 联合推拉

步骤 01 成功安装超级推拉插件后，执行【查看】/【工具栏】/【超级推/拉】命令，调出其工具栏，如图 8-65 所示，单击相应工具按钮，即可完成各种推拉操作。

图 8-65　超级推拉工具栏

步骤 02 SketchUp 默认的【推拉】工具每次只能进行单面推拉，如图 8-66 所示，在曲面上分多次推拉相邻的面，则会由于保持法线方向而形成分叉的效果，如图 8-67 所示。

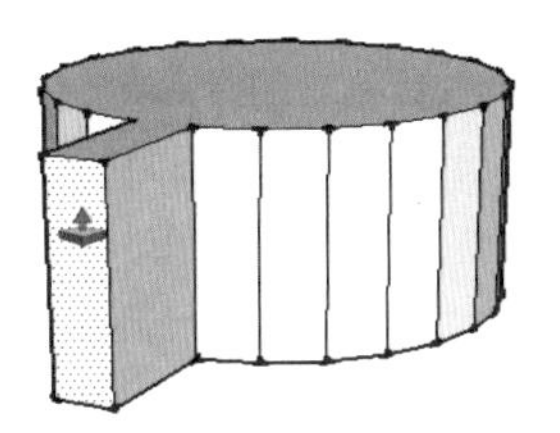

图 8-66　默认推拉只可进行单面推拉

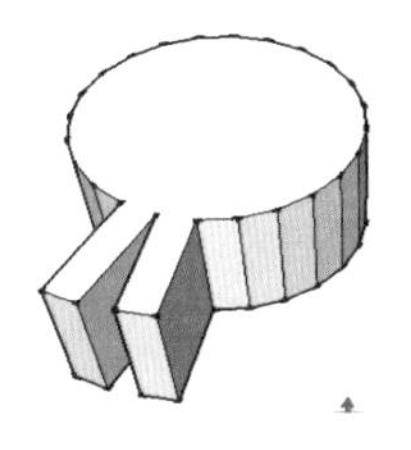

图 8-67　相邻面默认推拉效果

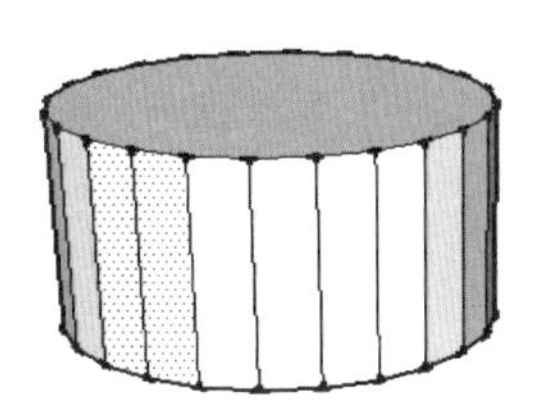

图 8-68　同时选择相邻面

步骤 03 使用【联合推拉】工具，可以同时选择相邻以及间隔面进行推拉，同时相邻面将产生合并的推拉效果，如图 8-68~图 8-71 所示。

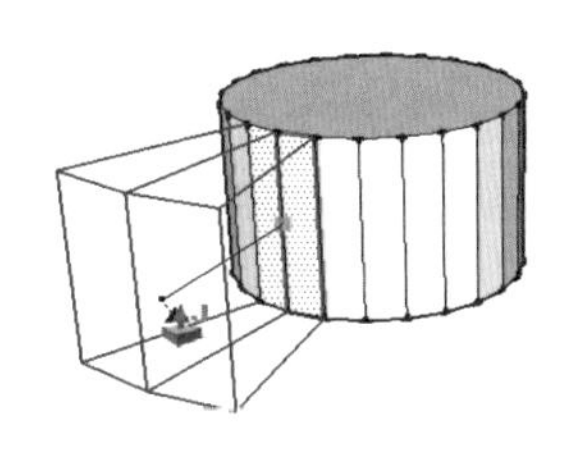

图 8-69　执行联合推拉

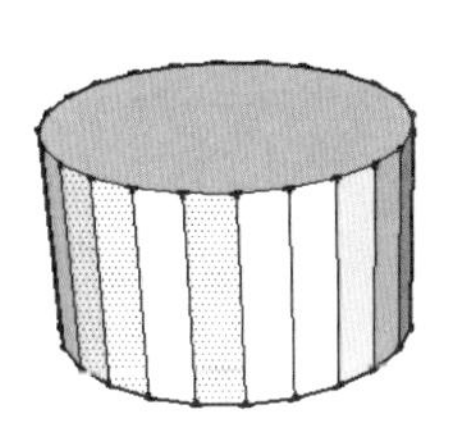

图 8-70　同时选择相邻及间隔面

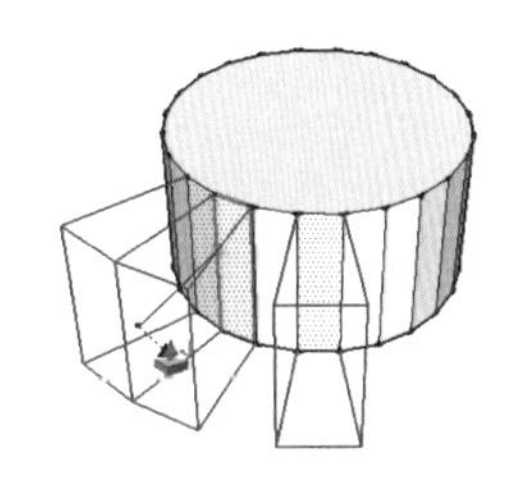

图 8-71　执行联合推拉

步骤 04 进行【联合推拉】时单击鼠标右键，可以确定效果或进入参数面板，如图 8-72 与图 8-73 所示，确定后的推拉效果如图 8-74 所示。

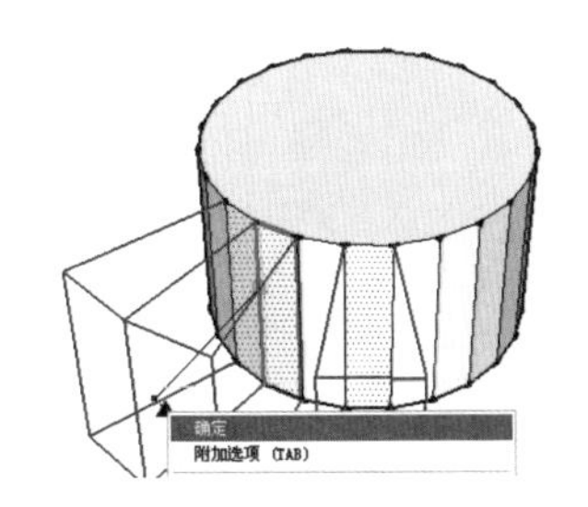

图 8-72　单击鼠标右键弹出快捷菜单

图 8-73　联合推拉参数设置

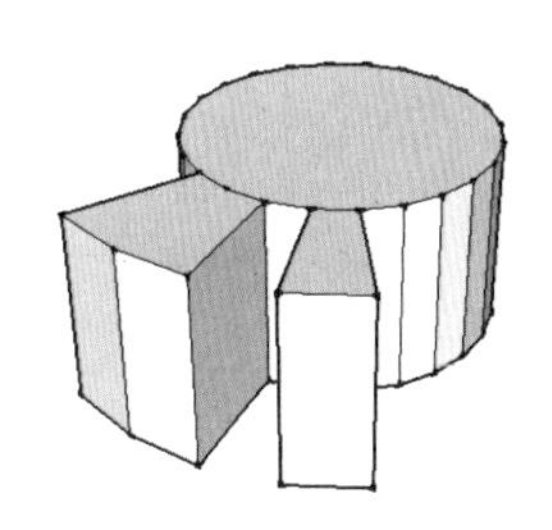

图 8-74　联合推拉完成效果

2. 两点推拉

步骤 01 默认【推拉】工具只能选择单个平面在法线方向上进行延伸，如图 8-75 所示。

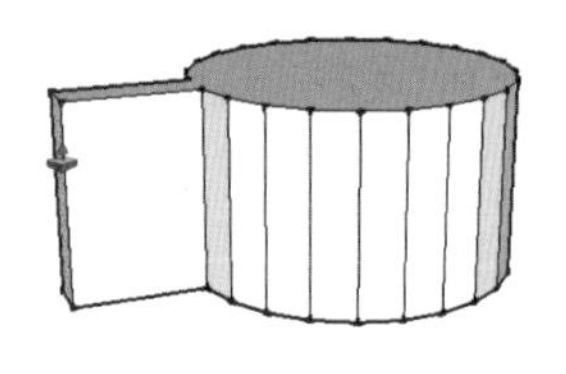

图 8-75 默认推拉效果

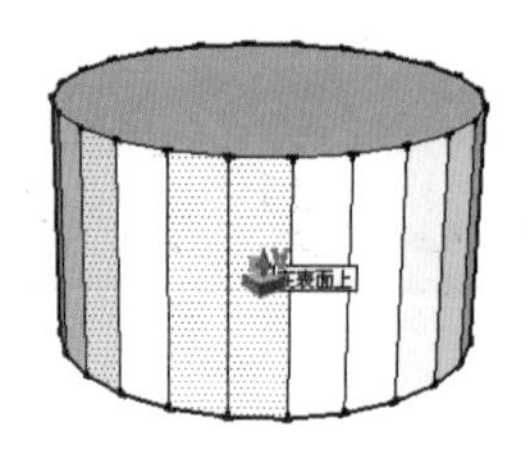

图 8-76 选择多面进行两点推拉

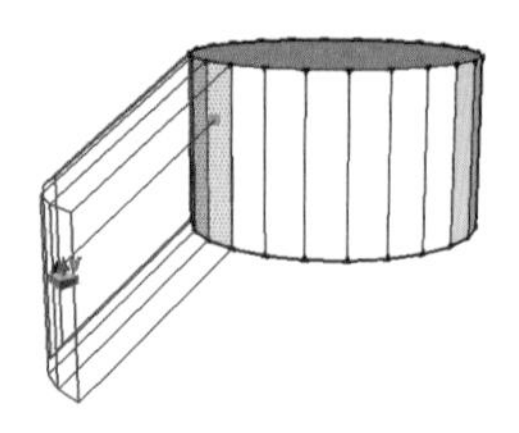

图 8-77 上下进行推拉效果

步骤 02 选择多个平面，启用【两点推拉】工具则可进行任意方向的推拉，如图 8-76 ~ 图 8-78 所示。

步骤 03 推拉过程中按下 Tab 键，弹出【两点推拉】面板进行设置，设置完成后单击【确定】按钮，完成效果如图 8-79 与图 8-80 所示。

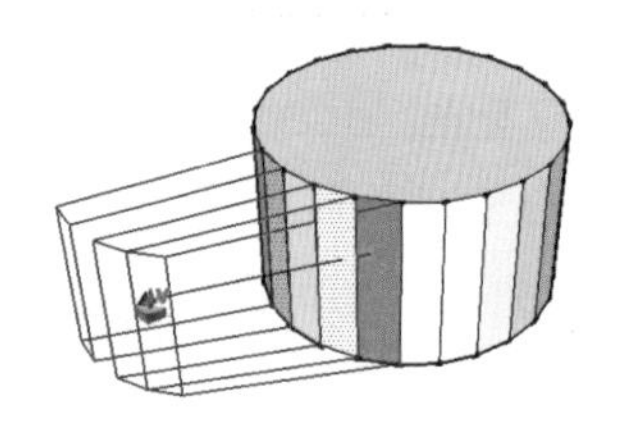

图 8-78 左右进行推拉效果

图 8-79 两点推拉参数设置面板

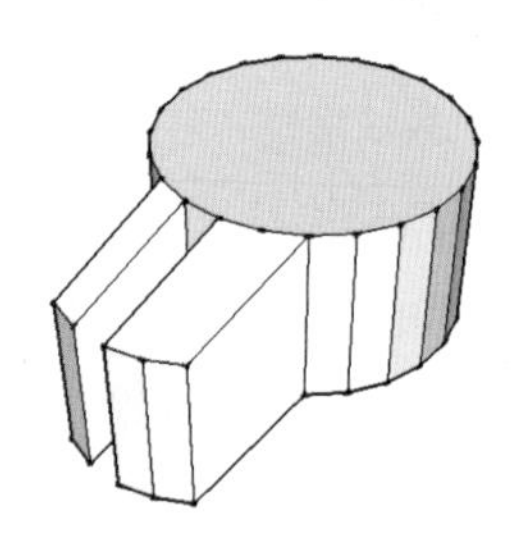

图 8-80 两点推拉完成效果

3. 法线推拉

步骤 01 默认的【推拉】工具向前推拉时，是沿法线方向进行单面延伸，如图 8-81 所示。

步骤 02 启用【法线】推拉工具，可以同时对多个面进行法线方向的延伸，如图 8-82 与图 8-83 示。

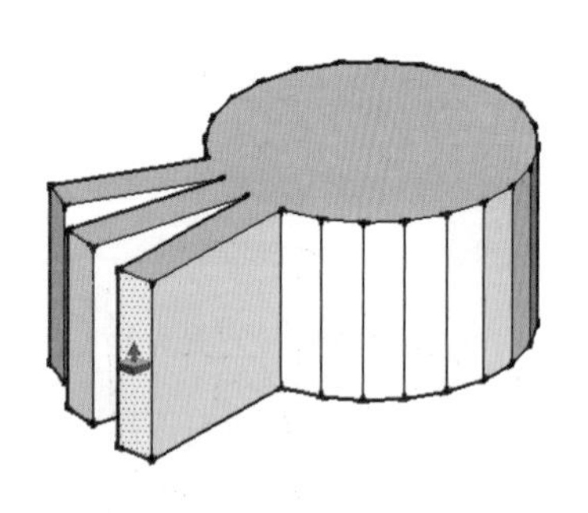

图 8-81 默认推拉多次效果

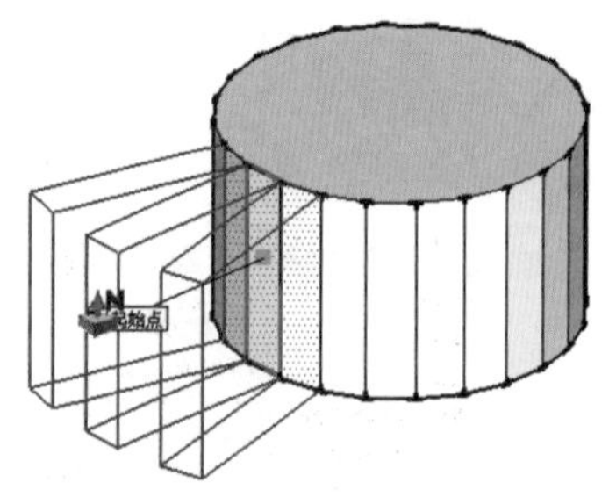

图 8-82 选择多面执行法线推拉

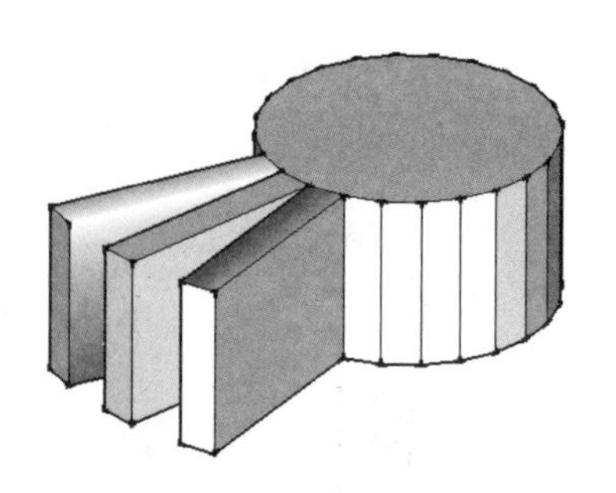

图 8-83 多面法线推拉完成效果

步骤 03 SketchUP 默认【推拉】工具向后推拉时，为沿法线方向进行推拉效果，如图 8-84 所示。

步骤 04 启用【法线推拉】工具向后推拉，将不产生推拉效果，而产生反向的延长效果，如图 8-85 与图 8-86 所示。

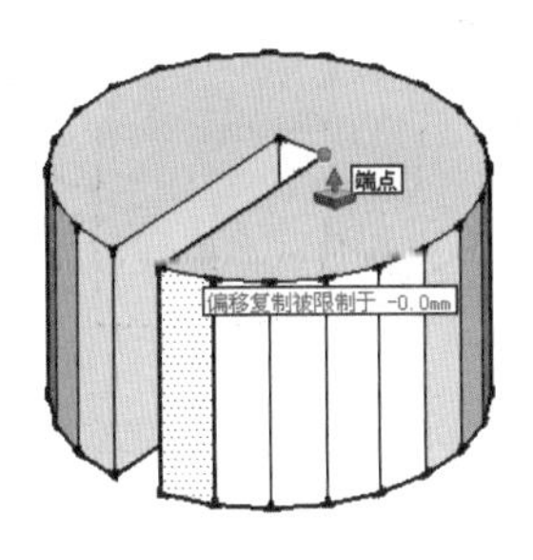

图 8-84　默认向内推拉效果

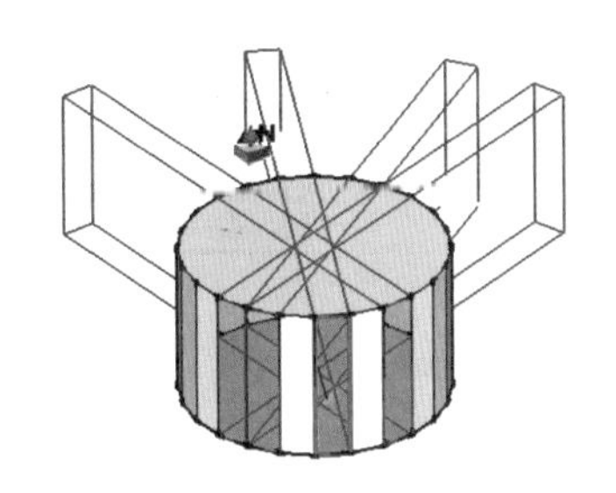

图 8-85　法线推拉向内推拉

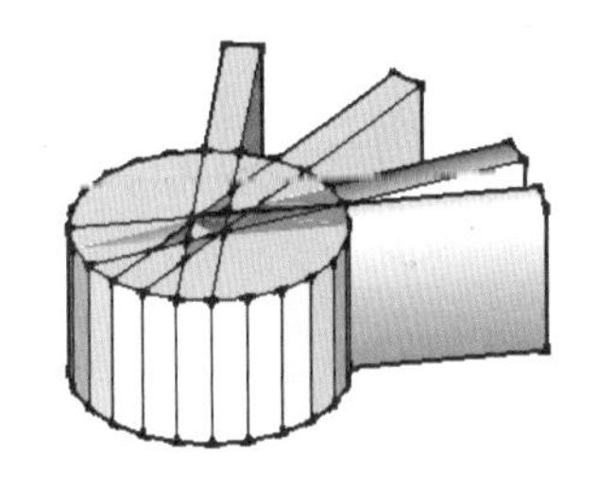

图 8-86　法线向内推拉完成效果

4. 撤销与重复推拉

步骤 01 连续使用【超级推拉】相关工具进行推拉后，单击【撤销】工具将进行逐步返回，如图 8-87~图 8-89 所示。

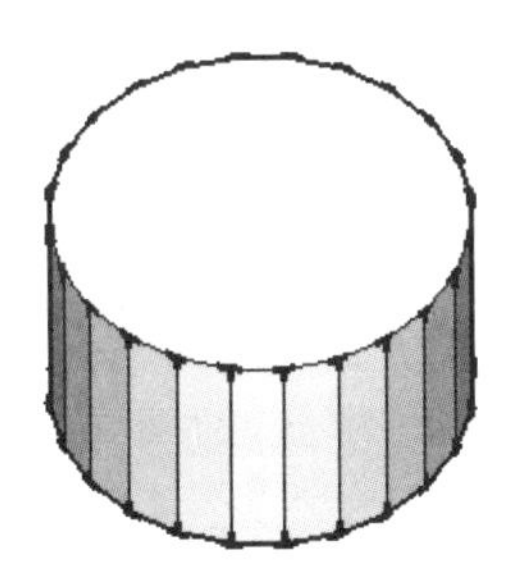

图 8-87　默认圆柱效果

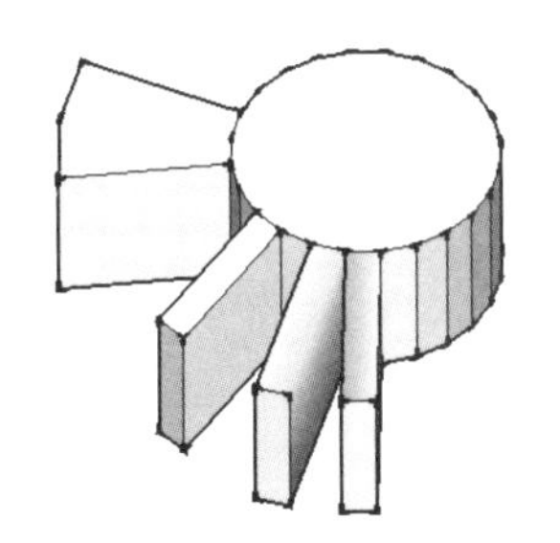

图 8-88　执行多重超级推拉

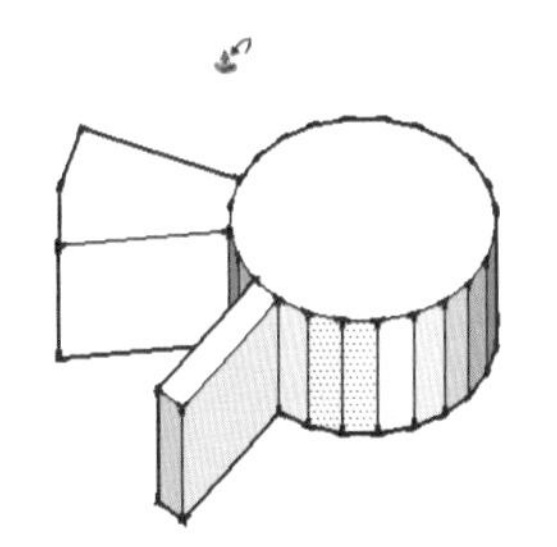

图 8-89　单击撤销返回上一步效果

提 示

如果在中间穿插使用了 SketchUp 默认的返回工具，则之前使用【超级推拉】的步骤将无法返回，如图 8-90 与图 8-91 所示。

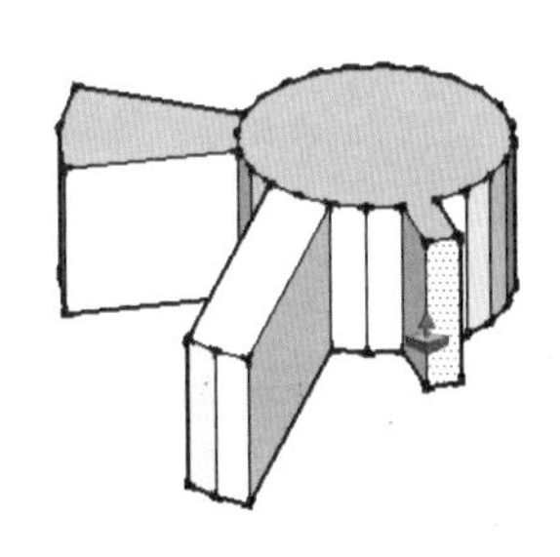

图 8-90　穿插执行默认推拉效果

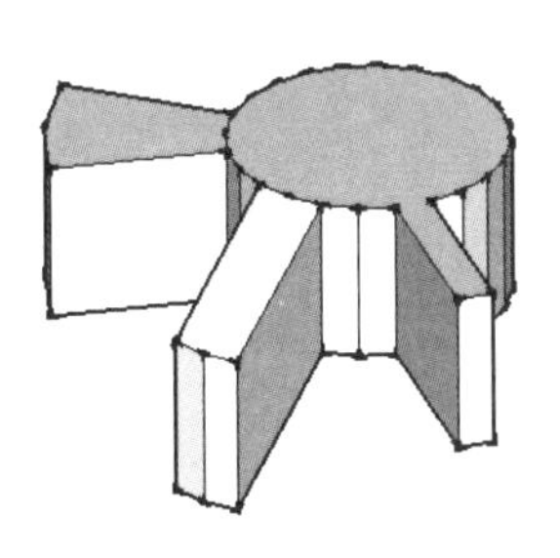

图 8-91　无法进行超级推拉操作返回

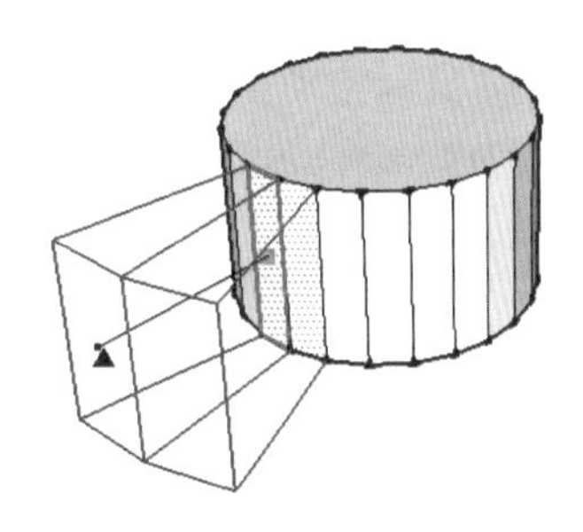

图 8-92　选择多面执行超级推拉

步骤 02 当使用【超级推拉】相关工具对某些面进行了操作后，再选择其他面单击【重复】按钮，将生成一样的效果（类似默认【推拉】工具双击产生的效果），如图 8-92~图 8-95 所示。

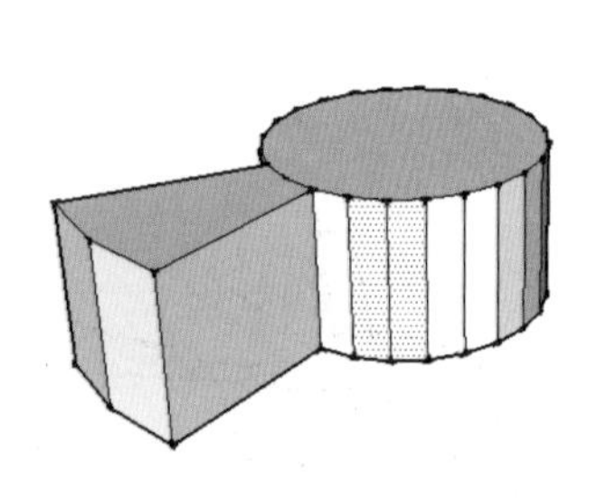

图 8-93　推拉完成并再次选择多面

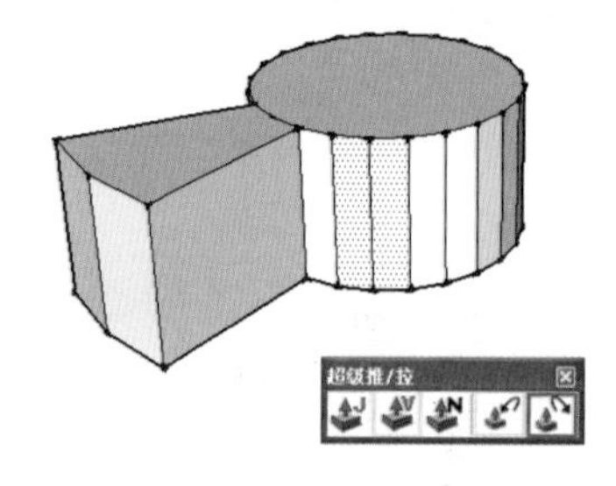

图 8-94　单击重复操作按钮

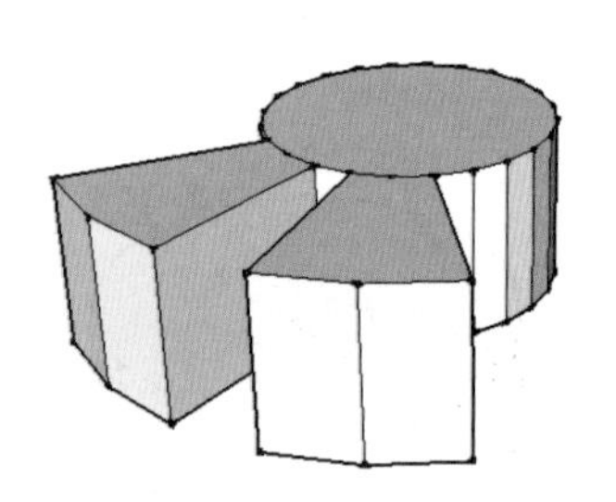

图 8-95　重复推拉完成效果

116 超级贝塞尔曲线

文件路径：无　　视频文件：MP4\第 08 章\116.MP4

使用【超级贝塞尔曲线】插件，可以绘制多种曲线以及多段线效果，加强 SketchUp 曲线造型的绘制能力。

1. 贝塞尔曲线

步骤 01 成功安装超级贝塞尔曲线插件后，执行【查看】/【工具栏】/【BZ-Toolbar】菜单命令，调出其工具栏如图 8-96 所示。

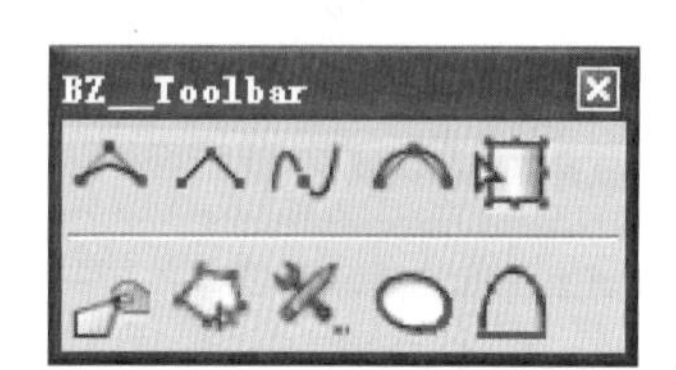

图 8-96　超级贝塞尔曲线工具栏

图 8-97　绘制贝塞尔曲线端点与终点

步骤 02 单击【贝塞尔曲线】按钮，在绘图区单击选定曲线端点与终点，如图 8-97 所示。

步骤 03 鼠标拖动控制点，调整曲线的弯曲效果，然后单击鼠标右键，选择【完成并退出】，如图 8-98 与图 8-99 所示。

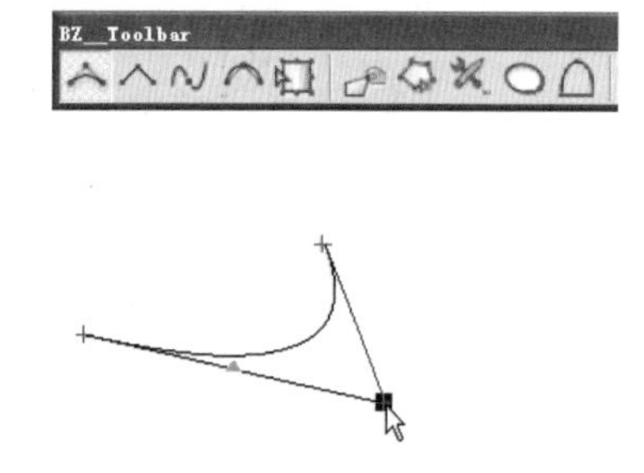

图 8-98　通过控制点调整曲线弧度

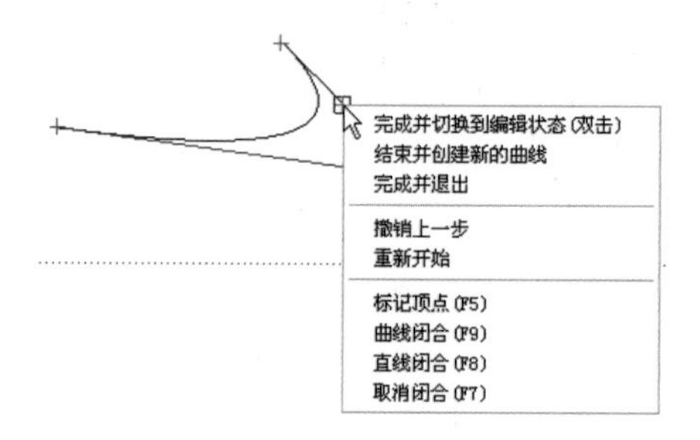

图 8-99　右击弹出快捷菜单

—>提 示

在贝塞尔曲线的创建过程中，通过输入分段数可以控制曲线的光滑度，如图 8-100~图 8-102 所示。

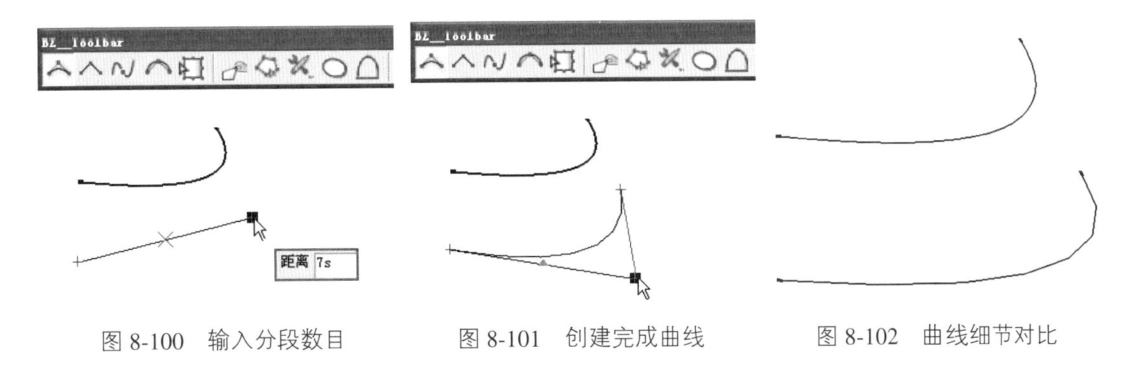

图 8-100　输入分段数目　　图 8-101　创建完成曲线　　图 8-102　曲线细节对比

2. 多段线

步骤 01 启动【多段线】工具，单击鼠标指定多段线起点，如图 8-103 所示。

步骤 02 继续创建其他顶点，形成转折的线段效果，然后单击鼠标右键，选择【直线闭合】命令，如图 8-104 所示，形成多段线封闭平面，如图 8-105 所示。

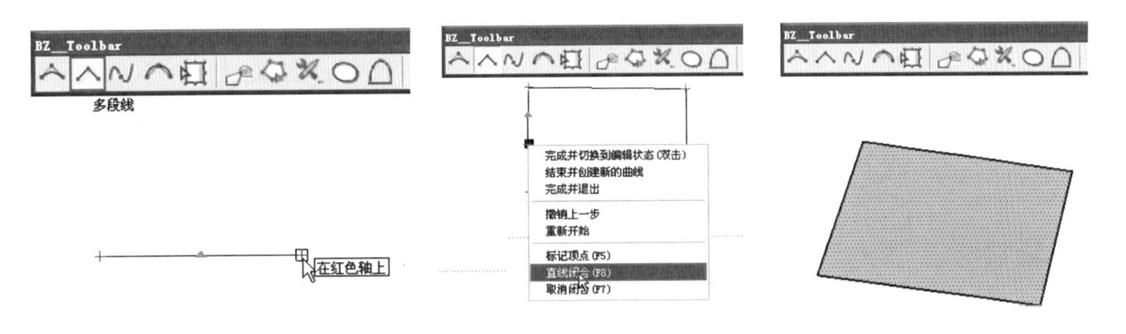

图 8-103　绘制多段线　　图 8-104　通过右键菜单闭合图形　　图 8-105　多段线平面完成效果

—>提 示

区别于 SketchUp 直接创建的矩形，通过多段线形成的矩形可以使用超级贝塞尔曲线编辑造型，详细内容可参考本例“编辑模式”一节中相关内容。

3. B 样条曲线

步骤 01 单击【B 样条曲线】按钮，弹出相关参数面板，用于设定锚点距离，通常保持默认即可，如图 8-106 所示。

步骤 02 单击鼠标创建起点，然后经过多次单击确定基本形状，并通过控制点调整曲线造型，如图 8-107 所示。

步骤 03 确认效果后，通过鼠标右键菜单完成绘制，如图 8-108 所示。

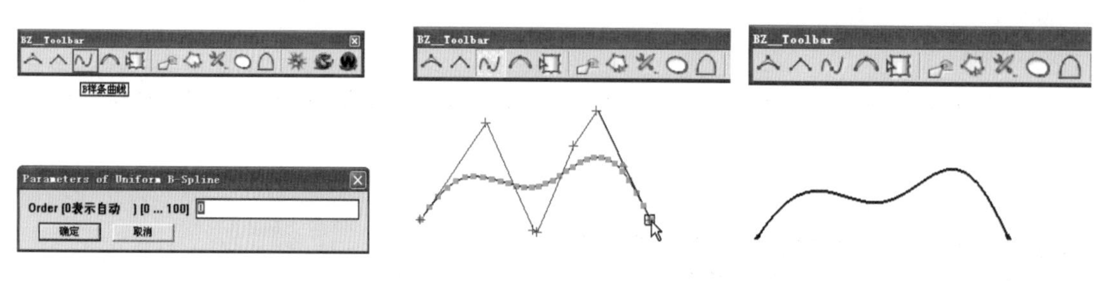

图 8-106　单击 B 样条曲线按钮　图 8-107　确定控制点调整曲线造型　图 8-108　绘制完成效果

4. 空间贝塞尔曲线

步骤 01 单击【空间贝塞尔曲线】按钮，单击鼠标确定起点，如图 8-109 所示。

步骤 02 根据绘制需要，在空间任意处单击，绘制出对应的曲线造型，如图 8-110 所示。

步骤 03 确定效果后，通过右键菜单结束绘制，将视图调整到侧视图，即可发现空间三维曲线与二维曲线的不同，如图 8-111 所示。

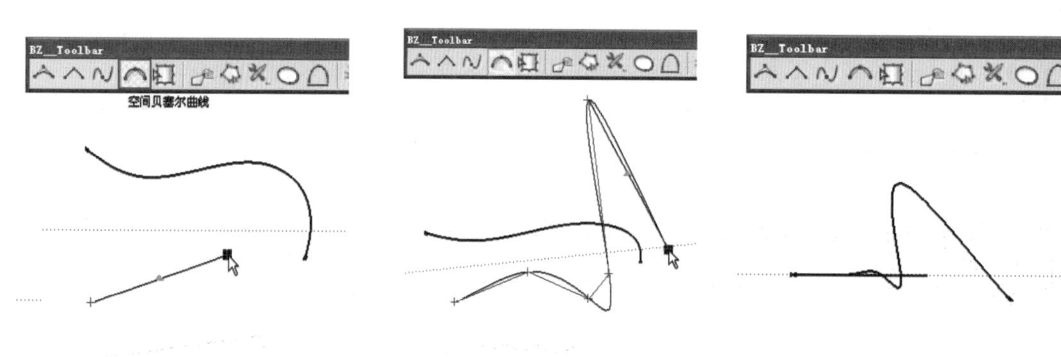

图 8-109　单击空间贝塞尔曲线按钮　图 8-110　在空间绘制曲线　图 8-111　空间贝塞尔曲线完成效果

→提 示

【空间贝塞尔曲线】可以绘制三维空间内的曲线效果，为了对比，已经在场景内绘制一条【贝塞尔曲线】。

5. 分割多段线

步骤 01 单击【分割多段线】按钮，弹出相关参数面板，用于设定分段距离，本例设置为 10mm，如图 8-112 所示。

步骤 02 单击鼠标创建好线形，通过鼠标右键进行封闭与退出，如图 8-113 所示。

步骤 03 使用【标注】工具测量，即可发现其由等长的线段构成，如图 8-114 所示。

→技 巧

分割多段线工具可以直接绘制等分好的矩形，省去通过手工分割或等分命令进行细化的麻烦。

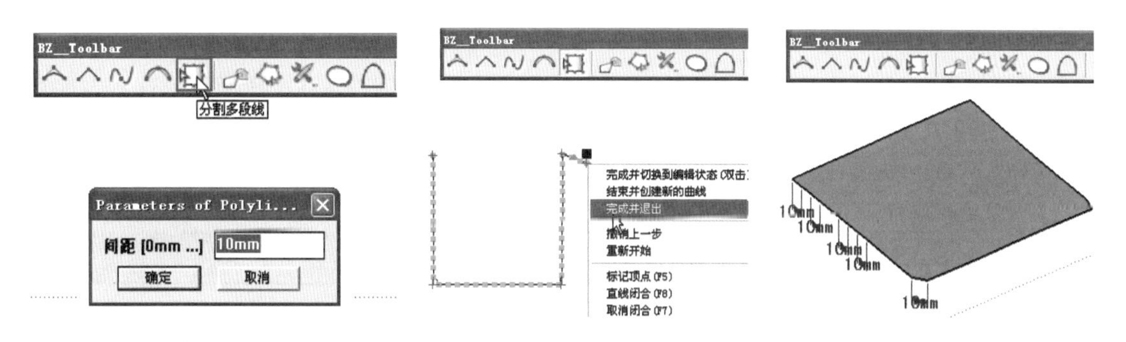

图 8-112　单击分割多段线按钮　图 8-113　创建并闭合分割多段线　图 8-114　分割多段线完成效果

6. 编辑模式

步骤 01 创建一个由多段线组成的矩形平面，单击【编辑】按钮进入编辑模式，如图 8-115 所示。

步骤 02 在目标位置双击，然后拖动形成的调整点即可调整造型，如图 8-116 与图 8-117 所示。

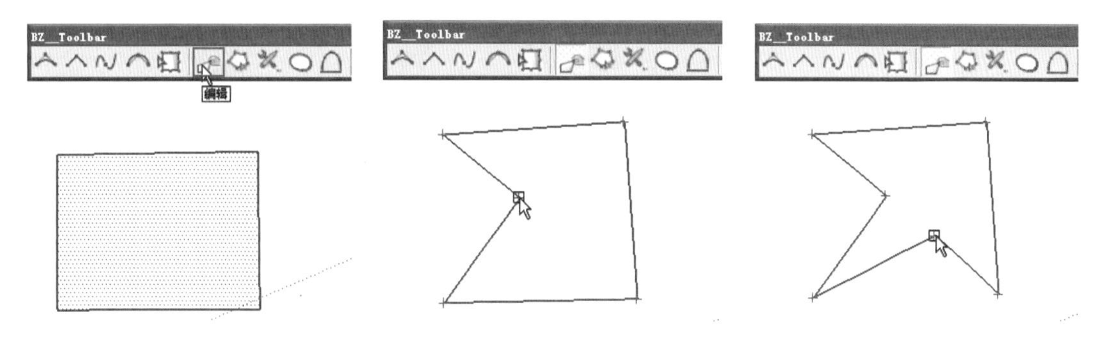

图 8-115　选择多段线单击编辑按钮　图 8-116　拖动控制点调整造型　图 8-117　多段线调整完成效果

步骤 03 对于曲线线条，进入编辑模式后可以通过已有的控制点调整造型，如图 8-118~图 8-120 所示。

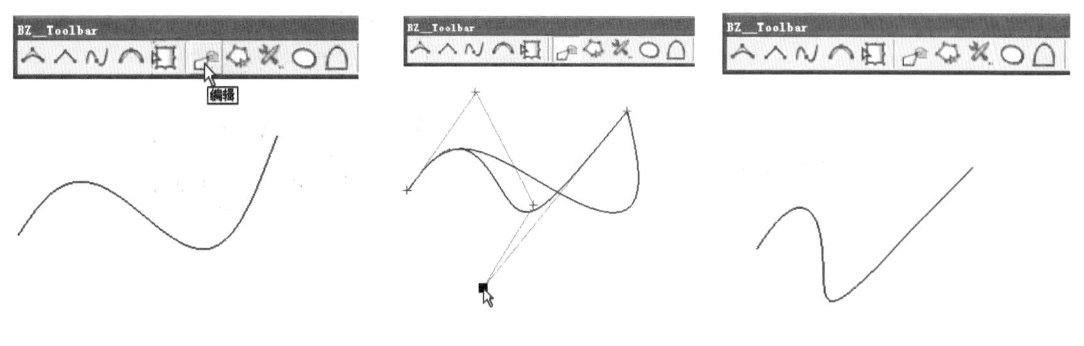

图 8-118　B 样条曲线编辑　图 8-119　通过控制点调整曲线造型　图 8-120　曲线造型调整完成效果

7. 标记顶点

步骤01 选择曲线进入编辑模式，如图 8-121 所示，单击【标记顶点】按钮，可以查看当前线段的顶点数目，如图 8-122 所示。

步骤02 通常可以据此判断曲线的光滑度，如图 8-123 所示。

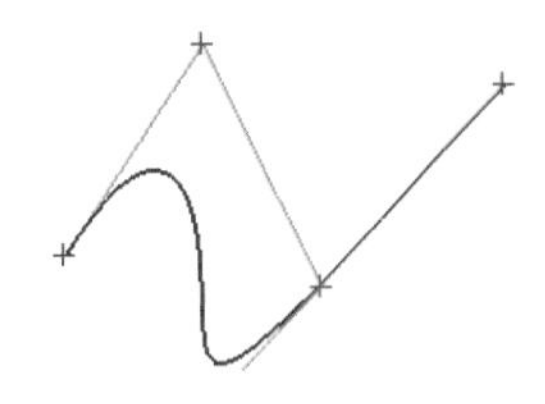

图 8-121 选择曲线进入编辑模式

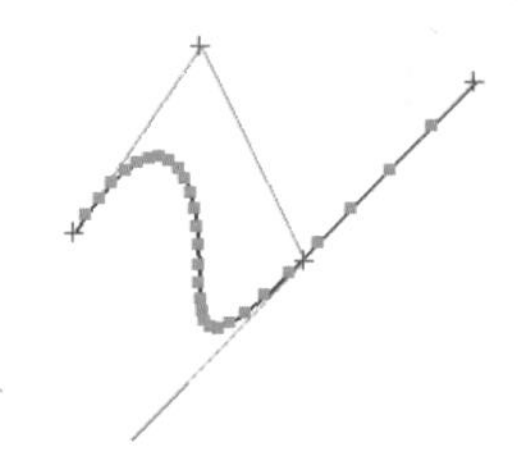

图 8-122 单击标记顶点按钮

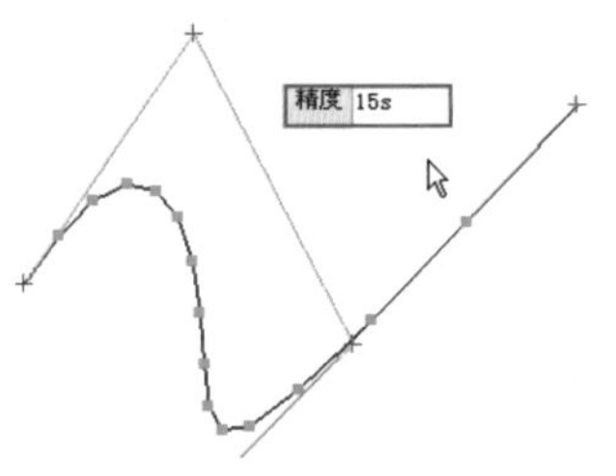

图 8-123 分段数较低的顶点显示

117 超级圆（倒）角工具

文件路径：无　　视频文件：MP4\第 08 章\117.MP4

使用【超级圆（倒）角】插件，可以快速制作十分精细的圆（倒）角效果，从而加强模型细节的表现。

1. 面圆角

步骤01 成功安装超级圆（倒）角插件后，执行【查看】/【工具栏】/【Round Corner】菜单命令，调出其工具栏如图 8-124 所示。

图 8-124 超级圆（倒）角工具栏

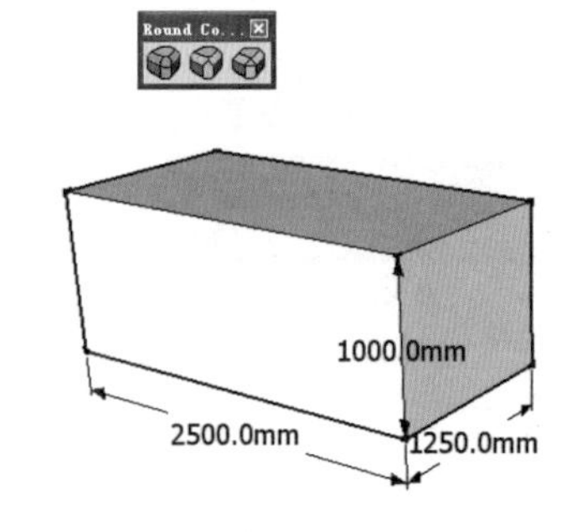

图 8-125 创建长方体

步骤02 结合使用【矩形】与【推拉】工具，在场景中创建一个长方体，如图 8-125 所示。

步骤03 单击【面圆角】按钮，如图 8-126 所示，选择长方体顶面，周边出现红色的圆角范围提示框，如图 8-127 所示。

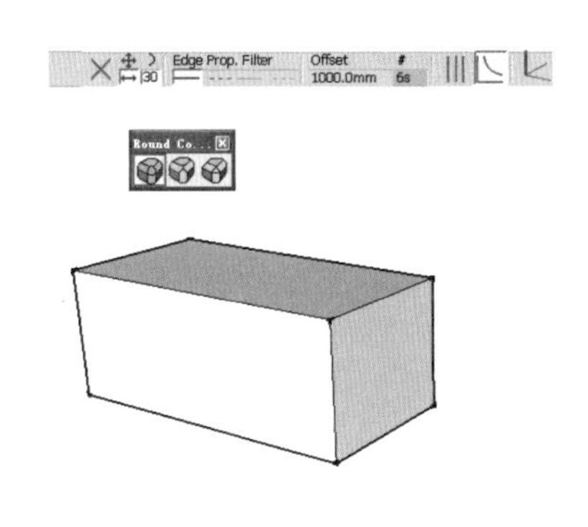

图 8-126　单击面圆角工具按钮

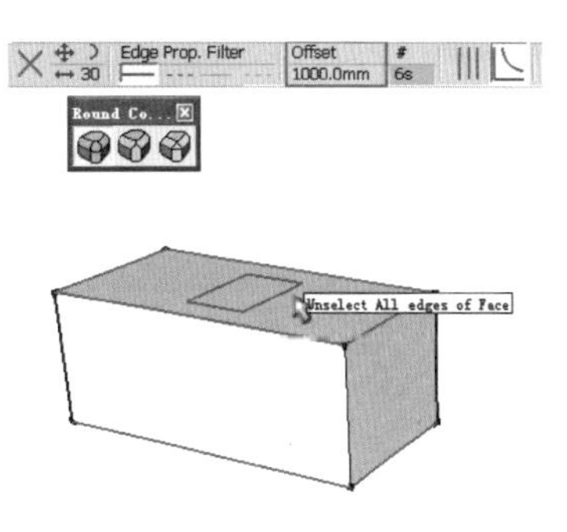

图 8-127　圆角范围提示

步骤 04 参考范围框，在【数值输入框】内输入圆角半径数值，然后连续两次按下回车键，即可完成顶面的倒角，如图 8-128~图 8-130 所示。

,图 8-128　调整圆角半径　　图 8-129　调整半径后的圆角范围提示　　图 8-130　顶面圆角完成效果

→提 示

【面圆角】将一次性完成选择面相关的所有线段圆角，如果要单独对某些线段进行圆角，则需要使用到【线圆角】工具。

2. 线圆角

步骤 01 单击【线圆角】按钮，选择单击选择目标线段，参考提示范围，在【数值输入框】内输入圆角半径，连续两次按下回车键，即可完成圆角效果，如图 8-131~图 8-133 所示。

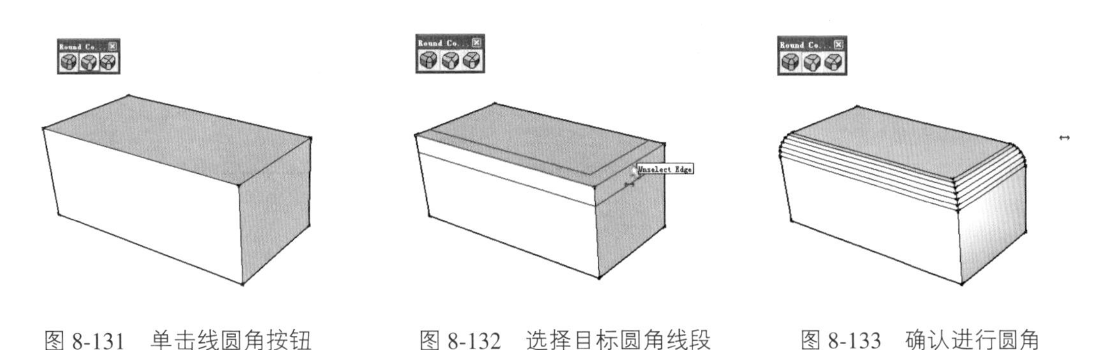

图 8-131　单击线圆角按钮　　图 8-132　选择目标圆角线段　　图 8-133　确认进行圆角

步骤 02 除了连续线段外，该工具还可以对间隔、连续转折等线段进行自由的倒角效果，如

图 8-134~图 8-136 所示。

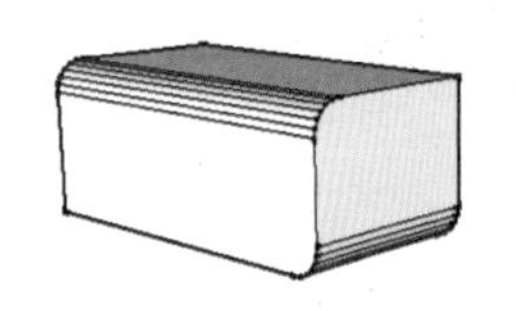

图 8-134　间隔线段圆角效果

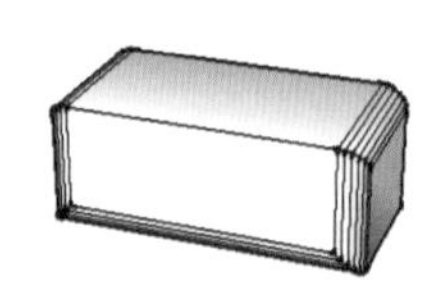

图 8-135　连续转折线圆角效果

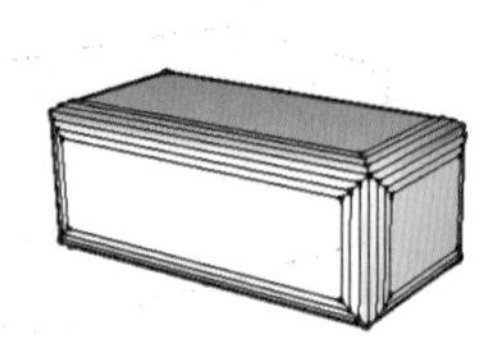

图 8-136　所有线段圆角效果

3. 线倒角

单击【线倒角】按钮，选择单击选择目标线段，参考提示范围，在【数值输入框】内输入倒角半径，连续两次按下回车键，即可完成倒角效果，如图 8-137~图 8-139 所示。

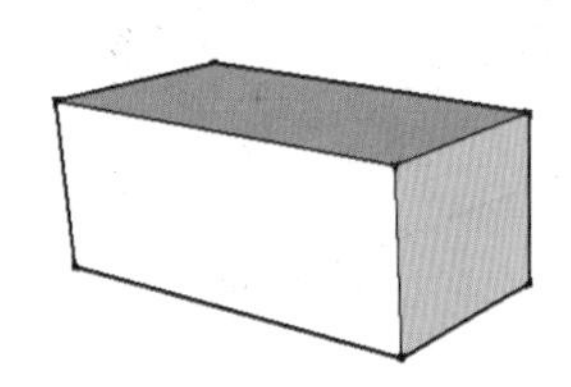

图 8-137　单击线倒角按钮

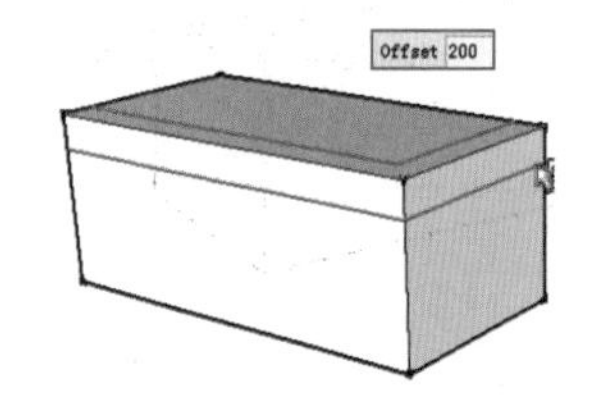

图 8-138　选择倒角目标线段

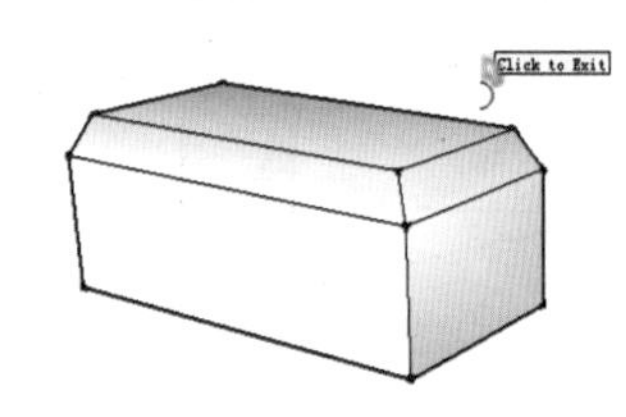

图 8-139　目标线段倒角完成效果

—>技 巧

在使用【面圆角】以及【线圆角】工具时，如果降低分段数至 1，同样可以得到倒角效果，如图 8-140~图 8-142 所示。

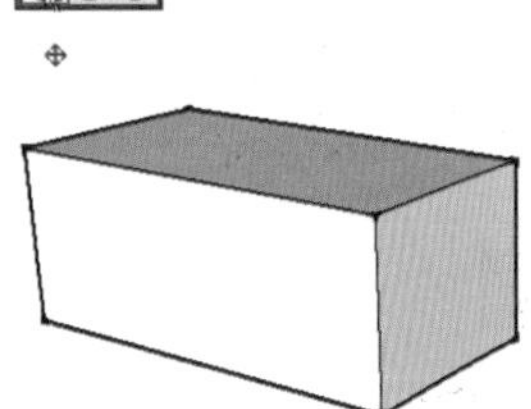

图 8-140　单击面圆角按钮

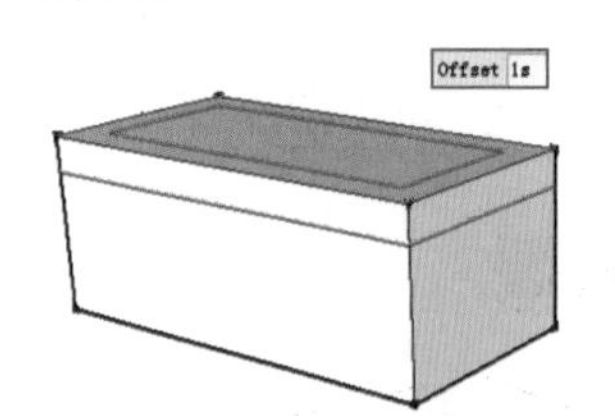

图 8-141　调整圆角效果数至 1

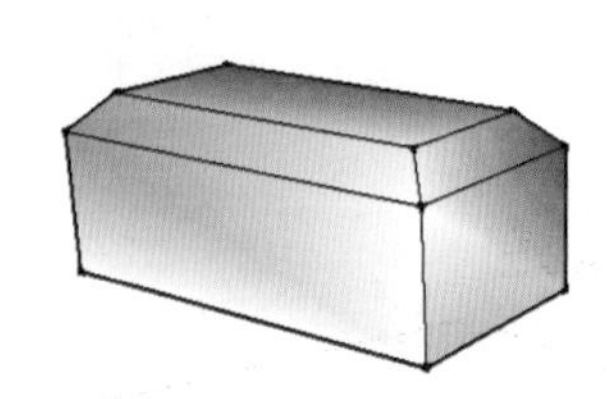

图 8-142　通过圆角形成倒角效果

118 曲面自由编辑工具

文件路径：无	视频文件：MP4\第 08 章\118.MP4

通过【曲面自由分割】插件，可以自由地在曲面上进行任意形状的细分割，并能进行偏移复制、轮廓调整等编辑，极大地加强了 SketchUp 在曲面上的细化与编辑能力。

1. 显示工具栏

步骤 01 成功安装曲面自由分割插件后，还需要勾选【系统属性】中【扩展栏】选项卡“Tools on surface”复选框，才可激活对应工具栏，具体操作如图 8-143 与图 8-144 所示。

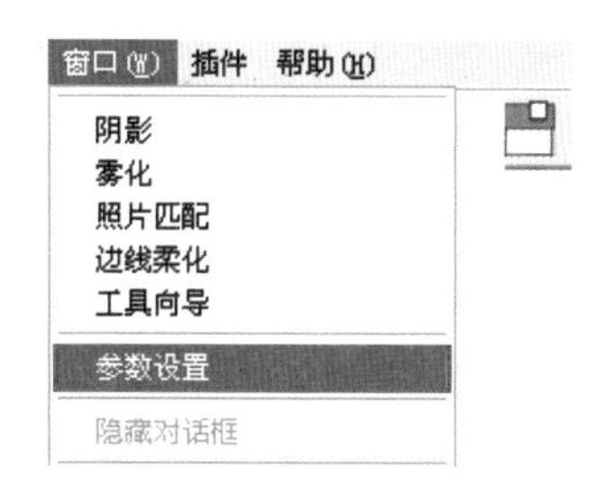

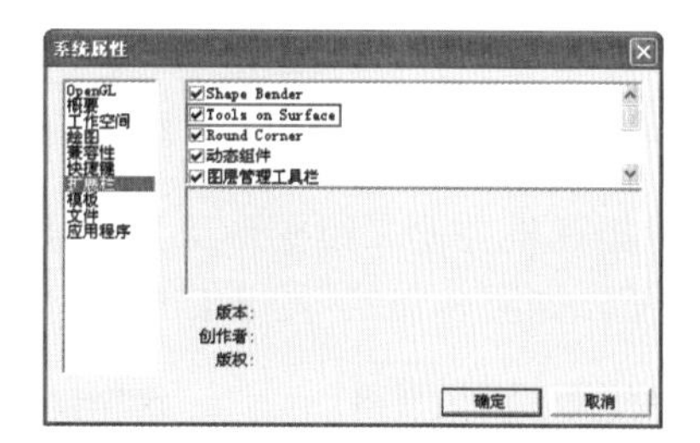

图 8-143　执行【参数设置】命令　　图 8-144　激活曲面自由分割工具

步骤 02 激活完成后，通过【查看】/【工具栏】菜单，调出工具栏如图 8-145 所示。

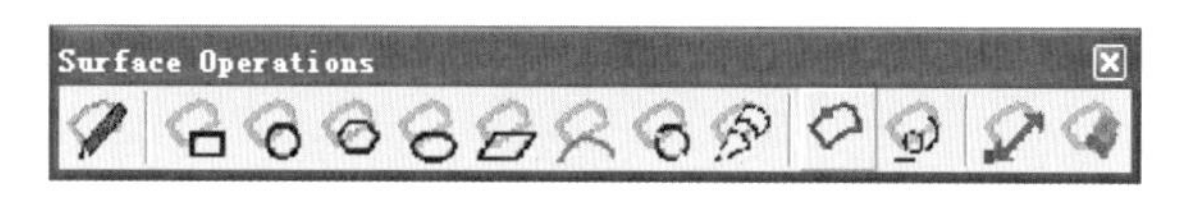

图 8-145　曲面自由分割工具栏

2. 曲面画线

步骤 01 结合使用【圆柱】与【推拉】工具，在场景中绘制一个圆柱体，如图 8-146 所示。

步骤 02 单击曲面画线按钮，在圆柱曲面上通过确定表面上的两点，任意绘制线段，如图 8-147 与图 8-148 所示。

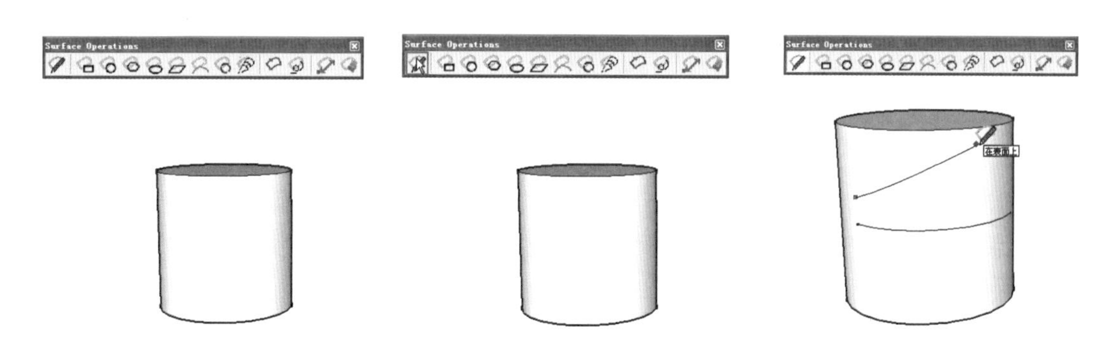

图 8-146　创建圆柱体　　图 8-147　单击曲面画线按钮　　图 8-148　绘制曲面上任意线段

3. 曲面常用二维图形

步骤 01 曲面分割工具中包括矩形、圆形、多边形、椭圆、平行四边形以及圆弧 6 种常用的工具，这里以矩形分割为例进行说明。

步骤 02 单击曲面矩形分割按钮，在曲面上拖动创建角点，即可完成对应分割，如图 8-149~图 8-151 所示。

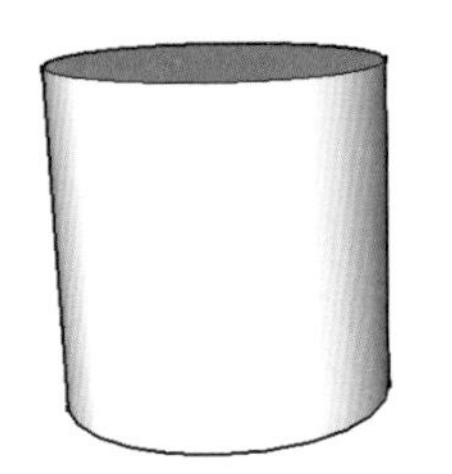

图 8-149 单击曲面矩形按钮

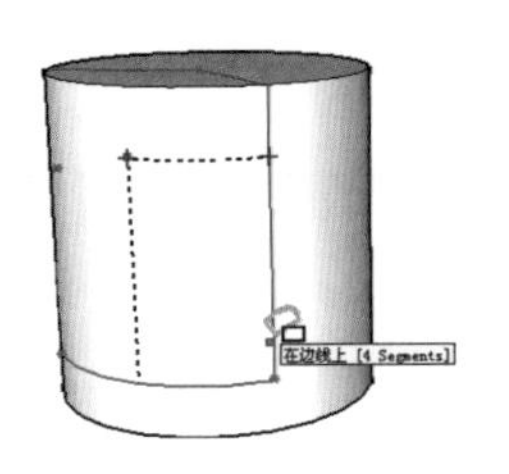

图 8-150 在曲面上绘制矩形

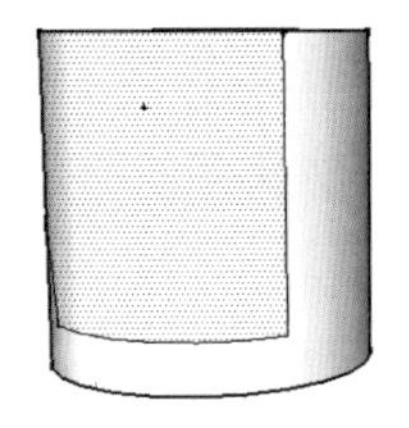

图 8-151 矩形绘制完成效果

步骤 03 单击其他曲面二维图形工具，通过相同的操作过程，可以十分方便在曲面上绘制对应的分割面，如图 8-152~ 图 8-156 所示。

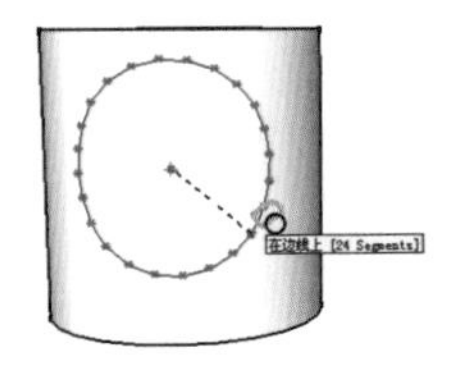

图 8-152 曲面圆形绘制效果

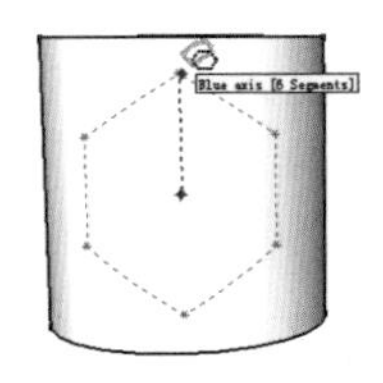

图 8-153 曲面多边形绘制效果

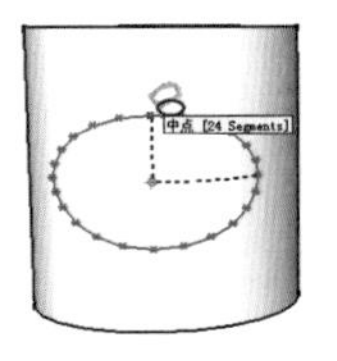

图 8-154 曲面椭圆绘制效果

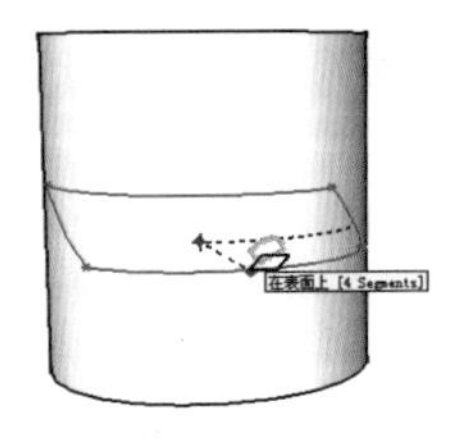

图 8-155 曲面平行四边形绘制效果

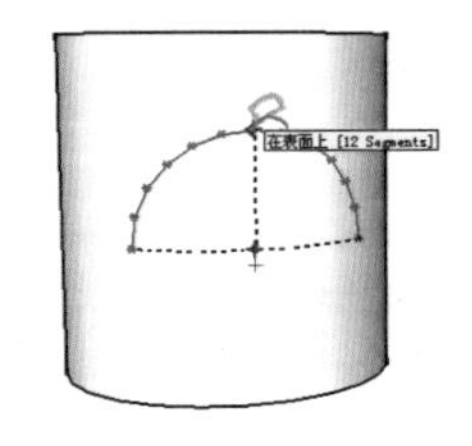

图 8-156 曲面圆弧绘制效果

步骤 04 曲面三点画圆。常规的曲面圆形工具通过圆心与直径创建，创建的灵活度不高，单击曲面三点画面按钮，可以通过三点的定位，自由绘制出表面的圆形分割面，如图 8-157~ 图 8-159 所示。

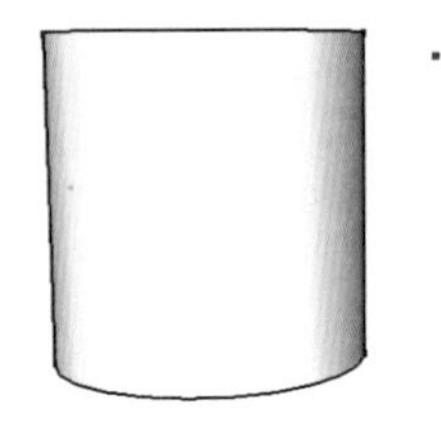

图 8-157 单击三点画圆按钮

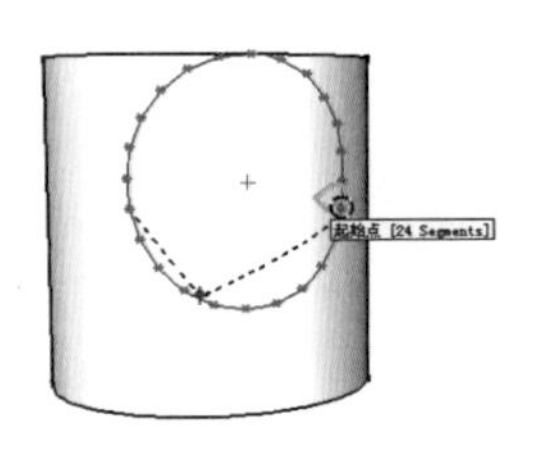

图 8-158 通过鼠标单击绘制圆形

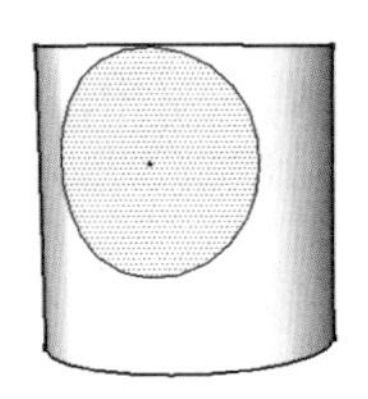

图 8-159 曲面三点画圆绘制完成

步骤 05 曲面扇区。单击曲面扇区按钮，在曲面上单击确定圆心后拖动光标，即可创建任意弧度的扇形区域分割面，如图 8-160~图 8-162 所示。

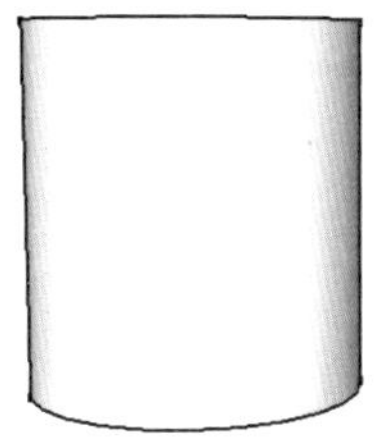

图 8-160　单击曲面扇区按钮

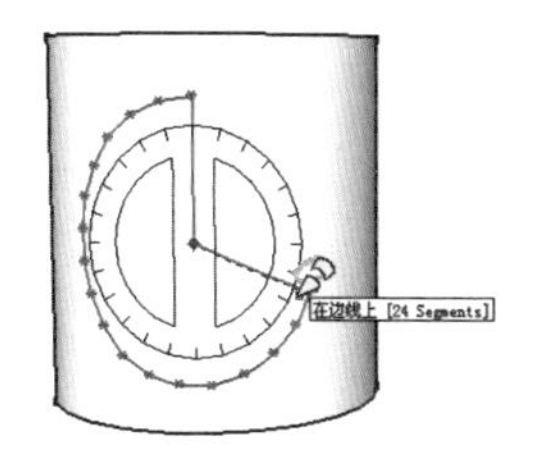

图 8-161　通过光标调整扇区大小

图 8-162　曲面扇区绘制完成

步骤 06 曲面偏移。当曲面上存在线段或分割面时，单击曲面偏移按钮，选择对应的线段或分割面，即可自由进行偏移操作，如图 8-163~图 8-165 所示。

图 8-163　单击曲面偏移按钮

图 8-164　选择曲面分割面进行偏移

图 8-165　曲面偏移完成效果

步骤 07 曲面徒手线。单击曲面徒手线按钮，按住鼠标左键在曲面上任意拖动，即可创建徒手线并最终形成异形分割效果，如图 8-166~图 8-168 所示。

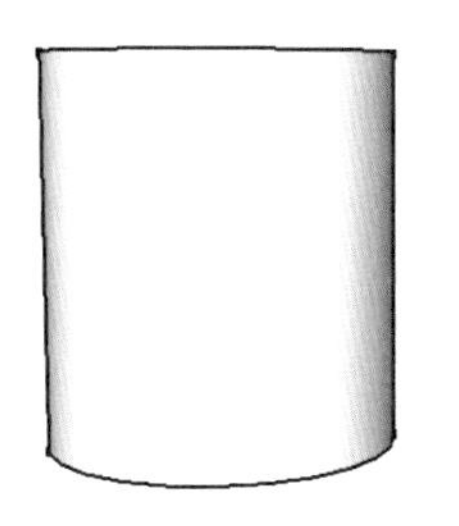

图 8-166　单击曲面徒手线按钮

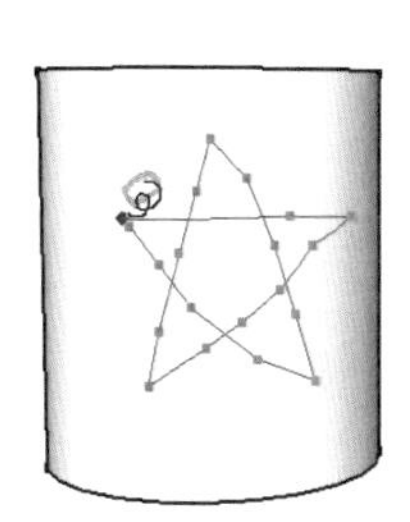

图 8-167　拖动光标绘制徒手线

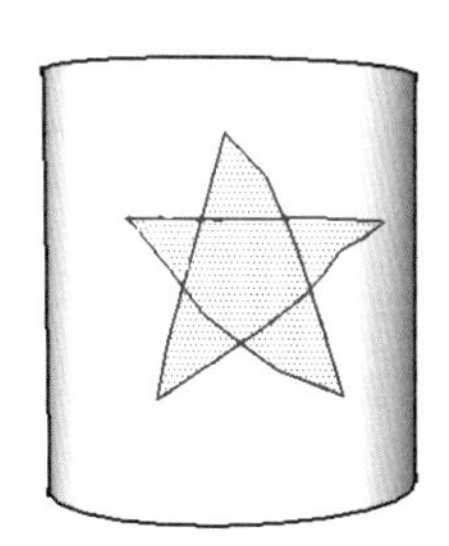

图 8-168　曲面徒手线完成效果

步骤 08 曲面轮廓调整。当曲面上存在线段或分割面时，单击曲面轮廓调整工具，选择对象即可通过控制点调整其造型，如图 8-169~图 8-171 所示。

图 8-169　单击曲面轮廓调整按钮

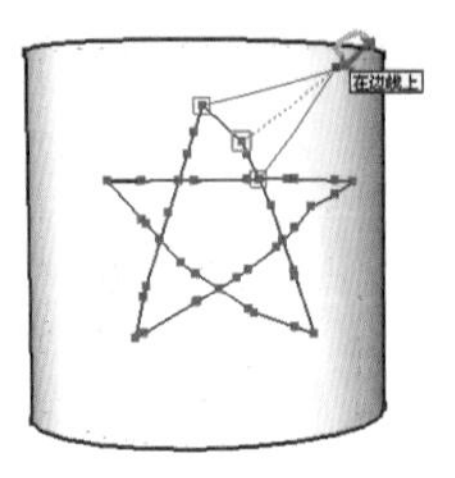

图 8-170　选择曲面分割线段

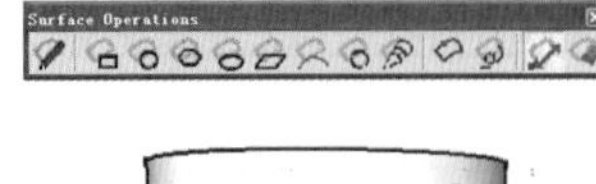

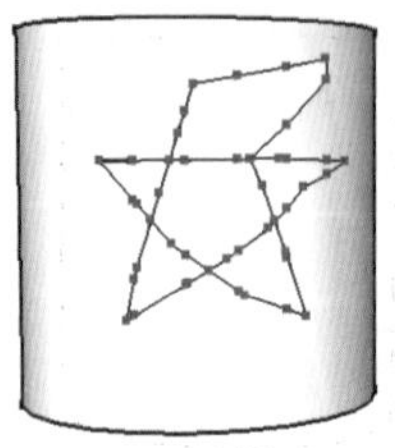

图 8-171　曲面轮廓调整完成效果

步骤 09 曲面线段删除。当曲面上存在线段或分割面时，选择曲面线段删除工具，单击目标对象即可将其删除，如图 8-172~图 8-174 所示。

图 8-172　单击曲面线段删除按钮

图 8-173　单击线段进行删除

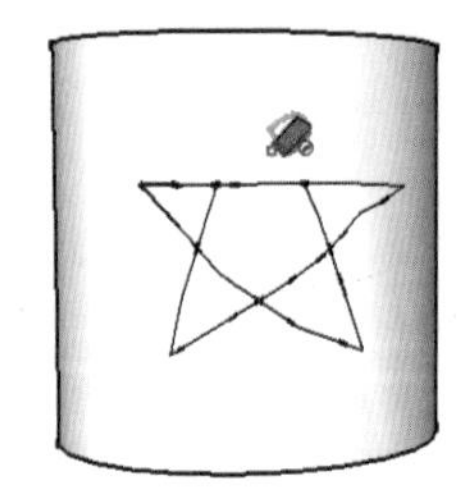

图 8-174　曲面线段删除效果

119 路径变形工具

文件路径：无　　视频文件：MP4\第 08 章\119.MP4

通过【路径变形工具】插件，可以快速实现文字，几何体等模型的造型改变。

步骤 01 成功安装路径变形插件后，视图中会显示出路径变形工具栏。

步骤 02 单击【三维文本】按钮，进入相关面板输入一行文字，如图 8-175 所示。

步骤 03 单击【放置三维文本】面板中的【放置】按钮，在视图中单击，创建文字，如图 8-176 所示。

步骤 04 启用【直线】与【圆弧】工具，创建线段与圆弧，如图 8-177 所示。

图 8-175　输入三维文本

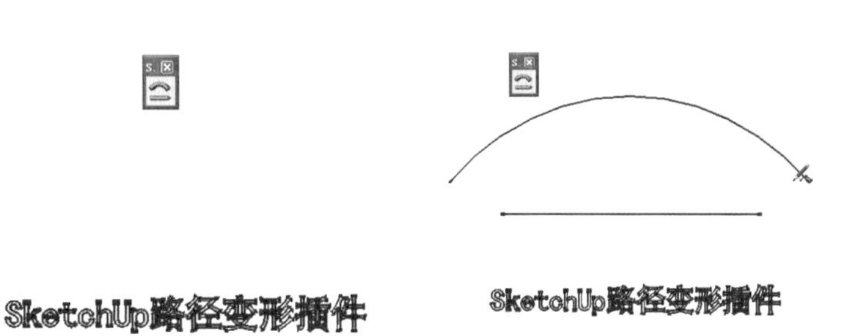

图 8-176　放置三维文本　　图 8-177　绘制线段与圆弧

步骤 05 选择创建的文字，单击【路径变形】工具选择直线，如图 8-178 所示，确定在两端面出现“Start”与“End”。

步骤 06 选择创建好的弧形确定进行变形，稍等片刻后即能自动生成对应的变形效果，如图 8-179 与图 8-180 所示。

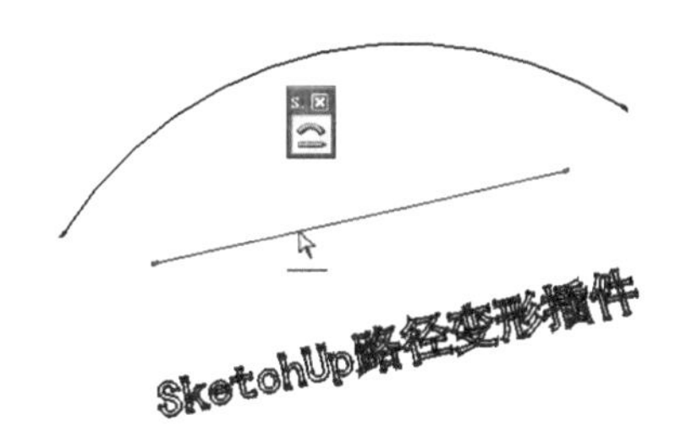

图 8-178　首先选择线段激活

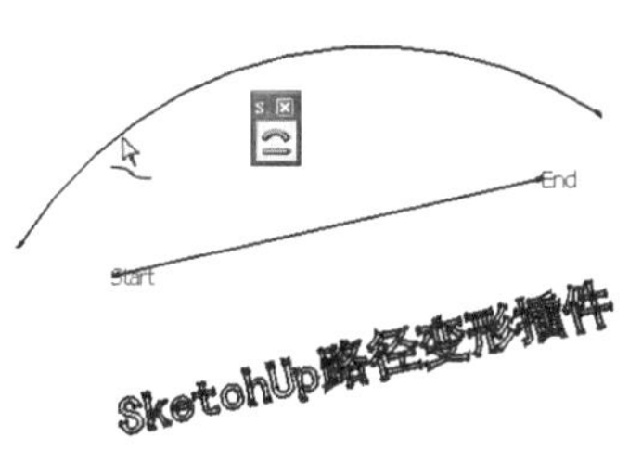

图 8-179　再选择曲线进行变形

图 8-180　文字路径变形完成效果

灯光和材质篇

第9章 SketchUp/VRay 灯光与阴影

本章首先介绍 SketchUp 自身灯光与阴影的调整与控制方法，然后介绍 VRay 渲染器简单的参数设置与相关灯光的使用方法。

9.1 SketchUp 灯光与阴影

120 设置地理参照

文件路径：素材\第 09 章\120　　视频文件：MP4\第 09 章\120.MP4

在 SketchUp 中根据模型的位置，准确定位地理参照后，再通过时间的调整，可以模拟出十分准确的阳光光影效果，本例学习设置地理参照的方法。

步骤 01 打开配套光盘“120 SketchUp 灯光与阴影.skp”模型，如图 9-1 所示。执行【窗口】/【模型信息】菜单命令，打开【模型信息】面板。

步骤 02 选择【地理位置】选项卡，可以看到当前场景并没有进行地理参照位置定位，如图 9-2 所示。

图 9-1　打开场景模型

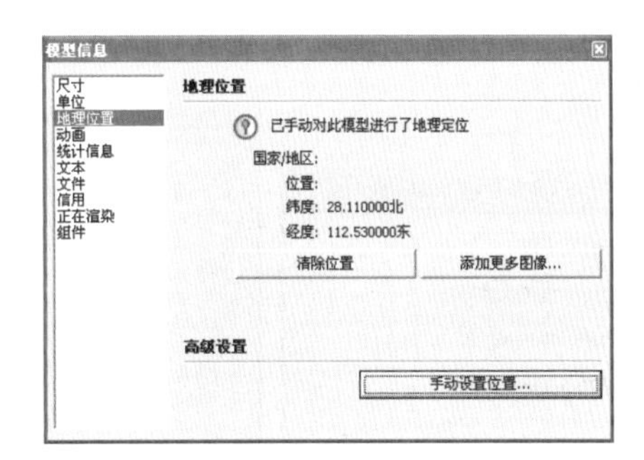

图 9-2　模型信息面板

提 示

如果从 Google 模型库中下载一些标志性建筑模型，进入【地理位置】选项卡，通常都可以看到十分精确的地理位置信息，如图 9-3 所示。

步骤 03 对于未曾进行地理定位的模型，如果直接单击【地理位置】选项卡【添加位置】按钮，将出现世界地图用于定位，这种方式通常不太适用，如图 9-4 所示。

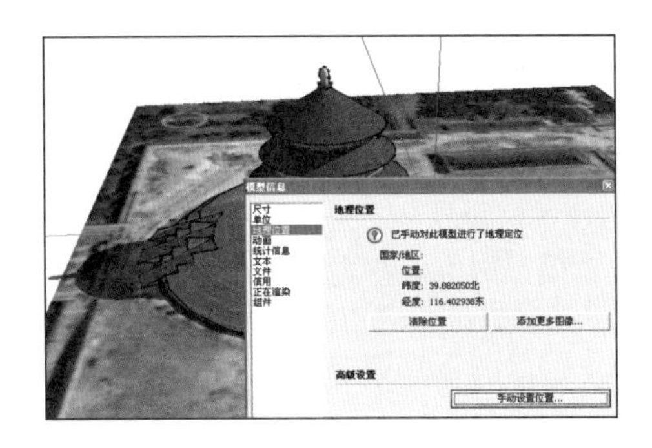

图 9-3　标志性建筑的地理位置信息

图 9-4　通过地图进行位置添加

步骤 04 在实际工作中，通常单击【高级设置】参数栏【手动设置位置】按钮，如图 9-5 所示，在弹出的【手动设置地理位置】面板中手动输入经纬度坐标，如图 9-6 所示。

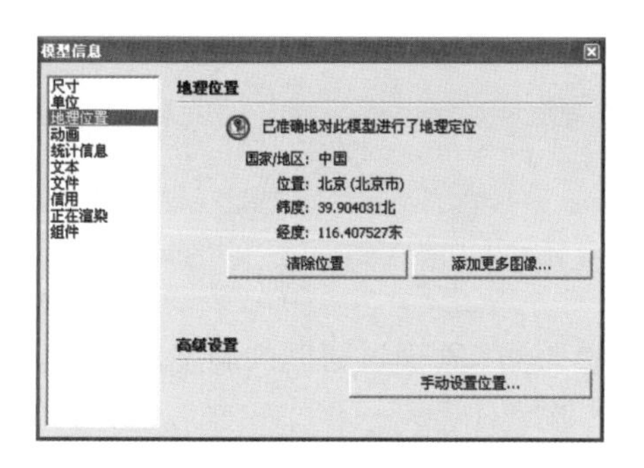

图 9-5　单击自定义位置按钮

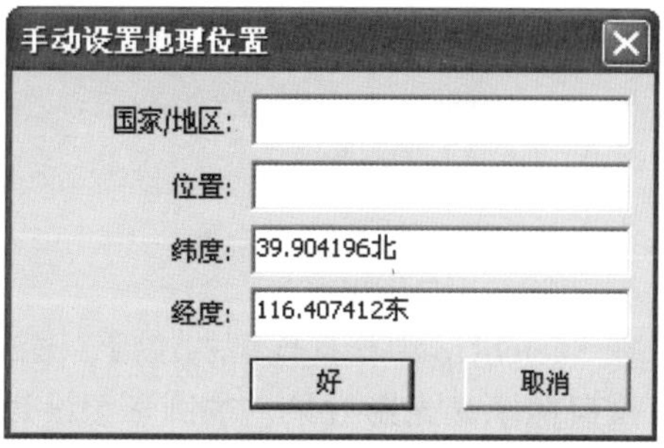

图 9-6　手动设置地理位置面板

步骤 05 以北京市为参考，在【纬度】、【经度】框中输入对应坐标值，如图 9-7 与图 9-8 所示。

步骤 06 输入完成后，单击【好】按钮退出，即可发现阴影效果得到了校正，如图 9-9 所示。

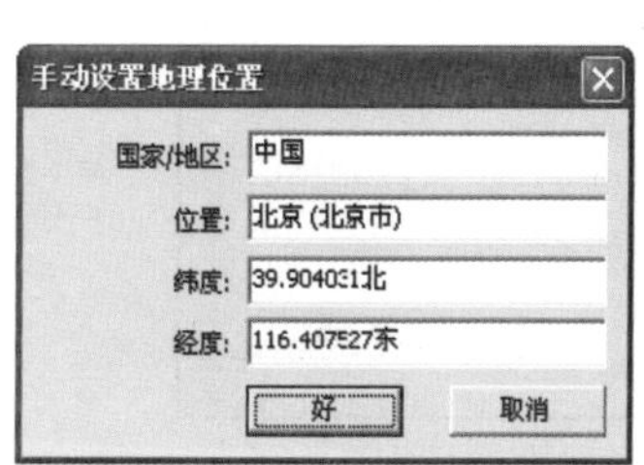

图 9-7　输入长沙所在经纬度

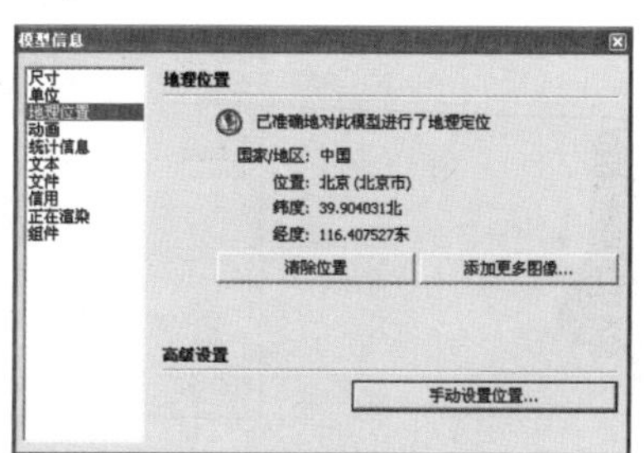

图 9-8　地理参照添加成功

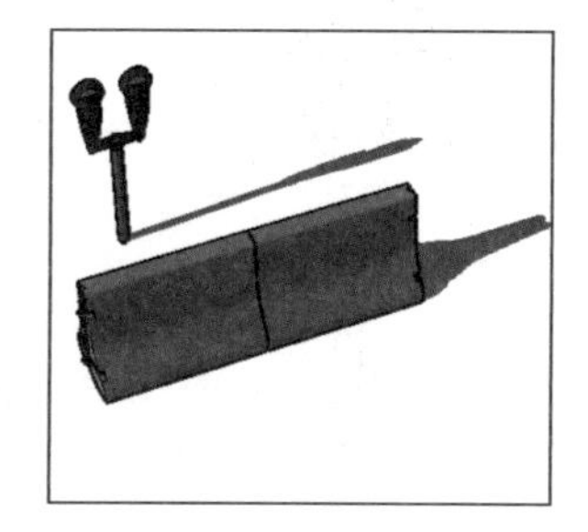

图 9-9　地理参照添加后的阴影变化

提 示

经纬度不但要输入准确的数值，还要以准确的后缀字母表明处于南北半球以及东西经度，其中 N 代表北半球，S 代表南半球，W 代表西经、E 代表东经。在有了精确的经纬度后，【手动设置地理位置】面板的【国家】与【位置】可以不予设置。

121 阴影设置工具栏

文件路径：素材\第 09 章\121　　视频文件：MP4\第 09 章\121.MP4

通过 SketchUp 阴影设置工具栏，可以对时区、日期、时间等参数进行十分细致的调整，从而模拟出十分精确的阳光光影效果。

步骤 01 执行【视图】/【工具条】菜单命令，在弹出的工具栏选项板中调出【阴影】工具栏，如 图 9-10 所示，【阴影】工具栏中各个按钮功能如 图 9-11 所示。

步骤 02 单击【阴影】对话框【阴影设置】按钮，弹出【阴影设置】面板，从中可以对时区、时间以及日期等参数进行调整，如 图 9-12 所示。

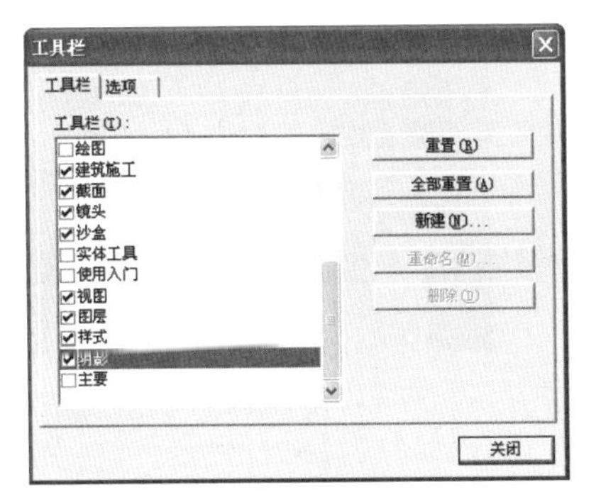

图 9-10　工具栏选项面板

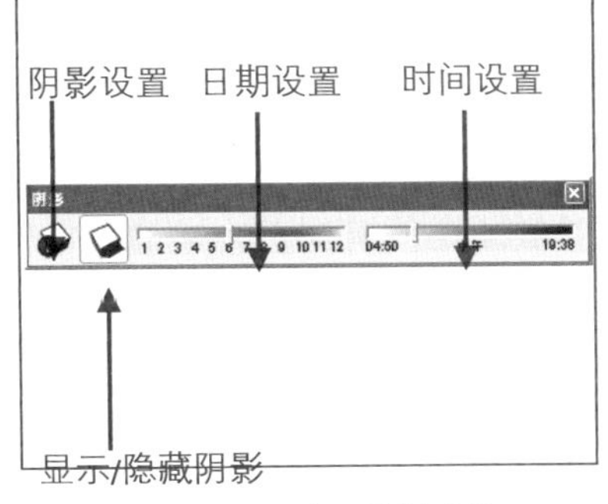

图 9-11　阴影工具栏功能

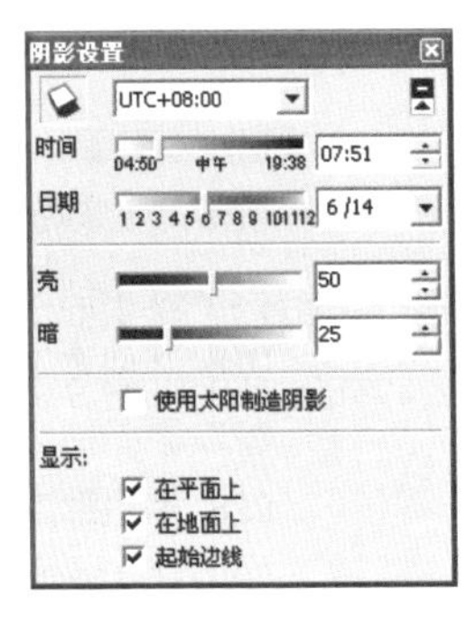

图 9-12　阴影设置面板

步骤 03 以 UTC 参照标准，北京时间先于 UTC8 个小时，在 SketchUp 中对应调整其为 UTC+8:00，如图 9-13 所示。

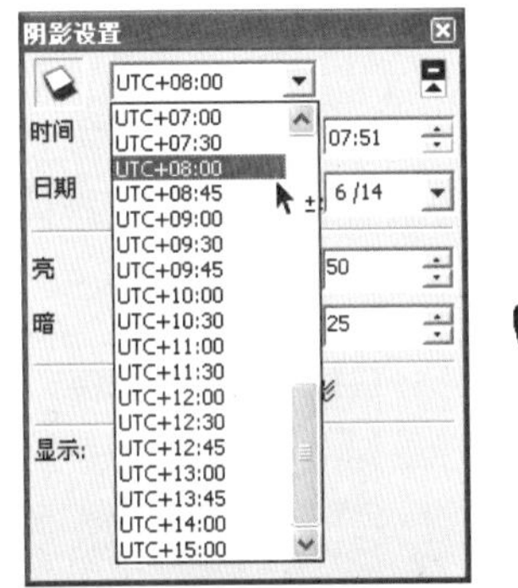

图 9-13　调整 UTC 时间

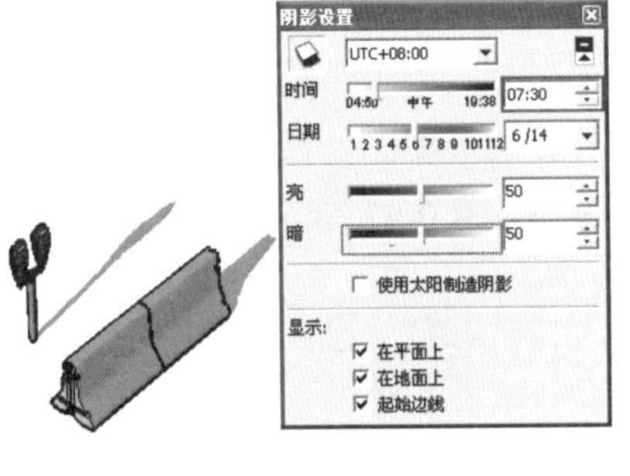

图 9-14　早上 7 点 30 的阴影

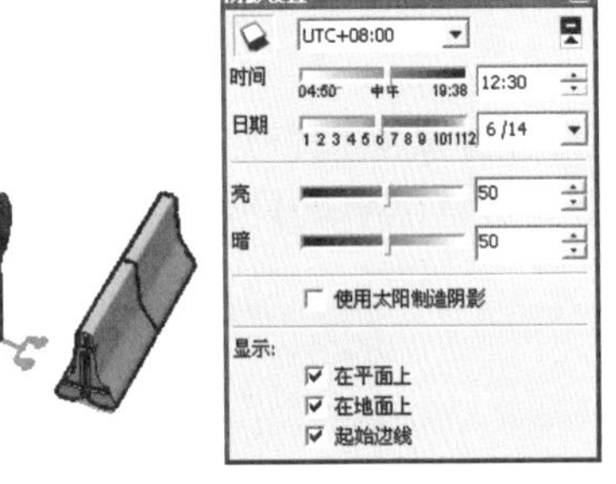

图 9-15　中午 12 点 30 的阴影

→提 示

UTC 是协调世界时(Universal Time Coordinated)英文缩写。UTC 以本初子午线(即经度 0 度)上的平均太阳时为统一参考标准，各个地区根据所处的经度差异进行调整以设置本地时间。在中国统一使用北京时间（东八区）为本地时间，因此这里设定为 UTC+8: 00。

步骤 04 设置 UTC 时间后，拖动【阴影设置】面板中的【时间】滑块，即可产生不同的阴影效果，如图 9-14 ~图 9-16 所示。

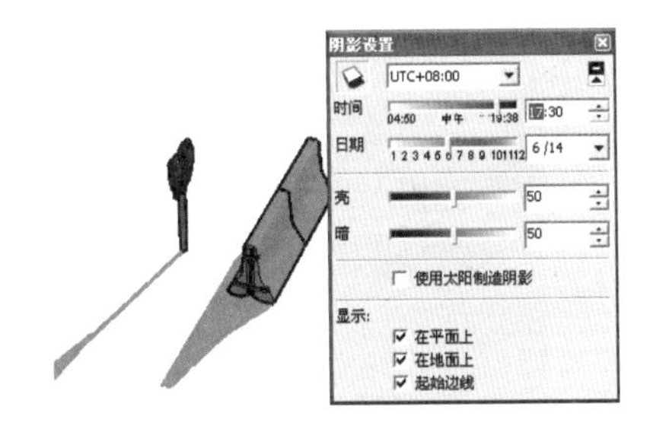

图 9-16　下午 17 点 30 的阴影

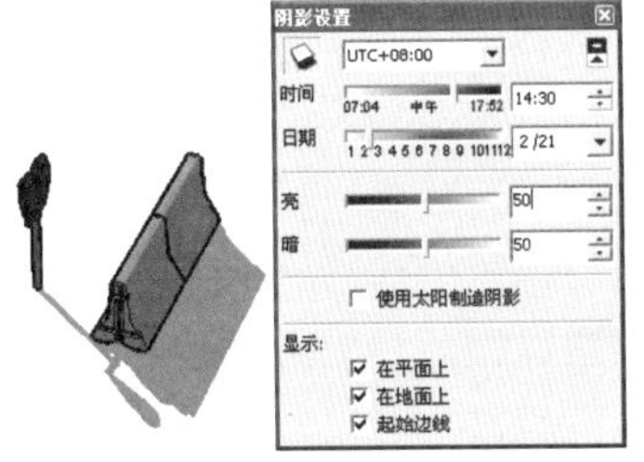

图 9-17　2 月 21 的阴影

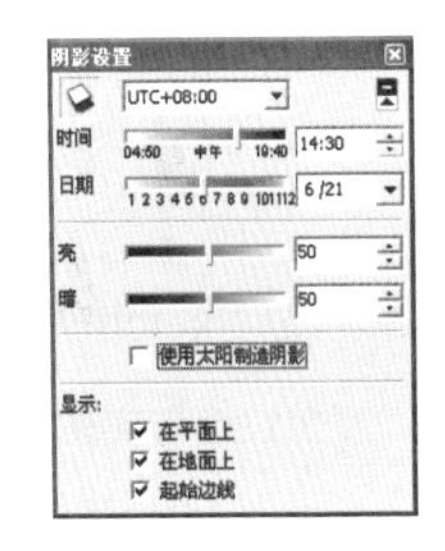

图 9-18　6 月 21 的阴影

提 示

在【地理参照】中设置准确的经纬度后，必须设置对应的 UTC 时间，调整【时间】滑块才能产生正确的阴影效果。通常将时间调整至 12 点整，然后通过观察阴影是否位于模型正下方进行判断。

步骤 05 在保持【时间】参数恒定的前提下，拖动【日期】滑块也能产生阴影效果细节的变化，如图 9-17~图 9-19 所示

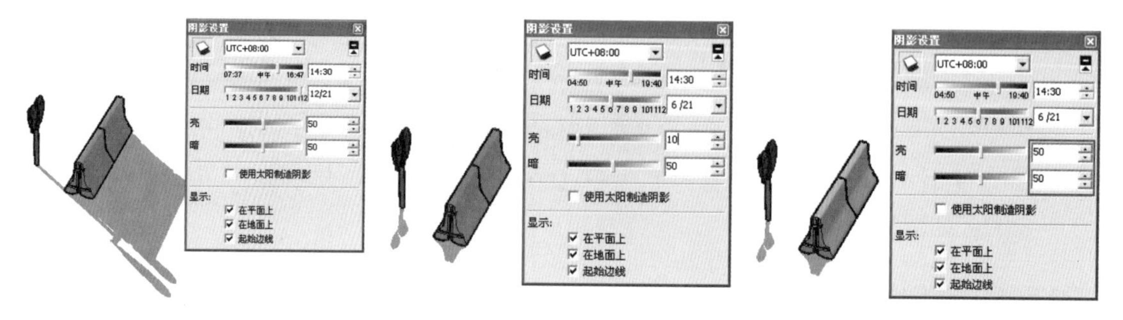

图 9-19　12 月 21 的阴影　　图 9-20　亮为 10 的场景亮度　　图 9-21　亮为 50 的场景亮度

步骤 06 在其他参数相同的前提下，调整【亮】参数的滑块，可以对场景整体的亮度进行调整，数值越小场景整体越暗，如图 9-20~图 9-22 所示。

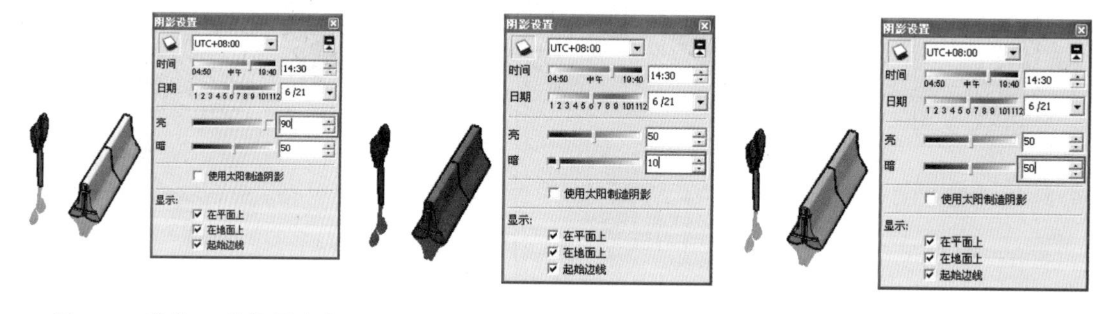

图 9-22　亮为 90 的场景亮度　　图 9-23　暗为 10 时的对比度　　图 9-24　暗为 50 时的对比度

步骤 07 在其他参数相同的前提下，调整【暗】参数的滑块，可以对场景阴影的亮度进行调整，数值越小阴影越暗，如图 9-23~图 9-25 所示。

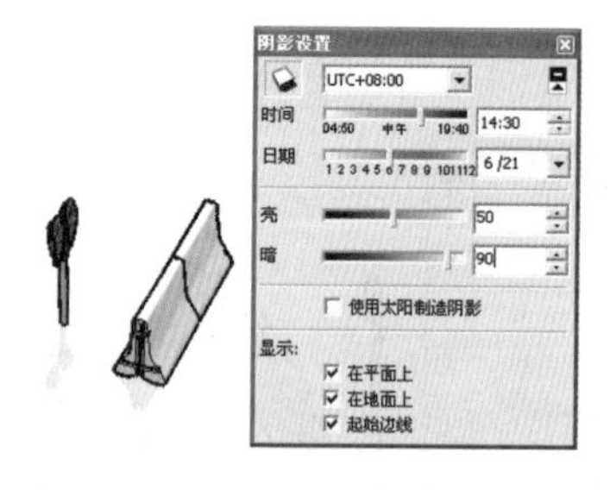

图 9-25　暗为 90 时的对比度

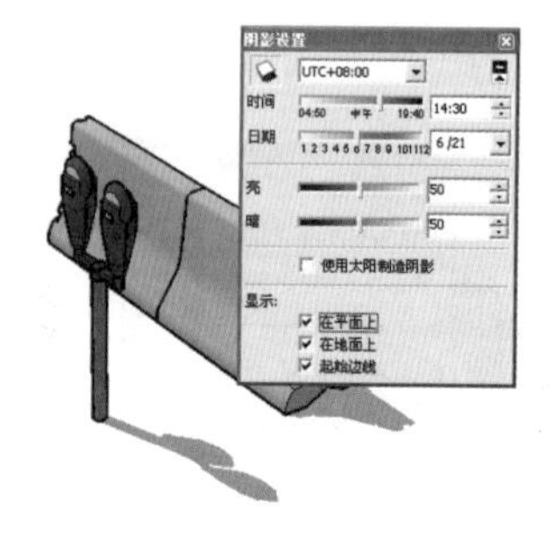

图 9-26　默认的阴影效果

步骤 08 通过【显示】参数下的【在平面上】以及【在地面上】参数，可以控制模型表面与地面是否接收阴影，如图 9-26~图 9-28 所示。

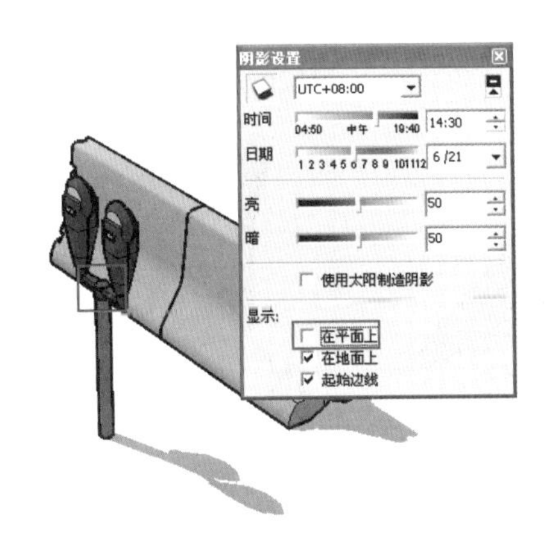

图 9-27　取消在平面上后的阴影效果

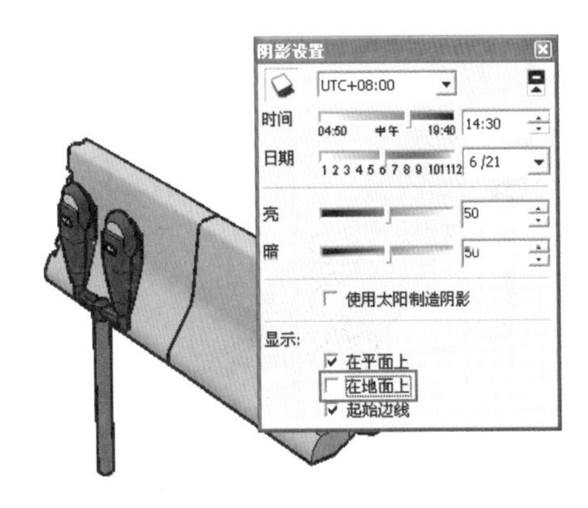

图 9-28　取消在地面上后的阴影效果

步骤 09 默认设置下单独的线段也能产生影响，取消【起始边线】复选框的勾选，将隐藏其产生的阴影，如图 9-29 与图 9-30 所示。

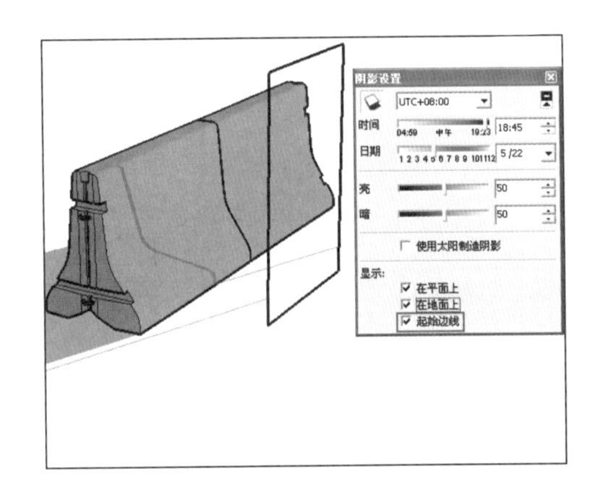

图 9-29　默认起始边线产生的阴影

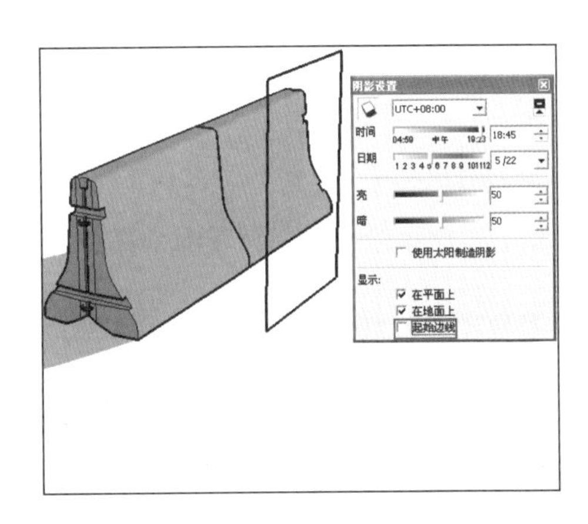

图 9-30　取消起始边线参数后不可产生阴影

步骤 10 阴影显示切换。单击【阴影】工具栏【显示/隐藏阴影】按钮，可以快速切换场景阴影的显示与隐藏，如图 9-31~图 9-33 所示。

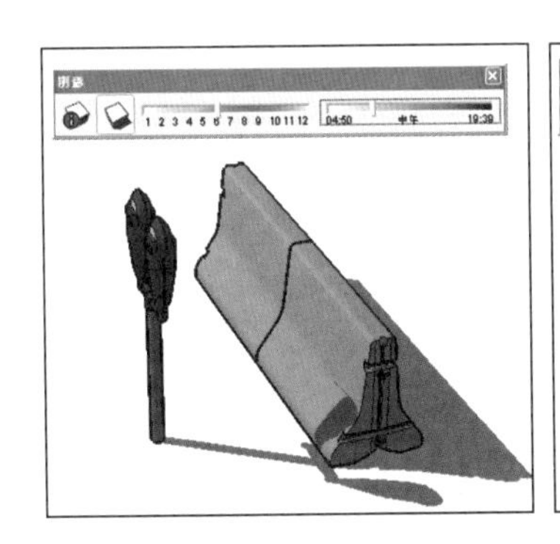

图 9-31　默认为显示阴影

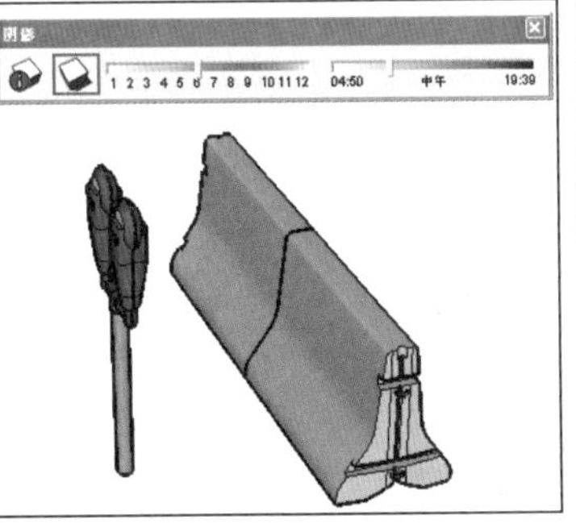

图 9-32　单击按钮隐藏阴影

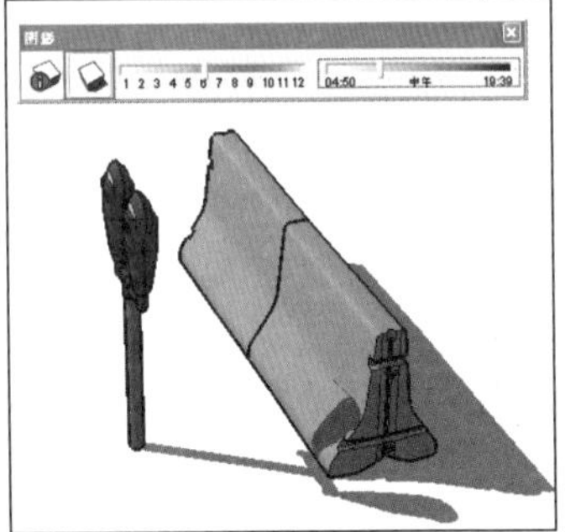

图 9-33　再次单击恢复阴影

步骤 11 日期与时间。【阴影】工具栏中的【日期】与【时间】滑块与【阴影对话框】中的同名滑块功能一致，如图 9-34~图 9-36 所示，通过工具滑块进行调整更为方便、快捷。

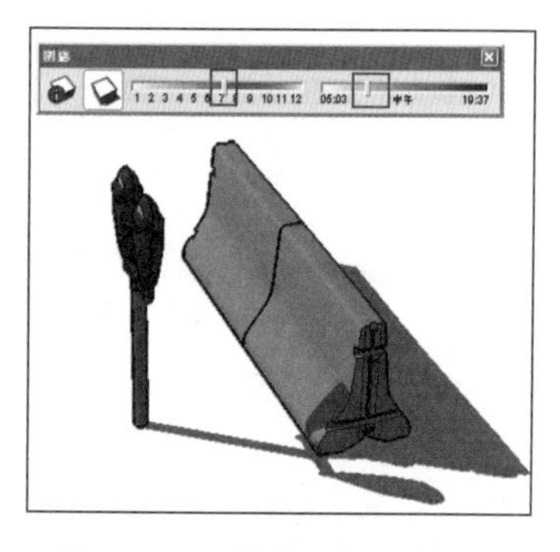

图 9-34 日期与时间调整滑块

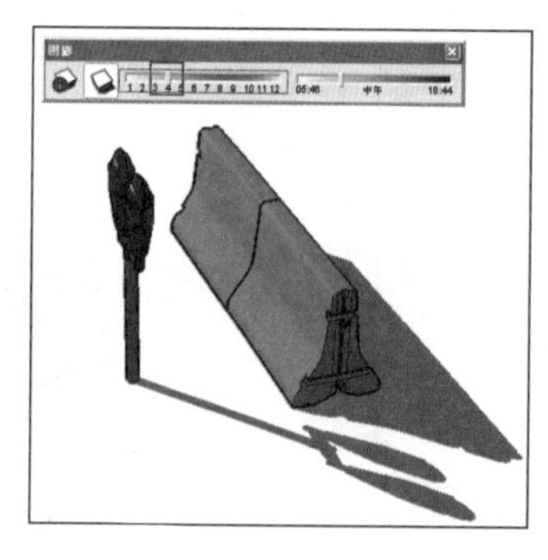

图 9-35 调整后的阴影效果

图 9-36 调整后的阴影效果

122 物体的投影与受影

文件路径：素材\第 09 章\122　　视频文件：MP4\第 09 章\122.MP4

在 SketchUp 中，有时为了美化图像，保持整洁感与鲜明的明暗对比效果，可以人为地取消一些附属模型的投影与受影。

步骤 01 选择计时器模型，通过右键菜单进入【图元信息】面板，取消其【投射阴影】复选框勾选，可以使其失去投影能力，如图 9-37~ 图 9-39 所示。

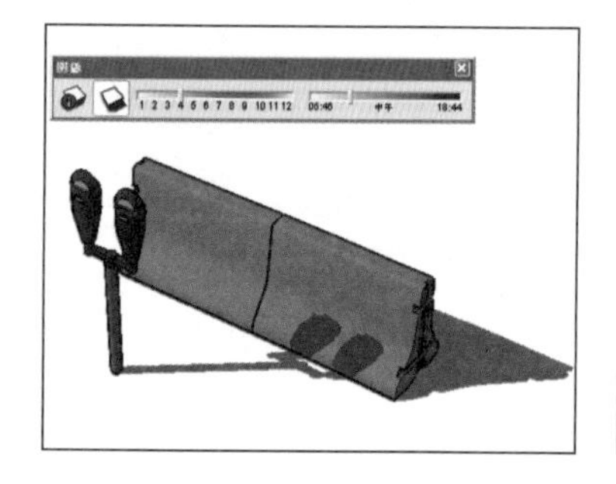

图 9-37 默认阴影效果

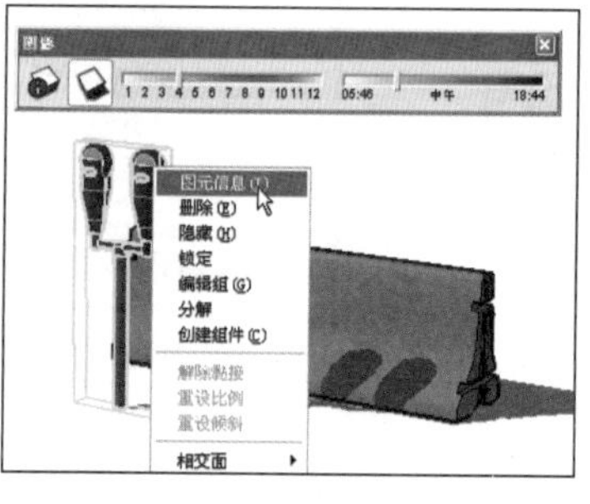

图 9-38 选择图元信息命令

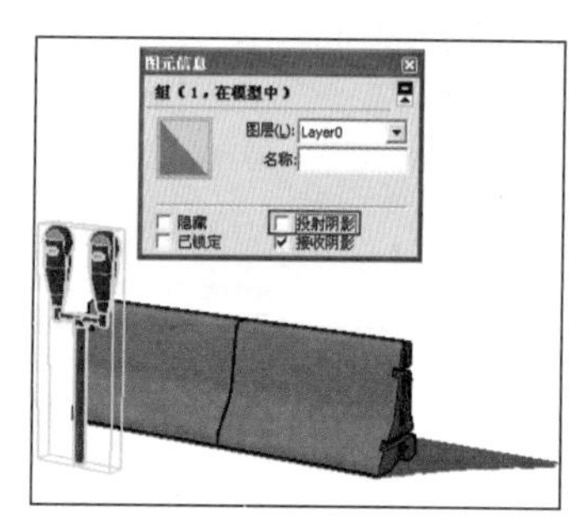

图 9-39 取消投影后的效果

步骤 02 选择路基模型，通过右键菜单进入【图元信息】面板，取消其【接收阴影】复选框勾选，可以使其失去接受阴影的能力，如图 9-40~ 图 9-42 所示。

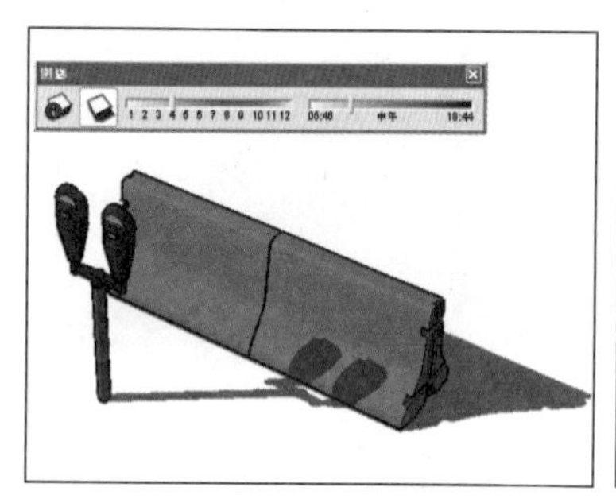

图 9-40 默认阴影效果

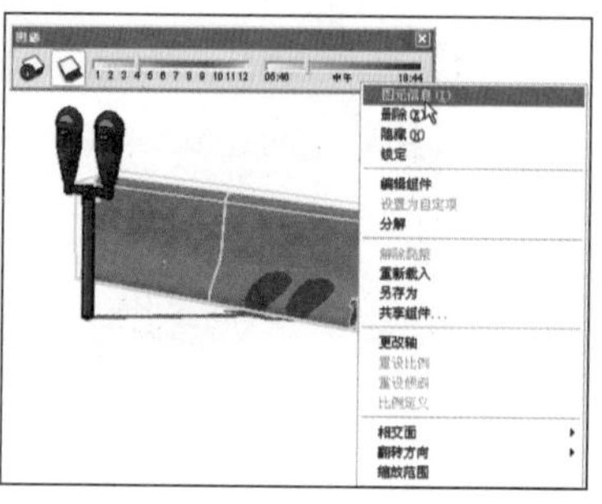

图 9-41 选择图元信息命令

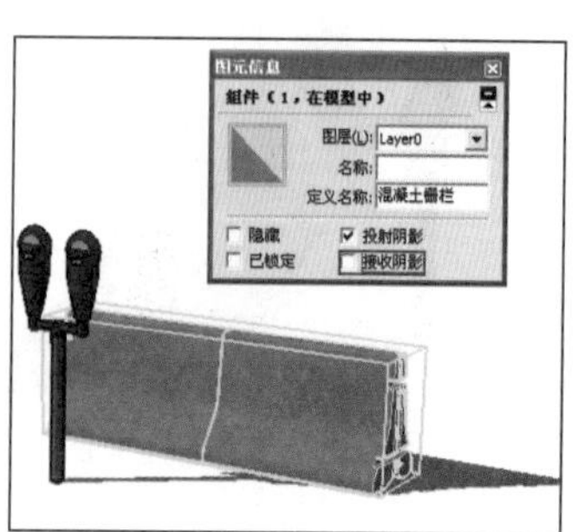

图 9-42 取消受影后的效果

9.2 VRay 灯光与阴影

123 设置 VRay 渲染场景

文件路径：素材\第 09 章\123　　视频文件：MP4\第 09 章\123.MP4

VRay 渲染器是一款强大的间接光照渲染软件，在利用其进行渲染前，需要对参数进行一定的调整，本例简单介绍相关的操作流程。

步骤 01 成功安装 VRay 渲染器后，打开配套光盘“124 VRay 灯光阴影.skp”场景，然后对场景进行全景观察，如图 9-43 与图 9-44 所示。

步骤 02 执行【视图】/【工具条】菜单命令，在弹出的工具栏选项板中调出 VRay 工具栏，如图 9-45 所示。

图 9-43　打开 VRay 灯光阴影场景

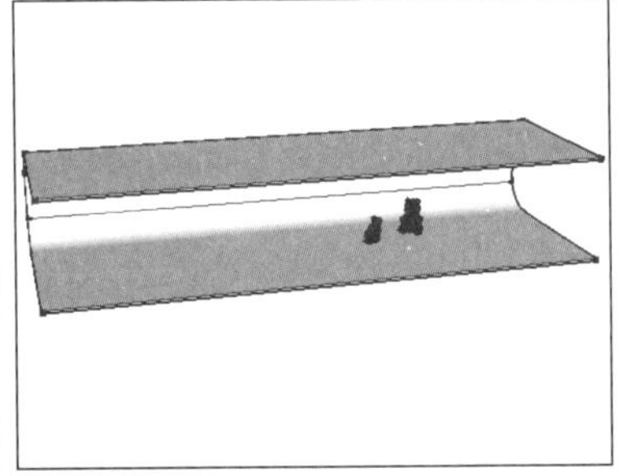

图 9-44　观察场景效果

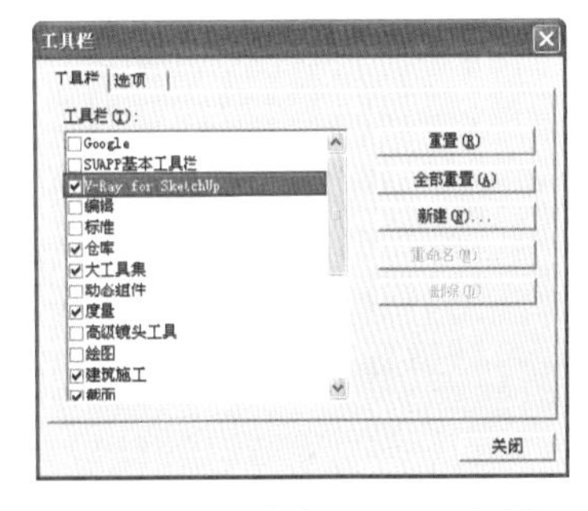

图 9-45　弹出 VRay 工具栏

技巧

由于 VRay 渲染器是一款全局光渲染软件，在灯光的测试中，为了模拟出室内光线反弹的效果，因此这里制作了一个 U 形的渲染场景，如图 9-44 所示。

步骤 03 单击 VRay 工具栏【渲染设置】按钮，弹出【VRay 渲染设置】面板，如图 9-46 与 图 9-47 所示。

步骤 04 单击进入【Output(输出)】选项卡，设置渲染输出图像的长、宽数值，如图 9-48 所示。

图 9-46　单击渲染设置按钮

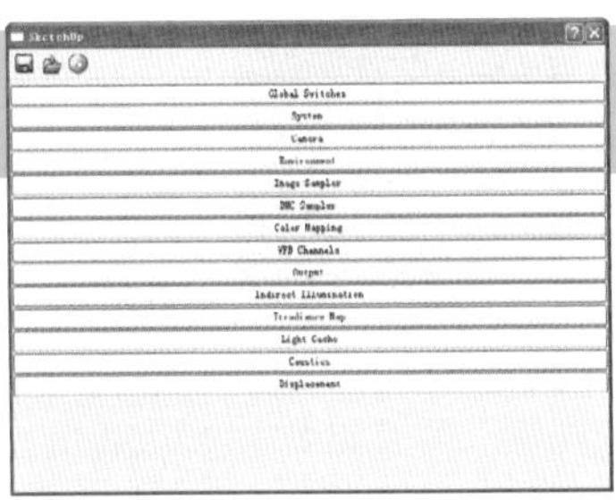

图 9-47　进入渲染设置面板

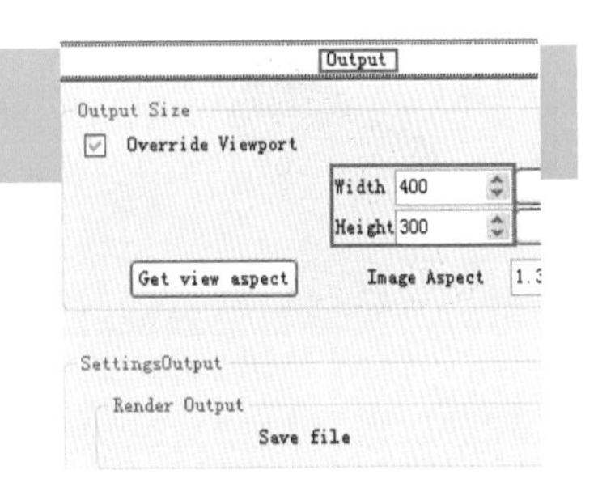

图 9-48　设置渲染尺寸

步骤 05 单击进入【Irradiance Map(发光贴图)】选项卡，设置【Max rate(最大比率)】与【HSph Subdivs(半球细分)】数值，如图 9-49 所示。

步骤 06 单击进入【Light Cache（灯光缓冲）】选项卡，设置【Subdivs(半球细分)】数值，如图 9-50 所示

步骤 07 参数设置完成之后，单击【渲染】按钮进行渲染，即可得到默认灯光下的场景效果，如图 9-51 所示。

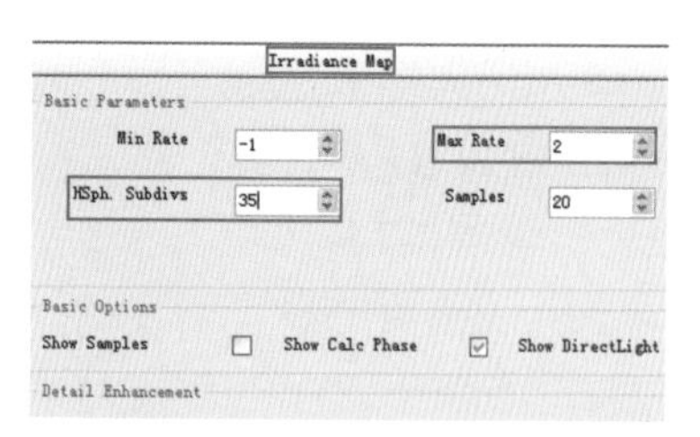

图 9-49 设置发光贴图参数

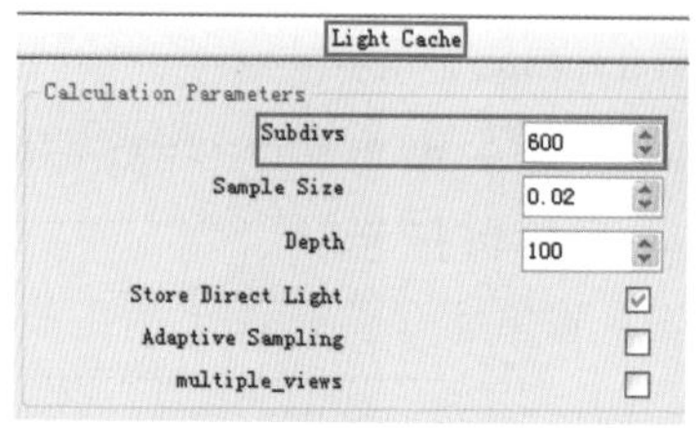

图 9-50 设置灯光缓存细分值

图 9-51 场景默认灯光渲染效果

124 VRay 片光

文件路径：素材\第 09 章\124　　视频文件：MP4\第 09 章\124.MP4

VRay 片光是工作中最为常用的灯光之一，可以使用其进行区域照明，也可以通过形状的调整进行线形光照明，本例讲解其基本使用方法。

步骤 01 打开本书配套光盘“125 VRay 片光.skp”场景，单击【Rectangle Light(VRay 片光)】创建按钮，如图 9-52 所示。

步骤 02 切换至【顶视图】，参考照明对象位置拖动鼠标，创建一盏片光，如图 9-53 所示。

步骤 03 切换至侧面视图，参考场景调整好灯光高度，如图 9-54 所示。

图 9-52 单击 VRay 片光创建按钮

图 9-53 在顶视中创建 VRay 片光

图 9-54 调整 VRay 片光高度

步骤 04 灯光创建完成后直接进行渲染，可以发现灯光没有发生任何照明效果，同时灯光的

形状也被渲染，如图 9-55 所示。

步骤 05 通过鼠标右键快捷菜单【Edit Light（灯光编辑）】菜单命令，打开灯光参数面板，如图 9-56 与图 9-57 所示。

图 9-55 VRay 片光默认渲染效果

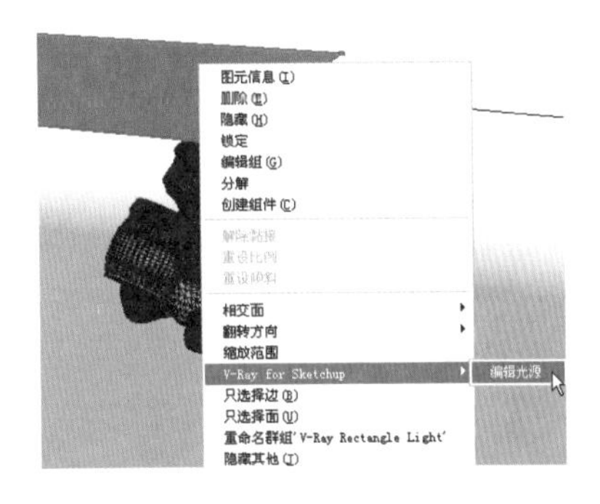

图 9-56 选择灯光进入编辑面板

步骤 06 设置灯光【Color（颜色）】与【Intensity（强度）】，然后勾选【Invisible（不可见）】复选框，再次渲染即可得到理想的区域照明效果，如图 9-58 与图 9-59 所示。

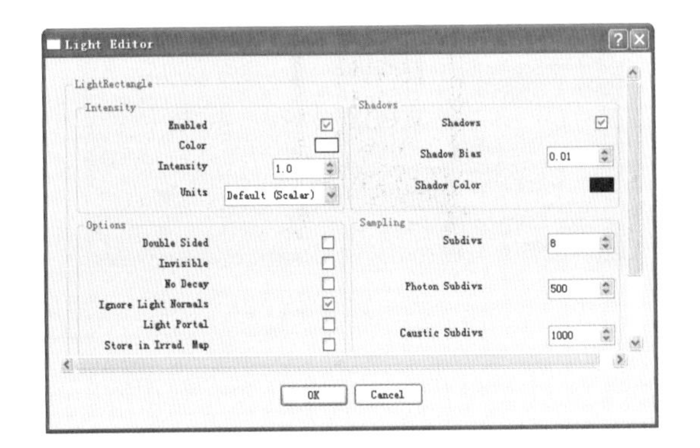

图 9-57 VRay 片光编辑参数面板

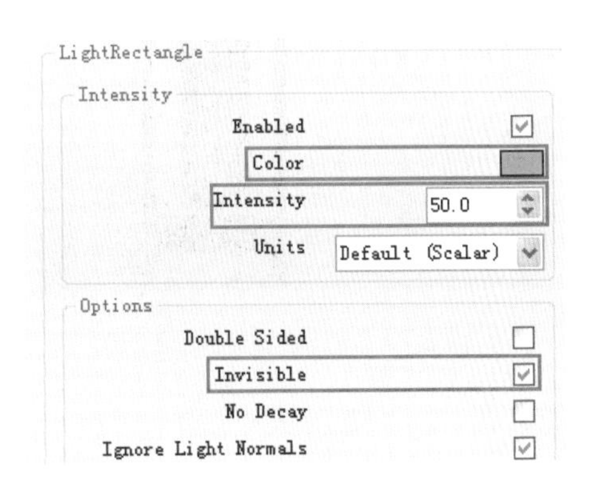

图 9-58 设置灯光参数

图 9-59 调整参数后的渲染效果

图 9-60 取消阴影参数后的渲染效果

技巧

VRay 灯光阴影可由每盏灯光单独控制，取消灯光参数【Shadows（阴影参数）】复选框的勾选，渲染图像中将不出现由该盏灯光产生的任何阴影效果，如图 9-60 所示。

125 泛光灯

文件路径：素材\第 09 章\125　　视频文件：MP4\第 09 章\125.MP4

泛光灯常用于模拟台灯、落地灯以及太阳的照明效果，本例以其制作落地灯灯光效果为例，讲解其使用方法。

步骤 01 打开本书配套光盘“126 泛光灯.skp”场景，单击【Omni Light(泛光灯)】创建按钮，如图 9-61 所示。

步骤 02 参考灯罩位置单击，创建一盏泛光灯，调整其位置至灯罩内部中心处，如图 9-62 与图 9-63 所示。

图 9-61　单击泛光灯创建按钮

图 9-62　创建泛光灯

步骤 03 通过鼠标右键快捷菜单【Edit Light（灯光编辑）】菜单命令，打开灯光参数面板，设置灯光【Color（颜色）】与【Intensity（强度）】，如**错误！未找到引用源。**与图 9-65 所示。

步骤 04 灯光参数设置完成后单击【渲染】按钮，结果如图 9-66 所示，模拟出了理想的落地灯发光效果。

图 9-63　调整灯光位置

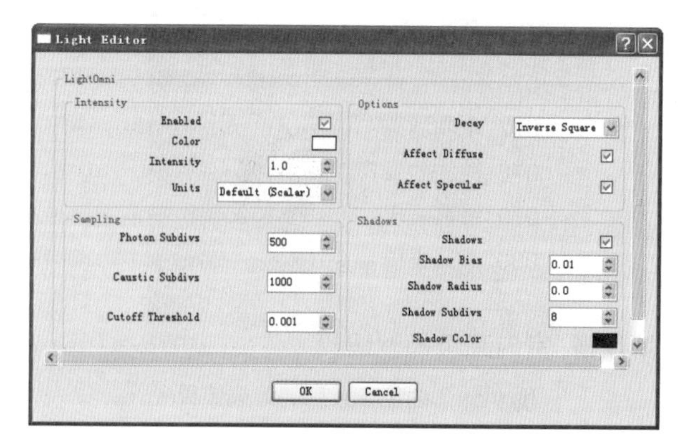

图 9-64　进入泛光灯参数设置面板

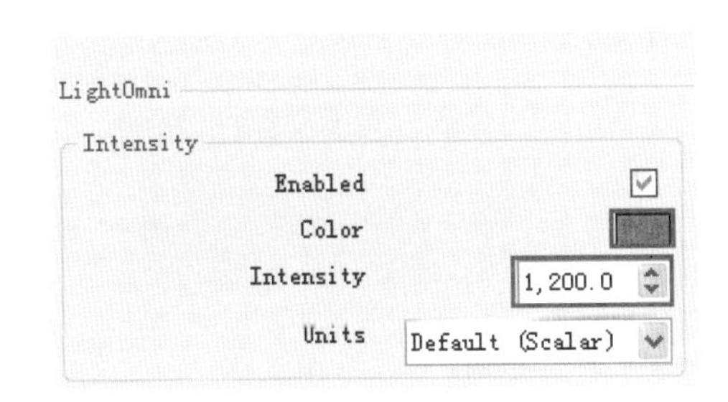

图 9-65 设置灯光颜色与强度

图 9-66 泛光灯渲染效果

126 聚光灯

文件路径：素材\第 09 章\126

视频文件：MP4\第 09 章\126.MP4

聚光灯有着良好的方向性，因此常用于制作一般的筒灯或射灯效果，本例以使用其模拟地面射灯效果的过程，讲解其功能与使用方法。

步骤 01 打开本书配套光盘“127 聚光灯.skp”场景，单击【Spot Light(聚光灯)】创建按钮，如图 9-67 所示。

步骤 02 单击鼠标，在灯孔附近创建一盏聚光灯，然后调整灯光大小与照射角度，如图 9-68 与图 9-69 所示。

图 9-67 单击聚光灯创建按钮

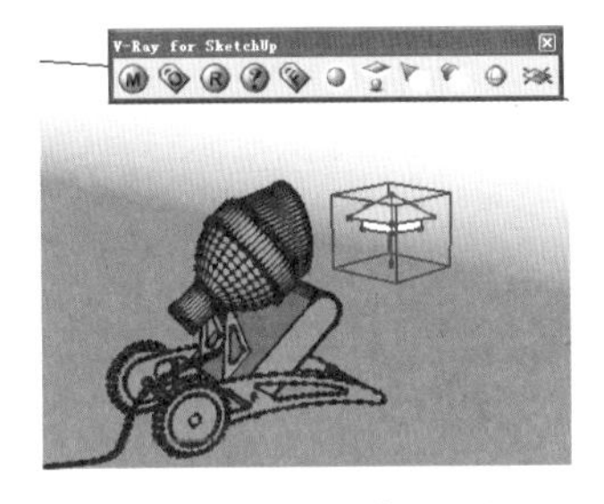

图 9-68 创建聚光灯

步骤 03 通过鼠标右键快捷菜单【Edit Light（灯光编辑）】菜单命令，打开灯光参数面板，并设置灯光【 Color（颜色）】与【Intensity（强度）】，如图 9-70 与图 9-71 所示。

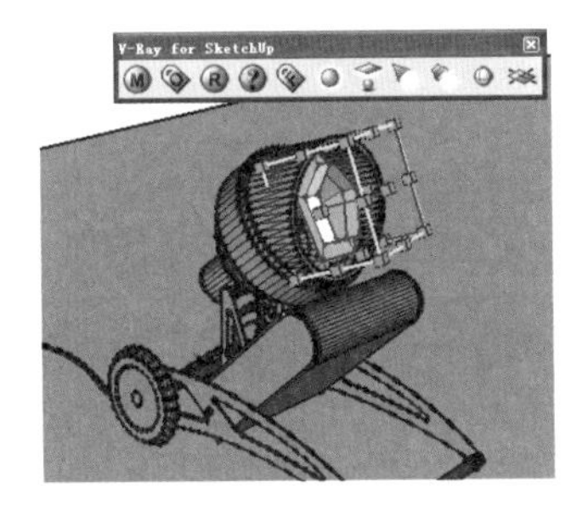

图 9-69 调整灯光位置与角度

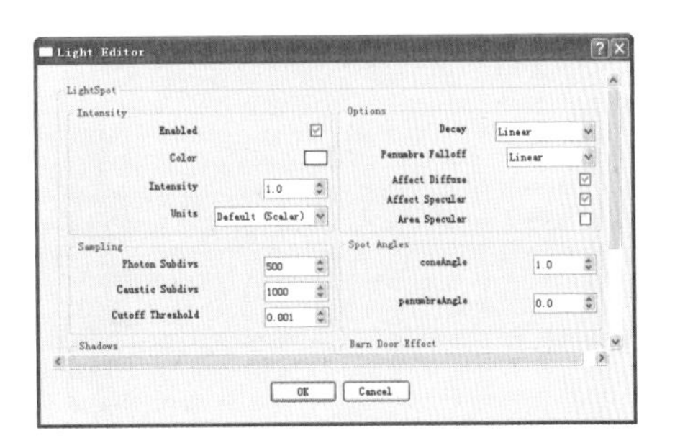

图 9-70 进入聚光灯参数设置面板

步骤 04 灯光参数设置完成后单击【渲染】按钮，模拟出的灯光直射效果如图 9-72 所示。

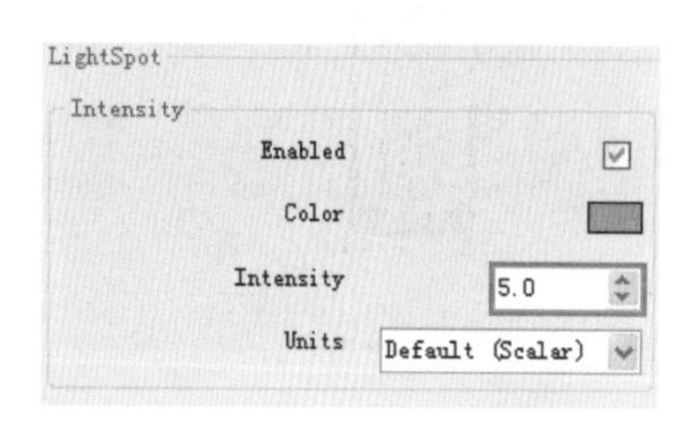

图 9-71 设置聚光灯参数

图 9-72 聚光灯渲染效果

127 IES 灯光

文件路径：素材\第 09 章\127　　视频文件：MP4\第 09 章\127.MP4

IES 灯光可以加载多种光域网文件，从而模拟出丰富的灯光效果，本例以使用其模拟射灯灯光为例，介绍其功能与使用方法。

步骤 01 打开本书配套光盘“128 IES 灯光.skp”场景，单击【IES Light】创建按钮，如图 9-73 所示。

步骤 02 单击鼠标，在灯孔附近创建一盏 IES 灯光，如图 9-74 所示，然后调整好灯光大小与位置，如图 9-75 所示。

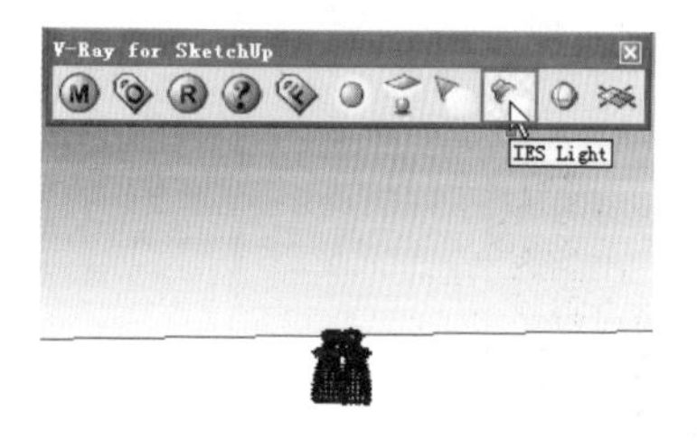

图 9-73 单击 IES 灯光创建按钮

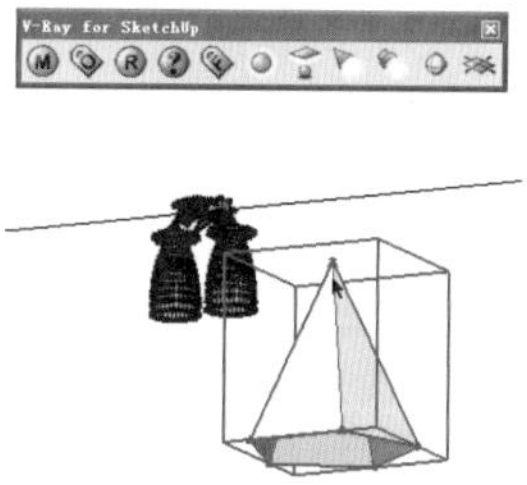

图 9-74 创建 IES 灯光

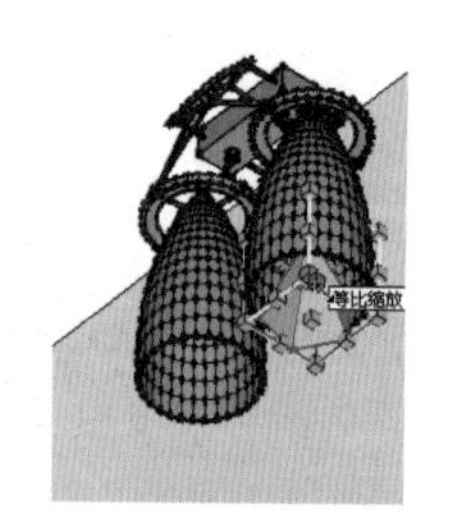
图 9-75 调整灯光大小及位置

步骤 03 通过鼠标右键中的【Edit Light（灯光编辑）】菜单命令，打开灯光参数面板，首先调整以 IES 为后缀名的光域网文件，如图 9-76 与图 9-77 所示。

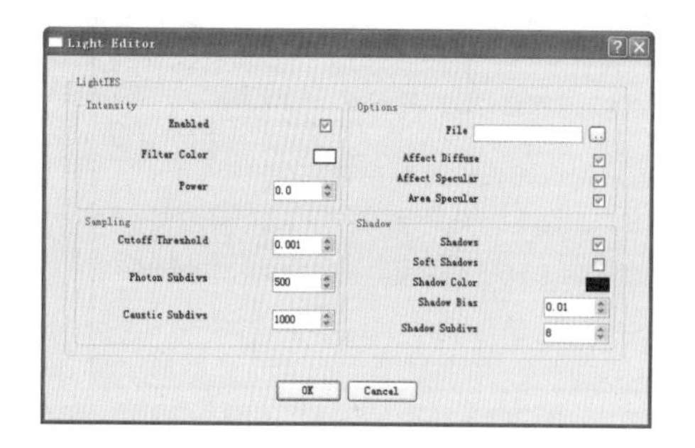

图 9-76 进入 IES 灯光参数面板

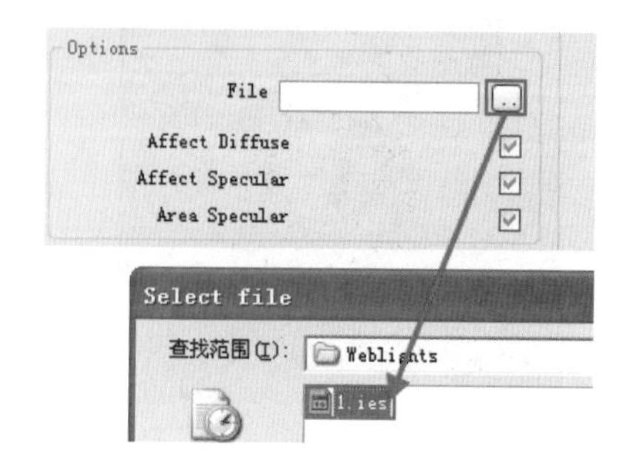

图 9-77 添加 IES 灯光文件

步骤 04 加载完成光域网文件后，设置灯光【 Color（颜色）】与【Intensity（强度）】，如图 9-78 所示。

步骤 05 单击【渲染】按钮，在墙体上出现亮丽的灯光效果，如图 9-79 所示。

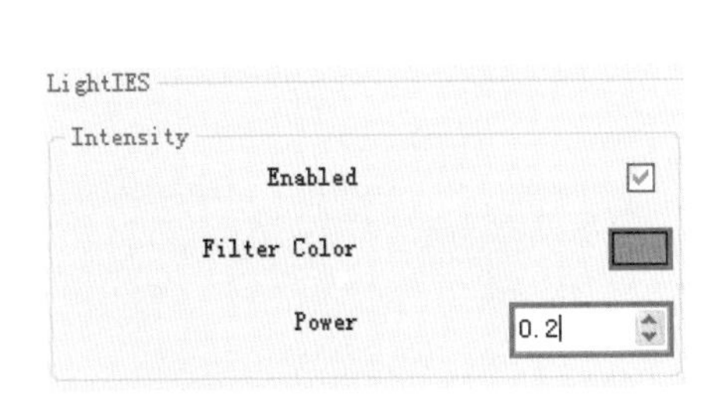

图 9-78　设置灯光颜色与强度

图 9-79　灯光渲染效果

步骤 06 选择创建好的灯光进行移动复制，并加载另一个光域网文件，再次渲染即可出现不同的射灯效果，如图 9-80 与 图 9-81 所示。

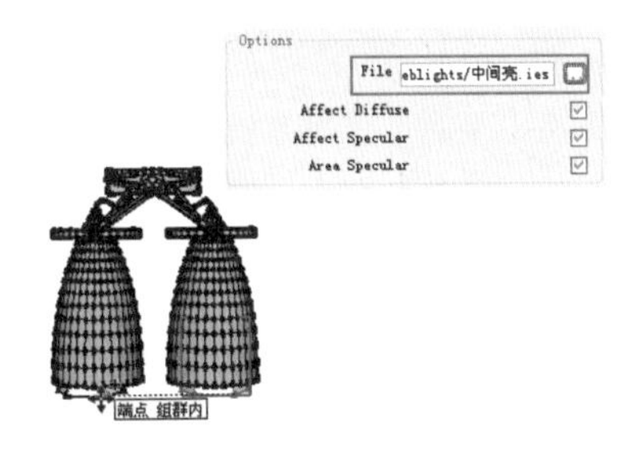

图 9-80　复制灯光添加新的 IES 文件

图 9-81　不同的 IES 文件灯光效果

第10章 SketchUp/VRay材质解析

本章首先讲解SketchUp材质面板与VRay材质面板各主要参数的功能和含义，从而熟悉这两种材质的主要特点和用法，然后通过常用材质制作实例，深入掌握各类材质的调整技巧。

10.1 SketchUp 材质

128 SketchUp 材质创建面板

文件路径：无　　视频文件：MP4\第 09 章\128.MP4

本例将详细介绍 SketchUp 材质创建面板中各个参数的功能与使用方法，从而掌握该类材质的制作技巧。

步骤 01 在【使用层颜色材料】面板中单击【创建材质】按钮，即可打开【创建材质】面板，如图 10-1 所示。

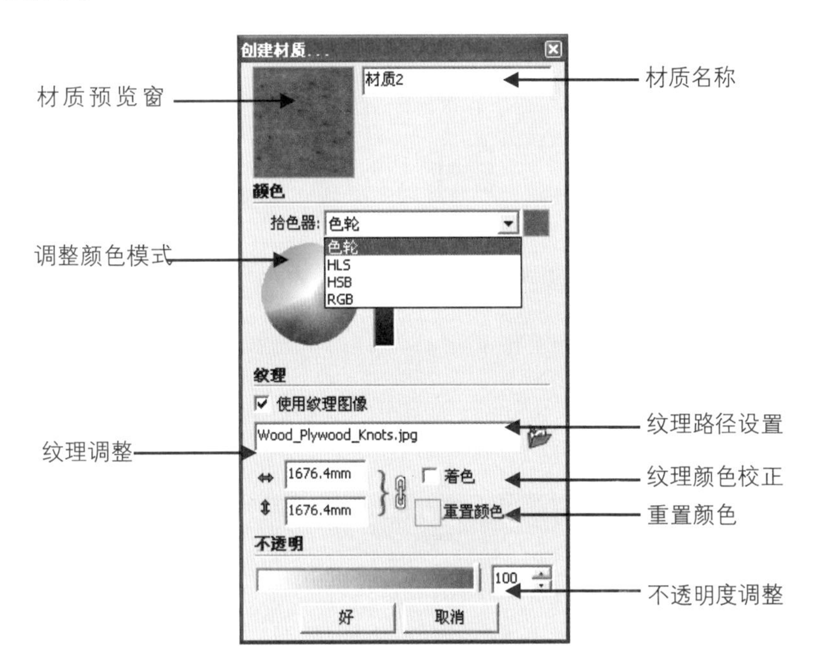

图 10-1　SketchUp 创建材质面板

步骤 02 材质名称。进入【创建材质】面板后，单击进入其后的文本框，可以进行新建材质的命名，材质命名应该简明、准确。

步骤 03 材质预览。在【材质预览】窗口内，可以快速查看当前新建的材质效果，如颜色、纹理以及透明度等特性，如图 10-2~图 10-4 所示。

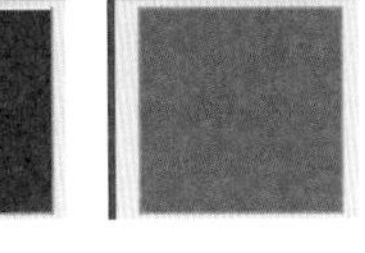

图 10-2　颜色预览

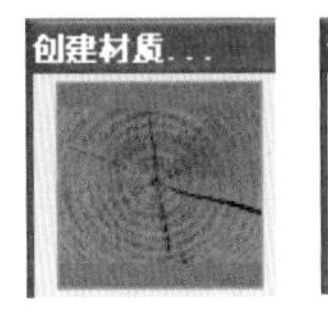

图 10-3　纹理预览

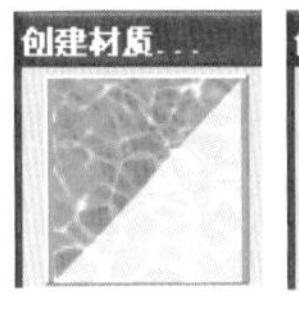

图 10-4　透明度预览

步骤 04 材质颜色。通过【颜色】选项组，可以设置材质的颜色，首先在【拾取】下拉列表框选择颜色模式，然后通过相应的颜色模式滑块设置颜色，如图 10-5~图 10-7 所示。

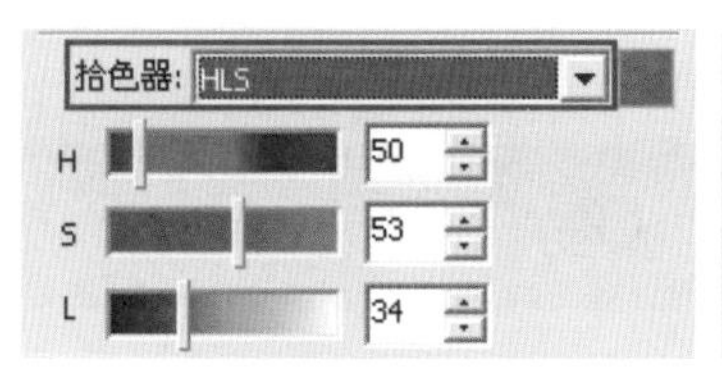

图 10-5　HLS 模式

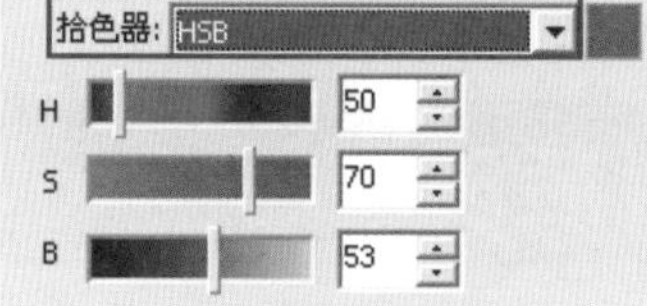

图 10-6　HSB 模式

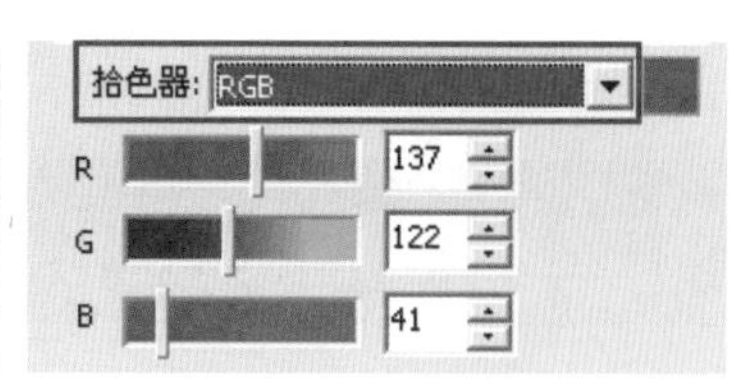

图 10-7　RGB 模式

步骤 05 重置颜色。按下【重置颜色】色块，系统将恢复默认的颜色。

步骤 06 纹理。按下【纹理路径】后的【浏览材质图像文件】按钮，将打开【选择图像】面板进行纹理的加载，如图 10-8~图 10-9 所示。

图 10-8　单击浏览材质图像文件按钮

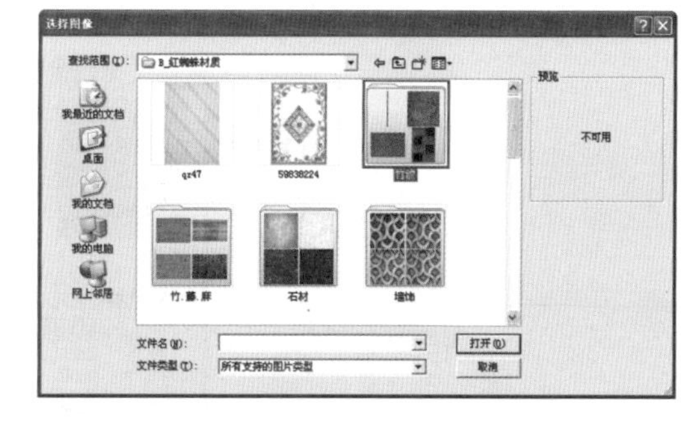
图 10-9　添加材质纹理图片

步骤 07 纹理坐标。外部加载贴图尺寸大小通常不理想，此时通过【纹理坐标】数值可以调整出理想的贴图效果，如图 10-10 与图 10-11 所示。

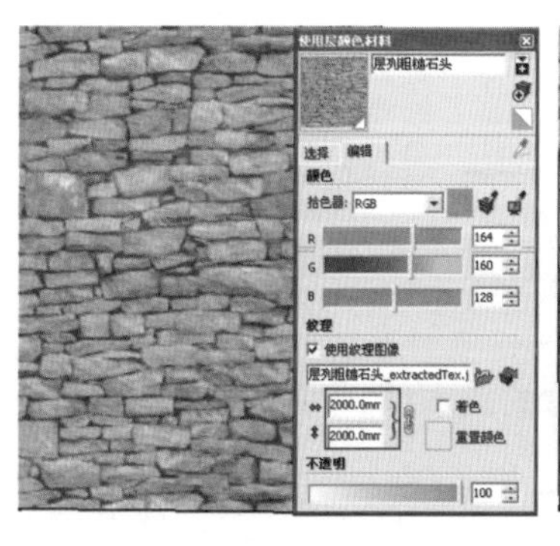
图 10-10　贴图原始尺寸效果

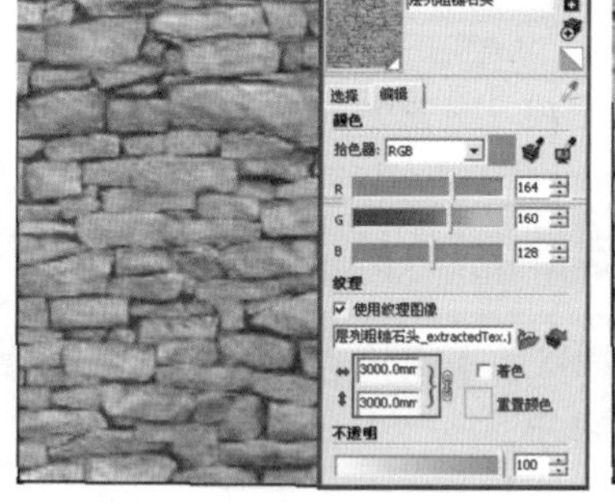
图 10-11　调整尺寸后的效果

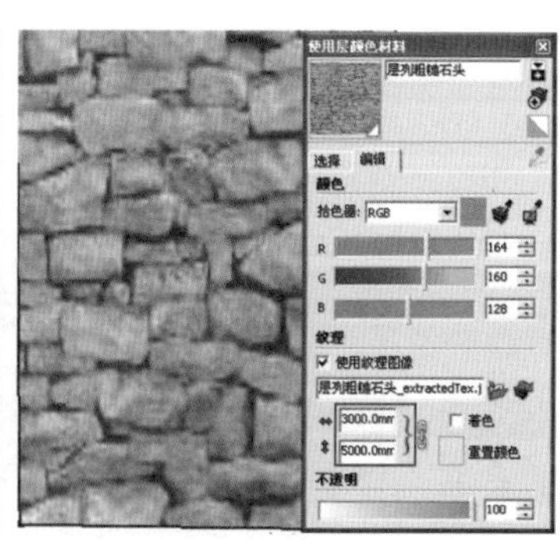
图 10-12　调整贴图尺寸比例

提 示

在默认的设置下，贴图长宽的比例并不能修改，单击其后的【解锁】按钮，则可以进行不等比的调整，如图 10-11 所示。

步骤 08 纹理色彩校正。勾选【着色】复选框，调整【颜色】参数可以改变贴图颜色，如图 10-13 与图 10-14 所示。单击【重置颜色】色块，将还原至贴图原有色彩，如图 10-15 所示。

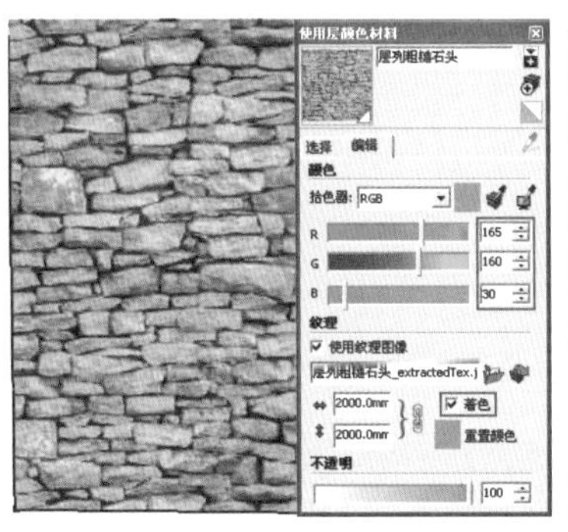

图 10-13　勾选【调色】复选框

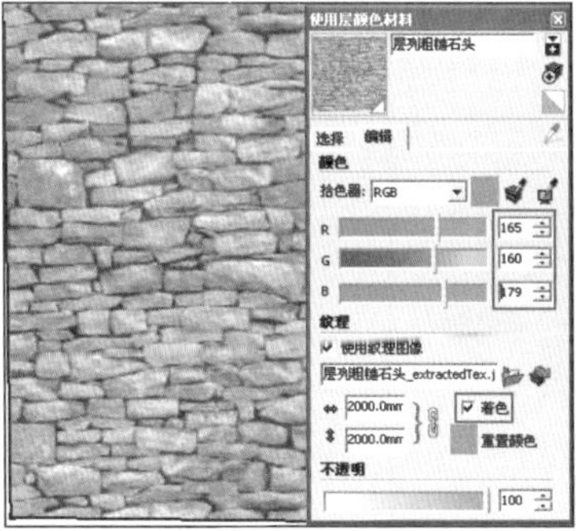

图 10-14　调整颜色

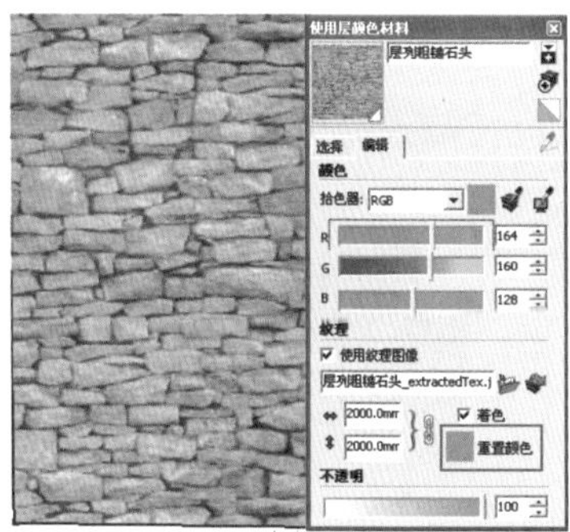

图 10-15　还原颜色

步骤 09 不透明度。向左拖动【不透明】滑块，材质的透明度将越来越高，如图 10-16~图 10-18 所示。

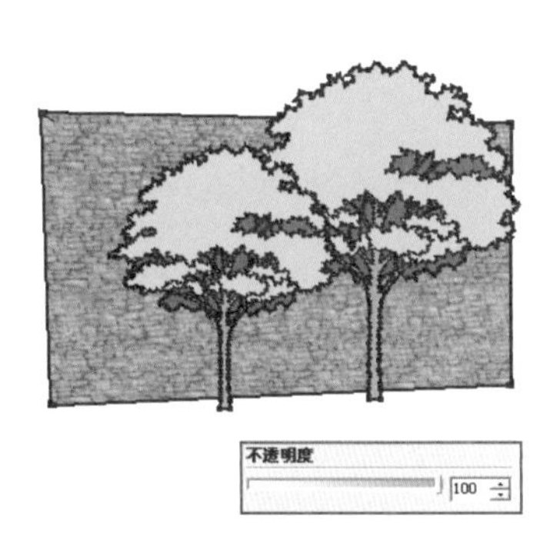

图 10-16　不透明度=100

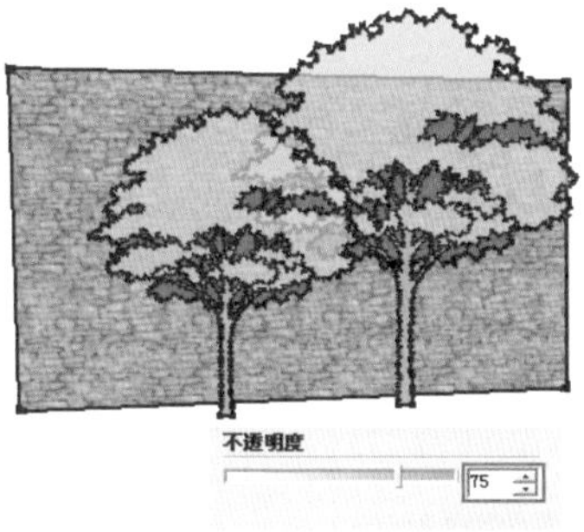

图 10-17　不透明度=30

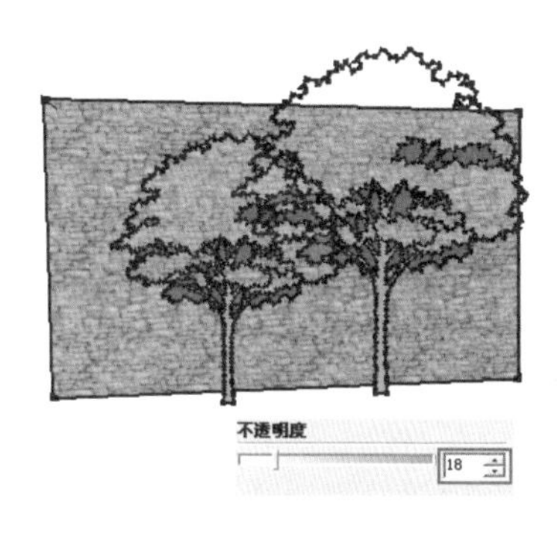

图 10-18　不透明度=18

—→提 示

SketchUp 材质无法控制材质的反射、折射等特性，因此其制作的材质不具写实性，使用 VRay 渲染器的材质，可以弥补 SketchUp 在材质细节效果制作上的不足。

10.2 VRay 材质

129 关联 SU 材质与 VRay 材质

文件路径：素材\第 10 章\129　　视频文件：MP4\第 10 章\129.MP4

SketchUp 要转变为 VRay 材质，通常通过添加对应的属性层实现，本例介绍添加的方法。

步骤 01 打开 SketchUp【使用层颜色材料】面板，选择任意一个材质赋予场景中对象，然后单击进入【VRay 材质编辑器】，如图 10-19 与图 10-20 所示。

步骤 02 此时在【VRay 材质编辑器】中会对应选择到材质，根据材质表现需要，单击鼠标右键进行各类属性层的添加，即可将为关联为 VRay 材质，如图 10-21 所示。

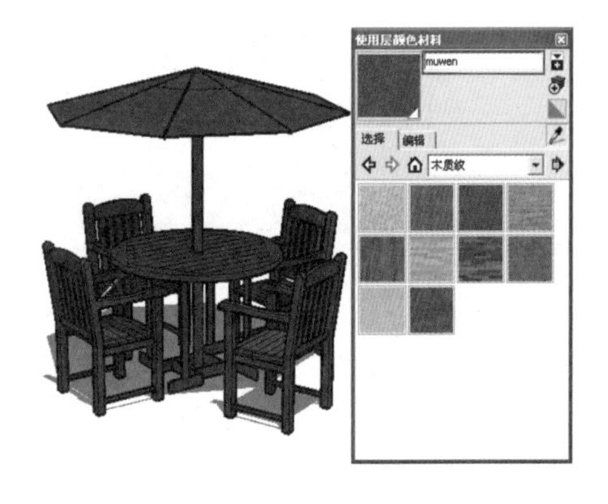

图 10-19　赋予 SketchUp 木纹材质

图 10-20　单击 VRay 材质按钮

130 【Diffuse（漫反射）】卷展栏

文件路径：无　　视频文件：无

通过 Diffuse【漫反射】卷展栏，可以设定材质的颜色、纹理以及透明度，本例对其进行详细讲解。

步骤 01 单击展开 Diffuse【漫反射】卷展栏，可以看到其参数设置如图 10-22 所示。

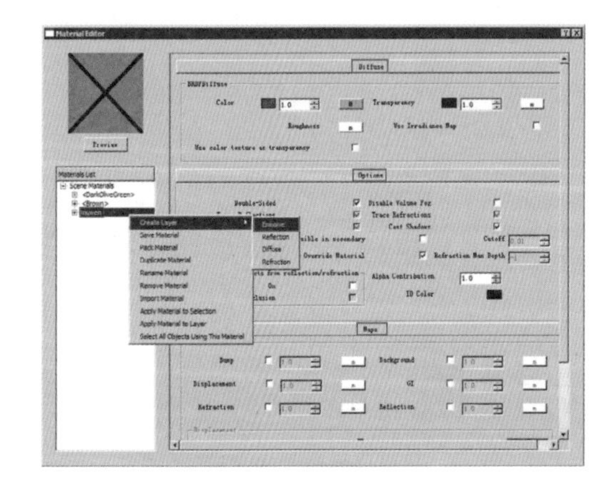

图 10-21　关联 VRay 材质

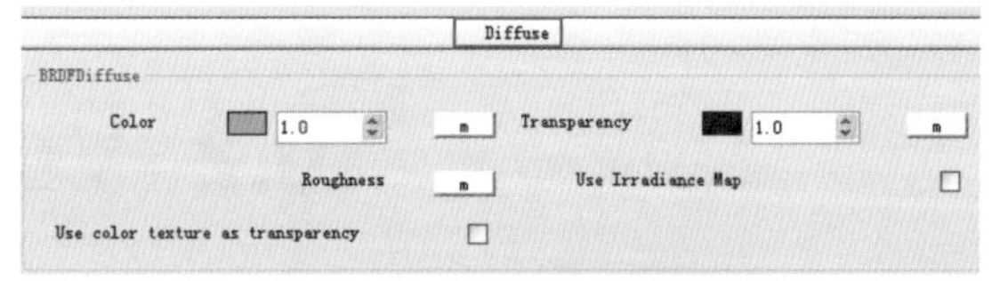

图 10-22　漫反射卷展栏参数设置

步骤 02 单击 Color(颜色)色块，可以任意设置材质表面的颜色，如图 10-23~图 10-25 所示。

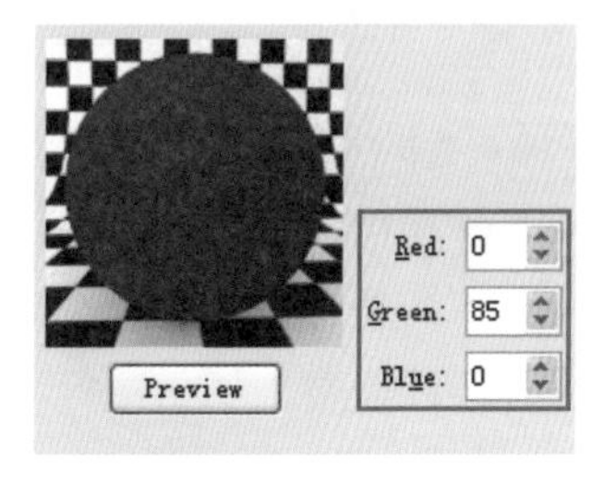

图 10-23 绿色漫反射效果

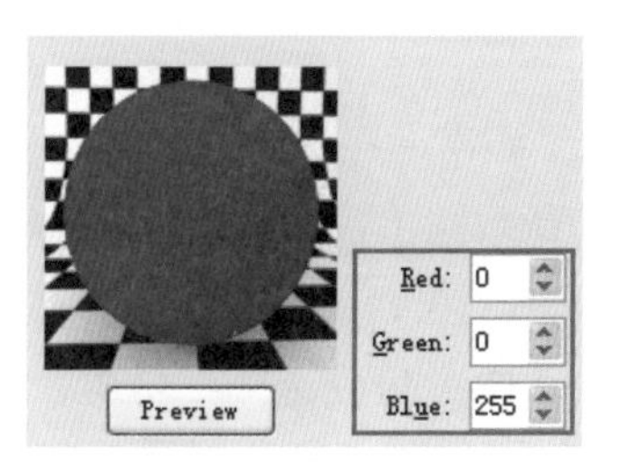

图 10-24　蓝色漫反射效果

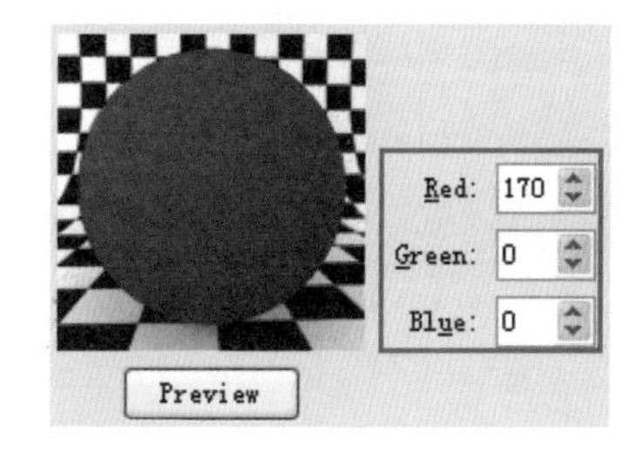

图 10-25　红色漫反射效果

步骤 03 单击 Color(颜色)后的 m 按钮，可以添加贴图模拟表面纹理效果，如图 10-26~图 10-28 所示。

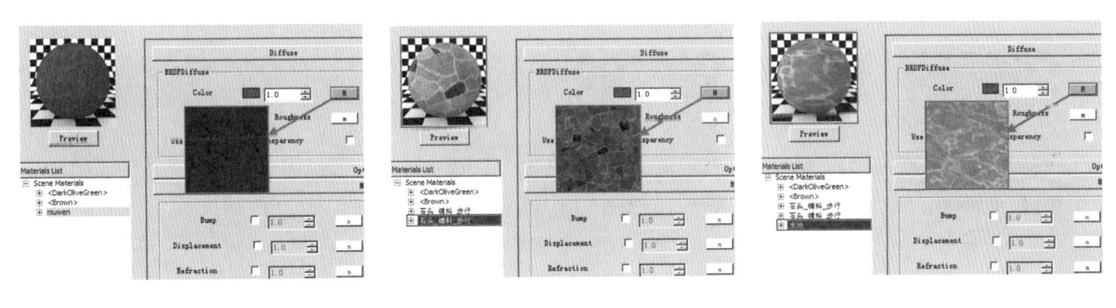

图 10-26　添加木纹贴图的效果　图 10-27　添加石材贴图的效果　图 10-28　添加水纹贴图的效果

步骤 04 调整 Transparency（透明）色块，可以设置材质的透明效果，如图 10-29~图 10-31 所示，但并不能产生现实中折射的细节。

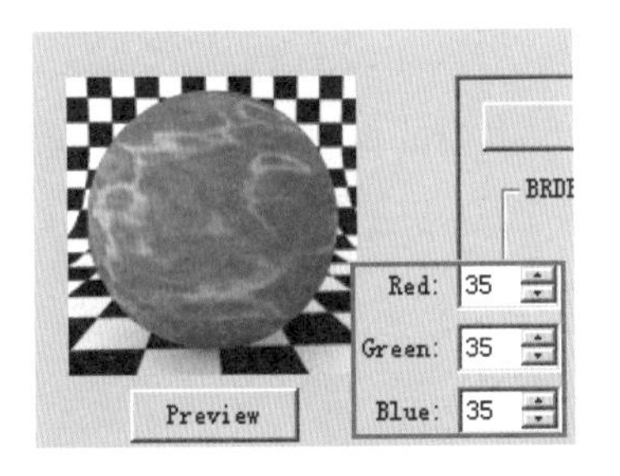

图 10-29　35 灰度时的透明效果

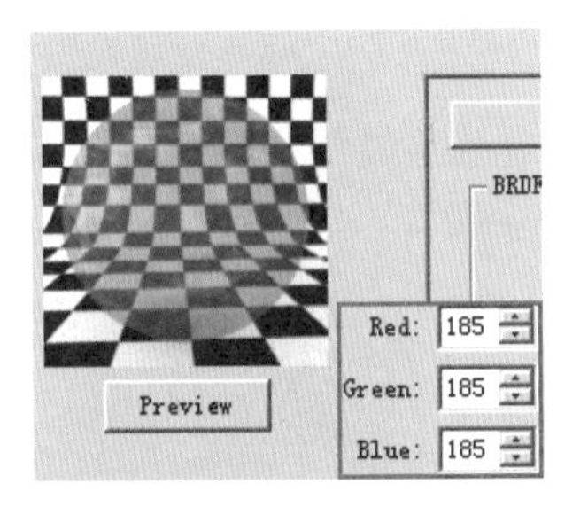

图 10-30　185 灰度时的透明效果

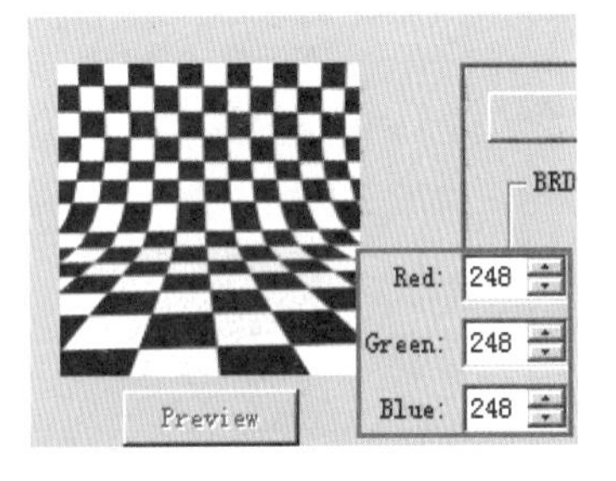

图 10-31　248 灰度时的效果

131 【Emissive（发光）】卷展栏

文件路径：无　　视频文件：无

通过 Emissive（发光）卷展栏，可以设定材质发光颜色以及亮度，此外还可以加载贴图，制作常用的电视画面等发光效果。

步骤 01 添加 Emissive（发光）属性层，其参数卷展栏如图 10-32 所示。

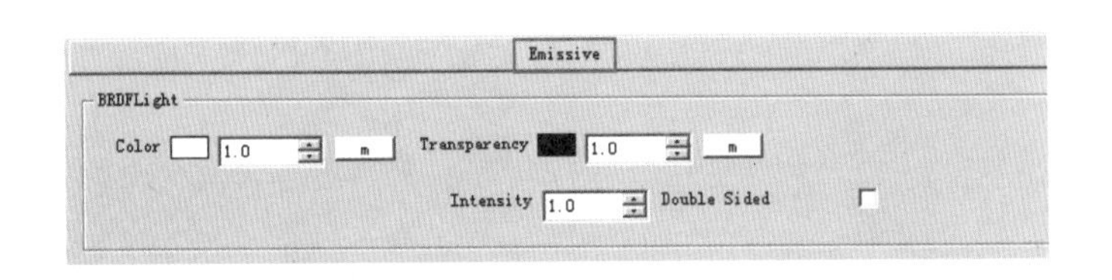

图 10-32　自发光卷展栏

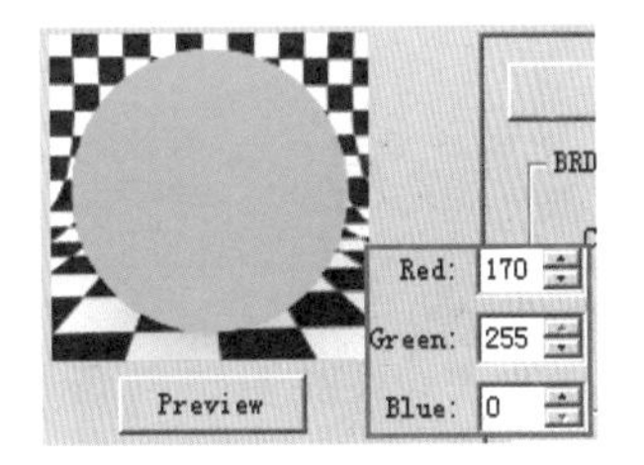

图 10-33　黄色发光效果

步骤 02 单击 Color(颜色)色块，可以设定不同的发光颜色，如图 10-33 与图 10-34 所示。

步骤 03 单击 Color(颜色)后的 m 按钮，可以添加贴图，模拟电视屏幕等发光效果，如图 10-35 所示。

步骤 04 调整 Intensity(强度)后的数值，可以控制发光的强弱，如图 10-36 所示。

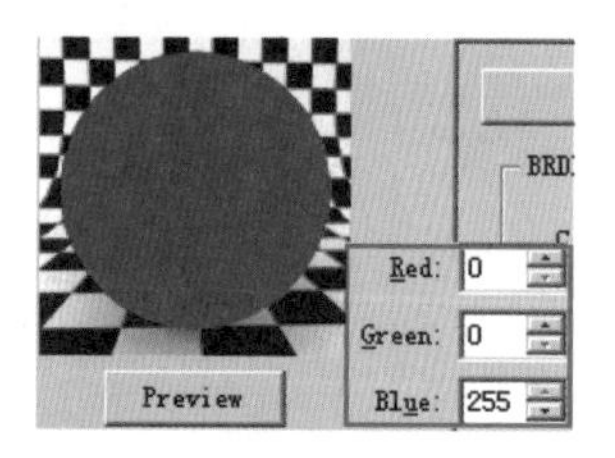

图 10-34　蓝色发光效果

图 10-35　添加贴图效果

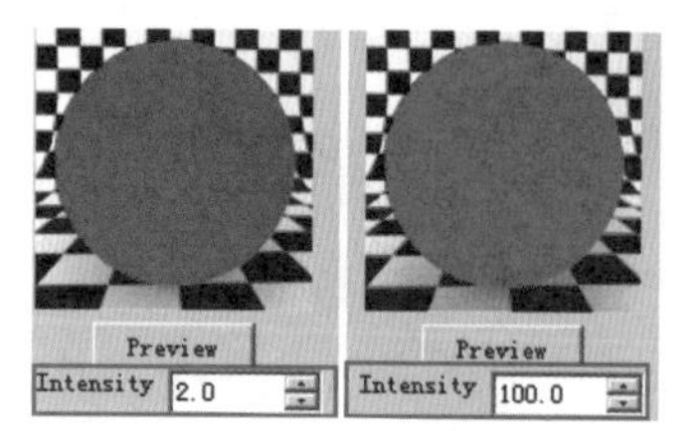

图 10-36 不同强度发光对比

132 【Reflect（反射）】卷展栏

文件路径：无　　视频文件：无

通过 VRay 材质的 Reflect（反射）卷展栏，可以轻松制作出现实中的反射、模糊反射等细节，本例对该卷展栏主要参数进行讲解。

步骤 01 添加 Reflect（反射）属性层后，其参数卷展栏如图 10-37 所示。

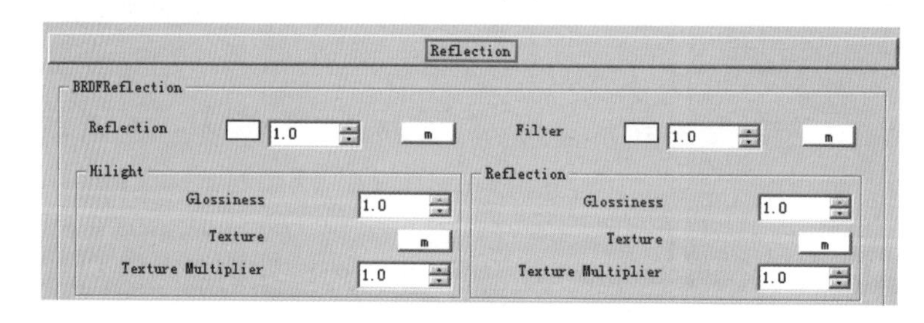

图 10-37　反射卷展栏

步骤 02 单击 Reflection(反射)色块，调整该颜色灰度值可以控制反射效果的强弱，颜色越亮，反射能力越强，如图 10-38 与图 10-39 所示。

步骤 03 单击 Reflection(反射)的 m 按钮，可以加载贴图，以精确控制材质表面各个区域的反射能力，贴图中白色区反射能力强，灰色或黑色区域反射能力逐渐减弱，如图 10-40 所示。

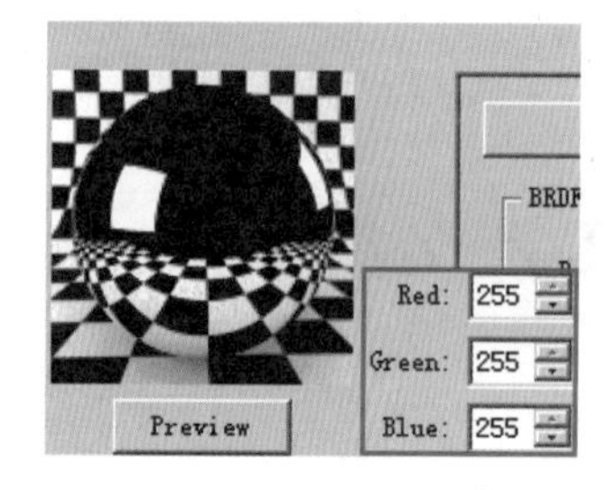

图 10-38　纯白色形成全反射

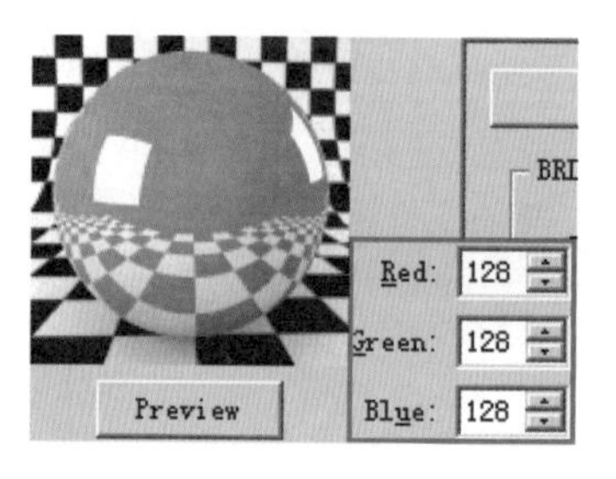

图 10-39　灰度降低反射能力

图 10-40　添加贴图调整反射

效果　　　　　　　　　　　　　　　　　　　　　　　　区域

步骤 04 在 Reflection(反射)卷展栏内 Hilight(高光)参数组与 Reflection(反射)参数组均包含 Reflection(模糊)参数，前者用于控制高光的强弱，数值越小高光越散淡，如图 10-41 与图 10-42 所示。后者则用于控制反射模糊的强度，数值越小反射效果越模糊，如图 10-43 与图 10-44 所示。

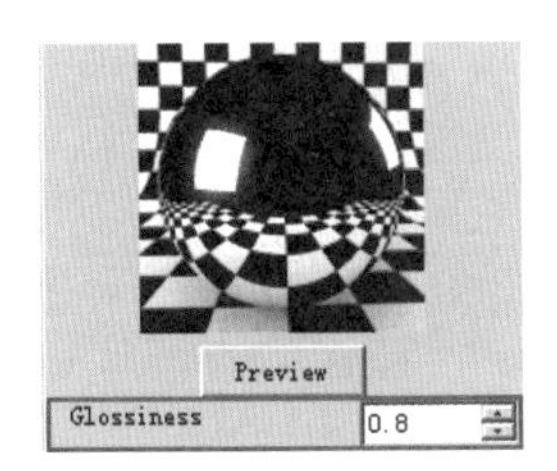

图 10-41　高光模糊=0.8

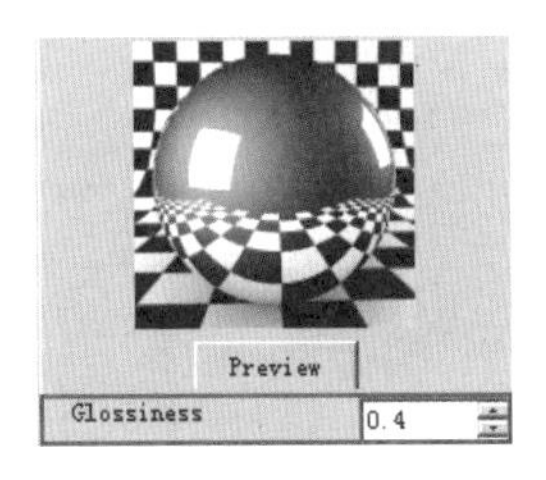

图 10-42　高光模糊=0.4

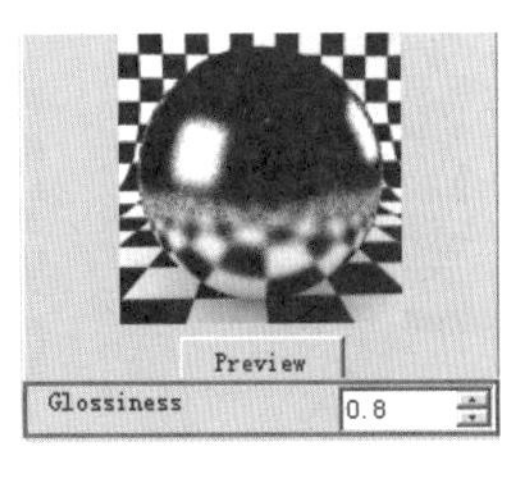

图 10-43　折射模糊=0.8

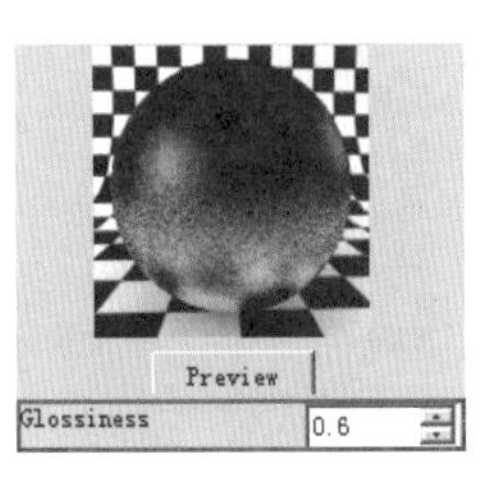

图 10-44　折射模糊=0.6

133 【Refract（折射）】卷展栏

文件路径：无　　　　视频文件：无

通过 VRay 材质 Refract（折射）卷展栏，可以控制透明对象的颜色、折射率以及模糊等细节，本例对该卷展栏主要参数进行讲解。

步骤 01 添加 Refract（折射）属性层后，其参数卷展栏如图 10-45 所示。

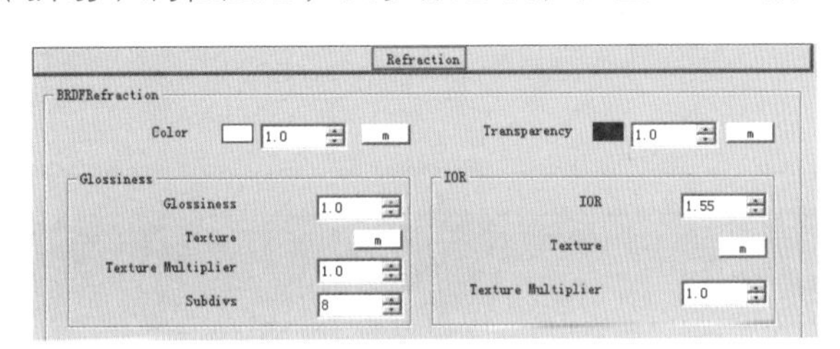

图 10-45　折射卷展栏参数设置

步骤 02 Color(颜色)。单击最上方的 Color(颜色)色块，可以调整透明对象的色彩效果，如图 10-46 与图 10-47 所示。要注意的是，SU 的 VRay 材质中透明度由 Diffuse（漫反射）卷展栏中的 Transparency(透明)参数控制。

步骤 03 Glossiness(模糊)。调整 Glossiness（模糊）后的参数值，可以控制模糊折射的强度，如图 10-48 与图 10-49 所示，从而轻松制作出磨砂玻璃的质感。

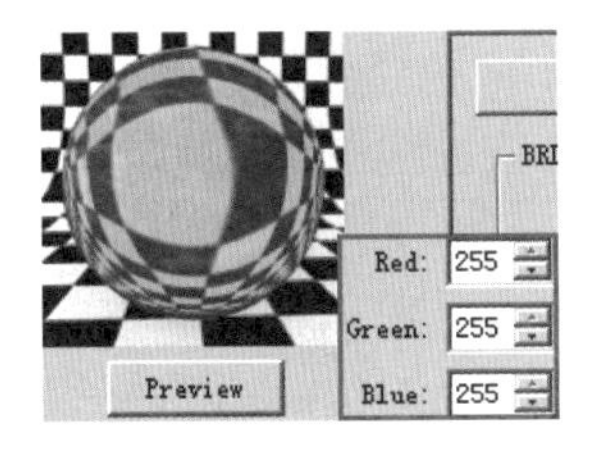

图 10-46　纯白色透明

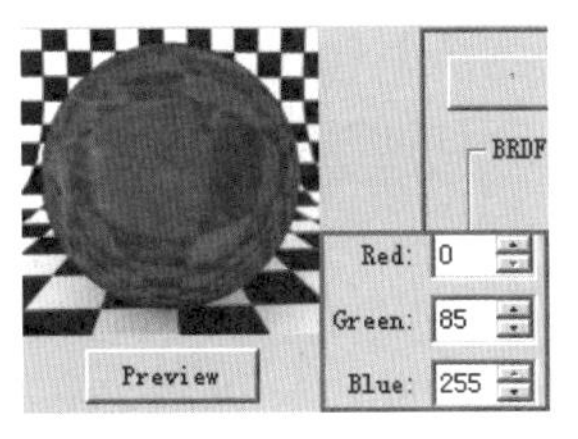

图 10-47　蓝色透明

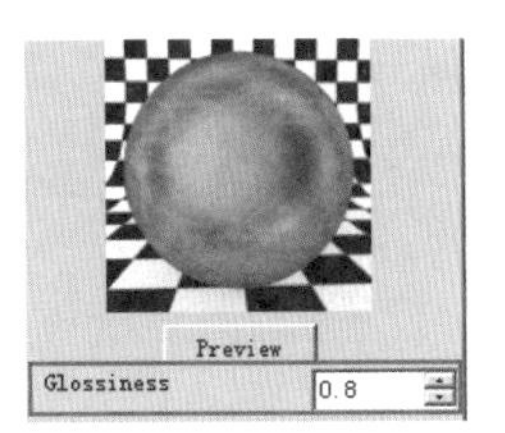

图 10-48　模糊=0.8

图 10-49　模糊=0.55

步骤 04 IOR(折射率)。IOR(折射率)是现实世界中透明对象的一个重要参数，如图 10-50 与图 10-51 所示。

步骤 05 Fog color(雾效颜色)。除了使用最上方的 Color(颜色)色块调整透明对象的颜色，通过 Fog(雾效)参数组内的 color(颜色)色块同样可以调整，如图 10-52 与图 10-53 所示。

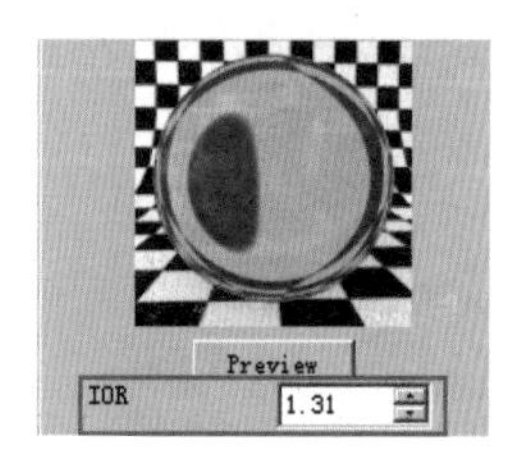

图 10-50　IOR=1.31

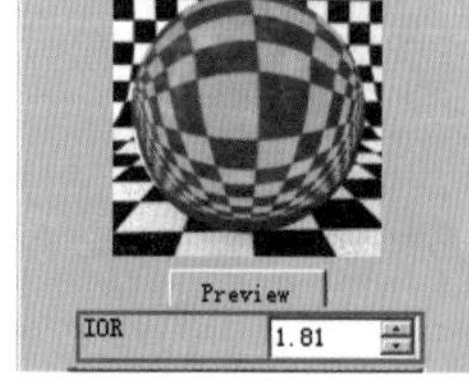

图 10-51　IOR=1.81

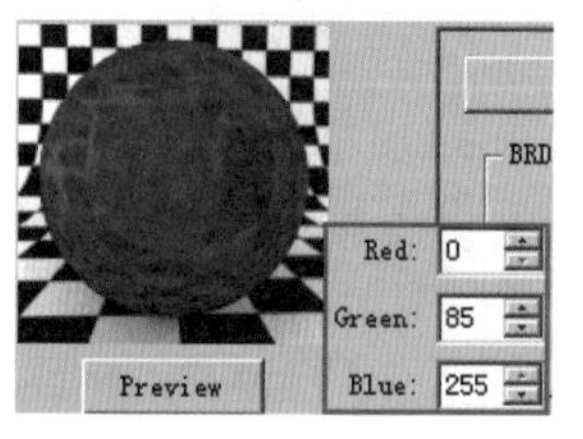

图 10-52　蓝色雾效

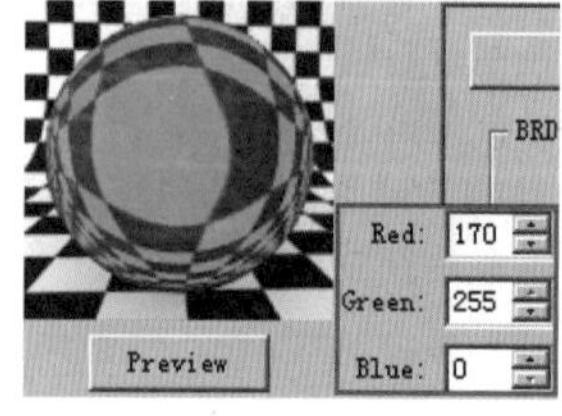

图 10-53　绿色雾效

134 【Options（选项）】卷展栏

文件路径：无　　视频文件：无

VRay 材质中的 Options（选项）卷展栏可以控制材质反射与折射是否有效，本例对其进行详细了解。

步骤 01 单击展开 Options（选项）卷展栏，可以看到其参数设置如图 10-54 所示。

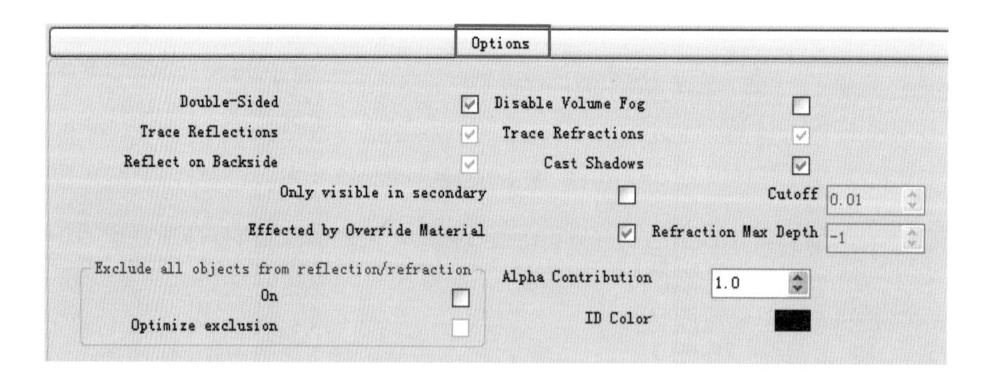

图 10-54　选项卷展栏设置

步骤 02 勾选 Double sided(双面)选项，物体内部的光线将会被跟踪计算，从而产生正确的透明细节，通常保持勾选状态。如果场景中透明材质较多，在进行灯光测试渲染时，可以考虑将其关闭，以节省计算时间。

步骤 03 Trace Reflections(反射跟踪)复选框用于决定是否计算该材质反射，取消该复选框勾选，将得不到正确的反射效果，但可以加快灯光计算的时间，如图 10-55 与图 10-56 所示。

步骤 04 Trace Reflections(反射跟踪)用于决定是否计算材质折射效果，取消该复选框的勾选，将得不到正确的折射效果，但可以加快灯光计算的时间，如图 10-57 与图 10-58 所示。

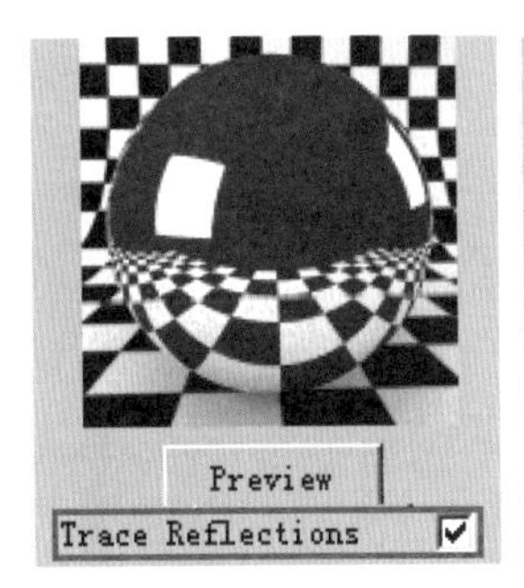

图 10-55 默认开启反射效果

图 10-56 关闭跟踪反射效果

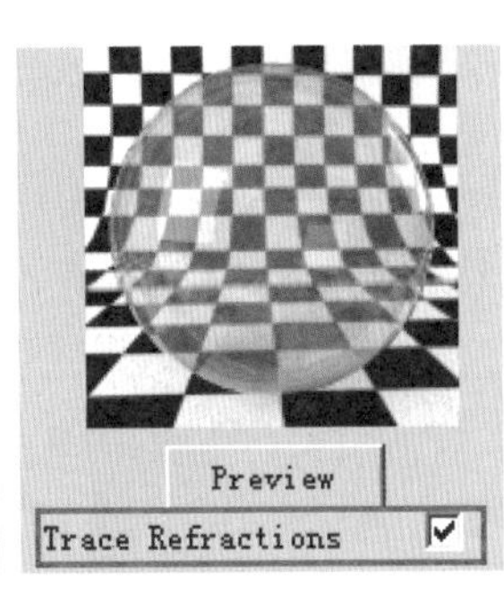

图 10-57 默认开启折射效果

图 10-58 关闭跟踪折射效果

135 凹凸贴图

文件路径：无　　视频文件：无

除了发光、反射与折射细节，通过 VRay 材质的 Maps（贴图）卷展栏，还可以模拟出材质表面的凹凸效果，本例介绍相关的调整方法。

步骤 01 单击展开 Maps（贴图）卷展栏，如图 10-59 所示。

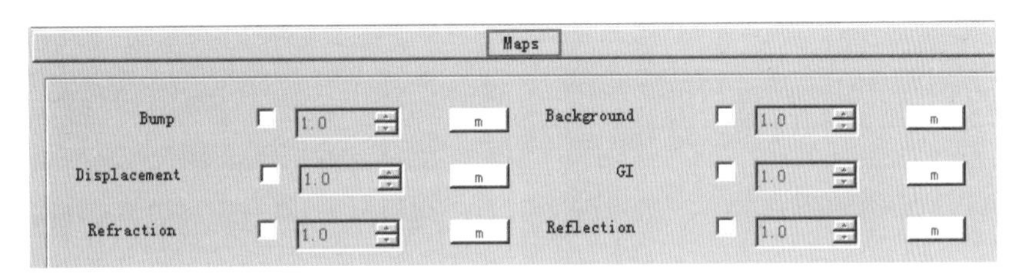

图 10-59 贴图卷展栏设置

步骤 02 粗糙的大理石与木材表面都具有轻微的凹凸细节，单击 Bump（凹凸） m 按钮，添加对应的位图，然后调整数值，即可模拟出相应的细节，如图 10-60 与图 10-61 所示。

图 10-60 没有凹凸细节的木纹

图 10-61 添加凹凸的木纹效果

136 置换贴图

文件路径：无　　视频文件：无

凹凸贴图用于模拟比较细致的表面效果，如果模拟起伏较大的表面，则需要使用到置换贴图通道。

步骤 01 在真实的物理世界中，柔软的草地与布纹都有比较明显的起伏效果，单击 Displacement（置换）参数 m 按钮，添加对应的位图，然后调整数值，即可模拟出相应的细节。

步骤 02 添加置换贴图前后对比效果如图 10-62 与图 10-63 所示。

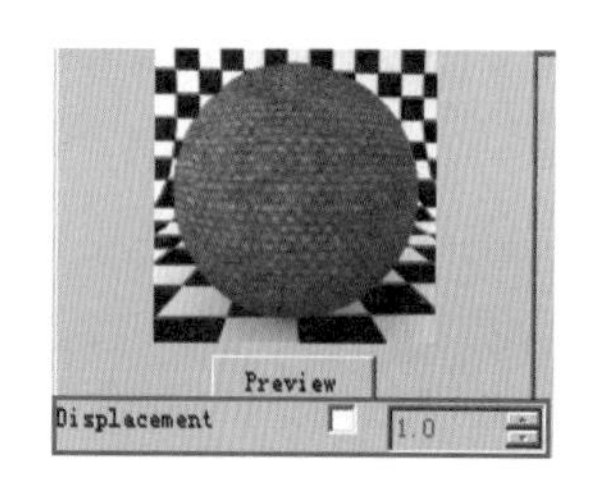

图 10-62　没有添加置换的布纹

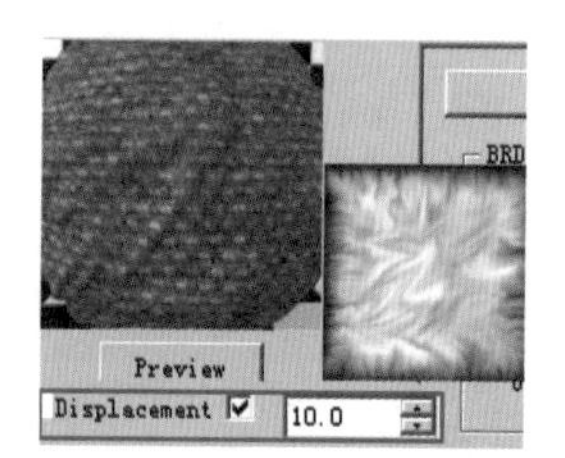

图 10-63　添加置换后的布纹

10.3 常用材质制作

137 玻化砖材质

文件路径：素材\第 10 章\137　　视频文件：MP4\第 10 章\137.MP4

玻化砖材质的表面具有一定的纹理，光滑且具有较强的反射与菲涅尔细节，本例介绍该种材质的调整方法。

步骤 01 打开配套光盘“138 玻化砖材质.skp”场景，如图 10-64 所示。

步骤 02 在 SketchUp 材质编辑器中新建一个材质，然后进入 VRay 材质编辑器，添加【漫反射】贴图，如图 10-65 所示。

图 10-64　打开场景

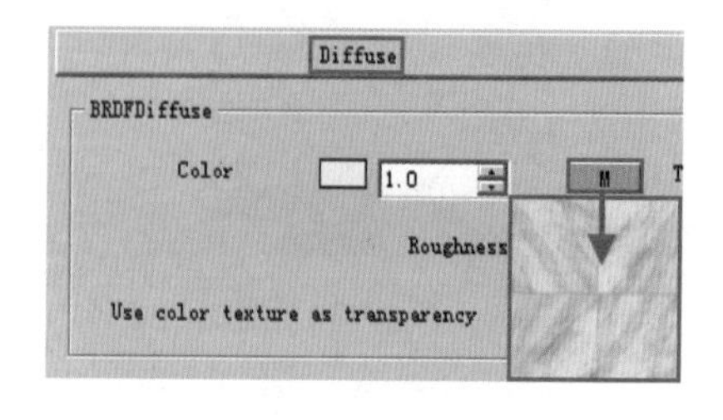

图 10-65　添加反射层

步骤 03 添加【折射层】，然后在其贴图通道内添加【衰减】程序贴图，模拟出“菲涅尔反射”细节，如图 10-66 与图 10-67 所示。

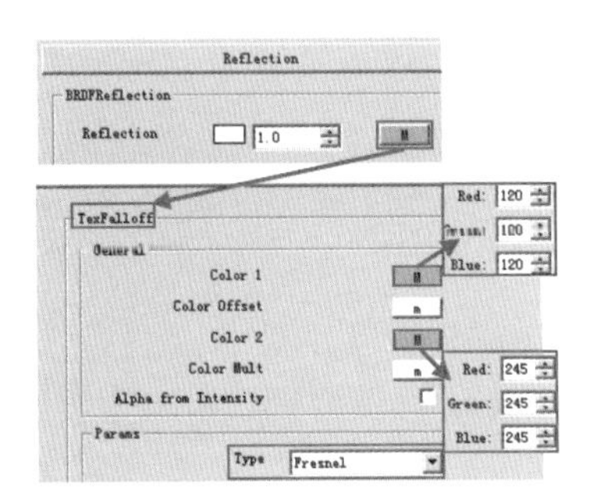

图 10-66　调整菲涅尔细节

图 10-67　玻化砖效果

138 仿古地砖材质

文件路径：素材\第 10 章\138　　视频文件：MP4\第 10 章\138.MP4

仿古地砖除了特色的纹理外，表面通常有凹凸细节，因此反射十分微弱，本例介绍该材质的调整方法。

步骤 01 打开配套光盘“139 仿古地砖材质.skp”场景，如图 10-68 所示。

步骤 02 在 SketchUp 材质编辑器中新建一个材质，然后进入 VRay 材质编辑器，添加【漫反射】与【凹凸】通道贴图，如图 10-69 所示。

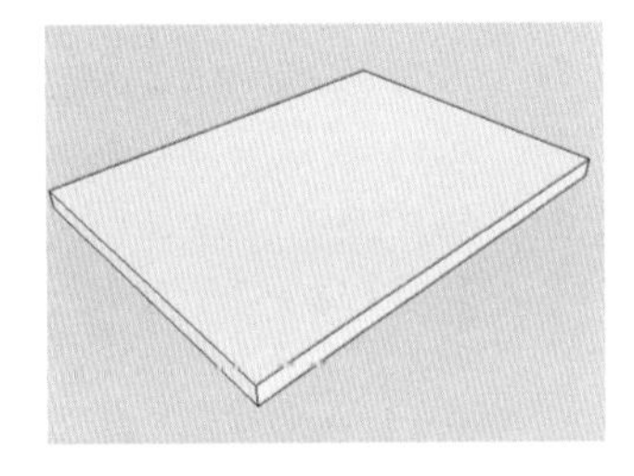

图 10-68　打开场景

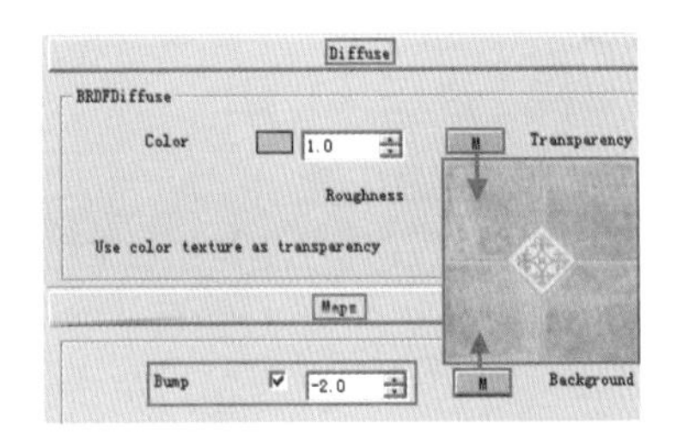

图 10-69　添加漫反射与凹凸贴图

步骤 03 添加【折射层】，并调整出较弱的反射能力，完成材质细节的模拟，如图 10-70 与图 10-71 所示。

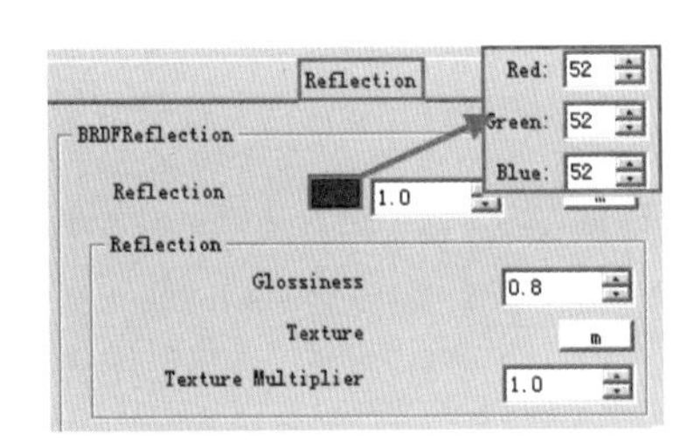

图 10-70　制作反射细节

图 10-71　仿古砖效果

139 实木地板材质

文件路径：素材\第 10 章\139	视频文件：无

实木地板不但具有独特的纹理效果，光滑表面，且具有较为明显的反射细节。本例介绍该材质的调整方法。

步骤 01 打开配套光盘“140 实木地板.skp”场景，如图 10-72 所示。

步骤 02 在 SketchUp 材质编辑器中新建一个材质，进入 VRay 材质编辑器添加【漫反射】贴图，如图 10-73 所示。

图 10-72 打开场景

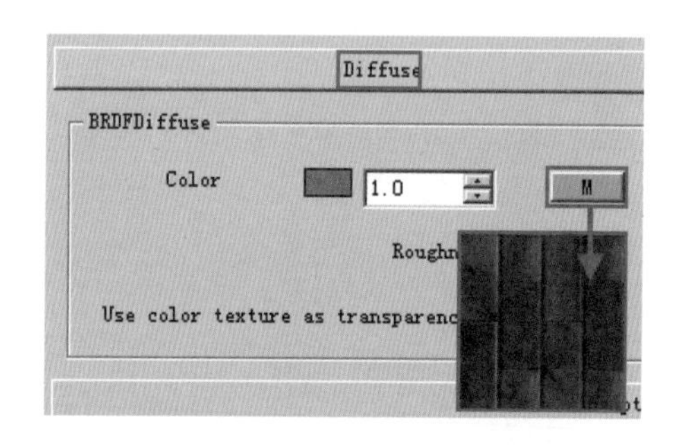

图 10-73 添加漫反射贴图

步骤 03 添加【折射层】，在其贴图通道内添加【衰减】程序贴图，模拟出“菲涅尔反射”细节，如图 10-74 与图 10-75 所示。

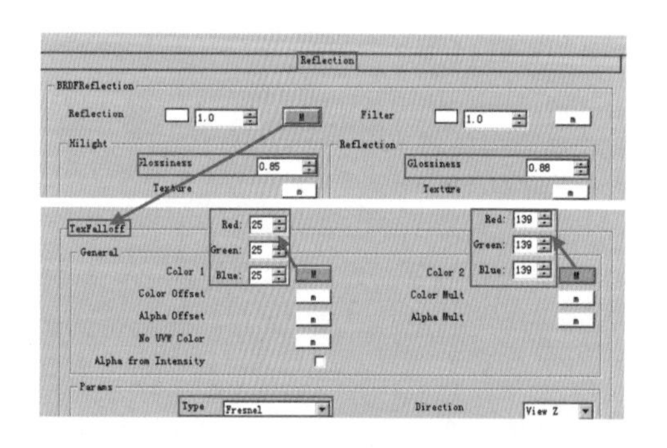

图 10-74 添加反射细节

图 10-75 实木地板效果

140 亮光金属

文件路径：素材\第 10 章\140	视频文件：MP4\第 10 章\140.MP4

亮光金属材质的特点在于表面的强烈反射能力，通过添加【反射层】可以轻松模拟。本例介绍该材质的调整方法。

步骤 01 打开配套光盘“141 亮光金属材质.skp”场景，如图 10-76 所示。

步骤 02 在 SketchUp 材质编辑器中新建一个材质，进入 VRay 材质编辑器，添加并调整【反射层】，如图 10-77 所示。

步骤 03 注意略微降低【反射层】中的 Glossiness【模糊】数值至 0.95，避免产生镜面反射，如图 10-78 所示。

图 10-76 打开场景

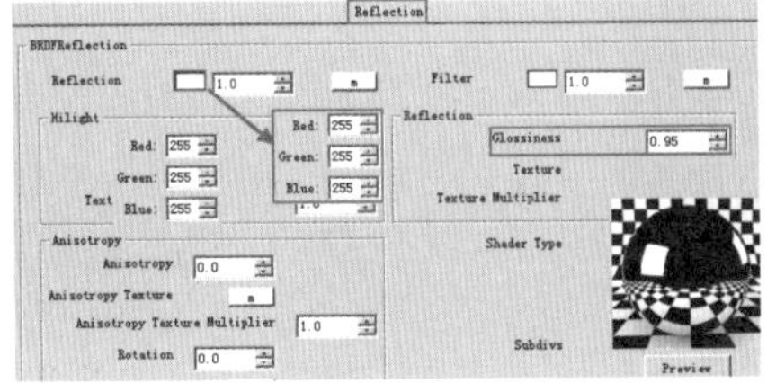

图 10-77 添加并调整反射层

图 10-78 亮光不锈钢效果

141 磨砂金属

文件路径：素材\第 10 章\141　　视频文件：MP4\第 10 章\141.MP4

磨砂金属表面具有明显的模糊反射细节，通过降低【反射】参数组中的【模糊】数值，可以对应地产生细节效果，本例介绍该材质的调整方法。

步骤 01 打开本书配套光盘“142 磨砂金属.skp”模型文件，如图 10-79 所示。

步骤 02 在 SketchUp 材质编辑器中新建一个材质，进入 VRay 材质编辑器，添加并调整【反射层】，如图 10-80 所示。

步骤 03 降低【反射层】中的 Glossiness【模糊】数值至 0.82，产生模糊反射细节，如图 10-81 所示。

图 10-79 打开场景

图 10-80 添加并调整反射层

图 10-81 磨砂不锈钢效果

142 漆面金属

文件路径：素材\第 10 章\142　　视频文件：无

漆面金属表面具有不同的颜色细节，此外还保留了一定的反射能力，本例介绍该材质的调整方法。

步骤 01 打开本书配套光盘“143 漆面金属.skp”模型文件，如图 10-82 所示。

步骤 02 在 SketchUp 材质编辑器中新建一个材质，进入 VRay 材质编辑器，添加并调整【漫反射】颜色，模拟漆面颜色细节，如图 10-83 所示。

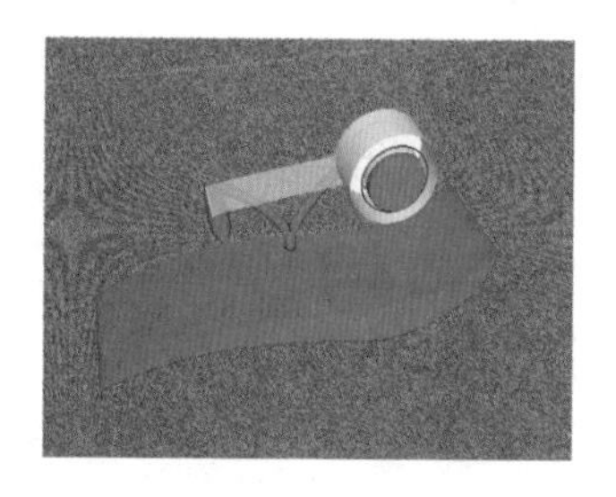

图 10-82　打开场景

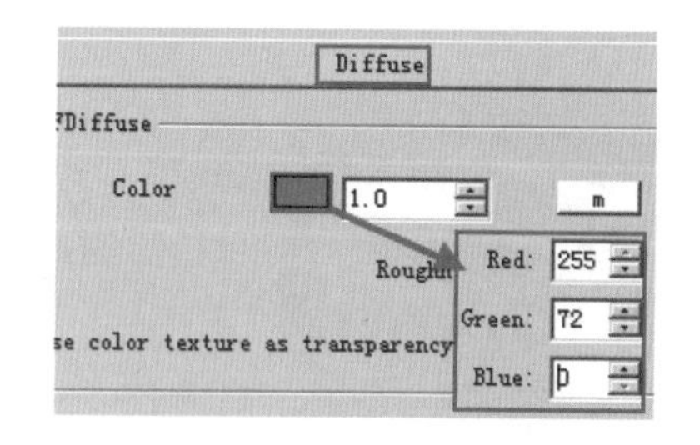

图 10-83　调整漫反射颜色

步骤 03 添加并调整【反射层】，模拟表面较弱的反射能力，如图 10-84 与图 10-85 所示。

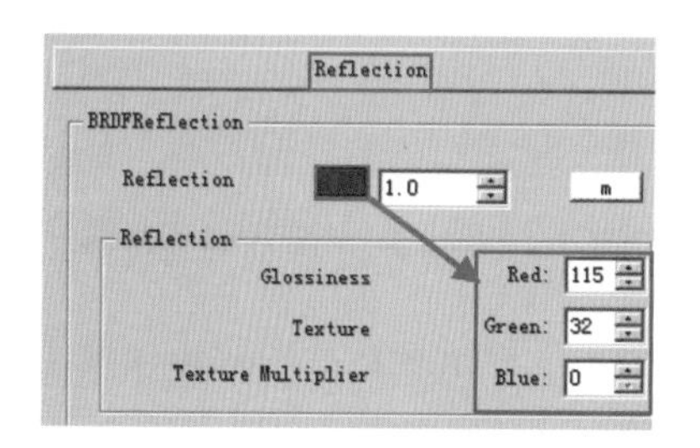

图 10-84　调整反射细节

图 10-85　漆面金属效果

143 无漆原木材质

文件路径：素材\第 10 章\129	视频文件：MP4\第 10 章\129.MP4

无漆原木材质表面通常比较粗糙，通过【凹凸】贴图通道可以实现该种效果，本例介绍该材质的调整方法。

步骤 01 打开本书配套光盘“144 无漆原木材质.skp”模型文件，如图 10-86 所示。

步骤 02 在 SketchUp 材质编辑器中新建一个材质，进入 VRay 材质编辑器，添加【漫反射】贴图，模拟表面木纹纹理，如图 10-87 所示。

图 10-86　打开场景

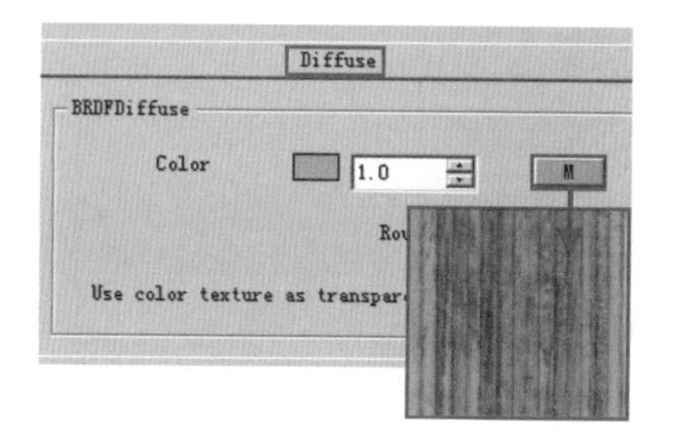

图 10-87　查看漫反射贴图

步骤 03 进入【贴图】卷展栏，在【凹凸】贴图内添加同样的纹理模拟表面凹凸细节，如图 10-88 与图 10-89 所示。

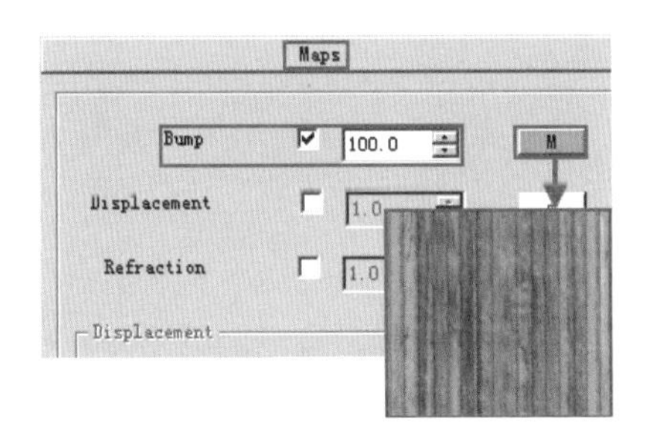

图 10-88　添加至凹凸贴图

图 10-89　无漆原木效果

144 清漆木纹材质

文件路径：素材\第 10 章\144　　视频文件：MP4\第 10 章\144.MP4

清漆木纹表面不但具有明显的木质纹理，而且光滑，具有明显的反射细节，本例介绍该材质的调整方法。

步骤 01 打开本书配套光盘“145 清漆木纹材质.skp”模型文件，如图 10-90 所示。

图 10-90　打开场景

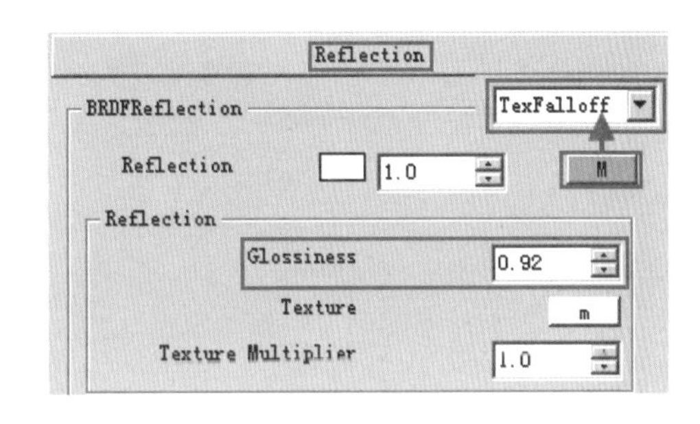

图 10-91　添加反射层

步骤 02 吸取当前的木纹材质，进入 Vay 材质编辑器，添加【反射层】，然后调整出表面的菲涅尔反射细节，如图 10-91~图 10-93 所示。

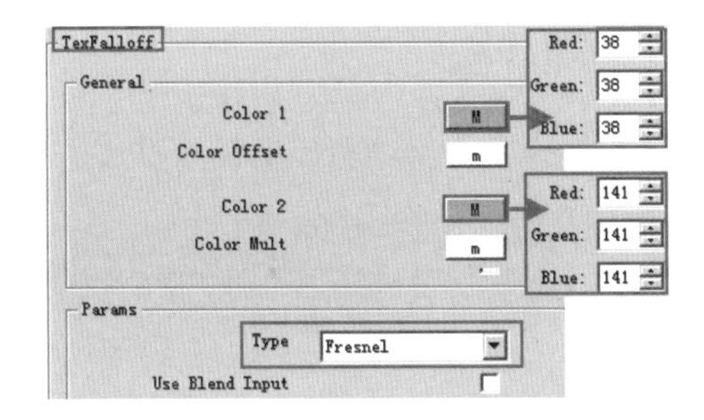

图 10-92　调整菲涅尔细节

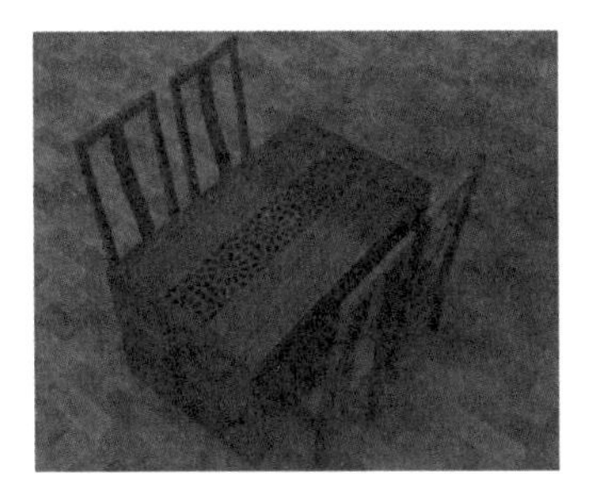

图 10-93　清漆木纹效果

145 大理石材质

文件路径：素材\第 10 章\145　　视频文件：无

光滑的大理石材质表面具有菲涅尔反射细节，本例介绍该材质的调整方法。

步骤 01 打开本书配套光盘“146 大理石材质.skp”模型文件，如图 10-94 所示。

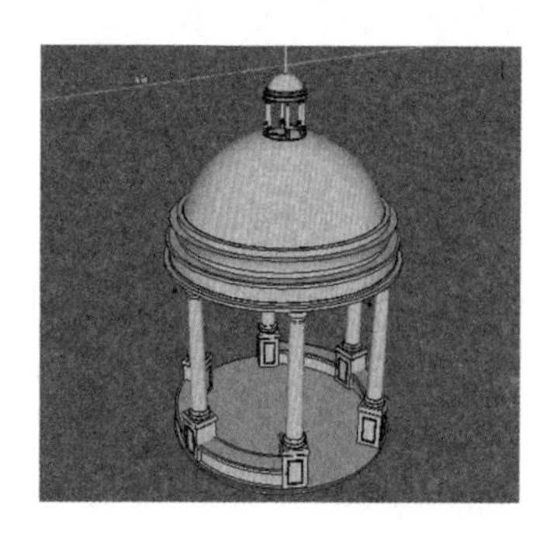

图 10-94　打开场景

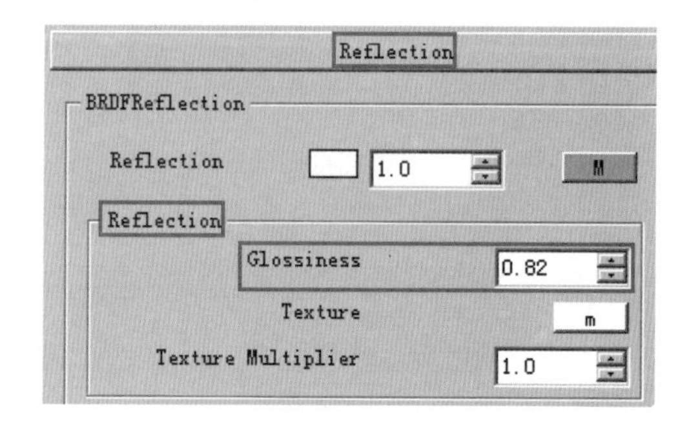

图 10-95　添加反射层

步骤 02 吸取当前的大理石材质，进入 Vay 材质编辑器，添加【反射层】，然后调整出表面的菲涅尔反射细节，如图 10-95~图 10-97 所示。

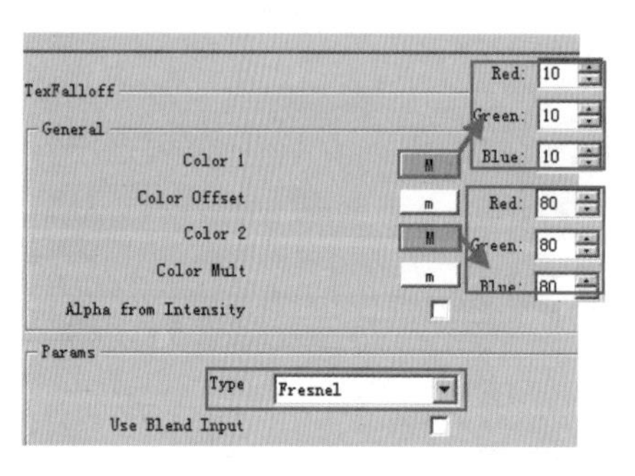

图 10-96　调整菲涅尔细节

图 10-97　大理石效果

146 清玻璃材质

文件路径：素材\第 10 章\146　　视频文件：无

清玻璃表面光滑、剔透，具有反射与折射双重细节，本例介绍该材质的调整方法。

步骤 01 打开本书配套光盘“147 清玻璃材质.skp”模型文件，如图 10-98 所示。

步骤 02 在 SketchUp 材质编辑器中新建一个材质，进入 VRay 材质编辑器，添加【反射层】，模拟表面反射效果，如图 10-99 所示。

步骤 03 添加【折射层】，并调整【颜色】与【模糊】参数制作好透明细节，如图 10-100 与图 10-101 所示。

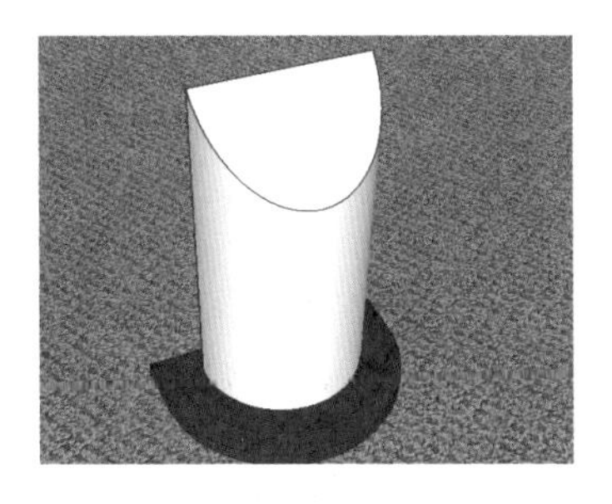

图 10-98　打开场景

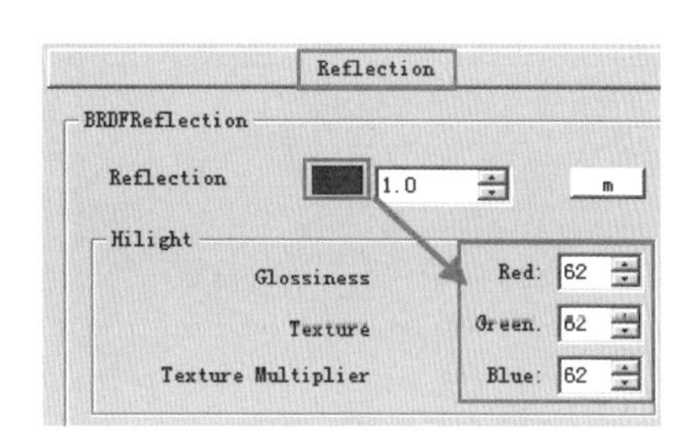

图 10-99　添加反射层

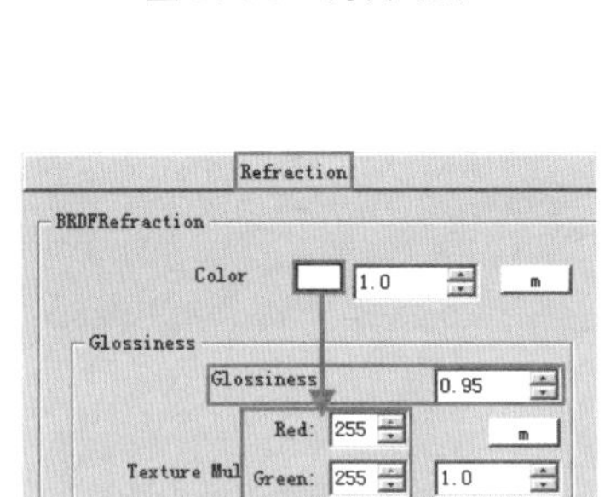

图 10-100　添加折射层

图 10-101　清玻璃效果

147 磨砂玻璃材质

文件路径：素材\第 10 章\147　　视频文件：MP4\第 10 章\147.MP4

磨砂玻璃与清玻璃的最大区别在于透明度与表面质感的改变，通过【折射】参数下的【模糊】数值，可以调整出对应的效果，本例介绍该材质的调整方法。

步骤 01 打开本书配套光盘“148 磨砂玻璃材质.skp”模型文件，如图 10-102 所示。

步骤 02 在 SketchUp 材质编辑器中新建一个材质，进入 VRay 材质编辑器，添加【反射层】，模拟表面反射效果，如图 10-103 所示。

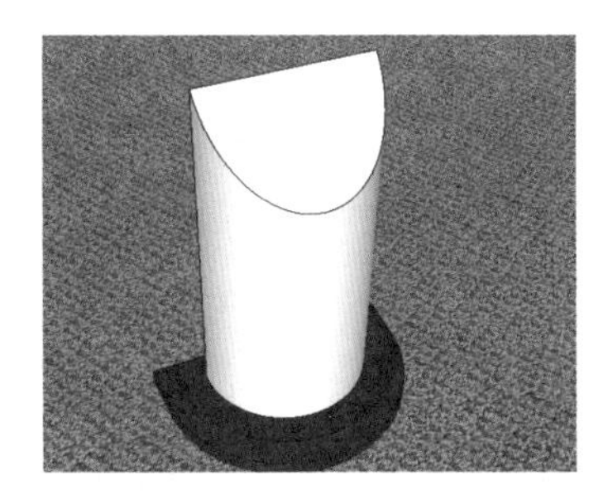

图 10-102　打开场景

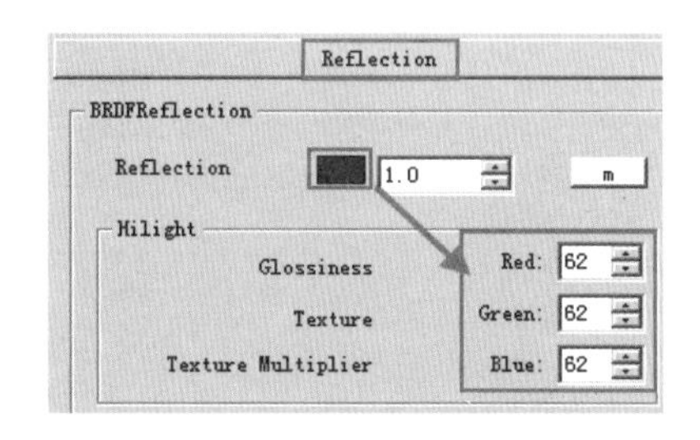

图 10-103　添加反射层

步骤 03 添加【折射层】，首先调整【颜色】，然后降低【模糊】参数，制作出模糊反射细节，如图 10-104 与图 10-105 所示。

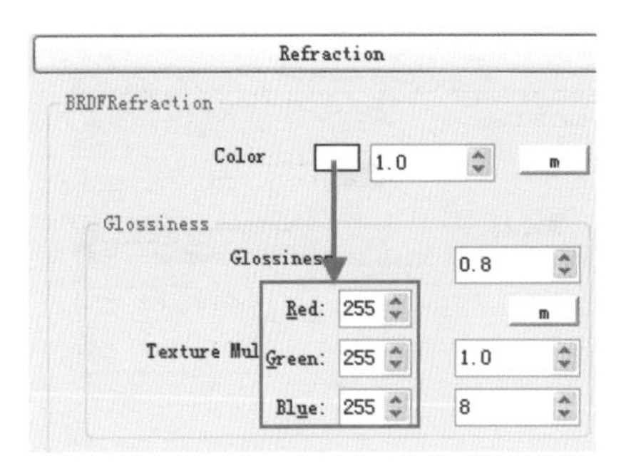

图 10-104　添加折射层

图 10-105　磨砂玻璃效果

148 陶瓷材质

文件路径：素材\第 10 章\148　　视频文件：MP4\第 10 章\148.MP4

陶瓷材质表面光滑圆润，具有较明显的菲涅尔反射效果，本例介绍该材质的调整方法。

步骤 01 打开本书配套光盘“149 陶瓷玻璃材质.skp”模型文件，如图 10-106 所示。

图 10-106　打开场景

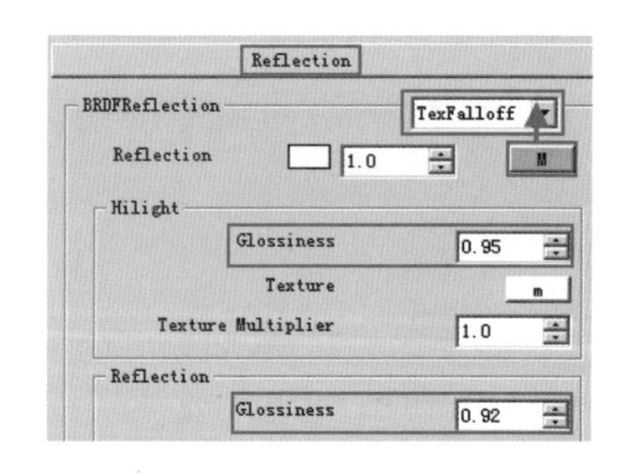

图 10-107　添加反射层

步骤 02 吸取当前的陶瓷材质，进入 Vay 材质编辑器，添加【反射层】，然后调整出表面的菲涅尔反射细节，如图 10-107~ 图 10-109 所示。

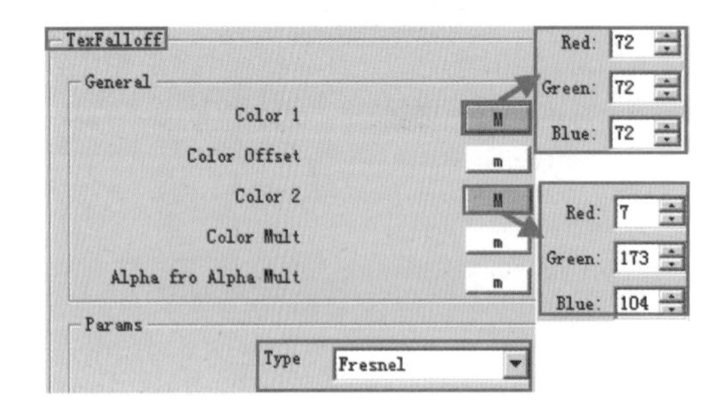

图 10-108　调整菲涅尔细节

图 10-109　陶瓷效果

149 皮纹材质

文件路径：素材\第 10 章\149　　视频文件：无

皮纹材质有着独特的凹凸纹理，表面反射效果通常比较微弱，本例介绍该材质的调整方法。

步骤 01 打开本书配套光盘“150 皮纹材质”模型文件，如图 10-110 所示。

步骤 02 吸取当前的陶瓷材质，进入 Vay 材质编辑器，添加【反射层】，然后调整出表面微弱的反射效果，如图 10-111 所示。

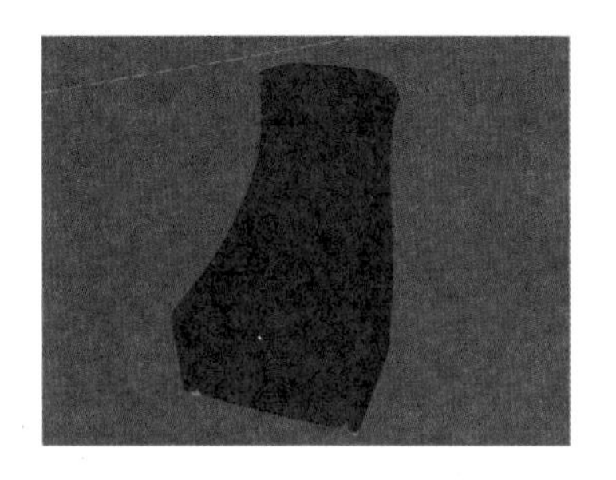

图 10-110　打开场景

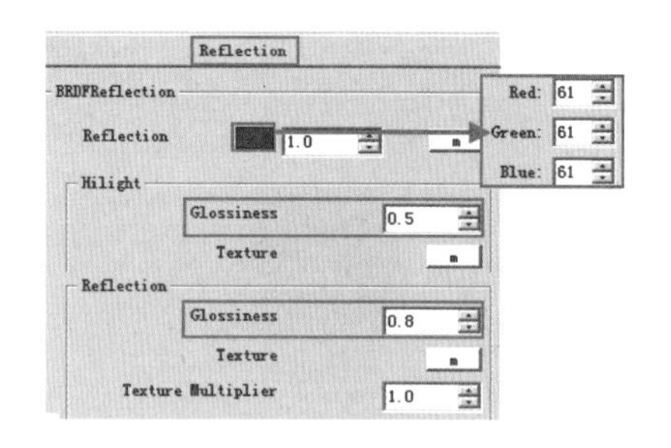

图 10-111　添加凹凸纹理

步骤 03 进入【贴图】卷展栏，在【凹凸】贴图内添加皮纹纹理，模拟表面凹凸细节，如图 10-112 与图 10-113 所示。

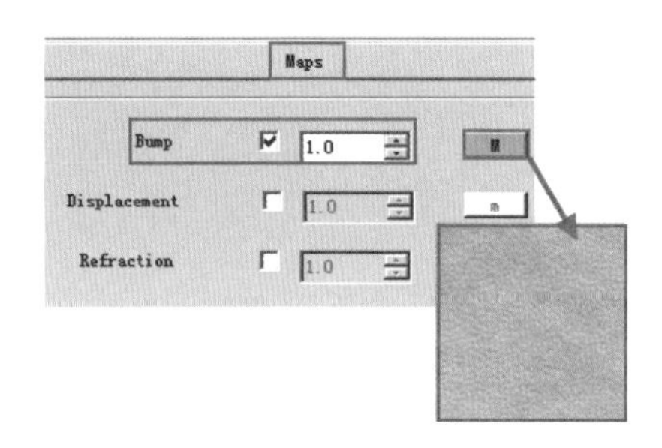

图 10-112　添加反射细节

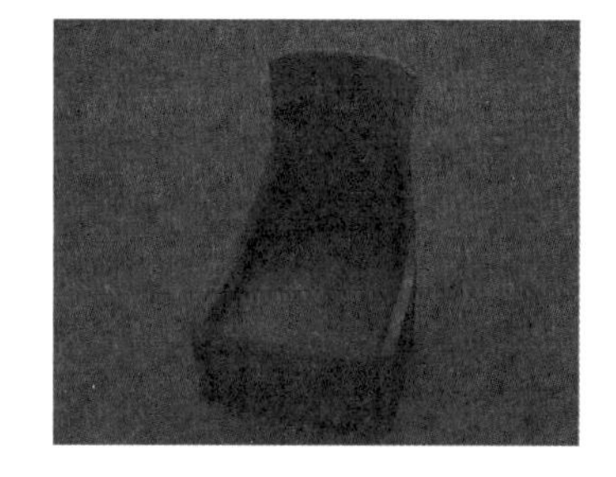

图 10-113　皮纹效果

150 布纹材质

文件路径：素材\第 10 章\149　　视频文件：MP4\第 10 章\150.MP4

布纹材质重点在于突出表面的纹理与绒毛细节，通常在【漫反射】贴图通道内添加【衰减】贴图，可以模拟对应质感，本例介绍该材质的调整方法。

步骤 01 打开本书配套光盘“151 布纹材质.skp”模型文件，如图 10-114 所示。

步骤 02 在 SketchUp 材质编辑器中新建一个材质，然后进入 VRay 材质编辑器，在【漫反射】

贴图通道内添加【衰减】贴图，如图 10-115 所示。

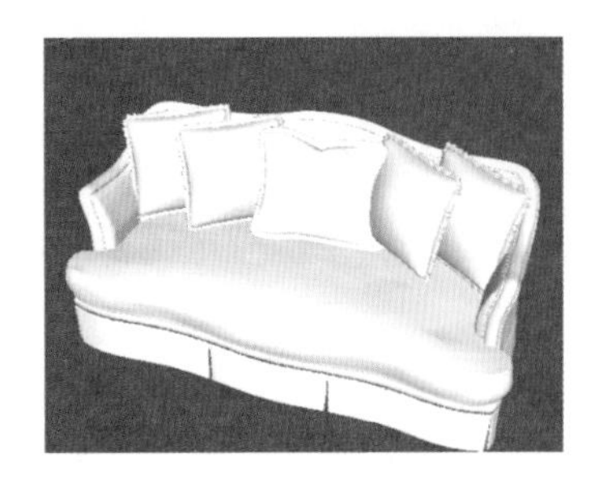

图 10-114　打开场景

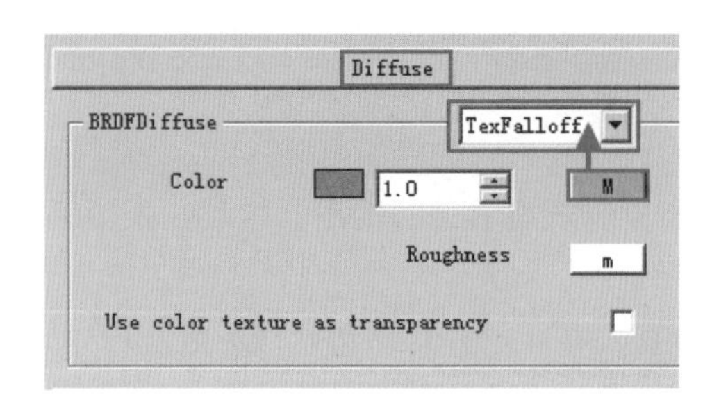

图 10-115　添加衰减贴图

步骤 03 进入【衰减】贴图，在其第一颜色的贴图通道添加布纹，第二颜色则调整绒毛的白色，模拟布纹的质感，如图 10-116 与图 10-117 所示。

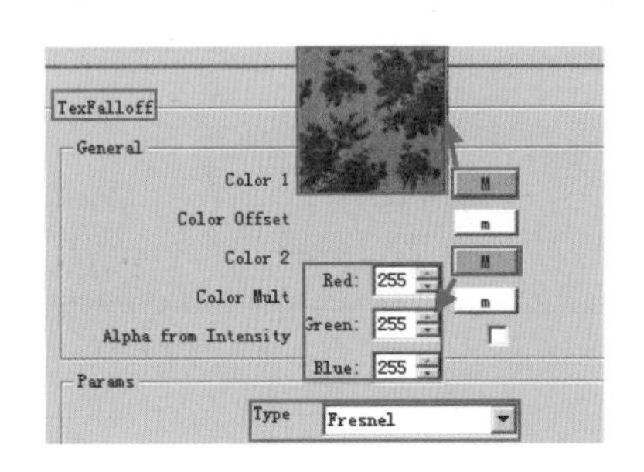

图 10-116　调整衰减效果

图 10-117　布纹效果

151 透明窗纱

文件路径：素材\第 10 章\151　　视频文件：无

通过【折射层】的调整可以模拟出透明窗纱若有若无的质感，本例介绍该材质的调整方法。

步骤 01 打开本书配套光盘“152 纱窗材质.skp”模型文件，如图 10-118 所示。

步骤 02 吸取当前的纱窗材质，进入 VRay 材质编辑器，在【漫反射】颜色通道内调整出纱窗的颜色，如图 10-119 所示。

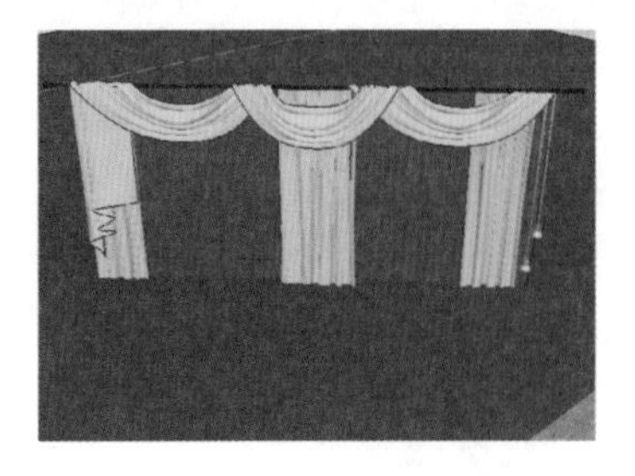

图 10-118　打开场景模型

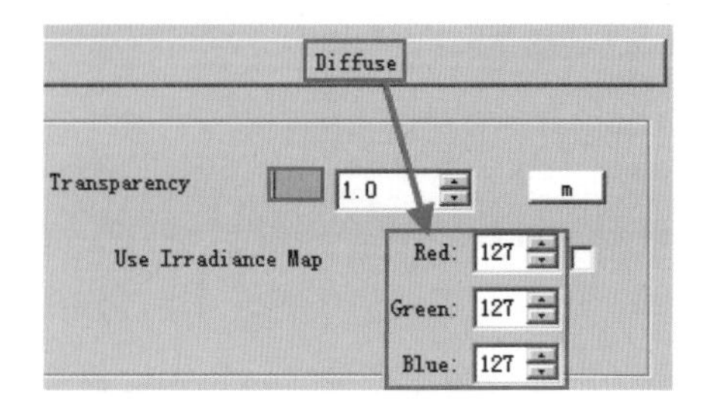

图 10-119　调整漫反射

步骤 03 添加【折射层】，并调整好【颜色】与【模糊】数值，模拟出纱窗的质感，如图 10-120 与图 10-121 所示。

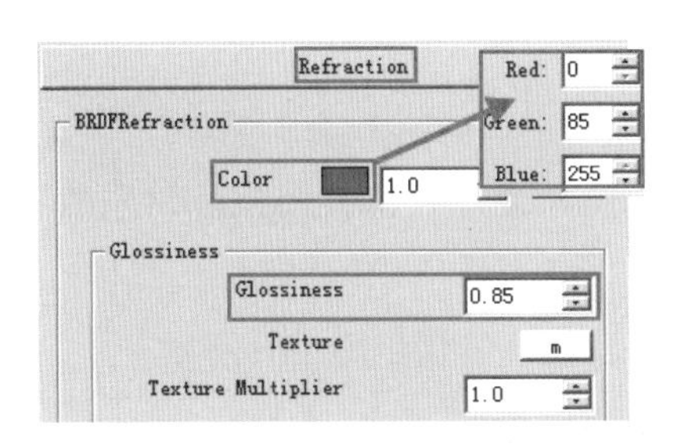

图 10-120　添加折射层

图 10-121　透明纱窗效果

152 清水材质

文件路径：素材\第 10 章\152　　视频文件：MP4\第 10 章\152.MP4

清水材质与清玻璃材质类似，最大的区别在于表面凹凸水纹细节的模拟，本例介绍该类材质的调整方法。

步骤 01 打开本书配套光盘“153 清水池材质.skp”模型文件，如图 10-122 所示。

步骤 02 吸取当前的清水材质进入 VRay 材质编辑器，调整【漫反射】中的【透明度】为纯白色。

步骤 03 添加【反射层】制作出较弱的反射细节，如图 10-123 所示。

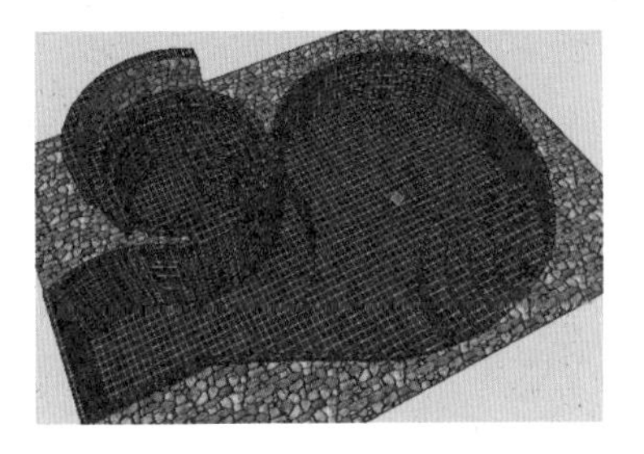

图 10-122　打开场景

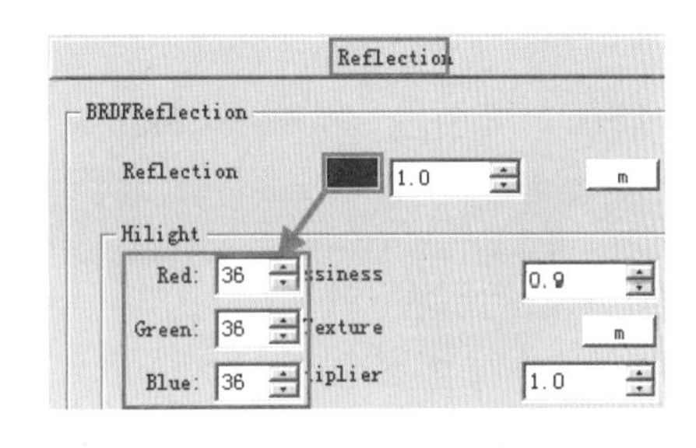

图 10-123　添加反射层

步骤 04 添加【折射层】并调整好【颜色】、【模糊】以及【IOR】，制作水的透明细节，如图 10-124 与图 10-125 所示。

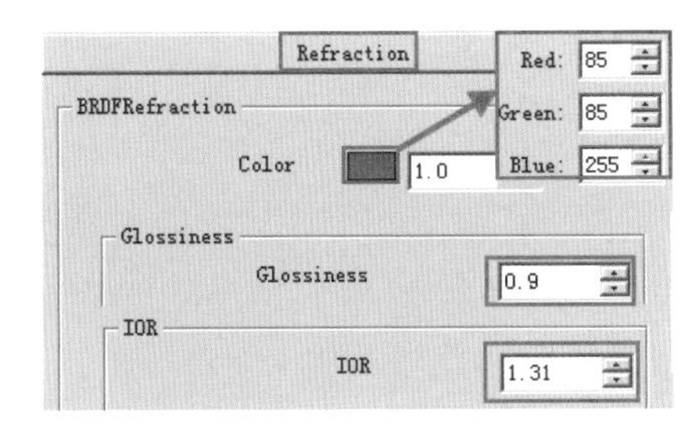

图 10-124　添加折射层

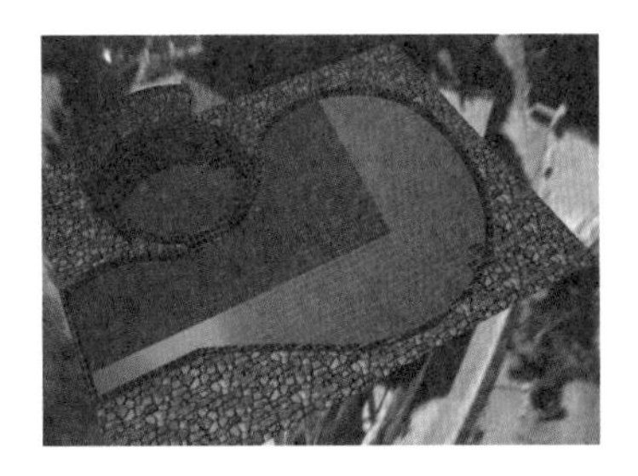

图 10-125　清水材质效果

153 自发光材质

文件路径：素材\第 10 章\153　　视频文件：MP4\第 10 章\153.MP4

通过添加【发光层】，可以使材质自身具备灯光发光效果，本例介绍该类材质的调整方法。

步骤 01 打开本书配套光盘“154 自发光材质.skp”模型文件，如图 10-126 所示。

图 10-126　打开场景

步骤 02 吸取当前的灯罩材质，进入 VRay 材质编辑器，添加【发光层】，通过【颜色】与【强度】的调整，模拟出发光效果，如图 10-127 与图 10-128 所示。

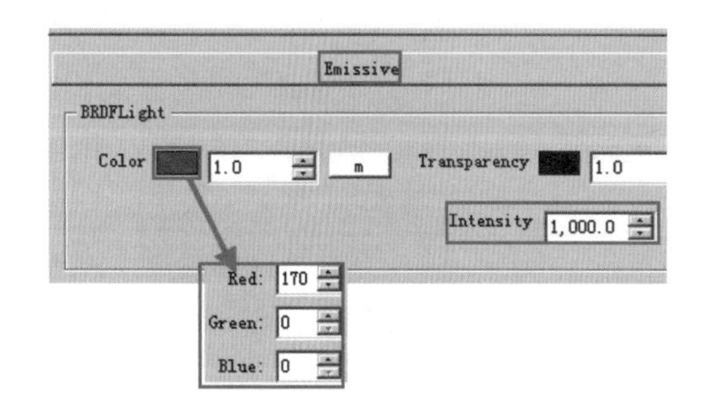

图 10-127　添加并调整发光层

图 10-128　自发光效果

第4篇 综合案例篇

第11章

室 内 设 计

本章将全面学习使用 SketchUp 完成室内方案表现的方法，包括整体的户型图设计展示、室内空间细化、渲染以及室内漫游效果，如图 11-1~图 11-7 所示。

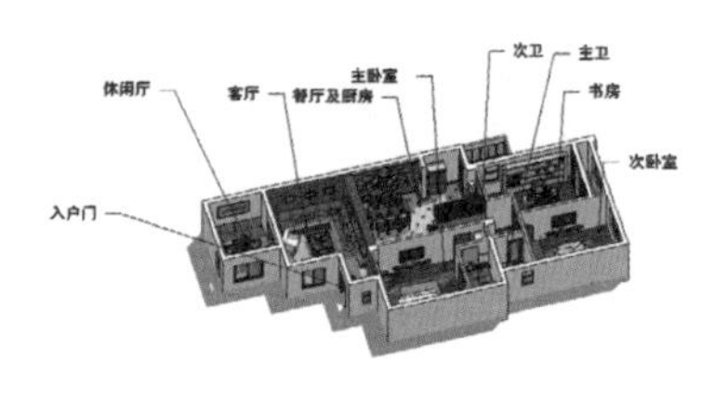

图 11-1　户型设计完成效果

图 11-2　客厅细化方案完成效果

图 11-3　客厅 VRay 渲染效果

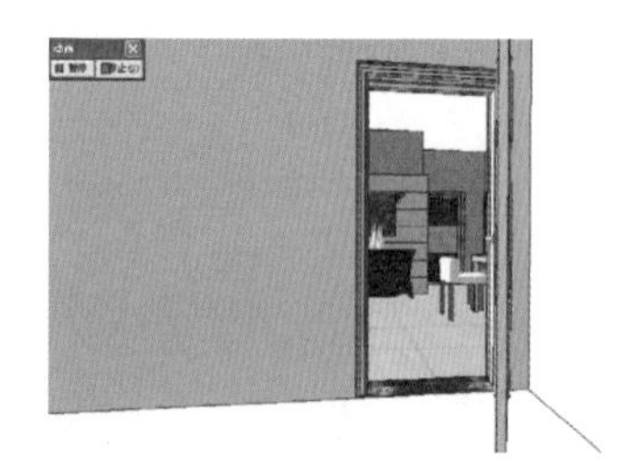

图 11-4　漫游过程 1

图 11-5　漫游过程 2

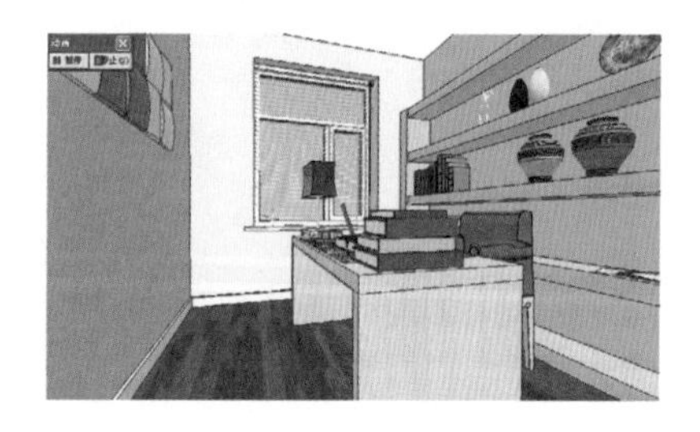

图 11-6　漫游过程 3

图 11-7　漫游过程 4

11.1 SketchUp 户型设计

户型设计是室内常用的一种表现手法，通过加工前期简单的 AutoCAD 平面布置图纸，形成初步方案的三维效果，其大致的制作过程如图 11-8~图 11-11 所示。

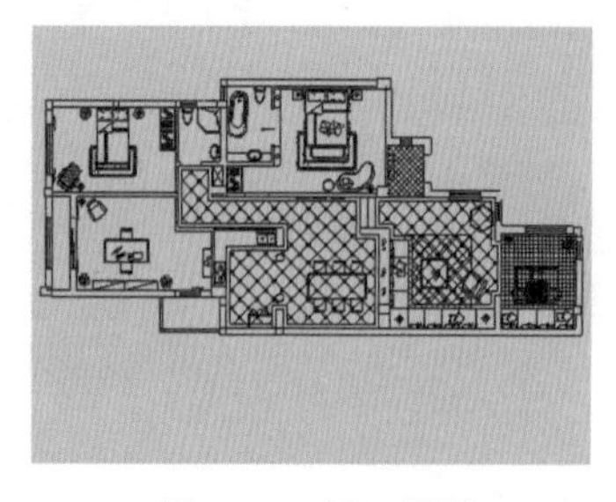

图 11-8　导入图纸

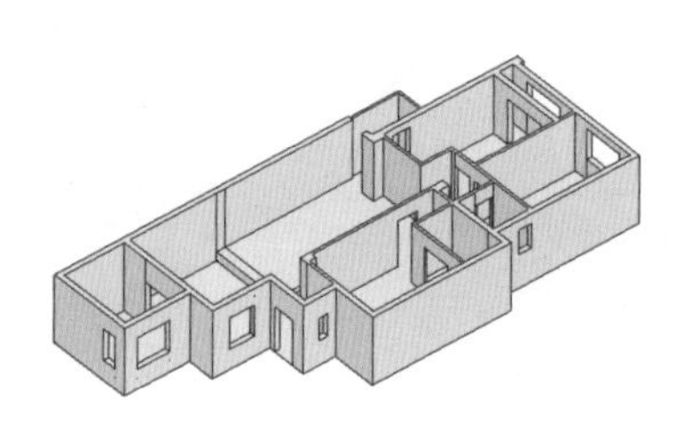

图 11-9　建立轮廓

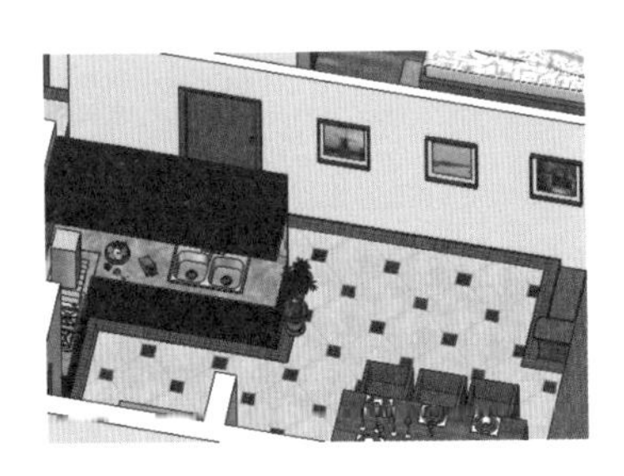

图 11-10　细化空间

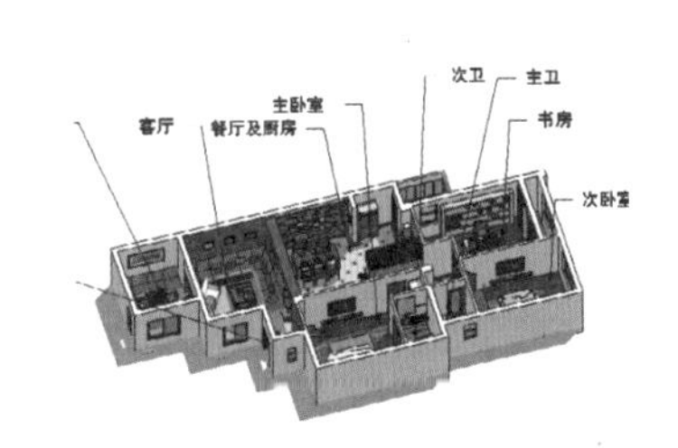

图 11-11　完成效果

154 导入 CAD 图纸并设置绘图环境

文件路径：配套光盘\第 11 章\154　　视频文件：MP4\第 11 章\154.MP4

通过导入户型的 CAD 平面布置图纸，可以建立准确的布局效果。设置好绘图环境则便于图纸的观察与捕捉。

步骤 01 打开 SketchUp，进入【模型信息】面板，设置单位为 mm，如图 11-12 所示。

步骤 02 执行【文件】\【导入】菜单命令，在弹出的面板中导入配套光盘“户型平面布置图.dwg”文件，导入单位同样设置为“毫米”，如图 11-13 所示。

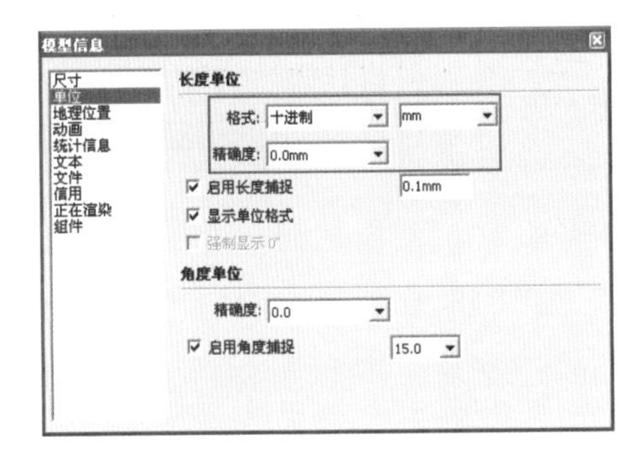

图 11-12　设置场景单位为毫米

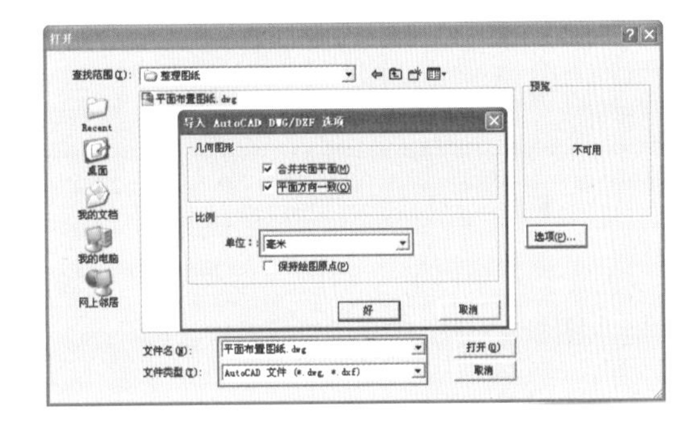

图 11-13　导入平面布置图文件

步骤 03 图纸成功导入场景后，执行【窗口】\【样式】菜单命令，设置线条的显示效果，以便于观察，如图 11-14~ 图 11-16 所示。

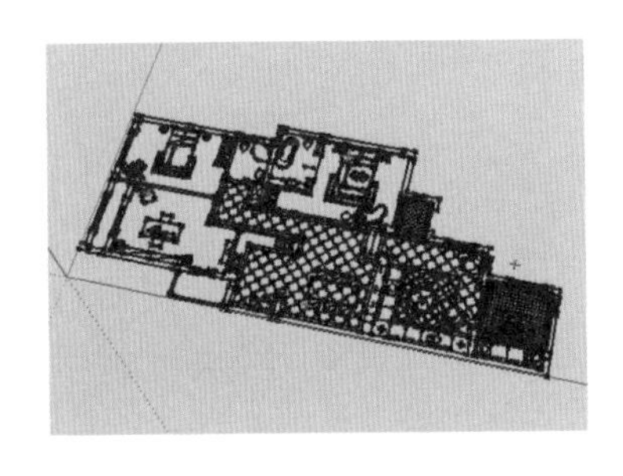

图 11-14　平面布置图导入效果

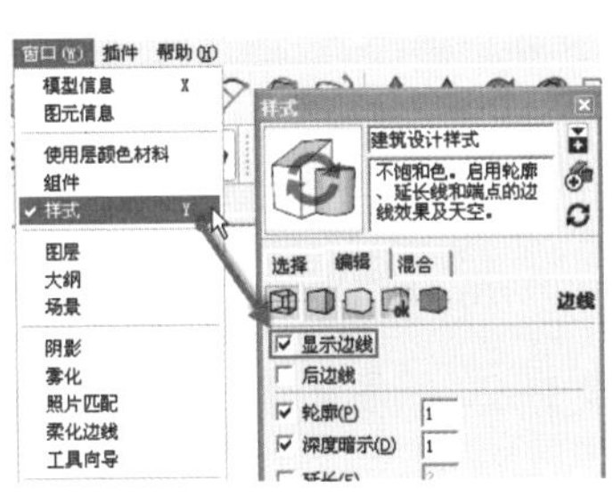

图 11-15　调整边线显示效果

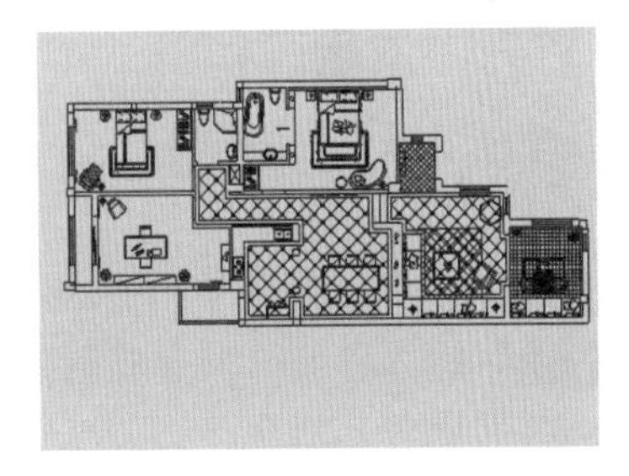

图 11-16　调整后的显示效果

155 建立房屋框架

文件路径：无 | 视频文件：MP4\第 11 章\155.MP4

成功导入 CAD 平面布置图纸后，首先确认图纸的尺寸是否存在误差，然后再建立墙体、门洞以及窗洞框架。

1. 制作墙体轮廓

步骤 01 启用【卷尺】工具，测量入户门门洞，可以发现其宽度为 1000.0mm，如图 11-17 所示。因此可以判断当前图纸尺寸没有产生误差，可以进行模型的创建。

步骤 02 启用【线条】创建工具，捕捉墙线绘制外墙轮廓，如图 11-18 所示。在绘制的过程中注意在门窗位置加点，以便于拉伸后自动生成参考线。

步骤 03 外墙轮廓创建完成，启用【偏移】工具，选择外墙轮廓向内偏移 240mm，形成外墙平面，如图 11-19 所示。

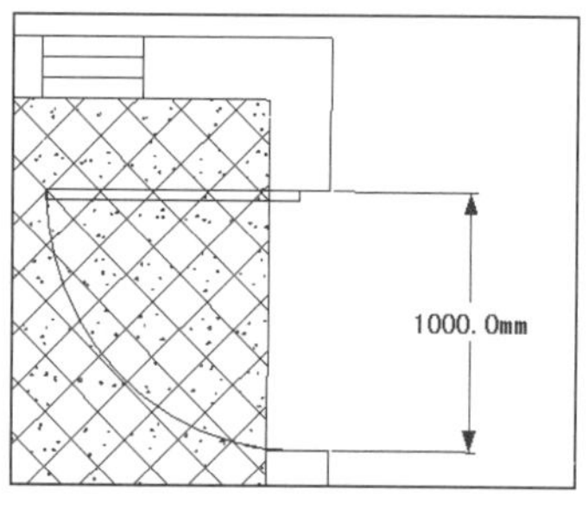

图 11-17 测量入户门洞尺寸

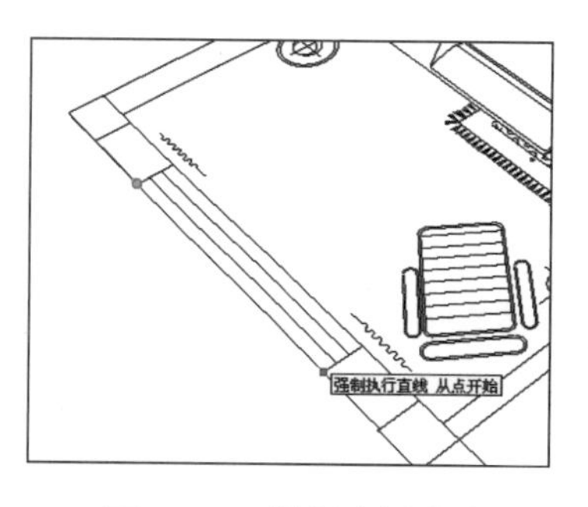

图 11-18 绘制外侧墙线

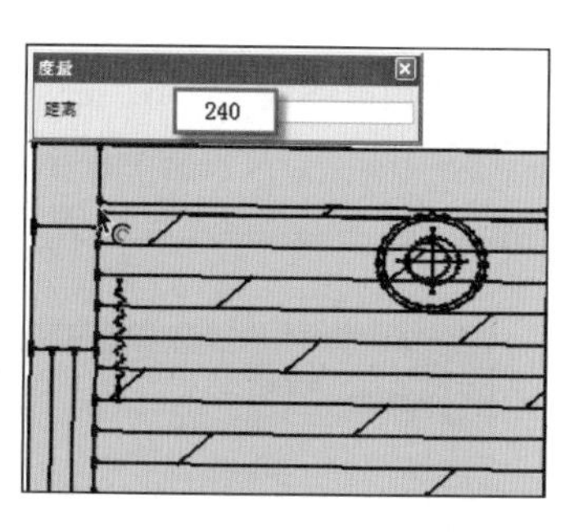

图 11-19 向内偏移墙线

步骤 04 赋予一个淡蓝色材质，以便于区分场景模型，如图 11-20 所示。启用【线条】创建工具，捕捉图纸绘制出内墙，如图 11-21 所示。

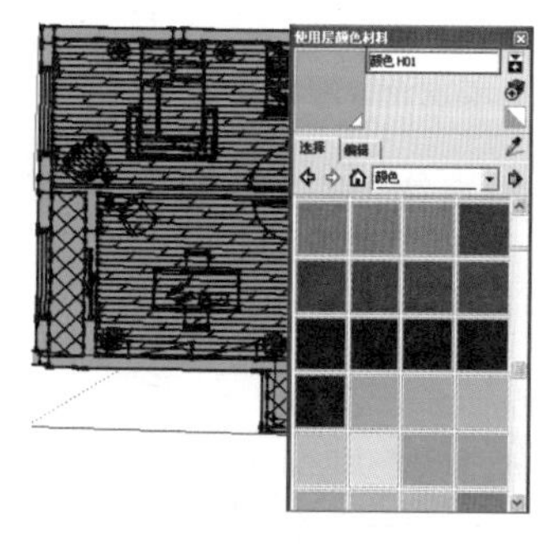

图 11-20 赋予淡色材质

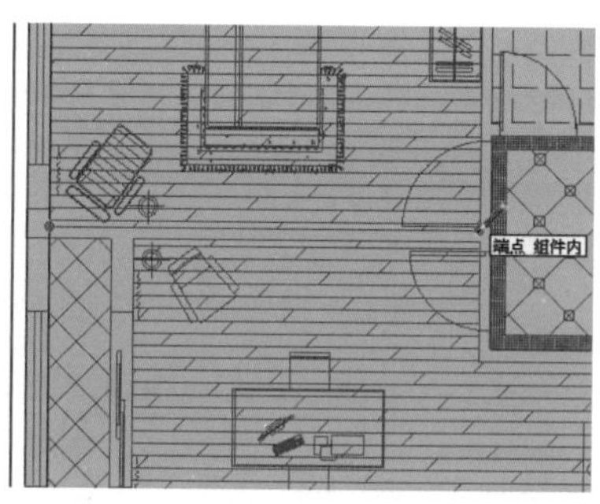

图 11-21 绘制内墙

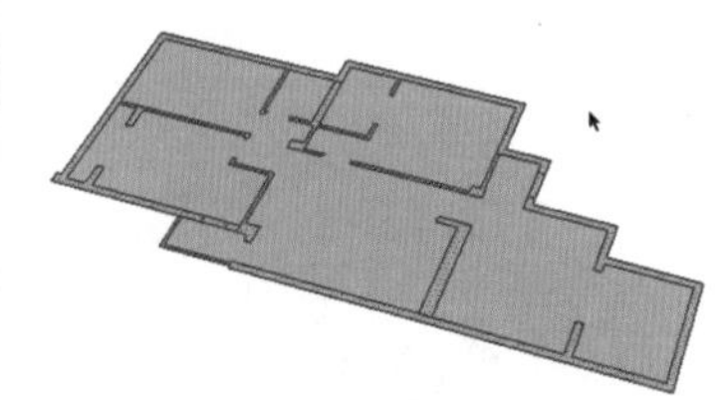

图 11-22 墙线完成效果

步骤 05 墙体平面分割完成后如图 11-22 所示。启用【推/拉】工具，向上拉伸 2620mm 形成墙体，如图 11-23 所示。

步骤 06 启用【线条】工具，分割出右侧的玄关以及客厅等空间的地板，如图 11-24 所示。使用【推/拉】工具向下拉伸，制作出 400mm 的下沉空间，如图 11-25 所示。

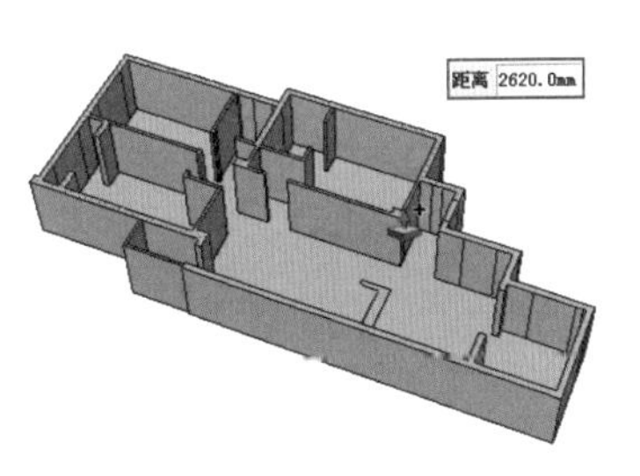

图 11-23 拉伸墙体

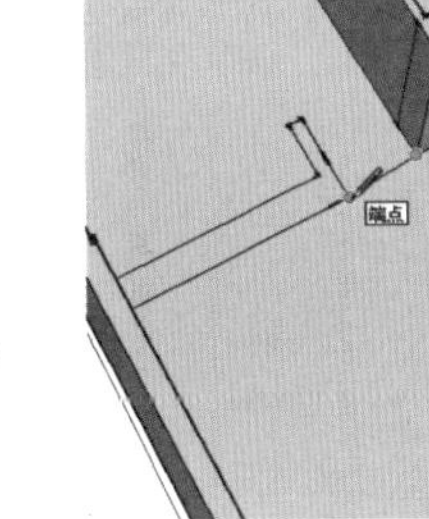

图 11-24 分割地板空间

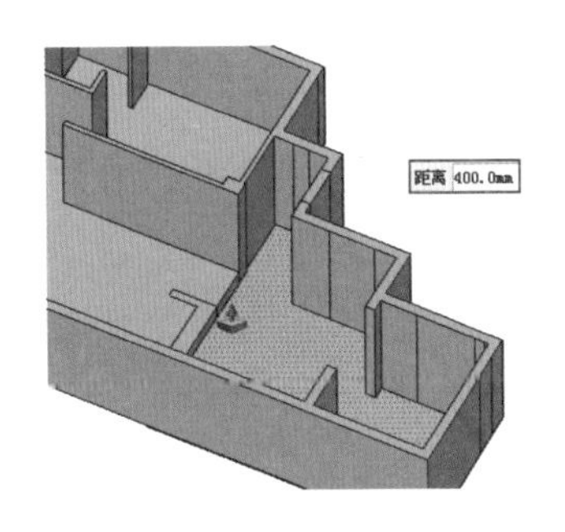

图 11-25 制作下沉式空间

2. 创建窗洞与门洞

步骤 01 全选所有模型，将其创建为【组】，如图 11-26 所示。然后在其上方创建一个矩形平面，如图 11-27 所示。

步骤 02 以左侧地面为参考，将其向上移动 900mm，如图 11-28 所示。进入墙体组，捕捉交点创建参考线，如图 11-29 所示。

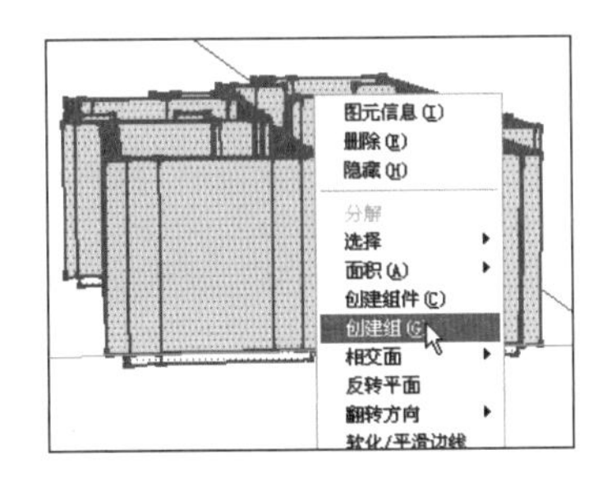

图 11-26 创建组

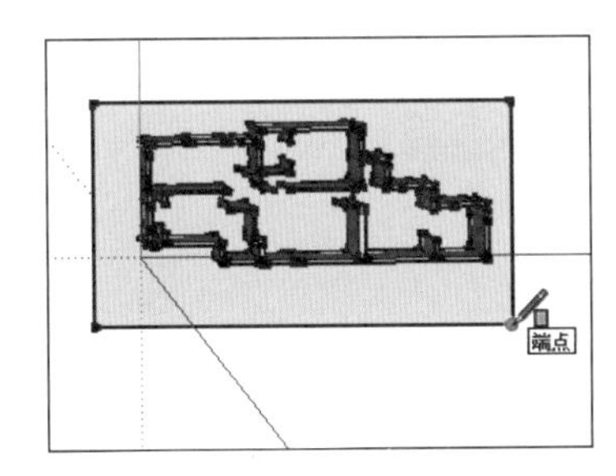

图 11-27 绘制矩形平面

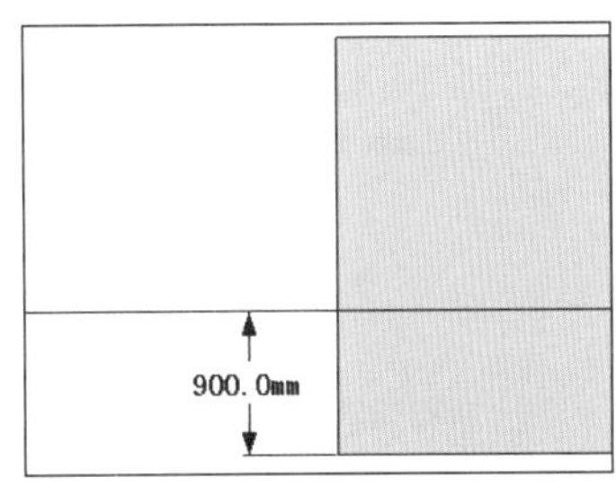

图 11-28 向上移动 900mm

步骤 03 创建下方的参考线后，启用【移动】工具，将其向上以 1400mm 的距离进行复制，如图 11-30 所示。

步骤 04 选择分割形成的内部平面，启用【推/拉】工具打空，形成窗洞效果，如图 11-31 所示。

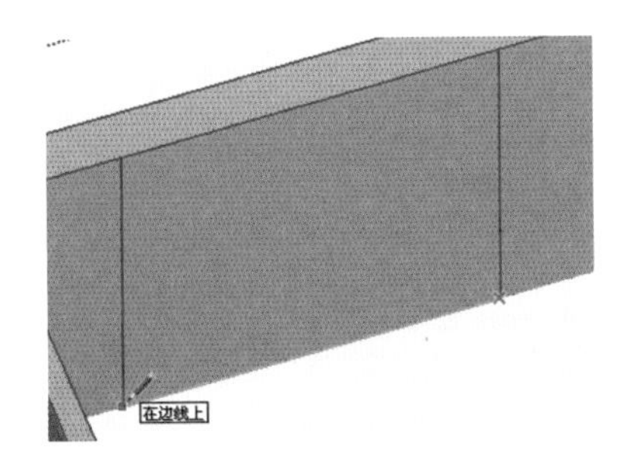

图 11-29 捕捉平面与墙体交点

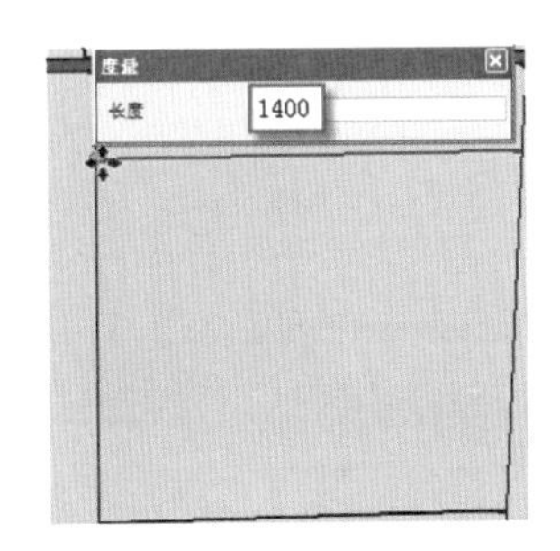

图 11-30 向上复制分割线

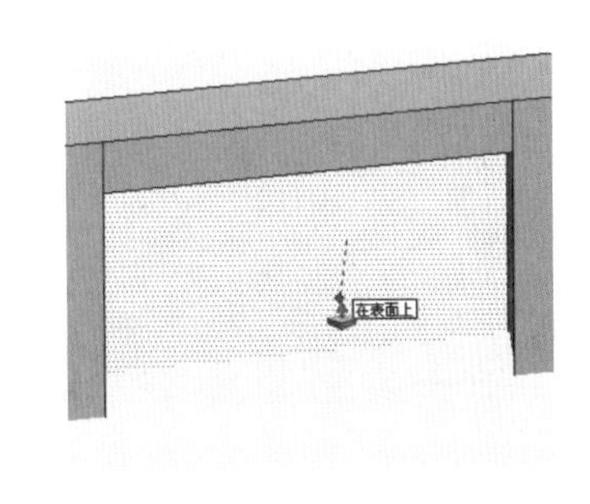

图 11-31 推空形成窗洞

步骤 05 使用此种方法制作左侧的所有窗洞，然后将参考平面向下移动 400mm，以便于下沉空间窗洞的制作，如图 11-32 所示。

步骤 06 使用之前类似的方法制作下沉空间的窗洞，如图 11-33 所示，并注意玄关处的小窗尺寸变化，如图 11-34 所示。

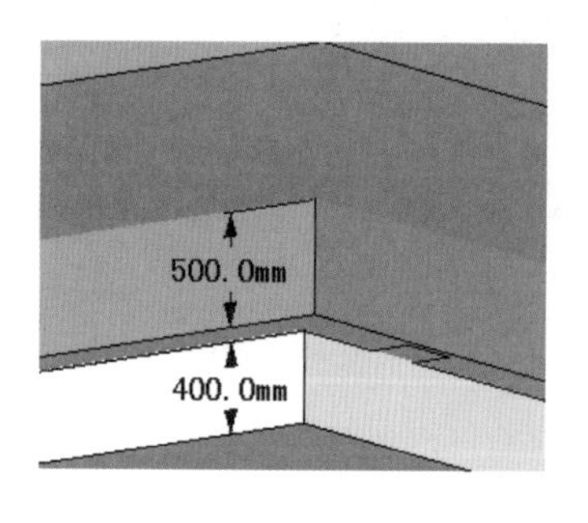

图 11-32　调整下沉

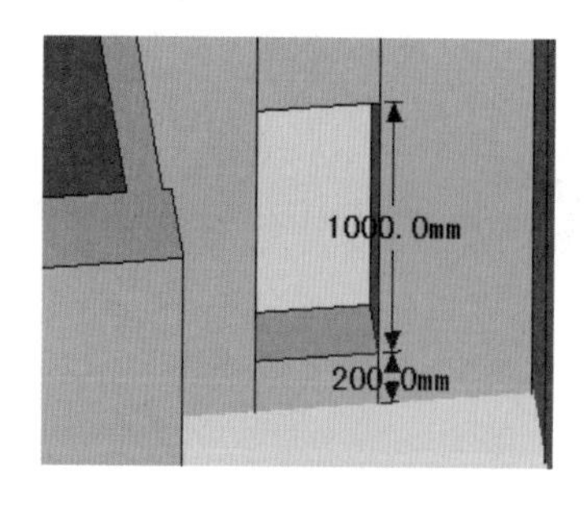

图 11-33　制作小型窗洞

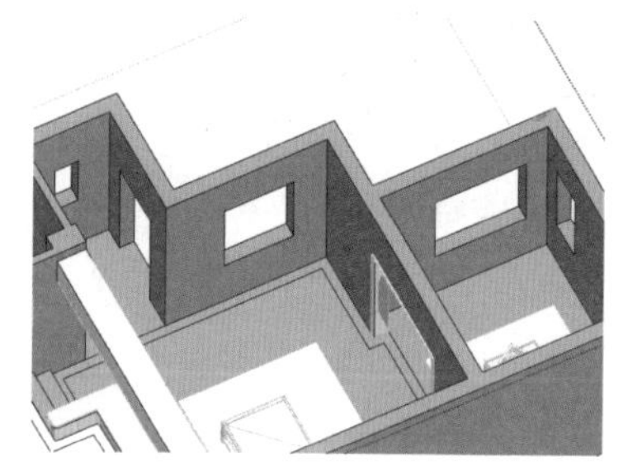

图 11-34　窗洞完成效果

步骤 07 制作门洞。首先调整平面高度，距左侧地面高度为 2000mm，如图 11-35 所示，然后参考其形成的交点，分割门洞处的平面，如图 11-36 所示。

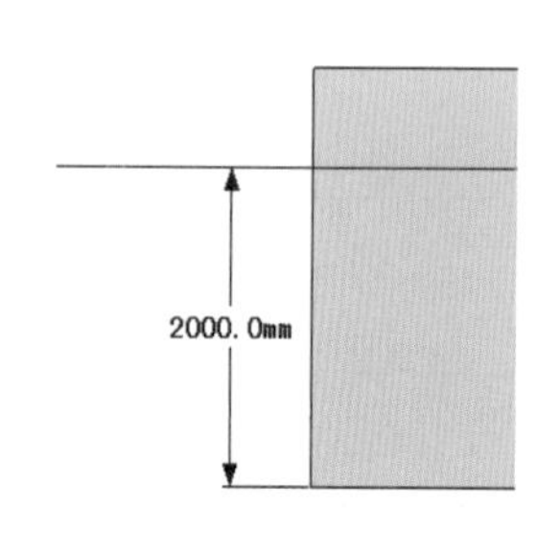

图 11-35　调整平面高度至 2000mm

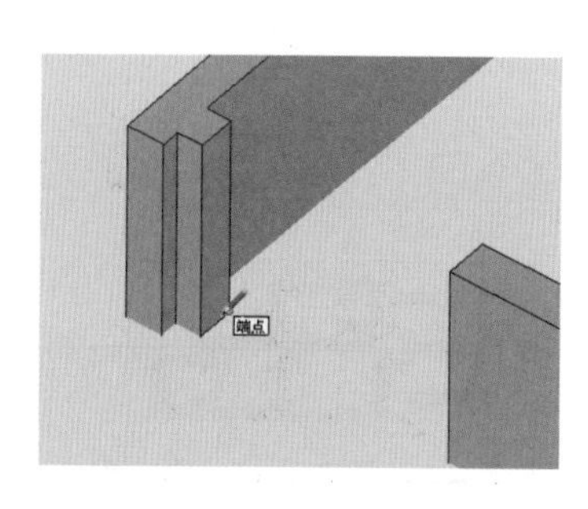

图 11-36　捕捉交点进行分割

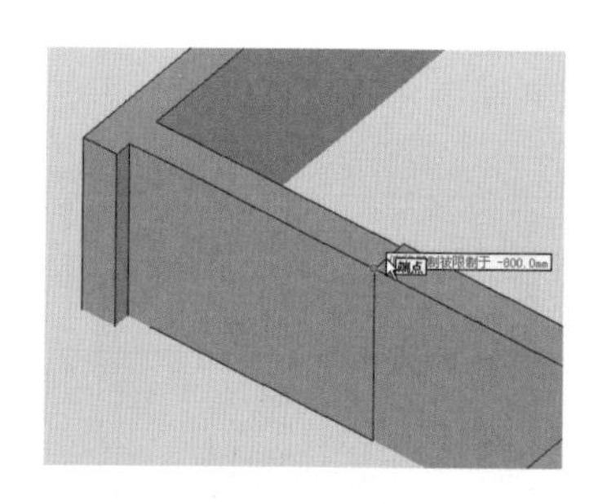

图 11-37　拉伸模型面至对侧

步骤 08 启用【推/拉】工具，拉伸分割的平面至对侧，然后删除多余边形成门洞效果，如图 11-37 与图 11-38 所示。

步骤 09 使用类似方法制作好场景左侧的门洞，然后向下移动参考平面 400mm，以便于下沉空间门洞的制作，如图 11-39 所示。

图 11-38　单个门洞效果

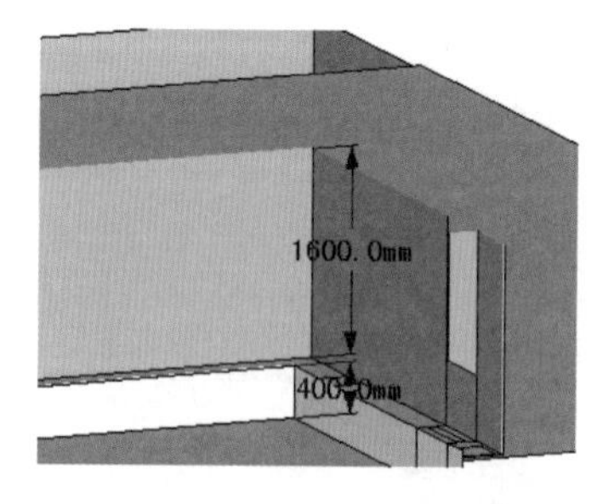

图 11-39　调整下沉空间平面高度

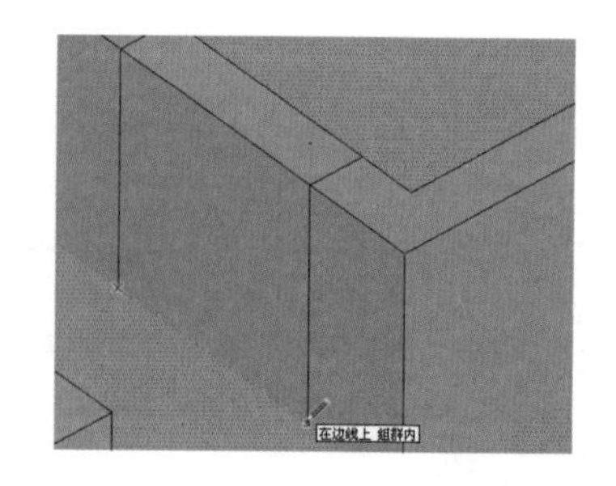

图 11-40　捕捉交点进行分割

步骤 10 捕捉交点分割入户门门洞，如图 11-40 所示，然后启用【推/拉】工具制作出空洞效果，如图 11-41 所示。

步骤 11 使用类似方法制作下沉空间其他门洞效果，如图 11-42 所示。然后对齐下沉空间外侧边线，制作好场景框架模型，如图 11-43 所示。

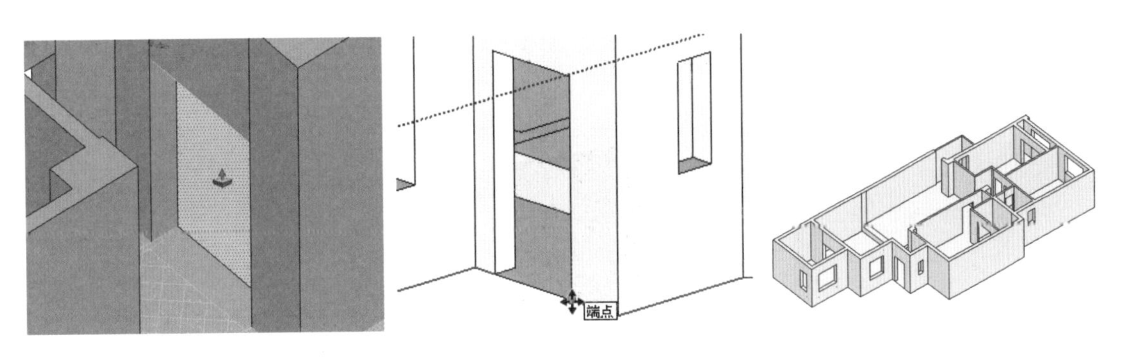

图 11-41　推拉形成门洞效果　　图 11-42　调整外侧边线　　图 11-43　框架完成效果

156 创建门窗

文件路径：无　　视频文件：MP4\第 11 章\156.MP4

场景框架建立完成后，接下来制作门窗效果，在制作的过程中注意插件与组件模型的使用。

步骤 01 执行【窗口】/【组件】菜单命令，如图 11-44 所示，调入门模型组件，如图 11-45 所示，并进行放置与对位，如图 11-46 所示。

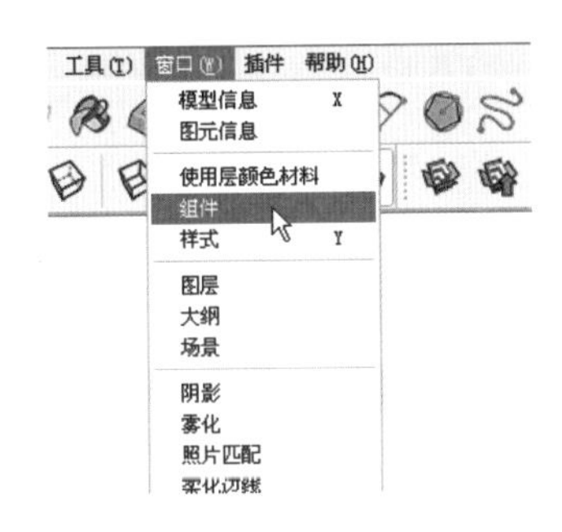

图 11-44　执行组件菜单命令

图 11-45　调整入门组件

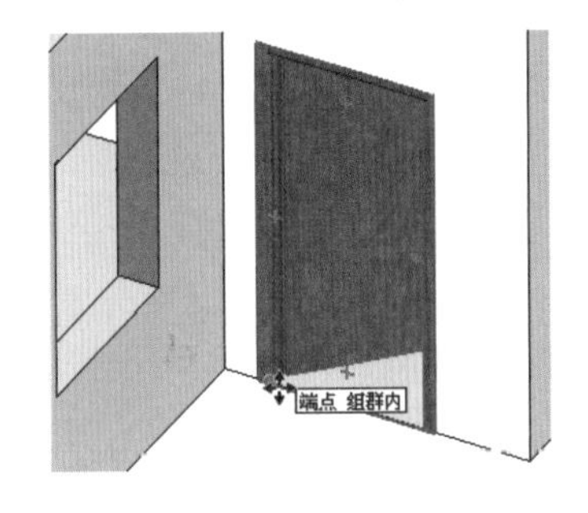

图 11-46　放置门组件模型

提 示

如果不追求门造型的细致，可以使用 Suapp 插件中的【墙体开门】菜单命令进行快速制作，如图 11-47~图 11-49 所示。

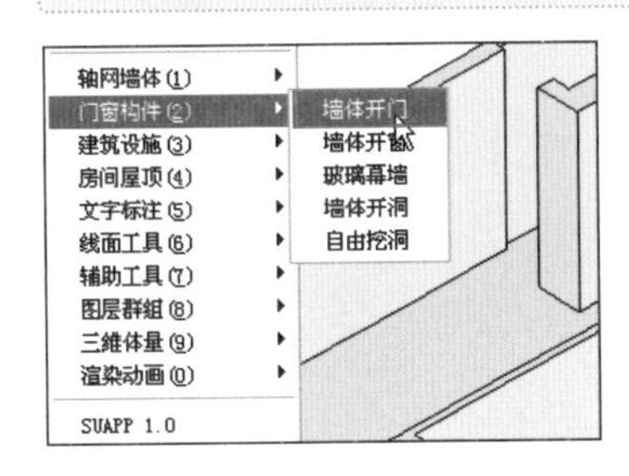

图 11-47　执行墙体开门菜单命令

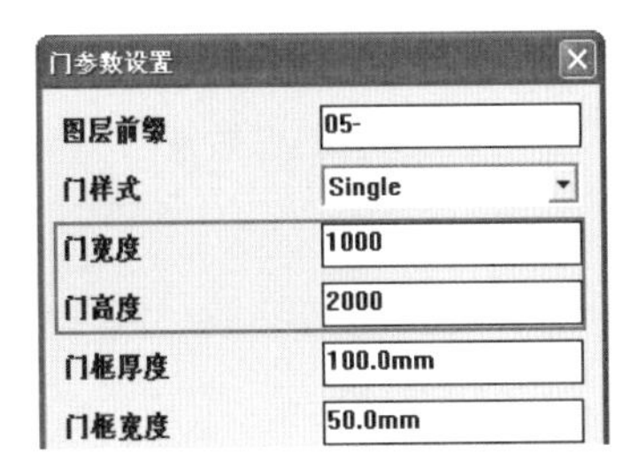

图 11-48　设置门参数

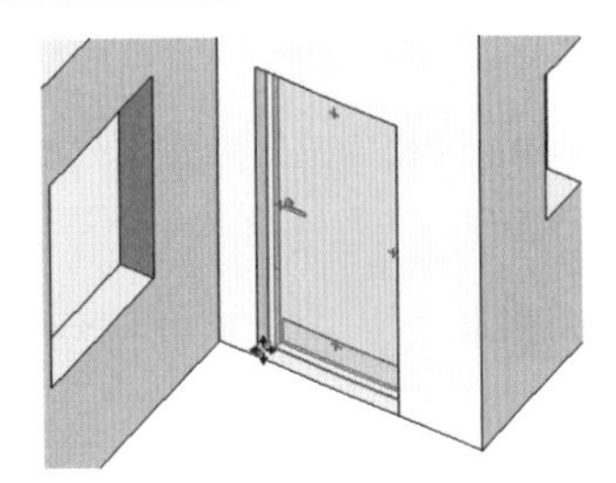

图 11-49　放置插件门效果

步骤 02 制作好入户门模型后，通过移动复制与缩放，制作其他卧室门模型，如图 11-50 与图 11-51 所示。

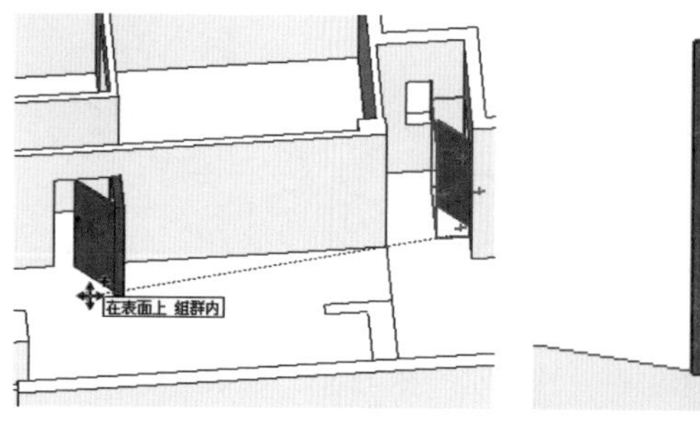

图 11-50 复制门模型

图 11-51 调整门页造型

图 11-52 调入卫生间门模型

步骤 03 卫生间及浴室等处的推拉门，对应调入相关组件模型即可，如图 11-52~图 11-54 所示。通过以上介绍的方法制作场景所有的门模型。

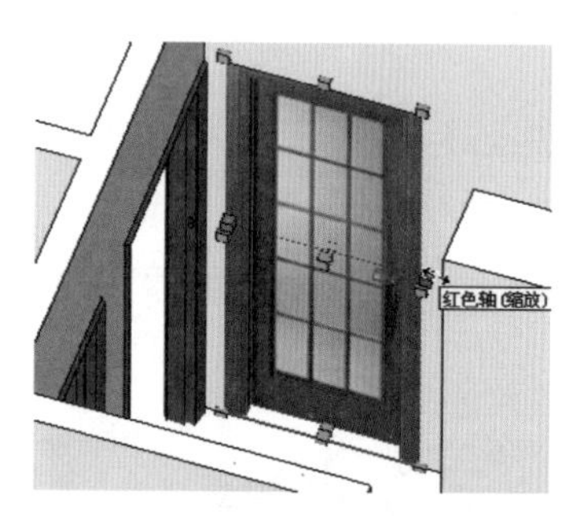

图 11-53 卫生间门

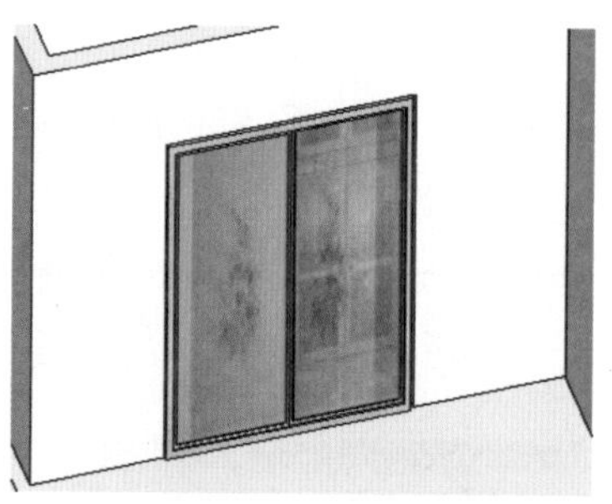
图 11-54 推拉门

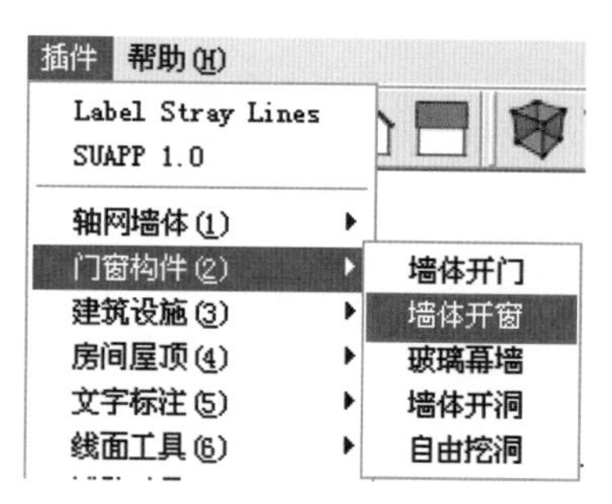

图 11-55 执行墙体开窗

步骤 04 门模型制作完成后，执行【插件】/【Suapp】/【墙体开窗】菜单命令，制作窗户框架，然后制作玻璃细节并赋予半透明材质，如图 11-55~ 图 11-57 所示。

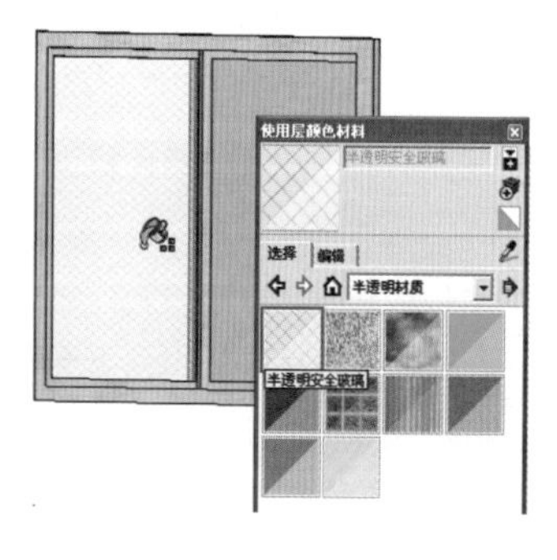

图 11-56 创建窗户并赋予玻璃材质

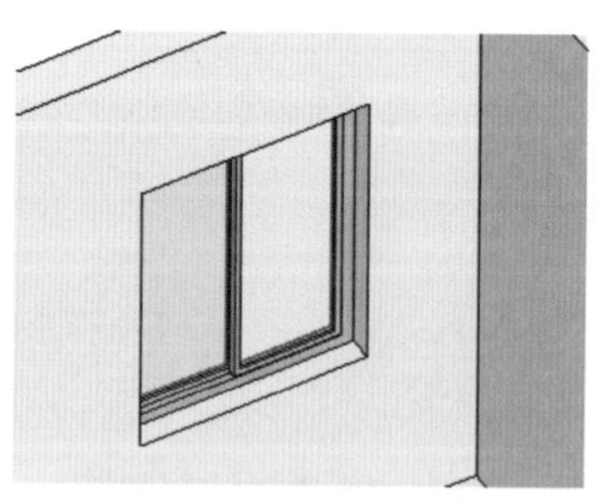
图 11-57 推拉窗效果

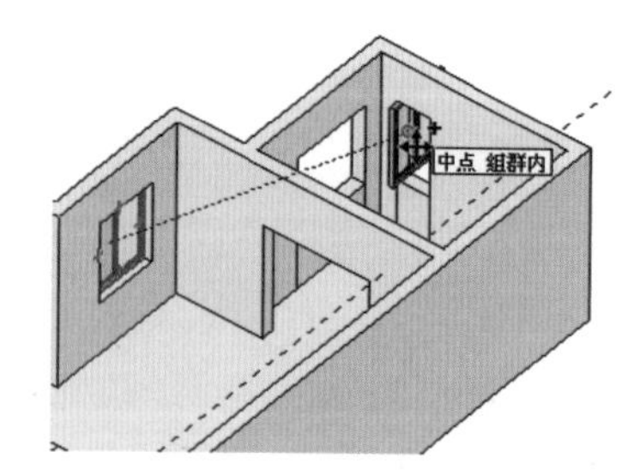

图 11-58 移动复制窗户

步骤 05 该处窗户制作完成后，通过移动复制与缩放，制作竖向推拉窗户模型，如图 11-58~图 11-60 所示。

步骤 06 重复类似的操作，制作场景其他位置的窗户，如图 11-61 所示。

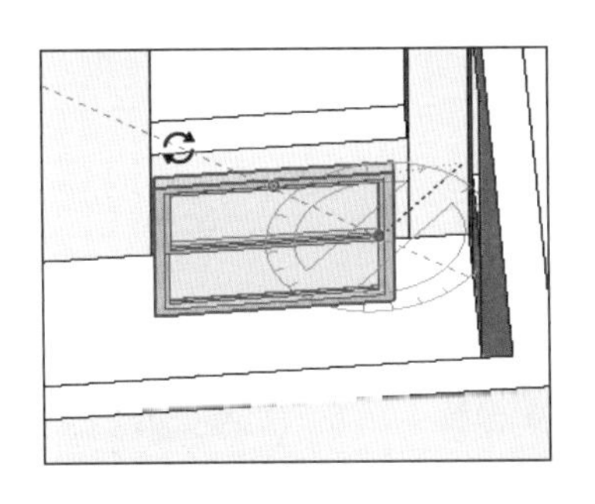

图 11-59　调整窗户角度

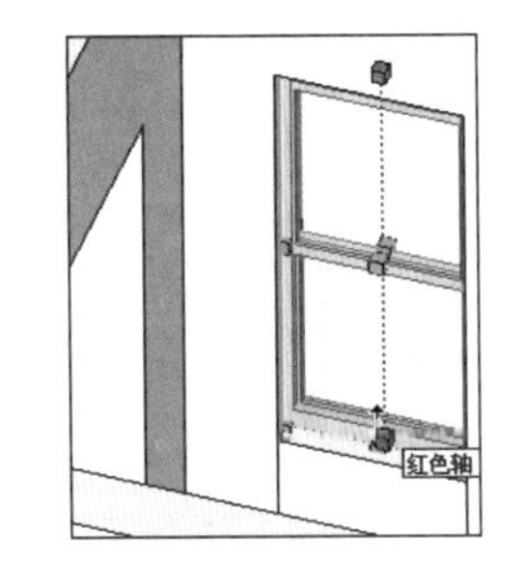

图 11-60　通过缩放调整造型

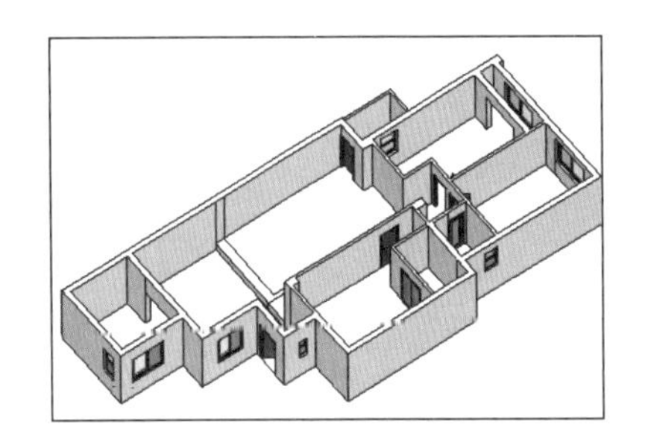

图 11-61　场景门窗完成效果

157 细化空间效果

文件路径：无　　　视频文件：MP4\第 11 章\157.MP4

完成场景门窗的建立后，接下来将逐步细化出场景内各个空间设计的细节。

1. 细化客厅及休闲厅

步骤 01 结合使用【线条】与【偏移】创建工具，参考平面布置图纸对地面进行细化，分割出玄关与客厅地面细节，如图 11-62 与图 11-63 所示。

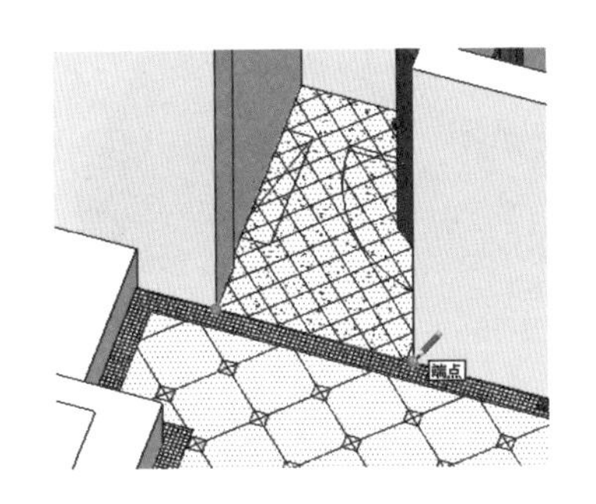

图 11-62　分割玄关与餐厅

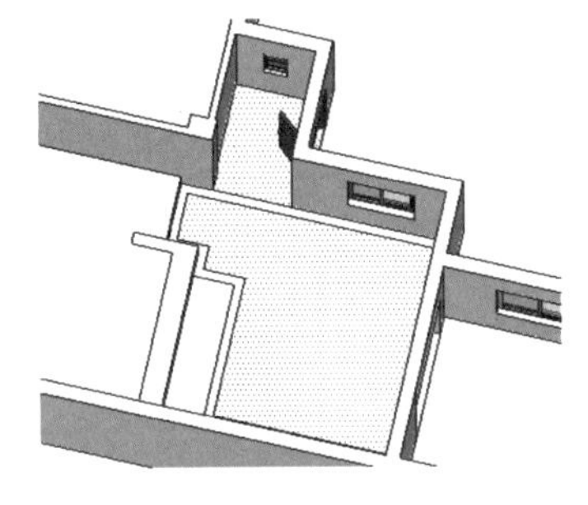

图 11-63　分割客厅地面

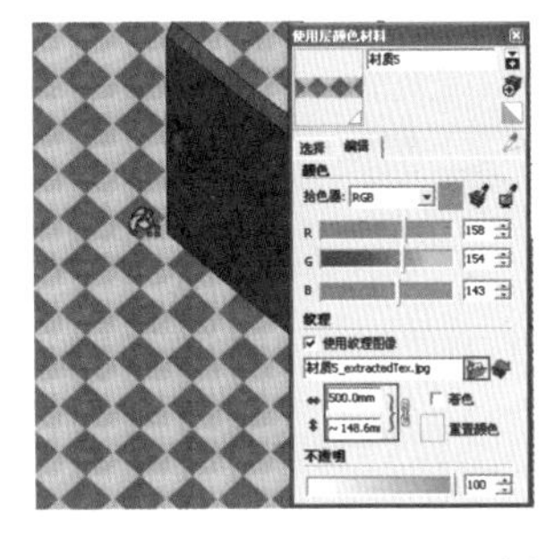

图 11-64　赋予玄关地面石材

步骤 02 打开【使用层颜色材料】面板，分别为玄关与客厅地面赋予对应石材，如图 11-64~图 11-66 所示。

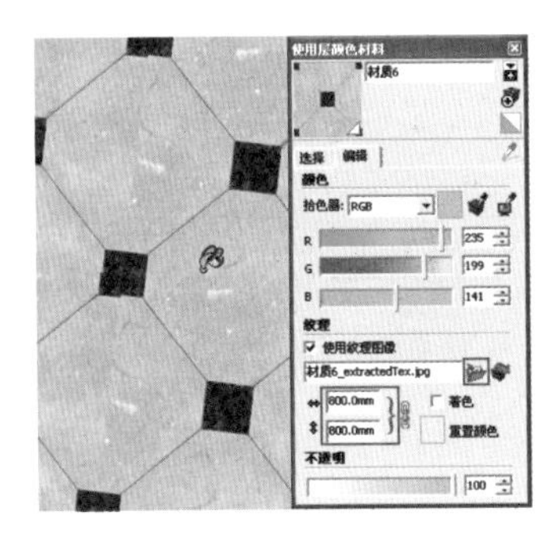

图 11-65　赋予客厅地面石材

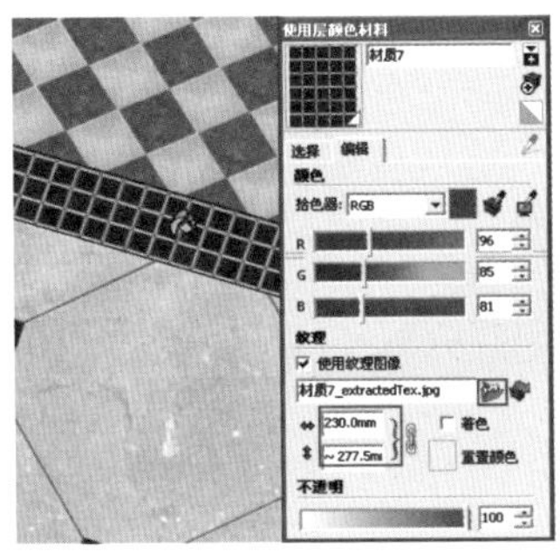

图 11-66　赋予收边石材

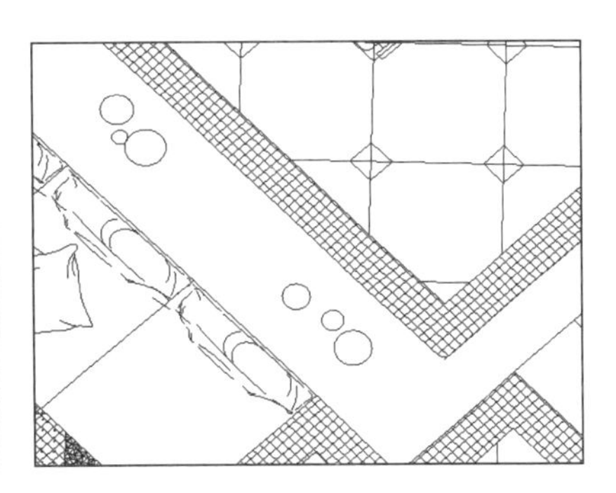

图 11-67　参考图纸进行分割

步骤 03 结合使用【推/拉】与【偏移】工具，参考平面布置图纸，制作台阶左侧的平台模型，如图 11-67 与图 11-68 所示。

步骤 04 使用类似方法制作沙发平台，打开【使用层颜色材料】面板赋予木纹材质，如图 11-69 与图 11-70 所示。

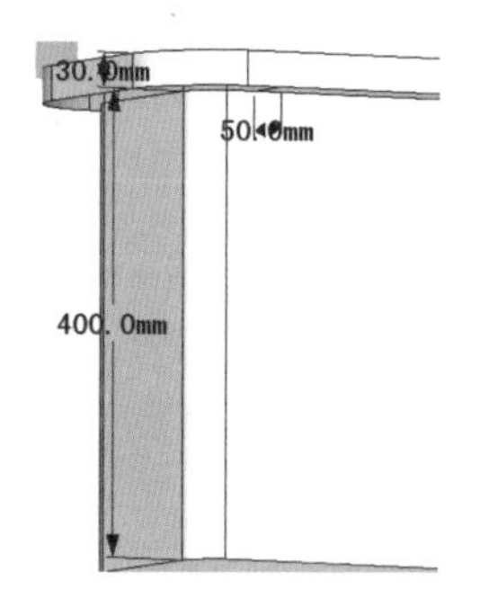

图 11-68 拉伸出结构细节

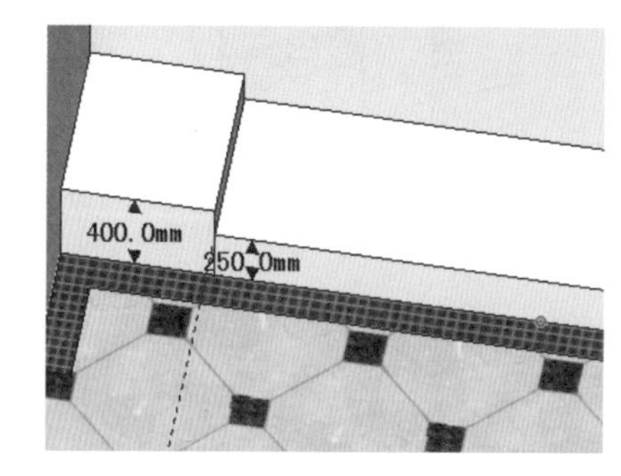

图 11-69 制作沙发平台

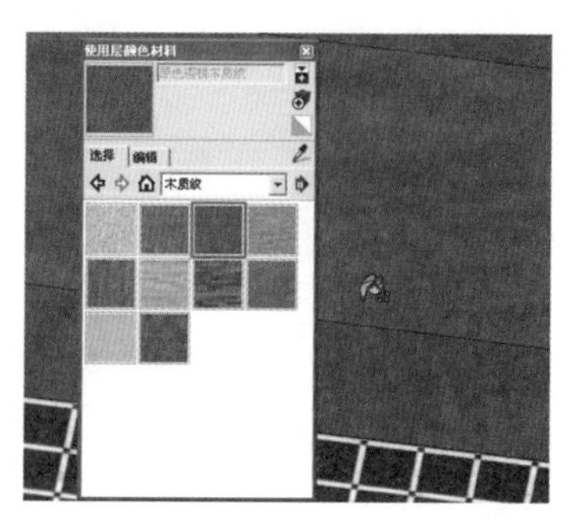

图 11-70 赋予木纹材质

步骤 05 进入【组件】面板，合并座垫、抱枕等模型组件，然后参考图纸进行复制与调整，如图 11-71~图 11-73 所示。

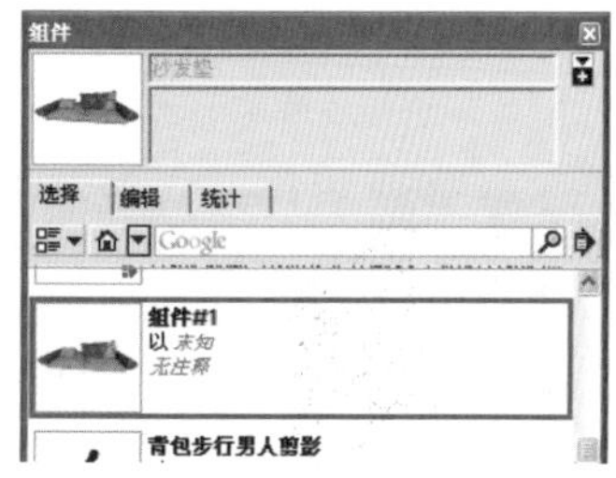

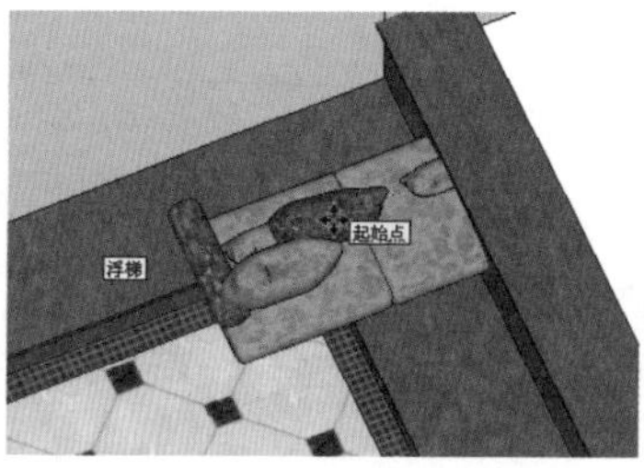

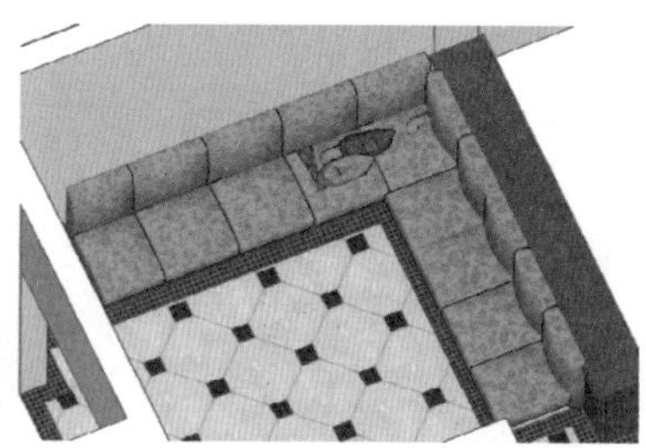

图 11-71 合并沙发垫与抱枕　　图 11-72 调整模型位置　　图 11-73 沙发垫模型完成效果

步骤 06 结合使用【线条】与【推/拉】工具，制作出台阶模型，如图 11-74 与图 11-75 所示。

步骤 07 台阶模型制作完成后，进入【组件】面板，合并玄关与客厅中央的柜子与沙发模型，如图 11-76 所示。

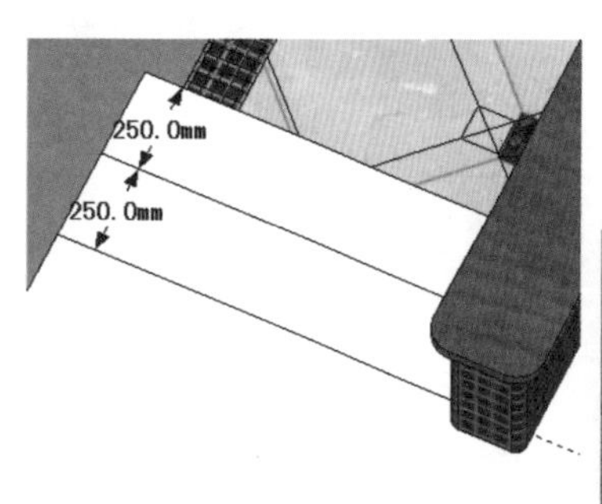

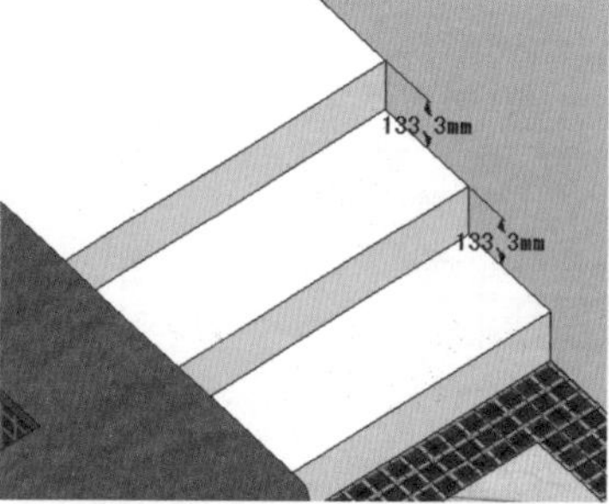

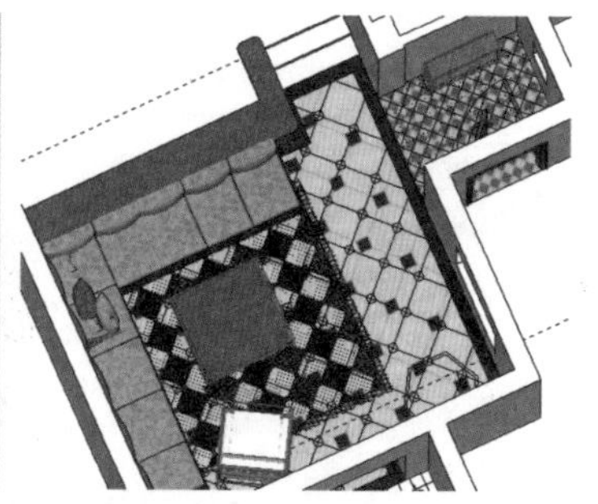

图 11-74 分割台阶　　图 11-75 推拉台阶细节效果　　图 11-76 合并常用家具

步骤 08 启用【矩形】创建工具，参考底图绘制出地毯平面，然后进入【使用层颜色材料】面板，赋予布纹材质，如图 11-77 与图 11-78 所示。

步骤 09 通过类似方法，制作客厅后方的休闲厅相关模型细节，如图 11-79 所示。

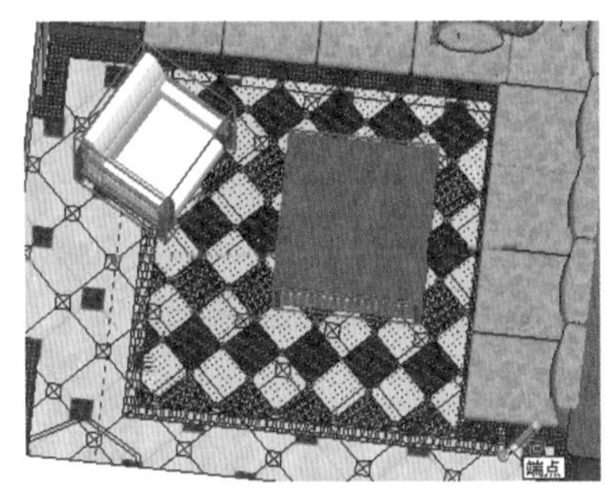

图 11-77　绘制地毯平面

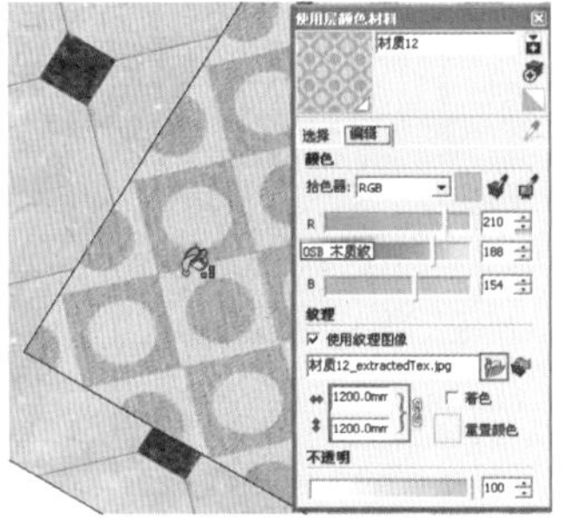

图 11-78　赋予地毯布纹材质

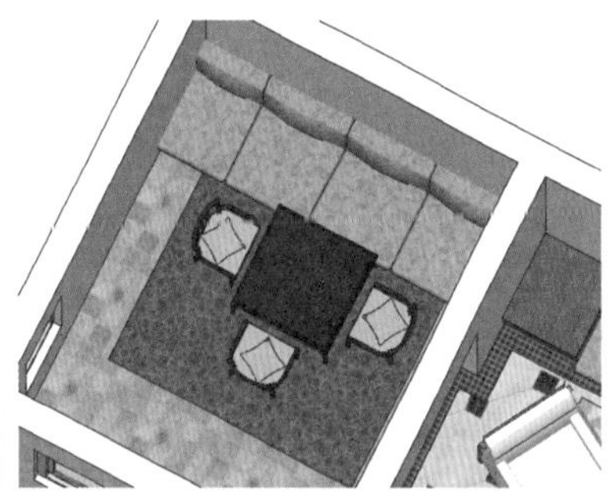

图 11-79　制作休闲厅效果

2. 细化餐厅

步骤 01 结合使用【推/拉】以及【偏移】工具，制作出酒柜细节效果，如图 11-80~图 11-82 所示。

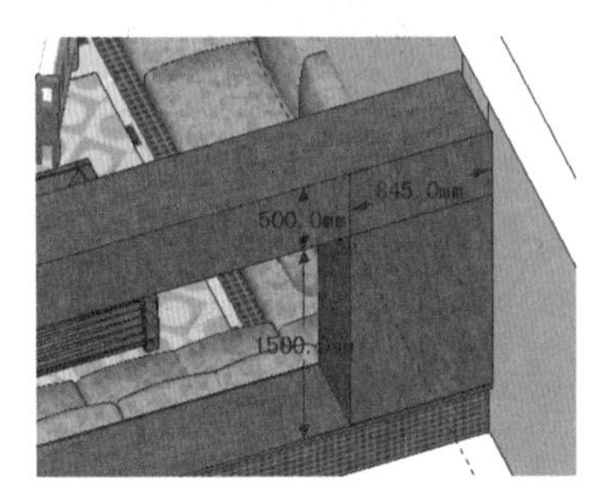

图 11-80　初步分割酒柜

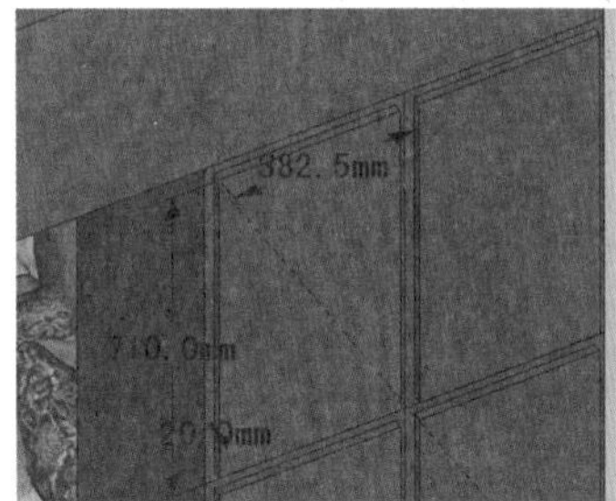

图 11-81　制作柜门细节

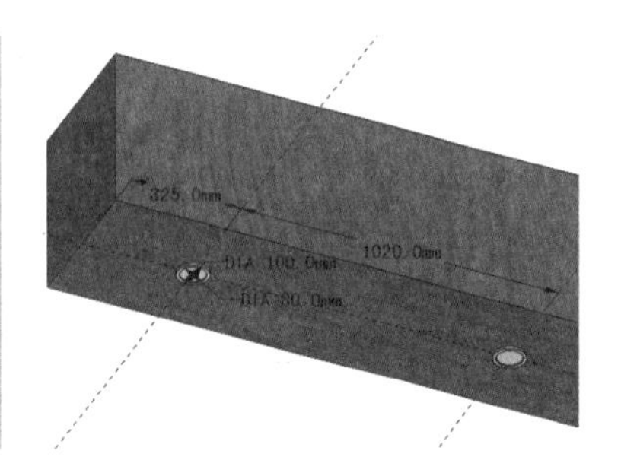

图 11-82　制作筒灯细节

步骤 02 调整底图高度，结合【线条】以及【偏移】工具，分割出餐厅地面细节并赋予对应材质，如图 11-83~图 11-85 所示。

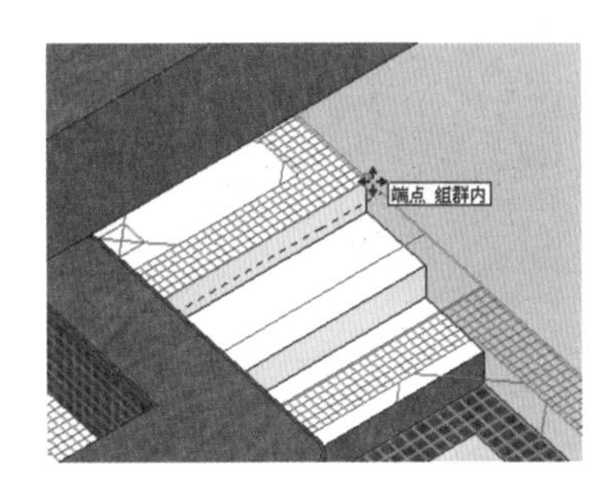

图 11-83　调整底图高度

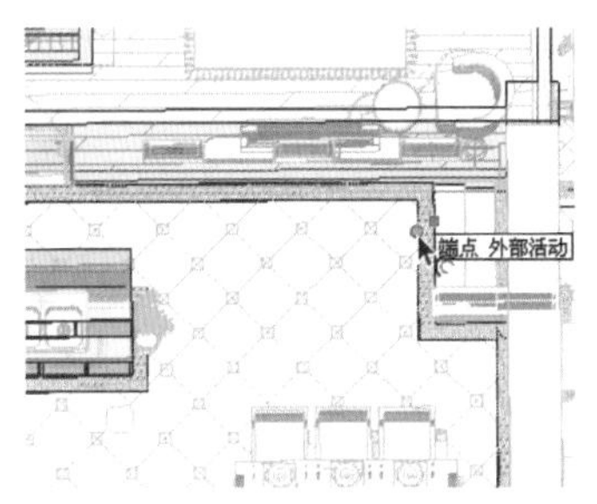

图 11-84　细分餐厅地面

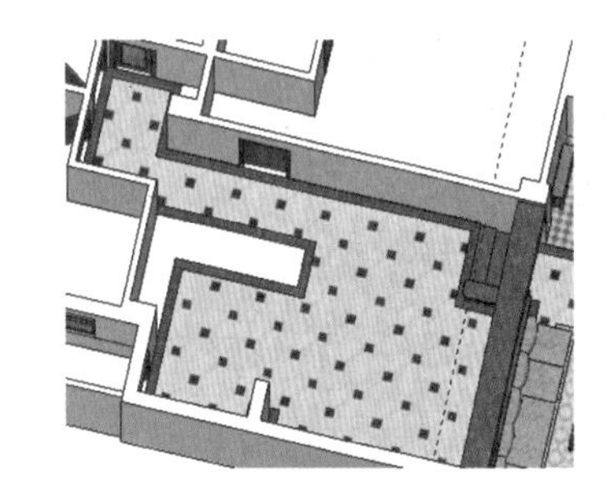

图 11-85　赋予地面对应材质

步骤 03 结合【推/拉】以及【偏移】工具，制作出厨柜底部平台效果，然后赋予黑色木纹材质，如图 11-86~图 11-88 所示。

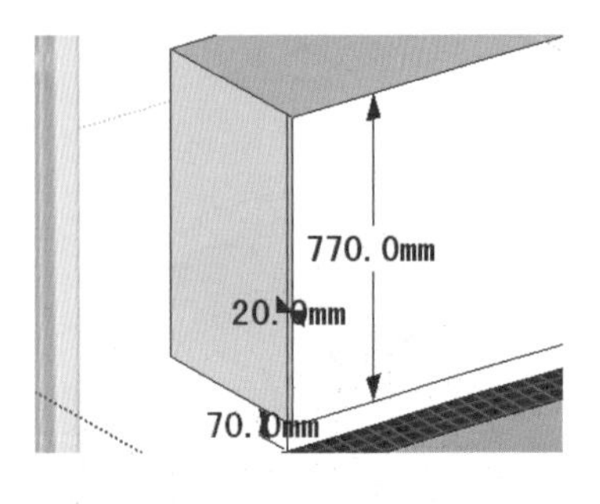

图 11-86 制作厨柜底层轮廓

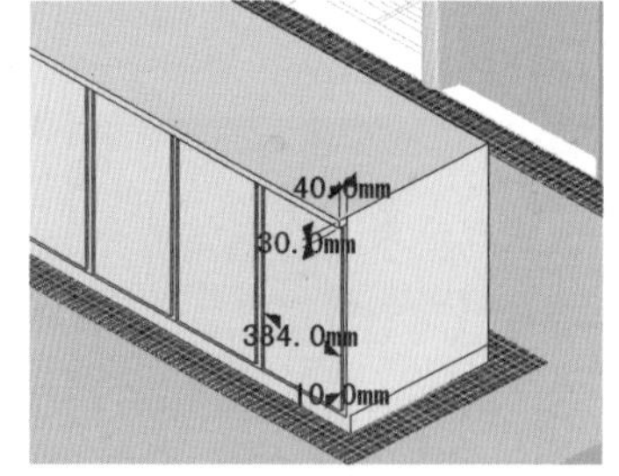

图 11-87 分割厨柜底部细节

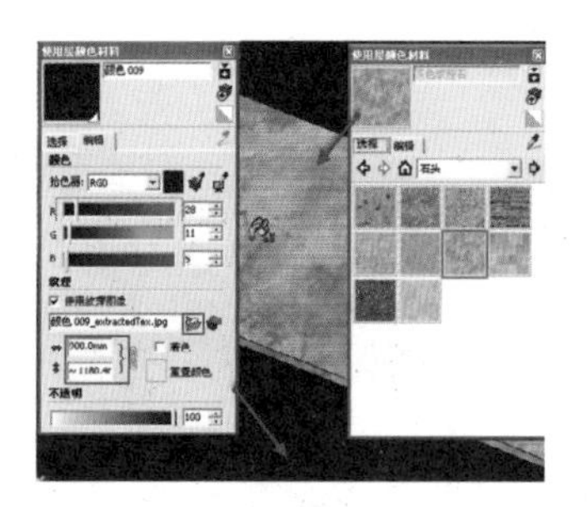

图 11-88 赋予厨柜材质

步骤 04 使用类似的方法制作上方的吊柜模型，然后为吊柜与厨房空间墙壁赋予对应材质，如图 11-89 和图 11-90 所示。

步骤 05 打开【组件】面板，合并入洗菜盆、炉灶以及抽油烟机模型组件，完成厨房操作平台效果，如图 11-91 所示。

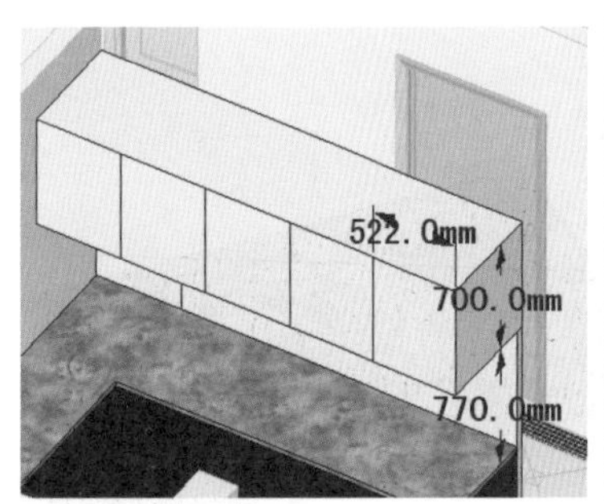

图 11-89 制作吊柜

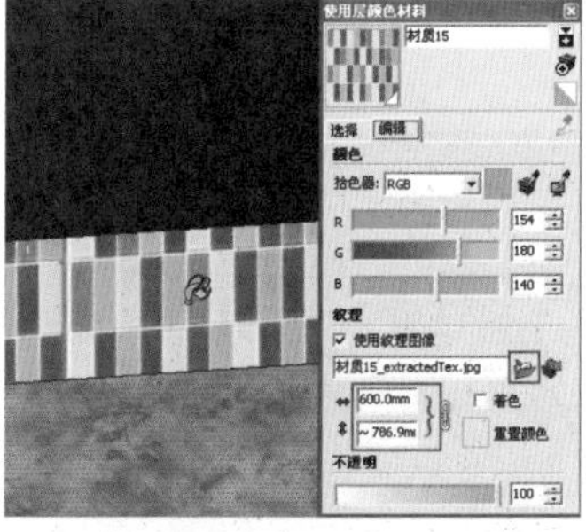

图 11-90 赋予墙面以及吊柜材质

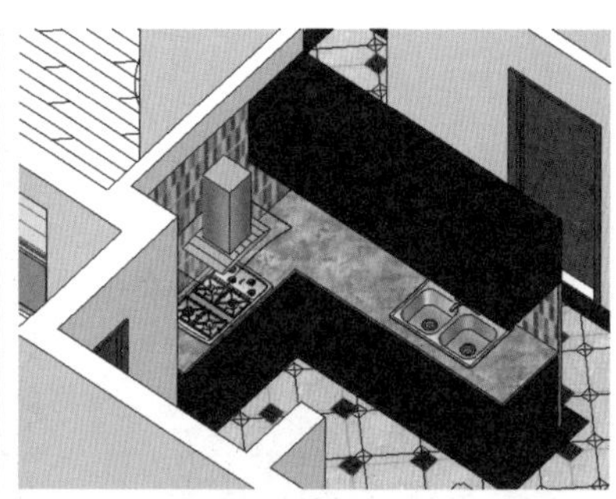

图 11-91 合并炊具等模型

步骤 06 打开【组件】面板，合并入餐桌以及冰箱模型，完成厨房空间的布置，如图 11-92 所示。

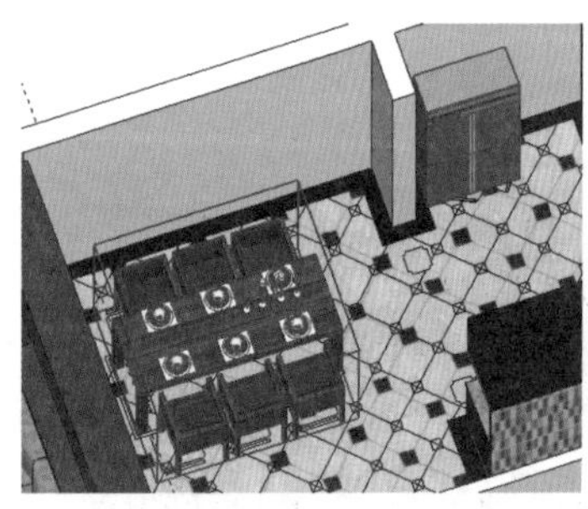

图 11-92 合并餐桌与冰箱

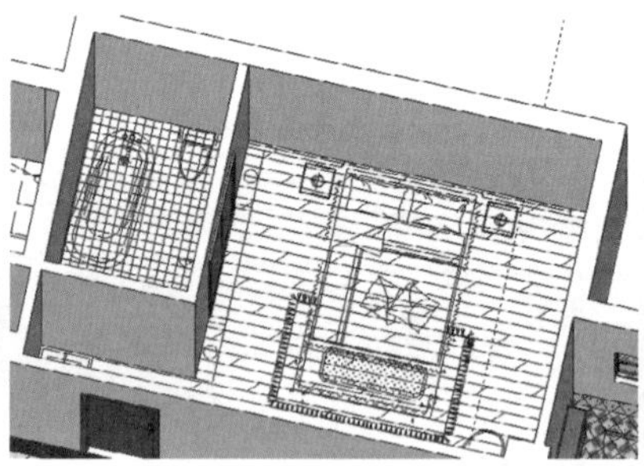

图 11-93 分割主卧室地面

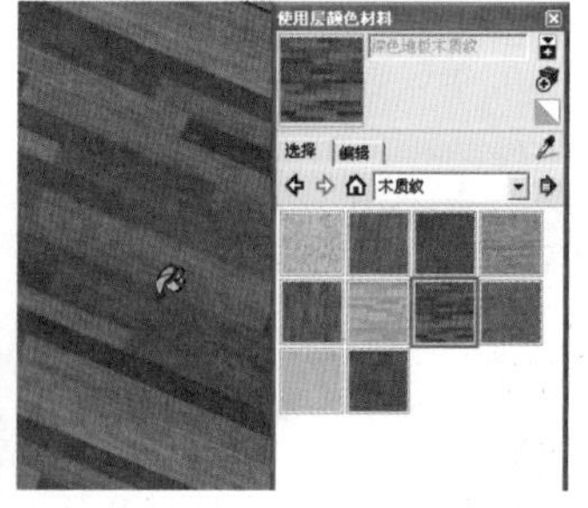

图 11-94 赋予地板木纹

3. 细化主卧室

步骤 01 启用【线条】工具，分割开主卧室与配套卫生间地板，然后打开【使用层颜色材料】面板，赋予木纹材质，如图 11-93 与图 11-94 所示。

步骤 02 打开【组件】面板，合并入床体、电视以及衣柜模型，如图 11-95 与图 11-96 所示。

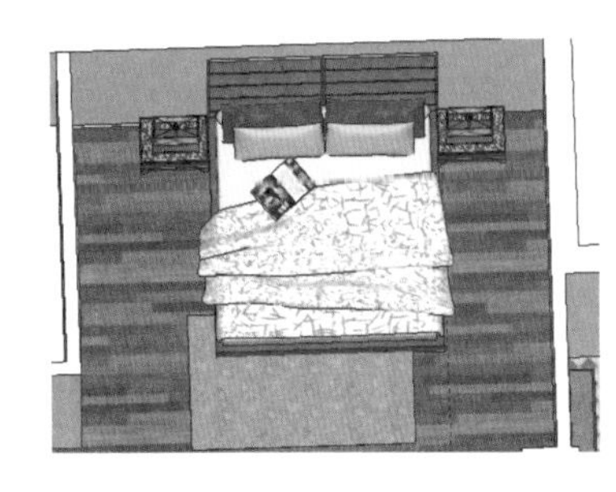

图 11-95　合并床体

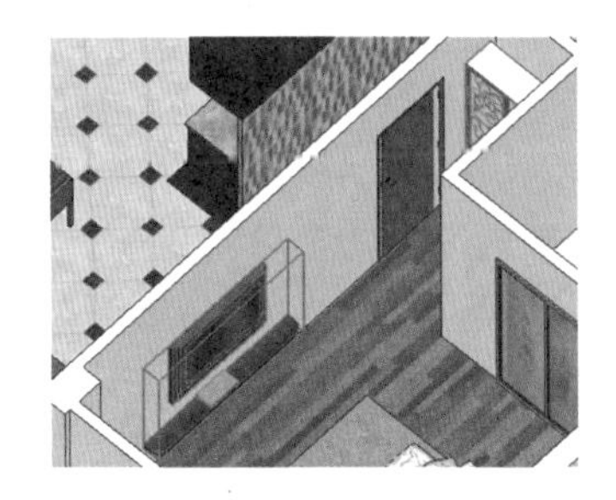

图 11-96　合并电视与衣柜

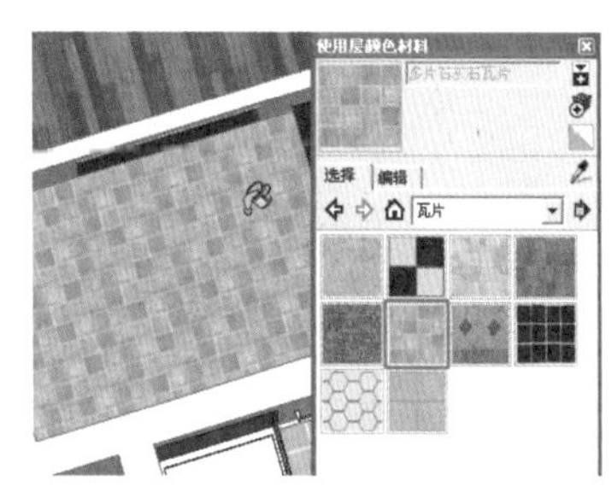

图 11-97　赋予卫生间防滑地砖

步骤 03 打开【使用层颜色材料】面板，赋予卫生间地板防滑地砖，然后分割出门口波打线并赋予黑色石材，如图 11-97 与图 11-98 所示。

步骤 04 打开【组件】面板，合并入浴缸、坐便器以及洗手盆等模型，完成主卧室与配套卫生间效果的制作，如图 11-99 所示。

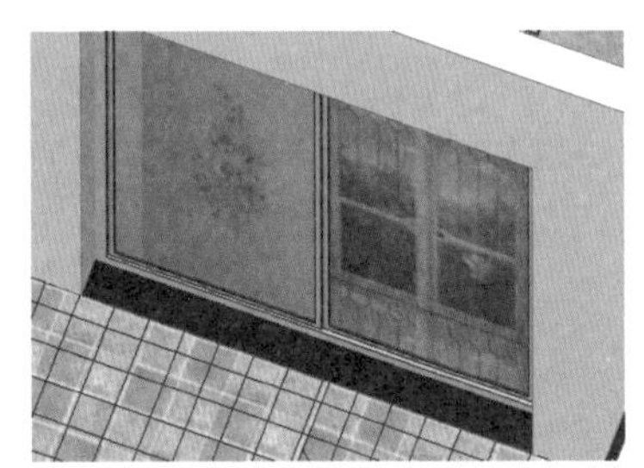

图 11-98　制作波打线分隔细节

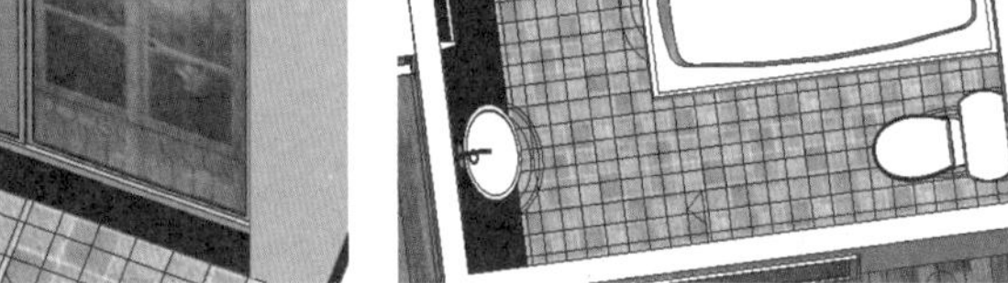

图 11-99　合并卫浴相关模型

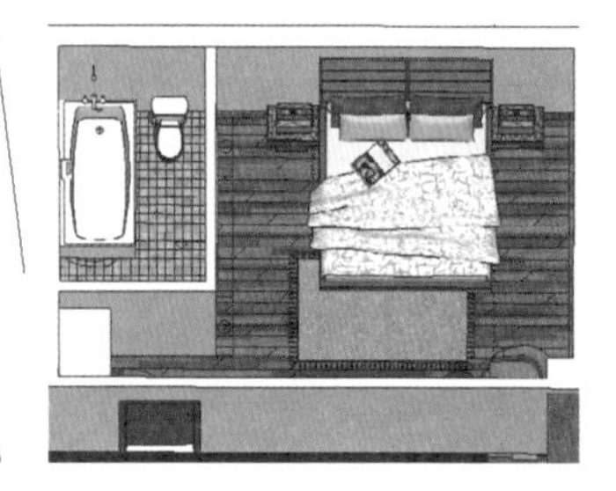

图 11-100　主卧室及主卫完成效果

4. 细化其他空间

制作好客厅、厨房以及主卧室后，通过类似的方法完成次卧室、次卫、书房以及阳台空间的效果，如图 11-101~图 11-104 所示。

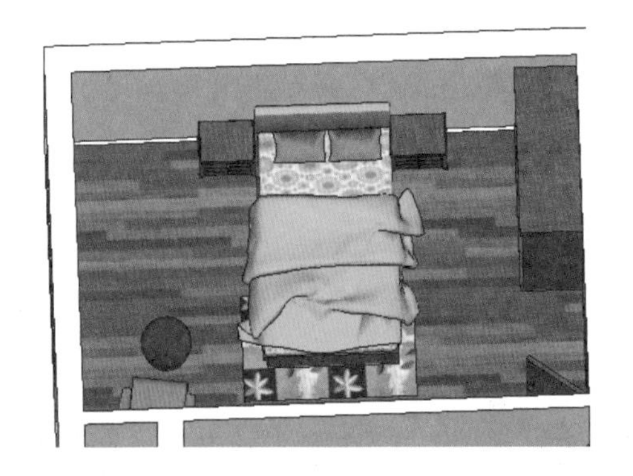

图 11-101　细化次卧空间效果

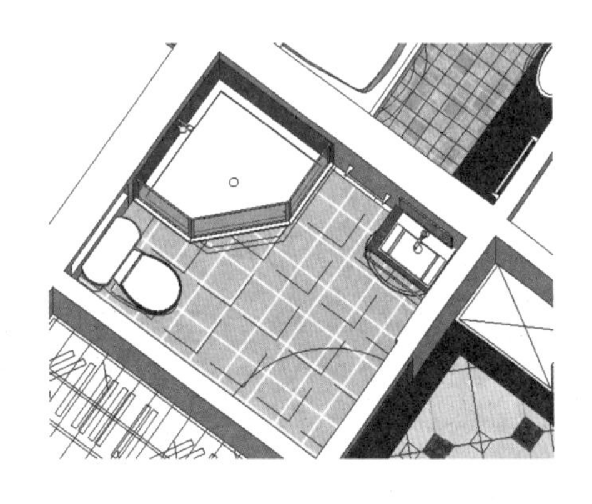

图 11-102　细化次卫生间效果

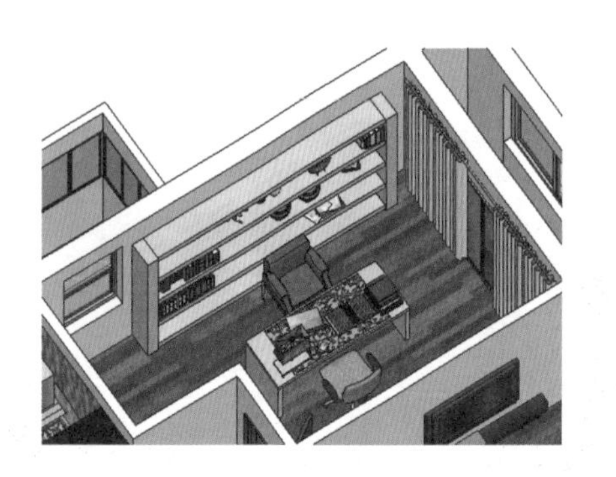

图 11-103　细化书房效果

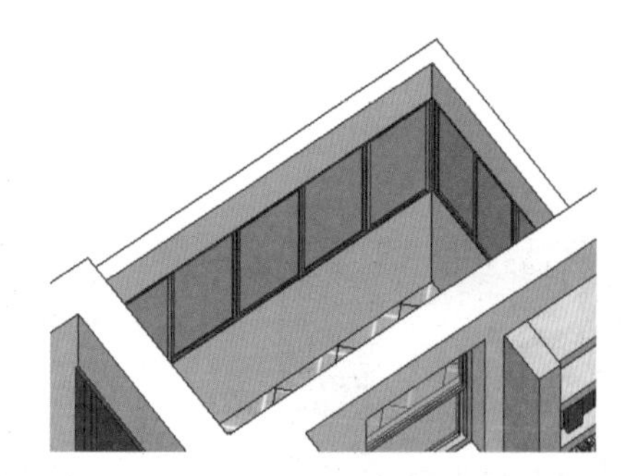

图 11-104　细化阳台效果

158 完成最终细节

文件路径：无	视频文件：MP4\第 11 章\158.MP4

通过模型制作以及合并，体现出各个空间的功能后，接下来制作装饰细节、阴影以及文字标注，完成最终效果。

1. 添加墙面装饰

步骤 01 通过【使用层颜色材料】与【组件】面板，为玄关以及客厅墙面赋予墙纸，并制作好墙壁挂画等细节，如图 11-105~图 11-107 所示。

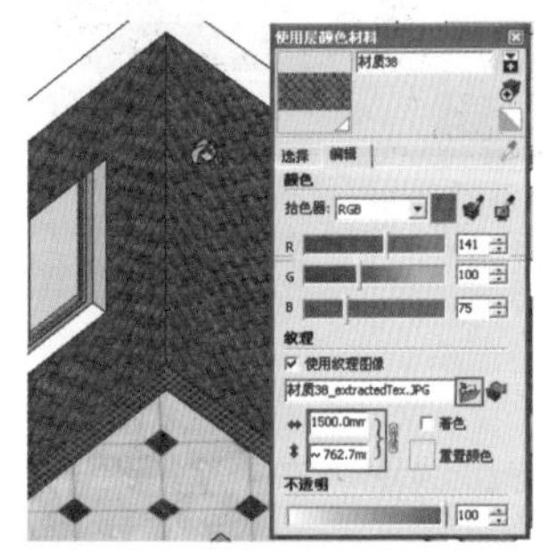

图 11-105　赋予玄关墙面墙纸

图 11-106　合并花瓶与装饰画

图 11-107　客厅处理完成效果

步骤 02 使用类似的方法制作出餐厅、卧室等空间的装饰细节效果，如图 11-108~图 11-112 所示。

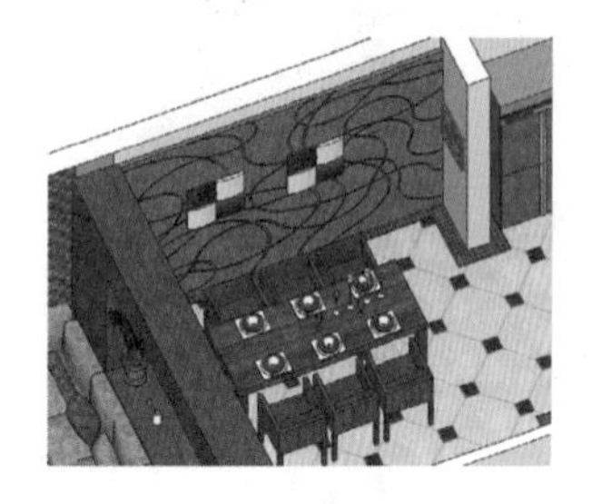

图 11-108　餐厅处理完成效果

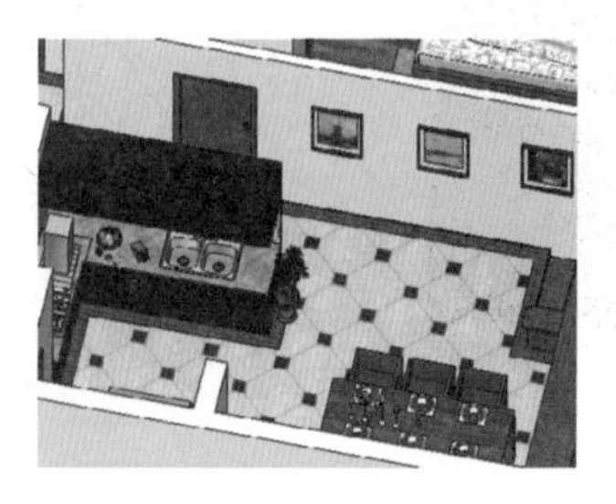

图 11-109　厨柜及过道细节效果

图 11-110　主卧室处理完成效果

图 11-111　书房及次卧处理完成效果

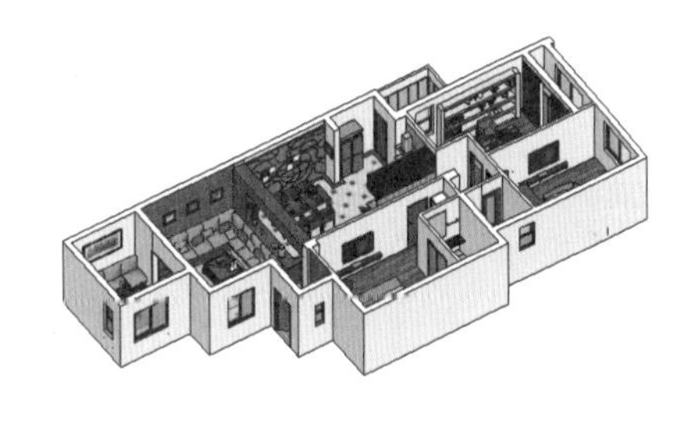

图 11-112　装饰细节整体完成效果

2. 制作标注

步骤 01 执行【视图】/【正面样式】/【单色】菜单命令，将模型简化显示，然后通过【阴影】工具栏制作好阴影细节效果，如图 11-113 与图 11-114 所示。

步骤 02 将当前制作好效果保存为【场景】，如图 11-115 所示，以便于以后效果的观察。

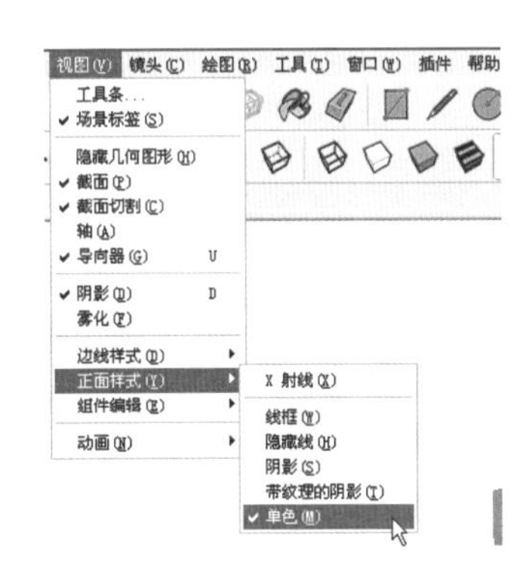

图 11-113　调整模型为单色显示

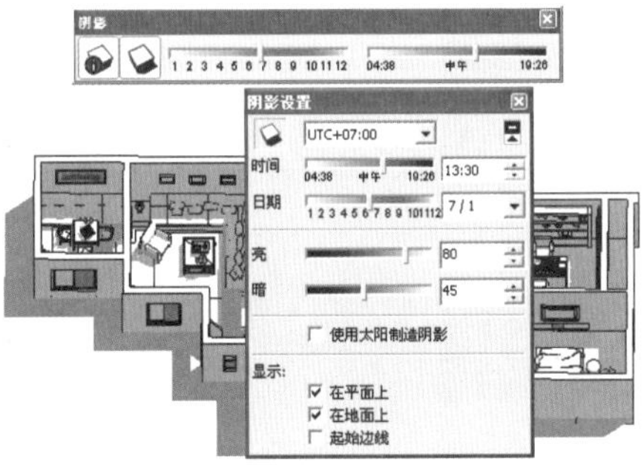

图 11-114　调整阴影效果

图 11-115　保存为场景

3. 制作标识

步骤 01 单击【文本】工具按钮，在主卧室空间单击，拖出引线，调整其名称为“主卧室”即可，如图-116 与图 11-117 所示。

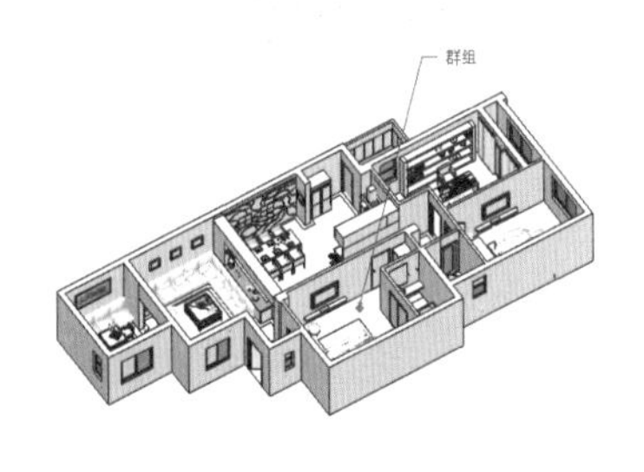

图-116　拖移出文字引线

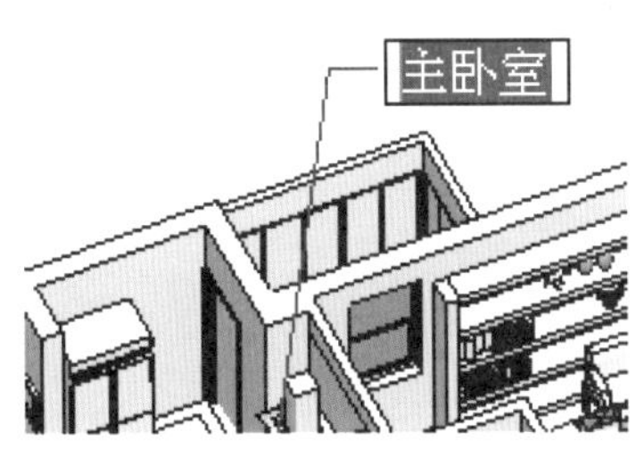

图 11-117　调整文字内容

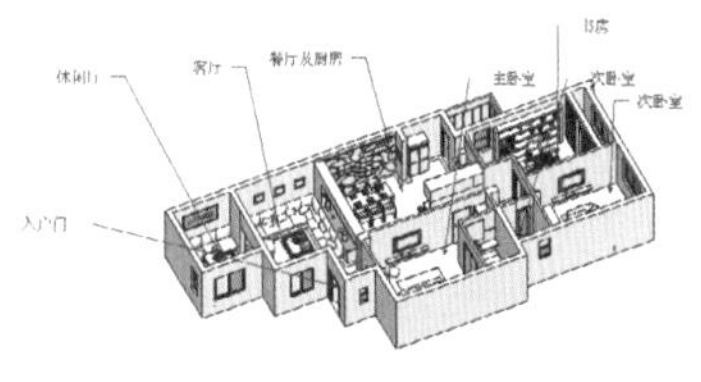

图 11-118　默认标注完成效果

步骤 02 通过相同的方法制作好其他空间的标识，如图 11-118 所示。

步骤 03 进入【模型信息】面板中的【文字】选项卡，调整好标注字体与大小，然后进行全部更新，完成最终效果，如图 11-119 与图 11-120 所示。

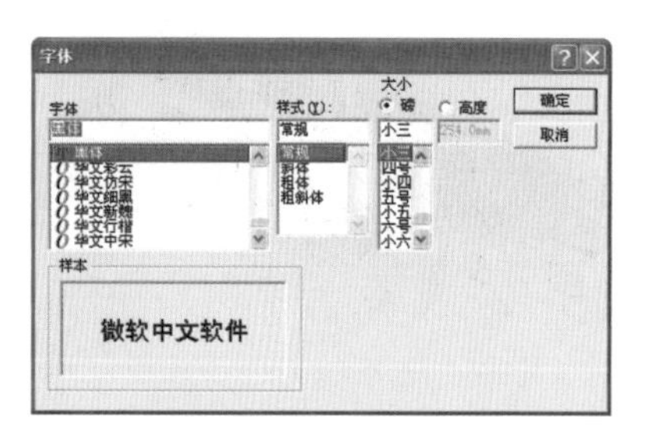

图 11-119　调整标注文字

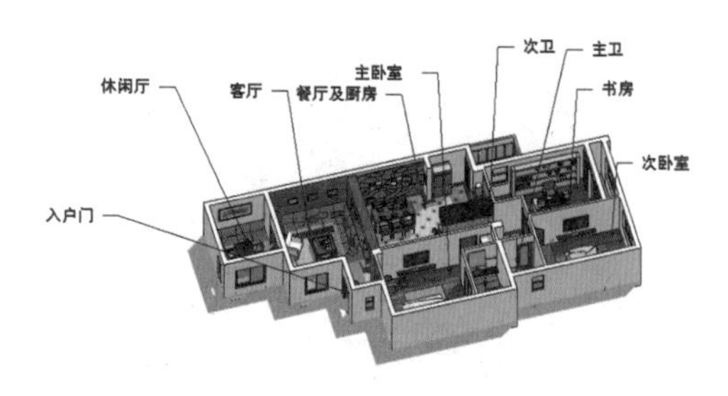

图 11-120　最终完成效果

11.2 室内空间方案细化

本节学习室内空间细化方案制作的方法，区别于户型图对功能区域的大致区分，空间细化方案将制作出详细的立面方案效果，大致制作过程如图 11-121~图 11-124 所示。

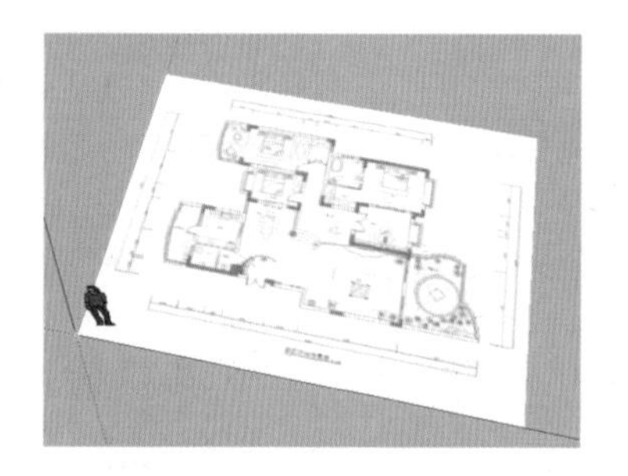

图 11-121　导入方案底图

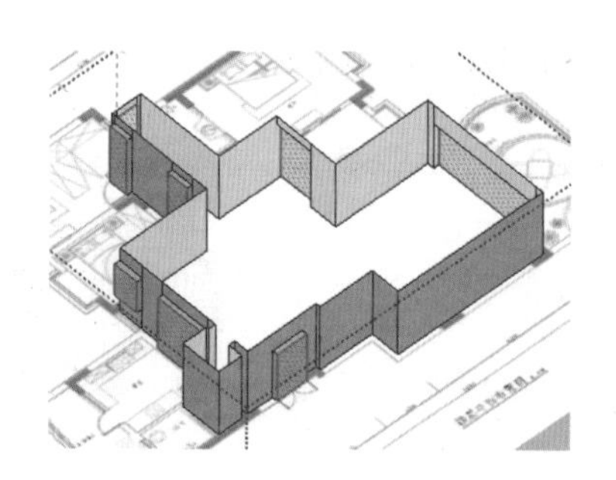

图 11-122　建立空间轮廓

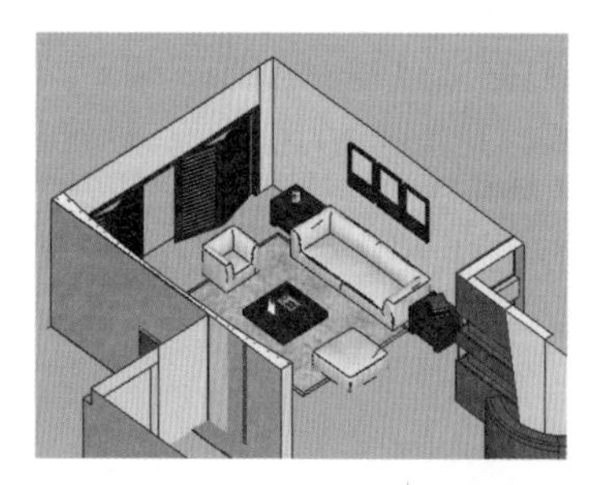

图 11-123　细化空间效果

图 11-124　完成效果

159 导入方案底图

文件路径：配套光盘\第 11 章\159	视频文件：无

在上个案例中，通过 AutoCAD 图纸建立了户型图模型，在本节中将导入方案图纸的 JPG 文件进行参考。

步骤 01 打开 SketchUp，执行【窗口】/【模型信息】命令，在【单位】选项卡内设置场景单位为 mm，如图 11-125 所示。

步骤 02 执行【文件】/【导入】菜单命令，在【打开】面板中选择“平面布置图纸.jpg”文件，如图 11-126 与图 11-127 所示。

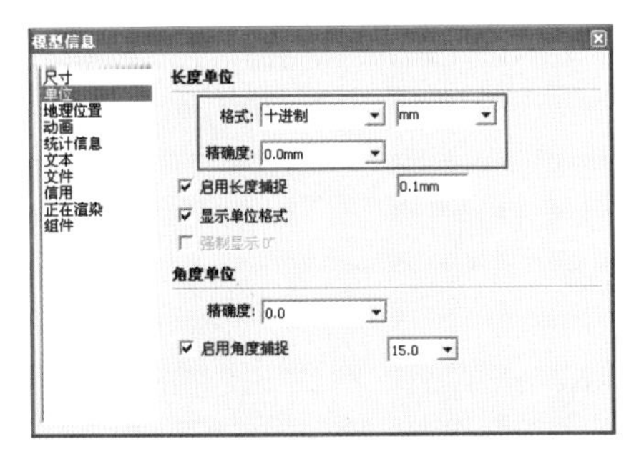

图 11-125　设置场景单位

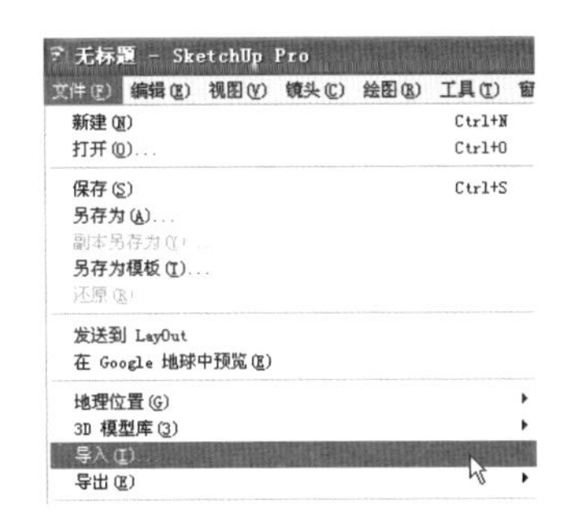

图 11-126　执行【文件】/【导入】

步骤 03 放置好图纸文件后，启用【卷尺】对卧室门进行测量，然后输入 900 并回车重置图纸大小，如图 11-128~图 11-130 所示。

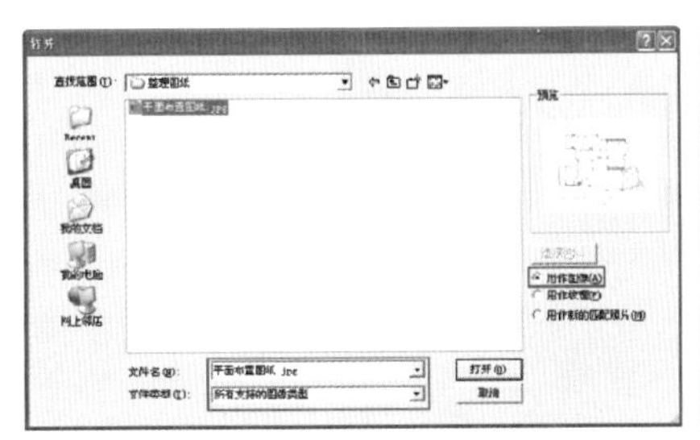

图 11-127　导入平面布置图片

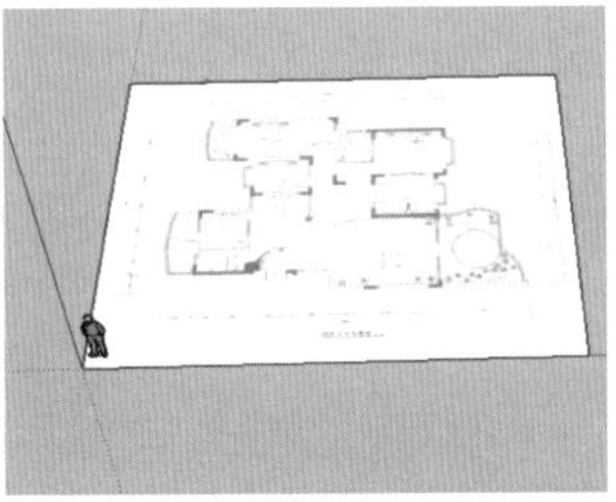

图 11-128　放置底图

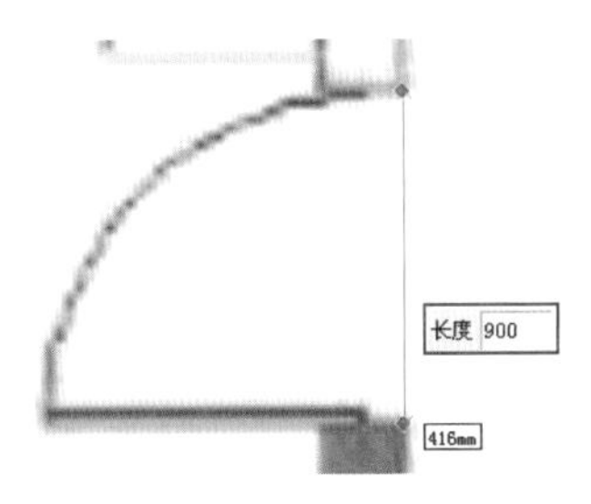

图 11-129　测量并调整卧室门宽度

步骤 04 导入并调整图纸后，接下来将建立客厅与餐厅区域的细节模型，如图 11-131 所示。

图 11-130　确认重置大小

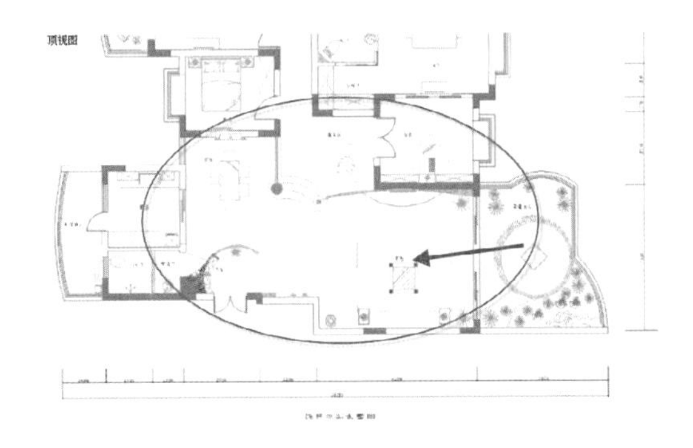

图 11-131　空间细化区域与观察方向

160 建立空间轮廓

文件路径：无　　视频文件：无

放置并调整好平面参考图纸大小后，利用其制作细化空间的轮廓，在制作过程中注意预留门窗线以及辅助平面的使用。

步骤 01 结合使用【线条】与【推/拉】工具，制作出对应空间的外部轮廓，然后将顶面单独创建为【组】，如图 11-132~图 11-134 所示。

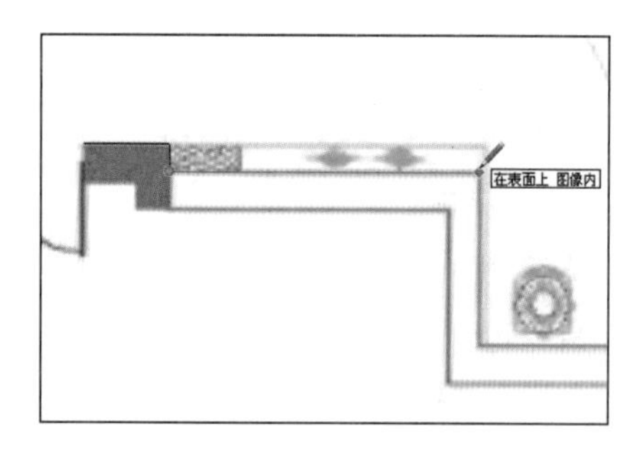

图 11-132　捕捉内侧墙线

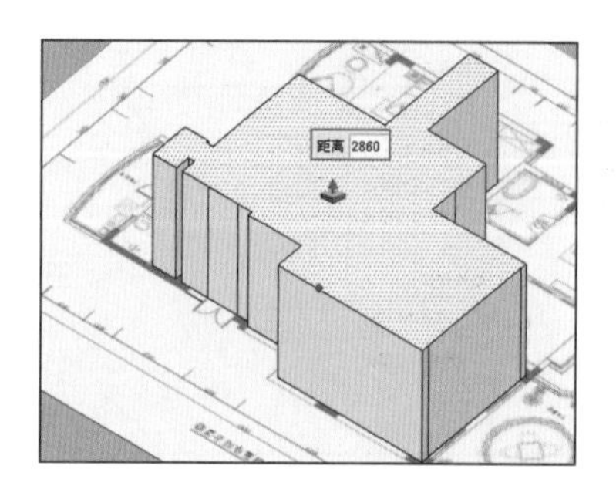

图 11-133　推拉一层空间高度

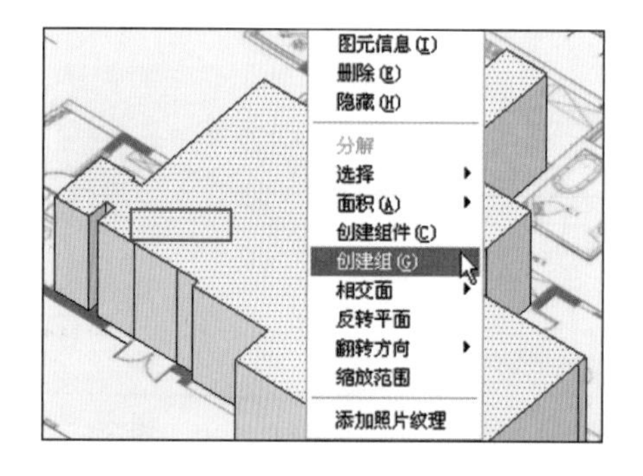

图 11-134　将屋顶单独创建为组

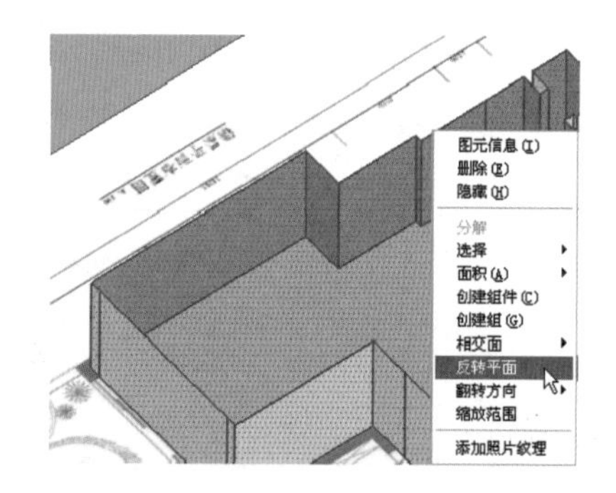

图 11-135　将墙面与地板翻转

步骤 02 隐藏屋顶后，全选墙面与地板进行翻转，然后创建一个参考平面，通过上一节中类似的方法，制作好门洞与窗洞，如图 11-135~图 11-137 所示。

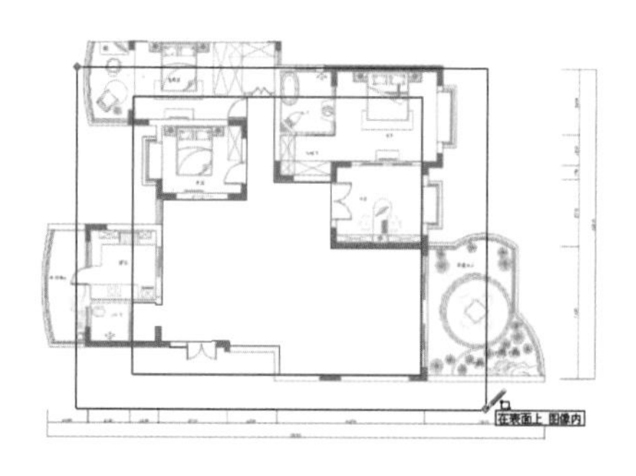

图 11-136　创建参考平面

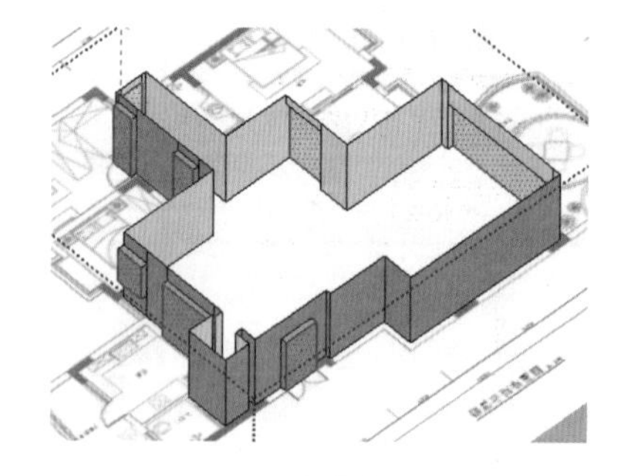

图 11-137　制作好窗洞与门洞

161 细化室内空间

文件路径：无	视频文件：无

制作好空间轮廓后，逐个制作空间的立面细节，并合并入对应的家具配饰，在制作的过程中要注意把握细化的顺序，并根据表现的角度适当删减模型细节，以提高工作效率。

1. 细化玄关

步骤 01 调整视图至入户门处，通过【组件】面板调入子母门模型，并调整好大小，如图 11-138~图 11-140 所示。

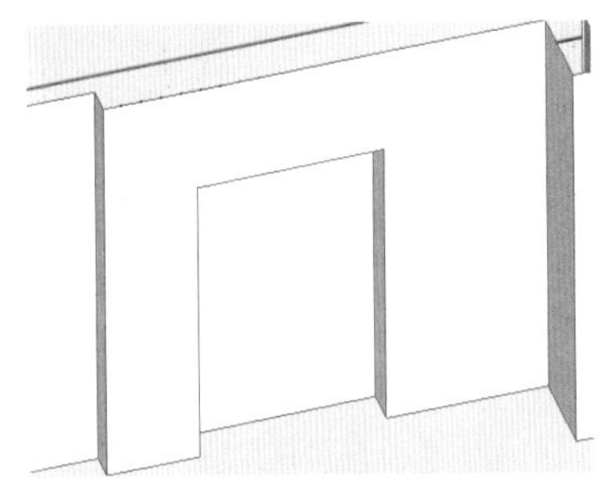

图 11-138　调整视角至门洞

图 11-139　合并子母门组件

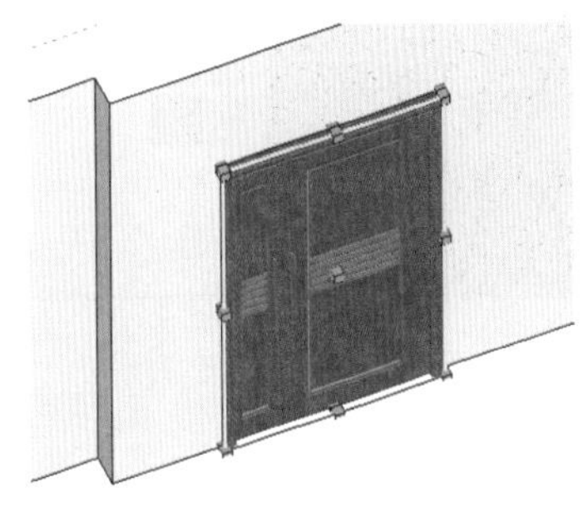

图 11-140　放置子母门组件

步骤 02 参考图纸，结合使用【圆弧】、【线条】以及【推/拉】工具制作好鞋柜轮廓，如图 11-141 与图 11-142 所示。

步骤 03 使用【超级推拉】插件工具制作出鞋柜底部弧形空洞，如图 11-143 所示。

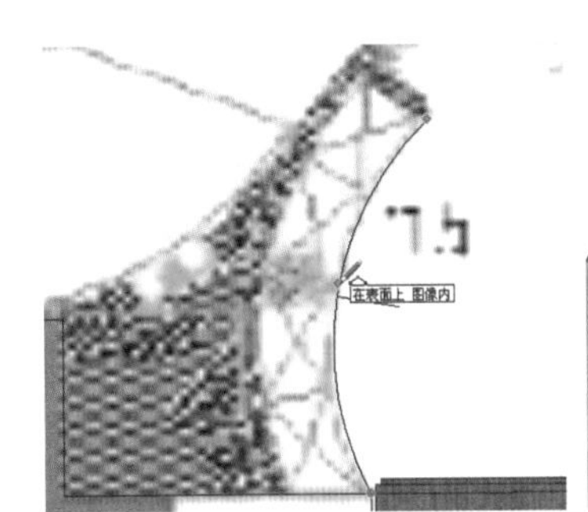

图 11-141　参考图纸绘制弧形

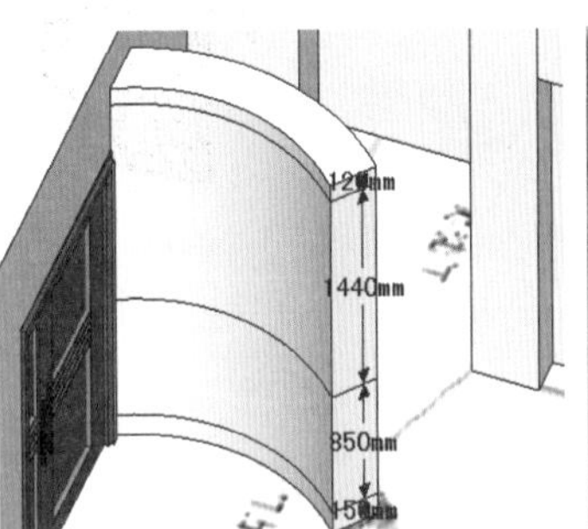

图 11-142　制作鞋柜轮廓

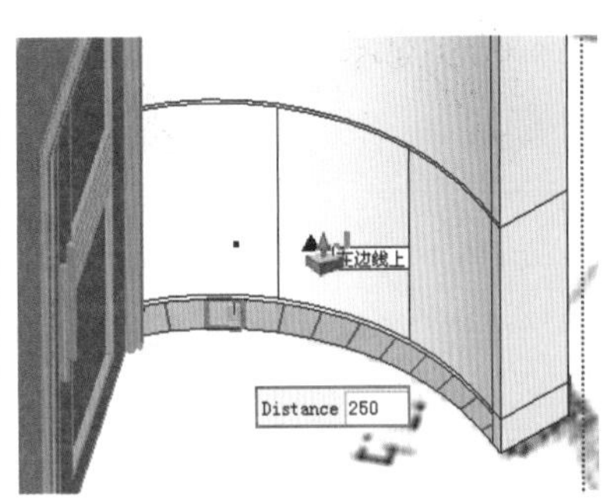

图 11-143　使用超级推拉制作细节

步骤 04 结合使用【曲面分割】与【超级推拉】插件工具，制作出鞋柜细节，如图 11-144~图 11-146 所示。

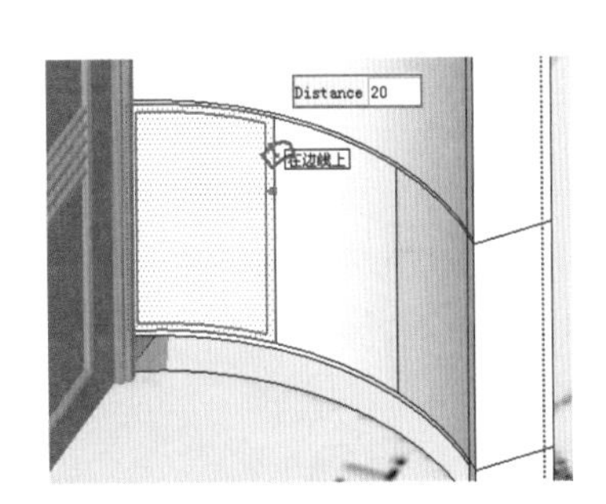

图 11-144 使用曲面分割制作柜门细节

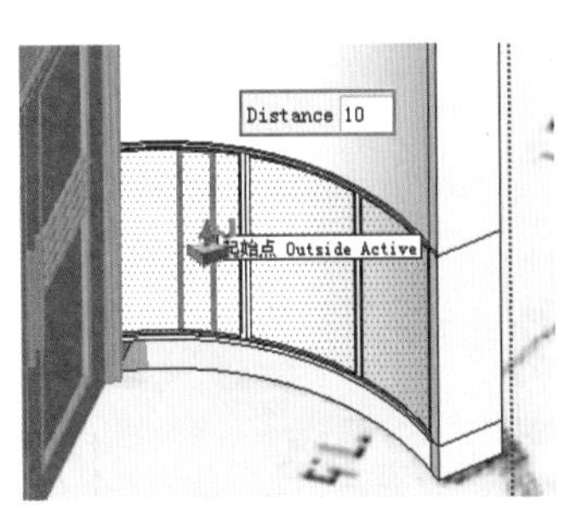

图 11-145 使用超级推拉制作柜门厚度

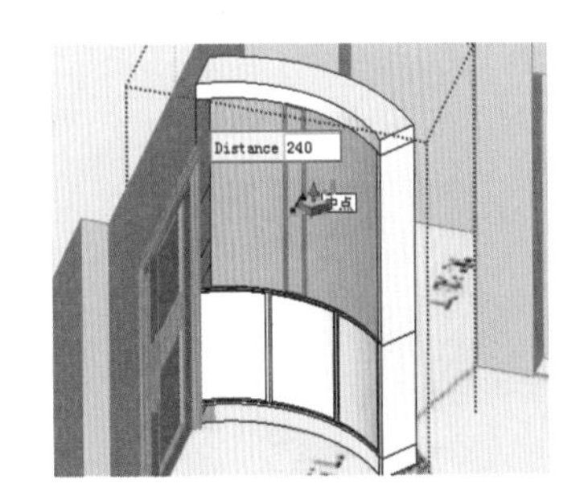

图 11-146　制作上方细节

步骤 05 鞋柜模型制作完成后，打开【使用层颜色材料】面板，赋予“原色樱桃木质纹”材质，如图 11-147 所示。

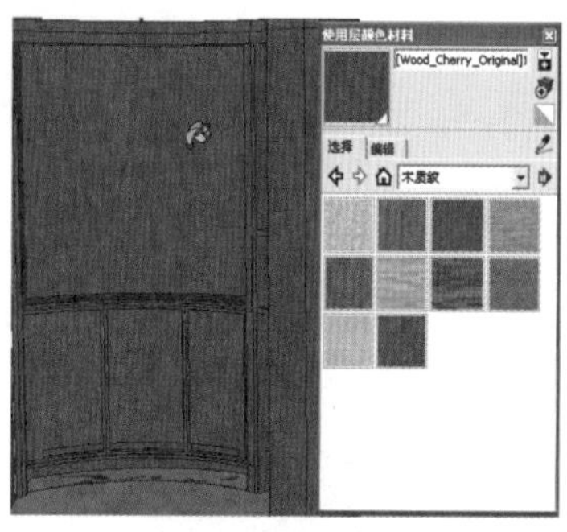

图 11-147　赋予木纹材质

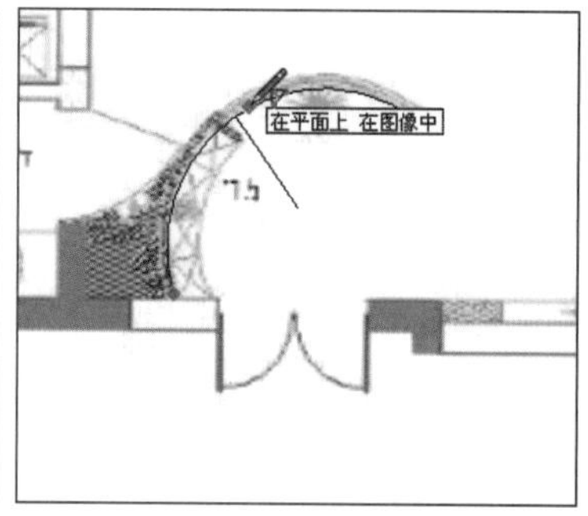

图 11-148　绘制装饰墙弧线

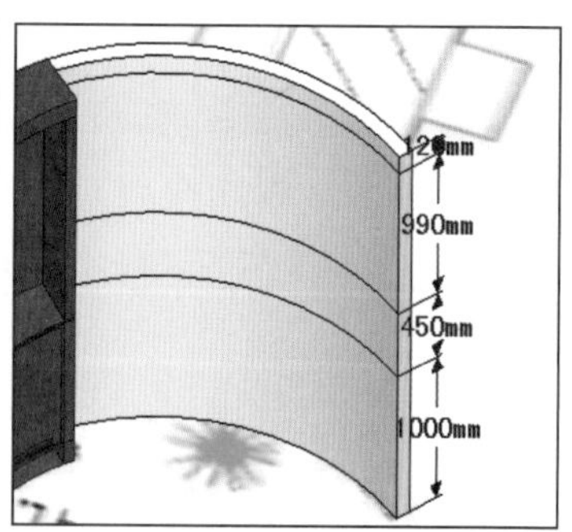

图 11-149　弧形装饰墙轮廓

步骤 06 通过类似的方法，制作后方的装饰墙细节模型，如图 11-148~图 11-150 所示。

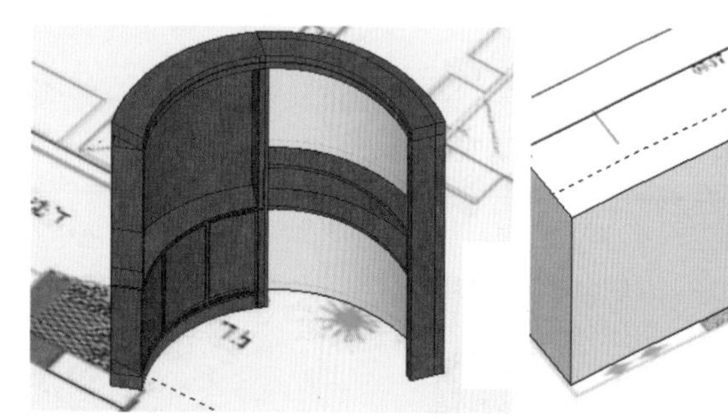

图 11-150　入口鞋柜与装饰墙完效果

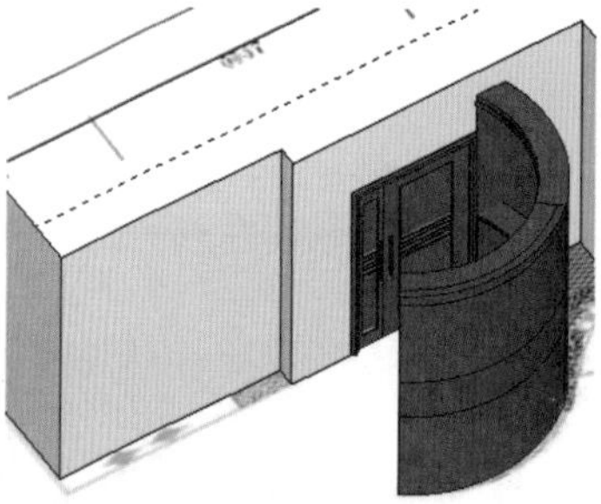

图 11-151　墙面当前效果

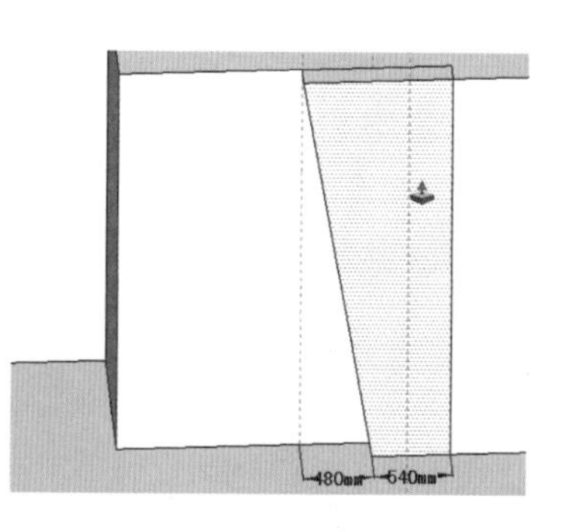

图 11-152　分割并推拉出斜面

2. 细化客厅

步骤 01 结合使用【卷尺】、【线条】以及【推/拉】工具，制作外侧的斜墙造型，如图 11-151 与图 11-152 所示。

步骤 02 结合使用【卷尺】、【线条】以及【推/拉】工具，制作展示柜轮廓，如图 11-153~图 11-155 所示。

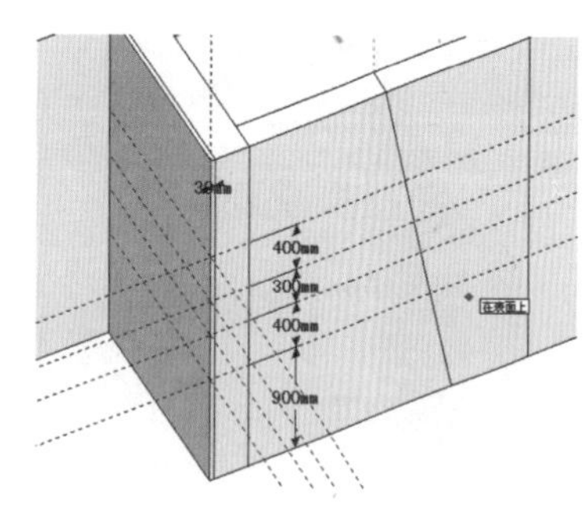

图 11-153　制作展示柜轮廓

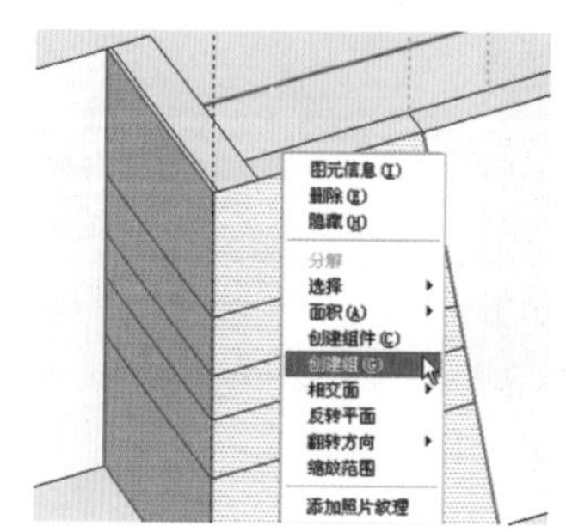

图 11-154　将轮廓单独成组

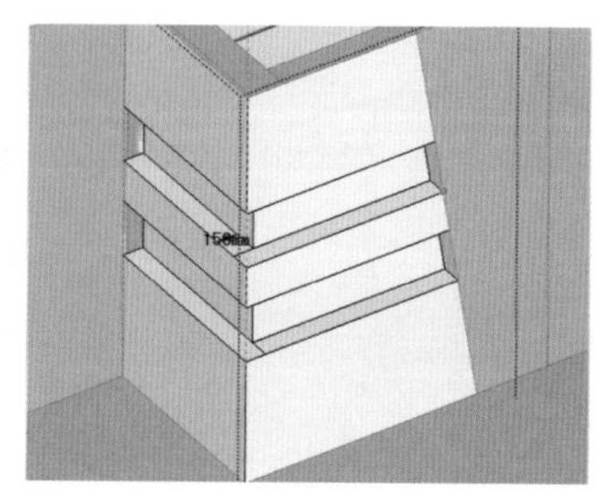

图 11-155　制作中部细节

步骤 03 结合使用【偏移】与【推/拉】工具，制作出 10mm 厚的玻璃效果，如图 11-156~图

11-157 所示。

图 11-156　向内偏移复制 30mm

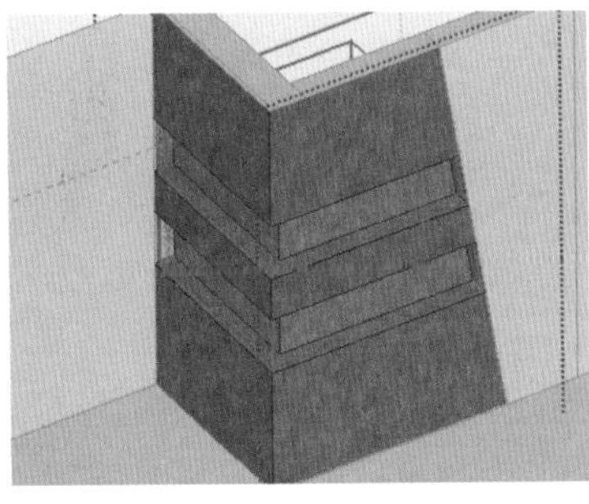

图 11-157　制作玻璃

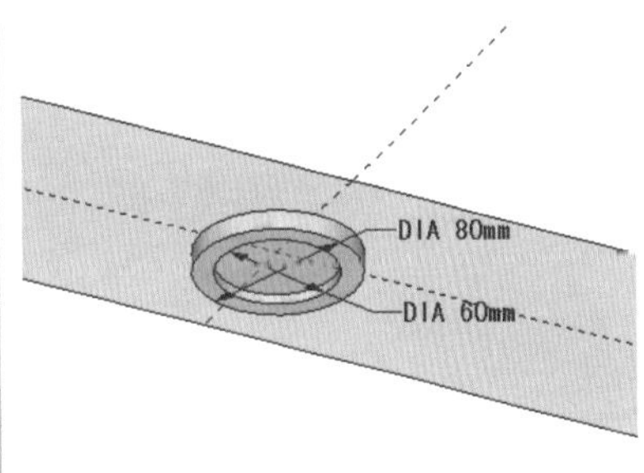

图 11-158　制作筒灯

步骤 04 结合使用【圆】、【偏移】以及【推/拉】工具，制作出筒灯模型，然后复制得到其他位置的筒灯，如图 11-158 与图 11-159 所示。

步骤 05 展示柜制作完成后，打开【使用层颜色材料】面板，为沙发背景墙赋予白色花纹墙纸，如图 11-160 与图 11-161 所示。

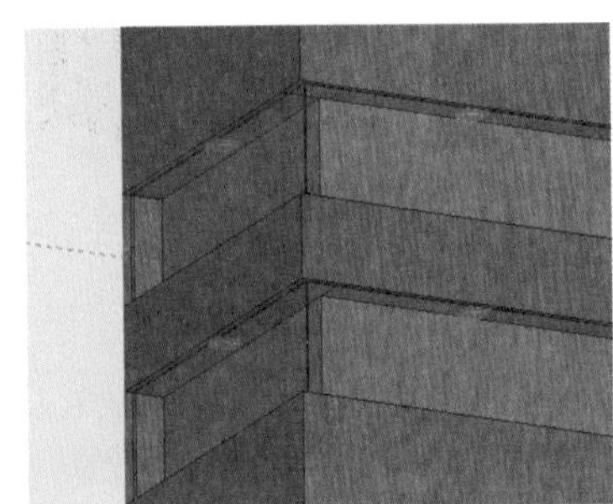

图 11-159　复制筒灯

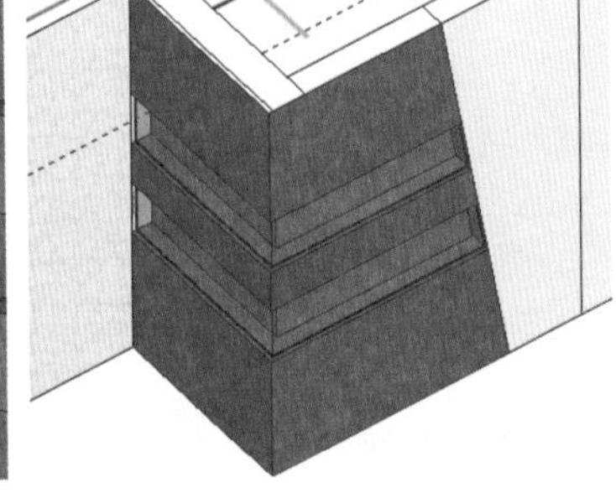

图 11-160　展示柜完成效果

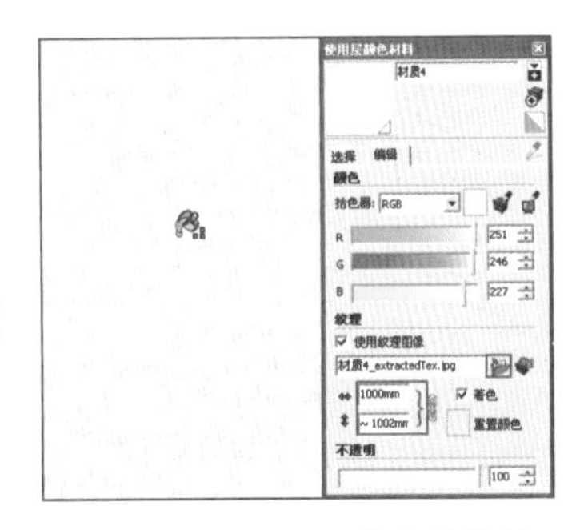

图 11-161　赋予墙面白色花纹墙纸

步骤 06 打开【组件】面板，合并入挂画与推拉门模型，并调整好位置与造型大小，如图 11-162~图 11-164 所示。接下来制作电视背景墙。

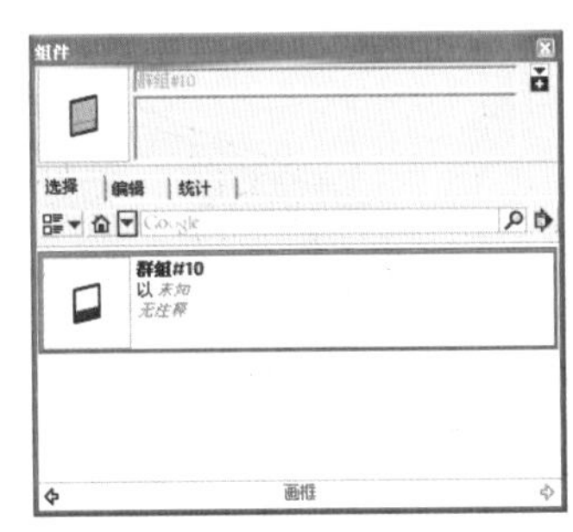

图 11-162　打开组件面板

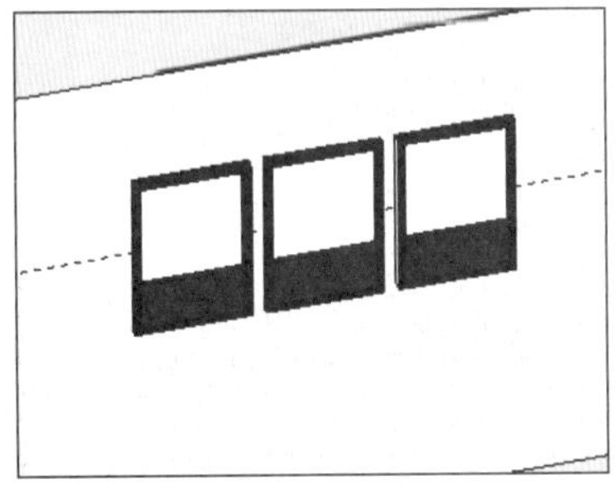

图 11-163　合并装饰挂画

图 11-164　合并推拉门

步骤 07 参考图纸，结合使用【圆弧】与【推/拉】工具制作好背景墙轮廓，如图 11-165 与图 11-166 所示。

步骤 08 切换至【X 射线】模式，启用【线条】工具进行初步分割，如图 11-167 所示。

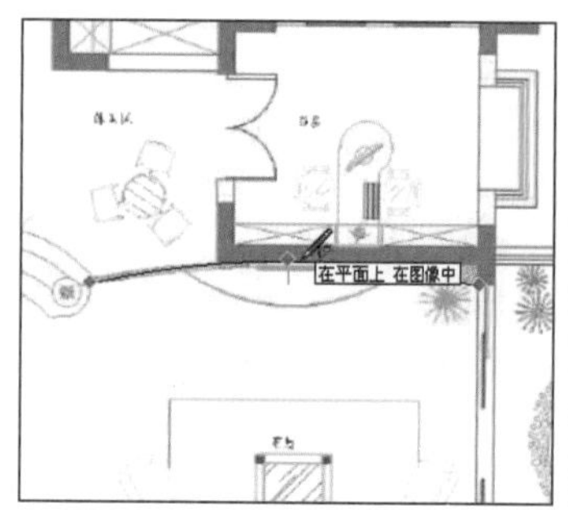

图 11-165　绘制电视墙弧线

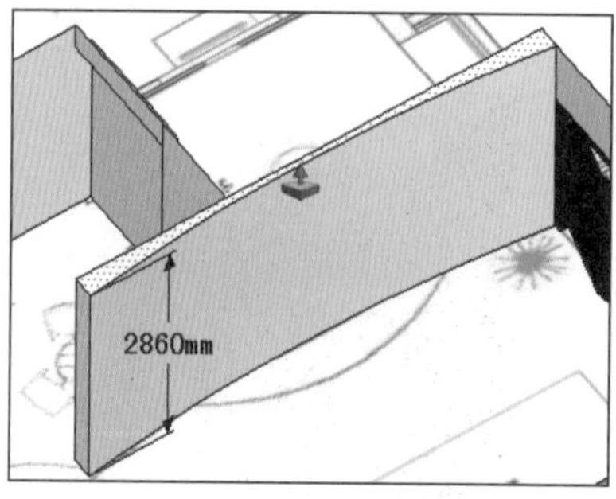

图 11-166　推拉电视墙高度

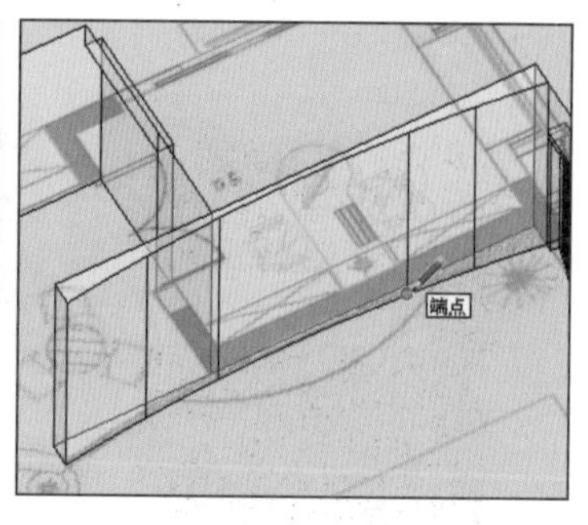

图 11-167　在透明模型下分割墙面

步骤 09 结合使用【曲面分割】与【超级推拉】插件工具，制作出背景墙细节，然后赋予“原色樱桃木质纹”材质，如图 11-168~图 11-170 所示。

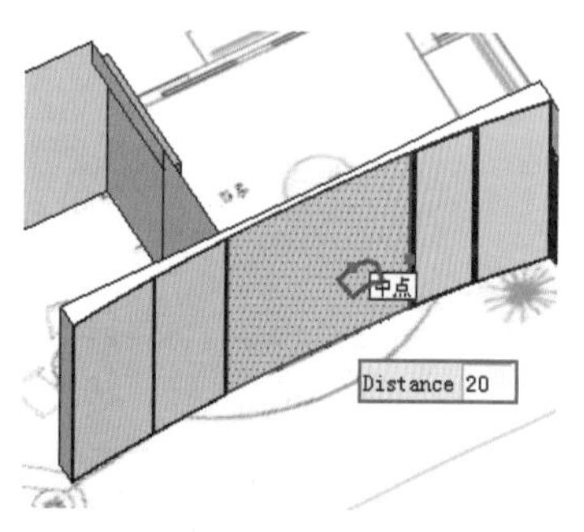

图 11-168　通过曲面分割制作细节

图 11-169　通过超级推拉制作细节

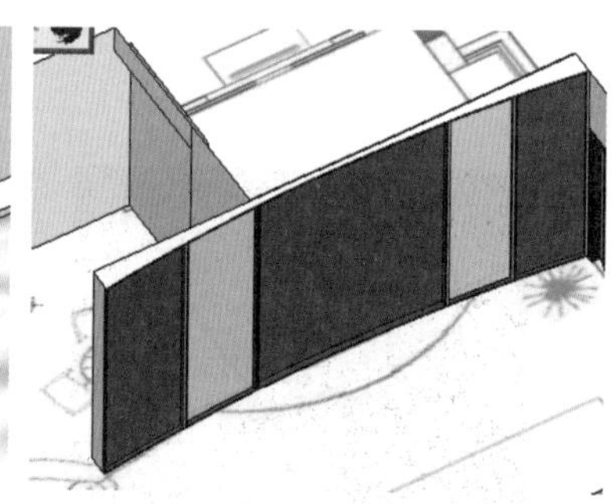

图 11-170　电视墙初步完成效果

步骤 10 使用类似的方法制作出电视墙下方的平台，然后同样赋予“原色樱桃木质纹”材质，完成整体效果的制作，如图 11-171~图 11-173 所示。

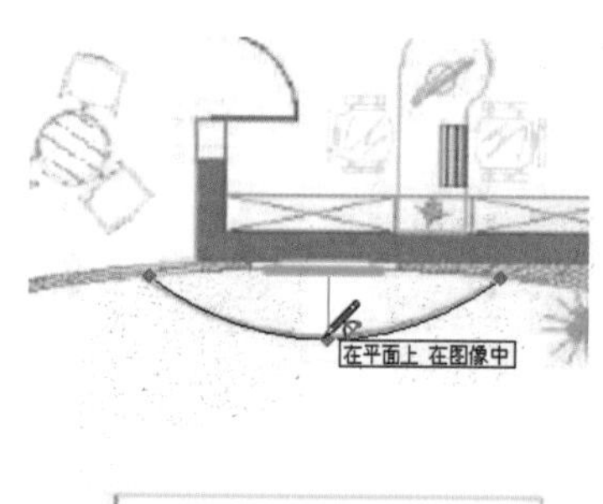

图 11-171　绘制底部平台弧线

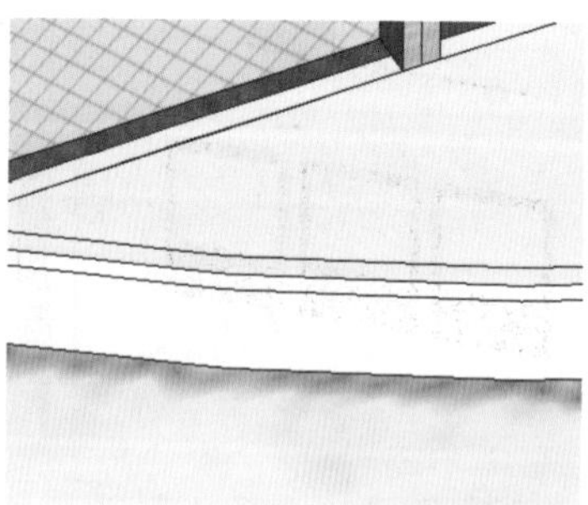

图 11-172　制作平台收边细节

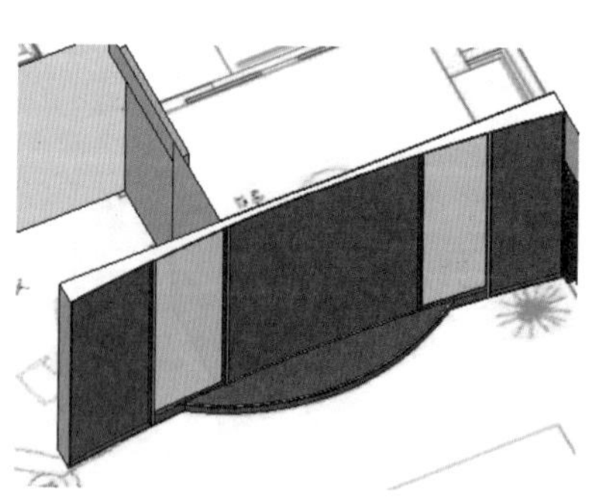

图 11-173　电视墙完成效果

步骤 11 沙发背景墙与电视背景墙制作完成后，通过【组件】面板合并入配套的一些家具与配饰，如图 11-174~图 11-176 所示。

图 11-174　合并电器

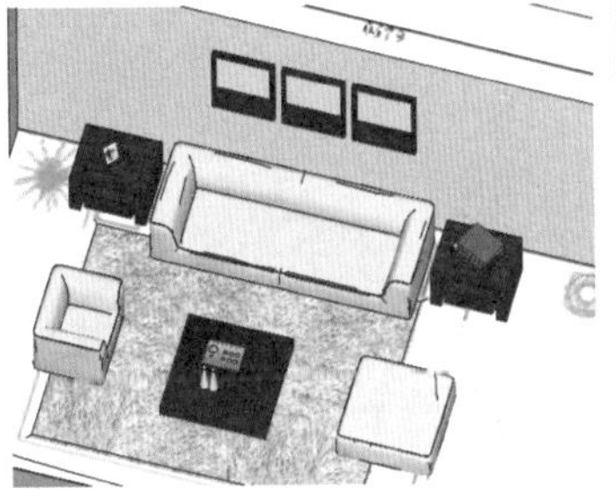

图 11-175　合并客厅沙发等模型

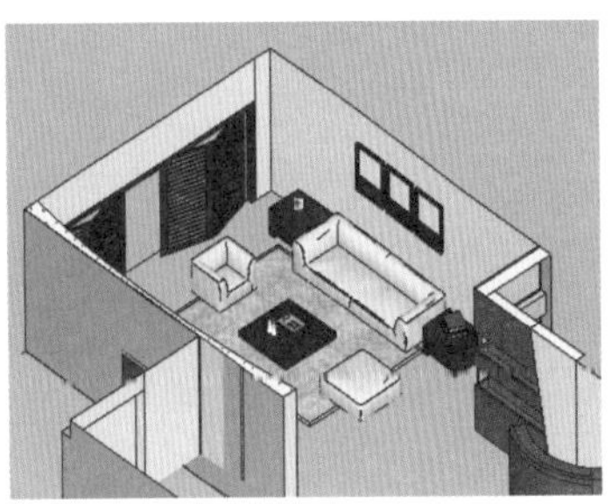

图 11-176　客厅完成效果

3. 细化过道台阶

步骤 01 参考图纸，结合使用【线条】、【圆弧】以及【推/拉】工具，制作出过道抬高平台，如图 11-177 与图 11-178 所示。

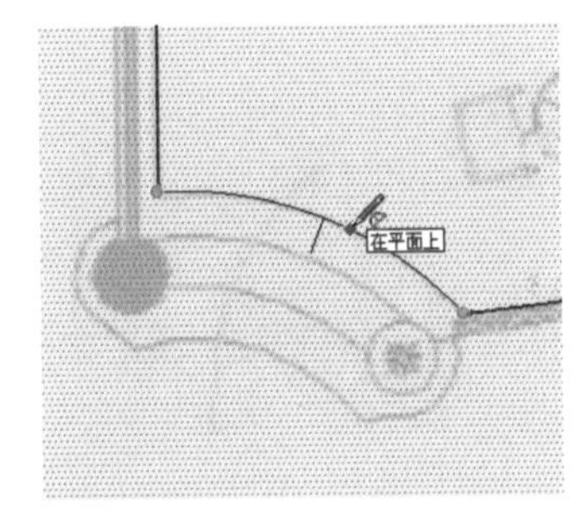

图 11-177　分割过道

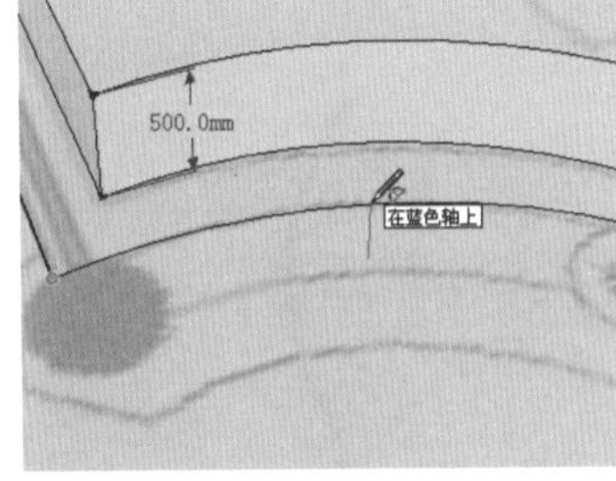

图 11-178　推拉出上升空间

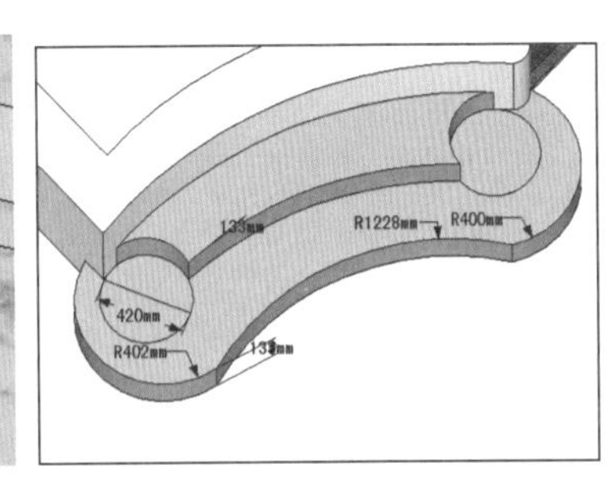

图 11-179　制作台阶轮廓

步骤 02 结合使用【圆】、【圆弧】以及【推/拉】等工具，逐步制作台阶造型细节，如图 11-179 与图 11-180 所示。

步骤 03 结合使用【矩形】以及【推/拉】工具，制作左侧护栏模型，然后合并右侧的花坛模型，如图 11-181~图 11-182 所示。

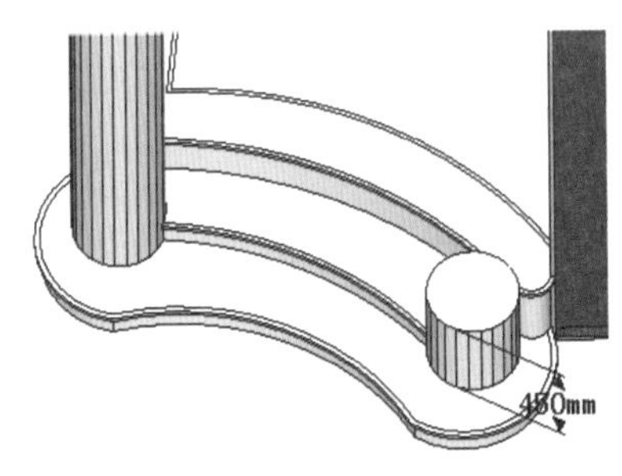

图 11-180　制作台阶细节

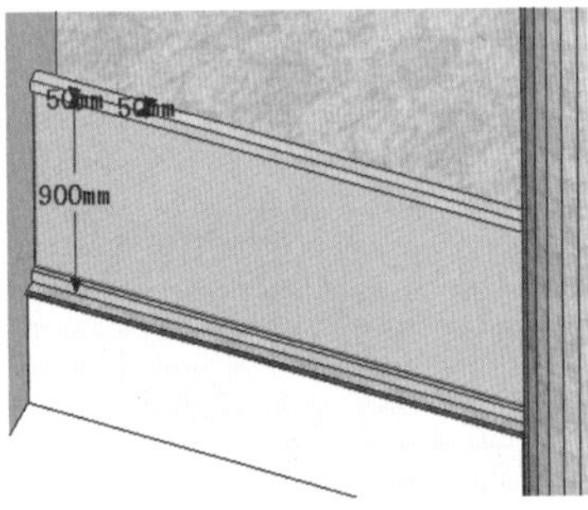

图 11-181　制作左侧玻璃护栏

图 11-182　合并花坛

步骤 04 台阶模型细化完成后，通过【组件】面板合并入厨房推拉门与餐桌，然后赋予客厅与餐厅地面白色大理石材质即可，如图 11-183~图 11-185 所示。

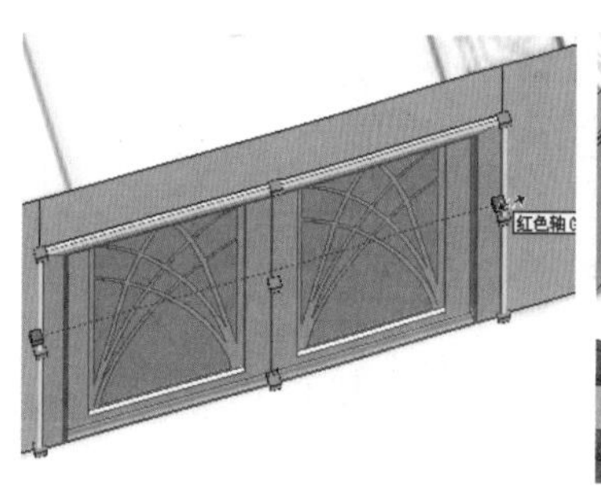

图 11-183　合并卫生间推拉门

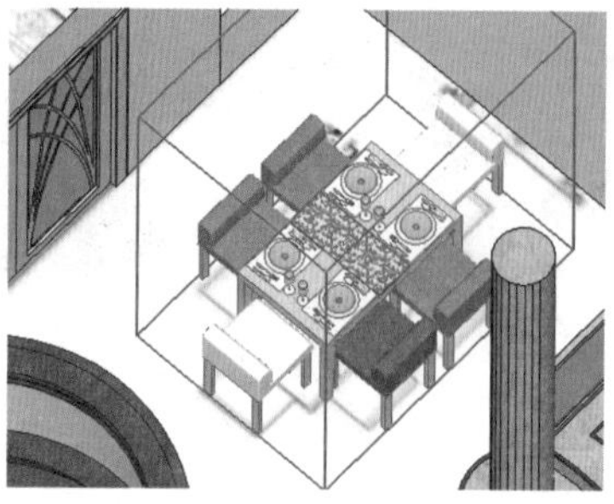

图 11-184　合并餐桌模型

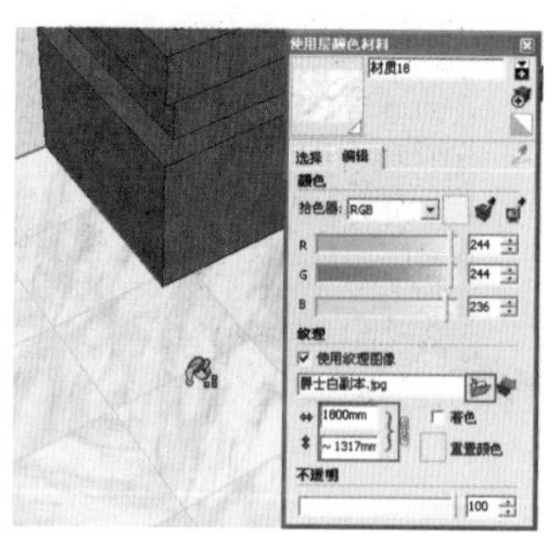

图 11-185　指定材质

162 制作顶棚

文件路径：无　　视频文件：无

空间的立面与配套家具效果完成后，接下来进行顶棚造型的制作，主要有顶棚的凹槽制作与各种灯具模型的布置。

步骤 01 结合使用【卷尺】、【圆弧】以及【推/拉】等工具，制作好客厅的顶棚层级，如图 11-186 与图 11-187 所示。

步骤 02 由于本场景大部分的顶棚高度为 2760，因此对应的整体向下推拉 100mm，如图 11-188 所示。

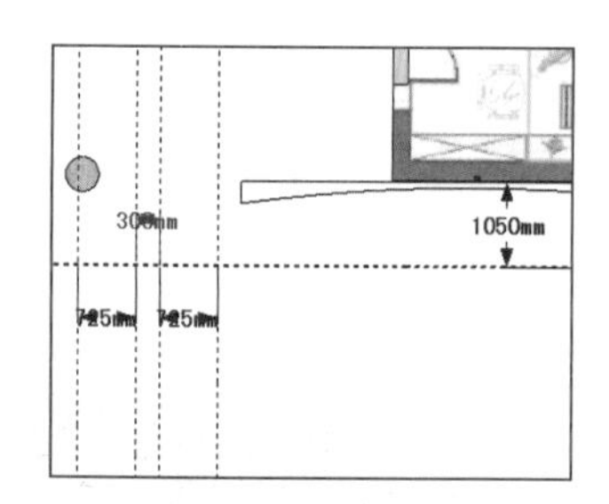

图 11-186　绘制顶棚辅助线

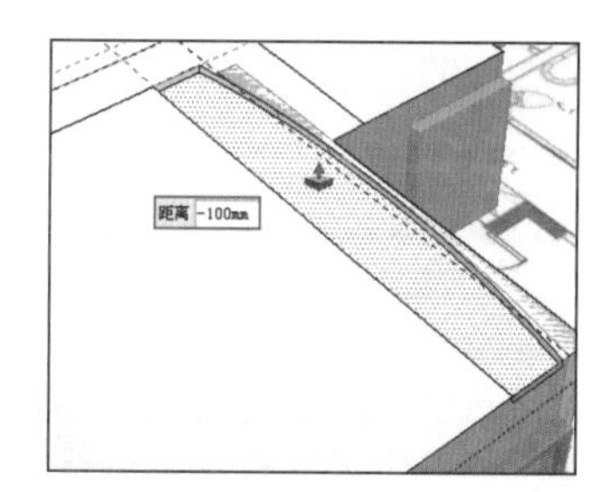

图 11-187　向下推出客厅顶棚层级

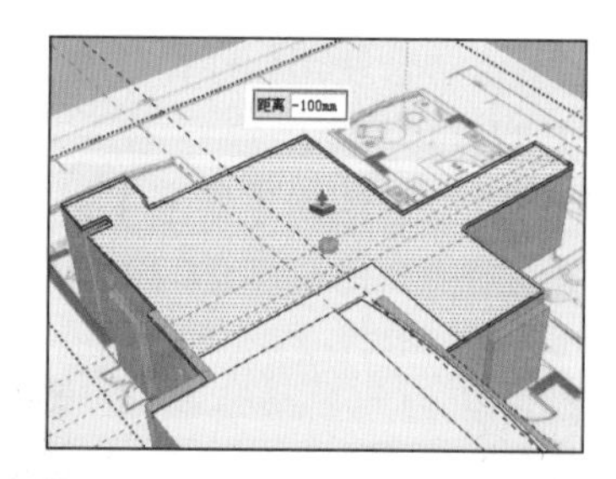

图 11-188　整体向下推拉 100mm

步骤 03 使用类似方法制作好过道以及餐厅处的顶棚层级，如图 11-189 与图 11-191 所示。

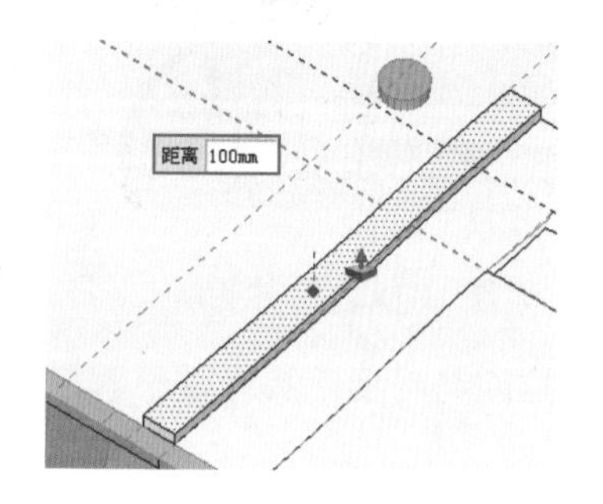

图 11-189　制作出风口凹槽

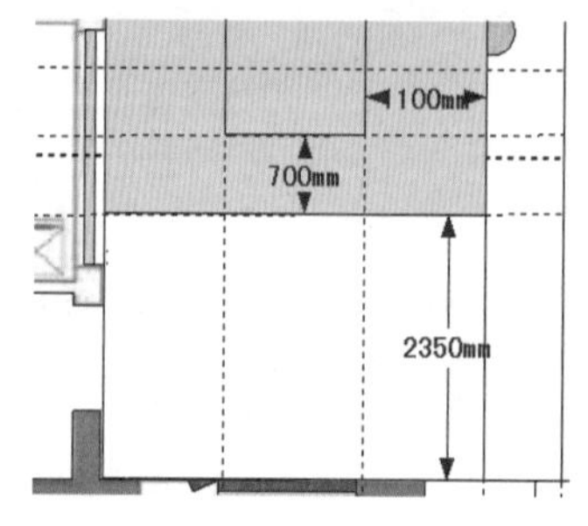

图 11-190　绘制餐厅处顶棚辅助线

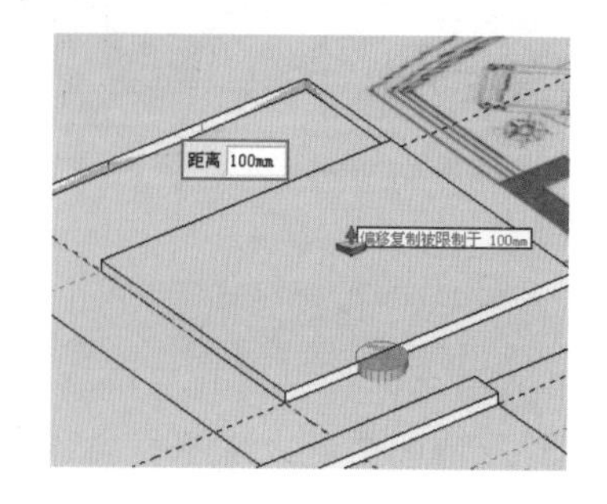

图 11-191　向上拉高 100mm

步骤 04 顶棚层级完成后，通过【组件】面板，制作好各个空间对应的灯具效果，如图 11-192~图 11-194 所示。

图 11-192　合并客厅灯具

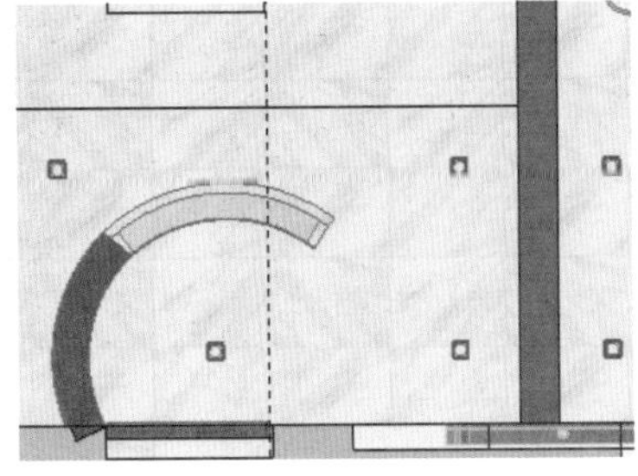

图 11-193　复制过道处筒灯

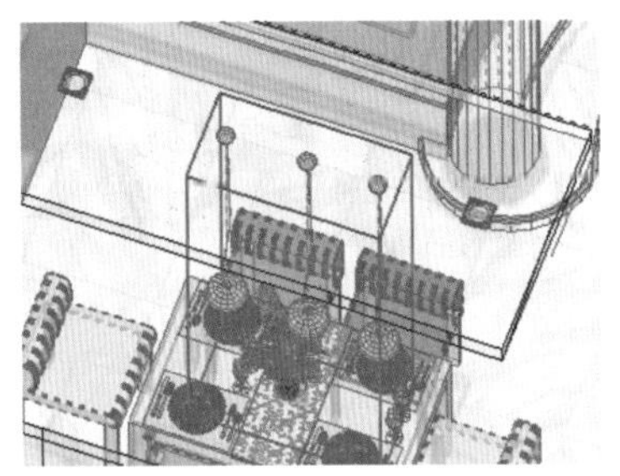

图 11-194　合并餐厅处灯具

163 完成最终效果

文件路径：无　　视频文件：无

空间的顶棚造型与灯具效果完成后，接下来设定观察角度，然后根据具体的观察效果制作相关细节，完成最终效果。

1. 创建观察角度

步骤 01 执行【视图】/【透视图】菜单命令，如图 11-195 所示。

步骤 02 通过视图【平移】与【缩放】，调整到合适的观察角度，如图 11-196 所示。

步骤 03 新建【场景】，保存当前的视图为“客厅视图”，如图 11-197 所示。接下来根据该视图观察效果，制作添加相关细节。

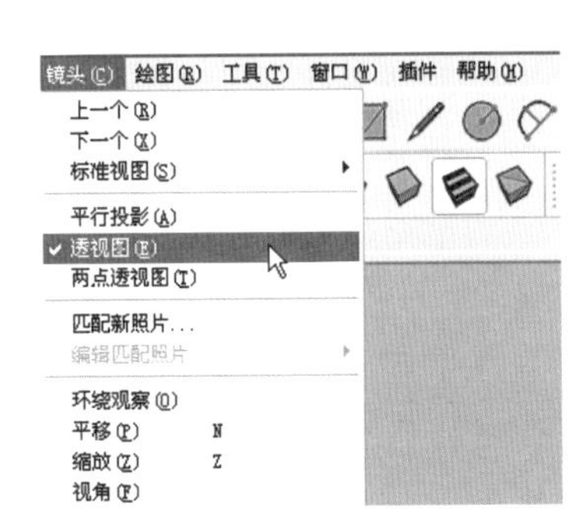

图 11-195　调整为透视显示

图 11-196　调整好观察视角

图 11-197　新建场景保存视角

2. 布置细节装饰

步骤 01 在确定了观察视角后，对观察到的贴图、模型以及结构细节进行补充，如图 11-198~ 图 11-200 所示。

图 11-198　调整贴图效果

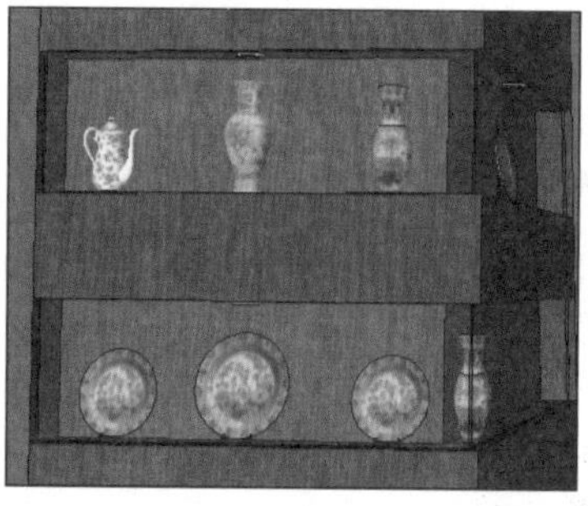
图 11-199　添加装饰模型组件

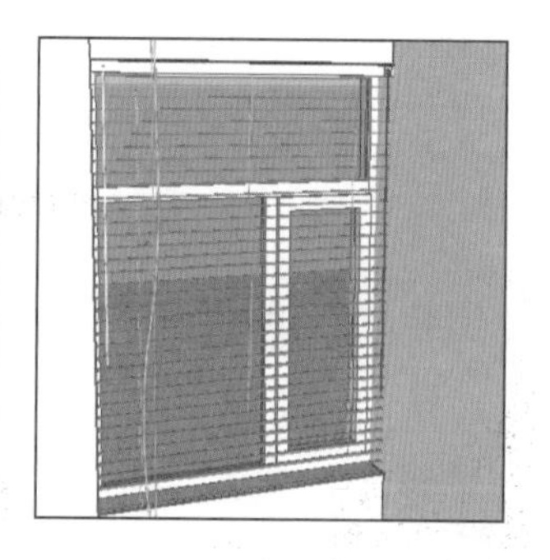
图 11-200　添加可见结构细节

步骤 02 通过以上方法制作好相关的细节效果后，场景的整体效果如图 11-201 所示。

图 11-201　客厅模型完成效果

11.3 SketchUp 方案 VRay 渲染

在本节中将学习使用 VRay 渲染器进行场景渲染的方法，案例的制作流程大致如图 11-202~图 11-205 所示。

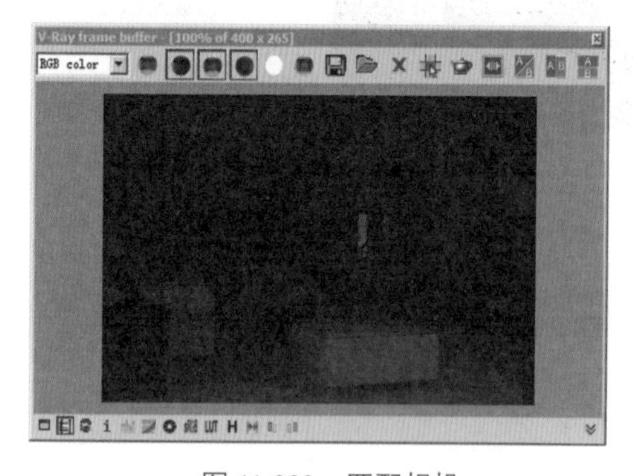

图 11-202　匹配相机

图 11-203　布置场景灯光

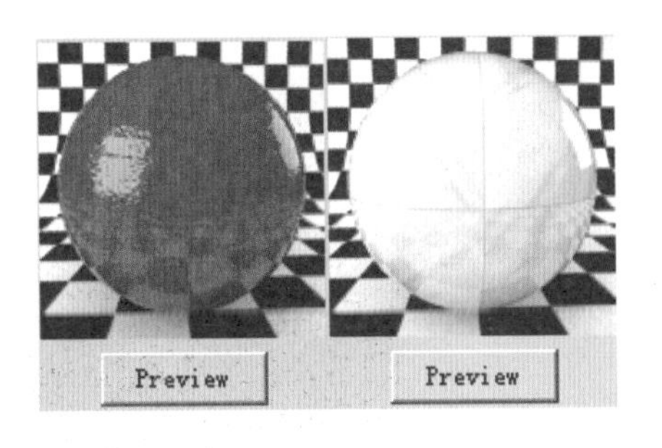

图 11-204　细调材质

图 11-205　最终渲染

164 匹配相机

文件路径：配套光盘\第 11 章\154　　视频文件：无

如果 SketchUp 场景的显示比例不谐调，渲染出的图像构图也不会理想，本例学习调整场景显示，并匹配一个理想图像构图的方法。

步骤 01 打开上一节创建的室内模型，正确加载 VRay 渲染器，单击【渲染】按钮测试当前图像构图，如图 11-206 与图 11-207 所示。

图 11-206　场景打开视角效果

图 11-207　默认视角渲染效果

步骤 02 根据当前测试渲染图像，调整 SketchUp 的界面，如图 11-208 所示。

步骤 03 进入 VRay【渲染参数设置】面板，在 Output【输出】卷展栏取消 Override ViewPort【覆盖视图】复选框的勾选，如图 11-209 所示。

步骤 04 再次进行测试渲染，可以看到调整后的图像构图比较理想，如图 11-210 所示。

图 11-208　调整 SketchUp 窗口

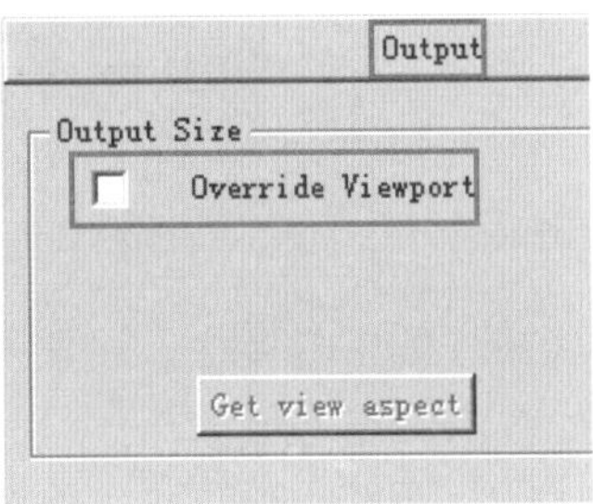

图 11-209　取消覆盖视图

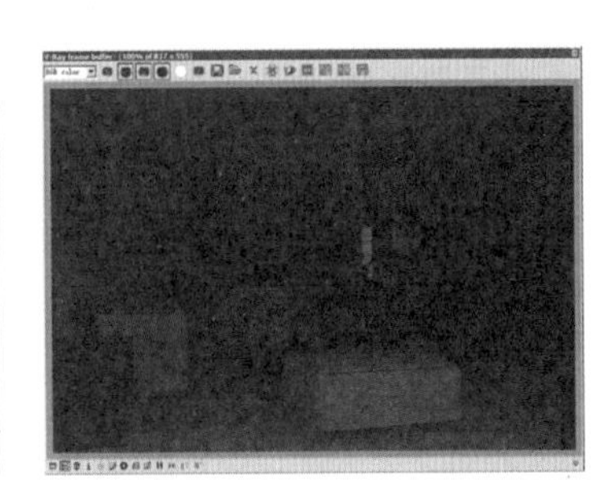

图 11-210　测试渲染效果

步骤 05 参考渲染窗口显示的像素，在 Output【输出】卷展栏中设定同样的数值，锁定比例后再设置好较小的测试渲染图像尺寸，如图 11-211 与图 11-212 所示。

步骤 06 设置好测试渲染图像尺寸后，再次渲染以确定调整效果，如图 11-213 所示。

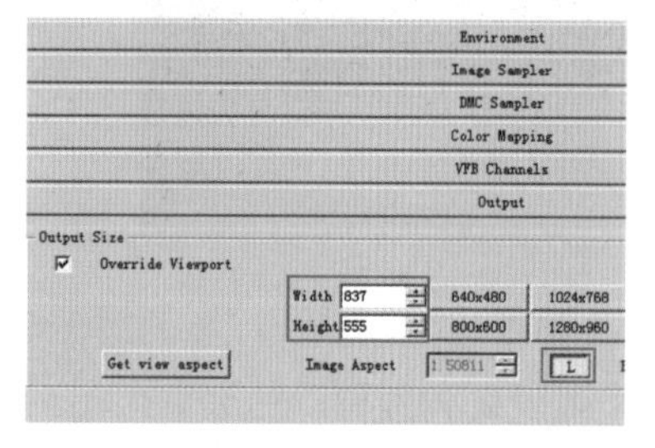

图 11-211　输入视图数值并锁定比例

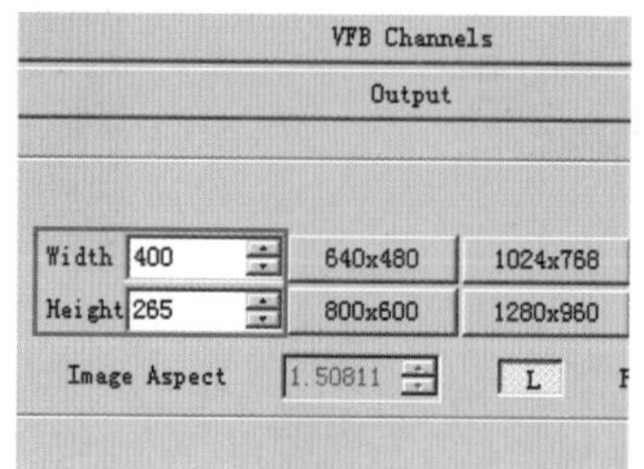

图 11-212　调整测试渲染比例

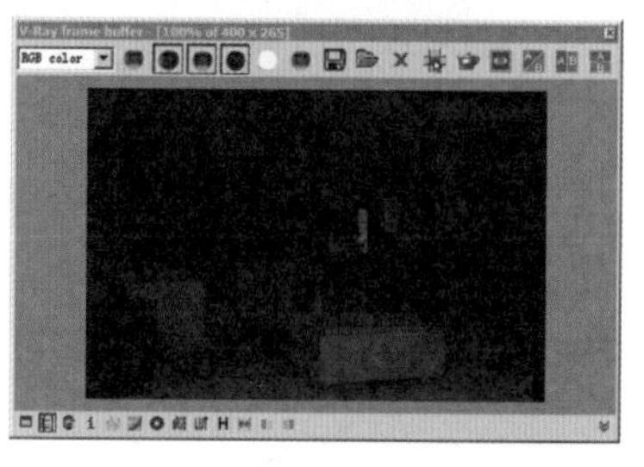

图 11-213　测试渲染效果

提 示

直接单击 Output【输出】卷展栏中的 Get view aspect【获取视图纵横比】按钮，可以快速获得视图像素大小。

165 布置场景灯光

文件路径：无　　视频文件：无

匹配好相机，并设置好测试渲染尺寸后，接下来即可布置场景灯光。

1. 设置测试渲染参数

步骤 01 为了快速得到灯光的测试渲染效果，进入【渲染参数】设置面板，设置测试渲染参数，首先进入 Global Switches【全局开关】卷展栏，设置参数如图 11-214 所示。

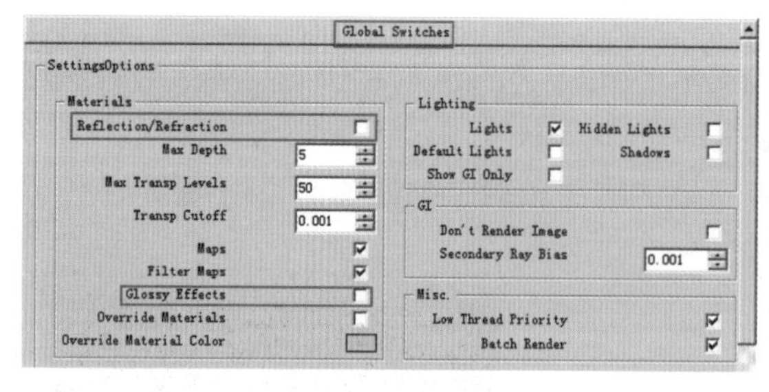

图 11-214　设置全局开关卷展栏参数

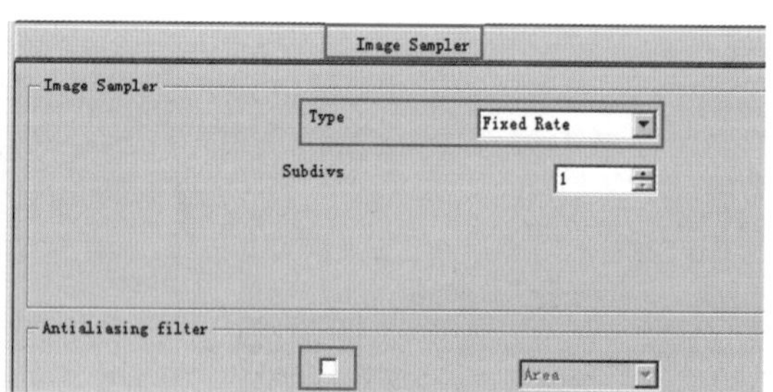

图 11-215　设置图像采样器卷展栏参数

步骤 02 进入 Image Sampler【图像采样器】卷展栏，设置图像采样器为 Fixed Rate【固定比率】，然后取消抗锯齿过滤器，如图 11-215 所示。

步骤 03 进入 Indirect Illumination【间接照明】卷展栏，设置参数如图 11-216 所示。

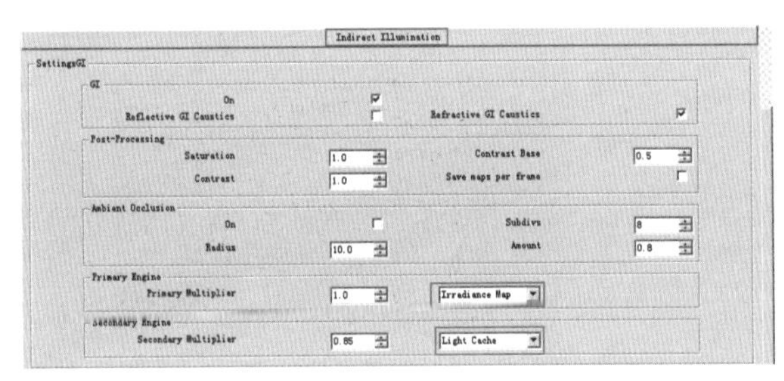

图 11-216　设置间接照明卷展栏参数

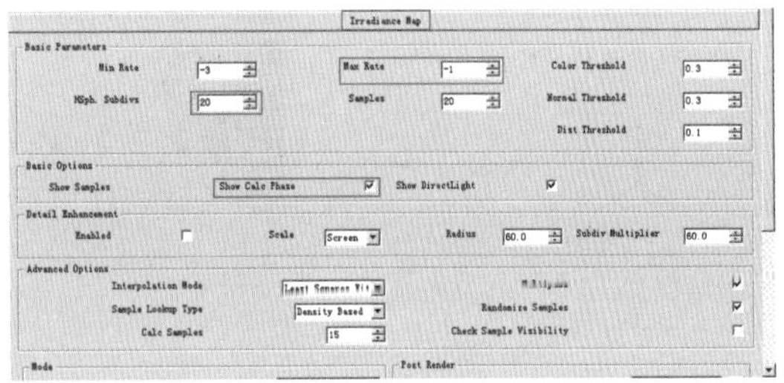

图 11-217　设置发光贴图卷展栏参数

步骤 04 逐步进入 Irradiance【发光贴图】与 Light Cache【灯光缓冲】卷展栏，设置参数如图 11-217 与图 11-218 所示。接下来进行灯光的布置。

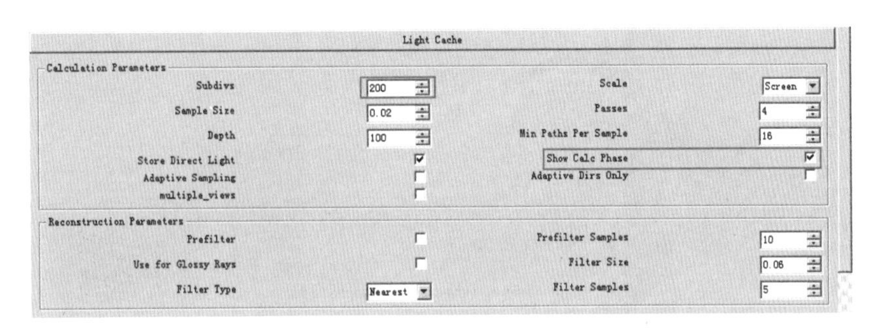

图 11-218　设置灯光缓冲卷展栏参数

2. 关联 SketchUp 阴影与 VRay 阳光

步骤 01 进入【阴影设置】面板，参考视图调整场景的显示光影，然后单击【渲染】按钮进行效果的测试，如图 11-219~图 11-221 所示。

图 11-219　参考视图调整阴影

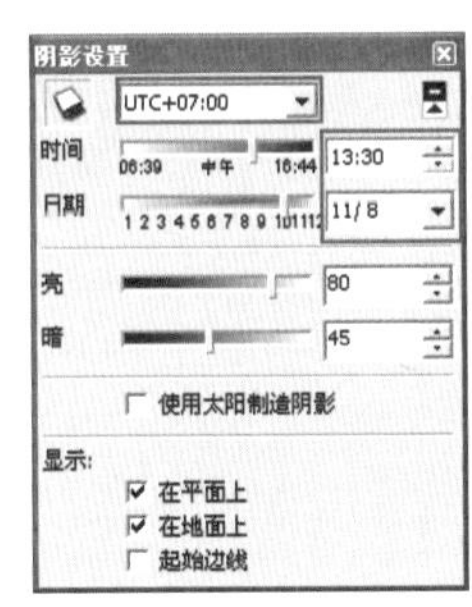

图 11-220　调整阴影设置参数

图 11-221　测试渲染效果

步骤 02 观察渲染结果，可以发现阳光在场景中产生了理想的投影效果，但光线的亮度过强，接下来通过关联 VRaysun【VRay 阳光】调整亮度。

步骤 03 进入 Environment【环境】卷展栏，单击 GI Color【全局光色彩】后的 M 按钮，选择【Texsky】贴图并调整其 Intensity【强度】数值为 0.3，如图 11-222 和图 11-223 所示。

步骤 04 单击【渲染】按钮，进行测试渲染，可以看到阳光的强度弱化了一些，如图 11-224 所示。接下来进行室外环境光的制作。

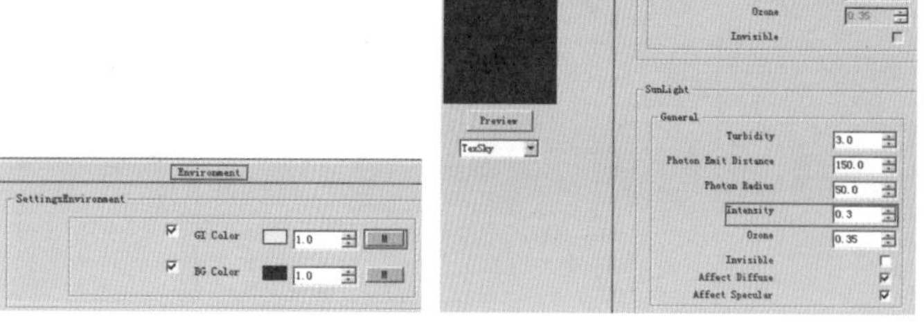

图 11-222 单击进全局光贴图通道　　图 11-223 调整 VRaysun 强度

图 11-224 调整后的测试渲染效果

3. 布置室外环境光

步骤 01 将视图切换至【右视图】，并调整为【平行投影】显示，如图 11-225 所示。

步骤 02 单击【VRay 矩形灯光】创建按钮，参考门洞大小创建一片矩形光源，如图 11-226 所示。

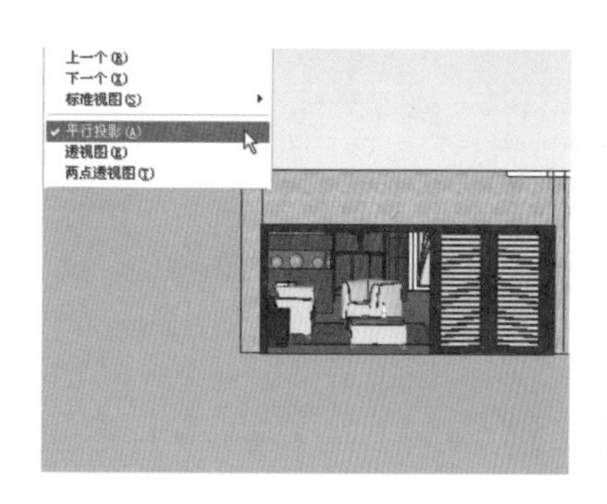

图 11-225 调整右视图

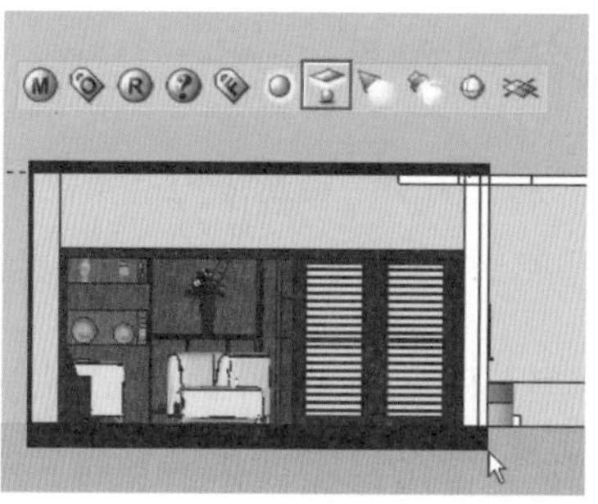

图 11-226 创建 VRay 矩形灯光

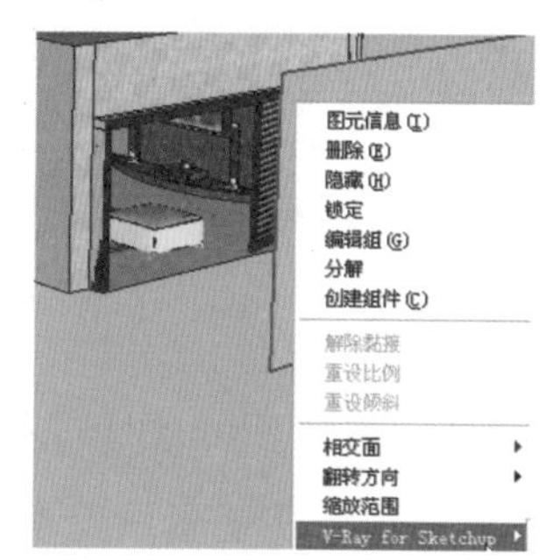

图 11-227 右键进入灯光设置面板

步骤 03 调整好灯光位置后，选择灯光，通过鼠标右键快捷菜单，进入 Light Editor【灯光编辑】面板，设置好灯光颜色与亮度，如图 11-227 与图 11-228 所示。

步骤 04 为了避免创建的光源对室外阳光投影产生影响，进入【图元信息】面板取消【投影】复选框勾选，如图 11-229 所示。

步骤 05 单击【渲染】按钮进行测试渲染，效果如图 11-230 所示。接下来布置客厅灯光。

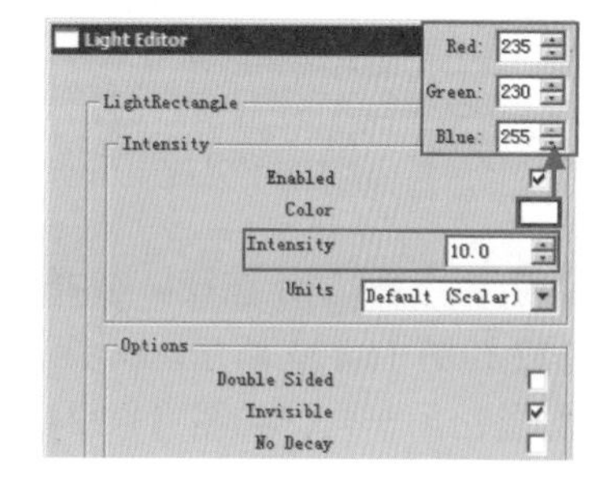

图 11-228 调整灯光颜色与强度

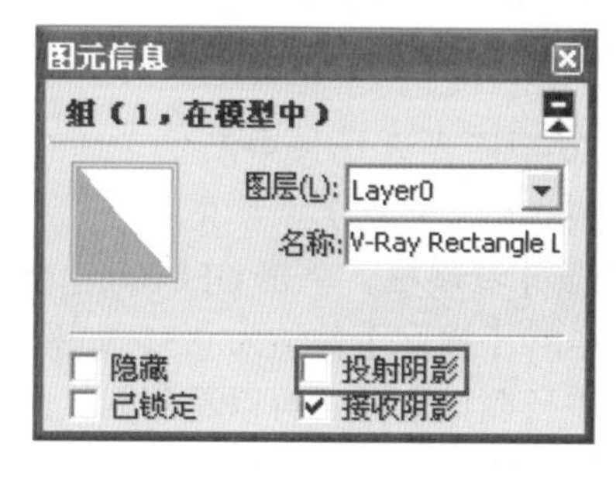

图 11-229 取消光源投射阴影

图 11-230 测试渲染结果

4. 布置客厅灯光

步骤 01 将视图切换至【俯视图】，并调整为【线框显示】，然后在吊灯位置创建一盏【VRay 矩形灯光】，如图 11-231 所示。

步骤 02 在【前视图】中调整好灯光高度，然后进入【灯光编辑】面板，设置好颜色与强度，如图 11-232 与图 11-233 所示。

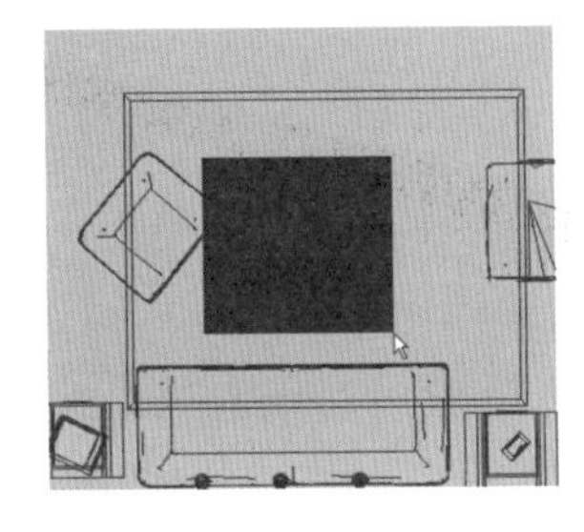

图 11-231　创建矩形灯光

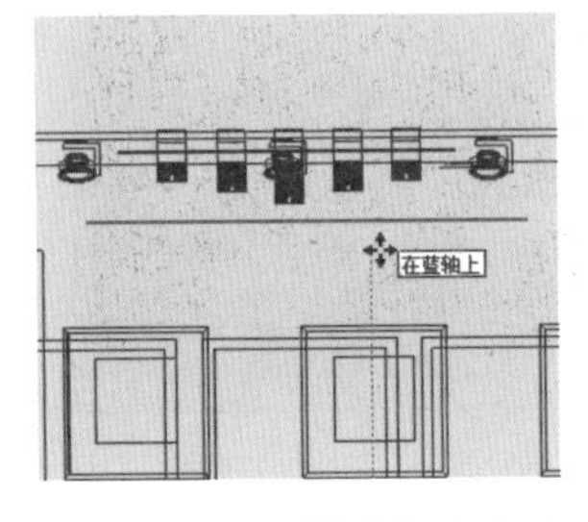

图 11-232　调整灯光高度

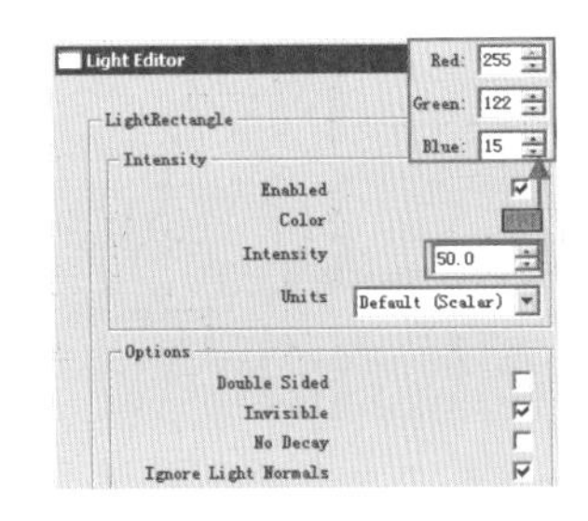

图 11-233　设置灯光参数

步骤 03 返回匹配好的视图进行测试渲染，渲染效果如图 11-234 所示。接下来进行筒灯的布置。

步骤 04 切换至【右视图】，单击【VRay IES】灯光创建，在灯具附近创建一盏灯光，然后进入【俯视图】调整好灯光位置，如图 11-235 与图 11-236 所示。

图 11-234　测试渲染结果

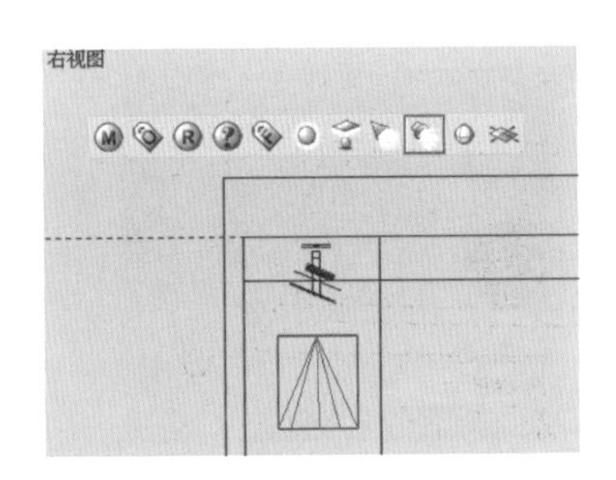

图 11-235　创建筒灯

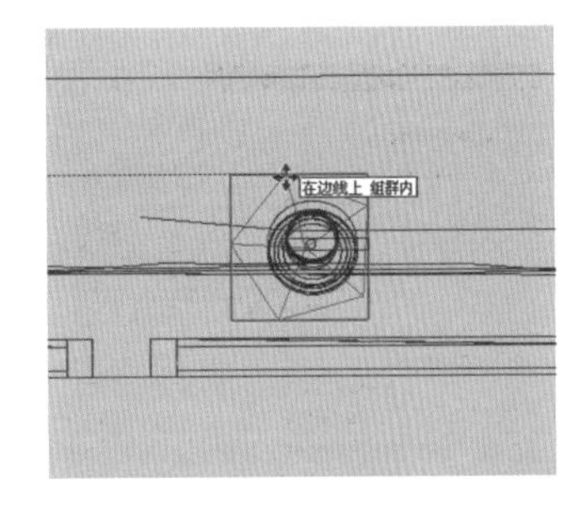

图 11-236　在顶视中调整位置

步骤 05 进入【灯光编辑】面板，加载光域网文件，再设置灯光颜色与强度，如图 11-237 所示。

步骤 06 复制调整好的 IES 灯光至另外两盏灯具处，然后返回匹配视图进行测试渲染，如图 11-238 与图 11-239 所示。

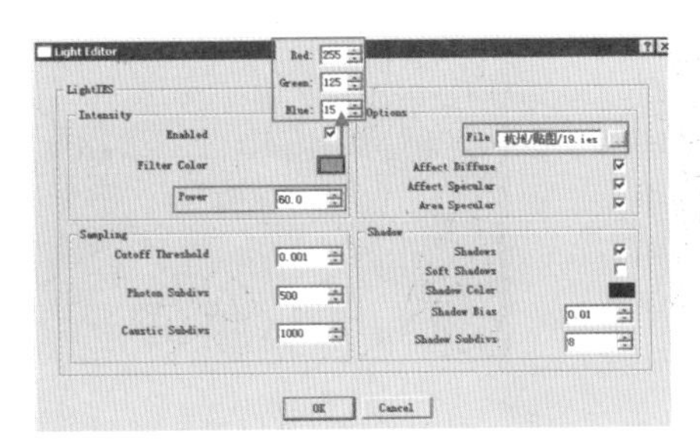

图 11-237　筒灯参数设置

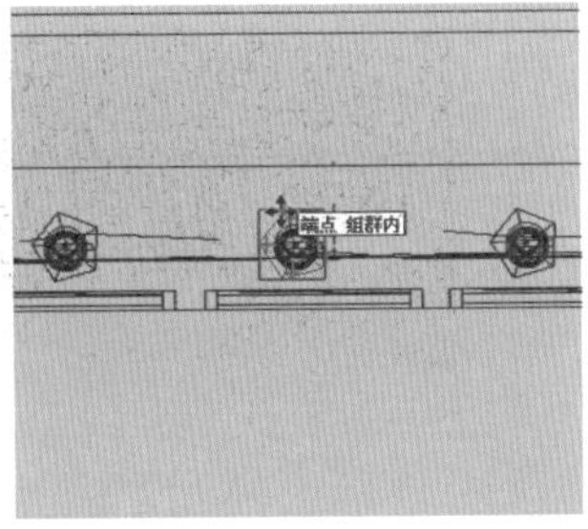

图 11-238　复制左侧筒灯

图 11-239　测试渲染结果

步骤07 通过测试渲染，确定 IES 灯光产生的效果，再进入【俯视图】，复制出客厅其他位置的灯光，如图 11-240 所示。

步骤08 复制完成后返回匹配视图进行测试渲染，渲染结果如图 11-241 所示。接下来进行餐厅灯光的制作。

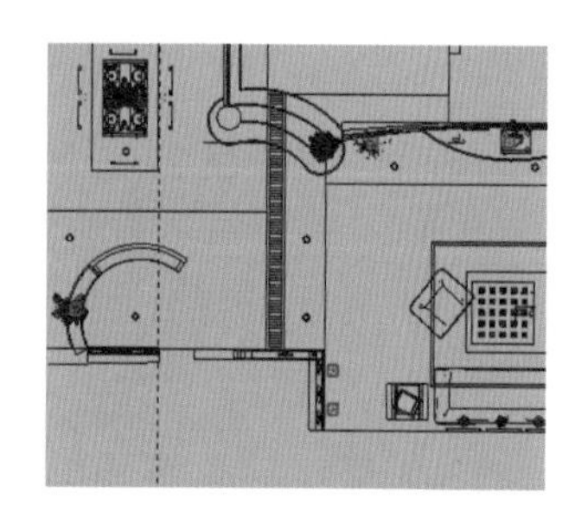

图 11-240　复制筒灯

图 11-241　测试渲染结果

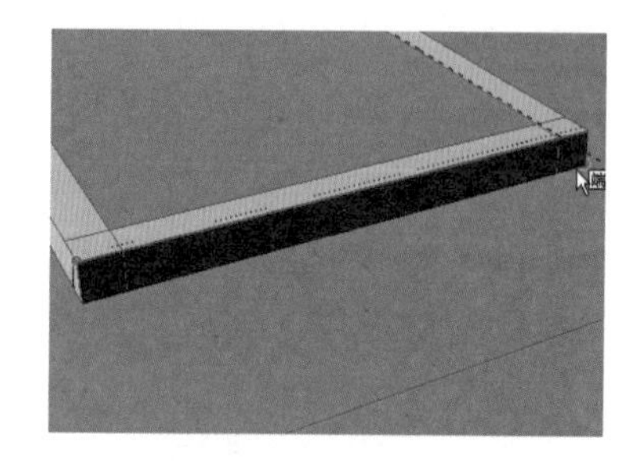

图 11-242　创建灯带

5．布置餐厅灯光

步骤01 在【透视图】中调整至餐厅灯槽位置，捕捉边界创建【VRay 矩形灯光】，如图 11-242 所示。

步骤02 设置灯光颜色与强度，然后旋转出一定的角度，如图 11-243 与图 11-244 所示。

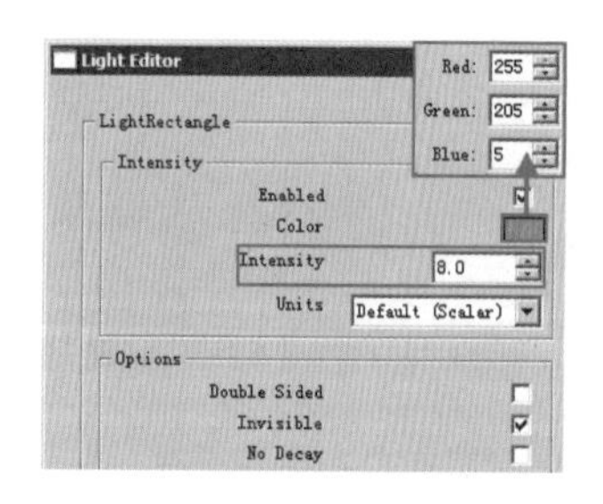

图 11-243　餐厅灯带参数设置

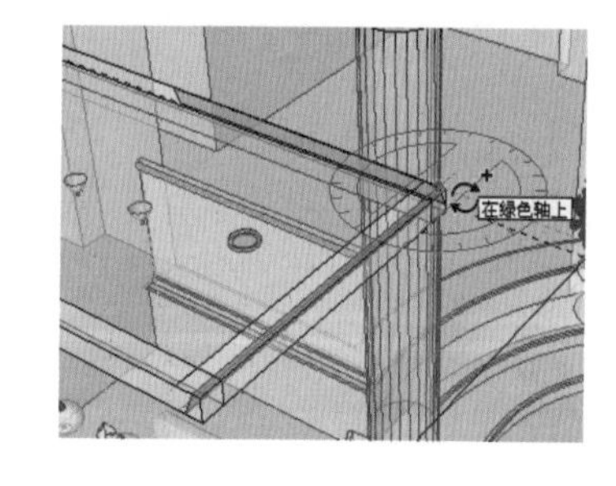

图 11-244　旋转灯带

图 11-245　复制灯带

步骤03 通过旋转复制，制作另外两侧灯光，然后通过缩放，调整灯光长度，如图 11-245 与图 11-246 所示。

步骤04 返回匹配视图进行测试渲染，渲染结果如图 11-247 所示。

图 11-246　餐厅灯槽完成效果

图 11-247　测试渲染效果

图 11-248　复制餐厅筒灯

步骤05 复制客厅中布置的筒灯至餐厅空间内，如图 11-248 所示。

步骤 06 返回匹配视图进行测试渲染，渲染结果如图 11-249 所示。至此，场景的灯光布置完成，接下来进行场景材质的调整。

166 调整场景材质

文件路径：无　　视频文件：无

在 SketchUp 中建立空间模型时，已经制作好了材质基本贴图和色彩效果，因此在进行 VRay 渲染时，通常只需要添加反射、折射以及凹凸等细节。

1. 调整地砖材质

步骤 01 本实例按照如图 11-250 所示的编号顺序，逐个调整场景的材质。

图 11-249　测试渲染效果

图 11-250　场景材质设置顺序

步骤 02 打开 SketchUp【使用层颜色材料】面板，吸取地砖材质，以拼音重命名，进入 VRay 材质调整面板，如图 11-251 所示。

步骤 03 在自动选择的材质上单击鼠标右键，添加 Reflection【反射层】，如图 11-252 所示。

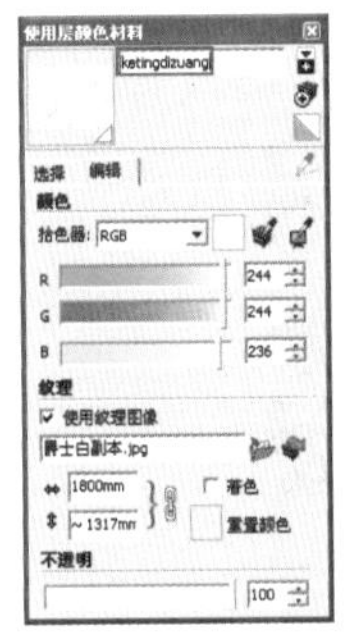

图 11-251　吸取并重命名地砖材质

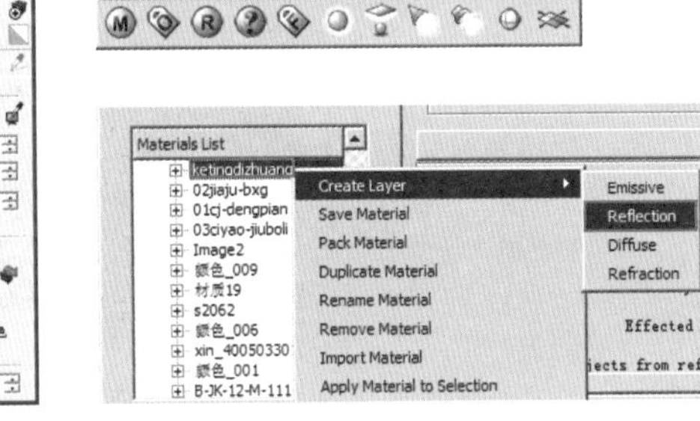

图 11-252　添加反射层

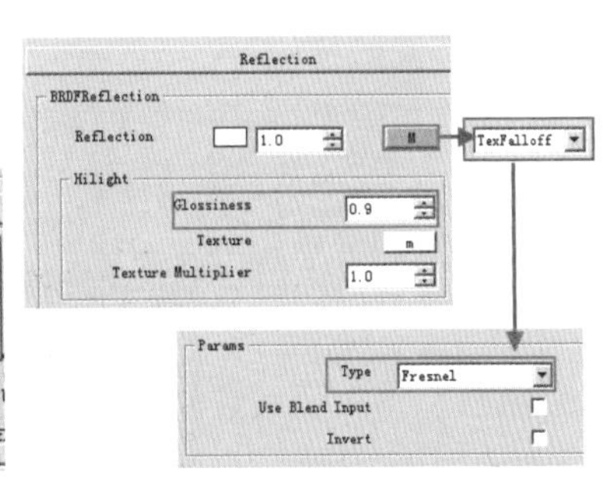

图 11-253　添加菲涅尔细节

步骤 04 在反射层中添加菲涅尔反射，然后调整 Glossiness【模糊】数值为 0.9，完成地砖材质反射细节的调整，如图 11-253 与图 11-254 所示。

2. 调整木纹材质

步骤 01 打开 SketchUp【使用层颜色材料】面板，吸取到木纹材质，以拼音重命名，进入 VRay 材质调整面板，如图 11-255 所示。

图 11-254 地砖材质完成效果

图 11-255 吸取并重命名木纹

步骤 02 首先为其添加【反射层】，并调整出菲涅尔反射细节，如图 11-256 与图 11-257 所示。

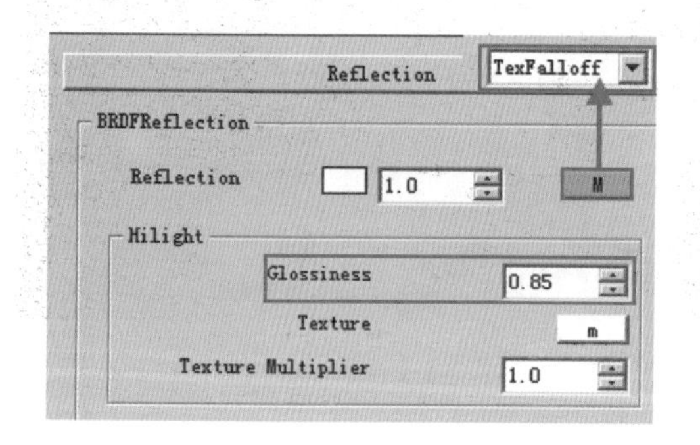

图 11-256 添加菲涅尔反射

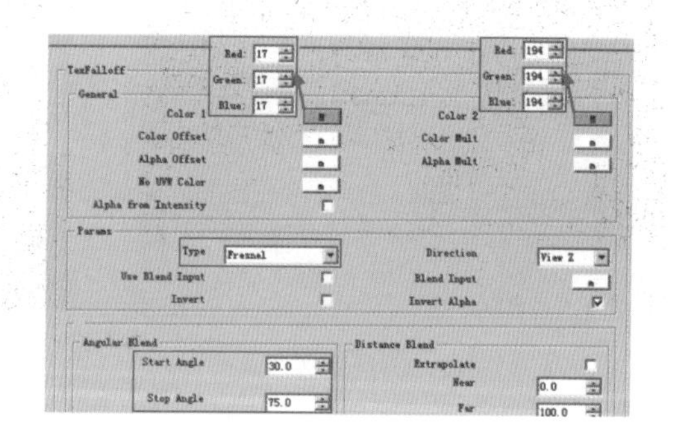

图 11-257 调整菲涅尔反射细节

步骤 03 进入 Maps【贴图】卷展栏，添中凹凸贴图，完成木纹材质表面细节的调整，如图 11-258 与图 11-259 所示。

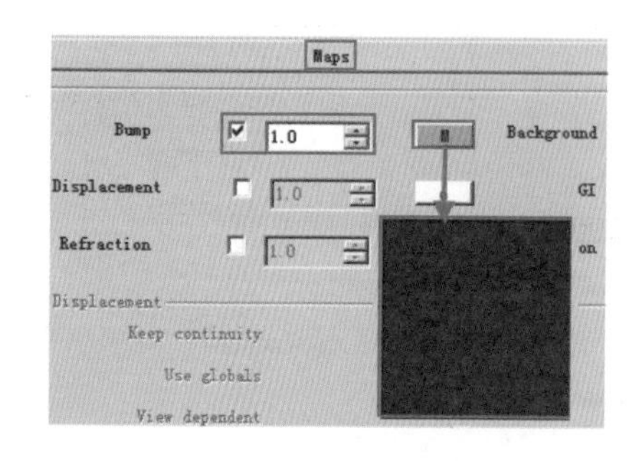

图 11-258 添加凹凸细节

图 11-259 木纹材质完成效果

3. 调整清玻璃材质

步骤 01 打开 SketchUp【使用层颜色材料】面板，吸取到清玻璃材质，以拼音重命名，进入

VRay 材质调整面板，如图 11-260 所示。

步骤 02 添加【反射层】，并调整出菲涅尔细节，调整 Glossiness【模糊】数值为 0.9，如图 11-261 所示。

步骤 03 添加【折射层】，调整好透明细节，如图 11-262 所示。

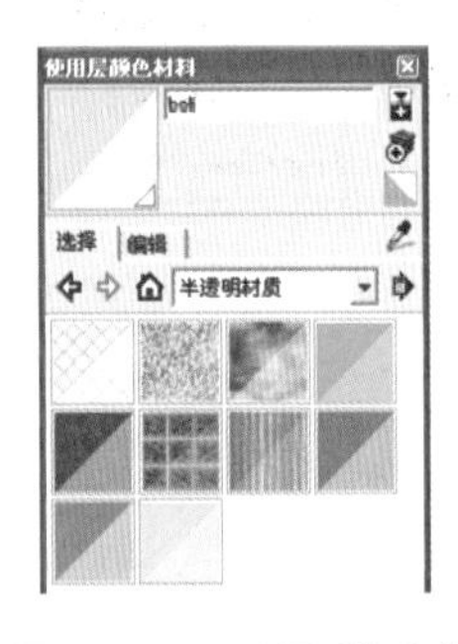

图 11-260　吸取并重命名清玻

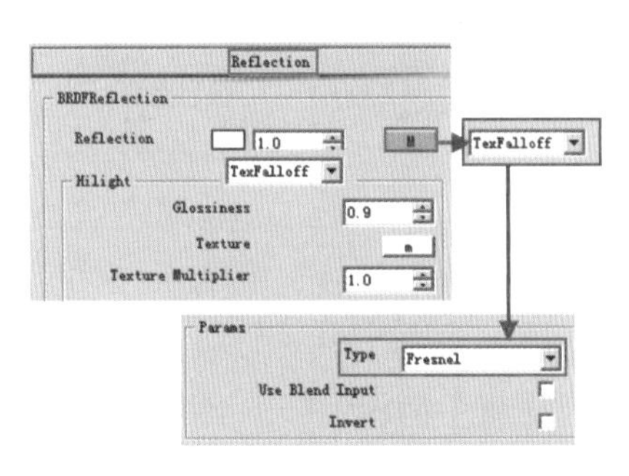

图 11-261　添加菲涅尔反射细节

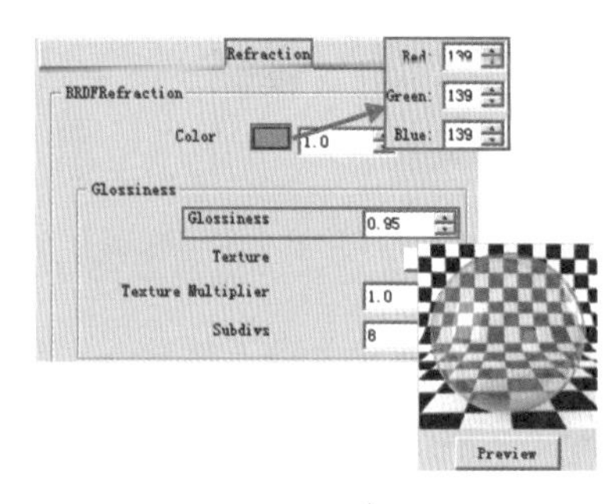

图 11-262　添加折射透明细节

4．调整磨砂玻璃

步骤 01 打开 SketchUp【使用层颜色材料】面板，吸取到磨砂玻璃材质，以拼音重命名，进入 VRay 材质调整面板，如图 11-263 所示。

步骤 02 添加【反射层】并调整出菲涅尔细节，然后调整 Glossiness【模糊】数值为 0.7，如图 11-264 所示。

步骤 03 添加【折射层】层，调整出较为透明的效果，然后调整 Glossiness【模糊】数值同样为 0.7，调整好玻璃的磨砂质感，如图 11-265 所示。

图 11-263　吸取并重命名磨砂玻璃

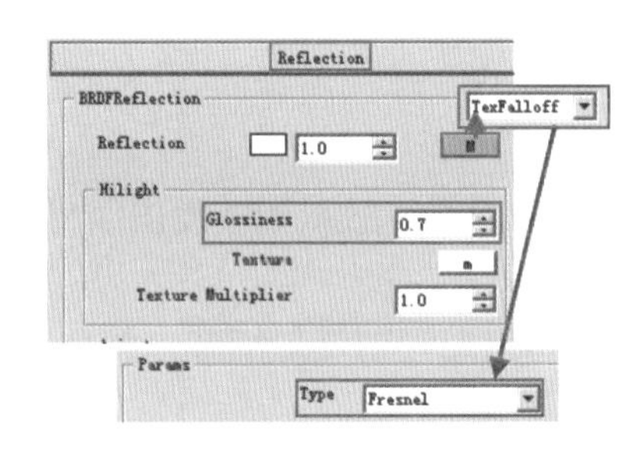

图 11-264　添加菲涅尔反射细节

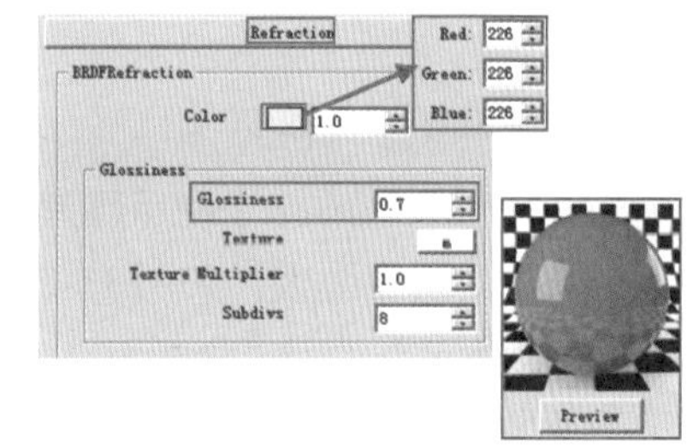

图 11-265　添加模糊反射细节

5．调整不锈钢材质

步骤 01 打开 SketchUp【使用层颜色材料】面板，吸取到不锈钢材质，以拼音重命名，进入 VRay 材质调整面板，如图 11-266 所示。

步骤 02 添加【反射层】，并调整出较强的反射能力，模拟不锈钢表面的反射细节效果，如图 11-267 与图 11-268 所示。

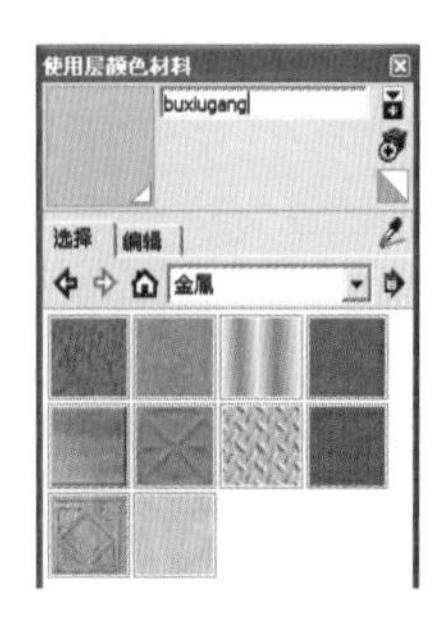

图 11-266　吸取并重命名不锈钢

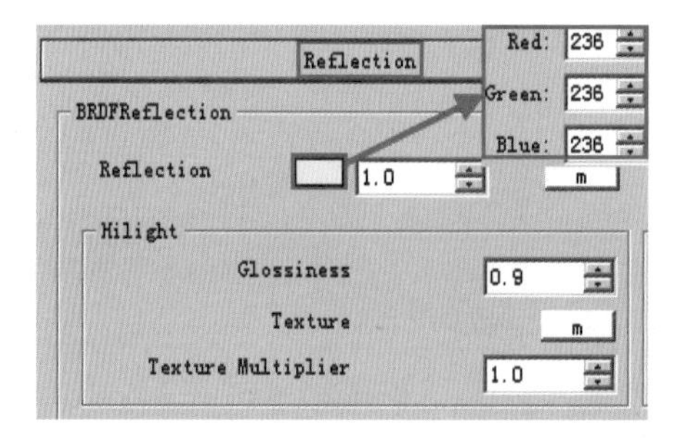

图 11-267　添加反射细节

图 11-268　不锈钢材质效果

6. 调整大理石材质

步骤 01 打开 SketchUp【使用层颜色材料】面板，吸取到大理石材质，以拼音重命名，进入 VRay 材质调整面板，如图 11-269 所示。

步骤 02 为其添加【反射层】，并调整出菲涅尔反射细节，然后设置 Glossiness【模糊】数值为 0.85，调整好材质表面的反射细节，如图 11-270 与图 11-271 所示。

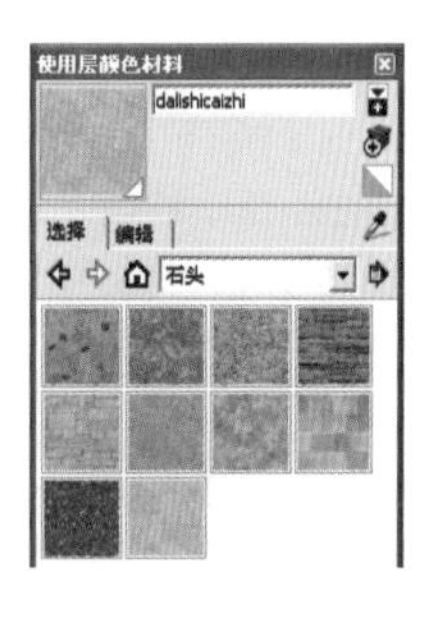

图 11-269　吸取并重命名材质

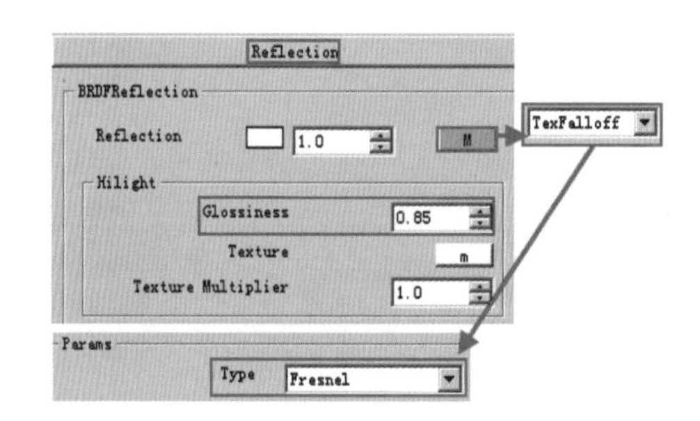

图 11-270　添加菲涅尔反射细节

图 11-271　大理石材质效果

7. 调整沙发皮纹材质

步骤 01 打开 SketchUp【使用层颜色材料】面板，吸取到沙发皮纹材质，以拼音重命名，进入 VRay 材质调整面板，如图 11-272 所示。

步骤 02 首先为其添加【反射层】，并调整出菲涅尔反射细节，然后调整 Glossiness【模糊】数值为 0.5，如图 11-273 所示。

步骤 03 进入 Maps【贴图】卷展栏，添加凹凸贴图，完成皮纹材质表面细节的调整，如图 11-274 所示

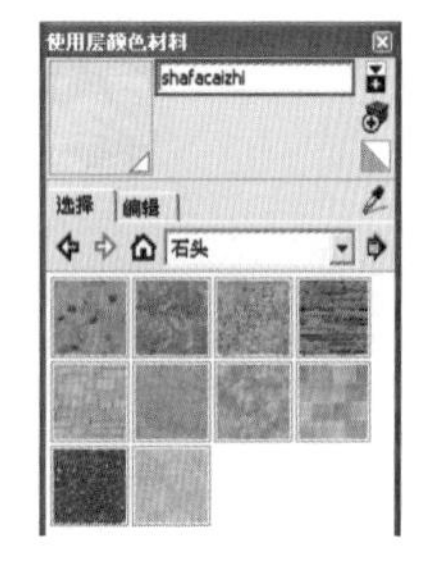

图 11-272　吸取并命名材质

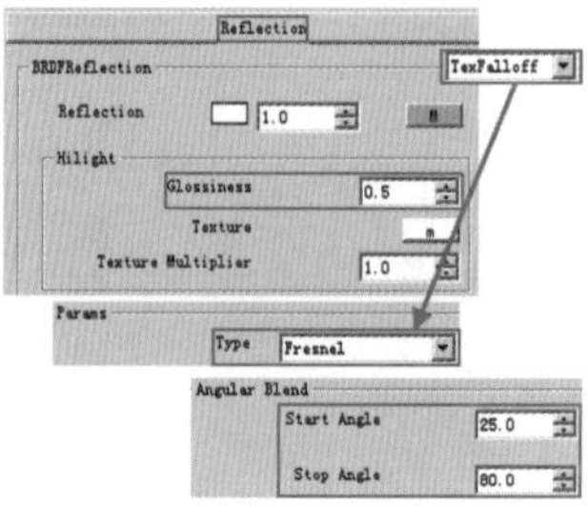

图 11-273　添加菲涅尔反射细节

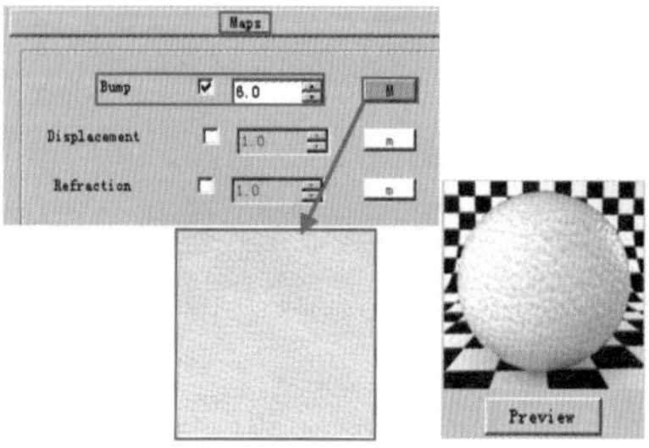

图 11-274　添加凹凸细节

167 最终渲染

文件路径：无　　视频文件：无

场景材质细节调整完成后，接下来将根据场景的渲染效果调整灯光与材质细节，最后设置最终渲染参数，渲染出最终图像。

1. 调整灯光细节

步骤 01 由于场景的反射与折射细节都将影响灯光效果，因此首先开启材质的反射/折射以及模糊效果，如图 11-275 所示。

步骤 02 单击【渲染】按钮进行测试渲染，渲染结果如图 11-276 所示。

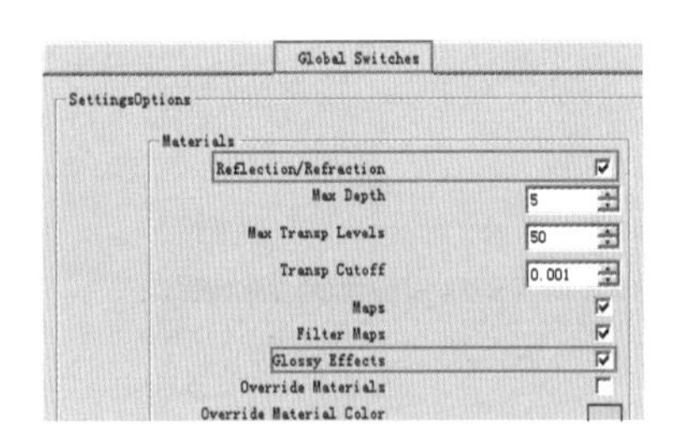

图 11-275　开启折射/反射与模糊反射

图 11-276　测试渲染效果

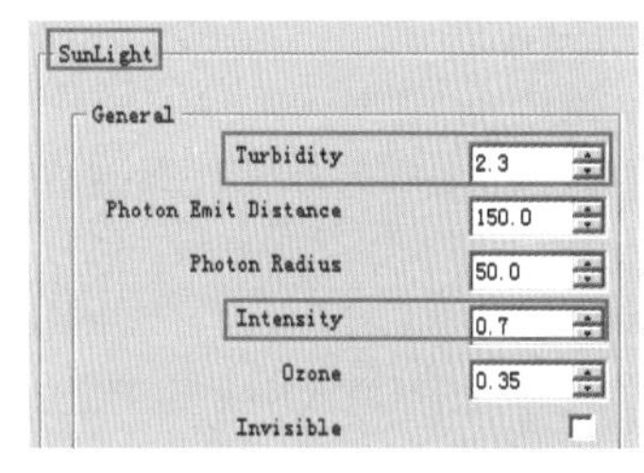

图 11-277　调整阳光

步骤 03 观察此时的图像，可以发现场景室内外灯光对比不够，因此加强 VRaySun 与模拟室外环境光的 VRay 矩形灯光强度，如图 11-277 与图 11-278 所示。

步骤 04 灯光参数调整完成后，再次进行测试渲染，渲染结果如图 11-279 所示。接下来调整材质与灯光细分，处理好渲染图像中光斑、噪点等品质问题。

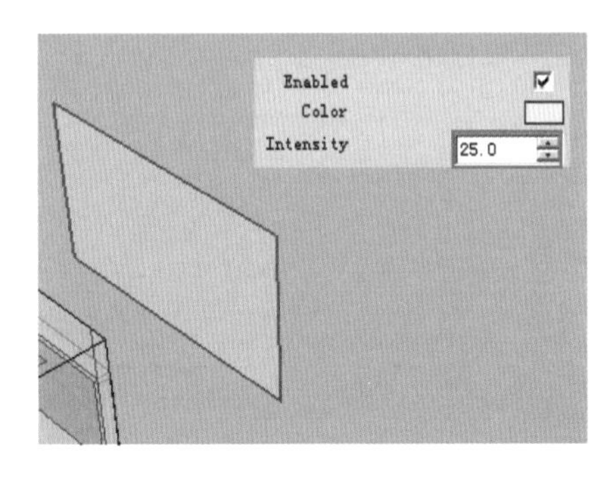

图 11-278　调整环境光

图 11-279　调整后的测试渲染效果

2. 调整材质细分

步骤 01 材质的细分调整主要有反射与折射两种，如图 11-280 与图 11-281 所示。细分越高，所表现出的反射或折射效果越细腻，所耗费的计算时间也越多。

步骤 02 根据以上分析，特别将场景中地砖材质、木纹材质以及沙发皮纹材质的细分提高至 24，其他讲解过调整过程的材质细分则调整至 16~20。

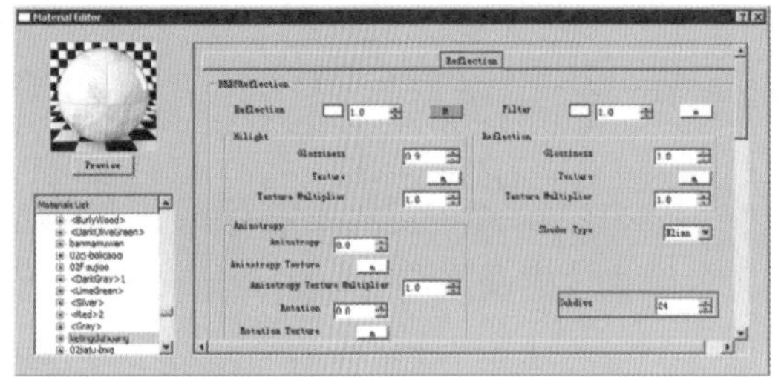

图 11-280 调整反射细分值

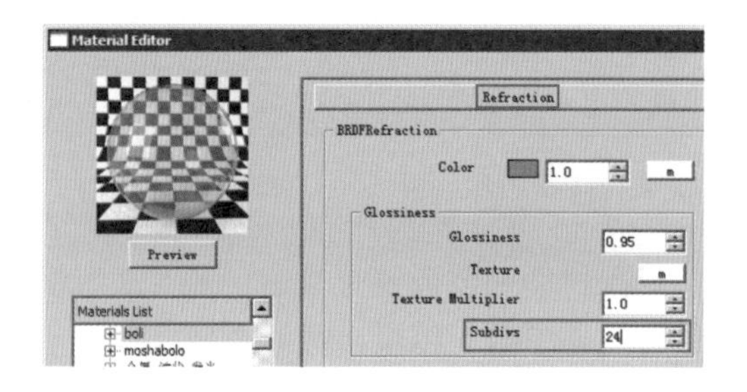

图 11-281 调整折射细分值

3. 调整灯光细分

步骤 01 灯光的细分同样将影响效果与耗时，细分越高灯光效果越细致，所耗费的计算时间也越多。

步骤 02 根据各灯光的作用和照射范围，将 VRaySun 以及模拟室外环境光的细分提高至 24，其他灯光的细分则统一提高至 20，如图 11-282~图 11-284 所示。

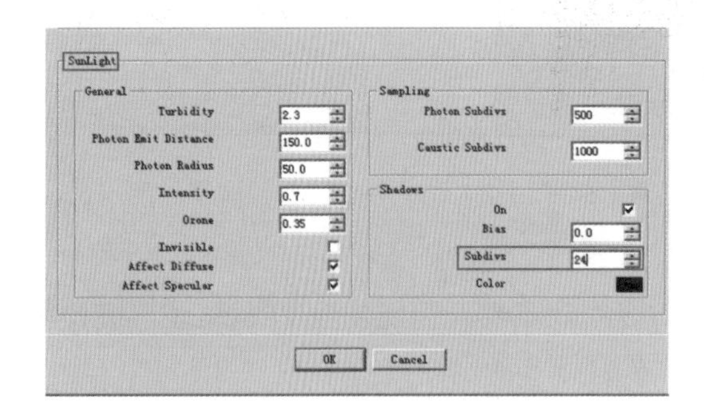

图 11-282 调整太阳光细分

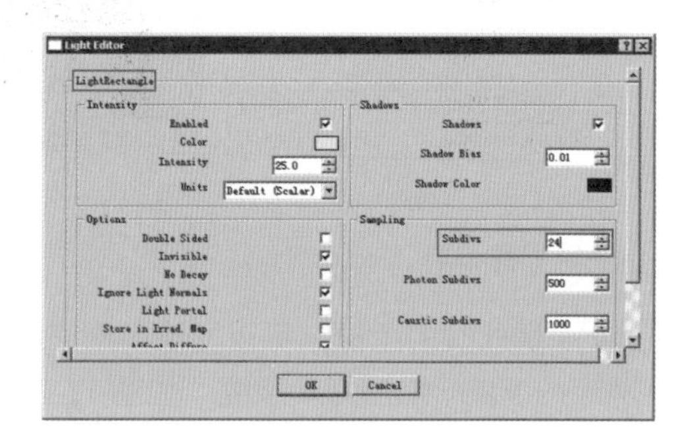

图 11-283 调整矩形灯光细分

4. 调整最终渲染参数

步骤 01 进入 Output【输出】卷展栏，调整最终图像尺寸为 1600×1058，如图 11-285 所示。

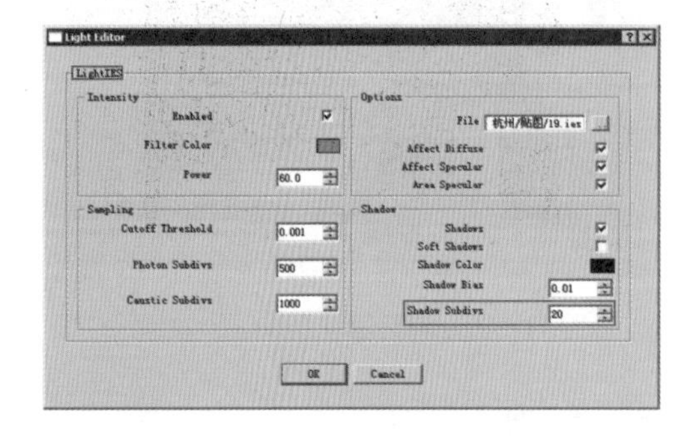

图 11-284 调整 IES 灯光细分

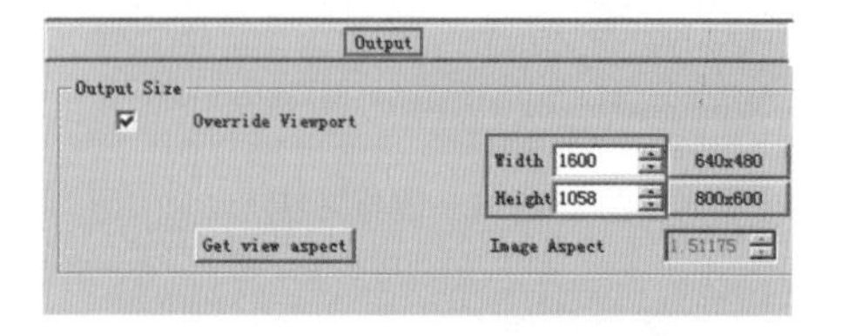

图 11-285 设定最终渲染图像尺寸

步骤 02 进入 ImageSampler【图像采样器】卷展栏，设置图像采样器为 Adaptive DMC【自适应 DMC】，然后调整抗锯齿过滤器 Catmull Rom，如图 11-286 所示。

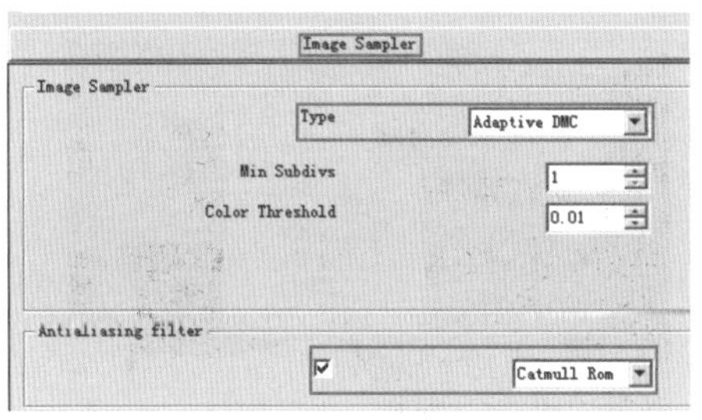

图 11-286　调整图像采样器参数

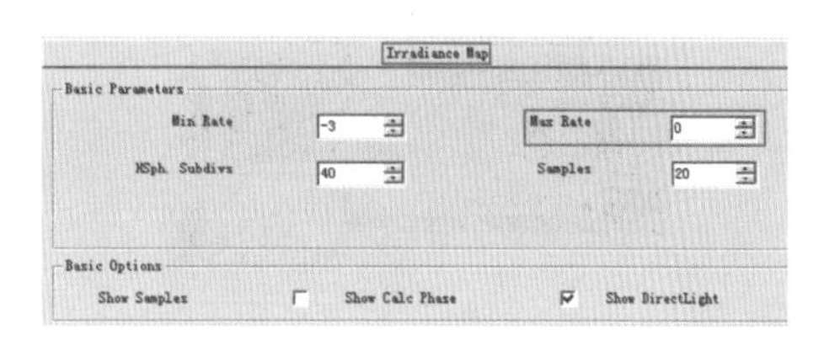

图 11-287　调整发光贴图参数

步骤 03 逐步进入 Irradiance【发光贴图】与 LightCache【灯光缓冲】卷展栏，提高采样参数，如图 11-287 与图 11-288 所示。

步骤 04 进入 DMC Sampler【DMC】采样器卷展栏，整体提高采样精度，如图 11-289 所示。

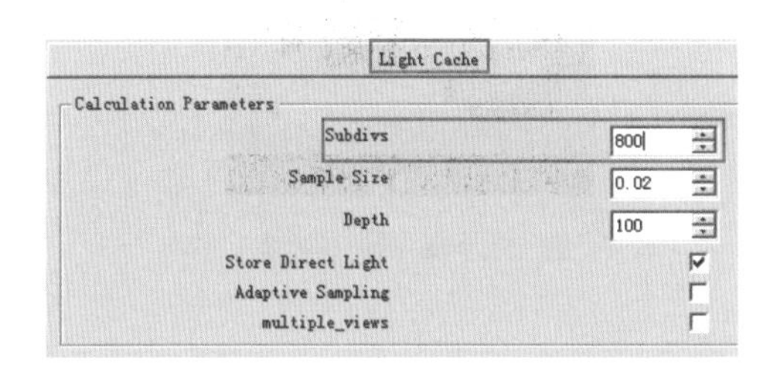

图 11-288　调整灯光缓冲参数

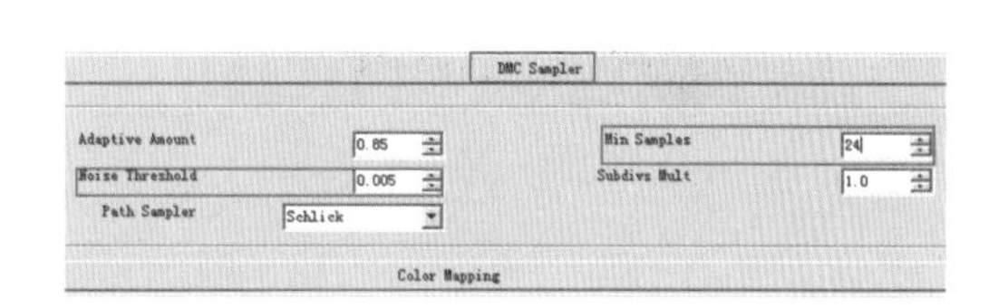

图 11-289　调整 DMC 采样器参数

步骤 05 最终渲染参数设置完成后，单击【渲染】按钮进行最终渲染，经过较长时间的计算，最终渲染效果如图 11-290 所示。

图 11-290　最终渲染效果

11.4 制作室内漫游动画

在 SketchUp 中，通过【漫游】工具以及【场景】面板的分段保存，可以快速制作出漫游动画，渲染输出后，可以通过播放器直接进行浏览，省去与客户交流的诸多限制，其大致制作过程如图 11-291~图 11-294 所示。

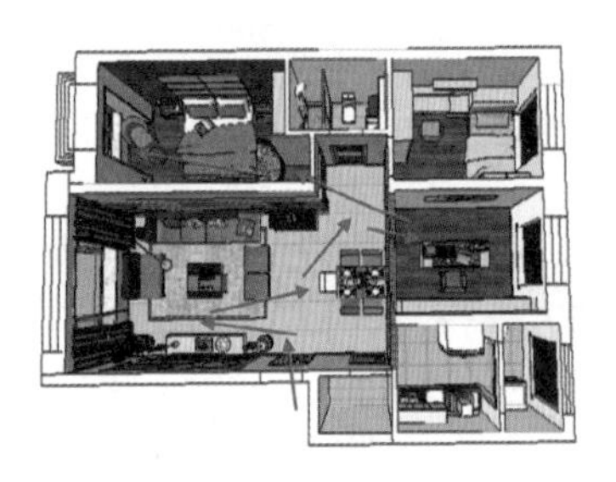

图 11-291　拟定路径

图 11-292　创建漫游效果

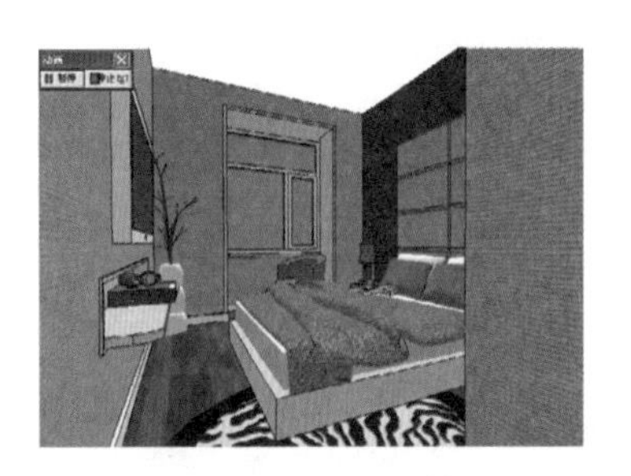

图 11-293　预览效果

图 11-294　输出效果

168 拟定漫游路线

文件路径：配套光盘\第 11 章\168　　视频文件：MP4\第 11 章\168.MP4

制作室内漫游动画，应首先根据场景布局与特点，拟定漫游路径，将使后面的工作变得有的放矢，以起到事半功倍的效果。

步骤 01 打开配套光盘“漫游场景.skp”文件，选择隐藏屋顶，以观察其内部布局，如图 11-295~图 11-297 所示。

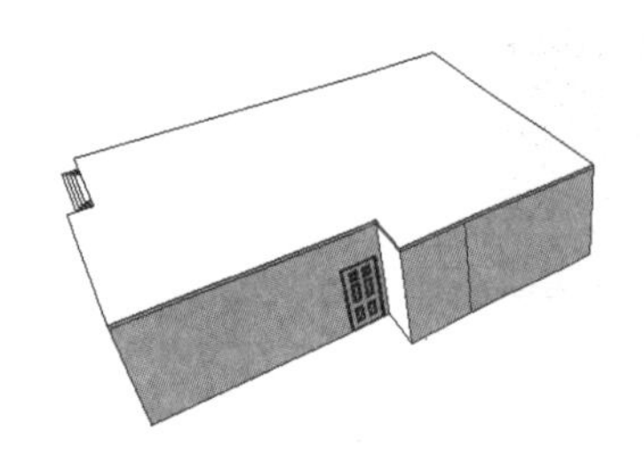

图 11-295　打开场景

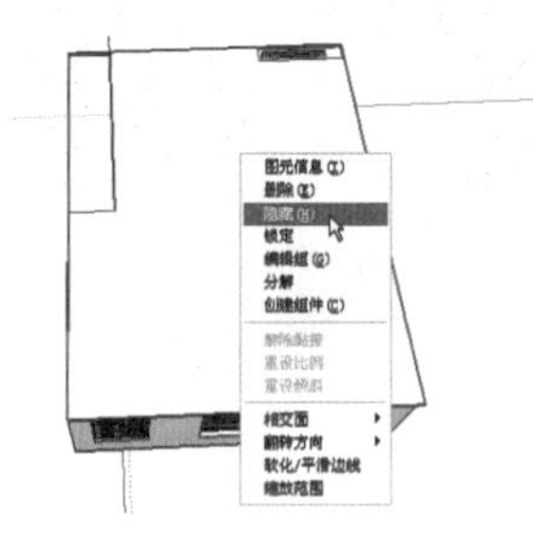

图 11-296　隐藏屋顶

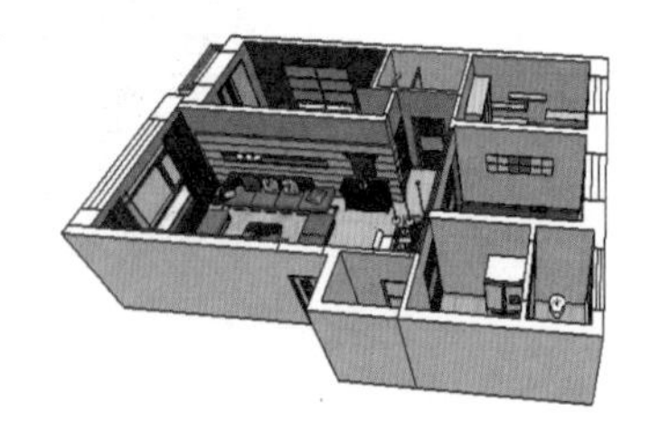

图 11-297　空间整体效果

步骤 02 平移至空间的客厅、餐厅以及卧室等处，可以看到其制作了相当精细的模型细节，如图 11-298 与图 11-299 所示。

步骤 03 根据场景模型的特点，本例拟定了从入户门开始，经过客厅、餐厅、书房以及主卧室的漫游路径，如图 11-300 中红色箭头所示，接下来创建漫游动画。

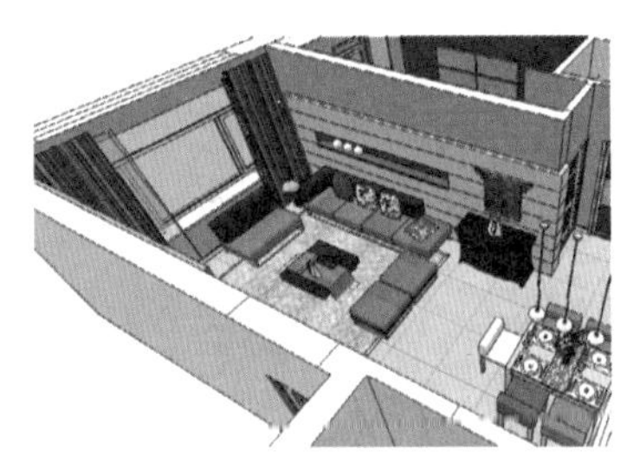

图 11-298　客厅细节效果

图 11-299　餐厅细节效果

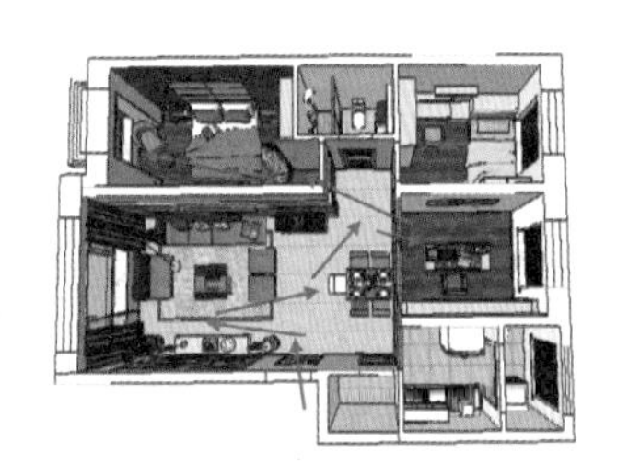

图 11-300　漫游路线

169 创建漫游效果

文件路径：无　　视频文件：MP4\第 11 章\169.MP4

拟定好漫游路线后，在 SketchUp 中只需要通过【漫游】工具与【场景管理】即可设定出漫游动画效果。

步骤 01 通过【旋转】与【推/拉】工具，处理好漫游路线上门页的状态，如图 11-301~图 11-303 所示。

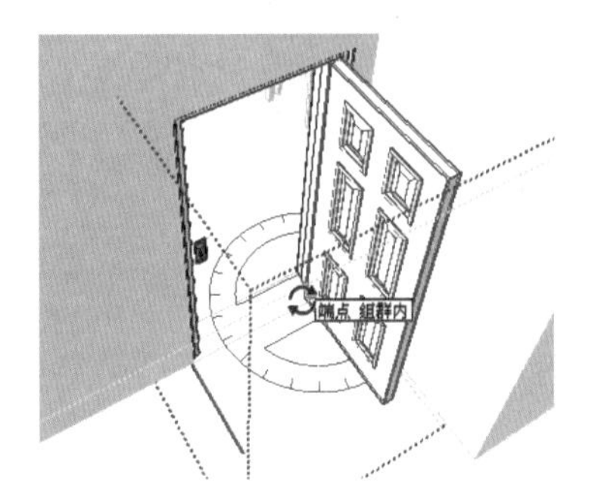

图 11-301　旋转入户门

图 11-302　打开推拉门

图 11-303　旋转卧室门

步骤 02 在【透视图】中调整好漫游起始位置，再通过【场景】面板将新建【初始位置】场景将效果进行保存，如图 11-304 与图 11-305 所示。

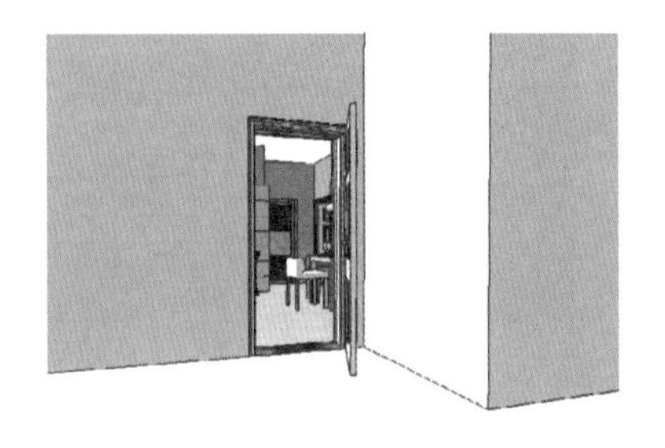

图 11-304　调整漫游起点

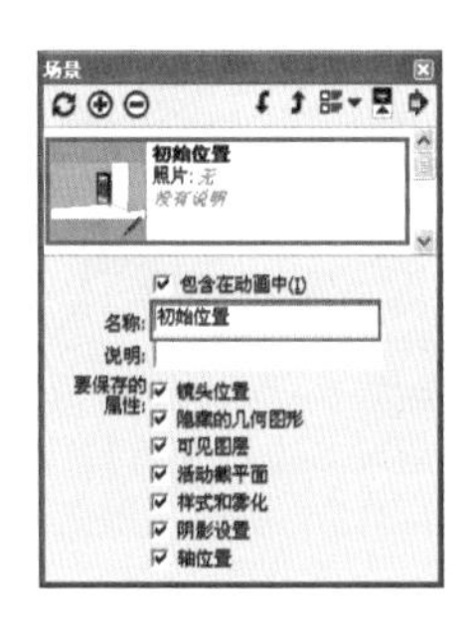

图 11-305　新建场景进行保存

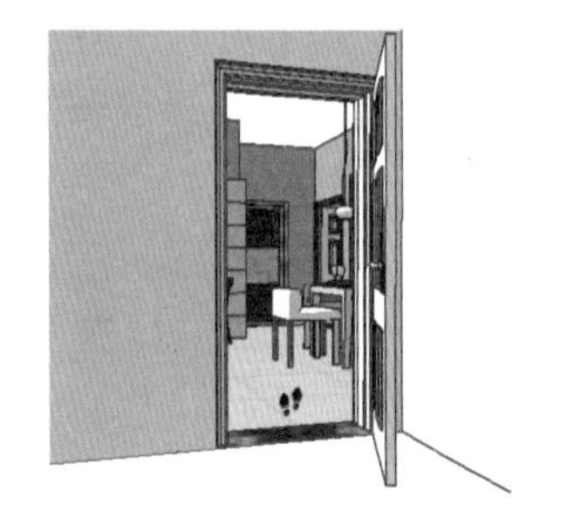

图 11-306　向室内前进

步骤 03 单击【漫游】工具按钮，待光标变成 状后，按住鼠标左键推动使其前进，如图

11-306 所示。

步骤 04 通过入户门后向左拖动鼠标进行转向，当观察到客厅空间后，松开鼠标新建【场景】进行保存，如图 11-307~图 11-309 所示。

图 11-307　进入室内

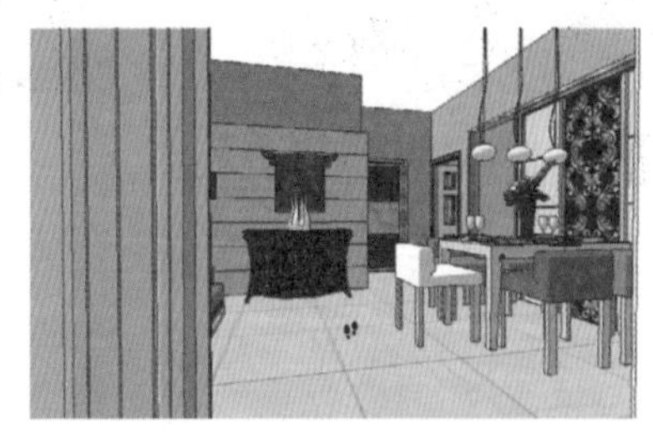

图 11-308　在室内前进

图 11-309　向左观察客厅并新建场景

步骤 05 按住鼠标继续推动光标，漫游至客厅窗户位置，松开鼠标新建【场景】，保存该段漫游效果，如图 11-310 所示。

步骤 06 按住鼠标左键向右推动光标进行转向，转向完成后，推动光标漫游至书房入口处后，松开鼠标新建【场景】，保存该段漫游效果，如图 11-311 与图 11-312 所示。

图 11-310　向前观察客厅并新建场景

图 11-311　向后转向观察餐厅

步骤 07 按住鼠标左键向前推动光标，直到观察到书架细节，然后新建【场景】保存该段动画，如图 11-313 所示。

步骤 08 按住鼠标左键向后推动光标退出书房，向左旋转直到观察至卫生间门，新建【场景】保存该段动画，如图 11-314 所示。

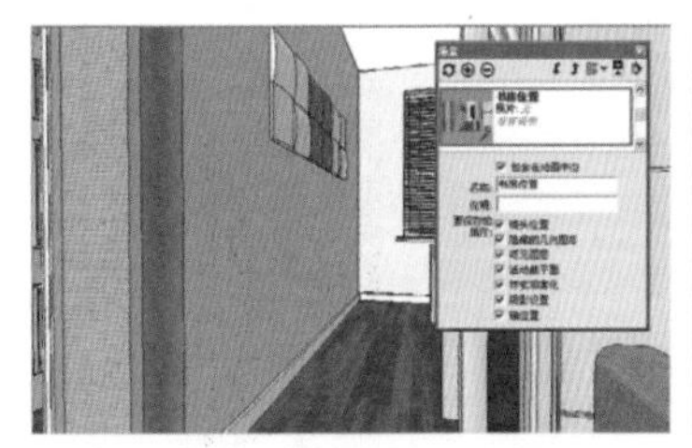

图 11-312　漫游至书房并新建场景

图 11-313　观察书架并新建场景

图 11-314　退出书房并新建场景

步骤 09 按住鼠标继续向左旋转同时前进，通过卧室门后新建【场景】，保存该段动画，如图 11-315 所示。

步骤 10 按住光标前进至卧室飘窗前，新建【场景】保存该段动画，如图 11-316 所示。

步骤 11 按住鼠标继续向右旋转，直到观察到后方的衣柜，新建【场景】保存该段动画，如图 11-317 与图 11-318 所示。

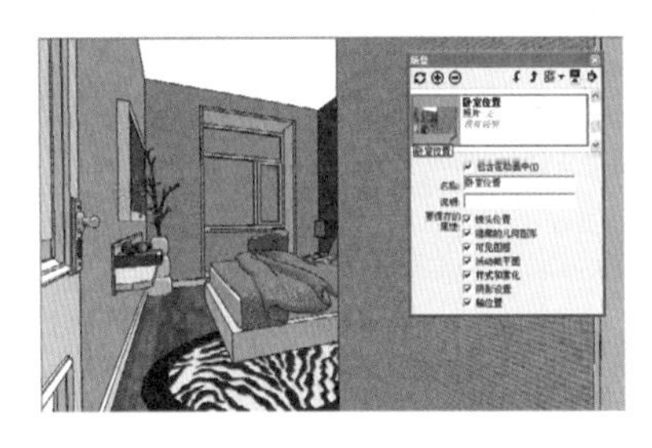

图 11-315　进入卧室并新建场景

图 11-316　漫游至卧室窗户新建场景

图 11-317　向后转向

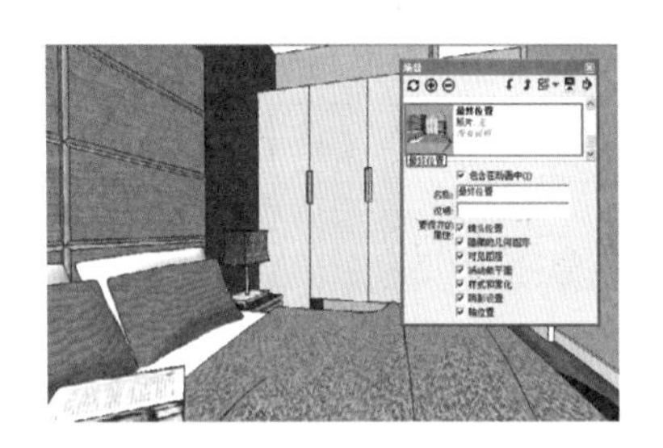

图 11-318　完成漫游并新建场景

170 预览并输出漫游动画

文件路径：无

视频文件：MP4\第 11 章\170.MP4

漫游设置完成后，首先可以通过预览确定其效果，然后通过【导出】菜单命令，生成 AVI 格式的动画，以便于效果的观察。

步骤 01 执行【窗口】/【模型信息】菜单命令，调整【模型信息】面板中【动画】选项卡参数，如图 11-319 与图 11-320 所示。

步骤 02 在场景名称上单击鼠标右键，选择【播放动画】菜单命令，直接在 SketchUp 中进行效果的预览，如图 11-321 所示。

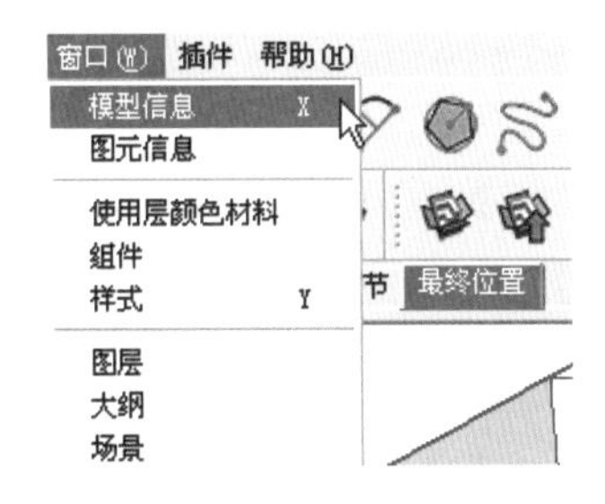

图 11-319　执行【模型信息】命令

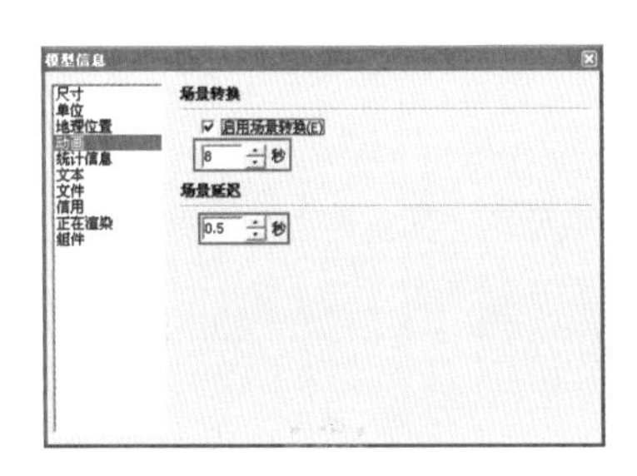

图 11-320　设定动画选项卡

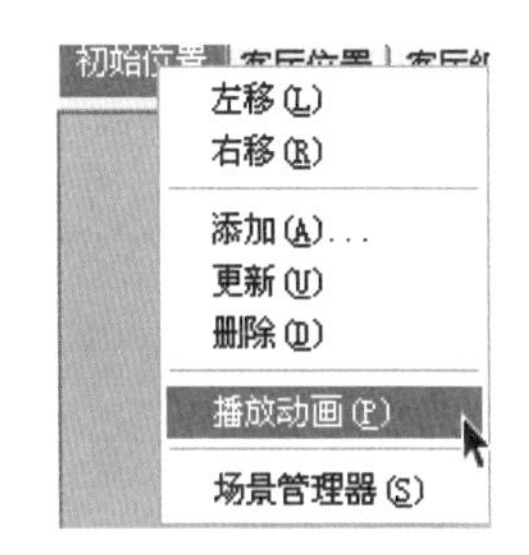

图 11-321　播放动画预览

步骤 03 单击【播放】按钮，经过数秒等待即可播放预览动画，如图 11-322~图 11-325 所示。

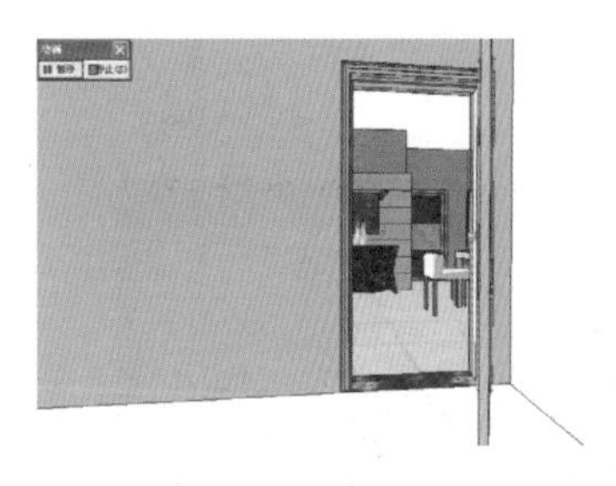

图 11-322　预览过程 1

图 11-323　预览过程 2

图 11-324　预览过程 3

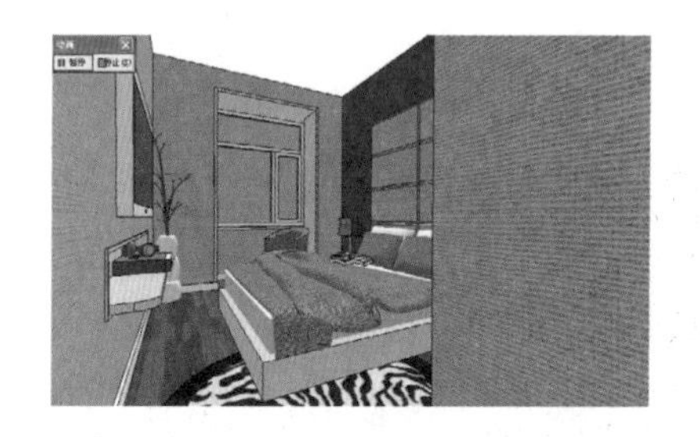

图 11-325　预览过程 4

步骤 04 确定好预览效果后，执行【文件】/【导出】/【动画】/【视频】菜单命令，在弹出的【动画导出选项】面板设置选项参数，如图 11-326 所示。

步骤 05 单击【导出】按钮输出动画视频，如图 11-327 所示。

步骤 06 输出完成后，通过播放器即可进行动画效果的观赏，如图 11-328 所示。

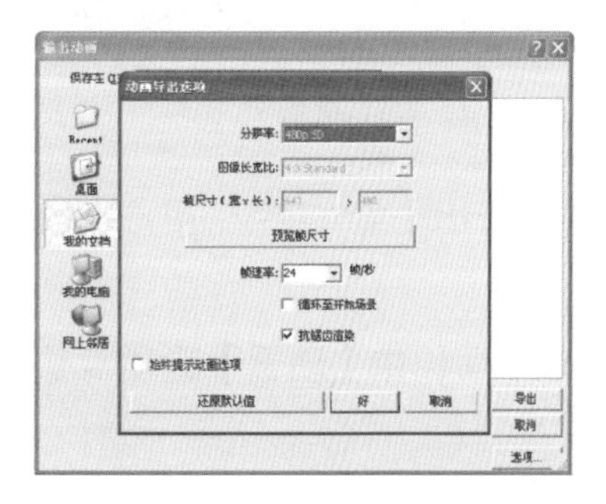

图 11-326　设置动画导出选项

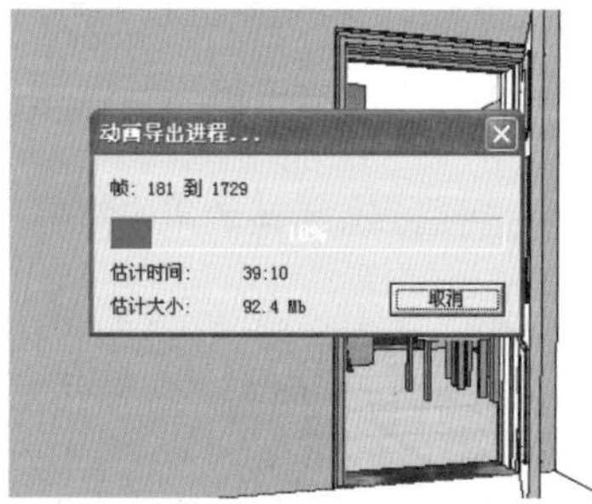

图 11-327　动画导出进程面板

图 11-328　漫游动画播放效果

提 示

【分辨率设置】：视频的分辨率数值越高，输入的动画图像越清晰，所需要的输出时间与占用的储存空间也越多。

【图像长宽比】：常用的分辨率比例 4:3 与 16:9，其中 16:9 是现代宽屏比例，有着更好的视觉观赏效果。

【帧速率】：常用的帧数设置为 25 帧/秒与 30 帧/每秒，前者为国内 PAL 制式标准，后者则为美制 NTSC 标注。

【抗锯齿渲染】：勾选该参数后视频图像更为光滑，可以减少图像中的锯齿、闪烁、虚化等品质问题。

第12章 景观园林设计

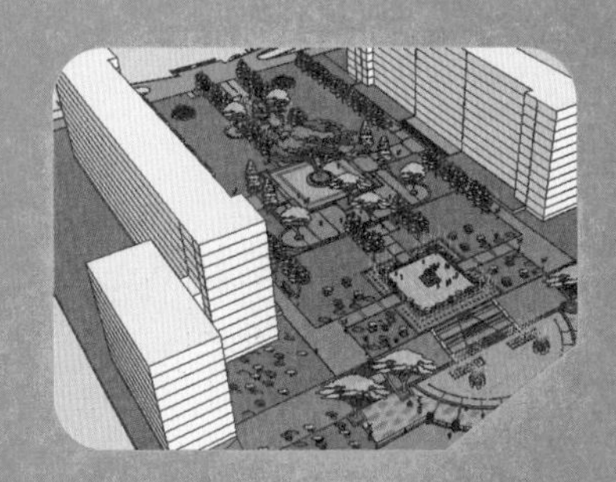

本章通过屋顶花园与校园中心广场两个园林设计案例，学习景观园林模型的创建方法与技巧，案例完成的效果如图 12-1~图 12-5 所示。

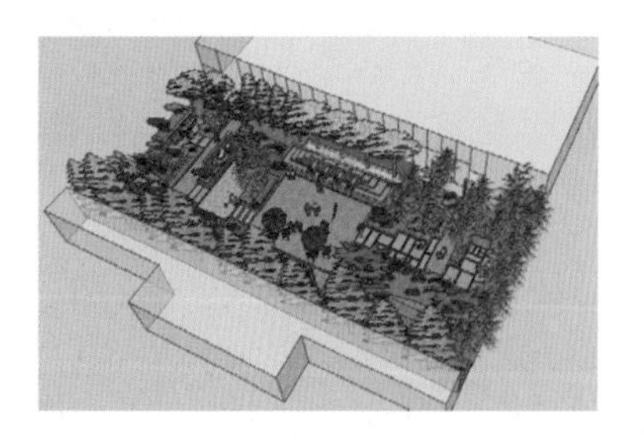

图 12-1　屋顶花园景观方案

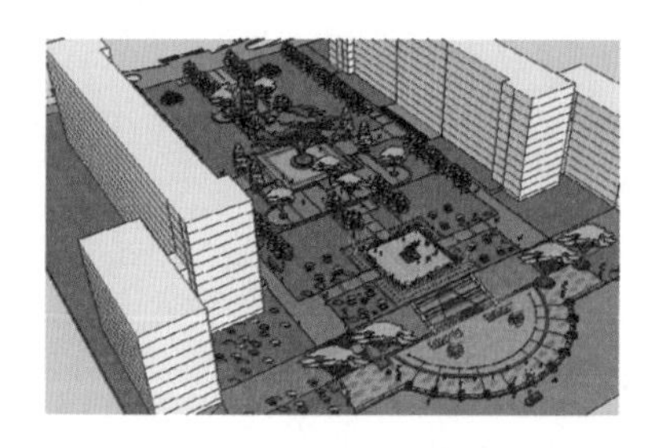

图 12-2　校园中心广场方案

图 12-3　广场入口节点效果

图 12-4　休闲广场节点效果

图 12-5　廊桥水景节点效果

12.1 屋顶花园景观设计

本节学习屋顶花园景观方案的制作方法，主要通过参考平面布置彩图，制作出详细的方案效果，制作流程如图 12-6~图 12-9 所示。

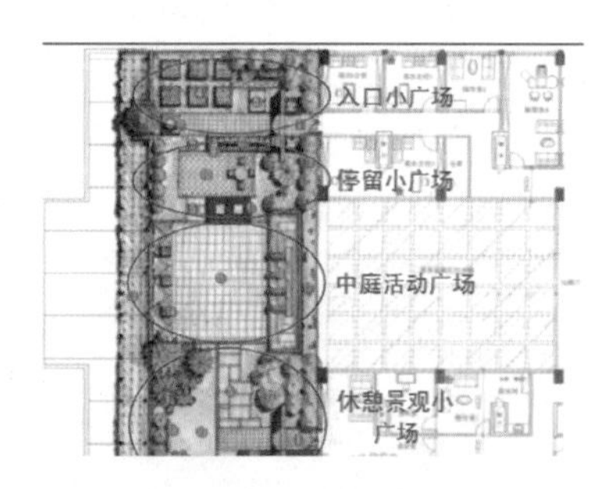

图 12-6　导入匹配图片

图 12-7　建立建筑轮廓

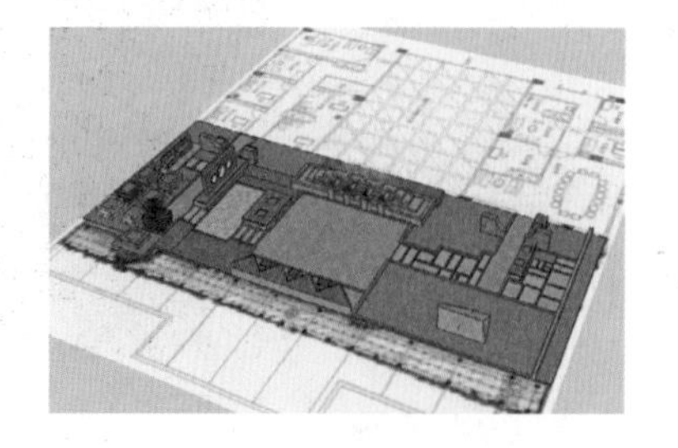

图 12-8　建筑细节

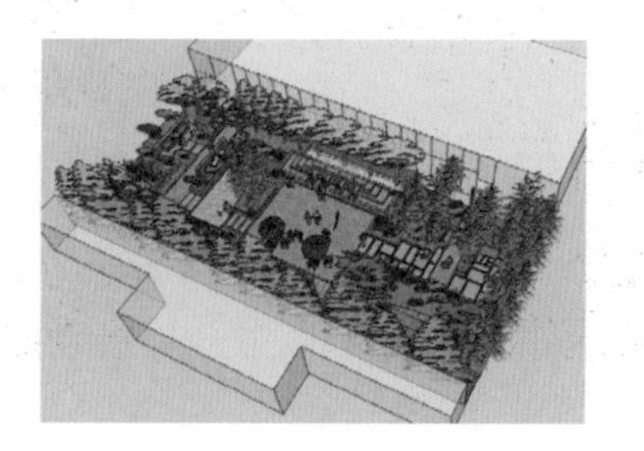

图 12-9　完成环境效果

171 导入图纸并分析建模思路

文件路径：配套光盘\第 12 章\171　　视频文件：MP4\第 12 章\171.MP4

本例首先导入 JPG 格式的平面彩图，做为建模参考，然后根据图纸的特点确立完整的建模思路。

步骤 01 打开 SketchUp，执行【窗口】/【模型信息】命令，在【单位】选项卡内设置模型单位为 mm，如图 12-10 所示。

步骤 02 执行【文件】/【导入】菜单命令，在【打开】面板中选择配套光盘的“屋顶花园底图.jpg”文件，以图片导入，如图 12-11 所示。

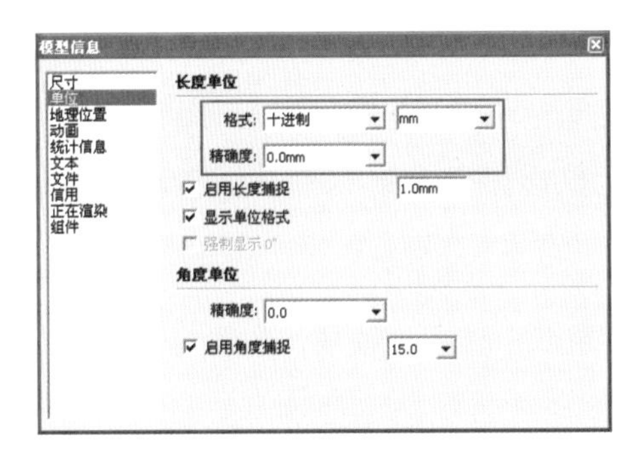

图 12-10　设置模型单位

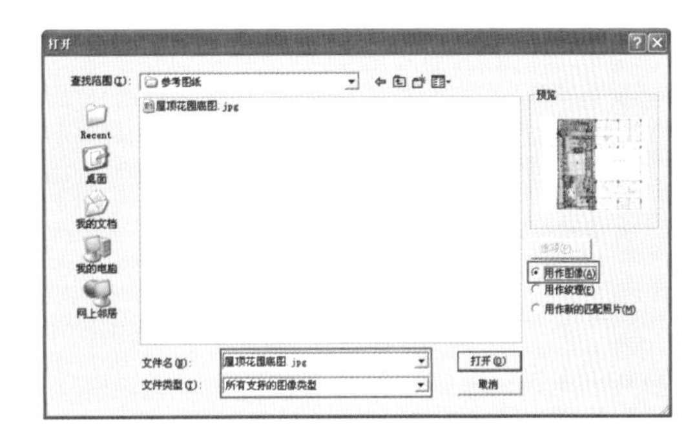

图 12-11　选择并作为图片导入

步骤 03 导入图片后，将图片左下角与原点对齐，如图 12-12 所示。接下来调整图片尺寸。

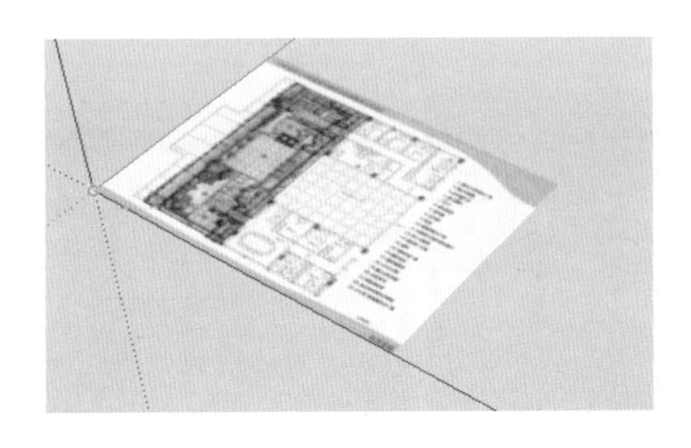

图 12-12　导入屋顶花园底图

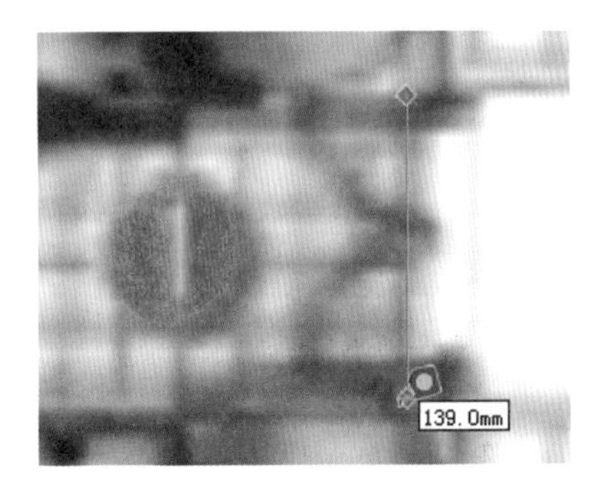

图 12-13　测量双开门宽度

步骤 04 启用【卷尺】工具，测量图纸中花园入口处双开门的宽度，然后输入 1600mm 的标准长度并确定重置，如图 12-13 和图 12-14 所示。

步骤 05 屋顶花园从上至下可分为：入口小广场、停留小广场、中庭活动广场以及休憩景观小广场四个部分，如图 12-15 所示。根据该屋顶花园布局特点，确立模型的创建思路如下：

- 参考图纸逐步建立入口小广场、停留小广场、中庭活动广场以及休憩景观小广场四个部分的景观细节。
- 屋顶花园整体模型建立完成后，再创建出周边楼层的简模，然后合并入植物、人物等模型，完成最终效果。

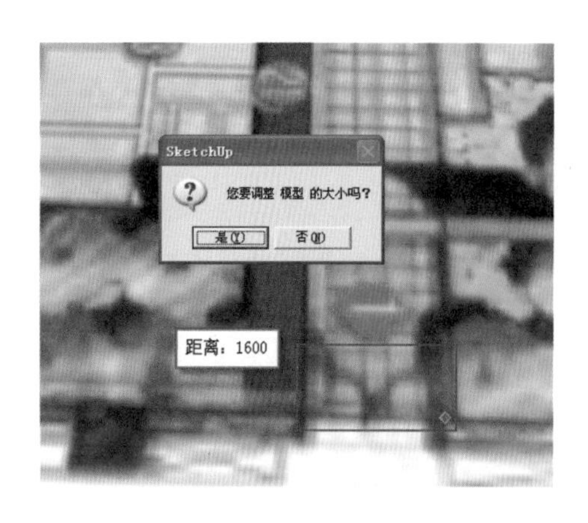

图 12-14　重置双开门宽度

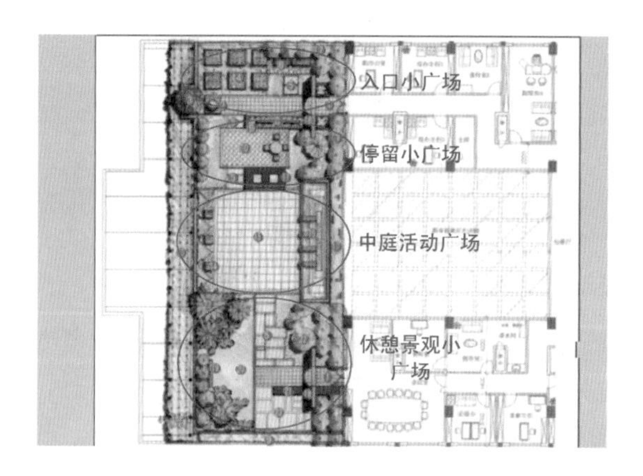

图 12-15　屋顶花园竖向区域分布

172 建立入口小广场

文件路径：无　　视频文件：MP4\第 12 章\172.MP4

入口小广场主要有入口小片墙、树池列阵以及端点小雕塑等景观，本例将详细介绍相关模型的创建方法。

步骤 01 切换至【俯视图】，参考图纸结合使用【线条】工具，创建小广场平面轮廓，如图 12-16 所示。

步骤 02 切换至 X 射线显示模式，使用【矩形】工具参考图纸分割小广场各处细节，如图 12-17 所示。

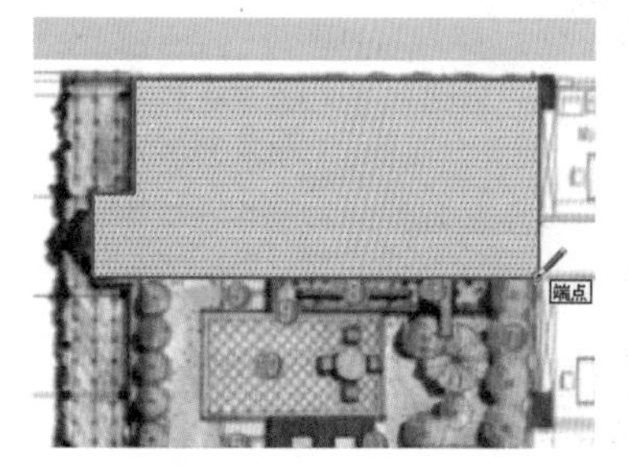

图 12-16　创建入口小广场平面

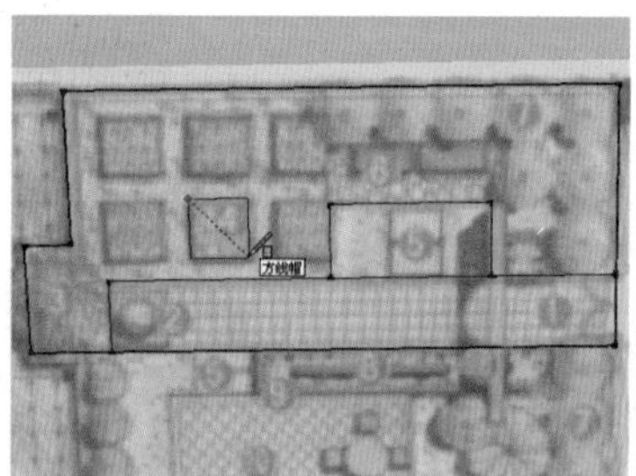

图 12-17　细分入口小广场

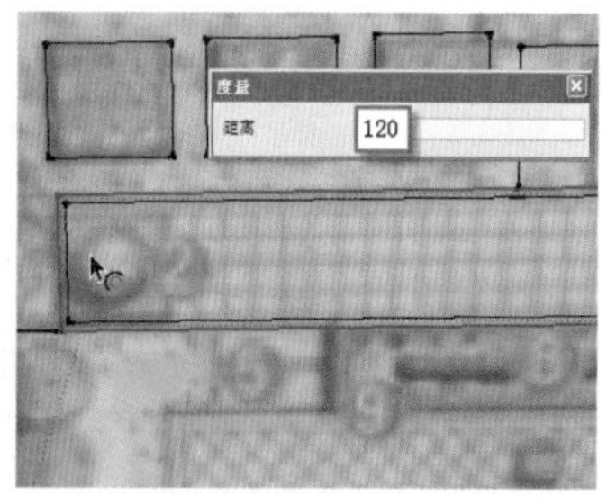

图 12-18　制作路沿细节

步骤 03 结合使用【偏移】与【推/拉】工具，制作好路沿细节并赋予对应材质，如图 12-18 与图 12-19 所示。

—→提 示

在只有平面图纸参考的条件下，可以利用 sketchUp 中的人物模型进行比例的参考。

步骤 04 参考图纸，结合使用【推/拉】与【偏移】工具，制作入口处的树池模型，如图 12-20 与图 12-21 所示。

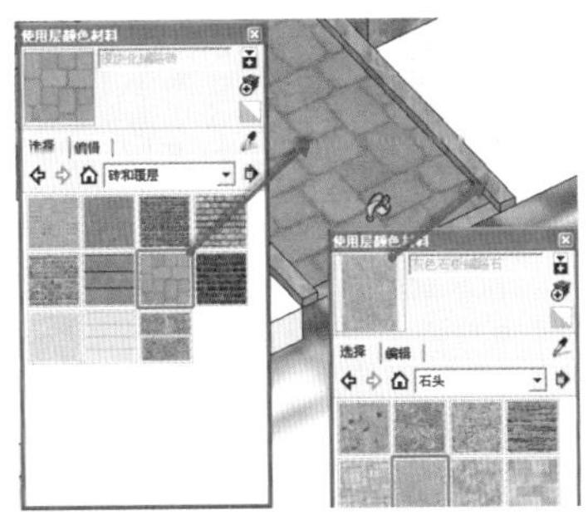

图 12-19 推拉路沿高度并赋予材质

图 12-20 推拉入口树池轮廓

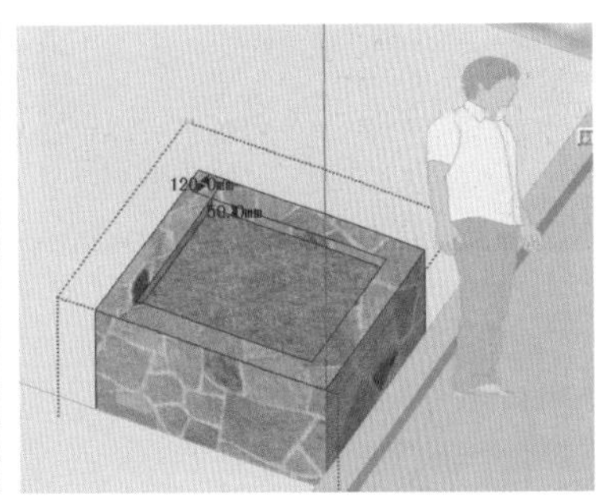

图 12-21 制作树池并赋予材质

步骤 05 参考图纸，结合使用【推/拉】、【矩形】、【圆弧】及【偏移】工具，制作入口处片墙模型并赋予对应材质，如图 12-22 与图 12-23 所示。

步骤 06 参考图纸，使用【推/拉】工具制作汀步与相关草地细节，并赋予对应材质，如图 12-24 所示。

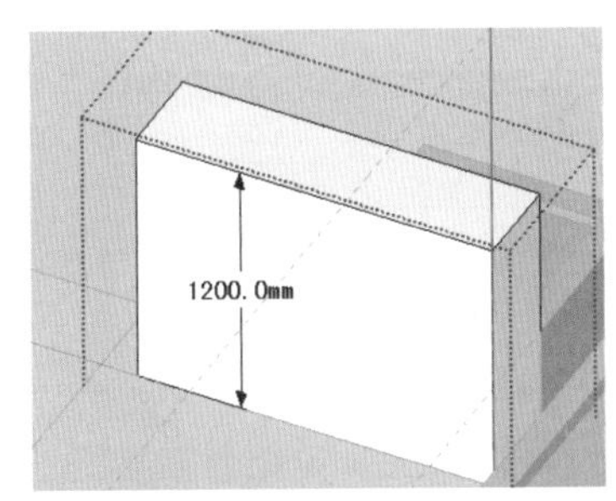

图 12-22 推拉小片墙轮廓

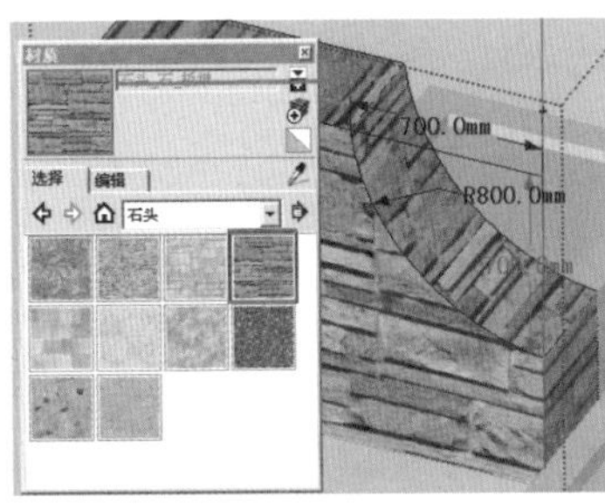

图 12-23 制作小片墙并赋予材质

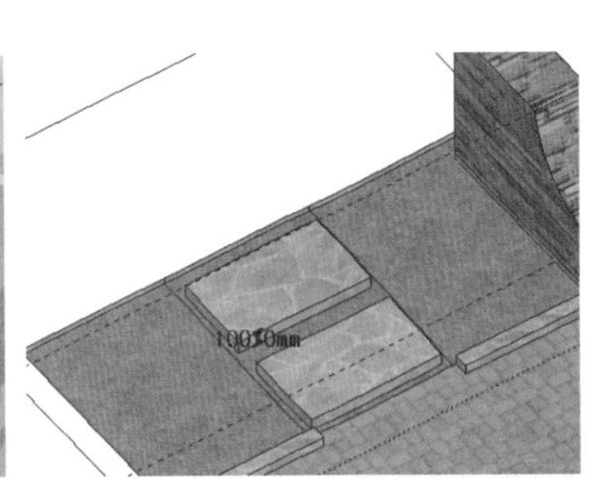

图 12-24 制作汀步细节

步骤 07 参考图纸，结合使用【推/拉】与【偏移】工具，制作出休息凳模型并赋予材质，如图 12-25~图 12-27 所示。

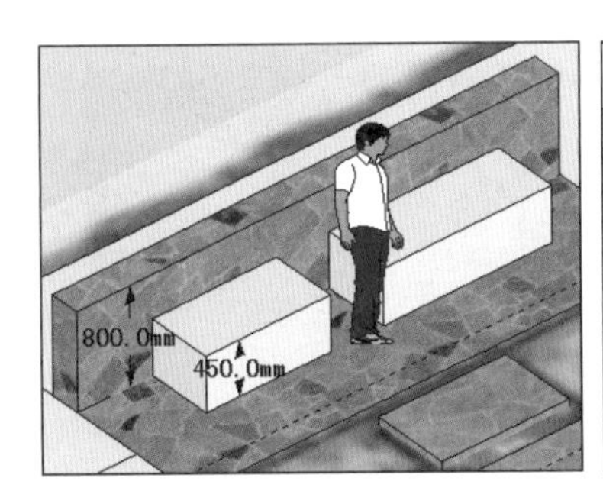

图 12-25 制作休息凳轮廓

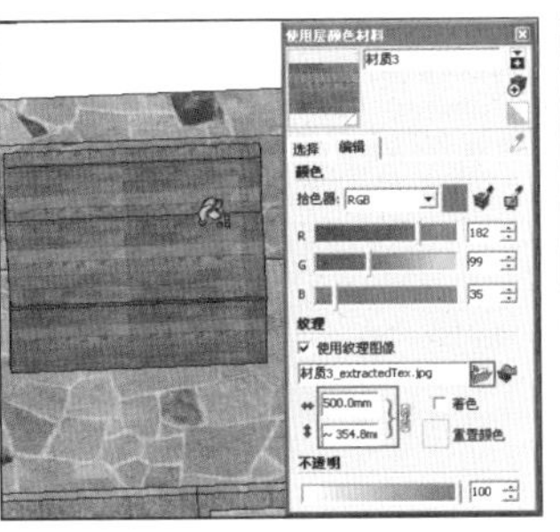

图 12-26 制作细节并赋予材质

图 12-27 休息凳完成效果

步骤 08 通过类似操作，制作小广场端点树池、雕塑以及彩色树池等模型，如图 12-28 和图 12-29 所示，制作完成的小广场模型效果如图 12-30 所示。

图 12-28　制作树池

图 12-29　制作小雕塑

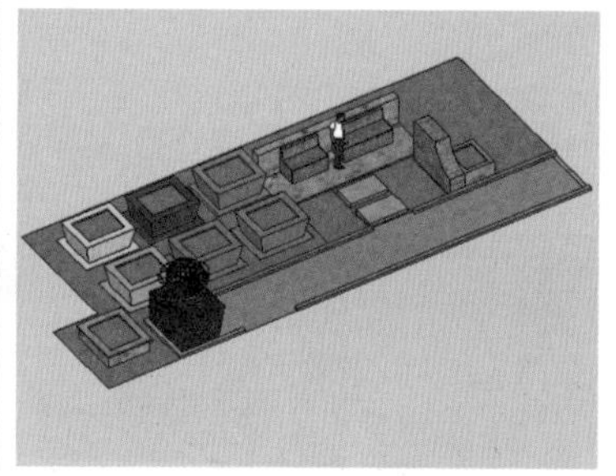
图 12-30　小广场模型完成效果

173 细化停留小广场

文件路径：无　　视频文件：MP4\第 12 章\173.MP4

入口小广场制作完成后，接下来制作停留小广场，该区域主要有文化墙以及花池等细节，在制作的过程中，注意与入口小广场衔接效果的处理。

步骤 01 参考图片，结合使用【线条】与【矩形】工具，细化制作出停留小广场内模型的平面细节，如图 12-31~图 12-33 所示。

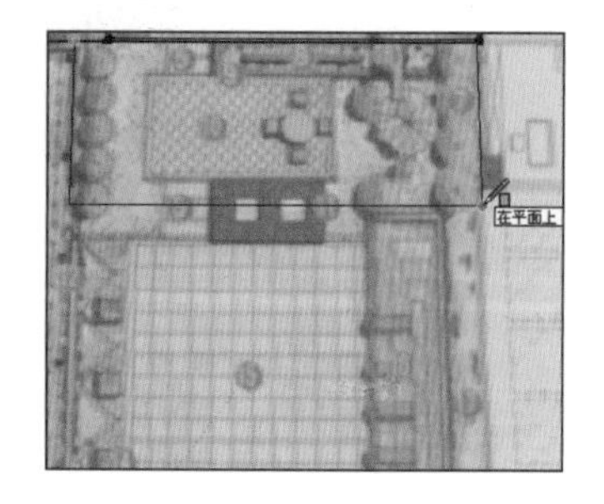

图 12-31　绘制停留小广场矩形

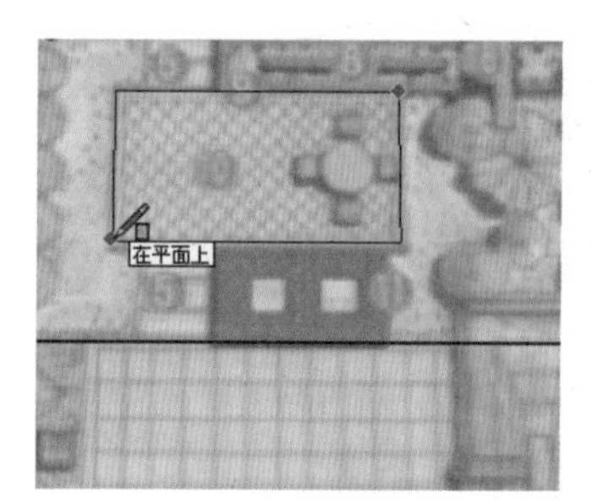

图 12-32　分割内部平面

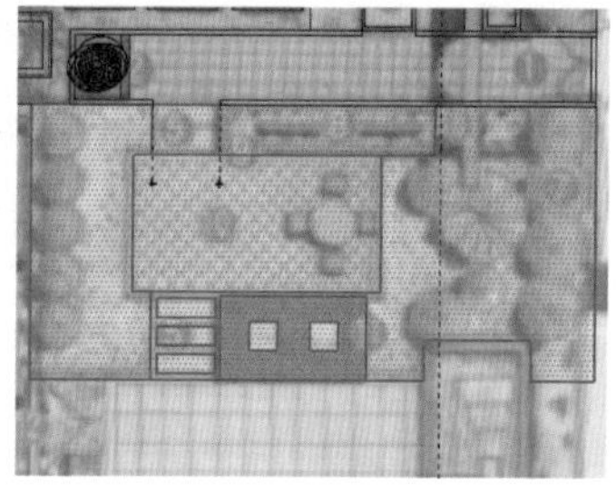
图 12-33　分割细部面

步骤 02 复制过道左侧，制作树池与小片墙，然后通过镜像调整朝向并对位，如图 12-34 所示。

步骤 03 参考图片，结合使用【偏移】与【推/拉】工具，制作花坛模型，如图 12-35 所示。

图 12-34　复制并镜像入口小片墙

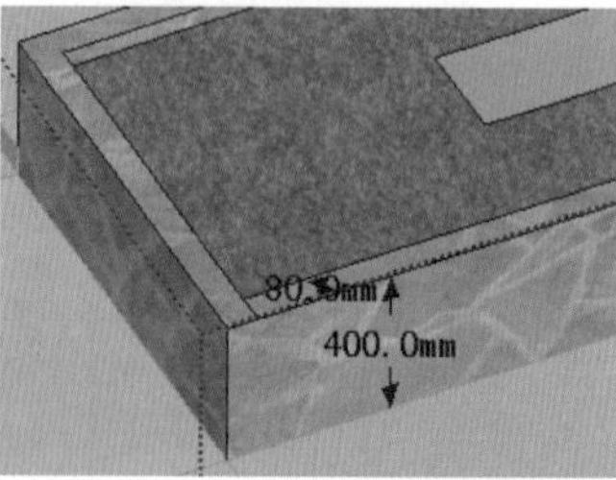

图 12-35　制作花坛细节

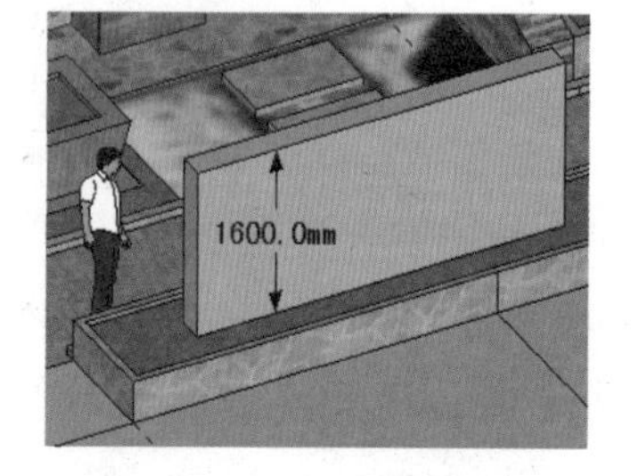

图 12-36　制作文化墙轮廓

步骤 04 参考图片，结合使用【推/拉】、【卷尺】及【偏移】工具，制作文化墙模型，如图 12-36~图 12-38 所示。

步骤 05 启用【推/拉】工具，将停留小广场整体向下推入 300mm，制作出高低落差，如图 12-39 所示。

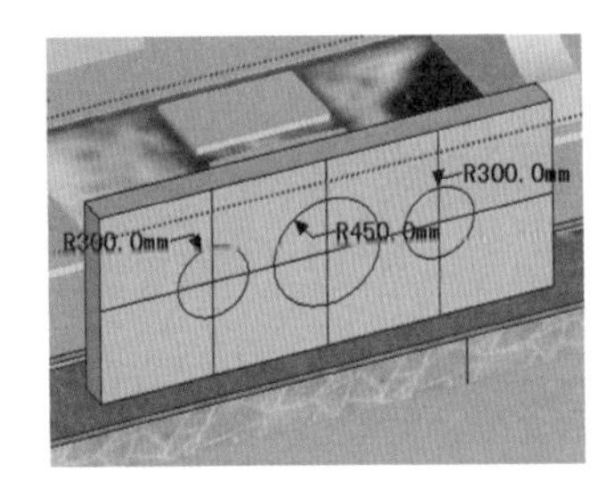

图 12-37　分割文化墙平面

图 12-38　文化墙完成效果

图 12-39　向下推拉 300mm 厚度

步骤 06 参考图片，结合使用【线条】与【推/拉】工具，分割制作左右两侧的斜坡并赋予花丛材质，如图 12-40 与图 12-41 所示。

步骤 07 参考图纸，使用【推/拉】工具制作入口小广场与停留小广场衔接处的台阶模型，如图 12-42 所示。

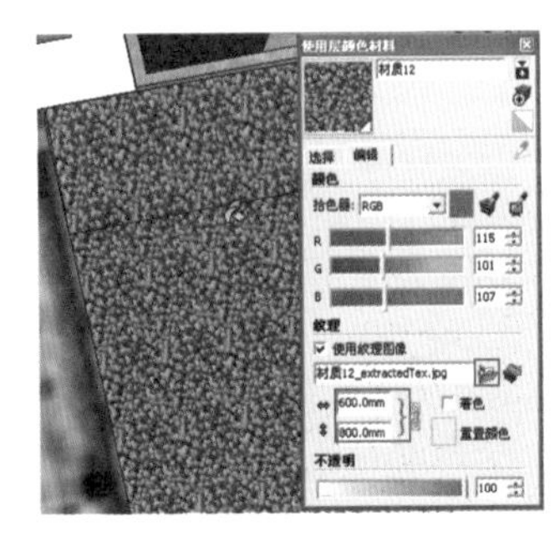
图 12-40　制作斜坡处花丛

图 12-41　制作右侧斜坡及花丛

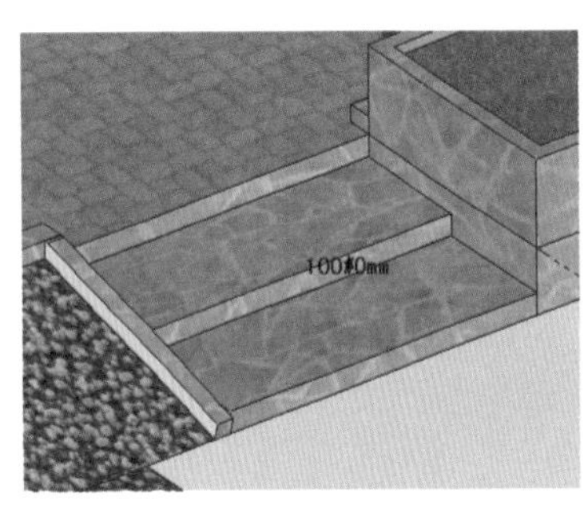
图 12-42　制作衔接台阶

步骤 08 赋予中心平面石材，并调整 45° 拼贴效果，如图 12-43 所示。

步骤 09 参考图纸，结合使用【偏移】与【推/拉】工具，制作下方的木座凳与汀步模型，完成停留小广场模型效果，如图 12-44 所示。

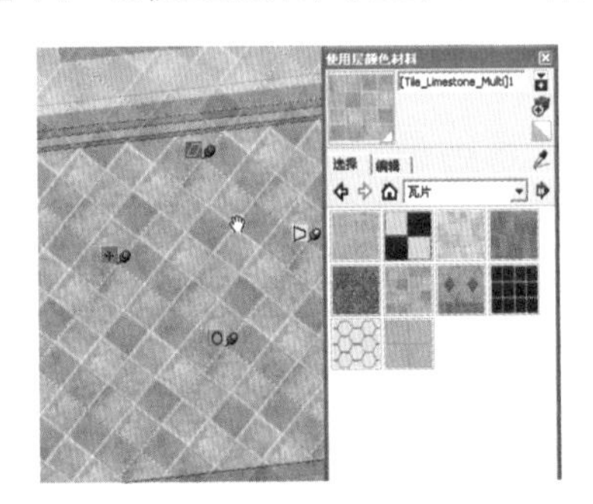
图 12-43　赋予中心广场斜拼石材

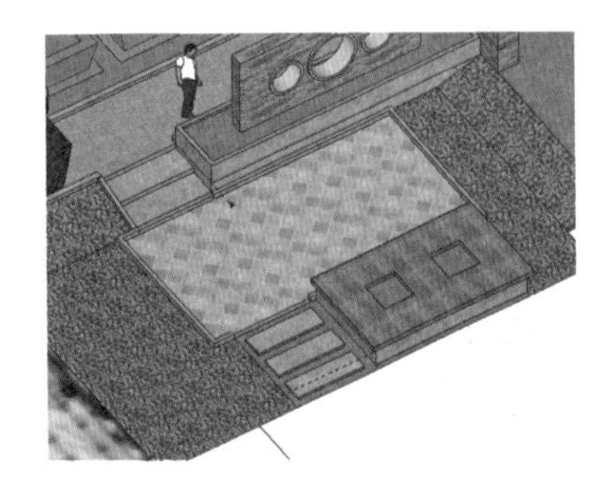
图 12-44　完成整体效果

174 细化中庭活动广场

文件路径：无　　视频文件：MP4\第 12 章\174.MP4

本例制作中庭活动广场，该区域主要有右侧的花钵与左侧的跌级水景。

步骤 01 选择参考底图，对齐至最低平面，以便于观察与捕捉，然后结合使用【线条】与【矩形】工具分割出区域平面，如图 12-45~图 12-47 所示。

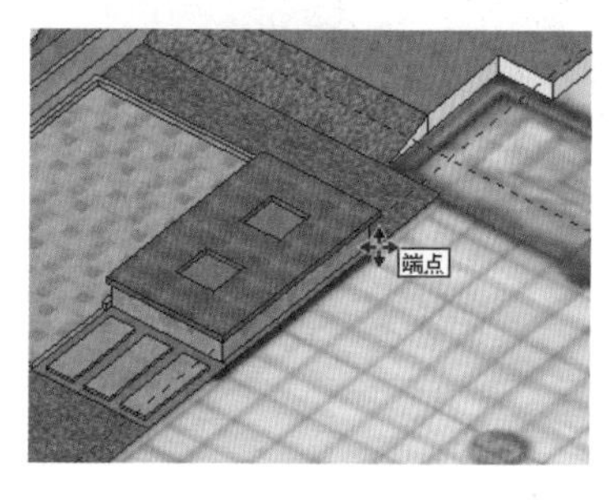

图 12-45　对齐参考底图至最低平面

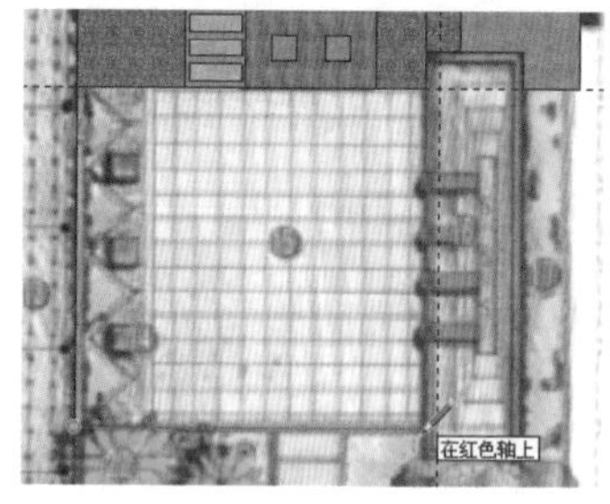

图 12-46　创建中庭活动广场平面

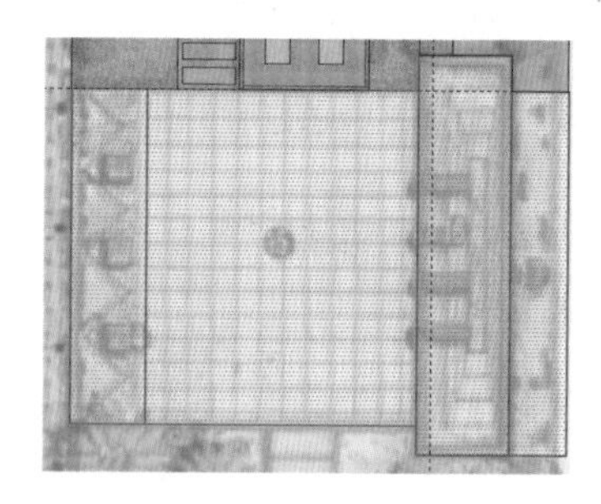

图 12-47　分割区域平面

步骤 02 参考图纸，使用【线条】与【推/拉】工具，制作右侧花坛细节并赋予花丛材质，如图 12-48 与图 12-49 所示。

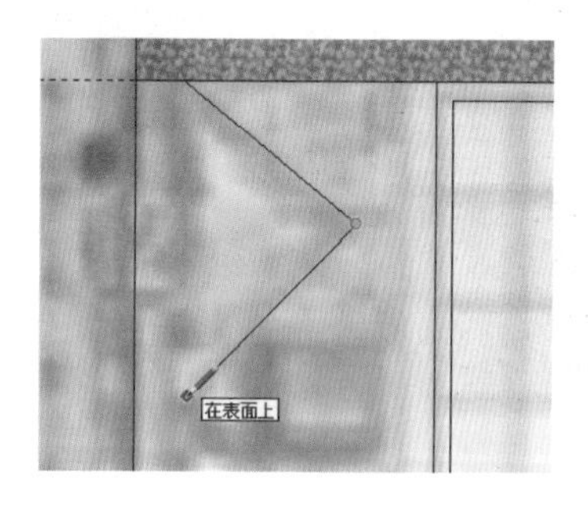

图 12-48　分割花丛平面

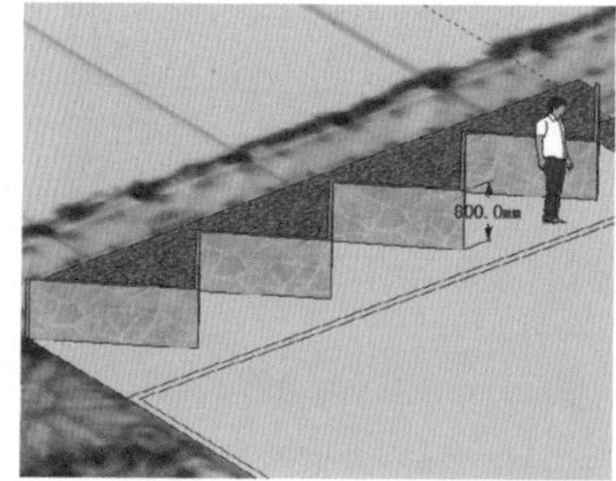

图 12-49　制作花坛细节

图 12-50　合并花钵模型

步骤 03 打开【组件】面板，合并花钵模型组件，然后赋予其下方的地面鹅卵石材质，如图 12-50 与图 12-51 所示。

步骤 04 赋予中庭广场地砖材质，如图 12-52 所示。接下来制作右侧的跌级水景细节，首先分割跌级水景细节面，如图 12-53 所示。

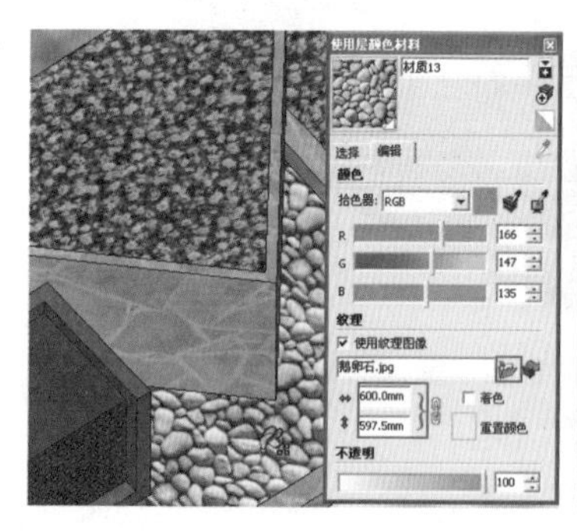

图 12-51　制作鹅卵石地面效果

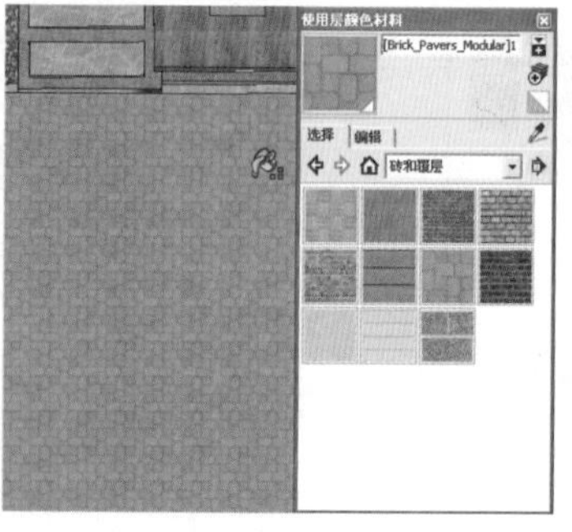

图 12-52　赋予中庭广场地砖

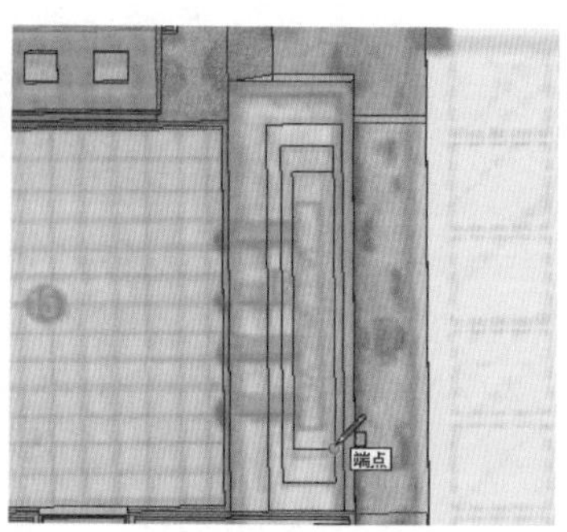

图 12-53　分割跌级水景细节面

步骤 05 使用【推/拉】工具制作出跌级模型，并赋予瓷砖材质，然后制作好喷水孔等细节，如图 12-54 与图 12-55 所示。

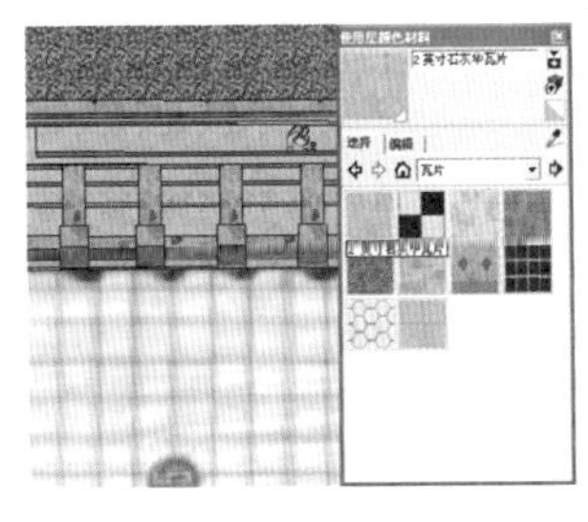

图 12-54　推拉跌级并赋予石材

图 12-55　制作喷水孔等细节

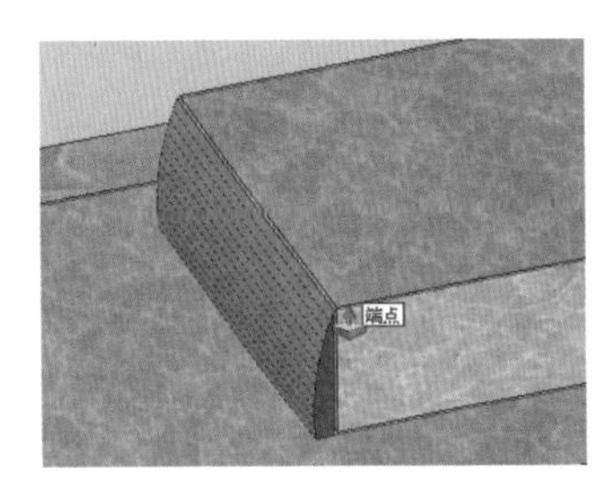

图 12-56　制作水流

步骤 06 结合使用【线条】、【圆弧】以及【偏移】工具，制作出跌级处的水流细节，然后通过复制与缩放完成整体效果，如图 12-56 与图 12-57 所示。

步骤 07 打开【组件】面板，合并喷泉水柱与雕塑模型，复制并对位后完成中庭广场效果，如图 12-58 与图 12-59 所示。

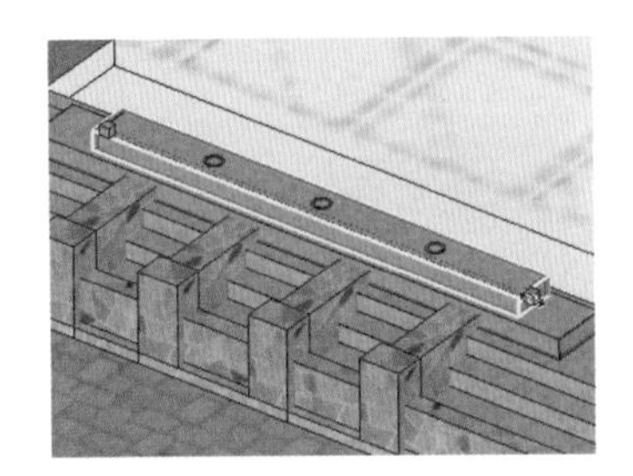

图 12-57　复制并调整水流

图 12-58　合并水柱及雕塑

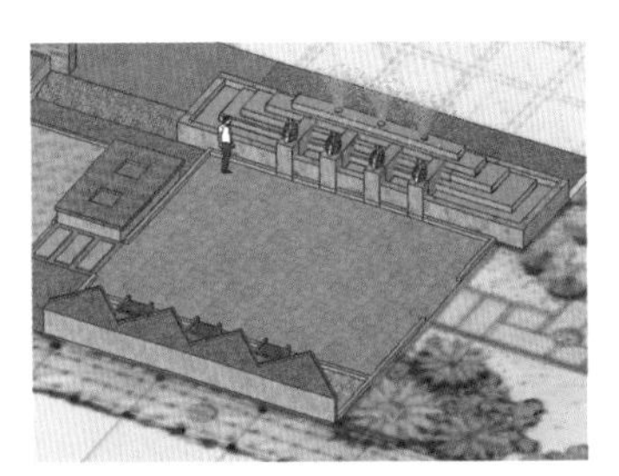

图 12-59　中庭广场完成效果

175 细化休憩景观小广场

文件路径：无　　视频文件：MP4\第 12 章\175.MP4

本例制作休憩小广场模型，主要有较为复杂的汀步及石块景观。

步骤 01 参考图片，启用【线条】工具，分割出休憩小广场的区域平面，如图 12-60 所示。

步骤 02 参考图片，启用【矩形】工具，分割出入口处的汀步平面，如图 12-61 所示。

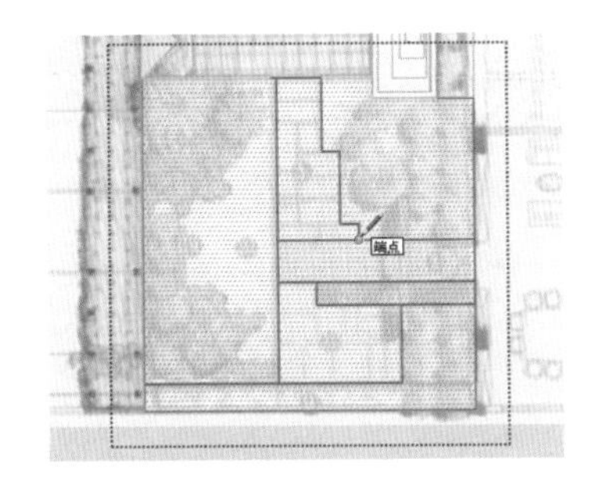

图 12-60　分割休憩小广场平面区域

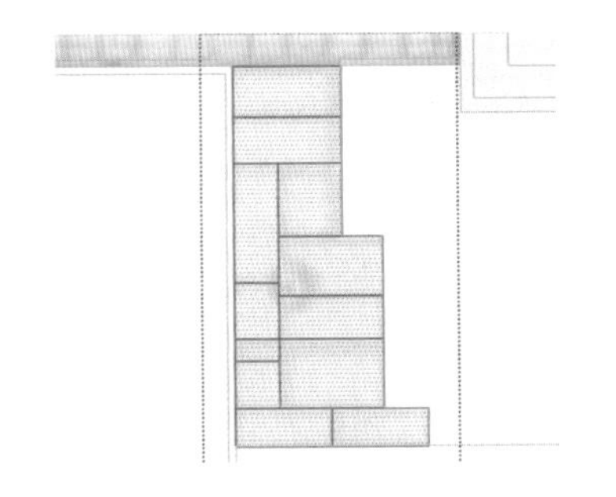

图 12-61　分割汀步平面

步骤 03 结合使用【偏移】与【推/拉】工具，制作出汀步细节，然后赋予石料与草皮材质，如图 12-62 所示。

步骤 04 参考图片，制作汀步两侧的草地与路沿，如图 12-63 所示。

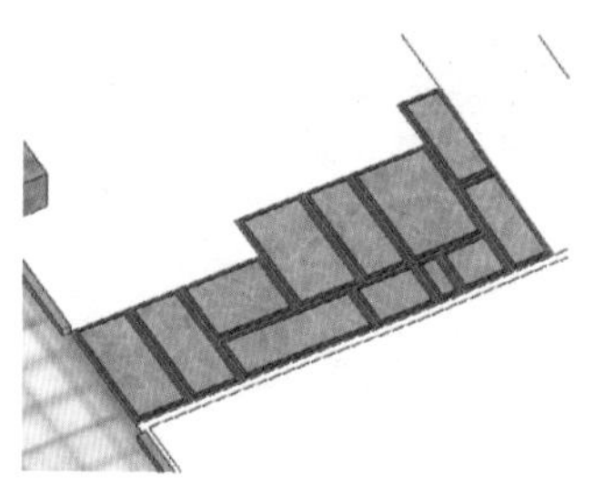

图 12-62　制作汀步效果

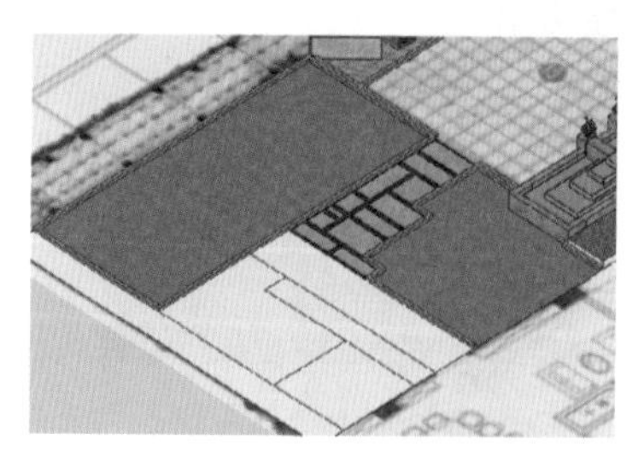

图 12-63　制作草地效果

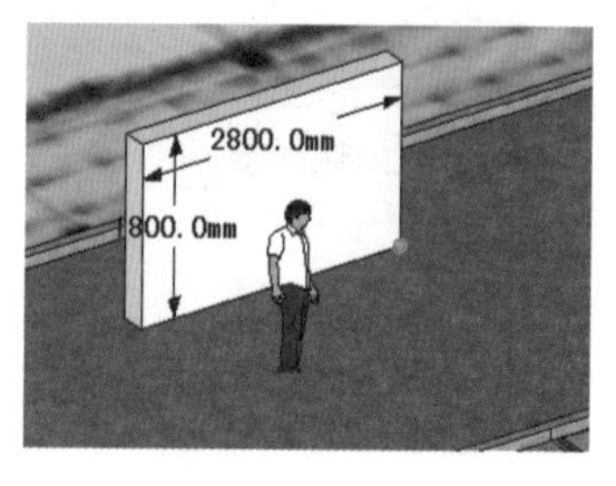

图 12-64　推拉出石块轮廓

步骤 05 结合使用【线条】与【推/拉】工具，制作石块造型并赋予材质，如图 12-64 与图 12-65 所示。

步骤 06 参考图片，使用同样的方法，制作过道、汀步以及休息长凳等模型，如图 12-66~图 12-68 所示。

图 12-65　细化石块造型

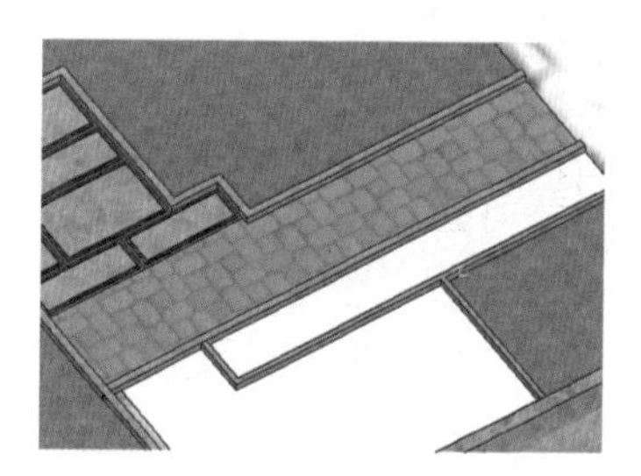

图 12-66　制作过道

图 12-67　制作汀步

步骤 07 屋顶花园景观模型制作完成，当前的效果如图 12-69 所示。接下来制作周边建筑，并合并树木、人物等组合，完成最终效果。

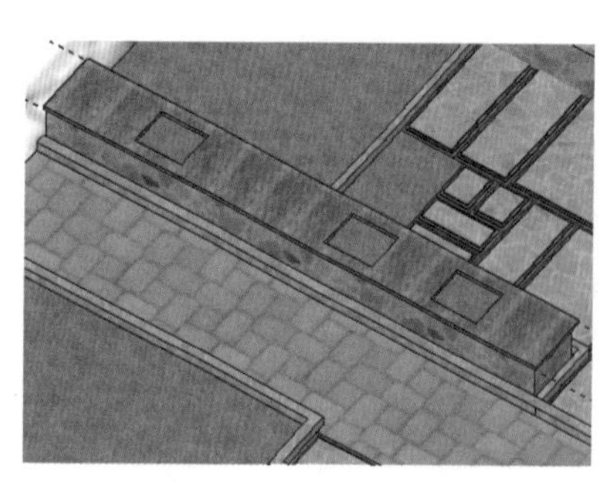

图 12-68　制作休息长凳

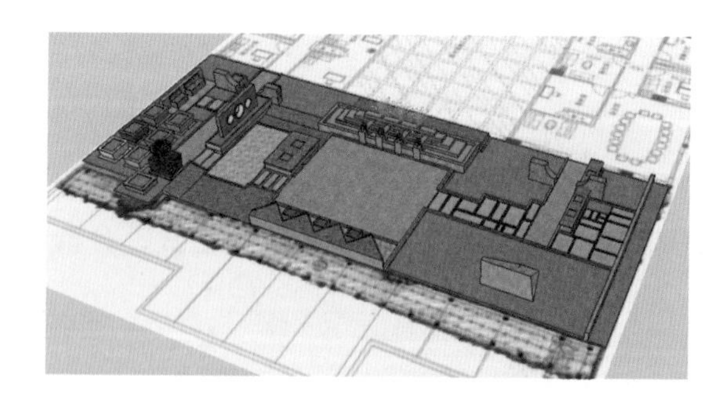

图 12-69　屋顶花园景观完成效果

176 完成最终细节

文件路径：无	视频文件：MP4\第 12 章\176.MP4

本例首先创建周边楼层简化模型，然后合并植物、人物等模型，丰富场景层次。

1. 创建周边楼层简模

步骤 01 参考图片，使用【线条】工具绘制周边建筑平面，细化出门窗等平面细节，如图 12-70 所示。

步骤 02 进行封面与推拉，完成三维造型，如图 12-71 与图 12-72 所示。

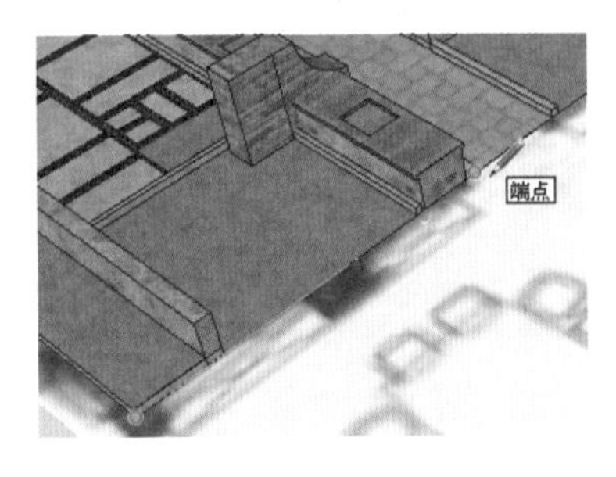

图 12-70　绘制建筑平面

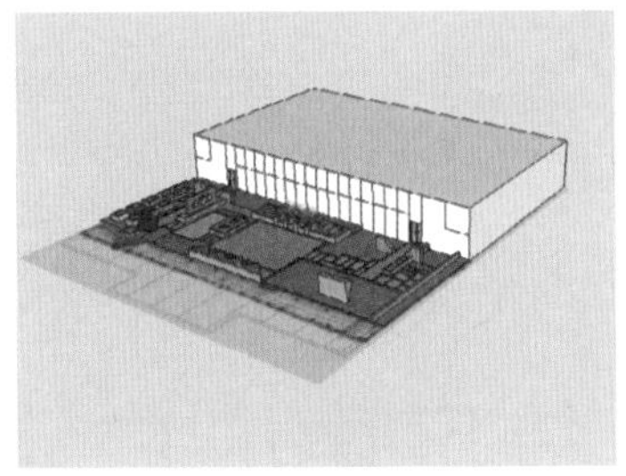

图 12-71　制作右侧建筑简模

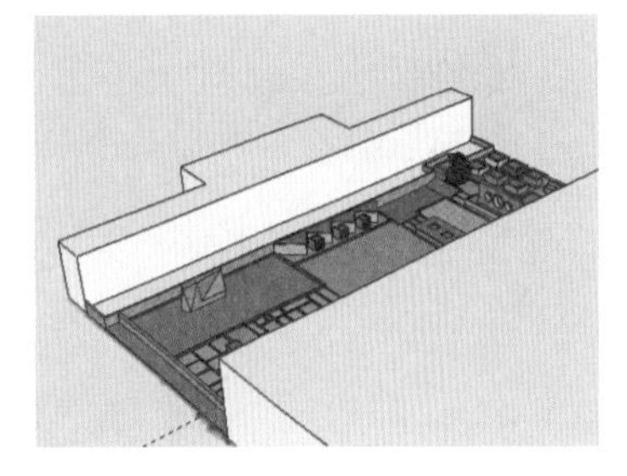

图 12-72　制作左侧建筑简模

2. 添加植物与人物

步骤 01 打开【组件】面板，参考底图植被的分布，合并入树木以及灌木等组件模型，如图 12-73~图 12-75 所示。

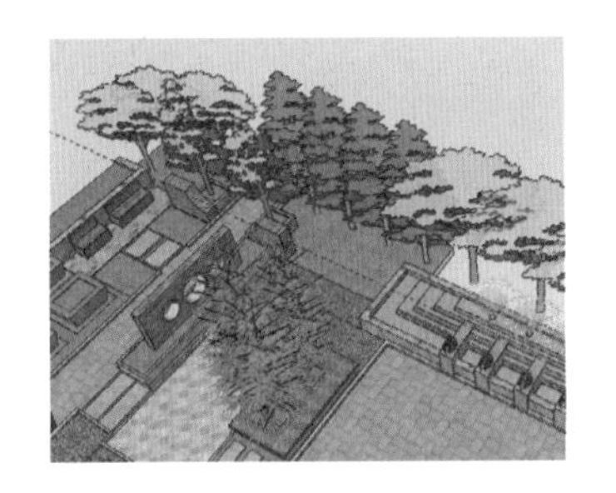

图 12-73　合并树木

图 12-74　合并灌木与花草

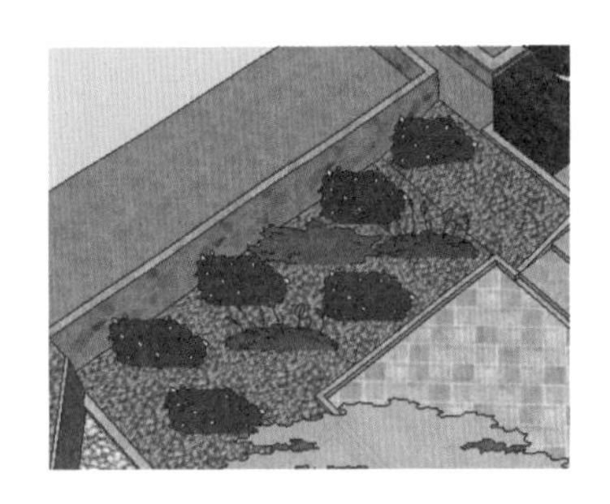

图 12-75　合并灌木

步骤 02 整体植被效果如图 12-76 所示，继续合并休闲桌椅以及人物等细节模型，如图 12-77~图 12-78 所示。

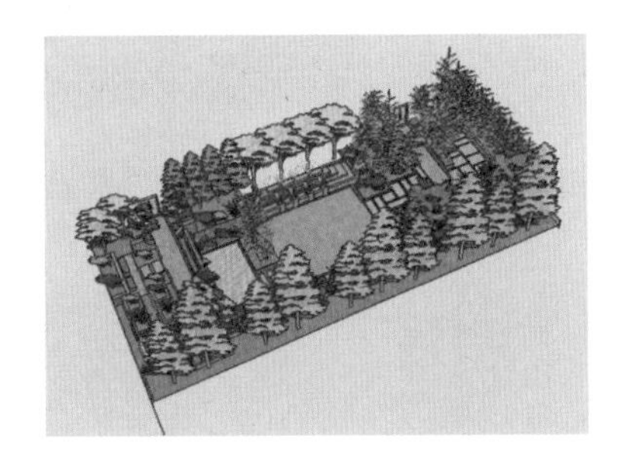

图 12-76　植被完成效果

图 12-77　合并休闲桌椅

步骤 03 参考整体效果，调整植被及人物位置细节，完成最终效果如图 12-79 所示。

图 12-78　合并人物

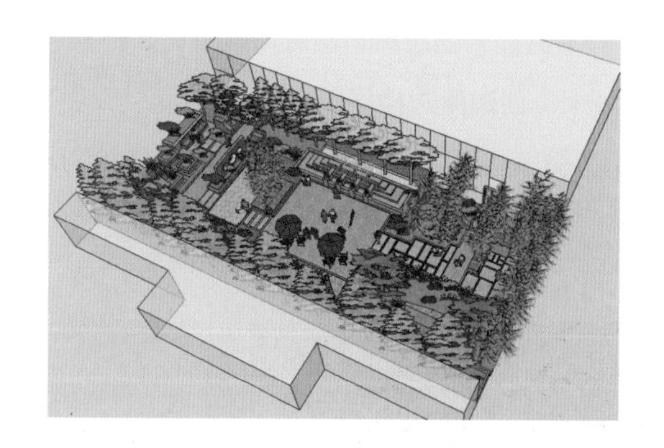

图 12-79　屋顶花园最终效果

12.2 校区中心广场方案

校园中心广场制作过程如图 12-80~图 12-85 所示。

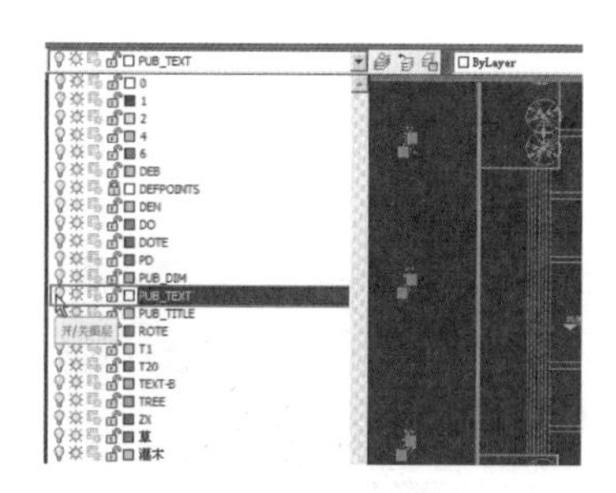

图 12-80　整理 AutoCAD 图纸

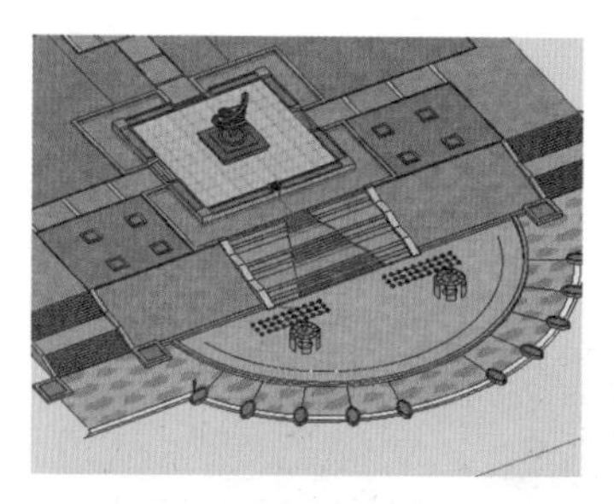

图 12-81　细化水景广场

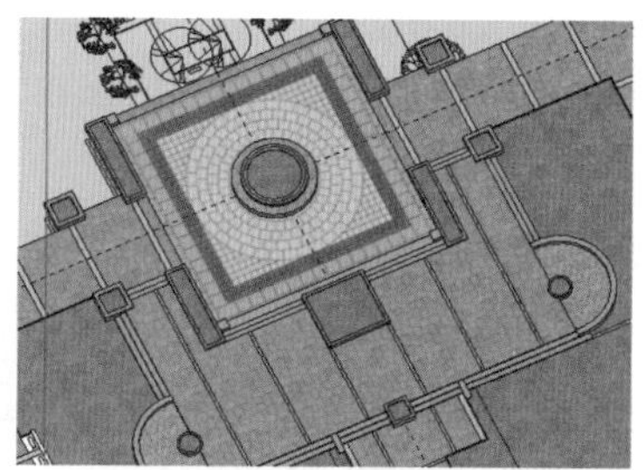

图 12-82　细化休闲广场

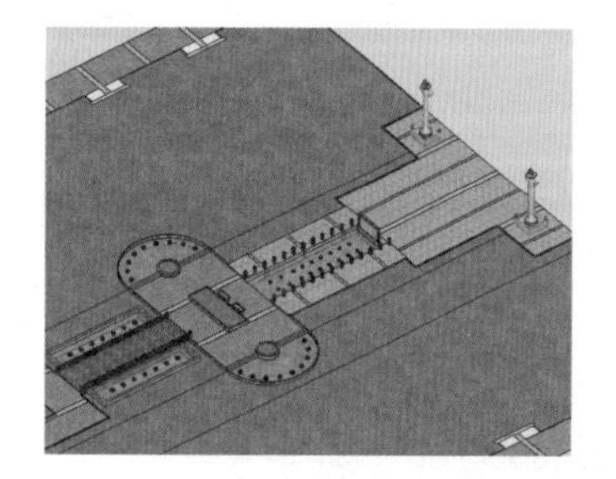

图 12-83　细化廊桥水景

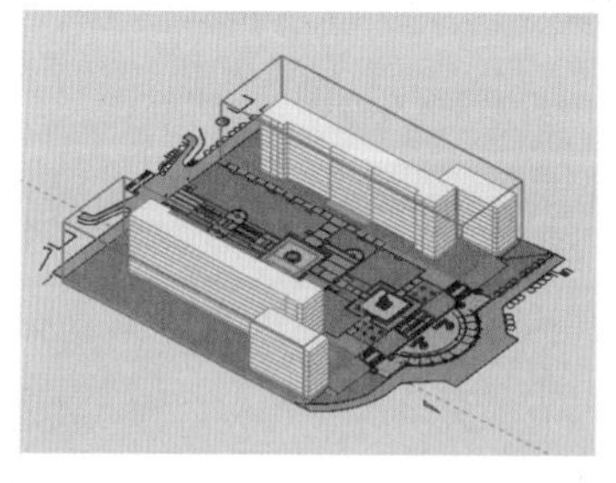

图 12-84　完善地形与建筑

图 12-85　整体鸟瞰效果

177 整理 CAD 图纸并分析建模思路

文件路径：配套光盘\第 12 章\177	视频文件：无

本例简化用于建模参考的 AutoCAD 图纸，同时根据图纸特点分析建模思路。

步骤 01 启动 AutoCAD，打开本书配套光盘“中心广场方案.dwg”图形，删除右侧灌木布置图纸，保留左侧图形，如图 12-86 与图 12-87 所示。

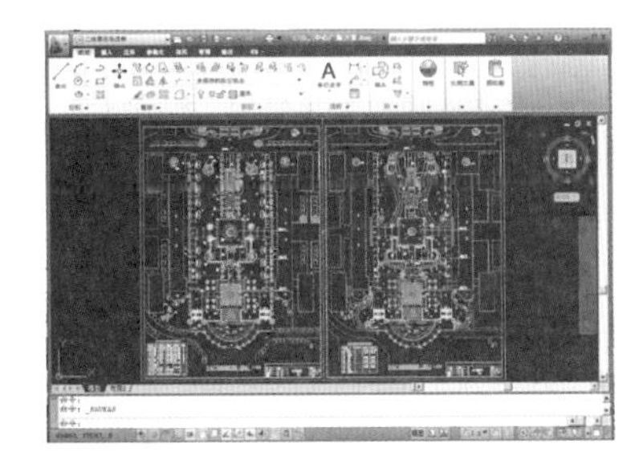

图 12-86　打开中心广场方案图纸

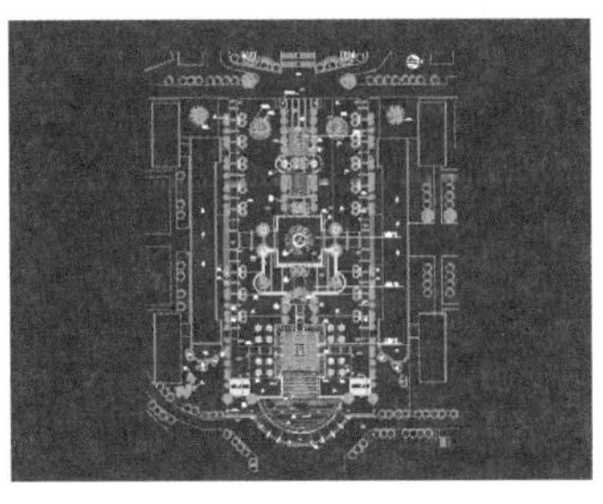

图 12-87　保留左侧图纸

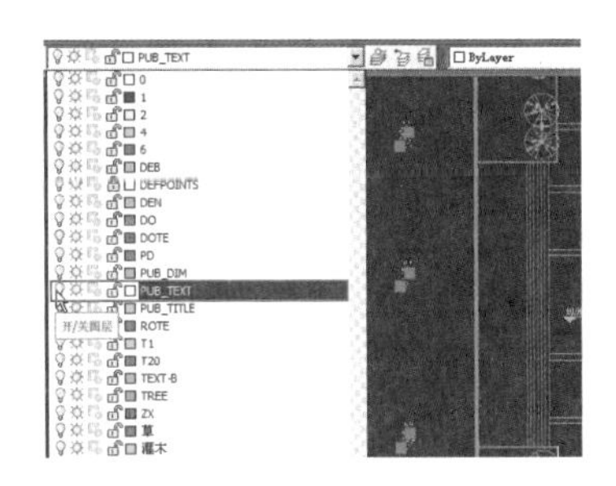

图 12-88　关闭多余图层

步骤 02 分别选择轴线、文字等图层，进入【图层管理器】，关闭这些与建模无关的图层，如图 12-88 所示。

步骤 03 由于中心广场呈左右对称，因此可以选择删除左或右侧重复的植物图形元素，如图 12-89 所示。

步骤 04 图纸简化完成后，按下 Ctlr+Shift+S 组合键将其另存，如图 12-90 与图 12-91 所示。

图 12-89　删除左侧重复图元

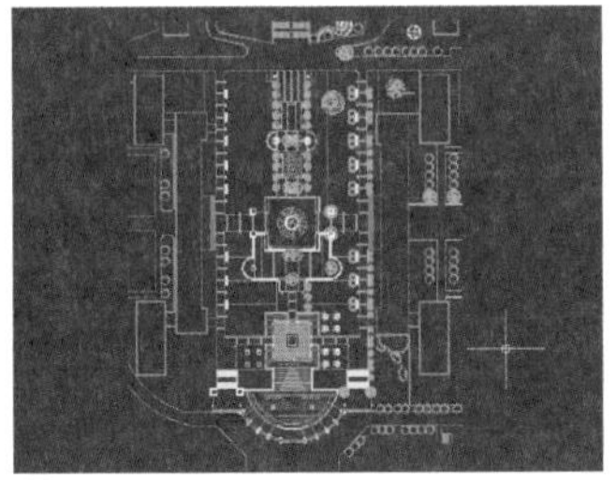

图 12-90　图纸简化效果

图 12-91　另存图纸

步骤 05 根据该方案竖向布局以及左右对称的特点，确立本例模型建立思路如下：

- 参考图纸，逐步建立入口及水景广场、休闲广场以及廊桥水景广场，如图 12-92~图 12-94 所示。

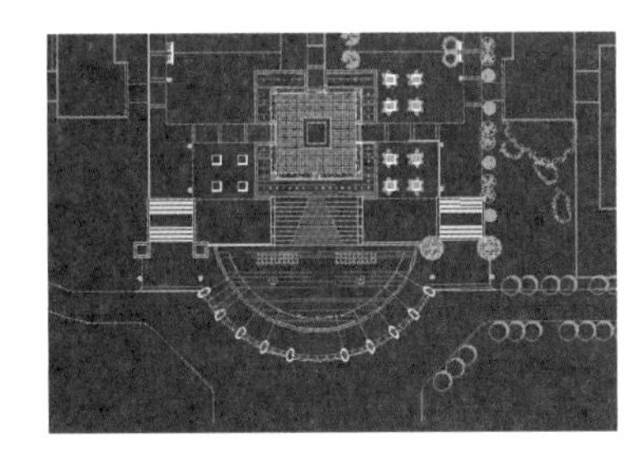

图 12-92　入口及水景广场

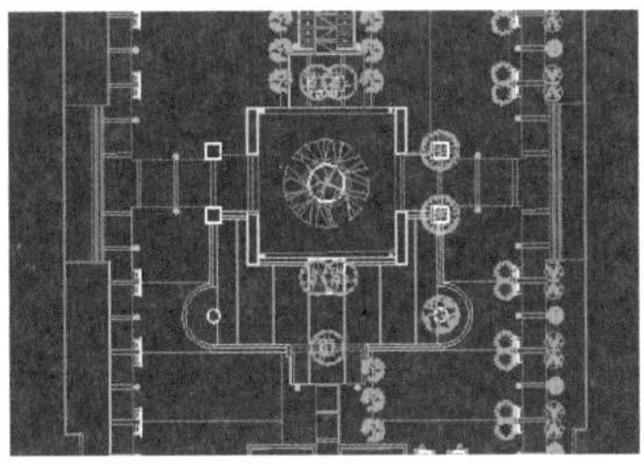

图 12-93　休闲广场

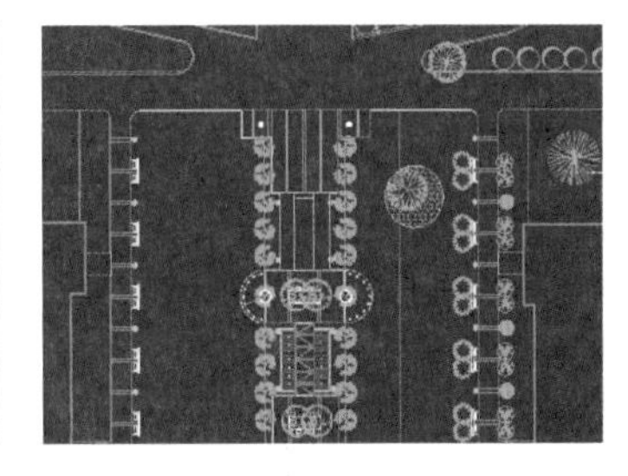

图 12-94　廊桥水景广场

- 由于图纸左右对称，在建模的过程中注意使用复制与镜像功能，加快建模效率。
- 中心景观模型完成后，参考图纸完善地形与建筑效果，然后仔细处理好主要景观节点的效果，如图 12-95~图 12-97 所示。

图 12-95　入口及水景广场节点效果

图 12-96　休闲广场节点效果

图 12-97　廊桥水景广场节点效果

178 建立水景广场

文件路径：无　　视频文件：无

本例建立中心广场入口与水景广场模型，在模型的建立过程中，注复制与镜像功能的灵活使用。

1. 建立广场主入口

步骤 01 打开 SketchUp，进入【模型信息】面板，设置模型单位为 mm，导入上一节整理并保存的 CAD 图纸，如图 12-98 和图 12-99 所示。

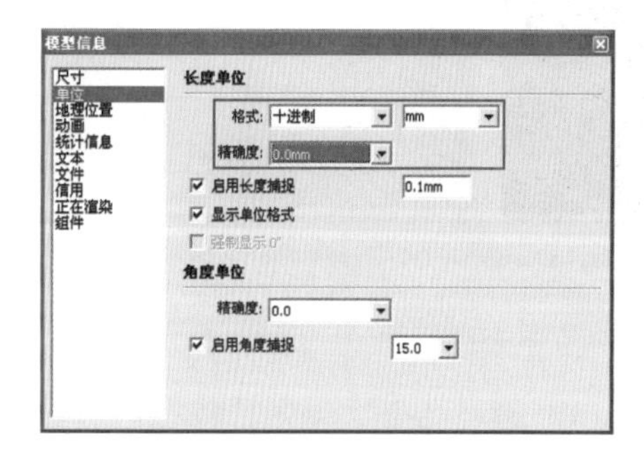

图 12-98　设置模型单位为 mm

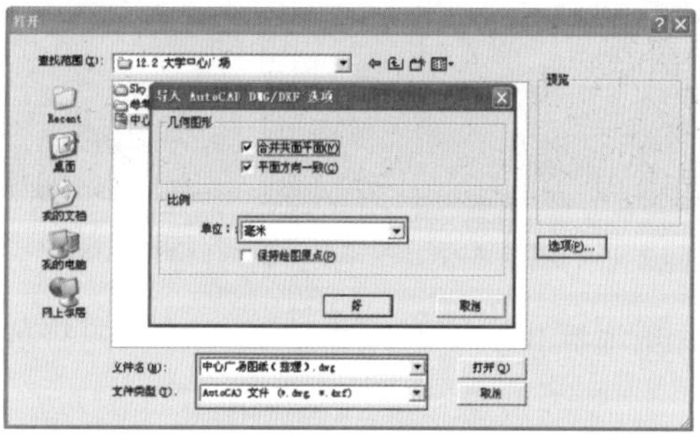

图 12-99　设置并导入图纸

步骤 02 图纸导入完成后，使用【尺寸】工具测量台阶的宽度，并对比原始 CAD 图纸，确认图纸尺寸正确，如图 12-100~图 12-102 所示。

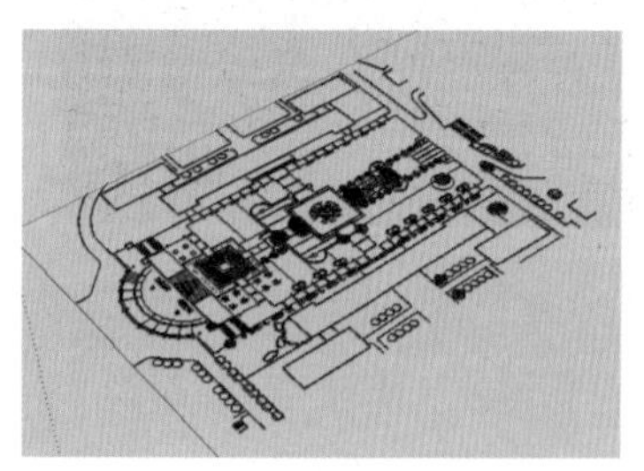

图 12-100　图纸导入完成效果

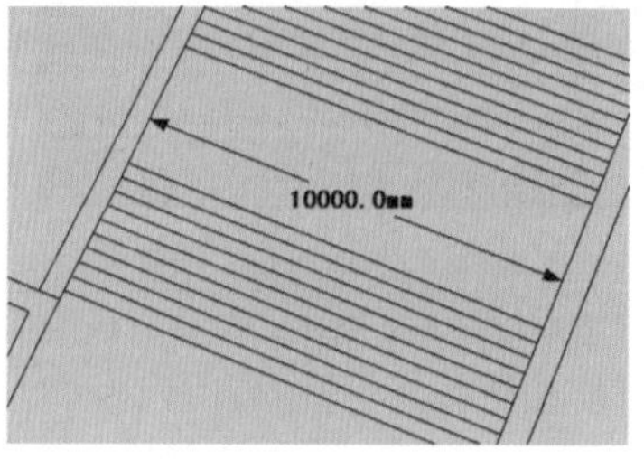

图 12-101　测量导入图纸台阶宽度

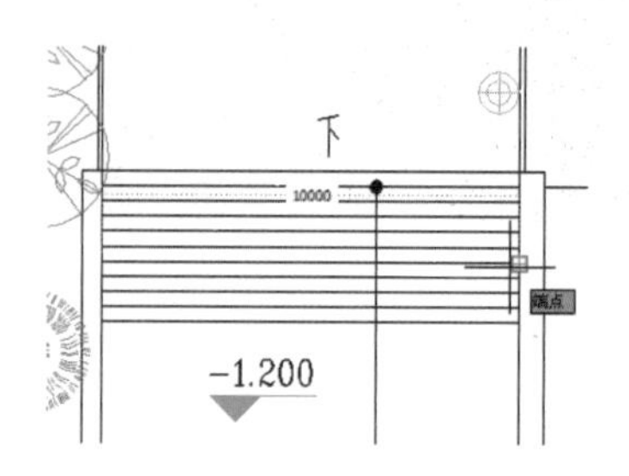

图 12-102　对比原 AutoCAD 图纸

步骤 03 参考图纸，结合使用【线条】、【圆弧】工具创建入口处左侧的封闭平面，然后通过复制与镜像，制作整个入口平面，如图 12-103~图 12-105 所示。

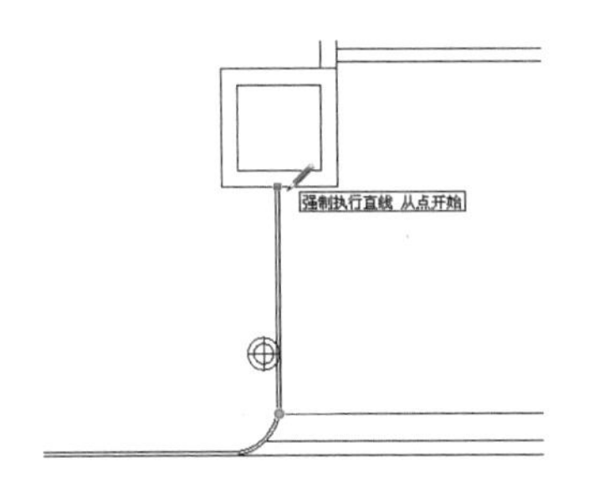

图 12-103　捕捉绘制入口封闭平面

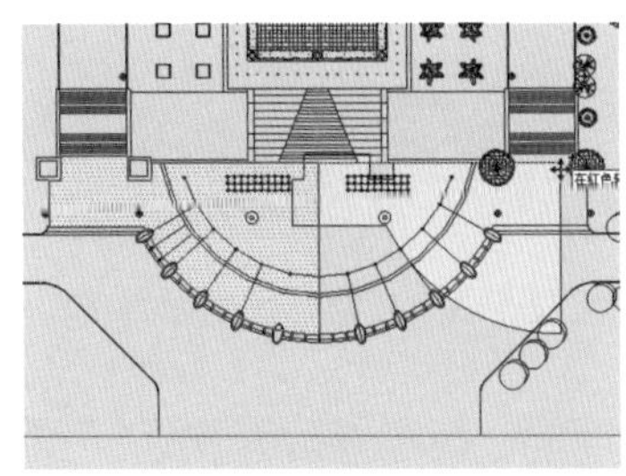

图 12-104　复制出右侧对称平面

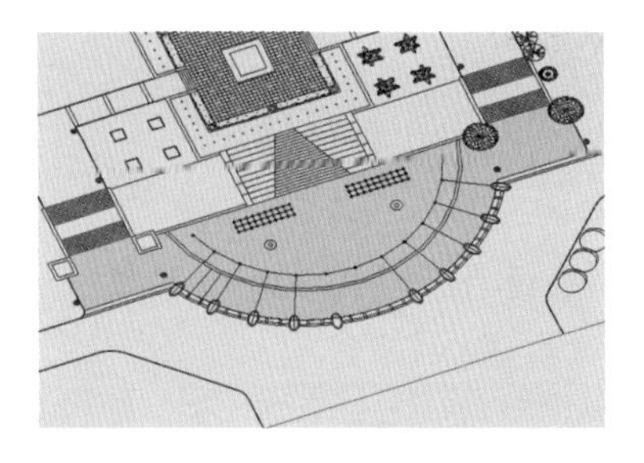

图 12-105　镜像并对位右侧平面

步骤 04 参考图纸细分割入口平面，然后根据 AutoCAD 图纸中水池周围的标高，创建半圆形水面等细节，如图 12-106~图 12-108 所示。

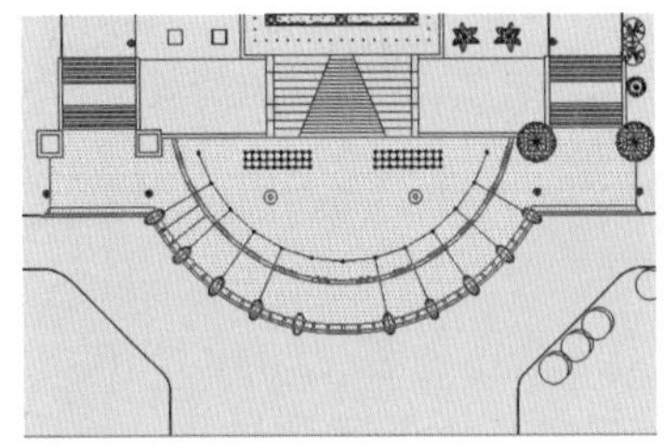

图 12-106　细分割入口平面

图 12-107　CAD 图纸水池标高

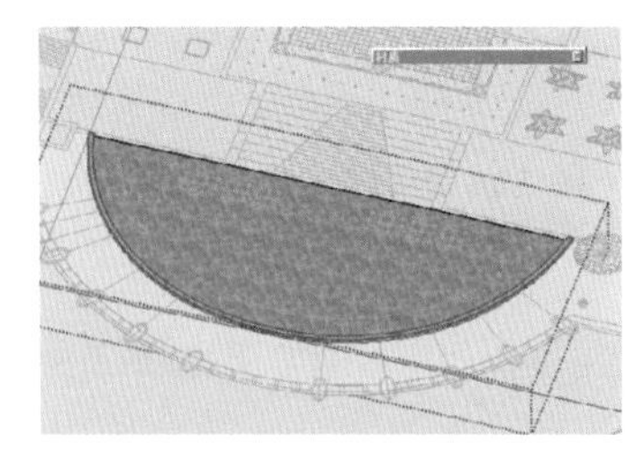

图 12-108　建立半圆形水面

步骤 05 参考图纸，结合使用【圆】与【推/拉】工具，制作水池中的喷泉阵列，如图 12-109~图 12-111 所示。

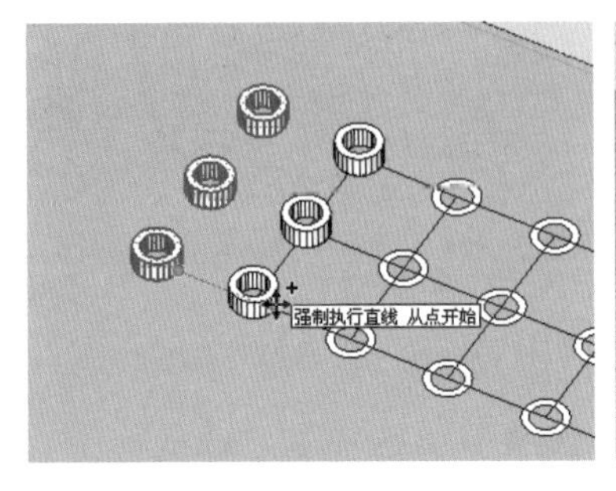

图 12-109　建立喷头

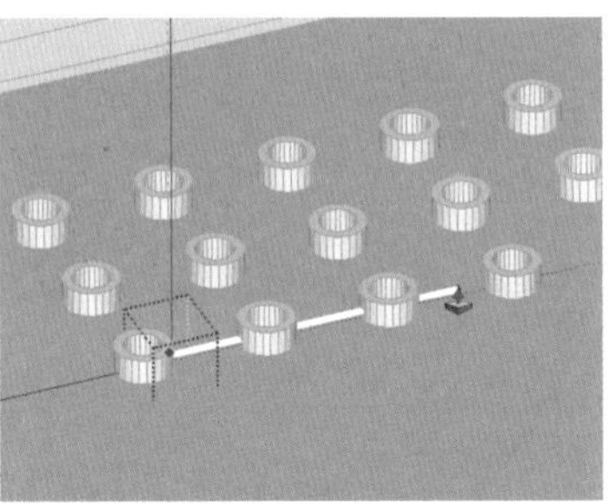

图 12-110　移动复制喷头

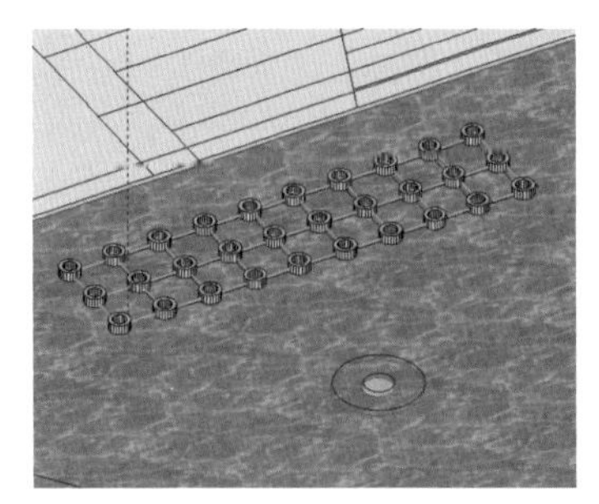

图 12-111　阵列喷泉喷头

步骤 06 打开【组件】面板，合并　“造型喷泉”模型，根据图纸调整造型大小并复制，如图 12-112 所示。

步骤 07 半圆形水池与喷泉制作完成后，参考图纸分割环境地面细节，然后赋予左侧路面与环状地面对应石材，如图 12-113~图 12-115 所示。

步骤 08 进入 AutoCAD 图纸【组】，直接通过椭圆花坛线形创建封闭平面，制作出造型细节并赋予材质，如图 12-116 与图 12-117 所示。

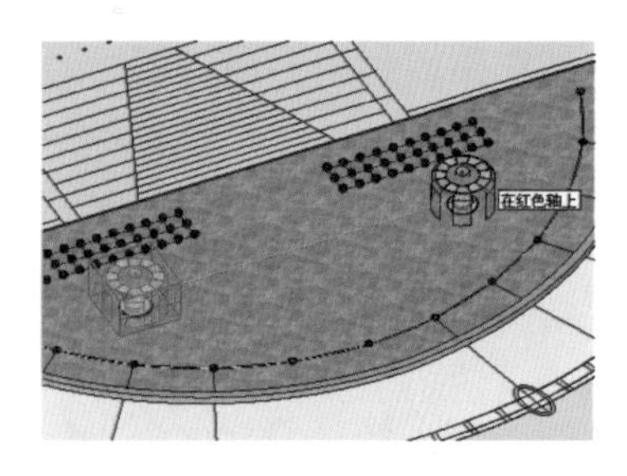

图 12-112　合并造型喷泉模型

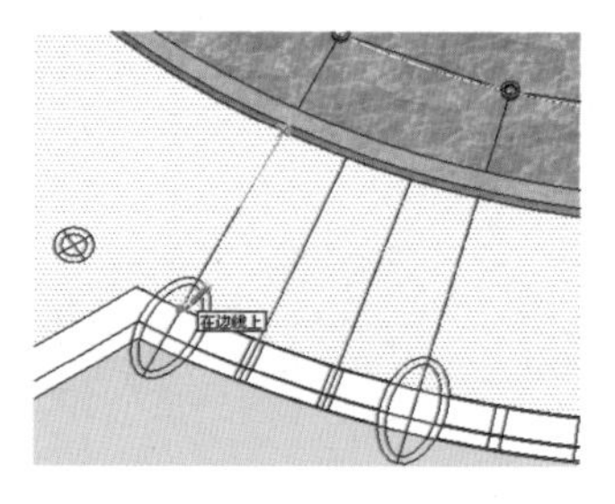

图 12-113　分割环状地面细节

图 12-114　赋予左侧路面石材

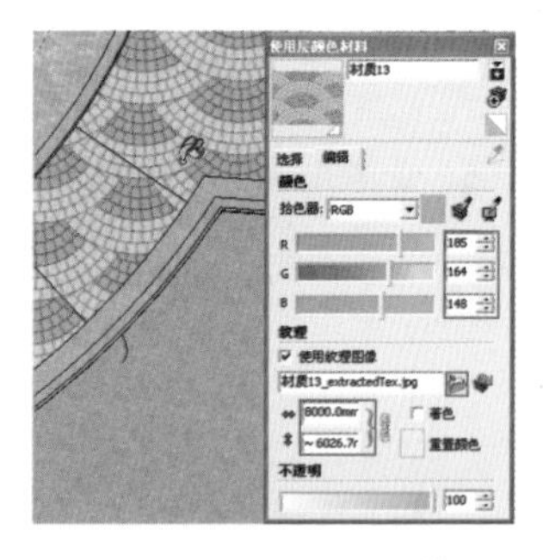

图 12-115　赋予环状地面材质

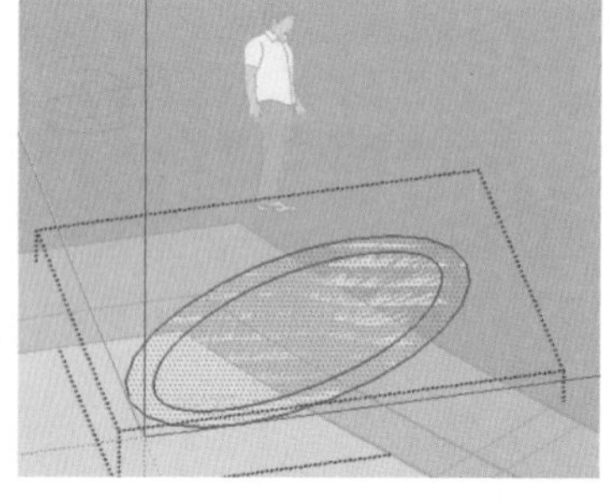

图 12-116　创建椭圆花坛平面

图 12-117　完成花坛细节与材质

步骤 09 选择创建的椭圆形花坛，通过多重旋转复制，制作其他花坛造型，如图 12-118 所示。

步骤 10 参考图纸，结合使用【矩形】与【推/拉】工具，制作入口处树池并赋予材质，然后进行复制，如图 12-119 与图 12-120 所示。

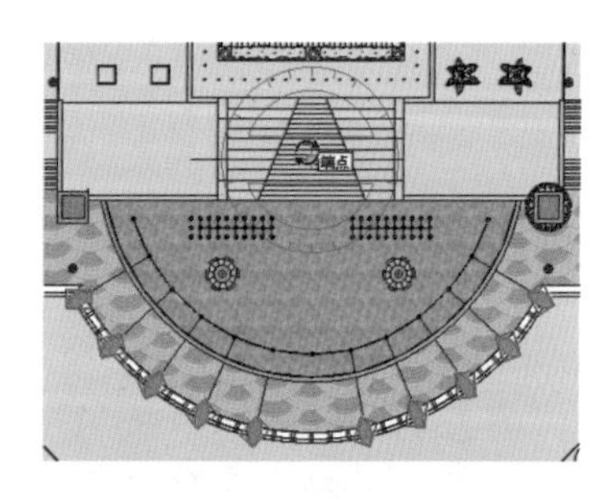

图 12-118　多重旋转复制花坛

图 12-119　制作入口树池

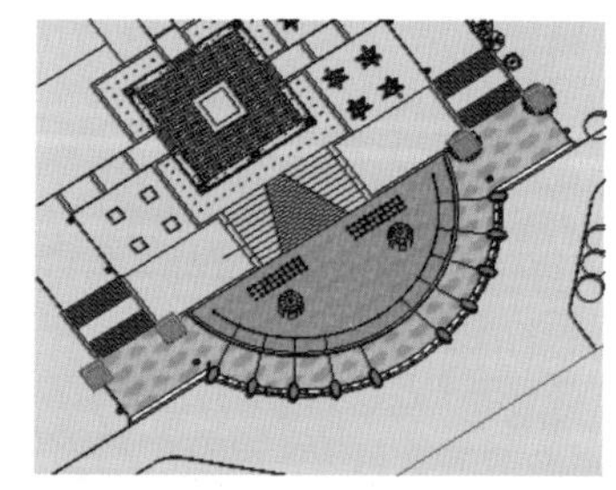

图 12-120　参考图纸复制树池

步骤 11 参考 AutoCAD 图纸中台阶标高，使用【线条】与【推/拉】工具制作台阶整体轮廓，如图 12-121~图 12-123 所示。

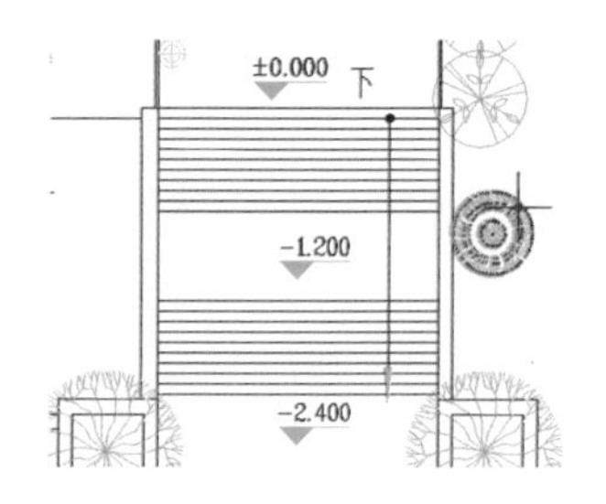

图 12-121　观察台阶标高

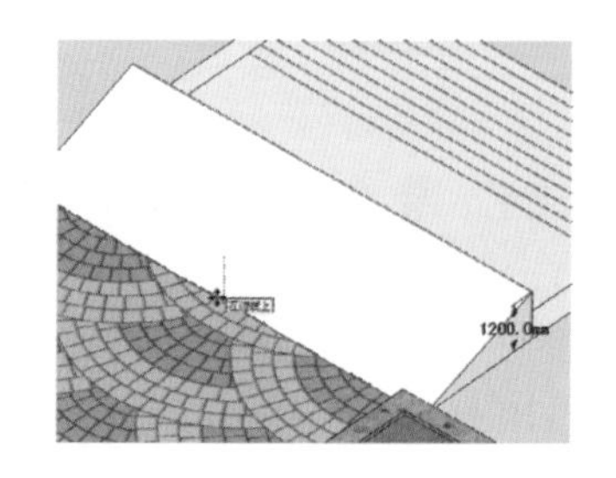

图 12-122　创建第一级台阶轮廓

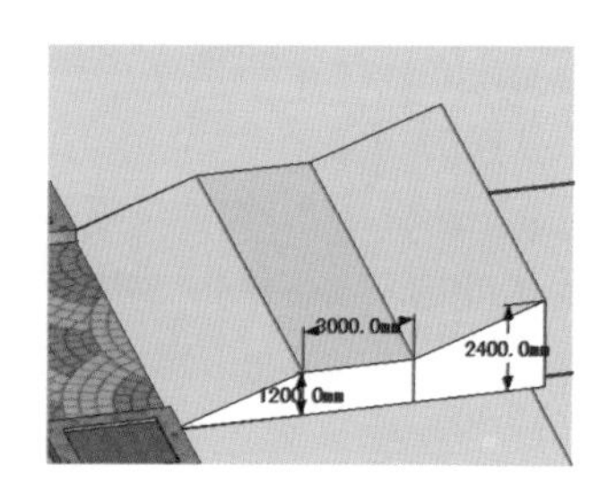

图 12-123　创建台阶整体轮廓

步骤 12 参考图纸分割出踏步与平台细节，然后赋予石材材质，完成左侧台阶的制作，如图 12-124 与图 12-125 所示。

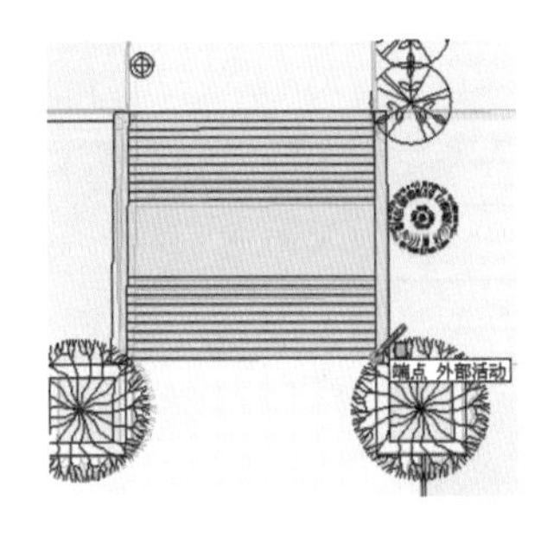

图 12-124　参考图纸分割台阶细节

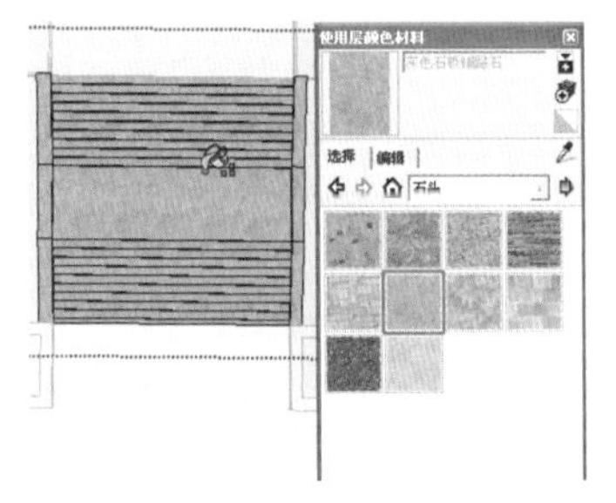

图 12-125　制作细节并赋予材质

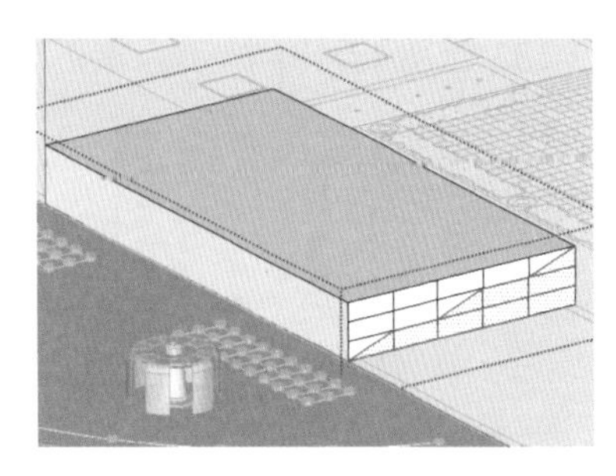

图 12-126　制作中央叠水瀑轮廓

步骤 13 参考图纸，制作中央叠水瀑布轮廓造型，使用模型交错制作出中间八字形的斜线细节，如图 12-126 与图 12-127 所示。

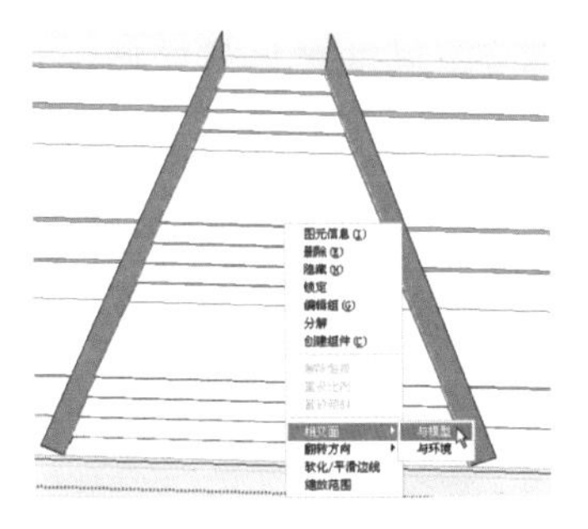

图 12-127　使用模型交错制作斜线

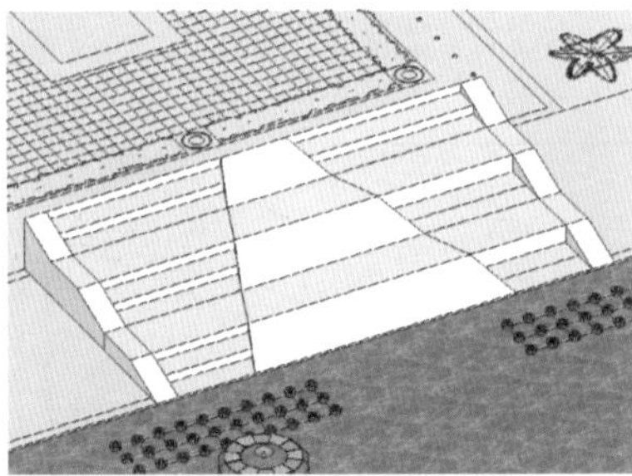

图 12-128　制作两侧细节

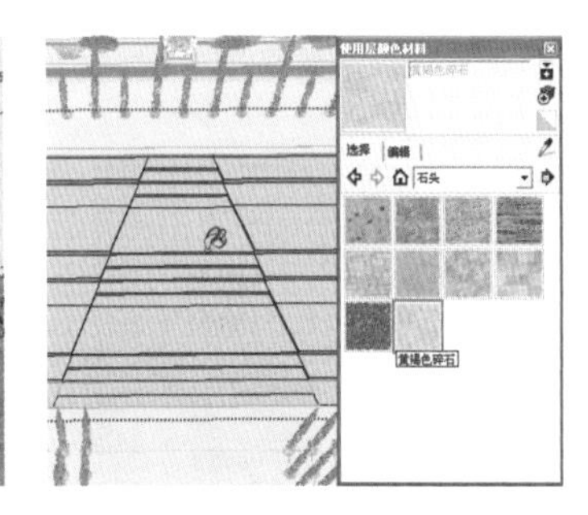

图 12-129　完成中心细节并赋予材质

步骤 14 启用【线条】与【推/拉】工具，分别制作两侧与中央台阶细节，然后赋予石材材质，如图 12-128 与图 12-129 所示。

步骤 15 结合图纸与当前的台阶造型，制作好中间衔接的草坡模型并赋予材质，如图 12-130 与图 12-131 所示。

步骤 16 左侧草坡制作完成后，通过复制与镜像，完成右侧台阶与草坡的制作，至此，广场入口模型制作完成，如图 12-132 所示。

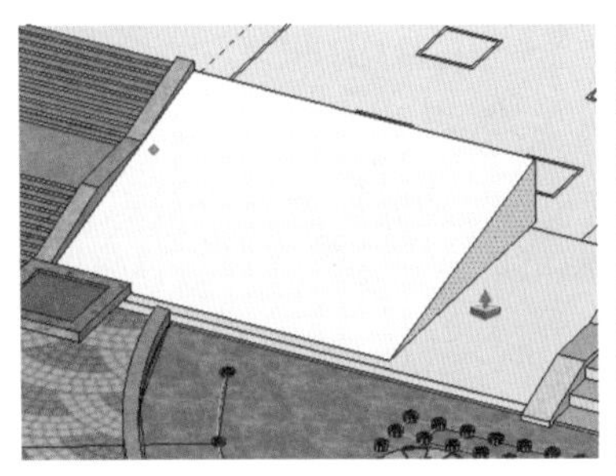

图 12-130　制作草坡

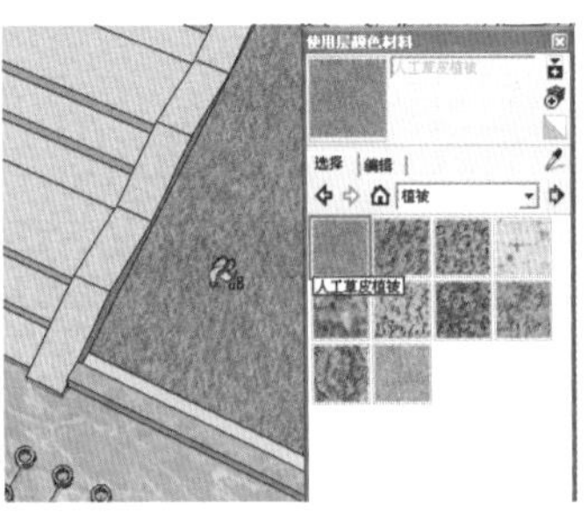

图 12-131　赋予草地材质

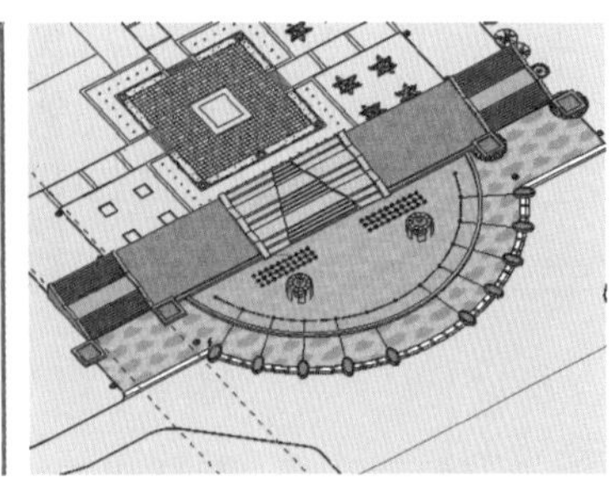

图 12-132　入口模型完成效果

2. 建立水景广场

步骤 01 参考图纸，结合使用【线条】与【矩形】工具，制作水景广场的细分割平面，如图 12-133 与图 12-134 所示。接下来进行三维造型的细化。

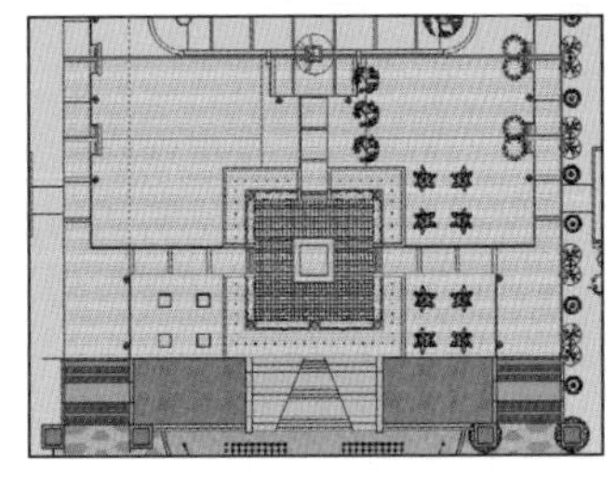
图 12-133 创建水景广场平面

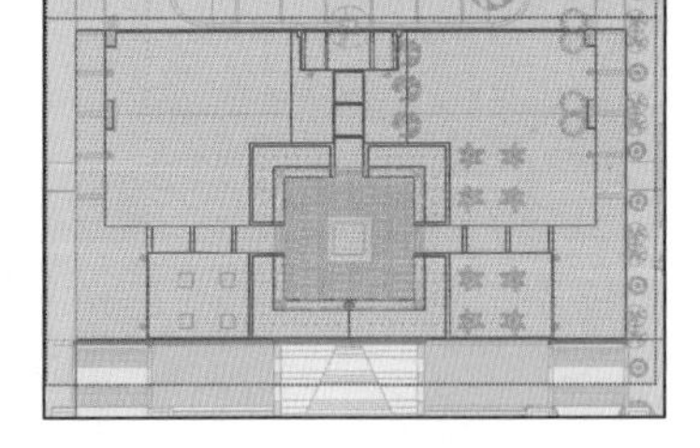
图 12-134 细分割水景广场平面

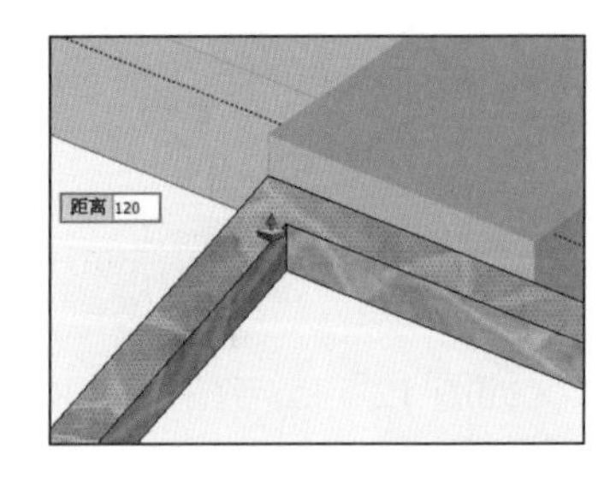

图 12-135 制作外侧路沿细节

步骤 02 启用【推/拉】工具，制作外侧路沿后赋予材质，如图 12-135 所示。

步骤 03 复制入口处创建的树池，参考图纸调整其大小，再复制得到水景广场其他位置的树池，如图 12-136 与图 12-137 所示。

步骤 04 参考图纸赋予地面与草坪材质，如图 12-138 所示。接下来细化中央的水景广场。

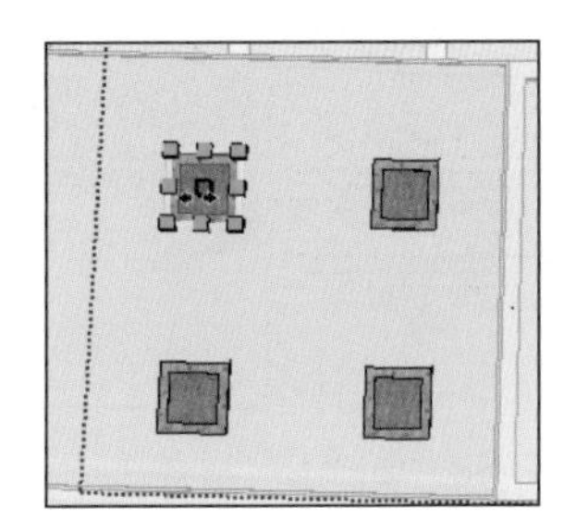
图 12-136 复制并拉伸树池

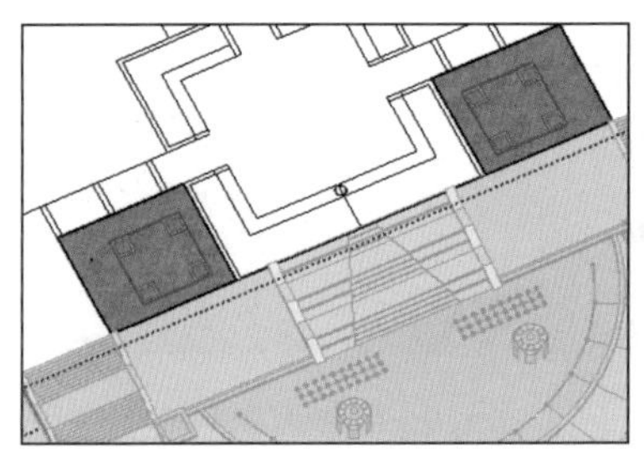
图 12-137 参考图纸复制树池

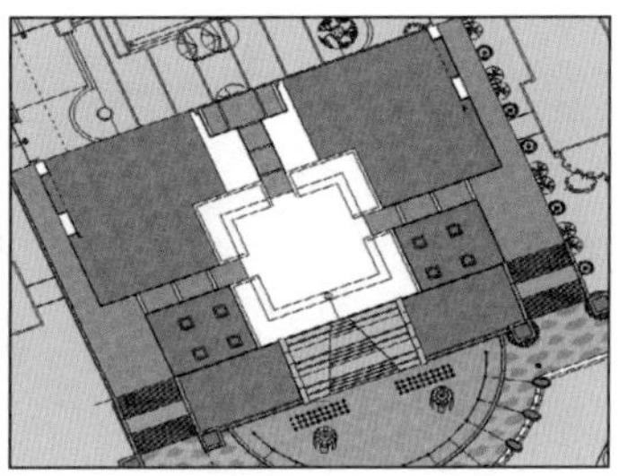
图 12-138 赋予地面与草坪材质

步骤 05 参考 AutoCAD 图纸中的标高，使用推拉工具向上推出广场地面对应的高度，如图 12-139 与图 12-140 所示。

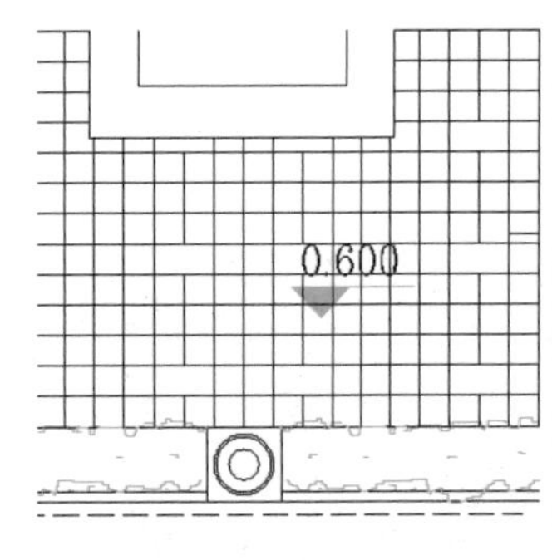

图 12-139 观察广场标高

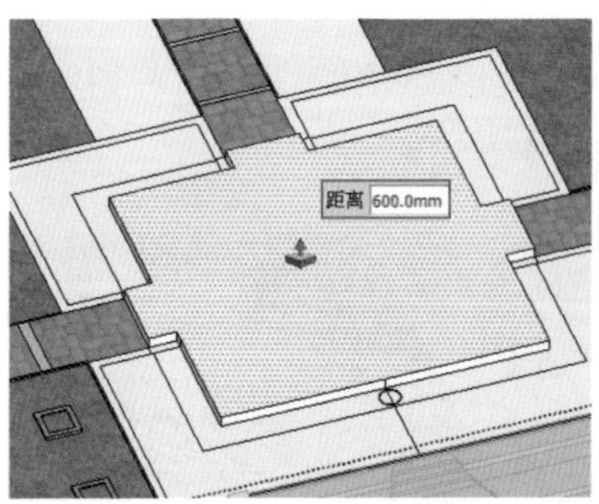

图 12-140 向上推出对应高度

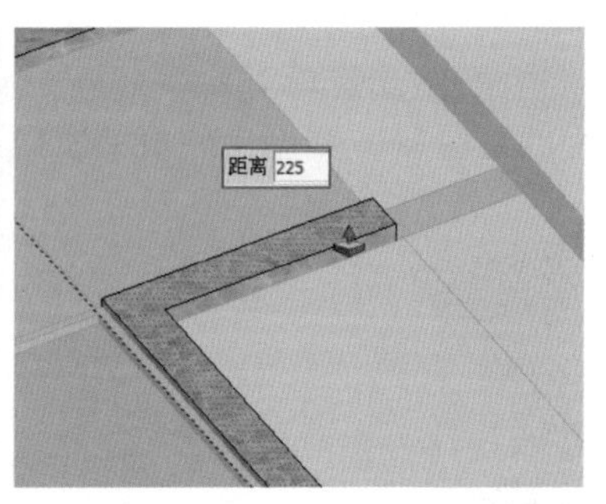

图 12-141 制作内部路沿细节

步骤 06 参考图纸，细化出广场外围的路沿、台阶、花坛以及水面与喷泉，如图 12-141~ 图 12-144 所示。

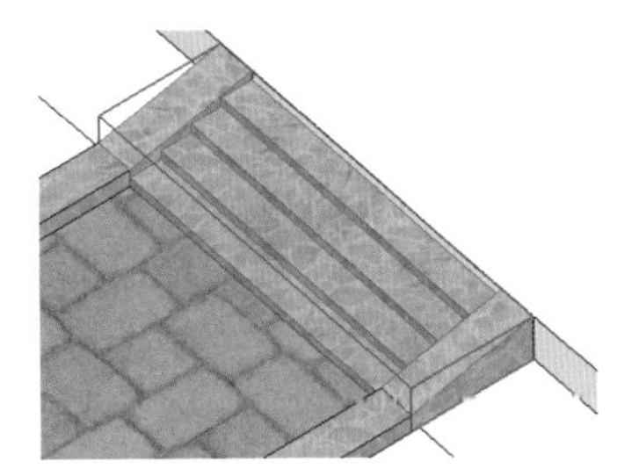

图 12-142　制作台阶细节

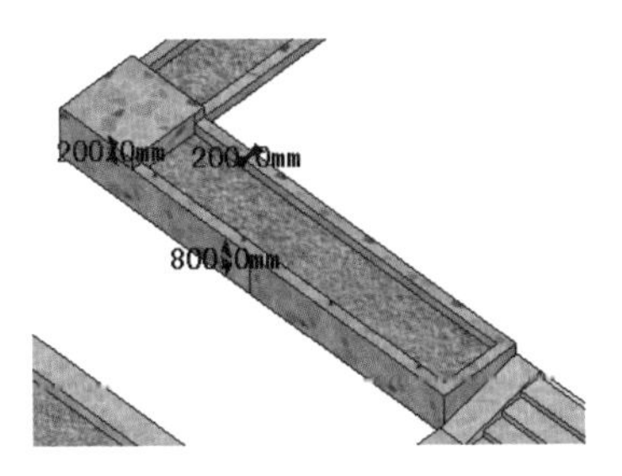

图 12-143　制作花坛细节

图 12-144　制作水面与喷头

步骤 07 参考图纸，分割出雕塑底座平面，然后结合【偏移】与【推/拉】工具，制作底座细节，如图 12-145 与图 12-146 所示。

步骤 08 打开【组件】面板，合并入雕塑模型，参考整体大小调整模型比例，完成水景广场模型的创建，如图 12-147 所示。

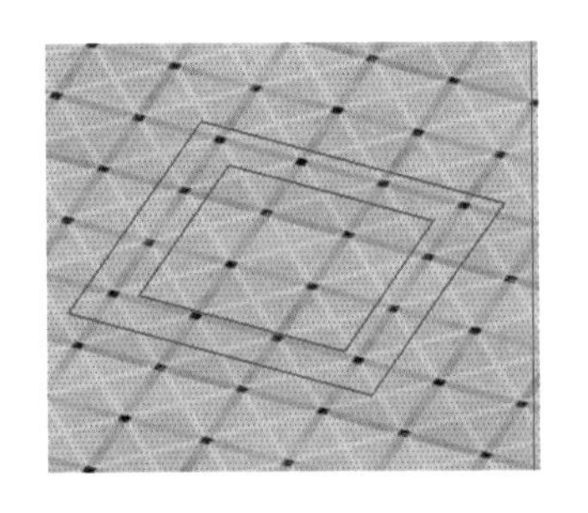

图 12-145　分割雕塑底座平面

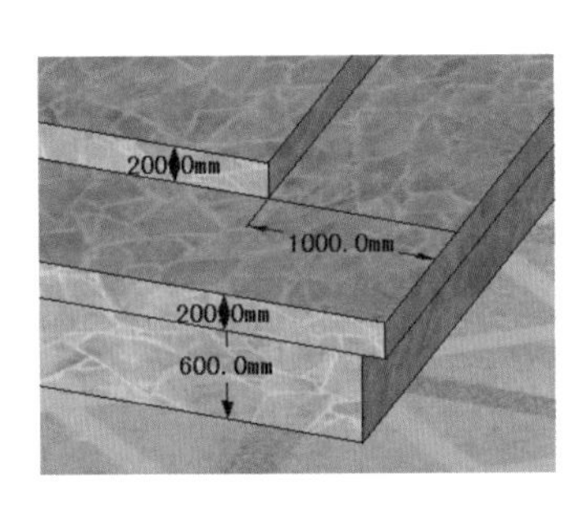

图 12-146　制作雕塑底座细节

图 12-147　合并雕塑

179 建立休闲广场

文件路径：无　　视频文件：无

本例创建休闲广场模型，在模型的创建过程中，注意前后模型的衔接处理以及从外向里逐步细化的方法与技巧。

步骤 01 参考图纸，创建休闲广场平面，细分割左侧平面后，通过复制与镜像，完成整体平面的细分割，如图 12-148~图 12-150 所示。

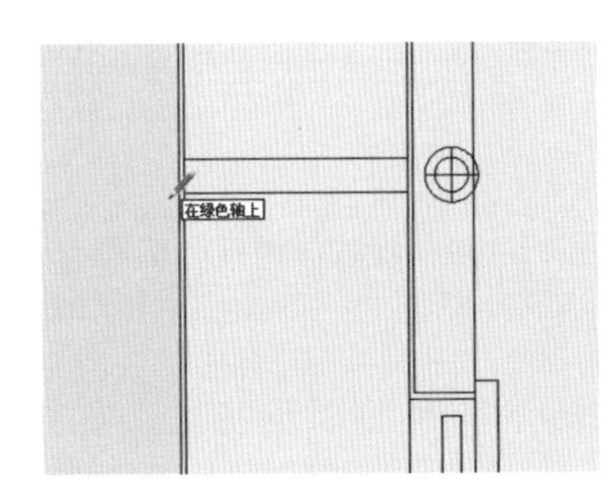

图 12-148　创建左侧细化平面

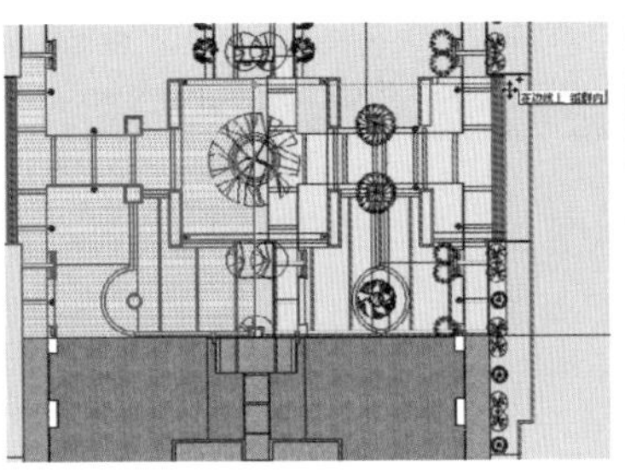

图 12-149　复制出右侧细化平面

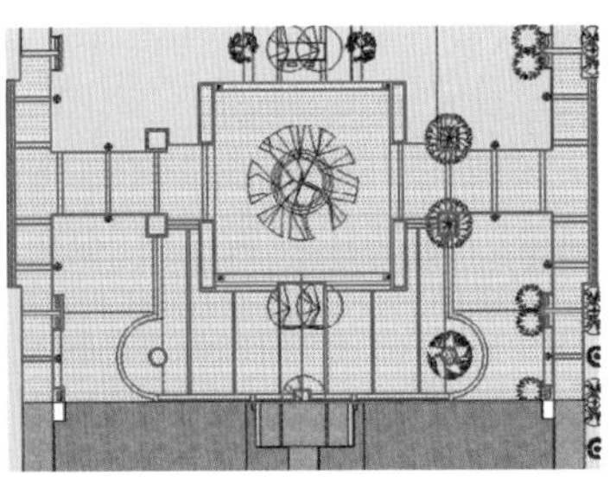

图 12-150　镜像并对位右侧细化

平面

步骤 02 逐步赋予草坪与路面对应材质，然后参考图纸复制树池模型，如图 12-151~图 12-153 所示。

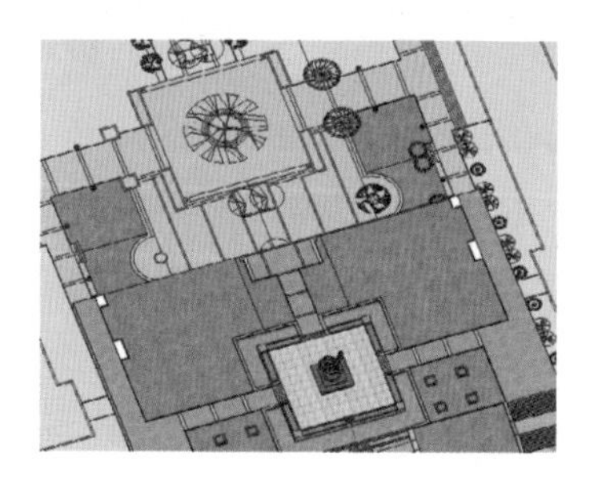

图 12-151　赋予草坪材质

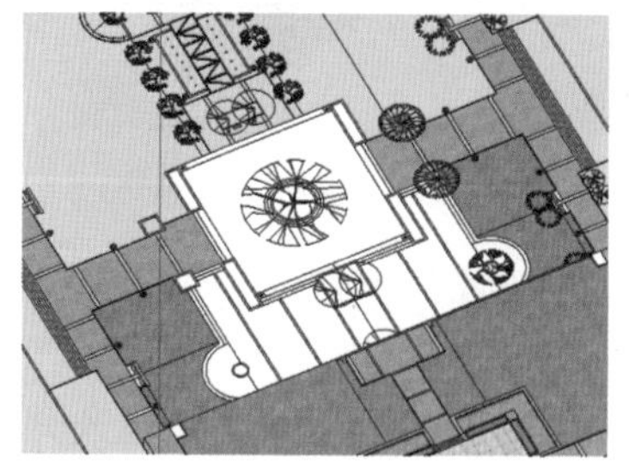

图 12-152　赋予地面材质

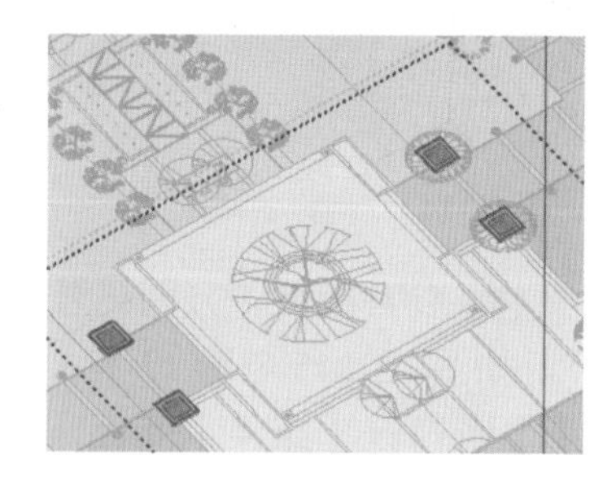

图 12-153　复制树池模型

步骤 03 参考图纸，处理好休闲广场与水景广场处衔接的细节，然后根据 CAD 图纸中的标高，制作台阶等模型细节，如图 12-154~ 图 12-156 所示。

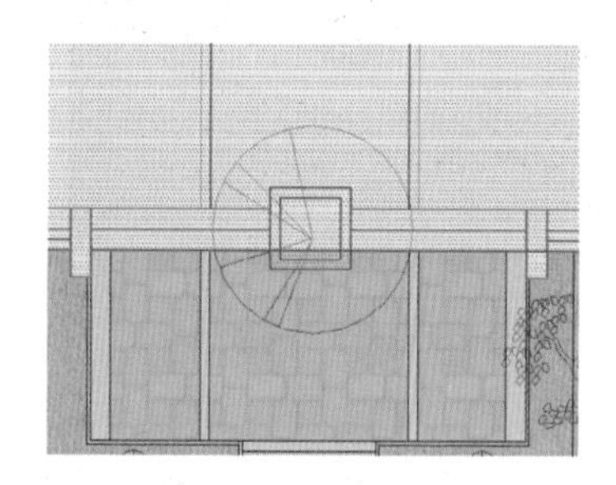

图 12-154　调整衔接处细节

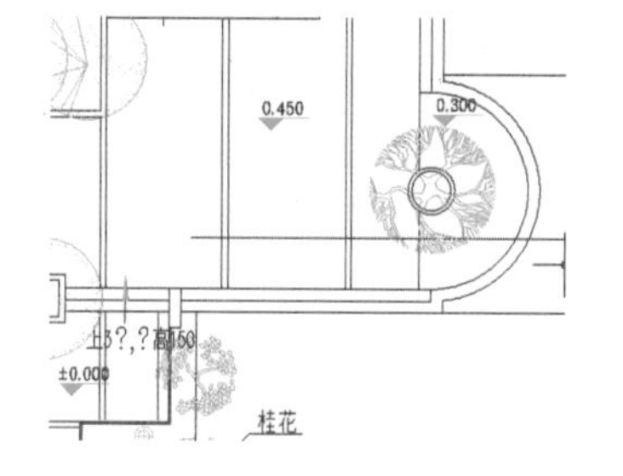

图 12-155　观察图纸标高

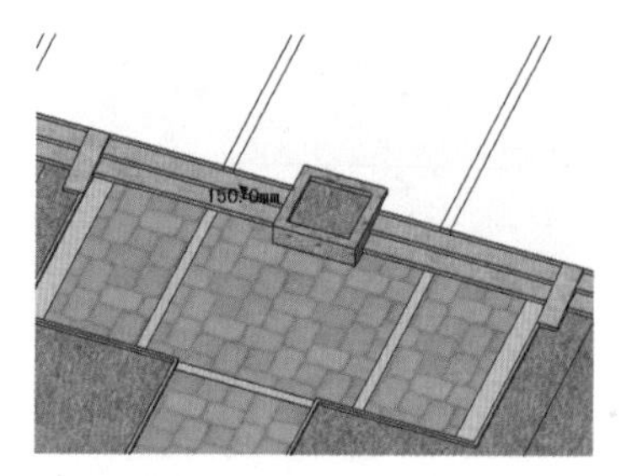

图 12-156　细化衔接处台阶

步骤 04 参考图纸制作左右两侧以及中心的树池模型，并赋予对应材质，如图 12-157 与图 12-158 所示。

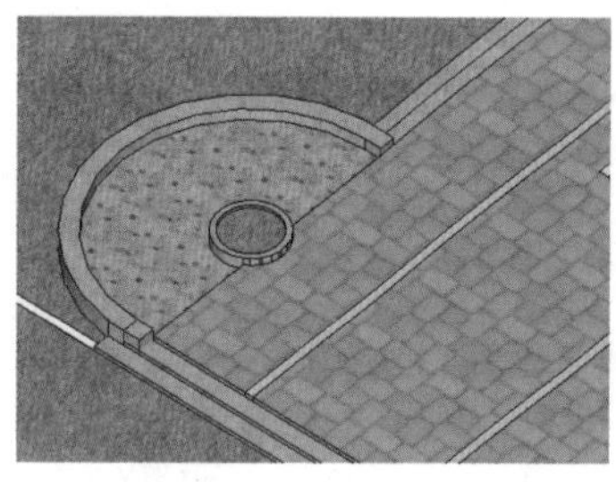

图 12-157　细化左侧树池细节

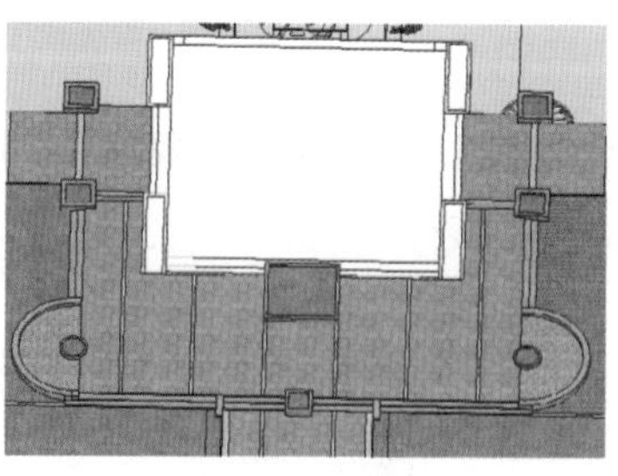

图 12-158　细化中间及右侧树池

图 12-159　观察休闲广场标高

步骤 05 根据 CAD 图纸中标高，参考合并图纸，制作休闲广场下行台阶以及花坛，如图 12-159 与图 12-160 所示。

步骤 06 赋予休闲广场地花材质，并制作中心的圆形树池，如图 12-161 与图 12-162 所示。接下来细化廊桥水景。

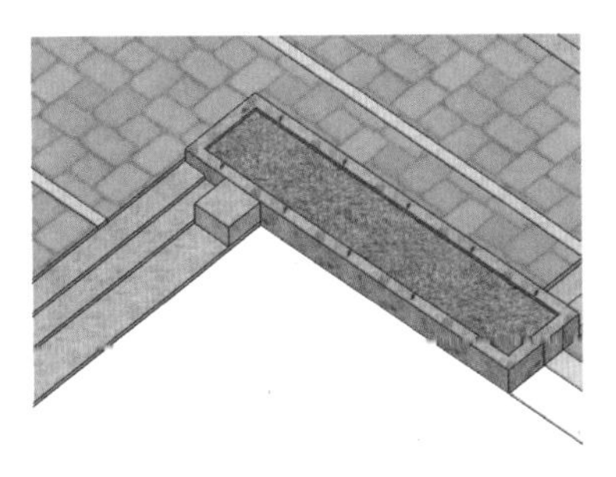

图 12-160　制作好下行台阶与花坛

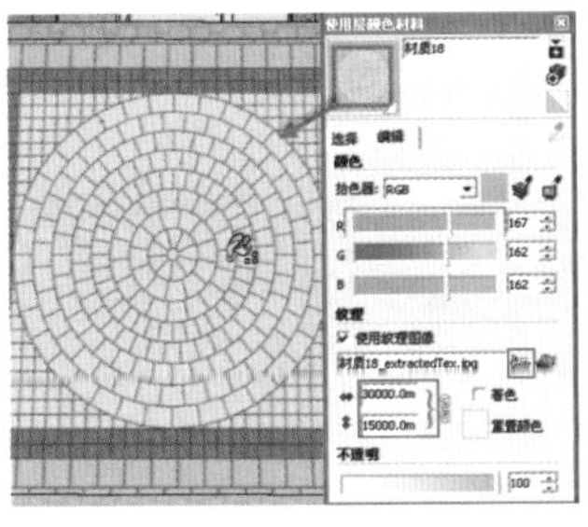

图 12-161　赋予广场地花

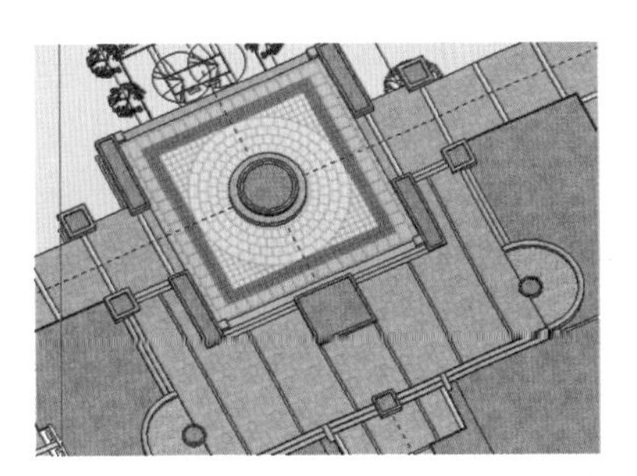

图 12-162　休闲广场完成效果

180 建立廊桥水景

文件路径：无　　视频文件：无

本例将建立廊桥水景，以及后方入口广场区域的模型，在创建的过程中，注意现有模型的复制调整与组件模型的调用，提高建模效率。

步骤 01 参考图纸，创建左侧细化的封闭平面，通过复制与镜像，制作整体的细分平面，如图 12-163~图 12-165 所示。

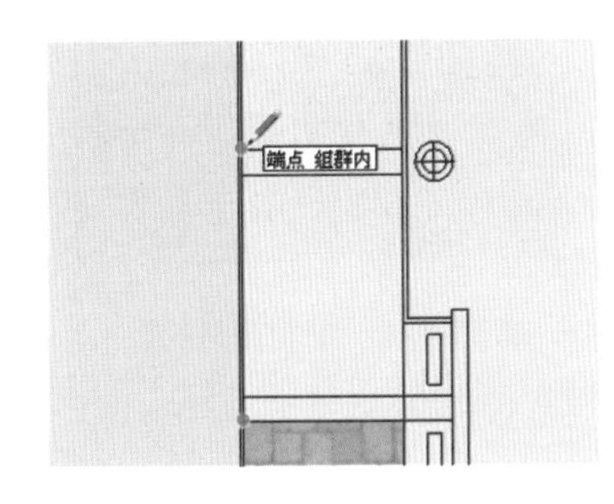

图 12-163　创建左侧细化封闭平面

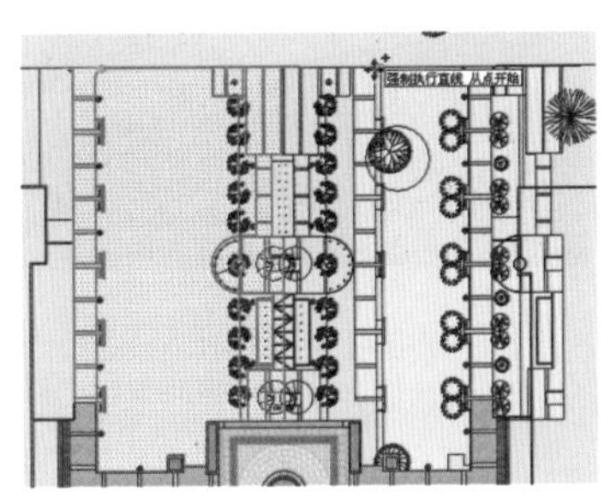

图 12-164　复制制作右侧平面

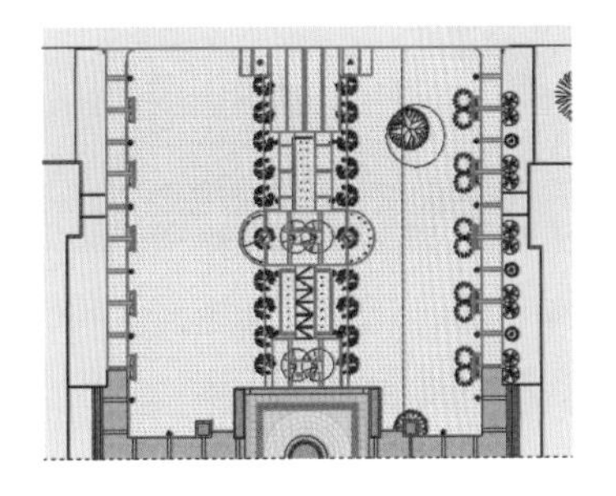

图 12-165　镜像并对位右侧平面

步骤 02 参考图纸，赋予地面与草坪对应材质，如图 12-166 与图 12-167 所示。

步骤 03 参考图纸制作中心树池与石凳，如图 12-168 所示。接下来细化廊桥水景。

图 12-166 赋予地面材质

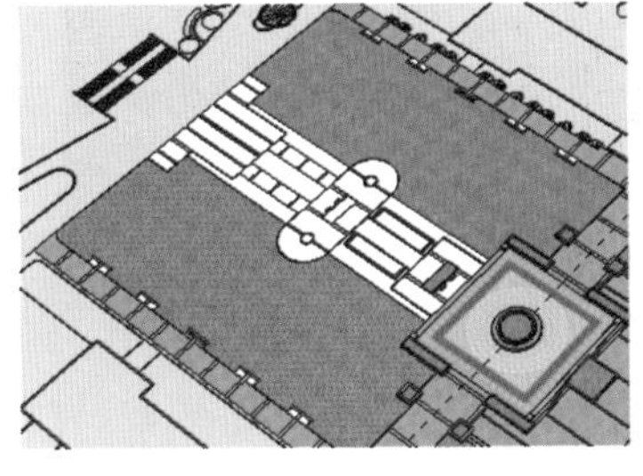

图 12-167　赋予草坪材质

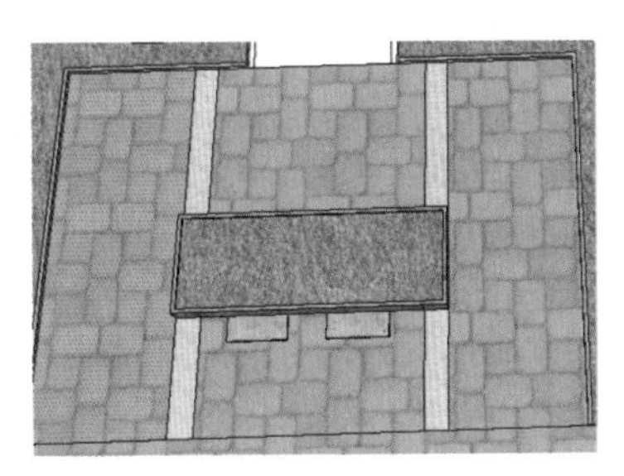

图 12-168　细化中心树池与石凳

步骤 04 参考图纸，结合使用【推/拉】与【偏移】工具，制作左侧水池、水面细节并赋予对应材质，如图 12-169~图 12-171 所示。

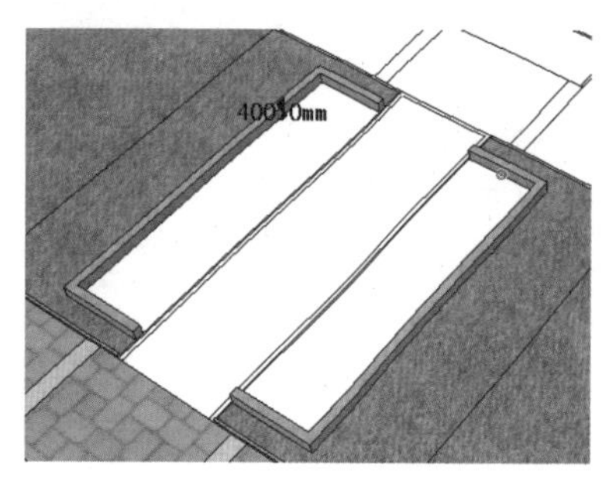

图 12-169　制作木桥左侧水池轮廓

图 12-170　制作水池深度并赋予材质

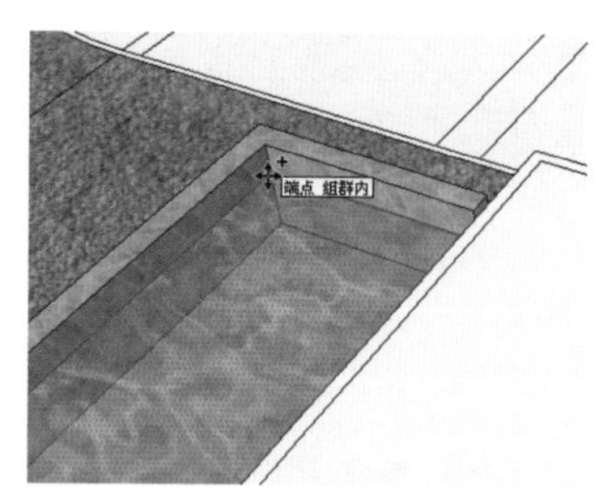

图 12-171　向上移动复制制作水面

步骤 05 使用相同的方法细化右侧水池，然后复制水面中英的喷头模型，如图 12-172 所示。

步骤 06 参考图纸，结合使用【推/拉】与【偏移】工具制作木桥轮廓，然后赋予原木材质，如图 12-173 与图 12-174 所示。

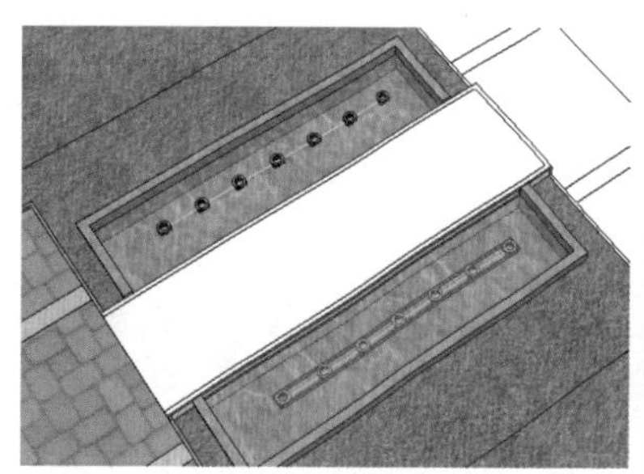

图 12-172　制作右侧水池并合并喷头

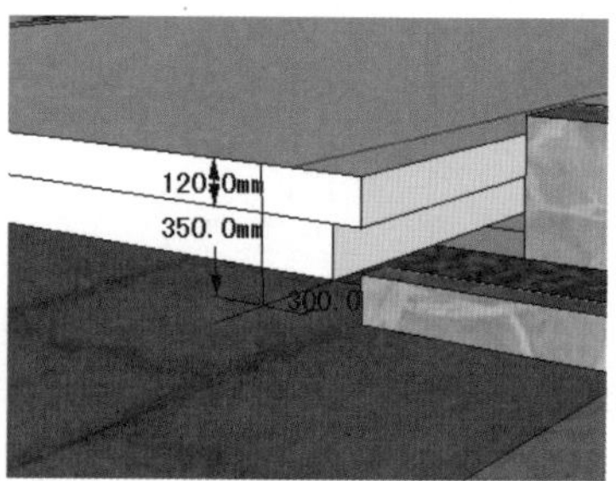

图 12-173　制作木桥轮廓

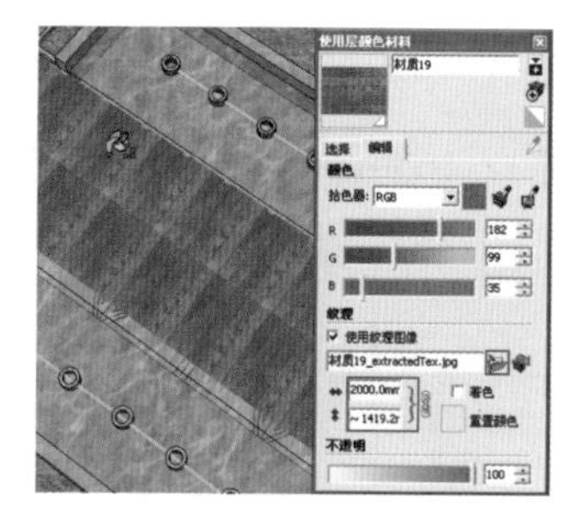

图 12-174　赋予桥身材质

步骤 07 使用【卷尺】、【线条】及【推/拉】工具，制作单个木桥栏杆，如图 12-175 与图 12-176 所示。

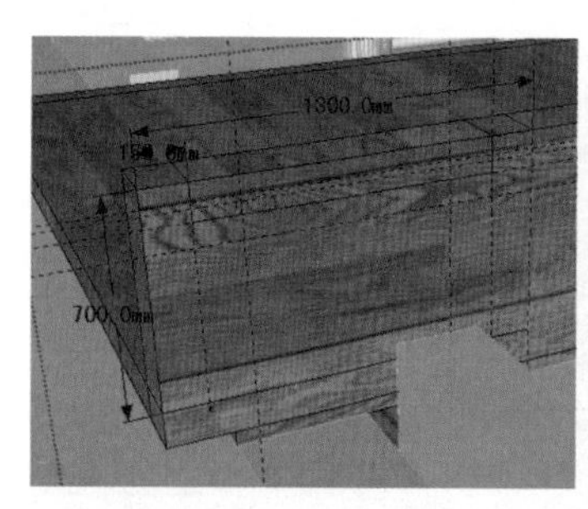

图 12-175　制作栏杆轮廓

图 12-176　细化栏杆造型

图 12-177　复制栏杆

步骤 08 通过移动复制，完成两侧整体栏杆效果，如图 12-177 与图 12-178 所示。

步骤 09 参考图纸，使用同样的方法，制作木桥后方的树池、路面以及半圆水池，如图 12-179 与图 12-180 所示。

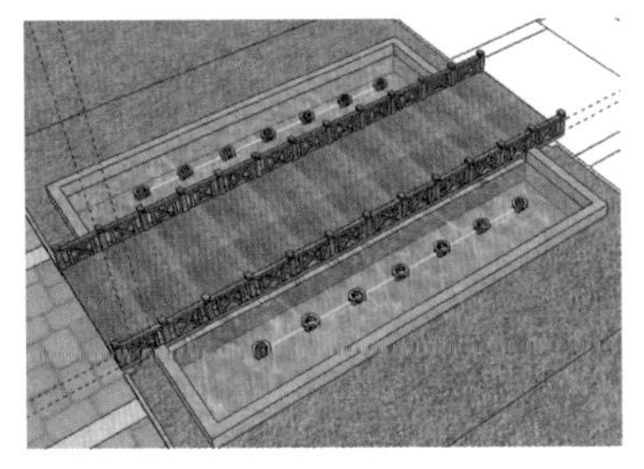

图 12-178　木桥完成效果

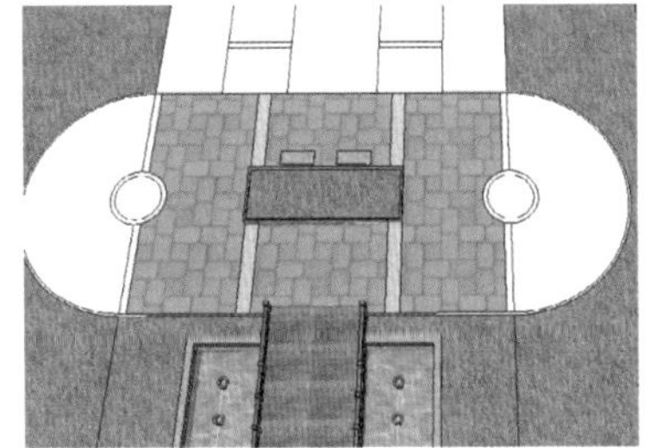

图 12-179 制作木桥后方树池与路面

图 12-180　制作半圆形水池

步骤 10 参考图纸制作双桥水池并复制喷头，如图 12-181~图 12-183 所示。

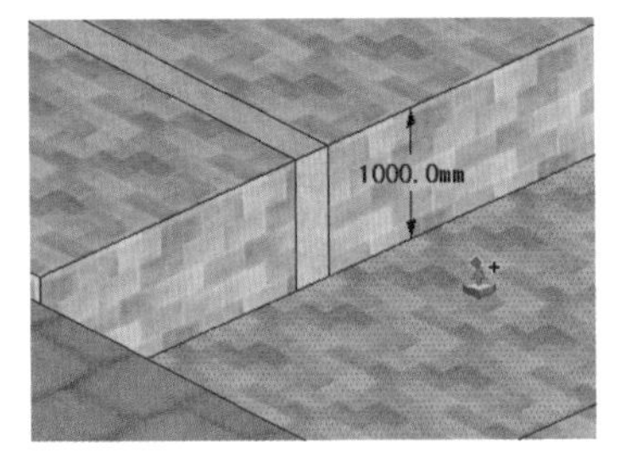

图 12-181　制作双桥处池底

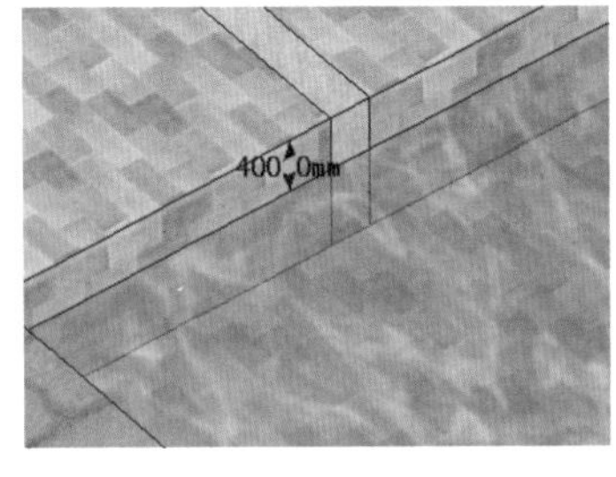

图 12-182　制作双桥处水面

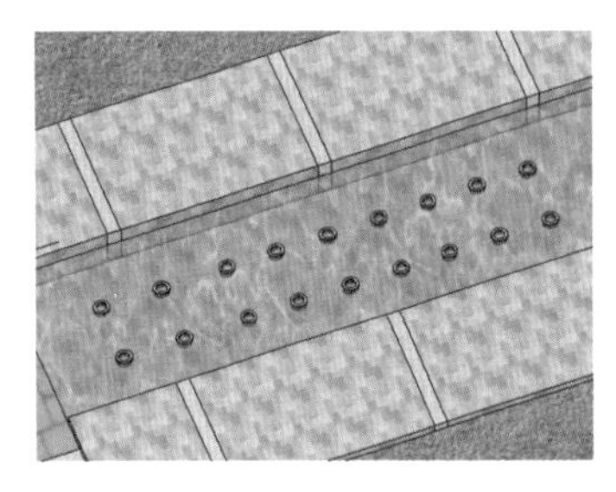

图 12-183　双桥池水面完成效果

步骤 11 进入【组件】面板，合并栏杆模型并复制出整体效果，然后制作末端的文化墙模型，完成双桥的整体效果，如图 12-184~图 12-186 所示。

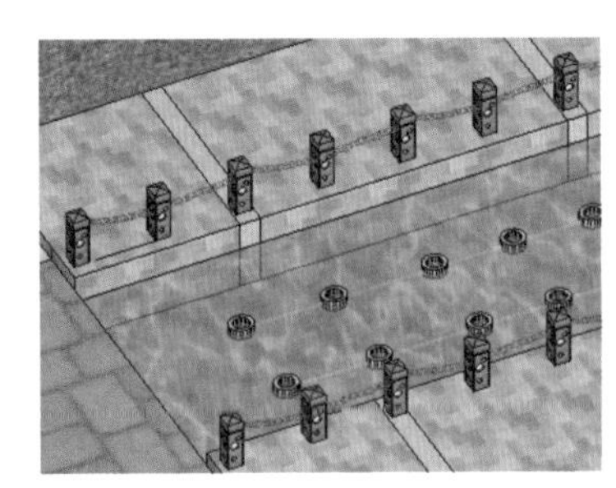

图 12-184　合并并复制栏杆

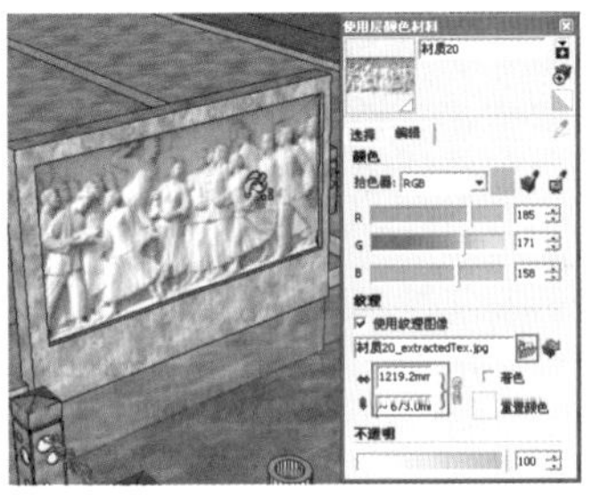

图 12-185　制作末端背景墙

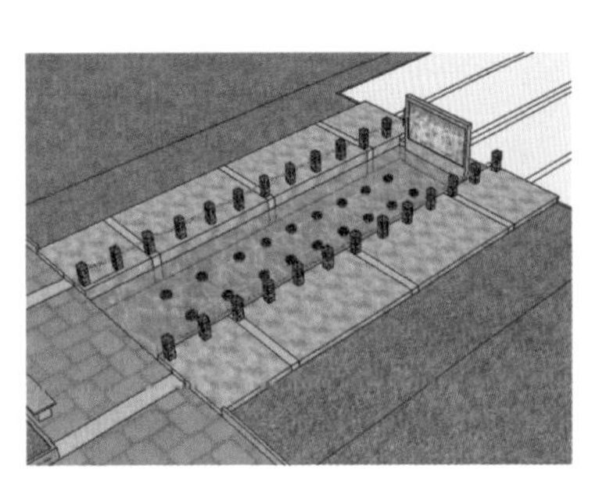

图 12-186　双桥整体完成效果

步骤 12 参考图纸制作后方入口小广场路面，然后合并装饰柱组件，完成后方入口小广场效果，如图 12-187~图 12-189 所示。

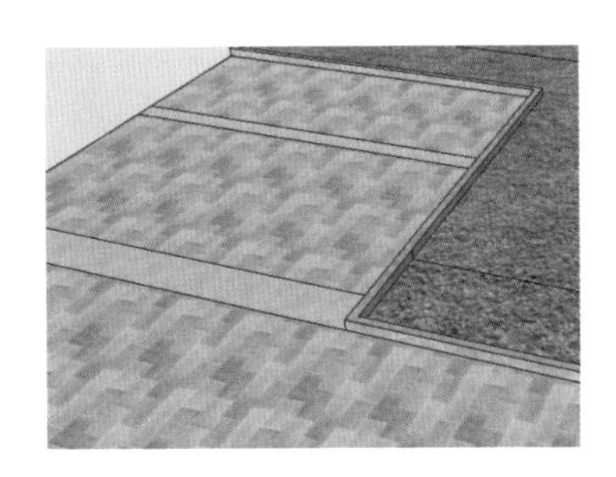

图 12-187　制作后方广场细节

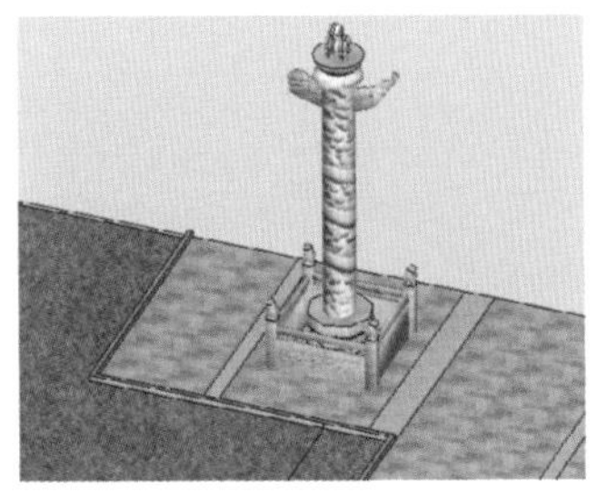

图 12-188　合并装饰柱组件

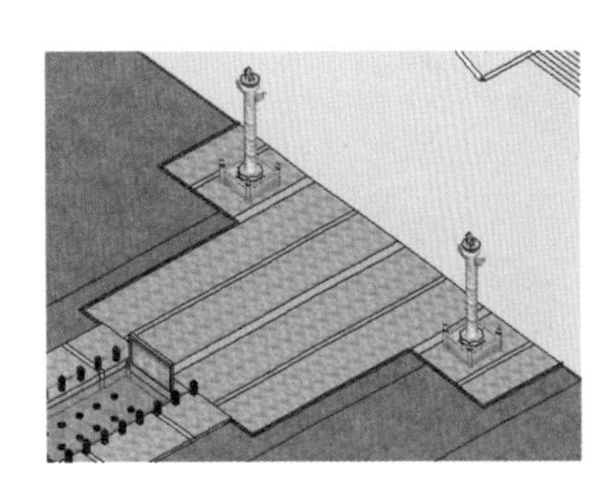

图 12-189　后方入口完成效果

181 完善地形与建筑

文件路径：无　　视频文件：无

中心广场主体景观制作完成后，接下来完善周边地形并制作建筑简模。

步骤 01 参考图纸，创建入口处路面封闭平面，细化出路沿细节后赋予混凝土材质，如图 12-190 与图 12-191 所示。

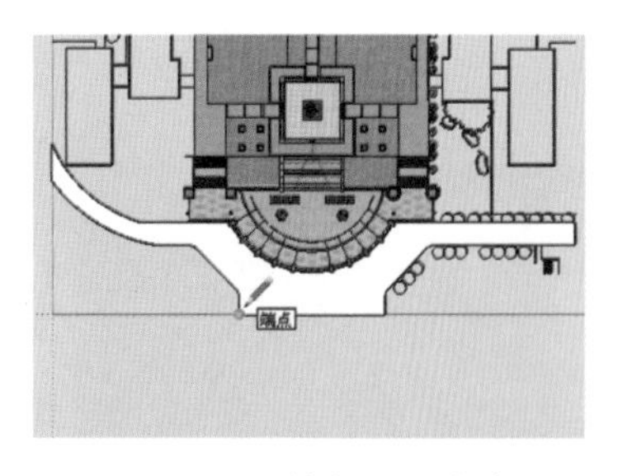

图 12-190　绘制入口处路面

图 12-191　制作路沿并赋予材质

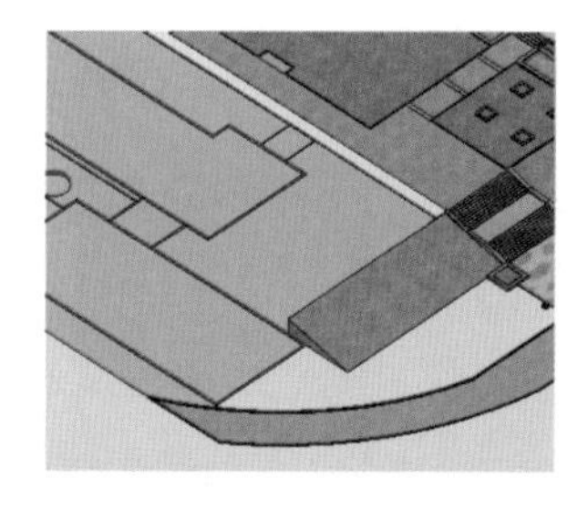

图 12-192　制作左侧衔接草坡

步骤 02 根据当前的台阶效果，结合【线条】与【推/拉】工具，制作左侧衔接草坡，如图 12-192 所示。

步骤 03 参考图纸制作地形与建筑平面，然后细化台阶模型并赋予材质，如图 12-193~图 12-195 所示。

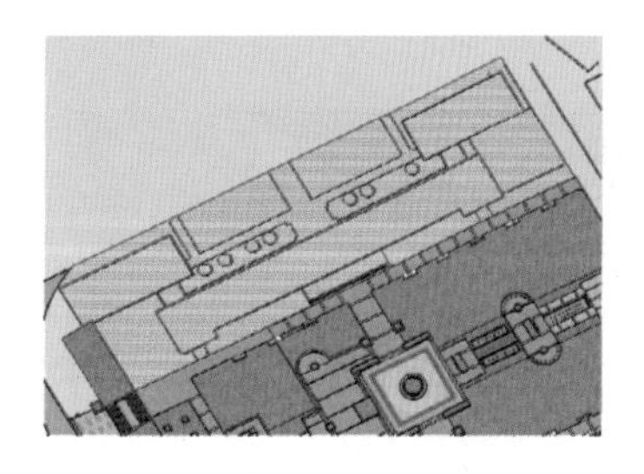

图 12-193　细分左侧地形与建筑平面

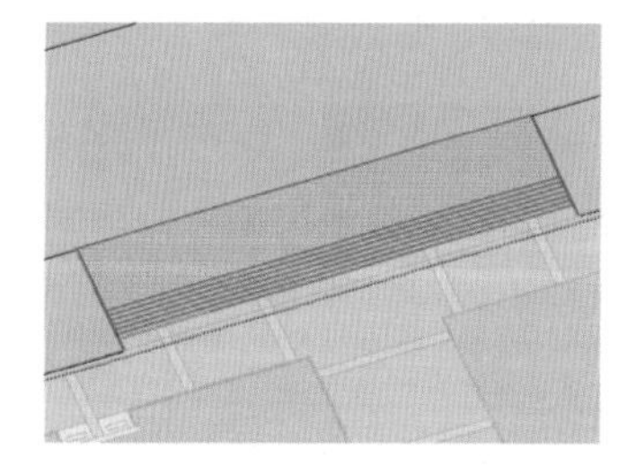

图 12-194　细化左侧台阶平面

图 12-195　制作台阶细节模型

步骤 04 参考图纸，制作楼梯左右两侧的花坛模型，如图 12-196 所示。

步骤 05 使用【推/拉】工具制作出 3000mm 高度的建筑首层模型，然后使用复制推拉，完成建筑整体简模效果，如图 12-197 与图 12-198 所示。

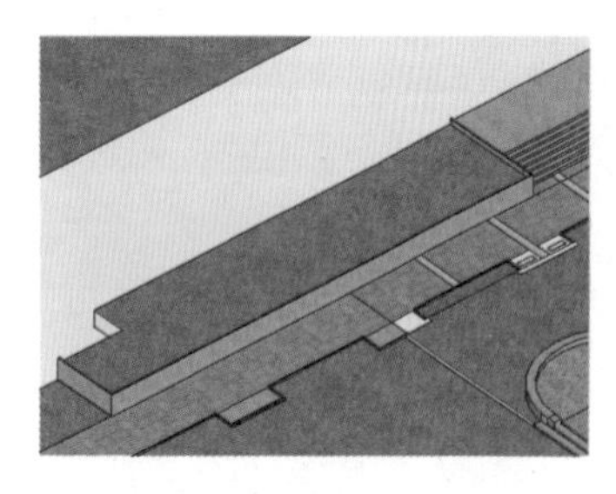

图 12-196　制作花坛模型

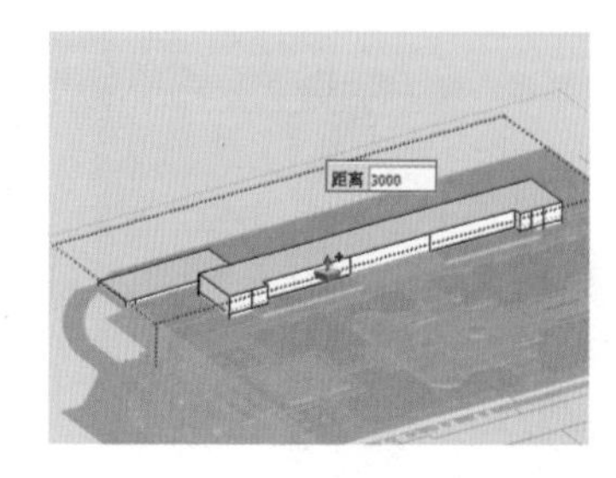

图 12-197　推拉建筑首层简模型

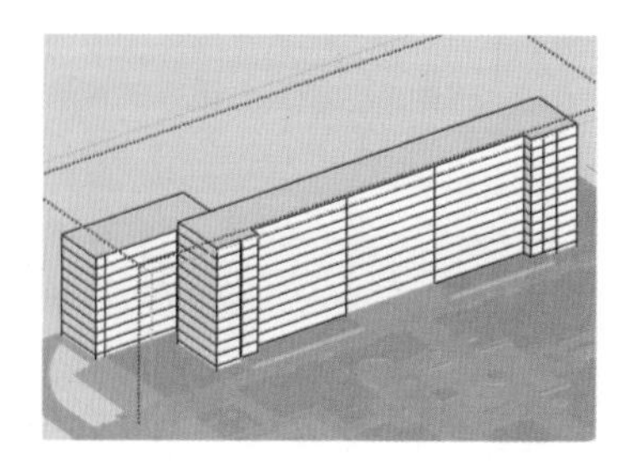

图 12-198　复制推拉建筑整体简模

步骤 06 左侧地形与建筑简模完成后，整体复制出右侧对应模型，并通过镜像对位，如图 12-199 所示。

步骤 07 参考图纸，制作后方的路面模型并赋予材质，如图 12-200 所示。

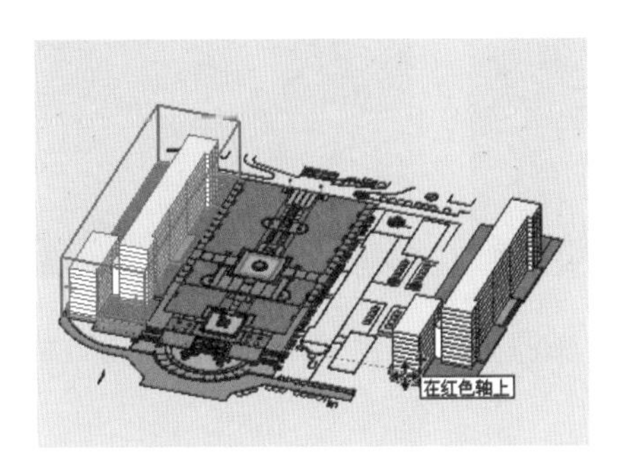

图 12-199　整体复制右侧地形与建筑

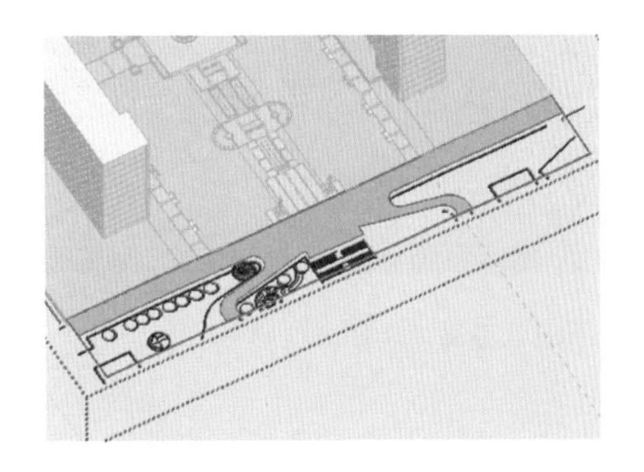

图 12-200　制作后方路面

182 完成最终细节

文件路径：无　　视频文件：无

完善地形与建筑后，将通过组件的合并与复制，完成场景中灯具、植物以及人物细节的添加，制作整体景观以及主要节点的效果。

1. 添加灯具等细节

步骤 01 参考图纸，打开【组件】面板，合并入各处庭院灯模型，然后复制出其他位置的灯具效果，如图 12-201~ 图 12-203 所示。

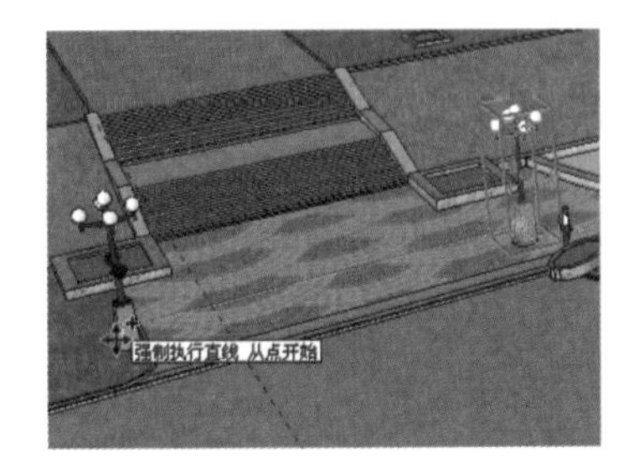

图 12-201　合并并复制高杆庭院灯

图 12-202　合并并复制庭院灯

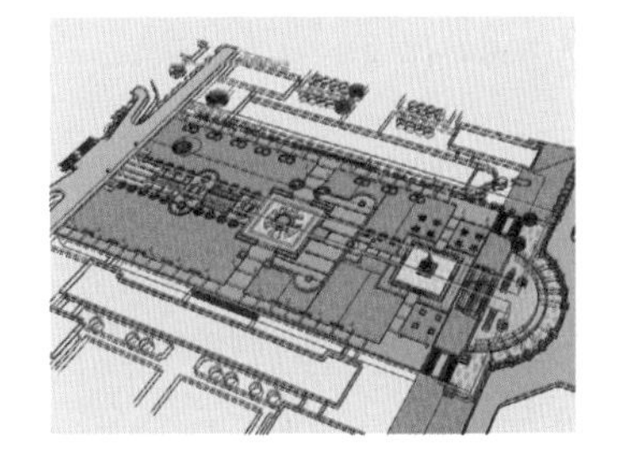

图 12-203　灯具制作完成效果

步骤 02 参考图纸合并入休闲椅模型，然后通过复制制作好所有的相关模型，如图 12-204 与图 12-205 所示。

步骤 03 合并入水景广场处的造型花盆模型，然后复制出其他三角落的花盆效果，如图 12-206 与图 12-207 所示。

图 12-204　合并座椅组件

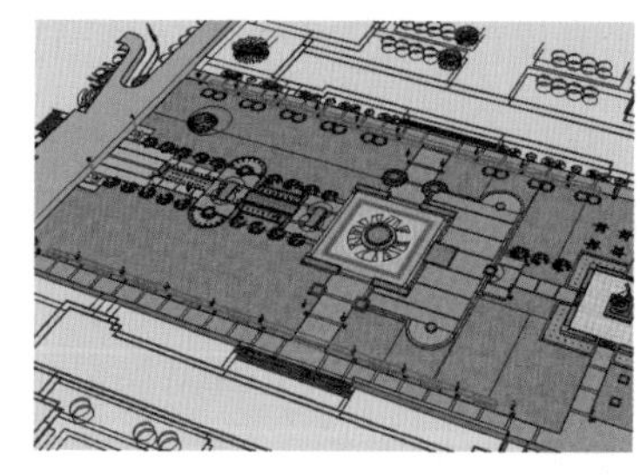

图 12-205　复制其他位置座椅

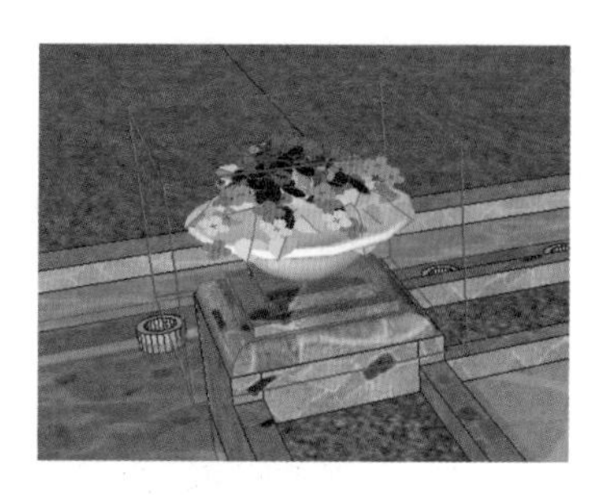

图 12-206　合并造型花盆

2. 细化喷泉

步骤 01 打开【组件】面板，参考图纸位置，合并入左侧造型喷泉水柱，然后复制完成右侧效果，如图 12-208 所示。

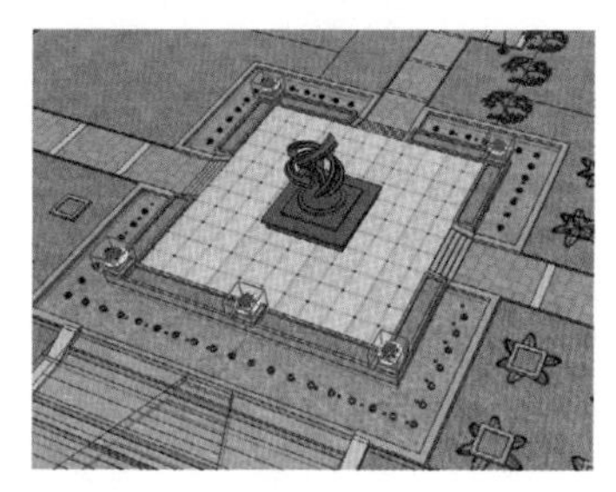

图 12-207　复制其他位置造型花坛

图 12-208　合并并复制造型喷泉水柱

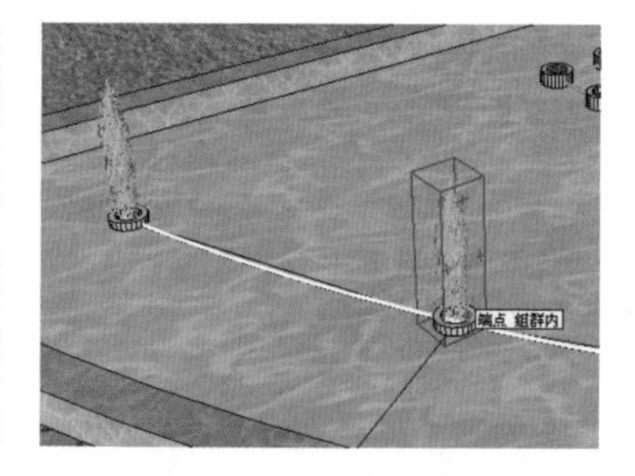

图 12-209　合并并复制涌泉水柱

步骤 02 参考图纸合并入涌泉与阵列喷泉水柱，通过复制与镜像完成入口喷泉效果，如图 12-209~ 图 12-212 所示。

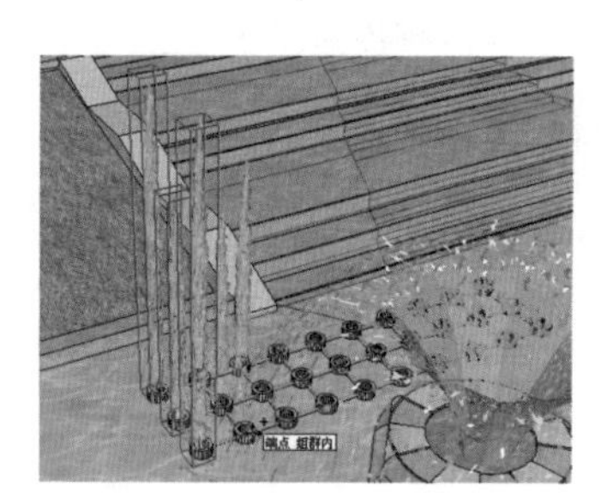

图 12-210　制作阵列喷泉水柱

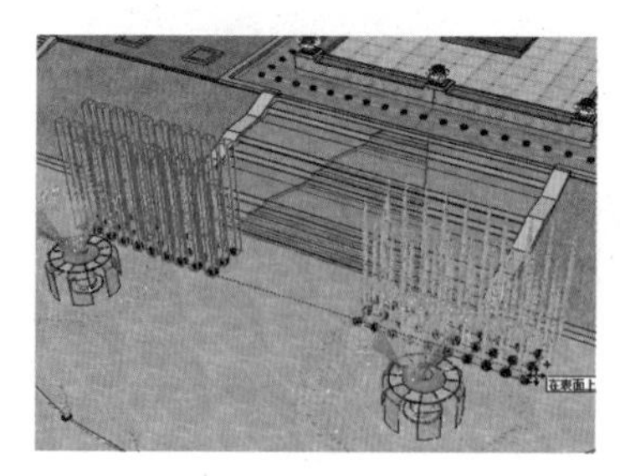

图 12-211　整体复制阵列喷泉水柱

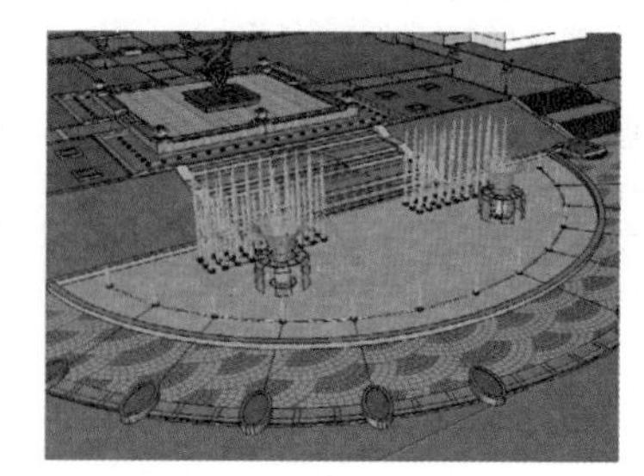

图 12-212　入口喷泉完成效果

步骤 03 重复类似的操作，制作水景广场以及廊桥水景处的喷泉水柱效果，如图 12-213 与图 12-214 所示。

图 12-213　水景广场喷泉完成效果

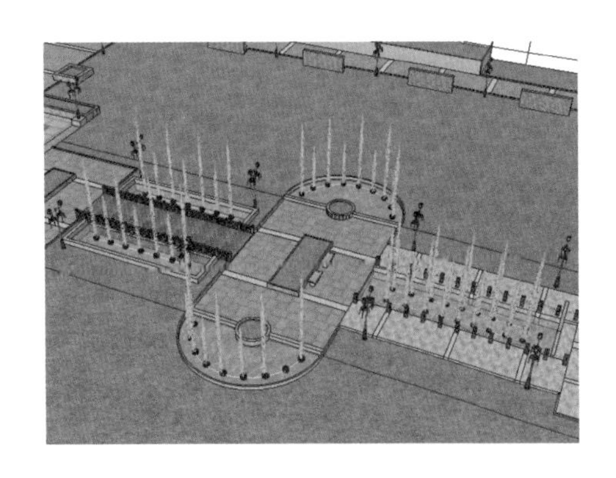

图 12-214　廊桥水景喷泉完成效果

3. 添加树木与人物

步骤 01 参考图纸，通过【组件】面板逐步合并树木与灌木模型，如图 12-215~图 12-217 所示。

图 12-215　合并树木组件

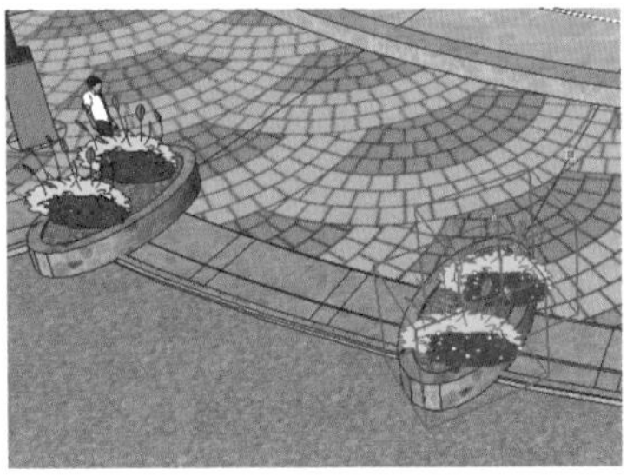

图 12-216　合并灌木效果 1

图 12-217　合并灌木效果 2

步骤 02 场景中主要景观节点的树木与灌木完成效果如图 12-218~图 12-220 所示。接下来合并人物等细节。

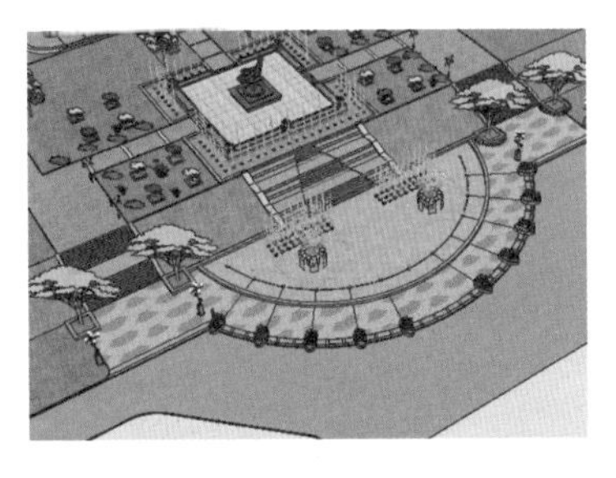

图 12-218　入口及水景广场植被效果

图 12-219　休闲广场植被效果

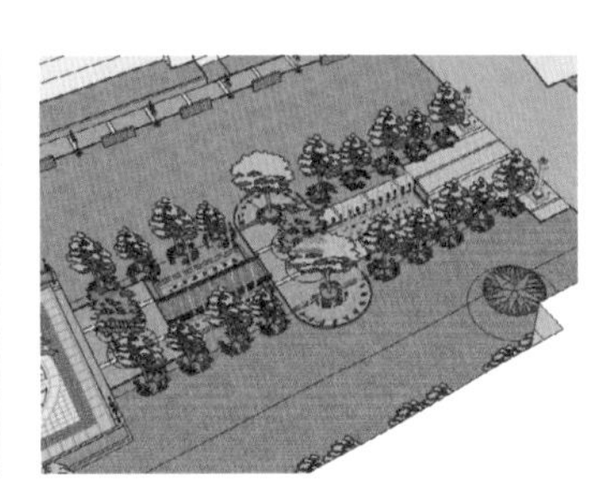

图 12-220　廊桥水景植被效果

步骤 03 直接以鸟瞰的角度合并人物难以取得理想的效果，首先调整到主要景观节点处，以【场景】单独保存观察效果，如图 12-221~图 12-223 所示。

图 12-221 创建入口视角场景

图 12-222 创建休闲广场视角场景

图 12-223 创建廊桥水景视角场景

图 12-224 合并入口视角远景人物

步骤 04 以远、中、近三个层次逐步合并入人物组件，形成生动的画面语言，如图 12-224~图 12-226 所示。

图 12-225 并入口视角中景人物

图 12-226 合并入口视角近景人物

步骤 05 合并入车辆细节模型，完成入口处的最终效果如图 12-227 所示。

步骤 06 通过类似的方法，完成其他两处景观节点的最终效果，如图 12-228 与图 12-229 所示。

图 12-227 入口视角最终效果

图 12-228 休闲小广场效最终效果

图 12-229 廊桥水景最终效果

第13章

规划设计

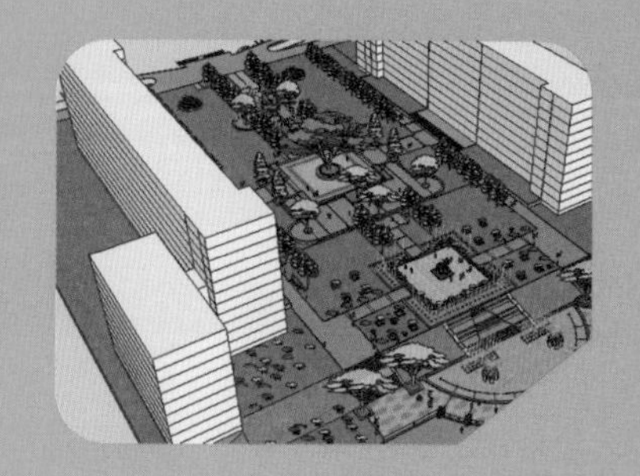

本章通过一个小区规划方案的制作，了解并掌握规划方案的制作流程，案例完成效果如图 13-1 所示。

183 导入图纸并分析建模思路

文件路径：配套光盘\第 13 章\183　　视频文件：MP4\第 13 章\183.MP4

本例首先导入 JPG 格式的平面彩图做为建模参考，然后根据图纸的特点形成完整的建模思路。

步骤 01 打开 SketchUp，执行【窗口】/【模型信息】命令，在【单位】选项卡设置模型单位为“mm”，如图 13-2 所示。

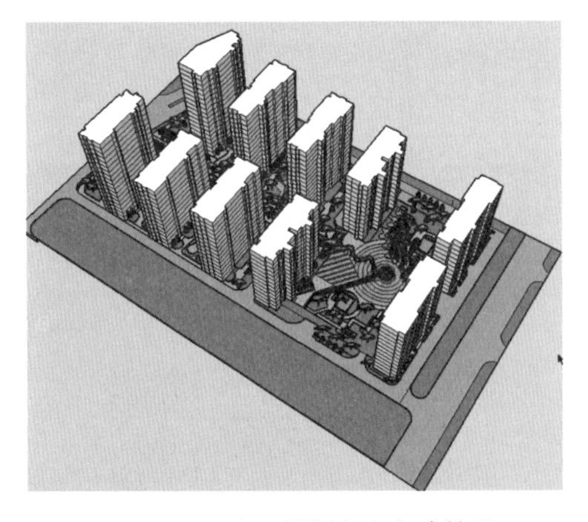

图 13-1　小区规划方案完成效果

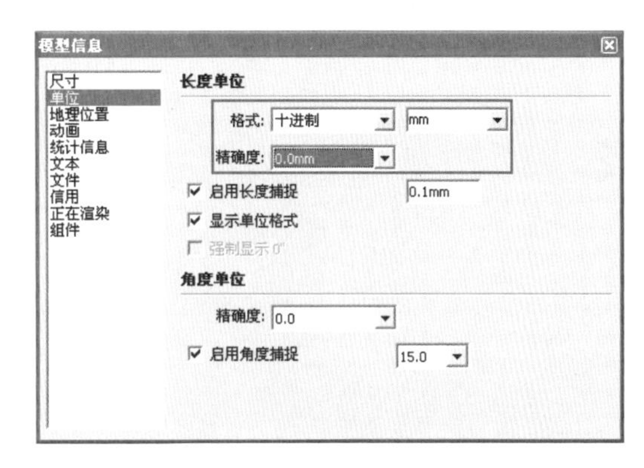

图 13-2　设置模型单位

步骤 02 执行【文件】/【导入】菜单命令，在【打开】面板中选择配套光盘“小区规划底图.jpg”文件，以图片形式导入，如图 13-3 所示。

步骤 03 导入图片后，将图片左下角与原点对齐，如图 13-4 所示。

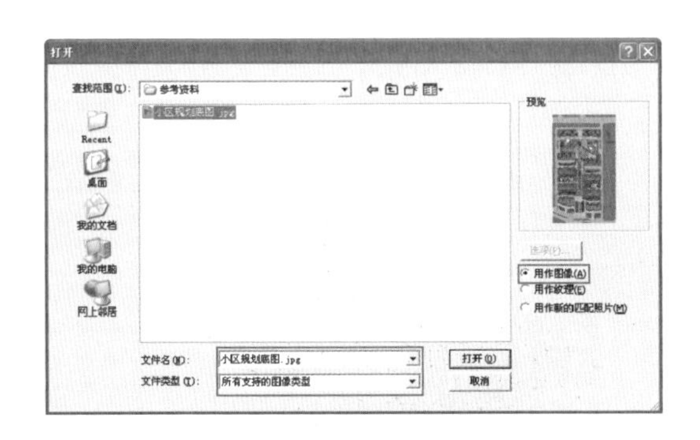

图 13-3　选择底图并导入

图 13-4　小区规划底图导入效果

步骤 04 启用【卷尺】工具，测量图纸中双车道宽度，然后输入 12400mm 的大致长度，重置图片尺寸，如图 13-5 与图 13-6 所示。

步骤 05 为了确认尺寸的合理性，可以测量图纸中楼梯的宽度是否达到标准宽度，如图 13-7 所示。

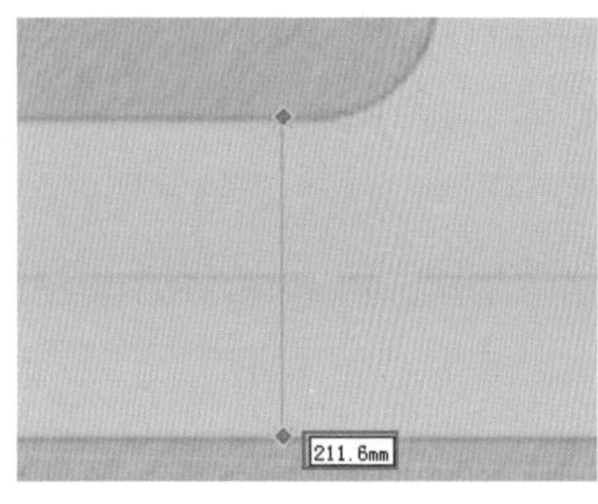

图 13-5　测量双向四行道路宽度

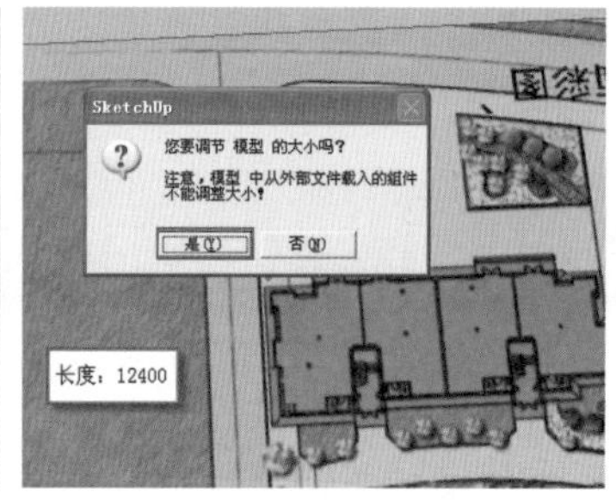

图 13-6　重置图片尺寸

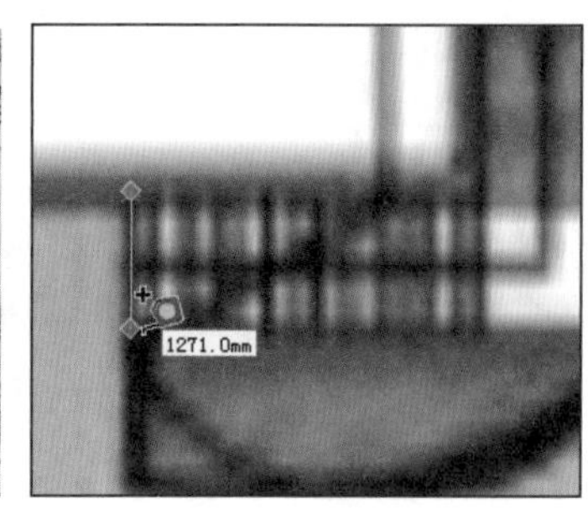

图 13-7　测量楼梯宽度

步骤 06 调整底图尺寸大小后，根据如图 13-8~图 13-10 所示的住宅小区建筑与景观分布特点，确立创建思路如下：

- 建立小区边沿的公路以及绿地环境，并分割好小区内部大致轮廓。
- 细化小区内部景观的细节，完成小区景观规划的制作。
- 制作建筑的简模，调入并布置树木组件，完成整个小区规划效果的制作。

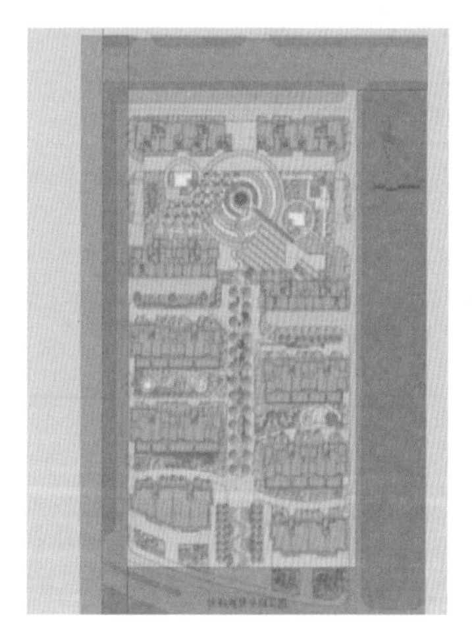

图 13-8　小区边沿环境

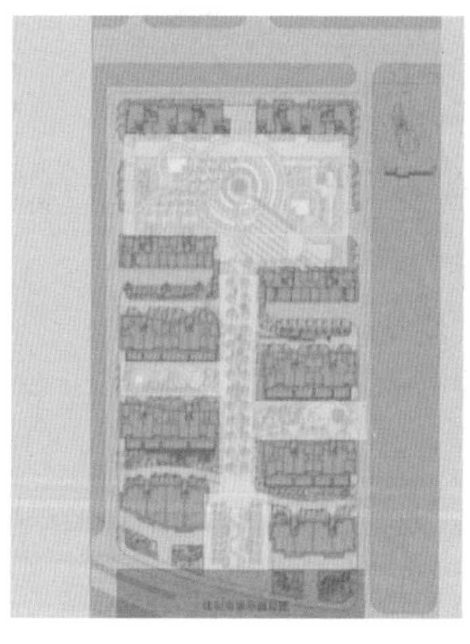

图 13-9　小区景观分布

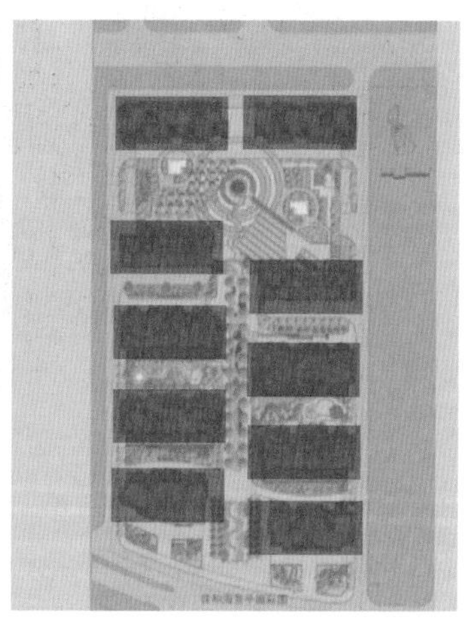

图 13-10　小区建筑分布

步骤 07 根据以上创建思路，本例制作流程如图 13-11~图 13-14 所示。

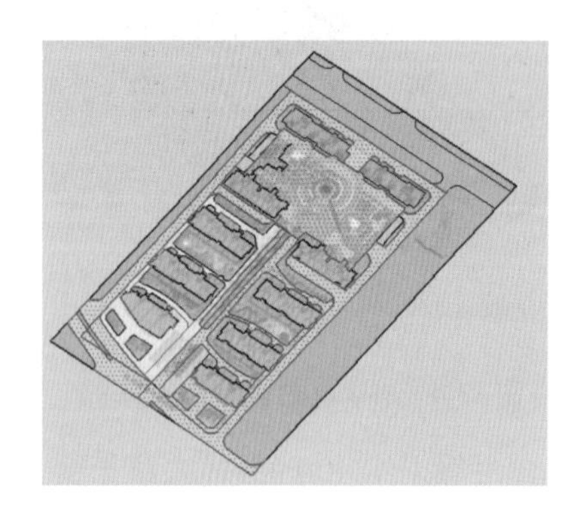

图 13-11　导入匹配图片

图 13-12　建立建筑轮廓

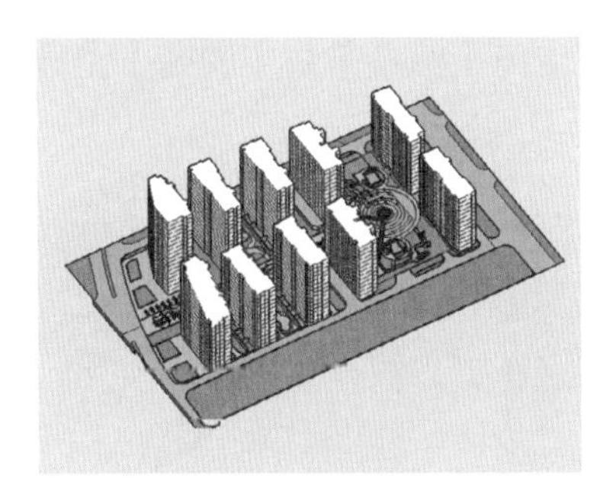

图 13-13　建筑细节

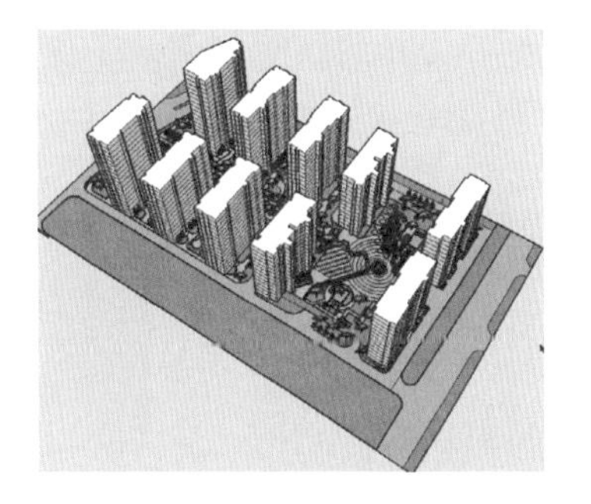

图 13-14　添加环境效果

184 建立整体地形

文件路径：无　　视频文件：MP4\第 13 章\184.MP4

规划方案的地形不但包括外部环境的公路与绿地，而且需要制作出内部的道路网络。

步骤 01 切换至【俯视图】，结合使用【矩形】工具，快速分割出周边公路以及小区整体轮廓，如图 13-15 与图 13-16 所示。

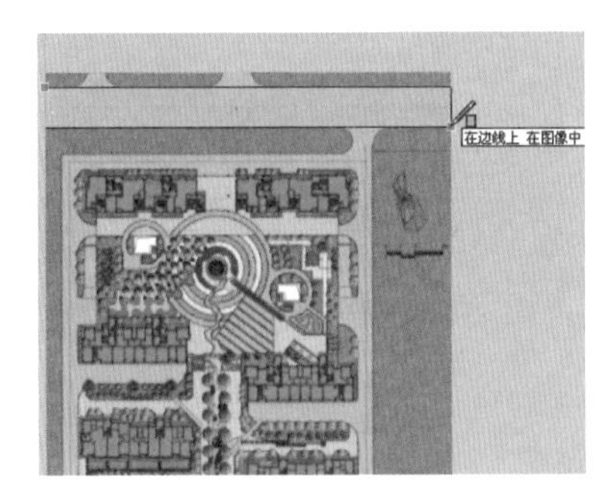

图 13-15　快速分割上方公路

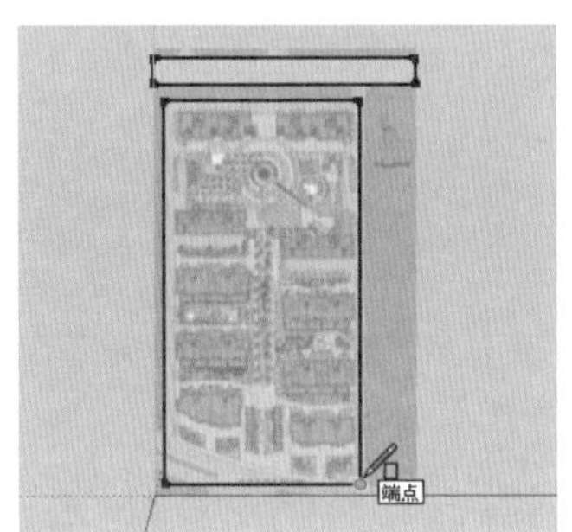

图 13-16　快速分割小区整体轮廓

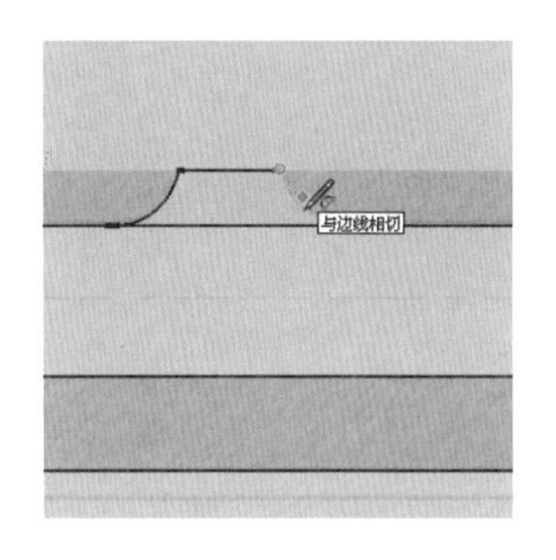

图 13-17　制作圆弧转角细节

步骤 02 参考图片，使用【圆弧】工具制作路面转角的圆弧细节，如图 13-17 与图 13-18 所示。

步骤 03 重复类似操作，制作公路与绿地的轮廓细节，如图 13-19 与图 13-20 所示。

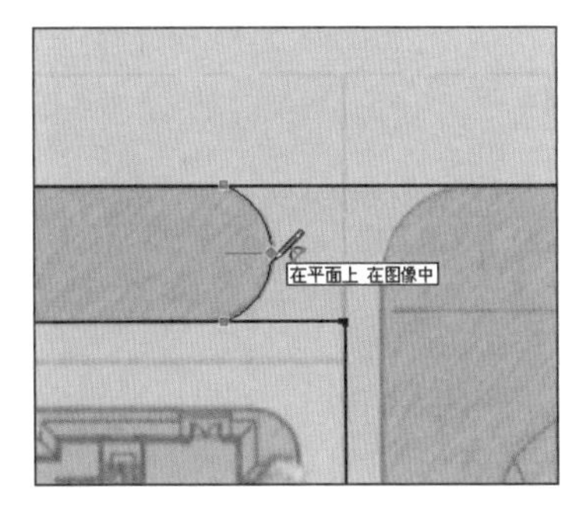

图 13-18　通过圆弧制作连接细节

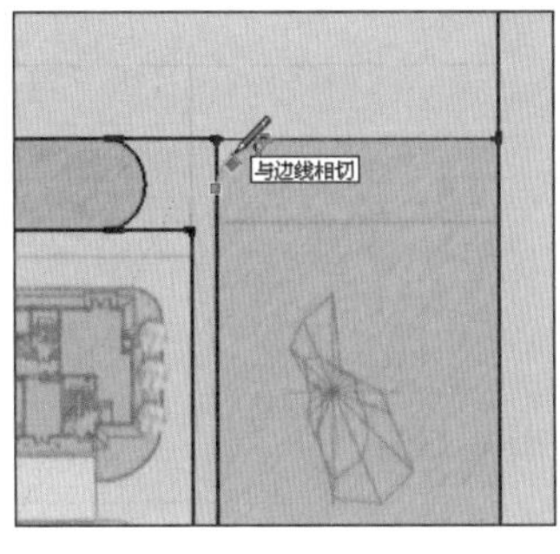

图 13-19　创建绿地轮廓

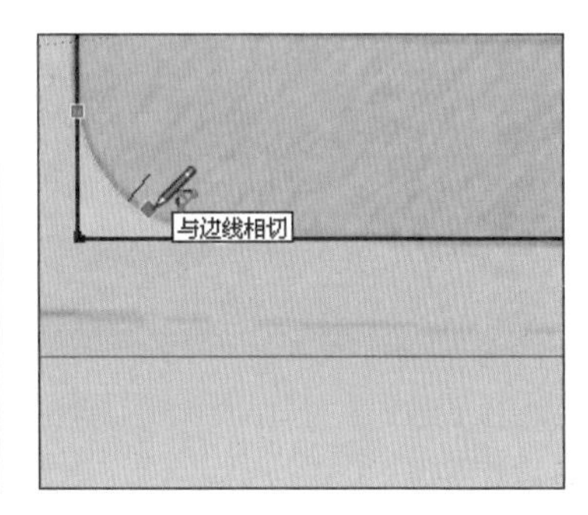

图 13-20　通过圆弧制作连接细节

步骤 04 完成小区外部环境与内部整体的轮廓后，结合使用【线条】与【圆弧】工具，分割出小区左侧道路与建筑轮廓，如图 13-21~图 13-23 所示。

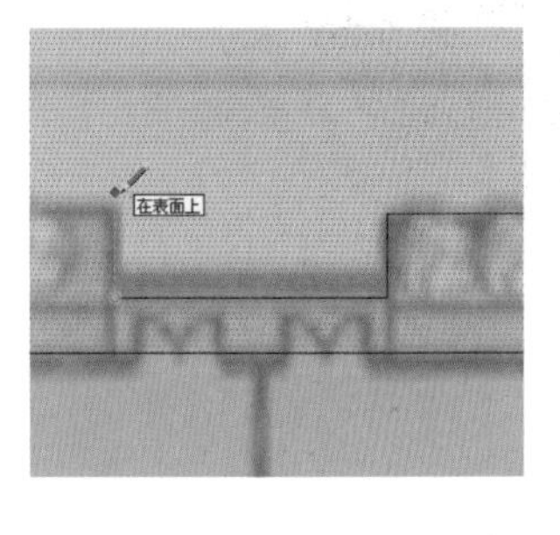

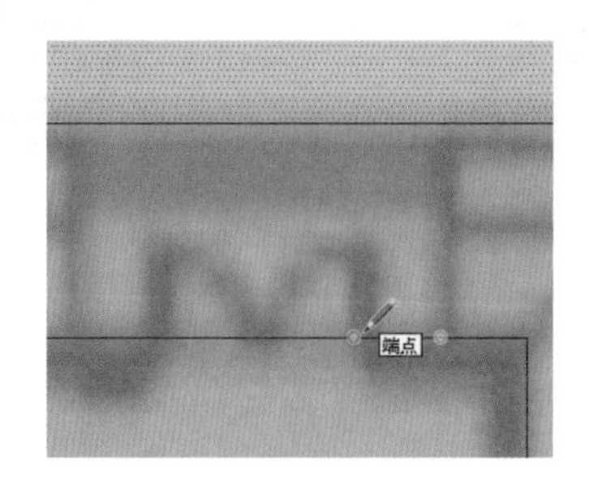

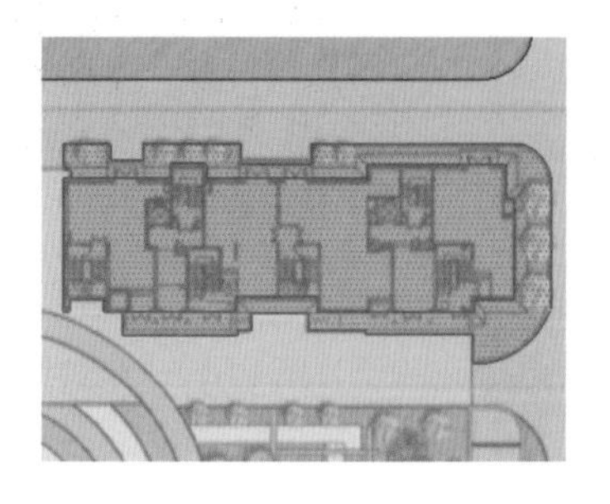

图 13-21　分割道路与建筑轮廓　　图 13-22　预留门窗参考点　　图 13-23　局部道路与建筑分割完成

步骤 05 对于相同造型的建筑与道路轮廓，可以通过直接复制以及镜像快速进行制作，如图 13-24~图 13-26 所示。

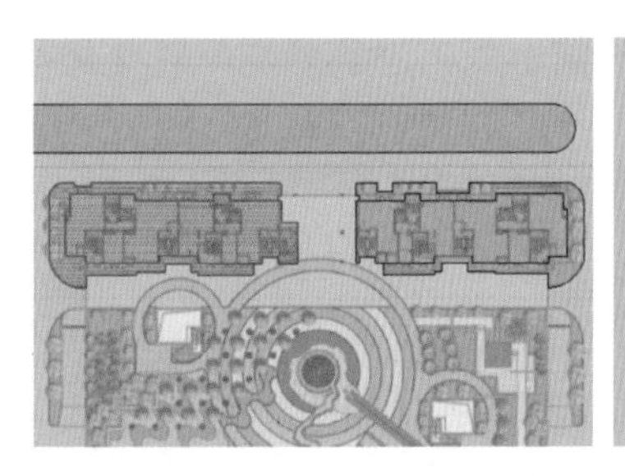

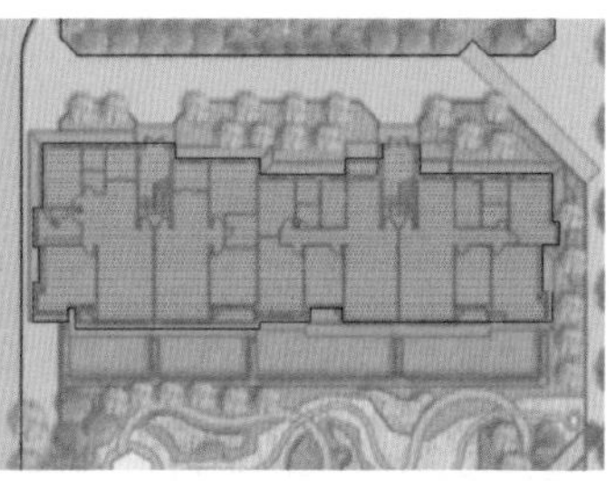

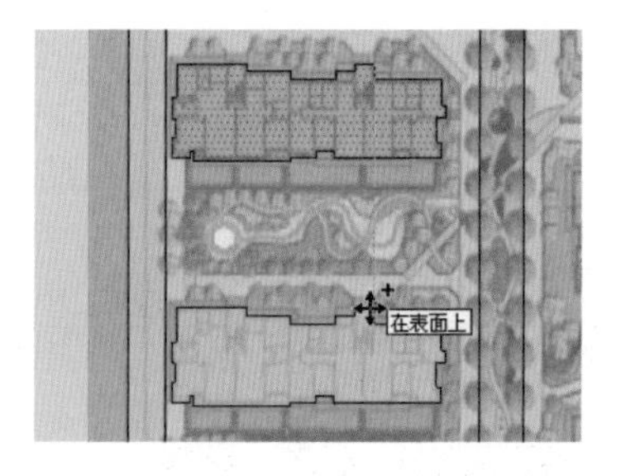

图 13-24　复制并镜像分割细节　　图 13-25　分割其他建筑轮廓　　图 13-26　复制相同建筑轮廓

步骤 06 建筑轮廓与大致的内部道路分割完成后，细化出边沿的道路与树池等细节，如图 13-27~图 13-29 所示。

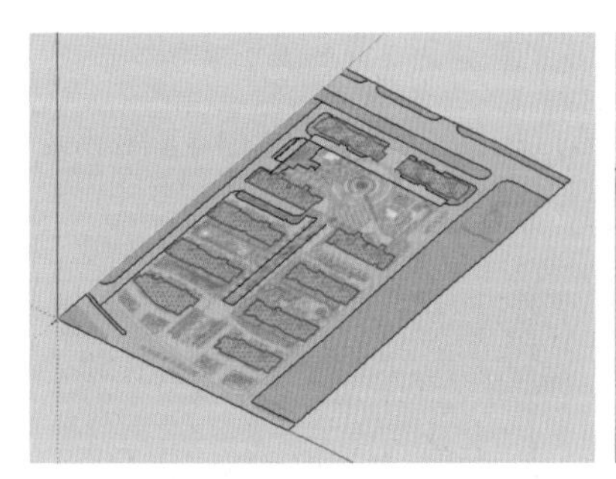

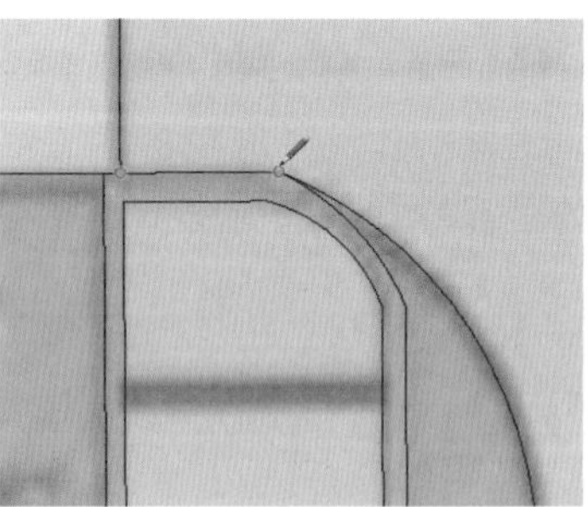

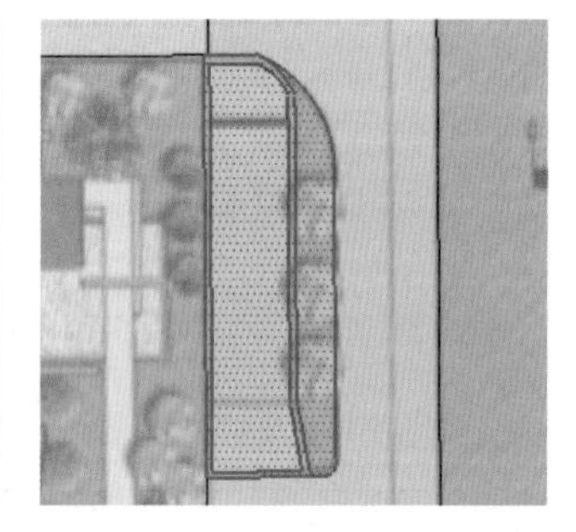

图 13-27　建筑轮廓分割完成　　图 13-28　分割边沿道路与树池　　图 13-29　分割完成边沿道路与花坛

步骤 07 通过同样的操作，制作中心道路与花坛细节，完成整体地形的制作，如图 13-30~图 13-32 所示。

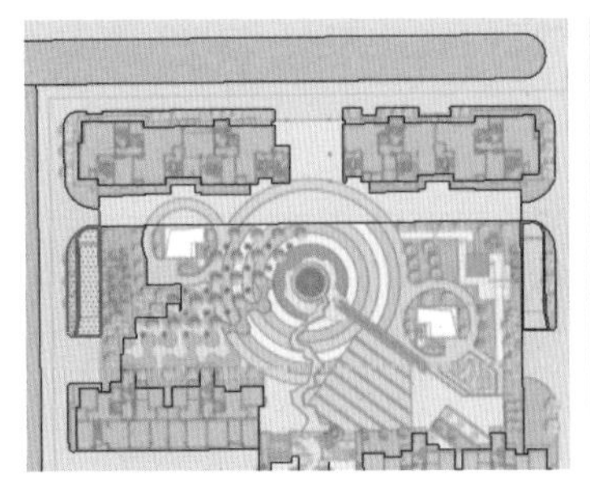

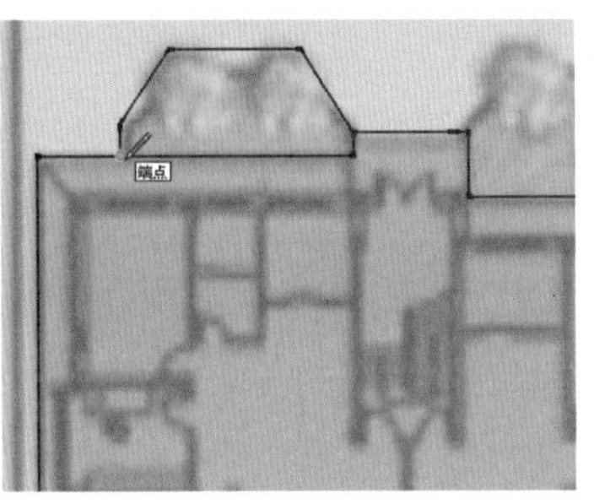

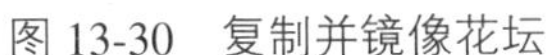

图 13-30　复制并镜像花坛　　图 13-31　分割中心道路与花坛　　图 13-32　整体地形制作完成

185 制作景观简模

文件路径：无　　视频文件：MP4\第 13 章\185.MP4

制作整体地形后，本例将制作小区内部的景观模型，区别于景观方案的表现，规划类项目只需要建立大致的景观轮廓即可。

1. 制作圆形广场

步骤 01 参考图片，结合使用【圆弧】与【线条】等工具，分割圆形广场的初步轮廓，如图 13-33~图 13-35 所示。

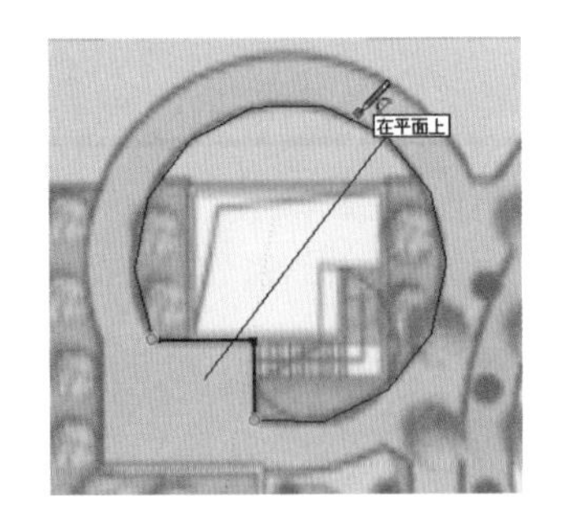

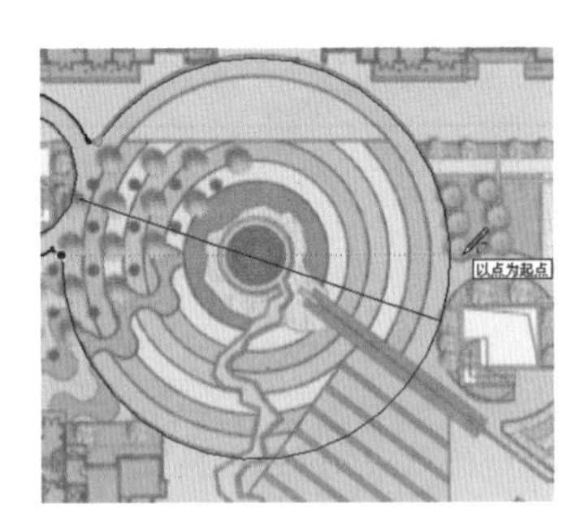

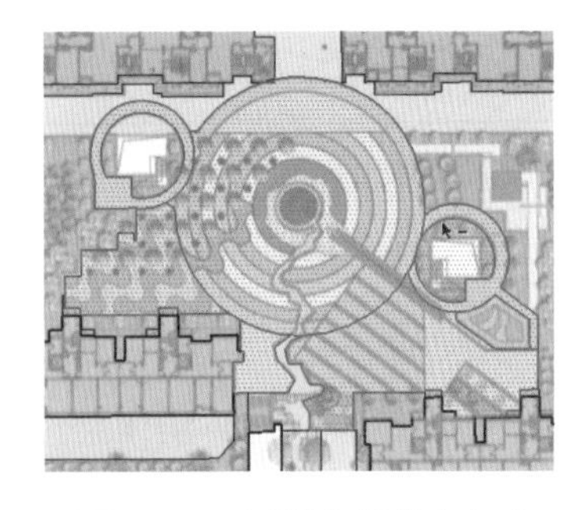

图 13-33　分割右侧圆形　　图 13-34　分割中部圆形　　图 13-35　圆形广场轮廓完成

步骤 02 参考图片，结合使用【圆】、【线条】以及【推/拉】等工具，制作中心跌级喷泉造型，如图 13-36~图 13-38 所示。

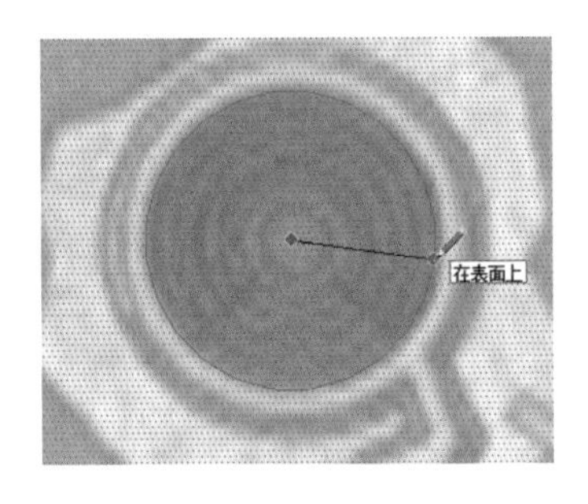

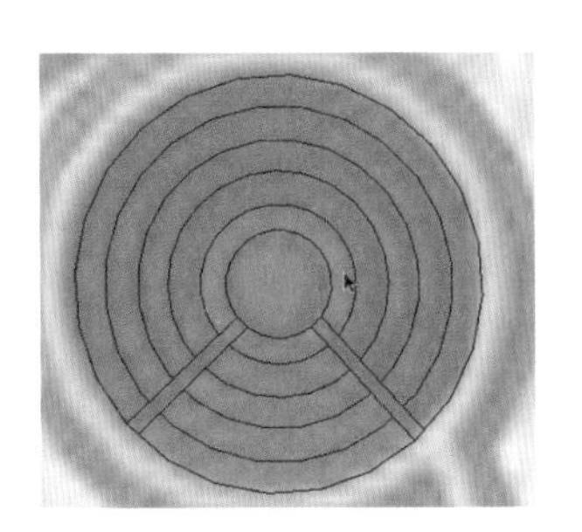

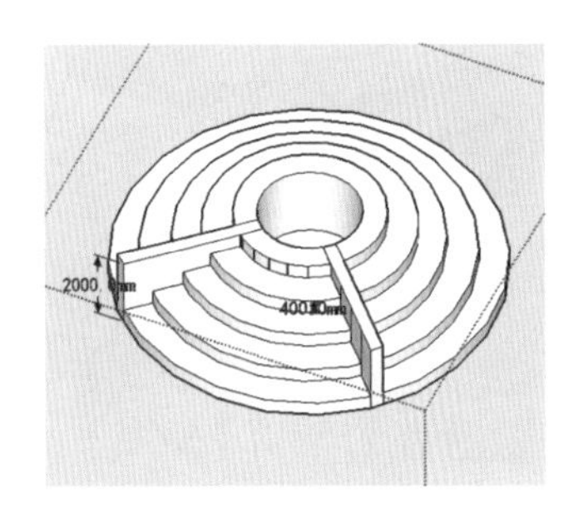

图 13-36　分割中心喷泉轮廓　　图 13-37　分割轮廓细节　　图 13-38　推拉造型细节

步骤 03 赋予跌级喷泉对应材质，参考图片分割出河道并赋予对应材质，如图 13-39 与如图 13-41 所示。

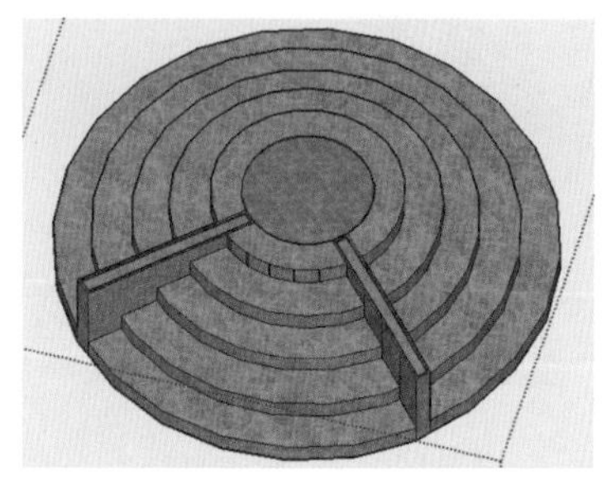

图 13-39　赋予材质

图 13-40　分割河道细节

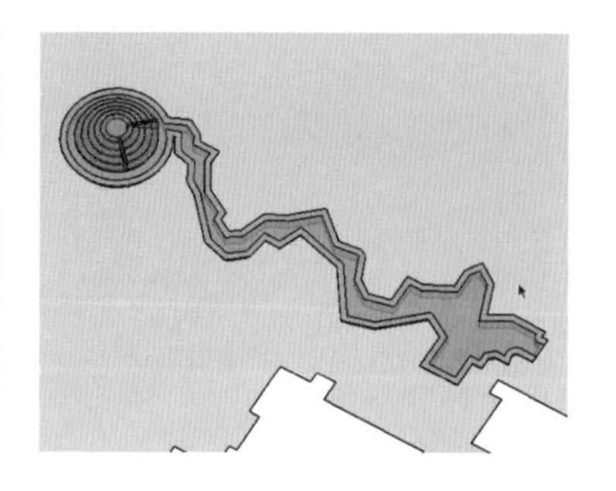

图 13-41　赋予河道材质

步骤 04 参考图片，使用【圆弧】以及【线条】工具，制作圆形广场的分割细节，如图 13-42 与图 13-43 所示。

步骤 05 参考图片，使用【线条】工具制作右侧广场的分割细节并赋予对应材质，如图 13-44 与图 13-45 所示。

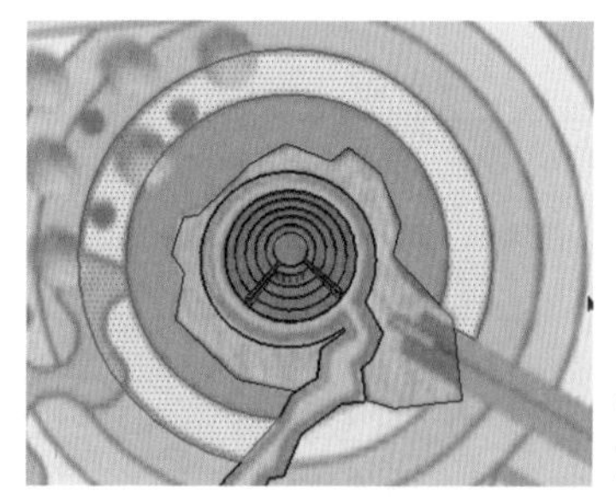

图 13-42　分割中心圆形

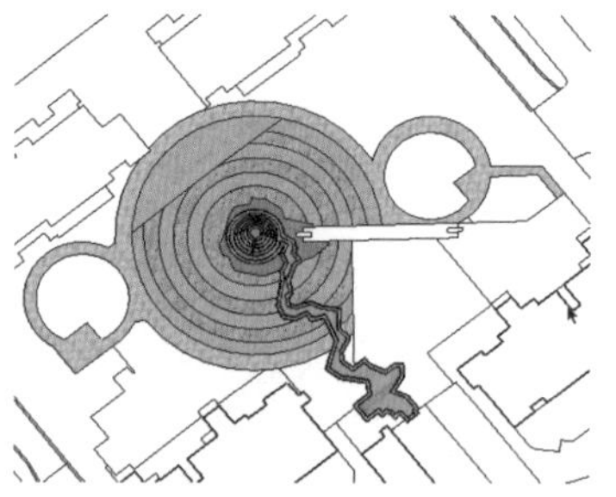

图 13-43　中心圆形分割完成效果

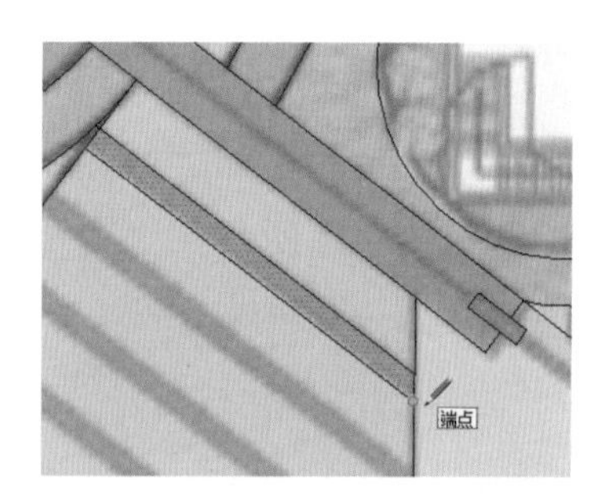

图 13-44　制作右侧分割细节

步骤 06 参考图片，分割出圆形的车库入口区域，如图 13-46 与图 13-47 所示。

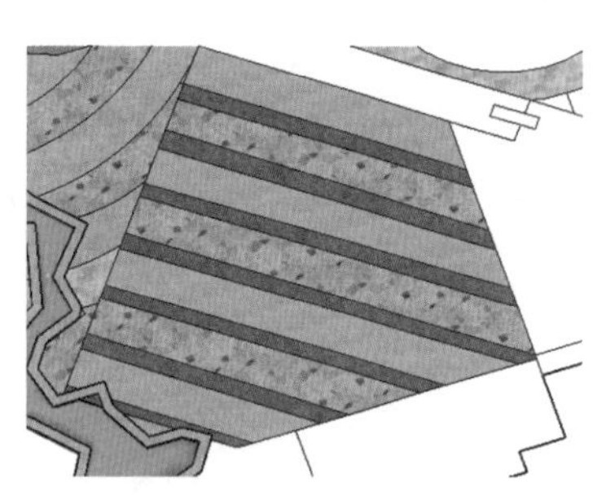

图 13-45　赋予材质效果

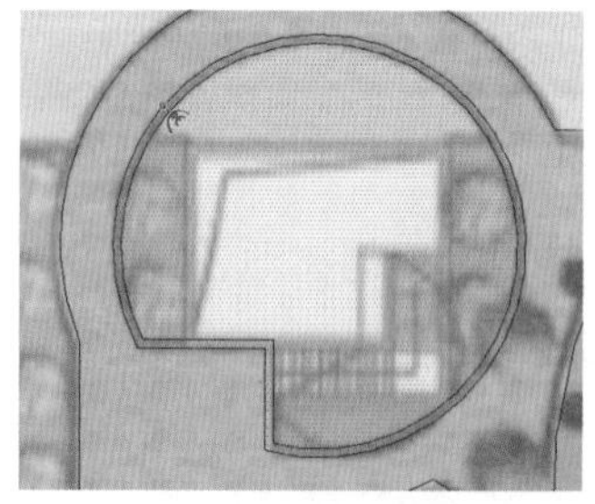

图 13-46　分割车库入口

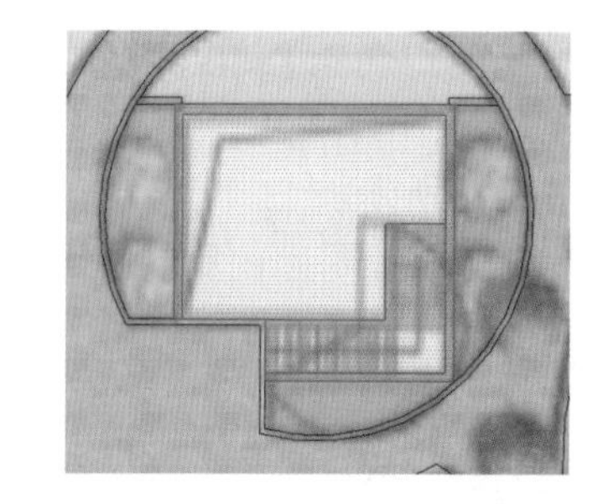

图 13-47　车库入口分割完成

步骤 07 结合使用【线条】与【推/拉】工具，制作楼梯细节，如图 13-48 ~ 图 13-51 所示。

步骤 08 结合使用【矩形】、【偏移】以及【推/拉】工具，制作入口处的玻璃栏杆造型，如图 13-52 和图 13-53 所示。

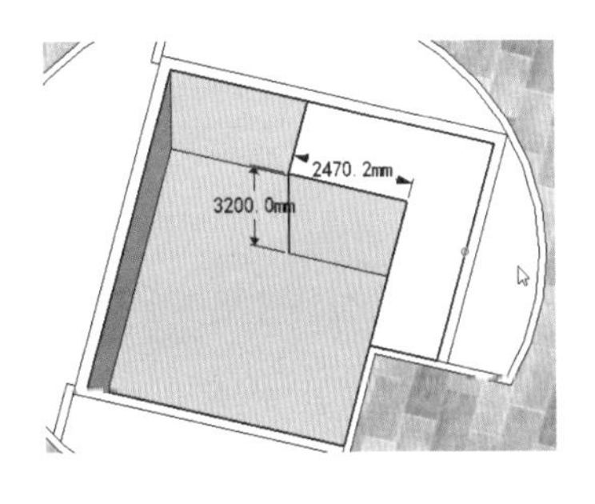

图 13-48　制作楼梯轮廓

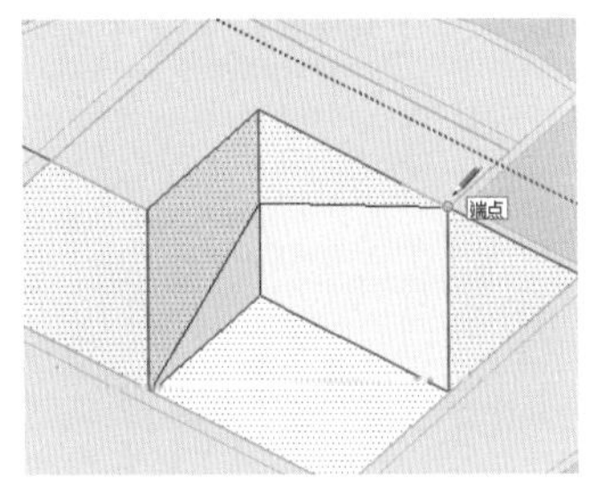

图 13-49　分割楼梯斜面

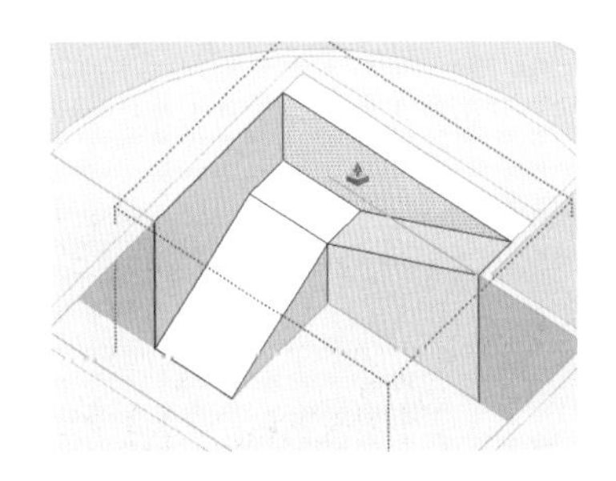

图 13-50　推拉楼梯斜面

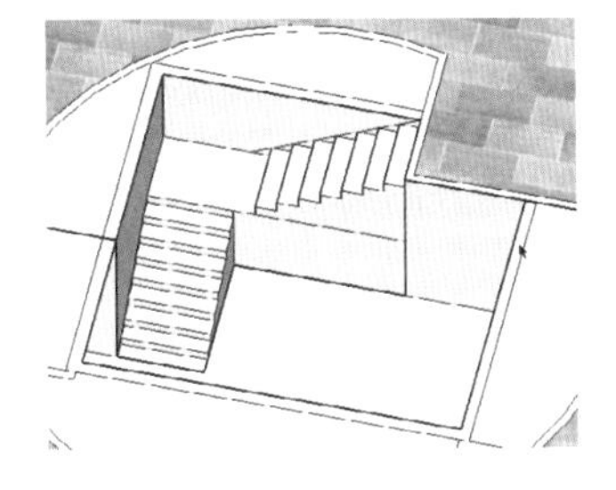

图 13-51　细化踏步效果

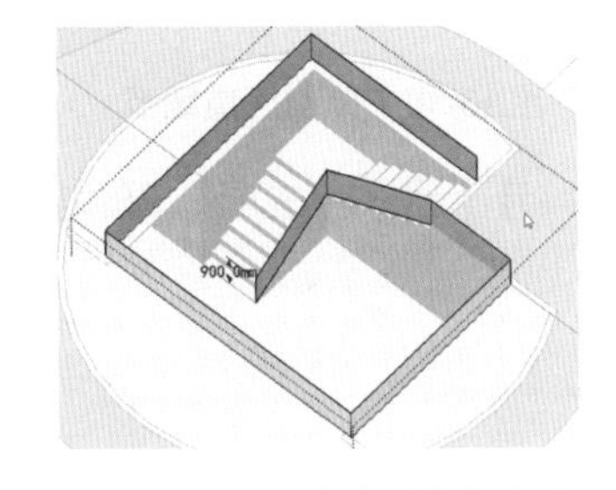

图 13-52　创建玻璃护栏轮廓

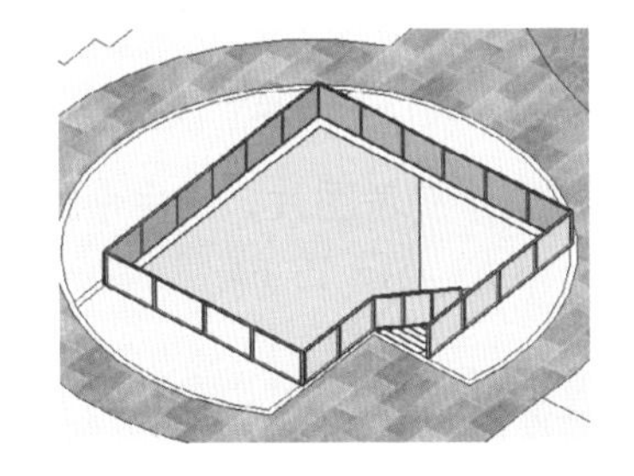

图 13-53　推拉玻璃栏杆细节

步骤 09 处理入口周边的草地效果，然后将入口整体复制至右侧，并旋转调整好位置，如图 13-54 与图 13-55 所示。

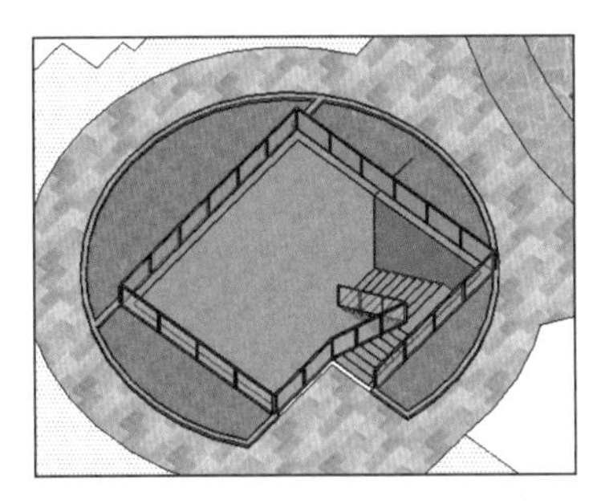

图 13-54　赋予玻璃栏杆材质

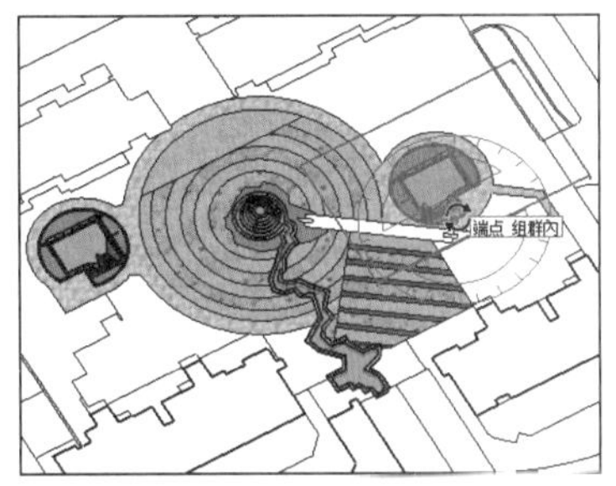

图 13-55　整体复制入口

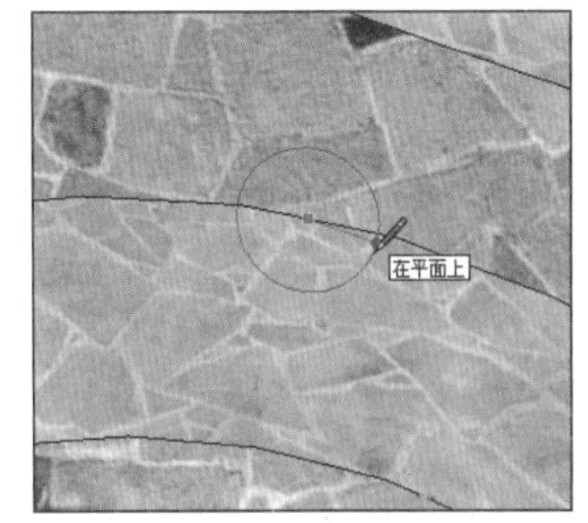

图 13-56　制作树池轮廓平面

步骤 10 参考图片，结合使用【圆】、【偏移】以及【推/拉】工具制作树池，如图 13-56 与图 13-57 所示。

步骤 11 参考图片，复制圆形广场其他位置的树池，如图 13-58 与图 13-59 所示。

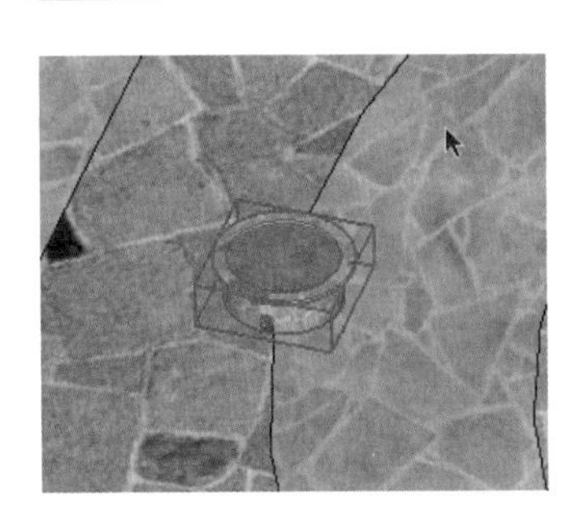

图 13-57　完成树池造型

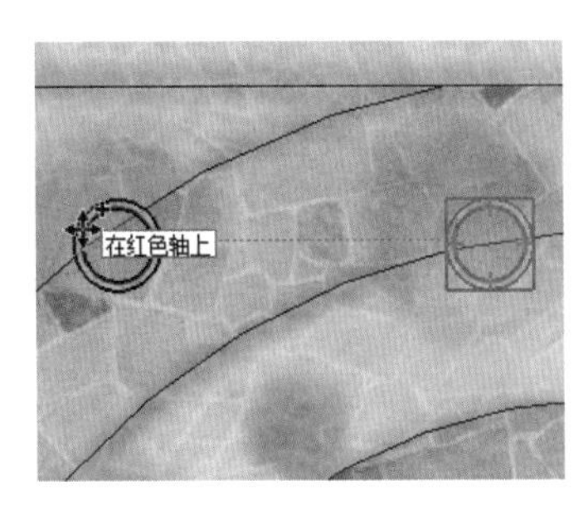

图 13-58　复制树池

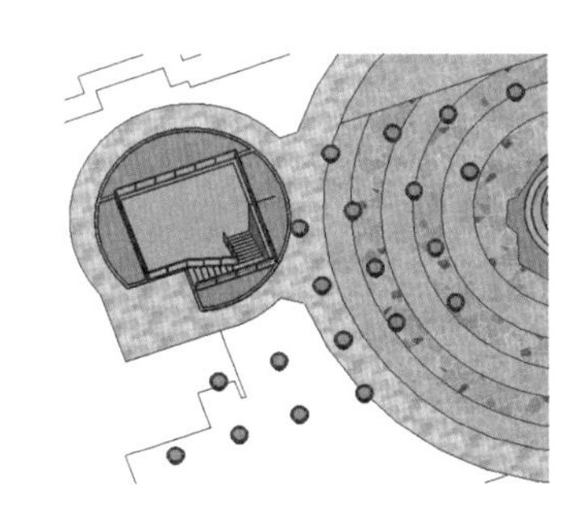

图 13-59　圆形广场树池完成效果

步骤 12 参考图片，结合使用【矩形】、【偏移】以及【推/拉】工具制作花坛以及景观墙造型，如图 13-60~图 13-62 所示。

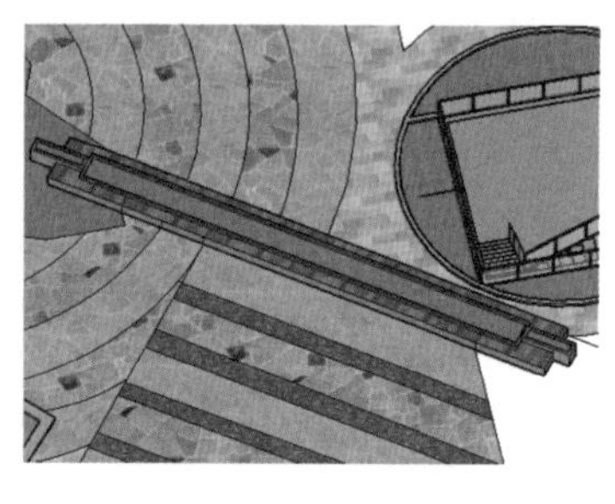

图 13-60 制作花坛

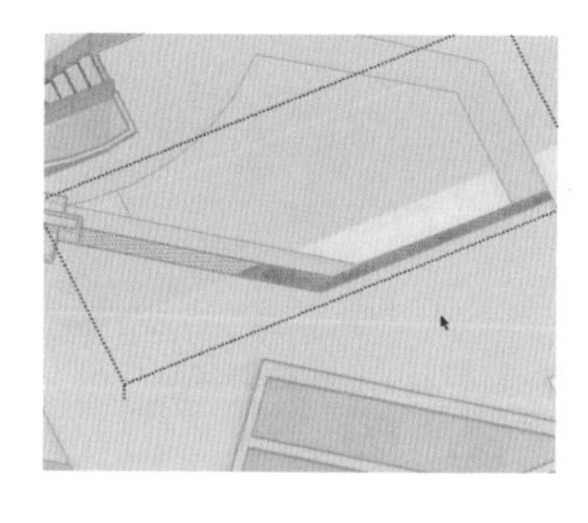

图 13-61 分割景观墙轮廓

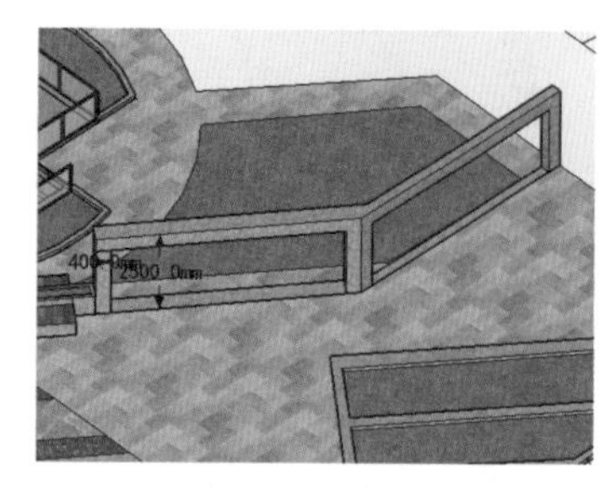

图 13-62 景观墙完成效果

步骤 13 参考图片，结合使用【矩形】、【推/拉】及【偏移】工具，制作广场右侧小道，如图 13-63 与图 13-64 所示。

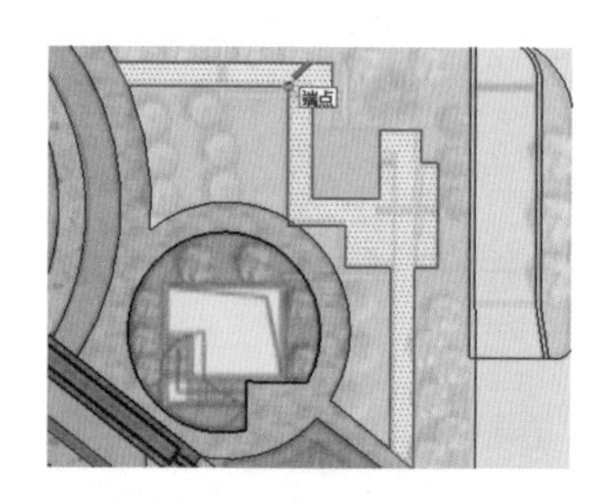

图 13-63 制作小道轮廓

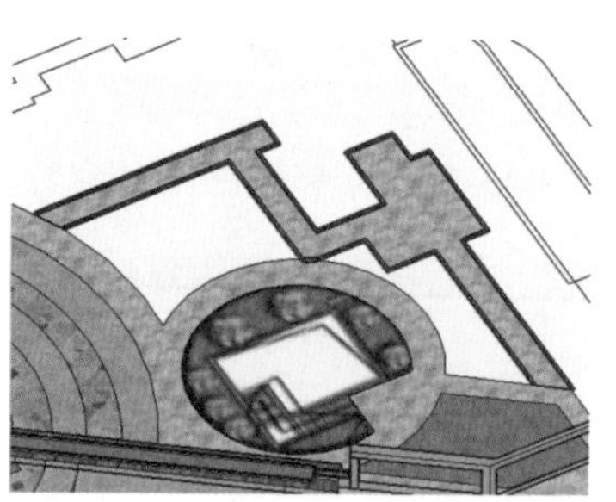

图 13-64 小道完成效果

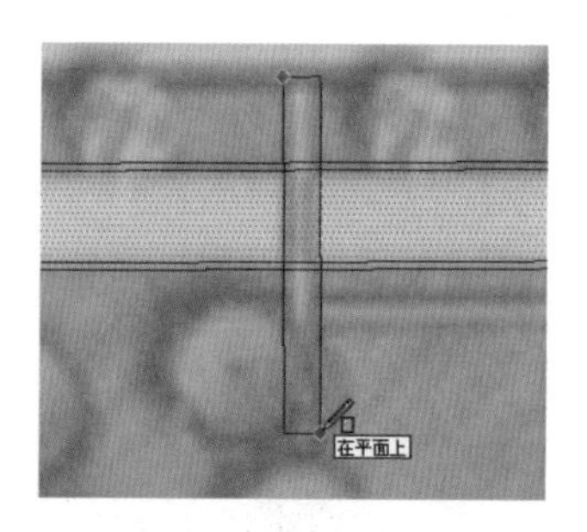

图 13-65 绘制入口处景观墙轮廓

步骤 14 参考图片中的位置，结合使用【矩形】与【推/拉】工具，制作小道周边的景观墙，如图 13-65~图 13-68 所示。

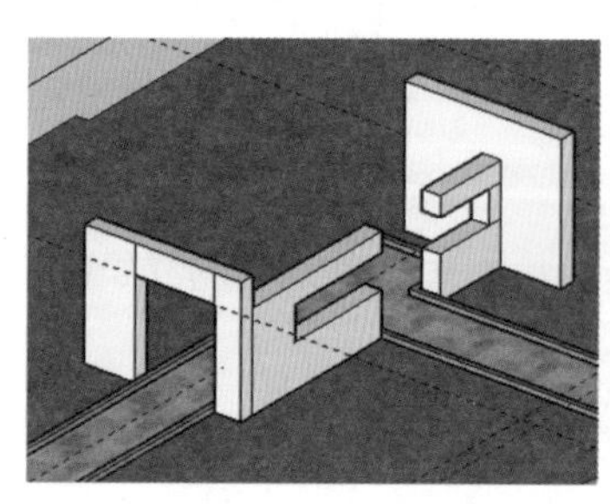

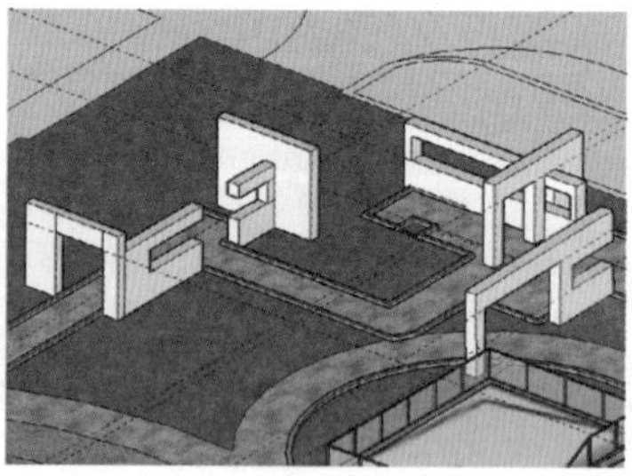

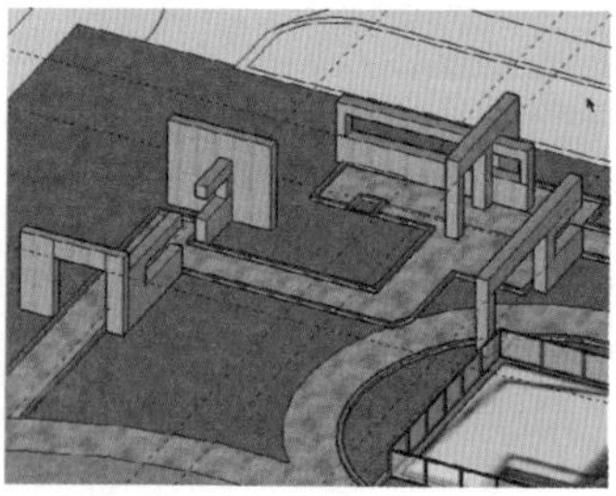

图 13-66 入口处景观墙效果

图 13-67 制作其他位置景观墙

图 13-68 赋予景观墙材质

步骤 15 参考图片，结合使用【线条】与【推/拉】工具制作右侧的石墙模型，如图 13-69 所示。

步骤 16 参考图片，使用【圆弧】工具制作曲线分割细节，然后通过复制完成其他区域的类似效果，如图 13-70~图 13-72 所示。

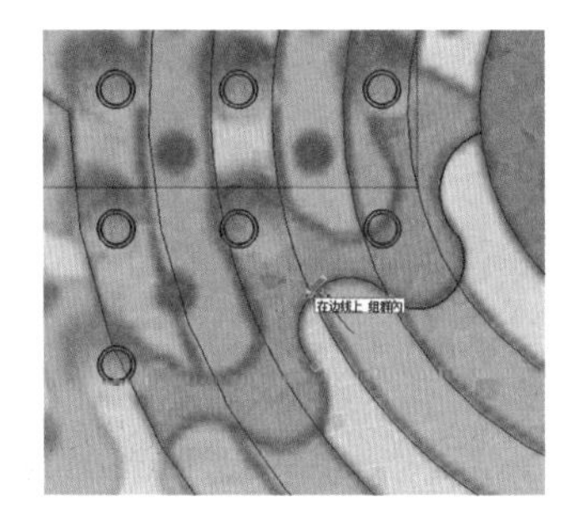

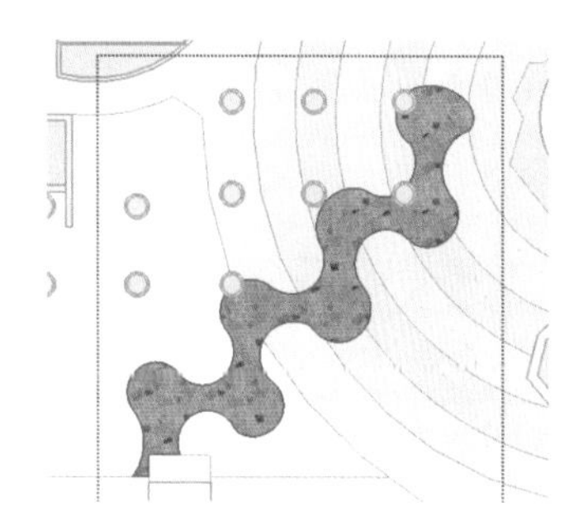

图 13-69　制作石墙造型　　图 13-70　绘制曲线分割　　图 13-71　曲线分割完成

步骤 17 圆形广场景观细节制作完成，效果如图 13-73 所示，接下来制作中心轴线上的水景效果。

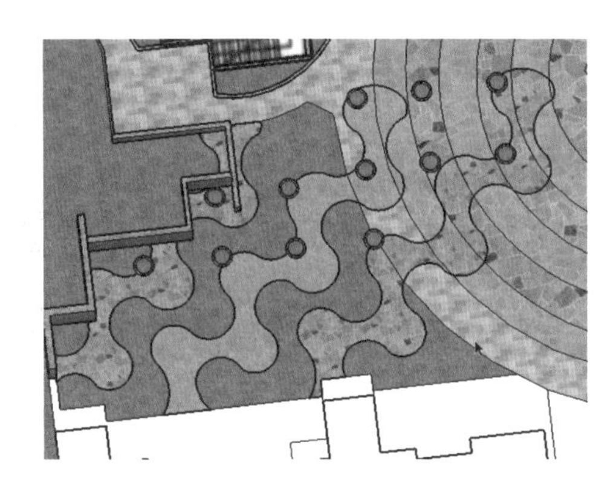

图 13-72　复制曲线造型

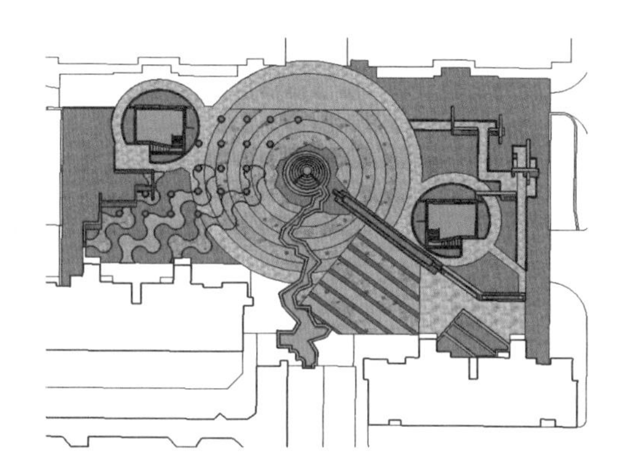

图 13-73　圆形广场完成效果

2. 制作水景

步骤 01 首先选择下方地形，整体向下推拉 3000mm，然后调整之前制作好的河道，如图 13-74 ~ 图 13-76 所示。

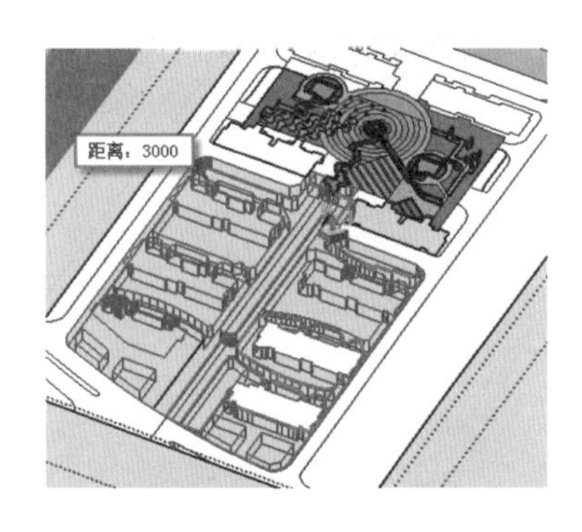

图 13-74　整体向下推拉 3000mm

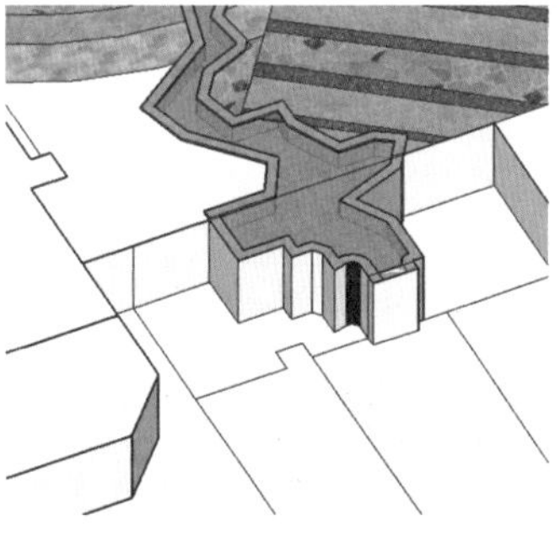

图 13-75　推拉后的河道效果

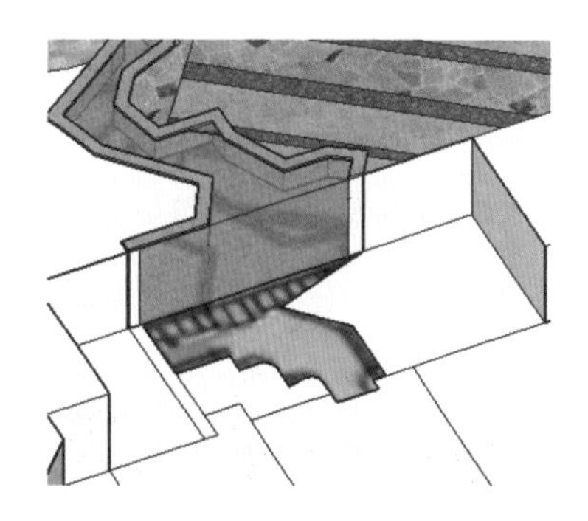

图 13-76　调整河道

步骤 02 参考图片，结合使用【矩形】与【推/拉】工具，制作好右侧的楼梯模型，如图 13-77~图 13-79 所示。

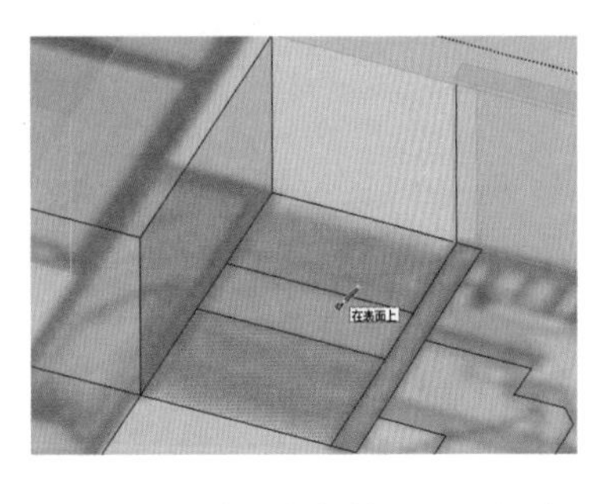

图 13-77　绘制右侧楼梯平面轮廓

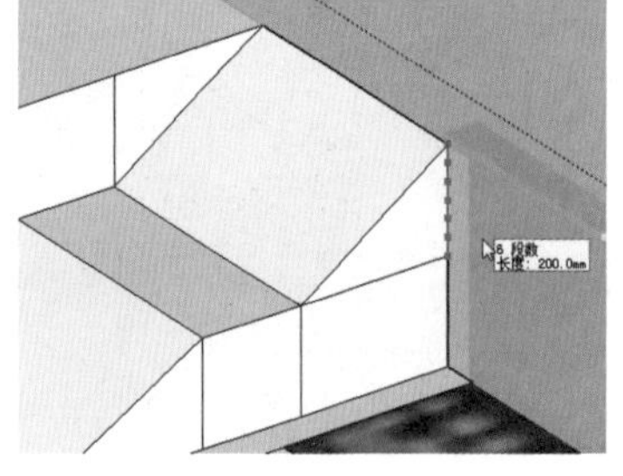

图 13-78　制作楼梯轮廓

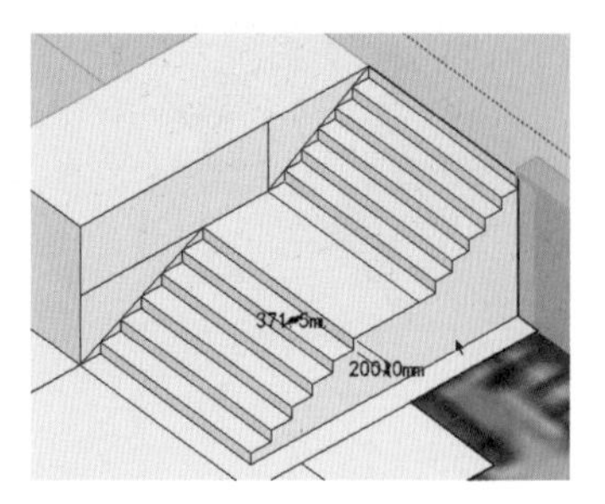

图 13-79　细化踏步造型

步骤 03 参考图片，结合使用【线条】与【推/拉】工具，制作中部的水堤造型，如图 13-80~图 13-82 所示。

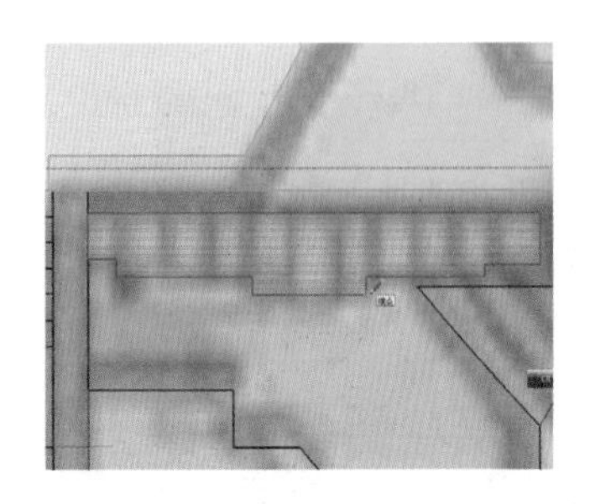

图 13-80　绘制河堤平面轮廓

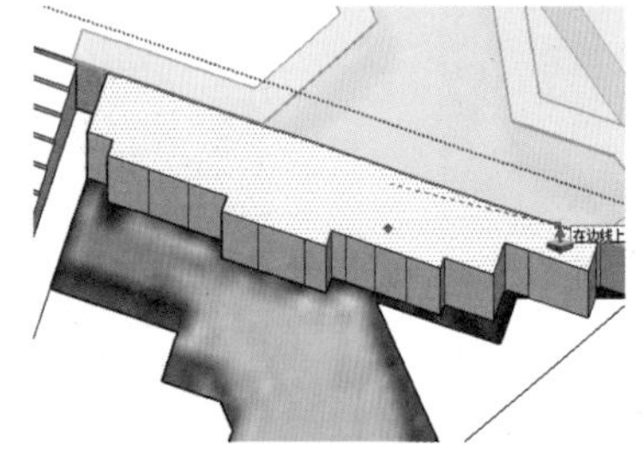

图 13-81　推拉河堤轮廓造型

图 13-82　河堤造型完成效果

步骤 04 参考图片，结合使用【圆】、【圆弧】以及【推/拉】等工具，制作右侧的树池以及楼梯造型，如图 13-83~图 13-85 所示。

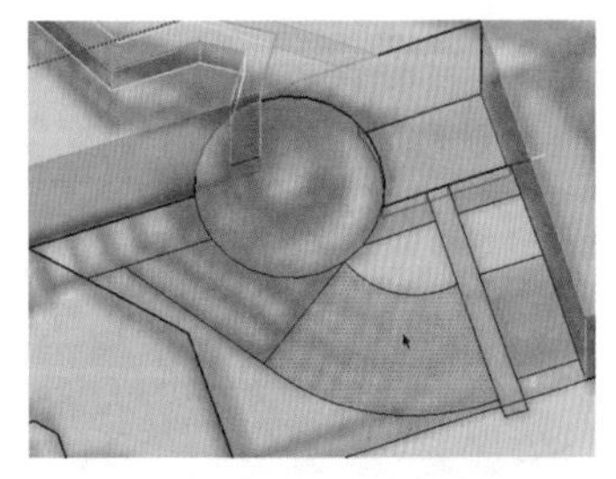

图 13-83　绘制圆形树池等平面轮廓

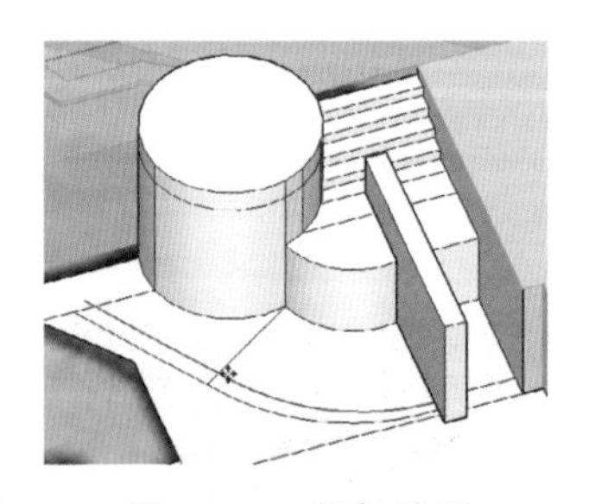

图 13-84　推拉造型

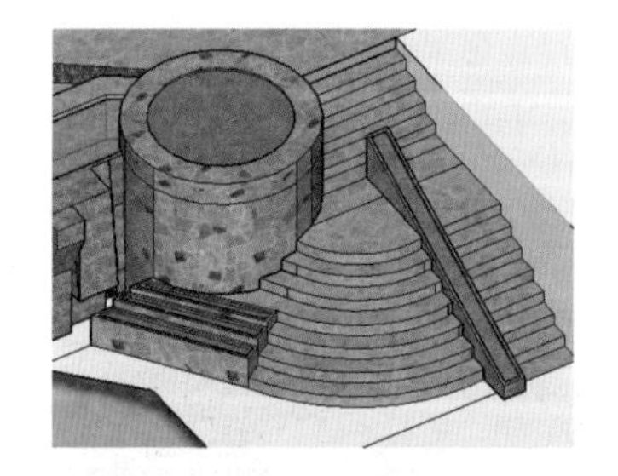

图 13-85　赋予造型材质

步骤 05 参考图纸分割出下方河道的轮廓，如图 13-86~图 13-88 所示。

图 13-86　分割下方河道整体轮廓

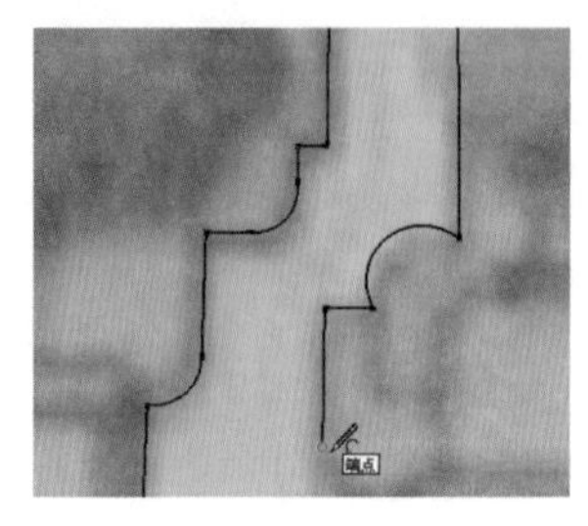

图 13-87　分割河道内部细节

图 13-88　河道内部分割完成效果

步骤 06 重复类似的操作，制作好河道两侧的层次细节，如图 13-89~图 13-91 所示。

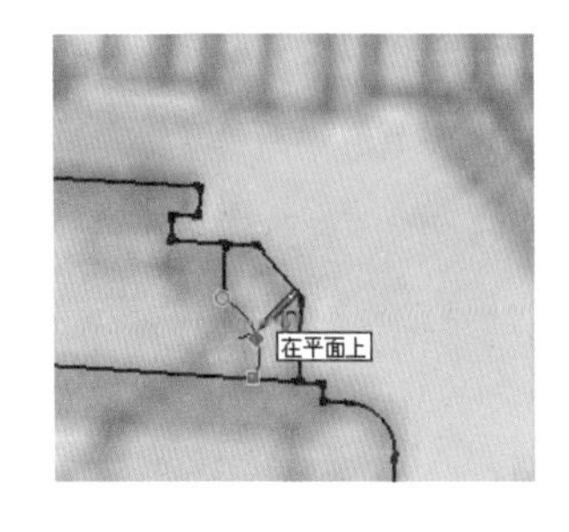

图 13-89 分割层级细节

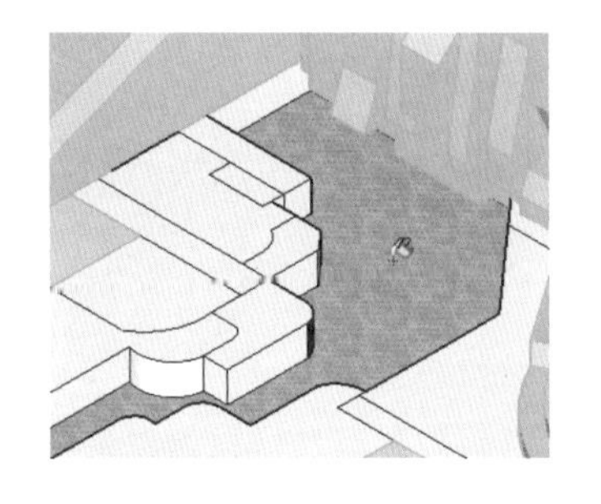

图 13-90 向下推拉出水面

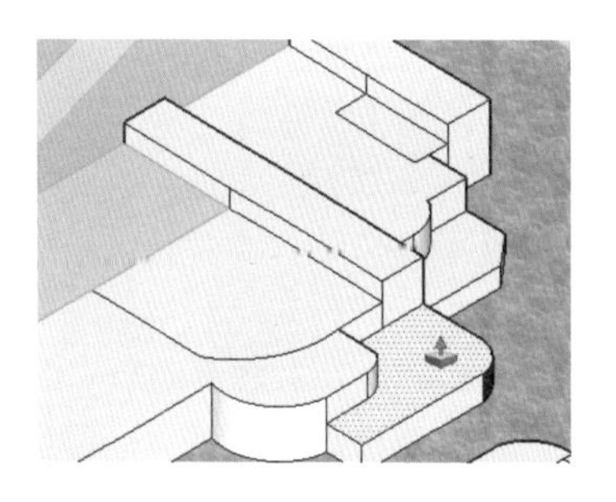

图 13-91 制作河堤层次

步骤 07 参考图纸制作河道两侧的景观细节，如图 13-92~图 13-100 所示。

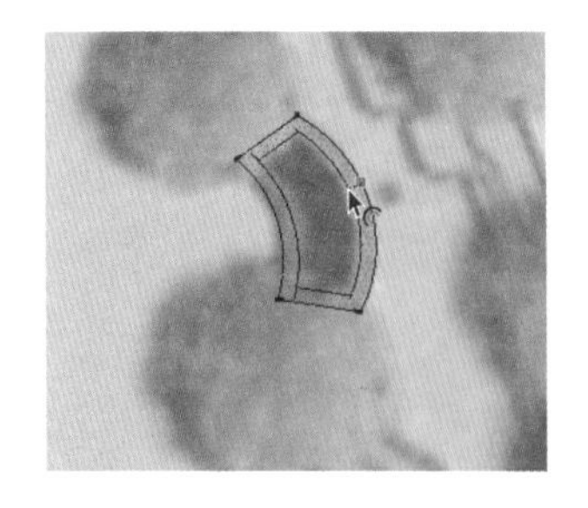

图 13-92 绘制树池轮廓

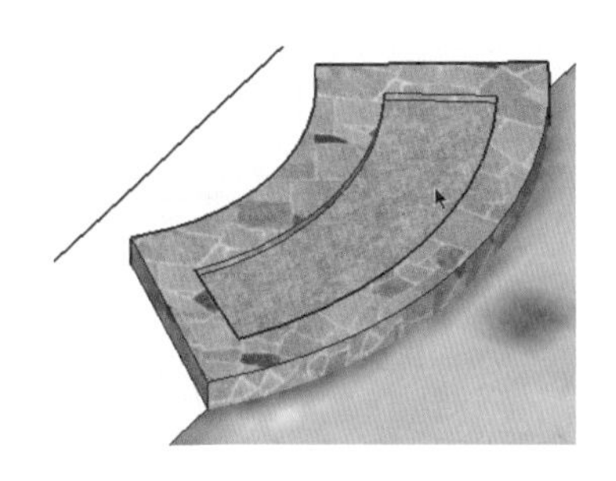

图 13-93 制作树池细节

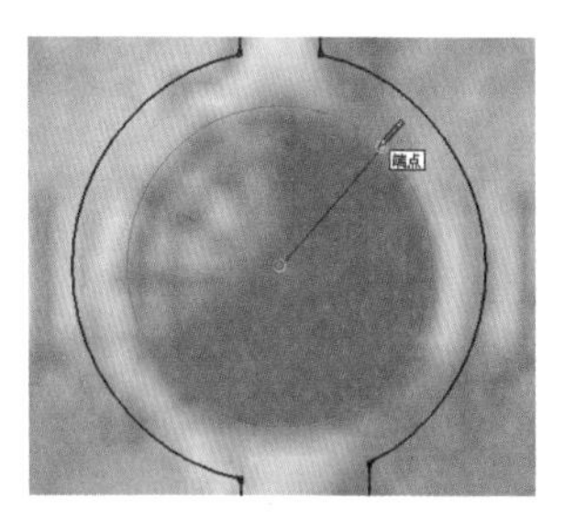

图 13-94 绘制圆形景观小品轮廓

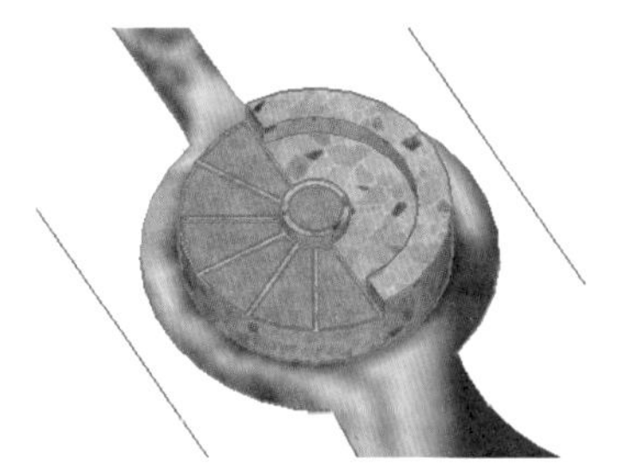

图 13-95 完成小品造型

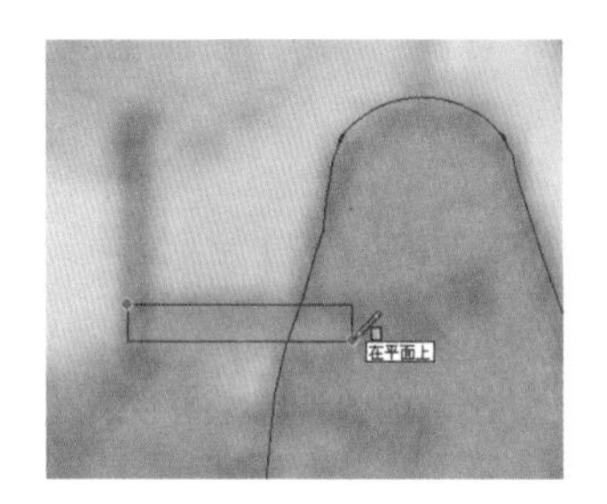

图 13-96 绘制亲水平台轮廓

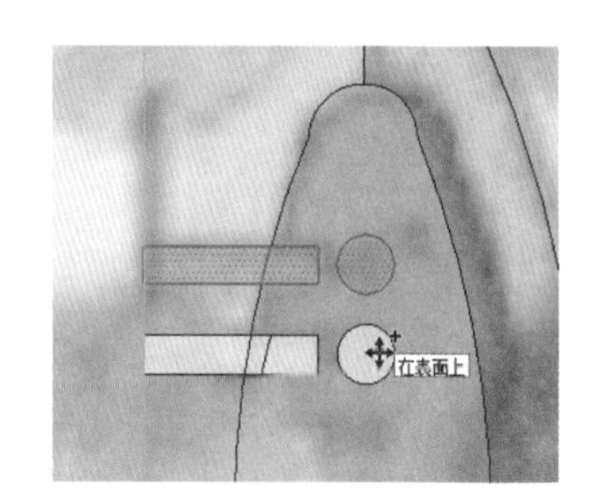

图 13-97 绘制亲水平台细节

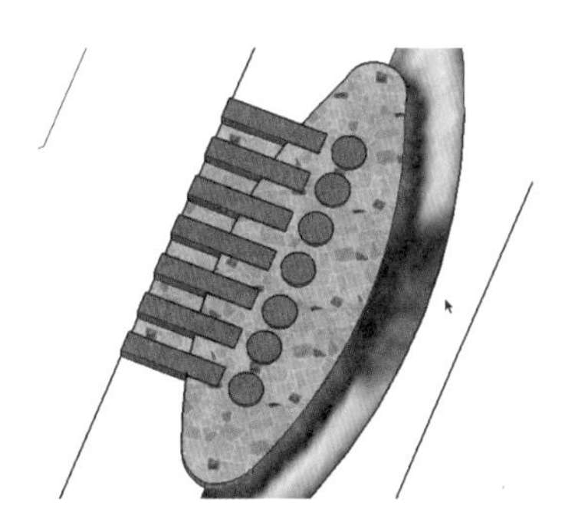

图 13-98 完成亲水平台造型

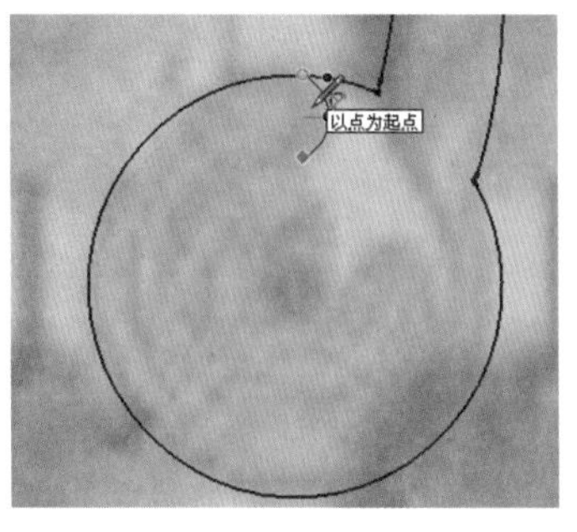

图 13-99 绘制曲水流觞

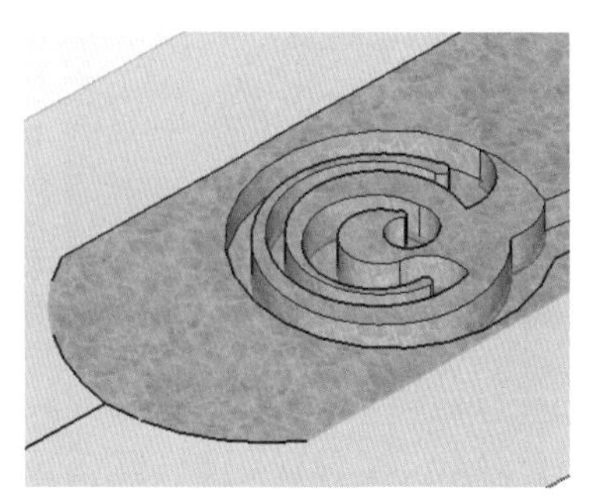

图 13-100 曲水流觞完成效果

步骤 08 参考图片复制出河道两侧的树池模型，完成中心水景的制作，如图 13-101 与图 13-102 所示。

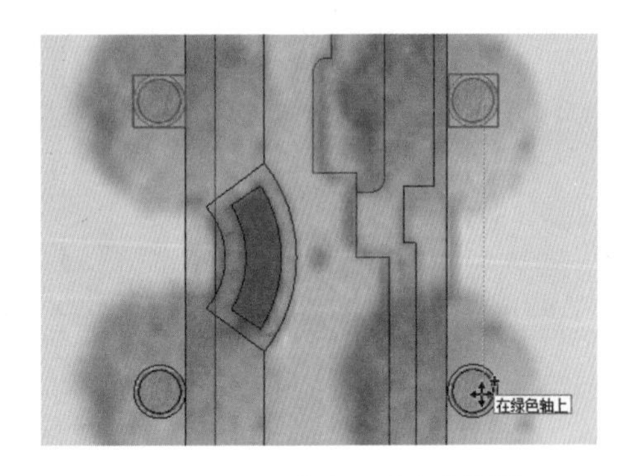

图 13-101 参考图片复制树池

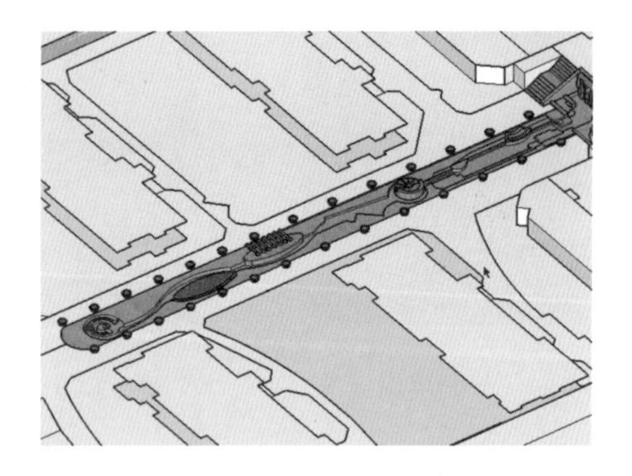

图 13-102 河道景观完成效果

3. 制作环境细节

步骤 01 参考图片，结合使用【偏移】及【推/拉】等工具，制作连接斜坡，如图 13-103 与图 13-104 所示。

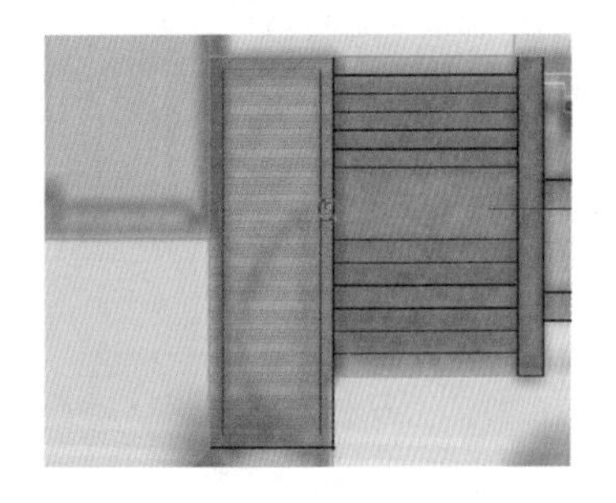

图 13-103 偏移复制边沿细节

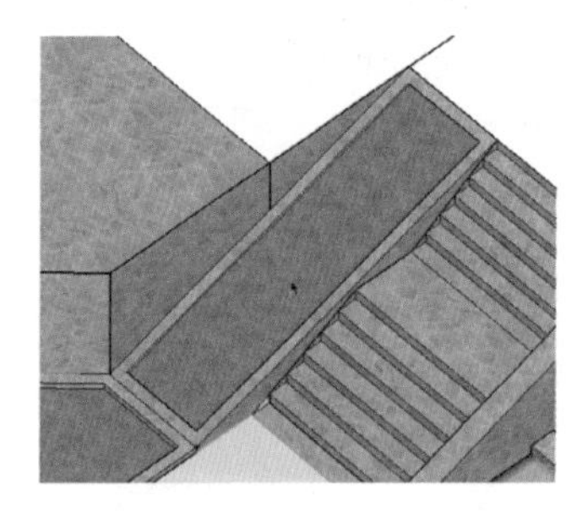

图 13-104 斜坡完成效果

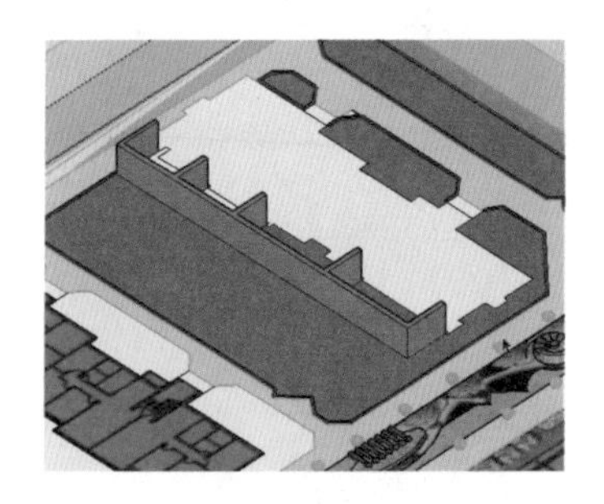

图 13-105 制作建筑周边细节

步骤 02 参考图片，结合使用【多边形】、【圆】及【徒手画】等工具，处理好下方第一幢建筑周边的相关环境细节，如图 13-105~图 13-108 所示。

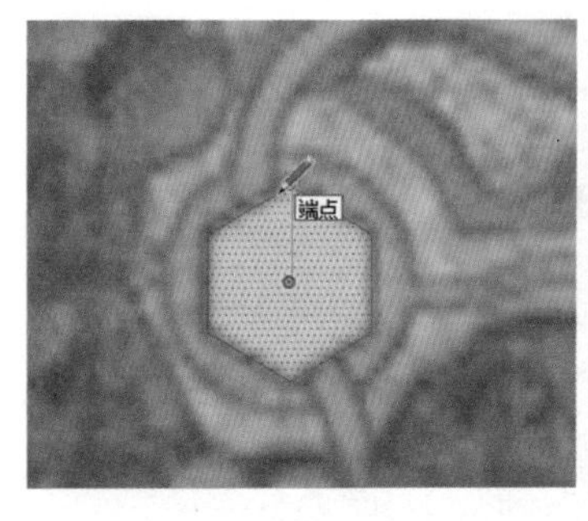

图 13-106 绘制多边形平面

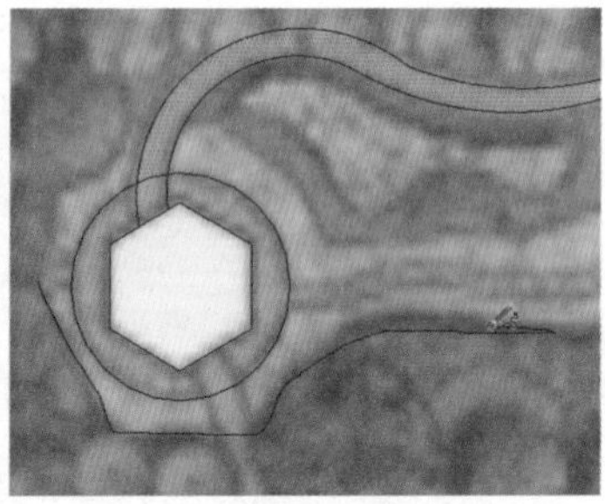

图 13-107 使用徒手画分割轮廓

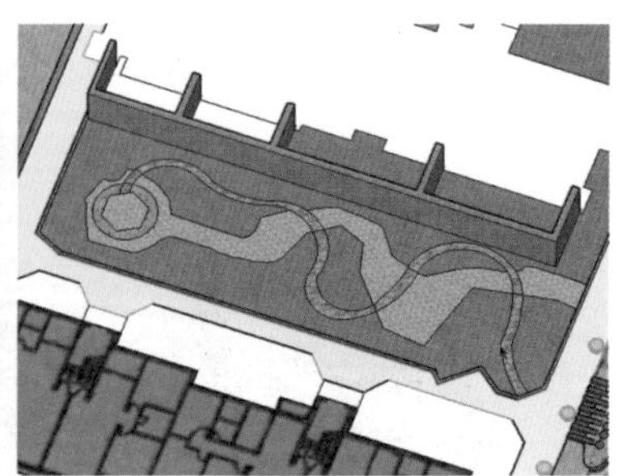

图 13-108 区域周边细节完成效果

步骤 03 参考图片，通过类似方式制作其他建筑周边的环境细节，完成景观简模的制作，如图 13-109~图 13-111 所示。

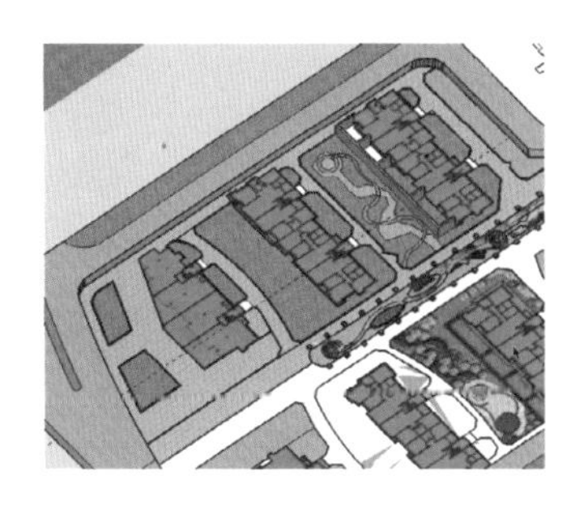

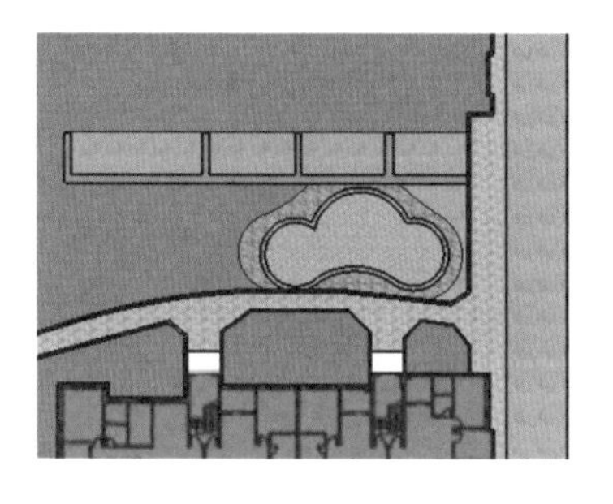

图 13-109　左侧细节完成效果　　图 13-110　右侧细节完成效果　　图 13-111　景观简模整体完成效果

186 制作建筑简模

文件路径：无　　视频文件：MP4\第 13 章\186.MP4

完成景观简模的制作后，本例将根据参考图片制作建筑简模。

步骤 01 选择之前划分好的建筑平面轮廓，通过【推/拉】及【推/拉复制】（使用推/拉同时按下 Ctrl 键）制作前方建筑的简模，如图 13-112 与图 13-113 所示。

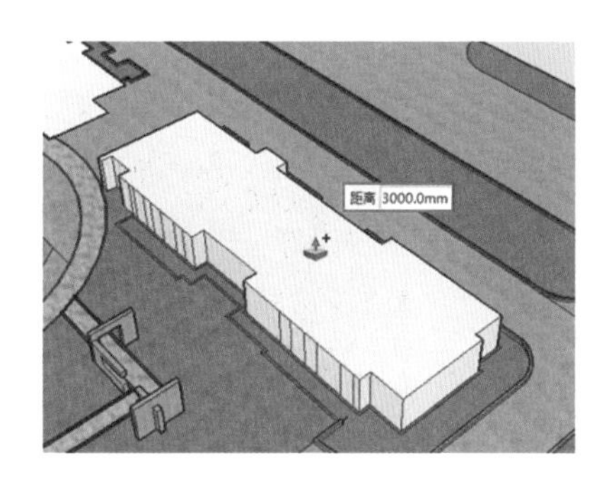

图 13-112　推拉出建筑底层

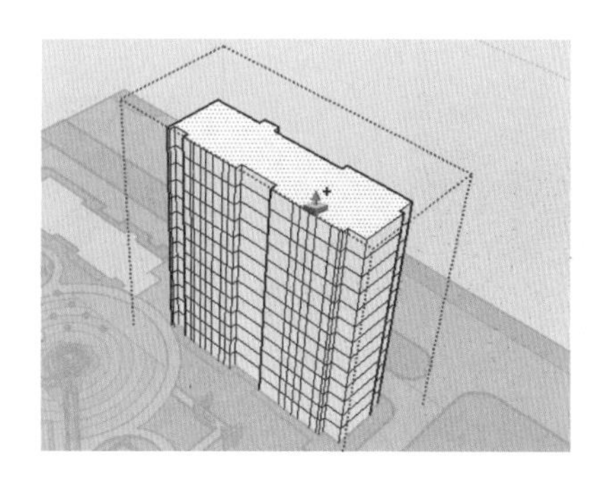

图 13-113　复制推拉其他楼层

步骤 02 重复类似操作，完成其他建筑简模的制作，如图 13-114 与图 13-115 所示。

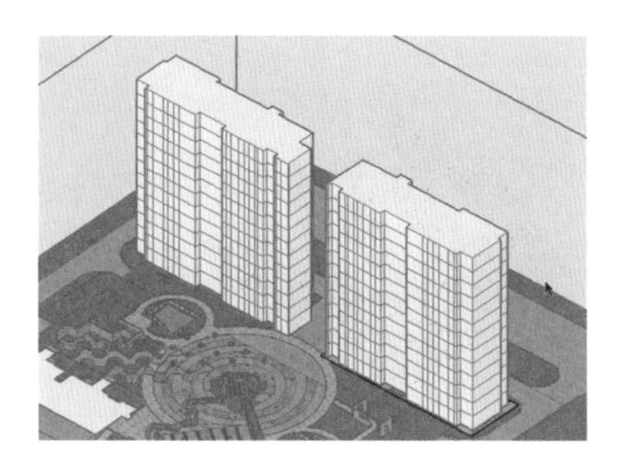

图 13-114　前方建筑简模制作完成

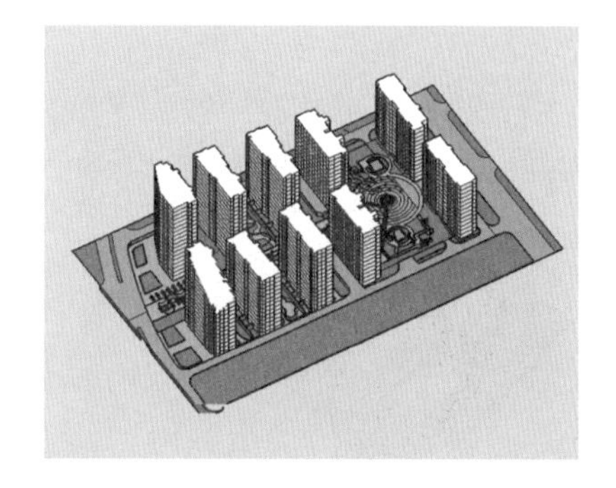

图 13-115　建筑简模完成效果

187 完成最终细节

文件路径：无 | 视频文件：MP4\第 13 章\187.MP4

本例主要参考底图，布置场景中树木等植被，完成最终的细节效果。

步骤 01 进入【组件】面板，参考当前场景中现有的树池，进行树木的布置，如图 13-116~图 13-119 所示。

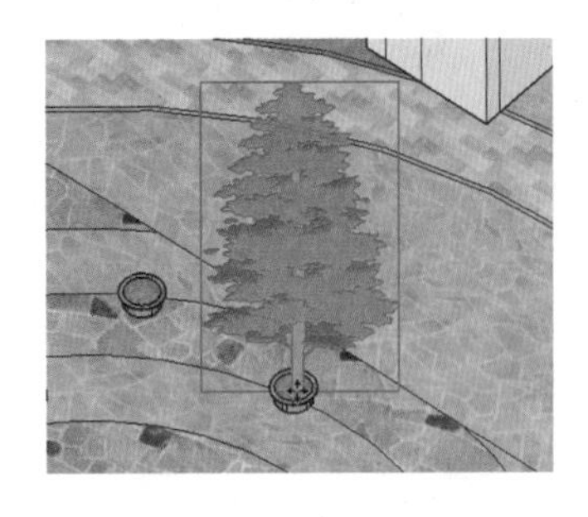

图 13-116　合并树木

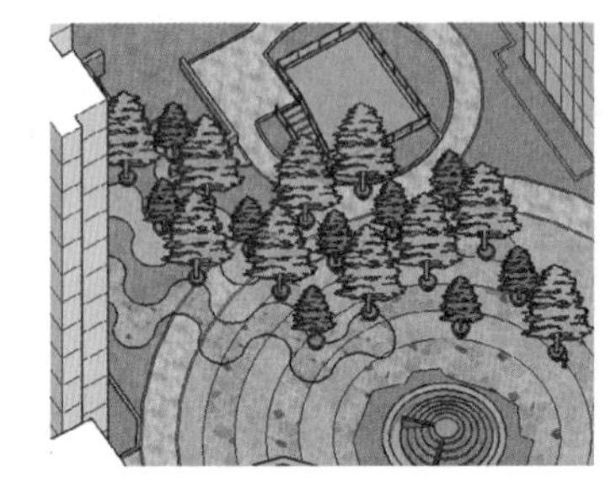

图 13-117　参考广场树池复制树木

图 13-118　参考河道树池布置树木

步骤 02 布置场景中的灌木细节，如图 13-120 所示。

图 13-119　参考尾部树池布置树木

图 13-120　布置灌木

图 13-121　随机布置树木

步骤 03 隐藏建筑简模，并参考图片中植物的分布，随机布置一些植物，完成最终效果如图 13-121 ~ 图 13-123 所示。

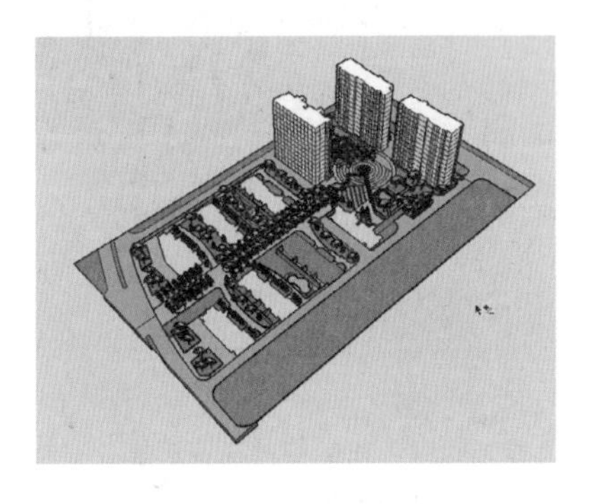

图 13-122　隐藏建筑布置树木

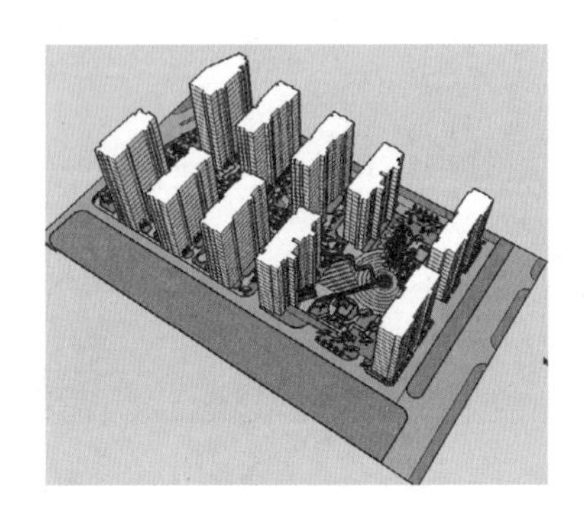

图 13-123　小区规划最终完成效果